Michael Kleinaltenkamp · Wulff Plinke (Hrsg.)

Markt- und Produktmanagement

Springer
Berlin
Heidelberg
New York
Barcelona
Hongkong
London
Mailand
Paris
Singapur
Tokio

Michael Kleinaltenkamp
Wulff Plinke (Hrsg.)

Markt- und Produktmanagement

Die Instrumente des Technischen Vertriebs

Mit 164 Abbildungen

Springer

Professor Dr. Michael Kleinaltenkamp
Freie Universität Berlin
Institut für Allgemeine Betriebswirtschaftslehre
Weiterbildendes Studium Technischer Vertrieb
Altensteinstr. 48
D-14195 Berlin

Professor Dr. rer. oec. Wulff Plinke
Humboldt-Universität zu Berlin
Lehrstuhl für Marketing
Spandauer Str. 1
D-10178 Berlin

ISBN 3-540-64278-1 Springer-Verlag Berlin Heidelberg New York

Die Deutsche Bibliothek - CIP-Einheitsaufnahme

Markt- und Produktmanagement: die Instrumente des Technischen Vertriebs / Hrsg.: Michael Kleinaltenkamp/Wulff Plinke, unter Mitarbeit von W. Engelhardt.... -. Berlin; Heidelberg; New York; Barcelona; Hongkong; London; Mailand; Paris; Singapur; Tokio: Springer, 1999
(Technischer Vertrieb)
ISBN 3-540-64278-1

Einbandentwurf: de'blik, Berlin
Satz: Camera ready-Vorlage von Autoren
SPIN: 10672346 68/3020 - 5 4 3 2 1 0 - Gedruckt auf säurefreiem Papier

Vorwort

Der Technische Vertrieb umfaßt ein breites Aufgabenspektrum. Ein wesentlicher Bereich hiervon beinhaltet die Marketingaktivitäten, die auf den jeweiligen Märkten für Produkte und Dienstleistungen ergriffen werden. Zu diesem „Markt- und Produktmanagement" gehören die Gestaltung des von einem Unternehmen angebotenen Leistungsprogramms, die Ausformung seiner Distributions- und Kommunikationsmaßnahmen sowie die Preis- und Vertragsgestaltung. Diese Instrumente des Technischen Vertriebs werden in dem vorliegenden Band umfassend und detailliert dargestellt.

Das Buch ist neben dem Grundlagenwerk und den Bänden zum „Auftrags- und Projektmanagement" sowie zum „Geschäftsbeziehungsmanagement" der dritte Vertiefungsband in unserer Reihe zum Technischen Vertrieb. Einige Kapitel dieses Buches sind ursprünglich in der 1. Auflage von „Technischer Vertrieb - Grundlagen" veröffentlicht worden. Die jetzt vorliegenden Texte sind gegenüber den früheren Fassungen überarbeitet und aktualisiert worden.

Wir haben der Autorin und den Autoren, die an der Erstellung des Buches mitgewirkt haben, für die gute Zusammenarbeit zu danken. Zudem gebührt unser Dank wiederum den ehemaligen Teilnehmern des Weiterbildenden Studiums Technischer Vertrieb, die durch ihre kritischen und konstruktiven Anmerkungen zu früheren Versionen der Lehrtexte den Verfassern und den Herausgebern wertvolle Hinweise für die inhaltliche und formale Gestaltung der einzelnen Kapitel gegeben haben. Unser ganz besonderer Dank gilt ein weiteres Mal Herrn Dipl.-Kfm. Martin Kardekewitz für seinen professionellen und unermüdlichen Einsatz bei der Erstellung des druckfertigen Manuskripts.

Berlin, im August 1998

Michael Kleinaltenkamp | Wulff Plinke

Inhaltsverzeichnis

Verzeichnis der Autoren

em. Prof. Dr. Dr. h.c. Werner H. Engelhardt

Fakultät für Wirtschaftswissenschaften,
Ruhr-Universität Bochum

Dr. Sabine Fließ

Weiterbildendes Studium Technischer Vertrieb,
Fachbereich Wirtschaftswissenschaften,
Freie Universität Berlin

Prof. Dr. Bernd Günter

Lehrstuhl für Betriebswirtschaftslehre, insbes. Marketing,
Wirtschaftswissenschaftliche Fakultät,
Heinrich-Heine-Universität Düsseldorf

Dr. Frank Jacob

Weiterbildendes Studium Technischer Vertrieb,
Fachbereich Wirtschaftswissenschaften,
Freie Universität Berlin

Prof. Dr. Michael Kleinaltenkamp

Institut für Allgemeine Betriebswirtschaftslehre /
Weiterbildendes Studium Technischer Vertrieb,
Fachbereich Wirtschaftswissenschaften,
Freie Universität Berlin

Dr. Tobias Kollmann

Lehrstuhl für Betriebswirtschaftslehre, insbes. Marketing,
Fachbereich IV: BWL - AMK,
Universität Trier

Prof. Dr. Wulff Plinke

Institut für Marketing,
Wirtschaftswissenschaftliche Fakultät,
Humboldt-Universität zu Berlin

Dr. Olaf Plötner

Siemens AG,
Newton, Mass. (USA)

Dr. Alexander Pohl

Lehrstuhl für Betriebswirtschaftslehre, insbes. Marketing,
Fachbereich IV: BWL - AMK,
Universität Trier

Dr. Martin Reckenfelderbäumer

Lehrstuhl für Angewandte Betriebswirtschaftslehre, Marketing,
Ruhr-Universität Bochum

Dr. Albrecht Söllner

Institut für Marketing,
Wirtschaftswissenschaftliche Fakultät,
Humboldt-Universität zu Berlin

Prof. Dr. Rolf Weiber

Lehrstuhl für Betriebswirtschaftslehre, insbes. Marketing,
Fachbereich IV: BWL - AMK,
Universität Trier

Teil A Gestaltung des Leistungsprogramms

1 Grundlagen der Gestaltung des Leistungsprogramms

Michael Kleinaltenkamp · Frank Jacob

Abbildungsverzeichnis

Tabellenverzeichnis

1.1 Die grundsätzlichen Aufgabenfelder des Produkt- und Marktmanagements

Wenn es das Ziel jeden Marketingmanagements ist, Wettbewerbsvorteile aufzubauen und/oder zu sichern,[1] stellt sich die Frage, wie und mit welchen Mitteln dieses Ziel erreicht werden kann. Aus der generellen Leitlinie der Marketingkonzeption ergibt sich somit für alle in einem Unternehmen am Marketingprozeß beteiligten Akteure die Aufgabe, Maßnahmen zu konzipieren und umzusetzen, die dazu beitragen, die Marketingphilosophie mit Leben und mit Inhalt zu füllen. Aus den grundlegenden Erkenntnissen über das Zustandekommen von Markttransaktionen sowie den Verlauf von Marktprozessen[2] resultieren dabei erste wichtige Hinweise darauf, welche Art von Maßnahmen ergriffen und wie die betreffenden Vorgehensweisen gestaltet werden müssen. Aufgrund der genannten Zusammenhänge lassen sich die betreffenden Teilaufgaben zunächst grob wie folgt fassen: Zur Erreichung eines Wettbewerbsvorteils muß ein Anbieter,

- erstens ein Angebot gestalten, dessen Nutzen für den Kunden höher ist als das betreffende Opfer und dessen Nutzen/Opfer-Relation aus der Sicht des Kunden günstiger ist als alle anderen in Betracht gezogenen Alternativangebote,
- zweitens dafür sorgen, daß dem Kunden das Angebot bekannt wird und daß er subjektiv von dessen Vorteilhaftigkeit gegenüber allen anderen von ihm in Erwägung gezogenen Angeboten überzeugt ist, und
- drittens dem Kunden dieses Angebot verfügbar machen.

Die Erfüllung aller dieser Aufgaben stellt die „Leistung" dar, die ein Anbieter gegenüber einem Nachfrager erbringt. Dieses Angebot beinhaltet somit

- das Leistungsprogramm (Angebot i.e.S., das beim Kunden die gewünschte Funktion erfüllen soll; Leistungskern),
- die Kommunikationsleistung (Verdeutlichung des Angebots) und
- die Distributionsleistung (Verfügbarmachung des Angebots).

Alle diese Teilleistungen können auf ganz unterschiedliche Art und Weise erbracht werden und damit zur Erreichung von Wettbewerbsvorteilen beitragen. Dementsprechend sind zunächst drei Instrumentalbereiche des Marketing zu unterscheiden (vgl. Abb. 1):

---

1 Vgl. Plinke 1999.

2 Vgl. Plinke 1999.

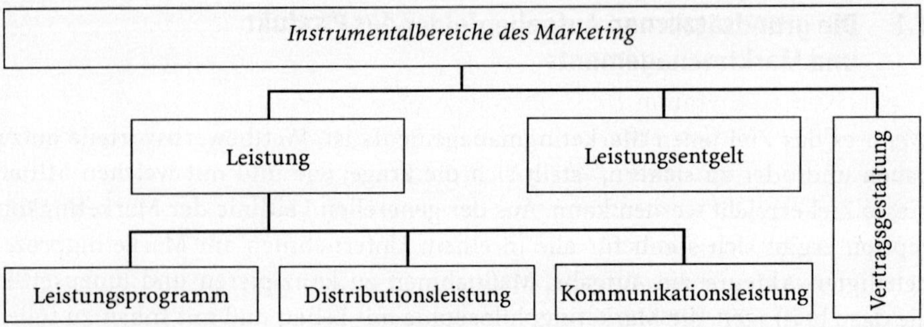

Abb. 1. Die Instrumentalbereiche des Business-to-Business-Marketing

- die Gestaltung des *Leistungsprogramms*,
- die Gestaltung der *Distributionsleistung*[3] und
- die Gestaltung der *Kommunikationsleistung*[4].

Für die Gesamtheit dieser Leistungen, das „Leistungsbündel"[5], verlangt ein Anbieter i.d.R. eine Gegenleistung: das Leistungsentgelt. Auch für dessen Ausgestaltung stehen einem Anbieter eine Fülle von Optionen offen. Insofern bildet

- die Gestaltung des *Leistungsentgelts*[6]

einen weiteren Instrumentalbereich des Marketing.

Schließlich werden die Bedingungen des Leistungsaustausches zwischen Anbieter und Nachfrager, d.h. sowohl in bezug auf die Gestaltung der einzelnen Teilleistungen als auch im Hinblick auf das Leistungsentgelt, durch die verschiedenartigsten Formen von Verträgen geregelt. Da auch hierbei eine Vielzahl von Möglichkeiten existiert, stellt

- die *Vertragsgestaltung*[7]

ebenfalls ein Marketinginstrument dar.

Die aufgezählten Instrumentalbereiche des Business-to-Business-Marketing sind Inhalt der nachfolgenden Ausführungen. Den Ausgangspunkt bildet dabei der Kern eines jeden Leistungsbündels: das Leistungsprogramm.[8]

---

[3] Vgl. die Beiträge in Teil B in diesem Band.

[4] Vgl. die Beiträge in Teil C in diesem Band.

[5] Vgl. Kleinaltenkamp 1999a.

[6] Vgl. Kapitel D.1 – „Preisgestaltung im Produktgeschäft".

[7] Vgl. Kapitel E.1 – „Vertragsgestaltung im Business-to-Business-Marketing".

[8] Vgl. z.B. Simon 1988, S. 469; Kotler/Bliemel 1992, S. 658; Koppelmann 1997, S. 22; Nieschlag/Dichtl/Hörschgen 1994, S. 153.

1.2 Das Leistungsprogramm als Kern des Leistungsbündels

Das Leistungsprogramm beinhaltet die Angebote i.e.S., die beim Kunden eine gewünschte Funktion erfüllen sollen und damit den eigentlichen Austauschgegenstand einer Transaktion bilden: ein Einsatzstoff, der in einem Produktionsprozeß verarbeitet wird, ein in ein Einzelaggregat oder ein System einzubauendes Teil, eine Maschine, die bestimmte Verrichtungen erbringen soll, eine Beratungs- oder Schulungsleistung, die das Know-how der zu beratenden Organisation bzw. der zu schulenden Personen erhöhen soll, usw.

Aufgrund des Bündelcharakters von Leistungen[9] sind die einzelnen Teilleistungen eines Leistungsprogramms immer auch mit Distributions- und Kommunikationsleistungen verknüpft. Letztere unterscheiden sich von der Kernleistungen dadurch, daß sie nicht Austauschgegenstand i.e.S. sind, sondern Aktivitäten umfassen, die ein Anbieter zur Anbahnung, Durchführung und Sicherstellung marktlicher Transaktionen ergreift.

Üblicherweise wird der im folgenden darzustellende Teil der Gestaltung einer Marketingstrategie mit den Begriffen „Produktpolitik", „Produkt- und Sortimentspolitik", „Produktprogrammpolitik", „Produktmarketing" o.ä. belegt.[10] Aufgrund der Tatsache, daß im Business-to-Business-Bereich 'einfache' oder 'fertige' Produkte als Problemlösungen häufig nur eine untergeordnete Rolle spielen,[11] greifen die genannten Begriffsfassungen und die damit verbundenen Inhalte hier jedoch zu kurz. Die betreffenden Ausführungen beschäftigen sich nämlich typischerweise mit Vorgehensweisen, die den Verhältnissen im Konsumgüterbereich entsprechen. Dort ist es vielfach so, daß aufgrund eingehender Analysen der Nachfragerbedürfnisse ein Produkt tatsächlich gestaltet werden kann, welches dann auch – mehr oder weniger unverändert – in größeren Stückzahlen gefertigt und abgesetzt wird. Die im Business-to-Business-Bereich angebotenen Problemlösungen sind demgegenüber aber häufig auf die Belange einzelner Nachfrager zugeschnitten, weshalb sie auch erst in der Zusammenarbeit mit dem Kunden tatsächlich gestaltet werden können („Kundenintegration"[12]). Zudem spielen 'reine' und produktbegleitende Dienstleistungen eine große Rolle, die in vielen Fällen ebenfalls zum Leistungskern eines Angebots gehören, im allgemeinen aber nicht als „Produkte" bezeichnet und angesehen werden. Schließlich versagt das klassische Produktverständnis völlig, wenn man sog. verlängerte Wertketten betrachtet, innerhalb derer die Leistung nur durch die Zusammenar-

---

9 Vgl. Kleinaltenkamp 1999a.

10 Vgl. z.B. Kotler/Bliemel 1992, S. 658; Nieschlag/Dichtl/Hörschgen 1994, S. 153; Koppelmann 1997; Meffert 1998, S. 317ff.

11 Vgl. Kleinaltenkamp 1999a.

12 Kleinaltenkamp 1997.

beit einer ganzen Reihe von Partnern zustande kommt. Als ein praktisch sehr bedeutsames Beispiel können hier moderne Telekommunikationsleistungen genannt werden.[13] Die einzelnen Partner verfügen dabei nicht mehr über ein eigenes Produkt i.e.S., sondern allenfalls über Potentiale oder bestimmte Prozesse, die sie in eine übergreifende Leistungsgestaltung einbringen.

Die Elemente des Leistungsprogramms stellen somit jene Teile eines Leistungsbündels dar, deren Funktion darin besteht, die Probleme des Kunden zu lösen. Ihretwegen strebt er überhaupt einen Austausch mit dem Anbieter an, unabhängig davon, ob es sich dabei um Produktionsgüter, Investitionsgüter, Systemtechnologien oder Dienstleistungen handelt. Die Gestaltung des Leistungsprogramms beinhaltet somit nicht nur die Produktgestaltung im 'klassischen' Sinne, sondern auch die Gestaltung von Dienstleistungen sowie die von mehr oder weniger komplexen Systemen.[14]

Bevor nun erörtert werden soll, wie Leistungsprogramme und ihre Teile im einzelnen gestaltet werden können, erscheint noch eine Klarstellung angebracht: Die Einordnung der Leistungsprogramms in das Marketinginstrumentarium bedeutet nicht, daß solche Anwendungs- oder Wissenschaftsbereiche, die sich traditionell mit der Produkt- bzw. Leistungsgestaltung beschäftigen, verdrängt oder dominiert werden sollen. Die Existenzberechtigung betrieblicher F&E-Bereiche, Konstruktionsabteilungen oder des Produktionsmanagements soll nicht in Zweifel gezogen werden. Genauso wenig will und kann das Marketing als Wissenschaft die Ingenieur- und Naturwissenschaften bzw. die Produktionslehre verdrängen. Das Marketing verfolgt mit seinen Ansätzen zur Gestaltung des Leistungsprogramms ein anderes Anliegen: Es soll sichergestellt werden, daß die Perspektive der Kunden- und Wettbewerbsorientierung bei allen Aktivitäten zur Gestaltung der Kernleistungen niemals verlassen wird. Marketing strebt also eine konstruktive – und keine konkurrierende – Rolle an. Marketing will – gerade im Falle der Gestaltung des Leistungsprogramms – primär eine steuernde Funktion einnehmen.

1.3 Entscheidungsfelder der Leistungsgestaltung im Business-to-Business-Bereich

Produkte und Dienstleistungen treten in der Praxis des Business-to-Business-Marketing in einer Vielfalt auf, die ein einzelner Beobachter kaum noch nachvollziehen kann. Damit geht einher, daß das Spektrum der leistungspolitischen Entscheidungsfelder eine Bandbreite aufweist, welche die Entwicklung eines all-

[13] Vgl. z.B. Pfeifer 1996.

[14] Vgl. auch Belz/Tomczak 1991.

gemeingültigen Instrumentariums wesentlich erschwert. Frühe Grundlagenwerke zum Business-to-Business-Marketing unterschieden aus diesem Grunde häufig von Güterkategorien abgeleitete spezielle Marketingkonzeptionen, z.B. ein Marketing für Anlagegüter, ein Marketing für Teile, ein Marketing für Roh- und Einsatzstoffe und ein Marketing für Energieträger.[15] Bei dieser Vorgehensweise droht jedoch die Gefahr, daß die Anzahl der speziellen Marketingkonzeptionen immer mehr zu-, die Allgemeingültigkeit der Aussagen dagegen immer mehr abnimmt. Später wurden deshalb Ansätze entwickelt, welche nicht mehr auf die Eigenschaften von Gütern als diskriminierendes Merkmal abstellten, sondern auf Merkmale bestimmter Geschäftstypen, innerhalb derer die Transaktionen durchgeführt werden. In diesem Sinne unterscheidet etwa *Backhaus* ein „Produktgeschäft“, ein „Systemgeschäft“, ein „Anlagengeschäft“ und ein „Zuliefergeschäft“.[16] Hier soll im Gegensatz dazu ein Ansatz verwendet werden, der die Leistungsgestaltung entsprechend den drei *Dimensionen einer Leistung*[17] betrachtet:[18]

- ergebnisbezogene Entscheidungen (‘Was?’),
- prozeßbezogene Entscheidungen (‘Wie?’) und
- potentialbezogene Entscheidungen (‘Womit?’).

Beim Leistungspotential handelt es sich um die einem Anbieter in seiner autonomen Dispositionsfähigkeit langfristig zur Verfügung stehenden Produktionsfaktoren,

- alle bei der Leistungserstellung eingesetzen Maschinen, Anlagen und Systeme,
- die Mitarbeiter und die Organisationsstruktur, in die diese eingebunden sind, sowie
- das leistungsbezogene Know-how eines Anbieters.

Im Leistungserstellungsprozeß werden diese Produktionsfaktoren miteinander sowie mit externen, d.h. vom Nachfrager beigesteuerten Faktoren kombiniert. Hierzu zählen

- die Person des Nachfragers selbst bzw. die Mitarbeiterinnen und Mitarbeiter eines nachfragenden Unternehmens, z.B. bei einer Beratungs-, Schulungs- oder Trainingsmaßnahme,
- sachliche Objekte, wie etwa eine zu reparierende Maschine, ein zu bebauendes Grundstück oder ein zu reinigendes Gebäude,

---

[15] Vgl. z.B. Engelhardt/Günter 1981.

[16] Vgl. z.B. Backhaus 1997, S. 293ff. Vgl. zu den verschiedenen diesbezüglich in der Literatur entwickelten Typologien: Kleinaltenkamp 1994b; Backhaus 1997, S. 275ff.

[17] Vgl. Kleinaltenkamp 1999a.

[18] Vgl. dazu auch Hilke 1989; Jacob 1995.

- Rechte, die etwa von einem Lizenznehmer oder einem Rechtsanwalt im Rahmen eines Rechtsstreits in Anspruch genommen werden dürfen,
- Nominalgüter, die z.B. einer Bank oder einem Unternehmen mit dem Ziel der Erreichung von Zinseinkünften als Einlage zur Verfügung gestellt werden, sowie
- Informationen, die im Rahmen einer Leistungserstellung, z.B. von einer Werbeagentur, einem Unternehmensberater oder einem externen Datenverarbeitungsunternehmen, verarbeitet werden.

Dieser Kombinationsprozeß führt sodann zur Entstehung des Leistungsergebnisses, einem aus unterschiedlichen Elementen bestehenden Leistungsbündel, das dem Nachfrager den gewünschten Nutzen stiften soll (vgl. Abb. 2).

Diese Betrachtungsweise bietet zwei Vorteile: Erstens können in bezug auf die einzelnen Leistungsdimensionen durchaus generelle, d.h. für den gesamten Business-to-Business-Bereich geltende Aussagen getroffen werden. Darüber hinaus ist durch die Kombination von Entscheidungstatbeständen der unterschiedlichen Ebenen ebenso eine spezielle Abstimmung auf Branchen- oder Marktbesonderheiten möglich.

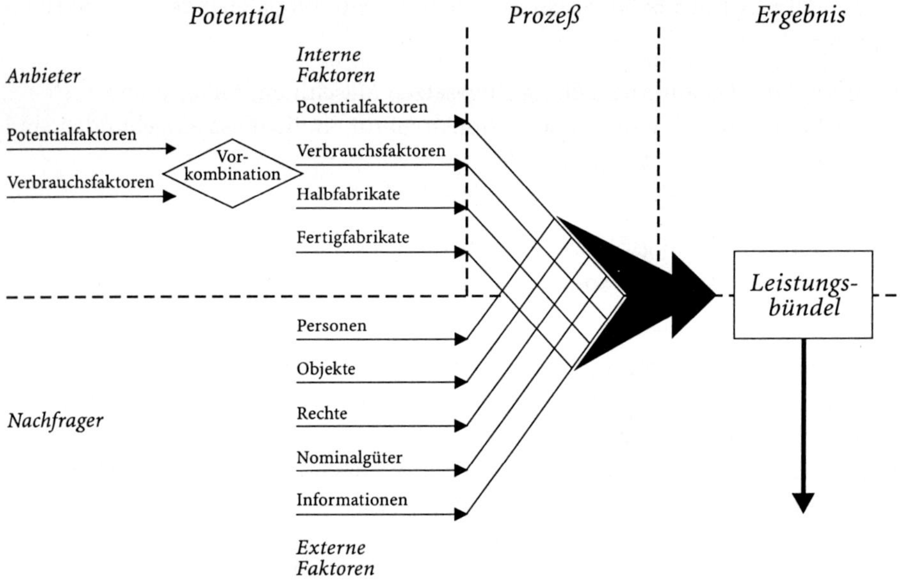

Abb. 2. Leistungsdimensionen (Quelle: Kleinaltenkamp, 1997, S. 351)

Welche Leistungsdimension bei der Gestaltung von Einzelleistungen zum dominierenden Bereich wird, hängt davon ab, inwiefern diese Elemente in ihrer konkreten betrieblichen Ausprägung zur Erzielung von Wettbewerbs- und insbesondere Kundenvorteilen geeignet sind. Es sind sowohl solche Fälle denkbar, bei denen die Bedeutung über alle drei Dimensionen gleich verteilt ist, als auch solche, die sich durch erhöhte Bedeutung einer oder zweier Dimensionen auszeichnen. Dies soll zunächst anhand eines Praxisbeispiels aus dem Business-to-Business-Sektor, das auf dem Markt für Elektroinstallationsmaterial im Bereich des Wohnungs- und Gewerbebaus angesiedelt ist, veranschaulicht werden:

Beispiel: 'Elektroinstallationsmaterial'
Der betrachtete Produktbereich umfaßt sogenannte Zählerplatzsysteme, die der Messung des Stromverbrauchs in Gebäuden dienen, Verteilungssysteme für elektrischen Strom, Modulargeräte und die Gebäudesystemtechnik, die sich der Microelektronik bedient und im Rahmen des sog. „Facility-Management" für die intelligente Steuerung verschiedenster Systeme im Gebäudebereich zur Anwendung kommt. Etwa zehn bis zwölf Hersteller vertreiben in Deutschland entsprechende Produktgruppen zu ca. 70 % über den Elektrofachgroßhandel als Handelsstufe an ca. 50.000 Installationsbetriebe. Diese Installationsbetriebe können nach der Betriebsgröße bzw. Kapazität der von ihnen erstellten Systeme unterschieden werden. Sehr kleine Installateure genauso wie private Heimwerker nutzen als Bezugsquelle auch Baumärkte, was ca. 10 % des Umsatzes der Hersteller ausmacht. Großinstallateure beziehen die Produkte und Leistungen auch direkt von den Herstellern, was die verbleibenden 20 % des Herstellerumsatzes erklärt. Die skizzierten Zusammenhänge sind in Abb. 3 wiedergegeben.

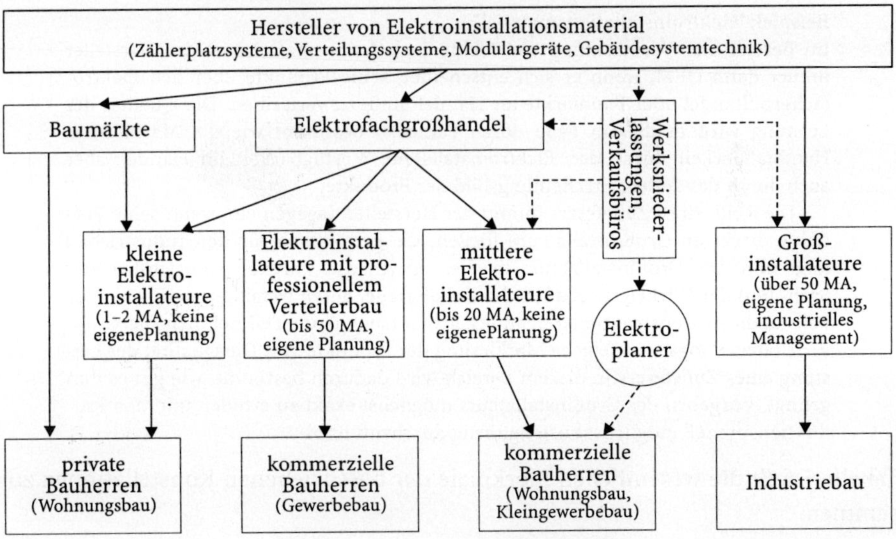

Abb. 3. Der Markt für Elektroinstallationsmaterial in Deutschland

Je nachdem, an welche Endabnehmer die betreffenden Leistungen gehen, ergeben sich jeweils andere Anforderungen an die Gestaltung des Leistungsprogramms. Eine erste Unterscheidung ergibt sich zunächst daraus, ob ein Anbieter überhaupt eine eigenständige Leistungsgestaltung i.e.S. betreibt oder ob er vielmehr lediglich die eigenen Fertigungs- bzw. Produktionskapazitäten anderen Herstellern zur Verfügung stellen möchte. Betreibt ein Anbieter eine Leistungsgestaltung, bei der die Leistungsergebnisse durch ein eigenständiges Erscheinungsbild auf dem Markt geprägt sind, so bezeichnet man ihn auch als Original Equipment Manufacturer (OEM). Legt er das Erscheinungsbild seiner Leistungsergebnisse dagegen nicht selbst fest, sondern fertigt und produziert er im Auftrag und nach Vorgabe und gehen seine (Vor-)Produkte nur als Bestandteil in die (End-)Produkte seines Abnehmers ein, die dann wiederum an nachgelagerte Marktstufen verkauft werden, so ist er als Zulieferer zu bezeichnen. OEM-Leistungen erfordern in aller Regel das Vorhandensein eigener F&E-Kapazitäten, die Durchführung eigener Marktforschungsaktivitäten und die Ausrichtung auf eine Vielzahl von Nachfragern. Zulieferer sind dadurch ausgezeichnet, daß sie in der Mehrzahl der Fälle nur von einer geringen Anzahl von Nachfragern abhängig sind. Eigene F&E-Aktivitäten erübrigen sich beim reinen Zulieferer. Allerdings sind Zwischenstufen denkbar. So können Zulieferer auch die Rolle von „Versorgungspartnern", „Entwicklungspartnern" oder gar „Problemlösern" einnehmen, was sie zunehmend in die Nähe von reinen OEMs rückt.[19] In jedem Fall erfordert die Gestaltung der Leistung eines OEM eine ganz andere Vorgehensweise als die Gestaltung der Leistung eines Zulieferers.

Beispiel: 'Elektroinstallationsmaterial'
Im Bereich der Vermarktung von Elektroinstallationsmaterial ist der Hersteller immer dann OEM, wenn er sich entscheidet, seine Produkte über den Elektrofachgroßhandel oder Baumärkte als Handelsstufe zu vertreiben. Die Qualität der Leistung wird in diesem Falle durch Faktoren bestimmt wie die Markierung, Handhabbarkeit durch den Elektroinstallateur, Verfügbarkeit im Handel, aber auch durch das äußere Erscheinungsbild der Produkte.

Die Rolle eines Zulieferers nimmt der Hersteller dagegen ein, wenn seine Produkte direkt an Großinstallateure fließen, die gewöhnlich für den Industriebau tätig sind. Die Großinstallateure machen spezifische Vorgaben hinsichtlich der Sach- und der Wirkeigenschaften der Zulieferteile, deren Detaillierung bis hin zur vollständigen Konstruktionszeichnung gehen kann. Zum Teil nehmen die Großinstallateure sogar eine eigene Markierung der Produkte vor. Die Qualität der Leistung eines Zulieferers in diesem Bereich wird dadurch bestimmt, wie gut es ihm gelingt, Vorgaben des Großinstallateurs möglichst exakt zu erfüllen und den Produktionsprozeß möglichst kostengünstig durchzuführen.

Tabelle 1 faßt die wesentlichen Merkmale der beschriebenen Konstellationen zusammen.

---

[19] vgl. z.B. Willée 1990, Wolters 1995.

Tabelle 1. Herstellerfunktion im Geschäft mit Elektroinstallationsmaterial

Funktion	*OEM*	*Lieferant*	*Hersteller/ Exporteur*		*System-partner*	*Zulieferer*
Kunde	• Private Bauherren/Kleininstallateure	• Baumärkte (direkt)	• Elektrofachgroßhandel	• mittlere/ große Installateure	• Elektrofachgroßhandel/ -installateure/-planer	• Großinstallateure (direkt)
Leistungsparameter	• Ästhetik/ Design/ Stil/ Mode • Farben • Produktdokument. • Montagefreundl.	• Vollständigkeit des Sortiments • Markierung • Verpakkung • Regallogistik	• Produktdokument. • Verkäuferschulung • 'Hotline' • 'POS'-Material	• Technische Normen (TAB) • Suchhilfen • Standards	• Projektierung • Kompetenz • Systemtools (CAD-Software) • Referenzen	• Fertigung: Qualität/ Kosten • Logistik: Flexibilität • Kooperation

Die Grundanforderung an eine moderne Leistungspolitik auf Business-to-Business-Märkten lautet also, daß die einseitige Orientierung auf das Leistungsergebnis („Produkt i.e.S.") aufgegeben werden muß. Nur wenn ein umfassendes Verständnis der Leistungsgestaltung in die Planung aufgenommen werden, sind die Voraussetzungen für ein systematisches Leistungsmanagement und damit für den Aufbau von Wettbewerbsvorteilen gegeben.

Dabei existieren zwei Aufgabenschwerpunkte. Der erste umfaßt die Gestaltung des Leistungspotentials. Der zweite beinhaltet die Gestaltung der Leistungsprozesse, die notwendig sind, um ein konkretes Leistungsergebnis bzw. -bündel tatsächlich entstehen zu lassen. Entsprechend dieser Zweiteilung sind auch die folgenden Ausführungen gegliedert.

1.4 Die Gestaltung des Leistungspotentials

Beim Leistungspotential handelt es sich um alle Produktionsfaktoren, die einem Anbieter langfristig zur Verfügung stehen und über die er autonom, also selbständig disponieren kann. Die Erscheinungsformen des Leistungspotentials in der marktlichen Praxis sind sehr vielfältig. Das Leistungspotential eines Beratungsunternehmens im Business-to-Business-Bereich unterscheidet sich beispielsweise wesentlich vom Leistungspotential eines 'klassischen' Maschinenbauers oder eines Unternehmens aus dem Montanbereich. Die Qualität des Leistungspotentials eines Beratungsunternehmens wird wesentlich durch die Qualifikation und die Erfahrung seiner Mitarbeiter geprägt, hingegen ist der Zugang zu Rohstoffressourcen für die Potentialgestaltung eines Montanbetriebes von hervorragender Bedeutung. Insofern müssen generelle Aussagen zu Gestaltungsoptionen des Leistungspotentials und dessen Zweckmäßigkeit einen gewissen Abstraktionsgrad einnehmen. In diesem Sinne erscheint es angebracht, übergeordnete Charakteristika des Leistungspotentials zu unterscheiden. Hier soll zwischen dem Umfang des Leistungsprogramms, der Kapazität und der Flexibilität eines Leistungspotentials sowie der Technologie, die in ein Leistungspotential eingebettet ist, differenziert werden.

1.4.1 Der Umfang des Leistungsprogramms

In der Praxis der Märkte beinhalten die Angebote von Unternehmen gewöhnlich mehrere, häufig sogar eine Vielzahl unterschiedlicher Leistungen. Die Art und Weise, wie sich diese Angebotsprogramme zusammensetzen, ist dabei von wesentlichem Einfluß auf die Erzielung von Wettbewerbsvorteilen.[20]

Die Tatsache, daß ein Unternehmen ein Leistungsprogramm anbietet, und die Form, wie es gestaltet wird, ist auf angebots- und/oder nachfragebezogene Determinanten zurückzuführen.[21] Eine angebotsgetriebene Programmgestaltung liegt zunächst immer dann vor, wenn technologische Gründe zwangsläufig dazu führen, daß aus ein und demselben Produktionsprozeß unterschiedliche Leistungen bzw. Leistungsbestandteile hervorgehen. Diese vielfach in der Chemischen Industrie - aber nicht nur dort - anzutreffende Form der Produktion wird auch als „Kuppelproduktion" bezeichnet.[22] Darüber hinaus sind in der Praxis aber auch Fälle beobachtbar, in denen der Produktionsprozeß zwar nicht zwangsläufig zu unterschiedlichen Erzeugnissen führt, eine Heterogenität des Produktionsoutputs allerdings eine Kostenreduktion im Vergleich zur Produktion lediglich einer einzigen Erzeugnisart bzw. zu einer geringen Anzahl von Leistungen mit sich bringt. Dies ist etwa dann der Fall, wenn Beschaffungs-, Forschungs-, Produktions-, Verwaltungs- oder Vertriebseinrichtungen durch die Hinzunahme weiterer Erzeugnisarten vollständig oder besser ausgelastet werden können.

Die nachfrageinduzierte Programmgestaltung läßt sich im Gegensatz dazu primär auf Erlösgründe zurückführen. Voraussetzung ist, daß ein Bedarfsverbund vorliegt, d.h., daß verschiedenen Beschaffungsentscheidungen eines Nachfragers nicht isoliert getroffen werden, sondern untereinander in Verbindung stehen. In diesem Sinne können zwei Arten von Nachfrageverbunden unterschieden werden: der Einkaufs- und der Auswahlverbund.

- Der *Einkaufsverbund* ist dadurch geprägt, daß die Beschaffung verschiedener Leistungen in einem einzelnen Kaufakt erfolgt. Typisch ist dies beispielsweise im Anlagengeschäft, wo ein Bedarfsverbund zwischen der Anlage an sich und

20 Vgl. Plinke 1999a.

21 Vgl. zu dem folgenden vor allem Engelhardt 1976.

22 Riebel 1955, S. 63.

den sog. produktbegleitenden Dienstleistungen, wie Inbetriebsetzung, Schulung und Wartung, besteht. Zur selben Kategorie ist der Fall zu zählen, daß bei einem Anbieter in einem Beschaffungsakt bzw. in einem Auftrag gleichzeitig mehrere Leistungen geordert werden, die grundsätzlich auch jeweils allein beschafft werden könnten. Durch den gemeinsamen Kauf sinken aber beispielsweise die Kosten für die Informationsbeschaffung des Nachfrager sowie dessen Transportkosten. Ein Anbieter, der derartige Leistungen, die ein Nachfrager in einem Beschaffungsakt kaufen will, aber nicht in seinem Angebotsprogramm führt, wird in solchen Fällen nicht als Problemlöser ins Auge gefaßt und verfügt in dieser Beziehung über Wettbewerbsnachteile.

- Ein *Auswahlverbund* ist demgegenüber dann gegeben, wenn der Nachfrager zwar lediglich eine einzelne Leistung bzw. eine einzelne Leistungsart erwerben möchte, diese Entscheidung aber nur treffen will oder kann, wenn ihm dazu eine größere Auswahl ähnlicher Modelle, Typen, Größen, Formen, Farben dargeboten wird. Zwar ist es nicht zwingend notwendig, daß ein Bedarfsverbund auch durch einen Angebotsverbund gedeckt wird, oftmals hat jedoch derjenige Anbieter, der über diesen Angebotsverbund verfügt, einen Wettbewerbsvorteil und kann somit höhere Erlöse realisieren.

Beispiel: 'Elektroinstallationsmaterial'
In unserem eingangs beschriebenen Beispiel 'Elektroinstallationsmaterial' bestimmt die Sortimentsgestaltung in einem klassischen Sinne in signifikantem Maße Art und Stärke von Wettbewerbsvorteilen beim Vertrieb über Baumärkte und über den Elektrofachgroßhandel. Diese Handelsstufen sind bestrebt, ihren Nachfragern, nämlich den privaten Bauherren, den Elektroinstallateuren und den Verteilerbauern, ein möglichst vollständiges Sortiment im Hinblick auf deren Bedarf zu bieten. Ein Vollsortiment ist auf Herstellerebene also zunächst ein genereller Wettbewerbsvorteil. Kann der Hersteller etwa aufgrund technologischer oder kapazitätsmäßiger Restriktionen ein solches Vollsortiment nicht bieten, so ist es vorteilhaft, insbesondere solche Unternehmen der Handelsstufen aktiv zu bearbeiten, die die komplementären Sortimentsbestandteile bereits von anderen Herstellern beziehen. Günstig ist es sicherlich, wenn das eigene Programm durch diese Quellen nicht gedeckt werden kann.

Die programmpolitischen Entscheidungsalternativen, die auf der Basis der skizzierten Angebots- und Nachfrageverbunde realisiert werden können, sind in Abb. 4 zusammengefaßt dargestellt.

Programmpolitsche Entscheidungsalternativen i.e.S. sind alle Maßnahmen, die nicht auf eine Beibehaltung, sondern auf eine Änderung des angebotenen Programms hinauslaufen. Eine solche Änderung kann eine Einengung des Programms, dessen Ausweitung oder eine grundsätzliche Variation seiner Struktur sein.

Eine Strukturveränderung im Sinne einer *Gewichtsverlagerung* liegt dann vor, wenn eine Verschiebung der Umsatzanteile unterschiedlicher Programmbestandteile angestrebt wird, ohne daß die Zahl der Leistungen bzw. Leistungsarten ver-

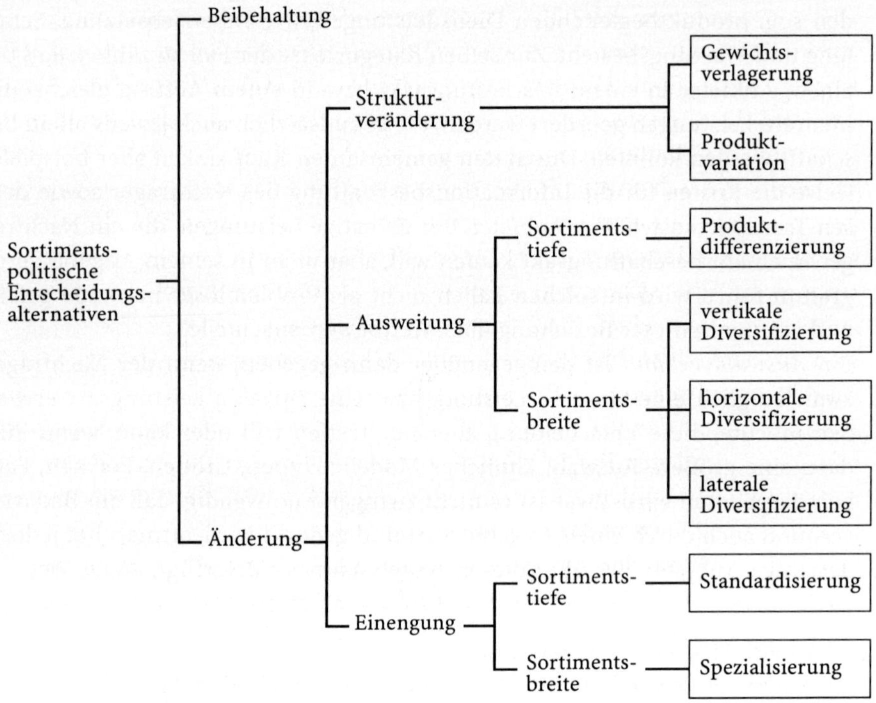

Abb. 4. Programmpolitische Entscheidungsalternativen (In Anlehnung an: Engelhardt/Plinke, 1979, S. 148)

ändert wird. Strukturveränderung im Sinne einer *Leistungsvariation* liegt dagegen vor, wenn einzelne Elemente des Programms z.B. im Rahmen eines Modellwechsels verändert werden, die Zahl der angebotenen Leistungen bzw. Leistungsarten aber ebenfalls unverändert bleibt.
Die Programmänderungen durch Ausweitung oder durch Einengung beziehen sich entweder auf die Programmtiefe oder auf die Programmbreite.

- Die *Programmtiefe* kennzeichnet dabei die Auswahl an Leistungen, die grundsätzlich zur Lösung eines identischen Anwendungsproblems des Nachfragers geeignet sind.
- Die *Programmbreite* beinhaltet dagegen die Auswahl an Leistungen, die zu Lösung unterschiedlicher Anwendungsprobleme zur Verfügung stehen.

Hinsichtlich der Programmbreite unterscheidet man bei einer Ausweitung die Möglichkeiten der vertikalen, der horizontalen und der lateralen Diversifizierung:

- Die *vertikale Diversifizierung* besteht in der Hinzunahme von Leistungen, die bisher von nach- oder vorgelagerten Marktstufen angeboten bzw. erbracht wurden, was auch als *Vorwärtsintegration* bzw. *Rückwärtsintegration* bezeichnet wird. Ein Beispiel für eine Vorwärtsintegration wäre der Einstieg eines Herstellers von Batterien und Akkumulatoren in die Produktion und den Absatz von elektrisch angetriebenen Fahrzeugen. Wenn hingegen ein Computerhersteller eigene Kapazitäten zur Produktion von Speicherchips aufbaut, die er bislang fremdbezogen hat, liegt eine Form der Rückwärtsintegration vor.
- *Horizontale Diversifizierung* ist dadurch charakterisiert, daß die zusätzlichen Leistungen nicht einer vor- oder nachgelagerten Marktstufe zuzurechnen sind, sondern vielmehr zur selben Verarbeitungsstufe gehören und zudem in einer Verwandtschaft mit dem bisherigen Programm stehen. Diese Verwandtschaft kann auf der Verwendung gleicher Rohstoffe, des Einsatzes desselben oder eines ähnlichen Produktionsprozesses beruhen oder daher rühren, daß die Leistungen von denselben Kunden nachgefragt oder über dieselben Vertriebswege abgesetzt werden.
- Fehlt jegliche Form der Verbindung zwischen den bisherigen und einer neuen Leistung bzw. neuen Leistungen oder sind diese Beziehungen nur sehr schwach ausgeprägt, so liegt der eher seltene Fall der *laterale Diversifizierung* vor.

Eine Einengung der Sortimentsbreite wird demgegenüber als *Spezialisierung* bezeichnet. Sie hat zum Ergebnis, daß ein Leistungsprogramm nicht mehr so viele verschiedenartige Leistungen umfaßt. Bevor die mit einer Spezialisierung einhergehenden *Eliminierungsentscheidungen* jedoch getroffen werden, sind die erlös- und ertragsmäßigen Auswirkungen zu errechnen, und es ist zu prüfen, ob die Lebensdauer der Leistungen verlängert werden kann und soll. Dies kann durch ein „Revival" oder einen „Relaunch" erfolgen:

- Eine *Revival*-Strategie ist dadurch gekennzeichnet, daß die eigentliche Leistung in ihrem Kern unverändert bleibt, eine neuerliche Förderung des Absatzes aber durch Maßnahmen im Bereich der Distribution, der Kommunikation oder der Entgeltgestaltung versucht wird.
- Demgegenüber beinhaltet eine *Relaunch*-Strategie, daß eine Leistung zunächst vom Markt genommen wird, um sie dann in irgendeiner Hinsicht zumindest teilweise neugestalteter Form wieder neu einzuführen.

Die Ausweitung der Programmtiefe wird als *Leistungsdifferenzierung* bezeichnet. Sie umfaßt alle Vorgehensweisen, bei denen ein Unternehmen gleichzeitig verschiedene Varianten einer Leistungsart offeriert. Erfolgt die Differenzierung der Leistungen dabei im Hinblick auf die Wünsche und Erfordernisse einzelner Kunden, spricht man auch von *Leistungsindividualisierung*. Verfolgt ein Unternehmen eine solche Strategie der Leistungsindividualisierung, dann tritt das Leistungsergebnis als Gegenstand der Leistungspolitik in den Hintergrund. Ursache dafür ist der Umstand, daß Ergebnisse immer nur im Rahmen konkreter Transaktionen geplant und gestaltet werden können und nicht Entscheidungstatbestand einer Politik sind bzw. sein können. Die Einengung der Programmtiefe wird dagegen als *Leistungsstandardisierung* bezeichnet. Sie stellt den Fall dar, daß die zur Lösung von Anwendungsproblemen angebotenen Leistungen vereinheitlicht werden, so daß die Zahl der Leistungen, die ein Programm umfaßt, reduziert wird.

In den letzten Jahren ist nun in vielen Unternehmen die Entwicklung zu beobachten, daß sich aufgrund von Individualisierungs- und Diversifizierungstendenzen weit ausufernde Sortimente gebildet haben, die aufgrund des Ersatzteil-, Lagerhaltungs- und Verwaltungsaufwands wiederum zu weitreichenden Kostensteigerungen geführt haben. Diese sog. 'Komplexitätskosten', die allein von der Anzahl der angebotenen Produktvarianten und nicht von deren jeweils produzierten und abgesetzten Mengen abhängen, machen nach Schätzungen aus der Unternehmensberatungspraxis in machen Betrieben zwischen 20–50 % der den einzelnen Produkten nicht zurechenbaren Gemeinkosten aus.[23] Empirische Untersuchungen in der Elektronikindustrie sind in diesem Zusammenhang zu dem Ergebnis gekommen, daß Unternehmen mit einer geringen Variantenvielfalt eine deutliche höhere Umsatzrendite realisieren als solche mit einer hohen Variantenvielfalt. Ebenso schaffen es die erfolgreicheren Unternehmen in dieser Branche 100 Mio. US$ Umsatz im Durchschnitt mit lediglich 346 Endprodukten zu erzielen, während die weniger erfolgreichen Unternehmen hierzu im Schnitt 517 Endprodukte benötigen[24] (vgl. Abb. 5).

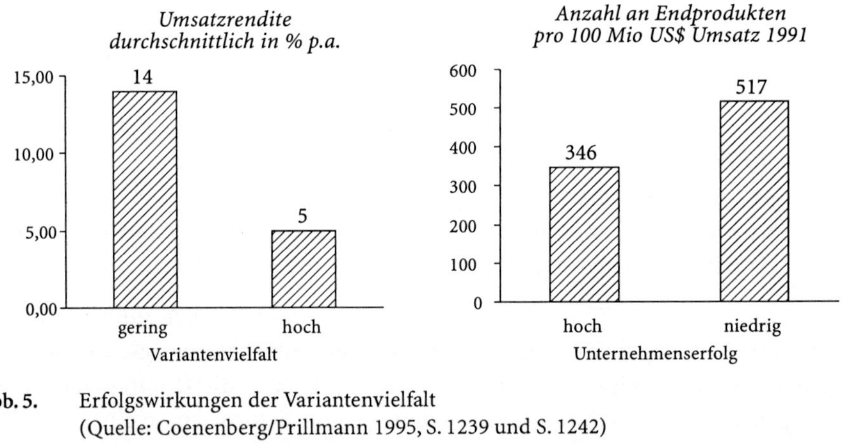

Abb. 5. Erfolgswirkungen der Variantenvielfalt (Quelle: Coenenberg/Prillmann 1995, S. 1239 und S. 1242)

[23] Vgl. Roever 1991.

[24] Vgl. Coenenberg/Prillmann 1995, S. 1242.

Symptomatisch ist dabei zudem, daß Unternehmen, die sich auf stagnierenden bzw. schrumpfenden Märkten bewegen, die Zahl der von ihnen angebotenen Varianten deutlich mehr steigern als solche, die auf Wachstumsmärkten agieren. Bei einer empirischen Untersuchung dieser Zusammenhänge ergab sich, daß in Märkten, in denen sich in den Jahren zwischen 1980 und 1990 das Marktvolumen verdoppelt hatte, einen Variantenwachstum auf 280 bis 350% stattgefunden hatte. Auf Märkten, auf denen es zu einer Stagnation der abgesetzten Menge bzw. bei einer Reduktion auf 80% des ursprünglichen Wertes gekommen war, erhöhte sich demgegenüber die Variantenzahl im selben Zeitraum auf 420% bis 520% des Ausgangswertes (vgl. Abb. 6).[25]

Die Standardisierung von Produkten und (Teil-)Leistungen ist somit für viele Unternehmen zu einem wichtigen Aufgabenfeld geworden, will man nicht nachhaltige Kostennachteile und damit einen Verlust an Wettbewerbsfähigkeit hinnehmen. Standardisierung heißt dabei, daß in einem gegebenen Markt oder Marktsegment allen bzw. einer großen Anzahl von Nachfragern die gleichen Objekte zum Austausch angeboten werden. An eine solche Vorgehensweise ist vor allem die Erwartung geknüpft, Kostenvorteile der Serien- oder Großserienproduktion zu erzielen.

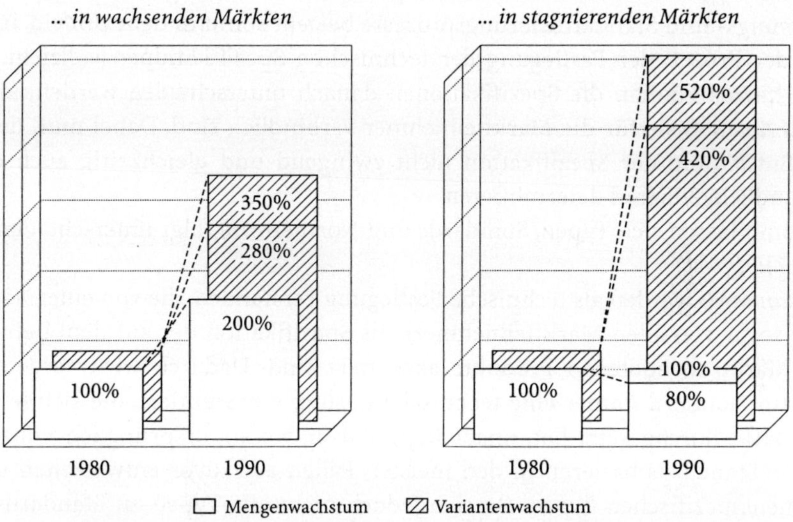

Abb. 6. Entwicklung der Variantenvielfalt in wachsenden und stagnierenden Märkten (Quelle: Wildemann 1991, S. 15f.)

25 Vgl. Wildemann 1991, S. 15f.

Hieraus resultiert eine mehr oder weniger stark ausgeprägte Vereinheitlichung der einzelnen Leistung aus der Perspektive des Anbieters. Diese Vereinheitlichung kann in verschiedenen Formen erfolgen, häufige Verwendung finden die Begriffe „Typen“, „Standards“ und „Normen“.[26] Es fällt jedoch auf, daß sich in Abhängigkeit von den Bereichen, in denen diese Termini Verwendung finden, durchaus unterschiedliche Begriffsinhalte feststellen lassen. Im allgemeinen wird damit die Beschreibung und Festlegung der technischen Spezifikationen eines Gutes oder der Ausgestaltung einer Dienstleistung verbunden. Normung und Standardisierung können somit als Prozesse verstanden werden, in deren Verlauf Spezifikationen festgelegt werden, die bestimmte Merkmale von Systemen, Produkten oder Produktteilen, wie z.B. Art, Form, Größe; Leistung u.s.w. beschreiben bzw. definieren. Da sich diese Beschreibung allein auf den Inhalt, d.h. die Festlegung der technischen Spezifikationen an sich, bezieht, nicht jedoch auf das Umfeld, in dem die Normungs- und Standardisierungsprozesse ablaufen, kommt es häufig zu einer synonymen Verwendung der Begriffe Standard und Norm. Dabei wird allerdings vernachlässigt, daß sich diese Vorgänge auf unterschiedlichen Ebenen vollziehen können, denn sowohl ein einzelner Hersteller oder Gruppen von Marktteilnehmern als auch Normungsinstitutionen und der Gesetzgeber sind grundsätzlich in der Lage, technische Spezifikationen festzusetzen. Ein diskriminierendes Merkmal zur Unterscheidung solcher Festlegungen als Ergebnis der Normungs- und Standardisierungsprozesse besteht somit in dem Umfeld, in dem sich der Prozeß der Festlegung der technischen Spezifikationen vollzieht. Darüber hinaus können die Spezifikationen danach unterschieden werden, in welchem Ausmaß sie für die Marktteilnehmer verbindlich sind. Dabei muß der Ort der Entstehung der Spezifikation nicht zwingend und gleichzeitig auch deren Verbindlichkeitsgrad determinieren.

Somit lassen sich Typen, Standards und Normen wie folgt unterscheiden (vgl. Abb. 7):

Standards werden als technische Festlegung verstanden, die von einer Vielzahl oder sogar von allen Marktteilnehmern als Spezifikation der auf dem betreffenden Markt angebotenen Produkte akzeptiert sind. Dadurch wird verdeutlicht, daß ein Standard immer eine technische Lösung repräsentiert, die sich letztlich am Markt durchgesetzt hat, unabhängig davon, wo sie ursprünglich konzipiert wurde. Standards basieren in den meisten Fällen auf zuvor entwickelten unternehmensspezifischen *Typen*. Da sich jedoch nicht alle Typen zu Standards entwickeln können, schlägt sich in dem Prozeß der Etablierung eines bzw. mehrerer Standards auf einem Markt gleichzeitig auch ein Selektionsprozeß nieder. In ihm kann sich eine bestimmte Spezifikation durchsetzen, während häufig eine Vielzahl anderer vom Markt verschwindet oder zur Bedeutungslosigkeit herabsinkt.

[26] Vgl. dazu und zu den folgenden Ausführungen Kleinaltenkamp 1994a.

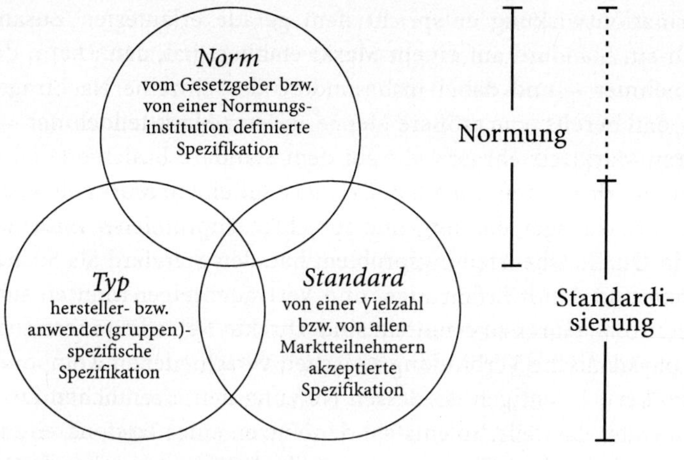

Abb. 7. Arten technischer Spezifikationen (Quelle: Kleinaltenkamp 1993, S. 19)

Für das standardsetzende oder maßgeblich beeinflussende Unternehmen ergibt sich der Fall, daß der Typ mit dem Standard identisch ist bzw. weitgehend mit ihm übereinstimmt.

Demgegenüber gründet sich eine *Norm* in aller Regel auf einen etablierten Marktstandard oder ist mit ihm deckungsgleich, da die Normungsinstitutionen angehalten sind, ihre Festlegungen auf der Basis eines allgemeinen Konsenses sowie auf abgestimmten Prozessen von Wissenschaft, Technik und Praxis zu treffen.[27] Insofern bildet für ihre Überlegungen ein etablierter Standard einen wichtigen, wenn nicht sogar den ausschlaggebenden Ausgangspunkt. Die sich im allgemeinen somit vor dem Normungsprozeß vollziehenden Selektionsprozesse auf dem Markt habe ja bereits ein Urteil über die Eignung einer Spezifikation zur Lösung eines bestimmten Problems abgegeben. Dabei spielen auch nicht unmittelbar in der technischen Leistungsfähigkeit begründete Faktoren eine Rolle. Hierzu zählen etwa die Marktmacht eines Anbieters, bestehende Geschäftsbeziehungen zu bestimmten Kundenkreisen, die aus der Erfahrung der Anwender heraus vermutete Kompetenz eines Anbieters für eine bestimmte Problemlösung u.ä.

Im Hinblick auf die Erzielung von Kundenvorteilen lassen sich drei Arten der Wirkung von Standards unterscheiden:

- Informationswirkungen,
- direkte Netzeffekte und
- indirekte Netzeffekte.

[27] Vgl. etwa Deutsches Institut für Normung e.V. 1982.

Die Informationswirkung entspricht dem gerade erläuterten Zusammenhang. Wenn sich ein Standard auf einem Markt etabliert hat, dann kann der einzelne Marktteilnehmer - und dabei insbesondere der einzelne Nachfrager - davon ausgehen, daß bereits eine größere Menge anderer Marktteilnehmer - oder sogar alle anderen Marktteilnehmer - die auf dem Standard basierende Lösung als geeignet und überlegen befunden hat. Existiert auf einem Markt also ein Standard, so kann ein Nachfrager, der aufgrund subjektiv empfundener Informationskomplexität ein Qualitätsbeurteilungsproblem hat, den Standard als Sucheigenschaft heranziehen und damit Erfahrungs- und Vertrauenseigenschaften substituieren, die schwerer bzw. teurer zu ermitteln sind. Direkte Netzeffekte resultieren daraus, daß eine physikalische Verbindung zwischen verschiedenen Komponenten eines Systems zu berücksichtigen ist, dessen Nutzung den eigentlichen Zweck des betreffenden Gutes darstelle. So entsteht der Nutzen eines Telefons, eines Telefaxgerätes o.ä. erst dadurch, daß auch andere Teilnehmer entsprechende Geräte besitzen. Er ist um so größer, je größer die „installierte Basis" ist, d.h. je mehr Teilnehmer ein solches Netz umfaßt. Vielfach ist die Akzeptanz solcher Produkte sogar erst dann gegeben, wenn eine bestimmte „kritische Teilnehmerzahl"[28] oder „kritische Schwelle"[29] bzw. eine „kritische Masse"[30] erreicht wird. Demgegenüber stellen sich indirekte Netzeffekte dadurch ein, daß das Angebot an Komplementärleistungen und damit die Möglichkeit zu ihrer Nutzung erhöht wird.[31] Die Wirkung solcher indirekter Netzeffekte kann beispielhaft an den überbetrieblichen Standardisierungsprozessen bei Videorecordern und Personal Computern verdeutlicht werden. So haben die Verfügbarkeit bespielter Videokassetten und die Möglichkeit, sie zu leihen bzw. zu tauschen, ebenso zur Akzeptanz und Verbreitung von *VHS*-Video-Rekordern beigetragen, wie das Angebot lauffähiger Anwendungssoftware zur Durchsetzung der *IBM*-PCs und des *IBM*-PC-Standards.

Für den betrieblichen Entscheider ergeben sich zwei Handlungsalternativen:

- Entweder folgt er einem bereits etablierten Standard,
- oder er orientiert sich nicht an etablierten Standards, sondern betreibt eine unabhängige Gestaltung von unternehmensspezifischen Typen.

Die Beantwortung dieser Frage hängt wesentlich von Art und Ausmaß der Potentiale eines Unternehmens ab und dem Ausgang der Untersuchung von Erfolgsquellen des Unternehmens. Ihr soll an dieser Stelle nicht weiter nachgegangen werden.[32] Entscheidet ein Anbieter sich, die erste Option zu verfolgen, näm-

---

28 Backhaus/Weiber 1987, S. 76.

29 Wiese 1990, S. 6.

30 Weiber 1992, S. 19.

31 Vgl. Farrell/Saloner 1985, S. 71; Katz/Shapiro 1986, S. 146; Pfeiffer 1989, S. 18f.

32 Vgl. dazu Plinke 1999b, Plinke/Rese 1999.

lich die Anlehnung an einen existierenden Standard, so besteht die Aufgabe der Leistungsgestaltung vor allem darin, den Standard möglichst gut zu durchdringen und in der eigenen Marktleistung entsprechend umzusetzen. Es gilt also, dem Standard möglichst weitgehend zu entsprechen. Entscheidet er sich dagegen für die zweite Option, so muß er entweder sicherstellen, daß seine Marktleistung neben existierenden Standards tatsächlich überleben kann, oder er muß versuchen, selbst einen Standard zu prägen. Wie aus unseren Überlegungen bereits klar geworden ist, kann dies nur gelingen, wenn sich die eigene Marktleistung durch eine wenigstens gleichwertige, besser sogar noch durch eine überlegene Qualität auszeichnet.

Ob nun die Leistungsindividualisierung (Ausweitung der Programmtiefe) oder die Leistungsstandardisierung (Einengung der Programmtiefe) als tendenziell vorteilhaft angesehen wird, hängt von der Ausprägung bestimmter Variablen ab, die sich auf das zu vermarktende Objekt, den betreffenden Anbieter, die Gesamtnachfrage sowie auf einzelne Nachfrager beziehen (vgl. Tabelle 2).

Ergibt sich aus derartigen Überlegungen eine Tendenz in Richtung auf eine individualisierte Leistungsgestaltung, muß das aber nicht bedeuten, daß zwangsläufig alle betreffenden Geschäftsabläufe kundenspezifisch gestaltet werden müssen. Da es ja darum geht, ein Leistungs*ergebnis* kundenindividuell zu gestalten, können viele Prozesse und Zwischenergebnisse, die zur Hervorbringung dieses Leistungsergebnisses benötigt werden, durchaus standardisiert sein bzw. werden. Lediglich die endgültige Gestaltung des gesamten Leistungsbündels erfolgt anhand der kundenindividuellen Spezifikationen bzw. Wünsche. Standardisierung und Individualisierung können sich somit allein oder auch in Kombination auf verschiedene Komponenten einer einzelnen Leistung beziehen.

Die dargestellten Zusammenhänge sind der Grund dafür, daß in der Realität beide Arten der Gestaltung eines Leistungsergebnisses – Standardisierung und Individualisierung – häufig parallel zum Einsatz kommen. Die Folge ist, daß neben den 'reinen' Formen verschiedenartigste Fälle der Kombination von Standardisierung und Individualisierung im Angebot eines Anbieters auftreten. Dabei wird die Schnittstelle zwischen kundenabhängiger und kundenunabhängiger Leistungserstellung auch als '*Order-Penetration-Point*' bezeichnet wird.[33] In Tabelle 3 sind die verschiedenen Formen beispielhaft für den Bereich der Einzelaggregate und Anlagen zusammengestellt.[34]

---

33 Vgl. Ihde 1988, S. 16.

34 Arbeitskreis „Marketing in der Investitionsgüter-Industrie" der Schmalenbach-Gesellschaft 1977, S. 42.

Tabelle 2. Die Wirkung verschiedener Variablen auf die Standardisierungs-/Individualisierungsentscheidung
(Quelle: Arbeitskreis „Marketing in der Investitionsgüter-Industrie" der Schmalenbach-Gesellschaft 1977, S. 43)

	Standardisierung	*Individualisierung*
I. Objektbezogene Variablen		
1. Technische Möglichkeit einer allgemeinen Problemlösung	gegeben	nicht gegeben
2. Komplexität der Leistung	gering	hoch
3. Zerlegbarkeit in Teilleistungen	hoch	gering
4. Variabilität in den Kombinationsmöglichkeiten der Teilleistungen (Baukastensystem)	gering	hoch
5. Technischer Fortschritt	langsam	schnell
6. Dienstleistungen	nach Kauf	vor Kauf
7. Standardisierungsgrad von komplementären und/oder Folgeprodukten	hoch	gering
II. Anbieterbezogene Variablen		
8. Marktmacht des Anbieter (Angebotsstruktur)	hoch	gering
9. Produktpolitische Nachteile des Anbieters	gegeben	nicht gegeben
10. Betriebsgröße	groß	klein
11. Beschäftigungsgrad	hoch	gering
12. Erfolgs-Teilziel (u.a. in Abhängigkeit von der Konjunkturlage)	Kostensenkung	Ertragssteigerung
III. Auf die Gesamtnachfrage bezogene Variablen		
13. Zahl der Verwendungsbereiche und der Nachfrager sowie Gesamtnachfragemenge	hoch	niedrig
14. Anwendungsbedürfnisse	undifferenziert	differenziert
15. „Nachfragementalität"	undifferenziert	differenziert
16. Zeitliche Verteilung des Bedarfs und Auftragseingang	kontinuierlich	diskontinuierlich
IV. Auf einzelne Nachfrager bezogene Variablen		
– Desinteresse bzgl. Standardisierung/Individualisierung	gegeben	nicht gegeben
– Nachfragemacht eines Nachfragers, Nachfragemenge[a], Auftragswert[b], und Know-how des Nachfragers	gering	hoch
– Wertschätzung der Leistung durch den Nachfrager (akzeptierter Preis)	niedrig	hoch
– Bedeutung von Sicherheits-/Risikoaspekten für den Nachfrager	hoch	gering
– Bedeutung des Prestigeaspekts für den Nachfrager	gering	hoch

[a] Es wird eine kundenindividuelle Produktserie aufgelegt (kundenindividuelle Standardisierung).
[b] Liegt gleichzeitig eine größere Nachfragemenge vor, so: siehe Anmerkung *a*.

Tabelle 3. Möglichkeiten der Standardisierung und Individualisierung bei Einzelaggregaten und Anlagen (Quelle: Arbeitskreis „Marketing in der Investitionsgüter-Industrie" der Schmalenbach-Gesellschaft 1977, S. 42)

	Standardisierungsmöglichkeiten
(1)	Strenge Standardisierung der Gesamtleistung (Sach- und Dienstleistung)
(2)	Standardisierung des Sachgutes + Individualisierung der Software
(3)	Standardisierung des Basisgutes + Individualisierung des Zubehörs sowie von Nebenstellen + Individualisierung der Software
(4)	Standardisierung von Produktteilen (Baugruppen, -elementen, -teilen) des Gutes + Individualisierung der Software (zur Verbindung der Baukastenteile)
(5)	Individualisierung des Sachgutes + Standardisierung der Software
(6)	Strenge Individualisierung der Gesamtleistung (Sach- und Dienstleistung) Da i.d.R. mindestens ein Rückgriff auf standardisierte Grundelemente erfolgt, liegt im allgemeinen eine *abgemilderte* Form der Individualisierung vor.

Eine wesentliche Schwierigkeit jeder Leistungskonfiguration besteht somit genau darin, ein im Hinblick auf die ökonomischen Wirkungen optimales Verhältnis von standardisierter und individualisierter Leistungsgestaltung zu bestimmen. Dieses kritische Standardisierungs- oder Typisierungsmaß[35] kann dadurch bestimmt werden, daß man der preislichen Präferenzprämie, die durch eine Individualisierung aufgrund der Kundennähe der Problemlösung erzielt werden kann, die zusätzlichen Kosten des Informationsaustausches gegenüberstellt, die gleichfalls durch die Individualisierung verursacht werden. Empirische Untersuchungen dieses Zusammenhangs deuten darauf hin, daß eine solche optimale Relation im Produkt- und im Systemgeschäft zwischen Werten von 20:80 und 50:50 für den jeweiligen Anteil individualisierter und standardisierter Leistungsbestandteile (Order-Penetration-Point-Verhältnis) liegt (vgl. Abb. 8).[36]

Einschränkend bleibt zu erwähnen, daß ein solches optimales Standardisierungsmaß im Einzelfall allerdings nicht als über die Zeit stabil angenommen werden darf. Mit fortschreitendem Marktprozeß ändern sich nämlich sowohl die Kaufrelevanz standardisierter und individualisierter Leistungsmerkmale und damit die Präferenzprämie als auch die für den Informationstransfer anfallenden Kosten.[37]

35 Vgl. Gutenberg 1983, S. 114.

36 Vgl. Jacob/Kleinaltenkamp 1994, S. 31.

37 Vgl. Kleinaltenkamp 1999a.

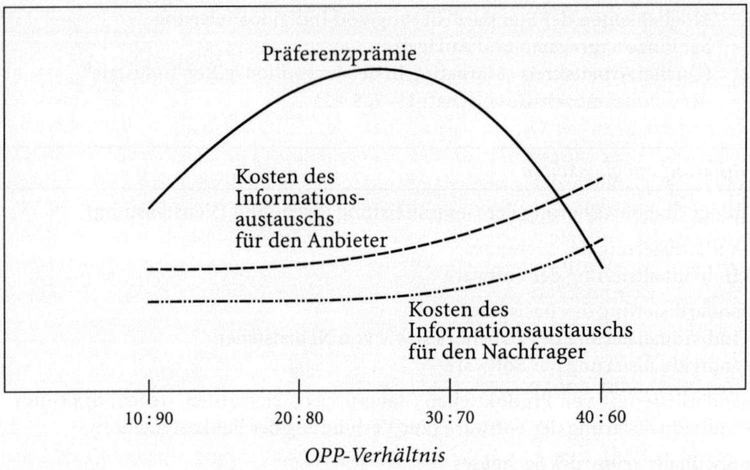

Abb. 8. Präferenz- und Kostenwirkungen in Abhängigkeit vom Order-Pentration-Point-Verhältnis (Quelle: Jacob/Kleinaltenkamp 1994, S. 31)

Beispiel: 'Elektroinstallationsmaterial'
Im Beispielfall 'Elektroinstallationsmaterial' ist die Standardisierung sicherlich immer dann die überlegene Vorgehensweise, wenn über Baumärkte an Endkonsumenten bzw. über Baumärkte und den Elektrofachgroßhandel an kleine Elektroinstallateure verkauft werden soll. Es liegt die Besonderheit vor, daß der Standard in diesem Fall sogar in aller Regel technischen Normen entspricht. Folgen die Produkte der Hersteller diesen Normen, so können sie vom Installateur verwendet werden, ohne daß Planer eingeschaltet werden müssen oder die Genehmigung der Systeme durch Baubehörden gefährdet wäre. Eine zusätzliche Möglichkeit zur wettbewerblichen Profilierung rührt aus dem Umstand, daß die einzelnen regionalen Elektrizitätsversorgungsunternehmen speziell für Zähleranlagen z.T. unterschiedliche Normen (TAB = Technische Anschlußbedingungen) formuliert haben. Der Anbieter kann sich also dadurch profilieren, daß er dem Elektroinstallateur Hilfen zur schnellen Findung dieser TAB zur Verfügung stellt und einen möglichst großen Rahmen an TAB sehr genau abdeckt. Hohe Wettbewerbsrelevanz hat die Standardisierung auch im Zusammenhang der Gebäudesystemtechnik, wo die 'klassische' Elektroinstallation mit 'moderner' Elektronik und EDV-Technologie zum Zwecke des integrierten Gebäudemanagements kombiniert wird. In diesem Bereich konkurrieren z.Z. verschiedene sogenannte Datenbus-Systeme um die Rolle des Marktstandards. Datenbus-Systeme sind die Grundlage der Datenvernetzung und ermöglichen den Datenaustausch zwischen den einzelnen Elementen eines integrierten Gebäudemanagementsystems. Wettbewerbsvorteile entstehen dann, wenn ein Anbieter rechtzeitig dasjenige System mit dem höchsten Standardpotential erkennt und seinen Produkten zugrunde legt.

Standardisierung versagt jedoch in allen Fällen, wenn die Hersteller Hilfestellung bei der Systemgestaltung leisten müssen. Dies ist immer der Fall, wenn (1) aus der Endverwendung der Elektroverteilungssysteme sehr individuelle Anforderungen abgeleitet werden können, (2) die Anlagengröße für spezialisierte Verteilerbauer mit eigener Planungsabteilung noch nicht interessant ist und (3) der Elektroinstallateur nicht über eine eigene Planungsabteilung verfügt bzw. ein zusätzlich eingeschalteter Elektroplaner die Planungsleistung nicht alleine erbringen kann. Ein Beispiel wäre die Neuinstallation einer Elektroverteilung in einem Natursteinwerk mittlerer Größe, wo u.a. sehr viel Staub anfällt und die Produktionsbedingungen derart spezifisch sind, daß eine Standardinstallation sowohl den betrieblichen als auch den gesetzlichen Rahmenbedingungen nicht mehr genügen würde. In diesem Falle hat sicherlich derjenige Hersteller einen Differenzierungsvorteil, der Problemlösungs-Know-how über die Qualifikation seines Vertriebspersonals, die Verfügbarkeit von Anwendungsunterstützung, Kundenschulung, technische Dokumentation mitbringt.

1.4.2 Die Kapazität des Leistungspotentials

Unter der Kapazität des Leistungspotentials versteht man im allgemeinen eine bestimmte Leistungsfähigkeit, die darin besteht, in einem bestimmten Zeitabschnitt Leistungen in bestimmten Mengen und Qualitäten zu erstellen.[38] Gemessen wird die Kapazität i.d.R. am Output, also an der Menge der (maximal) erbringbaren Leistungseinheiten im vorgegebenen Zeitraum. Gesteuert wird die Kapazität allerdings zum einen durch den Bestand an Produktionsfaktoren und zum anderen durch die Intensität der Nutzung dieser Produktionsfaktoren.

Unterstellt man einen traditionellen Kapazitätsbegriff, so übernehmen Produktionsmaschinen, -anlagen und -systeme in diesem Sinne eine Engpaßfunktion. Die technisch möglichen und wirtschaftlich sinnvollen maximalen Ausbringungsmengen des Bestandes an Maschinen, Anlagen und Systemen, aber auch der Mitarbeiter bestimmen also die Kapazität des Leistungspotentials. Strebt ein Hersteller von Kunststoffteilen ein längerfristiges Zulieferverhältnis mit einem Automobilhersteller an, so muß er dafür Sorge tragen, daß diejenige Bedarfsmenge, die der Automobilhersteller mindestens durch einzelne Zulieferer gedeckt sehen möchte, durch seine eigene Kapazität erfüllt werden kann. Ähnliches gilt beispielsweise auch im Großanlagengeschäft, wo ein Anbieter über die Festlegung seiner Produktionskapazität festlegt, welche größenmäßigen Anlagendimensionen von ihm überhaupt angeboten werden können. Die Kapazität bestimmt somit unmittelbar die Art der Leistung, die ein Anbieter auf seinen Märkten anbieten kann. Der Bestand an Produktionsfaktoren eines Unternehmens übernimmt folglich ebenfalls Instrumentalfunktion im Rahmen der Leistungsgestaltung.

Kurzfristig ist die Kapazität durch die Intensität der Faktornutzung steuerbar. So können Maschinen, Anlagen und Systeme i.d.R. kurzfristig auch über der wirtschaftlich bzw. technisch sinnvollen Maximalkapazität hinaus genutzt wer-

---

[38] Vgl. z.B. Corsten 1992, S. 230; Heinen 1991, S. 453; Schierenbeck 1987, S. 177f; Wöhe 1986, S. 248f.

den. Mitarbeiter können sich zu Überstunden bereit erklären oder Zusatzschichten fahren. Allerdings ist bei der Steuerung der Intensität zu beachten, daß für eine Erhöhung fast immer eine Kompensation notwendig wird. Anlagen und Maschinen müssen im Anschluß an Phasen der Übernutzung länger und intensiver gewartet werden, Produktionspläne bedürfen der Überarbeitung oder müssen komplett neu erstellt werden. Beides führt zu einer Erhöhung der Gemeinkosten. Auch für Überstunden und Zusatzschichten bestehen bestimmte Schranken, außerdem resultieren erhöhte Einzelkosten der Fertigung (Lohnzuschläge für Überstunden). Ein betrieblicher Entscheider muß also sehr genau abwägen, für welche spezielle Transaktion bzw. für welchen Kunden er bereit ist, eine Erhöhung der Nutzungsintensität des betrieblichen Potentials durchzuführen. Die Erhöhung der Intensität kann kurzfristig zur Entstehung von Wettbewerbsvorteilen führen, wenn z.B. der Erhalt eines einzelnen Auftrages an bestimmte Kapazitätswerte gebunden ist. Sie soll und kann jedoch – wie gezeigt wurde – nur differenziert eingesetzt werden.

Am Beispiel des Großanlagengeschäfts bzw. noch deutlicher am Beispiel des Systemgeschäfts wird allerdings auch sichtbar, daß im Business-to-Business-Bereich bestimmte Konstellationen zu berücksichtigen sind, die eine Erweiterung der gängigen Vorstellung vom Begriff der Kapazität notwendig machen. Großanlagen und Systemtechnologien zeichnen sich nämlich häufig dadurch aus, daß sie nicht aus der Produktion eines einzelnen Herstellers stammen, sondern aus verschiedenen Komponenten zusammengesetzt werden, die unterschiedlichen Quellen entstammen. Will ein Anbieter komplette Anlagen oder Systeme verkaufen, so muß er Zugang zu diesen Quellen besitzen. Somit kann das Merkmal 'Kapazität des Leistungspotentials' auch den Zugang zu externen Ressourcen beinhalten. Im Großanlagengeschäft bedeutet dies etwa, daß ein Anbieter über Erfahrung, Kompetenz und Instrumente der Projektarbeit im Rahmen von Anbieterkonsortien verfügt.[39] Projektarbeit im Rahmen von Anbieterkonsortien heißt, daß eine Zusammenarbeit der beteiligten Anbieter für den Verlauf der Akquisition eines Auftrages sichergestellt wird. Bei der Vermarktung von Systemtechnologien kommt es dagegen auf die Sicherstellung der Kompatibilität von Systemkomponenten bereits vor konkreten Auftragsakquisitionen an. Insbesondere die Verwendung von Schnittstellen, die einem marktlichen Standard entsprechen, ermöglicht hier den Zugriff auf externe Ressourcen. Richtet sich ein Anbieter bei der Gestaltung der von ihm erstellten Systemkomponenten nach diesen Standards, so kann er andere Komponenten zukaufen, die zwar vom Nachfrager verlangt werden, die er aber nicht in seinem Produktionsprogramm führt. Explizite Vereinbarungen oder die implizite Einigkeit mit anderen Anbietern über die gemeinsame Verwendung von Standards und standardisierten

[39] Vgl. Günter 1979.

Schnittstellen stellen in diesem Sinne ebenfalls ein Instrument der potentialorientierten Leistungsgestaltung dar.[40]

Beispiel: 'Elektroinstallationsmaterial'
Großinstallateure bemühen sich um die Vergabe von Großprojekten, wie sie zur Zeit etwa am Potsdamer Platz in der Bundeshauptstadt Berlin gegeben sind. Reicht die eigene Kapazität zur Bewältigung dieser Projekte nicht, so wäre zunächst ein entscheidender leistungsbezogener Wettbewerbsnachteil zu beobachten. Den Großinstallateuren bleibt jedoch die Möglichkeit, Anbieterpartnerschaft mit Wettbewerbern einzugehen, um die Kapazität anzupassen. In solchen Fällen induziert die Anbieterpartnerschaft aber auch eine Systempartnerschaft der Leistungselemente aller beteiligten Partner. Folgen die Großinstallateure verbreiteten Richtlinien, setzen sie 'Standard-Arbeitsweisen' ein und arbeiten sie mit gleichen oder ähnlichen Materialien, so ist die Systemkompatibilität gewährleistet. Eine kurzfristige Kapazitätsvariation kann durch Anbieterpartnerschaften sichergestellt werden.

Im typischen Produktgeschäft umfaßt der Zugang zu externen Ressourcen zumeist die Zusammenarbeit mit Zulieferern von Vorprodukten oder Vorleistungen, die als Elemente oder Teile in das eigene Produkt eingehen. Dabei ist zu beachten, daß für den Nachfrager häufig eine Kapazitätssynchronisierung wichtig ist. Ist diese Synchronisierung nicht gegeben, etwa indem die mengenmäßigen Kapazitäten der Zulieferer zu gering sind, so determinieren diese als Engpaßfaktor auch die Kapazität der internen Ressourcen des Anbieters.

1.4.3 Die Flexibilität des Leistungspotentials

Als weiteres Charakteristikum des Leistungspotentials soll dessen Flexibilität diskutiert werden. Der Begriff der 'Flexibilität' an sich bedeutet 'Anpassungsfähigkeit' und kann in vielerlei Hinsicht interpretiert werden. Steht die marktbezogene Gestaltung des Leistungspotentials im Mittelpunkt des Interesses, so beinhaltet Flexibilität vor allem die Fähigkeit des Leistungspotentials, zur Erstellung von nach ihrer Art her unterschiedlichen Leistungsergebnissen beizutragen. Eine solche Fähigkeit ist Grundvoraussetzung, wenn sich ein Unternehmen für eine Vorgehensweise der Produktindividualisierung entscheidet. Ein starres Leistungspotential, wie es z.B. dem klassischen Fließbandprinzip in der Fertigung entspricht, ist nicht geeignet, eine Vorgehensweise der Produktindividualisierung zu unterstützen.

Objekt der Flexibilisierung können alle Produktionsfaktoren eines Herstellers sein, also die Produktionsanlagen (Produktionssystem), das leistungsbezogene Know-how (Leistungssystem), sowie die Mitarbeiter und die Organisationsstruktur (Human-Ressourcen).

---

40 Vgl. Kleinaltenkamp 1993.

Bezüglich des Produktionssystems können wiederum drei Bereiche unterschieden werden, nämlich der Bereich der technischen Leistungsplanung (Konstruktionsabteilung), der direkte Fertigungsbereich und den Bereich der innerbetrieblichen Auftragslogistik (Produktionsplanung und -steuerung). Triebkraft der Flexibilisierung ist in allen drei Bereichen die Elektronisierung und EDV-Durchdringung. CAD- (Computer Aided Design), CAE- (Computer Aided Engineering) und CAP-Systeme (Computer Aided Planning) tragen durch das Prinzip der Digitalisierung und Virtualisierung dazu bei, daß einmal erstellte Modelle von einzelnen Leistungen schneller als bei herkömmlichen Konstruktionsmethoden variiert und damit kundenspezifisch angepaßt werden können. Numerisch gesteuerte Maschinen und Anlagen sind potentiell geeignet, einen Erzeugniswechsel bzw. Erzeugnisvariationen auch in der Fertigung wirtschaftlich zu beschleunigen. EDV-basierte Produktionsplanungs- und -steuerungssysteme können durch eine allgemeine Transparenz der Daten dafür sorgen, daß dieser Erzeugniswechsel auch vom Standpunkt der Auftragslogistik berherrschbar bleibt.

Auch das leistungsbezogene Know-how (Produktsystem) eines Anbieters kann Quelle der Flexibilität sein. Mit nur wenigen Ausnahmen verfügt fast jeder Produzent über Dispositionsspielräume bei der endgültigen Gestaltung seiner Leistungen. Diese Dispositionsspielräume hängen in hohem Maße von der Art ab, wie eine Leistung als System von Einzelelementen oder Einzeleigenschaften zusammengesetzt ist. Baukasten- und Baureihensysteme sind Beispiele für solche flexiblen Leistungssysteme. Unter einem Baukasten versteht man in diesem Sinne ein Ordnungssystem, das den Aufbau einer begrenzten oder unbegrenzten Zahl verschiedener Dinge aus einer Sammlung genormter Bausteine darstellt.[41] Unter einer Baureihe versteht man technische Gebilde, die dieselbe Funktion mit der gleichen Lösung in mehreren Größenstufen bei möglichst gleicher Fertigung in einem weiten Anwendungsfeld erfüllen.[42]

Will man diese Leistungssysteme nach dem Ausmaß ihres Flexibilitätsgrades unterteilen, so bietet es sich an, zwischen einem allgemeinen und einem speziellen Vorbereitungsgrad als Merkmal der Systeme zu unterscheiden. Der allgemeine Vorbereitungsgrad bezeichnet ein Leistungspotential, das nicht auf die Fertigung eines speziellen Erzeugnisses ausgerichtet ist, sondern für die Fertigung unterschiedlicher Leistungen. Der spezielle Vorbereitungsgrad hingegen ist ausschließlich auf die Fertigung einer einzigen Erzeugnisart und/oder einer Gruppe von Erzeugnisarten ausgerichtet.[43] Der allgemeine Vorbereitungsgrad bestimmt somit die Bandbreite der Möglichkeiten, innerhalb derer Produktanpassungen vorgenommen werden können, der spezielle Vorbereitungsgrad den notwendi-

---

[41] Borowski 1961, S. 18; ähnlich bei Pahl/Beitz 1993, S. 591–593.

[42] Pahl/Beitz 1993, S. 559.

[43] Kaluza 1989, S. 363.

gen Aufwand für die Anpassung. Allgemeiner und spezieller Vorbereitungsgrad stehen allerdings zwangsläufig in einem reziproken Verhältnis. Erhöht man beispielsweise den speziellen Vorbereitungsgrad, so vermindert sich zwangsläufig der allgemeine Vorbereitungsgrad. In einen zweidimensionalen Raum lassen sich mögliche Produktsysteme wie in Abb. 9 treppenförmig eintragen.

Beispiel: 'Elektroinstallationsmaterial'
Im Markt für Elektroinstallationsmaterial ist ein hoher spezieller Vorbereitungsgrad in den gleichen Fällen angebracht, die in den vorangegangenen Abschnitten als Anwendungsbereiche für die OEM-Leistungen und die Leistungsstandardisierung genannt wurden, insbesondere daher beim Absatz über den Einzelhandel (Baumärkte). Neben einem hohen speziellen Vorbereitungsgrad stellt sicherlich der Fertigstellungsgrad, also die umfassende physische Präsenz der Produkte in den Distributionskanälen bzw. die Fähigkeit zur sofortigen Auslieferung ein bedeutendes Element des Wettbewerbsvorteils dar.

Ein reduzierter spezieller und ein erhöhter allgemeiner Vorbereitungsgrad erscheint beispielsweise dann vorteilhaft, wenn sich ein Hersteller um die Aufnahme in die bereits erwähnten Anbieterpartnerschaften mit Großinstallateuren bei der Vergabe von Großprojekten bewirbt. Auch der Hersteller wird dann Mitglieder der Systempartnerschaft und muß folglich Systemkompatibilität herstellen. Formuliert der Großinstallateur z.B. eigene Spezifikationen für die Elektroinstallationsprodukte, so muß der Hersteller diesen entsprechen. Das kann er, wenn sein Produktsystem über die entsprechenden Anpassungsspielräume verfügt. Mit solchen Anpassungsspielräumen kann sich der einzelne Hersteller von Wettbewerbern abheben, die sich u.U. um die gleiche Anbieterpartnerschaft bemühen. Gefördert wird diese Flexibilität durch einen erhöhten allgemeinen Vorbereitungs- bzw. einen reduzierten speziellen Vorbereitungsgrad des Produktsystems.

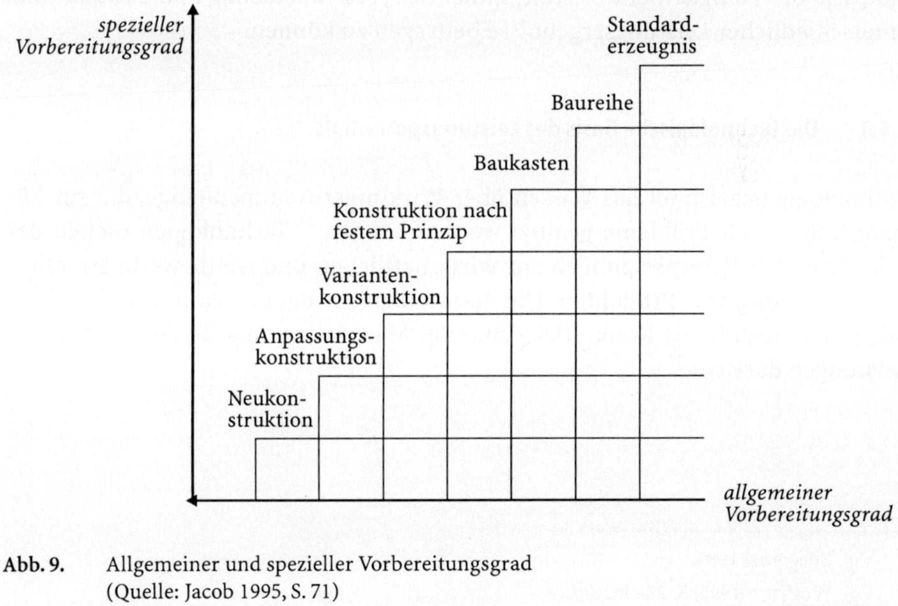

Abb. 9. Allgemeiner und spezieller Vorbereitungsgrad (Quelle: Jacob 1995, S. 71)

Schließlich stellt aber auch das System der Human-Ressourcen eine Quelle der Flexibilität dar. Grundprinzip der leistungsbezogenen Flexibilität ist in diesem Zusammenhang das Prinzip der Selbstorganisation. Selbstorganisation bedeutet das Gegenteil von Arbeitsteilung, also die bewußte Konzentration mehrerer bzw. aller Schritte eines Prozesses bei einem einzelnen Mitarbeiter bzw. bei einer eingegrenzten Gruppe von Mitarbeitern. Man spricht deshalb auch von 'Gruppenkonzepten'. Werden diesen Gruppen auch dauerhaft bestimmte Betriebsmittel zugeordnet, so ist von Inselkonzepten die Rede. Relativ hohen Bekanntheitsgrad hat das Konzept der Fertigungsinsel erreicht. Der Inselgedanke kann aber auch auf den Bereich der technischen Planung – also Konstruktion, Forschung und Entwicklung – und auf den Bereich der innerbetrieblichen Auftragslogistik ausgedehnt werden. Auch Inselkonzepte im Bereich des Vertriebs sind denkbar, wodurch insbesondere die Schnittstellen zwischen Außen- und Innendienst oder die Schnittstelle zwischen Vertrieb i.e.S. und dem Anwendungsengineering aufgehoben würden. Allerdings sind auch Inselkonzepte noch weitgehend nach dem Funktionalprinzip gegliedert, es wird also weiterhin beispielsweise zwischen Konstruktion-, Fertigungs- und Vertriebsinseln unterschieden. Überwunden wird diese funktionale Gliederung durch das Konzept der Fertigungssegmentierung, wo konkrete Produkt/Marktkombinationen zum zentralen Aspekt der Unternehmensgestaltung werden. In einem Fertigungssegment werden alle Funktionen einer Prozeßkette zusammengefaßt.

Unabhängig davon, welche Form gewählt wird, verspricht man sich von der Selbstorganisation immer auch eine Erhöhung der leistungsbezogenen Flexibilität, also der Fähigkeit des Leistungspotentials, zur Entstehung bzw. Produktion unterschiedlicher Leistungsergebnisse beitragen zu können.

1.4.4 Die technologische Basis des Leistungspotentials

Technologie bezeichnet das Wissen über Wirkungszusammenhänge, die zur Lösung technischer Probleme genutzt werden können.[44] Technologien dienen der Schaffung von Voraussetzungen zur wirtschaftlichen und wettbewerbsorientierten Herstellung von Produkten. Die Technologie ist daher Grundlage der Technik, die wiederum die Konkretisierung und Materialisierung der Technologie in Leistungen darstellt.[45]

---

44 Vgl. Zörgiebel 1983.

45 Vgl. Wolfrum 1992, S. 23–36.

1.4.4.1 Das Konzept des Technologielebenszyklus

Thematisiert man Technologien als Gegenstand der betrieblichen Gestaltung einzelner Leistungen, so ist zunächst ein Technologielebenszyklus als allgemeiner Bezugsrahmen zu beachten. Dieser beschreitet einen Weg ausgehend von einer Einführungsphase über eine Phase des Wachstums und eine Phase der Reife zu einer Phase des Niedergangs. Im Verlaufe dieses Zyklus erfolgt eine unterschiedlich starke Integration der Technologien in Produkte und Leistungen, die von einer unterschiedlich starken Beeinflussung des Wettbewerbs begleitet wird. Folgende Technologietypen können dementsprechend unterschieden werden:

- *Zukunftstechnologien* sind solche, für die bislang lediglich Grundlagenforschung betrieben wird und die deshalb kaum marktlich verwertet werden (z.B. die Herstellung von Kristallen in der Schwerelosigkeit des Weltraums).
- Von *Schrittmachertechnologien* existieren hingegen bereits erste Pilot- und Testanwendungen, ihre weitere Entwicklung ist jedoch noch nicht genau vorhersehbar (z.B. Mikromechanik).
- *Schlüsseltechnologien* zeichnen sich demgegenüber dadurch aus, daß sie schon weitere Verbreitung gefunden haben und weitere Verbesserungs- und Differenzierungsmöglichkeiten mit entsprechend großen wettbewerblichen Impulsen verheißen (z.B. Lasertechnologie).

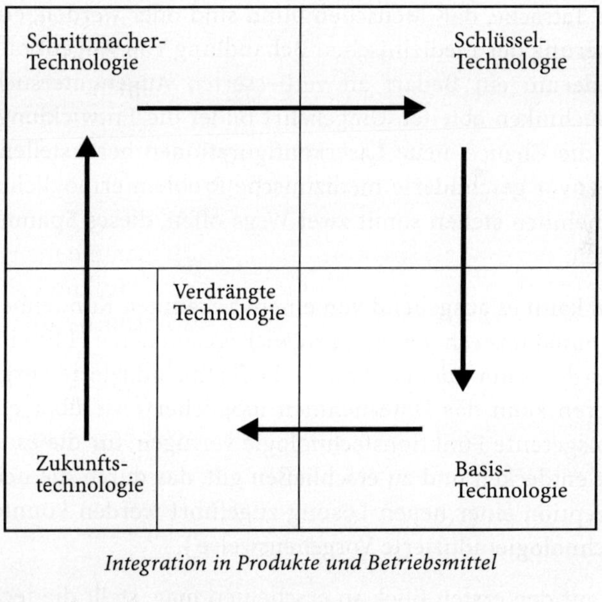

Abb. 10. Der Technologielebenszyklus

- *Basistechnologien* stellen schließlich tragende technische Prinzipien mit breiter Anwendung dar, die allerdings kaum noch Innovationspotential bieten (z.B. Hydraulik). Gleichwohl können auch Produkte auf der Grundlage einer Basistechnologie durch eine Integration von Elementen einer Schrittmacher- oder Schlüsseltechnologie einen erneuten wettbewerblichen 'Schub' erlangen, der allerdings auf den Einsatz der neuen Technologie zurückzuführen ist (z.B. Verwendung von neuen mikroelektronischen Meß- und Regelaggregaten bei hydraulischen Geräten).

Der Technologielebenszyklus stellt also ein allgemeines Raster dar, anhand dessen ein Anbieter die ihm zur Verfügung stehenden Technologien beurteilen und unter Wettbewerbsaspekten Handlungsbedarf ableiten kann. Wie dieser Handlungsbedarf konkret aussehen kann, ist Gegenstand der folgenden Ausführungen.

1.4.4.2 Technologiebezogene Tatbestände der Gestaltung des Leistungspotentials

Makroökonomisch betrachtet, ist es die Aufgabe von Unternehmen, die Verbindungslinie zwischen den Bedürfnissen der Gesellschaft und den von der Wissenschaft angebotenen Technologien herzustellen. Unternehmen müssen deshalb immer wieder versuchen, mögliche Anknüpfungspunkte zwischen den beiden sie umschließenden Bereiche zu entdecken und durch das Angebot entsprechender Problemlösungen relevante Verbindungen herzustellen. So ergibt sich beispielsweise aus der Tatsache, daß Menschen blind sind oder werden, ein Bedarf nach einer Verbesserung der medizinischen Behandlung von Augenkrankheiten, woraus sich wiederum ein Bedarf an verbesserten Augenuntersuchungs- und -behandlungstechniken ableitet. Umgekehrt bildet die Entwicklung neuer Lasertechnologien die Chance, neue Laserkonfigurationen herzustellen, die eine Lösung für das zuvor geschilderte medizinische Problem ermöglichen. Einem einzelnen Unternehmen stehen somit zwei Wege offen, dieses Spannungsverhältnis zu überbrücken:

- Zum einen kann es ausgehend von einem bekannten Kundenbedürfnis versuchen, eine Funktionstechnologie zu entwickeln, mit deren Hilfe ein Bedürfnis befriedigt werden kann ('demand pull' / 'bedürfnisinduzierte Vorgehensweise').
- Zum anderen kann das Unternehmen möglicherweise über eine mehr oder weniger ausgereifte Funktionstechnologie verfügen, für die es ein Kundenbedürfnis zu entdecken und zu erschließen gilt, das durch die neue technologische Konzeption einer neuen Lösung zugeführt werden könnte ('technology push' / 'technologieinduzierte Vorgehensweise').

Obwohl dies auf den ersten Blick so erscheinen mag, stellt die technologieinduzierte Vorgehensweise nicht zwangsläufig einen Verstoß gegen die Marktorientierung dar. Vielmehr ist auch ihr Erfolg davon abhängig, daß es gelingt, sich in die Situation des Kunden hineinzuversetzen und die Wirkung des Einsatzes neuer Technologien beim Kunden abzuschätzen. Umgekehrt birgt gerade ein zu starkes Lenken und Vorherbestimmen der F&E-Aktivitäten die Gefahr in sich, daß die für eine effiziente Forschung und Entwicklung notwendigen Freiräume zu sehr eingeengt werden und damit die Kreativität der betreffenden Personen zurückgeht.

Ausgehend von der Festlegung der grundsätzlichen Vorgehensweise können sodann mögliche Felder einer zukünftigen technologischen Betätigung analysiert und beurteilt werden. Zu diesem Zweck sind spezielle Portfoliokonzepte entwickelt worden.[46]

Ein erster diesbezüglicher Ansatz stellt das Technologieportfolio von *Pfeiffer et al.* dar (vgl. Abb. 11).[47] Dabei werden alle Technologiebereiche, die in die von einem Unternehmen angebotenen Leistungen eingehen, mit Hilfe von Punktbewertungsverfahren zum einen im Hinblick auf ihre *Attraktivität* beurteilt (vgl. Tabelle 4). Diese Bewertung erfolgt anhand zweier Unterkriterien:

- Die *Technologie-Potential-Relevanz* sagt etwas darüber aus, ob und inwieweit ein Technologiebereich ein wesentliches Weiterentwicklungspotential umfaßt und wie breit sein Anwendungsumfang sowie die Zahl seiner Anwendungsarten sind.
- In die Beurteilung der *Technologie-Bedarfs-Relevanz* geht ein, wie weit eine Technologie bereits verbreitet, d.h. diffundiert, ist und wie hoch der Zeitbedarf zur Erreichung einer nächsten Entwicklungsstufe ist.

Zum anderen geht in die Portfolio-Analyse eine Beurteilung der *Ressourcenstärke* ein, über die das eigene Unternehmen in bezug auf die betreffenden Technologien verfügt. Auch hierbei finden unter Einsatz von Punktbewertungsmodellen zwei Subkriterien Eingang (vgl. Tabelle 5):

- Die *Finanzstärke* sagt zunächst etwas darüber aus, wie hoch die Budgets sind, die einem Technologiebereich für Forschung und Entwicklung zugewiesen werden, sowie darüber, wie kontinuierlich diese Etats zur Verfügung stehen.
- Die *Know-how-Stärke* beinhaltet demgegenüber Bewertungen darüber, wie hoch der Know-how-Stand des Unternehmens ist und als wie stabil das betreffenden Know-how anzusehen ist.

Nach einer entsprechenden Beurteilung aller Technologiebereiche sowie ihrer Anordnung in das Portfolio ergeben sich dann Hinweise darauf, ob in die Techno-

[46] Vgl. Specht 1994, Kleinaltenkamp 1999b.

[47] Vgl. Pfeiffer et al. 1985, S. 85ff. Eine Übersicht über die verschiedenen Technologie-Portfolio-Konzepte findet sich bei Wolfrum 1994, S. 224ff.

logiefelder weiter investiert werden soll, ob sie abgebaut werden sollen ('desinvestieren') oder ab eine weitere selektive Bewertung vorgenommen werden soll.

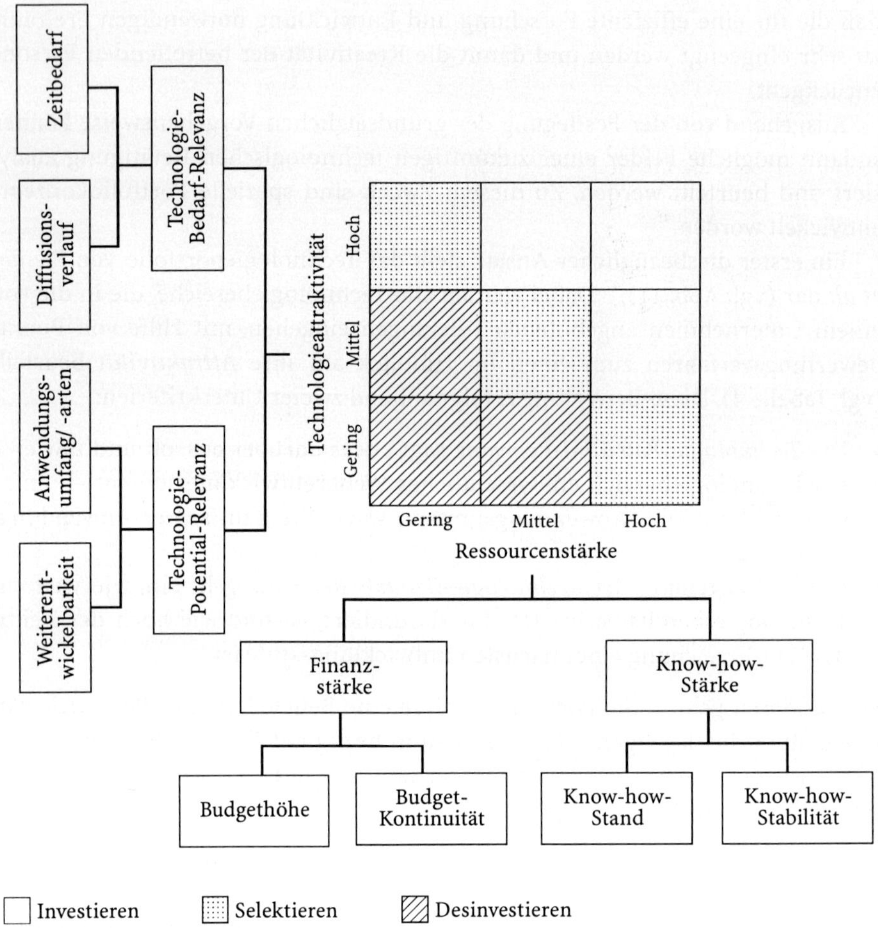

Abb. 11. Technologie-Portfolio
(in Anlehnung an: Pfeiffer et al. 1985, S. 85ff)

Tabelle 4. Detailindikatoren zur Beurteilung der Technologieattraktivität

		Kriterien	*Bewertung*		
			schlecht (*1* | *2*)	*mittel* (*3* | *4*)	*gut* (*5* | *6*)
Relevanz des Technologie-Potentials	Entwicklungsfähigkeit	Entwicklungsstand	Technologie steht am Ende ihres Lebenszyklus, Leistungsfähigkeit ist bekannt	Technologie steht in der Mitte des Lebenszyklus, Leistungsfähigkeit ist teilweise bekannt	Technologie steht am Anfang ihres Lebenszyklus, Leistungsfähigkeit ist wenig bekannt
		Zeitbedarf bis zur nächsten Entwicklungsstufe	großer Zeitbedarf	mittlerer Zeitbedarf	geringer Zeitbedarf
		Umfang an Entwicklungspotential	geringer Umfang, Industrie hat wenig investiert	mittlerer Umfang, Industrie hat mittel investiert	großer Umfang, Industrie hat viel investiert
	Verfügbarkeit	Nutzungsbarrieren	viele Patente, hohe Anfangsinvestitionen nötig	etliche Patente, mittlere Anfangsinvestitionen nötig	wenige Patente, geringe Anfangsinvestitionen nötig
		Nutzungsdauer	gering, kurzer Lebenszyklus (< 4 Jahre)	mittel, mittlerer Lebenszyklus (4–10 Jahre)	hoch, langer Lebenszyklus (> 10 Jahre)
Relevanz des Technologie-Bedarfs	Diffusionsverlauf	Einsatzspektrum	nach Art und Umfang abnehmend	auf hohem Niveau stagnierend	nach Art und Umfang zunehmend
		Kompatibilität zu anderen Technologien	ergänzungsbedürftig durch anderes Know-how	nicht ergänzungsbedürftig, nicht ergänzungsfähig durch anderes Know-how	nicht ergänzungsbedürftig, viele neue Anwendungschancen in Verbindung mit anderem Know-how
		Konkurrenz durch Substitutions-Know-how	Substitutions-Know-how bewährt sich bereits in der Anwendung	nach Substitutions-Know-how wird gesucht, teilweise ist es bereits entwickelt	Substitutions-Know-how ist nicht bekannt
	Wirkungsgrad	Kostensenkungspotential	niedrig	mittel	hoch
		Leistungssteigerungspotential	niedrig	mittel	hoch
		Wirkung auf Preis-/Leistungsverhältnis	schwach	positiv, deutlich erkennbar	positiv, stark

Tabelle 5. Detailindikatoren zur Beurteilung der relativen Ressourcenstärke

Kriterien			*Bewertung* schlecht 1 2	*mittel* 3 4	*gut* 5 6
Know-how-Stärke	*Know-how an Personal*	Fluktuation	Gefahr des Abwanderns von Know-how-Trägern ist groß	Gefahr des Abwanderns von Know-how-Trägern ist mittel	Gefahr des Abwanderns von Know-how-Trägern ist gering
		Sicherung des gegenwärtigen Know-hows	Notwendiges Know-how wird nicht beherrscht, (zu) geringe Erfahrungen	Einige Know-how-Lücken, etliche Mannjahre Erfahrung	Hoher Know-how-Stand vorhanden, > 50 Mannjahre Erfahrung
		Sicherung der Know-how-Weiterentwicklung	geringe Schrittmacherqualifikation, wenige Patente	mittlere Schrittmacherqualifikation, etliche Patente	hohe Schrittmacherqualifikation, viele Patente
	Know-how an Einrichtungen	Vorhandensein erforderlicher Einrichtungen	nicht vorhanden	teilweise vorhanden	komplett vorhanden
		Technischer Stand der Einrichtungen	mäßig, reicht gerade zur Know-how-Sicherung	gut, sichert derzeitiges Know-how	sehr gut, einsetzbar für Know-how-Weiterentwicklung
	Innovationsniveau/-stärke	Güte der angebotenen Problemlösung	niedrig, nicht ausgereift, schnell imitierbar	insgesamt gut, aber teilw. nur einfacher Standard, imitierbar	ausgeprägt, hoher Standard, schwer imitierbar
		Reagibilität gegenüber Substitutions-Know-how	gering, späte Info, lange Reaktionszeiten	mittel, frühe Info, normale Reaktionszeiten	hoch, Info-Frühwarn-System, kurze Reaktionszeiten
		Know how-Entwicklungstempo	niedrig, neue Entwicklungen dauern > 5 Jahre	mittel, Entwicklungszeiten 1–5 Jahre	hoch, Entwicklungszeiten betragen < 1 Jahr
Finanzstärke		Verfügbarkeit von F+E-Mitteln	niedrig, zu wenig für Bedarf	mittel, Bedarf ist fast abgedeckt	hoch, Bedarf ist einschl. Reserve abgedeckt
		Budget-Kontinuität	Mittel nur für ein Jahr vorhanden	Mittel für bis zu drei Jahren vorhanden	Mittel stehen auf Dauer zur Verfügung

Eine stärker marktbezogene Vorgehensweise wählt in diesem Zusammenhang das Innovationsfeldportfolio von *Michel*[48], da in ihm Aspekte der Technologieanalyse und -planung mit der solchen der Geschäftsfeldplanung verknüpft werden. Untersuchungseinheiten stellen hier deshalb auch nicht Technologien, sondern Innovationsfelder dar, die dadurch charakterisiert sind, daß sie sich – entsprechend dem „Defining the Business"-Ansatz von *Abell*[49] – hinsichtlich der angesprochenen Kundengruppen, der angebotenen Funktionen oder/und der verwendeten Technologien von anderen Tätigkeitsfeldern eines Unternehmens unterscheiden.

Entsprechend der typischen Vorgehensweise der Portfolio-Analyse werden die so identifizierten Innovationsfelder sodann wiederum unter Einsatz von Punktbewertungsverfahren anhand zweier Kriterien beurteilt: zum einen hinsichtlich der Innovationsattraktivität, zum anderen in bezug auf die Relative Innovationsstärke. In die Bewertung der *Innovationsattraktivität* gehen wiederum zwei Aspekte ein:

- Zum einen ist sie abhängig vom *Diffusionspotential*, das die Marktdurchdringungsmöglichkeiten potentieller technischer Realisierungen repräsentiert. Es wird bestimmt von den Kosten-/Nutzenverbesserungen, die sich aus der Anwendung in bezug auf die angebotenen Marktleistung ergeben, sowie der innovationsspezifischen Akzeptanz, welche immer dann besonders hoch ist, wenn sich ihr seitens der angesprochenen Nachfrager keine Barrieren bzw. Marktwiderstände entgegenstellen.
- Zum anderen wird die Innovationsattraktivität durch das *Problemlösungspotential* determiniert. Es umfaßt neben dem naturwissenschaftlich-technischen Weiterentwicklungspotential einer Technologie auch den zeitlichen Aufwand ihrer Entwicklung bis zur Anwendungsreife sowie das Risiko, evtl. auch keine angemessene Lösung zu finden.

Auch die *Relative Innovationsstärke* wird durch die Bewertung von zwei Unterkriterien erfaßt: dem Differenzierungspotential und dem Implementierungspotential.

- Das *Differenzierungspotential* bemißt den Grad, inwieweit sich ein Unternehmen durch die Bearbeitung eines Innovationsfeldes positiv von seinen Wettbewerbern absetzen kann. Es wird erstens durch das relative, d.h. im Vergleich zum Wettbewerb verfügbare, technologiespezifische Know-how sowie dessen Schützbarkeit und Stabilität bestimmt. Zweitens geht in seine Beurteilung das relative Aktions- und Reaktionspotential ein, das die Kompetenz

[48] Vgl. Michel 1990, S. 190ff.

[49] Vgl. Abell 1980, S. 22 ff.

zum Innovationstiming und die Fähigkeit zur aktiven und reaktiven Markteroberung umfaßt.

- Das *Implementierungspotential* beinhaltet die Eignung eines Innovationsfeldes, in eine bestehende Geschäftsfeldstruktur eingepaßt zu werden. Hierzu wird nicht nur die wettbewerbsstrategische Konsistenz des Innovationsoutputs mit der Unternehmensstrategie überprüft, sondern auch, ob und inwieweit notwendige ergänzende Technologien bzw. Anwendungstechnologien im eigenen Unternehmen verfügbar sind.

Die weitere Vorgehensweise entspricht der bei der Anwendung des Technologie-Portfolios.

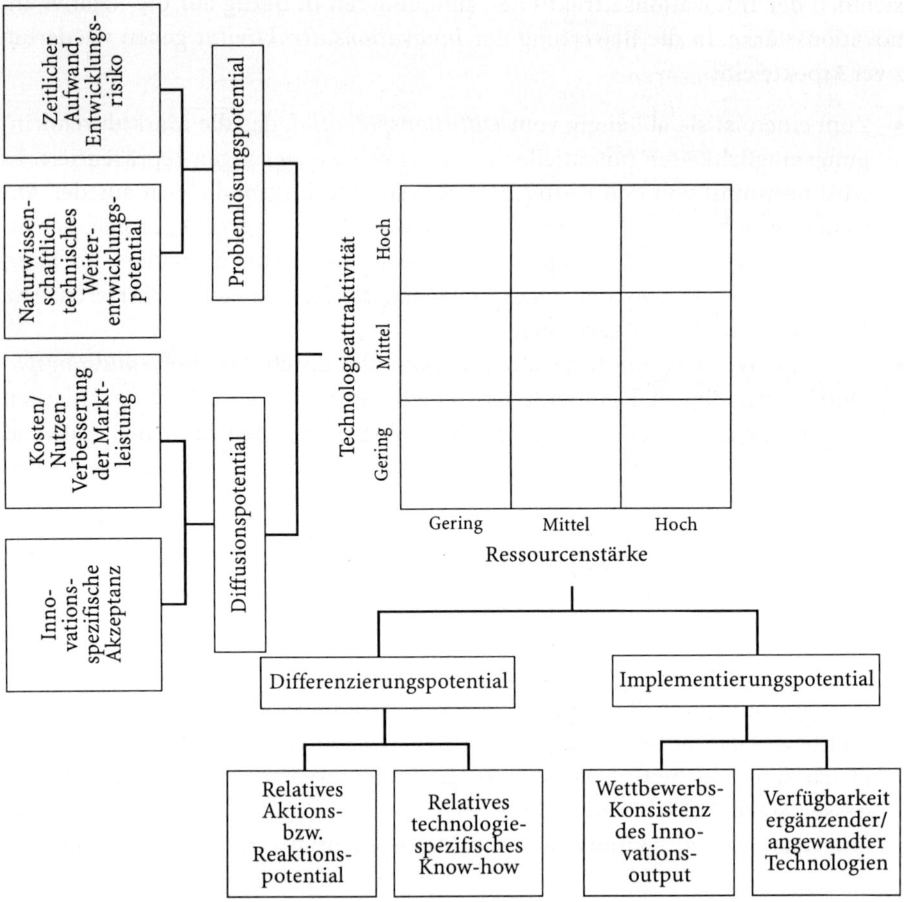

Abb. 12. Innovationsfeldportfolio
(In Anlehnung an: Michel 1990, S. 198)

Die vorgestellten Methodiken geben somit Hinweise darauf, wie bestimmte Technologien als Elemente des Leistungspotentials eines Anbieters unter Wettbewerbsgesichtspunkten zu beurteilen und welche von ihnen auszuwählen sind, um tatsächlich zum Einsatz zu kommen. Die Auswahl und die Bewertung von Technologien schaffen jedoch lediglich die Voraussetzung für deren Nutzung in einem Leistungserstellungsprozeß bzw. Überführung in Endprodukte d.h. Leistungsergebnisse.

Auf *Koppelmann*[50] geht eine Systematik zurück, die als Methode zur zielgerichteten Verbindung von Technologie bzw. Technik und Produkten angesehen werden kann. Diese Verbindung wird insbesondere realisiert, indem eine Gegenüberstellung von Ansprüchen, wie sie von den Nachfragern ausgehen, Gestaltungsmitteln, wie sie die Anbieter in der Hand haben, angestellt wird. Der Gesamtrahmen aller denkbaren Ansprüche kann dabei zunächst strukturiert werden, indem zwischen solchen Ansprüchen, die sich auf das Objekt als solches beziehen *(objektbezogene Ansprüche)*, und solchen, die sich auf dessen Wirkung beziehen *(wirkungsbezogene Ansprüche)*, unterschieden wird. Objektbezogene Ansprüche sind z.B. gegeben, wenn ein Maschinenbauer einem Zulieferer von Maschinenteilen exakte Vorgaben hinsichtlich des für diese Teile zu verwendenden Materials und der Art der Bearbeitung macht. Objektbezogene Ansprüche liegen auch vor, wenn ein Autokäufer beispielsweise angibt, daß er ein Fahrzeug mit einer bestimmten Anzahl von Zylindern, mit einer bestimmten Leistung in KW oder mit einem bestimmten CW-Wert erwerben möchte. Wirkungsbezogene Ansprüche liegen vor, wenn der Nachfrager lediglich die Wirkeigenschaften der Teile vorgibt, wenn also z.B. der Maschinenbauer dem Zulieferer Anforderungen in bezug auf die Korrosion oder die mechanischen Belastbarkeit der Maschinenteile vorgibt. Wirkungsbezogene Ansprüche des Autofahrers lägen z.B. vor, wenn dieser lediglich vorgibt, ein besonders schnelles oder ein besonders sparsames Auto kaufen zu wollen.

Je nach Produktkategorie oder Abnehmerbranche können diese beiden Anspruchskategorien weiter verfeinert werden: die objektbezogenen Ansprüche beispielsweise in Materialansprüche, Formansprüche, Farbansprüche, Funktions- und Konstruktionsprinzipansprüche etc.[51]

Diesen Ansprüchen können solche Parameter gegenübergestellt werden, die die technische Gestaltung einer Leistung betreffen. Auch bei den Gestaltungsmitteln sind auf einer übergeordneten Ebene zunächst zwei Gruppen zu unterscheiden, nämlich elementare und komplexe Gestaltungsmittel. Bei den elemen-

50 Vgl. hierzu und zu den folgenden Ausführungen Koppelmann 1997.

51 Im Konsumgüterbereich bzw. konsumnahen Bereich spielen daneben auch visuelle, auditive, Geschmacks-, Geruchs- und Tastansprüche eine sehr bedeutende Rolle.

taren Gestaltungsmitteln handelt es sich um solche, die sich nicht weiter aufschlüsseln lassen. Sie unterteilen sich wiederum in zwei Arten:

- *Originäre Gestaltungsmittel* kennzeichnen eine Einzelleistung in unmittelbarer Art und Weise. Hierzu zählen z.B. das Material, die Form oder die Farbe.
- *Derivative Gestaltungsmittel* prägen eine Einzelleistung dagegen nur in mittelbarer Weise. Solche derivative Gestaltungsmittel sind etwa alle Zeichen, mit denen ein Produkt markiert wird.

Komplexe Gestaltungsmittel entstehen darüber hinaus durch die Kombination elementarer Gestaltungsmittel. Diese Kombination kann aufgegliedert werden in eine prinzipielle Mittelkombination und in eine konkrete Mittelkombination. Zu den prinzipiellen Mittelkombinationen zählen beispielsweise die bei einer Einzelleistung zum Einsatz kommenden physikalischen Funktionsprinzipien und die zu ihrer Gestaltung verwendeten Konstruktions- bzw. Problemlösungsprinzipien. Konkrete Mittelkombinationen bauen auf den prinzipiellen auf und stellen gleichsam deren Materialisierung dar, es handelt sich also um konkrete Teile bzw. Komponenten einer Funktionsleistung.

In Abb. 13 werden die eingeführten Systematiken für die Anspruchskategorien und die Gestaltungsmittelkategorien noch einmal gegenübergestellt.

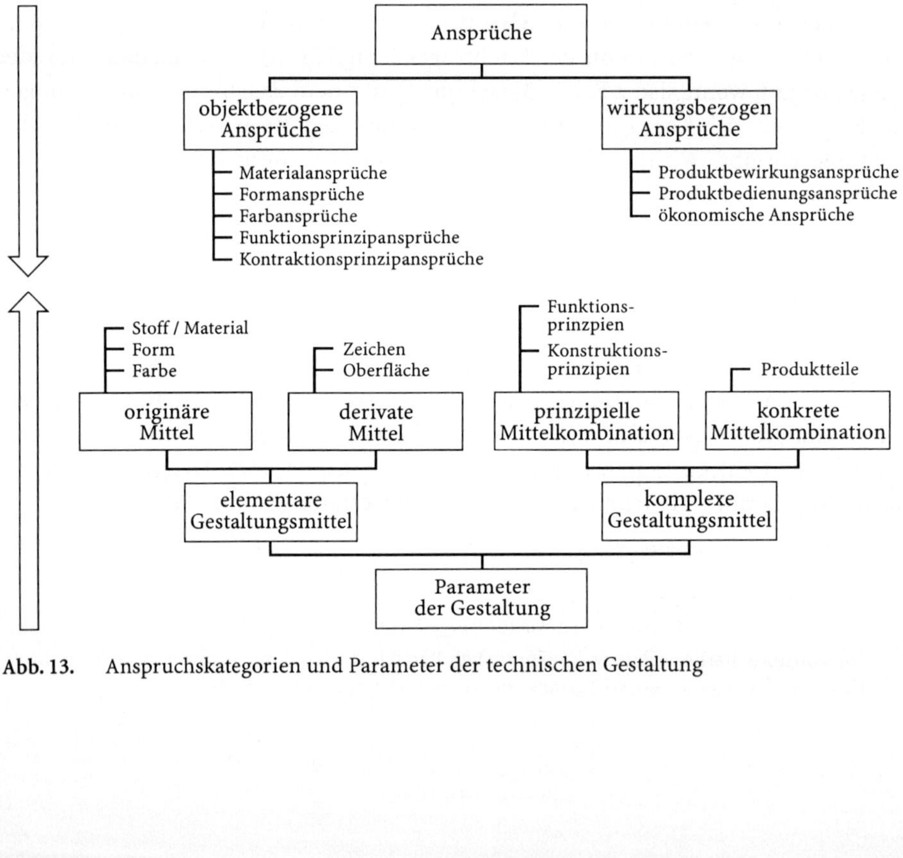

Abb. 13. Anspruchskategorien und Parameter der technischen Gestaltung

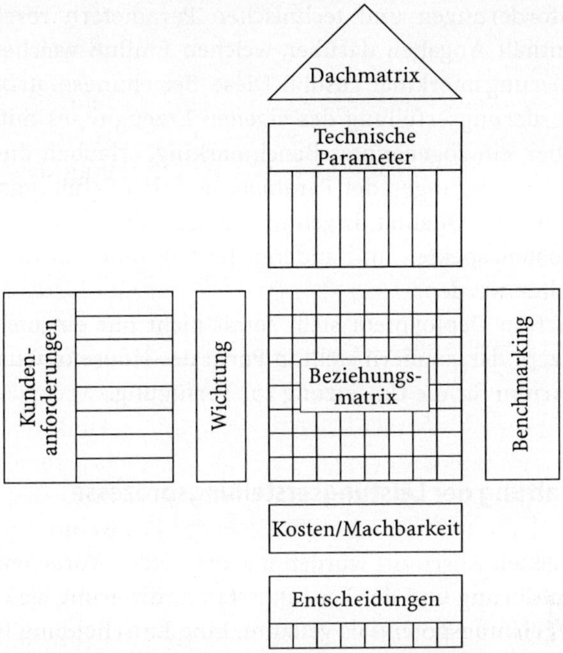

Abb. 14. „House of Quality“
(Quelle: Hauser/Clausing 1988)

Die Systematisierung von *Koppelmann* dient somit dazu, die Einstellung der Gestaltungsparameter eines Leistungsergebnisses zu unterstützen.

Allerdings erfuhr der Ansatz von *Koppelmann* auch einige Weiterentwicklungen, wozu vor allem die Konzepte des *'Quality-Function-Deployment'* sowie des *'House of Quality'* zu zählen sind.[52] Beim House of Quality handelt es sich um ein System von Matrizen, deren Form der Ansichtszeichnung eines Hauses entspricht. Abbildung 14 verdeutlicht diese Form und benennt die einzelnen Elemente.

Zunächst sind Kundenanforderungen zu identifizieren und zu ordnen, die in die äußerst linke Matrix eingetragen werden. Ebenfalls ist zu ermitteln, wie die Nachfrager die Bedeutung der Einzelanforderungen hinsichtlich ihres Beitrages zur Gesamtqualität einordnen. Technische Konstruktionsmerkmale, welche die Parameter bilden, die der Konstrukteur/Entwickler variieren kann, sind den Kundenanforderungen entgegenzustellen. In der Dachmatrix kann eingetragen werden, ob Interdependenzen zwischen den einzelnen technischen Parametern vorliegen, und welche Richtung diese aufweisen. Die aus der Gegenüberstellung

[52] Vgl. dazu vor allem Hauser/Clausing 1988; Jacob 1995, S. 106ff.

von Kundenanforderungen und technischen Parametern resultierende Beziehungsmatrix enthält Angaben darüber, welchen Einfluß welcher Parameter auf welches Anforderungsmerkmal ausübt. Diese Beziehungsmatrix sowie ein Vergleich der Anforderungserfüllung des eigenen Erzeugnisses mit den Produkten der Wettbewerber, ein sogenanntes Benchmarking, erlauben die Simulation des Einflusses von Veränderungen der Parameter auf den Erfüllungsgrad der Anforderungen, d.h. auf die Qualität. Ergebnisse dieser Simulation können unter Beachtung von Kostenaspekten und anderen Restriktionen in der Entscheidungsmatrix festgehalten werden.

Quality Function Deployment stellt somit nicht nur ein mehr oder weniger abstraktes Konzept dar, sondern stellt in Form des House of Quality ein konkretes Instrumentarium für die Umsetzung zur Verfügung.

1.5 Die Gestaltung der Leistungserstellungsprozesse

Im vorangegangenen Abschnitt wurden u.a. die beiden Vorgehenswesen der Leistungsindividualsierung und der Leistungsstandardisierung als Optionen für die Gestaltung des Leistungspotentials genannt. Eine Entscheidung für die eine oder die andere Option bleibt jedoch nicht ohne Konsequenz für weitere Entscheidungsbereiche der Leistungsgestaltung. Verdeutlicht werden kann dieser Zusammenhang z.B. durch eine Darstellung mit Hilfe sogenannter ‚Blueprints', wie sie in dieser Reihe bereits an anderer Stelle eingeführt wurden.[53] Blueprints dienen allgemein gesprochen der Abbildung von Anbieterprozessen und -abläufen unter besonderer Berücksichtigung der Interaktion mit dem einzelnen Nachfrager, der Sichtbarkeit für den einzelnen Nachfrager und der Relevanz für den einzelnen Nachfrager. Stellt man nun das Grundmuster einer Leistungsgestaltung sowohl für den Fall der Leistungsstandardisierung als auch für den Fall der Leistungsindividualisierung als Blueprints dar, so werden diese Konsequenzen offensichtlich. In seiner einfachsten Form besteht dieses Grundmuster aus der Ermittlung von Kundenanforderungen, der Übertragung in Spezifikationen, der physischen Leistungserbringung und dem Kaufakt als solchem. Leistungsstandardisierung und Leistungsindividualisierung haben nun nicht nur Konsequenzen für die Reihenfolge dieser Aktivitäten, sondern beeinflussen in eindeutiger Art auch die Prozeßparameter Interaktion, Sichtbarkeit und Relevanz. Dargestellt ist dies in zunächst in Abb. 15.

Die Abbildung macht zunächst deutlich, daß sich Leistungsstandardisierung weitestgehend in der Sphäre der autonomen Planbarkeit bewegt. Die Leistungsindividualisierung wird dagegen der Planungsautonomie des Anbieters enthoben

---

53 Vgl. Weiber/Jacob 1999.

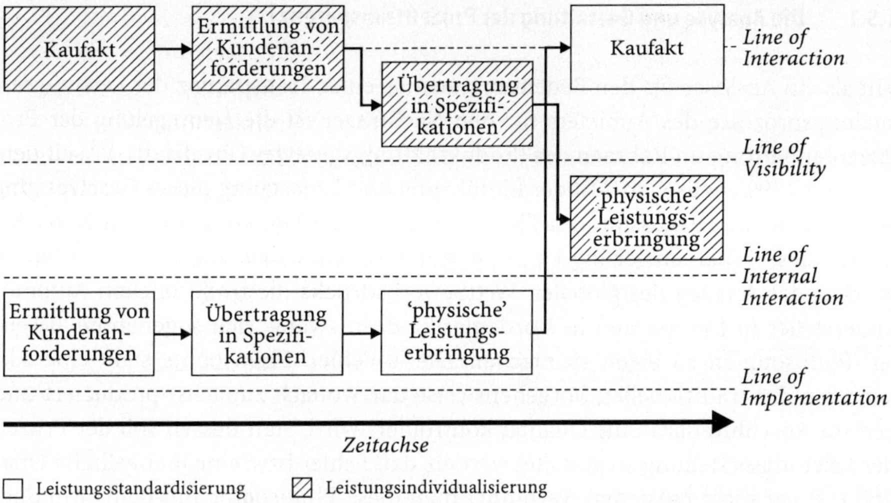

Abb. 15. Standardisierung/Individualisierung und Leistungserstellungsprozeß

und einer Interaktion mit dem Nachfrager zugeführt. Der Prozeß rückt damit als Planungs- und Entscheidungsgegenstand mindestens gleichwertig neben die Gestaltung des Leistungspotentials und der Leistungsergebnisse.

Beispiel: 'Elektroinstallationsmaterial'
Die Frage nach der Prozeßgestaltung wird bei der Vermarktung von Elektroinstallationsmaterial für die Hersteller immer dann relevant, wenn das Produkt nicht über Kataloge oder Regale der Distributionsstufen vertrieben wird, sondern zusammen mit Eletroinstallateuren bzw. -planern entwickelt werden muß. Tendenziell betrifft dies die gesamte rechte Seite der Darstellung der Marktstrukturen in Abb. 3, ebenso die meisten Anwendungen im Rahmen der Gebäudesystemtechnik, wo Installateure und Planer aufgrund des Innovationsgrades der Technologie auf Applikationshilfen der Hersteller angewiesen sind. Planungsgegenstand sind dann komplexe Systeme, die erst durch die Zusammenarbeit von Installateur bzw. Planer und dem Hersteller zustande kommen. Es reicht in diesen Zusammenhängen nicht aus, Qualitätspolitik nur im Hinblick auf die Produkte an sich zu betreiben – etwa durch TÜV-Zertifikate u.ä. Vielmehr muß der Anbieter nachweisen, daß er den Prozeß der gemeinsamen Systemgestaltung mit Installateuren und Planern effektiv und effizient unterstützen kann. Grundlage dieses Nachweises ist natürlich, daß der Anbieter überhaupt ein Konzept für diese Anwendungsunterstützung besitzt. Fallbeispiele, die in Videodokumentationen oder in Fachzeitschriften veröffentlicht werden, dienen dazu, dieses Qualitätskonzept dem Nachfrager zu verdeutlichen und zu einer entsprechenden Wahrnehmung zu führen.

Wie im folgenden noch gezeigt werden kann, stellt allerdings nicht nur die Forderung der Nachfrager nach Eingriffsmöglichkeiten in die Leistungsgestaltung, sondern auch ein allgemeines Verlangen nach mehr Prozeßtransparenz der Anbieter ein Motiv für die Beschäftigung mit Leistungserstellungsprozessen als Instrument der Leistungsgestaltung dar.

1.5.1 Die Analyse und Gestaltung der Prozeßtransparenz

Mit als ein Auslöser für den Bedeutungsanstieg einer Transparenz der Leistungserstellungsprozesse des Anbieters für den Nachfrager ist die Neuregelung der Produzentenhaftung im Rahmen des Produkthaftungsgesetzes (ProdHaftG)[54] seit dem 1. Januar 1990 anzusehen. Mit der Einführung und Umsetzung dieses Gesetzes ging eine allgemeine Diskussion des Themas 'Qualität' einher. Als ein wesentlicher Initiator dieser Thematisierung kann die Automobilindustrie angesehen werden, in welcher der Anstieg des globalen Wettbewerbsdrucks die traditionellen Automobilhersteller in Europa und in Nordamerika dazu zwang, sich sogenannte '0-Fehler'-Philosophien zu eigen zu machen. Die '0-Fehler'-Philosophie stellt eine Abkehr von der traditionellen Vorgehensweise dar, wonach zunächst produziert und erst im Anschluß daran die Qualität kontrolliert wird. Statt dessen soll der Prozeß der Leistungserstellung so gestaltet werden, daß Fehler bzw. eine mangelhafte Qualität erst gar nicht entstehen. Verbindet man diese Philosophie mit dem Grundgedanken, wonach 'Qualität' grundsätzlich nur subjektiv bestimmbar ist und auf Käufermärkten von den Anforderungen der Nachfrager abgeleitet werden muß, so sind die Grundzüge des bereits genannten TQM-Konzept skizziert.[55] Das TQM-Konzept fand seine Manifestation u.a. in der Formulierung mehrerer *DIN*- bzw. *ISO*-Normen.[56] Die Automobilindustrie sah einen Ansatzpunkt zur Umsetzung des TQM-Gedankens aber nicht nur in ihren eigenen, autonomen Bereichen, sondern auch und vor allem im Bereich ihrer Zulieferer, die sich dem Konzept folglich kaum noch entziehen konnten. Aus den TQM-Normen ergeben sich im wesentlichen drei Implikationen für die Gestaltung von Leistungserstellungsprozessen:

- Einführung statistischer Methoden zur Sicherstellung der Prozeßqualität,
- Formulierung und Dokumentation von umfassenden Richtlinien zur Anwendung der Methoden und Durchführung der Prozesse und
- Zertifizierung der Umsetzung dieser Richtlinien durch autorisierte Institutionen.

Zur Sicherstellung der Prozeßkontrolle dient vor allem die sogenannte 'Statistische Prozeßkontrolle'. Mit Hilfe dieser Methode können Stichprobenparameter für die Überprüfung von Zwischenergebnissen des Leistungserstellungsprozesses vorgegeben werden, die eine Beurteilung und Steuerung der Gesamtprozeßqualität zulassen. Die Formulierung und Dokumentation von umfassenden Richtlinien zur Anwendung der Methoden und Durchführung der Prozesse erfolgt i.d.R. in Form sogenannter Qualitätshandbücher. Dort werden sehr detailliert Routineabläufe und Anweisungen für Störfälle festgeschrieben und dokumentiert. Unterschied-

[54] Zu den Grundlagen des Produkthaftungsgesetzes und den ökonomischen Konsequenzen vgl. insbesondere Wischermann 1990.

[55] Zum TQM-Konzept vgl. z.B. Engelhardt/Schütz 1991.

[56] Vgl. DIN/ISO 9000–9004.

lichste Institutionen, z.B. die *Technischen Überwachungsvereine* oder die *Deutsche Gesellschaft für Qualitätssicherung*, bieten mittlerweile an, das Vorhandensein und die Zweckmäßigkeit solcher Methoden und Dokumentationen zu zertifizieren. Dazu müssen sich die zu zertifizierenden Unternehmen regelmäßig sogenannten Audits unterziehen, im Rahmen derer das Vorhandensein der Dokumentationen und ihre Zweckmäßigkeit überprüft werden. In der Automobilindustrie stellt die Zertifizierung heute eine Mindestanforderung an die Zulieferer dar, d.h. ein Zulieferer, der nicht zertifiziert ist, wird als Lieferant überhaupt nicht mehr berücksichtigt. Zertifizierung ist also in vielen Fällen und nicht nur in der genannten Branche eine Grundvoraussetzung für die Erzielung von leistungsbezogenen Wettbewerbsvorteilen. Zwar ist die Entwicklung in anderen Bereichen noch nicht ganz soweit fortgeschritten. Die Wirkungen des Produkthaftungsgesetzes haben jedoch auch dort den Effekt, daß man über die Zertifizierung – also die Transparenz der eigenen Leistungserstellungsprozesse – eine zusätzliche Qualifikation in den Augen der Nachfrager erhält und sie stellen somit auch dort die Basis für die Erzielung von Wettbewerbsvorteilen dar.

Die Prozeßtransparenz ist jedoch nur dann ein geeignetes Instrument der Leistungsgestaltung, wenn der Nachfrager lediglich ein passives Interesse an Prozessen hat und dieses Interesse durch mittel- oder unmittelbare Beobachtung ausreichend abgedeckt werden kann. Es sind jedoch auch viele Fälle beobachtbar, in denen eine aktive Mitarbeit des Nachfragers am Prozeß der Leistungserstellung gegeben bzw. notwendig ist.

1.5.2 Die Gestaltung der Kundenintegration

Eine Mitwirkung des Nachfragers am Prozeß der Leistungserstellung ist immer dann notwendig, wenn individualisierte Leistungen Gegenstand marktlicher Austauschprozesse sind. In vielen Branchen ist dies der Normalfall, etwa im Anlagengeschäft, wo die Abstimmung auf die Besonderheiten eines jeden einzelnen Bedarfsfalls häufig den Kern der Leistungsgestaltung darstellt. Allerdings zeigen die Ergebnisse empirischer Erhebungen,[57] daß die Produktindividualisierung auch in solchen Branchen, wo sie nicht zwangsläufig den einzig gangbaren Weg der Leistungsgestaltung darstellt, an Bedeutung gewinnt. Produktindividualisierung stellt dann eine eigenständige Wettbewerbsstrategie dar, die eine Alternative etwa zur konsequenten Verfolgung von Standards, zu einer generellen Technologieführung oder zur Strategien der schnellen Innovationseinführung ist.

Sollen Leistungen individualisiert werden, so wird ein Mindestmaß der Mitarbeit des Nachfragers am Leistungerstellungsprozeß insofern notwendig, als dieser Informationen zur Spezifikation der individuellen Einsatz- bzw. Verwen-

[57] Vgl. Jacob/Kleinaltenkamp 1994.

dungsumstände zur Verfügung stellen muß. Diese Mitarbeit des Nachfragers am Leistungserstellungsprozeß wird auch als „Kundenintegration“ bezeichnet.[58] Eine solche Kundenintegration hat an sich immer einen operativen Charakter, weil sie von Kunde zu Kunde bzw. von Transaktionsfall zu Transaktionsfall unterschiedlich gestaltet werden muß. Dennoch bedarf es eines grundsätzlichen Planes darüber, wie die Kundenintegration durchgeführt werden soll. Dieser Plan stellt folglich auch einen leistungsbezogenen Entscheidungstatbestand dar, der auf der Ebene des Leistungserstellungsprozesses angesiedelt ist.

Die Spezifikation individueller Einsatz- bzw. Verwendungsumstände erfolgt durch den Austausch von Informationen. Hierzu bedarf es einer Bestimmung[59]

- der Kommunikationsinhalte,
- der Kommunikationsträger sowie
- der Kommunikationswege.

Durch die Festlegung und Einstellung der betreffenden Instrumente für die Beschaffung externer Faktoren wird gleichzeitig eine Gestaltung des Leistungsprogramms vorgenommen, denn ihre jeweiligen Ausprägungen eröffnen in einem mehr oder weniger großen Maße Freiräume für die Individualisierung einzelner Leistungen. Je mehr das der Fall ist, desto breiter und tiefer ist das tatsächlich angebotene Programm eines Unternehmens. Je weniger das der Fall ist, desto enger und flacher ist das faktisch gegebene Programm.

Steuern lassen sich Programmbreite und -tiefe durch Entscheidungen darüber, welche Elemente von Lasten- und/oder Pflichtenheft ein Anbieter selbst erstellen möchte, welche er dem Nachfrager überlassen will und wie zwischen Anbieter und Nachfrager eine Einigung über die Vollständigkeit von Lasten- und/oder Pflichtenheft gewonnen wird. Damit wird nämlich gleichzeitig der Leistungsrahmen eines Anbieters festgelegt. Der Zusammenhang kann anhand einer in der Literatur entwickelten Typologie verdeutlicht werden, die verschiedene Formen der Zusammenarbeit zwischen Zulieferern und OEM's ('Original Equipment Manufacturer') systematisiert. Vier Typen von Zulieferunternehmen werden dabei unterschieden:[60]

- Fertigungsunterstützer ('Zulieferer als Erfüllungsgehilfe'),
- Logistik-integrierter Zulieferer ('Zulieferer als Versorgungspartner'),
- Know-how-integrierter Zulieferer ('Zulieferer als Entwicklungspartner') und
- Zulieferer mit Generalunternehmerfunktion ('Zulieferer als Problemlöser').

---

58 Vgl. Kleinaltenkamp 1999a.

59 Vgl. Weiber/Jacob 1999a.

60 Vgl. Willée 1990, S. 66.

Fertigungsunterstützer sind dadurch charakterisiert, daß Umfang und Ausführung der Fertigungsleistung vollständig durch den Kunden bestimmt werden. Das heißt, der Nachfrager behält die Dispositionsautonomie sowohl über das Lastenheft als auch über das Pflichtenheft und verschafft sich zusätzlich in wesentlichem Ausmaß Dispositionshoheit über den Faktorkombinationsprozeß, also den Produktionsprozeß i.e.S. Die Leistung des Anbieters beschränkt sich demgemäß auf die Zurverfügungstellung seines Leistungspotentials, also seiner Maschinen, Anlagen und der Mitarbeiterkapazität. Die Unternehmen werden dementsprechend auch als 'verlängerte Werkbank' oder 'Lohnveredler' bezeichnet. Leistungsmerkmale wie (Fertigungs-)Qualität, Liefertermin und Zuverlässigkeit werden zu Mindestanforderungen, der Preis zum Schlüsselinstrument des Anbieters.

Bei *Logistik-integrierter Zulieferung* ist die einseitige Dispositionshoheit des Nachfragers bereits aufgeweicht. Der Zulieferer übernimmt eigenständig einen gewissen Anteil an der Gestaltung, Steuerung und Kontrolle des Informationsstromes. Allerdings bezieht sich dieser Informationsstrom nur auf logistische Daten, die Verantwortung für die Gestaltung und Funktion des Produktes sowie seiner Bestandteile, welche Gegenstand einer Zulieferung sein sollen, verbleiben bei dieser Form der Zusammenarbeit ausschließlich beim Kunden. Der Nachfrager behält sich also auch bei dieser Form der Zusammenarbeit die Dispositionshoheit über das Lasten- und das Pflichtenheft vor.

Know-how-integrierte Zulieferung bedeutet dagegen, daß Steuerung und Leitung des Kombinationsprozesses kooperativ erfolgen. Der Nachfrager gibt einen wesentlichen Teil seiner Dispositionsfreiheit über das Lasten- und das Pflichtenheft an den Anbieter ab, der Faktorkombinationsprozeß fällt nahezu vollständig in den Dispositionsbereich des Anbieters. Daten, Zeichnungen und Verfahren werden kooperativ entwickelt, ausgetauscht und können von beiden Partnern frei genutzt werden.

Übernimmt der Zulieferer die Funktion eines (Quasi-)*Generalunternehmers* bzw. eines Wertschöpfungspartners oder Problemlösers, so werden vollständige Funktionsbereiche des Nachfragers in den Gestaltungsbereich des Anbieters übertragen. Der Anbieter übernimmt zur Gänze die Disposition von Lasten- und Pflichtenheft und des Faktorkombinationsprozesses.

Tabelle 6 bringt den Zusammenhang zwischen den vier Formen der Zusammenarbeit und der Dispositionshoheit über Lasten- und Pflichtenheft noch einmal zum Ausdruck.

Alle vier beschriebenen Formen der Zusammenarbeit zwischen Anbieter und Nachfrager sind grundsätzlich auch über den Bereich der Beziehungen zwischen Zulieferern und OEMs hinaus übertragbar. Hat ein Anbieter z.B. in Rahmen seiner Marktabgrenzung festgelegt, daß er als Marktleistung lediglich Zusatzressourcen für unabhängige OEMs anbieten möchte, und hat er dafür einen erfolg-

Tabelle 6. Aufgabenverteilung zwischen Anbieter und Nachfrager bei der Leistungsdefinition

Leistungstyp	*Dispositionshoheit über* *Lastenheft*	*Pflichtenheft*	*Faktorkombination (Produktionprozeß i.e.S.)*
'Fertigungsunterstützer'	Nachfrager	Nachfrager	Nachfrager
'Versorgungspartner'	Nachfrager	Nachfrager	Anbieter
'Entwicklungspartner'	Nachfrager/Anbieter	Nachfr./Anbieter	Anbieter
'Problemlöser'	Anbieter	Anbieter	Anbieter

versprechenden und anhaltenden Bedarf festgestellt, so stellt die Vorgehensweise der reinen Fertigungsunterstützung auch hier eine sinnvolle Option dar. Für die Prozeßpolitik ergibt sich daraus die Konsequenz, daß der Anbieter eine möglichst hohe Kompetenz für die Interpretation und Umsetzung vorgegebener Lasten- und Pflichtenhefte aufbauen muß.

Ganz anders sieht es aus, wenn der Anbieter ein größeres und länger anhaltendes Marktpotential in einer Leistungsform sieht, die der des Quasi-Generalunternehmers gleicht. Dann müßte er hohe Kompetenz nicht nur für die Interpretation und Umsetzung von Lasten- und Pflichtenheften, sondern auch für die selbständige Erstellung und die Verifikation in Zusammenarbeit mit Nachfragern entwickeln.

Damit wird deutlich, daß die Aufgabenverteilung zwischen Anbietern und Nachfragern bei der Integration von externen Informationen, die der Spezifizierung individualisierter Leistungen dienen, durchaus Instrumentalcharakter auf der Gestaltungsebene des Leistungserstellungsprozesses hat. Die Art der Aufgabenverteilung ist dabei unmittelbar von der Wettbewerbsstrategie abzuleiten bzw. determiniert diese. Langfristig muß der Anbieter also festlegen, welche Art der Aufgabenverteilung er den Nachfragern in den von ihm bearbeiteten Märkten anbieten möchte.

Zusätzlich ist zu beachten, daß der Fluß der kundenspezifischen Informationen in das Unternehmen hinein möglichst reibungslos verläuft, und daß bei der Nutzung bzw. Verwertung dieser Informationen möglichst keine Verzerrungen eintreten.[61] Zur Analyse diesbezüglicher möglicher Schwachstellen ist in der Literatur zum Dienstleistungsmanagement das sog. 'Gap-Modell" entwickelt worden,[62] das aber genau so gut auf alle anderen Arten kundenspezifischer Leistungsgestaltung übertragen werden kann.

Ausgangspunkt der Überlegungen ist, daß ein Nachfrager aufgrund seiner individuellen Bedürfnisse, dem Meinungsaustausch mit anderen Nachfragern

---

[61] Vgl. Weiber/Jacob 1999.

[62] Vgl. Zeithaml/Berry/Parasuraman 1988.

('Mund-zu-Mund-Kommunikation'), den Kommunikationsaktivitäten des Anbieters sowie seiner eigenen Erfahrungen in der Vergangenheit eine Vorstellung darüber entwickelt, welches Leistungsergebnis er erwartet. Damit sichergestellt wird, daß diese Erwartungen auch tatsächlich erfüllt werden, so daß letztlich die erwartete Leistung der vom Nachfrager wahrgenommenen entspricht, ist seitens des Anbieters eine Reihe von Maßnahmen zu ergreifen. Die verschiedenen Vorgehensweisen bergen jedoch alle das Risiko in sich, daß bei ihrer Durchführung 'Pannen' geschehen, die in ihrer Summe zu einem Leistungsergebnis führen, das nicht den Vorstellungen des Nachfragers entspricht. Dabei können insbesondere die folgenden fünf Lücken ('Gaps') auftreten, die es zu einem Auseinanderklaffen zwischen erwartetem und wahrgenommenem Leistungsergebnis kommen lassen können:

- 'Gap 1' kann zunächst dadurch zustande kommen, daß die Erwartungen des Nachfragers durch den Anbieter bzw. durch die Mitarbeiter der anbietenden Unternehmung falsch wahrgenommen werden.
- 'Gap 2' beinhaltet den Fall, daß die – mehr oder weniger korrekt – wahrgenommenen Erwartungen nicht richtig in die Spezifikation der Leistung übertragen werden.
- 'Gap 3' kann auftreten, wenn bei der Umsetzung der Spezifikationen in ein konkretes Leistungsergebnis Fehler gemacht werden.
- 'Gap 4' bezieht sich darauf, daß die Leistung im Rahmen der Kommunikationspolitik des Anbieters falsch oder unvollständig präsentiert wird, weil etwa Dinge versprochen werden, die bei der Leistungserstellung nicht gehalten werden (können).
- Als 'Gap 5' resultiert aus den einzelnen oder dem Zusammenwirken mehrerer der zuvor genannten Lücken der Umstand, daß ein Nachfrager ein Leistungsergebnis wahrnimmt, das nicht seinen zuvor geäußerten Erwartungen entspricht und somit bei ihm zur Entstehung von Unzufriedenheit führt.

Die Konsequenzen der zuvor dargestellten Zusammenhänge ist, daß ein Unternehmen im Rahmen der Gestaltung seiner Leistungserstellungsprozesse großen Wert darauf legen sollte, die skizzierten Lücken im Informationsfluß nicht auftreten zu lassen, damit den einzelnen Kunden tatsächlich die von ihnen gewünschte Leistung offeriert und geliefert wird. Dadurch wird letztlich die Effektivität der Leistungserstellung sichergestellt.

Gleichzeitig muß man aber auch beachten, daß mit der Kundenmitwirkung gravierende Auswirkungen auf die Effizienz eines Unternehmens verbunden sein können. Um zu gewährleisten, daß die positiven, i.d.R erlössteigernden, Effekte der Kundenintegration nicht durch negative, d.h. kostenerhöhende, Auswirkungen überkompensiert werden, ist es deshalb ratsam, entsprechende Controllingmaßnahmen zu ergreifen.[63]

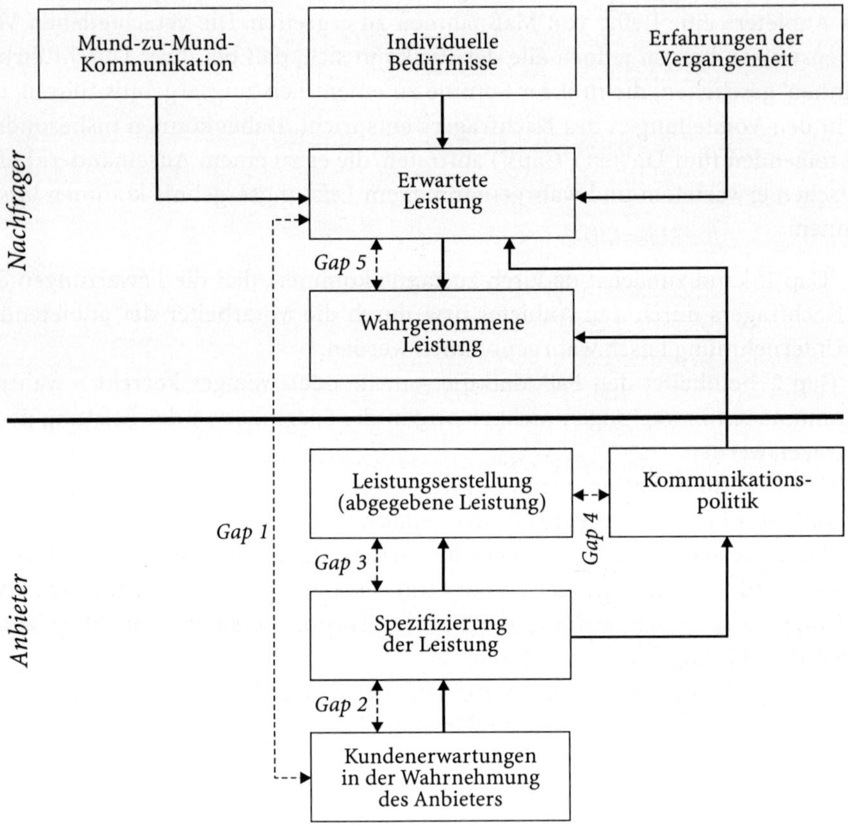

Abb. 16. Gap-Modell
(Quelle: Zeithaml/Berry/Parasuraman 1988, S. 36)

[63] Vgl. zum folgenden Kleinaltenkamp/Schweikart 1997, S. 112ff.

1.5.3 Controlling der Kundenintegration

1.5.3.1 *Customer Integration Analysis*

Die Grundlage eines Controlling der Kundenintegration stellt die *Customer Integration Analysis* dar.[64] Sie ist in zwei Verfahrensschritte unterteilbar: erstens die Prozeßidentifizierung und -abbildung des Untersuchungsbereichs mit Hilfe des *Blueprinting* und zweitens die Prozeßkategorisierung und -quantifizierung mit Hilfe der *Prozeßkostenrechnung*. Die hierbei gewonnenen Informationen können schließlich in eine verbesserte Prozeßkostenkalkulation, in kundenorientierte Prozeßanalysen und in ein kundenorientiertes Prozeßmanagement einfließen.

1.5.3.1.1 *Prozeßidentifizierung und -abbildung*

Zur genauen Identifizierung und Abbildung der einzelnen Prozesse des festzulegenden Untersuchungsbereichs kann auf das Analyseverfahren des sog. 'Service-Blueprinting'[65] zurückgegriffen werden. Die Technik wurde insbesondere für Dienstleistungen zur Identifikation der Anbieter-/Kunden-Prozeßschnittstellen konzipiert. Sie beinhaltet eine graphische Darstellung der Kundenintegration im Prozeßablauf im Sinne einer Kontaktpunktanalyse. Die erhobenen Teilprozesse und deren Input/Output-Strukturen werden mittels eines Schaubildes visualisiert. Die horizontale Achse gibt hierbei die Zeitdimension wieder, die vertikale Achse ist der Prozeßstruktur vorbehalten. Die Besonderheit dieser Prozeßstruktur liegt in der Unterteilung in fünf Prozeßebenen mit jeweils unterschiedlichem Kundenintegrationsgrad. Dieser reicht von Prozessen, an denen der Kunde direkt partizipiert, bis hin zu Prozessen, die der Anbieter autonom durchführt und die vom Kunden nicht wahrgenommen werden können (vgl. Abb. 17). Die Erstellung des Blueprints endet mit der Erfassung des Zeitbedarfs der einzelnen Teilprozesse. Diese Informationen geben wichtige Anhaltspunkte für eine Planung, Kontrolle und u.U. für eine Optimierung des zeitlichen Prozeßablaufs.

1.5.3.1.2 *Prozeßkategorisierung und -quantifizierung*

Aufbauend auf den für den Dienstleistungsbereich konzipierten Ansatz von *Rekkenfelderbäumer* und in Anlehnung an die durch das Blueprinting gewonnenen Prozeßkategorisierungen kann zur Gewinnung einer Prozeßstrukturtransparenz nach dem Merkmal der Kundenintegration auf einen verfeinerten Kostenanalyseansatz zurückgegriffen werden.[66] Unter Fortführung der gedanklichen Einteilung

[64] Vgl. Schweikart 1997, S. 187ff.

[65] Vgl. Shostack 1981, Shostak 1984; vgl. auch Weiber/Jacob 1999.

[66] Vgl. Reckenfelderbäumer 1995, S. 117ff.; Schweikart 1997, S. 201ff.

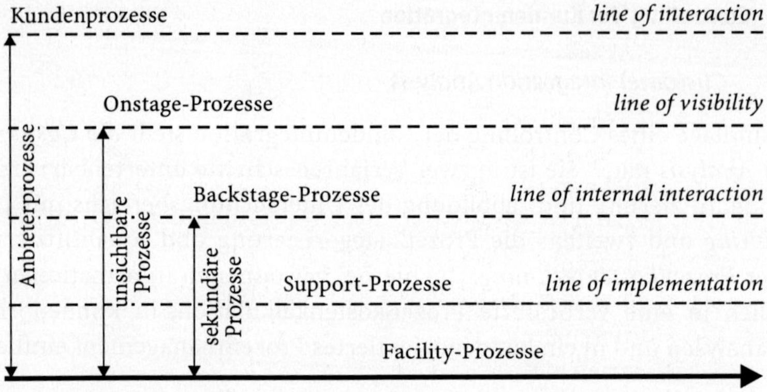

Abb. 17. Grundstruktur eines Blueprints (in Anlehnung an: Weiber/Jacob 1999)

der unterschiedlichen Prozeßebenen des Blueprinting können in bezug auf die Kundenintegration fünf Prozeßkategorien unterschieden werden (vgl. Abb. 17):

- *Kundenprozesse*: vom Kunden autonom durchgeführte Prozesse.
- *'Onstage'-Prozesse*: vorwiegend integrative, für den Kunden sichtbare Anbieterprozesse, die direkt in die Absatzleistungen einfließen.
- *'Backstage'-Prozesse*: relativ autonome, vom Kunden vorwiegend nicht wahrnehmbare Anbieterprozesse zur Gewährleistung der Onstage-Prozesse.
- *'Support'-Prozesse*: vorwiegend autonome, interne Prozesse zur Gewährleistung der Onstage- und Backstage-Prozesse mit meist nur entferntem Bezug zur Absatzleistung.
- *'Facility'-Prozesse* bzw. Prozesse der Betriebsbereitschaft: autonome, interne Prozesse, welche die Grundvoraussetzungen und die Rahmenbedingungen für die obigen Prozesse schaffen und zur Absatzleistung meist keinen oder nur sehr entfernten Bezug aufweisen.

Die Einteilung der in der Untersuchung vorkommenden Teilprozesse in die genannten Prozeßkategorien erfolgt prozentual anhand geeigneter Zuordnungsschlüssel. Hierzu bieten sich häufig die zu bestimmenden Normzeiten der Prozesse an, da sie vielfach den dominierenden Kostenfaktor darstellen. Die Einteilung sollte separat sowohl für die leistungsmengeninduzierten (lmi-) wie auch für die leistungsmengenneutralen (lmn-) Teilprozesse einer Kostenstelle durchgeführt werden. Die Informationserhebung kann wie in der Grundform der Prozeßanalyse über persönliche Interviews mit den Prozeßbeteiligten bzw. Kostenstellenverantwortlichen durchgeführt werden. Dabei sollte man sich darüber im klaren sein, daß die Zuordnung der Prozesse in die einzelnen Kategorien aufgrund des damit verbundenen nicht zu vernachlässigenden Fehlerpotentials

(Schätzungen des Teams und der Befragten, Praktikabilität der Untersuchung etc.) i.d.R. nicht als exakt angesehen werden kann. Eine wiederholt und systematisch durchgeführte Analyse erhöht jedoch im Laufe der Zeit die zweckgerichtete Wahrnehmung der Beteiligten bezüglich der verbundenen Fragestellungen und verschafft wichtige Anhaltspunkte zur Objektivierung der Informationen. Zur Quantifizierung der Prozesse und als Verteilungsbasis wird die Prozeßkostenrechnung herangezogen. Die vorliegenden Prozeßkosten werden dann gemäß der oben ermittelten prozentualen Anteile sowohl auf die lmi-Teilprozesse als auch auf die lmn-Teilprozesse einer Kostenstelle verteilt. In Tabelle 7 wird eine so modifizierte Prozeßdifferenzierung veranschaulicht.[67]

Durch die beschriebene Prozeßkostendifferenzierung ergibt sich eine Aufteilung des Untersuchungsbereichs (Prozesse, Absatzobjekte etc.) nach den vier kundenintegrationsbezogenen Prozeßkategorien. Diese kann sowohl auf Teilpro-

Tabelle 7. Beispiel einer kundenintegrationsorientierten Prozeßkostendifferenzierung (Quelle: Schweikart 1997, S. 205)

Kostenstelle	*Teilprozesse*	*Prozeßkosten (TDM)*			*Prozeßkosten gesamt nach Kategorien (%)*				*Prozeßkosten ges. nach Kategorien (TDM)*			
		lmi	*lmn*	*ges.*	*Onstage*	*Backstage*	*Support*	*Bereitschaft*	*Onstage*	*Backstage*	*Support*	*Bereitschaft*
Fahrtbetrieb	Fahrten durchf.	600	–	600	100 %	–	–	–	600	–	–	–
	Fhrzg. beladen	60	–	60	20 %	80 %	–	–	12	48	–	–
	Fahrzeug. entladen	60	–	60	90 %	10 %	–	–	54	6	–	–
Fuhrparkbetrieb	Fahrzeug. warten	120	20	140	1 %	98 %	1 %	–	1	137	1	–
	Fahrzeug. auftanken	60	10	70	10 %	85 %	5 %	–	7	60	4	–
	Routenplan erstellen	180	30	210	50 %	45 %	5 %	–	105	95	11	–
			⇧⇧		⇧⇧		⇧⇧		⇧⇧		⇧⇧	
	Fuhrpark leiten		60		10 %	–	90 %	–	6		54	
Kantine	Mahlzeiten zubereiten	150	–	150	–	–	–	100 %	–	–	–	150
Rechtsabteil.	Jurist. Projekte durchführen	100	–	100	–	–	5 %	95 %	–	–	5	95
Gesamt		*1330*	*60*	*1390*	*56 %*	*25 %*	*1 %*	*18 %*	*779*	*345*	*20*	*245*

[67] Vgl. das Beispiel von Reckenfelderbäumer 1995, S. 191.

zeßebene als auch in aggregierter Form auf Hauptprozeßebene erstellt werden. Aus der Strukturverteilung lassen sich wichtige Kenntnisse über die Prozeßschwerpunkte und -tätigkeiten sowie die damit verbundenen Kosten und Zeitaufwendungen gewinnen. Darüber hinaus können diese Informationen als Basis von Prozeßoptimierungen dienen, um z.B. zu umfangreiche Support- oder Backstagestrukturen einzuschränken. Dabei gilt es zu berücksichtigen, daß die Optimierungsmaßnahmen in den Prozeßkategorien mit nahem Kundenbezug vom Kunden i.d.R. deutlicher wahrgenommen werden und somit mit entsprechender Sensibilität zu behandeln sind. Neben der analytischen Durchdringung der Prozeßstrukturen kann die Customer Integration Analysis auch für eine Verfeinerung der Prozeßkostenkalkulation eingesetzt werden. Die Informationen über die Bezugsnähe der Prozesse zum Absatzobjekt liefern Anhaltspunkte darüber, inwieweit diese in die Gemeinkostenverrechnung einfließen sollten. Zudem können die Prozeßkosten der jeweiligen Prozeßkategorien eines Kostenträgers bestimmt und als Informationsgrundlage für produkt-/prozeßspezifische Entscheidungen herangezogen werden. Zusammenfassend werden mit der Customer Integration Analysis wesentliche kosten- und kundenorientierte Strukturinformationen über den Untersuchungsbereich gewonnen. Eine tiefergehende Beurteilung der Prozeßabläufe und -inhalte bleibt jedoch weiteren Analyseverfahren mit ergänzendem Betrachtungsschwerpunkt und größerem Detailliertheitsgrad vorbehalten. Hierzu können die Instrumente der prozeßorientierten Funktionsanalyse (PFA) und der Prozeßwertanalyse (PWA) herangezogen werden.

1.5.3.2 Prozeßorientierte Funktionsanalyse

Die ursprüngliche *Funktionsanalyse* bzw. *Functional Cost Analysis (FCA)* wurde als Bestandteil der Wertanalyse Anfang der siebziger Jahre in den USA konzipiert[68] und kommt als wichtigstes Analysewerkzeug des japanischen *Value Engineering* seit den 70er Jahren und schließlich auch im Rahmen des *Target Costing* in japanischen Unternehmen entscheidend zur Anwendung.[69] Das Ziel der Funktionsanalyse liegt in der Ermittlung der vom Kunden gewünschten Funktionsanforderungen an eine Absatzleistung und in einem Abgleich, inwieweit diese Anforderungen durch die geplante oder bereits angebotene Leistung erfüllt werden. Mittlerweile haben die japanischen Unternehmen das Verfahren ausgehend von einer Einzelkostenorientierung auch auf den Gemeinkostenbereich ausgedehnt. *Yoshikawa et al.* veröffentlichten hierzu das Konzept der *prozeßorientierten Funktionsanalyse (PFA)* von Gemeinkostenbereichen unter Einbeziehung der Prozeßkostenrechnung,[70] bei dem nicht mehr das materielle Produkt, sondern

---

[68] Vgl. Miles 1967; Creasy 1973.

[69] Vgl. Hoffmann 1993, S. 24; Monden 1995, S. 177ff.

[70] Vgl. Yoshikawa/Innes/Mitchell 1989; Yoshikawa/Innes/Mitchell 1995.

die einhergehenden Leistungserstellungsprozesse aus Kundensicht im Mittelpunkt der Analyse stehen. Der erste Schritt bei der Durchführung der PFA besteht aus der Bestimmung der Grund- und Teilfunktionen der zu untersuchenden Absatzleistung, die der Kunde erhält bzw. im Rahmen einer Neukonzeption erhalten soll. Mittels Kundenerhebungen wird nun für jede dieser Funktionen eine Wertgewichtung im Verhältnis zur Gesamtleistung ermittelt. Anschließend gilt es, mittels der Prozeßkostenrechnung für die Funktionen jeweils die anfallenden bzw. geplanten Kosten zu kalkulieren und deren prozentualen Anteil an den Gesamtkosten bzw. Standard-/Plankosten der Gesamtleistung zu errechnen.[71] Aus dem Vergleich der prozentualen Gewichtung aus Kundensicht und dem prozentualen Kostenanteil der einzelnen Funktionen wird abgeleitet, ob der Ressourcenverbrauch für diese Funktionen sich in einem adäquaten Verhältnis zu den Kundenwünschen befindet.[72] Funktionen mit einer zu stark unausgeglichenen Wertrelation werden auf Effizienz- und/oder Effektivitätssteigerungen hin untersucht.

1.5.3.2.1 Funktionsspezifische Analyse der Kundensicht

Die funktionsspezifische Analyse der Kundensicht wird mittels eines sog. Funktionsstammbaums durchgeführt, der sich, ausgehend von der bzw. den Grundfunktion(en) der untersuchten Leistung, über Mittel-Zweckbeziehungen in die wesentlichen Teilfunktionen gliedert.[73] Dadurch entsteht ein dekomponiertes, visualisiertes Bild über die Zusammensetzung einer Leistung hinsichtlich der tragenden Grundanforderungen der Kunden. Die Bestimmung der Funktionen kann über unterschiedliche Methoden der Datengewinnung und der Datenauswertung in der Marketingforschung erfolgen.[74] Als primäre Methode der Datengewinnung ist in diesem Rahmen die Befragung der Kunden durch ein Analyseteam mittels strukturierter Interviews zu empfehlen. Hier kommt es auf die Definition der wesentlichen vom Kunden gewünschten Funktionen und auf die Erfassung latenter, bislang nicht erfüllter Anforderungen an. Zur möglichst prägnanten Beschreibung der Funktionen sollte jeweils nur ein Substantiv und ein Verb angewendet werden.[75] Aus der relativ unstrukturierten Funktionsliste wird nun systematisch ein Funktions-Blockdiagramm bzw. Funktionsstammbaum geformt, in dem zunächst die Detailstruktur und die Zusammenhänge der Teilfunktionen in ausführlichen Befragungen mit den Führungsverantwortlichen im

---

[71] Vgl. Schweikart 1997, S. 237ff.

[72] Vgl. Yoshikawa/Innes/Mitchell 1995, S. 190.

[73] Vgl. Yoshikawa/Innes/Mitchell 1995, S. 193 u. S. 225.

[74] Vgl. Schweikart 1997, S. 225ff.; vgl. auch Weiber/Jacob 1999.

[75] Vgl. Hoffmann 1993, S. 61; Monden 1995, S. 222.

Tabelle 8. Funktionsgewichtung funktioneller Dienstleistungen am Beispiel der *IBM Deutschland GmbH* (Quelle: Cibis/Niemand 1993, S. 210)

Funktions-gruppen		*Funktionen*	*%-Anteil*
FG1	F1:	Entscheidungshilfen ableiten	8,65
	F2:	Betriebsbereitschaft des DV-Systems herstellen	14,41
	F3:	DV-System betreuen und pflegen	11,60
	F4:	Ungewollte Stillstandszeiten des DV-Systems minimieren	13,86
	F5:	Finanzierungshilfen anbieten	2,68
FG2	F6:	Teilsysteme verketten/Systeme integrieren	8,65
	F7:	Spezifische Software erstellen	6,86
	F8:	Projektplanung durchführen	6,79
FG3	F9:	Zugang zu Informationsdatenbanken ermöglichen	5,22
	F10:	Netzwerk zur Verfügung stellen	4,87
	F11:	Erfahrungsaustausch zwischen Anwendern fördern	8,58
	F12:	DV-Neuerungen vorstellen	7,82
		Summe:	*100,00*

Untersuchungsbereich ermittelt (Bottom-Up) und diese wiederum in einem iterativen Prozeß mit der Grobstruktur abgeglichen werden (Top-Down).

Im Anschluß an die Bildung der Funktionsstruktur sind die einzelnen Funktionen aus Kundensicht mittels strukturierter Interviews oder geeigneter statistischer Verfahren zu bewerten. Die erhobenen Kundenwertigkeiten werden dann für jede Funktion des Funktionsstammbaums prozentual in Relation zur Grundfunktion bzw. zur Gesamtleistung (100%) gesetzt. Die relativen Anteile der Funktionen aus höheren Ebenen werden anschließend in gleicher Weise auf die zugehörigen Funktionen untergeordneter Ebenen verteilt (vgl. Tabelle 8).

1.5.3.2.2 Funktionsspezifische Prozeßkostenanalyse

Aufbauend auf den konzipierten Funktionsstammbaum gilt es nun, in einem nächsten Schritt die einzelnen Funktionen der untersuchten Leistung mit Kosten zu bewerten. Für die Leistungsprozesse des Gemeinkostenbereichs bietet sich hierzu vor allem die Prozeßkostenrechnung an. Die Übertragung der Gemeinkosteninformationen auf die einzelnen Funktionen wird grundsätzlich durch die o.g. funktionale Gliederung der Leistungskomponenten ermöglicht. Hier gilt es zu ermitteln, welche Prozesse und in welchem Maße diese Prozesse in die jeweilige Funktion einfließen. Handelt es sich bei der Untersuchung um eine bestehende Leistung, so werden die Prozeßkosten der Grundfunktion über die Summierung der Teilprozeßkosten aller zugeordneten Teilprozesse ermittelt.[76] Die Pro-

[76] Vgl. hierzu Schweikart 1997, S. 239ff.

zeßkosten der einzelnen Teilprozesse werden durch die Multiplikation der zugehörigen Teilprozeßkostensätze mit der definierten Teilprozeßmenge bestimmt. Handelt es sich bei der Untersuchung hingegen um eine noch zu konzipierende Leistung, so können die Kosten der Grundfunktion(en) mit Hilfe des Target Costing bestimmt werden.[77] Analog zum obigen Vorgehen im Falle bereits bestehender Leistungen werden dann die zur Leistungserstellung benötigten Teilprozesse definiert, strukturiert und im Rahmen der Prozeßkostenrechnung geplant.[78] Die ermittelten Kosten der Grundfunktion(en) sind nun den Funktionen aller nachstehenden Funktionsebenen zuzuordnen. Zunächst wird dazu für jeden Teilprozeß erfaßt, wie stark dieser von den Funktionen einer Funktionsebene beansprucht wird. Als Erfassungsmaßstab sind hier meist nur objektivierte Schätzungen auf der Basis von persönlichen Interviews mit den Prozeß-/Kostenstellenverantwortlichen heranzuziehen. In Tabelle 9 wird die Vorgehensweise anhand eines fiktiven Beispiels einer Angebotserstellung verdeutlicht.[79] Die zugehörigen Funktionsebenen können der Tabelle 10 entnommen werden.

1.5.3.2.3 Analyse der Wertrelationen

Im Anschluß an die Bewertung der Funktionen aus Kundensicht und der Ermittlung der funktionsspezifischen Prozeßkosten werden schließlich die Gewichtungen der Kundenwertigkeit und der Prozeßkosten jeder Funktion gegenübergestellt. Dies erfolgt durch die Bildung einer Wertrelation (G_K/K_P) als Quotient aus der Kundengewichtung G_K und der Kostengewichtung K_P.[80]

In Tabelle 10 wird dies am fiktiven Beispiel der o.g. Leistung Angebotserstellung verdeutlicht.

Gemäß dem japanischen Funktionsanalyseansatz stellen die Wertrelationen Richtwerte dar, die aufdecken, ob die Kosten einer Funktion ihren Wert für den Kunden übersteigen. Funktionen mit einer Wertrelation kleiner ‘1’ werden in das Blickfeld kostensenkender Maßnahmen gesetzt. Mit zunehmender Abweichung steigt der potentielle Handlungsbedarf. Vor der Festlegung optimierender Maßnahmen ist jedoch zu berücksichtigen, welche zusätzlichen Einflußfaktoren auf die analysierte Wert-/Kostenstruktur einwirken. Hierzu zählen insbesondere unternehmens- bzw. branchenspezifische Restriktionen und die Wettbewerbssituation des Unternehmens. Die Analyseergebnisse sollten generell als Anhaltspunkte für Verbesserungsmöglichkeiten der einzelnen Funktionen und der Funktionsstruktur betrachtet werden.

---

77 Vgl. hierzu Seidenschwarz 1993, S. 187ff.

78 Vgl. Monden 1995, S. 121ff.

79 Vgl. auch das Beispiel von Yoshikawa/Innes/Mitchell 1995, S. 195.

80 Vgl. Monden 1995, S. 226; Yoshikawa/Innes/Mitchell 1995, S. 196.

Tabelle 9. Funktionsspezifische Prozeßkosten einer Angebotserstellung (Quelle: Schweikart 1997, S. 241)

	Grundfunktion	*1. Funktionsebene*			*2. Funktionsebene*						
Teilprozesse/Aktivitäten	F_0	F_1	F_2	F_3	F_{11}	F_{12}	F_{21}	F_{22}	F_{31}	F_{32}	F_{33}
Kundenvoranfrage Außendienst	12	5	2	5	5	–	–	2	2	–	3
Anfragen – Vorbearb. Innendienst	40	20	–	20	5	15	–	–	10	5	5
Techn. Angeb.detaill. Innendienst	80	50	20	10	45	5	10	10	–	4	6
Techn. Kundenänd. Innendienst	30	30	–	–	25	5	–	–	–	–	–
Dokumentation entwerfen	10	10	–	–	–	10	–	–	–	–	–
Dokumentation erstellen	30	30	–	–	–	30	–	–	–	–	–
Techn. Angeb.detaill. Fertigung	16	10	6	–	10	–	6	–	–	–	–
Techn. Kundenänd. Fertigung	10	10	–	–	10	–	–	–	–	–	–
Fertigungskapazität überprüfen	6	–	–	6	–	–	–	–	6	–	–
Fertigbarkeit überprüfen	8	–	–	8	–	–	–	–	8	–	–
Preisermittlung Controlling	20	–	20	–	–	–	–	20	–	–	–
Preisgenehmig. Gesch.Führung	10	–	10	–	–	–	5	5	–	–	–
Projektcontrolling Controlling	36	–	30	6	–	–	25	5	–	6	–
Wettbew.preisanalysen Marketing	8	–	8	–	–	–	–	8	–	–	–
Kundengespr. zur Angeb.detaill.	24	18	2	4	16	2	–	2	1	–	3
Summe Prozeßkosten	340	183	98	59	116	67	46	52	27	15	17
Prozent der Prozeßkosten	100%	54%	29%	17%	34%	20%	14%	15%	8%	4%	5%
Anzahl benötigter Teilprozesse	15	9	8	7	7	6	4	7	5	3	4
Prozent der Teilprozesse	100%	60%	53%	47%	47%	40%	27%	47%	33%	20%	27%

Tabelle 10. Funktionsspezifische Wertrelationen am Beispiel der Leistung 'Angebotserstellung' (Quelle: Schweikart 1997, S. 242)

Funktion	*Bezeichnung*	*Prozeßkosten (K_P) in %*	*Kundengewichtung (G_K) in %*	*Wertrelation (G_K/K_P)*
F_1	Angebotsqualität gewährleisten	54%	33%	0,61
F_2	Angebotspreis minimieren	29%	33%	1,14
F_3	Abgabetermin einhalten	17%	33%	1,94
Summe		*100%*	*100%*	
F_{11}	Spezifikationen erfüllen	34%	25%	0,74
F_{12}	Dokumentation sicherstellen	20%	8%	0,40
Summe		*54%*	*33%*	
F_{21}	Zielkosten einhalten	14%	10%	0,71
F_{22}	Wettbewerbspreisniveau einhalten	15%	23%	1,53
Summe		*29%*	*33%*	
F_{31}	Projektplanung durchführen	8%	10%	1,25
F_{32}	Projekt steuern	4%	5%	1,25
F_{33}	Kundenintegration gewährleisten	5%	18%	3,60
Summe		*17%*	*33%*	

Es ist ratsam, je nach der Leistungsart, der Leistungstransparenz, dem Zielerreichungspotential im Unternehmen sowie den o.g. Umfeldfaktoren eine leistungsspezifische Abweichungstoleranz zu verwenden und diese mit abnehmender Kundengewichtung für die Funktionen zu vergrößern, um der Unschärfe der Wertrelationen Rechnung zu tragen.[81]

1.5.3.3 Prozeßwertanalyse

Als Bindeglied zur Customer Integration Analysis und der prozeßorientierten Funktionsanalyse und zur Abstimmung von Prozeßstrukturen und Prozeßleistungen kann der Ansatz der *Prozeßwertanalyse (PWA)* bzw. *Process Value Analysis (PVA)* herangezogen werden. Die PWA findet ihren Ursprung in mehreren verwandten Konzepten des Kosten- und Qualitätsmanagements und wurde schließlich ab 1986 von Mitarbeitern der US-Unternehmensberatung *Ernst & Young* als eigenständiges Konzept ausgebaut und veröffentlicht.[82] Mit der PWA sollen grundsätzlich die Informationen für dauerhafte Optimierungsmaßnahmen von Prozessen (des indirekten Bereichs) bereitgestellt werden. Die zu analysierenden Prozeßabläufe werden dabei von einem Analyseteam funktionsübergreifend dargestellt und mit den Prozeßbeteiligten diskutiert. Als entscheidendes Merkmal der Analyse ist die Berücksichtigung der Kundensicht (interne und externe Kunden) über den jeweiligen Wert/Nutzen der zu untersuchenden Leistungsprozesse hervorzuheben. Der Erfüllungsgrad der Kundenanforderungen wird dabei prinzipiell durch die Einteilung der Tätigkeiten und/oder Teilprozesse als wertschaffend (*value-added*) oder als nicht wertschaffend bzw. wertverzehrend (*non-value-added*) bewertet. Die PWA beinhält eine systematische Analyse und Hinterfragung aller Prozesse des Untersuchungsbereichs im Hinblick auf ihre Wertigkeit aus Kundensicht, liefert somit ein tieferes Verständnis über die Kostenursachen und die Zusammenhänge zwischen Kostentreiber, Teil- und Hauptprozesse sowie der zugeordneten Ressourcen und deckt dadurch entscheidende Verbesserungspotentiale in den Prozeßabläufen und -strukturen auf.[83] Zur Durchführung der PWA wird zunächst die Prozeßstruktur des Untersuchungsbereichs, aufbauend auf persönliche Interviews mit den entsprechenden Kostenstellenleitern und ggf. Prozeßverantwortlichen, erfaßt und abgebildet. Aus Gründen einer Vereinfachung der Kostenbewertung ist eine Anlehnung an die in der Prozeßkostenrechnung definierten Tätigkeiten und Teil-/Hauptprozesse zu empfehlen. Hier kann auch die Prozeßstruktur einer evtl. vorhandenen Customer Integration Analysis herangezogen werden, um weitere Einblicke zu verschaffen. Schließlich werden die Prozeßabläufe des Untersuchungsbereichs auf Tätigkeits-/Teilprozeßebene im

[81] Vgl. Seidenschwarz 1993, S. 182f.; Reckenfelderbäumer 1995, S. 177f.

[82] Vgl. Schweikart 1997, S. 249f.

[83] Vgl. Ostrenga/Probst 1992, S. 6 und 12; Ostrenga/Ozan/McIlhattan/Harwood 1992, S. 105.

Hinblick auf die Faktoren Zeit (*Cycle Time Analyse*), Kundennutzen und Prozeßkosten analysiert. Durch diese kombinierte Betrachtung können wesentliche Verbesserungspotentiale auf einer detaillierten Prozeßebene analytisch erschlossen werden.

1.5.3.3.1 Cycle Time-Analyse

Die Cycle-Time-Analyse ist der erste Verfahrensschritt der PWA und dient zur Analyse der zeitlichen Struktur und des zeitlichen Ablaufs der Prozesse des Untersuchungsbereichs. Die zentrale Größe der Untersuchung stellt die *'Cycle Time'* (durchschnittliche Durchlaufzeit bzw. erforderliche Zeit bis zur Übergabe an den Kunden) der relevanten Aktivitäten und/oder Teilprozesse dar, die durch Interviews mit den Prozeßbeteiligten erfaßt werden. Eine möglichst enge Anlehnung an die Prozeßstruktur der Prozeßkostenrechnung ist dabei zu empfehlen. Von besonderer Bedeutung ist die Erfassung sämtlicher Tätigkeiten und Teilprozesse des Untersuchungsbereichs, da diese bei den befragten Mitarbeitern häufig nur ausschnittweise bekannt sind. Die ermittelten Prozesse werden schließlich gemäß ihrer Wertigkeit aus Kundensicht bzw. ihrem Grad an Produktivität in 'nichtproduktive' (*„non-processing time"*) oder 'produktive' (*„processing time"*) Prozesse kategorisiert. Die unproduktiven Zeiten werden dann i.d.R. in weitere geeignete Teilkategorien – wie insbesondere Warte-/Liegezeiten, Transferzeiten, Nacharbeitszeiten, (Qualitäts-)Inspektionszeiten und Rüstzeiten aufgeteilt.[84] In Tabelle 11 wird die Cycle Time-Analyse anhand eines Auftragsbestätigungsprozesses eines US-Industrieunternehmens verdeutlicht.

Die Analyse brachte im Ergebnis eine Vielzahl nicht-produktiver Zeiten (95,0h) zum Vorschein, so daß sich für den Gesamtprozeß eine Cycle-Effizienz von nur 3,4% (=3,3h÷98,3h) ergab. Gemäß Erfahrungen aus der Praxis sind solch niedrige Effizienzwerte keinesfalls als Ausnahme zu betrachten. *Ostrenga et al.* beziffern übliche Cycle-Effizienzraten für Verwaltungsprozesse auf i.d.R. weniger als 5%, für einzelne/isolierte Fertigungsschritte auf weniger als 10% und für die Prozeßfertigung auf mehr als 30%.[85]

1.5.3.3.2 Kundennutzenanalyse

Im Anschluß an die zeitspezifische Analyse des Untersuchungsbereichs wird nun der jeweilige Nutzen der zugehörigen Tätigkeiten/Prozesse aus Kundensicht untersucht. Hierzu wird mittels strukturierter Interviews mit den Kostenstellen-/Prozeßverantwortlichen eine Kategorisierung der erfaßten Teilprozesse in aus Kundensicht 'wertschaffend' bzw. 'value-added' (VA) und 'nicht-wertschaffend' bzw. 'non-value-added' (NVA) vorgenommen. Als 'wertschaffend' wird da-

[84] Vgl. Ostrenga/Ozan/McIlhattan/Harwood 1992, S. 97f.

[85] Vgl. beispielhaft Ostrenga/Ozan/McIlhattan/Harwood 1992, S. 100.

Tabelle 11. Prozeßorientierte Cycle Time-Analyse einer durchschnittlichen Auftragsbestätigung (Quelle: Ostrenga et al. 1992, S. 99)

Prozeß: Auftragsbestätigung *Aktivität*	*produktive Zeit (h)*	*unproduktive Zeit (h)*	
Auftragseingang	0,50	Wartezeit	3,0
		Transferzeit	4,0
Bonitätsbestätigung Kunde	0,25	Wartezeit	1,0
		Transferzeit	3,0
Fertigungsanfrage	0,10	Wartezeit	3,0
		Transferzeit	4,0
Bestätigung techn. Realisierbarkeit	0,50	Wartezeit	16,0
		Transferzeit	8,0
Teilebestätigung	1,50	Wartezeit	8,0
		Transferzeit	2,0
Zeitplan Fertigung	0,25	Wartezeit	24,0
		Inspektionszeit	1,0
		Transferzeit	2,0
Terminbestätigung Fertigungsende	0,10	Transferzeit	4,0
Auftragsbestätigung Kunde	0,10	Transferzeit	4,0
		Postzeit	8,0
Gesamtzeit	*3,30*		*95,0*

bei eine Leistung definiert, die mit den niedrigsten Kosten die definierten Kundenanforderungen noch zuverlässig erfüllt. VA-Aktivitäten bestimmen maßgeblich die Qualität, Leistung oder Funktionalität der Leistungen.[86] Als typische NVA-Aktivitäten sind beispielhaft zu nennen: Nacharbeiten wegen Qualitätsmängel, Reparatur und Wartung von Anlagen/Maschinen, Materialtransport, Materiallagerung, Genehmigungsprozeduren, Ablagearbeiten etc.[87] Je nach Projektziel ist eine tiefere Untergliederung der Aktivitäten zu empfehlen. Besonders zweckmäßig erscheint die Einteilung *Harringtons* in folgende Kategorien:[88]

- *'Real-value-added'-Aktivitäten (RVA)*, werden vom Kunden tatsächlich nachgefragt und sind notwendig um die Kundenanforderungen zu erfüllen;
- *'Business-value-added'-Aktivitäten (BVA)*, sind geschäftsnotwendig aber aus Kundensicht nicht-werterhöhend;
- *'Non-value-added'-Aktivitäten (NVA)*, werden weder vom Kunden benötigt, noch sind sie geschäftsnotwendig.

86 Vgl. Yoshikawa/Innes/Mitchell 1995, S. 191; Ostrenga/Ozan/McIlhattan/Harwood 1992, S. 67.

87 Vgl. Beischel 1990, S. 55.

88 Vgl. Harrington 1991, S. 139f.

Tabelle 12. Kundennutzenanalyse einer durchschnittlichen Voranfrage bei einem Stahlbehälterhersteller (Quelle: Schweikart 1997, S. 262)

Aktivität	*Netto Cycle Time (h)*	*Kundennutzenkategorie (h)*			*Kundennutzenkategorie (%)*		
		RVA	*BVA*	*NVA*	*RVA*	*BVA*	*NVA*
Kundenanfrage Außendienst	0,4	0,0	0,08	0,32	0%	20%	80%
Anfragenakte / Vorbearbeitung Innendienst	3,5	0,0	0,385	3,115	0%	11%	89%
Technische Spezifikation	1,3	0,0	0,26	1,04	0%	20%	80%
Anfragenakte / Techn. Detaillierung Innendienst	1,5	0,0	0,225	1,275	0%	15%	85%
Preisermittlung Controlling	1,4	0,0	0,21	1,19	0%	15%	85%
Preisgenehmigung Geschäftsführung	1,5	0,0	0,0	1,5	0%	0%	100%
Endformulierung Innendienst	1,4	0,28	0,0	1,12	20%	0%	80%
Gesamt	*11,0*	*0,28*	*1,16*	*9,56*	*2,5%*	*10,6%*	*86,9%*

Die Kategorisierung ist aufgrund der unterschiedlichen Nachfrager und Nutzenempfinden sowie aufgrund der Abhängigkeit der Beurteilung von der Einschätzung des Analyseteams nur unter Einschränkungen als genau zu betrachten. Doch auch hier kommt es weniger auf eine exakte Festlegung als auf eine Aufdeckung von Anhaltspunkten für eine Prozeßoptimierung an. Eine Verfeinerung der Analyse wird über die prozentuale Einteilung der Tätigkeiten/Prozesse in die einzelnen Nutzenkategorien erreicht. Die netto Cycle Time (Cycle time bereinigt um die nicht-ressourcenverzehrenden Zeiten) bietet sich hierzu i.d.R. als Verteilungsschlüssel an. Tabelle 12 zeigt beispielhaft die Einteilung der Cycle time eines Kundenvoranfrage-Prozesses bei einem deutschen Stahlbehälterhersteller.

1.5.3.3.3 *Prozeßkostenbewertung*

Als letzter Verfahrensschritt der PWA erfolgt schließlich die kostenrechnerische Bewertung der untersuchten Aktivitäten und Teilprozesse. Hierzu sollte möglichst auf eine bereits implementierte Prozeßkostenrechnung mit hohem Detaillierungsgrad zurückgegriffen werden. Da in der Kompatibilität der Informationsbasis der Prozeßkostenrechnung und der Prozeßwertanalyse eines der häufigsten Probleme in der Praxis liegt, sollte dieser Umstand möglichst schon bei der Konzeption beider Verfahren berücksichtigt werden. Anschließend werden

Tabelle 13. Prozeßkostensätze einer durchschnittlichen Kundenvoranfrage eines Stahlbehälterherstellers (Quelle: Schweikart 1997, S. 264)

Teilprozesse	*Teilprozeßkostensatz in TDM*			*davon*		
	lmi	*lmn*	*ges.*	*RVA*	*BVA*	*NVA*
Kundenvoranfrage Außendienst	0,1	0,2	0,3	0,0%	20,0%	80,0%
Anfragenbearbeitung Innendienst	0,4	0,1	0,5	4,4%	9,5%	86,1%
davon Vorbearbeitung			0,27	0,0%	11,0%	89,0%
davon techn. Detaillierung			0,12	0,0%	15,0%	85,0%
davon Endformulierung			0,11	20,0%	0,0%	80,0%
Technische Spezifikation	0,1	0,1	0,2	0,0%	20,0%	80,0%
Preisermittlung Controlling	0,1	0,3	0,4	0,0%	15,0%	85,0%
Preisgenehmigung Geschäftsführung	0,2	0,2	0,4	0,0%	0,0%	100,0%
Prozeßkosten gesamt	*0,9*	*0,9*	*1,8*	*1,2%*	*11,6%*	*87,2%*

die errechneten Prozeßkosten den einzelnen Kundennutzenkategorien mittels der in der Kundennutzenanalyse bestimmten Prozentwerte zugeordnet. Tabelle 13 stellt die Zusammensetzung der Prozeßkosten (TDM) des Prozesses 'Voranfrage' eines deutschen Stahlbehälterherstellers, aufbauend auf die Cycle time-Analyse in Tabelle 13 dar. Es gilt zu betonen, daß die PWA im Gegensatz zu dem hier aufgezeigten Beispiel auch bei umfassenderen Prozeßkostenkalkulationen – z.B. zur Kalkulation sämtlicher Teilprozesse eines Kostenträgers – eingesetzt werden kann.[89]

1.5.3.4 Schnittstellen der Ansätze

Die vorgestellten Ansätze zum Controlling der Kundenintegration besitzen unterschiedliche Untersuchungsfokusse, -techniken und Analysezwecke (vgl. Tabelle 14). Die prozeßorientierte Funktionsanalyse weist im Vergleich den breitesten Analyseansatz auf und ist für konkrete Prozeßverbesserungen durch detailliertere, weiterführende und verknüpfende Informationen und Ideen aus den beiden anderen Ansätzen anzureichern. Insbesondere die Prozeßwertanalyse kann hierbei die Zielsetzung der prozeßorientierten Funktionsanalyse auf einer tieferen und umsetzungsorientierteren Betrachtungsebene fortführen. Der Schwerpunkt der Customer Integration Analysis liegt hingegen auf der Schaffung

[89] Vgl. hierzu Schweikart 1997, S. 265ff.

einer Prozeßstrukturtransparenz im Hinblick auf die einzelnen Kundenintegrationsprozesse und kann die anderen Verfahren in dieser Hinsicht wertvoll ergänzen.[90] Durch eine Verzahnung der einzelnen Ansätze entwickelt sich die Business Process Analysis zu einem geschlossenen Analyseinstrument für die Customer Integration und das Effektivitäts-/Effizienzmanagement von Leistungen und Prozessen. Es ist aber zu berücksichtigen, daß die vorgestellten Ansätze keinesfalls als abschließende Entwicklungen für ein umfassendes Controlling der Kundenintegration betrachtet werden sollten, sondern vielmehr die Grundlage für zweckspezifische Anpassungen und Erweiterungen bilden.

Tabelle 14. Wesentliche Charakteristika der Ansätze der Business Process Analysis (Quelle: Schweikart 1997, S. 271)

Charakteristika	*Customer Integration Analysis*	*Prozeßorientierte Funktionsanalyse*	*Prozeßwertanalyse*
Untersuchungsfokus	• Kundenintegration bei der Leistungserstellung	• Funktionsanforderungen des Kunden	• Wertigkeit von Prozessen/Leistungen aus Kundensicht
Analysetechnik	• Blueprinting • Spezifische Prozeßdifferenzierung • Prozeßkostenanalyse	• Funktionsanalyse der Kundenanforderungen • Funktionsbewertung mittels Wertrelationen • Prozeßkostenanalyse	• Cycle-Time-Analyse • Kundennutzenanalyse • Prozeßkostenanalyse
Stoßrichtung	• Bidirektional	• Unidirektional	• Unidirektional
Ausgangspunkt	• Schnittstelle Kunden/Anbieter	• Kundenanforderungen an die Leistungen des Anbieters	• Detaillierte Prozeßablaufsebene des Anbieters
Analysezweck	• Prozeßstrukturtransparenz • Verfeinerung der Prozeßkostenkalkulation • Informationen für eine Prozeß-/Leistungsoptimierung	• Prozeßleistungstransparenz • Informationen für eine Prozeß-/Leistungsoptimierung	• Bindeglied zwischen Prozeßstruktur- und Prozeßleistungstransparenz • Informationen für eine Prozeß-/Leistungsoptimierung

[90] Vgl. hierzu Schweikart 1997, S. 272.

1.6 Produktmanagement als organisatorische Umsetzung

Mit fortschreitendem Marktprozeß ist damit zu rechnen, daß sich die Anforderungen der Nachfrager an die angebotenen Leistungen und damit auch die Wettbewerbsrelevanz einzelner Leistungsmerkmale ändern. Daraus resultiert die Notwendigkeit, diese Wandlungen ständig zu analysieren und zu dokumentieren. Eine derartige Beobachtung und Analyse wird auch als *„Produktmonitoring"* oder *„Anpassungsanalyse"* bezeichnet.[91] Sowohl in der betrieblichen Praxis als auch in der Literatur wurden unterschiedlichste Konzepte entwickelt, mit deren Hilfe eine effektive und effiziente ergebnisbezogene Gestaltung von Einzelleistungen sichergestellt werden soll. Sehr große Verbreitung hat in diesem Zusammenhang der Ansatz des *„Produktmanagements"* gefunden.[92] Beim Produktmanagement wird eine dauerhafte Zuordnung von Stellen zu einzelnen Produkten oder Produktgruppen vorgenommen. Aufgabe der Stelleninhaber, der sog. *„Produktmanager"* ist es, die Monitoring-Aufgabe, d.h. die Analyse der Nachfrageranforderungen und die Abstimmung der Gestaltungsparameter, zu koordinieren. Produktmanagement kann unterschiedliche Formen annehmen. Zunächst können Produkte oder Produktgruppen primäres Kriterium der Bildung von Linien in der Aufbauorganisation eines Marketingbereichs sein. Das Produktmanagement wird damit hierarchisch sehr hoch angesiedelt, was sich in den Weisungsrechten der Produktmanager niederschlägt. Vorteile sind in der klaren Marktausrichtung der Organisation zu sehen, Nachteile dagegen in oftmals zu beobachtenden Parallelarbeit. Ein Stab-Linien-System liegt vor, wenn die Linien der Aufbauorganisation zwar weiterhin nach Funktionen (z.B. Marktforschung, Werbung, Verkauf, Service) gebildet werden und das Produktmanagement in Form von Leitungshilfsstellen implementiert wird. Problematisch ist vor allem der Umstand, daß die Produktmanager bei dieser Form zwar häufig mit Ergebnisverantwortung, nicht jedoch mit Weisungsbefugnis ausgestattet werden. Ein Kompromiß kann darin gesehen werden, das Produktmanagement in eine Matrixorganisation zu integrieren.[93] Das bedeutet, es existieren zwei unterschiedliche Führungslinien, die einander gegenübergestellt werden, wovon eine die Verantwortung für die verschiedenen Produkt- bzw. Leistungsarten beinhaltet. Die Inhaber der operativen Stellen im Zentrum der Matrix sind dann jeweils zwei übergeordneten Stellen mit Steuerungsaufgaben untergeordnet. Hieraus erhofft man sich Vorteile für die Effektivität und die Effizienz der Koordinationsfunktion, muß jedoch ebenfalls mit Steuerungskonflikten aufgrund der Doppelunterstellung rechnen. Abbildung 18 verdeutlicht die drei dargestellten Strukturen eines Produktmanagement.

---

[91] Vgl. Koppelmann 1997, S. 562ff.

[92] Zum Produktmanagement vgl. z.B. Meffert 1998, S. 986ff; Tietz 1992.

[93] Zum Konzept der Matrixorganisation vgl. z.B. Scholz 1993.

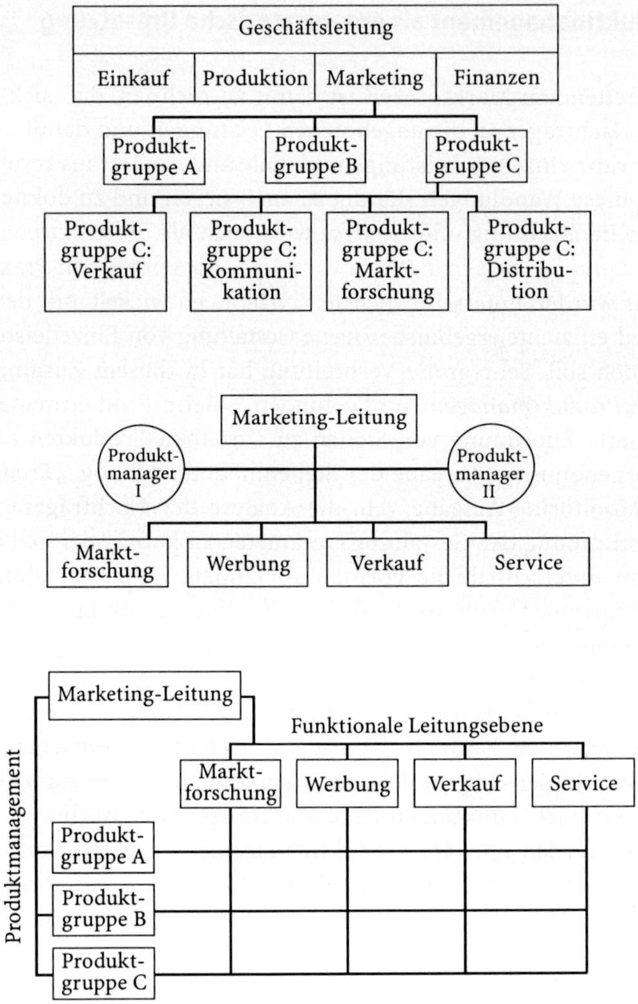

Abb. 18. Gestaltungsalternativen des Produktmanagement
(Quelle: Meffert 1998, S. 986ff)

Literaturverzeichnis

Abell, D. F. [1980]: Defining the Business: The Starting Point of Strategic Planning; Englewood Cliffs 1980.

Arbeitskreis „Marketing in der Investitionsgüter-Industrie" der Schmalenbachgesellschaft [1977]: Standardisierung und Individualisierung; in: Engelhardt, W. H. / Laßmann, G. (Hrsg.): Anlagen-Marketing, Zeitschrift für betriebswirtschaftliche Forschung Sonderheft, 7/1977, S. 39–56.

Backhaus, K. / Weiber, R. [1987]: Systemtechnologien - Herausforderung des Investitionsgütermarketing; in: HARVARDmanager, 9. Jg. (1987), Heft 4, S. 70–80.

Backhaus, K. [1997]: Investitionsgütermarketing, 4. Aufl., München 1997.

Beischel, M. E. [1990]: Improving Production with Process Value Analysis - The foundation for Activity Based Costing; in: Journal of Accountancy, September, 1990, S. 53–57.

Belz, C. / Tomczak, T. [1991]: Vom Gelegenheits- zum konstruktiven Marketing; in: absatzwirtschaft, H. 7, 1991, S. 82–91.

Borowski, K.-H. [1961]: Das Baukastensystem in der Technik; Berlin - Göttingen 1961.

Coenenberg, A. G. / Prillmann, M. [1995]: Erfolgswirkungen der Variantenvielfalt und Variantenmanagement; in: Zeitschrift für Betriebswirtschaft, 65. Jg. (1995), Heft 11, S. 1231–1253.

Corsten, H. [1992]: Kapazitätsplanung in Dienstleistungsunternehmen; in: Corsten, H. et al. (Hrsg.): Kapazitätsmessung, Kapazitätsgestaltung, Kapazitätsoptimierung - eine betriebswirtschaftliche Kernfrage; Stuttgart 1992, S. 229–254.

Creasy, R. [1973]: Functional Analysis System Technique Manual; Society of American Value Engineers, New York 1973

Deutsches Institut für Normung e.V. [1982] (Hrsg.): Grundlagen der Normungsarbeit des DIN; 4. geänd. Auflage, Berlin - Köln 1982.

Engelhardt, W. H. [1976]: Erscheinungsformen und absatzpolitische Probleme von Angebots- und Nachfrageverbunden; in: Schmalenbachs Zeitschrift für betriebswirtschaftliche Forschung, 28. Jg. (1976), S. 77–90.

Engelhardt, W. H. / Günter, B. [1981]: Investitionsgüter-Marketing; Stuttgart et al. 1981.

Engelhardt, W. H. / Plinke, W. [1979]: Marketing, Elemente der Marketing-Entscheidung; Lehrmaterial Fernuniversität Hagen, Hagen 1979.

Engelhardt, W. H. / Schütz, P. [1991]: Total Quality Management; in: Wirtschaftswissenschaftliches Studium, 20. Jg. (1991), Heft 8, S. 394–399.

Farrell, J. / Saloner, G. [1985]: Standardization, Compatibility, and Innovation; in: Rand Journal of Economics, Vol. 16 (1985), Spring, S. 70–83.

Günter, B. [1979]: Das Marketing von Großanlagen; Berlin 1979.

Gutenberg, E. [1983]: Grundlagen der Betriebswirtschaftslehre, Bd. 1, Die Produktion; Berlin – Heidelberg – New York 1983.

Harrington, J. [1991]: Business Process Improvement; New York 1991.

Hauser, J. R. / Clausing, D. [1988]: The house of quality; in: Harvard Business Review, Vol. 66 (1988), No. 5/6, S. 63–73.

Heinen, E. [1991]: Industriebetriebslehre; 9. Aufl., Wiesbaden 1991.

Hilke, W. [1989]: Grundprobleme und Entwicklungstendenzen des Dienstleistungs-Marketing; in: Hilke, W. (Hrsg.): Dienstleistungs-Marketing; Wiesbaden 1989, S. 5–44.

Hoffmann, H. J. [1993]: Wertanalyse; München 1993.

Ihde, G. B. [1988]: Die relative Betriebstiefe als strategischer Erfolgsfaktor; in: Zeitschrift für Betriebswirtschaft, 58. Jg. (1988), Heft 1, S. 13–23.

Jacob, F. / Kleinaltenkamp, M. [1994]: Einzelkundenbezogene Produktgestaltung – Ergebnisse einer empirischen Untersuchung; Arbeitspapier Nr. 4 der Berliner Reihe „Business-to-Business-Marketing", hrsg. von M. Kleinaltenkamp, Freie Universität Berlin 1994.

Jacob, F. [1995]: Produktindividualisierung; Wiesbaden 1995.

Kaluza, B. [1989]: Erzeugniswechsel als unternehmenspolitische Aufgabe; Berlin 1989.

Katz, M.L. / Shapiro, C. [1986]: Technology Adoption in the Presence of Network Externalities; in: Journal of Political Economy, Vol. 94 (1986), S. 822–841.

Kleinaltenkamp, M. [1993]: Standardisierung und Marktprozeß; Wiesbaden 1993.

Kleinaltenkamp, M. [1994a]: Technische Standards als Signale im Marktprozeß; in: Zahn, E. (Hrsg.): Technologiemanagement und Technologien für das Management; Stuttgart 1994, S. 197–226.

Kleinaltenkamp, M. [1994b]: Typologien von Business-to-Business-Transaktionen – Kritische Würdigung und Weiterentwicklung; in: Marketing – Zeitschrift für Forschung und Praxis, 16. Jg. (1994), Heft 2, S. 77–88.

Kleinaltenkamp, M. [1997]: Kundenintegration; in: Wirtschaftswissenschaftliches Studium, 26. Jg. (1997), Heft 7, S. 350–354.

Kleinaltenkamp, M. [1999a]: Einführung in das Business-to-Business-Marketing; in: Kleinaltenkamp, M. / Plinke, W. (Hrsg.): Technischer Vertrieb – Grundlagen; 2., überarb. Aufl., Berlin / Heidelberg / New York 1999, Kapitel A.3.

Kleinaltenkamp, M. [1999b]: Wettbewerbsstrategie; in: Kleinaltenkamp, M. / Plinke, W. (Hrsg.): Technischer Vertrieb – Grundlagen; 2., überarb. Aufl., Berlin / Heidelberg / New York 1999, Kapitel D.2.

Kleinaltenkamp, M. / Schweikart, J. [1998]: Controlling der Kundenintegration, in: Tomczak, T. / Reinecke, S. / Dittrich, S. (Hrsg.): Marketingcontrolling, St. Gallen 1998, S. 110-124.

Koppelmann, U. [1997]: Produktmarketing; 5. vollst. überarb. u. erw. Aufl., Berlin et al. 1997.

Kotler, Ph. / Bliemel, F. [1992]: Marketing-Management; 7. Aufl., Stuttgart 1992.

Meffert, H. [1998]: Marketing; Wiesbaden 1998.

Michel, K. [1990]: Technologie im strategischen Management; 2. Aufl., Berlin 1990.

Miles, L. D. [1967]: Value Engineering - Wertanalyse die praktische Methode zur Kostensenkung; 2. Aufl., München 1967.

Monden, Y. [1995]: Cost Reduction Systems: Target Costing and Kaizen Costing; Portland 1995.

Nieschlag, R. / Dichtl, E. / Hörschgen, H. [1994]: Marketing; 17. neu bearb. Aufl., Berlin 1994.

Pahl, G. / Beitz, W. [1993]: Konstruktionslehre; 3. Aufl., Berlin et al. 1993.

Pfeifer, K. [1996]: Praktische Ansatzpunkte der Customer Integration auf der Basis der Kundenorientierung; in: Kleinaltenkamp, M. / Fließ, S. / Jacob, F. (Hrsg.): Customer Integration; Wiesbaden 1996, S. 123–135.

Pfeiffer, G. H. [1989]: Kompatibilität und Markt: Ansätze zu einer ökonomischen Theorie der Standardisierung; Baden-Baden 1989.

Pfeiffer, W. et al. [1985]: Technologie-Portfolio zum Management strategischer Zukunftsgeschäftsfelder; 3. Aufl., Göttingen 1985.

Plinke, W. [1999a]: Grundlagen des Marktprozesses; in: Kleinaltenkamp, M. / Plinke, W. (Hrsg.): Technischer Vertrieb - Grundlagen; 2., überarb. Aufl., Berlin / Heidelberg / New York 1999, Kapitel A.1.

Plinke, W. [1999b]: Unternehmensstrategie; in: Kleinaltenkamp, M. / Plinke, W. (Hrsg.): Technischer Vertrieb - Grundlagen; 2., überarb. Aufl., Berlin / Heidelberg / New York 1999, Kapitel D.1.

Plinke, W. / Rese, M. [1999]: Analyse der Erfolgsquellen; in: Kleinaltenkamp, M. / Plinke, W. (Hrsg.): Technischer Vertrieb - Grundlagen; 2., überarb. Aufl., Berlin / Heidelberg / New York 1999, Kapitel C.2.

Ostrenga, M. R. / Ozan, T. R. / McIlhattan, R. D. / Harwood, M. D. [1992]: The Ernst & Young Guide to Total Cost Management; New York 1992.

Ostrenga, M. R. / Probst, F. R. [1992]: Process Value Analysis: The Missing Link in Cost Management; in: Journal of Cost Management for the Manufacturing Industry, Vol. 6 (1992), H. 3, Fall 1992, S. 4-13

Reckenfelderbäumer, M. [1995]: Marketing-Accounting im Dienstleistungsbereich; Wiesbaden 1995.

Riebel, P. [1955]: Die Kuppelproduktion; Köln/Opladen 1955.

Roever, M. [1991]: Goldener Schnitt; in: Manager Magazin, Heft 11, 1991, S. 253–264.

Schierenbeck, H. [1987]: Grundzüge der Betriebswirtschaftslehre; 9. Aufl., München - Wien 1987.

Scholz, Ch. [1993]: Matrixorganisation; in: das wirtschaftstudium, Heft 8–9, 1993, S. 677–684.

Schweikart, J. [1997]: Integrative Prozeßkostenrechnung - Kundenorientierte Analyse von Leistungen im industriellen Business-to-Business-Bereich; Wiesbaden 1997.

Seidenschwarz, W. [1993]: Target Costing; München 1993.

Shostack, G. L. [1981]: How to Design a Service; in: Donnelly, J. H. / George, W. K. (Hrsg.): Marketing of Services; Chicago 1981, S. 221–229.

Shostack, G. L. [1984]: Planung effizienter Dienstleistungen; in: Harvard manager, III/1984, S. 93–99.

Simon, H. [1988]: Management strategischer Wettbewerbsvorteile; in: Schmalenbachs Zeitschrift für betriebswirtschaftliche Forschung, 58. Jg. (1988), Heft 4, S. 461–480.

Specht, G. [1994]: Portfolio-Ansätze zur Unterstützung strategischer Programmentscheidungen; in: Corsten, Hans (Hrsg.): Handbuch Produktionsmanagement; Wiesbaden 1994, S. 93–114.

Weiber, R. [1992]: Die Diffusion von Telekommunikation; Wiesbaden 1992.

Weiber, R. / Jacob, F. [1999]: Kundenbezogene Informationsgewinnung; in: Kleinaltenkamp, M. / Plinke, W. (Hrsg.): Technischer Vertrieb – Grundlagen; 2., überarb. Aufl., Berlin / Heidelberg / New York 1999, S. 509–595.

Wiese, H. [1990]: Netzeffekte und Kompatibilität; Stuttgart 1990.

Wildemann, H. [1991]: Kostengünstiges Variantenmanagement; in: io Management Zeitschrift, Nr. 59/1990, Nr. 11, S. 37–41.

Willée, C. [1990]: Integrierte Leistungssysteme für Zulieferunternehmungen; St. Gallen 1990.

Wischermann, B. [1990]: Produzentenhaftung und Risikobewältigung; München 1990.

Wöhe, G. [1986]: Einführung in die Allgemeine Betriebswirtschaftslehre; 16. Aufl., München 1986.

Wolfrum, B. [1992]: Technologiestrategien im strategischen Management; in: Marketing – Zeitschrift für Forschung und Praxis, 14. Jg. (1992), Heft 1, S. 23–36.

Wolfrum, B. [1994]: Strategisches Technologiemanagement; Wiesbaden 1994.

Wolters, H. [1995]: Modul- und Systembeschaffung in der Automobilindustrie; Wiesbaden 1995.

Yoshikawa, T. / Innes, J. / Mitchell, F. [1989]: Cost Management Through Functional Analysis; in: Journal of Cost Management, Spring 1989, S. 14–19.

Yoshikawa, T. / Innes, J. / Mitchell, F. [1995]: Prozeßorientierte Funktionsanalyse der Gemeinkostenbereiche; in: Controlling, Heft 4, Juli/August 1995, S. 190–198.

Zeithaml, V. A. / Berry, L. L. / Parasuraman, A. [1988]: Communication and Control Process in the Delivery of Service Quality; in: Journal of Marketing, Vol. 52 (1988), No. 2, S. 35–48.

Zörgiebel, W. W. [1983]: Technologie in der Wettbewerbsstrategie; Berlin 1983.

Übungsaufgaben

1. Welche generellen Aufgabenbereiche umfaßt die Gestaltung des Leistungsprogramms?
2. Welche programmpolitischen Entscheidungsalternativen sind zu unterscheiden?
3. Welche Dimensionen der Leistungsgestaltung müssen bei der marktbezogenen Leistungsplanung im allgemeinen und bei der Planung einzelner Leistungen im speziellen unterschieden werden?
4. Welche grundsätzlichen Anspruchskategorien und welche grundsätzlichen Gestaltungsmittel können auf der Ebene des Leistungsergebnisses unterschieden werden?
5. Welche Bedeutung hat das TQM-Konzept bei Gestaltung von Einzelleistungen?
6. Erläutern Sie die Bedeutung der Arbeitsteilung zwischen Anbieter und Nachfrager bei der Gestaltung von Pflichten und Lastenheft?
7. Welche Kapazitätsparameter stehen zur Gestaltung von Einzelleistungen auf der Ebene des Leistungspotentials zur Verfügung? Welcher zeitlichen Horizont kommt diesen einzelnen Parametern zu?
8. Beschreiben Sie das Konzept des Technologielebenszyklus. Wie kann das Konzept des Technologielebenszyklus zur Planung eines Leistungspotentials eingesetzt werden?
9. Erläutern Sie den Begriff des Fertigstellungsgrades? Welche speziellen Fertigstellungsgrade sind zu unterscheiden?
10. Was unterscheidet Inselkonzepte von Konzepten der Fertigungssegmentierung? Welche Bedeutung haben Inselkonzepte und Konzepte der Fertigungssegmentierung bei der Gestaltung von Einzelleistungen?
11. Erläutern Sie Konzepte zum Controlling der Kundenintegration.
12. Welche Funktion erfüllt die Organisationsform des Produktmanagements? Erläutern Sie die Grundidee des Produktmanagements.

2 Das Management technologischer Innovationen

Rolf Weiber · Tobias Kollmann · Alexander Pohl

Abbildungsverzeichnis

Tabellenverzeichnis

2.1 Bedeutung von Innovationen für die Unternehmung

Wird die allgemeine Frage nach dem Zweck von Unternehmen einer genaueren Betrachtung unterzogen, so findet sich hierzu bereits bei *Drucker* (1955) eine eindeutige Aussage:

> „There is only one valid definition of business purpose: *to create a customer*. [...] Because it is its purpose to create a customer, any business enterprise has two – and only these two – basic functions: marketing and innovation. They are the entrepreneurial functions."[1]

Die zentrale Aufgabe des Marketing liegt dabei in der Erforschung der Absatzmärkte, um so mögliche Kundenanforderungen bereits in die Designphase von Produkten einbringen und Differenzierungen von Konkurrenzangeboten vornehmen zu können. Nur auf diese Weise lassen sich erfolgreiche Leistungsangebote kreieren, die über entsprechende Umsatzerfolge wiederum die Ressourcenausstattung eines Unternehmens sichern und damit die „Lebensfähigkeit" eines Unternehmens aufrechterhalten. Innovationen bilden im Verständnis der obigen Aussage den Wachstumsmotor der Unternehmung, da sie die Voraussetzungen für Differenzierungsquellen und verbesserte Produktlösungen darstellen.[2] Kontinuierliches Wachstum und Ertragskraft von Unternehmen werden langfristig nur durch die Fähigkeit bestimmt, Innovationen zu entwickeln und erfolgreich am Markt zu etablieren.[3] Stagnation kann demgegenüber als „Mangel an gewichtigen Innovationen"[4] interpretiert werden. Die herausragende Bedeutung von Innovationen wurde bereits in den 30er Jahren von *Schumpeter* betont, der die Innovation zudem als Basis ökonomischen Wandels und Wohlstands verstand:

> „[...] we immediately realize that innovation is the outstanding fact in the economic history of capitalist society or in what is purely economic in that history, and also that it is largely responsible for most of what we would first sight attribute to other factors."[5]

Das Management von technologischen Innovationen stellt damit im Hinblick auf Innovationsbereitschaft und Innovationsfähigkeit von Unternehmen einen wesentlichen Faktor zur Sicherung deren Überlebensfähigkeit dar. Zwischen 1991 und 1995 stieg der durchschnittliche Anteil neuer Produkte am Gesamtumsatz der Unternehmen in der deutschen Privatwirtschaft von 27,9 auf 29,6 %. Der In-

---

1 Drucker 1955, S. 35; vgl. auch Drucker 1973, S. 61ff.

2 Vgl. Drucker 1955, S. 37ff.

3 Vgl. stellvertretend für viele z.B. Böcker/Gierl 1987, S. 684f.

4 Mensch 1975, S. 37.

5 Schumpeter 1939, S. 86.

dustriezweig Elektrotechnik war dabei mit einem Anteil von 38 % am erfolgreichsten bei der Markteinführung neuer Produkte.[6] Allerdings ist zu beachten, daß den vielfältigen Chancen, die Produktinnovationen den Unternehmen bieten, auch erhebliche Risiken gegenüberstehen, die sich auf Investitionsgütermärkten primär aus folgenden Entwicklungstendenzen ableiten lassen:[7]

1) Zunehmende Verkürzung der Produktlebenszyklen

Der Versuch, dem Verdrängungswettbewerb durch vermehrte Produktinnovationen zu entgehen und die dadurch entstehende Neuproduktinflation bewirken eine Beschleunigung der Veralterung bestehender Produkte und damit eine tendenzielle Verkürzung von Produktlebenszyklen. Gerade in jüngster Zeit haben sich die Zeitintervalle in der Abfolge technologischer Innovationen im Vergleich zur Vergangenheit rapide verkürzt.[8] In der Investitionsgüterindustrie haben sich nach Meinung von Anbietern die Produktlebenszyklen von durchschnittlich elf Jahren in den 70er auf durchschnittlich sechs Jahre in den 90er Jahren reduziert. Abbildung 1 verdeutlicht, daß diesem Phänomen für unterschiedliche Bereiche der Investitionsgüterindustrie Gültigkeit beigemessen wird.[9]

Die Anbieter technologischer Innovationen sehen sich aufgrund der verkürzten Produktlebenszyklen dem Problem gegenüber, daß die Zeitintervalle, in denen überhaupt Erträge erwirtschaftet werden können, immer kürzer werden.

2) Notwendigkeit verkürzter Innovationszyklen

Das Phänomen verkürzter Produktlebenszyklen bedingt aus der Sicht der Unternehmen die Notwendigkeit einer entsprechenden Verkürzung der Innovationszyklen, d.h. des Zeitraums von einer zur nächsten Markteinführung eines neuen Produktes. Die Realisierung kürzerer Innovationszyklen wird dabei jedoch durch sich tendenziell verlängernde Produktentwicklungszeiten erschwert. Insbesondere in Teilbereichen der Computerindustrie ist festzustellen, daß die durchschnittlichen Produktentwicklungszeiten oberhalb der Produktlebenszeiten liegen.[10] Daraus ergibt sich das Erfordernis einer langfristigen Planung der Entwicklungstätigkeit. Insgesamt führt dies dazu, daß im Bereich der Forschung und Entwicklung der Zeitdimension mittlerweile eine bedeutendere Rolle als der Ko-

---

6 Vgl. o. V. 1997a, S. 8.

7 Nachfolgende Entwicklungstendenzen wurden aus einer empirischen Erhebung bei 354 Unternehmen der Investitionsgüterindustrie abgeleitet. Eine ausführliche Dokumentation dieser Studie liefern Droege/Backhaus/Weiber 1993, S. 32ff.

8 Vgl. Droege/Backhaus/Weiber 1993, S. 53ff.; Qualls/Olshavsky/Michaels 1981, S. 76ff.

9 Abbildung 1 entstand in Erweiterung der Untersuchung von Droege/Backhaus/Weiber 1993.

10 Vgl. Bullinger 1989, S. 16.

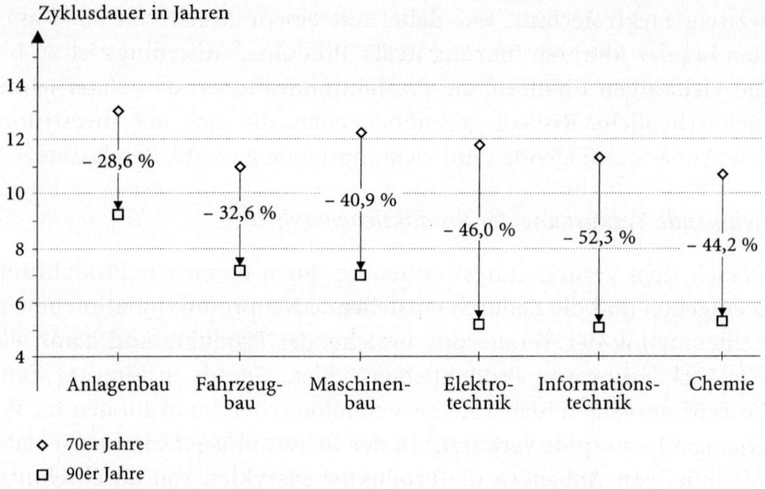

Abb. 1. Branchenspezifische Entwicklung der Produktlebenszyklen in den 70er und 90er Jahren

stendimension beigemessen wird.[11] Zahlreiche Industriebereiche sind daher heute bereits durch eine Vielzahl von Produktneuheiten und -diversifikationen gekennzeichnet. Das zeitliche Ungleichgewicht zwischen Entwicklungs- und Marktpräsenzzeiten birgt insgesamt die Gefahr, eine nur unterdurchschnittliche Rendite bei der Vermarktung technologischer Innovationen zu erzielen.

3) Zunehmende Erhöhung der Pay-Off-Zeiten

Der Absenkung von Produktlebenszeiten steht eine Erhöhung der Pay-Off-Zeiten gegenüber,[12] die primär auf ansteigende Fixkosten in Forschung und Entwicklung sowie in der Produktion zurückzuführen ist.[13] Das aber bedeutet, daß aufgrund hoher Fixkosten eine Amortisation nur durch höhere Absatzmengen erreicht werden kann. Damit rückt der Break-Even Punkt mengenmäßig und folgend tendenziell auch zeitlich nach hinten. Die gleichzeitige Annäherung von Pay-Off- und Produktlebenszeiten bewirkt eine Problematisierung des Erfolgspotentials der jeweiligen Produkte, d.h. die Zeitspannen sinken, in denen Erfolgsbeiträge von Produkten erwartet werden können. Angesichts der Tatsache,

---

11 Vgl. Backhaus 1991, S. 11f.

12 Vgl. Warschat/Wasserloos 1991, S. 22. Die Pay-Off-Periode bezeichnet die Zeitspanne von der Markteinführung bis zum Erreichen des Break-Even Punktes bzw. der Gewinnzone.

13 In der deutschen Investitionsgüterindustrie liegt der Anteil der Fixkosten an den Gesamtkosten mittlerweile durchschnittlich bei 48 %. Hauptursache hierfür bilden neben Personal- und Rationalisierunskosten die F&E-Kosten. Vgl. Droege/Backhaus/Weiber 1993, S. 45ff.

daß im Verlauf des Innovationsprozesses beträchtliche finanzielle Mittel erforderlich sind, gerät das Ziel der Innovationstätigkeit, die Finanz- und Ertragskraft von Unternehmen zu stärken, zunehmend in Gefahr. Darüber hinaus muß gerade in Zeiten starker Umweltdynamik, d.h. mit schnellen, eher diskontinuierlich wahrgenommenen Veränderungen, verstärkt die Möglichkeit einkalkuliert werden, im Wettbewerb eliminiert zu werden.[14] Nicht zu Unrecht bezeichnet *Albach* deshalb Innovationen auch als „durch Wettbewerb gefilterte Kreativität“[15].

4) Verstärktes Einsetzen von Preiserosionen

Das Problem verkürzter Amortisationszeiten wird schließlich noch dadurch verstärkt, daß auf technologiegetriebenen Märkten vermehrt Preiserosionen zu beobachten sind.[16] Die Ursache hierfür ist insbesondere darin zu sehen, daß durch die schnelle Abfolge von Neuerungen zunehmend mehrere Produktgenerationen zeitgleich am Markt verfügbar sind. Um die Attraktivität von älteren gegenüber jüngeren Generationen aufrechtzuerhalten, kommt der Preispolitik eine hohe akquisitorische Wirkung zu. Das Preis-Leistungsverhältnis kann bei einer erhöhten Leistungsfähigkeit neuer Technologien nur durch eine Preissenkung bei alten Technologien bezüglich der verschiedenen Technologiegenerationen konstant gehalten werden.

5) Zunehmende Bedeutung der Nutzungsdimension

Bei der Betrachtung der aktuellen Entwicklung von Informations- und Kommunikationstechnologien kann festgestellt werden, daß seit Beginn der 90er Jahre insbesondere Innovationen in den Bereichen Telekommunikation und Multimedia[17] einen entsprechenden Marktaufschwung determinieren.[18] Dieser Marktaufschwung wird auch durch die allgemeinen Eckwerte der tatsächlichen und prognostizierten Ausgaben für diesen Bereich gestützt.[19] Bei der Vermarktung einer

---

14 Vgl. Zahn 1991, S. 117.

15 Albach 1989, S. 1338.

16 Vgl. Benkenstein 1992, S. 9; Meffert/Remmerbach 1988, S. 332.

17 Unabhängig von definitorischen Problemen bei der Begriffsbestimmung von „Multimedia“ werden insbesondere Online-Dienste, CD-ROM´s, Interaktives Fernsehen, World-Wide-Web (WWW) und interaktive Multimedia-Systeme (IMM-Systeme) bzw. Informationssysteme (z.B. Point-of-Information-Terminals) zum Bereich von Multimedia gezählt. Vgl. auch Kollmann, 1997, S. 118ff.

18 Vgl. Weiber/Kollmann 1996, S. 163f.; Weiber/Kollmann 1997, S. 513ff.

19 So sollen die weltweiten Ausgaben für Medien und Kommunikation schätzungsweise von 2.600 Mrd. US$ im Jahr 1993 auf über 3.100 Mrd. im Jahr 2000 bzw. bis zu 4.000 Mrd. US$ im Jahr 2010 ansteigen. Vgl. Böndel 1995, S. 81. Analog sollen auch die weltweiten Ausgaben für die Informationswirtschaft von 3.300 Mrd. DM 1993 pro Jahr um 7–15% steigen, wobei speziell für die *Bundesrepublik Deutschland* jährlich ein Umsatzplus von 392 Mrd. DM prognostiziert wird. Vgl. Biedenkopf 1996, S. 11.

Vielzahl von technologischen Innovationen im Bereich Telekommunikation und Multimedia kommt ein entscheidender Unterschied im Gegensatz zum bisherigen traditionellen Technologie-Marketing zum Tragen: Der Markterfolg bei diesen technologischen Innovationen wird nicht allein von deren Verkauf determiniert, sondern primär durch die tatsächliche Nutzung des Nachfragers bzw. Nutzers getragen. Erst mit dem permanenten Einsatz eines Telekommunikations- oder Multimedia-Systems ergibt sich ein vom Anbieter beabsichtigtes ökonomisches Gewinnpotential oder der anvisierte Kommunikationserfolg, da gerade die variablen Nutzungskosten den Großteil der Einnahmen der Systemanbieter bestimmen oder nur bei einer stetigen Nutzung Kommunikationsinhalte effektiv vermittelt werden können.[20] Das Management technologischer Innovationen wird durch die zunehmende Bedeutung der Nutzungsdimension entsprechend komplexer.

Die Konsequenz aus obigen Entwicklungen für die Innovationstätigkeit von Unternehmen ist relativ eindeutig: Erfolgreich im Innovationswettbewerb wird nur derjenige sein, dem es schneller gelingt, die *richtigen* Innovationsfelder zu finden und diese besser und billiger als die Konkurrenz zu bedienen. Um dies zu erreichen ist ein Optimierungsprozeß erforderlich, der auf die Effektivität und die Effizienz der Innovationstätigkeit abzielt. *Effektivität* heißt, solche Produktinnovationen zu finden, die „really produce extraordinary economic results".[21] Die „richtigen" Innovationsfelder können dabei nur durch eine wirksame Innovationsbedarfsforschung im Rahmen des Marketing gefunden werden. Demgegenüber bedeutet *Effizienz*, Entwicklungszeiten zu verkürzen, Kosten zu reduzieren und insgesamt beim Einsatz der unternehmerischen Ressourcen ein entsprechend dem Wirtschaftlichkeitsprinzip gestaltetes Kosten/Nutzen-Verhältnis zu erreichen. Auf eine einfache Formel gebracht läßt sich mit *Drucker* feststellen: „Efficiency is concerned with doing things right. Effectiveness is doing the right things."[22]

Eine erfolgreiche Innovationstätigkeit ist somit nur durch ein wirksames Zusammenspiel von Marketing und Innovation erzielbar. Gefordert ist eine konsequente, systematische und marktorientierte Innovationspolitik. Eine Studie von *Booz-Allen & Hamilton* belegt, daß sich die Erfolgswahrscheinlichkeit von Produktinnovationen signifikant erhöhen läßt, wenn in Unternehmen eine systematische Planung und Steuerung des Innovationsprozesses mit mehrfachen Kontrollpunkten implementiert ist.[23] Vor dem Hintergrund dieser Zielsetzung wird im folgenden Kapitel zunächst der Innovationsbegriff diskutiert (Kapitel 2.2).

---

20 Vgl. Kollmann 1998, S. 7ff.

21 Drucker 1973, S. 45.

22 Drucker 1973, S. 45. Vgl. zu ähnlichen Überlegungen bereits Drucker 1955, S. 14.

23 Vgl. Booz-Allen & Hamilton 1982, passim.

Anschließend konzentrieren sich die Betrachtungen auf den Fall technologischer Innovationen, da diesen im Business-to-Business-Bereich herausragende Bedeutung beizumessen ist. Den Schwerpunkt der Betrachtungen bildet sodann die eingehende Analyse des Innovationsprozesses (Kapitel 2.3). Die Überlegungen schließen in Kapitel 2.4 mit der Diskussion wesentlicher Bestimmungsgrößen einer erfolgreichen Markteinführung technologischer Produktinnovationen. Dabei werden die drei Säulen der erfolgsorientierten Innovationsanalyse - Adoptions-, Akzeptanz- und Diffusionstheorie - behandelt.

2.2 Charakteristika von Innovationen und Innovationsprozeß

2.2.1 Begriff und Arten der Innovation

Der Begriff der Innovation ist in der Literatur nicht eindeutig bestimmt und mit unterschiedlichen Inhalten verbunden.[24] Eine allgemeingültige und alle Eventualitäten einschließende Definition von Innovationen erscheint nicht nur unmöglich, sondern auch nicht zweckmäßig, da in Abhängigkeit des angestrebten Untersuchungszieles unterschiedliche Aspekte Relevanz erlangen können. Entsprechend lassen sich z.B. entscheidungsorientierte, evolutionstheoretische, produktionstheoretische, diffusionstheoretische und informationstheoretische Innovationsansätze unterscheiden.[25] Konzentrieren sich die Betrachtungen jedoch auf die Wesensmerkmale von Innovationen, so ist allen Begriffsbestimmungen gemeinsam, daß sie als konstituierendes Element die „Neuartigkeit" herausstellen.[26] Das wird bereits bei den Überlegungen von *Schumpeter* deutlich, der Innovationen allgemein definiert als „doing of new things or doing things that are already being done in a new way".[27] Im Hinblick auf die „Neuartigkeit" lassen sich drei grundsätzliche Dimensionen des Innovationsbegriffs identifizieren:

- die objektbezogene Innovationsdimension (Was ist neu?),
- die subjektbezogene Innovationsdimension (Für wen ist etwas neu?) und
- die prozeßbezogene Innovationsdimension (Wie werden Neuerungen generiert?).

---

24 Vgl. zu einem Überblick unterschiedlicher Innovationsdefinitionen Dietz 1989, S. 40ff.; Hauschildt 1997, S. 3ff.

25 Vgl. zu diesen Forschungsrichtungen Pay 1995, S. 11ff.

26 Vgl. z.B. Brockhoff 1987, S. 55; Zahn 1991, S. 120.
Zur Abgrenzung von Innovationen nach der Neuartigkeit wird in der Literatur auf unterschiedliche Kriterien zurückgegriffen. Genannt seien hier die „Wahrnehmung der Neuartigkeit", „Tatsache und Ausmaß der Neuartigkeit", die „Erstmaligkeit der Neuartigkeit" und „neuartige Zweck-Mittel-Kombinationen". Vgl. hierzu den Überblick bei Hauschild 1997, S. 7ff.

27 Schumpeter 1947, S. 149.

2.2.1.1 Objektbezogene Innovationsdimension

Die objektbezogene Dimension des Innovationsbegriffs zielt auf das Ergebnis des Innovationsprozesses ab, das sich in Produkten, Verfahrensweisen, Ideen oder auch Verhaltensweisen niederschlagen kann. Die objektbezogene Dimension wird in der Literatur häufig zur Typenbildung von Innovationen herangezogen, wobei sich eine Differenzierung zum einen nach dem Ergebnistyp bzw. Zielobjekt und zum anderen nach dem Auswirkungs- bzw. Intensitätsgrad von Innovationen vornehmen läßt.

Im Hinblick auf den Ergebnistyp finden sich in der Literatur einerseits kasuistische Aufzählungen von Innovationstypen wie z.B. Beschaffungs-, Produktions-, F&E-, Marketing- und Finanz-Innovationen, aber auch People-, Kultur-, Corporate Identity- und High Tech-Innovationen. Andererseits wurde versucht, Innovationen nach bestimmten übergeordneten Kriterien zu systematisieren. Einen ersten Ansatz hierzu lieferte *Schumpeter* mit seinem Konzept des dynamischen Unternehmers (Pionierunternehmer). Danach ist das Wesensmerkmal des dynamischen Unternehmers insbesondere darin zu sehen, daß er immer wieder neue Kombinationen von Produktionsfaktoren vornimmt und neue Absatz- sowie Beschaffungsmärkte erschließt. In diesem Sinne eröffnet die Durchsetzung neuer Kombinationen von Produktionsfaktoren dem dynamischen Unternehmer unter Inkaufnahme von Unsicherheit und Risiko neue Gewinnmöglichkeiten.[28] Die „Durchsetzung neuer Kombinationen" schlägt sich nach *Schumpeter* in fünf Innovationsfällen nieder:[29]

- Herstellung eines für die Nachfrager neuen Produktes (Produktinnovation),
- Einführung eines neuen Produktionsverfahrens (Verfahrensinnovation),
- Erschließung eines neuen Absatzmarktes (Marktinnovation),
- Erschließung neuer Beschaffungsquellen (Beschaffungsinnovation) und
- Durchführung organisatorischer Neuerungen (Strukturinnovation).

Im Laufe der Zeit wurden in der Literatur sehr unterschiedliche Innovationskategorien entwickelt,[30] wobei eine weit verbreitete und allgemein anerkannte Differenzierung in der Unterscheidung nach Produkt-, Prozeß- und Sozialinnovationen zu sehen ist. Dabei beziehen sich Prozeßinnovationen auf Neuerungen im betrieblichen Leistungserstellungsprozeß, wobei die Zielsetzungen z.B. in Qualitätsverbesserungen, der Sicherheit des Leistungserstellungsprozesses oder der Vermeidung von Umweltschäden liegen können.[31] Demgegenüber betreffen Pro-

---

28 Vgl. Schumpeter 1934, S. 110.

29 Vgl. Schumpeter 1934, S. 101.

30 Vgl. hierzu die Klassifikationsansätze bzw. -übersichten bei Dietz 1989, S. 64ff.; Hauschildt 1997, S. 7ff.; Trommsdorff/Schneider 1990, S. 4ff.

31 Vgl. Marr 1993, Sp. 1797.

duktinnovationen allgemein Änderungen im Leistungsprogramm eines Unternehmens und zielen unmittelbar auf die Realisierung eines Kundenvorteils ab, während Sozialinnovationen „planmäßige Änderungen im Humanbereich von Unternehmungen“[32] darstellen.

Neben dem Ergebnistyp haben zur Kategorisierung von Innovationen auch die sog. Innovationsausprägungen Bedeutung erlangt, die den Intensitätsgrad bzw. Neuerungsgrad von Innovationen widerspiegeln.[33] In Anlehnung an *Mensch* kann das „Ausmaß der Neuerung“ in einer ordinalen Abstufung durch Basis-, Verbesserungs- und Scheininnovationen beschrieben werden. Allerdings ist zu beachten, daß die Begriffe Basis- und Verbesserungsinnovationen primär in volkswirtschaftlich orientierten Analysen zu finden sind, während bei einer unternehmensspezifischen Sicht von Neuerungen meist die Begriffe Radikal- und Inkrementalinnovationen verwendet werden.[34] Aus Unternehmenssicht sind Basisinnovationen (Radikalinnovationen) primär dadurch gekennzeichnet, daß durch sie grundsätzlich neuartige Lösungen für bestimmte Probleme angeboten werden, während Verbesserungsinnovationen (Inkrementalinnovationen) hauptsächlich den Charakter von Weiterentwicklungen bestehender Problemlösungsmöglichkeiten aufweisen. Scheininnovationen stellen demgegenüber lediglich unwesentliche Veränderungen dar.[35]

Hingewiesen sei abschließend noch auf eine Klassifikation der *Science Policy Research Unit*, die auf der Basis einer Datenbank von mehreren tausend Innovationen vier Gruppen von Innovationen unterscheidet:[36]

1. *Änderungen des technisch-wirtschaftlichen Paradigmas*
   weisen den Charakter technischer Revolutionen auf und besitzen Auswirkungen auf die gesamte Wirtschaft.
2. *Neue Technologie-Systeme*
   führen zur Entstehung neuer Anwendungsbereiche und sind auf bestimmte Branchen konzentriert.
3. *Radikale Innovationen*
   stellen diskontinuierliche Ereignisse dar und sind meist das Ergebnis gezielter F&E-Tätigkeiten. Ihre Auswirkungen sind für einzelne Bereiche durchaus bedeutsam, für die gesamte Wirtschaft jedoch relativ begrenzt.[37]

---

[32] Thom 1992, S. 8.

[33] Vgl. zu einem Überblick Dietz 1989, S. 53.

[34] Vgl. Trommsdorff/Schneider 1990, S. 4.

[35] Vgl. Mensch 1972, S. 292ff.

[36] Vgl. Freeman 1990, S. 4ff.

[37] Nach diesem Verständnis können radikale Innovationen sowohl Prozeß- als auch Produktinnovationen darstellen. Vgl. Zahn 1991, S. 120.

4. *Schrittweise Innovationen*
   besitzen den Charakter von Verbesserungsinnovationen, die zwar wenig spektakulär sind, insgesamt aber zu deutlichen Verbesserungen sowohl in den unternehmerischen Leistungsprozessen als auch bei Produkten führen können.

Allerdings werden mit diesen Typen keine überschneidungsfreien Innovationskategorien vorgelegt, sondern sie sind eher als aufeinander folgende und querverbindende Vorgänge zu verstehen.[38] Diese Interpretation entspricht auch der neueren Vorstellung, daß Innovationen nicht als grundlegende Strukturumbrüche in langen Wellen auftreten, sondern primär pfadabhängige Entwicklungen aufgrund von Lernprozessen darstellen und ausgehend von einem wirtschaftlich-technologischen Paradigma in bestimmten kontinuierlichen Bahnen (Trajektorien) verlaufen.[39] Beispielhaft seien hier die Innovationen in der Mikroelektronik genannt, wo „technical change is accurately represented by an exponential trajectory of improvement in the relationship between density of the electronic chips, speed of computation, and cost per bit of information."[40]

2.2.1.2 *Subjektbezogene Innovationsdimension*

Die subjektbezogene Dimension des Innovationsbegriffs konkretisiert sich in der Fragestellung, auf welche Zielgruppe Innovationen gerichtet sind. Eine allgemeine Differenzierung kann dabei nach der Anbieter- und der Nachfragerseite vorgenommen werden: „Für die Unternehmung ist eine Innovation dann zu konstatieren, wenn sie eine technische Neuerung erstmalig nutzt, unabhängig davon, ob andere Unternehmen den Schritt vor ihr getan haben oder nicht."[41] Analog zu dieser Überlegung liegen aus einer industrieökonomischen Perspektive Innovationen dann vor, wenn sie „innerhalb einer Branche oder einer technologisch und absatzwirtschaftlich vergleichbaren Gruppe von Unternehmen erstmalig eingeführt werden."[42] Bezogen auf die Nachfragerseite kann zum einen danach unterschieden werden, ob neue Leistungsangebote von Endverbrauchern oder Organisationen nachgefragt werden und zum anderen, ob es sich bei der Kaufentscheidung um Individual- oder Gruppenentscheidungen handelt. Insbesondere im Fall der Gruppenentscheidungen (Buying Center) ist zu beachten, daß Leistungsangebote nicht zwingenderweise von allen Beteiligten im Buying Center als neuartig eingestuft werden müssen.

Letztere Aussage führt unmittelbar zu der Frage, wann überhaupt von Neuheiten gesprochen werden darf. Zunächst kann festgestellt werden, daß sich In-

---

38 Vgl. Zahn, 1991, S. 121.

39 Vgl. Dosi 1988, S. 1128ff.

40 Dosi 1988, S. 1129.

41 Witte 1973, S. 3.

42 Hauschildt 1997, S. 18.

novationen grundsätzlich nicht objektiv, sondern allenfalls objektivierend bestimmen lassen. Entscheidend für die Einstufung eines Sachverhaltes als Innovation ist letztendlich immer nur die subjektive Wahrnehmung.

> „It matters little, so far as human behavior is concerned, whether or not an idea is 'objectively' new as measured by the lapse of time since its first use of discovery. The perceived newness of the idea for the individual determines his or her reaction to it. If the idea seems new to the individual, it is an innovation."[43]

Die subjektive Wahrnehmung objektiv gleicher Sachverhalte läßt sich primär auf Persönlichkeits- und Kontextvariable zurückführen. Nach der Persönlichkeitstheorie von *Kelly*[44] werden alle Objekte innerhalb eines aus persönlichen Konstrukten bestehenden Bezugsrahmens verglichen, bewertet oder unterschieden, wobei diese Konstrukte „aus der Verarbeitung persönlicher Erfahrungen durch die simultane Wahrnehmung von Kontrast und Ähnlichkeit zwischen Objekten, Ereignissen oder jeder Art von Reizen"[45] entstehen. Die Wahrnehmung von Neuartigkeit ergibt sich damit als Abweichung von existierenden Sachverhalten im Bewußtsein eines Individuums. Entscheidend für „Neuartigkeit" ist somit nicht die Veränderung z.B. gegenüber einem existierenden Status quo, sondern die Veränderung im Bewußtsein des Individuums, auf die die Innovation gerichtet ist. Die Betrachtung eines objektiv gleichen Sachverhaltes kann somit bei verschiedenen Individuen zu sehr unterschiedlichen Wahrnehmungen führen. Insbesondere bei solchen Innovationen, die auf die Nachfragerseite gerichtet sind, ergeben sich aus der Subjektivität der Wahrnehmung zwei grundsätzliche Problemkreise:

Erstens kann das Problem auftreten, daß eine Leistung von einer Gruppe von Nachfragern als neu, von einem anderen Teil der Nachfrager aber nicht als neu wahrgenommen wird und dadurch in diesen Fällen keine einheitliche produktbezogene Begriffsabgrenzung möglich ist. Entsprechend diesem Fall wäre ein bestimmtes Leistungsangebot bei der einen Nachfragergruppe als Innovation bei der anderen hingegen allenfalls als Leistungsverbesserung zu bezeichnen. Diese am Wahrnehmungsaspekt orientierte Abgrenzung von Innovationen ist aus Marketingsicht aber zwingend erforderlich, da davon auszugehen ist, daß die Kaufprozesse bei Innovationen spezifische Charakteristika aufweisen, die entsprechend angepaßte Marketingaktivitäten erfordern.[46] Damit wird auch deutlich, daß sich anbieterseitige Überlegungen zu einer innovativen Gestaltung des

---

[43] Rogers 1983, S. 11.

[44] Vgl. Kelly 1963, passim.

[45] Müller-Hagedorn/Vornberger 1979, S. 190.

[46] Vgl. hierzu auch Fließ 1999.

Leistungsprogramms grundsätzlich an der Nachfragerwahrnehmung der betreffenden Leistung ausrichten müssen.[47]

Zweitens ist es fraglich, an welchem Kriterium die Neuartigkeit festgemacht werden soll. Um der subjektiven Einschätzung der Neuartigkeit auf Seiten der Nachfrager gerecht zu werden, ist es zweckmäßig, Innovationen nach der Intensität abzugrenzen, mit der sie zu einer Änderung bisheriger oder zumindest im Kenntnisbereich des Nachfragers liegender Verhaltensmuster führen[48] bzw. mit der bei gleichbleibenden Verhaltensmustern verbesserte Problemlösungen erzielt und wahrgenommen werden. Dabei spiegelt ein hoher Intensitätsgrad das Erfordernis einer weitgehend unbekannten Verhaltensweise beim Gebrauch einer Innovation im Vergleich zu existierenden Produkten oder eine stark verbesserte Problemlösung bei gleichbleibenden Verhaltensweisen wider. Umgekehrt bedeutet ein niedriger Intensitätsgrad eine geringe Änderungserfordernis im Verhaltensbereich oder eine nur als geringfügig verbessert wahrgenommene Problemlösung durch die Innovation. Je höher der beschriebene Intensitätsgrad ausfällt, desto höher ist die Neuartigkeit der Innovation einzustufen.

2.2.1.3 Prozeßbezogene Innovationsdimension

Die prozeßbezogene Innovationsdimension stellt auf die spezifischen Charakteristika im Verlauf der Innovationsgenerierung ab. Der Innovationsprozeß bezeichnet dabei die Gesamtheit der Aktivitäten, die in Zusammenhang mit der Einführung einer Innovation stehen und läßt sich durch verschiedene Phasen charakterisieren, die jeweils bestimmte Aktivitäten repräsentieren. In der Literatur existieren zahlreiche unterschiedliche Konzepte zur Darstellung des Innovationsprozesses, wobei insbesondere die Anzahl der Phasen variiert und das Ende des Innovationsprozesses unterschiedlich weit gefaßt wird.[49] In Tabelle 1 sind unterschiedliche Phaseneinteilungen dargestellt, wobei sich die Auswahl auf neuere Ansätze mit maximal sieben Teilschritten beschränkt.

Darüber hinaus finden sich in der Literatur aber auch feingliedrigere Unterteilungen. Genannt seien hier z.B. *Kotler/Bliemel*,[50] die ein Achtphasenschema vorschlagen sowie *Cooper/Kleinschmidt*,[51] die mit 13 Phasen wohl die detaillierteste Gliederung des Innovationsprozesses vorlegen. Die gemeinsame Zielsetzung der unterschiedlichen Phasenkonzepte liegt in dem Bemühen, jeweils solche Aktivitäten im Innovationsprozeß zu identifizieren, die erforderlich sind, um eine

---

47 Dieser Gedanke wird in der Literatur oftmals am strategischen Marketing-Dreieck verdeutlicht. Vgl. beispielhaft Ohmae 1982, S. 91ff.; Weiber 1996, S. 15ff.; vgl. auch Kleinaltenkamp 1999a.

48 Vgl. Weiber 1992, S. 2f. und die dort angegebene Literatur.

49 Einen vergleichenden Überblick hierzu liefert Vedin 1980, S. 17.

50 Vgl. Kotler/Bliemel 1995, S. 511ff.

51 Vgl. Cooper/Kleinschmidt 1986, S. 74.

Tabelle 1. Ausgewählte Phaseneinteilungen des Innovationsprozesses in der Literatur

	Phaseneinteilung						
Autoren	*1*	*2*	*3*	*4*	*5*	*6*	*7*
Hauschildt (1997)	Idee	Entdeckung /Beobachtung	Forschung	Entwicklung	Erfindung	Einführung	Laufende Verwertung
Reeder/Brierty/ Reeder (1987)	Ideengenerierung	Screening	Ideenbewertung	Vorläufiger Businessplan	Produktentwicklung u. Test	Formaler Businessplan	Markteinführung
Geschka/ Laudel (1992)	Strategische Orientierung	Ideenfindung	Auswahl von Vorschlägen	Erarbeitung der Aufgabenstellung	Präzisierung der Aufgabenstellung	Realisierung	
Brockhoff (1992)	Projektidee	Forschung & Entwicklung	Invention	Investition	Einführung		
Cooper/Kleinschmidt (1991)	Idee	Ideenselektion	Entwicklung	Test und Validierung	Produktion und Markteinführung		
Trommsdorff/ Schneider (1990)	Problemerkenntnis	Ideengenerierung	Screening und Analyse	Entwicklung	Test u. Vermarktung		
Thom (1992)	Ideengenerierung	Ideenakzeptierung	Ideenrealisierung				
Müller/Deschamps (1986)	Invention	Inkubation	Implementierung				

möglichst hohe Erfolgswahrscheinlichkeit des Innovationsergebnisses zu erzielen. Bei den weniger stark untergliederten Konzepten ist jedoch zu beachten, daß sie im Prinzip nur eine Grobgliederung darstellen, die genannten Hauptphasen meist aber durch Detailaktivitäten konkretisiert werden. So spiegelt z.B. das Konzept von *Thom* bei Berücksichtigung der Detailaktitäten ein Neunphasenschema wider.[52]

2.2.2 Die Bedeutung technologischer Innovationen für die Wettbewerbsfähigkeit von Unternehmen

Technologien stellen heute einen zentralen Bestimmungsfaktor der Wettbewerbsfähigkeit in nahezu allen Branchen dar. Auch auf solchen Märkten, die in der Vergangenheit nur als wenig technologiegetrieben zu bezeichnen waren, gewinnt die Technologiekomponente immer mehr an Bedeutung. So entwickelt sich z.B. im Dienstleistungsbereich die Nutzung von Informations- und Kommunika-

52 Vgl. Thom 1992, S. 9.

tionstechnologien zunehmend zu einem strategischen Erfolgsfaktor.[53] Insbesondere durch die immer breiter werdenden Anwendungsgebiete der Mikroelektronik können durch Technologien die Wettbewerbsspielregeln verändert und immer neue Ansatzpunkte gefunden werden, um in scheinbar abgeschottete Märkte einzudringen und neue Geschäftsfelder zu erschließen.

Technologien übernehmen damit eine *Schlüsselfunktion* bei der Erzielung von Wettbewerbsvorteilen, da sie sowohl den Anbieter- als auch den Kundenvorteil beeinflussen können. Gleichzeitig ist ihnen eine solche Schlüsselfunktion aber auch im Bereich des Innovationsmanagements zu attestieren, da durch neue Technologien die Voraussetzungen für effektivere, d.h. den Kundennutzen erhöhende Leistungsprogramme sowie für eine effizientere Gestaltung der unternehmerischen Leistungsprozesse gelegt werden. Vor diesem Hintergrund lassen sich technologische Innovationen danach gruppieren, inwieweit durch sie neue Kunden- oder Anbieter- und damit Wettbewerbsvorteile geschaffen werden können. Abbildung 1 zeigt beispielhafte Nennungen technologischer Innovationskategorien mit ihren primären Zielrichtungen im Hinblick auf die Erzielung von Wettbewerbsvorteilen.

Anbietervorteile ergeben sich durch eine im Vergleich zum Wettbewerb effizientere Gestaltung der unternehmerischen Leistungsprozesse. Neue Anbietervorteile lassen sich deshalb vor allem durch *Prozeßinnovationen* realisieren. Demgegenüber zielen *Produktinnovationen* unmittelbar auf neuartige Kundenvorteile ab. Allerdings ist zu berücksichtigen, daß Prozeßinnovationen häufig eine Voraussetzung zur Realisierung von Produktinnovationen darstellen. Beispielhaft sei hier auf den Zusammenhang zwischen Fertigungstechnologien und neuen Generationen im Bereich der mikroelektronischen Speicherchips hingewiesen. Führen technologische Innovationen sowohl zu neuen Anbieter- als auch Kundenvorteilen, so sprechen wir im folgenden von *Integralinnovationen*.[54] Darüber hinaus können technologische Innovationen aber auch zu Verbesserungen führen, die

		Kundenvorteil	
		alt	*neu*
Anbietervorteil	*neu*	Prozeßinnovationen	Integralinnovationen
	alt	Strukturinnovationen	Produktinnovationen

Abb. 2. Typen technologischer Innovationen nach der Zielrichtung des Wettbewerbsvorteils (beispielhafte Nennungen)

[53] Vgl. Niemeier 1995, S. 902ff.

[54] Vgl. zu diesem Verständnis auch Zahn/Weidler 1995, S. 353ff.

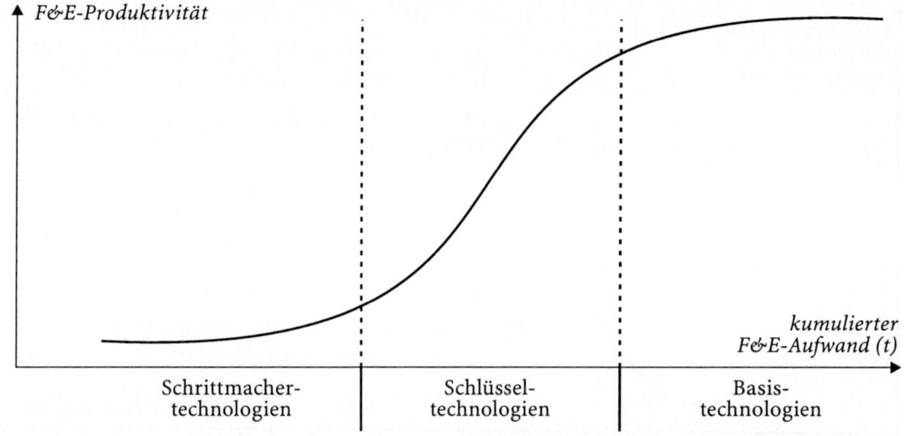

Abb. 3. Zusammenhang zwischen kumuliertem F&E-Aufwand und F&E-Produktivität

jedoch nicht zwingenderweise auch mit neuartigen Anbieter- oder Kundenvorteilen verbunden sein müssen. Beispielhaft seien hier Strukturinnovationen genannt, bei denen z.B. organisatorische Neuerungen aufgrund des Einsatzes innovativer Kommunikationstechnologien vorgenommen werden.

Bezogen auf den Technologieaspekt ist für die Erzielung von Anbietervorteilen die technologische Kompetenz eines Unternehmens von entscheidender Bedeutung. Diese läßt sich z.B. an einer Gegenüberstellung des kumulierten F&E-Aufwandes und der F&E-Produktivität erkennen (vgl. Abb. 3).

Es wird deutlich, daß mit zunehmendem F&E-Aufwand die F&E-Produktivität ansteigt, wobei oftmals ein s-förmiger Funktionsverlauf beobachtbar ist. Dieser repräsentiert die Tatsache, daß mit steigendem F&E-Aufwand die F&E-Produktivität zunächst mit zunehmenden und später mit abnehmenden Zuwachsraten ansteigt. In Abhängigkeit von der insgesamt erreichten F&E-Produktivität wird zwischen Schrittmacher-, Schlüssel- und Basistechnologien unterschieden.

Weiterhin ist es für ein Unternehmen erforderlich, die technologische Kompetenz auch langfristig sicherzustellen. Dabei stellt sich primär die Frage, ob sich weitere Forschungs- und Entwicklungsbemühungen auf bereits vorhandene Technologien oder auf neue bzw. zukünftige Technologien richten sollten. Ein Entscheidungskriterium zur Beantwortung dieser Frage stellt der durch die Forschung und Entwicklung erzielte Leistungsanstieg einer Technologie dar. Durch das S-Kurven-Konzept von *Krubasik* wird der Zusammenhang zwischen kumuliertem F&E-Aufwand und Leistungsfähigkeit einer Technologie verdeutlicht.[55] In Abb. 4 ist dieser Zusammenhang für eine vorhandene (T_A) und eine neue Technologie (T_N) dargestellt.

[55] Vgl. Krubasik 1982, S. 29.

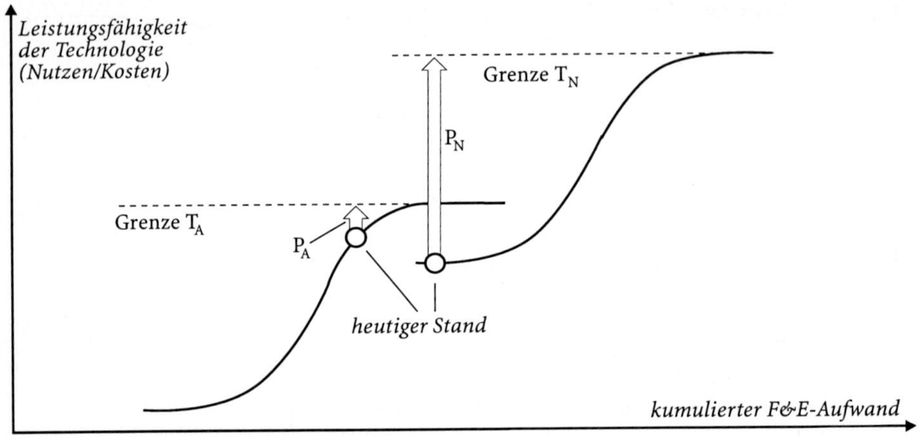

Abb. 4. Abschätzung des technologischen Potentials alter und neuer Technologien (in Anlehnung an Krubasik 1982, S. 29)

Eine neue Technologie bietet einem Unternehmen in der Regel ein deutlich höheres technologisches Potential (*P*) als eine alte Technologie ($P_{\underline{N}eu} > P_{\underline{A}lt}$). Als technologisches Potential wird die Differenz zwischen der gegenwärtigen und der maximal erreichbaren Leistungsfähigkeit einer Technologie bezeichnet. Konzentriert man die Analyse auf den Zeitpunkt, zu dem weitere Forschungs- und Entwicklungsaufwendungen die Leistungsfähigkeit einer alten Technologie in nur geringem Maße steigern (in Abb. 4 mit heutigem Stand gekennzeichnet), so ergibt sich für die neue Technologie ein weitaus größeres technologisches Potential als für die alte Technologie, auch wenn zum Startzeitpunkt der Entwicklung einer neuen Technologie oftmals ein gewisser Rückschritt in der Leistungsfähigkeit in Kauf genommen werden muß.

Der Schwerpunkt der folgenden Betrachtungen liegt auf solchen technologischen Innovationen, die sich in auf den Kundennutzen und die Erzielung neuartiger Kundenvorteile gerichteten Verfahrensweisen oder Produkten konkretisieren. Unter Technologien verstehen wir dabei das Wissen über die praktische Anwendung naturwissenschaftlicher Prinzipien, die typischerweise an den F&E-Arbeitsgebieten eines Unternehmens erkennbar sind.[56] Wird dieses Wissen auf einen konkreten Problemfall bezogen, so sprechen wir von Technik. Erst die Anwendung der Technik zur Realisierung konkreter Produktmerkmale (Anwendungstechnik) führt dann zu technischen Produkten. Abbildung 4 verdeutlicht diesen „Dreisprung" am Beispiel der Entwicklung eines Schadstoffkontrollgerätes.

Als weiteres Beispiel sei hier die Mikroelektronik angeführt. Nach obigem Begriffsverständnis führt die Anwendung der Halbleitertechnologie auf das Problemfeld der Rechnerentwicklung zu bestimmten Konstruktionstechniken. Erst

[56] Vgl. Specht 1993, Sp. 4155.

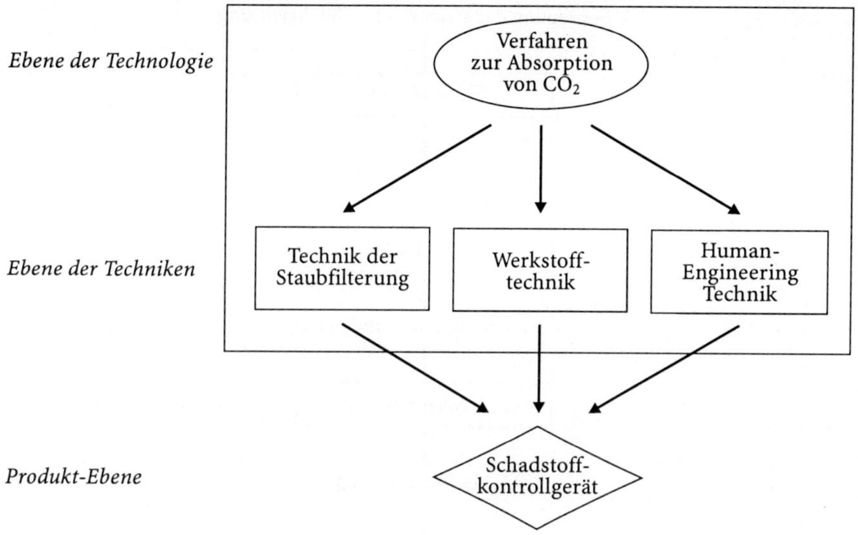

Abb. 5. Dreisprung von Technologie, Technik und Produkt

deren Anwendung auf die Entwicklung von z.B. miniaturisierten Prozessoren mündet dann in bestimmten technischen Produkten wie z.B. konkreten Mikroprozessoren.

Entscheidend für ein erfolgreiches Management technologischer Innovationen ist jedoch nicht nur die Realisierung von Innovationen auf der technischen Ebene, sondern auch die entsprechend konsequente marktorientierte Innovationsentwicklung und die problemorientierte Einführung der Innovation am Markt. Erst die erfolgreiche Markteinführung technologischer Innovationen führt im Ergebnis zu der gewünschten nachhaltigen Stärkung der Wettbewerbsfähigkeit eines Unternehmens.

2.3 Der Innovationsprozeß bei technologischen Innovationen

Die konkrete technologische Produktinnovation stellt das finale Element des Innovationsprozesses dar. Es ist von daher unmittelbar einsichtig, daß die sorgfältige und möglichst gewissenhafte Durchführung des Innovationsprozesses als eine zentrale Determinante des Innovationserfolges anzusehen ist. Fehler, die im Innovationsprozeß gemacht werden, lassen sich im nachhinein, d.h. nach erfolgter Markteinführung, nur noch unter größten Anstrengungen, wenn überhaupt, ausgleichen. Die Kosten eines Fehlerausgleichs sind um so geringer, je früher Fehlerquellen im Innovationsprozeß erkannt und behoben werden können.

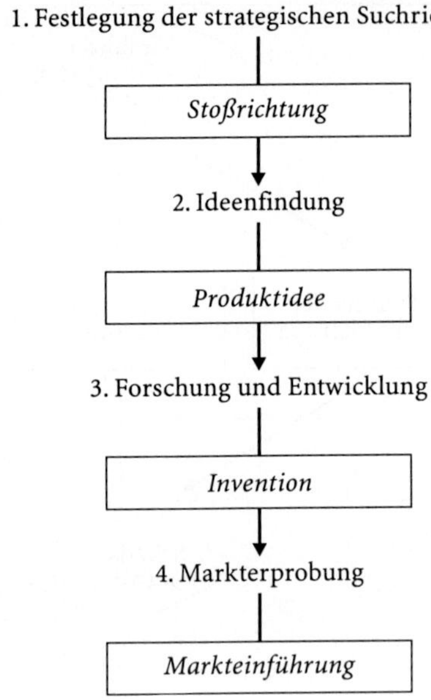

Abb. 6. Phasen im Innovationsprozeß

Unter Fehlern sind dabei nicht nur technische Unzulänglichkeiten zu verstehen, sondern insbesondere die ungenügende Berücksichtigung von Kundenanforderungen. Vielfach kommt es gerade in der frühen Phase der Markteinführung zu Imageschäden von Produktinnovationen, die sich entweder überhaupt nicht mehr oder nur sehr schwer bereinigen lassen und dem Wettbewerb eine Vorsprungschance eröffnen. Im folgenden werden deshalb Ansatzpunkte zur erfolgreichen Durchführung des Innovationsprozesses aufgezeigt, wobei wir auf die in Abb. 6 dargestellte Phaseneinteilung zurückgreifen.

Im Vergleich zu den in Tabelle 1 dargestellten Konzepten wurde bei obiger Phaseneinteilung versucht, in den jeweiligen Phasen solche, auch in der Praxis zu beobachtenden Aktivitäten zusammenzufassen, die in der Zusammenschau zu einer grundlegenden Richtungsänderung im Innovationsprozeß führen können. Deshalb steht bei obigem Phasenkonzept auch nicht die Ideenfindung im Ausgangspunkt, sondern die Festlegung der strategischen Suchrichtung, durch die erst die grundsätzliche Richtung der Ideensuche festgelegt wird. Die Phase der Ideenfindung führt dann im Ergebnis zu einer konkreten Produktidee, auf die sich anschließend die Forschungs- und Entwicklungsaktivitäten konzentrieren. Im Ergebnis liefert die F&E-Phase ein konkretes Produkt (Invention), das nach einer entsprechenden Markterprobung in den Markt eingeführt wird. Mit Ausnahme der ersten Phase wurden die übrigen Phasen so abgegrenzt, daß nur ein positiver Abschluß dieser Phase zur Einleitung der nächsten Phase führt. Führt hingegen das Ergebnis in einer dieser Phasen zu einem Negativvotum, so kommt es insgesamt zu einem Abbruch des Innovationsprozesses. Im folgenden werden die einzelnen Phasen einer detaillierten Analyse unterzogen.

Innovationen sind für die Unternehmung immer von strategischer Bedeutung, da durch sie vorhandene Geschäftsfelder gestärkt, zukünftige erschlossen und damit die Gewinn- sowie Umsatzträger der Zukunft geschaffen werden. Die Suche nach Innovationen muß deshalb immer zielgerichtet erfolgen und mit der Geschäftsfeldplanung der Unternehmung in Einklang stehen. Allgemein lassen sich die Betätigungsfelder eines Unternehmens aus strategischer Sicht in drei Kategorien unterteilen: Kern-, Rückzugs- und Neugeschäfte.

2.3.1 Festlegung der strategischen Suchrichtung

Aufgabe des strategischen Managements ist es, die Kerngeschäfte zu stärken, Rückzugsgeschäfte zu liquidieren und neue Geschäfte zu erschließen. Innovationen sind dabei sowohl für Kern- als auch für Neugeschäfte von entscheidender Bedeutung.

Wird davon ausgegangen, daß Neuproduktideen erst generiert werden müssen, so muß im Ausgangspunkt die strategische Suchrichtung bestimmt werden. Zu diesem Zweck ist zunächst allgemein danach zu fragen, mit welchen Produkten in welchen Geschäftsfeldern bzw. Märkten die Unternehmung zukünftig aktiv sein möchte. In Anlehnung an die Produkt-Markt-Matrix von *Ansoff*[57] lassen sich hier drei grundsätzliche Suchrichtungen identifizieren, die in der Entwicklung neuer Produkte für gegenwärtige Märkte (Produktentwicklung), neue Produkte für neue Märkte (Diversifikation) oder aber der Erschließung neuer Märkte liegen können (vgl. Abb. 7).

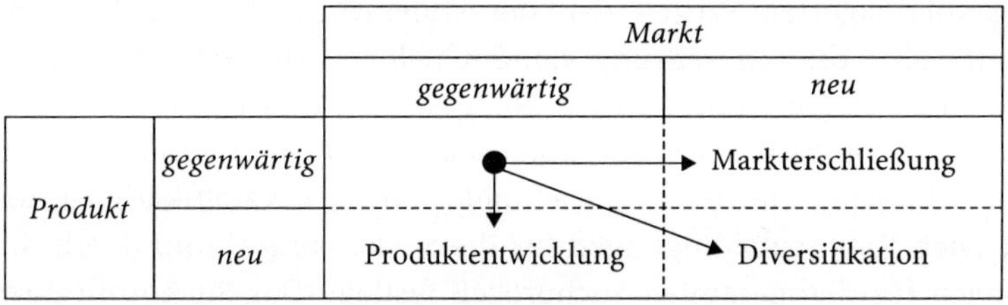

Abb. 7. Festlegung der groben Suchrichtung mit Hilfe des *Ansoff*-Schemas

[57] Vgl. Ansoff 1966, S. 132.

Darüber hinaus ist nach der strategischen Bedeutung der geplanten Innovation zu fragen, und in Abstimmung mit der Geschäftsfeldplanung sind entsprechende Zielsetzungen zu formulieren. Mögliche Zielsetzungen können etwa sein:

- Schaffung neuer Umsatzpotentiale,
- Risikoausgleich für gefährdete Geschäftsfelder,
- Sicherstellung eines ausgeglichenen Unternehmensportfolios,
- Erschließung neuer Märkte,
- Auslastung vorhandener Produktionsanlagen,
- Schaffung neuer Differenzierungsquellen und
- Sicherung des Wettbewerbsvorsprungs.

Innovationsvorhaben zur Erreichung vorgenannter Zielsetzungen sind immer durch das Merkmal der Neuartigkeit gekennzeichnet. Allerdings ist zu beachten, daß sich auch neuartige Lösungen im Wettbewerb behaupten müssen. Es ist deshalb zunächst die Frage zu stellen, inwieweit die eigenen Know-how-Potentiale ausreichen, um wettbewerbsfähige Produktinnovationen zu schaffen und welches Know-how zur Erzielung sowie Sicherung von Konkurrenzvorsprüngen geeignet ist. Zur Bestimmung der eigenen Know-how-Potentiale und/oder der Stoßrichtung der Innovationssuche steht eine Reihe von Methoden zur Verfügung, von denen hier – entsprechend ihrer praktischen Relevanz – die folgenden genauer behandelt werden:[58]

- Suchfeldanalyse und
- Kompetenzanalyse.

2.3.1.1.1 Suchfeldanalyse

Die Suchfeldanalyse kann allgemein als eine Methode bezeichnet werden, mit deren Hilfe die Identifikation, Analyse, Bewertung und Auswahl neuer Geschäftsfelder unterstützt und gesteuert werden kann. Sie stellt einen der Produktentwicklung vorgelagerten Prozeß dar, der stufenweise von der Festlegung des Suchraumes über die Eingrenzung von Suchfeldern, die Auswahl von Suchfeldkandidaten bis hin zur Definition von Neugeschäften führt. Der Prozeß geht von einem sog. Suchprofil aus, das die unternehmensinternen (z.B. Unternehmensleitbilder, Schwerpunkte der Unternehmenspolitik, Diversifikationsgrundsätze) und -externen Rahmenbedingungen für die Suche vorgibt und damit die Randbedingungen für den gesamten Suchprozeß festlegt. Das Suchprofil übernimmt dabei die Aufgabe eines übergeordneten Filters, der Auswahlentscheidungen

[58] Für die genannten Zwecke können auch die Szenario-Technik, Technologie-Portfolios und Innovations-Portfolios genutzt werden. Vgl. Plinke 1999 bzw. Kapitel A.1 – „Grundlagen der Gestaltung des Leistungsprogramms“.

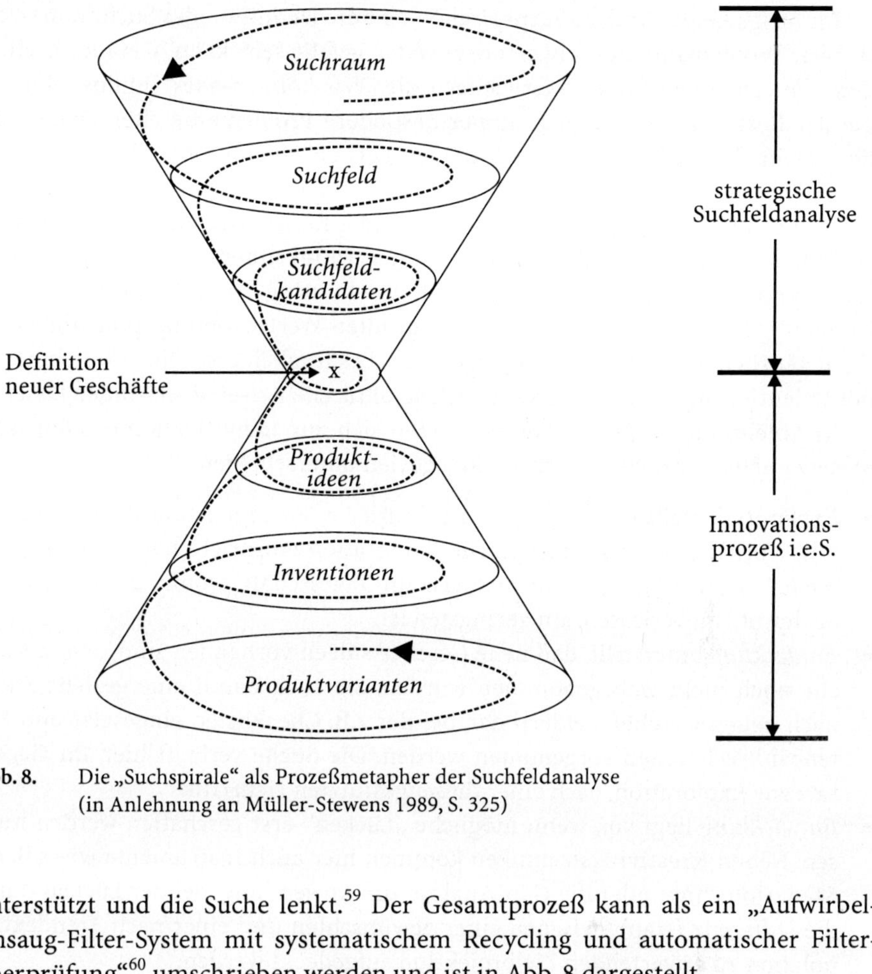

Abb. 8. Die „Suchspirale" als Prozeßmetapher der Suchfeldanalyse (in Anlehnung an Müller-Stewens 1989, S. 325)

unterstützt und die Suche lenkt.[59] Der Gesamtprozeß kann als ein „Aufwirbel-Ansaug-Filter-System mit systematischem Recycling und automatischer Filterüberprüfung"[60] umschrieben werden und ist in Abb. 8 dargestellt.

Durch die Abbildung soll verdeutlicht werden, daß im Verlauf des Prozesses immer wieder Ideen „aufgewirbelt" und die für die Unternehmen erfolgversprechenden Ideen „angesaugt" werden. Der Filterungsprozeß verfeinert sich dabei von Stufe zu Stufe, wobei aber auch auf einer bestimmten Stufe abgelehnte Ideen nicht für immer verloren sind, sondern über ein „systematisches Recycling" neu aufgewirbelt werden können. Die Filter sind dabei einer ständigen Eignungsprüfung zu unterziehen, was einer „automatischen Filterüberprüfung" entspricht.

59 Vgl. Müller-Stewens 1989, S. 318ff.

60 Kirsch/Esser/Gabele 1979, S. 363.

Im Ausgangspunkt der „Suchspirale“ steht die Definition des Suchraumes, der je nach Problemsituation enger oder weiter gefaßt sein kann. Gerade in High-Tech-Unternehmen findet man vielfach die „Wir-können-alles“-Philosophie, die bei der Bestimmung des Suchraumes besondere Probleme bereitet. Demgegenüber steht die „Schuster-bleib-bei-deinen-Leisten“-Philosophie, die bei der Erschließung von Neugeschäften die Nutzung des vorhandenen Know-how und bisheriger Erfahrungen nahelegt. Hier steht die Konzentration der unternehmerischen Aktivitäten auf den angestammten Tätigkeitbereich und die eigenen Kernkompetenzen (Strategie des „stick to the knitting“[61]) im Vordergrund. Dem ist allerdings entgegenzuhalten, daß die größten Wertschöpfungspotentiale häufig in gänzlich neuen Geschäften liegen[62] und es fraglich erscheint, ob sich bei einer Orientierung am Kerngeschäft auch strukturelle Krisen überwinden lassen.

In Anlehnung an *Müller-Stewens* lassen sich zur Identifikation des Suchraumes vier grundsätzliche Verfahrenskategorien unterscheiden:[63]

- *Exploration* stellt eine wenig vorstrukturierte Suche dar und dient dazu, bereits Vorhandenes zu erfassen. Die Exploration entspricht häufig einer „Ausschau“ nach möglichen Suchfeldern im Tagesschäft, womit die Gefahr, das Suchprofil zu verlassen, am geringsten ist.
- *Entdeckung* unterstellt, daß neue Geschäftsideen vorhanden sind, aber als solche noch nicht wahrgenommen wurden. Sie stellt damit eine gezielte Suche nach neuen Geschäftsfeldern dar, bei der z.B. Checklisten eingesetzt und Datenbankrecherchen vorgenomen werden. Die Suche verläuft hier, im Gegensatz zur Exploration, nach einer thesengestützten Heuristik.
- *Entwicklung* liegt vor, wenn mögliche „Lücken“ erst geschaffen werden müssen. Neben Kreativitätstechniken kommen hier auch Instrumente wie z.B. die Szenariotechnik oder die Gap-Analyse zur Anwendung, bei der Lücken durch die Differenz (Gap) zwischen einer gewünschten und einer nach Trendextrapolation zu erwartenden Zielprojektion aufgedeckt werden.[64]
- *Erfindung* entzieht sich weitgehend einer direkten methodischen Unterstützung und begründet sich häufig in spontanen Ideen und Inspirationswissen für neue Geschäftsfelder.

Neben diesen grundsätzlichen Suchperspektiven empfiehlt es sich, die Bestimmung des Suchraumes an die strategische Frühaufklärung zu koppeln, durch die häufig schwache Signale für neue Geschäfte aufgedeckt werden können. Hilfs-

---

[61] Vgl. Peters/Waterman 1984, S. 292ff.

[62] Vgl. Müller-Stewens 1988, S. 222.

[63] Vgl. Müller-Stewens 1990, S. 59ff. *Müller-Stewens* spricht in diesem Zusammenhang von horizontalen Suchstrategien. Sie sind als mögliche Perspektiven zu betrachten, die auch auf der Suchfeldebene Anwendung finden können.

[64] Vgl. zur Gap-Analyse Mauthe 1984, S. 269ff.

mittel stellen hier z.B. Frühindikatorsysteme, die Szenariotechnik oder das „Strategische Spielbrett“ von *McKinsey* dar, mit dessen Hilfe nach neuen Spielregeln in einer Branche gesucht werden kann.[65]

Nach der Definition des Suchraumes sind geeignete Suchfelder zu bestimmen. Während im ersten Schritt dem Suchprofil die primäre Filterfunktion beizumessen war, kommt es in diesem Schritt zu einer Tiefenanalyse, bei der als Filter z.B. Kosten-Nutzen-Verhältnisse, Risikohöhe oder Wettbewerbsintensität herangezogen werden können. Ziel ist es hier, zu einer Auswahl potentieller Geschäftsfelder zu gelangen, die als Suchfeldkandidaten bezeichnet werden. Diese bilden den engeren Rahmen zur Definition neuer Geschäfte und sind einer differenzierten Bewertung zu unterziehen. Vor der eigentlichen Bewertung sollte jedoch die Planung des Markteintritts erfolgen, bei der „Eintrittsform“ (Akquisition versus interne Entwicklung) und „Eintrittsstrategie“ festzulegen sind.[66]

Sind die Suchfeldkandidaten bestimmt, so gilt es folgend eine endgültige Auswahl zu treffen. Dabei steht die Frage nach den Erfolgspotentialen der Suchfeldkandidaten im Vordergrund der Überlegungen. Einen geeigneten Filter stellt hier die Suchfelder-Potentialmatrix dar, die mögliche Erfolgspotentiale anhand der Dimensionen „Attraktivität des Suchfeldes“ und „Mit dem Suchfeld erreichbare Wettbewerbsposition“ abschätzt.[67] Weiterhin können als Filter Checklisten, Punktbewertungsverfahren, Kosten-Nutzen-Analysen u.ä. als methodische Hilfsmittel herangezogen werden.

Die geschilderte Vorgehensweise ist in Abb. 9 nochmals zusammenfassend dargestellt. Die Suchfeldanalyse liefert im Ergebnis eine mit dem Suchprofil abgestimmte Definition von Neugeschäften als Ganzes und gibt damit die strategische Stoßrichtung für die anschließende Generierung von Innovationsideen vor.

2.3.1.1.2 Kompetenzanalyse

Die Kompetenzanalyse geht in Anlehnung an die Strategie „stick to the knitting“ davon aus, daß der Aufbau neuer Geschäftsfelder primär auf Basis eigener Fähigkeiten erfolgen sollte.[68] Auch empirische Studien haben gezeigt, daß der Erfolg von Neugeschäften wesentlich vom Verwandtschaftsgrad zu vorhandenen Kerngeschäften abhängt.[69] Die eigenen Know-how-Potentiale sind deshalb daraufhin zu überprüfen, inwieweit sie wettbewerbsfähige Produktinnovationen erbringen und nachhaltig Konkurrenzvorsprünge schaffen können.

---

[65] Vgl. Müller-Stewens 1990, S. 94ff. *Müller-Stewens* spricht in diesem Zusammenhang von vertikalen Suchstrategien.

[66] Vgl. zu Einstrittsstrategien Kap. 2.4.2.2.

[67] Vgl. hierzu Müller-Stewens 1990, S. 160ff. Darüber hinaus kann die Suchfelderpotentialmatrix auch auf der Ebene der Suchfeldkandidaten als Filter eingesetzt werden.

[68] Vgl. Bühner 1991, S. 1396ff.

[69] Vgl. Porter 1987, S. 30ff.; Rumelt 1974, S. 146ff.

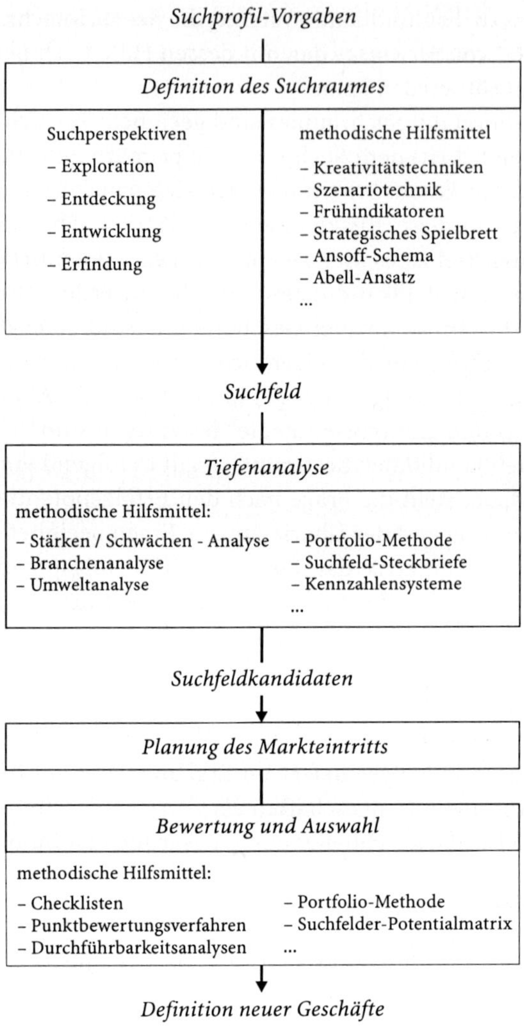

Abb. 9. Phasenablauf der strategischen Suchfeldanalyse

Know-how-Potentiale, die dieser Forderung in besonderer Weise genügen, stellen die sog. Kernkompetenzen dar.[70] Im ersten Schritt gilt es deshalb, zunächst das Ist-Know-how der Unternehmung zu bestimmen und den Bereich der Kernkompetenzen zu identifizieren. Auf dieser Basis kann dann die Innovationssuche aufsetzen. Der Vorteil einer derartigen Vorgehensweise ist insbesondere darin zu sehen, daß eine von Kernkompetenzen geleitete Innovationssuche die Wahr-

---

[70] Vgl. Prahalad/Hamel 1991, S. 66ff.; Hamel/Prahalad 1992, S. 44ff.

scheinlichkeit zur Erzielung echter Wettbewerbsvorteile erhöht.[71] Darüber hinaus ist sie auch deshalb als sinnvoll anzusehen, da die Entwicklung technologischer Produktinnovationen mit einem enormen Ressourcenbedarf verbunden ist, was insbesondere die erforderlichen Aufwendungen im Bereich der Forschung und Entwicklung eindrucksvoll verdeutlichen.[72]

Allgemein können Kompetenzen als Fertigkeiten (epistemische Kompetenz) und Fähigkeiten (heuristische Kompetenz) bezeichnet werden, die die Basis der Problemlösungspotentiale eines Unternehmens bilden. Aufbauend auf dem Kompetenzbegriff lassen sich Kernkompetenzen in Anlehnung an *Prahalad/Hamel* wie folgt definieren:[73]

> **Definition 1.** Kernkompetenzen
> *Kernkompetenzen* sind einzelne oder gebündelte Fertigkeiten und Fähigkeiten, die
> - den Zugang zu einem weiten Spektrum an (neuartigen) Produktanwendungen bzw. Märkten eröffnen,
> - einen signifikanten Beitrag zu den *objektiven Vorteilen* einer Produktanwendung liefern und
> - nach Maßgabe *objektiver* Kriterien dem Unternehmen gegenüber der Konkurrenz einen Vorsprung verschaffen können.

Vorstehende Definition macht deutlich, daß Kernkompetenzen nach möglichst objektiven Kriterien zu definieren sind und nicht mit den durch die Nachfrager wahrgenommenen Kompetenzen eines Unternehmens verwechselt werden dürfen. Bei der Bestimmung der Kernkompetenzen sollen die zentralen Fertigkeiten und Fähigkeiten ermittelt werden, die ein Unternehmen besser beherrscht als andere Unternehmen. Die zentrale Frage lautet: Was können wir wirklich besser als unsere Konkurrenten? Kernkompetenzen begründen sich dabei i.d.R. auf der Technologieebene. So liegen beispielsweise bedeutende Kernkompetenzen der Firma *Canon* in der Feinmechanik, der Feinoptik und der Mikroelektronik.[74] Die Beherrschung dieser Technologien versetzte *Canon* in die Lage, zahlreiche Produkte wie etwa elekronische Kameras, Laserstrahldrucker, Laserfaxgeräte, Farblaserkopierer, Laserschneidegeräte etc. herzustellen.

Kernkompetenzen dürfen somit nicht mit „einfachen" Kompetenzen verwechselt werden. Ihre Identifikation hat nach möglichst objektiven Kriterien zu erfolgen. Die besondere Betonung einer objektivierenden Vorgehensweise begründet sich in der Überlegung, daß sich gerade im Technologiebereich langfristig nur „echte" Know-how-Vorsprünge auch in vom Nachfrager wahrgenomme-

---

71 Vgl. Prahalad/Hamel 1991, S. 68ff.

72 Vgl. hierzu die Ausführungen in Abschnitt 2.3.3.

73 Vgl. Prahalad/Hamel 1991, S. 71.

74 Vgl. Prahalad/Hamel 1991, S. 77.

ne Produktvorteile umsetzen lassen. Die nachfragerspezifische Wahrnehmung von produktbezogenen Vorteilspositionen bedingt mithin das Vorhandensein von Kernkompetenzen.

Konzentrieren sich die Betrachtungen auf die Bestimmung technologischer Kernkompetenzen, so gilt es zunächst, die technologischen Know-how-Potentiale im Unternehmen zu erfassen, die sich z.B. aus vorhandenen Produkten ableiten lassen. Die betrachteten Produkte sind dabei im Hinblick auf die zur Erstellung erforderlichen Fertigkeiten und Fähigkeiten zu untersuchen. Dabei ist streng darauf zu achten, daß sich die Analyse von Kompetenzen nicht in einer Listung von Einzelfähigkeiten erschöpft, sondern jeweils die hinter den Produkten stehenden „grundlegenden Prinzipien" ermittelt werden, die die Besonderheiten der Produkte ausmachen und die durch das Unternehmen beherrscht werden.

Die so gewonnenen Kompetenzen sind anschließend einer Evaluierung zu unterziehen, wobei zur Bewertung auf das Technologie-Portfolio und die entsprechenden Beurteilungskriterien[75] zurückgegriffen werden kann. Nach der Positionierung der technologischen Kompetenzen im Technologie-Portfolio ergeben sich die technologischen Kernkompetenzen in dem Bereich, der durch eine hohe „Technologieattraktivität" und eine hohe „relative Ressourcenstärke" gekennzeichnet ist (vgl. Abb. 10). Mit Hilfe der Kernkompetenzen ist sodann eine Suche nach neuen Innovationsfeldern möglich. Dabei kann z.B. in Anlehnung an den Ansatz von *Abell*[76] nach neuen Abnehmergruppen und/oder neuen Abnehmerfunktionen gefragt werden, die sich auf Basis der vorhandenen Kernkompetenzen erschließen lassen.

Bei einer derartigen Vorgehensweise ist allerdings zu beachten, daß nicht davon ausgegangen werden kann, daß grundsätzlich alle Unternehmen auch über Kernkompetenzen verfügen. Oftmals muß sogar unterstellt werden, daß Unternehmen *nicht* über Kernkompetenzen verfügen oder Kernkompetenzen den Entscheidern im Unternehmen nicht bekannt sind.[77] Dies liegt insbesondere darin begründet, daß sich Wissenspotentiale einer direkten Beobachtbarkeit entziehen und sich bestimmte Stärken erst durch Wissenskonzentrationen ergeben. Kernkompetenzen lassen sich deshalb nicht abteilungsspezifisch, sondern immer nur *unternehmensspezifisch* bestimmen. Auch ist zu beachten, daß durch die Zusammenarbeit von Abteilungen Synergiepotentiale geschaffen werden können, durch die sich neue Kernkompetenzen bilden oder vorhandene verstärken lassen. Im Technologie-Portfolio zeigen sich solche Synergieeffekte entweder als neue oder nach rechts verschobene Kompetenzpunkte (vgl. Abb. 11).

---

[75] Vgl. Kapitel A.1 – „Grundlagen der Gestaltung des Leistungsprogramms".

[76] Vgl. Abell 1980, S. 22 ff.

[77] Vgl. Boos/Jarmai 1994, S. 20.

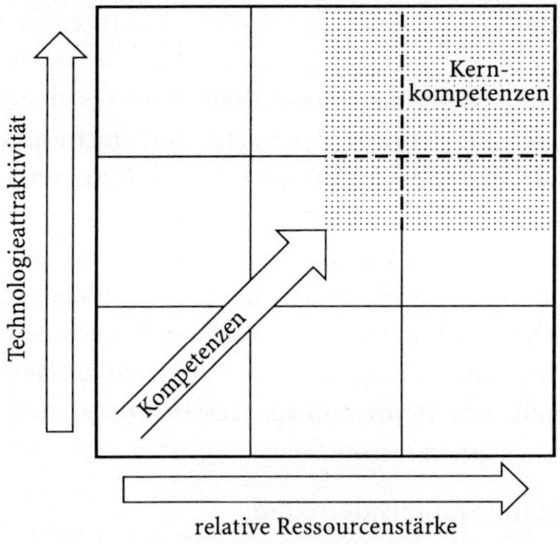

Abb. 10. Bestimmung technologischer Kernkompetenzen mittels Technologie-Portfolio

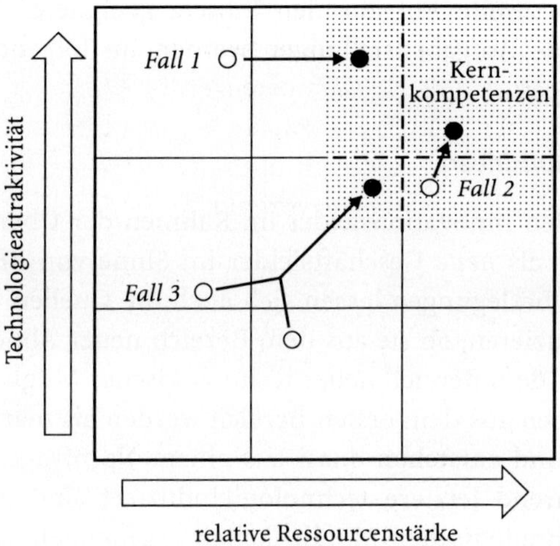

Abb. 11. Nutzung von Synergiepotentialen zum Ausbau von Kernkompetenzen

Bereits diese kurzen Anmerkungen machen deutlich, daß die Identifikation von Kernkompetenzen in zahlreichen Unternehmen ein grundsätzliches Problem zu Beginn des Innovationsprozesses darstellt. Anhaltspunkte für eigene und konkurrenzseitige Kernkompetenzpotentiale lassen sich neben der unternehmensinternen Kompetenzanalyse aber auch z.B. aus der Analyse am Markt erfolgreicher Produkte, der Analyse von Zukunftstrends oder einem Benchmarking mit Spitzenunternehmen gewinnen.[78]

---

[78] Vgl. hierzu im Detail Boos/Jarmai 1994, S. 21ff.

2.3.2 Ideenfindung

Durch die im ersten Schritt des Innovationsprozesses dargestellten Verfahren wird die strategische Stoßrichtung der Suche nach technologischen Produktinnovationen festgelegt. Sie sollen dabei eine geleitete Innovationssuche im Sinne der Unternehmensphilosophie sicherstellen. Durch sie werden allerdings noch nicht die Fragen beantwortet, wie das Unternehmen zu konkreten Innovationsideen gelangen kann und welche der möglichen Ideen sich im Verlauf des Marktprozesses auch tatsächlich am Markt behaupten können.

Die Beantwortung dieser Fragen ist die zentrale Zielsetzung der Ideenfindungsphase innerhalb des Innovationsprozesses, wobei sich dieser Phase zwei zentrale Aufgaben zurechnen lassen:

1. Generierung von Innovationsideen und
2. Auswahl erfolgversprechender Innovationsideen.

Die erste Aufgabe läßt sich durch eine systematische Innovationsbedarfsforschung beantworten, während die zweite Aufgabe den Einsatz geeigneter Bewertungsmethoden erfordert. Beide Aufgabenstellungen werden im folgenden einer detaillierten Analyse unterzogen.

2.3.2.1 Generierung von Innovationsideen

Im vorangegangenen Kapitel wurden Innovationsfelder im Rahmen der Überlegungen zum Innovations-Portfolio als *neue* Geschäftsfelder im Sinne von *Abell* definiert. In Anlehnung an diese Überlegungen lassen sich auch die Quellen für neue Produktideen danach differenzieren, ob sie aus dem Bereich neuer Abnehmergruppen und -funktionen oder dem Bereich neuer technologischer Möglichkeiten entstammen. Innovationsideen aus dem ersten Bereich werden als markt- bzw. bedarfsinduziert bezeichnet und entstehen quasi aus einem Nachfragesog (Demand-Pull-Innovationen), während letztere technologieinduziert sind und über die sich aus den (neuen) technologischen Möglichkeiten ergebenden Vorteilspositionen quasi in den Markt „gedrückt" werden (Technology-Push-Innovationen).[79] *Demand Pull* steht damit für deutlich von der Nachfragerseite kommunizierte Problemlösungsbedürfnisse, die den Ausgangspunkt des anbieterseitigen Innovationsprozesses bilden. Demgegenüber entspricht ein *Technology Push* unternehmerischen Inventionen, bei denen anschließend versucht wird, durch geeignete Maßnahmen eine entsprechende Nachfrage zu initiieren.

Die mit diesen beiden grundsätzlichen Ideenquellen verbundene Frage lautet nun, welche dieser Ideenquellen die größte Erfolgswahrscheinlichkeit von Innovationsideen erwarten läßt. Insbesondere in den 70er Jahren wurden hierzu zahl-

[79] Vgl. zu dieser Unterscheidung insbesondere Brockhoff 1969, S. 1ff.

reiche Untersuchungen durchgeführt, die nahezu übereinstimmend zu dem Ergebnis führten, daß Demand Pull-Innovationen wesentlich häufiger zu erfolgreichen Produkten führen als Technology Push-Innovationen.[80] Allerdings handelte es sich bei diesen Innovationen weitgehend um Inkrementalinnovationen, die auf bereits bestehenden technologischen Kompetenzen aufbauten. Radikalinnovationen werden über diesen Weg i.d.R. nur selten hervorgebracht.

Entgegen diesen Erkenntnissen ist jedoch festzustellen, daß gerade High-Tech-Märkte eine eindeutige Dominanz technologieinduzierter Innovationen aufweisen.[81] Die Bedeutung der Technology Push-Innovationen wird weiterhin auch dadurch bestärkt, daß sich Radikalinnovationen i.d.R. nicht durch eine reine „Anpassungsstrategie an Markterfordernisse" erzielen lassen. Darüber hinaus erhöht ein reines Anpassungsverhalten zwar die Effektivität unternehmerischer Aktivitäten, führt andererseits häufig aber auch zu Effizienzeinbußen, die sich z.B. im Verzicht auf large-scale-Effekte und dem Verzicht auf Synergievorteile manifestieren können. Weiterhin haben *Meyer* und *Roberts* gezeigt, daß eine wesentliche Erfolgsdeterminante technologischer Innovationen in der systematischen Entfaltung von Schlüsseltechnologien zu sehen ist.[82] Allerdings sollten sich Unternehmen aufgrund dieser Erkenntnisse nicht zu einem ausschließlich technologieorientierten Denken verleiten lassen, da bereits mit *Adam Smith* festzustellen ist, daß der Sinn der Produktion immer nur in der Konsumtion liegen kann.[83] Folglich müssen auch bei Technology Push-Innovationen unter der Maxime der Kundenorientierung erfolgen und dürfen die Frage der *Marktadäquanz* nicht vernachlässigen, da sonst die Gefahr besteht, daß die Unternehmung „am Markt vorbei produziert".[84] Es kann somit festgestellt werden, daß erfolgreiche Innovationen letztendlich immer nur aus der Abstimmung zwischen Technologie- und Bedarfspotentialen erwachsen (vgl. Abb. 12).

Das Auffinden technologischer Innovationsideen setzt somit nicht nur technologisches Gespür, sondern auch die Fähigkeit zur „Marktwitterung" voraus. Ziel muß es sein, zukünftige Probleme und unbefriedigte Bedürfnisse zu erkennen. Die Verfahren der klassischen Marktforschung sind hierzu nur begrenzt in der Lage, da die zur Anwendung kommenden Erhebungstechniken primär zu Erfassung aktueller Bedürfnisse und damit bereits vorhandener Informationen geeignet sind.[85] Zur Erhebung latenter und zukünftiger Bedürfnisse bedarf es hingegen einer *Innovationsbedarfsforschung*, durch die *neue* Informationen ge-

---

80 Vgl. z.B. Gerstenfeld 1976, S. 104ff.; Souder/Chakrabarti 1978, S. 89 sowie die Zusammenstellung weiterer Belege bei Hauschildt 1997, S. 203f.

81 Vgl. z.B. Geschka 1986, S. 134; Backhaus/Voeth 1995, S. 396f.

82 Vgl. Meyer/Roberts 1986, S. 806ff.

83 Vgl. Lichtenthal/Beik, 1984, S. 136.

84 Vgl. Hansen/Stauss 1983, S. 80.; Weiber 1996, S. 19f.

85 Vgl. hierzu auch das Weiber/Jacob 1999.

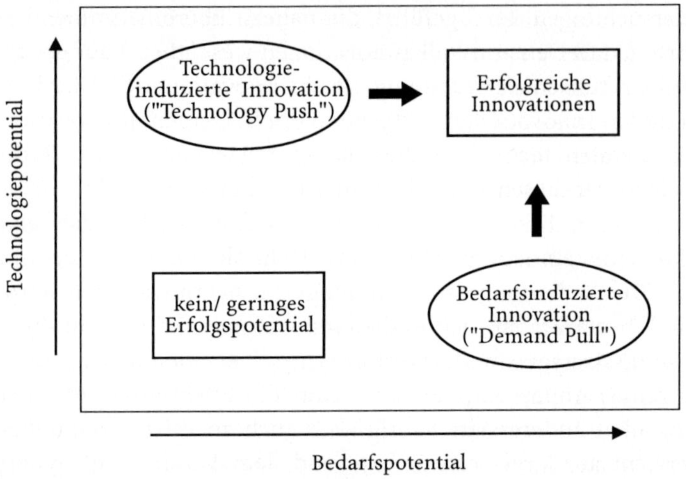

Abb. 12. Technologie- und bedarfsinduzierte Innovationen

wonnen werden können.[86] Unter latenten Bedürfnissen sind dabei vorhandene, aber vom Nachfrager noch nicht artikulierte Bedürfnisse zu verstehen, während zukünftige Bedürfnisse gegenwärtig zwar noch nicht existieren, mit hoher Wahrscheinlichkeit aber in Zukunft relevant werden.

Kundenbefragungen stellen für die Ermittlung latenter und zukünftiger Kundenbedürfnisse eine nur mangelhafte Orientierungsgröße dar, weshalb der Anbieter selbst gefordert ist, als Agent des Kunden aufzutreten. Folgende Methoden der Innovationsbedarfsforschung erlauben es, neue Informationen zu erheben und damit Innovationsideen zu generieren:

- Einsatz von Kreativitätstechniken,
- Durchführung von Studien zur Simulation von Anwendungssituationen,
- Durchführung technologiebezogener Simulationsstudien,
- Expertenbefragungen (Delphi-Methode),
- Szenariotechnik
- Zusammenarbeit mit innovativen Kunden (Lead usern)[87], etwa durch
  - Beschäftigung von Kundenmitarbeitern im eigenen Unternehmen
  - Beschäftigung eigener Mitarbeiter im Kundenunternehmen, sowie
- Methoden der Technolgiefrühaufklärung und -vorhersage[88].

[86] Vgl. zur Innovationsbedarfsforschung Salcher 1991, S. 57ff.

[87] Vgl. zum Lead user-Konzept die Ausführungen in Abschnitt 2.3.4.

[88] Vgl. zu diesen Methoden Geschka 1995, S. 630ff.

Die Ideengenerierung zählt zur Gruppe der schlechtstrukturierten Probleme, die sich nur unzureichend mit Routine, Logik und Intelligenz beheben lassen. Die Lösung solcher Probleme ist eher ungerichtet, intuitiv und häufig auch zufallsbedingt. Das bedeutet jedoch nicht, daß passiv auf Einfälle gewartet werden muß, die sich (hoffentlich) irgendwann aus einer Inspiration ergeben. Notwendig ist hier ein andersartiger Denkprozeß. Nicht ein *vertikales Denken* ist gefordert, das einer rationalen und logischen Problemanalyse entspricht, sondern ein *laterales Denken*, durch das Kreativitätspotentiale aktiviert, eingefahrene Denkmuster verlassen und neue Denkpfade erschlossen werden können.[89] Nach praktischen Erfahrungen lassen sich solche Denkprozesse durch eine systematische und methodengestützte Vorgehensweise unterstützen.[90] Herausragende Bedeutung haben dabei die Kreativitätstechniken erlangt, deren Vielfalt fast nicht mehr überschaubar ist. So schätzen *Geschka* und *Laudel*, daß weltweit über 50 Kreativitätstechniken praktiziert werden, während *Gryskiewicz* ihre Zahl sogar auf über 100 beziffert.[91]

Kreativität „ist die Fähigkeit von Menschen, Kompositionen, Produkte oder Ideen gleich welcher Art hervorzubringen, die in wesentlichen Merkmalen neu sind und dem Schöpfer vorher unbekannt waren."[92] Kreativitätstechniken stellen Heuristiken dar, durch die die Findewahrscheinlichkeit erhöht werden kann. Dabei lassen sich vier grundlegende kreative Denkprinzipien (Heuristiken) unterscheiden:[93]

1. *Assoziationsprinzip*:
   Assoziationen stellen „entfernte" Verknüpfungen von geistigen Elementen dar, durch die sich Beziehungen zwischen geistigen Inhalten zu neuen Kombinationen umformen lassen. Typische Kreativitätstechniken, die auf dem Assoziationsprinzip beruhen, stellen das Brainstorming und das Brainwriting mit ihren vielfältigen Abwandlungen dar.
2. *Zerlegungsprinzip*:
   Dieses Prinzip geht davon aus, daß sich Problemlösungen in voneinander weitgehend unabhängige Komponenten (Parameter) zerlegen lassen und durch andersartige Kombinationen der einzelnen Parameter jeweils neuartige Lösungen erzeugt werden können. Typische Kreativitätstechniken, die auf dem Zerlegungsprinzip basieren, bilden die Methoden der morphologischen Analyse.

---

89 Vgl. zu dieser Differenzierung der Denkprinzipien de Bono 1986, S. 14ff.

90 Vgl. Geschka/Laudel 1992, S. 59; Uebele 1988, S. 777.

91 Vgl. Gescka/Laudel 1992, S. 59.

92 Schlicksupp 1981, S. 20.

93 Vgl. zu den folgenden Prinzipien Uebele 1988, S. 778f.; Linneweh 1984, S. 81; Schlicksupp 1981, S. 35.

3. *Abstraktionsprinzip*:
   Durch Abstraktion soll eine Verallgemeinerung und Konzentration auf übergeordnete Sachverhalte erreicht werden, auf deren Basis sich dann Anregungen für neue Problemlösungen ableiten lassen.
4. *Analogieprinzip*:
   Die Suche nach ähnlichen oder vergleichbaren Strukturen sowie Mustern in anderen Erfahrungsbereichen wird als Analogiebildung bezeichnet. Durch Analogien soll eine Distanzierung vom ursprünglichen Problem erreicht und die Suche auf (existierende) Problemlösungen in andersartigen Erfahrungsbereichen konzentriert werden, die abschließend auf das Ausgangsproblem zu übertragen sind. Als typischer Vertreter von Kreativitätstechniken, die auf diesem Prinzip beruhen, ist die Synektik zu nennen.

Im Gegensatz zum Assoziationsprinzip basieren die Prinzipien 3–4 auf dem ideenauslösenden Grundsatz der *Konfrontation*, bei dem die Teilnehmer einer Kreativitätsgruppe gezielt mit dem zu lösenden Problemfeld konfrontiert werden. Aufbauend auf obigen Denkprinzipien stellen die *Methoden der Ideengenerierung* Verfahrensrahmen dar, in die bestimmte Heuristiken zur gezielten Anregung von Denkvorgängen integriert sind, wobei sich in Anlehnung an *Schlicksupp* zwei primäre Methodengruppen unterscheiden lassen:[94]

- intuitiv-kreative Methoden und
- systematisch-analytische Methoden.

Tabelle 2 liefert eine Auswahl bekannter Kreativitätstechniken entsprechend dieser Methodengruppen, die ihrerseits nochmals nach den ideenauslösenden Grundprinzipien der Assoziation und der Konfrontation unterschieden sind. Auf eine detaillierte Darstellung der einzelnen Methoden sei hier verzichtet,[95] zumal in der Praxis auch nur wenige Methoden Bedeutung erlangt haben. Hierzu zählen das Brainstorming, der morphologische Kasten und die Synektik.[96] Da diese Methoden gleichsam die „Klassiker" unter den Kreativitätstechniken darstellen und die zentralen Denkprinzipien repräsentieren, werden sie abschließend kurz skizziert.

1) Brainstorming

Die Technik des Brainstorming wurde von *Osborn* entwickelt.[97] Beim Brainstorming wird das Ziel verfolgt, möglichst zahlreiche Lösungsmöglichkeiten eines Problems bzw. möglichst viele Ideen zu generieren. Das Grundprinzip besteht

---

94 Vgl. Schlicksupp 1981, S. 35.

95 Vgl. zu ausführlichen Darstellungen Schlicksupp 1977; Schlicksupp 1981; Linneweh 1984.

96 Vgl. Uebele 1988, S. 779ff.; Geschka/Laudel 1992, S. 59; Hauschildt 1997, S. 311ff.

97 Vgl. Osborn 1953.

Tabelle 2. Ausgewählte Kreativitätstechniken
(in Anlehnung an Geschka/Yildiz 1990, S. 37 und Schlicksupp 1981, S. 37f.)

Methode	*Ideenauslösendes Grundprinzip* *Assoziation*	*Konfrontation*
intuitiv-kreativ	Brainstorming und Abwandlungen: • klassisches Brainstorming • Anonymes Brainstorming • Didaktisches Brainstorming • Diskussion 66 (Buzz-Session) • SIL-Methode Brainwriting-Methoden: • Methode 635 • Brainwriting-Pool • Ideen-Delphi • Kartenumlauftechnik • Idea-Engeneering	• Klassische Synektik • Synektische Konferenz • Visuelle Synektik • Semantische Intuition • Forced Relationship • BBB-Methode • Reizwort-Analyse • Force-Fit-Spiel • Katalog-Technik
systematisch-analytisch	• Morphologischer Kasten • Morphologisches Tableau • Attribute Listing • Funktionsanalyse • Progressive Abstraktion	• Morphologische Matrix • TILMAG-Methode • Systematische Reizobjekt-ermittlung

darin, daß in einer Sitzung verschiedenartige Ideen aufgegriffen und von den Teilnehmern weiterentwickelt werden. Dabei ist Kritik an den Vorschlägen, das sogenannte Ideen-Killing, nicht erlaubt. Dadurch wird sichergestellt, daß gedankliche Assoziationsketten entstehen, die möglicherweise zu bisher nicht geprüften Produktideen führen. Bei der Durchführung einer Brainstorming-Sitzung sollten folgende Grundregeln beachtet werden:

- Es sollten zwischen 7 und 12 Personen an einer Sitzung teilnehmen.
- Die Länge der Sitzung sollte zwischen 15 und 30 Minuten liegen.
- Alle Ideen, auch die, die zunächst vielleicht unsinnig erscheinen, sollten vorgetragen werden.
- Die Quantität der Ideen ist wichtiger als die Qualität.
- Es gibt keine Urheberrecht an einzelnen Vorschlägen. Das Aufgreifen und Weiterführen von Ideen ist erwünscht.
- Kritik an Ideen ist während der Brainstorming-Sitzung zu unterlassen, da dadurch der Prozeß des Assoziierens gehemmt wird.

Die so gefundenen Ideen werden protokolliert und erst später von Sachverständigen hinsichtlich ihrer Realisierbarkeit bewertet.

Tabelle 3. Beispiel für einen Morphologischen Kasten zu Fahrzeug-Grundprinzipien (in Anlehnung an Schlicksupp 1993, S. 90)

		Parameterausprägungen		
		1	2	3
Parameter (Funktionselemente)	Bewegungsort	Erde	Wasser	Atmosphäre
	Freiheitsgrad der Bewegung	x	x, y	x, y, z
	Bewegungsablauf	Frei	Geführt	Wechselnd
	Antrieb	Eigenantrieb	Fremdantrieb	Wechselnd
	Kraftwirkung im Bewegungsablauf	Initial-Kraftanschub	Permanent	Intermittierend
	Transport von ...	Personen	Lasten	Meßgeräten

→ Alternative 1 --→ Alternative 2

2) *Morphologischer Kasten*

Die morphologische Analyse geht auf *Zwicky* zurück.[98] Das Grundprinzip der Methode des morphologischen Kastens liegt in der Zerlegung eines komplexen Grundproblems in seine Bestandteile.[99] Die Zerlegung soll dabei so vorgenommen werden, daß die Summe der Bestandteile wiederum das gesamte zu formende Produkt ergibt, d.h. die Bestandteile, auch Parameter genannt, müssen das Produkt vollständig erfassen und dabei überschneidungsfrei sein.[100] Die unterschiedlichen Parameter weisen verschiedene Ausprägungsmöglichkeiten auf. Die Darstellung der Parameter mit ihren jeweiligen Ausprägungen in einer Matrix wird als morphologischer Kasten bezeichnet. Es eröffnen sich nunmehr, abhängig von der Zahl der Parameter und der jeweiligen Ausprägungen, zahlreiche Kombinationsmöglichkeiten, die alle potentielle Produktideen darstellen. Dies ist in Tabelle 3 beispielhaft verdeutlicht.

In diesem Beispiel werden bei der Ideensuche nach einem neuen Fahrzeug-Grundprinzip als Parameter der Bewegungsort, der Freiheitsgrad der Bewegung, der Bewegungsablauf, der Antrieb, die Kraftwirkung im Bewegungsablauf und Transportobjekte unterschieden. Jeder Parameter weist – hier vereinfachend –

98 Vgl. Zwicky 1966.

99 Morphologie ist die Lehre des Gestaltens bzw. Formens eines Sachbereichs.

100 Vgl. Hauschild 1997, S. 325ff.

drei Ausprägungen auf. So werden beispielsweise beim Paramter Bewegungsort die Ausprägungen Erde, Wasser und Atmosphäre unterschieden. Durch die Auswahl jeweils einer Ausprägung pro Parameter können jetzt Produktideen gewonnen werden, wobei in der Graphik zwei Produktideen durch Pfeile gekennzeichnet sind. Ingesamt ergeben sich bereits bei diesem vereinfachend gewählten Beispiel $3^6 = 729$ Kombinationsmöglichkeiten bzw. Produktideen. Erweitert man die Zahl der Parameter nur auf 10 mit jeweils 5 Ausprägungen, so liegt die Zahl der theoretisch denkbaren Produktalternativen bereits bei knapp 10 Millionen.

3) Synektik

Die Synektik wurde von *Gordon* entwickelt.[101] Sie bietet ein besonders hohes kreatives Potential. Die Grundidee der Synektik besteht darin, daß im Gegensatz zum Brainstorming kein konkretes Problem, sondern zunächst lediglich eine allgemeine Denkrichtung vorgegeben wird. Durch diese breite Problemdefinition wird vermieden, daß das Problem direkt zu stark eingeengt wird, was neue Ideen verhindern kann. In einer Synektik-Sitzung wird so vorgegangen, daß ausgehend von der allgemeinen Denkrichtung zunächst grundsätzliche Ideen angedacht werden. Durch einen Vorsitzenden wird dann zu einem geeigneten Zeitpunkt der Problembereich weiter eingeengt, so daß eine konkretere Weiterführung der Ausgangsideen erfolgen kann.[102] Danach wird das Suchfeld weiter eingeengt, mit der Folge, daß ein iterativer Prozeß entsteht, wobei die Eingriffszeitpunkte durch den Vorsitzenden bestimmt werden.

Während der einzelnen Iterationsschritte wird ein weiteres Grundprinzip der Synektik angewandt, was in der schrittweisen Verfremdung des Problems durch die Beteiligten der Sitzung besteht. Dabei werden Analogien zu anderen Lebensbereichen hergestellt.[103] Erst nach einer gewissen Zeit erfolgt eine Rückbesinnung auf das Ausgangsproblem. Auf diese Weise soll eine hohe kreative Leistung erreicht werden, wobei auch auf vorhandene Lösungsmöglichkeiten aus anderen Erfahrungsbereichen zurückgegriffen wird. Die Synektik basiert auf fünf Grundsätzen:

- Zunächst sind allgemeine Ansatzpunkte für Ideen zu suchen; danach wird das Problem schrittweise konkretisiert.
- Das Problemthema muß ein Eigenleben entwickeln.
- Vertraute Erfahrungsbereiche sollen das Sprungbrett zum Fremden darstellen.
- Es muß abwechselnd auf Details des Problems und auf Grundideen eingegangen werden.
- Es sollen Metapher bei der Ideenfindung benutzt werden. Dadurch können sich neue Ansatzpunkte, auch aus nebensächlichen Dingen, eröffnen.

---

[101] Vgl. Gordon 1961.

[102] Vgl. Kotler/Bliemel 1995, S. 516f.

[103] Vgl. Salcher 1991, S. 59.

Tabelle 4. Grundprinzipien der Methoden Brainstorming, morphologischer Kasten und Synektik

	Brainstorming	*Morphologischer Kasten*	*Synektik*
Grundprinzip	Spontane Ideenproduktion ohne Bewertung	Zerlegung eines Grundproblems in seine Bestandteile	Iterative Problemkonkretisierung und Bildung von Analogien
Regeln zur Durchführung	• 7–12 Teilnehmer • freie Ideensammlung • Quanität geht vor Qualität • keine Urheberrechte • keine Kritik	• beliebig viele Teilnehmer • Abgrenzung von Parametern und Ausprägungen • Diskussion von Produktideen	• 5–7 Teilnehmer • Gebrauch von Metaphern • Wechselspiel zwischen Verfremdung und Rückbesinnung
Ergebnisse	erste Ideen	relativ vollständiges Modell der Produktidee	Grundsatzideen mit hohem kreativem Potential

Tabelle 4 zeigt die grundsätzlichen Unterschiede der drei dargestellten Kreativitätstechniken nach ausgewählten Kriterien.

2.3.2.2 Verfahren zur Beurteilung von Innovationsideen

Ziel der Ideengenerierung ist das Hervorbringen möglichst vieler Innovationsideen. Von daher ist es nicht verwunderlich, daß in der Praxis die Phase der Ideengenerierung häufig zu 50 und mehr Vorschlägen führt.[104] Die Schwierigkeit besteht nun darin, diejenigen Produktideen herauszufiltern, die am erfolgversprechendsten erscheinen. Der Ideenbeurteilung ist deshalb eine herausragende Bedeutung beizumessen, da nur durch sie frühzeitig Fehlentwicklungskosten vermieden werden können. Die Probleme, die mit der Ideenbeurteilung verbunden sind, werden deutlich, wenn man beachtet, daß sich i.d.R. nur 2–5 % der möglichen Produktideen auch zu marktfähigen Produkten entwickeln. Abb. 13 zeigt auf Basis einer empirischen Untersuchung, daß von ursprünglich 64 Produktideen nur 12,5 % in die Produktentwicklung gelangten, von denen wiederum die Hälfte in der Markterprobungsphase ausschieden und schließlich nur noch zwei Produkte (= 3 %) in den Markt eingeführt wurden.[105]

[104] Vgl. Geschka/Laudel 1992, S. 62.

[105] Vgl. zu dieser Untersuchung Kotler/Bliemel 1995, S. 506f. In der Abbildung wurde beispielhaft unterstellt, daß die Phase der Ideenbeurteilung 20 %, die F&E-Phase 60 % und die Markterprobungsphase 20 % der Gesamtdauer vom Vorliegen der Produktideen bis zur Entscheidung über die Markteinführung umfaßt.

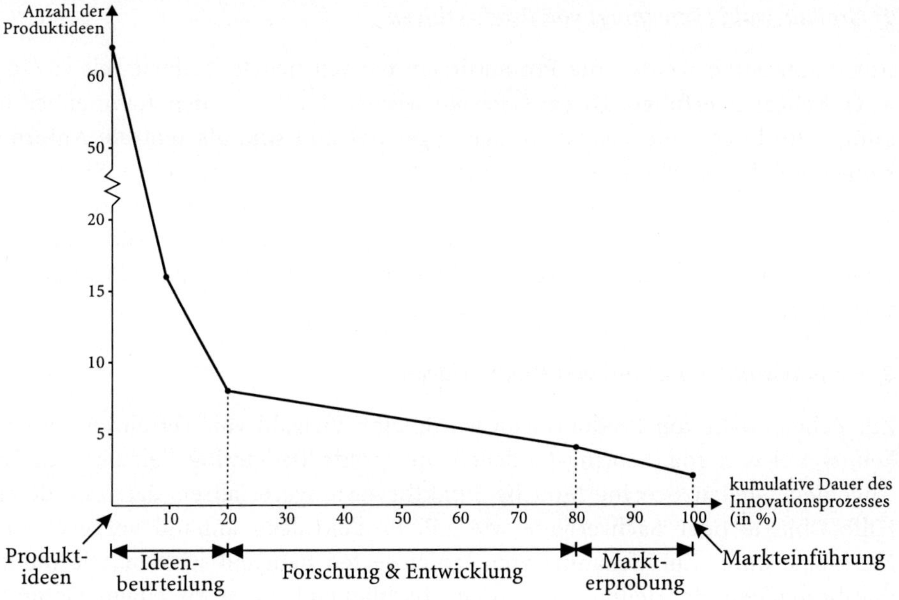

Abb. 13. Verfallskurve von Neuproduktideen

Nicht nur die Verfallsrate von Neuproduktideen, sondern auch die Floprate der tatsächlich in den Markt eingeführten Produkte ist als relativ hoch einzustufen, was an einer Reihe von Untersuchungen belegt werden kann.[106] Obwohl sich keine eindeutige Zuordnung von Neuprodukten zu „Erfolgsprodukten" und „Mißerfolgsprodukten" vornehmen läßt, so kann doch mit Sicherheit festgestellt werden, daß die Floprate als „erschreckend hoch" anzusehen und die Markteinführung von Neuprodukten mit erheblichen Risiken verbunden ist. Vor diesem Hintergrund wird deutlich, daß dem Ideenbewertungsprozeß eine herausragende Bedeutung beigemessen werden muß. In der Literatur existiert eine Vielzahl von Beurteilungsverfahren, die auf den unterschiedlichen Stufen des Bewertungsprozesses zur Anwendung gelangen. Im folgenden werden vier Stufen im Ideenbewertungsprozeß unterschieden:

- *1. Stufe*: Grobauswahl,
- *2. Stufe*: Feinauswahl,
- *3. Stufe*: Konzepterprobung und
- *4. Stufe*: Wirtschaftlichkeitsanalyse.

---

106 Vgl. hierzu Brockhoff 1993, S. 2ff. und die dort angegebenen Studien.

1) Grobauswahl (Screening) von Produktideen

Auf dieser Stufe werden die Produktideen danach beurteilt, inwieweit sie sog. K. O.-Kriterien erfüllen. Diese Kriterien werden i.d.R. aus den Rahmenbedingungen und den Unternehmenszielen abgeleitet und sind als zentrale Anforderungen des Unternehmens an potentielle Neuprodukte zu verstehen. Sie weisen meist einen dichotomen Charakter auf (Ja/Nein-Fragen) oder sind mit bestimmten selbstgewählten Mindestanforderungen verbunden. Sobald eines der Kriterien die Mindestanforderung nicht erfüllt, wird die gesamte Produktidee verworfen.

2) Feinauswahl (Selection) von Produktideen

Zur Feinauswahl von Produktideen wurde eine Vielzahl von Verfahren entwikkelt, wobei den sog. Scoring-Modellen die größte Bedeutung beizumessen ist. Allgemein stellen Scoring-Modelle Punktbewertungsverfahren dar, mit deren Hilfe Objekte oder Sachverhalte wie z.B. Produktideen anhand vorgegebener Merkmale unter Zuhilfenahme von Zahlenwerten beurteilt werden. Die merkmalsbezogenen Beurteilungen werden abschließend meist zu einem Gesamtpunktwert verdichtet.

Auf einem relativ hohen Aggregationsniveau kann die Bewertung einer Produktidee aus Sicht der vorhandenen Ressourcen und deren Nutzungsmöglichkeiten für eine erfolgreiche Produktrealisierung vorgenommen werden. Dabei wird die Bedeutung der vorhandenen Leistungspotentiale für die erfolgreiche Markteinführung durch geeignete Gewichtungsgrößen erfaßt.[107] Eine Bewertung der Nutzungsmöglichkeiten kann z.B. auf einer zehnstufigen Ratingskala von *0* (= überhaupt nicht nutzbar) bis *10* (= hervorragend nutzbar) vorgenommen werden. Tabelle 5 zeigt ein einfaches Beispiel für ein solches Modell.

Allerdings ist bei der Beurteilung der Ressourcennutzung zu beachten, daß eine hohe Kompatibilität einer Produktidee mit den vorhandenen Leistungspotentialen nicht zwangsläufig als Garant für den Produkterfolg anzusehen ist. Es sollte deshalb weiterhin versucht werden, solche Kriterien zur Beurteilung heranzuziehen, die in direktem Zusammenhang mit dem wahrscheinlichen Produkterfolg stehen. So wurden z.B. von *O'Meara* vier Kriteriengruppen entwickelt, die die Marktfähigkeit, die Produktlebensdauer, die Produktionsmöglichkeiten und das Wachstumspotential betreffen.[108]

---

[107] Grundüberlegung zu diesem Ansatz finden sich bereits bei Richman 1962, S. 37ff.

[108] Vgl. O'Meara 1961, S. 83ff. *O'Meara* entwickelte darüber hinaus eine besonders interessante Variante eines Scoringmodells, bei dem die Einzelkriterien nicht durch einen bestimmten Punktwert beurteilt werden, sondern die Eintrittswahrscheinlichkeiten der (verbalisierten) Punktwerte durch die Beurteiler zu schätzen sind.

Tabelle 5. Scoring-Modell mit beispielhaften Zahlenwerten

Ressourcenpotentiale	relative Gewichtung (A)	Nutzungsmöglichkeit für Produktidee (B)											Kriterienwerte
		0	1	2	3	4	5	6	7	8	9	10	(A*B)
Unternehmensimage	0,20								×				1,40
Marketing-Know-how	0,20										×		1,80
F&E-Know kow	0,20									×			1,60
Personalqualifikation	0,15								×				1,05
Finanzstärke	0,10					×							0,40
Produktionsverfahren	0,05									×			0,40
Produktionskapazitäten	0,05				×								0,15
Vertriebspersonal	0,05						×						0,25
Gesamt:	1,00												7,05

Beurteilungsskala: 0 bis 4: schlecht 4,1 bis 7,5: mittel 7,6 bis 10: gut
Mindestpunktwert für Weiterverfolgung der Produktidee: 7,0

Breite Aufmerksamkeit hat auch die Untersuchung von *Cooper* erlangt, der 102 erfolgreiche und 93 nicht erfolgreiche Produkte von 103 Industrieunternehmen analysierte. Die Unternehmen beurteilten ihre Produkte anhand von insgesamt 77 Beurteilungskriterien, aus denen *Cooper* auf faktoranalytischem Wege 18 Erfolgsfaktoren für neue Produkte extrahierte und mit Hilfe einer Diskriminanzanalyse die Trennfähigkeit der gewonnenen Faktoren zur Unterscheidung von erfolgreichen und nicht erfolgreichen Produkten überprüfte.[109] Entsprechend der standardisierten Diskriminanzkoeffizienten erwiesen sich die folgenden Faktoren als besonders bedeutsam für den Innovationserfolg:[110]

1. Einzigartigkeit des Produktes bzw. die Höherwertigkeit des Produktes im Vergleich zu Konkurrenzprodukten,
2. Marktkenntnis des Anbieters und Leistungsfähigkeit des Marketing und
3. Technische Fähigkeiten, Fertigungskenntnisse sowie Synergieeffekte in Technik und Produktion.

Cooper kommt zusammenfassend zu folgendem Ergebnis: „The message from the current research is gratifying to marketers. The critical role of a market orientation, marketing information, marketing communication, and marketing launch strategy was strongly demonstrated."[111] In Folge wurden von *Cooper* wietere Untersuchungen zu den Erfolgsfaktoren von Produktinnovationen durch-

---

[109] Vgl. Cooper 1979, S. 93ff. Vgl. zu den Verfahren der Faktoren- und der Diskriminanzanalyse Backhaus/Erichson/Plinke/Weiber 1996, S. 90ff. und 189ff.

[110] Vgl. Cooper 1979, S. 100.

[111] Cooper 1979, S. 103.

geführt und ein entsprechendes Softwaretool entwickelt.[112] Eine auf diesen Erkenntnissen basierende deutschsprachige Software stellt das Programm PRUV dar. Es beinhaltet 48 Beurteilungsfragen, die aus der Analyse von mehr als 250 Fallstudien gewonnen wurden und unter Berücksichtigung der Kompetenz der Beantworter zu neun Hauptfaktoren verdichtet werden.[113]

Es sei an dieser Stelle jedoch nachdrücklich darauf hingewiesen, daß auch durch Softwareprogramme die grundsätzlichen Probleme von Scoring-Modellen nicht gelöst werden können. Diese sind darin zu sehen, daß solche Verfahren nur dann zu zuverlässigen (validen) Ergebnissen führen, wenn u. a. unterstellt werden kann, daß

- der verwendete Kriterienkatalog zweckmäßig und vollständig ist,
- die Kriterien voneinander unabhängig sind,
- die Kriterien als gleichgewichtig angesehen werden können bzw. die Kriterien in geeigneter Weise gewichtet wurden,
- der Beurteiler als risikoneutral bezeichnet werden kann und
- die Abstände zwischen den Punktwerten von den jeweiligen Beurteilern als gleichgroß (äquidistant) interpretiert werden.

Darüber hinaus ist zu beachten, daß eine Entscheidung zwischen alternativen Innovationsideen anhand der gewonnenen Gesamtpunktwerte nur zulässig ist, wenn die Ideenvorschläge als unabhängig voneinander erachtet werden können. Aufgrund dieser Problempunkte sollten Scoringmodelle nicht „blind“ im streng numerischen Sinne verwandt werden. Ihr Vorteil ist eher in der quasi „erzwungenen“ systematischen Vorgehensweise und dem mit ihnen verbundenen heuristischen Potential zu sehen. Die endgültige Entscheidung sollte aber immer auch durch weitere Überlegungen gestützt werden.

3) Konzepterprobung

Produktideen, die die Phase der Feinauswahl erfolgreich passiert haben, sollten im weiteren einem Konzepttest unterzogen werden. Durch einen solchen Test soll ermittelt werden, ob auch den *Nachfragern* verdeutlicht werden kann, welche Bedürfnisse durch eine geplante Produktinnovation befriedigt werden sollen und ob das Produktkonzept auf der Kundenseite auf Verständnis stößt. Mit dem Konzepttest sind z.B. folgende Zielsetzungen verbunden:[114]

- Prüfung von Produkteigenschaft auf Bedeutsamkeit aus Nachfragersicht,
- Ermittlung der durch das Produkt erzeugbaren Bedürfnisstärke,

---

[112] Vgl. Cooper/Kleinschmidt 1987, S. 215ff.; Cooper/Kleinschmidt 1991, S. 137ff.

[113] Vgl. Eggert-Kipfstuhl/Kirchhoff 1994, S. 428ff.

[114] Vgl. auch Brockhoff 1993, S. 196f.

- Feststellung der Verständlichkeit und Glaubwürdigkeit des Produktkonzeptes,
- Ermittlung von Kaufpräferenzen und nachfragerseitiger Nutzenwahrnehmung und
- Abschätzung von Kaufabsichten.

Der Konzepttest basiert nicht auf einem bereits physisch vorhandenen Produkt, sondern z.B. auf Produktmodellen, Funktionsmustern, Bilddarstellungen oder schriftlich bzw. verbal erläuterten Ideen, die den Nachfragern präsentiert werden. Aus den Reaktionen der Nachfrager auf die Konzeptpräsentation wird dann auf mögliche Reaktionen gegenüber dem späteren realen Produkt geschlossen.

Herausragende Bedeutung für die Durchführung von Konzepttests hat die *Conjoint-Analyse* erlangt, die es erlaubt, aufgrund von Beschreibungen, Modellen oder Bilddarstellungen die Nachfragerpräferenzen bezüglich alternativer Produktkonzepte zu erheben.[115] Dabei wird so vorgegangen, daß – ähnlich wie bei der morphologischen Methode – bedeutende Produkteigenschaften mit jeweils verschiedenen Eigenschaftsausprägungen identifiziert werden. Aus den Eigenschaften und den Ausprägungen werden dann fiktive Produkte bzw. Produktkonzepte zusammengestellt. Testpersonen werden gebeten, eine repräsentative Auswahl dieser Produktkonzepte hinsichtlich ihrer Präferenz in eine Rangfolge zu bringen. Aus dieser Rangfolge erlauben die Ergebnisse der Conjoint-Analyse pro Testperson eine Aussage abzuleiten, welche Bedeutung einzelne Eigenschaften und deren Ausprägungen hinsichtlich ihrer Fähigkeit besitzen, die Nachfragepräferenz einer Testperson zu verändern.

Beispielsweise kann ein Hersteller von PCs hiermit Hinweise auf die Wichtigkeit von verschiedenen Produkteigenschaften für die Präferenzbildung der Nachfrager erlangen. Ergibt sich z.B. als Ergebnis, daß bei PC-Käufern das Kriterium der Taktfrequenz eine doppelt so hohe Wichtigkeit für die Präferenzbildung besitzt wie das Kriterium der Festplattengröße, so kann dieser Tatsache bereits bei der Entwicklungstätigkeit entsprechend Rechnung getragen werden. Abschließend sind die Ergebnisse der Conjoint-Analyse über alle Testpersonen zu aggregieren, was generelle Aussagen über die ausgewählte Personengruppe zuläßt. Damit ergeben sich konkrete Hinweise für die zielgerichtete Gestaltung der weiteren Forschungs- und Entwicklungstätigkeit.

4) Wirtschaftlichkeitsanalyse

Produktkonzepte, die den Konzepttest erfolgreich durchlaufen haben, sind grundsätzlich mit den Unternehmenszielen vereinbar, erfüllen die Mindestanforderung bezüglich der Produktbeurteilungskriterien und lassen eine ausrei-

---

[115] Vgl. zur Methodik der Conjoint-Analyse Backhaus/Erichson/Plinke/Weiber 1996, S. 496ff. Vgl. zu den verschiedenen Verfahrensvarianten der Conjoint-Analyse Weiber/Rosendahl 1997, S. 107ff.

chende Präferenzwirkung auf der Nachfragerseite erwarten. Folgend ist nun noch festzustellen, ob die verbleibenden Produktideen auch unter Wirtschaftlichkeitsaspekten weiterverfolgt werden sollen. Zu diesem Zweck werden Informationen über zwei zentrale Aspekte benötigt:

- Welches Umsatzpotential bietet das Neuprodukt, und wie werden sich die Umsätze im Zeitablauf entwickeln? Zur Beantwortung dieser Frage sind die Erstkäufe und gegebenenfalls die Wiederholungskäufe zu prognostizieren.
- Welche Kosten sind mit der Entwicklung, Produktion, Einführung und Vermarktung des Neuproduktes verbunden (Lebenszykluskosten)?

Die Grundlage für die Beschaffung dieser Informationen bilden Prognosemodelle, auf deren Darstellung hier aber verzichtet werden muß.[116] Mit ihrer Hilfe können die erforderlichen Kosten- und Umsatzdaten beschafft und so die Gewinnentwicklung abgeschätzt werden. Liegen diese Daten vor, stehen zur Abschätzung der Wirtschaftlichkeit weitere Verfahren zur Verfügung, die von einfachen Break-Even-Analysen über Investitionsrechnungsmodelle bis hin zu komplexen dynamischen Entscheidungsmodellen reichen. Die Ergebnisse der Wirtschaftlichkeitsbetrachtungen stellen nicht nur einen weiteren Selektionspunkt für Innovationsideen dar, sondern bilden auch die Grundlage für die Erstellung von Geschäftsplänen für Produktinnovationen.

2.3.3 Forschung und Entwicklung

Nachdem in Phase 2 des Innovationsprozesses mögliche Produktideen generiert wurden, erfolgt nunmehr der Schritt der konkreten Produktentwicklung. Der erfolgreiche Abschluß des Forschungs- und Entwicklungsprozesses konkretisiert sich in Form einer Erfindung bzw. Invention.[117] Diese stellt das geplante Ergebnis der Forschungs- und Entwicklungstätigkeit dar. Allerdings können Inventionen auch ungeplant durch eher zufällige Kombination von Erkenntnissen entstehen, was als *Serendipitäts-Effekt* bezeichnet wird.[118]

Das Ergebnis des Forschungs- und Entwicklungsprozesses stellt somit noch keine Innovation dar, da eine Invention zwar die Lösung eines Problems ermöglicht, jedoch noch nicht notwendigerweise einem marktfähigen Produkt entsprechen muß. Dazu sind noch zusätzliche Investitionen für die Produktion und die Vorbereitung der Markteinführung erforderlich. Einer Invention fehlt somit die sogenannte marktliche Komponente. Die erfolgreiche Entwicklung einer Invention

---

[116] Vgl. hierzu Hüttner 1982. Die Beantwortung der ersten Frage zielt auf die sog. Diffusion von Produkten ab, die in Abschnitt 2.4.3 genauer betrachtet wird.

[117] Vgl. Brockhoff 1992, S. 27.

[118] Vgl. Brockhoff 1992, S. 28.

stellt die Voraussetzung zum Übergang in die anschließende Phase der Markterprobung dar. Erst wenn es gelingt, die Invention auch am Markt einzuführen, wird von einer Innovation gesprochen.

Dem Forschungs- und Entwicklungsprozeß kommt eine hohe Bedeutung für den Erfolg des Innovationsprozesses insgesamt zu, da hier auf technischer Ebene die Leistungsfähigkeit der Invention festgelegt wird. Daher ist es nicht verwunderlich, daß in deutschen Unternehmen der F&E-Kostenanteil am Umsatz in der Investitionsgüterindustrie, gemäß einer empirischen Untersuchung von 1993, bereits bei durchschnittlich ca. 8 % lag, wobei diese Größe tendenziell weiter steigt.[119] Im Jahre 1997 stiegen die F&E-Ausgaben deutscher Unternehmen in der Privatwirtschaft im Vergleich zum Vorjahr um 4 % und lagen bei knapp 62 Mrd. DM.[120]

Im folgenden wird zunächst der Begriff Forschung und Entwicklung geklärt und anschließend der Forschung und Entwicklung-Prozeß einer phasenspezifischen Betrachtung unterzogen.

2.3.3.1 Der Begriff Forschung und Entwicklung

In der Literatur existieren zahlreiche Definitionen von Forschung und Entwicklung.[121] Vielfach wird Forschung und Entwicklung auch als ein zusammenhängender Begriff verwendet. Demgegenüber wurde aber Forschung und Entwicklung durch das Frascati-Handbuch der *OECD* in drei unterschiedliche Teilaktivitäten differenziert.[122] Danach werden Grundlagenforschung, angewandte Forschung und Entwicklung unterschieden.[123]

Grundlagenforschung und angewandte Forschung sind primär auf die Gewinnung neuer wissenschaftlicher Erkenntnisse gerichtet. Der Unterschied besteht in dem Anwendungsbezug. Während sich der Erkenntnisgewinn innerhalb der Grundlagenforschung nicht überwiegend an der praktischen Anwendbarkeit orientiert und in der Regel nicht zu rechtlich schutzfähigen Ergebnissen führt, bezieht sich die angewandte Forschung vornehmlich auf spezifisch praktische Zielsetzungen oder Anwendungen. Daher wird *Grundlagenforschung* auch als

119 Vgl. Droege/Backhaus/Weiber 1993, S. 51ff.

120 Vgl. o.V. 1997a, S. 8.

121 Vgl. z.B. Brockhoff 1992, S. 35ff.

122 Das sogenannte Frascati-Handbuch wurde nach dem italienischen Ort Frascati benannt, an dem sich 20 Mitgliedsländer der OECD (Organisation for Economic Cooperation and Development) trafen, um allgemeine internationale Richtlinien zur Messung der Effizienz von Forschung und Entwicklung zu erarbeiten. Vgl. Stifterverband für die deutsche Wissenschaft 1971, S. 5.

123 Diese Einteilung hat sich in der Literatur weitgehend etabliert und wird daher auch diesem Beitrag zugrundegelegt. Teilweise wird neben Grundlagenforschung und angewandter Forschung zusätzlich noch die sog. anwendungsorientierte Grundlagenforschung unterschieden. Vgl. den Abgrenzungsvorschlag des *Bundesministers für Forschung und Technologie* (*BMFT*), zusammengefaßt in Brockhoff 1983, Sp. 423f.

reine bzw. zweckfreie Forschung und angewandte Forschung auch als Zweckforschung bezeichnet.[124] Bei der Grundlagenforschung geht es mithin um die Erlangung von Grundlagenwissen. Sie ist daher zunächst nicht auf ein bestimmtes Projekt gerichtet, sondern orientiert sich an einem speziellen Problem. Es soll vorerst nur Wissen grundsätzlicher Art erworben werden, für das keine direkte Verwendungsmöglichkeit besteht. Innerhalb der *angewandten Forschung* werden demgegenüber spezifische Problemstellungen bis zur prinzipiellen technischen Lösung geführt.[125] Angewandte Forschung wird also nur durchgeführt, wenn eine klare Zielformulierung vorliegt. Sie ist somit projektorientiert. Die Ergebnisse der vorangegangenen Grundlagenforschung stellen aus dieser Perspektive eine Informationsbasis für die nachfolgende angewandte Forschung dar. Darauf aufbauend werden im Rahmen der *Entwicklung* die wissenschaftlichen Erkenntnisse bzw. Problemlösungen genutzt, um unter Berücksichtigung ökonomischer Anforderungen zu neuen oder wesentlich verbesserten Materialien, Geräten, Produkten, Verfahren, Systemen oder Dienstleistungen zu gelangen. Im Rahmen der Entwicklungstätigkeit werden somit konkrete technische Lösungen fertiggestellt. Bei einer Entwicklung kann es sich grundsätzlich entweder um eine Neu- oder um eine Weiterentwicklung handeln.

In einem zeitlichen Kontext baut die angewandte Forschung auf der Grundlagenforschung auf, um letztlich in die Entwicklung einzugehen. Dabei ist es aber nicht zwingend erforderlich, daß eine Stufe abgeschlossen sein muß, bevor die nächste begonnen werden kann. Vielmehr sind auch parallele Forschungsbemühungen und Entwicklungen möglich. Weiterhin ist es denkbar, daß von der angewandten Forschung Impulse für Betätigungsfelder der Grundlagenforschung ausgehen. Insgesamt stellt Forschung und Entwicklung somit einen zeitlichen Prozeß dar, den wir wie folgt definieren:

> **Definition 2.** Forschung und Entwicklung
> *Forschung und Entwickung* ist ein systematischer Prozeß, durch den das Ziel verfolgt wird, neue wissenschaftliche und technische Erkenntnisse bzw. Wissen zu gewinnen sowie technische Problemlösungen und Anwendungsmöglichkeiten zu finden. Forschung und Entwicklung umfaßt die Grundlagenforschung, die angewandte Forschung und die Entwicklung.

Das neue Wissen konkretisiert sich dabei in der Regel in neuen Fertigungsprozessen, wobei dann von neuem Wissen gesprochen wird, wenn dadurch eine grundsätzlich wiederholbare Fertigung möglich wird.[126]

---

124 Vgl. Staudt 1993, Sp. 1187.

125 Vgl. Staudt 1993, Sp. 1187.

126 Vgl. Brockhoff 1992, S. 35.

In bezug auf den Neuigkeitsgrad des durch Forschung und Entwicklung gewonnenen Wissens kann davon ausgegangen werden, daß dieser tendenziell bei der Grundlagenforschung am größten und bei der Entwicklung am kleinsten ist. Dies begründet sich vornehmlich aus dem Anwendungsbezug der Tätigkeiten. Die Grundlagenforschung weist einen nur geringen Anwendungsbezug auf, d.h. die Forschung erfolgt nicht aufgrund eines konkreten ökonomischen Zwecks mit der Folge, daß die Ergebnisse der Grundlagenforschung eher unstrukturiert und oftmals grundsätzlich neue Möglichkeiten eröffnen. Demgegenüber ist die Entwicklung durch einen hohen Anwendungsbezug gekennzeichnet, wodurch die Tätigkeiten stark kanalisiert werden und der Neuigkeitsgrad des Ergebnisses tendenziell eher gering ausfällt. Der Zusammenhang zwischen Anwendungsbezug und Neuigkeitsgrad bei Grundlagenforschung, angewandter Forschung und Entwicklung ist in Abb. 14 graphisch verdeutlicht.

In größeren Unternehmen wird die Forschungs- und Entwicklungstätigkeit häufig durch ein Forschungs- und Entwicklungsmanagement gesteuert und koordiniert. Zu den Aufgaben des Forschungs- und Entwicklungsmanagement zählt insbesondere die Gewährleistung der F&E-Produktivität.[127] Insgesamt wird das Ziel verfolgt, eine möglichst hohe Effektivität und Effizienz der Forschungs- und Entwicklungstätigkeit zu erreichen.

Die *F&E-Effektivität* spiegelt den Grad wider, mit dem es gelingt, durch die Forschungs- und Entwicklungstätigkeit einen *Kundenvorteil* zu erzielen. Ein Kundenvorteil liegt dann vor, wenn die Innovation vom Nachfrager gegenüber den Angeboten der Wettbewerber als überlegen wahrgenommen wird. Durch Forschung und Entwicklung wird oftmals ein Kundenvorteil determiniert, da durch sie die technische Leistungsfähigkeit der Innovation begründet wird, welche in der Regel ein zentrales Kaufkriterium bei technologischen Innovationen darstellt.

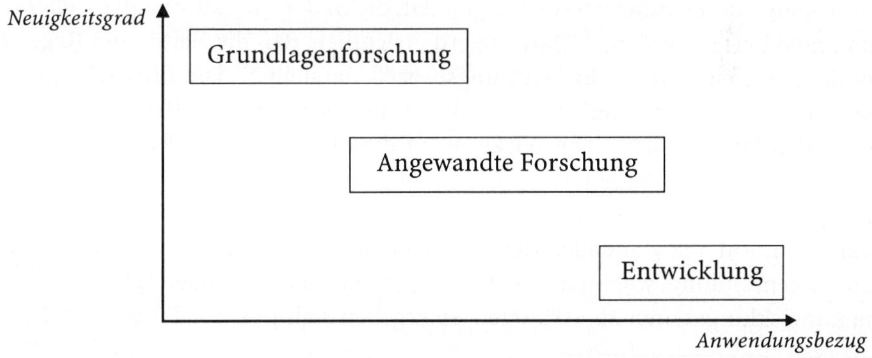

Abb. 14. Differenzierung der Teilaktivitäten von Forschung und Entwicklung nach Neuigkeitsgrad und Anwendungsbezug

[127] Vgl. Mensch 1993, Sp. 1199.

Demgegenüber spiegelt die *F&E-Effizienz* den Grad wider, mit dem es gelingt, durch die Forschungs- und Entwicklungstätigkeit einen *Anbietervorteil* zu erreichen. Ein Anbietervorteil ist dann gegeben, wenn die Vermarktung der Innovation auch langfristig die eigene Überlebensfähigkeit unterstützt. Die Effizienz ergibt sich dabei aus der Relation von bewertetem Output zu bewertetem Input.

2.3.3.2 Ablauf der Forschung und Entwicklung

Die Vorgehensweise im Rahmen der unternehmerischen, d.h. hauptsächlich anwendungsbezogenen Forschung und Entwicklung kann als Prozeß dargestellt werden. Dieser sog. *Forschungs- und Entwicklungsprozeß* umfaßt im wesentlichen die Phasen Zielsetzung, Durchführung sowie Abstimmung und Rückkopplung.[128]

2.3.3.2.1 Die Zielsetzungsphase

In der Zielsetzungsphase werden aufbauend auf der Produktidee verschiedene angestrebte Ergebnisse des gesamten Forschungs- und Entwicklungsprozesses, auch F&E-Outputs genannt, festgelegt. Zentrale Entscheidungen sind bezüglich spezieller technischer Realisierungen, des Abschlußzeitpunktes der Entwicklung sowie der dazu insgesamt benötigten Höhe der Forschungs- und Entwicklungskosten zu treffen. Besondere Bedeutung kommt dabei der zeitlichen Planung zu. Aufgrund der hohen Marktdynamik kommt es darauf an, mit einer Innovation schnell am Markt zu sein, um möglichst frühzeitig den Break-Even-Punkt zu erreichen. Der Markteintrittszeitpunkt wird dabei maßgeblich durch die Länge der Forschungs- und Entwicklungstätigkeit bestimmt. Es kann davon ausgegangen werden, daß eine verspätete Markteinführung einer Innovation zu vergleichsweise hohen Gewinneinbußen führt (vgl. Abb. 15).

Die in Abb. 15 enthaltenen Größen stellen Erfahrungswerte über die Ergebniswirkung von Planungsabweichungen dar, die in der Literatur vielfach übereinstimmend belegt werden.[129] Daraus wird ersichtlich, daß die Zeit in der Regel die dominante Zielgröße im Entwicklungsprozeß darstellt.[130] Die Entwicklungszeiten üben dabei sowohl auf die Effektivität als auch auf die Effizienz einen bedeutenden Einfluß aus.[131] Die Wirkung auf die Effektivität resultiert daraus, daß über die Entwicklungszeit der Markteinführungszeitpunkt determiniert wird und damit in entscheidendem Maße Umsatzziele beeinflußt werden. Demgegenüber bestimmt die Zeitdauer der Entwicklung die Länge der einhergehenden Ressourcenbindung, was sich in der Effizienz niederschlägt. Gelingt es nunmehr die Entwicklungszeiten zu verkürzen, so ergeben sich positive Effekte für die Ef-

[128] Vgl. z.B. Seifert/Steiner 1995, S. 22; Bürgel/Haller/Binder 1995, S. 13ff.

[129] Vgl. z.B. Curran 1987, S. 27; Seifert/Steiner 1995, S. 22.

[130] Vgl. Pfeiffer/Weiß 1988, S. 9ff.; Simon 1989, S. 78f.

[131] Vgl. Schmelzer 1990, S. 27f.

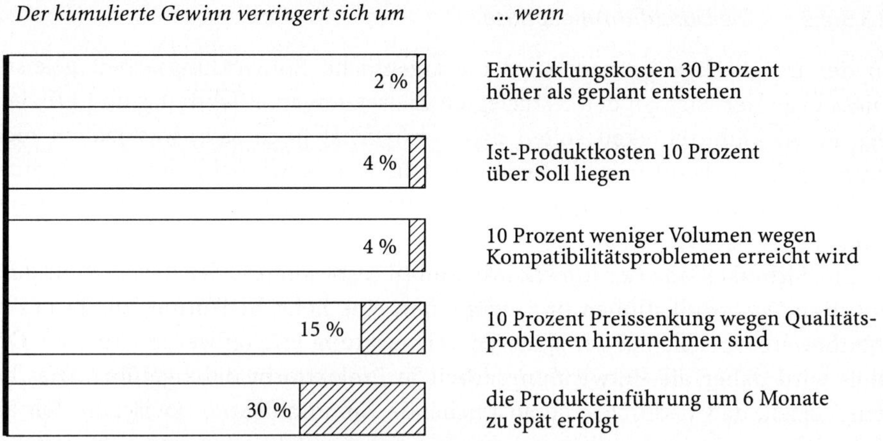

Abb. 15. Ergebniswirkung von Planungsabweichungen (in Anlehnung an Seifert/Steiner 1995, S. 22)

fektivität und die Effizienz. Kürzere Entwicklungszeiten ermöglichen einen früheren Markteintritt. Dadurch eröffnen sich hohe preispolitische Spielräume in der Einführungsphase des Produktlebenszyklus, und es können hohe Absatzvolumina im Vergleich zur Konkurrenz erreicht werden. Ein hohes Absatzvolumen wirkt sich wiederum auf aus dem Erfahrungskurveneffekt resultierende Kostenvorteile aus, was Preissenkungen im Zeitverlauf ermöglicht bzw. das Gewinnpotential steigert. Kürzere Entwicklungszeiten haben ebenso eine kürzere Ressourcenbindung zur Folge, was sich letztlich in geringeren Entwicklungskosten niederschlägt.

Allerdings ist zu beachten, daß umgekehrt auch unter Berücksichtigung der in Abb. 15 dargestellten Erkenntnisse die Strategie verfolgt wird, die Ressourcenintensität zu steigern, um eine Verkürzung der Entwicklungszeiten zu erreichen. Dabei werden auch höhere Entwicklungskosten in Kauf genommen. Eine Faustregel besagt, daß bei Produkten bzw. Innovationen, bei denen von einem Produktlebenszyklus von kleiner fünf Jahren auszugehen ist, die Entwicklungszeit die dominante Zielgröße im Entwicklungsprozeß darstellen muß.[132] Insgesamt kommt der Entwicklungszeit inbesondere bei Produkten mit relativ kurzen Produktlebenszyklen eine hohe Bedeutung zu, da durch sie ein zeitlicher Rahmen für die Amortisationsdauer gegeben wird. Bei eher langlebigen Gütern kommt der Entwicklungszeit demgegenüber eine vergleichsweise geringere Bedeutung zu. Die Höhe der Entwicklungsaufwendungen wird hier zu einer dominanten Zielgröße.

[132] Vgl. Backhaus 1991, S. 11f.

2.3.3.2.2 Die Durchführungsphase

In der Durchführungsphase wird die eigentliche Entwicklungsarbeit geleistet. Diese orientiert sich an den festgelegten Zielsetzungen. Effektivität und Effizienz der Entwicklungstätigkeit sollen dabei möglichst hoch sein, was jedoch nicht immer gelingt, da oftmals die Gefahr besteht, Kundenwünsche nur unzureichend zu berücksichtigen oder Entwicklungskosten bzw. -zeiten nicht den Zielvorstellungen entsprechen.

Zur Sicherstellung der *Effektivität* kommt insbesondere der Berücksichtigung von Kundenspezifikationen und -wünschen eine hohe Bedeutung zu, da nur so Wettbewerbsvorteile bei der späteren Vermarktung erlangt werden können. Oftmals wird daher die Entwicklungsarbeit in Projektform durchgeführt. Dies hat den Vorteil, daß dadurch eine ausreichende Kommunikation zwischen den am Entwicklungsprozeß beteiligten Personen sichergestellt wird und Schnittstellen zwischen einzelnen Abteilungen organisatorisch zusammengeführt werden.[133] Je nach Problemstellung können in Form von organisatorischen Veränderungen spezielle Mitarbeiterteams zusammengestellt werden. Außerdem besteht die Möglichkeit, Entwicklungskooperationen mit anderen Unternehmen einzugehen.[134] Oftmals werden Effektivitätsüberlegungen im Entwicklungsbereich in der Praxis nur unzureichend betrachtet.

Demgegenüber sind zahlreiche Konzepte zur Steigerung der *Effizienz* der Entwicklungstätigkeit entwickelt worden, die primär auf die Entwicklungszeiten abzielen. Im folgenden werden vier dieser Ansätze diskutiert, die auch in der Praxis entsprechende Verbreitung gefunden haben.

Optimierung der Entwicklungszeit mit exakten Verfahren

In der Literatur wird vielfach der neoklassische Ansatz zur Optimierung der Entwicklungszeiten herangezogen.[135] Bei diesem Ansatz werden Kapitalwertfunktionen der Forschungs- und Entwicklungsaufwendungen und der Nettoerlöse in Abhängigkeit von der Entwicklungszeit gegenübergestellt (vgl. Abb. 16).[136]

Dabei wird unterstellt, daß die Kapitalwertfunktion für Forschungs- und Entwicklungsaufwendungen einen u-förmigen Verlauf und die für Erlöse einen n-förmigen Verlauf annimmt. Diese Funktionsverläufe resultieren aus folgenden Überlegungen:[137] Ist aufgrund einer sehr schnellen Entwicklungszeit ein früher

---

[133] Vgl. zur Bedeutung der Information und Kommunikation im Entwicklungsprozeß Staudt/Bock/Mühlemeyer 1990, S. 760ff. Vgl. zur Schnittstelle Forschung&Entwicklung und Marketing Wolfrum 1994, S. 1017ff.

[134] Vgl. Brockhoff 1995, S. 29.

[135] Vgl. Brockhoff/Urban 1988, S. 3ff.

[136] Vgl. zu weiteren Modellen Brockhoff 1991, S. 24ff.

[137] Vgl. die Zusammenfassung von Gemünden 1993, S. 81f.

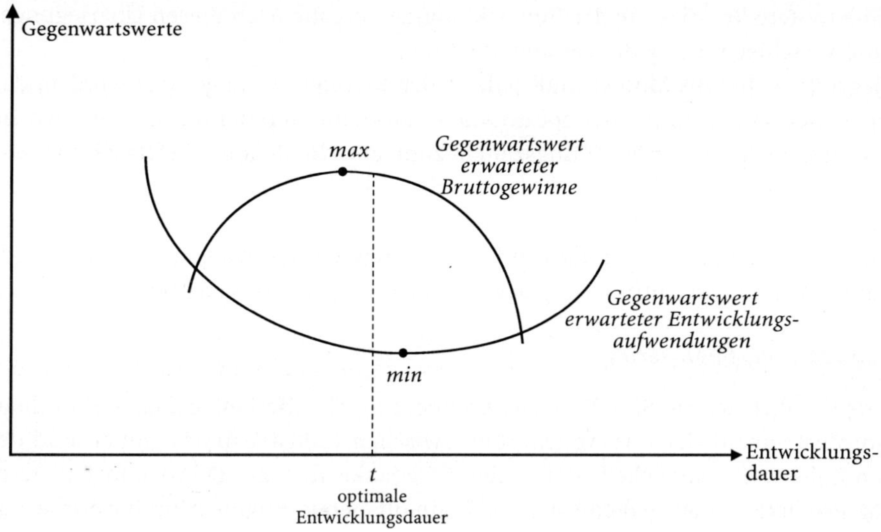

Abb. 16. Optimale Entwicklungsdauer zeitsensibler Entwicklungsprojekte (Quelle: Gemünden 1993, S. 81)

Markteintritt möglich, dann werden die Erlöse durch hohe Markterschließungskosten in der Einführungsphase stark belastet, was den Kapitalwert reduziert. Bei späterem Markteintritt sinken diese Markterschließungskosten, da bereits ein gewisser Bekanntkeitsgrad des Produktes durch Wettbewerber geschaffen wurde. Kann jedoch ein Anbieter erst sehr spät in einen Markt eintreten, dann kann davon ausgegangen werden, daß dieser schon stark abgeschöpft ist und nur noch relativ unattraktive Marktsegmente bearbeitbar sind.[138] Bezüglich der Forschungs- und Entwicklungsaufwendungen wird argumentiert, daß bei kurzen Entwicklungszeiten sehr hohe Kosten aufgrund von intensitätsmäßigen Anpassungen und hohem Koordinationsbedarf entstehen. Ebenso führt die Überschreitung eines Zeitoptimums zu erhöhten Kosten, da durch auftretende Personalfluktuationen Wissen verlorengeht, Motivationsmängel oder umgekehrt auch Detailperfektionismus entstehen, was insgesamt die Personalkosten erhöht.

Das bedeutet, daß bezüglich beider Funktionen jeweils ein individuelles Optimum existiert, wobei der Kapitalwert für Erlöse möglichst hoch und der für Forschungs- und Entwicklungsaufwendungen möglichst gering sein sollte. Die optimale Entwicklungszeit ergibt sich an der Stelle der maximalen Differenz zwischen beiden Funktionen bzw. dem Maximum der Summe beider Funktionen.

[138] Vgl. hierzu Kleinaltenkamp 1999b.

Eine weitere Verkürzung der Entwicklungszeit ergäbe nach diesen Überlegungen eine Verschlechterung der Gesamtsituation.
Gegenüber diesem Modell muß jedoch der Kritikpunkt angeführt werden, daß unter Berücksichtigung der spezifischen Marktsituation bei technologischen Innovationen kurze Entwicklungszeiten zum entscheidenden Erfolgsfaktor werden.[139] In der Praxis haben sich daran anknüpfend in den letzten Jahren mit dem Simultaneous Engineering und dem Rapid Prototyping zwei Konzepte etabliert, die das Ziel einer Verkürzung von Entwicklungszeiten verfolgen und gleichzeitig eine ganzheitliche Optimierung des Entwicklungsprozesses anstreben.

Simultaneous Engineering

Ursprünglich wurde Simultaneous Engineering als überbetriebliches Koordinationsinstrument der Zusammenarbeit zwischen Industrieunternehmen und deren Zulieferern entwickelt, wobei dieser Gedanke auch auf OEMs und Zulieferer für Produktteile ausgedehnt wurde.[140] Simultaneous Engineering hat insbesondere durch die Verbreitung im Automobilbereich hohe Bedeutung erlangt. Das Konzept und die daraus abgeleiteten Prinzipien kommen heute jedoch in verschiedensten Branchen zur Anwendung.[141] Unter Simultaneous Engineering wird die Koordination aller erforderlichen Entwicklungstätigkeiten verstanden, mit dem Ziel, eine Optimierung der Größen Entwicklungszeit, Entwicklungskosten und Qualitätsanforderungen der Nachfrager zu erreichen. Zur entsprechenden Zielerreichung existieren drei Leitsätze,[142] die in Tabelle 6 zusammenfassend dargestellt sind und nachfolgend kurz erläutert werden:

- *Leitsatz 1: Zeitparallelisierung der Aktivitäten*
  Erstens wird durch Simultaneous Engineering versucht, eine möglichst weitgehende Zeitparallelisierung der Aktivitäten zu erreichen, d.h. ursprünglich sukzessive Phasen innerhalb des Forschungs- und Entwicklungsprozesses werden aufgebrochen und parallel, d.h. zeitlich simultan bearbeitet. Dies kann sich jedoch nur auf solche Prozesse beziehen, bei denen keine Abhängigkeiten bestehen. Durch Parallelisierung können folgende Vorteile im Entwicklungsprozeß erreicht werden: Zunächst bewirkt eine Verzögerung bei einzelnen Tätigkeiten keine Verschiebung der nachgelagerten Tätigkeiten nach hinten, da diese bereits parallel durchgeführt werden. Tritt eine Verzögerung dabei nicht in zeitkritischen Arbeitsbereichen auf, wird insgesamt der Entwicklungsprozeß nicht verlängert. Weiterhin fallen Pufferzeiten zwischen einzel-

[139] Vgl. zu weiteren Kritikpunkten Gemünden 1993, S. 82f.

[140] Vgl. Bullinger/Wasserloos 1990, S. 7; Warschat/Wasserloos 1990, S. 24.

[141] Vgl. beispielsweise Ley 1989, S. 43ff.; S. 65ff.

[142] Vgl. Bullinger/Warschat/Berndes/Stanke 1995, S. 380ff.

Tabelle 6. Effizienzsteigerung durch Simultaneous Engineering

Leitsätze	*1*	*2*	*3*
Ziele	Verkürzung von Entwicklungszeiten	Reduzierung von Entwicklungskosten	Sicherstellung von Qualitätsanforderungen
Methode zur Zielerreichung	Parallelisierung verschiedener Aktivitätsbereiche	Standardisierung von Arbeitsprozessen	Integration von Abteilungen und Integration des Nachfragers
Vorteile	Meist keine Verlängerung des Entwicklungsprozesses bei einzelnen Verzögerungen Reduktion von Pufferzeiten Gute Koordinationsmöglichkeiten	Keine Wiederholungen von Entscheidungen Nutzung von Erfahrungen aus vorangegangenen Entwicklungsprozessen	Minimierung von unternehmensinternen Schnittstellenverlusten Anforderungen der Nachfrager werden bereits im Entwicklungsprozeß berücksichtigt

nen Arbeitsschritten weg. Schließlich ergeben sich durch die simultane Vorgehensweise verbesserte Möglichkeiten der Koordination, da dadurch zeitliche Barrieren überbrückt werden.

- *Leitsatz 2: Vermeidung von Wiederholungen*
  Zweitens werden im Entwicklungsprozeß oftmals Wiederholungen gegenüber vorangegangenen Entwicklungen und sonstige unötige Arbeiten durchgeführt. Um dies zu vermeiden, bietet es sich an, verschiedene Arbeitsschritte zu standardisieren, um die Entscheidungsträger von wiederkehrenden, gleichartigen Entscheidungen zu entlasten. Unter Standardisierung wird in diesem Zusammenhang die Beschreibung und dauerhafte Regelung verschiedener Aspekte im Entwicklungsprozeß verstanden, die von Art der Entwicklung und von einzelnen Personen weitgehend unabhängig sind. Standardisierung bewirkt damit in erster Linie eine Effizienzsteigerung in Form einer Kostenreduktion.
- *Leitsatz 3: Integration von Abteilungen*
  Drittens soll durch eine Integration verschiedener Abteilungen einer Unternehmung in den Entwicklungsprozeß eine Minimierung von Schnittstellenverlusten und damit eine Produktentwicklung gewährleistet werden, die den Anforderungen aller Abteilungen gerecht wird. Ebenso kann aus dieser Perspektive Simultaneous Engineering auch als ein Instrument der Gestaltung der Absatzleistung angesehen werden, im Rahmen dessen Nachfrager in Prozesse der Leistungsgestaltung integriert werden.[143] Dadurch wird eine Integration des Kunden in den Entwicklungsprozeß erreicht, was die Erfolgswahrscheinlichkeit bei der späteren Markteinführung der Innovation erhöht.

[143] Vgl. Bullinger 1992, S. 20; vgl. auch Weiber/Jacob 1999.

Rapid Prototyping

Eine Ergänzung des Simultaneous Engineering stellt das Rapid Prototyping dar. Durch Rapid Prototyping wird kein neues Konzept eingeführt, sondern es wird darunter „lediglich" eine schnelle und möglichst kostengünstige Generierung von Prototypen zu mehreren Zeitpunkten im Entwicklungsprozeß, insbesondere in den Anfangsphasen der Produktentstehung verstanden. Unter einem Prototyp ist ein Erst- bzw. Grundmodell zu verstehen, das als Vorlage für die zukünftige Entwicklungstätigkeit und damit für weitere Prototypen oder Produkte dient, die verfeinerte Abbildungen des Prototyps darstellen. Ein Prototyp weist bereits alle wesentlichen Merkmale des geplanten Produktes auf. Durch Rapid Prototyping entsteht ein iterativer Prozeß. Ausgehend von einem zunächst „spielerisch" definierten Erstmodell werden auf Basis dieser visualisierten Produktkonstruktion Verfeinerungen vorgenommen. Im Ergebnis entsteht wiederum ein Prototyp, an dem sich die weitere Entwicklungsarbeit orientiert. Dieser Prozeß wird solange weitergeführt, bis ein Prototyp entsteht, der allen Anforderungen der Nachfrager genügt.[144]

Die Vorteile der permanten Prototypengenerierung liegen darin, daß Probleme in allen Entwicklungsstadien besonders offensichtlich werden, daß produkt- und prozeßbezogene Unzulänglichkeiten deutlich vor der Aufnahme der Produktion korrigiert werden und damit insgesamt die Entwicklungskosten und ggf. Kosten für spätere Korrekturen reduziert werden können. Der wohl größte Vorteil von Prototypen ist darin zu sehen, daß die Integration des Nachfragers in den Entwicklungsprozeß dadurch wesentlich erleichtert bzw. erst möglich wird. Dies resultiert daraus, daß durch Prototypen die Funktionsfähigkeit eines Produktes zumindest bedingt auch ohne spezifische technische Sachkenntnis geprüft werden kann. Dadurch wird wiederum eine Qualitätssicherung gewährleistet, die sich an den Markterfordernissen orientiert.

Virtual Prototyping

Virtual Prototyping ist ebenfalls kein neues Konzept, sondern verlagert die Innovationsentwicklung in den virtuellen Raum der Computer- und Informationsnetze.[145] Die Generierung von Prototypen findet demnach lediglich in einer virtuellen Realität statt, ohne daß ein reales Erst- bzw. Grundmodell entsteht. Der Begriff „virtuell" bezeichnet etwas, „was möglich oder künstlich ist, etwas, das wirkt 'als ob', der Kraft oder der Möglichkeit nach vorhanden, 'scheinbar' ist (Duden) oder 'existing in the mind, especially as a product of imagination' (Ame-

---

[144] Vgl. Horváth/Lamla/Höfig 1994, S. 47.

[145] Vgl. Peters 1996, S. 81ff.; o.V. 1997b, S. 20.

rican Heritage Dictionary)".[146] Entsprechend finden Entwicklungstests oder -prüfungen durch Simulationen am Rechner statt. Auch der virtuelle Prototyp sollte hierbei bereits alle wesentlichen Merkmale des geplanten Produktes aufweisen. Eine Darstellung noch nicht realer Produkte über komplexe Simulationen im Computer und damit über Datennetze hinweg (z.B. mit Hilfe von Konstruktionszeichnungen oder animierten Einsatzmöglichkeiten) können die Basis von *Akzeptanzanalyse* bilden, die auf die problembezogene Nutzung von Produkten durch den Nachfrager abstellen.[147]

Ein prozeßrelevanter Punkt ist nun in der Möglichkeit zu sehen, daß sich die „Markterprobung" sowohl an einer konkreten Innovation (Real Prototyping) orientieren als auch auf eine noch nicht am Markt befindliche Innovation (Virtual Prototyping) beziehen kann, deren Markteinführung lediglich angekündigt wurde (pre-announcement). Eine Beurteilbarkeit, d.h. eine realistische Einschätzung der Markteinführungssituation bzw. Nutzungsbedingungen von noch nicht am Markt befindlichen Innovationen, kann dabei eine kostengünstige Möglichkeiten darstellen das Erfolgspotential einer Innovation zu prognostizieren. Ein Virtual Prototyping empfiehlt sich insbesondere bei Darstellungen im audiovisuellen Bereich, während die Möglichkeiten hinsichtlich gustorischer, olfaktorischer und haptischer Darstellungsvarianten beschränkt sind.

2.3.3.2.3 Die Abstimmungs- und Rückkopplungsphase

Zentrales Anliegen des abschließenden Abstimmungs- und Rückkopplungsprozesses stellt die Sicherstellung der Entwicklung einer *marktfähigen* Innovation dar. Dazu ist es notwendig, bereits in frühen Stadien des Entwicklungsprozesses korrigierend in diesen einzugreifen, falls die Gefahr besteht, daß bestimmte Zielvorgaben nicht erreicht werden. Ebenso wirkt sich eine rechtzeitige Abstimmung zwischen den Entwicklern kostenreduzierend auf spätere Entwicklungstätigkeiten aus. Dieser Sachverhalt läßt sich durch einen Vergleich der Aufwendungen für Entwicklungstätigkeiten in westlichen und japanischen Unternehmen verdeutlichen (vgl. Abb. 17).[148]

Während in japanischen Unternehmen bereits zu Beginn der Entwicklungsphase tendenziell relativ hohe Entwicklungsaufwendungen geleistet werden, liegen diese in westlichen Unternehmen meist deutlich darunter. Die anfangs hohen Entwicklungsaufwendungen resultieren dabei insbesondere aus häufigen Kon-

---

[146] Klein 1994, S. 309.

[147] Vgl. zur Akzeptanz Abschnitt 2.4.2.

[148] Die in Abb. 17 dargestellten Linien stellen typische Verläufe der Forschungs- und Entwicklungsaufwendungen sowie der Änderungshäufigkeiten dar. Vgl. zu Forschungs- und Entwicklungsaufwendungen Bürgel/Haller/Binder 1995, S. 23 und zu Konstruktionsänderungen Hauser/Clausing 1988, S. 63ff.; Sullivan 1986, S. 39ff. Die Abbildung entstand in Anlehnung an diese Autoren.

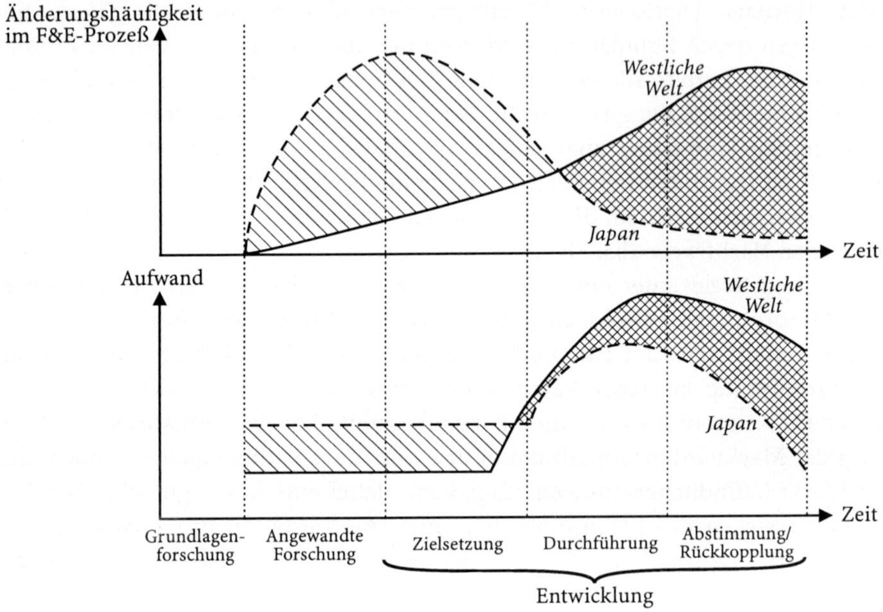

Abb. 17. Phasenspezifischer Entwicklungsaufwand und Änderungshäufigkeiten

struktionsänderungen in der Anfangsphase des Entwicklungsprozesses. Mit diesen Konstruktionsänderungen werden bereits frühzeitig den Anforderungen verschiedener unternehmensinterner Abteilungen und des Kunden Rechnung getragen. Dies hat zur Folge, daß in japanischen Unternehmen oftmals nur wenig Fehlentwicklungen entstehen. Daraus resultiert wiederum, daß in späteren Stadien des Entwicklungsprozesses nur noch wenige Konstruktionsänderungen vorzunehmen sind, was vergleichsweise niedrige Entwicklungsaufwendungen bedingt. Im Ergebnis tritt eine Kompensation ein, so daß in der Summe die Entwicklungsaufwendungen in japanischen Unternehmen tendenziell geringer ausfallen als in westlichen Unternehmen. Weiterhin wird eine zu geringe Intensität der Beteiligung des Managements in der Produktentwicklungsphase vermutet.[149] Dies hat zur Folge, daß oftmals im Rahmen der Entwicklung strategischen langfristigen Zielen eine nur untergeordnete Bedeutung beigemessen wird.

Aus diesen Problemen resultiert der Wunsch zahlreicher Unternehmen, den Entwicklungsbereich insgesamt planbarer zu machen. Dies geschieht durch Einführung von F&E-Controlling-Systemen. Es existieren zahlreiche Instrumente

[149] Vgl. Brockhoff 1984, S. 614f.

des F&E-Controlling.[150] Insgesamt sollen durch sie Effektivität und Effizienz der Forschungs- und Entwicklungstätigkeit gesteigert werden. Bezüglich der Effektivität werden inbesondere die Technologieauswahl, das Produktprogramm und der Ressourceneinsatz überprüft sowie die Informationsversorgung des Forschungs- und Entwicklungsbereiches koordiniert. Die Informationsfunktion des Controlling-Systems richtet sich dabei primär auf abteilungsübergreifende Zusammenarbeit, wobei der Kommunikation ein entscheidender Stellenwert beizumessen ist.[151] So ist es beispielsweise von hoher Bedeutung, bereits im Stadium der Entwicklung Besonderheiten bei der späteren Vermarktung der Innovation zu berücksichtigen, d.h. es muß der Informationsfluß zwischen der Entwicklungs- und der Marketingabteilung sichergestellt werden.[152] Ebenso ist die Realisierbarkeit in der Produktion zu berücksichtigen, was eine Zusammenarbeit mit der Produktionsabteilung bedingt. Im Rahmen der Effizienzprüfung geht es demgegenüber um die Optimierung von Prozessen. Hauptsächlich wird versucht, Entwicklungszeiten und -kosten zu senken, um somit einen bestimmten Output der Entwicklungstätigkeit mit möglichst minimalem Input zu erzielen.

2.3.4 Markterprobung

Den letzten Schritt des Innovationsprozesses stellt die Markterprobung der Invention dar. Als Ergebnis der Markterprobung kann der Abbruch des Innovationsprozesses oder die Entscheidung zur Markteinführung der Innovation folgen. Mit der Markterprobung wird primär das Ziel verfolgt, die tatsächliche Marktfähigkeit der Invention zu testen, d.h. zu überprüfen, inwieweit Absatzchancen gegeben sind. Bei der Markterprobung wird somit die Invention mit der Nachfrageseite konfrontiert.

In den vorangegangenen Kapiteln wurde deutlich gemacht, daß es erforderlich ist, die Nachfragerseite bereits frühzeitig in den Innovationsprozeß zu integrieren, um Gestaltungsspielräume bei der Produktentwicklung konkret im Hinblick auf spezifische Kaufkriterien nutzen zu können. Dazu wurden im vorangegangenen Abschnitt Konzepte wie Simultaneous Engineering, Rapid Prototyping und Virtual Prototyping diskutiert. Im weitesten Sinne können solche Konzepte bereits als Instrumente der Markterprobung bezeichnet werden, da Kundenwünsche bei der Produktkonzeptionierung berücksichtigt und damit Absatzchancen erhöht werden. Im folgenden werden weitere entwicklungsbegleitende Methoden der Markterprobung vorgestellt, wobei wir uns insbesondere auch solche Verfah-

---

[150] Vgl. Horváth 1995, S. 708ff.

[151] Vgl. Gerpott 1995, S. 555ff.

[152] Vgl. zur Schnittstelle zwischen F&E und Marketing Brockhoff 1995, S. 437ff.; Domsch/Gerpott/Gerpott 1991, S. 1048ff.

ren konzentrieren, die erst bei Abschluß des Forschungs- und Entwicklungsprozesses, d.h. bei Vorliegen einer Invention Anwendung finden.

Bei der Vermarktung von Konsumgütern existieren vielfältige Methoden zur Markterprobung.[153] Demgegenüber sind diese Möglichkeiten im Business-to-Business-Bereich nur begrenzt vorhanden. Hier sind primär der Markttest, Fachmessen und die Zusammenarbeit mit Nachfragern als Methoden der Markterprobung zu nennen.

Mit Hilfe von *Markttests* wird geprüft, ob sich eine Invention auch tatsächlich am Markt absetzten läßt, ob sie Nachfragerprobleme lösen kann und welche Wirkungen von Kombinationen absatzpolitischer Instrumente mit der Invention ausgehen.[154] Es existieren dazu verschiedene Arten von Markttests, wobei im folgenden eine Konzentration auf sog. Produkttests vorgenommen wird, die die Invention bzw. das Produkt betreffen, da diese bei der Einführung technologischer Produktinnovationen von besonderer Relevanz sind.

Grundsätzlich wird zwischen Konzepttests und Volltests unterschieden.[155] Während bei Konzepttests den Testteilnehmern meist nur Modelle des Produktes vorgelegt werden, liegt dem Volltest bereits eine marktfähige Invention zugrunde. Der Volltest baut damit quasi auf den Ergebnissen des Konzepttests auf und zielt primär auf die Prüfung der Akzeptanz von Detaillösung ab.[156] Die Ergebnisse von Produkttests müssen deshalb eine Rückkopplung mit den Forschungs- und Entwicklungstätigkeiten erfahren, so daß bereits in der Entwicklungsphase begleitende *Produkttests* durchzuführen sind. Es lassen sich zwei Gruppen von entwicklungsbegleitenden Testverfahren unterscheiden:

1) Alpha-Tests

Zur Gruppe der Alpha-Tests gehören solche Testverfahren, die innerhalb des Unternehmes durchgeführt werden. Als typische Beispiele sind folgende Verfahren zu nennen:

- *„Co-construction“*:
  Nachfrager werden bei der Gestaltung des Produktdesigns hinzugezogen.
- *„Prototype testing“*:
  Mittels Prototypen wird die technische Funktionalität des Produktes getestet. Je eher es Anbietern gelingt, durch Rapid- oder Virtual Prototyping entspre-

---

[153] Vgl. stellvertretend Hammann/Erichson 1994, S. 174ff.

[154] Vgl. Brockhoff 1993, S. 195.

[155] Beide aufgeführten Testarten werden vom Anbieter durchgeführt. Daneben existieren auch anbieterunabhängige Tests, wie z.B. Warentests. Bei der Produktgestaltung spielen diese jedoch nur eine untergeordnete Rolle und werden daher nicht weiter betrachtet.

[156] Vgl. zu weiteren Untergruppen von Produkttests, die jedoch primär im Konsumgüterbereich eingesetzt werden, Brockhoff 1993, S. 196ff.

chende Prototypen bereitzustellen, desto früher können Anpassungen im Entwicklungsprozeß vorgenommen werden.

- „*Usability testing*":
  Überprüft die grundsätzliche Verwendbarkeit und den spezifische Kundennutzen des Produktes.

2) Beta-Tests

Beta-Tests sind dadurch gekennzeichnet, daß sie direkt beim Nachfrager durchgeführt werden. Dabei werden z.B. Prototypen einer technologischen Innovation zum Nachfrager gebracht und quasi in einem „real-world-test" beobachtet. Mit Beta-testing wird das Ziel verfolgt, möglichst reale Anwendungssituationen bereits in Testphasen herzustellen, um somit „echte" Nachfragerprobleme bei der Produktentwicklung zu berücksichtigen. Beta-Tests werden oftmals auch auf weitere akquisitorische Tätigkeiten ausgeweitet. So werden beispielsweise Schulungen, Dokumentationen etc. für Nachfrager angeboten. Ebenso ist auch der Verbleib eines Prototyps beim Nachfrager denkbar, um den längerfristigen Einsatz zu ermöglichen, wodurch insbesondere Kaufunsicherheiten abgebaut werden sollen. Installierte Prototypen können auch als Referenznachweise genutzt werden.

Die Bedeutung von Produkttests wird maßgeblich durch den Entstehungsimpuls der technologischen Innovation beeinflußt. Im Falle von *Demand Pull* braucht durch Markttests ein grundsätzlicher Bedarf auf der Nachfragerseite nicht erhoben zu werden, da dieser umgekehrt an das Unternehmen herangetragen wird. Es können somit direkt konkrete Produkttests bezüglich technischer Details etc. durchgeführt werden. Bei *Technology Push* ist es hingegen bereits frühzeitig erforderlich, grundsätzliche Kaufbereitschaften auf der Nachfragerseite zu erheben. Mögliche Probleme können so frühzeitig erkannt und im Entwicklungsprozeß berücksichtigt werden. Ggf. ist es auch zweckmäßig, die Entwicklung abzubrechen, wenn erkannt wird, daß kein entsprechender Bedarf bei den Nachfragern vorhanden ist. Durch Produkttests können somit Fehlinvestitionen vermieden werden.

Markttests stellen ingesamt Instrumentarien dar, um Nachfragerbedürfnisse rechtzeitig in die Produktentwicklung zu integrieren. Der letztliche Verkauf einer technologischen Innovation hängt aber nicht ausschließlich von dem Produkt, sondern auch von anderen akquisitorischen Maßnahmen ab. Deren gezielter Einsatz ist aber nur möglich, wenn Anbieter relativ genaue Vorstellungen über das Verhalten der Nachfrager während des Kaufprozesses haben. Dazu können von der sog. Adoptions- und der Akzeptanztheorie verschiedene Hinweise gewonnen werden. Die Ergänzung zu Markttests stellt somit auf theoretischer Seite die Adoptions- und die Akzeptanztheorie dar.[157]

---

[157] Vgl. zur Adoptionstheorie Abschnitt 2.4.1 und zur Akzeptanztheorie Abschnitt 2.4.2.

Neben Markttests bieten auch *Fachmessen* eine gute Möglichkeit, Inventionen zu präsentieren und so vor der Markteinführung zu testen. Der Vorteil von Fachmessen ist insbesondere darin zu sehen, daß mit relativ geringem Aufwand eine hohe Zahl potentieller Nachfrager angeprochen werden kann und die Reaktionen auf die Invention direkt beobachtbar sind. Messen eignen sich somit für erste Kontaktaufnahmen mit Nachfragern, wobei in der Regel zusätzlich von einer hohen akquisitorischen Wirkung im Vergleich zu anderen Markterprobungsmethoden auszugehen ist. Neben dem Ziel der Markterprobung kann auf Messen also auch durch Erhöhung des Bekanntheitsgrades[158] die Grundlage für eine zügige Markteinführung geschaffen werden. Die hohe Bedeutung von Messen läßt sich nicht zuletzt auch an den steigenden Aussteller- und Besucherzahlen und an den steigenden Gesamtausgaben der ausstellenden Unternehmen in der Bundesrepublik Deutschland ablesen.[159]

Eine weitere Möglichkeit der Markterprobung besteht in der *Zusammenarbeit mit Nachfragern*. Diese Zusammenarbeit kann in verschiedenen Formen durchgeführt werden, wobei inbesondere zwischen einer Zusammenarbeit vor und nach dem Kauf unterschieden werden kann.

Hat ein Nachfrager das Produkt noch nicht gekauft, so besteht für den Anbeiter die Möglichkeit, ihm mehr oder weniger ausgereifte Prototypen oder bereits ein fertiggestelltes Produkt zu Testzwecken zur Verfügung zu stellen. Für den Nachfrager hat dies den Vorteil, daß sich das mit dem Kauf verbundene wahrgenomme Risiko durch eine längerfristige Inspektion des Produktes in der eigenen Anwendungssituation reduzieren läßt. Die Zusammenarbeit kann nunmehr darin bestehen, daß der Nachfrager dem Anbieter im Gegenzug zur Verfügungstellung des Prototypen bzw. des Produktes detaillierte Erfahrungsberichte erstellt. Dies ermöglicht wiederum dem Anbieter, gegebenenfalls erforderliche Anpassungen in der Leistungsgestaltung vorzunehmen, was insgesamt den späteren Markterfolg erhöht.

Der zweite Fall besteht in einer Zusammenarbeit mit einem Nachfrager, der die Innovation bereits gekauft und im Unternehmen implementiert hat. Eine Zusammenarbeit erfolgt hierbei meist dergestalt, daß der Nachfrager dem Anbieter als Referenz dient. Den dadurch für den Nachfrager entstehende Zusatzaufwand, etwa durch Demonstrationen für weitere Kunden, durch die Nutzung der Ausstellungsräume[160] etc., kann der Anbieter beispielsweise mittels Preisnachlässen beim Kauf oder durch einen kostenlosen Wartungsservice entgelten.

---

[158] Unabhängig von dem hier betrachteten Ziel der Markterprobung kann auf Messen zudem eine Vielzahl weiterer Ziele wie Verbesserung und Erhaltung des Images, Vermittlung und Festigung der Corporate Identity, Suche nach Kooperationspartnern etc. verfolgt werden. Vgl. Fließ 1994, S. 12f.

[159] Vgl. Fließ 1994, S. 10ff.

[160] Vgl. Kotler/Bliemel 1995, S. 545.

Bei der Suche nach geeigneten Kooperationspartnern auf der Nachfragerseite bietet sich insbesondere der Rückgriff auf *Lead-User* an. Als Lead-User werden solche Nachfrager bezeichnet, deren Bedürfnisse als repräsentativ für einen Markt angesehen werden können.[161] Sie sind relativ gut in der Lage, ihre Bedürfnisse zu artikulieren und besonders geeignet, zur Produktivitätssteigerung bei der Entwicklung technologischer Innovationen beizutragen. Allerdings existieren hier unterschiedliche Intensitäten, mit denen Lead-User die Produktentwicklung beeinflussen, die von reinen Bedarfsmeldungen bis zur Übernahme des gesamten Entwicklungsprozesses durch Lead User reichen können.[162] Neben der repräsentativen Informationsgewinnung durch Lead-User wird durch diese Zusammenarbeit zudem bereits vor der Markteinführung eine akquisitorische Wirkung erreicht, da Lead-User oftmals die Rolle von Meinungsführern einnehmen und damit eine frühzeitige Informationsdiffusion im Markt initiieren. Daraus resultiert eine hohe latente Nachfrage, so daß bei der Markteinführung der Innovation direkt hohe Verkaufszahlen erzielt werden können. Der Nachteil der Zusammenarbeit mit Lead-Usern und generell von Produkttests besteht darin, daß potentielle Konkurrenten meist schon vor der Markteinführung von der Innovation erfahren und somit Anpassungen vornehmen und entsprechend reagieren können.

Die Markterprobung stellt quasi den letzten „Checkpunkt" im Innovationsprozeß dar, bei dem auch noch eine Entscheidung gegen die Markteinführung einer Produktinnovation fallen kann. Lassen hingegen die Ergebnisse der Markterprobung einen angemessenen Markterfolg erwarten, so gilt es im folgenden, die Markteinführung zu planen.

2.4 Markteinführung technologischer Innovationen

Die Entscheidung für die Markteinführung einer Produktinnovation stellt das finale Element im Innovationsprozeß dar und setzt gleichzeitig den Startpunkt für den Marktprozeß. Vor dem Hintergrund der vielfältigen Kontrollmechanismen im Verlauf des Innovationsprozesses ist es deshalb mehr als verwunderlich, daß nach einer Untersuchung von *Cooper/Kleinschmidt* im Business-to-Business-Bereich „new products continue to fail at an alarming rate: only one product development project in four becomes a winner; almost 50 % of the resources that U. S. firms spend on product innovation are spent on commercial failures."[163] Eine Studie von *Brockhoff* zu den Mißerfolgsursachen von Produktinnovationen

[161] Vgl. zum Lead-User-Konzept von Hippel 1986, S. 796ff.; vgl. auch Weiber/Jacob 1999.

[162] Vgl. Kleinaltenkamp/Staudt 1991, S. 65.

[163] Cooper/Kleinschmidt 1991, S. 137.

bei 40 deutschen Unternehmen hat erbracht, daß von den F&E-Abteilungen zu 59 % die zentrale Mißerfolgsursache in fehlerhaften Marktbeurteilungen gesehen wird.[164] Obwohl solchen Untersuchungen grundsätzlich Skepsis entgegenzubringen ist, da der Innovationserfolg sehr unterschiedlich definiert werden kann,[165] so muß doch festgestellt werden, daß die Markteinführung von Produktinnovationen auf jeden Fall mit erheblichen Kosten und Risiken verbunden ist. Der sorgsamen Planung der Markteinführung ist deshalb eine nicht minder hohe Bedeutung beizumessen wie der Planung des Innovationsprozesses selber. Markteinführungen sind als (Markt-)Investitionen zu verstehen und deshalb auch als solche zu behandeln.

Investitionen sind bekanntlich mit Unsicherheiten verbunden. Je besser die Informationen über das Investitionsobjekt sind, desto mehr läßt sich auch die Unsicherheit reduzieren und damit die Erfolgswahrscheinlichkeit der Investition erhöhen. Da das Investitionsobjekt der Markteinführung die Nachfrager darstellen, gilt es folglich, detaillierte Informationen über die Nachfragerseite zu beschaffen. Erst auf dieser Basis läßt sich ein geeignetes Markeinführungskonzept ableiten.

An dieser Stelle ist es zweckmäßig zwischen kaufakt- und nutzungsaktbezogenen Innovationen zu unterscheiden. Während *kaufaktbezogene Innovationen* dadurch gekennzeichnet sind, daß die primären Erlöspotentiale des Anbieters aus dem Verkauf einer Produktinnovation resultieren, ergeben sich die primären Erlöspotentiale bei *nutzungsaktbezogenen Innovationen* aus der aktiven Nutzung der Innovation durch den Nachfrager. Aufgrund der hohen Bedeutung der Nutzungsphase für den Markterfolg von nutzungsaktbezogenen Innovationen können diese in Anlehnung an *Kollmann* auch als *Nutzungsinnovationen* bezeichnet werden, die ihr Neuartigkeitspotential erst beim kontinuierlichen Einsatz in der problemorientierten Anwendungssituation unter Berücksichtigung der Nutzungskosten entfalten.[166]

Nutzungsinnovationen gewinnen gerade in jüngster Zeit zunehmend an Bedeutung, da im Rahmen der Innovationsentwicklung im Telekommunikations- und Multimediabereich zunehmend Produkte auf den Markt kommen, bei denen der monetäre Erfolg nicht nur über den Verkaufspreis, sondern auch über anschließende variable Nutzungsgebühren definiert wird (z.B. Pay-TV, Online-

---

164 Vgl. Brockhoff 1993, S. 6.

165 Einerseits liegt ein Mißerfolg oder Flop dann vor, wenn ein Produkt wieder vom Markt zurückgezogen werden muß, andererseits kann aber auch dann von Mißerfolg gesprochen werden, wenn die erhofften Zielbeiträge nicht erwirtschaftet werden konnten. Vgl. zu unterschiedlichen Meßkonzepten des Innovationserfolges Hauschildt 1991, S. 451ff.; derselbe 1997, S. 381ff.

166 Vgl. Kollmann 1998, S. 22.

Dienste, Mobilfunk, Datenbanken, Multimedia-Innovationen).[167] Bei ihnen steht die Abwägung zwischen Nutzungsmöglichkeit bzw. Aufgabenerfüllung inklusive des Anschaffungspreises und den hiermit verbundenen zusätzlichen Nutzungskosten im Mittelpunkt der Kaufentscheidung (Nachfragersicht) aber auch des Markterfolges (Anbietersicht). Diese Besonderheit erweitert die Verwendung des Innovationsbegriffes um die dem Kaufakt nachfolgenden Nutzungsprozesse, so daß hierdurch im Hinblick auf die nachfolgenden Überlegungen eine differenzierte Betrachtungsweise zweckmäßig erscheint. Durch die Unterscheidung nach kaufakt- und nutzungsaktbezogenen Technologieinnovationen soll im folgenden eine exaktere Betrachtungsweise der spezifischen Vermarktungsproblematik von technologischen Innovationen – und damit des absatzpolitischen Instrumentariums – erreicht werden.

Im folgenden werden deshalb zunächst die Besonderheiten bei der Übernahme durch den Nachfrager bei kaufaktbezogenen und anschließend bei nutzungsaktbezogenen Technologieinnovationen einer genaueren Analyse unterzogen. Anschließend konzentrieren sich die Betrachtungen auf die Analyse des zeitlichen Ausbreitungsverlaufs technologischer Innovationen am Markt (Diffusion) und fokussieren abschließend grundlegende Überlegungen bei der Gestaltung eines Markteinführungskonzeptes.

2.4.1 Die Adoption bei kaufaktbezogenen Technologieinnovationen

Markteinführung bedeutet, eine Initialzündung für den Kauf technologischer Innovationen zu erzeugen. Die Problematik ist dabei darin zu sehen, daß Innovationen auf der Nachfragerseite im Zweifelsfall nicht willkommen sind. Innovationen beinhalten Neuerungen, wobei die Vorteilspotentiale dieser Neuerungen häufig keine unmittelbare Evidenz aufweisen, sondern einer entsprechenden Kommunikation bedürfen und/oder ihre Realisierung meist entsprechende Verhaltensänderungen voraussetzt. Es muß deshalb mit Widerständen gerechnet werden, da auch heute noch mit *Schumpeter* festgestellt werden muß: Auch „die modernste Unternehmung hat einen Beharrungswiderstand gegen Veränderungen".[168] Geringer Evidenznutzen und Notwendigkeit von Verhaltensänderungen führen dazu, daß die Kaufprozesse bei Innovationen durch besondere Charakta-

---

167 Vgl. zu dieser Entwicklung Kollmann 1998, S. 7ff. und die dort angegebene Literatur. Güter, die diese Vermarktungsbesonderheit aufweisen werden von *Kollmann* entsprechend als *Nutzungsgut bzw. Nutzungssystem* definiert. Hierunter werden demnach Produkte verstanden, welche dauerhaft und längerfristig zur Verfügung stehen und Nachfragerbedürfnisse in mehreren Konsumakten über eine längere Zeitspanne befriedigen, wobei mit der Nutzung zusätzliche Gebrauchskosten als relevante Kaufentscheidungs- (aus Nachfragersicht) *und* Markterfolgsgröße (aus Anbietersicht) anfallen.

168 Schumpeter 1911, S. 108f.

ristika gekennzeichnet sind. Diese Besonderheiten haben zu eigenständigen Begriffsbildungen geführt.

Definition 3. Adoption, Adoptionsprozeß und Adopter
Unter *Adoption* wird die Entscheidung eines Nachfragers zur Übernahme bzw. zum Kauf einer Innovation verstanden. Entsprechend wird der Kaufprozeß bei Innovationen als *Adoptionsprozeß* bezeichnet. Ein Nachfrager, der sich zur Adoption einer Innovation entschieden hat oder zumindest geeignete Maßnahmen zum Zustandekommen des Leistungsaustausches einleitet, wird als *Adopter* bezeichnet. Demgegenüber handelt es sich bei einem Nachfrager, der die Adoption einer Innovation in Erwägung zieht, aber noch keine endgültige Adoptionsentscheidung getroffen hat, um einen *potentiellen Adopter.*

2.4.1.1 Analyse des Adoptionsprozesses

Bei der Analyse des Adoptionsprozesses steht die Frage im Vordergrund, wie der individuelle Kaufentscheidungsprozeß bei technologischen Innovationen beschrieben werden kann, durch welche Phasen er sich charakterisieren läßt und mit welcher Geschwindigkeit dieser Prozeß von den einzelnen Nachfragern durchlaufen wird.

2.4.1.1.1 Phasen des Adoptionsprozesses

Der Adoptionsprozeß läßt sich durch verschiedene Stadien bzw. Phasen kennzeichnen, die ein potentieller Adopter meist durchläuft, bis er zur eigentlichen Übernahme der Innovation gelangt. Auf Basis dieser Phasen können Hinweise für die zeitliche Dauer des Adoptionsprozesses gewonnen werden. Die Adoptionsdauer spiegelt dabei auf Individualebene die Geschwindigkeit wider, mit der die einzelnen Phasen des Adoptionsprozesses durchschritten werden, was wiederum von der Innovationsbereitschaft des Nachfragers abhängig ist.

In der Literatur besteht weitgehend Konsens bezüglich der Adoptionsphasen,[169] und im Hinblick auf das Adoptionsverhalten der Nachfrager bei technologischen Innovationen läßt sich der Adoptionsprozeß durch das in Abb. 18 dargestellte Phasenschema visualisieren.[170]

Zur Abbildung des Adoptionsprozesses bei technologischen Innovationen werden die Phasen „Bewußtsein“, „Meinungsbildung“ und „Entscheidung“ unterschieden, die dann in die Phasen der „Adoption“ oder der „gegenwärtigen Ablehnung“ münden können. Dadurch kommt zum Ausdruck, daß ein einmal

---

[169] Vgl. z.B. Gatignon/Robertson 1985, S. 854; Rogers 1983, S. 163ff.

[170] Vgl. zu einer detaillierten Diskussion des nachfolgenden Phasenschemas Pohl 1994, S. 58ff.

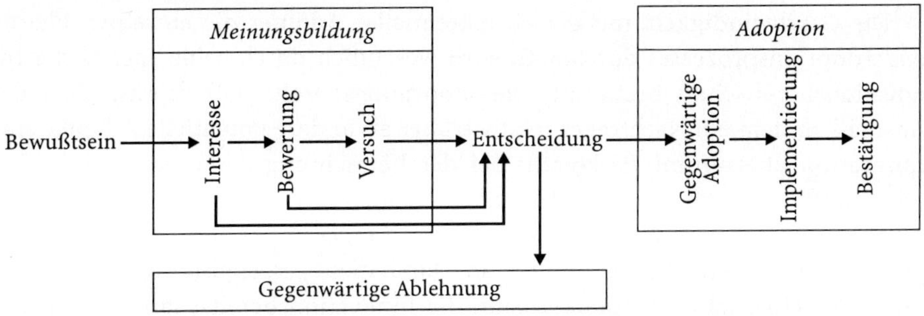

Abb. 18. Phasenschema des Adoptionsprozesses bei technologischen Innovationen

begonnener Adoptionsprozeß nicht notwendigerweise auch zur Adoption der Innovation führen muß, sondern daß es ebenso zur Ablehnung, d.h. zum Nicht-Kauf kommen kann. Die Meinungsbildungsphase umfaßt die Phasen „Interesse", „Bewertung" und „Versuch". Diese drei Phasen werden i.d.R. durchlaufen bis es zu einer Entscheidung kommt. Allerdings sind auch Sprünge zwischen diesen Phasen in beide Richtungen und direkte Sprünge zur Entscheidungsphase möglich, wobei jedoch nur letztere in Abb. 18 graphisch berücksichtigt sind. So ist es beispielsweise denkbar, daß sich ein potentieller Adopter nach der Bewertung der technologischen Innovation direkt für oder gegen die Adoption entscheidet, ohne die Innovation vorher zu testen. Zu der Phase der Adoption zählt neben der eigentlichen Übernahme auch die Implementierung der Innovation im eigenen Unternehmen und eine Bestätigungsphase.[171]

2.4.1.1.2 Adoptionsdauer und Adopterkategorien

Die Länge des Adoptionsprozesses stellt keine konstante Größe dar, sondern variiert zwischen den verschiedenen potentiellen Adoptern aufgrund unterschiedlicher adopterspezifischer Verhaltensweisen innerhalb des Adoptionsprozesses. Eine generelle Aussage bezüglich der Länge des Adoptionsprozesses bei technologischen Innovationen kann deshalb nicht getroffen werden. Es lassen sich allenfalls Tendenzaussagen in der Form ableiten, daß die Adoption technologischer Innovationen meist extensiven Kaufprozessen entspricht und mithin i.d.R. von relativ lang andauernden Entscheidungsprozessen auszugehen ist. Diese Vermutung läßt sich hauptsächlich dadurch begründen, daß ein potentieller Adopter aufgrund der Neuartigkeit der Innovation bislang über keine Erfahrung mit dem Produkt verfügt und er daher erst geeignete Kriterien zur Beurteilung der Innovation entwickeln muß.

---

[171] Vgl. zur Implementierungsphase Schmalen/Pechtl 1989, S. 94 und zur Bestätigungs- bzw. Überzeugungsphase Rogers 1983, S. 184ff.

Die Geschwindigkeit, mit der ein potentieller Adopter die einzelnen Phasen des Adoptionsprozesses durchläuft, wird wesentlich durch seine spezifische Innovationsbereitschaft bestimmt. Die Innovationsbereitschaft repräsentiert das Ausmaß, in dem ein Nachfrager relativ früher als andere potentielle Adopter eine Innovation übernimmt. Es kommt bei der Betrachtung der Innovationsbereitschaft mithin auf die genauen Übernahmezeitpunkte, d.h. auf die letzte Phase des Adoptionsprozesses und zunächst nicht auf die gesamte Länge des Adoptionsprozesses der potentiellen Adoptoren an. Durch diese „ergebnisbezogene Betrachtung" der Übernahmezeitpunkte kann die Innovationsbereitschaft eines Adopters auch über das Verhältnis des individuellen Adoptionszeitpunktes zu den Adoptionszeitpunkten der anderen Mitglieder eines sozialen Systems abgebildet werden.

Die Adoptions- und Diffusionstheorie geht davon aus, daß die Übernahme einer Innovation durch einen Nachfrager mit dem sog. *Erstkauf* erfolgt ist. Da verschiedene Individuen eines sozialen Systems eine Innovation zu unterschiedlichen Zeitpunkten Erstkäufe tätigen (adoptieren), können nach dem Ausmaß an Innovationsbereitschaft die Adopterkategorien „Innovatoren", „Frühe Übernehmer", „Frühe Mehrheit", „Späte Mehrheit" und „Nachzügler" unterschieden werden (vgl. Abb. 19).[172] Die jeweiligen Adopter innerhalb einer Kategorie weisen eine ähnlich hohe Innovationsbereitschaft auf. Das Ziel der Kategorisierung von Adoptern besteht darin, möglichst homogene Adoptergruppen zu bilden, die durch ein weitgehend gleich hohes Ausmaß an Innovationsbereitschaft gekennzeichnet sind. Die Gesamtheit der potentiellen Adoptoren stellt also eine mehr oder weniger heterogene Gruppe von Nachfragern bezüglich ihrer Innovationsbereitschaft dar. Die zeitpunktspezifischen Adoptionswahrscheinlichkeiten sind mithin adopterbezogene Größen.

Die zeitliche Abfolge der Adoptionen wird in der Literatur idealtypisch meist durch eine der Normalverteilung folgende glockenförmige Kurve dargestellt, die zu jedem Zeitpunkt die Anzahl der Adopter widerspiegelt.[173] Wir bezeichnen im folgenden den in Abb. 19 dargestellten Verlauf als *Adoptionskurve*, die die absoluten oder relativen Häufigkeiten oder aber die Wahrscheinlichkeiten widerspiegelt, mit denen Adoptionsereignisse (= Kauf der Innovation durch einen Nachfrager) zu einem bestimmten Zeitpunkt bzw. in einem bestimmten Zeitintervall auftreten.[174] Durch die formale Abbildung der Abfolge von Adoptionen im Zeitablauf können die Adopterkategorien auch über formale Funktionseigenschaften abgegrenzt werden. Mit Hilfe der charakteristischen Kenngrößen Mit-

---

172 Diese Einteilung geht zurück auf *Rogers*. Vgl. Rogers 1983, S. 241ff.

173 Dieser idealtypische Verlauf konnte für den *Konsumgüter-Bereich* durch zahlreiche Studien empirisch nachgewiesen werden. Vgl. Weiber 1992, S. 12 und die dort angegebene Literatur.

174 Vgl. zur modellmäßigen Abbildung der Adoptionskurve die Ausführungen in Abschnitt 2.4.1.1.2.

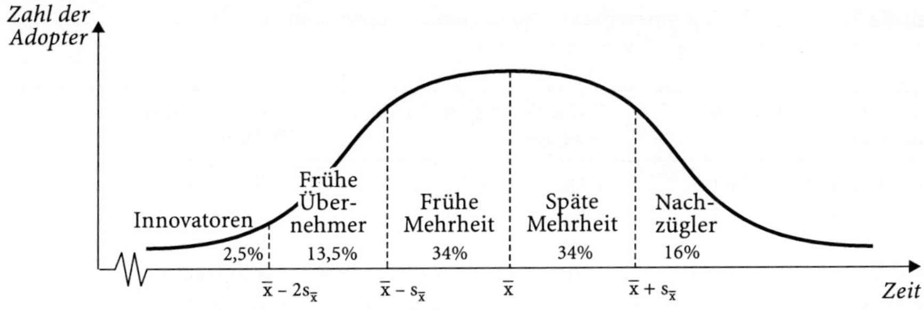

$\bar{x}$ = Mittelwert der Normalverteilung
$s_{\bar{x}}$ = Standardabweichung der Normalverteilung

Abb. 19. Idealtypischer Verlauf der Adoptionskurve auf Basis der Innovationsbereitschaft (in Anlehnung an Rogers 1983, S. 247)

telwert ($\bar{x}$) und Standardabweichung ($s_{\bar{x}}$), durch die sich eine Normalverteilung eindeutig bestimmen läßt, erfolgt eine Zuordnung der einzelnen Adopterkategorien zu einem bestimmten Zeitintervall innerhalb des Marktausbreitungszeitraumes einer Innovation.

2.4.1.2 Besonderheiten der Adoption kaufaktbezogener Technologieinnovationen

Das Kaufverhalten bei technologischen Innovationen ist durch eine Reihe von Besonderheiten gekennzeichnet, die im wesentlichen in nachfrager-, technologie- und marktspezifischen Bestimmungsfaktoren begründet liegen. Eine zusammenfassende Darstellung der einzelnen Bestimmungsfaktoren liefert Tabelle 7.[175]

Zunächst kann festgestellt werden, daß aufgrund der Neuartigkeit einer technologischen Innovation die Nachfrager noch über keine Erfahrung und nur über ein begrenztes Know-how bezüglich einer technologischen Innovation verfügen. Dadurch bedingt werden deren Beurteilung und Erprobung erschwert, was dazu führt, daß technologische Innovationen tendenziell von der Nachfragerseite als schwer faßbar eingeschätzt werden. Diese Größen schlagen sich zusammenfassend in einer hohen „(Kauf-)Unsicherheit" der Nachfrager nieder.[176] Weiterhin lassen sich technologische Innovationen typischerweise durch eine hohe Komplexität und eine dementsprechend schwierige Kommunizierbarkeit charakterisieren. Aus diesem Grund können häufig die Vorteilhaftigkeit und die Kompatibilität technologischer Innovationen mit z.B. bestehenden Verhaltensweisen bei der Anwendung zunächst nicht oder nur in eingeschränktem Ausmaß abgeschätzt werden. Oftmals wird eine kurzfristig geringe und langfristig hohe Vor-

---

175 Vgl. zu einer eingehenden Diskussion dieser Bestimmungsfaktoren Pohl 1996, S. 27ff.

176 Auf hohe Unsicherheitspositionen bei technologischen Innovationen weisen ebenfalls *Benkenstein* und *Moriarty/Kosnik* hin. Vgl. Benkenstein 1992, S. 9; Moriarty/Kosnik 1989, S. 8.

Tabelle 7. Zentrale Charakteristika technologischer Innovationen (in Anlehnung an Pohl 1996, S. 37)

Nachfrager-spezifische Faktoren	*Technologie-spezifische Faktoren*	*Markt-spezifische Faktoren*
• Schwere Faßbarkeit • Mögliche Verhaltensänderung • Schwierige Erprobbarkeit • Meist eher geringes Beurteilungs-Know-How • Vorteilspotentiale werden meist erst langfristig deutlich • Geringes Erfahrungspotential	• Hohe Komplexität • Schwierige Kommunizierbarkeit • Meist hohe Wertdimension • Geringer Evidenznutzen • Nach dem Kauf hohe Wahrnehmung der Vorteilhaftigkeit • Geringe Kompatibilität • Systembindungseffekt	• Kurze Produktlebenszyklen • Kurze Innovationszyklen • Lange Produktentwicklungszeiten • Starke Preiserosionen • Mehrere relevante Angebotsalternativen • Meist kein dominantes Design und keine etablierten Standards in der Einführungsphase
⇩	⇩	⇩
Σ Hohe (Kauf-)Unsicherheit	Σ Problematik der Technologiebeurteilung	Σ Problematik des Kaufentscheidungszeitpunktes

teilhaftigkeit gegenüber vorhandenen technologischen Lösungen und eine meist geringe Kompatibilität von der Nachfragerseite wahrgenommen. In der Summe führen diese Faktoren dazu, daß sich die Nachfrager technologischer Innovationen in den meisten Fällen Technologiebeurteilungsschwierigkeiten gegenübersehen.

Darüber hinaus führen die spezifischen Charakteristika der Marktsituation[177] auf technologiegetriebenen Märkten dazu, daß der Kauf eines gegenwärtigen Produktes für den Nachfrager aus Wirtschaftlichkeitsgründen nicht notwendigerweise die optimale Handlungsalternative darstellen muß. Eine kurzzeitige Verschiebung der Kaufentscheidung in die Zukunft kann aufgrund der Marktverhältnisse einen späteren Kauf gegenwärtiger Produkte zu günstigeren Konditionen oder einer technologischen Innovation mit einer erhöhten Leistungsfähigkeit ermöglichen. Daher ist der Wahl des geeigneten Kaufzeitpunktes bei technologischen Innovationen eine hohe Bedeutung beizumessen. Hohe Kaufunsicherheiten, hohe Technologiebeurteilungsschwierigkeiten und die Problematik des Kaufentscheidungszeitpunktes können als Kristallisationsgrößen der Technologienachfrage bezeichnet werden, die in der Summe zu erhöhten *Nachfragerunsicherheiten* und damit Nachfragewiderständen führen.

Unter *Nachfragewiderständen* wird „die Summe aller Einflußfaktoren verstanden, die dazu führt, daß von den Nachfragern ein Produkt nicht gekauft oder ein gekauftes Produkt nicht genutzt wird".[178] Nachfragewiderstände können nach

---

177 Vgl. hierzu auch die Ausführungen in Abschnitt 2.1.

178 Weiber 1992, S. 81.

Kauf- und Nutzungswiderständen unterschieden werden, wobei diese beiden Widerstandstypen auf unterschiedliche Bezugspunkte gerichtet sein können.[179] Bei der Adoption kaufaktbezogener Technologieinnovationen sind vor allem die *Kaufwiderstände* von Bedeutung, die die Summe aller Faktoren umfassen, die ursächlich dafür ist, daß eine technologische Innovation von den Nachfragern nicht gekauft wird.[180] Sie können auf die Innovation selbst (Produktwiderstände) oder aber den Anbieter (Herstellerwiderstände) gerichtet sein.[181] Ursachen von Kaufwiderständen können z.B. in einem zu hohen Kaufpreis, einer negativen Einstellung, einer schlechten Beratung oder Informationsdefiziten begründet liegen.

Im Ergebnis kann festgestellt werden, daß bei der Adoption technologischer Innovationen eine erhöhte Risikowahrnehmung der potentiellen Adoptoren unterstellt werden kann. Vor diesem Hintergrund muß davon ausgegangen werden, daß sich technologische Innovationen eher langsam am Markt verbreiten und sich gerade in der Markteinführungsphase Nachfragestaus herausbilden.[182] Aus der Vielzahl der Risiken, die mit der Adoption für den Nachfrager verbunden sind, entsteht eine aufschiebende und stark blockierende Wirkung auf die Nachfrage. Dies jedoch bedeutet, daß bei technologischen Innovationen eine der Normalverteilung folgende Abfolge von Adoptionen (vgl. Abb. 19) als eher unwahrscheinlich anzusehen ist und statt dessen ein linksschiefer Verlauf der Adoptionskurve bei technologischen Innovationen zu erwarten ist, was durch Abb. 20 graphisch verdeutlicht wird.[183] Vor dem Hintergrund obiger Überlegungen und den in der Anfangsphase besonders stark ausgeprägten *Kaufwiderstandseffekten* ist bezüglich der sog. *Diffusionskurve* bei technologischen Innovationen zu erwarten, daß sie anfänglich nur sehr flach ansteigen wird. Es kommt zu einer sog. *Nachfragelücke* (vgl. Abb. 21).[184]

Die Existenz hoher Kaufwiderstände in der Anfangsphase des Diffusionsprozesses begründet sich letztendlich in einer verstärkten Risikowahrnehmung der Adoptoren. Wird eine Unterscheidung des wahrgenommenen Gesamtrisikos nach dem Kosten- und dem Leistungsaspekt vorgenommen, so läßt sich auf dieser Basis für technologische Innovationen eine Klassifikation von *Nicht-Adoptoren*

---

[179] Vgl. zu Nutzungswiderständen die Ausführungen in Abschnitt 2.4.2.2.

[180] Vgl. zur Bedeutung von Kaufwiderständen bei technologischen Innovationen Backhaus/Voeth 1995, S. 397ff.; Kleinaltenkamp 1993, S. 119ff.; Weiber 1992, S. 75ff.

[181] Vgl. Weiber 1992, S. 82ff.

[182] Nachfragestaus resutlieren aus Nachfrageverschiebungen. Vgl. zu einer weiterführenden Analyse Weiber/Pohl 1996a, S. 675ff.

[183] Auf die Bedeutung von Nachfragestaus bzw. eines linksschiefen Verlaufs der Adoptionskurve in Technologiemärkten weisen u. a. hin: Asbrede 1993, S. 448f.; Backhaus/Voeth 1995, S. 402; Backhaus/Weiber 1986, S. 141ff.; Pohl 1994, S. 57f.; Weiber 1992, S. 100; Weiber 1995, S. 61ff.

[184] Die Diffusionskurve spiegelt die Abfolge der zeitlichen Adoptionsvorgänge kumulativ wider. Vgl. zur Diffusion auch die Ausführungen in Abschnitt 2.4.3.

vornehmen. Dabei wird von der Annahme ausgegangen, daß eine Adoptionsentscheidung erst dann getroffen wird, wenn sowohl das Kosten- als auch das Leistungsrisiko eher gering, d.h. entsprechend einem bestimmten tolerierten Niveau, wahrgenommen werden. In allen anderen Fällen kommt es hingegen noch nicht zu einer Adoption, wobei sich hier die in Abb. 22 dargestellten Fälle unterscheiden lassen.[185]

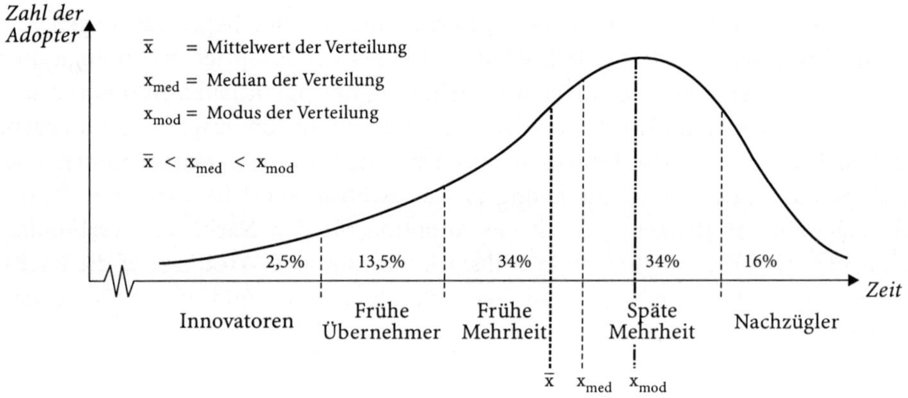

Abb. 20. Erwarteter Verlauf der Adoptionskurve bei technologischen Innovationen

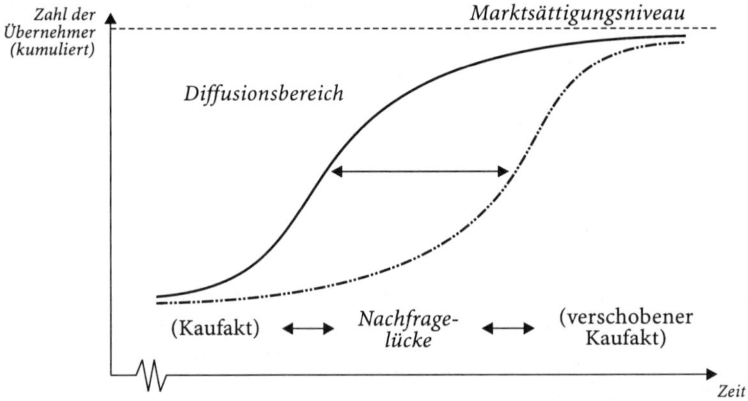

Abb. 21. Auswirkungen der auf Kaufwiderständen beruhenden Nachfragelücke auf den Verlauf des Diffusionsprozesses bei technologischen Innovationen

185 Vgl. zu den nachfolgenden Ausführungen im Detail Weiber/Pohl 1995, S. 419ff.; Pohl 1996, S. 174ff.

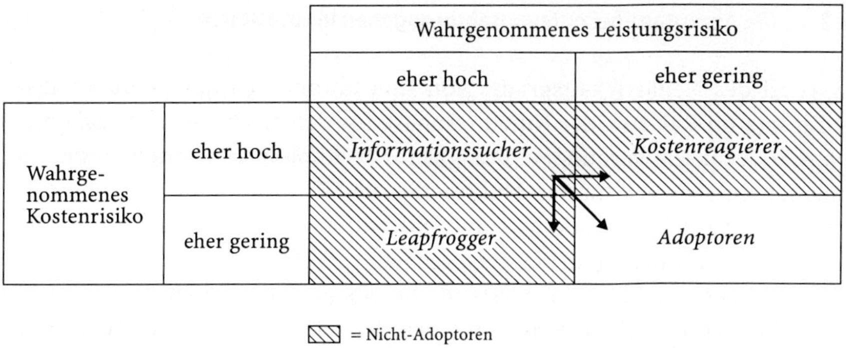

Abb. 22. Adoptoren von Nicht-Adoptoren bei technologischen Innovationen (Quelle: Pohl 1996, S. 175)

Nach der sog. *risikotheoretischen Hypothese* ist davon auszugehen, daß die Informationssuche als zentrale Risikoreduktionsstrategie anzusehen ist.[186] Nachfrager, die sowohl das Kosten- als auch das Leistungsrisiko als eher hoch wahrnehmen, werden deshalb als *Informationssucher* bezeichnet. Demgegenüber werden Personen, die das Leistungsrisiko als akzeptabel betrachten und ihre Adoptionsentscheidung nur aufgrund eines als zu hoch empfundenen Kostenrisikos hinauszögern als *Kostenreagierer* bezeichnet. Gründe einer Kostenreaktion können z.B. in zu hoch empfundenen Wechselkosten, zu hohen Folgekosten oder aber in einem als zu hoch empfundenen Preisniveau liegen. Dabei ist gerade auf Technologiemärkten insbesondere einem Preisreaktionsverhalten hohe Bedeutung beizumessen, da sich dort relativ schnell Preiserosionen einstellen.

Wird hingegen das Kostenrisiko als akzeptabel und nur das Leistungsrisiko als eher hoch wahrgenommen, so besteht bei den Nachfragern eine hohe Unsicherheit bezüglich der Leistungsfähigkeit der technologischen Innovation. Nachfrager, die sich in diesem Fall bewußt gegen die Adoption der gegenwärtig verfügbaren Produktgeneration entscheiden und ihre Kaufentscheidung zugunsten einer in der Zukunft erwarteten verbesserten Produktgeneration verschieben, werden als *Leapfrogger* bezeichnet.[187] Leapfrogger sind damit als potentielle Adoptoren für die gegenwärtig am Markt verfügbaren Produkte verloren. Während bei Kostenreagierern und Leapfroggern eine klare Handlungsabsicht erkennbar und damit quasi eine Zwischenentscheidung im Adoptionsprozeß gefallen ist, sind die Informationssucher noch zu keinem „Zwischenergebnis" gekommen. Sie stellen damit die labilste Nachfragergruppe dar, und bei ihnen sind Wanderungen zu den übrigen Nachfragergruppen zu erwarten.

---

[186] Vgl. hierzu stellvertretend Schmalen 1994, S. 1226 und die dort angegebene Literatur.

[187] Vertiefende Analysen zum Leapfrogging-Verhalten liefern Gierl 1997, S. 1074ff.; Pohl 1996, S. 179ff.; Weiber 1994, S. 340ff.; Weiber/Pohl 1996b, S. 1203ff.

2.4.2 Die Akzeptanz bei nutzungsaktbezogenen Innovationen

Aufgrund des Neuartigkeitsgrades von Innovationen ist deren problembezogener Einsatz im Rahmen der Nutzungsphase für den Nachfrager oftmals mit Verhaltensänderungen verbunden. Das gilt für technologische Innovationen im allgemeinen und speziell für den Multimedia- und Telekommunikationsbereich, der in besonders starkem Maße *Nutzungsinnovationen* hervorbringt.[188] Ist die Nutzung einer Innovation nur bei entsprechender Verhaltensänderung möglich, so können daraus erhebliche Widerstände bereits gegen den Kauf einer Innovation resultieren. Damit stellt sich auch für den Anbieter von *kaufaktbezogenen* Innovationen unmittelbar die Frage nach der Akzeptanz einer Innovation, die auf die Nutzung, d.h. den konkreten Einsatz einer Innovation beim Nachfrager abzielt. Im Rahmen der betriebswirtschaftlich orientierten Akzeptanztheorie kann zwischen absatztheoretischen und organisationstheoretischen Akzeptanzansätzen unterschieden werden.[189]

Bei den *organisationstheoretischen* Akzeptanzansätzen wird die *Nachfragerperspektive* eingenommen und nahezu ausschließlich die Frage diskutiert, wie Unternehmen, die Investitionen in neue Technologien getätigt haben, für diese auch bei den Anwendern in ihren Unternehmen Akzeptanz erzielen können.[190] Die Überlegungen beziehen sich deshalb vor allem auf die Anpassung der potentiellen Anwender in einem Unternehmen an innovative Organisationsprozesse, während Überlegungen zur Gestaltung von Mensch-Maschine-Schnittstellen hinsichtlich einer bestmöglichen Bedienbarkeit (arbeitswissenschaftlicher Ansatz) tendenziell unberücksichtigt bleiben. Vor diesem Hintergrund fokussieren organisationstheoretische Akzeptanzansätze die Akzeptanz der Mitarbeiter und sehen ihre primäre Aufgabe in der Entwicklung innerbetrieblicher Anpassungsprozesse an innovative Technologien, um ein Scheitern von erforderlichen organisatorischen Umstrukturierungen zu verhindern.[191]

Demgegenüber beziehen sich die *absatztheoretischen* Ansätze primär auf Fragen der Beziehung zwischen technologischen Innovationen und dem Nachfrager.[192] Der Begriff „Akzeptanz" wird in diesem Zusammenhang als subjektive Bewertung unterschiedlicher Produktkonzeptionen verstanden.[193] Im Mittelpunkt der Betrachtungen stehen Erklärungsversuche, warum erfolgversprechen-

---

188 Vgl. Weiber/Kollmann 1995, S. 1ff.

189 Vgl. zu einer ausführlichen Diskussion dieser Forschungsrichtungen der Akzeptanztheorie Kollmann 1998, S. 46ff.

190 Vgl. zu den organisatorischen Akzeptanzansätzen stellvertretend Witte 1977, S. 361ff.; Baird 1977, S. 3ff.

191 Vgl. Döhl 1983, S. 112f.; Reichwald 1982, S. 36ff.

192 Vgl. Haseloff 1970, S. 157ff.; Meffert 1976, S. 77ff.

193 Vgl. Stachelsky 1983, S. 47.

de Produkte nicht vom Markt angenommen werden. Der Begriff „Akzeptanz“ wird daher aus absatztheoretischer Sicht als Annahme von Produkten durch den Käufer (Markt) definiert. Aus den Erkenntnissen dieser Annahme, quasi als primäre Zielsetzung absatzwirtschaftlicher Akzeptanzforschung, sollen Konzepte zur Durchsetzung technologischer Nutzungsinnovationen am Markt entwickelt werden.[194]

Durch die in jüngster Zeit immer mehr an Bedeutung gewinnenden *Nutzungsinnovationen* können sich absatzwirtschaftlich orientierte Akzeptanzüberlegungen aber nicht mehr auf die Entwicklung reiner Durchsetzungsstrategien zurückziehen, sondern müssen gerade bei *nutzungsaktbezogenenen Innovationen*, bei denen die Nutzung durch den Nachfrager nicht „erzwungen“ werden kann, bereits im Rahmen der anbieterseitigen Innovationsgenerierung die Frage nach der Erfolgsmessung bzw. -prognose bei den potentiellen Nutzern stellen. Insbesondere bei nutzungsaktbezogenen Innovationen ist es deshalb erforderlich, Überlegungen der Einstellungsforschung,[195] der Adoptionsforschung[196] und der klassischen Akzeptanzforschung[197] zu integrieren, um auf diese Weise Akzeptanzüberlegungen frühzeitig im anbieterseitigen Prozeß der Innovationsgenerierung zu berücksichtigen. Ein entsprechender Ansatz wurde von *Kollmann* entwickelt, der im folgenden einer genaueren Betrachtung unterzogen wird.[198] Nach *Kollmann* ist die Akzeptanz als ein dynamisches Phänomen zu verstehen, bei dem sich die (abschließende) Akzeptanz einer Nutzungsinnovation erst im Zeitablauf aufbaut. Sie entwickelt sich von der Bildung einer positiven Einstellung (vor Kauf/vor Nutzung) über den Kauf (vor Nutzung) bis hin zum problemorientierten Einsatz in der konkreten Anwendungssituation.

Vor diesem Hintergrund wird die Akzeptanz bei Nutzungsinnovationen wie folgt definiert:[199]

---

[194] Vgl. Reichwald 1978, S. 27.

[195] Die *Einstellungsforschung* befaßt sich mit der inneren Haltung gegenüber einem Objekt oder Tatbestand mit Hilfe einer affektiven, kognitiven und konativen Komponente und geht somit nicht über eine Handlungsbereitschaft hinaus. Die Betonung liegt beim Einstellungskonstrukt lediglich auf der Absicht zu einer Verhaltenstendenz, wodurch jedoch noch kein tatsächliches Verhalten erfaßt wird. Vgl. stellvertretend Kroeber-Riel/Weinberg 1996, S. 169 ff.

[196] Die *Adoptionsforschung* fokussiert den Kaufakt, d.h. den Zeitpunkt der Übernahme eines Produktes, befaßt sich jedoch nicht mit der anschließenden Nutzungsphase, wodurch die modelltheoretischen Überlegungen nicht über die *Handlung des Kaufs* hinausgehen.

[197] Die *klassische Akzeptanzforschung* hat die *Nutzungsebene* fokussiert, dabei aber die Einstellungsebene (Phase vor Kauf) und Handlungsebene (Kaufphase) weitgehend vernachlässigt.

[198] Vgl. Kollmann 1998, S. 91ff.

[199] Vgl. Kollmann 1998, S. 61ff.

Definition 4. Akzeptanz, Akzeptanzprozeß und Akzeptierer
Unter *Akzeptanz* wird bei *Nutzungsinnovationen* die Verknüpfung einer positiven Erwartungsbildung (Einstellungsebene), einer Adoption der Nutzungsinnovation (Handlungsebene) und einer freiwilligen problemorientierten Nutzung (Nutzungsebene) bis zum Ende des gesamten Nutzungsprozesses (Nutzungsinnovation wird vom Markt genommen) verstanden. Entsprechend umschließt die Akzeptanzbetrachtung die Zeitpunkte vor und nach dem Kauf bzw. der Übernahme, so daß die Kombination von Kauf- und Nutzungsprozeß bei Nutzungsinnovationen als *Akzeptanzprozeß* bezeichnet wird. Ein Nachfrager, der sich zur Übernahme und zum konkreten Einsatz einer Nutzungsinnovation entschieden hat, wird als *Akzeptierer* bezeichnet. Demgegenüber handelt es sich bei einem Nachfrager, der die Nutzung einer technologischen Innovation in Erwägung zieht, aber noch keine endgültige Nutzungsentscheidung getroffen hat, um einen *potentiellen Akzeptierer.*

2.4.2.1 Analyse des Akzeptanzprozesses bei Nutzungsinnovationen

Entsprechend dem erweiterten Akzeptanzverständnis bei Nutzungsinnovationen steht bei der Analyse des Akzeptanzprozesses die Frage im Vordergrund, wie der individuelle Kauf- und Nutzungsentscheidungsprozeß bei Nutzungsinnovationen beschrieben werden kann, durch welche Phasen er sich charakterisieren läßt und wie eine frühzeitige Prognose insbesondere im Hinblick auf die Nutzungsphase ermöglicht wird.

Der Akzeptanzprozeß läßt sich analog zum Adoptionsprozeß durch verschiedene Stadien bzw. Phasen kennzeichnen, die ein potentieller Akzeptierer meist durchläuft, bis er zur eigentlichen Nutzung der Innovation gelangt. Im Hinblick auf das Akzeptanzverhalten der Nachfrager bei technologischen Nutzungsinnovationen läßt sich der Akzeptanzprozeß durch das in Abb. 23 dargestellte Phasenschema visualisieren.

Zur Abbildung des Akzeptanzprozesses bei Nutzungsinnovationen wird die Phase der Adoption um die Phasen der Einsatzbestimmung und der Nutzung erweitert. Während in der Phase „*Einsatzbestimmung*" die konkrete problembezogene Anwendungssituation (Nutzungsumfeld) abschließend durch den Nachfrager vorab spezifiziert wird, wird in der Phase „*Nutzung*" die übernommene und einsatzbereite Nutzungsinnovation kontinuierlich in konkreten Anwendungssituationen problemorientiert eingesetzt (genutzt). Dabei darf jedoch die Nutzung nicht mit der Bestätigung der Adoption verwechselt werden. Die Bestätigungsphase im Sinne der Adoptionstheorie bezieht sich nämlich auf die abschließende Bewertung nach der Implementierung, d.h., es wird die endgültige Einsatzfähigkeit der Innovation analysiert und *nicht* die tatsächliche Nutzung betrachtet.

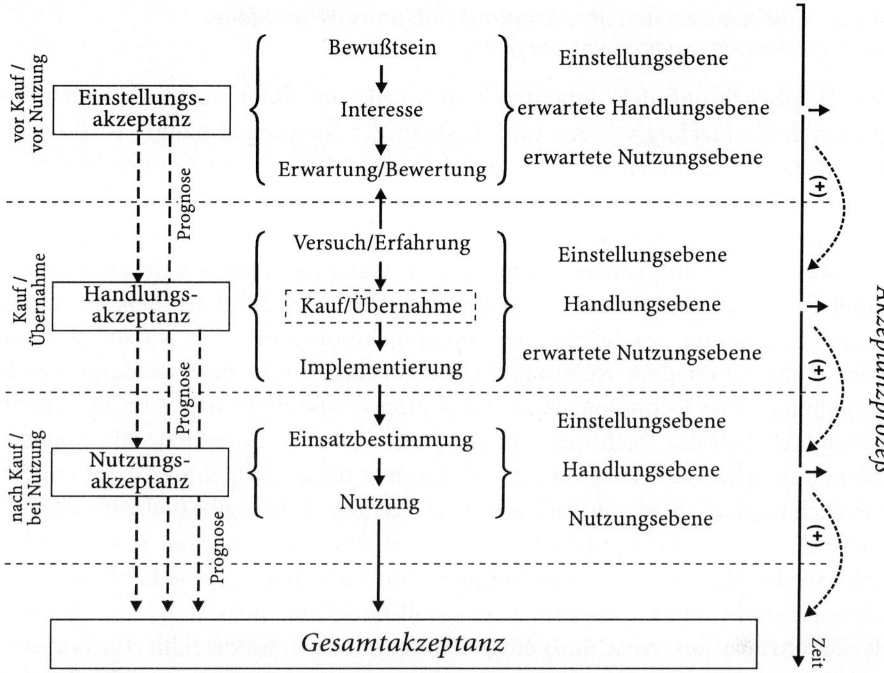

Abb. 23. Phasenschema des Akzeptanzprozesses bei Nutzungsinnovationen (Quelle: Kollmann 1998, S. 108)

Mit der Bestätigung werden die Einflußfaktoren der eigentlichen Kauf- bzw. Übernahmeentscheidung rekursiv bewertet und eventuelle kognitive Dissonanzen abgebaut. Es kommen bei dieser nachträglichen Bewertung jedoch nur Nutzungserfahrungen hinsichtlich der originären Produkteigenschaften und nicht Erfahrungseigenschaften hinsichtlich des individuellen Nutzungseinsatzes zum Tragen. Dies bedeutet, daß anhand der Nutzungserfahrungen die Produkteigenschaften als eine Bestätigung der zurückliegenden Kaufentscheidung bewertet werden. Damit erfolgt jedoch keine Bestätigung im Sinne einer Bewertung der Nutzungsbedingungen in neuen Nutzungssituationen unter Berücksichtigung des tatsächlichen Innovationseinsatzes. Mit der Implementierungs- und Bestätigungsphase wird daher lediglich der Beginn der Nutzungsphase angedeutet, diese aber nicht explizit in den Adoptionsprozeß integriert. Der Betrachtungsfokus der Bestätigungsphase im Sinne des Akzeptanzprozesses liegt demnach eindeutig auf der Bestärkung der zurückliegenden Kauf- bzw. Übernahmeentscheidung und nicht auf dem hiervon unabhängigen Element einer eigenständigen Beurteilung der durch Nutzungsakte festgestellten Eigenschaften der Nutzungsinnovation.

2.4.2.2 Besonderheiten der Akzeptanz nutzungsaktbezogener Technologieinnovationen

Eine Nichtbeachtung der Nutzungsebene würde bei Nutzungsinnovationen, bei denen der Markterfolg von Art und Ausmaß der Nutzung abhängig ist (idealtypisch als kontinuierlicher Einsatz), zu erheblichen Fehleinschätzungen bezüglich der Erfolgsprognose führen. Da im Falle von Nutzungsinnovationen der Markterfolg im wesentlichen idealtypisch durch die kontinuierliche Nutzung determiniert ist, muß für die genaue Akzeptanzerfassung der prozessuale Zusammenschluß der Kauf- und Nutzungsentscheidung berücksichtigt werden. So ist die Hauptdeterminante des Erfolgs bei Nutzungsinnovationen im Nutzungsakt zu sehen, wobei unter dem Nutzungsakt die kontinuierliche bzw. wiederkehrende Verwendung einer technologischen Innovation verstanden wird.[200] Im Extremfall ist eine Mehrheit der Nachfrager an ein Telekommunikations- bzw. Multimedia-System angeschlossen, aber nur eine Minderheit dieser Teilnehmer nutzt das System auch tatsächlich, woraus sich eine sog. *Nutzungslücke* ergibt (vgl. Abb. 24).[201]

Die Nutzungslücke repräsentiert dabei die Differenz zwischen Ist- und Soll-Funktion der Nutzer von technologischen Innovationen. Dies bedeutet, daß bei Nutzungsinnovationen hinsichtlich der Soll-Funktion nicht (nur) der Verkauf oder die Installation (Anschluß) einen Erfolg induziert, sondern hierfür erst eine anschließende Nutzung gewährleistet sein muß. Kommt es innerhalb der Ist-Funktion nicht zu einer Nutzung durch alle Adoptoren, so entsteht eine „Lücke" zwischen erwarteten monetären Rückflüssen (Soll) und dem tatsächlichen Er-

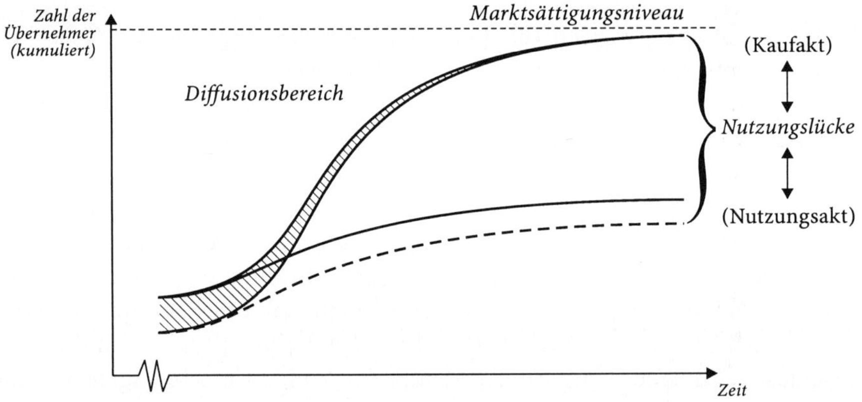

Abb. 24. Entstehung der auf Nutzungswiderständen beruhenden Nutzungslücke im Verlauf des Diffusionsprozesses (Quelle: Kollmann 1998, S. 15)

[200] Vgl. zum Nutzungsakt auch Späth 1995, S. 13ff.; Weiber 1992, S. 80f. und 136f.

[201] Vgl. zur Nutzungslücke insbesondere Kollmann 1998, S. 14f.

gebnis (Ist). Damit tritt der *Nutzungswiderstandeffekt* (Nutzungslücke) zu der Problematik des *Kaufwiderstandseffektes* (Nachfragelücke) hinzu, der bereits vor der Nutzungsentscheidung zum Tragen kommt (vgl. Abb. 21).

Die aus den technologie- und marktbezogenen Charakteristika von technologischen Nutzungsinnovationen resultierenden Beurteilungsschwierigkeiten der Nachfrager führen zu einer starken Beeinträchtigung des Kaufentscheidungs- und Nutzungsprozesses. Die hohe Unsicherheit seitens der Nachfrager schlägt sich bei nutzungsaktbezogenen Technologieinnovationen insbesondere in hohen *Nutzungswiderständen* nieder, die alle Faktoren umfassen, welche sich hemmend auf die konkrete problembezogene Nutzung einer technologischen Innovation auswirken.[202] Hierzu gehören beispielsweise schlechte Bedienungsbedingungen, mangelnde Fehlerdokumentation oder mangelnde Flexibilität des Systems. Den Nutzungswiderständen zugehörig, aber als vorgelagert zu interpretieren, kann die Problematik der Installation von Nutzungssystemen als weiterer Aspekt der nutzungsorientierten Vermarktungsproblematik angeführt werden. Zusammenfassend beziehen sich die Nutzungswiderstände auf den Anwender, die Nutzungssituation und das zu bearbeitende Problem (vgl. Abb. 25).

Nutzungswiderstände sind kennzeichnend für die Einführung technologischer Nutzungsinnovationen und erfordern daher eine zweidimensionale Anspruchshaltung an das Management. Diese Zweidimensionalität der Managementbetrachtung resultiert aus der gleichzeitigen Berücksichtigung von Kauf- und Nutzungswiderständen. Kaufwiderstände wirken hierbei auf den Kaufakt, während Nutzungswiderstände (einschließlich der Installationsproblematik) den Nutzungsakt, d.h. die Entscheidung zur konkreten problemorientierten Verwendung einer Nutzungsinnovation beeinflussen. Dabei ist eine Verschiebung der relevanten Bedeutung zwischen den Typen von Nachfragewiderständen zu beobachten. Vor dem Kauf bzw. der Übernahme einer Nutzungsinnovation dominieren die Kaufwiderstände, während nach diesem Zeitpunkt ein „trade-off" stattfindet und die Nutzungswiderstände eine dominierende Rolle einnehmen (vgl. Abb. 25).[203]

Bei einer Gesamtbetrachtung der Vermarktungsprobleme bei bzw. von Nutzungsinnovationen wird deutlich, daß sowohl eine Akzeptanzbetrachtung als auch Aktivitäten des Innovationsmanagements nicht mit dem Verkauf eines innovativen Produktes enden dürfen, sondern vielmehr auch die Nutzungsebene einschließen und damit kontinuierlich stattfinden müssen. Dies beinhaltet auch und gerade für Nutzungsinnovationen die Notwendigkeit einer frühzeitigen Akzeptanzorientierung, bei der über eine Erfassung der Nutzungsebene in Zukunft

[202] Vgl. zu einer ausführlichen Diskussion von Nutzungswiderständen Weiber 1992, S. 84ff. Darüber hinaus sind bei Nutzungsinnovationen auch *Kaufwiderstände* von Bedeutung, die bereits in Abschnitt 2.4.1.2 eingehend diskutiert wurden.

[203] Vgl. zu den Bezugspunkten der in Abb. 25 aufgeführten Kaufwiderstände die Ausführungen in Abschnitt 2.4.1.2 und Tabelle 7 als Referenzpunkt.

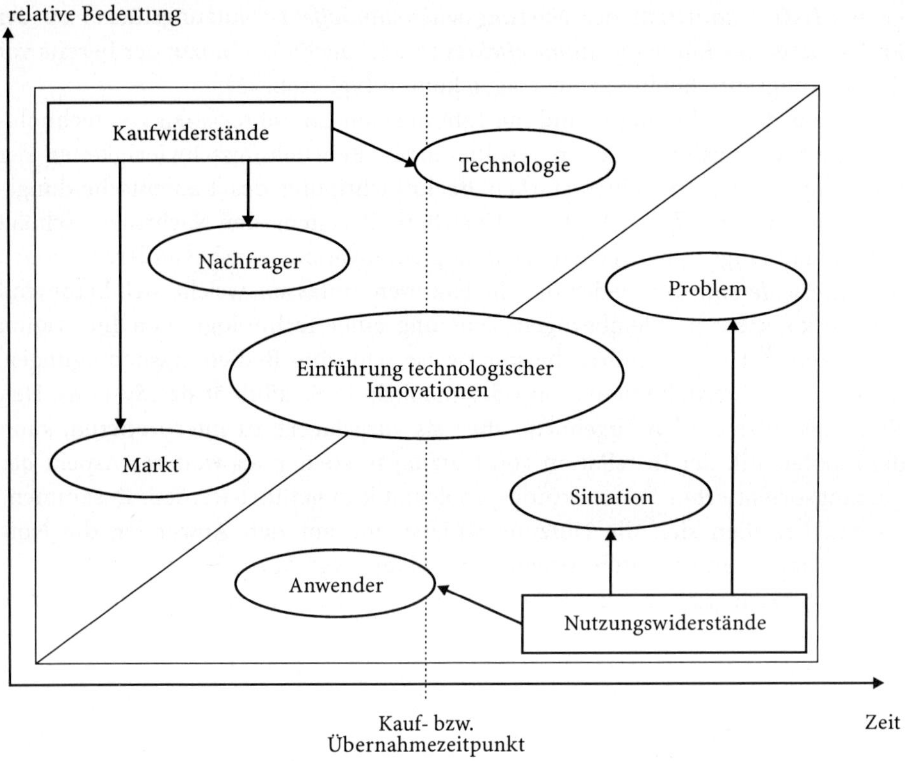

Abb. 25. Vermarktungsbesonderheiten technologischer Nutzungsinnovationen

die Gefahr reduziert werden kann, „daß aus hundert Ideen letztlich zwei bis drei erfolgreiche Produkte entstehen."[204]

2.4.3 Die Diffusion von technologischen Innovationen

Die Fragen nach der Adoption und der Akzeptanz einer technologischen Innovation werden zunächst auf Individualniveau gestellt, d.h. im Hinblick auf den einzelnen Nachfrager. Für den Markterfolg technologischer Innovationen ist aber entscheidend, daß einerseits möglichst viele Nachfrager adoptieren bzw. akzeptieren und andererseits, daß dies relativ schnell geschieht. Mit welcher Geschwindigkeit sich eine technologische Innovation am Markt ausbreitet wird von der *Diffusionstheorie* analysiert. Im folgenden werden deshalb zunächst die Grundüberlegungen der Diffusionstheorie dargestellt und anschließend die Grundmodelle der Diffusionsmodellierung aufgezeigt.

---

[204] Hofmeister 1981, S. 101.

2.4.3.1 Die zeitliche Marktausbreitung technologischer Innovationen

Der zeitliche Ausbreitungsverlauf einer Innovation am Markt begründet sich aus der Tatsache, daß die Entscheidung zur Adoption einer Innovation nicht bei allen Nachfragern zum selben Zeitpunkt fällt, sondern vielmehr diese Entscheidungen über die Zeit verteilt getroffen werden. Diese über die individuellen Adoptionsentscheidungen aggregierte Betrachtungsweise wird auch als *Diffusion* bezeichnet. Die Diffusion ist allgemein „the process by which an innovation is communicated through certain channels over time among the members of a social system."[205] Im Sinne der Diffusionstheorie werden Märkte als soziale Systeme verstanden und die Nachfrager als Mitglieder des sozialen Systems „Markt" interpretiert. Für Diffusionsüberlegungen ist es deshalb erforderlich, zunächst einmal das Potential eines Marktes zu bestimmen, d.h. die *Anzahl* der Nachfrager in einem Markt, die eine technologische Innovation irgendwann kaufen werden. Das *Marktpotential* im Sinne der Diffusionstheorie, das auch als Marktsättigungsniveau (M) bezeichnet wird, bezieht sich dabei nicht auf alle Mitglieder eines Marktes (z.B. einer Branche, eines Landes), sondern nur auf diejenigen Nachfrager, von denen man glaubt, daß sie mit *Sicherheit* die technologische Innovation kaufen werden, *unabhängig* davon zu welchem Zeitpunkt dies geschieht. Die Diffusionstheorie zerlegt damit den relevanten Gesamtmarkt in zwei Bereiche: den tangierten und den nicht tangierten Marktbereich. Während der *nicht tangierte Marktbereich* die Anzahl der Nachfrager umfaßt, die kein Interesse an einer technologischen Innovation besitzen und diese auch *nicht* kaufen werden, bildet sich der *tangierte Marktbereich* aus der Summe der tatsächlichen Käufer, die gleichzeitig dem Marktsättigungsniveau (M) entspricht (vgl. Abb. 26).

Ist das Marktpotential aufgrund sachlogischer Überlegungen und vor dem Hintergrund der Marktkenntnis festgelegt, so ist im zweiten Schritt die Kaufwahrscheinlichkeit (g_t) zu bestimmen, mit der diejenigen Nachfrager, die bisher noch nicht gekauft haben, in der kommenden Periode adoptieren werden. Entsprechend dieser (konstanten) Kaufwahrscheinlichkeit, die auch als *Adoptionswahrscheinlichkeit* oder *Diffusionskoeffizient* bezeichnet wird und die Diffusionsgeschwindigkeit bestimmt, wird das Marktpotential (M) von Periode zu Periode „abgebaut", bis alle das Marktpotential bildenden Nachfrager zu Adoptoren geworden sind. Die Kaufwahrscheinlichkeit bezieht sich dabei in jeder Periode auf die sog. *Bedarfslücke*, die sich aus der Differenz zwischen Marktpotential (M) und der Summe der Personen, die bis zu der betrachteten Periode bereits adoptiert haben (X_{t-1}), ergibt. Je größer die Kaufwahrscheinlichkeit (g_t) angenommen wird, desto schneller kann die Bedarfslücke von Periode zu Periode verkleinert werden und desto schneller breitet sich folglich die Diffusion am Markt aus.

---

[205] Rogers 1983, S. 5.

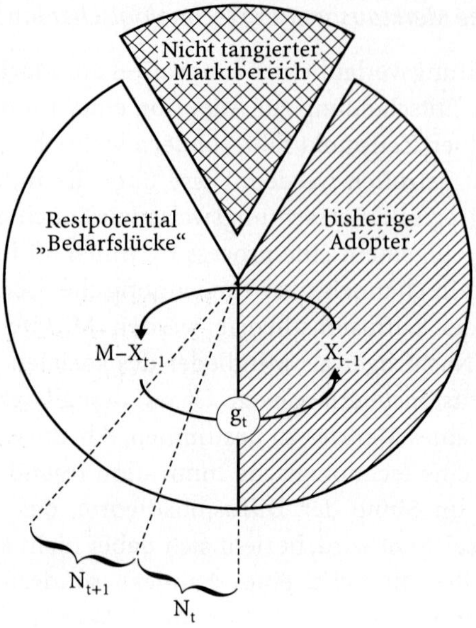

Abb. 26. Marktpotential, Bedarfslücke und Übernahmewahrscheinlichkeit in der Diffusionstheorie (in Anlehnung an: Schmalen/Binninger 1994, S. 6.)

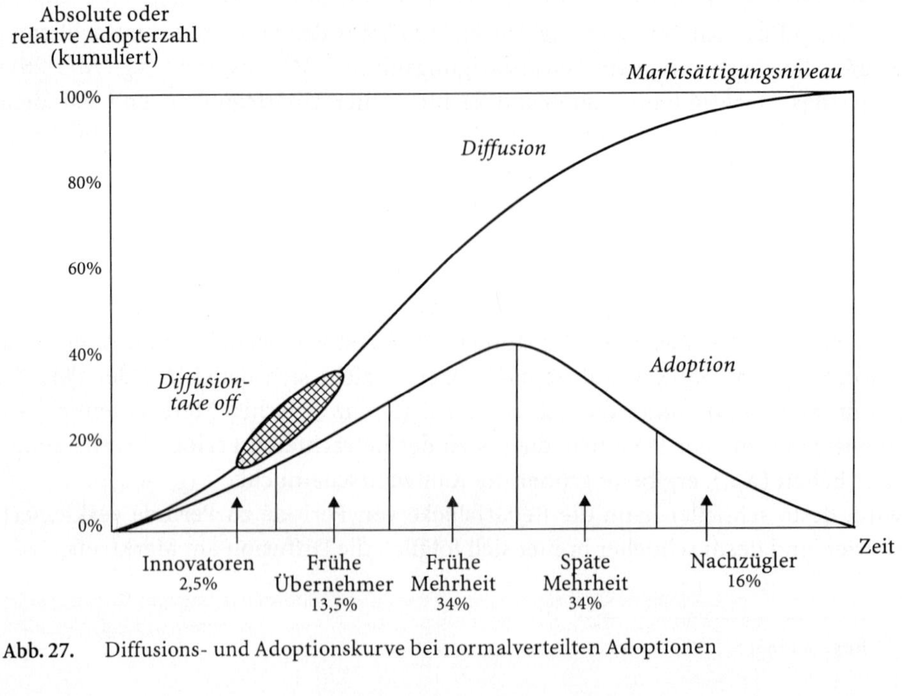

Abb. 27. Diffusions- und Adoptionskurve bei normalverteilten Adoptionen

Der Diffusionsverlauf stellt somit eine zeitraumbezogene Aggregation der (individuellen) Adoptionsvorgänge dar. Während die sog. *Adoptionskurve* die Häufigkeiten widerspiegelt, mit denen Adoptionen im Zeitablauf erfolgen, zeigt die sog. *Diffusionskurve* die kumulative Entwicklung der Adoptionsvorgänge auf, die idealtypisch der Verteilungsfunktion der Normalverteilung entspricht und einen s-förmigen Funktionsverlauf aufweist.[206] Die Zusammenhänge sind in Abb. 27 graphisch verdeutlicht.[207]

Hinsichtlich der Bestimmungsfaktoren der Marktausbreitung technologischer Innovationen analysiert die Adoptionsforschung den individuellen Adoptionsprozeß und somit *intra*personale Ausbreitungsfaktoren. Demgegenüber liegt der Betrachtungsfokus der Diffusionsanalyse auf *inter*personalen Ausbreitungsfaktoren, wobei der Kommunikation zwischen den Mitgliedern eines sozialen Systems herausragende Bedeutung beigemessen wird.[208]

2.4.3.2 Modellierung des Diffusionsverlaufs bei technologischen Innovationen

Die mathematische Erfassung der zeitlichen Ausbreitung einer Innovation am Markt (Diffusion) erfolgt über sog. *Diffusionsmodelle*, deren Grundüberlegungen sich auf wahrscheinlichkeitstheoretische Betrachtungen im Zusammenhang mit der zeitlichen Verteilung der Erstkäufer zurückführen lassen. Bei einer periodenbezogenen Differenzenbetrachtung wird der Gesamtzeitraum der Marktausbreitung in diskrete Zeitpunkte bzw. disjunkte Zeitintervalle aufgeteilt.[209] In einer bestimmten Periode t errechnet sich die Zahl der Adoptoren (N_t) entsprechend den Überlegungen im vorangegangenen Abschnitt wie folgt:

(1) $N_t = g_t \cdot (M - X_{t-1})$

mit:

N_t = Adoptionen (Erstkäufe) in Periode t

g_t = konstante Adoptionswahrscheinlichkeit; $0 < g_t < 1$

M = konstantes Marktpotential (Marktsättigungsniveau)

X_{t-1} = kumulierte Adoptionen bis zur Periode $t - 1$

$M - X_{t-1}$ = Bedarfslücke

206 In der Literatur hat sich die Konvention herausgebildet, daß beide in Abb. 27 dargestellten Funktionsverläufe als Diffusionskurve bezeichnet werden. Vor dem Hintergrund einer eindeutigen Kennzeichnung beider Darstellungen wird hier jedoch in Adoptions- und Diffusionskurve unterschieden. Es ist aber zu beachten, daß der als Adoptionsfunktion bezeichnete Kurvenverlauf nicht mit dem Verlauf des individuellen Adotpionsprozesses verwechselt werden darf.

207 Vgl. zur Adoptionskurve auch Abb. 19.

208 Adoptions- und Diffusionstheorie weisen somit eine enge Verzahnung auf, weshalb in der Literatur beide Theoriebereiche in ihrer Gesamtheit auch häufig nur als Diffusionstheorie bezeichnet werden.

209 Statt einer Differenzenbetrachtung können aber auch kontinuierliche (stetige) Diffusionsverläufe aufgrund wahrscheinlichkeitstheoretischer Überlegungen modelliert werden. Vgl. hierzu zusammenfassend Weiber 1992, S. 144ff.

Die Wertigkeit der Adoptionswahrscheinlichkeit (des Diffusionskoeffizienten) ist von den speziellen Charakteristika des Diffusionsprozesses abhängig und wird z.B. durch die Art der betrachteten Innovation, den gegebenen Kommunikationsbeziehungen und den Kennzeichen des betrachteten Marktes (soziales System) beeinflußt. Wird Gleichung (1) nach der Adoptionswahrscheinlichkeit aufgelöst, so entspricht der Ausdruck

(2) $g_t = N_t \div (M - X_{t-1})$

der *Diffusionsgeschwindigkeit.* Der Kern der Diffusionsmodellierung kann auf die Konkretisierung des Diffusionskoeffizienten g_t zurückgeführt werden. Üblicherweise wird dabei g_t als Funktion der bisherigen Adopter aufgefaßt und allgemein gilt:

(3) $g_t = a + b \cdot X_{t-1}$

Zur sachlogischen Erklärung des Diffusionsverlaufs wird vor allem der Kommunikationsaspekt herausgestellt, wobei eine Unterscheidung nach Massenkommunikation und persönlicher Kommunikation erfolgt. Die Wirkung der Kommunikation auf die Übernahme einer technologischen Innovation kommt in den Koeffizienten a und b zum Ausdruck. Dabei spiegelt a die Wirkung der *Massenkommunikation* wider, die unbeeinflußt ist von der persönlichen Kommunikation zwischen den Marktteilnehmern. Demgegenüber werden durch $(b \cdot X_{t-1})$ die in einer Periode „erfolgreichen" *persönlichen Kommunikationbeziehungen* zwischen den Nachfragern bestimmt. Die Größe b repräsentiert dabei den Anteil der bisherigen Käufer, die in einer bestimmten Periode mit Erfolg die Noch-Nichtkäufer von einer Adoption überzeugen können. Wird Gleichung (3) in (1) eingesetzt, so ergibt sich das sog. *semilogistische Diffusionsmodell.*[210]

Definition: Semilogistisches Diffusionsmodell
$N_t = a \cdot (M - X_{t-1}) + b \cdot X_{t-1} \cdot (M - X_{t-1})$

Die Diffusionsgeschwindigkeit wird im semilogistischen Modell durch extern und intern wirkende Einflußgrößen bestimmt, deren Stärke sowie Wirkungsintensität sich in den Koeffizienten a und b niederschlägt:

Der Parameter a spiegelt die Stärke *externer* Adoptionsanreize wider, die von außen auf den betrachteten Markt einwirken. Die durch a getriebene Diffuionsgeschwindigkeit ist unabhängig von der Marktentwicklung selbst und nur durch externe Einflüsse hervorgerufen. Als primäre Einflußgröße wird hierfür meist die *unpersönliche Kommunikation* bzw. *Massenkommunikation* herausgestellt, die

[210] Das semilogistische Diffusionsmodell kann als allgemeines Grundmodell der Diffusionsforschung angesehen werden, da es für $a = 0$ das *logistische* und für $b = 0$ das *exponentielle Diffusionsmodell* als Spezialfälle enthält. Vgl. zu diesen Modellen zusammenfassend z.B. Bökker/Gierl 1988, S. 37ff.; Gierl 1987, S.78 ff.; Hesse 1987, S. 8ff.; Mahajan/Peterson 1985, S. 12ff.

dazu führt, daß Adoptionen stattfinden. Da *a* konstant ist, wird unterstellt, daß die Massenkommunikation eine permanente und mit gleichbleibender Intensität wirkende Informationsquelle darstellt. Darüber hinaus können Adoptionsanreize aber auch über Personen in einen Markt hineingetragen werden, die unabhängig vom Verhalten der anderen Marktteilnehmer ihre Adoptionsentscheidung treffen. Ein solches Verhalten wird in der Literatur als innovativ bezeichnet, weshalb der Koeffizient *a* häufig auch als *Innovationskoeffizient* bezeichnet wird. Innovatives Adoptionsverhalten darf jedoch nicht mit der Nachfragergruppe der „Innovatoren" gleichgesetzt werden, die zu Beginn der Markteinführung adoptieren (vgl. Abb. 27), sondern kann während der gesamten Marktentwicklung auftreten.

Demgegenüber spiegelt der Parameter *b* die Stärke solcher Adoptionsanreize wider, die *intern*, d.h. aufgrund der Marktentwicklung hervorgebracht werden. Als primäre Einflußgröße wird hierfür die *persönliche Kommunikation* zwischen den Marktteilnehmern herausgestellt. Die Adoptionsanreize werden dabei von den Käufern auf diejenigen Personen übertragen, die bisher noch nicht adoptiert haben. Da hier die Adoptionen einer Periode durch den Einfluß der bisherigen Käufer determiniert werden, spricht man auch von einem imitativen Adoptionsverhalten und *b* wird häufig auch als *Imitationskoeffizient* bezeichnet.

Aufgrund der gleichzeitigen Wirksamkeit von externen und internen Einflüssen auf den Diffusionsprozeß wird das semilogistische Diffusionsmodell auch als *Mixed-Influence-Modell* bezeichnet.[211] Es wurde bereits 1961 von *Mansfield* untersucht und hat durch die empirischen Arbeiten von *Bass* eine weite Verbreitung in der Diffusionsforschung erfahren.[212] Durch *Bass* wurde das semilogistische Modell einer leichten Modifikation unterzogen, indem er unterstellte, daß sich die Imitationsprozesse nicht an der absoluten kumulierten Käuferzahl orientieren, sondern am relativen Marktsättigungsniveau ($X_{t-1} \div M$):

Definition: Diffusionsmodell von *Bass*

$$N_t = a \cdot (M - X_{t-1}) + b \cdot (X_{t-1} \div M) \cdot (M - X_{t-1})$$

In einer ersten empirischen Untersuchung aus dem Jahre 1969 hat *Bass* die Diffusion von Schwarzweiß-Fernsehgeräten untersucht, die in Abb. 28 wiedergegeben ist.[213] Es zeigt sich, daß in der Anfangsphase das innovative Adoptionsverhalten besonders stark ist und im Verlauf der Marktentwicklung immer stärker in den Hintergrund tritt. Im Bereich des imitativen Adoptionsverhalten sowie im Verlauf der gesamten Adoptionskurve ergeben sich der Normalverteilung angenäherte Funktionsverläufe, was den theoretischen Überlegungen der klassischen Diffusionstheorie entspricht.

211 Vgl. Mahajan/Peterson 1985, S. 15ff.

212 Vgl. Mansfield 1961, S. 747; Bass 1969, S. 216 ff.

213 Vgl. Bass 1969, S. 218.

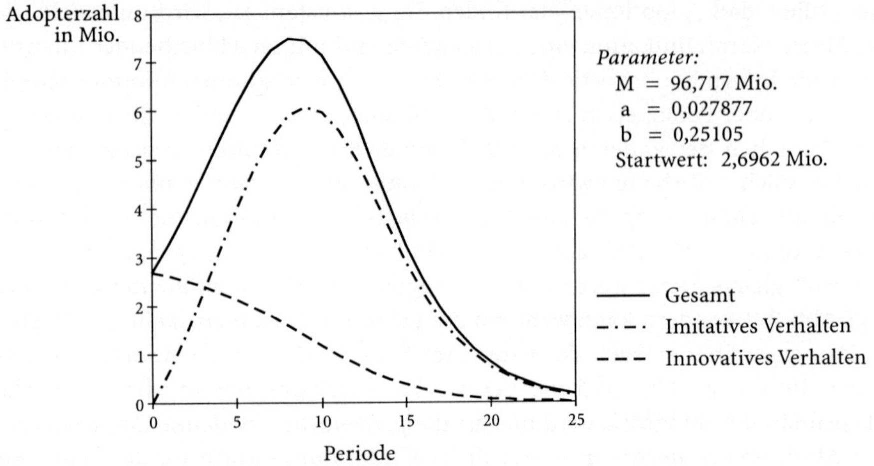

Abb. 28. *Bass*-Modell für Schwarzweiß-Fernsehgeräte

Das relative Marktsättigungsniveau ($X_{t-1} \div M$) wird in der Diffusionsforschung häufig auch als Ausdruck für den Bekannheitsgrad eines Produktes interpretiert. Dabei wird unterstellt, daß der Bekanntheitsgrad eine Funktion der bisherigen Käufer (sog. *Installierte Basis*) darstellt, wobei sich ein steigender Bekanntheitsgrad zunehmend diffusionsfördernd auswirkt.[214] Weiterhin wird davon ausgegangen, daß mit zunehmender Produktverbreitung und damit einem größer werdenden Bekanntheits- bzw. Marktstättigungsgrad, ein steigender *sozialer Kaufdruck* erzeugt wird, der zu einer Erhöhung der Kaufbereitschaft führt (sog. *Bandwagon- bzw. Mitläufer-Effekt*). Der Zusammenhang zwischen Kaufbereitschaft und Marktsättigung bzw. Bekanntheitsgrad wird dabei in der Regel als linear unterstellt.[215]

Im Falle technologischer Innovationen hatten wir jedoch herausgestellt, daß die Adoptionskurve nicht der typischerweise angenommenen Normalverteilung folgt, sondern aufgrund von Nachfragewiderständen eher einen linksschiefen Verlauf aufweist. Dies jedoch bedeutet, daß zwischen sozialem Kaufdruck (Kaufbereitschaft) und Marktsättigungsgrad keine lineare Beziehung besteht, sondern sich der soziale Kaufdruck in Abhängigkeit von der Installierten Basis (relativer Marktsättigungsgrad) insgesamt progressiv entwickelt. Um diesen Zusammenhang formal abzubilden kann der soziale Kaufdruck als Potenz des Marktsättigungsgrades ausgedrückt und wie folgt operationalisiert werden:

---

[214] Vgl. Bass 1969, S. 216ff.; Schmalen 1989, S. 212.

[215] Vgl. Böcker/Gierl 1988, S. 34.; Gierl 1987, S. 38ff.

(4) $SK_t = (X_{t-1} \div M)^{\gamma}$

mit:

SK_t = sozialer Kaufdruck (Kaufbereitschaft) in Periode t

$X_{t-1} \div M$ = relatives Marktsättigungsniveau in Periode t

γ = Verhaltenskonstante; $\gamma > 0$

Die Verhaltenskonstante γ ist ein Maß für den Einfluß, den eine sich vergrößernde Installierte Basis auf den Verlauf des Diffusionsprozesses ausübt. Dabei ist bei technologischen Innovationen zu erwarten, daß $\gamma > 1$ gilt, da für $0 < \gamma < 1$ die Käuferzahl bereits in der Markteinführungsphase einen überproportionalen Anstieg erfahren würde. Das aber würde einer hohen Akzeptanz und einem stark wirkenden sozialen Kaufdruck entsprechen; Nachfragewiderstände wären in diesem Fall ohne Bedeutung. Für $\gamma < 0$ kann der soziale Kaufdruck Werte größer 1 annehmen, was außerhalb des relevanten Betrachtungsintervalls liegt. Zwischen sozialem Kaufdruck und Marktsättigungsgrad ergibt sich damit die in Abb. 29 dargestellte Beziehung.

Die Modellierung des Diffusionsverlaufs kann mit Hilfe der Verhaltenskonstante γ wesentlich besser an die Spezifika der Marktausbreitung von technologischen Innovationen angepaßt werden. So zeigt Abb. 30 für die Untersuchung von *Bass* bei Schwarzweiß-Fernsehern (vgl. Abb. 28) wie über Variation von γ unterschiedlich lang andauernde Marktanlaufphasen modelliert werden können. Da die Parameter eines Diffusionsmodells entweder aufgrund empirischer Untersuchungen aus ähnlich gelagerten Märkten oder aber aufgrund sachlogischer Überlegungen sowie genauer Marktkenntnisse bestimmt werden müssen, kann ein Diffusionsmodell aber nur so gut wie die Marktkenntnisse des Anwenders

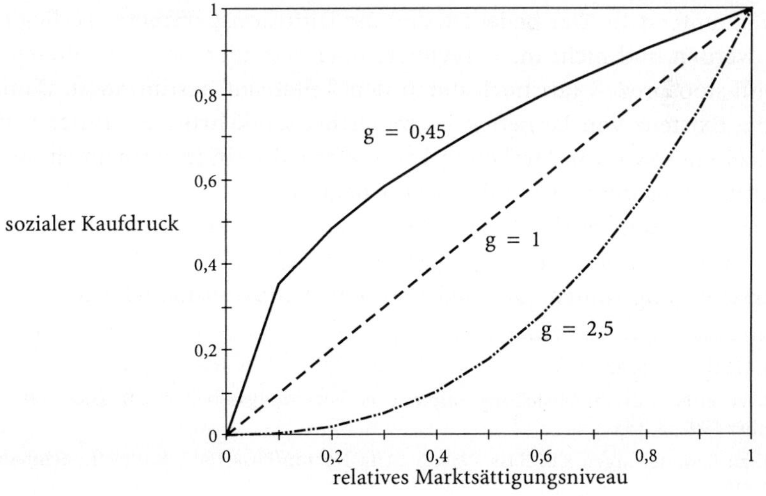

Abb. 29. Sozialer Kaufdruck und Marktsättigungsgrad

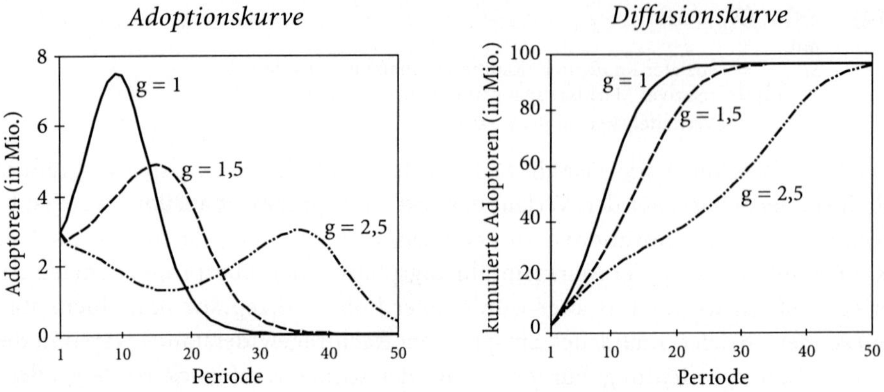

Abb. 30. Adoptions- und Diffusionsverlauf bei unterschiedlichem sozialem Kaufdruck

sein. Allerdings kann ein Diffusionsmodell die Entwicklung von Absatzzahlen generieren und über Variationen der Parameter Sensibilitäten im Markt feststellen.

Das *Bass*-Modell kann aufgrund seiner hohen Flexibilität und der gleichzeitigen Berücksichtigung von innovativem und imitativem Adoptionsverhalten als Standardmodell der Diffusionsforschung bezeichnet werden.[216] Es hat in der Vergangenheit nicht nur in einer Vielzahl von empirischen Studien Verwendung gefunden,[217] sondern auch eine Reihe von Erweiterungen erfahren, die sich z.B. auf die Berücksichtigung des Marketing-Mix-Instrumentariums, die segmentspezifische Variation von Diffusionsverläufen oder die Dynamisierung der Diffusionskoeffizienten beziehen.[218] Gerade durch die als konstant angenommenen Innovations- und Imitationskoeffizienten wird nämlich ein *„mechanistisches Weltbild"* unterstellt. Das bedeutet, daß die Diffusionsparameter zu Beginn festgelegt werden und nicht mehr revidiert oder verändert werden können, womit der Diffusionsprozeß nur noch durch den Zeitablauf bestimmt ist. Damit wird aber die Existenz von Lerneffekten, möglicher Umkehrungen in der Diffusionsentwicklung sowie von Marketing-Parametern, die ein Unternehmen im Verlauf des Diffusionsprozesses verändern kann, negiert.[219]

Abschließend ist noch herauszustellen, daß in Diffusionsmodellen immer nur die „Erstkäufe" betrachtet werden, während mögliche Wiederholungskäufe keine Berücksichtigung finden. Das bedeutet, daß Diffusionsmodelle nur dann dem

216 Vgl. Gierl 1987, S. 82.

217 Vgl. zu einer Zusammenstellung empirischer Forschungsarbeiten z.B. Gierl 1987, S. 82ff.; Weiber 1992, S. 153.

218 Vgl. zu Erweiterungen z.B. Bass 1980, S. 51ff.; Norton/Bass 1987, S.1069 ff.; Schmalen 1989, S. 210ff.

219 Vgl. Weiber 1993, S. 42ff.

Produktlebenszyklus einer technologischen Innovation entsprechen, wenn es sich um langlebige Gebrauchsgüter handelt, bei denen Wiederholungskäufe nicht relevant sind. Darüber hinaus stellen Diffusionsmodelle *Marktmodelle* dar, die von Konkurrenzaktivitäten abstrahieren. Zur Erzielung von Aussagen über mögliche Marktanteile muß das Diffusionsmodell in einem zweiten Schritt um ein *Konkurrenzmodell* ergänzt werden.

2.4.4 Gestaltungselemente des Markteinführungskonzeptes

Bei der Gestaltung von Markteinführungskonzepten müssen die Erkenntnisse über das Nachfragerverhalten bei technologischen Innovationen Berücksichtigung finden, wobei insbesondere der Reduktion der *Nachfragewiderstände* eine herausragende Bedeutung beizumessen ist. Darüber hinaus sind aber auch strategische Überlegungen erforderlich, bei denen Entscheidungen bezüglich des Markteintrittszeitpunktes (wann), des Marktareals (wo) und etwaiger Kooperationen (mit wem) erforderlich sind. Im folgenden konzentrieren sich die Betrachtungen zunächst auf die Frage, wie Nachfragewiderständen entgegengewirkt werden kann, wobei - entsprechend der bisherigen Überlegungen - zwischen Kauf- und Nutzungswiderständen unterschieden wird. Weiterhin steht, wegen ihrer besonderen Bedeutung für Innovationsentscheidungen, die Wahl des Markteintrittszeitpunktes im Vordergrund der Betrachtungen.

2.4.4.1 Ansatzpunkte zum Abbau von Kaufwiderständen

Die Überlegungen zum Adoptionsverhalten bei technologischen Innovationen haben gezeigt, daß gerade in der Phase der Markteinführung von verstärkten Kaufwiderständen auszugehen ist, die aus der hohen nachfragerseitigen Risikowahrnehmung resultieren. Maßnahmen zur Reduktion der Kaufwiderstände können dabei zum einen auf der Ebene der Nachfragergruppen und zum anderen auf der Ebene des einzelnen Vermarktungsprozesses ansetzen:

1) Nachfragergruppenbezogener Widerstandsabbau

Aufgrund der Charakteristika der in Kapitel 2.4.1.2 abgeleiteten Gruppen von Nicht-Adoptoren (vgl. Abb. 22) ist die Zielrichtung geeigneter Risikoreduktionsmaßnahmen relativ eindeutig: Bei *Informationssuchern* ist eine geeignete Kommunikationspolitik zu betreiben, durch die die Vorteilhaftigkeit einer Produktinnovation herausgestellt werden kann, während bei *Kostenreagierern* der Preispolitik eine entscheidende akquisitorische Bedeutung beizumessen ist. Da das Markteinführungskonzept auf die frühe Marktentwicklungsphase und somit auf die Adopterkategorie der Innovatoren abzielt, können die Kostenreagierer in diesem Stadium als Zielgruppe vernachlässigt werden. Herausragende Bedeutung besitzen deshalb in der Markteinführungsphase die *Leapfrogger*. Sie haben sich bereits gegen die Adoption der gegenwärtig verfügbaren Produkte entschieden und sind quasi in einer abwartenden Haltung bezüglich der zur Einführung anstehenden Produktinnovation. Sie sind deshalb mit hoher Wahrscheinlichkeit der Gruppe der Innovatoren zuzurechnen. Mit der Markteinführung der Produktinnovation werden sie zu Informationssuchern für das neue Produkt. Es gilt deshalb vor allem die Informationsdefizite der Leapfrogger – oder allgemein der Innovatoren – abzubauen, was z.B. durch folgende Maßnahmen erreicht werden kann:

- Einsatz neutraler Gutachten zur Vorteilhaftigkeit der Produktinnovation,
- Abbau des Informationsdefizits durch Fachvorträge,
- Qualifizierungsangebote durch z.B. Schulungen,
- Erstellung von Wirtschaftlichkeitsberechnungen,
- Funktionsnachweis durch Simulationsstudien,
- Referenznachweis durch Pilotanwender,
- Demonstration in Kompetenzzentren und
- Bereitstellung von Testinstallationen.

Allerdings sollten Leapfrogger nicht erst zum Zeitpunkt der Markteinführung angesprochen werden, sondern die Akquisition muß bereits im Vorfeld der Markteinführung beginnen. Hierzu ist besonders das Instrument der Preannouncementpolitik geeignet.[220]

Darüber hinaus ist zur gezielten Ansprache der Innovatoren eine Kooperation mit „neutralen Instanzen" im Diffusionsprozeß anzustreben, die dadurch gekennzeichnet sind, daß sie aus Sicht der Adoptoren eine neutrale Stellung einnehmen und von daher als zuverlässige Informationsquelle gelten. Hierzu zählen neben Lead Usern insbesondere Meinungsführer und Diffusionsagenten. Letztere fungieren als Mittler im Diffusionsprozeß. Zu ihnen zählen z.B. wissenschaftliche Institutionen, Technologievermittler, Unternehmensberater und Ingenieurbüros. Demgegenüber sind Meinungsführer solche Personen, die im Rahmen der persönlichen Kommunikation eine besonders einflußreiche Stellung einnehmen und z.B. von anderen um Rat gefragt werden sowie Informationen vermitteln.

2) Widerstandsabbau im konkreten Akquisitionsprozeß

Bei der konkreten Einzelakquisition gilt es, die im nachfragenden Unternehmen existierenden Widerstände abzubauen. Eine grundlegende Differenzierung von Widerständen erlaubt dabei in Anlehnung an *Witte* die Unterscheidung zwischen

---

[220] Vgl. hierzu Preukschat 1993; Weiber 1994, S. 358f.;

Willens- und Fähigkeitsbarrieren.[221] Während sich *Willensbarrieren* „im wesentlichen aus den Beharrungskräften des Status quo erklären",[222] resultieren *Fähigkeitsbarrieren* aus dem Wesen der Innovation: Die Novität von Innovationen stellt „bisher unbekannte Ansprüche im Rahmen des Arbeitsprozesses zur Nutzung des Neuen."[223] Die Überwindung dieser Widerstände kann i.d.R. nicht durch den Anbieter allein bewirkt werden, sondern erfordert die Koalitionsbildung mit Innovationspromotoren im Nachfragerunternehmen. Zur Überwindung der Fähigkeitsbarrieren sind dabei sog. *Fachpromotoren* geeignet, die aufgrund ihres Fachwissens bereit sind, den Kaufprozeß einer Innovation nachhaltig zu fördern. Demgegenüber kann den Willensbarrieren durch sog. *Machtpromotoren* entgegengewirkt werden, die aufgrund ihrer hierarchischen Stellung den Kaufprozeß aktiv und intensiv fördern. Beide Typen von Innovationsförderern im Nachfragerunternehmen sind anbieterseitig durch eine gezielte Kommunikationspolitik zu unterstützen. Während die Kommunikation mit Machtpromotoren Anbieterrepräsentanten der gleichen Hierarchiestufe erfordert, bedarf die Kommunikation mit Fachpromotoren der fachlichen Know-how-Träger im Anbieterunternehmen.

2.4.4.2 Ansatzpunkte zum Abbau von Nutzungswiderständen

Die Überlegungen zum Akzeptanzverhalten bei nutungsaktbezogenen Technologieinnovationen haben gezeigt, daß gerade in der Nutzungsphase von verstärkten Nutzungswiderständen auszugehen ist, die aus den spezifischen Anforderungen der individuellen Nutzungsanforderungen resultieren. Maßnahmen zur Reduktion von Nutzungswiderständen können allgemein aus dem Charakteristikum der Zweidimensionalität der Vermarktung technologischer Nutzungsinnovationen abgeleitet werden. Diese Zweidimensionalität schlägt sich einerseits in der Berücksichtigung des Kaufaktes, d.h. der Entscheidung zur Übernahme einer Innovation und andererseits in der Beachtung des Nutzungsaktes, d.h. der Entscheidung zur konkreten problemorientierten Verwendung einer Nutzungsinnovation, nieder. Der Markterfolg wird daher nicht allein vom Verkauf determiniert („over the desk" – Orientierung), sondern primär durch die anschließende tatsächliche Nutzung durch den Nachfrager bzw. Nutzer impliziert („behind the scene" – Orientierung). Erst mit dem permanenten Einsatz der Nutzungsinnovation ergibt sich ein vom Anbieter beabsichtigtes ökonomisches Gewinnpotential, da gerade die variablen Nutzungskosten den Großteil der Einnahmen der Systemanbieter bestimmen. Im Extremfall ist eine Mehrheit der Nachfrager z.B. an das Telekommunikations- bzw. Multimedia-System angeschlossen, aber nur eine

---

221 Vgl. zu diesem Ansatz und den folgenden Ausführungen Witte 1973, S. 5ff. sowie Fließ 1999.

222 Witte 1973, S. 6.

223 Witte 1973, S. 8.

Minderheit dieser angeschlossenen Teilnehmer nutzt diese Systeme auch tatsächlich, woraus sich erhebliche Fehleinschätzungen bezüglich der Erfolgsmessung und damit auch der Erfolgsprognose ergeben.

Im Ergebnis manifestiert sich ein *akzeptanzorientiertes Innovationsmanagement*, bei dem es zu einer Verbindung der neuralgischen Punkte innerhalb des Akzeptanzprozesses kommt. Erst über einen positiven Durchlauf der Phasen Einstellung, mit einer Abwägung von Vor- und Nachteilen, Handlung (Kauf und Anschluß) und Nutzung, mit einer konkreten problemorientierten Anwendung der übernommenen Nutzungsinnovation, kann eine tatsächliche Gesamtakzeptanz und damit ein Markterfolg erreicht werden. Hierbei sind vom Anbieter in den Phasen Einstellung und Kauf insbesondere die *Kaufwiderstände* zu beachten, welche dazu führen können, daß eine Innovation nicht übernommen wird. In den Phasen Anschluß und (freiwillige) Nutzung stehen dagegen gerade die Nutzungswiderstände im Mittelpunkt der akzeptanzorientierten Betrachtungen.

Anhand der Zweiteilung in Kauf- (Einstellung und Handlung) und Nutzungsakt (Anschluß und Nutzung) können nun zwei relevante Punkte des Management bei technologischen Nutzungsinnovationen identifiziert werden. Zum einen müssen innerhalb der „Überzeugungsphase" die Kaufwiderstände abgebaut werden, welche eine Übernahme des innovativen Nutzungssystems verhindern. Anhand einer empirischen Studie konnte *Kollmann* hier folgende Kernpunkte identifizieren:[224]

- Der Anbieter sollte insbesondere den *„relativen Vorteil"* seiner Nutzungsinnovation gegenüber Konkurrenzangeboten bzw. -technologien herausstellen.
- Der Nachfrager legt Wert auf die Sicherstellung der *„Kompatibilität"* zwischen der Nutzungsinnovation und bereits am Markt befindlicher Systeme, welche entsprechend bei der Innovationsgestaltung Berücksichtigung finden muß.

Innerhalb der „Bestätigungsphase" müssen dagegen insbesondere Nutzungswiderstände abgebaut werden, welche einen Gebrauch des innovativen Nutzungssystems verhindern. Hierzu konnte die empirische Studie von *Kollmann* ebenfalls zwei Kernpunkte herauskristallisieren:

- Der Anbieter sollte insbesondere die *„Nutzungsbereitschaft"* des Systems sicherstellen, d.h. die Nutzungsinnovation sollte flexibel auf sich ändernde Anforderungen des Nachfragers reagieren.
- Ferner muß durch den Anbieter eine hohe *„Nutzungswirksamkeit"* in Form einer leichten Bedienbarkeit des Nutzungssystems sichergestellt werden, damit möglichst ein günstiges Verhältnis zwischen dem Aufwand zum Erlernen des Systems (Steuerungsmechanismus) und dem Ergebnis einer Nutzung (z.B. Informationsübertragung) erreicht wird.

---

[224] Vgl. Kollmann 1998, S. 274ff.

Die Nutzung selbst ist ein hochgradig dynamisches Phänomen, so daß nicht davon auszugehen ist, daß die Ausgangssituation und damit das ursprüngliche Nutzungsniveau über den Zeitverlauf stabil sein wird. Dies bedeutet mit zunehmender Nutzungsdauer eine gesteigerte Anforderung an die Nutzungsinnovation, welche von diesem für eine weiterhin positive Akzeptanz erfüllt werden muß. Diese Flexiblität wird z.B. innerhalb des Software-Bereiches durch einen ständigen Update-Service zu gewährleisten versucht.

2.4.4.3 Timing des Markteintritts

Neben den auf die Widerstände der Innovationsnachfrage abzielenden Überlegungen ist bei der Gestaltung des Markteinführungskonzeptes insbesondere noch die Frage des Markteintrittszeitpunktes von Bedeutung. Dabei ist zu entscheiden, ob die anbietende Unternehmung im Vergleich zu den Wettbewerbern eine Pionier- oder eine Folgerstrategie verfolgen soll. Die Entscheidungsfindung hängt einerseits von dem Risiko ab, zu früh in einen noch nicht aufnahmebereiten Markt einzusteigen bzw. ein noch nicht ausgereiftes Produkt anzubieten und andererseits von den Opportunitätskosten eines zu späten Einstiegs und daraus resultierenden verpaßten Marktchancen.[225]

Grundsätzlich kann nicht gesagt werden, daß entweder die Pionier- oder die Folgerstrategie der jeweils anderen immer überlegen ist. Dies läßt sich auch anhand bekannter Produktinnovationen belegen, von denen ausgewählte in Tabelle 8 zusammengestellt sind. Um eine Entscheidungsfindung hinsichtlich der einzusetzenden Timingstrategie zu erleichern, werden im folgenden die Chancen und Risiken von Pionier- und Folgerstrategien kurz diskutiert.

Pionier ist der Anbieter, der als erster eine technologische Innovation am Markt anbietet. Zahlreiche Studien postulieren die Vorteilhaftigkeit der *Vorreiterrolle* bei der Markteinführung.[226] Als zentrale Chancen werden die tendenziell hohe Anpassungsflexibilität im Hinblick auf technische Neuentwicklungen und die Etablierung der eigenen Problemlösung als Technologiestandard herausgestellt.[227] Allerdings sind mit der Pionierstrategie auch Risiken verbunden, die insbesondere in den relativ hohen Markterschließungskosten und mangelnden Erfahrungswerten im Hinblick auf das Problem der Marktakzeptanz begründet liegen.[228] Weitere Chancen und Risiken der Pionierstrategie sind in Tabelle 9 stichwortartig zusammengefaßt.[229]

---

225 Vgl. zu Opportunitätskosten der Zeit Simon 1989, S. 78.

226 Vgl. z.B. Pfeiffer/Weiß 1990, S. 13ff.

227 Vgl. Wolfrum 1995, S. 257.

228 Vgl. Zahn 1986, S. 46ff.

229 Vgl. z.B. Perillieux 1987, S. 124f.

Tabelle 8. Beispiele prominenter Führer- und Folgerinnovationen (in Anlehnung an Perillieux 1995, S. 271)

	Pionier	*Folger*
Erfolgreich	• Minolta (Autofokus-Kleinbildkamera) • Pilkington (Floatglas) • Sony (Compact Disc) • Searle (Nutrasweet Süßstoff) • Dupont (Teflon) • Procter & Ganble (Pampers)	• IBM (Personal Computer) • Intel (32 Bit-Mikroprozessor) • Seiko (Quarzuhren) • Matsushita (Videorecorder)
Erfolglos	• PC Cola (Diät Cola) • Philips (Videorecorder) • EMI (Computer Tomographie) • Bowmar (Taschenrechner) • Xerox (Personal Computer) • De Havilland (Comet-Düsenflugzeug)	• Kodac (Sofortbildfotografie) • Northrup (F 20) • DEC (Personal Computer) • Hoechst (Rekombiniertes Humaninsulin)

Tabelle 9. Chancen und Risiken einer Pionierstrategie

Chancen	*Risiken*
Zeitlich befristete Chancen • Hohe Anpassungsflexibilität bezüglich technischer Neuentwicklungen • Frühzeitiger Erwerb von Marktkenntnissen • Frühzeitiger Aufbau von Marktpositionen • Positionierung nach eigenen Vorstellungen • Vorerst kein Preiswettbewerb • Besseres Problemverständnis durch Pioniererfahrung • Aufbau von Markteintrittsbarrieren	Risiken mit kurzfristiger Wirkung • Hohe Kosten der Markterschließung • Nutzen der Markterschließung kann auch Folgern zugute kommen • Möglichkeit der Fehlinvestition • Risiko der richtigen Bedarfseinschätzung • Risiko einer zögernden Marktaufnahme • Risiko der Nutzungswiderstände
Längerfristige Pioniervorteile • Etablierung der eigenen Problemlösung als Technologiestandard • Aufbau von Beziehungen zu Abnehmern • Imagegewinn • Vorsprung auf der Erfahrungskurve • Zusätzlicher Gewinn aus Patenten und Lizenzen	Risiken mit langfristiger Wirkung • Gefahr der „falschen" Zielgruppenwahl • Imagenachteile bei unausgereifter Innovation • Risiko technologischer Diskontinuitäten • Angreifbarkeit durch Produktverbesserungen oder durch Prozeßinnovationen • Risiko fehlender Ressourcen

Die Beispiele in Tabelle 8 belegen, daß nicht nur Pionier-, sondern auch Folgerstrategien erfolgreich sein können. Bei der *Folgerstrategie* wird nochmals zwischen dem frühen und dem späten Folger unterschieden.[230] Frühe Folger sind

[230] Vgl. Remmerbach 1988, S. 54ff.

Tabelle 10. Chancen und Risiken einer „Frühen-Folger"-Strategie

Chancen	*Risiken*
• Insgesamt geringeres Risiko als beim Pionier • Erfahrungen über Marktentwicklung liegen vor • Möglichkeit der Etablierung eines eigenen Standards • Möglichkeit der Übernahme der Marktführerschaft • Lebenszyklus des Marktes steht noch am Anfang	• Markteintrittsbarrieren des Pioniers müssen erst überwunden werden • Strategieausrichtung am Pionier erforderlich • Notwendigkeit eines eigenen Wettbewerbsvorteils • Schnelle Reaktion erforderlich • Mit dem Markteintritt weiterer Konkurrenten muß gerechnet werden

Anbieter, die kurze Zeit nach dem Pionier mit einer eigenen Problemlösung am Markt erscheinen. Späte Folger sind demgegenüber Anbieter, die erst relativ spät in den Markt eintreten, wenn sich bereits Standards am Markt etabliert haben.

Im Technologiebereich kann jedoch davon ausgegangen werden, daß die größten Erfolgspotentiale in der Frühen-Folger-Strategie begründet liegen, da aufgrund der Schnellebigkeit von Technologiemärkten die Späte-Folger-Strategie nur noch wenige gewinnbringende Möglichkeiten eröffnet. Demgegenüber tritt ein Früher Folger bereits relativ kurze Zeit nach dem Pionier auf den Markt, so daß ein Großteil des Marktpotentials noch nicht ausgeschöpft ist. Tabelle 10 faßt die Chancen und Risiken der Frühen Folger-Strategie zusammen.

Die bisherigen Überlegungen machen deutlich, daß die Entscheidung über das Timing des Markteintritts situationsspezifisch erfolgen muß.[231] Insbesondere sind Kriterien wie Synergien, Produktcharakteristika und die Marktentwicklung zu berücksichtigen.[232]

Auf Technologiemärkten ist zu vermuten, daß in den meisten Fällen der Pionierstrategie aufgrund des Zeitvorteils und der hohen Produktkomplexität die größte Erfolgswahrscheinlichkeit zukommt. Der Zeitvorteil konkretisiert sich in einer vorübergehenden Monopolstellung des Pioniers. Gelingt es ihm, diese zu seinen Vorteilen zu gestalten – also Standards zu etablieren, Markteintrittsbarrieren aufzubauen, eine möglichst hohe Marktdurchdringung und damit Kostenvorteile zu erreichen etc. – so können daraus langfristige Wettbewerbsvorteile erwachsen, die den Markterfolg sicherstellen.

---

231 Vgl. Backhaus 1997, S. 229ff.

232 Vgl. Perillieux 1995, S. 277.

Literaturverzeichnis

Abell, D. F. [1980]: Defining the Business: The Starting Point of Strategic Planning; Englewood Cliffs 1980.

Albach, H. [1989]: Innovationsstrategien zur Verbesserung der Wettbewerbsfähigkeit; in: Zeitschrift für Betriebswirtschaft, 59. Jg. (1989), Heft 12, S. 1338–1352.

Ansoff, H. I. [1966]: Management Strategie; München 1966.

Asbrede, J. [1993]: Vertriebsorganisationsmethoden und Vorgehensweisen im Verkaufsprozeß der Informationstechnik; in: Droege, W. / Backhaus, K. / Weiber, R. (Hrsg.): Strategien für Investitionsgütermärkte: Antworten auf neue Herausforderungen; Landsberg a.L. 1993, S. 448–463.

Backhaus, K. [1991]: Auswirkungen kurzer Lebenszyklen bei High-Tech-Produkten; in: Thexis, 8. Jg. (1991), Nr. 6, S. 11–13.

Backhaus, K. [1997]: Industriegütermarketing; 5. Auflage, München 1997.

Backhaus, K. / Voeth, M. [1995]: Innovations- und Technologiemarketing; in: Zahn, E. (Hrsg.): Handbuch Technologiemanagement; Stuttgart 1995, S. 395–408.

Backhaus, K. / Weiber, R. [1986]: Marktsegmentierungsprobleme in sich verändernden Märkten; in: VDI-Gesellschaft (Hrsg.): Wege zur Branchenspitze; VDI-Bericht Nr. 616, Düsseldorf 1986, S. 139–155.

Backhaus, K. / Erichson, B. / Plinke, W. / Weiber, R. [1996]: Multivariate Analysemethoden; 8. Aufl., Berlin et al. 1996.

Baird, J. E. [1977]: The Dynamics of Organizational Communication; London 1977.

Bass, F. M. [1969]: A New Product Growth Model for Consumer Durables; in: Management Science, Vol. 15 (1969), No. 5, S. 215–227.

Bass, F. M. [1980]: The Relationship betwenn Diffusion Rates, Experience Curves, and Demand Elasticities for Consumer Durable Technological Innovations; in: Journal of Business, Vol. 53 (1980), No. 3, S. S51 - S67.

Benkenstein, M. [1992]: Strategisches Marketing-Management in High-Tech-Branchen; in: Thexis, 9. Jg. (1992), Nr. 1, S. 8–14.

Biedenkopf, K. [1996]: Multimedia-Zukunft - eine Skizze; in: Glowalla, U. / Schoop, E. (Hrsg.): Deutscher Multimedia Kongreß ´96 - Perspektiven multimedialer Kommunikation; Berlin 1996, S. 9–16.

Böcker, F. / Gierl, H. [1987]: Determinanten der Diffusion neuer industrieller Produkte; in: Zeitschrift für Betriebswirtschaft, 57 Jg. (1987), Nr. 7, S. 684–698.

Böcker, F. / Gierl, H. [1988]: Die Diffusion neuer Produkte - Eine kritische Bestandsaufnahme; in: Zeitschrift für betriebswirtschaftliche Forschung, 40 Jg. (1988), Nr. 1, S. 32–48.

Böndel, B. [1995]: Multimedia - Zahlen gegriffen; in: Wirtschaftswoche, Nr. 35 vom 24.08.1995, S. 81.

Bono, E. de [1986]: Laterales Denken für Führungskräfte; Hamburg et al. 1986.

Boos, F. / Jarmai, H. [1994]: Kernkompetenzen - gesucht und gefunden; in: HARVARDmanager, 16. Jg. (1994), Heft 4, S. 19–26.

Booz-Allen & Hamilton (Hrsg.) [1982]: New Product Management for the 1980s; New York 1982.

Brockhoff, K. [1969]: Probleme und Methoden technologischer Vorhersagen; in: Zeitschrift für Betriebswirtschaft, 39. Jg. (1969), Ergänzungsheft Nr. 2, S. 1–24.

Brockhoff, K. [1983]: Kontrolle und Revision von Forschung und Entwicklung; in: Coenenberg, A. G. / Wysocki, K. von (Hrsg.): Handwörterbuch der Revision; Stuttgart 1983, Sp. 421–437.

Brockhoff, K. [1984]: Controlling in Forschung und Entwicklung der Unternehmen; in Zeitschrift für betriebswirtschaftliche Forschung, 36. Jg. (1984), Heft 8/9, S. 608–618.

Brockhoff, K. [1987]: Wettbewerbsfähigkeit und Innovation; in: Dichtl, E. (Hrsg.): Innovation und Wettbewerbsfähigkeit; Wiesbaden 1987, S. 53–74.

Brockhoff, K. [1991]: Zur Optimierung der Entwicklungsdauer neuer Produkte; in: Kistner, K.-P. / Schmidt, R. (Hrsg.): Unternehmensdynamik; Wiesbaden 1991, S. 19–32.

Brockhoff, K. [1992]: Forschung und Entwicklung: Planung und Kontrolle; 3. Aufl., München 1992.

Brockhoff, K. [1993]: Produktpolitik; 3. Aufl., Stuttgart / Jena 1993.

Brockhoff, K. [1995]: Management der Schnittstelle zwischen Forschung und Entwicklung und Marketing; in: Zahn, E. (Hrsg.): Handbuch Technologiemanagment; Stuttgart 1995, S. 437–453.

Brockhoff, K. / Urban, Ch. [1988]: Die Beeinflussung der Entwicklungsdauer; in: Brockhoff, K. / Urban, Ch. / Picot, A. (Hrsg.): Zeitmanagement in Forschung und Entwicklung, Zeitschrift für betriebswirtschaftliche Forschung, Sonderheft 23, S. 1–42.

Bühner, R. [1991]: Produktdiversifikation auf der Basis eigenen technologischen Know-hows; in: Zeitschrift für Betriebswirtschaft, 61. Jg. (1991), Heft 12, S. 1395–1412.

Bullinger, H.-J. [1989]: Die Lebensdauer eines Produktes ist schon kürzer als seine Entwicklungszeit; in: Handelsblatt, 4.7.1989, S. 26.

Bullinger, H.-J. [1992]: Orientierung der Dienstleistungsfunktion an relevanten Wertschöpfungsprozessen; in: Handelsblatt, 23.11.1992, S. 20.

Bullinger, H.-J. / Warschat, J. / Berndes, S. / Stanke, A. [1995]: Simultaneous Engineering; in: Zahn, E. (Hrsg.): Handbuch Technologiemanagment; Stuttgart 1995, S. 377–394.

Bullinger, H.-J. /Wasserloos, G. [1990]: Reduzierung der Produktentwicklungszeiten durch Simultaneous Engineering; in: CIM-Management, 6. Jg. (1990), Heft 4, S. 4–12.

Bürgel, H. D. / Haller, Ch. / Binder, M. [1995]: Die japanische Konkurrenz; in: Zeitschrift für Betriebswirtschaft - Ergänzungsheft 1/95, S. 1–26.

Cooper, R. G. [1979]: The Dimensions of Industrial New Product Success and Failure; in: Journal of Marketing, Vol. 43 (1979), S. 93–103.

Cooper, R. G. / Kleinschmidt, E. J. [1986]: An Investigation into the New Product Process: Steps, Deficiencies and Impact; in: Journal of Product Innovation Management, Vol. 3 (1986), S. 71–85.

Cooper, R. G. / Kleinschmidt, E. J. [1987]: Success Factors in Product Innovation; in: Industrial Marketing Management, Vol. 16 (1987), S. 215–223.

Cooper, R. G. / Kleinschmidt, E. J. [1991]: New Product Processes at Leading Industrial Firm; in: Industrial Marketing Management, Vol. 20 (1991), S. 137–147.

Dietz, J.-W. [1989]: Gründung innovativer Unternehmen; Wiesbaden 1989.

Döhl, W. [1983]: Akzeptanz innovativer Technologien in Büro und Verwaltung – Grundlagen, Analyse und Gestaltung; Göttingen 1983.

Domsch, M. / Gerpott, T. J. / Gerpott, H. [1991]: Qualität der Schnittstelle zwischen F&E und Marketing: Ergebnisse einer Befragung deutscher Industrieforscher; in: Zeitschrift für betriebswirtschaftliche Forschung, 43. Jg. (1991), , Heft 12, S. 1048–1069.

Dosi, G. [1988]: Sources, Procedures, and Microeconomic Effects of Innovation; in: Journal of Economic Literature, Vol. 26 (1988), S. 1120–1171.

Droege, W. P. J. / Backhaus, K. / Weiber, R. [1993]: Trends und Perspektiven im Investitionsgütermarketing – eine empirische Bestandsaufnahme; in: Droege, W. P. J. / Backhaus, K. / Weiber, R. (Hrsg.): Strategien für Investitionsgütermärkte: Antworten auf neue Herausforderungen; Landsberg a.L. 1993, S. 17–98.

Drucker, P. F. [1955]: The Practice of Management; London 1955.

Drucker, P. F. [1973]: Management: Tasks, Responsibilities, Practices; New York et al. 1973.

Eggert-Kipfstuhl, K. / Kirchhoff, G. [1994]: Bewertung von Produktvorschlägen mit Hilfe einer auf empirischen Erkenntnissen beruhenden Software namens PRUV; in: Zahn, E. (Hrsg.): Technologiemanagement und Technologien für das Management; Stuttgart 1994, S. 427–437.

Fließ, S. [1994]: Messeselektion – Entscheidungskriterien für Investitionsgüteranbieter; Wiesbaden 1994.

Fließ, S. [1999]: Industrielles Kaufverhalten; in: Kleinaltenkamp, M. / Plinke, W. (Hrsg.): Technischer Vertrieb – Grundlagen; 2., überarb. Aufl., Berlin / Heidelberg / New York 1999, Kapitel B.1.

Freeman, Ch. [1990]: Technischer Wandel und Wirtschaftswachstum; in: Siemens-Zeitschrift, 4. Jg. (1990), S. 4–9.

Gatignon, H. / Robertson, T. S. [1985]: A Propositional Inventory for New Diffusion Research; in: Journal of Consumer Research, Vol. 11 (1985), No. 3, S. 849–867.

Gemünden, H. G. [1993]: Zeit – Strategischer Erfolgsfaktor in Innovationsprozessen; in: Domsch, M. / Sabisch, H. / Siemers, S. H. A. (Hrsg.): F&E-Management; Stuttgart 1993, S. 67–118.

Gerpott, T. J. [1995]: Kommunikation als Erfolgsfaktor der F&E von Unternehmen; in: Zahn, E. (Hrsg.): Handbuch Technologiemanagment; Stuttgart 1995, S. 553–577.

Gerstenfeld, A. [1976]: Innovation: A Study of Technological Policy; Washington D.C. 1976.

Geschka, H. [1986]: Markt-Informationen für neue Produkte; in: VDI-Gesellschaft (Hrsg.): Wege zur Branchenspitze; VDI-Bericht Nr. 616, Düsseldorf 1986, S. 119–138.

Geschka, H. [1995]: Methoden der Technologiefrühaufklärung und der Technologievorhersage; in: Zahn, E. (Hrsg.): Handbuch Technologiemanagement; Stuttgart 1995, S. 623–644.

Geschka, H. / Laudel, G. [1992]: Die Konzeptionsphase von Innovationsprojekten - zwischen Intuition und Systematik; in: Gemünden, H. G. / Pleschak, F. (Hrsg.): Innovationsmanagement und Wettbewerbsfähigkeit; Wiesbaden 1992, S. 55–72.

Geschka, H. / Yildiz, A. [1990]: Kreativitätstechniken: Probleme in den Griff bekommen; in: Gablers Magazin, 4. Jg. (1990), Heft 4, S. 36–40.

Gierl, H. [1987]: Die Erklärung der Diffusion technischer Produkte; Berlin 1987.

Gierl, H. [1997]: Neue Technologien und Leapfrogging der Nachfrager; in: Zeitschrift für Betriebswirtschaft, 67. Jg. (1997), Heft 10, S. 1073–1091.

Gordon, S. J. [1961]: Synectics; New York 1961.

Haseloff, O. W. [1970]: Kommunikationstheoretische Probleme der Werbung; in: Behrens, K. C. (Hrsg.): Handbuch der Werbung; Wiesbaden 1970, S. 157–200.

Hamel, G. / Prahalad, C. K. [1992]: So spüren Unternehmen neue Märkte auf; in: HARVARD-manager, 14. Jg. (1992), Nr. 2, S. 44–55.

Hammann, P. / Erichson, B. [1994]: Marktforschung; 3. Aufl., Stuttgart et al. 1994.

Hansen, U. / Stauss, B. [1983]: Marketing als marktorientierte Unternehmenspolitik oder als deren integrativer Bestandteil; in: Marketing - Zeitschrift für Forschung und Praxis, 5. Jg. (1983), Heft 2, S. 77–86.

Hauschildt, J. [1991]: Zur Messung des Innovationserfolges; in: Zeitschrift für Betriebswirtschaft, 61. Jg. (1991), Heft 4, S. 451–476.

Hauschildt, J. [1997]: Innovationsmanagement; 2. Aufl., München 1997.

Hauser, J. R. / Clausing, D. [1988]: The House of Quality; in: Harvard Business Review, Vol. 66 (1988), No. 3, S. 63–73.

Hesse, H.-W. [1987]: Kommunikation und Diffusion von Produktinnovationen im Konsumgüterbereich; Berlin 1987.

Hippel, E. von [1986]: Lead Users: A Source of Novel Product Concepts; in: Management Science, Vol. 32. (1986), No. 7, S. 791–805.

Hofmeister, E. [1981]: Innovationsbarrieren; in: Hofmeister, E. / Ulbricht, M. (Hrsg.): Von der Bereitschaft zum technischen Wandel; Berlin 1981, S. 83–124.

Horváth, P. [1995]: Instrumente des F&E-Controlling; in: Zahn, E. (Hrsg.): Handbuch Technologiemanagment; Stuttgart 1995, S. 705–723.

Horváth, P. / Lamla, J. / Höfig, M. [1994]: Rapid Prototyping - der schnelle Weg zum Produkt; in: Harvard Business manager, 16. Jg. (1994), Nr. 3, S. 42–53.

Hüttner, M. [1982]: Markt- und Absatzprognosen; Stuttgart et al. 1982.

Kelly, G. A. [1963]: A Theory of Personality; New York 1963.

Kirsch, W. / Esser, W.-M. / Gabele, E. [1979]: Das Management des geplanten Wandels von Organisationen, Stuttgart 1979.

Klein, S. [1994]: Virtuelle Organisation; in: WiSt – Wirtschaftswissenschaftliches Studium, 23. Jg. (1994), Nr. 6, S. 309–311.

Kleinaltenkamp, M. [1993]: Standardisierung und Marktprozeß – Entwicklungen und Auswirkungen im CIM-Bereich, Wiesbaden 1993.

Kleinaltenkamp, M. [1999a]: Einführung in das Business-to-Business Marketing; in: Kleinaltenkamp, M. / Plinke, W. (Hrsg.): Technischer Vertrieb – Grundlagen; 2., überarb. Aufl., Berlin / Heidelberg / New York 1999, Kapitel A.3.

Kleinaltenkamp, M. [1999b]: Marktsegmentierung; in: Kleinaltenkamp, M. / Plinke, W. (Hrsg.): Technischer Vertrieb – Grundlagen; 2., überarb. Aufl., Berlin / Heidelberg / New York 1999, Kapitel D.3.

Kleinaltenkamp, M. / Staudt, M. [1991]: Kooperationen zwischen Investitionsgüter-Herstellern und führenden Anwendern („Lead User"); in: Hilbert, J. et al. (Hrsg.): Neue Kooperationsformen in der Wirtschaft – Können Konkurrenten Partner werden?; Opladen 1991, S. 59–70.

Kollmann, T. [1997]: Interaktives Fernsehen – Wenn der Zuschauer aktiv werden soll, muß Werbung einen Mehrwert bieten; in: Marketing Journal, 30. Jg. (1997), Nr. 2, S. 118–121.

Kollmann, T. [1998]: Akzeptanz innovativer Nutzungsgüter und -systeme – Konsequenzen für die Einführung von Telekommunikations- und Multimediasystemen; Wiesbaden 1998.

Kotler, Ph. / Bliemel, F. [1995]: Marketing-Management; 8. Aufl., Stuttgart 1995.

Kroeber-Riel, W. / Weinberg, P. [1996]: Konsumentenverhalten; 6. Aufl., München 1996.

Krubasik, E. G. [1982]: Technologie: Strategische Waffe; in: Wirtschaftswoche, 36. Jg. (1982), Nr. 25, S. 28–33.

Ley, W. [1989]: Simultaneous Engineering in der variantenreichen kundenauftragsspezifischen Anlagenproduktion; in: VDI (Hrsg.): Simultaneous Engineering, VDI-Berichte Nr. 758, Düsseldorf 1989, S. 43–64.

Lichtenthal, J. D. / Beik, L. L. [1984]: A History of the Definition of Marketing; in: Research in Marketing, Vol. 7 (1984), S. 133–163.

Linneweh, K. [1984]: Kreatives Denken; 4. Aufl., Rheinzabern 1984.

Mahajan, V. / Peterson, R. A. [1985]: Models of Innovation Diffusion; Sage University Papers, Series: Quantitative Applications in the Social Sciences, No. 48, Beverly Hills / London / New Delhi 1985.

Mansfield, E. [1961]: Technical Change and the Rate of Imitation; in: Econometrica, Vol. 29 (1961), No. 4, S. 741–766.

Marr, R. [1993]: Innovationsmanagement; in: Wittmann, Waldemar et al. (Hrsg.): Handwörterbuch der Betriebswirtschaft, Teilband 2: I-Q; 5. Aufl, Stuttgart 1993, Sp. 1796–1812.

Mauthe, K. D. [1984]: Strategische Analyse; München 1984.

Meffert, H. [1976]: Die Durchsetzung von Innovationen in der Unternehmung und im Markt; in: Zeitschrift für Betriebswirtschaft, 46. Jg. (1976), Heft 2, S. 77–100.

Meffert, H. / Remmerbach, K.-U. [1988]: Marketingstrategien in jungen Märkten; in: Die Betriebswirtschaft, 48. Jg. (1988), Nr.3, S. 331–346.

Mensch, G. [1972]: Basisinnovation und Verbesserungsinnovation; in: Zeitschrift für Betriebswirtschaft, 42. Jg. (1972), Heft 4, S. 291–297.

Mensch, G. [1975]: Das technologische Patt: Innovationen überwinden die Depression; Frankfurt 1975.

Mensch, G. O. [1993]: Forschungs- und Entwicklungsmanagement; in: Wittmann, W. et al. (Hrsg.): Handwörterbuch der Betriebswirtschaft; Teilband 1, 5. Aufl., Stuttgart 1993, Sp. 1199–1211.

Meyer, M. M. / Roberts, E. B. [1986]: New Product Strategy in Small Technology-Based Firms: A Pilot Study; in: Management Science, Vol. 32 (1986), S. 806–821.

Moriarty, R. T. / Kosnik, T. J. [1989]: High-Tech Marketing: Concepts, Continuity, and Change; in: Sloan Management Review, Vol. 30 (1989), No. 4, S. 7–17.

Müller-Hagedorn, L. / Vornberger, Eva [1979]: Die Eignung der Grid-Methode für die Suche nach einstellungsrelevanten Dimensionen; in: Meffert, H. / Steffenhagen, H. / Freter, H. (Hrsg.): Konsumentenverhalten und Information; Wiesbaden 1979, S. 185–207.

Müller-Stewens, G. [1988]: Entwicklung von Strategien für den Eintritt in neue Geschäfte; in: Henzler, H. (Hrsg.): Handbuch strategische Führung, Wiesbaden 1988, S. 219–242.

Müller-Stewens, G. [1989]: Vorstoß in neue Geschäfte – Identifikation und Eintrittsstrategien; in: Riekhof, H.-Ch. (Hrsg.): Strategieentwicklung; Stuttgart 1989, S. 313–331.

Müller-Stewens, G. [1990]: Strategische Suchfeldanalyse; 2. Aufl., Wiesbaden 1990.

Niemeier, J. [1995]: Technologiemanagement im Dienstleistungsbereich; in: Zahn, E. (Hrsg.): Handbuch Technologiemanagement; Stuttgart 1995, S. 901–915.

Norton, J. A. / Bass, F. M. [1987]: A Diffusion Theory Model of Adoption and Substitution for Successive Generations of High-Technology Products; in: Management Science, Vol. 33 (1987), No. 9, S. 1069–1086.

O'Meara, J. T. Jr. [1961]: Selecting Profitable Products; in: Harvard Business Review, Vol.39 (1961), No. 1, S. 83–89.

Ohmae, K. [1982]: The Mind of the Strategist; New York 1982.

Osborn, A. F. [1953]: Applied Imagination: Principles and Procedures of Creative Thinking; New York 1953.

o. V. [1997a]: Denkfabriken haben gut zu tun; in: Informationsdienst des Instituts der deutschen Wirtschaft (iwd), 24. Jg. (1997), Nr. 11, S. 8.

o. V. [1997b]: Das nächste Autoschloß von Witte wird virtuell entwickelt, in: Frankfurter Allgemeine Zeitung, 11.02.1997, S. 20.

Pay, D. de [1995]: Informationsmanagement von Innovationen; Wiesbaden 1995.

Perillieux, R. [1987]: Der Zeitfaktor im strategischen Technologie-Management: früher oder später Einstieg bei technischen Produktinnovationen?; Berlin 1987.

Perillieux, R. [1995]: Technologietiming; in: Zahn, E. (Hrsg.): Handbuch Technologiemanagement; Stuttgart 1995, S. 267–284.

Peters, R.-H. [1996]: Konstruktion – Besser im Handstreich; in: Wirtschaftswoche, Heft 23 (1996), S. 81–83.

Peters, T. J. / Waterman, R. H. [1984]: In Search of Excellence; New York 1984.

Pfeiffer, W. / Weiß, E. [1988]: Die Zeit als strategische Ressource nutzen – Wie man mit der „First"-Strategie der Zeitfalle entkommt; in: Blick durch die Wirtschaft, 9.11.1988, S. 7.

Pfeiffer, W. / Weiß, E. [1990]: Zeitorientiertes Technologiemanagement als Kombination von „just-in-time-design", „just-in-time-production" und „just-in-time-distribution"; in: Pfeiffer, W. / Weiß, E. (Hrsg.): Technologie-Management: Philosophie – Methodik – Erfahrungen; Göttingen 1990, S. 1–39.

Plinke, W. [1999]: Unternehmensstrategie; in: Kleinaltenkamp, M. / Plinke, W. (Hrsg.): Technischer Vertrieb – Grundlagen; 2., überarb. Aufl., Berlin / Heidelberg / New York 1999; Kapitel D.1.

Pohl, A. [1994]: Ausgewählte Theorieansätze zur Erklärung des Nachfragerverhaltens bei technologischen Innovationen; Arbeitspapier Nr. 4 zur Marketingtheorie des Lehrstuhls für Marketing an der Universität Trier, hrsg. von Rolf Weiber, Trier 1994.

Pohl, A. [1996]: Leapfrogging bei technologischen Innovationen – Ein Erklärungsansatz auf Basis der Theorie des wahrgenommenen Risikos; Wiesbaden 1996.

Porter, M. E. [1987]: Diversifikation – Konzerne ohne Konzept; in: HARVARDmanager, 9. Jg. (1987), Nr. 4, S. 30–49.

Prahalad, C. K. / Hamel, Gary [1991]: Nur Kernkompetenzen sichern das Überleben; in: HARVARDmanager, 13. Jg. (1991), Nr. 2, S. 66–78.

Preukschat, U. D. [1993]: Vorankündigung von Neuprodukten; Wiesbaden 1993.

Qualls, W. / Olshavsky, R. W. / Michaels, R. E. [1981]: Shortening of the PLC – An Empirical Test; in: Journal of Marketing, Vol. 45 (1981), No. 4, S. 76–80.

Reichwald, R. [1978]: Zur Notwendigkeit der Akzeptanzforschung bei der Entwicklung neuer Systeme der Bürotechnik; Arbeitsbericht „Die Akzeptanz neuer Bürotechnologie", Band 1, Hochschule der Bundeswehr, München 1978.

Reichwald, R. [1982]: Neue Systeme der Bürotechnik und Büroarbeitsgestaltung – Problemzusammenhänge; in: Reichwald, R. (Hrsg.): Neue Systeme der Bürotechnik – Beiträge zur Büroarbeitsgestaltung aus Anwendersicht; Berlin 1982, S. 11–48.

Remmerbach, K.-U. [1988]: Markteintrittsentscheidungen; Wiesbaden 1988.

Richman, B. M. [1962]: A Rating Scale for Product Innovation; in: Business Horizons, Summer 1962, S. 37–44.

Rogers, E. M. [1983]: Diffusion of Innovations; 3. Aufl., New York / London 1983.

Rumelt, R. P. [1974]: Strategy, Structure and Economic Performance; Cambridge 1974.

Salcher, E. [1991]: Innovations-Marktforschung; in: Thexis, 8. Jg. (1991), Nr. 4, S. 57–60.

Schlicksupp, H. [1977]: Kreative Ideenfindung in der Unternehmung – Methoden und Modelle; Berlin / New York 1977.

Schlicksupp, H. [1981]: Innovation, Kreativität & Ideenfindung; 2. Aufl., Würzburg 1981.

Schlicksupp, H. [1993]: Kreativ-Workshop; Würzburg 1993.

Schmalen, H. [1989]: Das Bass-Modell zur Diffusionsforschung; in: Zeitschrift für betriebswirtschaftliche Forschung, 41. Jg. (1989), Heft 3, S. 210–226.

Schmalen, H. [1994]: Das hybride Kaufverhalten und seine Konsequenzen für den Handel: Theoretische und empirische Betrachtungen; in: Zeitschrift für Betriebswirtschaft, 64. Jg. (1994), Heft 10, S. 1221–1240.

Schmalen, H. / Binninger, F.-M. [1994]: Ist die klassische Diffusionsmodellierung wirklich am Ende?; in: Marketing - Zeitschrift für Forschung und Praxis, 16. Jg. (1994), Heft 1, S. 5–11.

Schmalen, H. / Pechtl, H. [1989]: Erweiterung des dichotomen Adoptionsbegriffes in der Diffusionsforschung – Ein Fallbeispiel aus dem Bereich der kommerziellen PC-Software-Anwendung; in: Jahrbuch der Absatz- und Verbrauchsforschung, 35. Jg. (1989), Heft 1, S. 92–120.

Schmelzer, H. J. [1990]: Steigerung der Effektivität und Effizienz durch Verkürzung von Entwicklungszeiten; in: Reichwald, R. / Schmelzer, H. J. (Hrsg.): Durchlaufzeiten in der Entwicklung; München 1990, S. 27–63.

Schumpeter, J. A. [1911]: Theorie der wirtschaftlichen Entwicklung; Leipzig 1911.

Schumpeter, J. A. [1934]: Theorie der wirtschaftlichen Entwicklung; 4. Aufl., Leipzig 1934.

Schumpeter, J. A. [1939]: Business Cycles, A Theoretical, Historical, and Statistical Analysis of the Capitalist Process; Band 1, New York / London 1939.

Schumpeter, J. A. [1947]: The Creative Response in Economic History; in: Journal of Economic History, Vol. 7 (1947), S. 149–159.

Seifert, H. / Steiner, M. [1995]: F+E: Schneller, schneller, schneller; in: Harvard Business manager, 17. Jg. (1995), Nr. 2, S. 16–22.

Simon, H. [1989]: Die Zeit als strategischer Erfolgsfaktor; in: Zeitschrift für Betriebswirtschaft, 59. Jg. (1989), Heft 4, S. 70–93.

Souder, W. E. / Chakrabarti, A. K. [1978]: The R&D/Marketing Interface: Results from an Empirical Study of Innovation Projects; in: IEEE-Transactions on Engineering Management, Vol. 25 (1978), S. 88–93.

Späth, G.-M. [1995]: Preisstrategien für innovative Telekommunikationsleistungen – Entwicklung eines DV-gestützten Simulationsansatzes; Wiesbaden 1995.

Specht, G. [1993]: Technologiemanagement; in: Wittmann, W. / Kern, W. / Köhler, R. / Küpper, H.-U. / Wysocki, K. von (Hrsg.): Handwörterbuch der Betriebswirtschaft; 3. Band, 5. Aufl., Stuttgart 1993, Sp. 4154–4168.

Stachelsky, F. von [1983]: Typologie und Methodik von Akzeptanzforschungen zu neuen Medien; in: Publizistik, 28. Jg. (1983), Nr. 1, S. 46–55.

Staudt, E. [1993]: Forschung und Entwicklung; in: Wittmann, W. / Kern, W. / Köhler, R. / Küpper, H.-U. / Wysocki, K. von (Hrsg.): Handwörterbuch der Betriebswirtschaft; Band 1, 5. Aufl., Stuttgart 1993, Sp. 1185–1198.

Staudt, E. / Bock, J. / Mühlemeyer, P. [1990]: Information und Kommunikation als Erfolgsfaktoren für die betriebliche Forschung und Entwicklung; in: Die Betriebswirtschaft, 50. Jg. (1990), Nr. 6, S. 759–773.

Stifterverband für die deutsche Wissenschaft (Hrsg.) [1971]: Die Messung wissenschaftlicher und technischer Tätigkeiten - Allgemeine Richtlinien für statistische Übersichten in Forschung und experimenteller Entwicklung; Frascati-Handbuch II, Essen 1971.

Sullivan, L. P. [1986]: Quality Function Deployment; in: Quality Progress, Vol. 19 (1986), No. 6, S. 39-50.

Thom, N. [1992]: Innovationsmanagement; Bern 1992.

Trommsdorff, V. / Schneider, P. [1990]: Grundzüge des betrieblichen Innovationsmanagement; in: Trommsdorff, V. (Hrsg.): Innovationsmanagement in kleinen und mittleren Unternehmen; München 1990, S. 1-25.

Uebele, H. [1988]: Zur Praxis der Kreativitätstechniken - Anwendungserfahrungen bei der Produktinnovation; in: Die Betriebswirtschaft, 48. Jg. (1988), Heft 6, S. 777-785.

Vedin, B. A. [1980]: Radical Product Innovation; Lund 1980.

Warschat, J. / Wasserloos, G. [1990]: Simultaneous Engineering; in: Fortschrittliche Betriebsführung und Industrial Engineering; 40. Jg. (1990), Heft 1, S. 22-27.

Weiber, R. [1992]: Diffusion von Telekommunikation; Wiesbaden 1992.

Weiber, R. [1993]: Chaos - Das Ende der klassischen Diffusionsmodellierung?; in: Marketing - Zeitschrift für Forschung und Praxis, 15 Jg. (1993), Heft 1, S. 35-46.

Weiber, R. [1994]: Leapfrogging-Behavior - Herausforderung für das Marketing-Management neuer Technologien; in: Zahn, E. (Hrsg.): Technologiemanagement und Technologien für das Management; Stuttgart 1994, S. 333-368.

Weiber, R. [1995]: Systemgüter und klassische Diffusionstheorie - Elemente einer Diffusionstheorie für kritische Masse-Systeme; in: Stoetzer, M.-W. / Mahler, A. (Hrsg.): Die Diffusion von Innovationen in der Telekommunikation; Berlin et al. 1995, S. 39-70.

Weiber, R. [1996]: Was ist Marketing? Ein informationsökonomischer Erklärungsansatz; Arbeitspapier Nr. 1 zur Maketingtheorie der Universität Trier, hrsg. von R. Weiber, 2. Aufl., Trier 1996.

Weiber, R. / Jacob, F. [1999]: Kundenbezogene Informationsgewinnung; in: Kleinaltenkamp, M. / Plinke, W. (Hrsg.): Technischer Vertrieb - Grundlagen; 2., überarb. Aufl., Berlin / Heidelberg / New York 1999, Kapitel B.4.

Weiber, R. / Kollmann, T. [1995]: Die Vermarktung von Multimedia-Diensten: Akzeptanzprobleme bei interaktivem Fernsehen; Forschungsbericht Nr. 3 zum Marketing des Lehrstuhls für Marketing der Universität Trier, hrsg. von R. Weiber, Trier 1995.

Weiber, R. / Kollmann, T. [1996]: Die Akzeptanz von interaktivem Fernsehen - Anforderungen an ein neues Multimedium; in: Glowalla, U. / Schoop, E. (Hrsg.): Deutscher Multimedia Kongreß ´96 - Perspektiven multimedialer Kommunikation; Berlin 1996, S. 163-169.

Weiber, R. / Kollmann, T. [1997]: Wettbewerbsvorteile auf virtuellen Märkten - vom Marketplace zum Marketspace; in: Link, J. / Brändli, D. / Schleuning, Ch. / Kehl, R. E. (Hrsg.): Handbuch Database Marketing; Ettlingen 1997, S. 513-530.

Weiber, R. / Pohl, A. [1995]: Nachfragerverhalten bei technologischen Innovationen: Herausforderung für das Marketing-Management; in: Zahn, E. (Hrsg.): Handbuch Technologiemanagement; Stuttgart 1995, S. 409-435.

Weiber, R. / Pohl, A. [1996a]: Das Phänomen der Nachfrage-Verschiebung; in: Zeitschrift für Betriebswirtschaft, 66. Jg. (1996), Heft 6, S. 675–696.

Weiber, R. / Pohl, A. [1996b]: Leapfrogging-Behavior – Ein adoptionstheoretischer Erklärungsansatz; in: Zeitschrift für Betriebswirtschaft, 66. Jg. (1996), Heft 10, S. 1203–1222.

Weiber, R. / Rosendahl, T. [1997]: Anwendungsprobleme der Conjoint-Analyse – Die Eignung conjointanalytischer Untersuchungsansätze zur Abbildung realer Entscheidungsprozesse; in: Marketing – Zeitschrift für Forschung und Praxis, 19. Jg. (1997), Heft 2, S. 107–118.

Witte, E. [1973]: Organisation für Innovationsentscheidungen – Das Promotoren-Modell; Göttingen 1973.

Witte, E. [1977]: Organisatorische Wirkungen neuer Kommunikationssysteme; in: Zeitschrift für Organisation, 46. Jg. (1977), Nr. 7, S. 361–367.

Wolfrum, B. [1994]: Schnittstellenprobleme zwischen F&E und Marketing im Innovationsmanagement; in: WISU, 23. Jg. (1994), Heft 12, S. 1016–1022.

Wolfrum, B. [1995]: Alternative Technologiestrategien; in: Zahn, E. (Hrsg.): Handbuch Technologiemanagement; Stuttgart 1995, S. 243–265.

Zahn, E. [1986]: Innovations- und Technologiemanagement; in: Zahn, E. (Hrsg.): Technologie- und Innovationsmanagement; Berlin / München 1986, S. 9–48.

Zahn, E. [1991]: Innovation und Wettbewerb; in: Müller-Bölling, D. / Seibt, D. / Winand, U. (Hrsg.): Innovations- und Technologiemanagement; Stuttgart 1991, S. 115–133.

Zahn, E. / Weidler, A. [1995]: Integriertes Innovationsmanagement, in: Zahn, E. (Hrsg.): Handbuch Technologiemanagement; Stuttgart 1995, S. 351–376.

Zwicky, F. [1966]: Entdecken, Erfinden, Forschen im morphologischen Weltbild; München 1966.

Übungsaufgaben

1. Welche zentralen Marktentwicklungstendenzen existieren gegenwärtig auf Investitionsgütermärkten?
2. Was wird unter Effizienz und Effektivität der Innovationstätigkeit verstanden?
3. Charakterisieren Sie die Unterscheidung von kaufakt- und nutzungsaktbezogenen Innovationen.
4. Welche Dimensionen des kaufaktbezogenen Innovationsbegriffs lassen sich im Hinblick auf das Kriterium der Neuartigkeit unterscheiden? Erläutern Sie diese jeweils kurz.
5. Welche Überlegungen stehen hinter dem S-Kurven-Konzept für alte und neue Technologien?
6. Erläutern Sie die Begriffe Technologie, Technik und Produkt an einem konkreten Beispiel.
7. Durch welche Phasen kann der Innovationsprozeß bei technologischen Innovationen abgebildet werden?
8. Welche Suchrichtungen für neue Betätigungsfelder lassen sich nach Ansoff unterscheiden?
9. Geben Sie einen Überblick über Methoden zur Bestimmung der strategischen Suchrichtung.
10. Mit welchen Verfahrensschritten kann die Szenariotechnik dargestellt werden?
11. Worin bestehen die wesentlichen Zielsetzungen von Technologie- und Innovationsportfolios?
12. Erläutern Sie die Vorgehensweise bei der Abgrenzung strategischer Geschäftsfelder nach dem Ansatz von Abell.
13. Was ist unter Kernkompetenzen zu verstehen und wie kann ein Unternehmen seine Kernkompetenzen ermitteln.

14. Skizzieren Sie den Unterschied zwischen „technology push“ und „demand pull“.

15. Welche Methoden gibt es, um neue Produktideen zu generieren? Stellen Sie drei ausgewählte Methoden in ihren Grundzügen dar.

16. Welche Schritte bieten sich bei der Beurteilung von Produktideen an?

17. Was verstehen Sie unter einem Scoring-Modell und welche Probleme sind mit dessen Anwendung verbunden?

18. Definieren Sie den Begriff Forschung und Entwicklung.

19. Welche zentralen Phasen werden bei der Forschungs- und Entwicklungstätigkeit durchlaufen?

20. Stellen Sie ausgewählte Verfahren zur Steigerung der Effizienz der Entwicklungstätigkeit dar.

21. Erläutern Sie die Verfahren des Simultaneous Engineering, Rapid Prototyping und des Virtuel Prototyping und grenzen Sie diese gegeneinander ab.

22. Welche Arten des Markttests kennen Sie?

23. Wodurch lassen Konzept- und Volltest unterscheiden?

24. Skizzieren Sie die Grundzüge der Adoptions-, Akzeptanz- und Diffusionstheorie in bezug auf den Anwendungsfall der technologischen Innovation.

25. Welche Gesichtspunkte sollten bei der Gestaltung der Markteinführung einer technologischen Innovation berücksichtigt werden?

26. Worin begründen sich zentrale Marktwiderstände gegenüber technologischen Innovationen und wie kann diesen im konkreten Akquisitionsprozeß entgegengewirkt werden?

27. Worin begründen sich zentrale Nutzungswiderstände gegenüber technologischen Innovationen und wie kann diesen im konkreten Akquisitionsprozeß entgegengewirkt werden?

3 Industrielles Service-Management

Werner H. Engelhardt · Martin Reckenfelderbäumer

Abbildungsverzeichnis

Tabellenverzeichnis

3.1 Industrielle Services – ein zunehmend wichtiger Faktor im Investitionsgüter-Marketing

3.1.1 Empirische Relevanz industrieller Services

Verschiedene in der jüngeren Vergangenheit durchgeführte Untersuchungen haben gezeigt, daß die Bedeutung von Dienstleistungen bzw. Services[1] im industriellen Sektor in den letzten Jahren kontinuierlich gestiegen ist.[2] Dieses Wachstum, so das einhellige Resultat der Studien, wird in der Zukunft weiter anhalten, so daß das industrielle Marketing, speziell das von Anbietern im Business-to-Business-Bereich,[3] mehr und mehr durch die Notwendigkeit eines angemessenen und bewußten Service-Management geprägt sein muß und wird. Anhand einiger zentraler Ergebnisse der angesprochenen empirischen Analysen sei dieser Sachverhalt verdeutlicht.

Abbildung 1 dokumentiert, daß eine Reihe *von Indikatoren zum Nachweis der Service-Entwicklung* herangezogen werden kann, so etwa veränderte Organisationsstrukturen, aber auch eine Zunahme der Zahl der Service-Mitabeiter oder gestiegene Service-Budgets.[4]

Insbesondere als Instrument der *Differenzierung im Wettbewerb* wird den Dienstleistungen eine besondere Bedeutung zugemessen. Sie ist gegenüber den früher im Vordergrund stehenden Aspekten wie Qualität und Preis vielfach merklich in den Mittelpunkt gerückt. Dieser Tatbestand, der im Laufe der weiteren Ausführungen zu vertiefen sein wird, kommt in den Abb. 2 und 3 zum Ausdruck.[5]

---

1 Beide Termini werden im folgenden synonym verwendet. Diese weite, dem anglo-amerikanischen Sprachgebrauch entsprechende Abgrenzung des Service-Begriffs wird verwendet, da eine exakte Abgrenzung der Services gegenüber den Dienstleistungen im allgemeinen außerordentlich problematisch wäre. Zur weiteren Präzisierung und Erläuterung siehe auch Abschnitt 3.2.1.

2 Vgl. etwa Albach 1989a; Albach 1989b; Gruhler 1990; Neckermann/Wessels 1992; Gruhler 1993; Läbe/Stolpmann 1993; Simon 1993a; Stauss 1993; Wilson/Smith 1996.

3 Die Begriffe „Investitionsgüterbereich“ und „Business-to-Business-Bereich“ bzw. „Investitionsgüter-“ und „Business-to-Business-Marketing“ werden im folgenden synonym verwendet. Zu den Unterschieden bzw. Vor- und Nachteilen beider Begriffe vgl. z.B. Kleinaltenkamp 1999a.

4 Die der Abbildung zugrundeliegende Untersuchung umfaßte 135 überwiegend mittelständische Unternehmungen, die im wesentlichen aus dem Maschinenbau, der Elektrotechnik/Elektronik, der Datenverarbeitung/Bürokommunikation sowie der Feinmechanik/Optik stammten; vgl. Läbe/Stolpmann 1993, S. 23.

5 Die zugrundeliegende Studie aus Abb. 2 beruhte auf 138 Unternehmungen, deren Mehrzahl aus der Elektro- (30 %), Chemie- (23 %) und Maschinenbauindustrie (22 %) kam; vgl. Simon 1993a, S. 6. Für die Studie aus Abb. 3 wurden 354 Investitionsgüteranbieter, größtenteils aus dem Maschinenbau, befragt; vgl. Pfohl/Ester/Jarick 1995, S. 192. Zu vergleichbaren Ergebnissen kommen Droege/Backhaus/Weiber 1993, speziell S. 58, S. 66 und S. 69, bei einer Studie

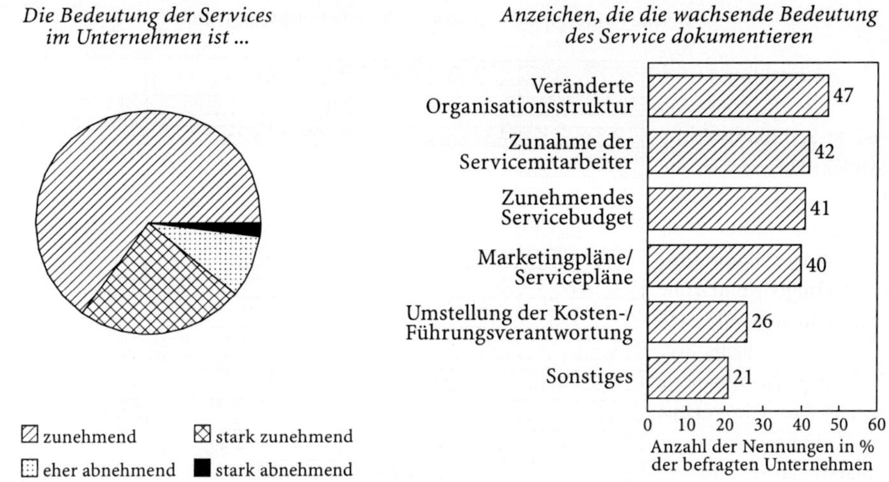

Abb. 1. Die zukünftige Bedeutung von Service-Leistungen (Quelle: Läbe/Stolpmann 1993, S. 23)

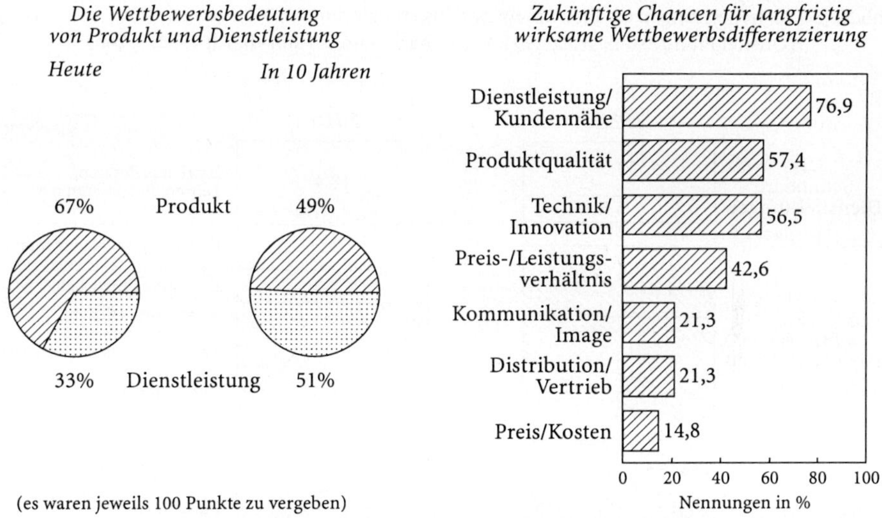

Abb. 2. Dienstleistungen als Instrument zur Differenzierung im Wettbewerb (1) (Quelle: Simon 1993a, S. 12)

---

mit 354 Einzelbefragungen unter deutschen Investitionsgüteranbietern, die zu 43,2 % aus dem Maschinenbau, ansonsten im wesentlichen aus der Elektrotechnik, dem Anlagenbau, der Informationstechnik, der Chemischen Industrie und dem Fahrzeugbau stammten.

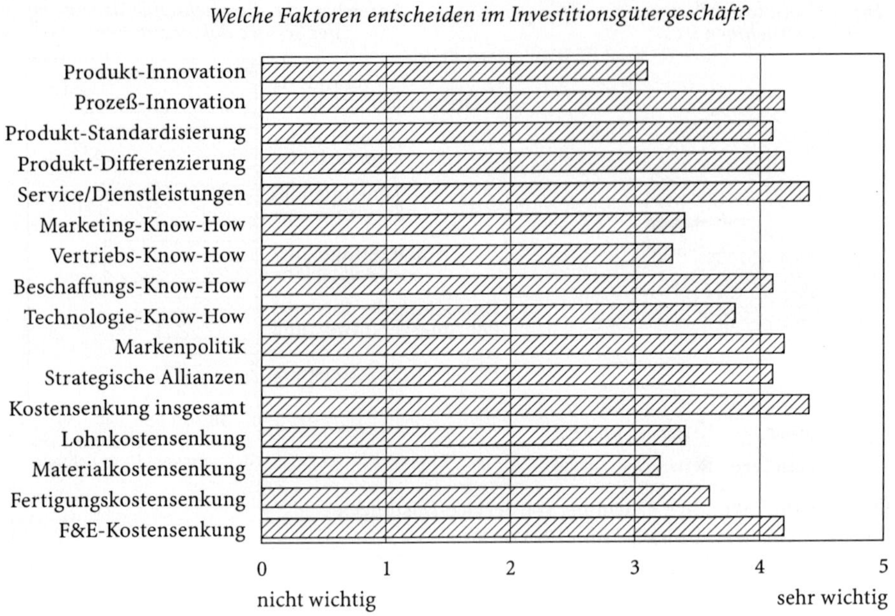

Abb. 3. Dienstleistungen als Instrument zur Differenzierung im Wettbewerb (2) (Quelle: Pfohl/Ester/Jarick 1995, S. 193; basierend auf Burkhardt 1992, S. 26f.)

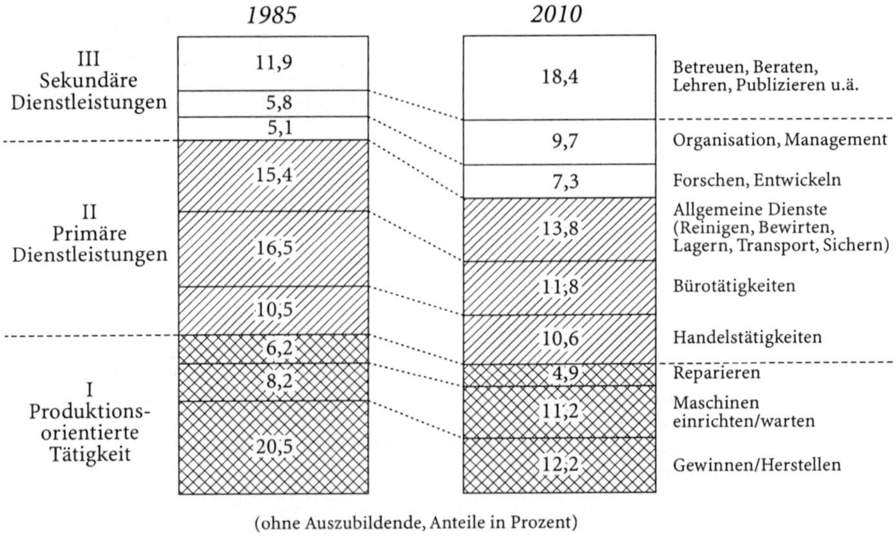

Abb. 4. Erwerbstätige nach Tätigkeitsgruppen 1985 und 2010 (Quelle: Bullinger 1995a, S. 47)

Tabelle 1. Vorwiegend ausgeübte Tätigkeit im Verarbeitenden Gewerbe 1982 und 1991 (Quelle: Gruhler 1993, S. 29)

Tätigkeit	*1982*	*1991*	*Veränderung der Bedeutung*
Herstellen	36,8 %	30,4 %	– –
Fertigungsnahe Dienstleistungen	23,3 %	28,1 %	+ +
darunter: – Reparieren	10,4 %	9,3 %	– –
– Maschinen einstellen, warten	12,9 %	18,8 %	+ + +
Allgemeine Dienstleistungen	7,7 %	6,8 %	– –
Fertigungsnahe Dienstleistungen	32,2 %	34,7 %	+
darunter: – Sichern	0,6 %	0,7 %	+
– Büroarbeiten	13,6 %	13,1 %	–
– Handel treiben	5,8 %	5,7 %	–
– Planen, Forschen	6,5 %	7,7 %	+ +
– Ausbilden, Informieren	0,7 %	1,0 %	+ + +
– Leiten	5,0 %	6,5 %	+ +
Alle Tätigkeiten	100,0 %	100,0 %	

Die konstatierte zunehmende Wettbewerbsbedeutung der Services zeigt sich schließlich ganz besonders auch in den *Beschäftigtenstrukturen*: Immer mehr Menschen sind mit der Erbringung von dienstleistenden Tätigkeiten aller Art beschäftigt, immer weniger mit der Produktion i.e.S. (siehe Abb. 4). Wie Tabelle 1 zeigt, gilt dieses Phänomen keinesfalls nur gesamtwirtschaftlich, d.h. beim Vergleich der Wirtschaftsbereiche untereinander, sondern auch innerhalb des Verarbeitenden Gewerbes.

Angesichts dieser Zahlen wird ersichtlich, daß die Services in den letzten Jahren offenbar einen erheblichen Bedeutungswandel erfahren haben.[6] Wenn es auch sicherlich richtig ist, daß die Dienstleistungen die Produktion niemals vollständig verdrängen werden,[7] weil das Wachstum der ersteren in nicht unerheblichem Maße mit der Existenz der letzteren verknüpft ist, so dürfte doch unübersehbar sein, daß jeder Investitionsgüteranbieter sich mit der Service-Problematik intensiv auseinandersetzen muß. In vielen Bereichen, vor allem im Anlagen- und Systemgeschäft, aber auch in anderen Branchen, wird das Investitionsgütergeschäft mehr und mehr zum Dienstleistungsgeschäft.[8] Damit sind Sachgüter- und Dienstleistungsgeschäft kaum noch auf sinnvolle Art voneinander zu trennen.

---

6 Vgl. Mehdorn 1996, S. 15ff.

7 Vgl. dazu Eidenmüller 1995, S. 77ff.

8 Vgl. z.B. Backhaus/Weiber 1993, S. 71; Henkel 1993, S. 50.

Um die resultierenden Anforderungen bewältigen zu können, ist zunächst eine Analyse der Gründe für das Dienstleistungswachstum hilfreich.[9]

3.1.2 Der Bedeutungswandel von Service-Leistungen im Zeitverlauf und seine Ursachen

Die Entwicklung der Rolle, die Services im Rahmen des Investitionsgüter-Marketing gespielt haben und spielen, wird vielfach anhand eines *Drei-Phasen-Modells* beschrieben:[10]

- In einer *ersten* Phase, die als weit in die 60er, in vielen Branchen sogar bis in die 70er Jahre hineinreichend beziffert wird, wurden – so die Aussage – die Services vor allem als „notwendiges Übel" empfunden, das auf ein möglichst niedriges Maß zu reduzieren war. Die in den meisten Industrien vorherrschenden Verkäufermärkte führten dazu, daß über ein Minimum an vor allem technischem Kundendienst, der für die Herstellung und Aufrechterhaltung der Betriebsbereitschaft zwingend erforderlich war, hinausgehend Dienstleistungen weder aus Sicht der Anbieter für nötig gehalten noch von seiten der Nachfrager gefordert wurden. Die Abgrenzung der Anbieter untereinander – sofern sie überhaupt erforderlich war – erfolgte über die (materielle) Hauptleistung, die Services waren eine meist unentgeltliche Zugabe, der im Grunde niemand besondere Beachtung schenkte oder gar schenken mußte.
- Die 60er Jahre brachten es mit sich, daß in vielen Märkten die Kunden zunehmend an Einfluß gewannen, da das vorhandene Angebot die Nachfrage immer häufiger überstieg. Damit einhergehend begannen die Anbieter in einer *zweiten* Phase der Service-Entwicklung, gezielt nach Möglichkeiten der Abhebung von der Konkurrenz zu suchen. Das war zwar immer noch vielfach vor allem über die Hardware möglich, die regelmäßig den Status als Kernleistung beibehalten konnte, jedoch wurde zunehmend die Eignung der Dienstleistungen erkannt, einen wertvollen Beitrag zur Differenzierung zu liefern. Damit stieg die akquisitorische Bedeutung der Services, was sich bei vielen Anbietern in einem immer breiter und tiefer werdenden Service-Angebot äußerte. Einhergehend mit dieser Angebotsausweitung stiegen allerdings auch

---

9 Auf das Phänomen, daß das Wachstum für investive Zwecke verwendeter Dienstleistungen auch zum Wachstum des institutionellen, sogenannten „tertiären" Sektors deutlich stärker beiträgt als die Nachfrage nach konsumtiven Dienstleistungen, die als Erklärungsansatz für das Wachstum des Dienstleistungssektors im Sinne der Drei-Sektoren-Hypothese (Fourastié 1954) dient, sei an dieser Stelle nur am Rande verwiesen. Ausführlich dazu vgl. Albach 1989b, S. 397ff.

10 Vgl. Fassott 1995, S. 124ff.; Jaschinski 1995, S. 130ff.; Müller 1995, S. 45f. Ergänzend siehe Meyer/Noch 1992, S. 955ff.; Töpfer 1996, S. 33.

die Kosten für die Services, die mehr und mehr den Charakter einer als nützlich angesehenen bzw. einen Nutzengewinn erzeugenden Zusatzleistung annahmen. Diesen gestiegenen Kosten konnten jedoch vielfach keine entsprechenden zusätzlichen Erlöse gegenübergestellt werden, da die meisten Services unentgeltlich abgegeben wurden. Diese Phase, in der die Services vor allem als (unentgeltliches) Profilierungsinstrument dienen, haben – wie sich noch zeigen wird – viele Unternehmungen bis heute noch nicht oder allenfalls ansatzweise hinter sich gebracht.

- Eine *dritte* und bisher letzte Phase, die wie angesprochen bei weitem noch nicht in allen Unternehmungen und Branchen erreicht ist, wird geprägt durch eine völlig veränderte Sicht der Services: Sie entwickeln sich zu einem eigenständigen Leistungsbestandteil, der oft auch losgelöst von der Hardware vermarktet wird, in organisatorisch weitgehend selbständigen Unternehmensbereichen angesiedelt ist und aktiv für die Erwirtschaftung von Erlösen eingesetzt wird. Diversifikation in den Service-Sektor ist nicht selten ein Ziel, das sich industrielle Anbieter ausdrücklich setzen, allerdings allzu oft nur eher halbherzig verfolgen. In jedem Falle ist die Tendenz erkennbar, daß in den heute überwiegenden Käufermärkten das Wettbewerbspotential der Service-Leistungen immer mehr erkannt und genutzt wird, wenn auch in sehr unterschiedlicher Form.

Beispiel:
Die Außendienstorganisation des Maschinenbauunternehmens *Gildemeister* umfaßt inzwischen zu 79% Service-Personal, nur noch zu 21% dagegen Vertriebsmitarbeiter. In den Service-Leistugen wird das Kerngeschäft der Zukunft gesehen. Bei einem Trend zu „Low-Cost/Good-Enough“-Maschinen ist die Hardware nicht mehr ausschlaggebend. Wettbewerbsvorteile ergaben sich etwa in einem konkreten Fall durch einen überzeugenden Maintenance-Service, bei dem *Gildemeister* seinen Kunden gegenüber die Verpflichtung einging, deren Maschinen rund um die Welt ständig betriebsbereit zu erhalten.

An dieser Stelle ist allerdings ausdrücklich darauf hinzuweisen, daß das Phasenmodell einen unzweifelhaft idealtypischen Charakter hat: Keinesfalls kann die aufgezeigte Entwicklung als allgemeingültig gelten. Treffender als ein Verweis auf verschiedene Phasen wäre ein Hervorheben verschiedener *Ausprägungen der Service-Orientierung*. Faktisch ist es so, daß markt- bzw. branchenspezifische, unternehmungsspezifische und länderspezifische Besonderheiten stets zu beachten sind, wenn der Versuch der Beschreibung der Service-Entwicklung unternommen wird. Besonders problematisch ist es daher, wenn die einzelnen Ausprägungen der Service-Orientierung mit konkreten Jahreszahlen verknüpft werden sollen: Ein Blick in die Praxis zeigt, daß sich alle drei genannten Stufen auch heute noch finden, wenn auch vielleicht in unterschiedlicher Bedeutung.

Der aufgezeigte Phasenverlauf – oder eben besser: die Beschreibung der verschiedenen Ausprägungen der Service-Orientierung – liefert unmittelbar auch

Hinweise auf die grundsätzlichen Ursachen, die für den Bedeutungswandel der Services im Business-to-Business-Bereich geltend gemacht werden können. Diese Erklärungsansätze lassen sich vier zum Teil eng miteinander verwandten Feldern zuordnen, die für die Situation einer Unternehmung im Wettbewerbsumfeld nicht nur im Hinblick auf die Service-Problematik von entscheidender Bedeutung sind:[11]

- Eine wichtige Ursache liegt in der gestiegenen *technischen Komplexität* der Produkte, z.B. im Anlagengeschäft oder bei Systemtechnologien. Immer leistungsfähigere Hardware geht einher mit einem zunehmenden Service-Bedarf, was die Einsatzmöglichkeiten und die Bedienung der durch den Kunden beschafften Leistungen angeht. Die Anbieter sind gefordert, den Abnehmern bei der Überbrückung ihrer Know-how-Defizite zu helfen und für einen wirtschaftlichen und reibungslosen Einsatz der Produkte zu sorgen. Dabei gehen die Anforderungen weit über die altbekannte Notwendigkeit einer technischen Betriebsbereitschaft hinaus.
- Ein zweiter Ursachenkomplex resultiert aus der *Nachfrage* und deren gestiegenen Bedürfnissen und Ansprüchen. Von dem technologiebedingten Erklärungsbedarf einmal ganz abgesehen, geht die Tendenz der Kunden generell in die Richtung, hochwertige und individuelle Problemlösungen nachzufragen. Da die Hardware in vielen Bereichen immer vergleichbarer geworden ist, erfolgen die Individualisierung und kundenspezifische Anpassung mehr und mehr über die Services.
- Eng damit verbunden ist das Streben der Anbieter nach Differenzierung gegenüber der *Konkurrenz*. Die Wettbewerbssituation ist somit ein weiterer Faktor, der die Suche nach immer wieder neuen und qualitativ hervorragenden Dienstleistungen vorangetrieben hat, der letztlich aber auch dafür verantwortlich ist, daß viele Anbieter sich über die Diversifikation in das Service-Geschäft neue Geschäftsfelder zu erschließen versuchen, in denen die Konkurrenz nicht so hart ist wie in den angestammten Bereichen.
- Viertens und letztens sind *Umwelteinflüsse*, z.B. von seiten der Gesellschaft und des Gesetzgebers, zu nennen, die die Notwendigkeit neuer Services begründen. Hier sei nur auf die gestiegene ökologische Sensibilität sowie damit einhergehende verschärfte rechtliche Auflagen verwiesen, die z.B. dafür gesorgt haben, daß Entsorgungsdienstleistungen zu einem erheblichen Wachstum gelangt sind.

Alle diese Ursachen zusammengenommen haben das Service-Wachstum gefördert, wobei auch innerhalb der Services ein Strukturwandel festzustellen ist: von relativ einfachen, die Betriebsbereitschft sicherstellenden Leistungen hin zu immer

---

[11] Vgl. z.B. Friege 1995, S. 50ff.; Koolmann 1995, S. 263f.

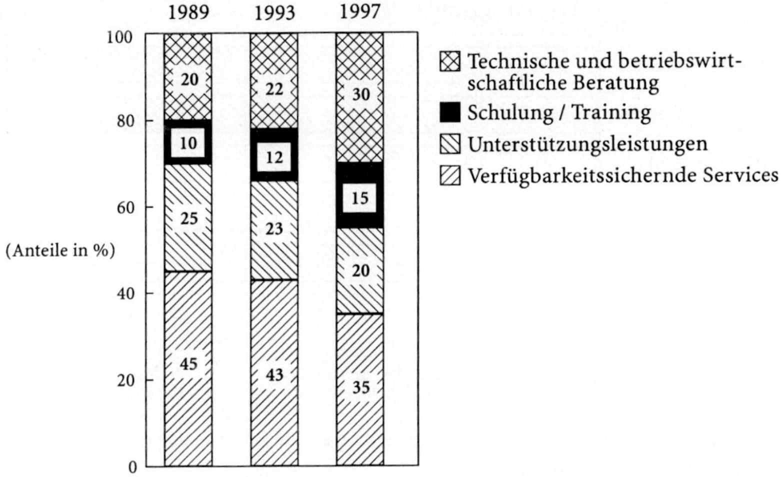

Abb. 5. Strukturveränderungen der Dienstleistungen im Anlagengeschäft der *Siemens AG* (Quelle: Koolmann 1995, S. 267)

komplizierteren Services, vor allem in Form unterschiedlichster Beratungsangebote. Diese Entwicklung zeigt Abb. 5 an einem Beispiel aus dem Anlagengeschäft.

Trotz der genannten Fakten ist es offenkundig, daß viele industrielle Anbieter die Bedeutung der Services erst unzureichend erkannt haben und die Anforderungen der Kunden wesentlich schlechter erfüllen als im Hinblick auf andere Leistungsbestandteile. Das in Abb. 6 wiedergegebene Beispiel kann für viele Branchen als typisch gelten. Infolgedessen ist auch das Service-Management in vielen Unternehmungen eher unsystematisch und unkoordiniert, da ihm im Vergleich zum Hardware-Geschäft nach wie vor zu wenig Beachtung geschenkt wird. Dies ist um so bedenklicher, wenn man berücksichtigt, daß eine Untersuchung der Unternehmensberatung *A.T. Kearney* ergeben hat, daß Kunden fünfmal eher wegen eines schlechten Service den Lieferanten wechseln als infolge mangelhafter Produktqualität oder aus Kostengründen.[12] Die daraus resultierenden Probleme und mögliche Lösungskonzepte werden im folgenden aufgezeigt.

12 Vgl. Homburg/Garbe 1996b, S. 71f.

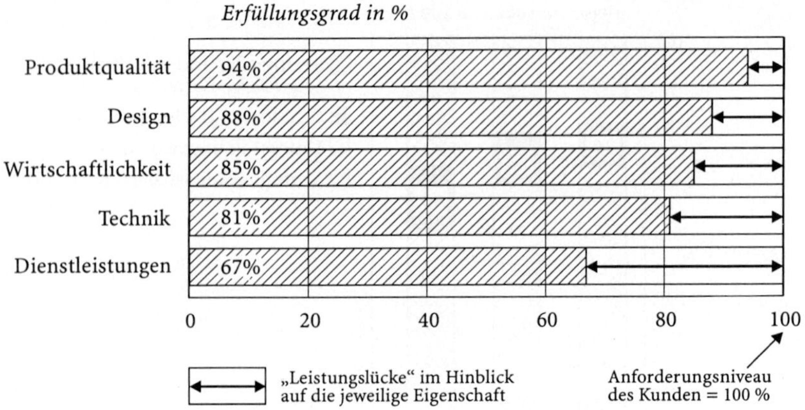

Abb. 6. Typische „Leistungslücken“ – dargestellt an einem Beispiel aus der optisch-feinmechanischen Industrie (Quelle: Simon 1993a, S. 9)

3.2 Erscheinungsformen und Charakteristika industrieller Services

3.2.1 Einordnung des Terminus „industrieller Service" in den Kontext verwandter Begriffe

An dieser Stelle soll keine umfassende und detaillierte Auseinandersetzung mit Möglichkeiten der theoretisch exakten und nachweislich trennscharfen Abgrenzung des *Begriffs des industriellen Service* bzw. – gleichbedeutend – der industriellen Dienstleistung erfolgen. Dieser Versuch wäre aus mehreren Gründen zum Scheitern verurteilt: So haben zurückliegende Untersuchungen deutlich gemacht, daß eine allgemeingültige Trennung der Begriffe Sachleistung und Dienstleistung scheitern muß, da es keine Merkmale gibt, die eine exakte Grenzziehung zwischen beiden Leistungstypen ermöglichen und zudem in der Realität ohnehin stets Leistungsbündel vermarktet werden, die eine Trennung des Sach- vom Dienstleistungsgeschäft in vielen Fällen als unzweckmäßig und zweifelhaft erscheinen lassen.[13] Insofern ist die auch im Rahmen dieses Beitrags vorgenommene Verwendung des Dienstleistungsbegriffs als pragmatisches Zugeständnis an den allgemeinen Sprachgebrauch, nicht jedoch als Ergebnis einer inhaltlich präzisen Definition zu interpretieren,[14] da auch neuere Versuche der Abgrenzung des Dienstleistungsbegriffs auf zum Teil wenig plausiblen Argumenten beruhen

[13] Vgl. die ausführliche Erörterung bei Engelhardt/Kleinaltenkamp/Reckenfelderbäumer 1993.

[14] Vgl. dazu auch die Argumentation bei Woratschek 1996, S. 69.

und insofern als unbefriedigend eingestuft werden müssen.[15] Ein weiteres Problem bei der begrifflichen Bestimmung industrieller Services stellt die Vielfalt verwandter Termini da, die in der betriebswirtschaftlichen Literatur zum Teil gleichbedeutend, zum Teil in mehr oder weniger eng verwandtem Sinne gebraucht werden:[16] Es finden sich neben Publikationen, die den Begriff der industriellen Dienstleistungen im Titel führen,[17] Ausführungen über produktbegleitende Dienstleistungen,[18] Kundendienst,[19] funktionelle Dienstleistungen,[20] investive Dienstleistungen,[21] Kundenservice,[22] Sekundärdienstleistungen,[23] produktdifferenzierende Dienstleistungen,[24] allgemein über „den Service"[25] (in diesem Zusammenhang nicht gleichbedeutend mit dem umfassenden Verständnis von Dienstleistungen) und manches mehr.[26] Insofern ist auch die zu konstatierende uneinheitliche Verwendung des Begriffs der industriellen Dienstleistung nahezu eine zwangsläufige Erscheinung. Daher wird im folgenden nur vergleichsweise knapp der im Rahmen dieses Beitrags verwendete Inhalt des Terminus „industrieller Service" umrissen und in eine idealtypische Beziehung zu einigen wenigen verwandten Begriffen gesetzt, die sich in der Literatur besonders häufig finden.[27]

Es wird in diesem Sinne im folgenden grundsätzlich davon ausgegangen, daß Services sich dadurch auszeichnen, daß sie unter vergleichsweise starker *Einbeziehung (Integration) sogenannter „externer Faktoren"* in die betrieblichen Prozesse eines Anbieters erbracht werden. Als derartige externe Faktoren kommen prinzipiell vor allem Personen (der Nachfrager bzw. seine Mitarbeiter), Objekte (z.B. eine zu reparierende Maschine) und/oder Informationen (z.B. einer Unter-

---

15 Beispielhaft sei hier auf die Arbeiten von Rück 1995 und Knoblich/Oppermann 1996 verwiesen, auf die an dieser Stelle allerdings nicht ausführlich eingegangen werden kann.

16 Dabei wird bei den folgenden Begriffen allein auf die deutschsprachige Literatur abgestellt. Eine Heranziehung englischsprachiger Quellen würde die Vielfalt noch deutlich vergrößern.

17 Vgl. z.B. Buttler/Stegner 1990; Engelhardt/Reckenfelderbäumer 1993; Simon 1993a; Elbl/Wolfrum 1994; Homburg/Garbe 1996a; Homburg/Garbe 1996b; Homburg/Garbe 1996c.

18 Auf diesen Begriff gehen u.a. Elbl/Wolfrum 1994, S. 121, ein. Siehe auch Meyer/Blümelhuber 1996, S. 30.

19 Vgl. u.a. Meffert 1982; Bauche 1994; Meyer, M. 1995.

20 Vgl. Forschner 1988.

21 Vgl. Engelhardt/Schwab 1982; Büker 1991; Engelhardt/Reckenfelderbäumer 1996.

22 Vgl. Stauder 1995.

23 Vgl. Fassott 1995, S. 20.

24 So zu finden bei Meyer, A. 1985, S. 99.

25 Vgl. exemplarisch Müller 1995; Zerr 1995.

26 Zu einem tabellarischen Überblick der in der Literatur verwendeten Begriffe vgl. Homburg/Garbe 1996a, S. 257.

27 Der an terminologischen Fragen stärker interessierte Leser sei z.B. verwiesen auf die ausführlichen Erörterungen bei Forschner 1988, S. 9ff.; Fassott 1995, S. 14ff.; Friege 1995, S. 29ff.; Noch 1995, S. 8ff.

nehmungsberatung zur Verfügung gestellte Daten über die Marktposition einer nachfragenden Unternehmung) in Betracht, wobei Informationen stets auch mit den anderen Arten externer Faktoren verbunden sind. Das Phänomen der Einbeziehung des externen Faktors in die Prozesse des Anbieters wird auch als *Integrativität*[28] oder *Customer Integration*[29] bezeichnet.[30] Die Tatsache, daß im Investitionsgüterbereich die Service-Komponente aus den oben beschriebenen Gründen eine teilweise die Hardware dominierende Bedeutung erlangt hat, bringt es mit sich, daß z.B. im Anlagengeschäft die gesamte Leistungserstellung in hohem Maße durch Integrativität, d.h. die Einbindung des Kunden bzw. der von ihm eingebrachten externen Faktoren, geprägt ist. Nicht nur deshalb ist die Integrativität die das Service-Management in besonderem Maße vor Herausforderungen stellende Leistungseigenschaft.

Eine weitere erwähnenswerte, wenn auch in der Bedeutung hinter die Integrativität deutlich zurücktretende Leistungseigenschaft ist die weitgehende *Immaterialität der Service-Ergebnisse* – oder anders ausgedrückt: der geringe Materialitätsgrad derselben. Dieser hohe Immaterialitätsgrad gilt vor allem im Hinblick auf das unmittelbare Ergebnis einer Service-Leistung, das z.B. bei einer Beratungsleistung weder direkt beobachtet noch in anderer Weise sinnlich wahrgenommen werden kann. Eine Materialisierung der Services erfolgt dann allerdings häufig mittelbar, insbesondere in Form von Veränderungen an der Gestalt des externen Faktors (z.B. die reparierte Maschine) oder durch die Speicherung auf Trägermedien (z.B. Überspielen von speziell entwickelter Software auf Disketten). Diese Vermischung materieller und immaterieller Komponenten hat dazu geführt, daß die Immaterialität als trennscharfes Dienstleistungsmerkmal mittlerweile weitgehend abgelehnt wird.[31] Zudem wird ihre grundsätzliche Eignung als vermarktungsrelevante Leistungseigenschaft vereinzelt in Frage gestellt.[32] Trotz der letztgenannten Kritik bleibt jedoch festzuhalten, daß Services einen tendenziell höheren Immaterialitätsgrad aufweisen als „klassische", insbesondere im Rahmen der Massen-, Sorten- und Serienfertigung erstellte (Sach-)Produkte, weshalb die Immaterialität im Rahmen dieses Beitrags zwar als hinsichtlich ihrer Wichtigkeit der Integrativität nachgeordnete, aber dennoch beachtenswerte Leistungseigenschaft zur Beschreibung von Services herangezogen werden soll.[33]

---

[28] Vgl. Engelhardt/Kleinaltenkamp/Reckenfelderbäumer 1993, S. 417.

[29] Vgl. Kleinaltenkamp 1996, S. 15.

[30] Integrativität wird auch auf allgemeinerer Ebene als typisches Merkmal von Dienstleistungen herausgestellt; vgl. z.B. Meffert/Bruhn 1997, S. 65f.

[31] Vgl. die Ausführungen bei Engelhardt/Kleinaltenkamp/Reckenfelderbäumer 1993, S. 400.

[32] Vgl. Woratschek 1996, S. 59ff., der auch konstruktive Alternativvorschläge unterbreitet.

[33] Vgl. in diesem Zusammenhang zur Vertiefung auch Freiling/Paul 1997, S. 1ff., insbesondere die dort erläuterte Unterscheidung in „physische" und „mentale" Immaterialität bzw. Intangibilität. Letztere wird auch als „Informiertheit" bezeichnet (S. 5).

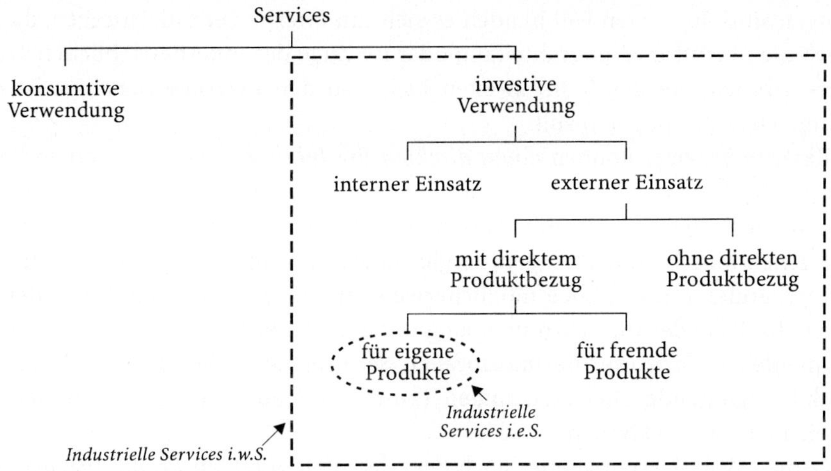

Abb. 7. Idealtypische Systematisierung von Service-Leistungen

Insofern bleibt an dieser Stelle festzuhalten, daß Services tendenziell, keinesfalls aber allgemeingültig einen vergleichsweise hohen Grad an Integrativität und Immaterialität aufweisen. Zur weiteren Eingrenzung industrieller Services dient Abb. 7. Sie visualisiert die folgenden Ausführungen, macht aber auch bereits deutlich, daß man enge und weite Begriffsfassungen unterscheiden kann.

Eine erste wichtige Weichenstellung für die weitere Präzisierung des Begriffes der industriellen Services stellt die Beschränkung auf *investive* Dienstleistungen dar. Insofern werden jedwede Services ausgeklammert, die gegenüber Konsumenten erbracht werden, also z.B. die Reparatur eines privat genutzten Fernsehers oder die Wartung eines Privat-Pkw im Rahmen der regelmäßigen Inspektion durch eine Kfz-Werkstatt. Gegenstand der Betrachtung sind ausschließlich investive Services, d.h. solche Leistungen, die von Organisationen (Nicht-Konsumenten) beschafft werden, um mit ihrer Hilfe weitere Leistungen für die Fremdbedarfsdeckung zu erstellen.[34] Diese Beschränkung hat zur Folge, daß der linke Ast in Abb. 7, der gleichfalls hätte untergliedert werden können, nicht weiter verfolgt zu werden braucht. Der rechte Ast der investiven Services kann im übrigen auch als *industrielle Services i.w.S.* interpretiert werden.

Im weiteren Verlauf sei zunächst von einem Investitionsgüterhersteller als Anbieter der Services ausgegangen (also keinem spezialisierten Dienstleister – diese werden an späterer Stelle angesprochen). Es kann dann danach unterschieden werden, ob die betreffenden Services für die Verwendung in der eigenen Unternehmung eingesetzt werden oder ob sie gegenüber externen Kunden zu er-

[34] Diese Abgrenzung lehnt sich an die allgemeine Definition von Investitionsgütern bei Engelhardt/Günter 1981, S. 24, an.

bringen sind. Im ersten Fall handelt es sich um *interne* Dienstleistungen, die z.B. durch die Marktforschungsabteilung oder im Zuge des innerbetrieblichen Transports erbracht werden.[35] Im zweiten Fall, also den *externen* Services, ist eine weitere Detaillierung sinnvoll.

Externe Services können einen *direkten Produktbezug* (genauer: einen Bezug zur Hardware) aufweisen, wobei dieser Bezug zu *eigenen*, aber auch zu *fremden* Produkten bestehen kann. Ein Maschinenbauer etwa kann Wartungsleistungen an eigenen Maschinen erbringen, vergleichbare Leistungen aber auch für die Maschinen anderer, im Service möglicherweise weniger engagierter Hersteller anbieten. Im Falle der im Zusammenhang mit eigenen Produkten erbrachten Services handelt es sich um die *industriellen Services i.e.S.*, die prinzipiell auch als produktbegleitende Dienstleistungen (beschränkt auf den investiven Bereich) bezeichnet werden können.

Gemäß Abb. 7 können aber auch Services *ohne direkten Produktbezug* angeboten werden, z.B. wenn für einen Kunden eine Absatzmarktstudie erstellt wird oder allgemeine – produktunspezifische – Schulungsleistungen zu erbringen sind. Diese Services ohne direkten Produktbezug stellen ebenso wie die Services für fremde Produkte, die zuvor angesprochen wurden, eigenständige Absatzobjekte aus Sicht des Investitionsgüterherstellers dar und werden insofern auch als *Primärdienstleistungen* bezeichnet. Davon zu unterscheiden sind *Sekundärdienstleistungen*,[36] die nicht eigenständig, sondern in Zusammenhang mit anderen (materiellen) Produkten in einem Leistungsbündel angeboten werden bzw. zumindest deren Absatz fördern sollen.[37]

Ausgeklammert wurde bisher die Frage, ob auch *spezialisierte Dienstleistungsanbieter*, die investive Services anbieten (sogenannte „institutionelle Dienstleister"), als Erbringer industrieller Dienstleistungen einzuordnen sind. Im Hinblick auf diese Problematik erscheint es zweckmäßig, sie in die Betrachtung mit einzubeziehen, und zwar aus mehreren Gründen: Zum einen sind viele dieser Dienstleister durch Ausgliederungen aus Investitionsgüterunternehmungen entstanden und gehören auch nach dieser Ausgliederung und der Entlassung in die

---

35 Zu internen Services vgl. grundlegend z.B. Davis 1993, S. 301ff.

36 Allgemein zu Primär- und Sekundärleistungen vgl. Hammann 1974, S. 135ff.

37 Zu Primär- und Sekundärdienstleistungen vgl. Jugel/Zerr 1989, S. 163f.; Elbl/Wolfrum 1994, S. 121; Fassott 1995, S. 21. *Homburg/Garbe* stellen – abweichend von den meisten anderen Quellen – bei der Unterscheidung allein auf die Frage der eigenständigen Inrechnungstellung der Services ab (Homburg/Garbe 1996a, S. 261ff). Die Abgrenzung von Primär- und Sekundärdienstleistungen ist allerdings in jedem Fall – darauf sei ausdrücklich hingewiesen – äußerst problematisch bzw. allenfalls als idealtypische Vereinfachung aufzufassen: Wer will z.B. im Anlagengeschäft noch entscheiden, worin die Hauptleistung, worin die Nebenleistung besteht? Kann man dann aber noch von den dort erbrachten Services als sekundäre bzw. unterstützende Leistungselemente sprechen? Auf die Möglichkeit der Umkehrung der Bedeutung von Primär- und Sekundärleistungen im Zeitverlauf weist zudem Hammann 1997, S. 406, hin.

rechtliche Selbständigkeit noch demselben Konzern an. Zudem bieten die selbständigen Dienstleister vielfach den durch die Investitionsgüterhersteller offerierten Services in hohem Maße vergleichbare Leistungen an, stehen also zu diesen in einem unmittelbaren Konkurrenzverhältnis. Des weiteren arbeiten die spezialisierten Anbieter gerade bei komplexen Projekten häufig sehr eng mit Investitionsgüterherstellern zusammen, bringen ihre Leistungen z.B. im Systemgeschäft in gemeinsame Leistungsbündel ein. All diese Sachverhalte sind Gründe dafür, daß ein Ausschluß durch Spezialisten erbrachter Services aus dem Betrachtungsgegenstand nicht zweckmäßig sein dürfte.[38] Die Anbieter der im rechten Zweig von Abb. 7 erfaßten Leistungen können also sowohl institutionelle, selbständige Dienstleister als auch Investitionsgüterhersteller klassischer Prägung sein, wobei letztere allerdings im Zentrum der folgenden Überlegungen stehen.

Eine präzise Begriffsdefinition fällt letztlich deshalb schwer, weil ein und dieselbe Art von Leistung, z.B. die Reparatur einer bestimmten Maschine, in Abb. 7 möglicherweise auf unterschiedlichen Stufen und in unterschiedlichen Zweigen eingeordnet werden kann: So kann es sich um eine interne Leistung handeln, wenn eine für eigene Zwecke genutzte Maschine von unternehmungseigenen Service-Mitarbeitern repariert wird. Eine Leistung am eigenen Produkt liegt vor, wenn ein Maschinenbauer für seine Maschinenkunden Reparaturleistungen erbringt – z.B. im Rahmen langfristiger Wartungsverträge. Schließlich können derartige Reparaturen aber auch an vergleichbaren Maschinen anderer Hersteller vollzogen werden. All diese Abgrenzungsprobleme führen dazu, daß prinzipiell mit dem in Abb. 7 gekennzeichneten weiten Begriff der industriellen Services gearbeitet werden muß, denn nur auf diese Weise können tatsächlich alle relevanten Probleme des industriellen Service-Management abgedeckt werden, ohne daß einzelne Gesichtspunkte aus der Betrachtung herausfallen.

Insofern bleibt an dieser Stelle festzuhalten: Industrielle Services

- weisen vergleichsweise hohe Integrativitäts- und Immaterialitätsgrade auf,
- werden durch einen Investitionsgüterhersteller oder mittels Heranziehung spezialisierter Dienstleister
- zur Verwendung als innerbetriebliche Leistungen oder unmittelbar gegenüber externen Kunden, jedoch stets zum Zwecke der investiven Verwendung erbracht
- und haben einen mehr oder weniger engen, zum Teil aber auch gar keinen unmittelbaren Bezug zum (Hardware-)Produkt.

---

[38] Hingewiesen sei darauf, daß die spezialisierten Dienstleister allerdings keine Dienstleistungen an eigenen (materiellen) Produkten erbringen können, da sie über letztere nicht verfügen. Allenfalls kann es sich bei selbständigen Dienstleistungstochtergesellschaften innerhalb eines Konzerns um die Leistungserbringung an konzerneigenen Produkten handeln. Die Tatsache, daß beide Sachverhalte inhaltlich sehr nah beeinanderliegen, unterstreicht die Notwendigkeit der Berücksichtigung selbständiger Dienstleister im Rahmen der vorliegenden Ausführungen.

Diese Eingrenzung muß in Teilen unbestimmt bleiben, will sie den Erfordernissen der Analyse praktischer Gegebenheiten gerecht werden. Zwar kann man von den Services für eigene Produkte (den industriellen Services i.e.S.) als *Kernvorstellung der industriellen Services* ausgehen, die je nach Untersuchungszweck schrittweise bis hin zu den industriellen Services i.w.S. auszudehnen wäre. Hier wird jedoch von Anfang an die weitere Sichtweise verfolgt, um immer neue Modifikationen der einmal getroffenen Begrifflichkeit zu verhindern.[39] Viele der folgenden Ausführungen besitzen allerdings besondere Relevanz im Hinblick auf die industriellen Services i.e.S.

Die Anschaulichkeit des Begriffsinhaltes industrieller Services wird im folgenden Abschnitt mit Hilfe denkbarer Systematisierungsansätze vertieft.

3.2.2 Ansätze zur Systematisierung von industriellen Services

Einige der in Tabelle 2 enthaltenen Systematisierungskriterien wurden bereits im vorhergehenden Abschnitt zur Skizzierung des Untersuchungsgegenstandes herangezogen. Auf sie wird an dieser Stelle nicht mehr weiter eingegangen. Statt dessen sollen ergänzend einige andere Einteilungen angesprochen werden, die für die nachfolgenden Ausführungen von Bedeutung sind. Allerdings sei bereits einleitend darauf hingewiesen, daß die Systematisierungen regelmäßig idealtypischen Charakter haben und Mischformen in der Praxis die Regel darstellen. Ebenso sind zur vollständigen Charakterisierung einer Leistung stets mehrere der genannten Kriterien erforderlich.

- Besondere Bedeutung kommt der Systematisierung der Services nach der *Stellung im Kaufprozeß* zu. Dabei spielen vor allem die After-Sales-Services eine große Rolle, da in ihnen in besonderem Maße ein Instrument zur Pflege und Intensivierung von Geschäftsbeziehungen und damit zur Anbahnung von Folgegeschäften gesehen werden kann.[40] Aber auch vor dem und während des Kaufakt(es) sind diverse Services erforderlich, wie Abb. 8 an einem Beispiel aus dem Systemgeschäft zeigt, bei dem zusätzlich die Phasen Entscheidung, Integration, Nutzung und Stillegung unterschieden werden.[41]
- Eine zweite Unterscheidung ist diejenige in *technische und kaufmännische* Services. Erstere sind – wenn man so will – die „Urform" der industriellen

[39] So wirft etwa die von *Homburg/Garbe* festgelegte Definition („*Industrielle Dienstleistungen sind immaterielle Leistungen, die ein Investitionsgüterhersteller seinen Kunden zur Förderung des Absatzes seiner Sachgüter anbietet.*", Homburg/Garbe 1996a, S. 255, Kursivdruck im Original) eine Mehrzahl von Problemen auf, die im Rahmen der bisherigen Ausführungen angedeutet wurden, so daß diese Begriffsfassung wie auch andere für die Zwecke des vorliegenden Beitrags als nicht adäquat bezeichnet werden muß.

[40] Speziell zu After-Sales-Services vgl. Engelhardt 1993, S. 377ff.

[41] Zur tiefergehenden Erläuterung des Beispiels vgl. Zerr 1995, S. 137f.

Tabelle 2. Systematisierungskriterien für industrielle Services

Kriterium	*Ausprägungen*	*Beispiele*
Abnehmer	- interner Kunde - externer Kunde	Innerbetrieblicher Transport Betreiber-Service
Produktbezug	- mit Produktbezug - ohne Produktbezug	Maschinenreparatur Marketing-Schulung
Vollzugsobjekt	- eigenes Produkt	Inbetriebnahme einer gelieferten Maschine
	- fremdes Produkt	Reparatur einer Konkurrenzmaschine
Stellung im Kaufprozeß	- Pre-Sales-Services - Sales-Services - After-Sales-Services	Angebotserstellung Verkausfsgespräch Wartungsleistung
Inhalt	- technische Services - kaufmännische Services	Reparatur Wirtschaftlichkeitsstudie
Art des externen Faktors	- Person - Objekt - Infomationen	Beratung Maschineninspektion Erstellung eines EDV-Programms
Dominanter Produktionsfaktor	- Personal - Kapital	Kreditvermittlung Computer-Diagnose

Services, werden aber heute in sehr viel umfassenderer und anspruchsvollerer Weise angeboten als vor einigen Jahren oder gar Jahrzehnten. Besonders gewachsen ist jedoch die Bedeutung der kaufmännischen Dienstleistungen, da die Nachfrager mehr und mehr daran interessiert sind und davon überzeugt werden müssen, daß die ihnen angebotenen Problemlösungen nicht nur technisch leistungsfähig, sondern auch ökonomisch erfolgversprechend sind.

- Die Frage, an welchen *externen Faktoren* die Services erbracht werden, hat großen Einfluß auf die Möglichkeiten des Anbieters, seine Prozesse in seinem Sinne zu steuern. Damit ist sie für das Service-Management sehr wichtig, denn Prozesse, in die Personen integriert werden müssen, sind regelmäßig sehr viel „störanfälliger" als solche, in denen der Anbieter seine Leistungserstellung unter Einbeziehung von Objekten des Nachfragers durchführt, ohne daß der Kunde selbst direkt in die Prozesse eingreift.
- Die Analyse der für eine bestimmte Service-Leistung eingesetzten *Produktionsfaktoren* schließlich ist u.a. im Hinblick auf die Kostenstrukturen sowie die Kostenflexibilität von Bedeutung. Die Art der Produktionsfaktoren hat aber z.B. auch Einfluß auf die Qualitätskonstanz der Leistungserstellung.

Im weiteren Verlauf dieses Beitrags wird die Relevanz der angesprochenen Kriterien für das Management industrieller Services immer wieder deutlich werden.

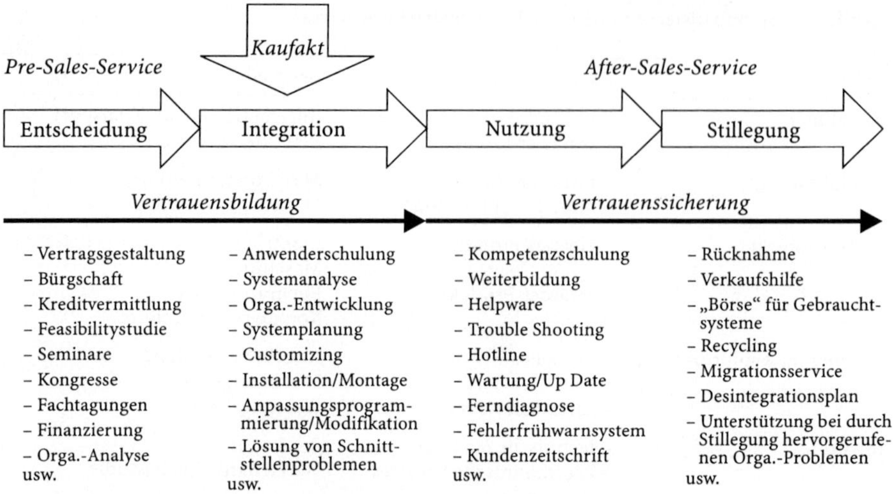

Abb. 8. Potentielle Systembausteine eines Anbieters informationstechnologischer Systeme – eine phasenbezogene Betrachtung (Quelle: Zerr 1995, S. 139)

Unübersehbar ist aber bereits jetzt die Tatsache, daß das Spektrum industrieller Services außerordentlich heterogen ist und für die betreffenden Anbieter daraus erhebliche Anforderungen erwachsen. Diese lassen sich anhand des Leistungsmerkmals Integrativität, ergänzend auch anhand der Immaterialität dokumentieren.

3.2.3 Integrativität und Immaterialität als Service-Merkmale und ihre Konsequenzen für das Management

Einige grundlegende Auswirkungen der Integrativität sowie der Immaterialität sollen im Rahmen dieses Abschnitts kurz skizziert werden, bevor sie in den darauffolgenden Ausführungen zu vertiefen sind. Zu diesem Zwecke sei auf Abb. 9 verwiesen.[42] Die genannten Auswirkungen stellen dabei keine Gesetzmäßigkeiten, sondern lediglich Tendenzaussagen dar, für die je nach der individuellen Situation, die betrachtet wird, durchaus im Einzelfall auch Gegenbeispiele zu finden sind. Dennoch ist Abb. 9 für eine allgemeine Einordnung der Zusammenhänge durchaus nützlich.

[42] Zu einem ausführlicheren Überblick über die Konsequenzen der beiden Leistungseigenschaften vgl. Engelhardt/Kleinaltenkamp/Reckenfelderbäumer 1993, S. 418ff., sowie die dort angegebene Literatur.

Service-Merkmale

Integrativität	*Immaterialität*
- Einflußnahme des Nachfragers bzw. der externen Faktoren	- Lagerhaltungs- und Speicherungsprobleme
- begrenzte Standardisierungsmöglichkeiten	- Qualitätssicherungsprobleme
- Leistungs- und Qualitätsunsicherheit für Anbieter undNachfrager	- Visualisierungs- und Präsentationsdefizite
- Probleme der Kapazitätsfestlegung	- Wichtigkeit des Image
- Vertrauen des Nachfragers in den Anbieter als wichtigerWettbewerbsfaktor	- Indikatorfunktion des Preises für die Qualität
- hohe Anforderungen an diePotentialfaktoren	- Produktionsfaktoren als Leistungssurrogate
	- Informationsprobleme und Beschaffungsunsicherheit beim Nachfrager

Abb. 9. Konsequenzen aus Integrativität und Immaterialität

Abbildung 9 zeigt, daß Service-Leistungen sowohl für den Anbieter als auch für den Nachfrager in sehr viel höherem Maße *Unsicherheit* mit sich bringen, als es bei „herkömmlichen Sachleistungen" der Fall ist.[43] Diese Unsicherheiten resultieren aus der Tatsache, daß bei der Vermarktung von Services nicht über „fertige Produkte", sondern lediglich über Leistungsversprechen verhandelt wird. Sofern es sich nicht um hochgradig standardisierte Services handelt, ist das Leistungsergebnis im Hinblick auf seine Qualität, den Zeitpunkt seiner Fertigstellung, aber auch bezüglich der für seine Erreichung aufzuwendenden Kosten vorab oft allenfalls ansatzweise und in groben Zügen bekannt oder abschätzbar, es herrscht Unsicherheit bezüglich der Leistungsfähigkeit und des Leistungswillens des Anbieters,[44] aber auch hinsichtlich der Integrationsbereitschaft und -fähigkeit des Nachfragers.[45] Die Erstellung von Services ist geprägt durch oft erhebliche *Informationsasymmetrien*[46] bezüglich unterschiedlicher Beobachtungsgegenstände bzw. Teilaspekte in Zusammenhang mit dem Leistungsaustausch, wobei in einem Fall der Anbieter, in einem anderen Fall der Nachfrager einen Informationsvorsprung besitzt. Der Erfolg einer Service-Leistung hängt daher

---

[43] Vgl. Kleinaltenkamp/Marra 1995, S. 104.

[44] Vgl. Woratschek 1996, S. 62.

[45] Insofern liegen beim Austausch von Services – wie auch bei der integrativen Leistungserstellung im allgemeinen – bilaterale Principal-Agent-Beziehungen mit beiderseitigen Verhaltensunsicherheiten vor; vgl. dazu ausführlich Kleinaltenkamp 1992, S. 812ff.

[46] Vgl. dazu und zu den drei Grundtypen von resultierender Verhaltensunsicherheit (Hidden Characteristics, Hidden Intention, Hidden Action), auf die hier nicht weiter eingegangen werden kann, Spremann 1990, S. 561ff.

stark davon ab, daß beide Seiten den erforderlichen Prozeß-Input liefern, der es dem jeweiligen Marktpartner ermöglicht, sein Prozeßverhalten angemessen auszugestalten. Insofern sind bei Services die Vertrauenseigenschaften, die weder vor noch nach dem Kauf beurteilt werden können, gegenüber den zumindest nach dem Kauf beurteilbaren Erfahrungs-, vor allem aber gegenüber den für den Nachfrager vor dem Kauf erkennbaren Sucheigenschaften besonders ausgeprägt.[47]

Unter Berücksichtigung dieser Sachverhalte stellen Services im informationsökonomischen Sinne häufig schon für sich gesehen sogenannte *Kontraktgüter* dar,[48] tragen durch ihre Einbindung in komplexe Systeme und Anlagen aber in jedem Falle dazu bei, daß diese umfassenden Leistungsbündel Kontraktgutcharakter besitzen. Typisch für Kontraktgüter ist nämlich u.a., daß sie zum Zeitpunkt des Kaufes noch nicht existieren, bei ihrer Erstellung ein hohes Maß an Vertrauen zwischen den Vertragspartnern erforderlich ist, die Möglichkeit der Qualitätssteuerung eingeschränkt ist und sie für den Nachfrager eine erhebliche Relevanz aufweisen.[49] Insofern kommen im Service-Geschäft die für Kontraktgüter charakteristischen Informations- und Unsicherheitsprobleme zum Tragen.

Vertrauen, Reputation, Garantien sowie die Informationspolitik im allgemeinen als aus der ökonomischen Theorie bekannte Konstrukte[50] besitzen somit auch als Instrumente bei der praktischen Vermarktung von Services eine besonders wichtige Bedeutung, da sie geeignet sind, Unsicherheit abzubauen und das Zustandekommen von Austauschprozessen zu fördern.[51] Weniger die theoretischen als vielmehr die praktischen Probleme des Service-Management sollen im folgenden im Vordergrund stehen. Dafür werden zunächst die Schwerpunkte hinsichtlich der beobachteten Defizite herausgearbeitet, bevor im Anschluß daran Lösungskonzepte vorzustellen sind.

---

[47] Zu den Leistungseigenschaften, die ihren Ursprung in der informationsökonomischen Theorie haben, und ihrer Bedeutung für das industrielle Beschaffungsverhalten vgl. auch z.B. Fließ 1999.

[48] Das gilt vor allem für individuelle Services; vgl. dazu auch Woratschek 1996, S. 63.

[49] Zu Kontraktgütern vgl. z.B. Schade/Schott 1993, S. 16ff.; Kaas 1995, S. 23ff.

[50] Ausführlich dazu vgl. Spremann 1988, S. 613ff.

[51] Vgl. in ähnlichem Zusammenhang Kleinaltenkamp/Marra 1995, S. 111f.

3.3 Defizite und Problemfelder im Service-Bereich von Investitionsgüteranbietern

3.3.1 Das Fehlen geschlossener Service-Konzepte

Als grundlegendes Problem kristallisiert sich bei einer Analyse der Gegebenheiten in der Praxis heraus, daß es in vielen Unternehmungen an strukturierten und umfassenden Konzepten bezüglich der Vermarktung der Service-Leistungen fehlt. Die Relevanz dieses Sachverhalts zeigt Abb. 10.

Besonders ausgeprägt ist das Fehlen derartiger Marketing-Konzepte offenbar im Maschinenbau, wo einer empirischen Untersuchung zufolge lediglich 26 % der Unternehmungen systematisches Service-Marketing betreiben. Aber auch z.B. in der Elektrotechnik/Elektronik sowie in der Feinmechanik/Optik liegen die entsprechenden Werte deutlich unter 50 %. Der Gesamtwert für alle untersuchten Unternehmungen liegt daher auch lediglich bei „bescheidenen“ 43 %.[52]

Es sollte unmittelbar einleuchten, daß ein Investitionsgüteranbieter, der sein Service-Geschäft lediglich „nebenher“ laufen läßt und ohne gezielte Vermarktungsstrategie betreibt, in Zeiten einer hohen Relevanz der Services für den Markterfolg einer Unternehmung erhebliche Risiken eingeht, gleichzeitig aber vielfältige Möglichkeiten zur Erfolgssteigerung ungenutzt läßt. Gerade diese An-

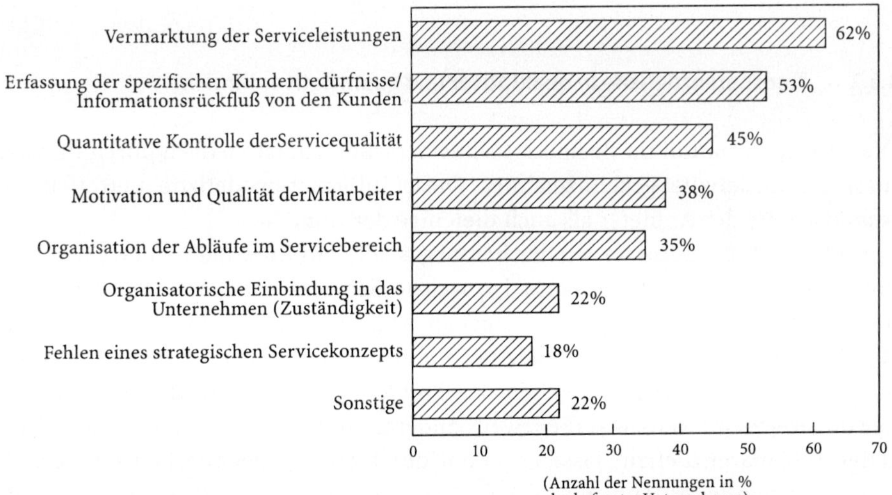

Abb. 10. Die größten Verbesserungspotentiale im Service (Quelle: Läbe/Stolpmann 1993, S. 27)

---

[52] Vgl. Läbe/Stolpmann 1993, S. 26.

bieter sind es, die noch ein gutes Stück von der in Abschnitt 3.1.2 beschriebenen dritten Phase bzw. Ausprägung der Service-Entwicklung entfernt sind und damit im Grunde die Zeichen der Zeit nicht erkannt haben: Sie agieren mit einem Instrumentarium, das den Anforderungen der Märkte immer weniger gerecht wird, indem sie sich nach wie vor bei ihren Vermarktungsanstrengungen auf ihre materiellen Produkte konzentrieren. Die nach außen hin deklarierten Bekenntnisse zur Service-Orientierung vieler Unternehmungen sind – das machen die empirischen Untersuchungen in diesem Bereich deutlich – auch heute noch viel zu oft lediglich leere Worte, denen bisher nur selten Taten gefolgt sind.

Jede Unternehmung sollte sich daher die Frage stellen,

- welche Services
- in welcher Form
- in welchem Umfang
- durch wen
- mit welchem Ziel
- für welche Kundengruppen
- zu welchem Preis

zu erbringen sind. Dafür muß allerdings die Bereitschaft gegeben sein, die Services mindestens ebenso wichtig zu nehmen wie die Sachleistungen, was zu oft durch eine (historisch gewachsene) extreme Technik-Orientierung der Unternehmungen ver- oder doch wenigstens behindert wird.

3.3.2 Transparenzdefizite in qualitativer und quantitativer Hinsicht

Die Service-Situation im Business-to-Business-Bereich ist vielfach durch massive Informationsdefizite gekennzeichnet. Diese Informationsdefizite betreffen sowohl die Seite der Anbieter als auch diejenige der Kunden.

So hat sich etwa immer wieder herausgestellt, daß innerhalb einer Unternehmung vielfach gar nicht bekannt ist, welche Services angeboten werden (können).[53] Obwohl die Kenntnis des eigenen Angebots im Grunde eine Selbstverständlichkeit sein müßte, ist gerade bei Anbietern mit mehreren relativ selbständig agierenden Geschäftsbereichen das Problem gegeben, daß der eine Bereich nur unzureichend weiß, was die jeweils anderen im Service zu bieten haben. Derartige Transparenzdefizite lassen sich nur durch eine systematische Bestandsaufnahme vorhandener Angebote sowie eine darauffolgende Weitergabe der entsprechenden Informationen an alle betroffenen Bereiche innerhalb der Unternehmung ausräumen.

---

[53] Vgl. Anderson/Narus 1995, S. 109.

Bestehen Informationsdefizite dieser Form bereits innerhalb der Unternehmungen, so ist es fast zwangsläufig, daß die Kunden über die Service-Angebote der Investitionsgüteranbieter oft nur falsch oder unzureichend informiert sind. *Evidenzmängel*, d.h. die mangelnde Einsicht des Nachfragers, daß er eine bestimmte Leistung zur Lösung seiner Probleme benötigt,[54] sind dann unvermeidlich. Derartige Evidenzdefizite erschweren es aber nicht nur dem Nachfrager, die richtige Lösung für seine Probleme zu finden, sondern sie verschlechtern auch die Chance des Anbieters, seine Leistungsbündel dem Kunden als vorteilhaft gegenüber konkurrierenden Angeboten zu präsentieren. Insofern müssen die Anbieter daran interessiert sein, ihr Service-Angebot nach außen zu kommunizieren und bei den aktuellen und potentiellen Abnehmern bekannt zu machen.

Ein drittes - vielfach sogar das gravierendste - Transparenzdefizit besteht schließlich im Hinblick auf die Kenntnisse der Anbieter bezüglich der Bedürfnisse ihrer Nachfrager. Viele Unternehmungen wissen nur sehr wenig darüber, welche Leistungen für ihre Kunden von Bedeutung sind. Das ist dann besonders gefährlich, wenn die Services zum kaufentscheidenden Faktor werden. Insofern muß jeder Unternehmung daran gelegen sein zu erfahren, welche Services in ihrem jeweiligen Geschäft besonders gefragt sind, welche Anforderungen die Kunden hinsichtlich Quantität und Qualität des Leistungsangebotes stellen, aber auch, welche Zahlungsbereitschaft bezüglich der einzelnen Leistungen besteht. Abbildung 11 zeigt am Beispiel zweier Branchen, daß dabei keine verallgemeinernden Aussagen gefragt sind, sondern branchen- und vielfach sogar unternehmensspezifische Betrachtungen erforderlich sein werden.

Wichtig ist, daß bei der Beurteilung der Marktrelevanz bestimmter Services die Kundensicht berücksichtigt wird. Dabei ist zu beachten, daß sich die Einschätzungen der Nachfrager im Zeitablauf ändern, die betreffenden Informationen daher in regelmäßigen Zeitabständen überprüft werden müssen, um dann die erforderlichen Modifizierungen im Service-Angebot vornehmen zu können. Abbildung 12 zeigt die aktuelle und zukünftige Wichtigkeit einiger Dienstleistungen.[55]

Ein systematischer Ausbau der Kommunikation innerhalb der Unternehmung, aber auch aus der Unternehmung hinaus zum Markt sowie umgekehrt - vom Markt in die Unternehmung hinein - ist als Forderung zu formulieren und in konkrete Maßnahmen umzusetzen, um die Transparenzdefizite im Service-Management ausräumen zu können.

---

[54] Vgl. dazu ausführlich Engelhardt/Reckenfelderbäumer 1996, S. 13f.

[55] Speziell für den Maschinenbau vgl. dazu auch Neckermann/Wessels 1992, S. 533.

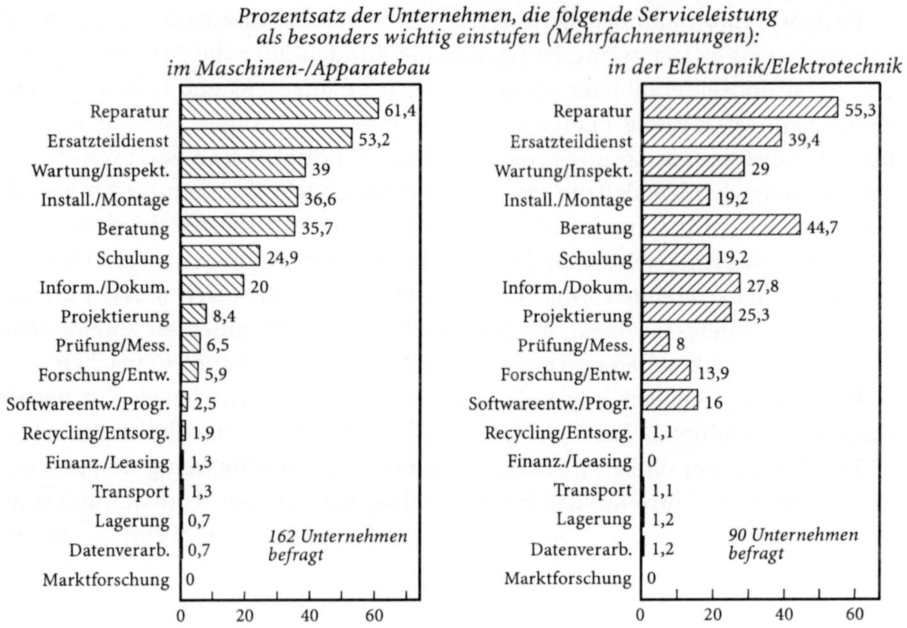

Abb. 11. Die Wichtigkeit von Service-Leistungen im Branchenvergleich (Quelle: Stauss 1993, S. 211)

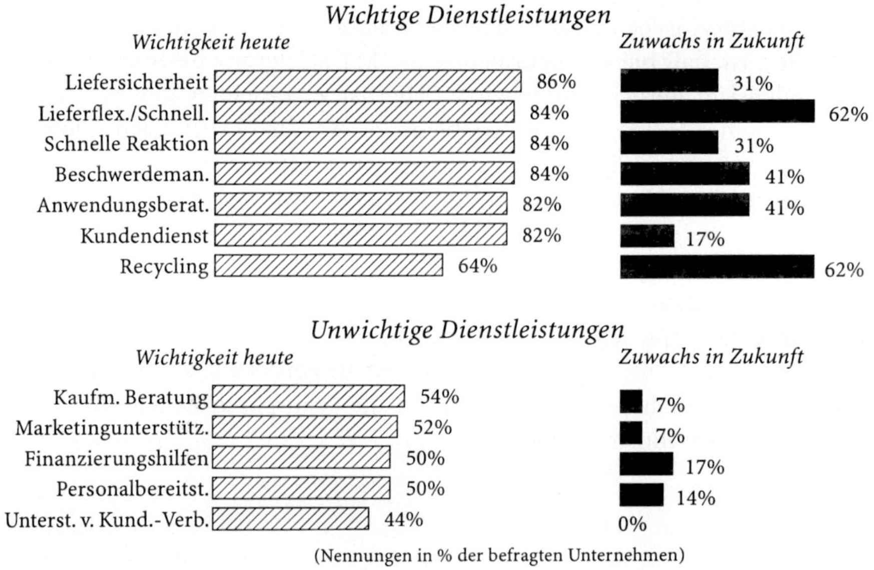

Abb. 12. Wichtige und unwichtige industrielle Services aus der Sicht der Kunden (Quelle: Simon 1993a, S. 14)

3.3.3 Unklarheiten bei der Kompetenz- und Verantwortlichkeitsverteilung

Die häufig eher geringe Beachtung, die den Services geschenkt wird, bringt es mit sich, daß in den Unternehmungen oft Unklarheit herrscht, wer für die Vermarktung und Erbringung bestimmter Dienstleistungen überhaupt zuständig ist. Gleichzeitig - und hier wird eine Wechselwirkung deutlich - sind es aber nicht zuletzt gerade diese unklaren Zuständigkeiten, die dafür ursächlich sind, daß sich vielfach niemand so recht verantwortlich fühlt, für den gezielten und erfolgreichen Einsatz der Services Sorge zu tragen. Die Negativauswirkungen können dann in zwei verschiedenen Erscheinungsformen beobachtet werden: Entweder werden bestimmte Dienstleistungen, die prinzipiell als Instrument im Wettbewerb genutzt werden könnten, dermaßen vernachlässigt, daß die vorhandenen Potentiale gar nicht eingesetzt werden, oder aber - und dieser Fall ist nicht minder problematisch - innerhalb einer Unternehmung fühlen sich mehrere Stellen gleichzeitig berufen, den Kunden mit den gewünschten Leistungen zu versorgen, so daß es zu Schnittstellenproblemen und Kompetenzstreitigkeiten kommen kann.

Beispiel:
In einem großen deutschen Elektrokonzern stellte ein Geschäftsbereich bei der Überprüfung seiner Service-Aktivitäten fest, daß gegenüber denselben Kunden regelmäßig der Fall auftrat, daß diese Kunden von drei Stellen innerhalb des Konzerns mit (zum Teil identischen) Service-Leistungen für ein bestimmtes Produkt versorgt wurden: von der Zentrale des Konzerns, von den Service-Einheiten des Geschäftsbereichs sowie von den regionalen Vertriebsniederlassungen. Die Folge waren häufige Reibereien im Hinblick auf die Zuständigkeiten sowie unnötige Mehrkosten durch die dreifache Vorhaltung vergleichbarer Service-Kapazitäten.

Die gegenwärtige Diskussion um Outsourcing und die Verselbständigung von Service-Einheiten gibt der Frage der Verantwortlichkeitsverteilung eine neue Dynamik.[56] Es ist zu hoffen, daß die damit verbundene Aufmerksamkeit, die den Services gewidmet wird, dazu führt, daß die Kompetenzen und Zuständigkeiten auch bei den im eigenen Hause verbleibenden Services klarer und planvoller verteilt werden, als es heute vielfach der Fall ist. Darin liegt eine wichtige Voraussetzung für ein erfolgreiches Service-Management begründet.

3.3.4 Service-Management als Gratwanderung zwischen Kunden(un)zufriedenheit und (Un-)Wirtschaftlichkeit

Die langjährige Vernachlässigung der Services hat dazu geführt, daß viele Unternehmungen, wenn sie denn die Erfolgsträchtigkeit dieser Leistungen erst einmal erkannt haben, ihr Service-Angebot oft nahezu hemmungslos ausweiten, so daß

[56] Siehe dazu auch Abschnitt 3.5.3.

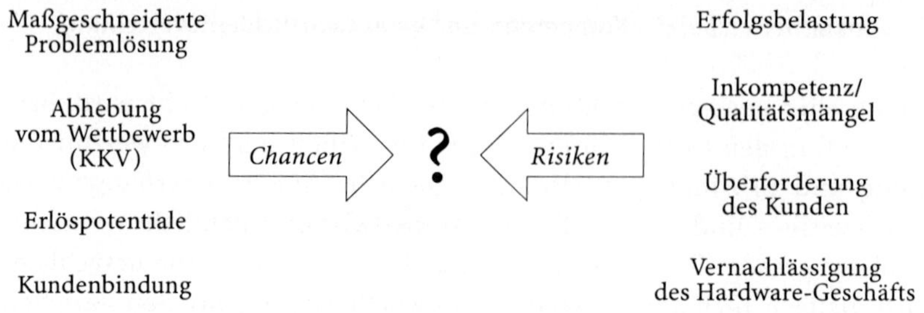

Abb. 13. Chancen und Risiken der Service-Orientierung

es zu einem wahren „Wildwuchs" an Dienstleistungen kommt, bei dem von einem planvollen Vorgehen keine Rede mehr sein kann: Oft werden den Kunden Leistungen angeboten, die sie gar nicht wollen und für die sie schon überhaupt nicht zu zahlen bereit sind.[57] Das Bestreben, den Kunden zufriedenzustellen, geht dann so weit, daß die Wirtschaftlichkeit aus den Augen verloren wird. Von einer ausgewogenen Verfolgung der Zielgrößen Kundenzufriedenheit und Wirtschaftlichkeit kann dann keine Rede mehr sein, obwohl gerade darin der Schlüssel zu einem erfolgreichen Service-Management liegen sollte.[58] Will man plakative Begriffe verwenden, so ist in diesem Sinne teilweise der Weg aus einer „Service-Wüste" über die „Service-Euphorie" hin zu einem „Service-Overkill" vollzogen worden. Das gesunde Mittelmaß zu finden, fällt vielen Unternehmungen angesichts ihrer Begeisterung im Zuge der Entdeckung des Service-Nutzens heute noch schwer.

> **Beispiel:**
> „In einem Unternehmen der chemischen Industrie haben sich im Laufe der letzten zehn Jahre ohne Rücksicht auf die Kosten- und Gewinnwirkungen insgesamt mehr als vierzig eigenständige Serviceleistungen entwickelt. In die Falle der unkontrollierten Serviceexpansion ist das Unternehmen hineingeraten, weil man immer wieder bemüht war, das historisch sehr hohe Preisniveau durch ‚Zugaben' im Servicebereich zu rechtfertigen und die Kunden bei der Stange zu halten. In jüngster Zeit geraten aufgrund von Nachfragerückgängen und Überkapazitäten die Produktpreise immer stärker unter Druck. Das ehemals umfangreiche Serviceangebot kann nicht mehr aufrechterhalten werden. Nun werden auf breiter Front Einschnitte vorgenommen."[59]

Das beschriebene Phänomen macht aber auch deutlich, wie unterschiedlich und unternehmensspezifisch die Entwicklung ist, die die Bedeutung der Services genommen hat: Sind viele Unternehmungen faktisch noch weit von einer Service-

---

[57] Vgl. Anderson/Narus 1995, S. 107f.

[58] Vgl. Lovelock 1993, S. 68ff.; Biermann 1994, S. 68ff.; Sebastian/Hilleke 1994, S. 50ff. und S. 45ff.; Engelhardt/Reckenfelderbäumer 1995, S. 176ff.

[59] Sebastian/Hilleke 1994, S. 51.

Orientierung entfernt, haben andere das gesunde Maß überzogen oder bieten Services an, die für die Kunden uninteressant sind, vernachlässigen dabei aber andere, die durchaus sinnvoll wären.

Insofern sind mit der Service-Orientierung und dem Ausbau der Dienstleistungen sowohl Chancen als auch Risiken verbunden, von denen die wichtigsten in Abb. 13 zusammengefaßt sind. In diesem Spannungsfeld muß jeder Anbieter den für sich richtigen Weg finden.

Die in Abb. 13 genannten Aspekte machen unmittelbar deutlich, daß ein „Weniger" an Services oft ein „Mehr" an Erfolg bedeutet, nämlich vor allem immer dann, wenn die betreffenden Leistungen die Kosten in stärkerem Maße erhöhen als sie für zusätzliche Erlöse zu sorgen vermögen, wenn infolge fehlender Service-Kompetenz und bedingt durch Know-how-Defizite die Dienstleistungen nicht in der gewünschten Qualität bereitgestellt werden können oder wenn die Fähigkeit und Bereitschaft der Kunden, sich und ihre externen Faktoren in die Prozesse einzubringen, überstrapaziert wird. Schließlich besteht auch eine Gefahr in der Vernachlässigung des Hardware-Geschäfts, die die positiven Auswirkungen der Konzentration auf die Services konterkarieren kann. Dieses Problemfeld ist eng verbunden mit den im folgenden Abschnitt behandelten Fragen.

3.3.5 Ungleichgewichte zwischen Kosten- und Erlösbedeutung

Verluste entstehen, wenn die Kosten die Erlöse übersteigen. Diese betriebswirtschaftliche Grundregel findet im Service-Bereich offenbar vielfach nur wenig Beachtung. Zumindest liegt der Anteil der Service-Kosten an den Gesamtkosten der Unternehmung regelmäßig höher als der Anteil der Service-Erlöse an den Gesamterlösen (siehe Abb. 14). Daraus jedoch den Schluß zu ziehen, Services seien reine Verlustbringer, wäre verfehlt. Vielmehr bedarf es einer differenzierteren Analyse des in Abb. 14 dargestellten Phänomens.

Eine Ursache für das Übergewicht des Kostenanteils liegt sicherlich darin, daß viele Service-Leistungen den Kunden nicht gesondert in Rechnung gestellt werden. Das wird durch empirische Erhebungen immer wieder bestätigt, wie u.a. Abb. 15 zeigt.[60]

Die Frage ist allerdings, *warum* die Inrechnungstellung nicht erfolgt. Dabei ist zum einen denkbar, daß es sich um Leistungen handelt, deren unentgeltliche Erbringung selbstverständlich ist, z.B. weil dies bei allen Konkurrenten üblich ist und der Versuch der Inrechnungstellung einen Wettbewerbsnachteil in den Augen

[60] Vgl. dazu auch die spezifischen Angaben für den Maschinenbau bei Neckermann/Wessels 1992, S. 527, sowie bei Stauss 1993, S. 212. Eine teilweise gegenläufige Tendenz glauben allerdings Läbe/Stolpmann 1993, S. 26, in ihrer Studie zu erkennen.

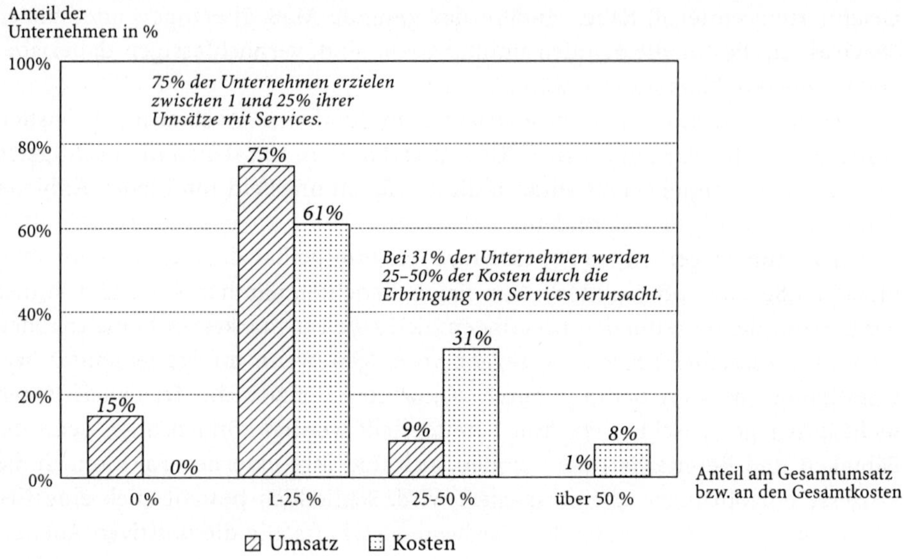

Abb. 14. Umsatz- und Kostenanteile industrieller Dienstleistungen (Quelle: Simon 1993a, S. 7)

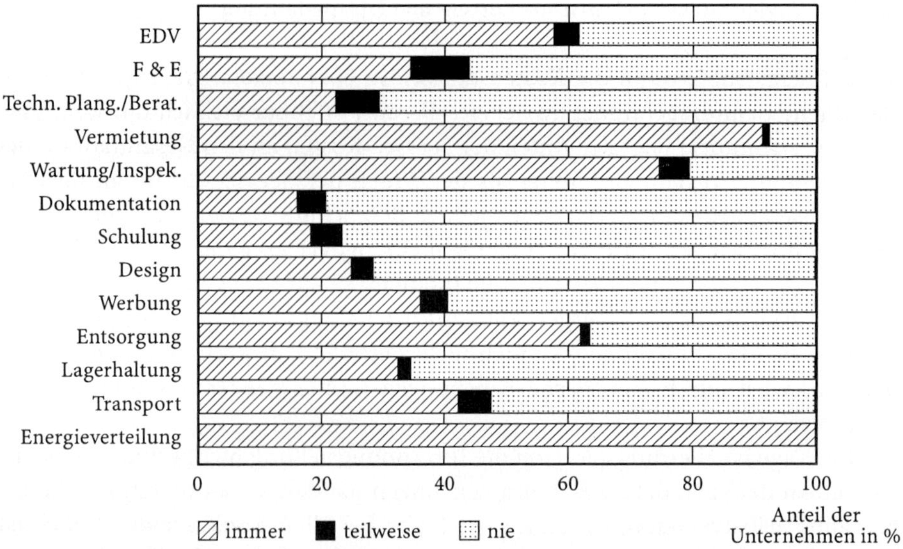

Abb. 15. Getrennte Inrechnungstellung von Dienstleistungen im Produzierenden Gewerbe (Quelle: Mai 1989, S. 60)

der Kunden darstellen würde. Dieser Fall liegt z.B. bei der Beratung im Rahmen des Verkaufsgesprächs vor. Voraussetzung der separaten Bepreisung von Services ist also eine entsprechende Zahlungsbereitschaft der Nachfrager. Diese dürfte allerdings – darauf weisen die empirischen Befragungen hin – regelmäßig sehr viel größer sein, als viele Investitionsgüteranbieter vermuten. Derartige Fehleinschätzungen bringen einen vermeidbaren Verzicht auf zusätzliche Erlöse mit sich. Oft jedoch erfolgt der Verzicht auf die Inrechnungstellung nicht infolge einer bewußten Entscheidung, sondern – und das ist besonders problematisch – deshalb, weil niemand sich überhaupt über die Preisstellung für die erbrachten Dienstleistungen Gedanken macht; hier liegt eine weitere Folge der zuvor angesprochenen Grundprobleme der fehlenden Service-Marketing-Konzepte (an dieser Stelle insbesondere im Hinblick auf die Preispolitik) sowie der oftmals ungeklärten Verantwortungsverteilung.

Werden Service-Leistungen nicht gesondert in Rechnung gestellt, so bedeutet dies keinesfalls automatisch, daß für sie keine Erlöse erzielt werden. Vielmehr ist es auch denkbar, daß im Zuge der Preisbündelung[61] die Service-Erlöse in einem Gesamtpreis enthalten sind, den der Anbieter z.B. für eine Anlage oder eine Maschine verlangt, ohne dem Kunden gegenüber die darin enthaltenen Service-Anteile gesondert auszuweisen. Für den Anbieter selbst ist es dann jedoch in jedem Fall wichtig, sich zumindest selbst darüber im klaren zu sein, in welcher Höhe die Abgeltung der Services seine Preis- und Erfolgsgestaltung beeinflußt. Eine entsprechende Transparenz besteht jedoch bei weitem nicht immer, denn sehr häufig wissen Investitionsgüteranbieter nicht, welcher Preis der „richtige" für bestimmte Services ist. Zwar ist die Preisgestaltung im Service-Bereich grundsätzlich nicht einfach, jedoch gibt es durchaus Konzepte und Methoden, auf die stärker als bisher zurückgegriffen werden sollte.[62]

Schließlich sind alle Aussagen bezüglich der Service-Kosten und Service-Erlöse ohnehin mit einer gewissen Zurückhaltung zu interpretieren, da es in vielen Unternehmungen an einem spezifischen Service-Controlling fehlt.[63] Weder die Kosten noch die Erlöse werden systematisch erfaßt. Erstere verschwinden zu weiten Teilen im Fix- bzw. Gemeinkostenblock, ohne daß sie bestimmten Services zugerechnet werden; auf die mit den Service-Erlösen verbundenen Schwierigkeiten wurde bereits hingewiesen. Es liegt auf der Hand, daß auf diese Art und Weise fundierte Aussagen zur Erfolgsträchtigkeit der Service-Leistungen nur sehr begrenzt oder gar nicht möglich sind. Insbesondere die Frage der Elimination bestehender oder der Hinzunahme neuer Services ist auf Basis der in den meisten Unternehmungen existierenden Controlling-Systeme dann in erfolgs-

61 Vgl. dazu ausführlich Friege 1995, speziell S. 181ff.

62 Vgl. z.B. Binder/Gierl 1993, S. 12ff.; Simon 1993b, S. 187ff.; v.a. aber siehe Friege 1995, S. 163ff.

63 Vgl. dazu Abschnitt 3.6.2.

wirtschaftlicher Hinsicht nur unter Inkaufnahme großer Unsicherheiten zu beantworten. Neuere Verfahren des Controlling müßten viel konsequenter aufgegriffen und genutzt werden, was in Abschnitt 3.6.2 zu zeigen ist.

3.4 Analyse und Festlegung von Rahmenbedingungen der Service-Strategie

3.4.1 Charakterisierung grundlegender Einsatzzwecke und Aufgabenfelder industrieller Services

Der Einsatz industrieller Services kann einer Vielzahl unterschiedlicher Zwecke dienen:[64] Richtet man den Blick auf die Kunden, so können Services zur Gewinnung neuer Kunden ebenso beitragen wie zur Erhaltung der Beziehung zu bestehenden Abnehmern. Services können die Abhebung von der Konkurrenz zum Ziel haben, sie beinhalten aber auch Möglichkeiten der Diversifikation in völlig neue Geschäftsbereiche. Schließlich erfüllen die Services auch wichtige Informationsfunktionen, da mit jeder Leistungserstellung Informationen zwischen Anbieter und Nachfrager ausgetauscht werden. In der Praxis wird es in der Regel eine Mischung unterschiedlicher Aspekte sein, die den Service-Einsatz bestimmt. Um sich den Aufgabenfeldern und Zwecksetzungen der Services aus strategischer Sicht zu nähern, kann auf das Grundgerüst der Marktfeldstrategien nach *Ansoff* zurückgegriffen werden.[65] Es ermöglicht eine systematische Einordnung des Service-Einsatzes im Hinblick auf seine strategische Stoßrichtung. Tabelle 3 gibt einen Überblick bezüglich der denkbaren Ausprägungen.[66]

Tabelle 3. Produkt/Marktkombinationen als Einordnungsraster der Service-Strategie (Quelle: Friege 1995, S. 166)

	Alter Markt	*Neuer Markt*
Alte Dienstleistungsangebote	Kundenbindung durch Dienstleistungen	Markterweiterung durch Dienstleistungen
Neue Dienstleistungsangebote	Differenzierung durch Dienstleistungen	Diversifikation in den Dienstleistungsbereichen

[64] Vgl. z.B. Forschner 1988, S. 31ff.; Töpfer 1992, S. 18ff.; Fassott 1995, S. 127ff.

[65] Vgl. Ansoff 1966, S. 130ff.

[66] Siehe auch Canton 1988, S. 40ff.

Die einzelnen Felder seien kurz beleuchtet:

- Bei alten (bestehenden) Dienstleistungsangeboten in alten, d.h. durch die Unternehmung bereits bearbeiteten Märkten steht das Ziel der *Kundenbindung* im Vordergrund.[67] Die Service-Leistungen dienen vor allem dazu, die Zufriedenheit der Kunden mit den angebotenen Produkten aufrechtzuerhalten und gegebenenfalls noch zu verbessern, insbesondere wenn es sich für die Unternehmung um wichtige und attraktive Kunden handelt. Besondere Bedeutung kommt dabei den After-Sales-Services zu, die einem Investitionsgüteranbieter die Möglichkeit bieten, den Kontakt zu seinen Abnehmern zu halten und im Zeitablauf zu intensivieren. Besonders wichtig können in diesem Zusammenhang Garantien, Ersatzteil-Services, Beschwerdebearbeitung oder auch Wartung als Service-Elemente sein.
- Wird mit bestehenden Service-Angeboten auf neue Märkte (oder hier exakter: auf neue Kundengruppen) abgezielt, dienen die Services der Erschließung neuer Teilmärkte bzw. der *Erweiterung des bestehenden Marktes.* Diese Erweiterung kann in räumlicher Hinsicht erfolgen, z.B. wenn Services, die bisher nur im Inland angeboten wurden, nun auch ausländischen Kunden verfügbar gemacht werden, wodurch sich der Auslandsabsatz der betreffenden Produkte steigern kann. Eine solche Markterweiterung kann aber auch innerhalb einer Region erfolgen, wenn z.B. bisher nicht berücksichtigte Branchen angesprochen werden oder Wartungs- und Reparaturleistungen nun nicht mehr nur für eigene, sondern auch für fremde Produkte im Angebot sind.
- Den Schwerpunkt vieler Abhandlungen zum Service-Management bildet traditionell der Aspekt der *Produktdifferenzierung*[68], der allerdings vielfach weiter gefaßt wird, als es in Abb. 16 der Fall ist. Hier ist unter der Differenzierung durch Dienstleistungen zu verstehen, daß dem bestehenden Kundenstamm neue Leistungen offeriert werden, um Absatz- und Gewinnsteigerungen zu ermöglichen, zumindest aber Rückgänge zu vermeiden. Die Differenzierung dient insofern der Konfigurierung neuartiger, bisher nicht verfügbarer Leistungsbündel, die insbesondere von der Konkurrenz in dieser Form nicht angeboten werden können. Es wird also auf die Schaffung bzw. Erhaltung einer Alleinstellung im Markt abgezielt.
- Die weitreichendsten Konsequenzen hat die *Diversifikation* in den Dienstleistungsbereich. Dies gilt – in Rückgriff auf Abb. 13 – im Hinblick auf die Chancen ebenso wie für die damit verbundenen Risiken. Ein Schritt in Richtung Diversifikation liegt im Grunde schon dann vor, wenn eine Industrieunternehmung für ihre Services eigenständige Geschäftsbereiche gründet, die dann als zum Teil auch rechtlich, zumindest aber wirtschaftlich weitgehend

[67] Vgl. Friege 1995, S. 167ff.

[68] Vgl. z.B. Meinig 1984, S. 133ff.; Meyer, A. 1985, S. 99ff.

selbständige Service-Anbieter handeln. Damit eine Diversifikation im strengen Sinne vorliegt, sollte es sich gemäß Abb. 16 allerdings um neue Dienstleistungen handeln, die angeboten werden. Es erscheint jedoch an dieser Stelle sinnvoll, bereits vom Vorliegen einer neuen Leistung und damit von Diversifikation auszugehen, wenn bei bisher nur im Verbund mit (eigenen oder fremden) Produkten angebotenen Services zu deren selbständiger Vermarktung übergegangen wird. Damit wird eine neue Art von Marktleistung geschaffen, die dieses Vorgehen berechtigt erscheinen läßt.

Der letztgenannte Aspekt macht deutlich, daß eine trennscharfe Abgrenzung zwischen den vier Feldern nicht immer möglich ist. Dennoch wird mit Hilfe dieser - idealtypischen - Systematisierung die Grundlage geschaffen, die unterschiedlichen Stoßrichtungen und Einsatzzwecke der Service-Leistungen zu veranschaulichen, weshalb die Ungenauigkeiten durchaus in Kauf genommen werden können.

3.4.2 Zielsetzungen und Erfolgsfaktoren für das Management industrieller Services

Letztlich wird mit dem Einsatz von Service-Leistungen - in welcher Form auch immer - ein zentrales Ziel verfolgt: der Markterfolg. Dieser kann allerdings auf sehr vielfältigen Quellen beruhen.[69] Er wird sich jedoch grundsätzlich nur dann einstellen, wenn eine Unternehmung wettbewerbsfähig ist, wenn sie sich also gegenüber ihren Konkurrenten im Markt behaupten kann, indem sie den Anforderungen der Abnehmer besser gerecht wird als die letztgenannten. Basis der Wettbewerbsfähigkeit ist das Streben nach Wettbewerbsvorteilen.[70] Wettbewerbsvorteile können dabei grundlegend in zwei Kategorien unterteilt werden, die eng miteinander verbunden sind: in Effektivitäts- und Effizienzvorteile.[71]

- Ein *Effektivitätsvorteil* liegt dann vor, wenn mit Hilfe einer bestimmten Leistung den Abnehmern eine aus deren Sicht günstigere Preis-/Nutzen-Relation geboten werden kann, als es bei den Angeboten der Wettbewerber der Fall ist. Die Nachfrager müssen also das Gefühl haben - um es vereinfacht auszudrükken -, „mehr für ihr Geld zu bekommen" bzw. die in der Preis-/Nutzen-Beziehung vergleichsweise günstigste Problemlösung zu erhalten. Mit einem Effektivitätsvorteil ist daher unmittelbar auch ein höheres Maß an *Kundenzufriedenheit* verbunden.
- Von einem *Effizienzvorteil* kann dann die Rede sein, wenn ein Anbieter in der Lage ist, eine bestimmte Leistung zu günstigeren Kosten zu erstellen als seine

69 Vgl. auch Plinke/Rese 1999.

70 Vgl. dazu u.a. Faix/Görgen 1994, S. 160ff., speziell S. 160.

71 Vgl. dazu die Ausführungen von *Plinke* (Plinke 1999a); vgl. auch Engelhardt 1996, S. 77ff.

Wettbewerber. Effizienzvorteile ergeben sich somit im Unterschied zu Effektivitätsvorteilen nicht aus der Dreiecksbeziehung Anbieter/Nachfrager/Konkurrenz, sondern zunächst einmal losgelöst von der Nachfragerperspektive durch den Vergleich der konkurrierenden Anbieter untereinander. Ein Effizienzvorteil äußert sich dann letztlich in einer größeren *Wirtschaftlichkeit* eines Anbieters, d.h. in günstigeren Input-Output-Relationen.[72]

Während somit bei der Suche nach Effektvitätsvorteilen eher die Frage des *Was?* (Werden die richtigen Services angeboten?) im Vordergrund steht, interessiert bei Effizienzüberlegungen vor allem das *Wie?* (Werden die angebotenen Services richtig erstellt?). Es leuchtet unmittelbar ein, daß die eine Frage nicht losgelöst von der anderen betrachtet werden kann, daß sich also Effektivitäts- und Effizienzvorteile (oder auch entsprechende -nachteile) gegenseitig ergänzen und somit zur Wettbewerbsposition insgesamt beitragen. Dies wird klar, wenn man sich vor Augen führt, daß Effektivitätsvorteile in den Augen des Kunden über die Preis-/Nutzen-Relation bestimmt werden können, also entweder auf einem günstigeren Preis bei vergleichbarer Leistung oder umgekehrt auf einer besseren Leistung bei vergleichbarem Preis beruhen. Günstige Preise kann eine Anbieterunternehmung aber vor allem dann auch langfristig beibehalten, wenn sie über eine im Konkurrenzvergleich günstige Kostenposition verfügt oder – mit anderen Worten – Effizienzvorteile aufzuweisen hat. Effizienzvorteile fördern also die Erreichbarkeit von Effektivitätsvorteilen. Aber auch der umgekehrte Fall, daß nämlich Effizienzvorteile durch eine hohe Effektivität geschaffen oder ausgebaut werden, ist denkbar, nämlich z.B. dann, wenn die Effektivitätsvorteile erhöhte Absatzmengen nach sich ziehen. Diese führen zu positiven, d.h. kostensenkenden Effizienzwirkungen hinsichtlich der einzelnen abgesetzten Leistungen, z.B. durch die bessere Auslastung fixkostenintensiver Kapazitäten oder durch Lerneffekte bei den beteiligten Mitarbeitern, die die Abläufe mit zunehmender Routine besser beherrschen. Eine unmittelbare Verknüpfung zwischen Effektivitäts- und Effizienzvorteilen ergibt sich schließlich über das Rechnungswesen, wenn man nämlich die Wirtschaftlichkeit bzw. die Input-Output-Relation über das Verhältnis von Kosten und Erlösen bestimmt: Da die Erlöse durch die Preise der im Markt abgesetzten Leistungen bestimmt werden, bilden sie – etwas vereinfacht dargestellt[73] – das Bindeglied zwischen der Effektivität als Preis-/Nutzen-Relation

---

72 Insofern müssen bei der Analyse der Effizienzposition neben den Kosten auch die Erlöse berücksichtigt werden, es sei denn, man geht vereinfachend von gegebenen Erlösen aus, was angesichts der praktischen Gegebenheiten eine unrealistische Simplifizierung darstellt. Vgl. dazu auch die weiteren Ausführungen im Rahmen des vorliegenden Abschnitts.

73 Diese Betrachtung abstrahiert von dem Sachverhalt, daß der Nachfrager bei seiner Entscheidung nicht allein das den Erlösen des Anbieters entsprechende monetäre Entgelt berücksichtigt, sondern auch die mit dem Austausch verbunden Anbahnungs-, Abwicklungs- und Folgekosten; vgl. dazu Plinke 1999a.

aus der Sicht des Nachfragers und der Effizienz als Erlös-/Kosten-Relation, abzulesen im Rechnungswesen des Anbieters.

Übertragen auf den Bereich der industriellen Services ergibt sich die schon in Abschnitt 3.3.4 angesprochene Konsequenz, daß es gefährlich ist, mit der Service-Strategie allein auf Effektivität *oder* Effizienz bzw. auf Kundenzufriedenheit *oder* Wirtschaftlichkeit abzuzielen. Da beide Zielgrößen sehr eng miteinander verknüpft sind, kann nur eine simultane Beachtung langfristig zum Erfolg führen, wenn auch gewisse Schwerpunkte durchaus gesetzt werden können. Diese beruhen allerdings dann weniger auf der Entscheidung, ob eher nach Effektivität oder eher nach Effizienz gestrebt werden soll, sondern vielmehr darauf, an welcher Stellschraube zu drehen ist, um eine im Konkurrenzvergleich günstige Wettbewerbsposition in den Augen der Nachfrager zu erreichen: an der Preis- oder an der Nutzenschraube. Dabei – das sei noch einmal ausdrücklich betont – schließt das Drehen an der einen das mehr oder weniger starke Drehen an der anderen keinesfalls aus. Dies ist in der jüngeren Zeit im Rahmen der Diskussion um sogenannte *„hybride" Wettbewerbsstrategien* deutlich herausgearbeitet worden:[74] Die auf *Porter* zurückgehende strikte Trennung in die Strategien der Differenzierung auf der einen und der Kostenführerschaft auf der anderen Seite[75] ist weitgehend obsolet. Gefordert ist vielmehr eine integrierte Verfolgung und Berücksichtigung der drei zentralen Erfolgsfaktoren *Qualität, Kosten* und *Zeit.* Nur auf diese Weise lassen sich Wettbewerbsvorteile erzielen und festigen.

Das Streben nach gleichermaßen effektiven und effizienten Services durch die Gestaltung der Parameter Qualität, Kosten und Zeit steht im Mittelpunkt der folgenden Abschnitt 3.5 und 3.6.

3.5 Grundlegende strategische Gestaltungsoptionen im industriellen Service-Management

3.5.1 Schaffung segmentspezifischer Service-Angebote

3.5.1.1 Determinanten des Service-Programms im Überblick

Die Entscheidung über Art und Umfang des jeweiligen Service-Programms hängt neben einigen allgemeinen Aspekten, die im Rahmen von Abschnitt 3.1.2 zum Bedeutungswandel der industriellen Services angesprochen wurden, von einer Reihe *situativer Einflußfaktoren* ab, die losgelöst von den o.a. grundlegenden Tendenzen zu beachten sind. Diese Einflußfaktoren lassen sich unterschiedlich systematisieren[76] und wirken in verschiedener Form zusammen. Im folgenden

---

74 Vgl. dazu vor allem Fleck 1995.

75 Vgl. Porter 1986.

76 Vgl. z.B. Forschner 1988, S. 89ff.; Elbl/Wolfrum 1994, S. 123ff.

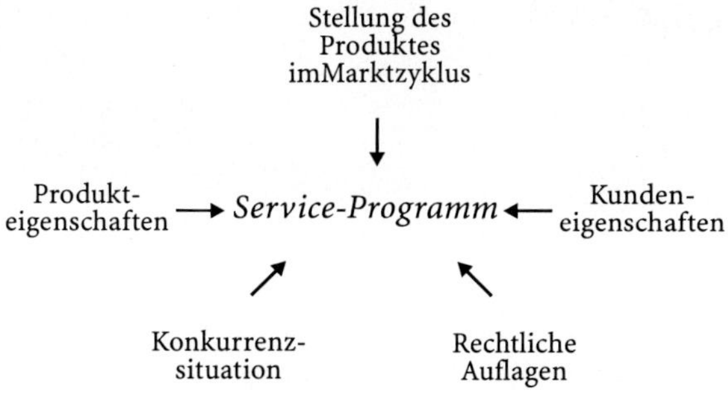

Abb. 16. Determinanten des Service-Programms

werden die in Abb. 16 herausgestellten Aspekte aufgegriffen, wobei diesmal vorrangig auf die industriellen Services i.e.S. abgestellt wird, da bei diesen die Besonderheiten der expliziten Erwähnung bedürfen.

- Einen sehr wichtigen Faktor stellen die *Produkteigenschaften* - hier bezogen auf die materiellen Leistungsbündelbestandteile - dar. Sie haben in mehrfacher Hinsicht Einfluß auf die Zusammensetzung des Service-Programms. So spielt die technische Neuartigkeit der angebotenen Leistungen sowie die daraus resultierende Erklärungsbedürftigkeit eine große Rolle. Darüber hinaus steigt der Service-Bedarf auch mit der Komplexität der angebotenen Leistungsbündel: Vergleichsweise einfache Produkte, z.B. Schrauben in Normgrößen, erfordern erheblich weniger Services als umfassende Leistungen wie z.B. Kraftwerke oder Kommunikationssysteme. Generell kann man unterstellen, daß sich eine Entwicklung des Umfangs und der Vielfältigkeit des Service-Programms in den unterschiedlichen Feldern des Business-to-Business-Bereichs in der in Abb. 17 dargestellten Form findet - von Ausnahmen sei dabei abgesehen. Diese Feststellung darf aber nicht dazu führen, daß etwa die Vermutung aufkommt, im Roh- oder Einsatzstoffebereich seien Services vergleichsweise bedeutungslos. Eine derartige, vor allem auf die Service-Quantität abstellende Betrachtung sagt noch nichts darüber, wie wichtig bestimmte Service-Leistungen im Hinblick auf den einzelnen Austauschprozeß sind.
- Eng mit den Produkteigenschaften verbunden ist der zweite Einflußfaktor, die *Stellung im Marktzyklus*, in der sich das betreffende Produkt befindet, für das die Services benötigt werden. Dabei wird davon ausgegangen, daß sich in Abhängigkeit von der Produktlebenszyklusphase[77] ein unterschiedlicher Service-Bedarf nach Art und Umfang ergibt.[78] So herrscht in der Einführungsphase häufig große Unsicherheit bezüglich der Eigenschaften und Verwendungs-

[77] Allgemein zum Lebenszyklusmodell vgl. z.B. Meinig 1995, Sp. 1392ff.

[78] Vgl. Potts 1989, S. 100ff.; Elbl/Wolfrum 1994, S. 123ff.; Engelhardt/Paul 1997.

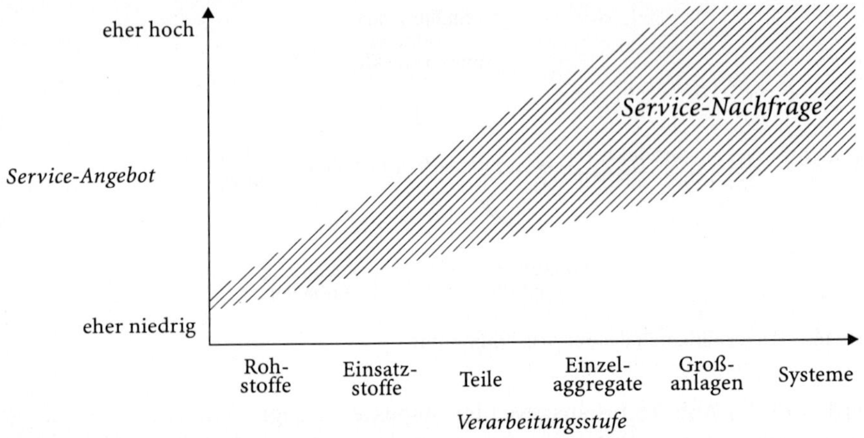

Abb. 17. Zusammenhang zwischen Service-Angebot und Leistungsart

möglichkeiten eines neuen Produktes, so daß in besonderem Maße Leistungen wie Beratung, Abnehmerqualifizierung oder Produktdemonstrationen gefordert sind. In der Wachstumsphase, in der normalerweise weitere Anbieter mit vergleichbaren Produkten auf den Markt kommen, erlangen Dienstleistungen an Bedeutung, die in besonderem Maße zur Differenzierung von diesen Wettbewerbern geeignet sind, z.B. im Bereich des technischen Kundendienstes oder weitergehender intensiver Anwenderschulungen. In der Reife-, vor allem aber der Sättigungsphase wird eine derartige Differenzierung über produktnahe Services immer schwieriger, da die Konkurrenten aufgeholt haben. Es bedarf dann anderer Services, um die Kunden zu binden, z.B. in Form neuer Finanzierungskonzepte.[79] In der Degenerationsphase schließlich treten Entsorgungs- bzw. Recycling-Leistungen mehr und mehr in den Vordergrund. Allerdings sollte bei dieser phasenbezogenen Betrachtung keinesfalls übersehen werden, daß sich produkt- und branchenspezifisch ganz erhebliche Unterschiede im Hinblick auf den Lebenszyklusverlauf und den damit einhergehenden Service-Einsatz ergeben können.

- Den dritten entscheidenden, mit den vorgenannten wiederum eng verknüpften Einflußfaktor auf das Service-Programm stellen die *Kundeneigenschaften*, insbesondere ihre eigene Leistungsfähigkeit und -willigkeit sowie ihre Bedürfnisse dar. Das Know-how der Kunden im Umgang mit den angebotenen Produkten, ihre Präferenzen im Hinblick auf preisgünstige und/oder qualitativ hochwertige Leistungsbündel, der gewünschte Individualisierungs- oder Standardisierungsgrad, die Bereitschaft zur Integration in die Prozesse des Anbieters sowie zur Übernahme der Ermittlung mehr oder weniger umfang-

[79] Vgl. Elbl/Wolfrum 1994, S. 124.

reicher Bestandteile des Leistungsbündels sowie ihre Evidenz im Hinblick auf die am Markt verfügbaren Angebote sind wesentliche Gesichtspunkte, die in diesem Zusammenhang zu beachten sind. Sie wurden und werden im Laufe des vorliegenden Beitrags verschiedentlich aufgegriffen und hinsichtlich ihrer jeweiligen Auswirkungen vertiefend diskutiert.

- Die vierte Einflußgröße stellt die *Konkurrenzsituation* dar. Dabei stellt sich zunächst die Frage, ob ein Investitionsgüteranbieter sich an die Service-Strategie seiner Wettbewerber anpassen (Me-too-Strategie) oder ob er sich bewußt davon differenzieren will. Im Hinblick auf die Erzielung von Effektivitätsvorteilen ist die letztgenannte Vorgehensweise sicherlich die erfolgversprechendere, allerdings kann in bestimmten Marktsituationen (z.B. bei hohem Preisdruck, der keine kostspieligen Extras erlaubt) auch eine bei der Gestaltung des Service-Programms nach außen hin angepaßte Vorgehensweise sinnvoll sein, bei der die Wettbewerbsvorteile zunächst im Kostenbereich gesucht werden, um sie dann anschließend über den Preis an die Abnehmer weiterzugeben. Eine derartige Anpassung ist aber zur (Wieder-)Herstellung der Wettbewerbsfähigkeit auch dann erforderlich, wenn das eigene Service-Spektrum Lücken aufweist, die durch die Konkurrenz abgedeckt werden. Eine gründliche serviceorientierte Konkurrenzanalyse muß also die Analyse der Nachfrage ergänzen.
- Schließlich sei noch auf die fünfte Determinante des Service-Programms hingewiesen, die *rechtlichen und gesetzlichen Auflagen*, denen sich die Unternehmungen je nach Branche in unterschiedlichem Maße ausgesetzt sehen. Diese Auflagen lassen oft zwar nur geringe Spielräume, was die Art der erforderlichen Leistungen betrifft. Wohl aber sind im Kostenbereich nicht selten Einsparungen zu erzielen. Schließlich darf nicht übersehen werden, daß in Zeiten großer Ökologiesensibilität entsprechende Services - obwohl „erzwungen" - Profilierungspotentiale beinhalten, z.B. wenn die geforderten Auflagen überschritten werden.

Die genauen Ausprägungen dieser Einflußfaktoren können jeweils nur im Einzelfall ermittelt werden. Es wird jedoch deutlich, daß eine einseitige Ausrichtung des Service-Programms in Abhängigkeit von nur einer bestimmten Einflußgröße i.d.R. nicht ausreicht.

3.5.1.2 Ansatzpunkte für eine zielgruppenspezifische Gestaltung von Service-Programmen

Die segmentspezifische Gestaltung von Service-Programmen ist ein vielfach geforderter, in der Praxis jedoch häufig nicht umgesetzter Ansatzpunkt eines effizienten und effektiven Service-Management.[80] Dabei ist die Marktsegmentierung

[80] Vgl. Simon/Sebastian 1995, S. 18.

(zu verstehen als die Zerlegung eines gegebenen oder gedachten Marktes in Abnehmergruppen, die auf den Einsatz absatzpolitischer Maßnahmen homogener reagieren als der Gesamtmarkt[81]) ein strategisches Konzept, das eine lange Tradition besitzt.[82] Die Marktsegmentierung bietet die Möglichkeit, die Service-Angebote speziell auf die identifizierten und ausgewählten Zielgruppen zuzuschneiden.[83] Damit werden zum einen Leistungslücken vermieden, die bei den Abnehmern zu Unzufriedenheit führen. Zum anderen aber können auch Kosten eingespart werden, indem den Abnehmern tatsächlich nur diejenigen Leistungen angeboten werden, die sie benötigen bzw. wünschen. Die Gefahr des angesprochenen Service-Overkill wird somit mit Hilfe der Segmentierung deutlich reduziert. Die allgemeinen Regeln der Marktsegmentierung gelten für den Service-Bereich prinzipiell entsprechend. Allerdings sind einige Besonderheiten hervorzuheben.

Basis einer segmentspezifischen Gestaltung der Service-Programme ist die konsequente Beachtung der eben angesprochenen Tatsache, daß unterschiedliche Kunden oft sehr unterschiedliche Bedürfnisse im Hinblick auf die für notwendig erachteten Services haben.[84] Damit liegt aber offenbar ein unterschiedliches Beschaffungsverhalten im Service-Bereich und somit die zentrale Voraussetzung für die Erfolgsträchtigkeit einer Segementierungsstrategie vor.

Um diese Segmentierung erfolgreich durchführen zu können, bedürfen die Investitionsgüteranbieter detaillierter Informationen bezüglich der Service-Präferenzen ihrer aktuellen und potentiellen Kunden, wobei die Bedeutung, die einzelnen Services zugemessen wird, von besonderer Relevanz ist. In diesem Zusammenhang hat sich die Unterscheidung in *obligatorische* und *fakultative* Services bewährt,[85] die sich um den Produktkern herumranken (siehe Abb. 18). Letzterer kann dabei grundsätzlich eine Sachleistung oder eine Dienstleistung sein.

- *Obligatorische Services* werden von den Kunden vorausgesetzt. Sie dienen der Befriedigung von Grundbedürfnissen und stellen insofern eine unabdingbare Notwendigkeit für die Erzielung der Vermarktungsfähigkeit eines Leistungsbündels dar. Sie bieten kaum Differenzierungsspielräume, weshalb es auch schwierig ist, mit ihrer Hilfe zusätzliche Erlöse zu erzielen. Bei den obligatorischen Services handelt es sich somit um ein Pflichtprogramm, bei dem die

---

81 Vgl. Kleinaltenkamp 1999b.

82 Zur Marktsegmentierung vgl. z.B. Freter 1995, Sp. 1802ff.; vlg. auch Kleinaltenkamp 1999b.

83 Siehe dazu z.B. die ausführliche Analyse für den Bereich der Kundendienstleistungen bei Bauche 1994.

84 Vgl. Anderson/Narus 1995, S. 108.

85 Vgl. Jugel/Zerr 1989, S. 163f.; Engelhardt/Reckenfelderbäumer 1993, S. 267f.; Homburg/Garbe 1996a, S. 261f. Diese Einteilung stellt eine dienstleistungsspezifische Modifizierung eines allgemeineren Ansatzes zur Strukturierung von Produkten von Levitt (1980), S. 83ff., dar. Im Service-Bereich findet sich z.T. auch die Dreiteilung in Muß-Service, Soll-Service und Kann-Service; vgl. Töpfer 1992, S. 12f.

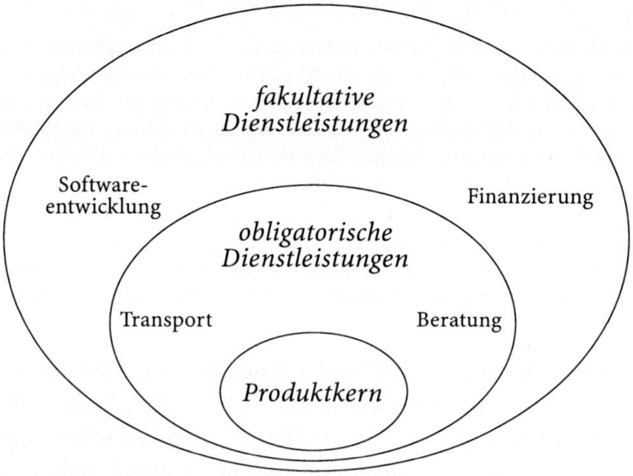

Abb. 18. Obligatorische und fakultative Services

Anbieter vor allem darauf achten müssen, dieses auf effiziente Art und Weise zu erfüllen.

- Anders verhält es sich mit den *fakultativen Services*. Sie sind für die Vermarktungsfähigkeit des (materiellen) Produktes nicht die Voraussetzung, sondern zielen auf die Schaffung eines Zusatznutzens ab, den Konkurrenzangebote möglicherweise nicht zu bieten haben. Daher sind derartige Services oft auch selbständig vermarktungsfähig, müssen jedoch vielfach kundenindividuell gestaltet werden. Im Bereich der fakultativen Services liegen daher regelmäßig Anhaltspunkte für Effektivitätsvorteile im Service-Bereich. Plakativ könnte man hier auch von der „Kür“ im Dienstleistungsgeschäft sprechen.

Zu beachten ist, daß diese Einteilung in obligatorische und fakultative Services niemals allgemeingültig vorgenommen werden kann und zudem im Zeitablauf ständig zu hinterfragen ist. Gerade in der fehlenden Allgemeingültigkeit jedoch sind die Ansatzpunkte der Segmentierung begründet: Unterschiedliche Einschätzungen der Kunden hinsichtlich der obligatorischen und fakultativen Service-Bestandteile ermöglichen es dem Anbieter, zielgruppenspezifisch die jeweils obligatorischen Services mit zur Differenzierung geeigneten Fakultativleistungen zu kombinieren und sich diese einen Zusatznutzen stiftenden Services auch von den jeweils daran interessierten Marktsegmenten abgelten zu lassen. Insofern ermöglicht die sorgfältige Analyse der Kundenbedürfnisse bei vertretbarem Aufwand ein zielgruppenspezifisches Service-Angebot.

Beispiel:
Asea Brown Boveri (ABB) hat für unterschiedliche Marktsegmente sogenannte „Magerlösungen" ermittelt, auf die alle Kunden innerhalb eines Segmentes Wert legen. Diese Dienste werden zu einem möglichst niedrig gehaltenen Preis angeboten. So konnte ABB bei seinen Preisen bei den Ausrüstungen für Kraftwerksbetreiber und Schwerindustrie deutlich heruntergehen, da die vorherigen Standardpakete zu stark auf den „durchschnittlichen" Abnehmer zugeschnitten waren. Man kam sogar mit Kunden ins Geschäft, die vorher billigere japanische Anbieter bevorzugt hatten. Diese Magerlösungen können mit Optionen „umhüllt" werden, die einzelne Kunden innerhalb der Segmente schätzen und für die sie auch zu zahlen bereit sind, insbesondere nachdem ABB den Wert dieser Leistungen verdeutlicht hat.[86]

Abhängig von den Ergebnissen der Analyse der Service-Bedürfnisse ist auch die Frage zu beantworten, inwiefern die Services hinsichtlich ihrer Zusammensetzung, aber auch hinsichtlich der Preisstellung gebündelt oder ungebündelt den unterschiedlichen Segmenten angeboten werden sollten. Dabei lassen sich in Anlehnung an allgemeine Formen der (Ent-)Bündelungsstrategien drei grundsätzliche Vorgehensweisen unterscheiden, die jeweils spezifische Vor- und Nachteile haben:[87]

- Beim *Unbundling* werden den Nachfragern sämtliche Services separat angeboten, und der Kunde wählt – gegebenenfalls mit Hilfe des Anbieters – diejenigen aus, die er in seiner speziellen Situation benötigt. Jeder Service wird dann separat in Rechnung gestellt. Diese Vorgehensweise erfordert auf seiten des Nachfragers fundierte Kenntnisse, welche Leistungen er tatsächlich benötigt, erlaubt jedoch eine vollständig maßgeschneiderte Lösung zu regelmäßig infolge der Individualität vergleichsweise hohen Kosten.
- Dem Unbundling ist die Strategie des *Pure Bundling* gegenüberzustellen, bei der der Nachfrager lediglich komplette Service-Pakete abnehmen kann, auf deren Zusammensetzung er keinen Einfluß hat. Ebenso besitzt er keine Transparenz, welche Anteile des geforderten Preises auf einzelne Leistungsbestandteile entfallen. Das Pure Bundling erreicht seinen Höhepunkt, wenn das gebündelte Paket nicht nur die Services in festgelegter Form enthält, sondern gemeinsam mit der (gleichfalls standardisierten) Hardware zu einem Leistungsbündel kombiniert wird. Vor- und Nachteile dieser Strategie sind diametral entgegengesetzt zu den Stärken und Schwächen des Unbundling. Der Bedarf in einem Marktsegment muß absolut homogen sein, damit diese Angebotsform zu 100 Prozent nachfrageradäquat ist. Das ist sehr selten der Fall, kleinere Abweichungen werden jedoch oft deshalb akzeptiert, weil das Pure Bundling regelmäßig zu entsprechend günstigen Paketpreisen führt.

---

86 Zu diesem Beispiel vgl. Anderson/Narus 1995, S. 108.

87 Vgl. z.B. Simon 1992, S. 1213ff.; Paun 1993, S. 29ff.; Friege 1995, S. 20ff.; Zerr 1995, S. 144ff.

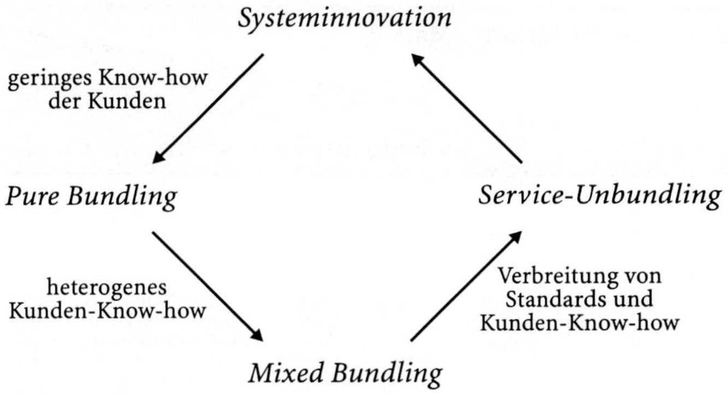

Abb. 19. Die Dynamik der Servicebündelung (Quelle: Zerr 1995, S. 148)

- Eine Mischung der beiden genannten Extremformen stellt das *Mixed Bundling* dar, bei dem der Kunde die Wahl hat zu entscheiden, ob er bestimmte Service-Bausteine im Paket beziehen und bezahlen will oder die einzelnen Service-Komponenten gezielt zusammensetzen möchte. Diese Strategie ermöglicht es, innerhalb eines Segmentes z.B. geringfügige Unterschiede im Kaufverhalten zu berücksichtigen, die sich vielleicht nicht in dem Bedürfnis nach stark unterschiedlichen Services ausdrücken, wohl aber in der Neigung der Nachfrager, diese (gegebenen) Services in unterschiedlicher Form abzunehmen.

  Beispiel:
  Der oben genannte Fall von *ABB* vereinigt Elemente des Bundling und des Unbundling in der Form, daß die Magerlösung als Paket (bundled), die Zusatzleistungen dagegen jeweils individuell (unbundled) angeboten werden.

Die Entscheidung über die Form der (Ent)Bündelung hängt nicht zuletzt von der Transparenz und Evidenz der Nachfrager hinsichtlich der benötigten Services ab. Abbildung 19 zeigt für den Fall des Systemgeschäfts, daß mit zunehmendem Kunden-Know-How die Tendenz zum Unbundling steigt, da die Nachfrager dann zu selbständigen Entscheidungen fähig sind und nicht mehr auf die Vorgaben der Anbieter angewiesen sind bzw. angewiesen sein wollen.

Zusammenfassend läßt sich sagen, daß es gilt, im Hinblick auf die einzelnen Segmente die richtige Mischung aus standardisierten und individualisierten Bausteinen zu finden. Zu diesem Zweck wird das Konzept der *Mass Customization*[88] auch für den Service-Bereich vorgeschlagen.[89] Es soll maßgeschneiderte, unter

[88] Mass Customization stellt insofern einen Fall der in Abschnitt 3.4.2 angesprochenen hybriden Wettbewerbsstrategien dar; allgemein zur Mass Customization vgl. z.B. Pine 1993; Kotha 1995, S. 21ff. Siehe auch Lampel/Mintzberg 1996, S. 21ff.

[89] Vgl. Reiß/Beck 1995, S. 24.

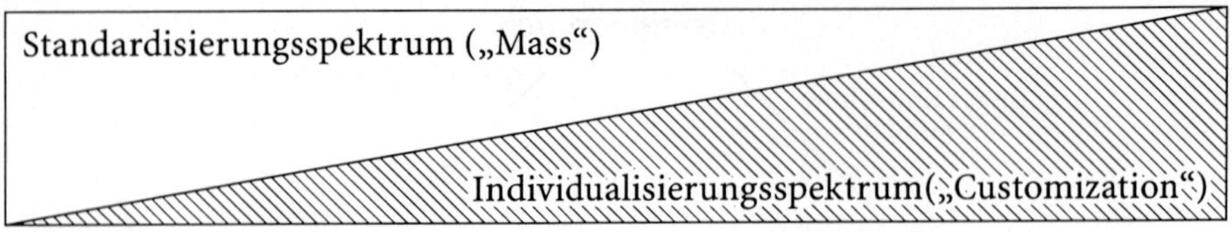

Service Customization	Self-Customization-Optionen	Prozeß-Splitting	Speed-Prozeß-Management	Service-Modularisierung
Angebot einer standardisierten Sachleistung ergänzt um maßgeschneiderte Dienstleistungen	Bereitstellung standardisierter Services, die durch Kunden einfach an individuelle Ansprüche angepaßt werden können	Vollzug der letzten Prozeßstufen am Point of Sale in direkter Interaktion mit dem Kunden bei zentraler Erstellung standardisierter Anteile des Services	Sicherstellung einer schnellen Reaktion auf Kundenwünsche durch Verkürzung der Zykluszeiten im gesamten Serviceprozeß	Angebot maßgeschneiderter Services, bestehend aus vielfältigen, nach Kundenspezifikation zu kombinierenden Standardbausteinen

Abb. 20. Konzepte der Mass Customization für den Service-Bereich (Quelle: Reiß/Beck 1995, S. 26)

Integration des Kunden zu erstellende Service-Elemente (Customization) mit den Vorteilen der Massenproduktion (Mass Production) standardisierter Bausteine verbinden. Abbildung 20 zeigt einige konkrete Ansätze nebst Kurzcharakterisierung, wie man sich ein derartiges Vorgehen vorstellen kann,[90] wobei die fünf Ausprägungen außerordentlich eng miteinander verbunden sind und eher unterschiedliche Nuancen denn grundlegende Alternativen darstellen.

Bei der Festlegung segmentspezifischer Service-Programme darf im übrigen nicht davon ausgegangen werden, daß zwingend jedes Segment bedient werden muß. Vielmehr gilt es, die unattraktiven Segmente herauszufiltern und gegebenenfalls von einer Bearbeitung Abstand zu nehmen, wenn diese den Erfolg negativ beeinflussen würde. Allerdings ist zuvor zu prüfen, ob durch diesen Verzicht nicht nachteilige Konsequenzen in andern Segmenten oder Geschäftsfeldern bewirkt werden, weil Verbundeffekte bestehen. Die Aussage der Selektionsnotwendigkeit gilt gegebenenfalls nicht nur für ganze Segmente, sondern auch im Hinblick auf einzelne Geschäftsbeziehungen. Die Konzentration der Aktivitäten auf diejenigen Kunden, die maßgeblich zum Erfolg beitragen, unter Vernachlässigung der wenig lukrativen oder gar Verluste bringenden ist heute vielfach wenig ausgeprägt: Allzu oft wird versucht, bestimmte Kunden um jeden Preis und insbesondere unter Einsatz sämtlicher Service-Aktivitäten zu halten, obwohl dies wirtschaftlich mehr als fragwürdig ist.[91] Häufig liegt dieses Vorgehen daran, daß man sich in den Unternehmungen viel zu selten Gedanken darüber macht, wer die wirklich lohnenden Kunden sind bzw. wo die attraktiven Segmente liegen.

90 Zur ausführlicheren Beschreibung der Konzepte vgl. Reiß/Beck 1995, S. 25ff.

91 Vgl. zu dieser Problematik z.B. Scheiter/Binder 1992, S. 17ff.; Reichheld 1993, S. 106ff.

Nicht selten scheitern fundierte Entscheidungen im Bereich der Kundenselektion aber auch daran, daß das interne Rechnungswesen nicht die erforderlichen Informationen zur Verfügung stellen kann. Sind schon allgemeine Absatzsegmentrechnungen[92] bzw. Kundenerfolgsrechnungen[93] heute bei weitem noch nicht der Normalfall, so gilt dieses Manko ganz besonders für den Service-Bereich. Ansätze zur Überwindung dieser Lücke und damit zur Verbesserung auch der Kunden- und Segmentselektion werden in Abschnitt 3.6.2 aufgezeigt.

3.5.2 Festlegung der Service-Trägerschaft

3.5.2.1 Alternative Formen der Erbringung von Service-Leistungen

Basierend auf und im Zusammenspiel mit der Entscheidung über das anzubietende Service-Programm stellt sich die Frage, wer die betreffenden Services erbringen sollte. Diese Frage klingt einfach, besitzt aber gerade gegenwärtig große Relevanz, wird doch allenthalben über Möglichkeiten und zum Teil auch Grenzen des Outsourcing nachgedacht. Insofern handelt es sich bei der Frage der Service-Trägerschaft um einen Aspekt, der die industriellen Services i.w.S., insbesondere einschließlich der internen Services, vollumfänglich betrifft. Im folgenden wird eine knapper Überblick über die zentralen Aspekte gegeben. Ergänzend und vertiefend sei auf die jeweils genannte Spezialliteratur verwiesen.[94]

Die Frage der Service-Trägerschaft läßt sich auf ein in der Betriebswirtschaftslehre altbekanntes Problem zurückführen: die Problematik der Wahl zwischen *Eigenerstellung* und *Fremdbezug* bestimmter in einer Unternehmung benötigter Leistungen.[95] Allerdings wird diese polarisierende Gegenüberstellung, die auch als *Make-or-Buy-Entscheidung* bezeichnet wird, den vielfältigen Erscheinungsformen der Service-Trägerschaft in der Praxis nicht gerecht. Einige Beispiele in Abb. 21 mögen verdeutlichen, daß es sich keinesfalls um eine „Entweder-oder“-Entscheidung handelt, sondern um eine situations- und servicespezifische Positionierung bestimmter Leistungen auf einem Kontinuum, wodurch auch die enge Verbindung mit der in Abschnitt 3.5.3 zu behandelnden Frage der Service-Institutionalisierung deutlich wird.[96]

---

92 Siehe dazu z.B. Köhler 1993, Sp. 7ff.; Albers 1995, Sp. 19ff.

93 Vgl. etwa die Überlegungen bei Blattberg/Deighton 1997, S. 24ff.; Plinke 1997, S. 113ff.

94 Eine ausführliche Behandlung der in Abschnitt 3.5.2 angesprochenen Aspekte findet sich vor allem bei Reckenfelderbäumer 1997a. *Schwab* liefert eine eingehende Diskussion des Problems der Service-Trägerschaft für den Fall der Instandhaltungsleistungen im Anlagengeschäft; vgl. Schwab 1984.

95 Grundlegend beschäftigen sich mit dieser Thematik z.B. Männel 1981; Schneider/Baur/Hopfmann 1994.

96 Zu den Formen der Service-Trägerschaft vgl. vertiefend auch Engelhardt/Reckenfelderbäumer 1993, S. 268ff.

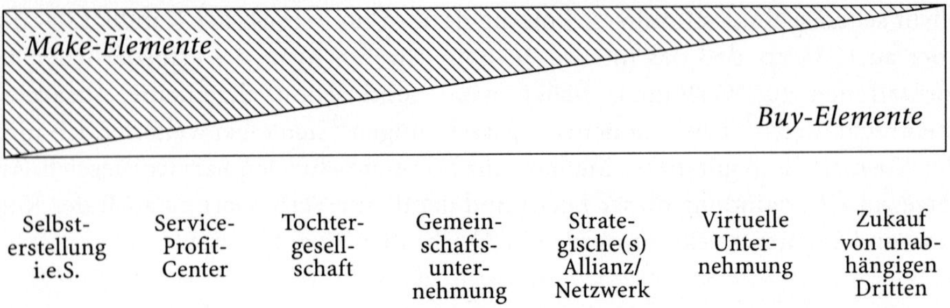

Abb. 21. Alternative Formen der Trägerschaft industrieller Services

- Der Fall der *Selbsterstellung i.e.S.* liegt vor, wenn die verschiedenen operativen Einheiten in einer Unternehmung, z.B. die nach Produkten gegliederten Sparten, die benötigten Services jeweils selbständig mit eigenen Kapazitäten für die eigenen Produkte und Kunden erbringen, ohne auf spezialisierte Anbieter innerhalb oder außerhalb der Unternehmung zurückzugreifen. Dies ermöglicht zwar einen hohen Grad an Bereichsautonomie, birgt aber auch die Gefahr der Überforderung der Geschäftsbereiche sowie der Nichtausnutzung von Synergiepotentialen, die bei der Bündelung der Aktivitäten erschlossen und ausgenutzt werden könnten.
- Eine mögliche Form einer deratigen Bündelung der Aktivitäten stellt die Bildung selbständiger *Service-Profit-Center* dar.[97] Diese sind dann nicht nur leistungs-, sondern auch ergebnisverantwortlich, und die operativen Bereiche kaufen die benötigten Services von diesen innerhalb der Unternehmung angesiedelten Dienstleistern zu. Als unternehmungsinterne Profit-Center werden z.B. häufig Abteilungen wie Schulung oder Reparatur- und Wartungs-Service, aber auch das Rechenzentrum oder die Marktforschung als typische interne Dienstleister organisiert. Vielfach sind diese Profit-Center für interne Services auch dem externen Wettbewerb ausgesetzt, d.h. die operativen Geschäftsbereiche als potentielle Nachfrager können die benötigten Leistungen alternativ von Anbietern außerhalb der Unternehmung beziehen. Mehr und mehr wird den „internen" Dienstleistern dann aber auch im Gegenzug die Möglichkeit der externen Vermarktung ihrer Services gegeben.
- Letztgenannter Aspekt führt dann in vielen Unternehmungen schließlich dazu, daß aus den internen Profit-Centers rechtlich selbständige *Tochtergesellschaften* werden, die mehr und mehr in die Eigenständigkeit zu entlassen sind. Das prominenteste, wenn auch bei weitem nicht das einzige Beispiel dieser Art in den letzten Jahren ist das zum *Daimler-Benz*-Konzern gehörende Sy-

---

[97] Vgl. z.B. Müller 1995, S. 150f.; Noch 1995, S. 186ff.; Connell 1996, S. 55ff. Siehe auch Abschnitt 3.5.3.2.

stemhaus *debis*.[98] Im Falle des Zukaufs der Leistungen von Service-Tochtergesellschaften handelt es sich rechtlich zwar schon um eine Form des „Buy", die wirtschaftliche Abhängigkeit der Tochter- gegenüber der Muttergesellschaft bringt es jedoch mit sich, daß dieser Form der Trägerschaft nach wie vor nicht unerhebliche Elemente der Selbsterstellung innewohnen, wenn auch in gegenüber den vorgenannten Varianten stark abgeschwächtem Umfang.

- *Gemeinschaftsunternehmungen* stellen eine echte Mischform zwischen Make und Buy dar, da dort die Kapitalanteile mehrerer Unternehmungen gebündelt werden, um entsprechende Service-Kapazitäten aufzubauen. Diese Gemeinschaftsunternehmung kann dann für die an ihr beteiligten Partner die benötigten Services erbringen, sei es zu deren interner Verwendung, sei es gegenüber den jeweiligen externen Kunden zur Abrundung der Leistungsbündel.
- Eine losere, wenn auch regelmäßig langfristig ausgerichtete Form der Zusammenarbeit stellt die *strategische Allianz* dar, bei der auf Kapitalbeteiligungen verzichtet wird.[99] Ein Investitionsgüteranbieter sucht sich in diesem Fall rechtlich und wirtschaftlich selbständige Service-Anbieter, die für ihn die benötigten Dienstleistungen erbringen. Dieser Fall liegt z.B. vor, wenn ein Maschinenbauer einen auf Wartungs- und Reparaturleistungen spezialisierten Dienstleistungsanbieter im Rahmen einer auf Dauer angelegten Geschäftsbeziehung damit beauftragt, die benötigten technischen Services für seine Kunden zu erbringen. Mehr und mehr entwickeln sich in der jüngeren Vergangenheit aus den strategischen Allianzen umfassendere *strategische Netzwerke*, bei denen z.B. häufig der Fall zu beobachten ist, daß ein Investitionsgüteranbieter eine Vielzahl von (auch Service-)Zulieferern langfristig an sich bindet, aber auch er sich an sie.[100]
- Basierend auf derartigen Netzwerken können die benötigten Services auch jeweils fallbezogen in Form der Bildung von *virtuellen Unternehmungen* erbracht werden.[101] Diese stellen im Unterschied zum Netzwerk kurzfristige, projekt- bzw. auftragsbezogene Bündelungen von Kernkompetenzen verschiedener Spezialisten dar. Das Netzwerk wird jedoch als Basis benötigt, um dann fallweise auf die jeweils geeigneten Service-Partner zugreifen zu können. Im Zuge dieser außerordentlich dynamischen und flexiblen Organisationsformen, die die Praxis mehr und mehr durchdringen, ist inzwischen auch von der „Auflösung der Unternehmung"[102] bzw. von der „grenzenlosen Unternehmung"[103] die Rede.

---

[98] Vgl. Ring 1995, S. 435ff.

[99] Zu strategischen Allianzen vgl. z.B. Welge 1995, Sp. 2397ff., sowie die dort reichhaltig angegebene Literatur.

[100] Zu Unternehmensnetzwerken vgl. z.B. Hippe 1996, S. 21ff.; Wildemann 1997, S. 417ff.

[101] Zur virtuellen Unternehmung vgl. z.B. Mertens/Faisst 1995, S. 61ff.; Picot/Reichwald/Wigand 1996, S. 349ff.

[102] Picot/Reichwald 1994, S. 547.

[103] So lautet der Titel des Werkes von Picot/Reichwald/Wigand 1996.

- Den letzten Fall stellt schließlich der (theoretisch spontane und fallweise) *Zukauf* der benötigten Services *von unabhängigen Dritten* dar. Dies wäre etwa dann gegeben, wenn ein Investitionsgüteranbieter sich jeweils bei Bedarf nach dem aus seiner Sicht in der betreffenden Situation günstigsten Anbieter umsieht. Dies wird schwerpunktmäßig dann in Betracht kommen, wenn es sich um Services handelt, die vergleichsweise unwichtig und hochgradig standardisiert sind, nur selten benötigt werden und/oder bei denen keinerlei Beschaffungsengpässe zu befürchten sind.

Der Wechsel von der Selbsterstellung i.e.S. zum Zukauf von unabhängigen Dritten stellt in diesem Kontext die extremste Form des Outsourcing, d.h. – etwas vereinfacht, aber dennoch treffend – des Wechsels vom Make zum Buy dar. Aber auch alle anderen Wechsel von links nach rechts auf der in Abb. 21 gezeigten Skala stellen (abgeschwächte) Varianten des Outsourcing dar.[104]

Alle genannten sowie zahlreiche weitere Fälle finden sich in der Praxis. Dies zeigt beispielhaft für den Bereich der investiv zur Erstellung anderer Leistungen eingesetzten Dienstleistungen Abb. 22. Die konkrete Entscheidung für eine der genannten Formen kann von einer Vielzahl von Kriterien abhängen, von denen einige der wichtigsten im folgenden Abschnitt anzusprechen sind.

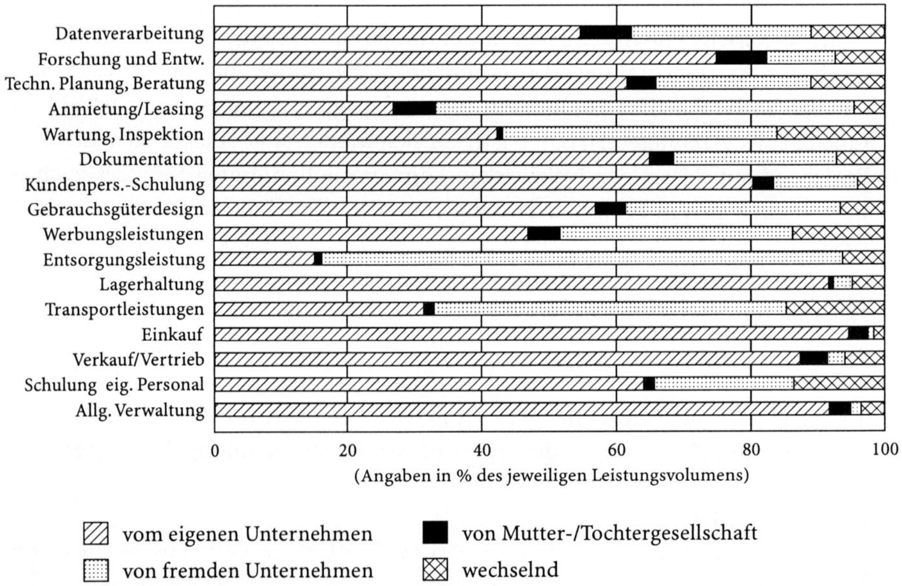

Abb. 22. Hauptsächliche Herkunft der Dienstleistungen für eigene Zwecke im Produzierenden Gewerbe (Quelle: Mai 1989, S. 62)

[104] Zum Outsourcing von Dienstleistungen vgl. speziell Gruhler 1994, S. 153ff.

3.5.2.2 *Kriterien und Kalküle der Make-or-Buy-Entscheidung*

An Kriterienkatalogen zur Make-or-Buy-Entscheidung fehlt es in der Literatur nicht.[105] In Abb. 23 werden einige der wichtigsten Aspekte herausgegriffen.

Eine ausführliche Erörterung der einzelnen Entscheidungsdeterminanten erübrigt sich an dieser Stelle. In der Praxis stellt man allerdings fest, daß allzu häufig die Make-or-Buy- bzw. vor allem die Oursourcing-Entscheidung zu einseitig an den Kosten orientiert wird. Der Katalog in Abb. 23 zeigt, daß dies eine zu einseitige Sichtweise ist, die wichtige andere Faktoren vernachlässigt und daher negative Konsequenzen nach sich ziehen kann.

Beispiel:
Ein Maschinenbauer bietet seinen Kunden eine 24-Stunden-Hotline an, gekoppelt mit einem Reparatur-Service, der jederzeit, auch nachts und an Wochenenden abrufbar ist, um den Kunden kostspielige Stillstandszeiten zu ersparen. Aus Kostengründen - man fürchtet die hohe Fixkostenbelastung durch das zusätzliche Personal, das für die Aufrechterhaltung eines derartigen Service erforderlich wäre - beauftragt der Maschinenbauer einen auf Reparaturen dieser Art spezialisierten Dienstleister. Nach einiger Zeit häufen sich dann die Kundenbeschwerden. Bei einer Überprüfung stellt sich heraus, daß der Service-Anbieter die Hotline mit inkompetentem Personal besetzt, das den Kunden nicht als fachkundiger Gesprächspartner dienen kann. Zudem dauert es oft mehr als 12 Stunden, bis das Service-Personal beim Kunden erscheint, um Schäden zu beheben, obwohl der Maschinenbauer einen Zeitraum von maximal drei Stunden versprochen hat. Da zudem die Qualität der ausgeführten Reparaturleistungen teilweise zu wünschen übrig läßt und Nachbesserungen erforderlich werden, erweist sich die einseitig kostengestützte Entscheidung nachträglich als falsch: Zumindest die Faktoren Kompetenz, Kapazität, Zeit und Qualität wären zusätzlich zu berücksichtigen gewesen.

Abb. 23. Kriterien der Make-or-Buy-Entscheidung

[105] Vgl. u.a. Günter/Kuhl 1999.

Die Zusammenstellung und Gewichtung der entscheidungsrelevanten Kriterien muß jeweils dem Einzelfall vorbehalten bleiben: Eine allgemeingültige Formel gibt es nicht. Regelmäßig ist eine Mehrzahl von Aspekten einzubeziehen. Um dies in systematischer und strukturierter Form durchführen zu können, lassen sich Entscheidungskalküle heranziehen, die in verschiedenen Varianten denkbar sind:[106]

- Bei der Verwendung von *Checklisten* werden die ausgewählten Kriterien der Reihe nach hinsichtlich ihrer Erfüllung durch die alternativen Formen der Service-Trägerschaft geprüft. Dieses Verfahren ist relativ einfach durchzuführen, wirft aber das Problem auf, wie die Kriterien zu gewichten sind.
- Die Frage der Gewichtung stellt sich auch bei *Stärken-/Schwächen-Profilen*. Bei diesen werden den verschiedenen Kriterien bestimmte Ausprägungen (z.B. von „sehr gut" bis „sehr schlecht") zugeordnet, so daß sich Profile in der in Abb. 24 dargestellten Form ermitteln lassen, die auf den ersten Blick Auskunft darüber zu geben vermögen, wo die spezifischen Stärken und Schwächen der einzelnen Formen der Bedarfsdeckung liegen.
- Eine dritte Möglichkeit stellen *Scoring-Modelle* dar. Sie erlauben eine Gewichtung der einzelnen Kriterien. Die verschiedenen Ausprägungen der Entscheidungsmerkmale werden auf einer Punkteskala bewertet und mit dem relativen Gewicht verknüpft, das der Tragweite des Kriteriums für die gesamte

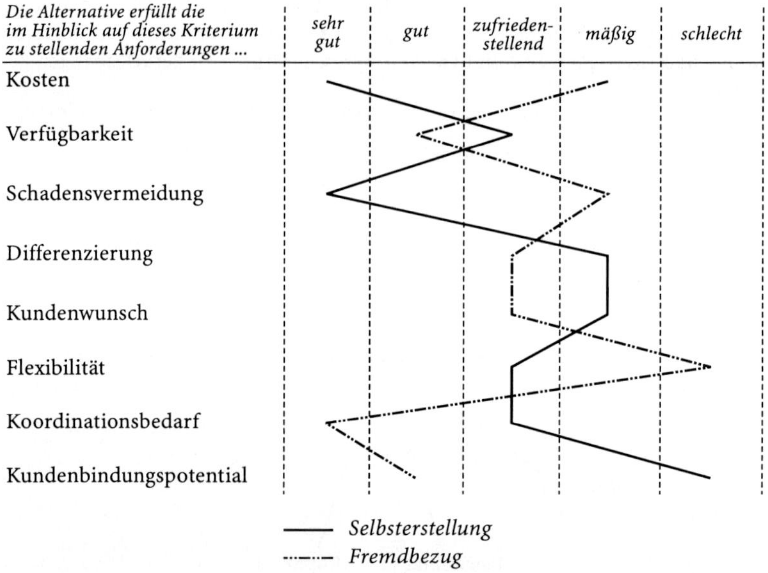

Abb. 24. Stärken-/Schwächen-Profil für die Make-or-Buy-Entscheidung im Transportbereich

[106] Vgl. zum folgenden Reckenfelderbäumer 1997a, S. 12ff.

Tabelle 4. Scoring-Modell am Beispiel der Bedarfsdeckungsentscheidung für Schulungsleistungen

		Erfüllung der Anforderungen durch Make		*Erfüllung der Anforderungen durch Buy*	
Kriterium	*Gewicht*	*ungewichtet*	*gewichtet*	*ungewichtet*	*gewichtet*
Unternehmensspezifität der Ausbildung	0,3	5	0,15	2	0,06
Kosten der Schulung	0,2	3	0,06	4	0,08
Qualität des Schulungspersonals	0,2	3	0,06	4	0,08
Vorhandensein von Schulungsräumen	0,1	1	0,01	5	0,05
Akzeptanz durch die Mitarbeiter	0,1	2	0,02	4	0,04
Risiko durch Abhängigkeit	0,1	4	0,04	2	0,02
Summe	*1,0*	*18*	*0,34*	*21*	*0,33*

Bedeutung der ungewichteten Werte: 5 = sehr gut 4 = gut 3 = zufriedenstellend 2 = mäßig 1 = schlecht

Entscheidung beigemessen wird. Wie Tabelle 4 zeigt, können sich bei gewichteter und ungewichteter Berücksichtigung der Punktwerte durchaus unterschiedliche Ergebnisse bei der Make-or-Buy-Entscheidung ergeben: Während ohne Gewichtung die Entscheidung zu einem Zukauf der Schulungsleistung geführt hätte, läßt die Gewichtung die Selbsterstellung vorteilhafter erscheinen. Mit Scoring-Modellen dieser Art ist jedoch stets das Problem der (subjektiv beeinflußten) Festlegung der Gewichtungsfaktoren verbunden.

Die Auswahl des anzuwendenden Verfahrens hängt von der Bedeutung und Komplexität der Entscheidungssituation ab: In der Reihenfolge der genannten Konzepte nimmt der mit ihrem Einsatz verbundene Aufwand zwar zu, die Detailliertheit und Eindeutigkeit der Informationen steigen allerdings gleichfalls, so daß ein pauschales Urteil für oder gegen das eine oder andere Verfahren nicht möglich ist.

Zum Abschluß dieses Abschnitts sei auf einige aktuelle Konzepte hingewiesen, die im Zusammenhang mit der Make-or-Buy-Entscheidung in den Vordergrund getreten sind. So wird in jüngerer Zeit zunehmend die Forderung laut, sich auch im Bereich der Services an den eigenen Kernkompetenzen zu orientieren und alle Service-Leistungen, die nicht in den Bereich der Kernkompetenzen fallen, auszulagern und von spezialisierten Dienstleistern zuzukaufen, die in diesem Bereich ihre Kernkompetenzen haben.

Kernkompetenzen sind – vereinfacht gesagt – unternehmensspezifische Fähigkeiten, die dazu dienen, die langfristige Unternehmungsstellung durch die Schaffung dauerhafter Erfolgspositionen zu sichern, für ein breites Spektrum von Leistungen verwendet werden können, den Kunden einen fundamentalen

(Zusatz-)Nutzen stiften, zur Differenzierung im Wettbewerb geeignet sind und/ oder den Eintritt in neue Märkte eröffnen.[107] Die Orientierung an den Kernkompetenzen konsequent umgesetzt führt regelmäßig dazu, daß Investitionsgüterhersteller das Spektrum selbsterstellter Service-Leistungen drastisch reduzieren und vermehrt auf externe Spezialisten zurückgreifen. Bei denen handelt es sich nicht selten um ausgegliederte Tochtergesellschaften.[108] Wie bei allen modernen Tendenzen darf auch hier die Auslagerung jedoch nicht übertrieben werden, denn dann droht die Gefahr des „Ausblutens" der Unternehmungen. Das richtige Maß zu finden, ist gerade angesichts der aktuellen Entwicklung hin zur oben erwähnten virtuellen Unternehmung oft ein schwieriges Unterfangen, zumal Erfahrungswerte, auf die zurückgegriffen werden könnte, gegenwärtig vielfach noch fehlen.

Eine wichtige Ergänzung zu den herkömmlichen Produktions- bzw. Erstellungskostenvergleichen stellt schließlich die Analyse der *Transaktionskosten* – oder allgemeiner: Koordinationskosten – dar, die für die Anbahnung, Vereinbarung, Abwicklung, Kontrolle und Anpassung von Austauschbeziehungen anfallen.[109] Derartige Koordinationskosten fallen sowohl bei der Selbsterstellung einer Service-Leistung (als Organisationskosten) als auch bei deren Fremdbezug (als Transaktionskosten i.e.S.) an. Im Sinne der Vertreter des Transaktionskostenansatzes ist dann diejenige Alternative zu wählen, die die niedrigsten Koordinationskosten verursacht. Die Höhe dieser Kosten wird bestimmt durch die Eigenschaften der betreffenden Leistungen, von denen drei als besonders relevant hervorgehoben werden. An erster Stelle die Spezifität: Je spezifischer, d.h. je exakter auf den Bedarf der betreffenden Unternehmung zugeschnitten ein Service ist, desto höher sind die mit dem Bezug über den externen Markt verbundenen Transaktionskosten, desto stärker ist daher die Tendenz zur Selbsterstellung (z.B. bei Beratungsleistungen, die ein spezielles Produkt-Know-how erfordern). Unspezifische Leistungen, die in standardisierter Form ausreichen und daher problemlos über den Markt zu beziehen sind, sollten dagegen zugekauft werden (z.B. einfache Transportleistungen). Darüber hinaus sollten Service-Leistungen um so eher in Form des Make erbracht werden, je unsicherer sie sind – insbesondere im Hinblick auf die jederzeitige Verfügbarkeit in quantitativer und qualitativer Hinsicht – und je häufiger sie benötigt werden. Unsicherheit und Häufigkeit sind allerdings von ihrer Relevanz her der Spezifität nachgeordnet. Dieses Empfehlungen, die aus dem Transaktionskostenansatz abgeleitet werden können, sind si-

---

[107] Vgl. Rasche 1993, S. 425; Zahn 1996, Sp. 886; Prahalad/Hamel 1997, S. 969ff.

[108] Oft spielt bei dieser Ausgliederung nicht allein die „Rückbesinnung auf Kernkompetenzen" die entscheidende Rolle, sondern die Tatsache, daß in den Dienstleistungstöchtern niedrigere Tariflöhne gezahlt werden können als in der Mutterunternehmung.

[109] Ausführlich vgl. zu den folgenden Überlegungen z.B. Picot 1991, S. 336ff.; Benkenstein/Henke 1993, S. 77ff.; Schneider 1994, S. 66ff.

cherlich eine Perspektive, die eine wichtige Ergänzung altbekannter Make-or-Buy-Betrachtungen darstellt. Jedoch darf nicht übersehen werden, daß auch dieser Ansatz, der an dieser Stelle nicht im Hinblick auf theoretische Kritikpunkte zu untersuchen ist, wichtige Einflußgrößen vernachlässigt. Dies sind z.B. die möglichen Erlöswirkungen der betreffenden Services oder auch Aspekte der Service-Qualität. Trotz dieser Einschränkungen ist der Transaktionskostenansatz inzwischen zu einer gewissen Popularität gelangt, da er ein prinzipiell schlüssiges und für den Betrachter relativ leicht zugängliches Entscheidungsraster an die Hand gibt.[110]

Es dürfte deutlich geworden sein, daß es kein Patentrezept für die Festlegung der Service-Trägerschaft gibt. Die Auswahl der zugrundezulegenden Kriterien muß ebenso wie die Heranziehung eines der genannten Verfahren vom Einzelfall abhängig gemacht werden. Zu vermeiden ist allerdings in jedem Fall eine monokausale Entscheidung, die die vielfältigen Einflüsse, die andere Kriterien auf den Erfolg der Entscheidung mit sich bringen können, unbeachtet läßt.

3.5.2.3 Das Problem der Service-Trägerschaft in dynamischer Sicht

Die Make-or-Buy-Entscheidung stellt – sieht man von den im aktuellen Tagesgeschäft spontan zu treffenden Entscheidungen einmal ab – regelmäßig eine Maßnahme von strategischer Bedeutung dar, die nicht von heute auf morgen zu revidieren ist. Dennoch müssen die vorgenommenen Weichenstellungen im Zeitablauf ständig überprüft und kritisch hinterfragt werden: Ändern sich die Rahmenbedingungen, die zu der getroffenen Entscheidung geführt haben (z.B. Konkurrenzsituation, Faktorkosten, Nachfragebedürfnisse), ist eine Modifizierung der Form der Service-Trägerschaft oft dringend angeraten, die Bedarfsdekkungsstrategie ist gegebenenfalls zu ändern. Abbildung 25 zeigt einige Ansatzpunkte, in welche Richtungen eine derartige Dynamisierung gehen kann.[111]

- Am populärsten und von größter Bekanntheit ist sicherlich das *Outsourcing*, also der Wechsel vom Make zum Buy, sei es von externen Dritten, sei es von konzerninternen Tochtergesellschaften. Zu dieser Fragestellung gibt es inzwischen umfassende Überlegungen.[112] Nicht zuletzt war es der gestiegene Wettbewerbs- und Kostendruck, der in vielen Unternehmungen zu Auslagerungen geführt hat. Dennoch gibt es eine Reihe weiterer Möglichkeiten, die Service-Trägerschaft in dynamischer Hinsicht zu verändern, denn bei weitem nicht immer ist das Outsourcing die angemessene Lösung.
- Zum Teil bietet es sich an, bestimmte zuvor selbsterstellte oder auch fremdbezogene Services aus dem Angebot komplett zu *eliminieren*, da sie nicht mehr

[110] Kritisch setzt sich mit dem Transaktionskostenansatz v.a. Schneider 1995, S. 263ff., auseinander.

[111] Vgl. Reckenfelderbäumer 1997a, S. 27ff.

[112] Vgl. stellvertretend aus der jüngeren Zeit Horchler 1996; Koppelmann 1996.

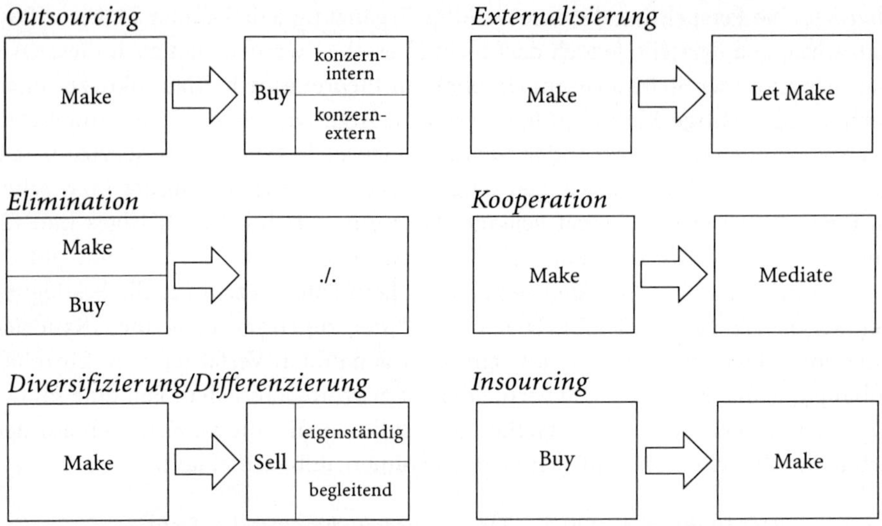

Abb. 25. Dynamisierungskonzepte für die Bedarfsdeckung im Service-Bereich

erforderlich sind. Zu diesem Fall kann es z.B. dann kommen, wenn Produkte, für die diese Services benötigt werden, nicht mehr zum Sortiment des Anbieters gehören

- Eine interessante Möglichkeit zur erfolgswirtschaftlichen Unterstützung einer Make-Entscheidung ist die externe Vermarktung vormals nur intern genutzter Service-Leistungen. Dies kann zur *Differenzierung* der angebotenen Produkte bzw. „produktbegleitend" erfolgen, aber auch im Zuge der *Diversifizierung* durch die Erschließung völlig neuer Geschäftsfelder.
- Eine insbesondere im Hinblick auf die Kosten attraktive Form der Auslagerung von Services ist die *Externalisierung.*[113] Dabei überträgt der Anbieter bisher von ihm selbst erbrachte Services auf den Kunden. Beispiele sind hier viele Selbstbedienungsformen, aber auch z.B. der Wechsel vom Frei-Haus-Transport zur Selbstabholung von Waren durch den Kunden.
- Auf Möglichkeiten der *Kooperation* zur Erstellung von Services wurde bereits hingewiesen. Hier bieten sich verschiedene Möglichkeiten. So kann ein industrieller Anbieter, der bestimmte Services weder selbst erstellen noch von Dritten zukaufen will, als Vermittler zwischen seinen Kunden und für diese in Frage kommenden Service-Anbietern, mit denen er eine Kooperationsvereinbarung getroffen hat, auftreten. Das Beispiel des Warentransportes noch einmal aufgegriffen, würde das etwa bedeuten, daß der Anbieter dem Kunden ei-

[113] Zum Begriff der Externalisierung im hier verstandenen Sinne vgl. Corsten 1995, S. 189ff.

nen zuverlässigen Spediteur nennt, der die Abholung der Waren besorgen könnte.

- Interessant ist, daß in jüngerer Zeit als Gegenentwicklung zu einem offenbar überzogenen Outsourcing immer häufiger die Zurückverlagerung von Services in den eigenen Tätigkeitsbereich beobachtet werden kann. Meldungen über derartige Maßnahmen, die unter dem Stichwort *Insourcing*[114] zusammengefaßt werden können, finden sich augenblicklich immer wieder.

Wiederum kann es nur dem Einzelfall vorbehalten bleiben, welchen der aufgezeigten Wege eine Unternehmung im Zuge der Modifikation ihrer Service-Aktivitäten sinnvollerweise gehen sollte. Nicht in jeder Situation ist jede Alternative sinnvoll. Das gilt auch und vielleicht vor allem für das Outsourcing.

3.5.3 Institutionalisierung der Service-Aufgaben

3.5.3.1 Zentrale versus dezentrale Anbindung von Service-Kapazitäten

Wurden in Abschnitt 3.5.2 die generellen Optionen der Service-Trägerschaft aufgezeigt, geht es in diesem Abschnitt primär darum, Möglichkeiten zur Institutionalisierung der Services *innerhalb* der Unternehmung aufzuzeigen. Das bedeutet, daß eine Make-Entscheidung vorausgegangen ist und sich nunmehr die Frage stellt, wo innerhalb der Unternehmung die Service-Kapazitäten sinnvollerweise organisatorisch angebunden werden sollten. Zwar sind beide Fragen sehr eng miteinander verflochten, dennoch aber erscheint die getrennte Behandlung sinnvoll, da insbesondere die Fokussierung der Zentralisierungs- bzw. Dezentralisierungsproblematik eine wichtige Ergänzung darstellt.

Einführend zeigt Abb. 26, wie dieses Thema in der Praxis gehandhabt wird, und macht zweierlei deutlich:

- Zum einen nutzen die Unternehmungen offenbar das gesamte Spektrum an Institutionalisierungsalternativen. Diese hängen allerdings in nicht unwesentlichem Maße mit der generellen Organisationsstruktur zusammen.
- Zum anderen aber zeigt sich ein deutliches Schwergewicht der Ansiedlung der Services in Vertrieb/Verkauf. Dies deutet darauf hin, daß offenbar die meisten Services dezentral von den operativen Einheiten erbracht werden. Es existieren somit zumindest in aufbauorganisatorischer Hinsicht keine spezialisierten Service-Einheiten. Dies kann damit begründet werden, daß die Services meist

---

[114] Diese Verwendung des Begriffs Insourcing als konsequente Umkehrung des Outsourcing darf nicht mit dem Begriffsverständnis verwechselt werden, das sich z.B. bei Wildemann 1997, S. 425, findet, der unter Insourcing „die Montage des Moduls im Endmontagewerk durch den Modullieferanten" versteht, also das „Ins-Haus-Holen" von Zulieferern.

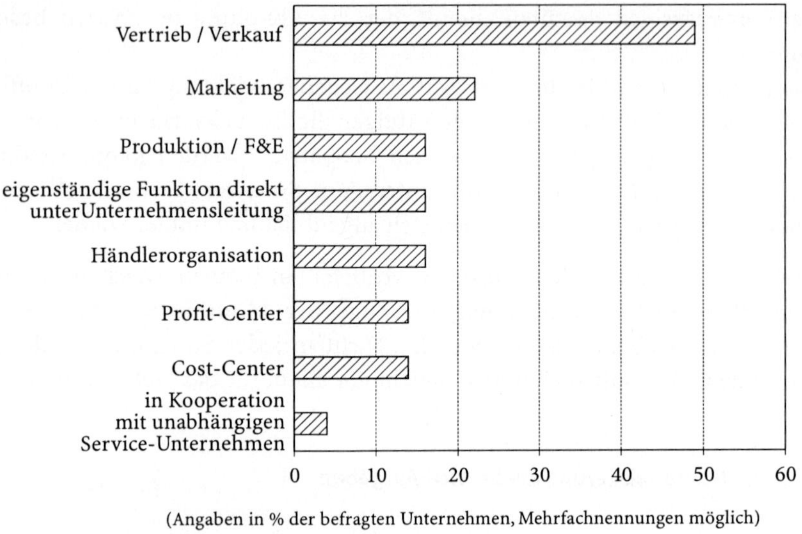

Abb. 26. Organisation von Dienstleistungen in Industrieunternehmen (Quelle: Simon 1993a, S. 20)

„historisch gewachsen" sind, sie jedoch nur selten auf einer systematischen, wettbewerbsvorteilsgerichteten Planung beruhen.[115]

Es gibt triftige Gründe, die für eine dezentrale Ansiedlung der Service-Kapazitäten sprechen. Ebenso gibt es aber auch schwerwiegende Argumente, die die Vorteilhaftigkeit zentraler Einheiten unterstützen. Letztlich handelt es sich bei der Wahl des „richtigen" (De-)Zentralisationsgrades in Unternehmungen um eine Fragestellung, die die Betriebswirtschaftslehre seit langer Zeit beschäftigt.[116] Einige wichtige Gründe für und gegen die beiden grundlegenden Alternativen – Dezentralisation in den operativen Einheiten versus Zentralisation in spezialisierten Service-Einheiten –, bei denen wiederum verschiedene Abstufungen denkbar sind (z.B. kleinere Service-Einheiten innerhalb der verschiedenen Geschäftsbereiche), sind in Tabelle 5 zusammengestellt.

Tendenziell kann man möglicherweise davon ausgehen, daß eine Service-Leistung um so eher dezentral erstellt werden sollte, je näher sie am Produkt angesiedelt ist, bzw. daß um so besser zentralisierte Service-Einheiten einzusetzen sind, je selbständiger (produktunabhängiger) eine Leistung verwendet und vermarktet werden kann.[117] Das Erfolgsgeheimnis liegt dann darin, die richtige Mi-

[115] Vgl. Simon 1993a, S. 20.

[116] Bereits bei *Bleicher* findet sich eine ausführliche Erörterung dieser Thematik; vgl. Bleicher 1966. Zu einem aktuellen Überblick vgl. auch Beuermann 1992, Sp. 2611ff.

[117] Vgl. Homburg/Garbe 1996b, S. 72.

schung aus dezentralen und zentralen Service-Kapazitäten zu finden. Abbildung 27 verdeutlicht am Beispiel eines Maschinenbauers, wie eine derartige Mischung aussehen kann.

Tabelle 5. Zentralisierung versus Dezentralisierung industrieller Services

	Zentralisierung	*Dezentralisierung*
Vorteile	• Kompetenz-/Know-how-Bündelung • Größenvorteile • bessere eigenständige Vermarktungs- und Abrechnungsmöglichkeiten • Vermeidung von Doppelarbeiten • problemlosere Koordination • klarere Verantwortungsverteilung	• größere Produkt-/Marktnähe • Kundennähe • Flexibilität • Schnelligkeit • Verbundvorteile durch Kopplung von Produkt- und Servicegeschäft
Nachteile	• Interessenkonflikete mit der Vermarktung der Hauptleistungen • Akzeptanzprobleme • doppelte Zuständigkeit gegenüber einem Kunde	• fehlende Abstimmung/Koordination • Vernachlässigung des Servicegeschäfts durch die Produktverantwortlichen • Größennachteile • fehlendes Know-how

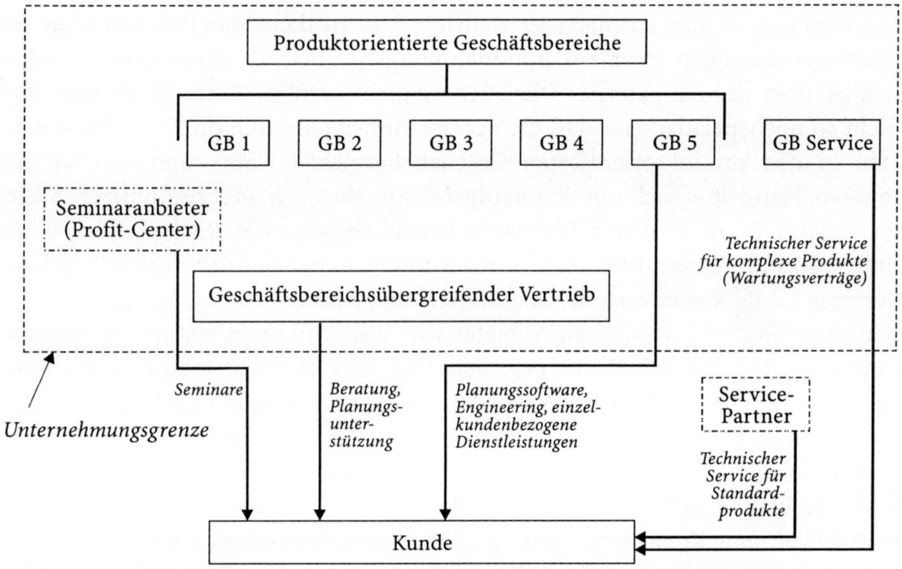

Abb. 27. Organisatorische Einbindung industrieller Dienstleistungen – das Beispiel eines Maschinenbauunternehmens
(Quelle: Homburg/Garbe 1996b, S. 71)

Allerdings darf auch bei dieser durchaus überlegten Vorgehensweise nicht übersehen werden, daß das Auftreten von insgesamt nicht weniger als fünf Verantwortungsbereichen gegenüber dem Kunden – allein im Hinblick auf die Services – zu nicht unerheblichen Abstimmungsproblemen führen kann, wenn die jeweiligen Aufgaben und Kompetenzen nicht von vornherein klar gegeneinander abgegrenzt werden.

Das in Abb. 27 zu erkennende Vorgehen sei kurz erläutert. Das Maschinenbauunternehmen verfügt über einen Vertrieb, der für alle fünf Produkt-Geschäftsbereiche übergreifend tätig ist. Dieser Vertrieb ist für die mit der Betreuung der Kunden erforderlichen Services, insbesondere Beratung, Planungsunterstützung, zuständig, für die weniger Produkt- als vielmehr Kunden-Know-how erforderlich ist. Die produzierenden Geschäftsbereiche selbst erbringen dementsprechend diejenigen Services, die mit der Gestaltung spezieller Produkte verbunden sind, vor allem das Engineering, für das hochgradig ausgeprägtes Produkt- und Technik-Know-How benötigt wird. Die bisher genannten Services lassen sich nur unter Schwierigkeiten zentralisieren, da sie mit produkt- bzw. kundenspezifischen Kompetenzen verbunden sind, die z.B. der Geschäftsbereich Service, über den der Maschinenbauer verfügt, nicht aufzuweisen hat. Dieser Geschäftsbereich Service kümmert sich aber dann für sämtliche Maschinen aller Geschäftsbereiche, sofern sie eine hohe technische Komplexität aufweisen, um die Wartung, ist also auf diese spezialisiert. Das ist dann möglich, wenn für die Wartungsleistungen zwar ein unternehmungsspezifisches Know-how erforderlich ist, über das ein externer Dienstleister nicht verfügt, dieses Know-how aber nicht so hochspezifisch ist, daß die Service-Aufgaben durch die Produktspezialisten in den produktorientierten Geschäftsbereichen wahrgenommen werden müßten. Handelt es sich um Standardprodukte, die auch andere Anbieter in vergleichbarer Form in ihrem Sortiment haben, so wird der Rückgriff auf einen unternehmungsexternen Service-Partner möglich, der bei derartigen Standard-Services i.d.R. Kostenvorteile aufzuweisen hat. Schließlich verfügt der Maschinenbauer über einen internen Anbieter von Weiterbildungsleistungen (Seminaranbieter), der als Profit Center organisiert ist. Dies ist möglich und sinnvoll, weil derartige Services vergleichsweise weit vom Produktgeschäft entfernt sind und daher auch organisatorisch von diesem gelöst werden können.

Die Tendenz, Services in Form von Profit Centers zu institutionalisieren, gewinnt mehr und mehr an Bedeutung, da dies dem Trend zu mehr Eigenverantwortlichkeit und Unternehmertum in allen Unternehmensbereichen entspricht.[118] Daher wird im folgenden Abschnitt auf dieses und andere Center-Konzepte ein-

[118] So entspricht das Profit-Center-Konzept den Zielsetzungen, die mit Konzepten wie der *Modularisierung* (vgl. Picot/Reichwald/Wigand 1996, S. 199ff.) oder der *Geschäftssegmentierung* (vgl. Frese 1993, S. 999ff.) verfolgt werden.

gegangen, um die diesbezüglichen Optionen für das industrielle Service-Management aufzuzeigen.

3.5.3.2 Center-Konzepte und ihre Eignung zur Erfüllung von Service-Funktionen

Einführend sei in diesem Abschnitt einem Mißverständnis vorgebeugt, das sich bei der Verwendung der Begriffe „Zentralisation" und „Dezentralisation" einstellen könnte: Die Bildung von spezialisierten Service-Einheiten stellt im Hinblick auf die Zusammenfassung der entsprechenden Aufgaben in z.B. einem Profit-Center eine Form der Zentralisation dar. Gleichzeitig ist damit aber auch eine Dezentralisation verbunden, nämlich im Hinblick auf die Entscheidungskompetenzen: Ein Profit Center handelt erfolgsverantwortlich und hat dabei erhebliche unternehmerische Freiräume. Insofern muß zwischen Aufgaben- und Entscheidungs(de)zentralisation unterschieden werden; beide sind nicht zwangsläufig gleichläufig miteinander verknüpft. In den bisherigen Ausführungen des Abschnitts 3.5.3 stand primär die Aufgaben(de)zentralisation im Vordergrund. Die Berücksichtigung dieser Variante der (De-)Zentralisation muß nunmehr allerdings ergänzt werden um Überlegungen zur Entscheidungs(de)zentralisation.[119] Tabelle 6 gibt einen zusammenfassenden Überblick über gängige Center-Konzepte.

---

[119] Zur Unterscheidung zwischen Aufgaben- und Entscheidungs(de)zentralisation vgl. ausführlich Hungenberg 1995, S. 44ff., speziell S. 45, sowie die dort angegebene Literatur.

Tabelle 6. Charakterisierung von Center-Konzepten
(Quelle: Noch 1995, S. 188, basierend auf Weilenmann 1989, S. 937ff.)

Center-Konzept	*Beschreibung*	*Instrumente zur Leistungsmessung*
Discretionary Expense Center	• Bereich mit disponierten Kosten • lediglich die Effektivität (Output-Ziel-Beziehung), nicht aber die Effizienz (Input-Output-Beziehung) meßbar • geeignet für die Organisation einer Zentralfunktion • Verwaltungseinheiten wie Personalwesen	• Budgetkontrolle • Zero-Base-Budgeting
Cost Center	• Kostenorientierung • für Teilbereich ohne direkte Schnittstelle zum Markt • erbringt interne, nicht marktfähige Leistungen • meßbare Input-Output-Beziehung liegt vor • geeignet für die Organisation einer Zentralfunktion • Produktionsgesellschaft	• Standardkostenrechnung • Analyse der Kostenabweichung
Revenue Center bzw. Service Center	• Ertragsorientierung • erbringt interne, prinzipiell marktfähige Leistungen • wesentliche Kosten sind nicht von der Center-Führung zu beeinflussen • Zielgröße: Ergebnis ausgleichen • geeignet für die Organisation einer zentralen oder dezentralen Funktion • interne Mitarbeiterschulung	• Erlöse und Kosten • Markterlöse (extern) und Verrechnungserlöse (intern)
Profit Center	• ergebnisorientiert • verantwortlich für Leistungserstellung und Absatz • Zielgröße Gewinn und weitere quantitative und qualitative Maßgrößen (z.B. Marktanteil oder Kundenzufriedenheit) • geeignet für die Organisation einer dezentralen Funktion • Akademie zur Schulung von Kunden	• Gewinn (Kosten- und Erlösabweichungen)
Investment Center	• renditeorientiert • wie Profit Center, zusätzlich mit Renditeverantwortung • verantwortlich für das Vermögen • Zwischenlösungen zwischen Profit Center und Investment Center • geeignet für die Organisation einer dezentralen Funktion • Akademie zur Schulung von Kunden	• Return on Investment (RoI)

Während alle Center-Varianten durch eine Aufgabenzentralisation gekennzeichnet sind, nimmt der Grad der Entscheidungszentralisation in Tabelle 6 von oben nach unten kontinuierlich ab, d.h. beim Discretionary Expense Center handelt es sich um eine Form, bei der die Kompetenzen weitgehend nicht von der Unternehmungsführung auf die nachgelagerten Center delegiert werden, beim Investment Center hingegen ist die Entscheidungskompetenz weitestgehend auf die selbständig agierenden Center übertragen und daher hochgradig dezentralisiert. Je nachdem, um welche Art von industriellem Service es sich handelt, können unterschiedliche Center-Konzepte vorteilhaft sein, worauf die in der Tabelle genannten Beispiele bereits hindeuten. Zusammenfassend kommt dort zum Ausdruck, daß der Grad der Entscheidungsdezentralisation um so größer sein kann, je selbständiger die (externen) Vermarktungsmöglichkeiten sind, die für eine bestimmte Service-Leistung gegeben sind. Dann nämlich kann ein eigener Service-Geschäftsbereich als Profit Center entstehen, der organisatorisch ähnlich zu behandeln ist wie ein nach Produkten gebildeter Geschäftsbereich. Allerdings gehen die Bestrebungen immer mehr dahin, auch für interne Services marktähnliche Anreizmechanismen zu schaffen, so etwas wie Konkurrenzdruck zu erzeugen und damit auch interne Service-Bereiche Beiträge zum Markterfolg der Unternehmungen liefern zu lassen.[120] Solchen Bestrebungen sind allerdings immer dann Grenzen gesetzt, wenn ein solcher „interner Markt" nicht geschaffen werden kann, z.B. weil keine alternativen Angebote verfügbar sind, aus denen ein Marktpreis abgeleitet werden könnte.

In jedem Falle steht zu vermuten, daß die Bedeutung erfolgsverantwortlicher, in Form von (Pseudo-)Profit Centers[121] organisierten Service-Institutionen zukünftig deutlich steigen wird,[122] es sei denn, die gegenwärtige Tendenz zu mehr Eigenständigkeit in allen Bereichen der Unternehmung ebbt ab. Darauf deutet allerdings gegenwärtig nichts hin.

Beispiel:
Die *Siemens AG* setzt im Service-Bereich mehr und mehr auf das Profit-Center-Konzept. So wurde vor ungefähr zwei Jahren die *„Siemens Business Services"* als eigenständiges Profit Center gegründet, in dem alle Dienstleistungen im Bereich der Daten- und Informationsverarbeitung zusammengefaßt sind. 4.200 Mitarbeiter erzielen dort ca. 1,5 Mrd. DM Umsatz, davon etwa 20% mit externen Kunden. Dieser Anteil soll mittelfristig auf 50% ausgebaut werden. Für den 1.10.1997 wurde die Gründung eines weiteren neuen Geschäftsbereichs, der *„Siemens Financial Services"*, angekündigt, in den die bisher von der zentralen Finanzabteilung wahrgenommenen Absatz- und Konzernfinanzierungen in Form eines Profit Center überführt werden.[123]

---

[120] Vgl. zu dieser Problematik Reckenfelderbäumer 1997b.

[121] Von einem Pseudo-Profit-Center kann man dann sprechen, wenn es sich um eine organisatorische Einheit ohne Bezug zum externen Markt handelt, für die aber marktähnliche Steuerungs- und Überwachungsmechanismen eingerichtet werden.

[122] Vgl. auch Connell 1996, S. 56.

[123] Vgl. o.V. 1996, S. 19.

3.5.4 Auswahl, Bemessung und Entwicklung der Service-Potentiale

3.5.4.1 Die Kapazitätsentscheidung

Ist die Entscheidung über die Institutionalisierung der Service-Einheiten gefallen, so stellt sich im nächsten Schritt die Frage der Dimensionierung der Service-Kapazitäten. Dieses Problem ist im Bereich industrieller Services wie auch allgemein im Dienstleistungsbereich deshalb besonders schwerwiegend, weil aus den Leistungsmerkmalen Integrativität und Immaterialität besondere Anforderungen erwachsen.[124]

Da Services nicht (oder allenfalls auf Umwegen durch Zuhilfenahme von Trägermedien) auf Vorrat produziert werden können, kann eine Leistungserstellung immer erst dann erfolgen, wenn es zum Abruf der Leistung durch einen Nachfrager kommt. Dieser Abruf von Leistungen erfolgt allerdings vielfach sehr unregelmäßig, unterliegt z.B. starken tageszeitlichen oder saisonalen Schwankungen. Der Anbieter steht dann vor der Wahl, entweder seine Kapazitäten an einem potentiellen Spitzenbedarf auszurichten, um jedwede Nachfrage umgehend befriedigen zu können, oder aber eher von einer mittleren Kapazitätsauslastung auszugehen und seinen Abnehmern in Phasen der Spitzennachfrage Wartezeiten zuzumuten. Beide Wege sind mit Problemen behaftet:

- Die *Ausrichtung am potentiellen Spitzenbedarf* bringt es mit sich, daß die vorhandenen Service-Kapazitäten nur innerhalb sehr begrenzter Zeiträume tatsächlich ausgelastet sind, in den übrigen Zeiten aber ein deutlicher Überschuß der angebotenen Kapazität gegenüber der nachgefragten besteht, da die Kapazität vielfach kurzfristig nicht nach Belieben verringert werden kann. Auf diese Weise entstehen Leerkosten für die nicht ausgelasteten Kapazitäten.
- Bei der zweiten geschilderten Vorgehensweise, der *Ausrichtung an einem mittleren Bedarf*, ist zu bedenken, daß die Kapazität eine starke subjektive Komponente aufweist:[125] Diese ist dadurch bedingt, daß jeder Kunde eine bestimmte Wahrnehmung der vorhandenen Kapazitäten hat, sie als angemessen oder unangemessen empfindet. Insofern wird seine Kapazitätswahrnehmung zum Bestandteil seines Qualitätsurteils über die betreffenden Services oder gar über den Anbieter generell. Somit kann es zu Unzufriedenheit oder sogar zum Verlust von Kunden kommen, wenn diese die mit der temporären Kapazitätsüberlastung verbundenen Wartezeiten als zu lang ansehen und sich von anderen Anbietern eine angemessenere Behandlung erwarten. Bedenkt man die Sensibilität, mit der der Faktor Zeit in vielen Investitionsgüterbereichen

---

[124] Zur Problematik der Kapazitätsplanung bei Service-Leistungen vgl. vor allem Corsten 1992, S. 229ff.; Schnittka 1996. Speziell zu industriellen Dienstleistungen vgl. Buttler/Stegner 1990, S. 940f.

[125] Dies arbeitet besonders deutlich Schnittka 1996, speziell S. 50f., heraus.

behandelt werden muß – z.B. hinsichtlich der durch Stillstandszeiten bedingten Kosten während des Wartens auf den Reparatur-Service –, wird unmittelbar deutlich, wie problematisch auch diese Strategie der Kapazitätsbestimmung sein kann.

Somit gleicht die Kapazitätsplanung einer Gratwanderung zwischen Leerkosten und Kundenunzufriedenheit. Im Zuge des Kapazitäts-Management muß der Service-Anbieter daher darauf bedacht sein, seine Kapazitäten von vornherein nicht zu hoch, jedoch für die Befriedigung eines jeweils subjektiv festzulegenden angestrebten Nachfrageniveaus ausreichend zu bemessen, um dann mit Hilfe geeigneter Maßnahmen auf eine gleichmäßigere Kapazitätsauslastung hinarbeiten zu können. Es gilt, Nachfragespitzen abzubauen und nachfrageschwächere Phasen der durchschnittlichen Auslastung möglichst anzugleichen. Dafür kommen u.a. die folgenden Instrumente in Frage:

- Eine erste Möglichkeit stellt die *Gestaltung der Betriebszeiten* dar. Werden diese ausgedehnt, kann sich eine Verteilung der vorhandenen Nachfrage auf einen größeren Zeitraum ergeben, so daß insgesamt eine Nachfrageglättung eintritt. Eventuell ist es dann sogar möglich, an anderer Stelle die Betriebszeiten zu verringern, nämlich dort, wo die Nachfrage sehr gering ist, so daß die Gesamtbetriebszeit per Saldo unverändert bleiben kann.
- Eine Manövriermasse für den Anbieter sind die sich nicht in direktem Kundenkontakt vollziehenden *Back-Office-Tätigkeiten*, z.B. Verwaltungsaufgaben. Diese können auf die nachfrageschwachen Phasen verlagert werden, so daß in den nachfrageintensiven Phasen die größtmöglichen Freiräume zur Befriedigung der auftretenden Nachfrage bestehen.
- Eine weitere Möglichkeit besteht in der *Flexibilisierung der Einsatzmöglichkeiten von Mitarbeitern und Betriebsmitteln.* Sind die Mitarbeiter etwa nicht nur für eine bestimmte Art von Service qualifiziert, sondern können auch andere Tätigkeiten ausüben, so lassen sie sich fallweise je nach Bedarf und zum Teil zeitlich begrenzt für diejenigen Aufgaben einsetzen, bei denen gerade Personalknappheit herrscht. Derartige „Springer" eröffnen der Kapazitätsplanung erhebliche Flexibilitätspotentiale.
- Weiterhin kann eine *Substitution von Produktionsfaktoren* in Grenzen zur Lösung des Kapazitätsproblems beitragen. So sind Maschinen im Unterschied zu Mitarbeitern nicht an bestimmte Arbeitszeitregelungen gebunden, sondern können im Prinzip rund um die Uhr arbeiten. Die Möglichkeiten der Automatisierung werden im folgenden Abschnitt noch einmal explizit aufgegriffen.
- Gerade im Bereich standardisierter, problemlos über den Markt beziehbarer Services, bei denen der Anbieter aber dennoch eigene Kapazitäten vorhält, bietet es sich an, bei Nachfragespitzen *fallweise bestimmte Services zuzukaufen.* Auf diese Weise kann die eigene Kapazität auf ein Normalmaß reduziert

werden, ohne in nachfragestarken Zeiten Kunden unbedient lassen zu müssen. Allerdings ist die Voraussetzung für dieses Vorgehen, daß die am Markt vorzufindenden Anbieter in diesen Phasen tatsächlich bereit und in der Lage sind, die entsprechenden Services zu liefern und nicht selbst wegen einer zu hohen Auslastung Schwierigkeiten haben.

- Direkter Einfluß auf das Nachfrageverhalten kann mit Hilfe der *Marketing-Instrumente* ausgeübt werden. Dabei ist insbesondere die Preispolitik ein wichtiger Faktor. Mit Hilfe einer zeitlichen Preisdifferenzierung kann versucht werden, Anreize für die Nachfrager zu schaffen, in Zeiten an den Anbieter heranzutreten, in denen sie es sonst eher nicht getan hätten.[126] Insofern bieten sich vergleichsweise hohe Preise in üblicherweise nachfragestarken Zeiten, relativ niedrige Preise in weniger frequentierten Zeiten an. Die Preispolitik ist dann zu unterstützen durch die Kommunikationspolitik, mit deren Hilfe für die Verbreitung dieser neuen Preisgestaltung zu sorgen ist, um den Nachfragern die Attraktivität der Vorgehensweise zu verdeutlichen.
- Schließlich besteht die Möglichkeit, in nachfrageschwachen Phasen seine (produktbezogenen) Services auch *für die Produkte anderer Anbieter* zu offerieren, sofern dies nicht bereits vorher erfolgt ist. Auf diese Weise kann die Zahl der potentiellen Nachfrager deutlich erhöht werden. Allerdings kann die Gefahr resultieren, daß diese neuen Nachfrager die Services gleichfalls in den ohnehin schon stark beanspruchten Phasen benötigen, so daß sich das Problem unter Umständen noch verstärkt. Insofern müssen vor der betreffenden Entscheidung die notwendigen Informationen über das Verhalten der potentiellen Nachfrager eingeholt und sorgfältig ausgewertet werden. Zudem muß sichergestellt sein, daß man sich in den nachfragestarken Phasen auch tatsächlich auf die Betreuung der eigenen Produkte konzentrieren kann.

Es besteht somit eine Reihe von Möglichkeiten, auf eine zeitliche Glättung der Nachfrage hinzuwirken. Diese werden zwar nicht sämtliche Schwankungen beseitigen können, die Gratwanderung zwischen Leerkosten und Kundenunzufriedenheit aber doch bis zu einem gewissen Grade erleichtern.

3.5.4.2 Die Festlegung des Automatisierungsgrades

Die Möglichkeit der vollständigen oder teilweisen Automatisierung von Dienstleistungen hat gerade in den wirtschaftlich schwierigen Phasen der letzten Jahre im Zusammenhang mit Rationalisierungs- und Produktivitätssteigerungsbestrebungen an Bedeutung gewonnen. Gleichzeitig sind es die neuen technischen Möglichkeiten, z.B. im Bereich der Informations- und Kommunikationstechnologien, die in diesem Bereich neue Optionen bieten. Im konsumtiven Sektor zeu-

---

[126] Zur zeitlichen Preisdifferenzierung bei Dienstleistungen vgl. Meffert/Bruhn 1997, S. 411ff.

gen z.B. Bankautomaten und Online-Bestell- und Reservierungsdienste von dieser Entwicklung. Auch für den investiven Bereich jedoch bieten sich zahlreiche Möglichkeiten. Insofern stellt die Automatisierung in jedem Fall eine Option dar, deren Realisierbarkeit gründlich überprüft werden sollte.[127]

Die Automatisierung stellt dabei keine „Entweder-oder"-Entscheidung dar, denn regelmäßig bedarf es eines Zusammenwirkens von „Mensch" und „Maschine", allerdings mit unterschiedlichen Gewichten auf beiden Seiten. Vollautomatisierte Leistungen sind eher die Ausnahme, aber Teilautomatisierungen äußern sich z.B. – um nur einige wenige Fälle zu nennen – bei Konstruktionsleistungen durch den Einsatz von CAD-Systemen, im technischen Service durch die Verwendung von Diagnosegeräten, im Bereich der Schulung durch die Heranziehung von Videofilmen und computergestützten Planspielen oder im Ersatzteil-Service, der mehr und mehr mittels Online-Diensten abgewickelt wird. Mit der Automatisierung sind allerdings nicht nur Vor-, sondern auch Nachteile verbunden, von denen die wesentlichen in Tabelle 7 genannt sind.[128]

Verdichtet man die Argumente auf einen Punkt, so erhoffen sich die Anbieter, die zur Automatisierung übergehen, von dieser ein Stück mehr Unabhängigkeit von den mit dem Faktor „Mensch" verbundenen Problemen, sowohl unter zeitlichen, als auch unter qualitativen und kostenwirtschaftlichen Gesichtspunkten. Die in Tabelle 7 genannten Nachteile, so kann vermutet werden, sollten sich im Laufe der nächsten Jahre mehr und mehr reduzieren, denn die neuen Technologien werden ausgereifter und leistungsfähiger, erlauben mehr und mehr auch flexible Angebote und werden immer benutzerfreundlicher. Zudem dürften die Berührungsängste nachlassen, denn für die nachwachsenden Generationen gehört z.B. der Umgang mit Computern mittlerweile in den Bereich des Normalen. Dennoch wird es gerade in sensiblen Fragen auch zukünftig erforderlich sein, den persönlichen Kontakt mit den Kunden zu pflegen, so daß die Einsatzmög-

Tabelle 7. Vor- und Nachteile der Automatisierung

Ersatz des Faktors „Arbeit" durch den Faktor „Kapital"	
Vorteile	*Nachteile*
• Reduzierung der Personalkosten	• Unpersönlichkeit
• Verringerung der Personalauswahl- und -führungsprobleme	• Verlust an Individualität und Flexibilität
• Unabhängigkeit von Geschäftszeiten	• Verschlechterung der Kundenbindung
• Möglichkeit der Angebotsmultiplikation	• Berührungsängste beim Nachfrager
• Qualitätskonstanz	• Abhängigkeit von der Technik

[127] Zur Dienstleistungsautomatisierung vgl. auch Meyer, A. 1987, S. 25ff.; Kelley 1989, S. 43ff.

[128] Vgl. dazu auch Meffert/Bruhn 1997, S. 305f.

lichkeiten des Faktors „Kapital“ zwar weiter steigen, sie die Menschen aus dem Service-Bereich aber sicherlich niemals vollständig verdrängen werden.

3.5.4.3 Die Bedeutung der Mitarbeiter im Service-Management

Den Mitarbeitern wird nicht nur für das Dienstleistungs-Marketing im allgemeinen,[129] sondern auch für das Management industrieller Services eine entscheidende Rolle eingeräumt.[130] Diese resultiert vor allem aus der Tatsache, daß bei Services regelmäßig ein direkter Kontakt zwischen Mitarbeitern der nachfragenden und der anbietenden Unternehmung zustande kommt, z.B. in Beratungsgesprächen oder bei Schulungen. Diese Kontaktsituationen, die treffend auch als „Augenblicke der Wahrheit“ bezeichnet werden,[131] prägen die Wahrnehmung der Leistung durch den Abnehmer entscheidend und haben somit großen Einfluß auf seine Zufriedenheit und sein Qualitätsurteil. Daher stellen sich insbesondere den Mitarbeitern im Kundenkontakt zum Teil erhebliche Anforderungen. Diese sind idealtypisch in Tabelle 8 zusammengefaßt. Je nach Intensität und Umfang des Kundenkontaktes finden sie sich in mehr oder weniger ausgeprägter Form: So haben sie für den an einem Beratungsgespräch beteiligten Mitarbeiter tendenziell größere Bedeutung als für den Service-Mitarbeiter, der bei seinen Besuchen beim Kunden zwar Kontakt mit den Mitarbeitern hat, dem aber bei einem wesentlichen Teil seiner Arbeit (z.B. dem eigentlichen Reparieren einer Maschine) kein personeller externer Faktor gegenübersteht.

Faßt man die Aussagen der Tabelle zusammen, so kristallisieren sich zwei zentrale Eigenschaften heraus, die die Mitarbeiter mitbringen müssen: *Qualifikation* und *Motivation*. Oder mit anderen Worten: Die Mitarbeiter benötigen Kompetenzen in fachlicher, persönlicher und sozialer Hinsicht. Abbildung 28 konkretisiert diesen Sachverhalt.

Die Bedeutung der Mitarbeiter im Service-Management bringt es mit sich, daß das externe, absatzmarktbezogene Marketing um ein *internes Marketing* zu ergänzen ist.[132] Internes Marketing „umfaßt die planmäßige Gestaltung der unternehmerischen Austauschbeziehungen mit internen Systemelementen zu absatzmarktorientierten Zwecken“[133].

[129] Vgl. z.B. Berry/Parasuraman 1995, S. 87ff., speziell S. 89.

[130] Vgl. z.B. Müller 1995, S. 271ff.; Noch 1995, S. 216ff.

[131] Vgl. dazu Stauss 1995a, S. 379.

[132] Zum internen Marketing vgl. Stauss/Schulze 1990, S. 149ff.; Bruhn 1995, S. 13ff; Stauss 1995b, Sp. 1045ff.

[133] Stauss 1994, S. 477.

Tabelle 8. Anforderungen an das Kundenkontaktpersonal
(Quelle: Noch 1995, S. 224, beruhend auf Becker/Wellins 1990, S. 49)

Anforderung	*Bedeutung*
Kommunikation	Fähigkeit, sich in den Interaktionen mit dem Kunden verbal und schriftlich klar auszudrücken
Einfühlungsvermögen	Fähigkeit, die Gefühle und den Standpunkt des Kunden anzuerkennen und darauf einzugehen
Entscheidungsfähigkeit	Bereitschaft, Entscheidungen zu treffen und etwas zu unternehmen, um Kundenwünsche zu erfüllen
Energie	Hoher Grad an Wachheit und Aufmerksamkeit im gesamten Interaktionsprozeß
Flexibilität	Fähigkeit, den eigenen Service-Stil entsprechend der jeweiligen Situation oder Persönlichkeit des Kunden zu variieren
Verläßlichkeit	Zeitgerechte und adäquate Leistung entsprechend der gemachten Aussagen
Äußerer Eindruck	Saubere und ordentliche Erscheinung, positiver Eindruck auf den Kunden
Initiative	Eigene Aktivitäten, um Kundenerwartungen immer wieder zu erfüllen oder überzuerfüllen
Integrität	Einhaltung hoher sozialer und ethischer Standards im Umgang mit dem Kunden
Fachkenntniss	Vertiefte Kenntnisse bezüglich des Angebots und der kundenbezogenen Leistungsprozesse
Urteilsvermögen	Fähigkeit, verfügbare Informationen richtig zu beurteilen und zur Entwicklung von Problemlösungen zu nutzen
Motivation, dem Kunden zu dienen	Eigenschaft, Gefühl der Arbeitszufriedenheit aus dem Umgang mit dem Kunden, der Erfüllung von dessen Bedürfnissen und der Behandlung von dessen Problemen gewinnen zu können
Überzeugungsfähigkeit/ Verkaufstalent	Fähigkeit, mit seinen Ideen und Problemlösungen beim Kunden Akzeptanz zu finden und ihn vom Angebot des Unternehmens zu überzeugen
Planungsvermögen	Fähigkeit, die kundenbezogene Arbeit zeitlich und sachlich richtig vorzubereiten
Belastungsfähigkeit	Fähigkeit, unerwartete Kundenprobleme, unvorhersehbaren Arbeitsanfall oder Arbeitsdruck während des Kundenkontaktes auszuhalten
Situationsanalyse	Sammlung und logische Analyse von wichtigen Informationen über die Situation des Kunden
Hohes Anspruchsniveau	Hohe Ziele im Kundendienst und ständige Bemühung, diese Ziele zu erreichen

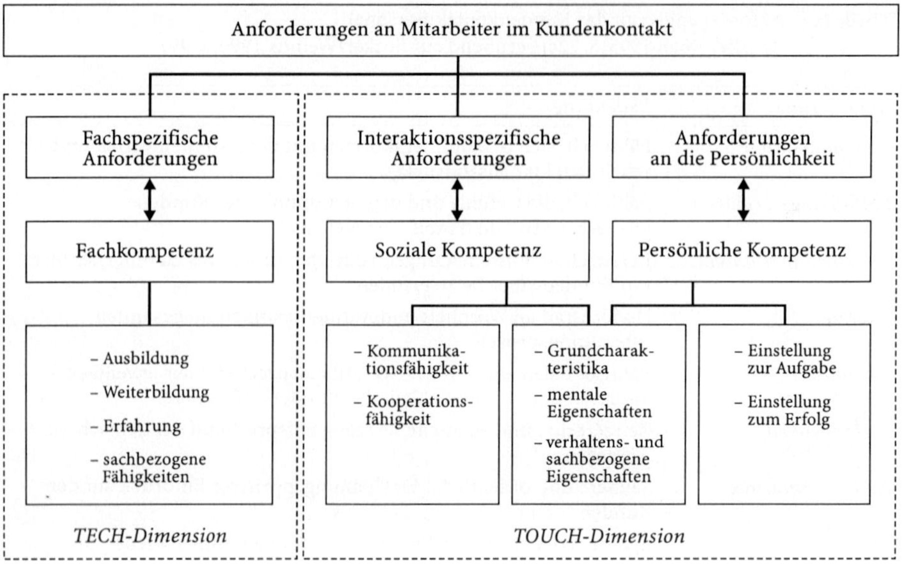

Abb. 28. Anforderungen an die Mitarbeiter
(Quelle: Noch 1995, S. 225)

Internes Marketing ist somit zwar nach innen – in die Unternehmung hinein – gerichtet, steht aber unter dem Primat der Absatzmarktorientierung. Insofern dient auch das personalorientierte interne Marketing, das neben dem Marketing interner Dienstleistungen und dem kooperationsinternen Marketing zu den drei wesentlichen Zweigen des internen Marketing gehört,[134] letztlich der Erzielung von Wettbewerbsvorteilen auf den Absatzmärkten der Unternehmung und nicht einer überzogenen Konzentration auf das Personal. Diesen Zusammenhang macht die Service-Gewinn-Kette deutlich. die in Abb. 29 dargestellt ist. Sie zeigt in vereinfachter Weise die Zusammenhänge zwischen der internen und der externen Ausrichtung des Marketing. Aufgabe des Service-Management muß es sein, dafür zu sorgen, daß diese Kette nicht abbricht, bevor sich der Markterfolg eingestellt hat, denn diese Gefahr ist jederzeit gegeben: Die Kette stellt keinen Automatismus dar, sondern muß durch aktive Gestaltungsmaßnahmen Stück für Stück erarbeitet werden.

[134] Diese Einteilung findet sich bei Stauss 1995b, Sp. 1046. Dabei ist das personalorientierte interne Marketing der unumstritten dominierende Zweig des internen Marketing. Zudem ist es derjenige mit der längsten Tradition. An dieser Stelle wird aber auch der enge Bezug zwischen internem Marketing und Personalwesen deutlich.

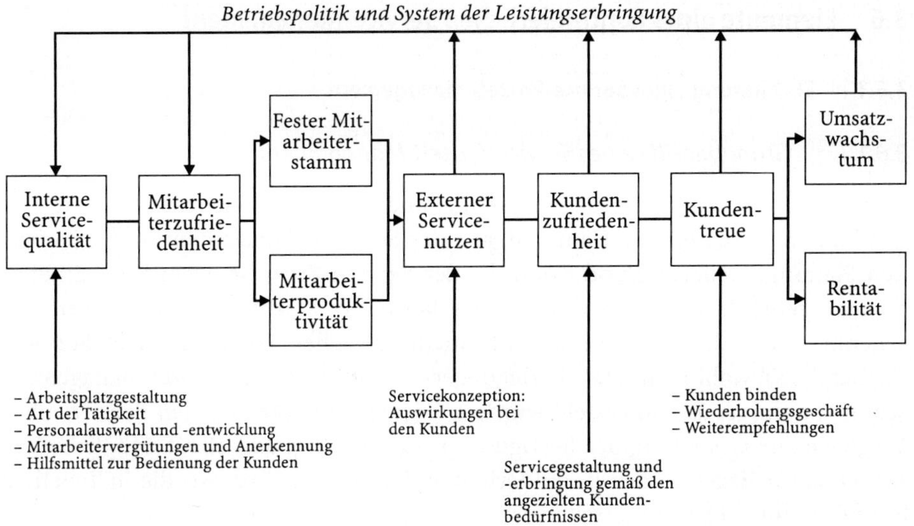

Abb. 29. Die Glieder der Service-Gewinn-Kette (Quelle: Heskett et al. 1994, S. 51)

Im Bereich des internen Marketing kann dabei auf drei verschiedene Gruppen von Instrumenten zurückgegriffen werden, die an dieser Stelle kurz umrissen seien:[135]

1. *Absatzmarktorientierter Einsatz personalpolitischer Instrumente*:
   Diese Instrumentengruppe beinhaltet alle Aspekte des Personal-Management, die sich auf den Werdegang eines Mitarbeiters in der Unternehmung beziehen, also von der Personalakquisition über Personaleinsatz und Karriereplanung bis hin zur Bezahlung. Damit wird ein sehr breites Spektrum angesprochen.
2. *Absatzmarktorientierter Einsatz interner Kommunikationsinstrumente*:
   Mit diesen Instrumenten, zu denen z.B. Schulung und Training gehören, aber auch alle weiteren Instrumente der internen Individual- und Massenkommunikation, wird vor allem auf langfristige Einstellungs- und Verhaltensänderungen der Mitarbeiter abgestellt.
3. *Personalorientierter Einsatz externer Marketing-Instrumente*:
   Im Rahmen dieser Gruppe von Instrumenten geht es vor allem darum, die Auswirkungen des externen Einsatzes der absatzpolitischen Instrumente auf die eigenen Mitarbeiter systematisch zu planen und zu berücksichtigen.

Es dürfte deutlich geworden sein, daß der Erfolg des Service-Management in entscheidendem Maße von den beteiligten Mitarbeitern abhängt. Insofern liegt in deren Auswahl, Qualifikation und Motivation eine wichtige Grundlage für das im folgenden Abschnitt zu behandelnde kontinuierliche Service-Management.

135 Vgl. hierzu ausführlich Bruhn 1995, S. 35ff.; Stauss 1995b, Sp. 1046ff.

3.6 Elemente eines kontinuierlichen Service-Management

3.6.1 Etablierung eines Service-Prozeß-Management

3.6.1.1 Grundbegriffe eines Service-Prozeß-Management

Wenn die in Abschnitt 3.5 behandelten grundsätzlichen Weichenstellungen vorgenommen sind, liegt die Hauptaufgabe des Service-Management in der laufenden Planung, Steuerung und Kontrolle der Service-Prozesse. Dem Prozeßmanagement generell wurde in den letzten Jahren verstärkt Aufmerksamkeit geschenkt,[136] allerdings nur selten mit einem speziellen Fokus auf dem Service-Bereich.[137] Obwohl konkrete Überlegungen zu einem Service-Prozeßmanagement schon vor einiger Zeit angestellt wurden,[138] ist es bis heute in vielen Bereichen im Vergleich zur Gestaltung der Fertigungsprozesse wenig ausgebaut. Mögliche Ursachen dafür liegen in den Besonderheiten der Service-Prozesse, die in Tabelle 9 bewußt pointiert herausgestellt werden.[139]

Trotz dieser Prozeßbesonderheiten ist ein systematisches Prozeßmanagement sehr wohl möglich, zumal gerade im Dienstleistungsbereich Instrumente zur Verfügung stehen, die in eine entsprechende Konzeption sinnvoll eingebunden werden können. Besonders gut eignet sich das Prozeßmanagement allerdings in den Bereichen, wo die Abläufe relativ repetitiven Charakter aufweisen und im

Tabelle 9. Unterschiede zwischen Fertigungs- und Service-Prozessen (Quelle: Striening 1988, S. 18)

Merkmale	*Fertigungsprozeß*	*Service-Prozeß*
Prozeß-Gesamtverantwortung	vorhanden	unklar
Prozeß-Definition	eindeutig	fraktioniert
Schnittstellenidentifikation	definiert	unklar
Ein-/Ausgabe-Beziehungen	quantifiziert	verbal
Dokumentation/ Arbeitsanweiseungen	präzise	unvollständig
Meßpunkte	festgelegt	nicht bzw. selten vorhanden
statistische Messungen	regelmäßig	nicht bzw. selten vorhanden
Produktivitätsmaßstab	Ausbeute/Durchlaufzeit	Bearbeitungszeit
Korrekturen/Modifikationen	präventiv/planvoll	reaktiv/sporadisch

---

136 Vgl. z.B. zum Überblick Bullinger 1995b, S. 779ff.; Striening 1995, S. 161ff.; Corsten 1996, S. 1089ff.

137 Vgl. z.B. Kastner/Bohnenkamp 1991, S. 35ff.; Scheer 1997, S. 115ff.

138 Vgl. Melan 1985, S. 52ff.

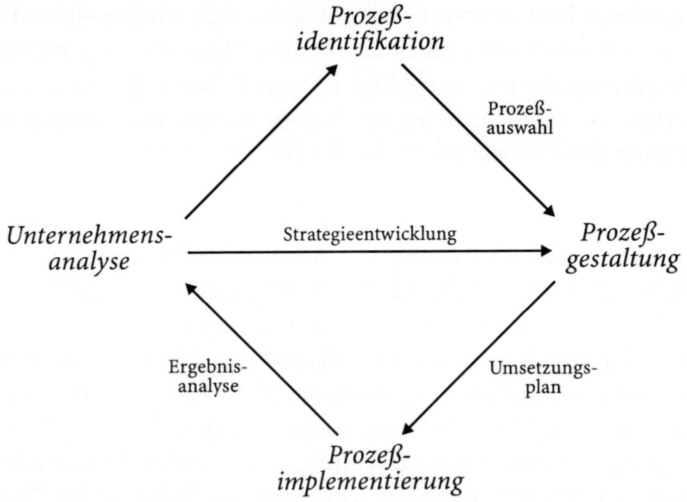

Abb. 30. Elemente des Prozeßmanagement
(Quelle: Kowalewski 1997, S.8, in Anlehnung an Schuh/Katzy/Dresse 1995, S. 65)

Einzelfall wenig Entscheidungsspielräume bestehen.[140] Führungsaufgaben sind daher für das Prozeßmanagement wenig geeignet. Allerdings weisen die meisten Tätigkeiten im Service-Bereich durchaus die angesprochenen Eigenschaften auf, so daß sie sich dem Prozeßmanagement erschließen.[141] Einige Grundlagen dieser Konzeption werden im folgenden skizziert.

Das Prozeßmanagement weist im wesentlichen vier zentrale Elemente auf, die miteinander eng verknüpft sind (siehe Abb. 30).

Zur Erläuterung der einzelnen Elemente:

- Im Rahmen der *Unternehmensanalyse* wird zunächst eine allgemeine Bestandsaufnahme hinsichtlich der Stellung der Unternehmung im Markt sowie voraussichtlicher und gewünschter Entwicklungen vorgenommen. Ziel ist die Aufdeckung von Stärken, vor allem aber Schwächen, um auf diese Weise zu einer umfassenden Informationsbasis für die Ableitung des Handlungsbedarfs zu gelangen.
- Auf die Unternehmensanalyse folgt die *Prozeßidentifikation.* Sie ist die Voraussetzung für die darauffolgenden gestaltenden Maßnahmen. Im Rahmen der Prozeßidentifikation muß das gesamte Geschehen in der Unternehmung, hier speziell im Service-Bereich, nach Abläufen gegliedert werden, um die Ge-

139 Vgl. dazu auch Melan 1985, S. 53.

140 Vgl. Striening 1988, S. 62.

141 Zur Begründung vgl. ausführlich Reckenfelderbäumer 1995, S. 112ff.

schäftsprozesse bzw. Hauptprozesse sowie die diesen innewohnenden Teilprozesse und einzelnen Aktivitäten zu erhalten. Diese Prozesse richten sich auf die Befriedigung der Kundenbedürfnisse aus. Es sollte sich eine Prozeßhierarchie ergeben, die jede Aktivität im Service-Bereich abdeckt und in den Gesamtkontext der Prozeßstrukturen einpaßt. Dabei müssen auch die Schnittstellen kenntlich gemacht werden, die sich innerhalb der Prozesse bei der Überschreitung von Abteilungs- und Bereichsgrenzen ergeben, um diese Schnittstellen gezielt überwinden zu können. Schließlich muß für die Prozesse auf den verschiedenen Hierachieebenen herausgefunden werden, welche Inputs und Outputs mit ihnen jeweils verbunden sind.

- Das dritte Element betrifft die *Prozeßgestaltung*: Die identifizierten Prozesse sind so weit wie möglich zu optimieren. Dabei kann schrittweise (evolutionär) oder auch „revolutionär" vorgegangen werden,[142] je nachdem, wie stark man sich bei der Prozeß(neu)gestaltung an die bisher bestehenden Prozeßstrukturen anpaßt bzw. diese berücksichtigt. Im Rahmen der Prozeßgestaltung können dabei verschiedene Optionen einzeln oder in Kombination miteinander wahrgenommen werden, um die Prozesse zu optimieren (siehe Abb. 31).
- Schließlich verbleibt als vierter Schritt die *Prozeßimplementierung*, bei der die Prozesse in der Unternehmungsstruktur organisatorisch berücksichtigt werden. Erforderlich ist dabei zum einen eine Neuverteilung der Verantwortung. So sind für jeden Prozeß Prozeßverantwortliche zu benennen. Damit werden bisherige Vorgesetztenverhältnisse allerdings nicht ersetzt, sondern ergänzt bzw. unterstützt:[143] Die Prozeßverantwortlichen übernehmen i.d.R. neben ihrer sonstigen Tätigkeit die Verantwortung für bereichsübergreifende Prozesse. Gegebenenfalls werden auch Prozeßteams benannt, die sich die Verantwortung teilen. Daneben bedarf es einer „Prozeßkultur" bzw. eines Prozeßbewußtseins in den Köpfen der Mitarbeiter. Hier ist die interne Kommunikation, insbesondere ausgehend vom Top Management, gefordert, damit die Bereitschaft geweckt und aufrechterhalten wird, bestehende Strukturen in Frage zu stellen und neue mitzugestalten.

Sind alle Schritte durchlaufen, so ist das Prozeßmanagement keinesfalls abgeschlossen: Es muß zu einer kontinuierlichen Einrichtung werden, d.h. immer wieder aufs Neue muß die Situation analysiert werden, immer wieder sind bei Bedarf gestaltende und implementierende Maßnahmen erforderlich, um der dynamischen Entwicklung im Umfeld, aber auch den Veränderungen in der Unternehmung selbst gerecht werden zu können. Zur Bewältigung dieser Aufgaben stehen verschiedene Instrumente zur Verfügung.

---

142 Vgl. Osterloh/Frost 1996, S. 202.

143 Vgl. Corsten 1996, S. 1093f.

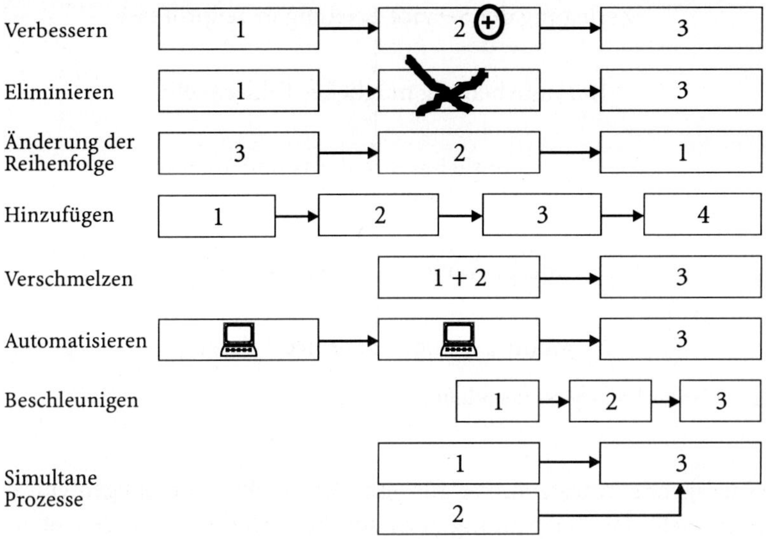

Abb. 31. Ansatzpunkte der Prozeßoptimierung (Quelle: Lohoff/Lohoff 1993, S. 251)

3.6.1.2 Instrumente des Service-Prozeßmanagement

Mit Hilfe der im folgenden in ihren Grundzügen dargestellten Instrumente soll eine möglichst effiziente und effektive Prozeßgestaltung im Hinblick auf die drei strategischen Erfolgsfaktoren Zeit, Qualität und Kosten erreicht werden. Dabei ist es an dieser Stelle aus Raumgründen nicht möglich, aber auch nicht erforderlich, ausführlich und jeweils gesondert auf die Probleme des Zeitmanagement, vor allem aber auch nicht des Qualitätsmanagement für Dienstleistungen einzugehen. Dazu sei auf die einschlägige Literatur verwiesen, die insbesondere zum Thema Qualität in reichhaltigem Maße vorliegt.[144] Fragen des Kostenmanagement werden explizit in Abschnitt 3.6.2 aufgegriffen. Im vorliegenden Abschnitt geht es vielmehr darum, einige Möglichkeiten vorzustellen, die im Rahmen eines integrierten Qualitäts-, Zeit- und Kostenmanagement bestehen.[145]

- An erster Stelle ist das *Service-Blueprinting* zu nennen, das ein Hilfsmittel zur Planung neuer und Verbesserung vorhandener Services darstellt und daher

[144] Zur Dienstleistungsqualität vgl. insbesondere Bruhn/Stauss 1995. Die darin enthaltenen Beiträge decken ein breits Spektrum relevanter Qualitätsprobleme ab. Vgl. zudem Bruhn 1997. Zum Total Quality Management im Service-Bereich vgl. Stauss 1993, S. 212ff. Zum Faktor Zeit vgl. u.a. Otto/Reckenfelderbäumer 1993.

[145] Vgl. dazu auch Reckenfelderbäumer 1995, S. 140ff.

Zerlegung der Service-Leistung in Teilprozesse

↓

Herausarbeitung möglicher Fehlerquellen

↓

Festlegung zeitlicher Standards und Toleranzen für die Teilprozesse

↓

Überprüfung der Wirtschaftlichkeit

↓

Modifizierung der Service-Leistung

Abb. 32. Schritte des Service-Blueprinting

hervorragende Ansatzpunkte für ein Service-Prozeßmanagement bietet.[146] Explizit stellt das Blueprinting auch auf die Zielgrößen Kundenzufriedenheit und Wirtschaftlichkeit ab und wird somit den in diesem Beitrag aufgezeigten Rahmenbedingungen des Service-Management gerecht. Abbildung 32 zeigt die Schritte des Blueprinting im Überblick. Kern des Blueprinting ist die Zerlegung einer Dienstleistung in ihre Teilprozesse, die dann hinsichtlich der mit ihnen verbundenen Zeit- und Kostendaten bewertet und nach möglichen Fehlerquellen untersucht werden. So ergibt sich gleichsam ein „atomisiertes" Bild der betreffenden Leistung, aus dem Ansätze zur Verbesserung im Hinblick auf die drei strategischen Erfolgsfaktoren abgeleitet werden können. Für das unternehmungsumfassende Prozeß-Management ist es zudem wichtig, daß sich alle Prozesse, die zur Erstellung einer Service-Leistung erforderlich sind, auch in der Gesamtprozeßhierarchie wiederfinden, denn sonst ist diese unvollständig. Den vereinfachten Blueprint einer Maschinenreparatur zeigt Abb. 33, wobei auf die Angabe von Zeit- und Kostenwerten verzichtet wurde. Wichtig ist aber noch der Hinweis auf die „Line of Visibility". Diese stellt für den Abnehmer die Grenze der direkten Wahrnehmbarkeit dar, d.h. in alle Teilprozesse, die dunkel unterlegt sind, ist der Abnehmer unmittelbar involviert, so daß diese Schritte der Leistungserstellung für sein Qualitätsurteil besonders prägend sind.

[146] Zum Blueprinting vgl. Shostack 1982, S. 54ff.; Shostack 1984, S. 93ff.; Kingman-Brundage 1992, S. 96ff.

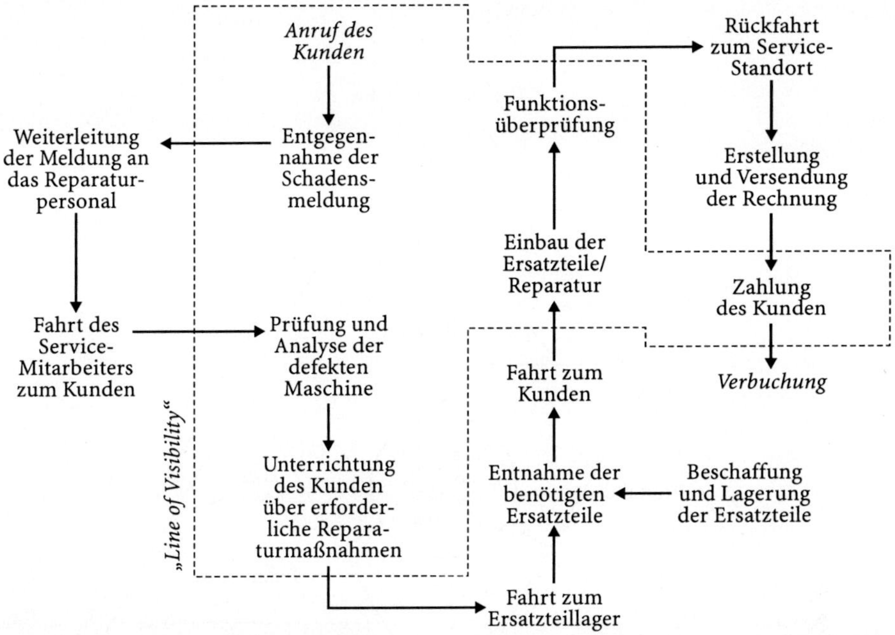

Abb. 33. Blueprint einer Maschinenreparatur

- Ein zweites wichtiges Konzept ist das *Prozeß-Benchmarking*. Das Benchmarking an sich ist in der jüngeren Vergangenheit als Konzept der Verbesserung der Leistungsfähigkeit zu großer Popularität gelangt.[147] So kann es u.a. auch dazu herangezogen werden, die eigenen Service-Prozesse mit denen in anderen Unternehmungen oder aber auch nur mit denen in anderen Bereichen innerhalb der eigenen Unternehmung zu vergleichen und auf diese Weise Hinweise zu erhalten, wie die Prozeßabläufe optimiert werden können. Als Maßstab dient in diesem Zusammenhang das jeweils beste vorzufindende Niveau. Dabei kann das Benchmarking aber nicht nur zur Analyse einzelner Services eingesetzt werden, sondern auch zur Durchleuchtung von Bereichen, die mehrere Services erbringen oder an der Erbringung unterschiedlicher Services beteiligt sind. Das große Problem dabei ist es, Vergleichsmaßstäbe zu finden, die auf die eigene Situation übertragbar sind. Dies kann vor allem dann schwierig werden, wenn die benötigten Informationen aus Sicht des potentiellen Benchmarking-Partners sensiblen Charakter haben und nicht oder nur sehr ungern herausgegeben werden. Einen zusammenfassenden Überblick über Objekte des Benchmarking gibt noch einmal Abb. 34.

[147] Vgl. aus der Vielzahl der verfügbaren Literatur z.B. Leibfried/McNair 1993; Camp 1994; Karlöf/Östblom 1994.

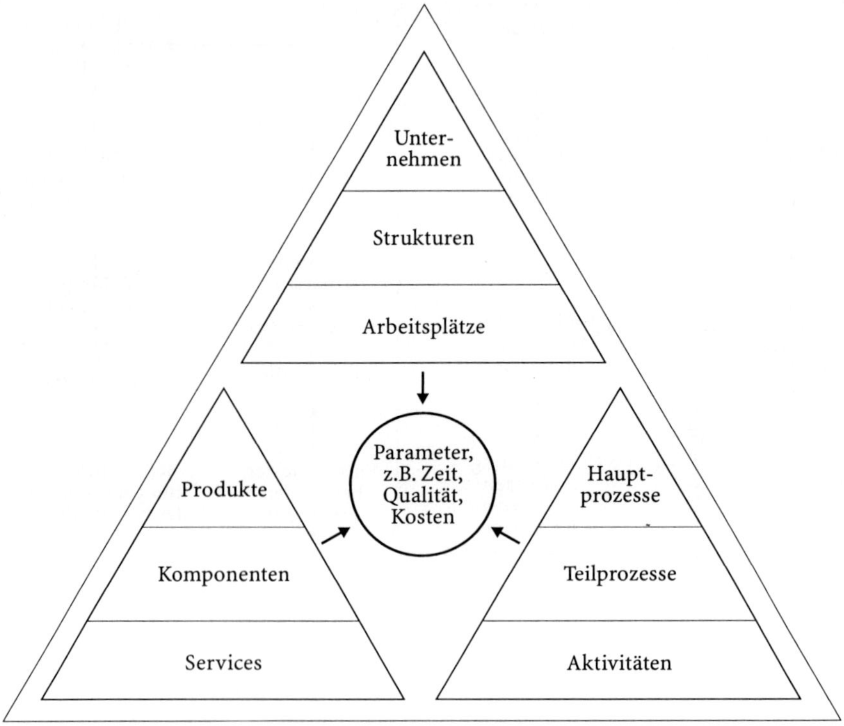

Abb. 34. Objekte des Benchmarking
(Quelle: in Anlehnung an Pieske 1994, S. 19)

- Als drittes Instrument sei abschließend die *Portfolio-Technik* angesprochen, die nicht nur als Methode der strategischen Planung eingesetzt werden kann, wo sie ihren Ursprung hat,[148] sondern auch als Visualisierungshilfe im Rahmen des Prozeßmanagement.[149] Dabei können die Prozesse in unterschiedlich stark aufgegliederter Form, aber auch ganze Services positioniert werden. Abbildung 35 zeigt dies am Beispiel der relativen Effektivitätsposition sowie der relativen Effizienzposition als Dimensionen der Portfolio-Matrix. Das „relativ" bezieht sich dabei auf die Position im Vergleich zur Konkurrenz. Die horizontalen und vertikalen Linien machen jeweils ergänzend deutlich, wo man sich mit den entsprechenden Aktivitäten bzw. Service-Leistungen im Vergleich zum Branchendurchschnitt und im Vergleich zum Spitzenniveau (ermittelt im Zuge des Benchmarking) befindet. Auf diese Weise erhält der Betrachter ein anschauliches und vergleichsweise leicht zugängliches Bild der

[148] Zu einem kritischen Überblick vgl. z.B. Plinke 1999b.

[149] Zu Prozeß-Portfolios vgl. z.B. Witt 1989, S. 156ff.; Fröhling 1992, S. 341ff.

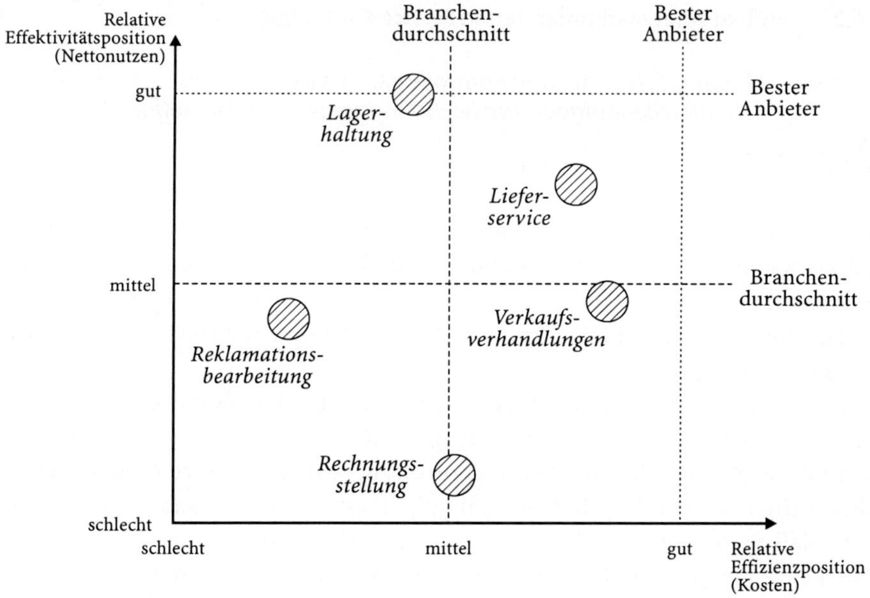

Abb. 35. Prozeß-Portfolio

augenblicklichen Situation, das ihm bei der Entscheidungsfindung helfen kann. Ohne an dieser Stelle auf die Kritik an den Portfolio-Konzepten ausführlich einzugehen, sei jedoch ausdrücklich darauf hingewiesen, daß eine bestimmte Portfolio-Position nicht zur Anwendung etwaiger Norm-Strategien verleiten darf. Portfolios geben immer nur einen Ausschnitt aus den relevanten Einflußgrößen wieder, so daß vor dem Ergreifen konkreter Maßnahmen weitere Informationen berücksichtigt werden müsen: Portfolios können die Entscheidung erleichtern, sind aber niemals geeignet, sie zu ersetzen. Die Portfolio-Dimensionen bzw. die Achsenbezeichnungen können dabei je nach Auswertungszweck nahezu beliebig gewählt werden.[150]

Das mag als knapper Überblick über Grundzüge des Prozeßmanagement ausreichen. Es ist deutlich geworden, daß dieses Thema eine sehr viel tiefergehende Betrachtung erlauben würde und bei seiner Umsetzung in der Praxis auch erforderlich macht. Da das Prozeßmanagement aber nur einen unter zahlreichen Bausteinen im Kontext des industriellen Service-Management darstellt, muß an dieser Stelle das Augenmerk auf einen weiteren, nicht weniger wichtigen Aspekt gelenkt werden: das Service-Controlling.

---

[150] Zu einigen Beispielen siehe Reckenfelderbäumer 1995, S. 154.

3.6.2 Aufbau eines marktorientierten Service-Controlling

3.6.2.1 *Planung, Erfassung und Kontrolle der Service-Erlöse als Schnittstellenaufgabe von Rechnungswesen und Marketing*

Auf die Defizite im Service-Controlling – sofern ein solches überhaupt vorhanden ist – wurde bereits in Abschnitt 3.3.5 kurz hingewiesen. Im Rahmen dieses Abschnitts 3.6.2 können diese nicht in aller Ausführlichkeit aufgegriffen und diskutiert werden. Es sollen jedoch einige grundlegende Probleme erörtert und ensprechende Lösungshinweise präsentiert werden. Dabei erfolgt eine Konzentration auf die innerbetriebliche Erfolgsrechnung mit den zentralen Größen Kosten, Erlös und Erfolg.

Erlöse werden im Rahmen dieses Beitrags verstanden als das *geplante bzw. erzielte Entgelt für die an den Markt abzugebenden bzw. abgegebenen Leistungen.*[151] Zentrale Problemfelder des Erlös-Controlling wurden in den zurückliegenden Abschnitten schon erkennbar. So führt die unentgeltliche Abgabe vieler Services dazu, daß Service-Erlöse überhaupt erst gar nicht entstehen, den Service-Kosten also keine entsprechenden positiven Erfolgsbeiträge gegenübergestellt werden können. Die Erlöstransparenz wird aber auch durch die Praxis der Preisbündelung stark eingeschränkt, die dazu führt, daß den einzelnen Services oft keine separaten Erlöse zuzuordnen sind. Weitere Probleme der Erlösrechnung bestehen in der Periodisierung von im Rahmen langfristiger Geschäftsbeziehungen oder sich über mehrere Jahre erstreckender Projekte (z.B. im Anlagengeschäft) anfallenden Erlösen.

Zudem leidet die Erlösrechnung für Services darunter, daß – so das vielfach beklagte Manko – die Erlösrechnung insgesamt innerhalb des internen Rechnungswesens gegenüber der Kostenrechnung immer deutlich im Schatten gestanden hat. Dies liegt möglicherweise auch daran, daß es zu einseitig ist, allein dem Rechnungswesen die Verantwortung für die Erlösrechnung zu überlassen. Der in der obigen Begriffsfassung festgelegte Inhalt der Erlöse bringt es nämlich mit sich, daß die Erlöse einen unmittelbaren Bezug zum Marketing, speziell zur Entgeltpolitik aufweisen: Sie sind wesentlich durch die absatzpolitischen Aktivitäten bestimmt und werden letztlich durch absatzwirtschaftliche Entscheidungen festgelegt. Insofern liefert die Erlösrechnung aber nicht ein Abbild innerbetrieblicher Gegebenheiten, wie es in weiten Teilen der Kostenrechnung zukommt, sondern ein Spiegelbild der marktbezogenen Entgeltpolitik auf der einen Seite, das dann auf der anderen Seite seine Entsprechung im innerbetrieblichen Rechnungswesen findet. Damit handelt es sich bei der Erlösrechnung um eine Schnittstellenaufgabe zwischen Marketing und Rechnungswesen (um eine Aufgabe im Rahmen des Marketing-Accounting), die nur durch das Zusammenwir-

---

[151] Zum Erlösbegriff vgl. Männel 1993, Sp. 564f.; Laßmann 1994, S. 202.

ken beider Bereiche bewältigt werden kann.[152] Insofern hängt die Aussagekraft der Erlösrechnung aber auch in starkem Maße von der Preispolitik für die industriellen Services ab, die nicht selten als besonders schwieriges Problem gesehen wird.[153]

Nähert man sich dem Sachverhalt in diesem Sinne von der preispolitischen Seite, so sollte sich ein Anbieter bei der Gestaltung seiner Preise (und damit auch der Erlöse) primär an seinen Nachfragern und seinen Konkurrenten, möglichst jedoch nicht an den eigenen Kosten orientieren.[154] Speziell bei der nachfrageorientierten Preisbildung treten jedoch die aus dem Dienstleistungs-Marketing bekannten Probleme auf:[155] Gerade bei individuellen und hochgradig integrativen Services ist es schwierig, die Preisbereitschaft der Nachfrager zu ermitteln, die aber benötigt wird, um zu entsprechenden Informationen für die Preispolitik zu gelangen. Für den industriellen Service-Bereich ist es in diesem Zusammenhang vor allem erforderlich, die preislichen Spielräume bei den fakultativen Services herauszufinden, da diese regelmäßig größer sind als bei obligatorischen Services, für die dann nicht selten tatsächlich keine zusätzlichen Erlöse erzielbar sind.

Die konkurrenzorientierte Preisbildung orientiert sich an den Vorgehensweisen der Wettbewerber. Damit dies möglich ist, bedarf es zumindest annähernd vergleichbarer Leistungen bzw. Leistungspakete. Diese sind jedoch gerade für den Bereich der fakultativen Services eher selten gegeben, da das Bemühen der Anbieter um Differenzierung das genaue Gegenteil bezweckt, nämlich die bewußte Abhebung von den Angeboten der Konkurrenz.

Insofern bleibt an dieser Stelle festzuhalten: Eine Preispolitik i.e.S. findet für obligatorische Leistungen aufgrund der Unentgeltlichkeit oft gar nicht statt, für fakultative Leistungen wird sie durch das Streben nach Individualität erschwert. Bei beiden Arten von Leistungen wird insbesondere die servicespezifische Erlösrechnung vielfach dadurch zusätzlich behindert, daß die Services in Service-Paketen oder gar in einem Bündel mit der Hardware vermarktet werden und daß zeitliche Verbunde zwischen verschiedenen Service-Geschäften bestehen. Die Auflösung von Erlösverbunden ist insofern als Problem herauszustellen, das bis heute nur unzureichend gelöst werden konnte.[156]

---

152 Zu dieser Sichtweise der Erlösrechnung vgl. Engelhardt/Reckenfelderbäumer 1997.

153 Vgl. z.B. Homburg/Garbe 1996b, S. 70.

154 Diese sollten lediglich den Charakter einer Kontrollgröße haben und werden im folgenden Abschnitt 3.6.2.2 behandelt.

155 Zu Problemen und Lösungsansätzen vgl. z.B. Paul/Reckenfelderbäumer 1997. Für selbständige Service-Spezialisten treffen diese Problemfelder sogar vollumfänglich zu. Im weiteren Verlauf dieses Abschnitts stehen daher primär die durch Investitionsgüterhersteller angebotenen Services im Vordergrund.

156 Zur Erlösverbundenheit vgl. Riebel 1971, S. 147ff.; Männel 1972, S. 107ff.

Trotz dieser Schwierigkeiten sollte ein Erlös-Controlling so weit wie möglich auf- und ausgebaut werden, denn an vielen Stellen, wo es bis heute nur sehr unzureichend genutzt wird, wäre sein Einsatz durchaus möglich. Das wird um so deutlicher, wenn man sich einige Aspekte vor Augen führt, die zeigen, auf welche Weise mit Hilfe eines gezielten Preis- und Erlösmanagement zum Service-Erfolg beigetragen werden kann. So lassen sich in vielen Service-Bereichen, z.B. bei Wartungsleistungen, langfristige Kontrakte abschließen, die zu regelmäßigen Zahlungen je Periode führen und damit zu Fixerlösen, bei denen der Anbieter über eine große Planungssicherheit verfügt. Überall dort, wo derartige Fixerlöse möglich sind, sollten sie daher auch genutzt werden. Allerdings müssen Möglichkeiten der Anpassung der Erlöse – nach oben wie nach unten – von vornherein berücksichtigt und geregelt werden, um den Bestand der Verträge nicht zu gefährden.

Die Möglichkeiten des Erlös-Controlling werden auch dann verbessert, wenn ein Anbieter gezielt mit Preisbaukästen arbeitet, die die Leistungsbausteine im Rahmen des in Abschnitt 3.5.1.2 angesprochenen Mixed Bundling ergänzen: Werden für einzelne Service-Bausteine Preise festgelegt, kann für die Gesamtleistung durchaus ein individuelles Bündel vereinbart werden, das sich jedoch im Preisbereich in seine Bestandteile aufspalten läßt.

Nicht zuletzt ergeben sich aus den im folgenden Abschnitt anzusprechenden neueren Verfahren des Kostenmanagement zusätzliche Ansatzpunkte für das Erlös-Controlling, die bisher nur unzureichend genutzt werden.

3.6.2.2 Kostenmanagement für industrielle Services

Das Kostenrechnung bei Dienstleistungen im allgemeinen und bei industriellen Services im besonderen wurde lange Zeit außerordentlich stiefmütterlich behandelt. Dies hat sich auch in jüngerer Zeit erst sehr zögerlich geändert.[157] Ursächlich dafür sind nicht zuletzt die spezifischen Probleme, die aus den Service-Eigenschaften, insbesondere aus der Integrativität, erwachsen. Sie sind im wesentlichen in Abb. 36 zusammengefaßt.[158]

- In Service-Bereichen wie auch in spezialisierten Service-Unternehmungen liegt regelmäßig eine *Dominanz der Kosten der Leistungsbereitschaft* vor: Auf seiten des Anbieters erfordert nämlich der im Zuge der Selbsterstellung notwendige Aufbau der benötigten Service-Potentiale zum einen oft erhebliche Investitionen (z.B. in technische Ausstattung mit Informations- und Kommunikationstechnologien oder in Gebäude), zum anderen die Einstellung kurzfristig nicht wieder zu entlassender Mitarbeiter. Die Kosten der „eigentlichen"

---

157 Vgl. zum Überblick Reckenfelderbäumer 1997c.

158 Vgl. dazu auch Reckenfelderbäumer 1995, S. 40ff.; Engelhardt 1996, S. 82f.

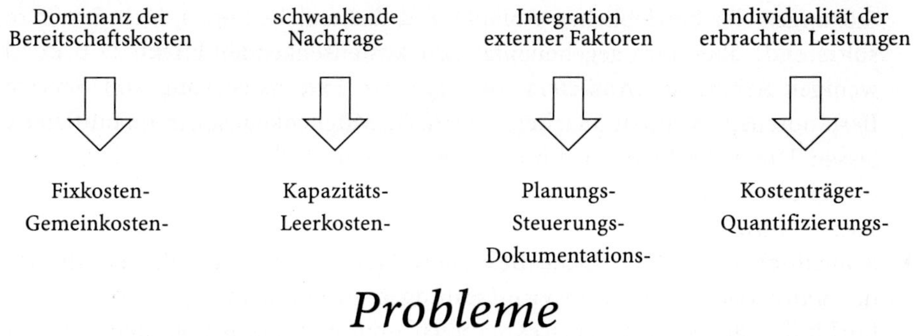

Abb. 36. Problemfelder der Kostenrechnung und des Kostenmanagement im Service-Bereich

Leistungserstellung dagegen, die zusätzlich für jede erstellte Einheit (z.B. für Materialverbrauch) anfallen, sind vergleichsweise gering. Die Kosten der Leistungsbereitschaft haben aber aufgrund der ihnen zugrundeliegenden Produktionsfaktoren und ihrer Unabhängigkeit von der „Ausbringungsmenge" überwiegend Fixkostencharakter und sind kurzfristig nicht abbaubar. Daneben handelt es sich vielfach gleichzeitig um Gemeinkosten, da die entsprechenden Produktionsfaktoren für eine Vielzahl von (zum Teil sehr unterschiedlichen) Services eingesetzt werden.

- Die Problematik der *zeitlich schwankenden Nachfrage* wurde bereits im Zusammenhang mit der Kapazitätsproblematik angesprochen. Die bei einer Ausrichtung am Spitzenbedarf resultierende Leerkostengefahr stellt ein weiteres Problemfeld für das Kostenmanagement dar. Entsprechende Bemühungen zur Reduzierung der Leerkostengefahr betreffen aber - wie ausgeführt - nicht nur das Kostenmanagement, sondern müssen im Zusammenspiel mit anderen Marketing- und Managementinstrumenten gesehen werden.[159]
- Der dritte genannte Problemkomplex ist ganz unmittelbar mit der *Integrativität* verknüpft. Die Schwierigkeiten sind dabei dann besonders gravierend, wenn der Kunde selbst aktiv in die betrieblichen Prozesse des Anbieters eingreift, seine Mitwirkung also über eine „stillschweigende Hinnahme" hinausgeht. Die Verhaltensweisen des Abnehmers bzw. der Mitarbeiter der nachfragenden Unternehmung sind oft unvorhersehbar und daher nur schwer zu planen. Zudem kann der Anbieter auch nur bedingt auf das Verhalten der Kunden Einfluß nehmen, wenn er bei ihnen Widerstände und Verärgerung vermeiden will. Besondere Schwierigkeit bereitet darüber hinaus die Dokumentation der Kostenwirkungen des externen Faktors im internen Rechnungswesen. Es stellt sich die Frage, wie sich die kostenerhöhenden (z.B. aus

[159] Zur Wiederholung siehe Abschnitt 3.5.4.1.

Störungen der betrieblichen Abläufe und dadurch bedingter Mehrarbeit resultierend), aber auch gegebenenfalls die kostensenkenden Effekte (z.B. durch weniger Arbeit des Anbieters im Zuge der Externalisierung von Service-Bestandteilen) sichtbar machen und nach Möglichkeit sogar quantifizieren lassen. Dieses Problem wird im herkömmlichen Rechnungswesen häufig völlig ignoriert, was im Hinblick auf dessen Aussagekraft nicht unerhebliche Lücken aufwirft.

- Schließlich verbleiben solche Besonderheiten und Schwierigkeiten, die mit der *Individualität* vieler Service-Leistungen zusammenhängen. Im Falle von hochindividualisierten Services nämlich müßte streng genommen jede Leistung gesondert behandelt und von einer Ausbringungsmenge „eins" ausgegangen werden. Eine Quantifizierung bzw. Zählbarkeit der Leistungen wird dann ausgeschlossen. Es stellt sich damit verbunden dann aber auch die Frage der Auswahl geeigneter Kostenträger. Diese Probleme haben dazu geführt, daß als Kostenträger im Service-Bereich häufig auf bestimmte Bausteine der Leistungen zurückgegriffen wird, die sich in vergleichbarer Form relativ oft wiederholen, so daß sich eine stufenweise zu verdichtende Kostenträgerrechnung ergibt.

Diese Defizite und Probleme wären sicherlich weniger ausgeprägt, wenn die Industriebetriebe sich schon früher von der eindeutigen Fokussierung auf den Fertigungsbereich gelöst und den Services die ihnen zustehende Beachtung geschenkt hätten. Diesen Vorwurf muß man allerdings im selben Umfang der Wissenschaft machen, für die das Service-Controlling lange Zeit überhaupt kein Thema war.

In jüngerer Zeit haben sich, parallel vorangetrieben in Wissenschaft und Praxis, zwei Verfahren des Kostenmanagement herauskristallisiert, die für eine Anwendung im Service-Bereich besonders geeignet erscheinen: die *Prozeßkostenrechnung* und das *Target Costing.*[160]

Die *Prozeßkostenrechnung* bezieht ihre besondere Eignung für das industrielle Service-Management[161] nicht zuletzt aus der Tatsache, daß sie ursprünglich für die Leistungsbereiche außerhalb der Fertigung in Industriebetrieben entwik-

---

[160] An dieser Stelle würde es eindeutig zu weit führen, die Kostenrechnung für Dienstleistungen von Grund auf zu behandeln. Daher beschränken sich die Ausführungen auf einige zentrale Überlegungen im Zusammenhang mit der Prozeßksotenrechnung und dem Target Costing. Auch für diese beiden Konzepte muß jedoch auf die jeweils angegebene Spezialliteratur zurückgegriffen werden, um die entsprechenden Sachverhalte in der erforderlichen Tiefe behandeln zu können. Insofern versteht sich der vorliegende Abschnitt eher als Heranführung an mögliche Lösungskonzepte denn als Präsentation derselben.

[161] Eine ausführliche und grundlegende Behandlung der Einsatzmöglichkeiten der Prozeßkostenrechnung bei Dienstleistungen findet sich bei Reckenfelderbäumer 1995, S. 105ff.

kelt wurde.[162] Es handelt sich um ein Verfahren, das vor allem auf eine möglichst verursachungsgerechte Verrechnung der betrieblichen Gemeinkosten abzielt, womit es dem Gemeinkostencharakter industrieller Services grundsätzlich Rechnung trägt. Bei der Prozeßkostenrechnung wird das gesamte betriebliche Geschehen in Tätigkeiten, Teilprozesse (kostenstellenintern) und diese zusammenfassende Hauptprozesse (kostenstellenübergreifend) eingeteilt, also in Abläufe zerlegt. Zwischen diesen verschiedenen Prozeßebenen werden im Rahmen einer Prozeßhierarchie feste Verknüpfungen herausgearbeitet, so daß bekannt ist, in welchem Umfang eine Tätigkeit zu einem Teilprozeß, ein Teilprozeß dann wiederum zu einem Hauptprozeß beiträgt. Hier ergibt sich eine enge Verbindung zu dem in Abschnitt 3.6.1 behandelten Service-Prozeßmanagement. Den einzelnen Prozessen werden in Anlehnung an die Prozeßhierarchie jeweils diejenigen Kosten zugeordnet, die mit der einmaligen Ausführung eines Prozesses verbunden sind. Entsprechend erfolgt dann die Verteilung der (Gemein)Kosten auf die Kalkulationsobjekte, hier speziell auf die verschiedenen Services, in dem Maße, wie die betreffenden Services die jeweiligen Prozesse in Anspruch genommen haben, nicht aber nach pauschalen, z.B. auf den Einzelkosten basierenden Zuschlagssätzen, wie es in der traditionellen Vollkostenkalkulation üblich ist. Wird dieses Verfahren erfolgreich eingesetzt, verschwinden die Service-Kosten nicht mehr – wie bisher vielfach üblich – im Gemeinkostenblock, sondern letzterer wird differenziert zerlegt und auf die einzelnen Services verteilt, was bei sorgfältiger Vorgehensweise eine sehr viel größere Kostentransparenz bei den Service-Leistungen zur Folge hat. Sicherlich wird mit der Prozeßkostenrechnung nicht jedes Problem gelöst. So gibt es z.B. Bereiche, in denen ein Einsatz des Verfahrens ausscheidet, weil die dort ablaufenden Tätigkeiten so heterogen sind, daß sie sich nicht strukturieren und quantifizieren lassen. Das ist jedoch erfahrungsgemäß bei der Mehrzahl der betrieblichen Aktivitäten nicht der Fall, so daß dieses Argument die Anwendung der Prozeßkostenrechnung nur teilweise einzuschränken vermag. Nicht verschwiegen werden darf jedoch die Tatsache, daß es sich bei den den Prozessen zugerechneten Kosten nach wie vor um Gemeinkosten handelt, die nun zwar möglicherweise zutreffender, keinesfalls aber absolut exakt verteilt werden können: Mit jeder Art der Schlüsselung, so auch mit der Prozeßkostenrechnung, sind zwangsläufig Ungenauigkeiten verknüpft. Dennoch, so zeigen bisherige Erfahrungen, kommt die Ablauforientierung, die die Prozeßkostenrechnung in das innerbetriebliche Rechnungswesen hineingebracht hat, den Anforderungen des Service-Controlling in besonderem Maße entgegen.

Das zweite hier anzusprechende Instrument, das *Target Costing*, hat gerade aus Marketing-Sicht einen unverzichtbaren Vorzug: Im Unterschied zu allen an-

---

162 Grundlegend zur Prozeßkostenrechnung im Sinne der folgenden Ausführungen vgl. z.B. IFUA Horváth & Partner GmbH 1991; Reckenfelderbäumer 1994; Männel 1995; Remer 1997.

deren bekannten Konzepten der Kostenrechnung und des Kostenmanagement geht es bei der Kostenplanung nicht von den innerbetrieblichen Gegebenheiten, sondern von Marktinformationen aus.[163] Basierend auf dem am Markt für eine bestimmte Leistung erzielbaren Preis werden die Kosten retrograd geplant. Dieses Ausgehen vom Marktpreis zeigt gleichzeitig die enge Verzahnung, die mit Hilfe des Target Costing zwischen Erlös- und Kostenrechnung hergestellt werden kann, weist aber auch gleichzeitig darauf hin, daß der Erfolg des Einsatzes des Target Costing von der Zuverlässigkeit der ermittelten Preis- und Erlösinformationen abhängt.[164] Ausgehend von dem am Markt erzielbaren Preis sowie gegebenenfalls unter Berücksichtigung eines angemessenen Gewinnaufschlags wird sodann versucht, für die einzelnen Bestandteile einer Leistung – im Service-Bereich für die einer Leistung innewohnenden Teilprozesse, die z.B. im Zuge eines Service-Blueprinting ermittelt werden können[165] – die Zielkosten zu bestimmen. Diese sollten sich so weit wie möglich an der Nutzenschätzung orientieren, die die Nachfrager den verschiedenen die Leistung ausmachenden Prozessen zumessen. Dafür sind umfassende Kenntnisse der Kundenbedürfnisse und ihrer Nutzenpräferenzen erforderlich. Zu deren Abschätzung wird vor allem die Conjoint-Analyse vorgeschlagen.[166] Sind die Zielkosten bestimmt, werden diesen die auf dem gegenwärtigen Stand der betrieblichen Abläufe vorzufindenden Prozeß-Standardkosten gegenübergestellt, um Anpassungsnotwendigkeiten zu erkennen. Diese können eine Kostensenkung erfordern, möglicherweise aber auch eine Qualitätsverbesserung bei entsprechend höheren Kosten zulassen. Letzteres ist etwa dann der Fall, wenn die Zielkosten, die von den Nachfragern im Hinblick auf den mit einem Prozeß verbundenen Nutzen toleriert würden, über den aktuellen Standardkosten liegen. Kann das Target Costing für jeden Prozeß durchgeführt werden, so ergibt sich bei den innerbetrieblichen Prozessen eine Kostenstruktur, die genau den Nutzenanteilen entspricht, die die Nachfrager den einzelnen Service-Elementen (den Prozessen) beimessen. Das ist jedoch ein theoretischer Grenzfall. In der Praxis wird man immer gewisse Abweichungen akzeptieren müssen und können. Die entsprechenden Toleranzspielräume sind jedoch im Vorfeld festzulegen. Schwerwiegender ist die Einschränkung, daß z.B. bestimmte Verwaltungsprozesse, die zur Aufrechterhaltung der Betriebsbereitschaft zwingend erforderlich sind, denen der Nachfrager aber keinen Nutzen bei-

---

[163] Auch zum Target Costing sei auf die einschlägige Literatur verwiesen; siehe insbesondere Horváth 1993; Seidenschwarz 1993; Buggert/Wielpütz 1995. Speziell zum Target Costing für industrielle Services vgl. Niemand 1996.

[164] Vgl. dazu die bei Paul/Reckenfelderbäumer 1997 unterbreiteten Vorschläge.

[165] Daher bietet sich eine Kombination von Prozeßkostenrechnung und Target Costing für Services in besonderem Maße an.

[166] Zur Conjoint-Analyse vgl. stellvertretend Schubert 1995, Sp. 376ff. Allerdings wird an diesem Konzept durchaus auch Kritik geübt; vgl. z.B. Woratschek 1997.

zumessen vermag, aus dem Target Costing ausgeklammert werden müssen, da die oben beschriebene Gegenübesrtellung von Ziel- und Standardkosten dort zu keinem sinnvollen Ergebnis führen kann. Jede Unternehmung, die das Target Costing einsetzen und die damit verbundenen Vorteile einer marktorientierten Kostengestaltung nutzen möchte, wird daher nicht umhin kommen, rechtzeitig festzulegen, welche Kosten- und Prozeßbestandteile in die Kosten- und Leistungsspaltung bzw. in die resultierende Gegenüberstellung von Ziel- und Standardkosten einbezogen werden sollen.

Es ist deutlich geworden, daß die Berücksichtigung aktueller Entwicklungen im Bereich des internen Rechnungswesens durchaus zur Milderung, wenn auch nicht zur abschließenden Lösung der Probleme des Service-Controlling beizutragen vermag. Diese Möglichkeiten sollten dementsprechend auch in der Zusammenführung der Kosten- und Erlösrechnung zu einer Service-Erfolgsrechnung genutzt werden.

3.6.2.3 Grundzüge einer Service-Erfolgsrechnung

Aufgabe der Service-Erfolgsrechnung ist es, für unterschiedliche Bezugsobjekte eine Gegenüberstellung von Kosten und Erlösen herbeizuführen, um spezifische Erfolgsbeiträge ermitteln und im Rahmen des Marketing-Accounting zur Fundierung von Marketing-Entscheidungen im Hinblick auf unterschiedliche Betrachtungsobjekte beitragen zu können. Wichtige Bezugsgrößen, für die die jeweiligen Kosten-, Erlös- und Erfolgsgrößen (Gewinn oder Verlust) benötigt werden, sind im folgenden anzusprechen:[167]

- An erster Stelle sind die unterschiedlichen *Service-Leistungen* zu nennen, über deren Erfolgsbeiträge sich ein Anbieter klar sein muß, um zu erkennen, welche Services Gewinn-, welche Verlustbeiträge liefern. Dabei sind Stück- und Periodengrößen zu trennen. Darauf aufbauend kann der Anbieter die Zusammensetzung seines Service-Programms überprüfen und gegebenenfalls modifizieren. Die Tatsache, daß entsprechende Informationen in vielen Fällen nicht vorliegen, wurde im Laufe der bisherigen Ausführungen mehrfach betont. Noch problematischer sieht es jedoch regelmäßig hinsichtlich weiterer, aus Marketing-Sicht außerordentlich wichtiger Entscheidungsobjekte aus.
- Gerade im Großanlagen- und Systemgeschäft ist es wichtig, *projektspezifische* Service-Erfolgsgrößen zu bestimmen, denn das periodenbezogene Rechnungswesen tritt hier in der Bedeutung hinter das projektbezogene zurück.
- Weiterhin benötigt das Marketing-Accounting Kosten- und Erlösinformationen im Hinblick auf die verschiedenen *Marktsegmente*, die bearbeitet werden. Eine Grundregel der Marktsegmentierung besagt, daß nur diejenigen Seg-

[167] Vgl. z.B. Reckenfelderbäumer 1995, S. 63ff., sowie die dort angegebene Literatur.

mente versorgt werden sollten, die wirtschaftlich tragfähig sind. Gerade wenn man bedenkt, daß die Differenzierung der Produkte für bestimmte Segmente in vielen Fällen vor allem über das Service-Programm erfolgt, wird ersichtlich, wie bedeutsam der Service-Erfolg für den Gesamterfolg eines Segmentes sein kann. Entsprechende Informationen sind im Rechnungswesen jedoch eher ausnahmsweise verfügbar, Absatzsegmentrechnungen eher die Ausnahme als die Regel.

- Einen weiteren wichtigen Baustein stellt eine *Kundenerfolgsrechnung* dar, um die rentablen von den weniger rentablen Kunden trennen zu können. Diese sind vor allem deshalb wichtig, weil vielfach Kunden gehalten werden, die wirtschaftlich unattraktiv sind, dieses aber in den Unternehmungen oft gar nicht oder erst sehr spät bemerkt wird. Angesichts der Tatsache, daß diese Versuche der Kundenbindung wiederum vor allem mit Hilfe der Services unternommen werden, wird die Notwendigkeit einer kundenspezifischen Überwachung des Service-Erfolges offenkundig. Verluste im Service-Geschäft sind dann lediglich für den Fall zu rechtfertigen, daß im Hardware-Geschäft diese Verluste durch zusätzliche Gewinne zumindest kompensiert werden können.
- Eine weitere wichtige Bezugsgröße stellen die *organisatorischen Einheiten* dar, die die Services erbringen. Die zunehmende Bedeutung der in Abschnitt 3.5.3.2 angesprochenen Center-Konzepte bringt es mit sich, daß ein den Bereichserfolg berücksichtigendes Rechnungswesen gleichsam zwangsweise aufgebaut werden muß, da es ansonsten z.B. keinen Sinn macht, Profit Centers zu bilden: Diese müssen an ihrem wirtschaftlichen Erfolg gemessen werden, also ist dieser auch zu ermitteln. Aber auch unabhängig von dem Vorliegen von Center-Konzepten sollten die verschiedenen organisatorischen Einheiten Transparenz hinsichtlich der Erfolgsträchtigkeit ihrer Service-Aktivitäten haben. Das ist jedoch eher selten der Fall.

Die genannten Bezugsobjekte sind je nach Einzelfallbedarf zu ergänzen und zu verfeinern, um ein unternehmungsspezifisches Gerüst der relevanten Größen zu erhalten. Die mit dieser Vielfalt an Bezugsobjekten verbundene Mehrdimensionalität der Erfolgsrechnung macht es sinnvoll, von einer *Grundrechnung* auszugehen, in der alle Kosten und Erlöse auf einer möglichst gering aggregierten Ebene erfaßt werden, die es durch eine geschickte Gestaltung der Zurechnungshierarchien aber auch ermöglicht, den verschiedenen Bezugsobjekten die einzelnen Daten flexibel je nach Auswertungszweck zuzurechnen. Das Grundkonzept der relativen Einzelkosten- und Deckungsbeitragsrechnung kann dabei als Vorbild dienen.[168] Der Differenzierungsgrad der Rechnung stellt dann eine Abwägung zwischen dem aus der Auswertungsgenauigkeit resultierenden Nutzen und

[168] Zur Grundrechnung im Rahmen dieses Konzeptes vgl. Riebel 1979a, S. 785ff.; Riebel 1979b, S. 863ff.

den mit der Rechnung verbundenen Erfassungs- und Analysekosten dar – eine Gegenüberstellung, die situationsbezogen vorzunehmen ist.

Marketing und Vertrieb sollten sich abschließend davor hüten, die Schuld für die Defizite im Service-Controlling allein im Rechnungswesen zu suchen: Es ist unübersehbar, daß nur die am Absatzmarkt tätigen Mitarbeiter formulieren können, welche Informationen sie für ihre Zwecke benötigen. Daher sollten diese darauf bedacht sein, in Zusammenarbeit mit den Controlling-Spezialisten die inhaltliche Ausgestaltung entsprechender Instrumentarien voranzutreiben. Das Interesse an derartig aufwendigen Arbeiten , deren zahlreiche Details hier allenfalls angedeutet werden konnten, ist allerdings in der Praxis bis heute noch sehr gering, da das Tagesgeschäft (zu sehr) im Vordergrund steht. Es ist die Aufgabe des Top-Management, derartige Entwicklungen voranzutreiben, indem entsprechende Freiräume für die Mitarbeiter geschaffen und letztere zur Auseinandersetzung mit der oft spröde anmutenden Problematik des Controlling ermutigt und motiviert werden.

3.7 Fazit

Das industrielle Service-Management umfaßt ein weites Feld sehr unterschiedlicher und zum Teil außerordentlich komplexer Aufgaben. Die gegenwärtigen Entwicklungen auf den industriellen Märkten sorgen allerdings dafür, daß die Notwendigkeit einer gezielten Auseinandersetzung mit dieser Thematik zunehmend wichtiger wird, denn vielfach entscheiden letztlich die Services über den Markterfolg.

Um den daraus resultierenden Herausforderungen gerecht zu werden, bedarf es zunächst einer systematischen Bestandsaufnahme dessen, was im Bereich des Service-Management überhaupt vorhanden ist. Unter anderem sind die folgenden Fragen zu beantworten:

- Welche Services befinden sich im Programm?
- Wer ist für die Erbringung dieser Services verantwortlich?
- Wie zufrieden sind die Kunden mit Qualität und Quantität der Service-Leistungen?
- Welchen Erfolgsbeitrag vermag das Service-Geschäft zu liefern?
- Wie ist die Position des eigenen Service-Geschäftes im Vergleich zum Wettbewerb?
- Wo bestehen Verbesserungsmöglichkeiten?

Basierend auf einer Analyse des Ist-Zustandes kann gezielt nach Maßnahmen gesucht werden, die zur Optimierung der Wettbewerbsposition beizutragen vermögen. Grundlegende Gestaltungsfelder wurden im Rahmen des vorliegenden

Beitrags überblicksartig angesprochen. Dabei ist deutlich geworden, daß das Service-Management im Grunde an vielfältigen Stellen innerhalb des betrieblichen Geschehens eine wichtige Rolle spielt und daher vielfach eine Trennung von Hardware- und Service-Geschäft kaum noch auf sinnvolle Art und Weise möglich ist. Insofern ist ein integriertes Management gefordert, das alle Leistungstypen berücksichtigt. Die hier getroffenen Aussagen sind daher vielfach nur idealtypisch und müssen im Hinblick auf die in der Praxis vorzufindenden komplexen und äußerst heterogen zusammengesetzten Leistungsbündel modifiziert werden. Zudem dürfen einmal getroffene Entscheidungen niemals zeitlich unbefristet bestehen, sondern bedürfen ständig der kritischen Überprüfung hinsichtlich ihrer aktuellen und zukünftigen Zweckmäßigkeit und Angemessenheit. Service-Management ist damit als eine permanente Aufgabe im Rahmen des Investitionsgüter-Marketing aufzufassen. Nur dann ist der Erfolg des Marketing im Business-to-Business-Bereich sicherzustellen.

Literaturverzeichnis

Albach, H. [1989a]: Dienstleistungen in der modernen Industriegesellschaft; München 1989.

Albach, H. [1989b]: Dienstleistungsunternehmen in Deutschland; in: Zeitschrift für Betriebswirtschaft, 59. Jg. (1989), S. 397–420.

Albers, S. [1995]: Absatzsegmentrechnung; in: Tietz, B. / Köhler, R. / Zentes, J. (Hrsg.): Handwörterbuch des Marketing; 2. Aufl., Stuttgart 1995, Sp. 19–28.

Anderson, J. C. / Narus, J. A. [1995]: Nur wohlüberlegte Zusatzleistungen fördern das Geschäft; in: Harvard Business Manager, 17. Jg. (1995), Heft 3, S. 107–114.

Ansoff, I. [1966]: Management-Strategie; München 1966.

Backhaus, K. / Weiber, R. [1993]: Das industrielle Anlagengeschäft – ein Dienstleistungsgeschäft?; in: Simon, H. (Hrsg.): Industrielle Dienstleistungen; Stuttgart 1993, S. 67–84.

Bauche, K. [1994]: Segmentierung von Kundendienstleistungen auf investiven Märkten; Frankfurt a. M. et al. 1994.

Becker, W. S. / Wellins, R. S. [1990]: Customer-Service Perceptions and Reality; in: Training & Development Journal, Jg. 1990, Heft 3, S. 49–51.

Benkenstein, M. / Henke, N. [1993]: Der Grad vertikaler Integration als strategisches Entscheidungsproblem; in: Die Betriebswirtschaft, 53. Jg. (1993), S. 77–91.

Berry, L. L. / Parasuraman, A. [1995]: Dienstleistungsmarketing fängt beim Mitarbeiter an; in: Bruhn, M. (Hrsg.): Internes Marketing, Wiesbaden 1995, S. 87–110.

Beuermann, G. [1992]: Zentralisation und Dezentralisation; in: Frese, E. (Hrsg.): Handwörterbuch der Organisation; 3. Aufl., Stuttgart 1992, Sp. 2611–2615.

Biermann, T. [1994]: Servicequalität und Kosteneffizienz: Den Widerspruch lösen; in: Gablers Magazin, 8. Jg. (1994), Heft 6/ 7, S. 68–71.

Binder, P. / Gierl, H. [1993]: Internationale Preisgestaltung von Serviceleistungen; in: Der Markt, 32. Jg. (1993), Heft 1, S. 12–21.

Blattberg, R. C. / Deighton, J. [1997]: Aus rentablen Kunden vollen Nutzen ziehen; in: Harvard Business Manager, 19. Jg. (1997), Heft 1, S. 24–32.

Bleicher, K. [1966]: Zentralisation und Dezentralisation von Aufgaben in der Organisation der Unternehmungen; Berlin 1966.

Bruhn, M. [1995]: Internes Marketing als Forschungsgebiet der Marketingwissenschaft; in: Bruhn, M. (Hrsg.): Internes Marketing; Wiesbaden 1995, S. 13–61.

Bruhn, M. [1997]: Qualitätsmanagement für Dienstleistungen; 2. Aufl., Berlin et al. 1997.

Bruhn, M. / Stauss, B. (Hrsg.) [1995]: Dienstleistungsqualität; 2. Aufl., Wiesbaden 1995.

Büker, B. [1991]: Qualitätsbeurteilung investiver Dienstleistungen; Frankfurt a. M. et al. 1991.

Buggert, W. / Wielpütz, A. [1995]: Target Costing: Grundlagen und Umsetzung des Zielkostenmanagements; München 1995.

Bullinger, H.-J. [1995a]: Dienstleistungsmärkte im Wandel – Herausforderung und Perspektiven; in: Bullinger, H.-J. (Hrsg.): Dienstleistung der Zukunft; Wiesbaden 1995, S. 45–95.

Bullinger, H.-J. [1995b]: Prozeßmanagement; in: Corsten, H. / Reiß, M. (Hrsg.): Handbuch Unternehmungsführung; Wiesbaden 1995, S. 779–790.

Burkhardt, R. [1992]: Ein neues Marketing-Gefühl – Investitionsgüterstudie; in: Top Business, 1992, Heft 9, S. 18–34.

Buttler, G. / Stegner, E. [1990]: Industrielle Dienstleistungen; in: Zeitschrift für betriebswirtschaftliche Forschung, 42. Jg. (1990), S. 931–946.

Camp, R. C. [1994]: Benchmarking; München/ Wien 1994.

Canton, I. D. [1988]: How Manufacturers Can Move Into Service Business; in: The Journal of Business Strategy, Vol. 9 (1988), Heft 4, S. 40–44.

Connell, R. [1996]: Learning to Share; in: Journal of Business Strategy, Vol. 17 (1996), H. 2, S. 55–58.

Corsten, H. [1992]: Kapazitätsplanung in Dienstleistungsunternehmen; in: Corsten, H. et al. (Hrsg.): Kapazitätsmessung, -gestaltung, -optimierung: eine betriebswirtschaftliche Kernfrage; Stuttgart 1992, S. 229–254.

Corsten, H. [1995]: Externalisierung und Internalisierung als strategische Optionen von Dienstleistungsunternehmen; in: Bruhn, M. / Stauss, B. (Hrsg.): Dienstleistungsqualität; 2. Aufl., Wiesbaden 1995, S. 189–206.

Corsten, H. [1996]: Grundlagen des Prozeßmanagement; in: Das Wirtschaftsstudium, 25. Jg. (1996), S. 1089–1095.

Davis, T. R. V. [1993]: Managing Internal Service Delivery in Organizations; in: Swartz, T. A. / Bowen, D. E. / Brown, S. W. (Hrsg.): Advances in Services Marketing and Management; Vol. 2, Greenwich/ Conn. 1993, S. 301–321.

Droege, W. P. J. / Backhaus, K. / Weiber, R. [1993]: Trends und Perspektiven im Investitionsgütermarketing – eine empirische Bestandsaufnahme; in: Droege, W. P. J. / Backhaus, K. / Weiber, R. (Hrsg.): Strategien für Investitionsgütermärkte; Landsberg a. L. 1993, S. 17–98.

Eidenmüller, B. [1995]: Warum Dienstleistungen die Produktion niemals ersetzen können; in: io Management Zeitschrift, 64. Jg. (1995), Heft 10, S. 77–80.

Elbl, T. / Wolfrum, B. [1994]: Situative Determinanten für die Dimensionierung industrieller Dienstleistungen; in: Marketing – Zeitschrift für Foschung und Praxis, 16. Jg. (1994), S. 121–132.

Engelhardt, W. H. [1993]: After-Sales-Services im Investitionsgütermarketing: Trends und Perspektiven; in: Droege, W. P. J. / Backhaus, K. / Weiber, R. (Hrsg.): Strategien für Investitionsgütermärkte; Landsberg a. L. 1993, S. 377–391.

Engelhardt, W. H. [1996]: Effiziente Customer Integration im industriellen Service Management; in: Kleinaltenkamp, M. / Fließ, S. / Jacob, F. (Hrsg.): Customer Integration; Wiesbaden 1996, S. 73–89.

Engelhardt, W. H. / Günter, B. [1981]: Investitionsgüter-Marketing; Stuttgart et al. 1981.

Engelhardt, W. H. / Kleinaltenkamp, M. / Reckenfelderbäumer, M. [1993]: Leistungsbündel als Absatzobjekte; in: Zeitschrift für betriebswirtschaftliche Forschung, 45. Jg. (1993), S. 395–426.

Engelhardt, W. H. / Paul, M. [1997]: Dienstleistungen als Teil der Leistungsbündel von Investitionsgüterherstellern; in: Meyer, A. (Hrsg.): Handbuch Dienstleistungs-Marketing; Stuttgart 1997 (im Druck).

Engelhardt, W. H. / Reckenfelderbäumer, M. [1993]: Organisation und Trägerschaft industrieller Dienstleistungen; in: Simon, H. (Hrsg.): Industrielle Dienstleistungen; Stuttgart 1993, S. 263–293.

Engelhardt, W. H. / Reckenfelderbäumer, M. [1995]: Service optimieren im System; in: absatzwirtschaft, 38. Jg. (1995), Sondernummer Oktober, S. 176–182.

Engelhardt, W. H. / Reckenfelderbäumer, M. [1996]: Marketing für investive Service-Leistungen; in: HMD - Theorie und Praxis der Wirtschaftsinformatik, 33. Jg. (1996), Heft 187, S. 7–23.

Engelhardt, W. H. / Reckenfelderbäumer, M. [1997]: Gestaltungsperspektiven des Erlös-Management; in: Becker, W. / Weber, J. (Hrsg.): Konzepte der Kosten-, Erlös- und Ergebnisrechnung (im Druck).

Engelhardt, W. H. / Schwab, W. [1982]: Die Beschaffung von investiven Dienstleistungen; in: Die Betriebswirtschaft, 42. Jg. (1982), S. 503–513.

Faix, A. / Görgen, W. [1994]: Das „Konstrukt" Wettbewerbsvorteil; in: Marketing - Zeitschrift für Forschung und Praxis, 16. Jg. (1994), S. 160–166.

Fassott, G. [1995]: Dienstleistungspolitik industrieller Unternehmen; Wiesbaden 1995.

Fleck, A. [1995]: Hybride Wettbewerbsstrategien; Wiesbaden 1995.

Fließ, S. [1999]: Industrielles Kaufverhalten; in: Kleinaltenkamp, M. / Plinke, W. (Hrsg.): Technischer Vertrieb - Grundlagen; 2., überarb. Aufl., Berlin / Heidelberg / New York 1999, Kapitel B.1.

Forschner, G. [1988]: Investitionsgüter-Marketing mit funktionellen Dienstleistungen; Berlin 1988.

Fourastié, J. [1954]: Die große Hoffnung des zwanzigsten Jahrhunderts; Köln 1954.

Freiling, J. / Paul, M. [1997]: Intangibility and the „State of Being Informed" - an Analysis of Their Impact on Market Processes; in: Mühlbacher, H. / Flipo, J.-P. (Hrsg.): Advances in Services Marketing; Wiesbaden 1997, S. 1–16.

Frese, E. [1993]: Geschäftssegmentierung als organisatorisches Konzept; in: Zeitschrift für betriebswirtschaftliche Forschung, 45. Jg. (1993), S. 999–1024 .

Freter, H. [1995]: Marktsegmentierung; in: Tietz, B. / Köhler, R. / Zentes, J. (Hrsg.): Handwörterbuch des Marketing; 2. Aufl., Stuttgart 1995, Sp. 1802–1814.

Friege, C. [1995]: Preispolitik für Leistungsverbunde im Business-to-Business-Marketing; Wiesbaden 1995.

Fröhling, O. [1992]: Prozeßorientiertes Portfolio-Management; in: Die Betriebswirtschaft, 52. Jg. (1992), S. 341–358.

Gruhler, W. [1990]: Dienstleistungsbestimmter Strukturwandel in deutschen Industrieunternehmen; Köln 1990.

Gruhler, W. [1993]: Gesamtwirtschaftliche Bedeutung und einzelwirtschaftlicher Stellenwert industrieller Dienstleistungen; in: Simon, H. (Hrsg.): Industrielle Dienstleistungen; Stuttgart 1993, S. 23–40.

Gruhler, W. [1994]: Outsourcing von Dienstleistungen zu Dienstleistungsunternehmen; in: Corsten, H. / Hilke, W. (Hrsg.): Dienstleistungsproduktion; Wiesbaden 1994, S. 153–175.

Günter, B. / Kuhl, M. [1999]: Beschaffungspolitik industrieller Nachfrager; in: Kleinaltenkamp, M. / Plinke, W. (Hrsg.): Technischer Vertrieb – Grundlagen; 2., überarb. Aufl., Berlin / Heidelberg / New York 1999, Kapitel B.2.

Hammann, P. [1974]: Sekundärleistungspolitik als absatzpolitisches Instrument; in: Hammann, P. / Kroeber-Riel, W. / Meyer, C. W. (Hrsg.): Neuere Ansätze der Marketingtheorie; Berlin 1974, S. 135–154.

Hammann, P. [1997]: Probleme der Konzeptualisierung und Umsetzung eines Reengineering von Verkauf und Kundendienst im Kraftfahrzeughandel; in: Bruhn, M. / Steffenhagen, H. (Hrsg.): Marktorientierte Unternehmensführung; Wiesbaden 1997, S. 403–421.

Heskett, J. et al. [1994]: Dienstleister müssen die ganze Service-Gewinn-Kette nutzen; in: Harvard Business Manager, 16. Jg. (1994), Heft 4, S. 50–61.

Henkel, H.-O. [1993]: Die Dienstleistung – wichtiger als das Produkt?; in: Simon, H. (Hrsg.): Industrielle Dienstleistungen, Stuttgart 1993, S. 41–50.

Hippe, A. [1996]: Betrachtungsebenen und Erkenntnisziele in strategischen Unternehmensnetzwerken; in: Bellmann, K. / Hippe, A. (Hrsg.): Management von Unternehmensnetzwerken; Wiesbaden 1996, S. 21–53.

Homburg, C. / Garbe, B. [1996a]: Industrielle Dienstleistungen; in: Zeitschrift für Betriebswirtschaft, 66. Jg. (1996), S. 253–282.

Homburg, C. / Garbe, B. [1996b]: Industrielle Dienstleistungen – lukrativ, aber schwer zu meistern; in: Harvard Business Manager, 18, Jg. (1996), Heft 1, S. 68–75.

Homburg, C. / Garbe, B. [1996c]: Industrielle Dienstleistungen als Managementherausforderung; in: io Management Zeitschrift, 65. Jg. (1996), Heft 6, S. 31–35.

Horchler, H. [1996]: Outsourcing; Köln 1996.

Horváth, P. (Hrsg.) [1993]: Target Costing; Stuttgart 1993.

Hungenberg, H. [1995]: Zentralisation und Dezentralisation; Wiesbaden 1995.

IFUA Horváth & Partner GmbH (Hrsg.) [1991]: Prozeßkostenmanagement; München 1991.

Jaschinski, C. M. [1995]: Wettbewerbssicherung durch industrielle Dienstleistungen; in: Bullinger, H.-J. (Hrsg.): Dienstleistung der Zukunft; Wiesbaden 1995, S. 126–135.

Jugel, S. / Zerr, K. [1989]: Dienstleistungen als strategisches Element eines Technologie-Marketing; in: Marketing – Zeitschrift für Forschung und Praxis, 11. Jg. (1989), S. 162–172.

Kaas, K. P. [1995]: Marketing zwischen Markt und Hierarchie; in: Kaas, K. P. (Hrsg.): Kontrakte, Gechäftsbeziehungen, Netztwerke – Marketing und Neue Institutionenökonomik, Zeitschrift für betriebswirtschaftliche Forschung, Sonderheft 35/95, Düsseldorf/Frankfurt a. M. 1995, S. 19–42.

Karlöf, B. / Östblom, S. [1994]: Das Benchmarking-Konzept; München 1994.

Kastner, K.-H. / Bohnenkamp, P. [1991]: Das Aktivitäten-Management-System (AMY); in: Office Management, 39. Jg. (1991), Heft 7/ 8, S. 35–40.

Kelley, S. W. [1989]: Efficiency in Service Delivery - Technological or Humanistic Approaches; in: The Journal of Services Marketing, Vol. 3 (1989), Heft 3, S. 43–50.

Kingman-Brundage, J. [1992]: The ABCs of Service System Blueprinting; in: Lovelock, C. H. (Hrsg.): Managing Services; 2. Aufl., Englewood Cliffs / N. J. 1992, S. 196–202.

Kleinaltenkamp, M. [1992]: Investitionsgüter-Marketing aus informationsökonomischer Sicht; in: Zeitschrift für betriebswirtschaftliche Forschung, 44. Jg. (1992), S. 809–829.

Kleinaltenkamp, M. [1996]: Customer Integration - Kundenintegration als Leitbild für das Business-to-Business-Marketing; in: Kleinaltenkamp, M. / Fließ, S. / Jacob, F. (Hrsg.): Customer Integration, Wiesbaden 1996, S. 13–24.

Kleinaltenkamp, M. [1999a]: Einführung in das Business-to-Business-Marketing; in: Kleinaltenkamp, M. / Plinke, W. (Hrsg.): Technischer Vertrieb - Grundlagen; 2., überarb. Aufl., Berlin / Heidelberg / New York 1999, Kapitel A.3.

Kleinaltenkamp, M. [1999b]: Marktsegmentierung; in: Kleinaltenkamp, M. / Plinke, W. (Hrsg.): Technischer Vertrieb - Grundlagen; 2., überarb. Aufl., Berlin / Heidelberg / New York 1999, Kapitel D.3.

Kleinaltenkamp, M. / Marra, A. [1995]: Institutionenökonomische Aspekte der „Customer Integration"; in: Kaas, K. P. (Hrsg.): Kontrakte, Gechäftsbeziehungen, Netztwerke - Marketing und Neue Institutionenökonomik; Zeitschrift für betriebswirtschaftliche Forschung, Sonderheft 35/95, Düsseldorf / Frankfurt a. M. 1995, S. 101–117.

Knoblich, H. / Oppermann, R. [1996]: Dienstleistung - ein Produkttyp; in: Der Markt, 35. Jg. (1996), Heft 1, S. 13–22.

Köhler, R. [1993]: Absatzsegmentrechnung; in: Chmielewicz, K. / Schweitzer, M. (Hrsg.): Handwörterbuch des Rechnungswesens; 3. Aufl., Stuttgart 1993, Sp. 7–15.

Koolmann, M. [1995]: Dienstleistungs-Marketing am Beispiel des Anlagenservice von SIEMENS; in: Kleinaltenkamp, M. (Hrsg.): Dienstleistungsmarketing - Konzeptionen und Anwendungen; Wiesbaden 1995, S. 261–270.

Koppelmann, U. (Hrsg.) [1996]: Outsourcing; Stuttgart 1996.

Kowalewski, H. [1997]: Marktorientiertes Prozeßmanagement - Grundlagen und Anwendungsmöglichkeiten im industriellen Service; unveröffentlichte Diplomarbeit, Ruhr-Universität Bochum 1997.

Kotha, S. [1995]: Mass Customization: Implementing the Emerging Paradigm for Competitive Advantage; in: Strategic Management Journal, Vol. 16 (1995), Summer, S. 21–42.

Läbe, S. M. / Stolpmann, F. N. [1993]: Dienst am Kunden total?; in: absatzwirtschaft, 36. Jg. (1993), Sondernummer Oktober, S. 22–34.

Lampel, J. / Mintzberg, H. [1996]: Customizing Customization; in: Sloan Management Review, Vol. 38 (1996), Fall, S. 21–30.

Laßmann, G. [1994]: Erlösrechnung; in: Busse von Colbe, W. (Hrsg.): Lexikon des Rechnungswesens; 3. Aufl., München/Wien 1994, S. 202–205.

Leibfried, K. H. J. / McNair, C. J. [1993]: Benchmarking: Von der Konkurrenz lernen, die Konkurrenz überholen; Freiburg i. Br. 1993.

Levitt, T. [1980]: Marketing Success Through Differentiation - of Anything; in: Harvard Business Review, Vol. 58 [1980), Heft 1, S. 83–91.

Lohoff, P. / Lohoff, H.-G. [1993]: Verwaltung im Visier; in: Zeitschrift Führung + Organisation, 62. Jg. [1993), S. 248–254.

Lovelock, C. [1993]: Dienstleister können Effizienz und Kundenzufriedenheit verbinden; in: Harvard Business Manager, 15. Jg. (1993), Heft 2, S. 68–75.

Männel, W. [1972]: Zurechnung von Erlösen auf Haupt- und Zusatzleistungen; in: Betriebs-Berater, 27. Jg. (1972), Beilage zu Heft 31, S. 107–116.

Männel, W. [1981]: Die Wahl zwischen Eigenfertigung und Fremdbezug; 2. Aufl., Stuttgart 1981.

Männel, W. [1993]: Erlösrechnung; in: Chmielewicz, K. / Schweitzer, M. (Hrsg.): Handwörterbuch des Rechnungswesens; 3. Aufl., Stuttgart 1993, Sp. 562–580.

Männel, W. (Hrsg.) [1995]: Prozeßkostenrechnung; Wiesbaden 1995.

Mai, H. [1989]: Dienstleistungen im Produzierenden Gewerbe - Testerhebung; in: Wirtschaft und Statistik, 41. Jg. (1989), Heft 2, S. 57–63.

Meffert, H. (Hrsg.) [1982]: Kundendienst-Management; Frankfurt a. M. et al. 1982.

Meffert, H. / Bruhn, M. [1997]: Dienstleistungsmarketing; 2. Aufl., Wiesbaden 1997.

Mehdorn, H. [1996]: Der Wandel in der Industriestruktur und die Bedeutung von Dienstleistungen; in: Töpfer, A. / Mehdorn, H. (Hrsg.): Industrielle Dienstleistungen: Servicestrategie oder Outsourcing?; Neuwied/Kriftel/Berlin 1996, S. 15–22.

Meinig, W. [1984]: Produktdifferenzierung durch Dienstleistung; in: Marktfoschung, 28. Jg. (1984), Heft 4, S. 133–142.

Meinig, W. [1995]: Lebenszyklen; in: Tietz, B. / Köhler, R. / Zentes, J. (Hrsg.): Handwörterbuch des Marketing; 2. Aufl., Stuttgart 1995, Sp. 1392–1405.

Melan, E. M. [1985]: Process Management in Service and Administrative Operations; in: Quality Progress, Vol. 8 (1985), June, S. 52–59.

Mertens, P. / Faisst, W. [1995]: Virtuelle Unternehmen - eine Organisationsstruktur für die Zukunft?; in: Technologie & Management, 44. Jg. (1995), Heft 2, S. 61–68.

Meyer, A. [1985]: Produktdifferenzierung durch Dienstleistungen; in: Marketing - Zeitschrift für Forschung und Praxis, 7. Jg. (1985), S. 99–107.

Meyer, A. [1987]: Die Automatisierung und Veredelung von Dienstleistungen - Auswege aus der dienstleistungsinhärenten Produktivitätsschwäche; in: Jahrbuch der Absatz- und Verbrauchsforschung, 33. Jg. (1987), S. 25–46.

Meyer, A. / Blümelhuber, C. [1996]: Dienstleistungen zur Differenzierung bei zunehmender Produkthomogenität; in: HMD - Theorie und Praxis der Wirtschaftsinformatik, 33. Jg. (1996), Heft 187, S. 24–34.

Meyer, A. / Noch, R. [1992]: Dienstleistungen im Investitionsgütermarketing; in: Das Wirtschaftsstudium, 21. Jg. (1992), S. 954–961.

Meyer, M. [1995]: Kundendienst; in: Tietz, B. / Köhler, R. / Zentes, J. (Hrsg.): Handwörterbuch des Marketing; 2. Aufl., Stuttgart 1995, Sp. 1351–1362.

Müller, H. [1995]: Service Marketing, Berlin et al. 1995.

Neckermann, G. / Wessels, H. [1992]: Dienstleistungsangebot des Maschinenbaus; in: Zeitschrift für Betriebswirtschaft, 62. Jg. (1992), S. 521–538.

Niemand, S. [1996]: Target Costing für industrielle Dienstleistungen; München 1996.

Noch, R. [1988]: Dienstleistungen im Investitionsgüter-Marketing; München 1995.

o. V. [1996]: Bewährungsprobe für die Profitcenter; in: Handelsblatt, Nr. 242 v. 13. / 14. 12. 1996, S. 19.

Osterloh, M. / Frost, J. [1996]: Prozessmanagement als Kernkompetenz; Wiesbaden 1996.

Otto, A. / Reckenfelderbäumer, M. [1993]: Zeit als strategischer Erfolgsfaktor im „Dienstleistungsmarketing"; Arbeitspapiere zum Marketing Nr. 27, Ruhr-Universität Bochum 1993.

Paul, M. / Reckenfelderbäumer, M. [1997]: Preisbildung und Kostenrechnung bei Dienstleistungen auf der Basis neuerer Kostenrechnungsverfahren; in: Bruhn, M. / Meffert, H. (Hrsg.): Handbuch Dienstleistungsmanagement; Wiesbaden 1997 (im Druck).

Paun, D. [1993]: When to Bundle or Unbundle Products; in: Industrial Marketing Management, Vol. 22 (1993), S. 29–34.

Pfohl, H.-C. / Ester, B. / Jarick, J. [1995]: Nach dem Kauf ist vor dem Kauf; in: absatzwirtschaft, 38. Jg. (1995), Sondernummer Oktober, S. 192–202.

Picot, A. [1991]: Ein neuer Ansatz zur Gestaltung der Leistungstiefe; in: Zeitschrift für betriebswirtschaftliche Forschung, 43. Jg. (1991), S. 336–357.

Picot, A. / Reichwald, R. [1994]: Auflösung der Unternehmung?; in: Zeitschrift für Betriebswirtschaft, 64. Jg. (1994), S. 547–570.

Picot, A. / Reichwald, R. / Wigand, R. T. [1996]: Die grenzenlose Unternehmung; 2. Aufl., Wiesbaden 1996.

Pieske, R. [1994]: Benchmarking: das Lernen von anderen und seine Begrenzungen; in: io Management Zeitschrift, 63. Jg. (1994), Heft 6, S. 19–23.

Pine, B. J. [1993]: Mass Customization – The New Frontier in Business Competition; Boston/ Mass. 1993.

Plinke, W. [1997]: Bedeutende Kunden; in: Kleinaltenkamp, M. / Plinke, W. (Hrsg.): Geschäftsbeziehungsmanagement; Berlin et al. 1997, S. 113–159.

Plinke, W. [1999a]: Grundlagen des Marktprozesses; in: Kleinaltenkamp, M. / Plinke, W. (Hrsg.): Technischer Vertrieb – Grundlagen; 2., überarb. Aufl., Berlin / Heidelberg / New York 1999, Kapitel A.1.

Plinke, W. [1999b]: Unternehmensstrategie; in: Kleinaltenkamp, M. / Plinke, W. (Hrsg.): Technischer Vertrieb – Grundlagen; 2., überarb. Aufl., Berlin / Heidelberg / New York 1999, Kapitel D.1.

Plinke, W. / Rese, M. [1999]: Analyse der Erfolgsquellen; in: Kleinaltenkamp, M. / Plinke, W. (Hrsg.): Technischer Vertrieb – Grundlagen; 2., überarb. Aufl., Berlin / Heidelberg / New York 1999, Kapitel C.2.

Porter, M. E. [1986]: Wettbewerbsvorteile; Frankfurt a. M. 1986.

Potts, G. W. [1989]: Im Servicezyklus steckt Profit; in: Harvard Manager, 11. Jg. (1989), Heft 2, S. 100–104.

Prahalad, C. K. / Hamel, G. [1997]: The Cor Competence of the Corporation; in: Hahn, D. / Taylor, B. (Hrsg.): Strategische Unternehmungsplanung – Strategische Unternehmungsführung; 7. Aufl., Heidelberg 1997, S. 969–987.

Rasche, C. [1993]: Kernkompetenzen; in: Die Betriebswirtschaft, 53. Jg. (1993), S. 425–427.

Reckenfelderbäumer, M. [1994]: Entwicklungsstand und Perspektiven der Prozeßkostenrechnung; Wiesbaden 1994.

Reckenfelderbäumer, M. [1995]: Marketing-Accounting im Dienstleistungsbereich; Wiesbaden 1995.

Reckenfelderbäumer, M. [1997a]: Make-or-Buy-Entscheidung: Eigenerstellung oder Fremdbezug bedarfsgerechter Service-Leistungen; in: Weber, R. (Hrsg.): Service-Management; Loseblattsammlung, 24. Nachlieferung, Landsberg a. L. 1997.

Reckenfelderbäumer, M. [1997b]: Management zentraler Service-Bereiche – Entwurf eines konzeptionellen Rahmens zur Erlangung von Wettbewerbsvorteilen; Schriften zum Marketing Nr. 36, Ruhr-Universität Bochum 1997.

Reckenfelderbäumer, M. [1997c]: Marktorientiertes Kosten-Management von Dienstleistungs-Unternehmen auf der Basis moderner Kostenrechnungsverfahren; in: Meyer, A. (Hrsg.): Handbuch Dienstleistungs-Marketing; Stuttgart 1997 (im Druck).

Reichheld, F. F. [1993]: Treue Kunden müssen auch rentabel sein; in: Harvard Business Manager, 15. Jg. (1993), Heft 3, S. 106–114.

Reiß, M. / Beck, T. C. [1995]: Kostenverträglichen Service anbieten; in: Gablers Magazin, 9. Jg. (1995), Heft 1, S. 24–27.

Remer, D. [1997]: Einführen der Prozeßkostenrechnung; Stuttgart 1997.

Riebel, P. [1971]: Ertragsbildung und Ertragsverbundenheit im Spiegel der Zurechenbarkeit von Erlösen; in: Riebel, P. (Hrsg.): Beiträge zur betriebswirtschaftlichen Ertragslehre; Opladen 1971, S. 147–200.

Riebel, P. [1979a]: Zum Konzept einer zweckneutralen Grundrechnung; in: Zeitschrift für betriebswirtschaftliche Forschung, 31. Jg. (1979), S. 785–798.

Riebel, P. [1979b]: Gestaltungsprobleme einer zweckneutralen Grundrechnung; in: Zeitschrift für betriebswirtschaftliche Forschung, 31. Jg. (1979), S. 863–893.

Ring, K. [1995]: IT-Outsourcing am Beispiel Daimler-Benz; in: Bullinger, H.-J. (Hrsg.): Dienstleistung der Zukunft; Wiesbaden 1995, S. 435–440.

Rück, H. R. G. [1995]: Dienstleistungen – ein Definitionsansatz auf Grundlage des „Make or buy"-Prinzips; in: Kleinaltenkamp, M. (Hrsg.): Dienstleistungsmarketing – Konzeptionen und Anwendungen, Wiesbaden 1995, S. 1–31.

Schade, C. / Schott, E. [1993]: Kontraktgüter im Marketing; in: Marketing - Zeitschrift für Forschung und Praxis, 15. Jg. (1995), S. 15–25.

Scheer, A.-W. [1997]: Die Geschäftsprozesse einheitlich steuern; in: Harvard Business Manager, 19. Jg. (1997), Heft 1, S. 115–122.

Scheiter, S. / Binder, C. [1992]: Kennen Sie Ihre rentablen Kunden?; in: Harvard Manager, 14. Jg. (1992), Heft 2, S. 17–22.

Schneider, D. [1994]: Rahmenbedingungen und konzeptionelle Überlegungen; in: Schneider, D. / Baur, C. / Hopfmann, L. (Hrsg.): Re-Design der Wertkette durch Make or Buy; Wiesbaden 1994, S. 11–124.

Schneider, D. / Baur, C. / Hopfmann, L. (Hrsg.) [1994]: Re-Design der Wertkette durch Make or Buy; Wiesbaden 1994.

Schneider, D. [1995]: Betriebswirtschaftslehre; Band 1: Grundlagen, 2. Aufl., München/Wien 1995.

Schnittka, M. [1996]: Dienstleistungskapazität als Gegenstand des Marketing; Arbeitsbericht Nr. 62 des Instituts für Unternehmungsführung und Unternehmensforschung, Ruhr-Universität Bochum 1996.

Schubert, B. [1995]: Conjoint-Analyse; in: Tietz, B. / Köhler, R. / Zentes, J. (Hrsg.): Handwörterbuch des Marketing; 2. Aufl., Stuttgart 1995, Sp. 376–389.

Schuh, G. / Katzy, B. R. / Dresse, S. [1995]: Prozessmanagement erfolgreich einführen; in: io Management Zeitschrift, 64. Jg. (1995), Heft 12, S. 64–67.

Schwab, W. [1984]: Die Träger von Instandhaltungsleistungen im Anlagengeschäft; Berlin 1984.

Sebastian, K.-H. / Hilleke, K. [1994]: Rückzug ohne Risiko; in: absatzwirtschaft, 37. Jg. (1994), Heft 1, S. 50–55, und Heft 2, S. 45–49.

Seidenschwarz, W. [1993]: Target Costing; München 1993.

Shostack, G. L. [1982]: How to Design a Service; in: European Journal of Marketing, Vol. 16 (1982), Heft 1, S. 49–63.

Shostack, G. L. [1984]: Planung effizienter Dienstleistungen; in: Harvard Manager, 6. Jg. (1984), Heft 3, S. 93–99.

Simon, H. [1992]: Preisbündelung; in: Zeitschrift für Betriebswirtschaft, 62. Jg. (1992), S. 1213–1235.

Simon, H. [1993a]: Industrielle Dienstleistung und Wettbewerbsstrategie; in: Simon, H. (Hrsg.): Industrielle Dienstleistungen, Stuttgart 1993, S. 3–22.

Simon, H. [1993b]: Preispolitik für industrielle Dienstleistungen; in: Simon, H. (Hrsg.): Industrielle Dienstleistungen; Stuttgart 1993, S. 187–218.

Simon, H. / Sebastian, K.-H. [1995]: Was guten Service ausmacht; in: Gablers Magazin, 8. Jg. (1995), Heft 1, S. 16–19.

Spremann, K. [1988]: Reputation, Garantie, Information; in: Zeitschrift für Betriebswirtschaft, 58. Jg. (1988), S. 613–629.

Spremann, K. [1990]: Asymmetrische Information; in: Zeitschrift für Betriebswirtschaft, 60. Jg. (1990), S. 561–586.

Stauder, T. [1995]: Qualitätsmanagement im Kundenservice; Wiesbaden 1995.

Stauss, B. [1993]: Bedeutung und Realisierungsgrad des Total Quality Management im industriellen Service; in: Thelen, E. M. / Mairamhof, G. B. (Hrsg.): Dienstleistungsmarketing – Eine Bestandsaufnahme; Frankfurt a. M. et al. 1993, S. 203–230.

Stauss, B. [1994]: Internes Marketing; in: Diller, H. (Hrsg.): Vahlens Großes Marketing-Lexikon; München 1994, S. 477–479.

Stauss, B. [1995a]: „Augenblicke der Wahrheit" in der Dienstleistungserstellung; in: Bruhn, M. / Stauss, B. (Hrsg.): Dienstleistungsqualität; 2. Aufl., Wiesbaden 1995, S. 379–400.

Stauss, B. [1995b]: Internes Marketing; in: Tietz, B. / Köhler, R. / Zentes, J. (Hrsg.): Handwörterbuch des Marketing; 2. Aufl., Stuttgart 1995, Sp. 1045–1056.

Stauss, B. / Schulze, H. S. [1990]: Internes Marketing; in: Marketing – Zeitschrift für Forschung und Praxis, 12. Jg. (1990), S. 149–158.

Striening, H.-D. [1988]: Prozeß-Management; Frankfurt a. M. et al. 1988.

Striening, H.-D, [1995]: Möglichkeiten und Grenzen des Prozeßmanagement; in: Corsten, H. / Will, T. (Hrsg.): Unternehmungsführung im Wandel; Stuttgart/Berlin/Köln 1995, S. 161–178.

Töpfer, A. [1992]: Service als strategischer Erfolgsfaktor; in: Weber, R. (Hrsg.): Service-Management; Loseblattsammlung, 3. Nachlieferung, Landsberg a. L. 1992.

Töpfer, A. [1996]: Grundsätze industrieller Dienstleistungen; in: Töpfer, A. / Mehdorn, H. (Hrsg.): Industrielle Dienstleistungen: Servicestrategie oder Outsourcing?; Neuwied/Kriftel/Berlin 1996, S. 23–46.

Weilenmann, P. [1989]: Dezentrale Führung: Leistungsbeurteilung und Verrechnungspreise; in: Zeitschrift für Betriebswirtschaft, 59. Jg. (1989), S. 932–956.

Welge, M. K. [1995]: Strategische Allianzen; in: Tietz, B. / Köhler, R. / Zentes, J. (Hrsg.): Handwörterbuch des Marketing; 2. Aufl., Stuttgart 1995, Sp. 2397–2410.

Wildemann, H. [1997]: Koordination von Unternehmensnetzwerken; in: Zeitschrift für Betriebswirtschaft, 67. Jg. (1997), S. 417–439.

Wilson, T. L. / Smith, F. E. [1996]: Business Services 1982–1992; in: Industrial Marketing Management, Vol. 25 (1996), S. 163–171.

Witt, F.-J. [1989]: Portfolios für unternehmensinterne Leistungen; in: Controller Magazin, 14. Jg. (1989), S. 156–162.

Woratschek, H. [1996]: Die Typologie von Dienstleistungen aus informationsökonomischer Sicht; in: Der Markt, 35. Jg. (1996), Heft 1, S. 59–71.

Woratschek, H. [1997]: Conjoint Measurement – Ein Durchbruch bei der Preisentscheidung für Dienstleistungen?; in: Engelhardt, W. H. (Hrsg.): Perspektiven des Dienstleistungsmarketing – Ansatzpunkte für Forschung und Praxis; Wiesbaden 1997 (im Druck).

Zahn, E. [1996]: Kernkompetenzen; in: Kern, W. / Schröder, H.-H. / Weber, J. (Hrsg.): Handwörterbuch der Produktionswirtschaft; 2. Aufl., Stuttgart 1996, Sp. 883–894.

Zerr, K. [1995]: Die Servicesystemplanung als Instrument des Leistungssystemmarketing; in: Jahrbuch der Absatz- und Verbrauchsforschung, 41. Jg. (1995), S. 134–158.

Übungsaufgaben

1. Skizzieren und erläutern Sie anhand ausgewählter Indikatoren den Bedeutungswandel der Services im Business-to-Business-Bereich!
2. Erläutern Sie die Ursachen der veränderten Rolle der industriellen Services!
3. Systematisieren Sie das Spektrum der Service-Leistungen, und charakterisieren Sie die jeweiligen Erscheinungsformen!
4. Welches sind die charakteristischen Leistungsmerkmale von Service-Leistungen? Welche grundlegenden Konsequenzen ergeben sich daraus für das industrielle Service-Management?
5. Erläutern Sie, warum die Vermarktung von Services in besonderem Maße von Unsicherheit geprägt ist! Welche Konsequenzen ergeben sich daraus für Anbieter und Nachfrager?
6. Worin sehen Sie die wichtigsten Defizite, die sich gegenwärtig im Service-Management in vielen Unternehmungen finden?
7. Skizzieren Sie das Spannungsfeld zwischen Kundenzufriedenheit und Unwirtschaftlichkeit, in dem sich das Service-Management bewegt!
8. Worin liegen die Ursachen begründet, daß in industriellen Unternehmungen der Anteil der Service-Kosten an den Gesamtkosten der Unternehmung regelmäßig deutlich höher ist als der Anteil der Service-Erlöse an den Gesamterlösen?
9. Geben Sie einen Überblick über grundlegende strategische Stoßrichtungen von Service-Strategien!
10. Charakterisieren Sie die wichtigsten Einflußfaktoren auf die Festlegung des Service-Programms!
11. Erläutern Sie, wie mit Hilfe der Service-Leistungen ein Beitrag zur Strategie der Marktsegmentierung geleistet werden kann!
12. Was versteht man unter Mass Customization? Erläutern Sie, wie sich dieses Konzept im Service-Management nutzen läßt!

13. Nennen und skizzieren Sie Formen der leistungs- und preisbezogenen (Ent-) Bündelung von Services! Wovon hängt es ab, welche der denkbaren Vorgehensweisen gewählt wird?

14. Charakterisieren Sie die denkbaren Träger von Service-Leistungen!

15. Welche Kriterien können bei der Make-or-Buy-Entscheidung im Service-Bereich herangezogen werden?

16. Nennen, charakterisieren und beurteilen Sie die Ihnen bekannten Make-or-Buy-Entscheidungskalküle!

17. Diskutieren Sie mögliche Dynamisierungskonzepte für die Bedarfsdeckung im Service-Bereich am Beispiel von Transportleistungen!

18. Stellen Sie Vor- und Nachteile einer Dezentralisierung industrieller Services gegenüber! Beachten Sie dabei die unterschiedliche inhaltliche Bedeutung, die der Begriff der Dezentralisierung haben kann!

19. Charakterisieren Sie Ihnen bekannte Center-Konzeptionen, und beurteilen Sie ihre Eignung für die Organisation industrieller Services!

20. Welche Möglichkeiten bieten sich einem Anbieter von Service-Leistungen, auf eine gleichmäßige Auslastung seiner Kapazitäten hinzuwirken?

21. Nennen Sie die wesentlichen Vor- und Nachteile der Automatisierung von Service-Angeboten! Welche Voraussetzungen müssen erfüllt sein, damit eine Automatisierung grundsätzlich möglich ist?

22. Beschreiben Sie die wesentlichen Anforderungen, die an Service-Mitarbeiter im Kundenkontakt zu stellen sind?

23. Worin sehen Sie die wesentlichen Unterschiede zwischen Fertigungs- und Service-Prozessen, und welche Konsequenzen ergeben sich daraus für das industrielle Service-Management?

24. Charakterisieren Sie die wichtigsten Elemente eines Service-Prozeß-Management!

25. Wie wird bei der Durchführung eines Service-Blueprinting vorgegangen?

26. Worin liegen die besonderen Probleme eines Service-Erlös-Controlling?

27. Welches sind die wichtigsten Probleme der Kostenrechnung und des Kosten-Management bei Service-Leistungen?

28. Skizzieren Sie die Prozeßkostenrechnung und das Target Costing in ihren Grundzügen! Warum eigenen sich beide Verfahren besonders für ein marktorientiertes Service-Controlling?

29. Welche Anforderungen sind an eine Service-Erfolgsrechnung zu stellen?

Teil B Gestaltung der Distributionsleistung

1 Auswahl von Vertriebswegen

Michael Kleinaltenkamp

Abbildungsverzeichnis

1.1 Die Stellung der Distributionsgestaltung im Rahmen der Marketingstrategie

Neben der Gestaltung des Leistungsprogramms als dem Kern und dem in aller Regel wichtigsten Element einer Marketingstrategie im Business-to-Business-Bereich stellt die *Gestaltung der Distributionsleistung* vielfach das zweite wichtige Instrument der absatzwirtschaftlichen Leistungsgestaltung dar. Sie umfaßt alle Entscheidungen, welche die Art und Weise betreffen, wie die verschiedenen Leistungselemente eines Angebots dem Nachfrager verfügbar gemacht werden. Im Gegensatz zu ihrer Bedeutung für den Erfolg einer Marketingstrategie wird der Distribution jedoch in der Praxis des Business-to-Business-Marketing meist nicht die entsprechende Aufmerksamkeit gewidmet, weshalb sie vielfach als eine „Schwachstelle“[1] angesehen werden muß. Dies ist vor allem auf folgende Gründe zurückzuführen:

- Insbesondere bei hoch-technisierten Produkten liegt ein wesentlicher Schwerpunkt der Unternehmenstätigkeit im Forschungs- und Entwicklungsbereich, eventuell in der Fertigung. Demgegenüber treten Fragen der Distribution in den Hintergrund.
- Viele Unternehmensleitungen, Marketingmanager und Verkäufer denken produktorientiert. Die Produkte, die letztendlich die Erlöse erbringen (sollen), bestimmen das Denken und Handeln. Darüber wird zu wenig beachtet, daß die Produkte auch auf den richtigen Wegen und mit den richtigen Methoden zu ihren Käufern gelangen müssen.
- Schließlich wird auch und gerade dem Leistungsentgelt als dem sensibelsten, aber auch gefährlichsten Marketinginstrument große Aufmerksamkeit geschenkt. Vielfach sind die akquisitorischen Wirkungen der Preisgestaltung jedoch lediglich kurzfristiger Natur, während dauerhafte Wettbewerbsvorteile eher durch eine gesicherte und erfolgreiche Distribution bzw. durch Alleinstellungen im Bereich der Funktionsleistung erzielt werden können.

Die im Rahmen der Distributionsgestaltung zu treffenden Entscheidungen umfassen dabei im wesentlichen zwei große Komplexe:

- zum einen die im folgenden schwerpunktmäßig betrachtete *Vertriebswegeentscheidung*. Sie beinhaltet die Frage, welche *Institutionen* die auf dem Weg vom Hersteller zum Verwender zu erbringenden Vertriebsleistungen übernehmen und wie die notwendigen und möglichen Tätigkeiten auf die Betroffenen aufgeteilt werden.
- zum anderen die *Vertriebsdurchführungsentscheidung*. In ihrem Rahmen ist darüber zu befinden, wie die speziellen Vertriebsleistungen der *physischen*

[1] Engelhardt/Günter 1981, S. 166.

Distribution bzw. *Logistik* (Transport, Lagerung und Auslieferung) sowie der Auftragseinholung und -bearbeitung anzulegen und durchzuführen sind, wie das Verkaufspersonal einzusetzen ist und wie der Vertrieb organisatorisch gestaltet und in die Gesamtorganisation eingebunden werden soll.[2] Diese Fragen werden jedoch im weiteren Verlauf nur insoweit angeschnitten, wie sie auch in die Vertriebswegeentscheidung hineinragen.

Die besondere Bedeutung der Vertriebswegeentscheidung rührt daher, daß die jeweiligen Festlegungen

- meist nur schwer korrigierbar sind,
- z.T. sehr langfristige Wirkungen zeitigen und
- eine strategische Komponente umfassen.

So ergeben sich aus Vertriebswegeentscheidungen bestimmte Konsequenzen hinsichtlich des Aufbaus von sachlichen und personellen Vertriebskapazitäten, die wiederum zu weitreichenden Kosten- und Kapitalbelastungen führen. Sie entwickeln vielfach Beharrungstendenzen, die eine rasche Reduktion und Einschränkung erschweren, wenn nicht sogar verhindern. Wird im umgekehrten Fall von seiten der betroffenen Unternehmung auf die Errichtung eines eigenen Vertriebssystems verzichtet, begibt sie sich zwangsläufig in eine gewisse Abhängigkeit von den jeweiligen Absatzmittlern bzw. -helfern, aus der sie sich in aller Regel wiederum nur schwer lösen kann.

Darüber hinaus schafft die Distribution den Weg, über den die Leistungen der Unternehmung an den Kunden gelangen. Aus einer bestimmten Marktsegmentierungs- und Zielgruppenentscheidung[3] ergibt sich zwangsläufig die Forderung, über Vertriebswege verfügen zu können, auf denen die Produkte auch tatsächlich die gewünschten Kunden bzw. Kundengruppen erreichen.

Somit stellt die Distribution schließlich auch ein zentrales Element der Wettbewerbsstrategie dar, da die Fähigkeit, zu einem Vertriebskanal Zugang zu haben und über ihn verfügen zu können, eine wesentliche Voraussetzung für den Erfolg am Markt ist und damit großen Einfluß auf die Stärke der Marktstellung einer Unternehmung sowie auf ihre Position gegenüber den Konkurrenten hat.

Im folgenden werden im Anschluß an die kurze Darstellung der Funktionen der Distribution zunächst die unterschiedlichen Vertriebswegealternativen vorgestellt, die zur Erbringung dieser Distributionsfunktionen zur Verfügung stehen. Im Anschluß daran werden die Faktoren, die auf die Entscheidung für einen bestimmten Vertriebsweg Einfluß nehmen, sowie ihre jeweiligen Wirkungen erörtert.

---

2 Vgl. Kapitel B.2 – „Vertriebsmanagement".

3 Vgl. Kleinaltenkamp 1999b.

1.2 Funktionen der Distribution

Die grundlegende Aufgabe der Distribution besteht darin, den Weg eines Produktes zu seinem Verwender zu überbrücken. Dabei ist der zurückzulegende 'Weg' jedoch nicht nur als ein räumliches Phänomen zu begreifen. Vielmehr existiert zwischen der Produktion und der Verwendung eines Gutes ein vielfältiges *Spannungsverhältnis*, das es durch die Erbringung von Distributionsleistungen zu überwinden gilt. Dadurch werden die *Funktionen der Distribution* bestimmt. Das Spannungsverhältnis umfaßt im wesentlichen vier 'klassische' Dimensionen:[4]

- *quantitative Spannungen*, da Leistungen meist in anderen Mengen produziert werden als sie verwendet werden,
- *räumliche Spannungen*, da Leistungen i.d.R. an anderen Orten als denen ihrer Verwendung produziert werden,
- *zeitliche Spannungen*, da die Verwendung der Leistungen ganz überwiegend zu anderen Zeiten stattfindet als die Produktion,
- *qualitative Spannungen*, da Leistungen z.T. nicht so verwendet werden, wie sie produziert werden, sondern noch gewisse Umwandlungen, wie z.B. Behandlung, Umfüllung, Montage usw., oder Ergänzungen bzw. Erweiterungen insbesondere um bestimmte Dienstleistungen, wie z.B. Präsentation, Beratung, Service usw., erfahren.

In diesem Zusammenhang ist zu beachten, daß sich die zu überbrückenden Spannungen ebenso auf *Informationen* beziehen. Dabei ist es wichtig, daß die Informationen sowohl vom Produzenten zum Verwender, wie auch vom Verwender zum Produzenten gelangen, wobei ebenfalls quantitative qualitative, räumliche und zeitliche 'Spannungen' überbrückt werden müssen.

Die Vielzahl der in unterschiedlichen Kombinationen auftretenden Diskrepanzen sowie ihre von Fall zu Fall unterschiedliche Intensität, aber auch die Vielfalt der Formen, die zur Überbrückung der Spannungen entwickelt worden sind, machen das Feld der Distribution außerordentlich vielfältig und erschweren die systematische Erfassung. Dies wird noch verstärkt durch die Tatsache, daß aufgrund des bestehenden Spannungsverhältnisses die Erbringung eines Großteils der Distributionsaufgaben unabdingbar ist, weshalb sie auch als *obligatorische Vertriebsleistungen* bezeichnet werden. Daneben existieren aber auch sog. *fakultative Vertriebsleistungen*, die nicht notwendigerweise erbracht werden müssen, sondern zur akquisitorischen Unterstützung des Verkaufsprozesses bzw. zur Erlangung eines Wettbewerbsvorteils eingesetzt werden. Welche Leistung je-

---

[4] Vgl. Oberparleiter 1918; Leitherer 1974, S. 48; Specht 1998, S. 7ff.

weils als obligatorisch bzw. fakultativ anzusehen ist, hängt sehr stark von den Gegebenheiten des Einzelfalls ab.[5]

So ist z.B. bei hoch-komplexen erklärungsbedürftigen Einzelaggregaten eine Beratung notwendige Voraussetzung für das Zustandekommen eines Verkaufsabschlusses. Beim Marketing von Großanlagen wird erst in den Verkaufsverhandlungen deren endgültige Konfiguration festgelegt. Auch hier spielt die Beratungsleistung eine herausragende Rolle. Bei standardisierten Massenprodukten kann hingegen – insbesondere bei Wiederholungskäufen – auf eine Beratung vielfach weitgehend verzichtet werden. Wird sie dennoch angeboten, so erhält sie einen überwiegend verkaufsfördernden, unterstützenden und deshalb fakultativen Charakter. Ebenso ist die Bereitstellung bestimmter Leistungen der Instandhaltung, d.h. der Inspektion, Reparatur und Wartung, bei bestimmten Anlagegütern obligatorisch, während sie bei anderen Produkten hinzutreten können, aber nicht müssen.

Ist ein Verwender eines Produktes auf eine allzeit gesicherte Versorgung angewiesen, weil ein Lieferengpaß z.B. zu schwerwiegenden Produktionsausfällen führen würde, muß zumeist eine möglichst kurze Lieferzeit garantiert werden, was in aller Regel durch die Erbringung von Lagerleistungen sicherzustellen versucht wird. Allerdings sind die modernen Ansätze einer 'lagerlosen' Fertigung bzw. Beschaffung *(„Just-in-Time-Production" / „Just-in-Time-Purchasing")*[6] darauf gerichtet, diese Distributionsleistungen aufzubauen bzw. die Distributionsleistung 'Versorgungssicherung' nicht mehr über die Lagerhaltung, sondern über organisatorische Regelungen in Fertigung und Logistik zu erbringen. Dieses Beispiel veranschaulicht die Anpassungsfähigkeit und Substituierbarkeit obligatorischer Distributionsleistungen.

Eine Lagerhaltung ist bei solchen Gütern unverzichtbar, bei denen keine kontinuierliche Produktion gegeben ist, weil sie, wie es beispielsweise bei vielen Roh- und Ersatzstoffen der Fall ist, stark von klimatischen und/oder spekulativen Einflüssen abhängig ist. In anderen Fällen kann der Vertrieb von Produkten stark von Transportproblemen geprägt sein, so daß die Erbringung spezieller Transportleistungen unverzichtbar ist und ein Kernstück der Leistungserstellung darstellt. Bei einer Baustellenfertigung kann es demgegenüber gar keinen Transport eines fertigen Produkts geben, da dieses erst am Ort seiner späteren Verwendung entsteht. Hier spielen vielmehr die termingerechte Versorgung der Baustelle sowie insbesondere die Montage der einzelnen Teile und Aggregate eine bedeutende Rolle, so daß die Grenze zwischen Vertrieb und Produktion fließend ist.

Zunächst ist es prinzipiell offen, wer, d.h. welche Institution, die jeweiligen obligatorischen und/oder fakultativen Distributionsleistungen vollbringt.

---

5 Vgl. Gümbel 1985, S. 72.

6 Vgl. Günter/Kuhl 1999.

Grundsätzlich kann dies geschehen durch:

- den Hersteller eines Produkts,
- Kooperationspartner des Herstellers,
- einen Absatzmittler oder -helfer (Händler, Handelsvertreter, Makler u.ä.),
- den Verwender und/oder
- ein spezialisiertes Dienstleistungsunternehmen (Transport-, Lager-, Instandhaltungsunternehmen u.ä.).

Zudem ist auch jede mögliche Kombination der genannten Institutionen denkbar.

Bevor jedoch auf diejenigen Faktoren eingegangen wird, die die Verteilung der Leistungen auf die möglichen Beteiligten und damit auch die Wahl sowie die Ausgestaltung eines Vertriebsweges bestimmen, sollen zunächst die in der Realität beobachtbaren *Vertriebswegealternativen* dargestellt werden.

1.3 Unterschiedliche institutionelle Gestaltungsformen von Vertriebswegen

1.3.1 Darstellung der grundlegenden Vertriebswegealternativen

Eine klare und eindeutige Abgrenzung der verschiedenen, einem Hersteller im Business-to-Business-Bereich zur Verfügung stehenden Vertriebswegealternativen ist nicht möglich. Diese Schwierigkeit rührt daher, daß eine ganze Reihe von Kriterien existiert, anhand derer die zu erbringenden Vertriebsleistungen auf die betreffenden Institutionen aufgeteilt werden können, und daß die in der Realität beobachtbaren Formen des Vertriebs dadurch charakterisiert sind, daß häufig mehrere Merkmale gleichzeitig auftreten und zudem verschieden stark ausgeprägt sein können. Dahingehende Unterscheidungen können wie folgt vorgenommen werden:

- *Wieviele Institutionen* sind an der Erbringung der Distributionsleistungen beteiligt? Hierbei reicht das Spektrum von dem Fall, daß lediglich Hersteller und Verwender die Distribution übernehmen, bis zu den Fällen, bei denen neben Hersteller und Verwender eine Vielzahl von unterschiedlichen Absatzmittlern und -helfern, Kooperationspartnern und/oder spezialisierten Dienstleistern am Distributionsprozeß beteiligt ist.
- *Welche Vertriebsleistungen* werden von den Beteiligten jeweils übernommen? Hierbei ergeben sich unterschiedliche Ausprägungen je nachdem, ob
  - eine Institution alle in Frage kommenden Aufgaben selbst bzw. zu einem Großteil selbst übernimmt,
  - eine Unternehmung sich im wesentlichen nur auf die Akquisition der Aufträge konzentriert, die physische Abwicklung hingegen von anderen – evtl.

beauftragten – Organisationen durchführen läßt,
- die Leistungserbringung sich nur auf die Hardware-Lieferungen i.e.S. bezieht oder auch weitere – dem Vertragsabschluß zeitlich möglicherweise weit nachgelagerte – Dienstleistungen umfaßt.

- Wird die Erbringung der jeweiligen Distributionsleistungen *allein* oder in irgendeiner Form der *Kooperation* durchgeführt?

Eine Differenzierung der zu betrachtenden Vertriebswegealternativen kann deshalb nicht in allen Fällen überschneidungsfrei bleiben, sondern muß sich danach ausrichten, inwieweit die einzelnen Merkmale für den Charakter der jeweiligen Vertriebsformen prägend sind.

Einem einzelnen Hersteller im Business-to-Business-Sektor[7] stehen grundsätzlich zwei alternative Vertriebswege zur Auswahl:

- der *direkte Vertrieb*, bei dem der Produzent bzw. seine Vertriebsorgane das Geschäft mit dem Verwender unmittelbar abwickeln, und
- der *indirekte Vertrieb*, bei dem der Produzent seine Produkte an eine andere Unternehmung verkauft, die sie nicht zur eigenen Verwendung, sondern vielmehr zum Zweck der Weiterveräußerung an Dritte erwirbt. Dabei kann es zwar auch zu direkten Kontakten zwischen dem ersten Anbieter und dem Verwender kommen, beispielsweise was die Abgabe und Aufnahme von Informationen betrifft. Die Abwicklung der Geschäfte übernimmt jedoch die zwischengeschaltete Unternehmung. Umgekehrt kann die Geschäftsanbahnung durch diese erfolgen, während der Weg der Ware vom ersten Anbieter zum Verwender 'direkt' erfolgt *(„Streckengeschäft“)*.[8]

---

7 Vgl. Abschnitt 1.3.2.

8 Dabei ist es schwer, ein Kriterium zur eindeutigen Unterscheidung des direkten von indirektem Vertrieb zu finden. Häufig wird die wirtschaftliche Selbständigkeit des vertreibenden Unternehmens herangezogen. Ist sie nicht gegeben, liegt direkter Absatz vor, ist sie gegeben, handelt es sich um indirekten Vertrieb. Der Begriff der wirtschaftlichen Selbständigkeit ist aber nicht klar abgrenzbar, weil jede Geschäftsbeziehung Abhängigkeiten unterschiedlichen Grades schafft. Insofern ist die Entscheidungsfreiheit als Zeichen wirtschaftlicher Selbständigkeit im Einzelfall sehr verschieden zu interpretieren. Noch weniger ist die rechtliche Selbständigkeit dazu geeignet, die Fälle eindeutig zu klassifizieren. Während eine wirtschaftliche Selbständigkeit in der Regel eine rechtliche Selbständigkeit voraussetzt, muß eine wirtschaftliche Unselbständigkeit jedoch nicht zwangsläufig auch mit einer rechtlichen Unselbständigkeit einhergehen. So sind in der Realität durchaus Vertriebssysteme mit rechtlich selbständigen Vertriebsorganen anzutreffen, die allerdings aufgrund ihrer wirtschaftlichen Verknüpfung mit einem Stammhaus oder mit Partnern nicht als wirtschaftlich unabhängig angesehen werden können. Deshalb sind sie dann auch dem direkten Vertrieb zuzuordnen. Hierunter fallen rechtlich selbständige Vertriebsgesellschaften oder Handelsunternehmen, die sich z.B. aufgrund der Beteiligungs- oder sonstiger Vertragsverhältnisse in einer wirtschaftlichen Abhängigkeit von der betreffenden Herstellerunternehmung befinden und deshalb auch als *'gebundene' Vertriebsorgane* – innerhalb des direkten Vertriebs – bezeichnet werden.

Eine Unternehmung kann ihren Vertrieb auf eine der beiden genannten Arten – direkt oder indirekt – beschränken (*„eingleisiger Vertrieb“*). Beide Formen können aber auch gleichzeitig, d.h. parallel zum Einsatz gelangen, was als *„mehrgleisiger Vertrieb“* bezeichnet wird und von großer praktischer Bedeutung ist.

Darüber hinaus existieren kooperative Vertriebssysteme, die Elemente des direkten und des indirekten Vertriebs miteinander kombinieren, wie der *„Anschlußabsatz“*[9], der *„Gemeinschaftsabsatz“* sowie die speziellen Formen der *„Anbietergemeinschaften“* im Anlagen- und Systemgeschäft.

In einigen hier nicht weiter behandelten Fällen kommt es zu Verknüpfungen von Absatz- und Beschaffungsvorgängen, so daß die Vertriebswegeentscheidung gleichzeitig eine Beschaffungswegeentscheidung beinhaltet. Dazu gehören die Durchführung von *„Kompensationsgeschäften“*[10] sowie die Bestimmung der Distributions- und Redistributionskanäle in Recycling-Prozessen.[11]

Im folgenden sollen die so unterschiedenen Vertriebsalternativen, wie sie sich aus der Sicht eines Herstellers im Busiess-to-Business-Bereich darstellen, im einzelnen näher betrachtet werden.

1.3.2 Möglichkeiten der einzelbetrieblichen Vertriebswegegestaltung

1.3.2.1 Formen des eingleisigen Vertriebs

1.3.2.1.1 Direkter Vertrieb

Allgemeine Charakteristika des direkten Vertriebs

Das konstituierende Merkmal des *direkten Vertriebs* ist die Tatsache, daß sich der Distributionsprozeß in seinen wesentlichen Teilen allein zwischen dem Hersteller und dem Verwender der betreffenden Leistung vollzieht. Dabei ist es insbesondere ein Charakteristikum des direkten Vertriebs, daß die Akquisitionsbemühungen des Produzenten unmittelbar auf den Verwender gerichtet sind. Gleichwohl können andere – in diesem Zusammenhang eher untergeordnete – Distributionsleistungen, wie z.B. der Transport der Produkte, durch entweder vom Anbieter oder vom Nachfrager beauftragte Dritte durchgeführt werden. Direkter Vertrieb liegt somit nicht nur dann vor, wenn alle Vertriebsleistungen ausschließlich vom Hersteller und vom Verwender erbracht werden. Ausschlaggebend ist vielmehr die spezielle Bedeutung, welche die direkte Ausrichtung der Akquisitionsanstrengungen für den Ablauf des gesamten Distributionsprozesses hat.

---

9 Vgl. Korte 1992.

10 Vgl. Günter/Kuhl 1999.

11 Vgl. Kleinaltenkamp 1985, S. 196ff.

Notwendige Voraussetzung für eine derartige Gestaltung des Vertriebs ist, daß die jeweilige Unternehmung über eigene Vertriebsorgane verfügt, die die notwendigen Aufgaben übernehmen können. Die Formen, in denen das geschehen kann, sind sehr vielfältig.[12] Sie reichen

- *hierarchisch* vom Verkäufer, Reisenden, Vertriebsingenieur einer Vertriebsabteilung über alle möglichen Zwischenstufen bis hinauf zum Geschäftsleitungsmitglied, das die Verhandlungen bei besonders wichtigen Geschäften mit großen bzw. bedeutenden Kunden führt,
- *organisatorisch* von der integrierten Vertriebsabteilung über das Verkaufsbüro, die Niederlassung bis hin zur gebundenen, jedoch rechtlich selbständigen Vertriebs- oder Handelsgesellschaft.

Formen des direkten Vertriebs

Die 'typische' Form des direkten Vertriebs liegt dann vor, wenn die Vertriebsorgane sowohl *wirtschaftlich* als auch *rechtlich unselbständig* sind, wie dies bei einer für den Vertrieb von bestimmten Leistungen zuständigen Unternehmensabteilung (z.B. „Vertrieb", „Verkauf", „Sales" o.ä.) der Fall ist.

Ihre Mitarbeiter sind gem. §§ 59–74 HGB als angestellte „Handlungsgehilfen" des betreffenden Unternehmens anzusehen, da sie, ohne selbständig zu sein, ständig damit beauftragt sind, für ein Unternehmen Geschäfte zu vermitteln oder in dessen Namen abzuschließen. Versehen diese Personen ihre Tätigkeit im Außendienst, d.h. besuchen sie ihre Kunden persönlich in deren Unternehmen, werden sie im allgemeinen Sprachgebrauch auch als *„Reisende"* oder *„Außendienstmitarbeiter"* bezeichnet. Ihnen steht der sog. *„Vertriebsinnendienst"* gegenüber, der für die Durchführung der internen Vertriebsaufgaben wie z.B. Auftragsabwicklung, Rechnungsstellung, Versand usw. zuständig ist.

Im Business-to-Business-Bereich werden Vertragsabschlüsse jedoch vielfach und gerade bei Existenz langjähriger Geschäftsbeziehungen nicht nur bei persönlichen Verkaufsgesprächen getätigt *(„Personal Selling")*[13], sondern kommen häufig allein schon bei einer telefonischen Kontaktaufnahme zustande. Ein persönliches Besuchen des Kunden erfolgt dann meistens nur auf Anfrage oder ohne besonderen Anlaß zur allgemeinen Pflege der Geschäftsbeziehungen. Zudem dominieren in diesem Bereich *Verkaufs-* oder *Vertriebsingenieure*, die neben der üblichen Beratung und Betreuung bestimmte konstruktive oder planerische Aufgaben übernehmen, um so durch die Modifikation gegebener Leistungen oder die Neugestaltung von Leistungen im direkten Kontakt mit dem Kunden dessen Vorstellung über die gewünschte Problemlösung realisieren zu helfen.[14]

---

[12] Vgl. Kapitel B.2 – „Vertriebsmanagement".

[13] Vgl. Kapitel C.2 – „Persönlicher Verkauf".

[14] Vgl. Dichtl/Raffée/Niedetzky 1981, S. 8.; Kleinaltenkamp/Fließ 1995, S. 36ff.

Unterschiede hinsichtlich der Gestaltung des direkten Vertriebs können sich im Hinblick auf den *Grad der Zentralisierung* der Vertriebsdurchführung ergeben. So kann z.B. ein räumlich sehr ausgedehntes Absatzgebiet dafür sprechen, *Niederlassungen* oder *Verkaufsbüros* einzurichten, die den jeweiligen Mitarbeitern als Ausgangsstandort für ihre Tätigkeit dienen, wodurch eine größere – nicht nur räumliche – Kundennähe gewährleistet werden soll. Existieren derartige räumliche Differenzen zwischen den Vertriebsorganen und den übrigen Funktionsbereichen einer Unternehmung, spricht man von (räumlich) *„ausgegliedertem Vertrieb“*, während eine zentrale Vertriebsdurchführung als *„eingegliederter Vertrieb“* bezeichnet wird.

Dabei kann das Ausmaß der Aufgaben, die von einer Niederlassung wahrgenommen werden, sehr unterschiedlich sein, je nachdem, welche Anforderungen die zu beliefernde(n) Branche(n) stellt/stellen, sowie je nach Regelung der Aufgabenverteilung zwischen Stammhaus und Niederlassung. Als typische Funktionen, die von einer Niederlassung übernommen werden können, sind anzusehen:[15]

- Akquisition und Pflege des Kundenkontakts,
- technische Beratung und Betreuung des Kunden,
- Planung, Entwicklung, Veränderung und Projektierung von Produkten,
- Montage der zu liefernden Produkte,
- Lagerhaltung,
- Instandhaltungsservice und
- allgemeine Verwaltung.

Eine exakte Abgrenzung von ein- und ausgegliedertem Vertrieb ist bei rechtlicher Unselbständigkeit vielfach nicht möglich, da Niederlassungen oder Verkaufsbüros nur für Teilbereiche der beschriebenen Aufgabenfelder eigenverantwortlich zuständig sein können, während andere Funktionen von der Zentrale erledigt werden. Demgegenüber trifft der Tatbestand der Ausgliederung des Vertriebs dann deutlicher zutage, wenn die Vertriebsorgane auch rechtlich verselbständigt sind. Drei Formen des ausgegliederten Vertriebs über rechtlich selbständige, jedoch wirtschaftlich gebundene Absatzmittler lassen sich unterscheiden:

- herstellergebundene Vertriebsgesellschaften,
- herstellergebundene Handelsunternehmen und
- herstellergebundene Handelsvertreter.

Eine herstellergebundene Vertriebsgesellschaft zeichnet sich dadurch aus, daß zwischen ihr und dem Stammhaus eine enge kapitalmäßige Verflechtung besteht, so daß das Stammhaus einen wesentlichen Einfluß auf die Geschäftstätigkeit der

[15] Vgl. Schreiner 1980, S. 41ff.

Vertriebsgesellschaft ausübt, und sie in dem von ihr vertriebenen Sortiment *ausschließlich* Produkte der betreffenden Muttergesellschaft führt (z.B. in Form einer „Vertriebs-GmbH").[16]

Ein Vertrieb über ein herstellergebundenes Handelsunternehmen liegt zum einen dann vor, wenn die gleichen Beteiligungsverhältnisse und Weisungsbefugnisse wie bei 'reinen' Vertriebsgesellschaften gegeben sind, das betrachtete Unternehmen jedoch nicht nur Produkte des Stammhauses absetzt, sondern darüber hinaus auch Handelsware von anderen Herstellern bezieht und vertreibt. Der Handel mit den nicht von der Muttergesellschaft hergestellten Produkten wird dabei von einer solchen *„Werkshandelsgesellschaft"* vor allem aus Gründen der Sortimentsabrundung sowie zum Zwecke des Abdeckens von Bedarfsspitzen betrieben. Typische Vertreter solcher Handelsbetriebe waren in der Bundesrepublik Deutschland lange Zeit die den großen Eisen- und Stahlproduzenten zugehörigen Handelshäuser, die sich jedoch zwischenzeitlich zu weitgehend eigenständigen Unternehmen entwickelt haben.

Die Bindung eines Handelsunternehmens kann nicht nur durch eine kapitalmäßige Beteiligung, sondern auch durch vertragliche Maßnahmen herbeigeführt werden. Solche Vereinbarungen zwischen Industrie- und Handelsbetrieben, bei denen die Händler verpflichtet werden, bestimmte Produkte der Hersteller in eigenem Namen und auf eigene Rechnung zu vertreiben, deren Absatz zu fördern und die daraus erwachsenden Risiken zu übernehmen, werden als *„vertikaler Vertragsvertrieb"* bezeichnet.[17] Fünf im Business-to-Buinsess-Sektor gebräuchliche Formen des vertikalen Vertragsvertriebs, die auch als *„vertikale Vertriebskooperationen"* angesehen werden können, lassen sich voneinander unterscheiden:[18]

- *Vertikale Vertriebsbindungen*, die Handelsunternehmen seitens des Herstellers durch Reversbindungen, Querlieferungsverbote, Verbot von Drittgeschäften sowie Export- und Reimportverbote darin beschränken, die gelieferten Waren an Dritte abzusetzen.
- *Ausschließlichkeitsbindungen* nach §18 II GWB, die das Handelsunternehmen beschränken, Waren von anderen Herstellern zu beziehen, oder in denen sich der Hersteller verpflichtet, keine anderen Handelsbetriebe zu beliefern, wobei häufig beide Tatbestände gleichzeitig erfüllt werden.
- *Kopplungsverträge*, bei denen sich der Abnehmer verpflichtet, bestimmte Waren- und/oder Dienstleistungsbündel geschlossen abzunehmen.
- *Vertragshandel*, bei dem das Handelsunternehmen über die Bindung an den Hersteller hinaus durch sein Auftreten am Markt z.B. hinsichtlich Markie-

[16] Vgl. Backhaus 1974, S. 22f.

[17] Backhaus 1974, S. 28.

[18] Vgl. Backhaus 1974, S. 29ff.

rung, Werbung, Verkaufsförderung usw. sowie durch die Ausrichtung seiner gesamten Handelstätigkeit auf die Interessen des Herstellers seine Zugehörigkeit zum Vertriebssystem des Herstellers zum Ausdruck bringt.

- *Franchise-Systeme*, bei denen der Franchise-Nehmer (hier: das Handelsunternehmen) vom Franchise-Geber (hier: das Herstellerunternehmen) vertraglich die Genehmigung erhält, gegen Entgelt und gegen Gewährung von Kontrollbefugnissen über bestimmte Rechte des Franchise-Gebers wie z.B. Vermarktung der Produkte, Markenzeichen, Teile der Warenerlöse usw. zu verfügen. Dabei ist eine klare Abgrenzung zwischen Vertragshandels- und Franchise-Systemen vielfach nicht möglich, weshalb sie – insbesondere wegen ihrer wirtschaftlich nahezu gleichen Wirkungen – auch als eine Einheit angesehen werden können.

Schließlich kann ein direkter Vertrieb auch über *herstellergebundene Handelsvertreter* erfolgen. Handelsvertreter gem. §§ 84–92c HGB ist, wer als rechtlich selbständiger Gewerbetreibender ständig damit betraut ist, Geschäfte für einen anderen Unternehmer zu vermitteln (sog. „*Vermittlungsvertreter*") oder in dessen Namen und auf dessen Rechnung abzuschließen (sog. „*Abschlußvertreter*").[19]

Auch Handelsvertreter-Systeme sind als Formen des direkten Vertriebs anzusehen, solange die Handelsvertreter – entsprechend der hier gewählten Unterscheidung – wirtschaftlich unselbständig sind. Das ist regelmäßig dann der Fall, wenn ein Handelsvertreter nur die Waren eines einzelnen Herstellers vertreibt. Daneben sind jedoch auch sog. *Mehrfirmenvertretungen* anzutreffen, bei denen der Handelsvertreter im Auftrag mehrerer Firmen agiert und deren Leistungsprogramme miteinander kombiniert.[20]

Demgegenüber sind *Einfirmenvertreter* und *Reisende* – abgesehen vom Status ihrer rechtlichen Selbständigkeit – wirtschaftlich als nahezu gleichrangig anzusehen.[21]

Einer Handelsvertretung wird üblicherweise ein räumlich oder von den zu betreuenden Kunden her abgegrenzter Markt übertragen, wobei eine solche Allein-

---

19 Vgl. Nieschlag/Dichtl/Hörschgen 1994, S. 460f.

20 Vgl. Dichtl/Raffée/Niedetzky 1981, S. 7. Dabei ist es geltende Rechtsauffassung, daß der Handelsvertreter während eines Vertragsverhältnisses mit einem bestimmten Geschäftsherren ohne entsprechende vertragliche Regelung keine Konkurrenzware vertreiben darf. Vgl. Maier 1979, S. 500. Inwieweit bei Mehrfirmenvertretungen von wirtschaftlicher Abhängigkeit von einem bzw. mehreren Geschäftsherren gesprochen werden kann, ist fraglich und hängt von der Bedeutung der einzelnen Waren für die Geschäftstätigkeit des Handelsvertreters ab. Die Übernahme mehrerer Vertretungen erfolgt aus der Sicht des Handelsvertreters ja gerade mit dem Ziel der Risikostreuung und der Verminderung der Abhängigkeit von einem Geschäftspartner. Das ist umgekehrt genau der Grund, weshalb einzelne Auftraggeber befürchten, von Mehrfirmenvertretern nicht adäquat repräsentiert zu werden, und entsprechende Geschäftsverhältnisse eher scheuen.

21 Vgl. Dichtl/Raffée/Niedetzky 1981, S. 7f.

vertretung nicht ausschließt, daß ein Handelsvertreter wiederum andere Unternehmer mit der Wahrnehmung seiner Geschäfte beauftragt.

Alle Formen des Absatzes über gebundene Absatzmittler vereinigen somit Elemente des direkten und des indirekten Absatzes miteinander. Dabei überwiegen durch die Wirkung der verschiedenen Bindungsmechanismen in der Regel die Komponenten des direkten Vertriebs. Je weniger eine Bindung allerdings tatsächlich gegeben ist, desto mehr zeigt ein solches Vertriebssystem Kriterien des indirekten Vertriebs.

1.3.2.1.2 Indirekter Vertrieb

Allgemeine Charakteristika des indirekten Vertriebs

Im Gegensatz zum direkten Vertrieb werden die Distributionsfunktionen beim indirekten Vertrieb zu ganz überwiegenden Teilen von nicht nur rechtlich, sondern auch wirtschaftlich selbständigen Unternehmen wahrgenommen. Hierbei sind insbesondere die selbständigen Handelsbetriebe im Business-to-Business-Bereich hervorzuheben, die allgemein unter den Begriffen *„Produktionsverbindungshandel"* zusammengefaßt werden.[22] Demgegenüber spielen sonstige selbständige Absatzhelfer eine eher untergeordnete Rolle. Ein wesentliches Merkmal des indirekten Vertriebs ist damit die *Mehrstufigkeit des Vertriebsweges*, da mindestens zwei Stufen (z.B. Hersteller und Händler), manchmal sogar aber auch noch mehr Institutionen am Vertriebsprozeß beteiligt sind.[23]

Durch das Auftreten und die Aktivitäten unabhängiger Absatzorgane im Rahmen des indirekten Vertriebs erhält der Distributionsprozeß einen im Vergleich zum direkten Vertrieb deutlich andersgearteten Charakter, der daher rührt, daß die betreffenden Distributionsorgane eigene Interessen vertreten und versuchen, diese auch gegenüber ihren beiderseitigen Marktpartnern durchzusetzen. Einem indirekt vertreibenden Hersteller wird es somit nicht mehr ohne weiteres möglich sein, seine Vorstellungen über die Vermarktung seiner Produkte bei den Distributionsorganen durchzusetzen. Zudem muß er für die von den Absatzmittlern erbrachten Distributionsleistungen einen Teil des Erlöses in Form von Handelsspannen, Provisionen o.ä. abtreten.

Dem steht jedoch gegenüber, daß dem Hersteller bei indirektem Vertrieb keine Kosten- und Kapitalbelastungen aus dem Aufbau und der Unterhaltung des (externen) Distributionssystems entstehen, da das nun in den Aufgabenbereich der unabhängigen Absatzmittler fällt.

---

22 Vgl. Kleinaltenkamp 1988, S. 38.

23 Vgl. Kleinaltenkamp/Rudolph 1999.

Formen des indirekten Vertriebs

Es entspricht einer weit verbreiteten Auffassung, daß der indirekte Vertrieb über selbständige Handelsbetriebe im Business-to-Business-Bereich lediglich eine untergeordnete Rolle spielt. Dem steht jedoch gegenüber, daß der Produktionsverbindungshandel in einigen, z.T. sehr bedeutenden Teilbereichen eine dominante Stellung im Distributionsprozeß einnimmt. So erfolgt z.B. der Absatz bestimmter Roh- und Einsatzstoffe – insbesondere des Eisen- und Stahlsektors – ganz überwiegend über Handelsbetriebe, worunter sich jedoch auch herstellergebundene bzw. -nahe Firmen befinden. Ebenso werden Werkzeugmaschinen oder Büroeinrichtungsgegenstände – vor allem beim Vertrieb an kleine und mittlere Unternehmen – durch Betriebe des Produktionsverbindungshandels vertrieben.[24]

Die Produktionsverbindungshändler übernehmen dabei *kollektierende* und *distribuierende* Funktionen. Unter *kollektierender Handelstätigkeit* versteht man die Zusammenfassung der Angebote mehrerer Hersteller zu einem Sortiment. Die Gründe hierfür können zum einen darin liegen, daß ein einzelner Hersteller allein nicht die benötigte Menge eines bestimmten Gutes liefern kann. Bedeutungsvoller ist jedoch der Wunsch eines Händlers, existierende *Nachfrageverbunde* seiner Abnehmer[25] ausnutzen zu können, indem ein Sortiment komplementärer Produkte angeboten wird. Darüber hinaus kann die Einschaltung eines Handelsunternehmens in diesem Zusammenhang zweckmäßig sein, wenn eine Industrieunternehmen eine Vielzahl geringwertiger Artikel von mehreren Lieferanten benötigt, wie dies bei den sog. „Maintenance-Repair-Operation-Parts“ („MRO-Parts“) der Fall ist. Hierzu zählen Ersatz- und Wartungsteile sowie Hilfs- und Betriebsstoffe, von Schrauben bis hin zu Büromaterial. Da das geringe Einkaufsvolumen pro Bestellung große Teile der Einkaufskapazität bindet, gehen immer mehr Unternehmen dazu über, die gesamte diesbezügliche Materialwirtschaft an Dritte zu vergeben, welche die betreffenden Leistungen ‘aus einer Hand’ anbieten. Dadurch kann das Mißverhältnis zwischen Bestellwert und Bestellkosten vermieden werden. Gleichzeitig sind an die zuliefernden Handelsbetriebe dann Anforderungen zu stellen, die mit den eines Generalunternehmers vergleichbar sind.[26]

Die beschriebene *Sortimentsfunktion* des Produktionsverbindungshandels, d.h. alleinige Anlaufstelle für die Beschaffung verschiedenartiger, jedoch aufgrund von Bedarfszusammenhängen miteinander verbundener Güter zu sein, stellt ein wichtiges akquisitorisches Element in der Marketingstrategie der Handelsbetriebe dar. Unterschiede ergeben sich hierbei hinsichtlich der Breite und

---

24 Vgl. Kleinaltenkamp 1999a.

25 Vgl. Engelhardt 1976.

26 Vgl. Schmidt 1995, S. 785.

der Tiefe der angebotenen Sortimente. Dem *„Spezialhandel"*, der ein zwar enges, aber tiefes Sortiment für ganz spezielle Bedarfsfälle anbietet, steht der *„Sortimentshandel"* gegenüber, der ein breites, aber dafür nicht sehr tief gestaffeltes Angebotsprogramm offeriert, das zum gleichen Zeitpunkt Problemlösungen für unterschiedliche Zwecke bietet.

Distribuierender Handel hat demgegenüber vor allem die Aufgabe, den Kontakt zu einer Vielzahl – ggf. räumlich verstreuter – Kunden herzustellen, was die Anforderungen an den Vertrieb eines einzelnen Herstellers möglicherweise übersteigen würde. Insbesondere beim Vertrieb von Roh- und Einsatzstoffen kommt dem sog. *„Streckengeschäft"* in diesem Zusammenhang eine spezielle Bedeutung zu. Darunter werden solche Geschäfte verstanden, bei denen der Handelsbetrieb zwar die Akquisition eines Auftrags und den Vertragsabschluß übernimmt, an der physischen Abwicklung des Geschäfts hingegen nicht beteiligt ist. Die Waren werden vielmehr direkt vom Auslieferungslager des Herstellers – unter Umgehung des Händlerlagers – an den Verwender geliefert.

Teilweise tritt der Handelsbetrieb auch gar nicht als Geschäftsherr, sondern als Vermittler eines Fremdgeschäfts des Herstellers auf, das er als *Kommissionär* gem. §§ 383–406 HGB, d.h. in fremdem Namen und auf fremde Rechnung, abschließt und wofür er eine Vermittlungsprovision erhält.

Schließlich ist hervorzuheben, daß auch im Business-to-Business-Bereich Versandhandelsbetriebe anzutreffen sind. Dieser sog. *„Technische Versandhandel"* spielt vor allem beim Vertrieb von geringwertigen Gebrauchsgütern des aperiodischen Bedarfs (z.B. bestimmte Einrichtungs- und Ausrüstungsgegenstände von Werkstätten, Lagern, Büros und Sozialräumen) eine große Rolle. Dabei ist die von ihm angebotene Kombination kollektierender und distribuierender Handelsleistungen charakteristisch. Bei den betreffenden Produkten stehen nämlich in der Regel eine Vielzahl kleiner und mittlerer Anbieter einer noch viel größeren Anzahl potentieller Nachfrager gegenüber, zu denen die Hersteller direkt keine Geschäftsbeziehungen aufbauen können, während den Nachfragern wegen der Geringwertigkeit der Güter und den relativ seltenen Beschaffungsanlässen nicht am Aufbau langfristiger Geschäftsbeziehungen zu einzelnen Herstellern gelegen ist.

Neben dem Produktionsverbindungshandel als dem dominierenden indirekten Vertriebsweg im Business-to-Business-Sektor wird ein Teil des indirekten Vertriebs auch über sonstige wirtschaftlich unabhängige Absatzhelfer abgewikkelt. Hier sind insbesondere *Handelsvertreter („Mehrfirmenvertreter")* sowie *Makler, Broker* oder *Agenten* zu nennen, wobei letztere vor allem beim Absatz bestimmter investiver Dienstleistungen wie z.B. Versicherungen, Werbeleistungen u.ä. eine Rolle spielen.

Im Großanlagen- und Systemgeschäft kann *Ingenieurberatungsfirmen („Consultants", „Consulting Engineers")* eine vergleichbare Funktion zuwachsen, wenn sie im Auftrage des Nachfragers nicht nur die üblichen Planungs- und Projektierungsleistungen erbringen, sondern darüber hinaus ebenso für die Beschaffung (Ausschreibung, Lieferantenauswahl, Auftragserteilung usw.) und möglicherweise sogar für die gesamte Kontrolle und Abwicklung der Lieferungen, Montage und Inbetriebnahme verantwortlich sind. In solchen Fällen kann es zwar zu direkten Kontakten zwischen Herstellern und Verwendern kommen, sie sind jedoch für den Vermarktungsprozeß als solchen in der Regel unerheblich.

1.3.2.2 Mehrgleisiger Vertrieb

Die im vorigen Abschnitt unterschiedenen und charakterisierten grundlegenden Vertriebsalternativen bzw. einzelne ihrer Erscheinungsformen kommen in der Realität nicht immer und unbedingt allein zum Einsatz. Insbesondere dann, wenn ein einzelner Vertriebsweg keine Ausschöpfung des gesamten Marktpotentials bzw. des Potential unterschiedlicher Marktsegmente verspricht, können die verschiedenen Vertriebswege – auch für dieselben Leistungen – nebeneinander bzw. in Kombination miteinander eingesetzt werden. Derartige Vertriebssysteme werden als *„zweigleisiger Vertrieb“* – beim Absatz über zwei verschiedene Vertriebswege – oder als *„mehrgleisiger Vertrieb“* bezeichnet. Die Aufteilung der Vertriebstätigkeiten auf die unterschiedlichen Absatzkanäle kann dabei anhand verschiedener Kriterien vorgenommen werden, wie z.B. nach

- den zu beliefernden Branchen,
- der unterschiedlichen Größe und Nachfragestärke der Kunden,
- Regionen oder
- Sortimentsbestandteilen, wobei eine häufig Trennung hinsichtlich Sach- und Dienstleistungen vorgenommen wird.

Die grundsätzliche Problematik eines mehrgleisigen Vertriebs ist in den potentiellen Konkurrenzbeziehungen zwischen den verschiedenen Vertriebswegen zu sehen. Dies ist bei klar voneinander abgrenzbaren Verkaufsgebieten (z.B. Inland vs. Ausland) oder deutlich getrennten Sortimentsbestandteilen wenig kritisch. Wenn aber eine klare Zuordnung bestimmter Kunden bzw. Kundenkreise zu den Vertriebsorganen nicht möglich ist, können durch eine solchen Gestaltung des Vertriebssystems Konfliktpotentiale erwachsen. Auch können Veränderungen in der Zuständigkeit für einen Kunden – z.B. aufgrund des Wachstums einer nachfragenden Unternehmung – mit Schwierigkeiten verbunden sein, da dem Vertriebsorgan, das auf einen bestimmten Kunden in der Zukunft verzichten soll, ein möglicherweise beträchtlicher Erlösanteil verlorengeht. Zudem kann ein mehrgleisiger Vertrieb auch zu Irritationen beim Kunden führen, wenn ihm bei den Produkten ein und desselben Anbieters zwei oder noch mehr Ansprechpartner gegenübertreten.

1.3.2.3 *Kooperative Vertriebsformen*

Neben Formen der vertikalen Kooperation zwischen Herstellern und Absatzmittlern (*„vertikaler Vertragsvertrieb"*) sind im Rahmen der Distribution im Business-to-Business-Bereich auch Vertriebskooperationen auf horizontaler Ebene verbreitet. Sie stellen eine Verbindung zwischen einem direkten und einem indirekten Vertrieb dar, da der einzelne Hersteller über die Kooperation zwar nach wie vor unmittelbar am Vertrieb seiner Produkte beteiligt ist, gleichzeitig jedoch auch die Kooperationspartner – in unterschiedlichem Umfang – dafür zuständig sind. Drei wesentliche Arten horizontaler Vertriebskooperation lassen sich unterscheiden:

- der Anschlußabsatz,
- der Gemeinschaftsabsatz sowie
- die speziellen Formen der Anbietergemeinschaften im Anlagen- und Systemgeschäft.

1.3.2.3.1 *Anschlußabsatz*

Mit *Anschlußabsatz* werden die Formen des Vertriebs gekennzeichnet, bei denen ein Hersteller seine Produkte an einen anderen Hersteller verkauft, bzw. ihm den Vertrieb überläßt, der sie sodann an seine Kunden weiterveräußert.[27] Der zweite Hersteller übernimmt somit, was die im Anschlußabsatz vertriebenen Waren betrifft, eine Händler- oder Kommissionärfunktion. Sie kann sich dabei beziehen auf

- die gleichen oder ähnliche Produkte,
- ergänzende Produkte oder
- völlig anders geartete Produkte.

Während im ersten Fall vor allem die Zusammenfassung zu marktfähigen Mengen für den Anschlußabsatz spricht, ist im zweiten Fall das Argument der Sortimentsabrundung von ausschlaggebender Bedeutung. Zum Anschlußabsatz andersartiger Produkte kann es demgegenüber dann kommen, wenn das weiterveräußernde Unternehmen z.B. über freie Vertriebskapazitäten verfügt, die durch die hinzugekommenen Waren ausgelastet werden, wodurch gleichzeitig neue Erlösträger entstehen.

Vom Standpunkt des ursprünglichen Herstellers aus betrachtet, sind mangelndes eigenes Vertriebs-Know-how und fehlende eigene Vertriebskapazitäten häufig Grund für das Eingehen einer Vertriebskooperation in der Form eines Anschlußabsatzes. Dieser Hersteller erspart sich dadurch auf der einen Seite zwar die mit Aufbau und Unterhaltung eines eigenen Vertriebs verbundenen Ko-

---

[27] Vgl. Korte 1992, S. 11.

sten- und Kapitalbelastungen, begibt sich jedoch auf der anderen Seite in bezug auf den Vertrieb seiner Produkte in eine nicht unbeträchtliche Abhängigkeit von seinem Kooperationspartner. Hinzu kommt, daß es ihm nahezu unmöglich ist, in direkten Kontakt mit den Verwendern seiner Produkte zu treten, weshalb spezielle Problemlösungen für einzelne Kunden in der Regel ausgeschlossen sind.

1.3.2.3.2 Gemeinschaftsabsatz

Weitaus verbreiteter als der mit den genannten Problemen belastete Anschlußabsatz sind Formen des *Gemeinschaftsabsatzes*, bei denen mehrere Anbieter durch Bildung einer *Vertriebsgemeinschaft* kooperieren, die für die Vermarktung der Produkte der beteiligten Unternehmen verantwortlich ist. In diesem Zusammenhang spielen *Exportgemeinschaften* kleiner oder mittlerer Hersteller eine große Rolle. Sie sind auf eine dauerhafte Betätigung hin angelegt und sollen der Erschließung und Bearbeitung von Auslandsmärkten dienen, zu denen die einzelnen kooperierenden Unternehmen allein aufgrund ihrer Größe, Marktstellung, Kapitalausstattung usw. kaum einen Zugang erhalten können.

Neben dem Aspekt der Überwindung solcher Marktzutrittsbarrieren kommt auch hier dem Gedanken der Bildung von Sortimenten einander ergänzender Produkte eine entscheidende Bedeutung zu. Dennoch sind auch Fälle zu beobachten, in denen Anbieter konkurrierender Produkte Gemeinschaftsabsatz betreiben. Das kann dann zweckmäßig sein, wenn die Verstärkung der Marktstellung die notwendige Voraussetzung für einen Markteintritt bildet.

Generell, verstärkt jedoch beim Gemeinschaftsabsatz von Konkurrenzprodukten, resultieren aus einer derartigen Vertriebsgestaltung Schwierigkeiten hinsichtlich der Aufteilung der entstehenden Vertriebskosten einerseits, der akquirierten Aufträge andererseits sowie hinsichtlich der Abstimmung des absatzpolitischen Agierens am Markt. Werden diesbezüglich keine frühzeitigen, gründlichen und ins Detail gehenden Regelungen getroffen, ist die Gefahr des Auseinanderbrechens der Kooperation groß.

Eine spezielle Form des Gemeinschaftsabsatzes stellen *Joint Ventures* dar. Dabei handelt es sich um dauerhaft angelegte Arten kooperativer Zusammenarbeit mit ausländischen Partnern auf der Grundlage einer kapitalmäßigen und/oder vertraglichen Beteiligung.[28] Sie haben ihren Ursprung in der aufgrund von Devisenproblemen, Aspekten des Know-how-Transfers u.ä. zurückhaltenden Einstellung vieler Länder gegenüber Importen. Einem ausländischen Lieferanten wird ein Tätigwerden im eigenen Land nur noch dann zugebilligt, wenn er sich auch an einer Unternehmung mit Sitz im Inland beteiligt.

Neben seltenen 'reinen' *Vertriebs-Joint Ventures* – z.B. mit lokalen Handelsunternehmen – als strenge Form des Gemeinschaftsabsatzes sind jedoch vor allem

[28] Vgl. Seibert 1981, S. 22.

Joint Ventures anzutreffen, die über den Vertrieb hinaus auch andere Funktionsbereiche, wie Produktion, Forschung und Entwicklung sowie Beschaffung umfassen, wobei der Druck zur Ausweitung der Joint Venture-Tätigkeit in aller Regel vom lokalen Partner bzw. von der Regierung des betreffenden Landes ausgeht.[29]

1.3.2.3.3 Anbietergemeinschaften im Anlagen- und Systemgeschäft

Die besonderen Gegebenheiten und Erfordernisse bei der Vermarktung von Anlagen und Systemen haben zur Herausbildung spezieller Formen des Vertriebs geführt. Hierbei stellt der gemeinschaftliche Absatz durch Anbieterkoalitionen die dominierende Art des Absatzes dar.[30] Mehrere Gründe können für die Bildung derartiger Anbietergemeinschaften ausschlaggebend sein:

- ein einzelner Anbieter ist angesichts des Umfangs eines Auftrags und des erforderlichen Know-hows aus verschiedenen Leistungsbereichen (Bau, Mechanik, Elektro/Elektronik, Dienstleistungen) gar nicht in der Lage, das Angebot allein zu erstellen;
- das z.T. extrem hohe Risiko eines solchen Gesamtprojektes läßt eine Verteilung auf mehrere Anbieter zweckmäßig erscheinen;
- die speziellen Erfordernisse der Bereitstellung von Krediten für den Nachfrager machen die Einbeziehung von Anbietern oder Vermittlern von Finanzierungsleistungen notwendig;
- auf Verlangen des Nachfragers, aber auch auf Wunsch des Anbieters (z.B. zur Nutzung bestimmter Finanzierungs(sicherungs)möglichkeiten), können (Zwangs-)Kooperationen mit lokalen Anbietern z.B. des Abnehmerlandes *(„local content“, „local manufacturing“)* entstehen.[31]

Die verschiedenen Formen von Anbieterkoalitionen lassen sich wie folgt den unterschiedlichen Formen der Vertriebsorganisation zuordnen:

- Die *Generalunternehmerschaft*, bei der eine einzelne Unternehmung die Gesamtverantwortung für das Projekt übernimmt und im eigenen Namen und auf eigene Rechnung weitere Anbieter als Unterlieferanten mit der Erbringung von Teilleistungen beauftragt (vgl. Abb. 1), stellt aus der Sicht des Generalunternehmers somit eine Art des direkten Vertriebs dar. Aus der Perspektive der Sublieferanten liegen Merkmale des Anschlußabsatzes vor.
- Das *Konsortium* ist ein auf das spezielle Produkt bezogener, zeitlich begrenzter Zusammenschluß von rechtlich selbständigen Unternehmen („Konsorten“) zur gemeinschaftlichen Erbringung der Gesamtleistung eines Auftrages,

---

29 Vgl. Seibert 1981, S. 56ff.

30 Vgl. Günter 1979, S. 149ff; Engelhardt/Günter 1981, S. 100ff; Backhaus 1997, S. 455ff.; Günter 1998.

31 Vgl. Günter 1985; Huber 1985.

wobei jeder Konsorte gesamtschuldnerisch für Gewährleistung, Schadenersatz usw. haftet. Dies kann in der Form eines *offenen Konsortiums* erfolgen, so daß das Konsortium auch nach außen hin rechtlich wirksam und dem Kunden bekannt ist (vgl. Abb. 2). Hingegen tritt das *stille Konsortium* formal wie eine Generalunternehmerschaft in Erscheinung, während im Innenverhältnis konsortiale Beziehungen bestehen (vgl. Abb. 3). Beide Arten des Konsortiums stellen demnach Formen des - temporären - Gemeinschaftsabsatzes dar, bei dem die Anbietergemeinschaft selbst wiederum in direktem Kontakt mit dem Verwender steht.

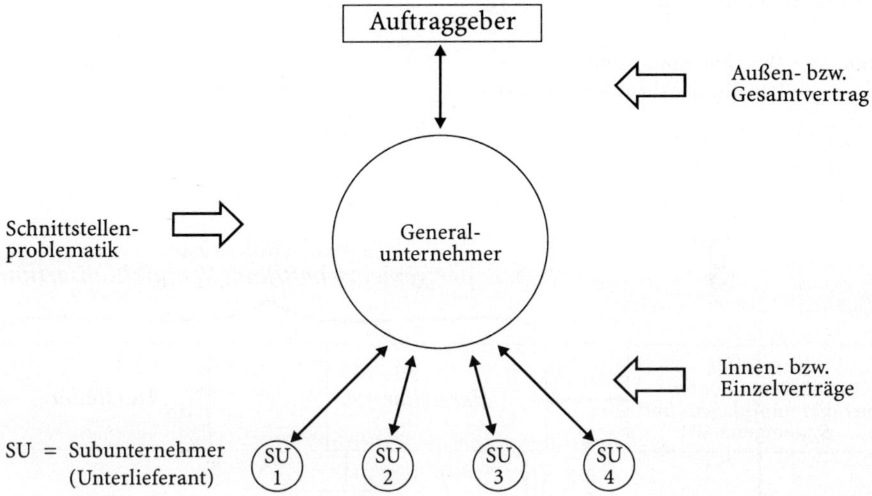

Abb. 1. Die Generalunternehmerschaft
(Quelle: Backhaus 1997, S. 456)

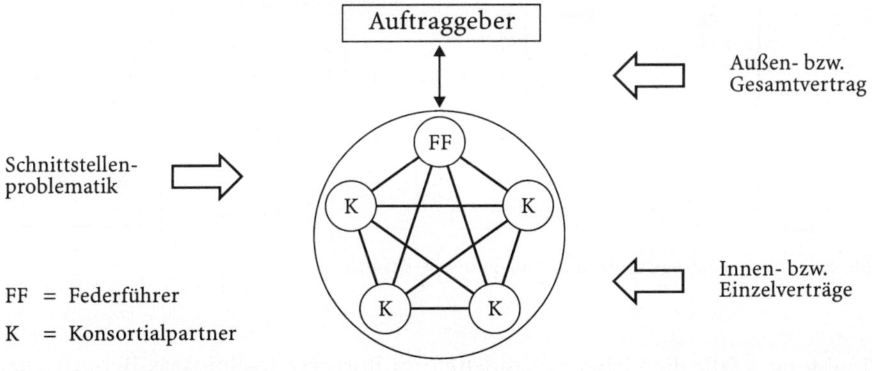

Abb. 2. Das offene Konsortium
(Quelle: Backhaus 1997, S. 457)

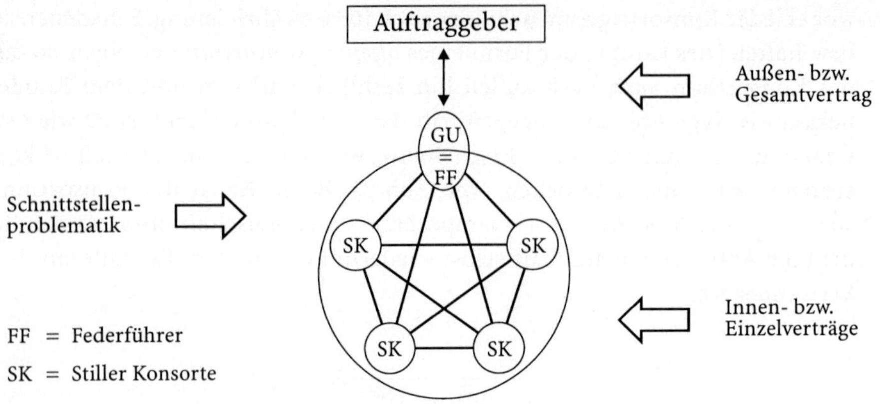

Abb. 3. Das stille Konsortium (Quelle: Backhaus 1997, S. 462)

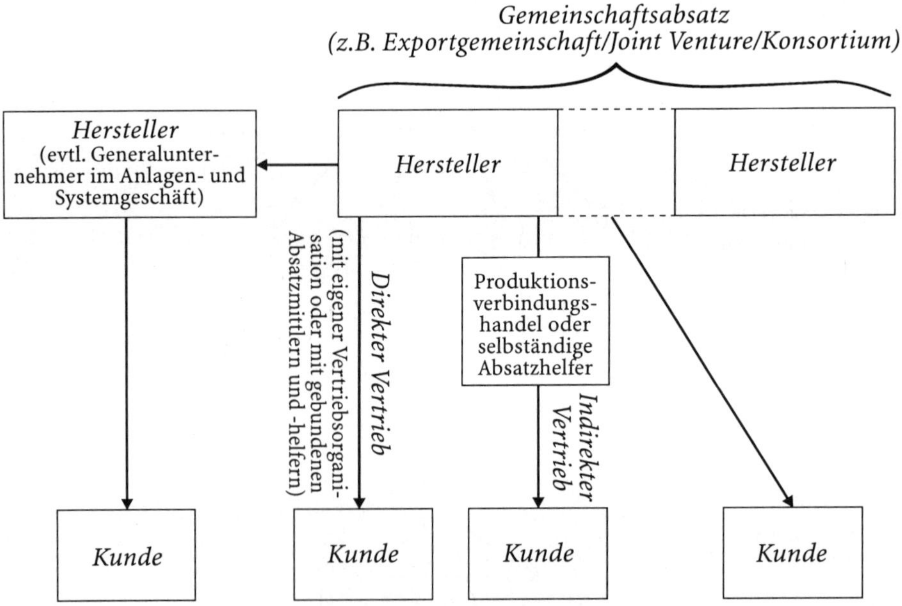

Abb. 4. Vertriebswege im Business-to-Buinsess-Bereich

Abbildung 4 faßt die bisher behandelten im Business-to-Buinsess-Bereich anzutreffenden Vertriebswege noch einmal zusammen.

1.4 Einflußfaktoren der Vertriebswegeentscheidung

Nachdem die Vertriebswegealternativen, die einem im Business-to-Business-Sektor tätigen Hersteller grundsätzlich zur Auswahl stehen, im vorangegangenen Kapitel aufgezeigt und kurz charakterisiert wurden, sollen nun im folgenden diejenigen Faktoren, die auf die Entscheidung für bzw. gegen einen oder mehrere Vertriebswege Einfluß nehmen, erörtert und hinsichtlich ihrer Wirkungen untersucht werden.

1.4.1 Einflüsse von Kapital-, Kosten- und Erlöswirkungen

Letztlich finden alle Einflußfaktoren ihren Niederschlag in Kapital- sowie in Kosten- und Erlöswirkungen. Dabei sprechen *Kapitalgesichtspunkte* eindeutig für einen indirekten Vertrieb, da der Aufbau einer eigenen Vertriebsorganisation in aller Regel erhebliche Mittel erfordert, über die ein Hersteller möglicherweise nicht verfügt bzw. für die bessere Verwendungsmöglichkeiten bestehen. Dementsprechend sind vor allem viele kleine und mittlere Anbieter auf Organe des indirekten Vertriebs angewiesen oder schließen sich zu Formen horizontaler Vertriebskooperationen zusammen. Eine gewisse Abmilderung erfährt dieses Argument dann, wenn ein System des direkten Vertriebs ohne umfangreichere Kapitalerfordernisse aufgebaut werden kann, wie es bei allen Formen des Vertriebs über vertraglich, aber nicht kapitalmäßig gebundene Absatzmittler und -helfer der Fall ist („vertikaler Vertragsvertrieb"[32]).

Gleichfalls zugunsten eines indirekten Vertriebs wirken sich im allgemeinen die *Kosteneffekte* der verschiedenen Vertriebswegealternativen aus. Das ist zunächst darin begründet, daß der Hersteller einen wesentlichen Teil der Vertriebsleistungen nicht selbst erbringen muß und dementsprechend die dadurch verursachten Kosten einspart. So machen die von einer eigenen Vertriebsorganisation hervorgerufenen Kosten im Business-to-Business-Sektor zwischen 5 und 20 % des jeweiligen Umsatzes aus.[33]

Darüber hinaus ist es jedoch auch vielfach so, daß auf die Erbringung von Vertriebsleistungen spezialisierte (Handels-)Unternehmen diese Leistungen auch kostengünstiger erbringen können, da

- die Vertriebskosten auf mehr Produkte bzw. Verkaufsvorgänge als bei einem einzelnen Hersteller verteilt werden können,
- große Lern- und Erfahrungseffekte erzielt und in kostensenkende Maßnahmen umgesetzt werden können,

---

[32] Vgl. Charakterisierung der Formen des direkten Vertriebs in Abschnitt 1.3.2.1.1.

[33] Vgl. Wenzel 1986, S. 102.

- regionale und zeitliche Schwankungen durch sortimentspolitische Aktivitäten besser ausgeglichen und damit gleichmäßigere und kostengünstigere Auslastungen der Vertriebskapazitäten erreicht werden können, und
- durch ggf. bessere Marktkenntnisse ein effizienterer Einsatz der Vertriebskapazitäten ermöglicht wird.

Demgegenüber sprechen *Erlösargumente* tendenziell eher für Formen des direkten Vertriebs. Zunächst kann ein Hersteller beim direkten Vertrieb nämlich grundsätzlich einen höheren Erlös am Markt durchsetzen als beim indirekten Vertrieb, bei dem den Absatzmittlern zur Deckung ihrer Handlungskosten sowie zur Erzielung eines Gewinns eine Spanne eingeräumt werden muß. Allerdings stehen den beschriebenen Erlösmehrungen Kostensteigerungen für die dann notwendigen eigenen bzw. gebundenen Vertriebsorgane gegenüber. Weitaus gewichtiger ist jedoch die Tatsache, daß ein Hersteller durch einen direkten Vertrieb die *Kontrolle über den Absatzkanal* behält und nicht mit möglicherweise konterkarierenden Maßnahmen und Eingriffen wirtschaftlich selbständiger Absatzmittler zu kämpfen hat. Dadurch gelingt es ihm in weitaus größerem Maße, seine Konzeption von der Vermarktung seiner Produkte bis zum Verwender durchzusetzen, wodurch gleichzeitig die Schaffung von Präferenzen für das eigene Angebot erleichtert wird.

Faßt man die drei Aspekte der Kapital-, Kosten- und Erlöswirkungen zusammen, so fällt eine generelle Bewertung der in Frage kommenden Vertriebswegealternativen schwer, da sich die verschiedenen Effekte teilweise kompensieren. Wie stark einer der genannten Einflußfaktoren ist, kann immer nur im konkreten Einzelfall beurteilt werden, was jedoch dadurch erschwert wird, daß eine Isolation der Effekte aufgrund der Verbundwirkungen zwischen den verschiedenen absatzwirtschaftlichen Instrumenten schwierig, wenn nicht gar unmöglich ist. Zwar wird in der Literatur eine Fülle von Modellen zur Lösung dieser Problematik angeboten,[34] alle leiden jedoch an dem Mangel, daß ihre Prämissen zu restriktiv sind und damit den Erfordernissen der Praxis nicht genügend gerecht werden.

Insofern erscheint es zweckmäßiger, vor allem die den Kosten- und Erlöswirkungen zugrundeliegenden Effekte näher zu betrachten, um dadurch eine größere Nähe zur praktischen einzelwirtschaftlichen Entscheidungssituation herbeizuführen. Derartige Subfaktoren der Kosten- und Erlöswirkungen sind insbesondere:[35]

- die zu vertreibende Leistung,
- die zu beliefernden Nachfrager bzw. Verwender,
- die Wettbewerber sowie
- die Vertriebsorgane und möglichen Konfliktpotentiale in der Zusammenarbeit mit ihnen.

---

[34] Vgl. Schneider 1977, S. 45ff; Maas 1980, sowie die dort verarbeitete Literatur.

[35] Vgl. z.B. Meffert 1998, S. 604ff.

Wenn diese Einflußgrößen im folgenden aus Gründen einer systematischen Behandlung und damit leichteren Erschließbarkeit jeweils einzeln betrachtet werden, so darf das nicht darüber hinwegtäuschen, daß in einer konkreten betrieblichen Entscheidungssituation *immer alle Faktoren gleichzeitig* auftreten und sich gegenseitig bedingen und beeinflussen. Deshalb soll hier noch einmal ganz deutlich die Verbundenheit der Einflußfaktoren herausgestellt und auf die Wichtigkeit einer Analyse der Verknüpfungen zwischen den Größen hingewiesen werden. Da die Kombinationen in der Praxis eine unüberschaubare Fülle möglicher Ausprägungsformen annehmen können, muß auf eine detaillierte Betrachtung der Vernetzungen an dieser Stelle jedoch verzichtet werden.

1.4.2 Einflüsse der zu vertreibenden Leistung

1.4.2.1 Die Bedeutung der Leistungs- und Beschaffungskomplexität

Die Gestaltung und der Ablauf von Interaktionsprozessen im Business-to-Business-Bereich wird sehr stark von der technischen und ökonomischen Komplexität der betreffenden Leistung und damit auch von der Komplexität der jeweiligen Kaufentscheidungsprozesse beim Nachfrager bestimmt.[36] Je ausgeprägter diese Komplexität ist, desto mehr ergibt sich daraus eine Tendenz in Richtung auf den direkten Vertrieb.

Dies wird besonders am Beispiel der Anlagen und Systeme deutlich, die in aller Regel über den direkt Vertriebsweg zum Verwender gelangen. Die Komplexität der Leistung, ihr hoher Wert, die damit verbundenen, z.T. sehr großen Risiken für Verwender wie Hersteller, machen einen unmittelbaren Kontakt zwischen Anbieter(n) und Nachfrager(n) im allgemeinen unabdingbar.[37] Zudem ist zu Beginn eines Akquisitionsprozesses die genaue Konfiguration des Leistungsbündels den Beteiligten zumeist noch gar nicht bekannt, da sie erst im Verlauf von Verhandlungen spezifiziert wird. Auch diese Besonderheiten des Anlagen- und Systemgeschäfts machen in der Regel einen direkten Vertrieb erforderlich, wobei in der überwiegenden Zahl der Fälle allerdings Anbietergemeinschaften tätig werden.[38]

Gleichwohl sind auch bei der Vermarktung von Anlagen und Systemen Formen des indirekten Vertriebs anzutreffen. So sind im angesprochenen Bereich sogenannte *„Anlagenhändler“* aktiv, die sich darauf spezialisiert haben, die Komponenten einer Großanlage von verschiedenen Herstellern zu kombinieren, ohne selbsterstellte Hardware-Lieferungen zum Projekt beizusteuern. Gegenüber dem

---

[36] Vgl. Marquard 1981.

[37] Vgl. Günter 1979, S. 24ff. passim.

[38] Vgl. Abschnitt 1.3.2.3.

Kunden treten sie in der Regel als Generalunternehmer oder Konsortialführer auf. Ihre Existenzberechtigung erfahren diese 'Händler' dadurch, daß sie über ausgezeichnete internationale Geschäftsbeziehungen verfügen und vor allem dadurch, daß sie ausgeprägtes Know-how hinsichtlich der Abstimmung von Systemkomponenten sowie in bezug auf die Abwicklung von Projekten besitzen. Wenn und insoweit Vertreter der einzelnen Komponentenhersteller in das Projektmanagement eingebunden sind – was vor allem bei wichtigen Systemelementen der Fall ist –, kann es auch bei derartigen Geschäften zu direkten Kontakten zwischen Hersteller und Verwender kommen.

Eine ähnliche Rolle wie Anlagenhändlern kann ebenso *Ingenieurberatungsfirmen* zuwachsen, die z.B. über ein spezielles Verfahrens-Know-how bezüglich bestimmter Kernelemente eines Systems verfügen, deshalb bei einem Projekt als Generalunternehmer oder Konsortialführer auftreten und die gegenüber den übrigen beteiligten Herstellern quasi eine Händlerposition einnehmen.

Während von einer hohen Leistungs- und Beschaffungskomplexität ein recht starker Einfluß in Richtung auf die Wahl eines direkten Vertriebsweges ausgeht, ist die Wirkung einer geringen Komplexität weit weniger eindeutig. Hier sind sowohl Formen des direkten als auch des indirekten Ansatzes zu finden, wobei eine Tendenz in Richtung auf einen indirekten Vertrieb insbesondere dann gegeben ist, wenn es sich handelt um[39]

- lagerfähige Produkte,
- Produkte, bei denen ggf. eine schnelle Lieferung möglich sein muß, oder um
- Produkte, die nur in kleinen Stückzahlen bzw. geringen Mengen gekauft werden.

So werden etwa bestimmte standardisierte Einzelaggregate, wie z.B. Werkzeugmaschinen von kleinen und mittleren Herstellern, die wiederum vornehmlich an Betriebe ähnlicher Größenordnung verkauft werden, in der Bundesrepublik Deutschland überwiegend über den Produktionsverbindungshandel vertrieben.[40] Ebenso wird ein großer Bereich des Ergänzungsbedarfsgeschäfts bei Teilen, wie z.B. der spätere Zukauf von Zusatzeinrichtungen, oder des Ersatzteilgeschäfts über den Handel abgewickelt. Demgegenüber läuft das pro Einzelauftrag weitaus umfangreichere Erstausrüstungsgeschäft nahezu vollständig über die Montagebetriebe („*Original Equipment Manufacturer*" [*OEM*]).

Roh- und Einsatzstoffe werden schließlich gleichfalls immer dann vornehmlich indirekt vertrieben, wenn es um die Befriedigung kleinerer Bedarfsmengen geht. So erfolgt vor allem der Absatz derartiger Güter an das Handwerk über spezielle Großhandelsbetriebe, bzw. die Handwerksbetriebe übernehmen selbst die

[39] Vgl. Backhaus 1982, S. 271; Hlavacek/McCuistion 1983, S. 97; Hutt/Speh 1983, S. 175.

[40] Vgl. Kleinaltenkamp/Seinsche 1989, S. 90.

Funktion eines Händlers. Hingegen werden große Gütermengen direkt vor allem auf Warenbörsen oder in Form von Rahmenverträgen bzw. langfristigen Lieferverträgen vermarktet.

1.4.2.2 Die Bedeutung der Servicekomponenten des Angebots

1.4.2.2.1 Die Stellung spezieller Services im Akquisitionsprozeß

Wie schon der Fall der Anlagen und Systeme gezeigt hat, kann die Erbringung von Dienstleistungen ein obligatorischer Bestandteil des Interaktionsprozesses sein. Das Angebot von speziellen Beratungsleistungen ist jedoch nicht nur bei diesen Gütertypen von Bedeutung, sondern kann auch bei anderen Gegebenheiten sehr stark in den Vordergrund treten.[41] Das ist insbesondere dann der Fall, wenn dem Kunden auch eine entsprechende (technische) Anwendungsberatung zuteil wird. Typische Beispiele hierfür sind spezialisierte, auf die Bedürfnisse einzelner Kunden zugeschnittene Einzelaggregate und Teile sowie spezielle Einsatzstoffe insbesondere der Chemischen Industrie (sog. *„Spezialitäten“*). Bei Erstkäufen können sich entsprechende Notwendigkeiten auch für standardisierte Produkte ergeben.

Immer dann, wenn allein der Hersteller über das erforderliche Know-how zur Erbringung der Leistungen verfügt oder es – z.B. aus Wettbewerbsaspekten – nicht aus der Hand geben will, ergibt sich daraus eine Tendenz zum direkten Absatz. Dieser *„anwendungstechnische Service“* stellt vor allem das Betätigungsfeld von Vertriebsingenieuren oder Technischen Verkäufern dar. Dabei sehen sich die betreffenden Hersteller insbesondere mit zwei Problemkreisen konfrontiert:

- Zum einen ist zu bestimmen, ob und inwieweit das technische Personal auch kaufmännische Aufgaben übernehmen soll und darf.[42] Gerade dann, wenn neben für die Beratung zuständigen ‘reinen’ Technikern für die Verkaufsabwicklung zuständige ‘reine’ Kaufleute agieren, ergeben sich häufig Spannungen und Konfliktpotentiale, die Irritationen beim Kunden und mangelnden Informationsaustausch sowohl zwischen den verschiedenen Außendienstmitarbeitern als auch zwischen Außendienstmitarbeitern und dem Stammhaus zur Folge haben können.

  Vieles spricht deshalb dafür, den jeweiligen Einsatz eher technisch oder eher kaufmännisch orientierter Verkäufer gleichermaßen abhängig zu machen
  - vom Niveau der technischen Informationen sowie
  - von der Häufigkeit, mit der technische Informationen an den Kunden weitergegeben werden müssen.

---

[41] Vgl. Kapitel A.3 – „Industrielles Servicemanagement“.

[42] Vgl. Bellizzi/Cline 1985.

	Niveau der technischen Information: hoch	Niveau der technischen Information: *niedrig*
Häufigkeit der Weitergabe technischer Informationen: hoch	*Technisch orientierter Außendienst*	*Kaufmännisch orientierter Außendienst*
Häufigkeit der Weitergabe technischer Informationen: gering	*Gemeinsames Auftreten technisch und kaufmännisch orientierter Außendienst-mitarbeiter*	*Kaufmännisch orientierter Außendienst*

Abb. 5. Der Zusammenhang zwischen der Art des Austauschs technischer Informationen und der Gestaltung des Außendienstes
(Quelle: Bellizzi/Cline, 1985, S. 73)

Immer dann, wenn das Niveau der technischen Informationen gering ist, können sie in der Regel ohne größere Probleme auch von Vertriebskaufleuten kommuniziert werden. Sind die Informationen technisch anspruchsvoll und findet ein Kontakt mit den Kunden häufig statt, erscheint der alleinige Einsatz vorwiegend technisch geschulter Kräfte sinnvoll. Kommt es bei gleichem Informationsniveau hingegen nur zu relativ seltenen Kundenbesuchen, kann auch ein gemeinsames Auftreten von Technikern und Kaufleuten in Erwägung gezogen werden[43] (vgl. Abb. 5).

Existiert eine Abteilung *„Anwendungsberatung"*, stellt sich die Frage, wo diese organisatorisch angesiedelt werden soll. Je größer die Bedeutung der betreffenden Leistungen für den Vermarktungserfolg der Produkte ist, desto mehr spricht dafür, eine Anbindung an die Marketing- bzw. Vertriebsbereiche vorzunehmen, und desto weniger spricht für eine Angliederung an den Forschungs- und Entwicklungsbereich.

- Notwendige Voraussetzung für die Erbringung einer sowohl aus der Sicht der Verwender als auch aus der Sicht der Hersteller angemessenen technischen Beratungsleistung ist eine entsprechende laufende *Schulung* und *Weiterbildung* der dafür zuständigen Personen. Anbieter, welche die daraus resultierenden Kostenbelastungen scheuen, laufen Gefahr, langfristig Wettbewerbsnachteile hinnehmen zu müssen. Um einen Vertriebsingenieur nicht mit ei-

43 Vgl. Bellizzi/Cline 1985, S. 72ff.

nem für jede nur denkbare Möglichkeit in Frage kommenden Wissen ausstatten zu müssen, kann es auch und gerade aus Kostengesichtspunkten zweckmäßig sein, von Fall zu Fall Spezialisten einer zentralen Anwendungsberatung bzw. des Forschungs- und Entwicklungsbereichs hinzuzuziehen, wobei sich jedoch unmittelbar wiederum Schwierigkeiten bezüglich der Zuständigkeit und der Abstimmung ergeben können.

Das Problem der 'richtigen' Informationsversorgung in anwendungstechnischem Wissen wird dann noch verschärft, wenn ein beratungsintensives Produkt aus bestimmten Gründen indirekt vertrieben wird. Die fehlende Unterstützung der Händler hinsichtlich ihrer technischen Beratungstätigkeit stellt häufig den zentralen Mangel einer indirekten Absatzpolitik im Business-to-Buinsess-Sektor dar.[44] Das ist darauf zurückzuführen, daß sich die Hersteller der speziellen Bedürfnisse und Wünsche der Absatzmittler nicht oder nur schemenhaft bewußt sind.[45] Eine Chance zur Abhilfe bieten hier sorgsam gestaltete *Handbücher* und *Manuals.*[46]

Unabhängig davon, ob der anwendungstechnische Service vom Hersteller selbst oder von einem unabhängigen Distributionsorgan erbracht wird, sehen sich die Erbringer der Services der Schwierigkeit gegenüber, daß weite Verwenderkreise aufgrund der Wettbewerbsverhältnisse eine ausgeprägte Tendenz zeigen, die anwendungstechnischen Leistungen unentgeltlich in Anspruch zu nehmen und die Produkte dann bei Anbietern zu kaufen, die diesen Service nicht offerieren, die Produkte aber dementsprechend günstiger anbieten.

Eine Lösung der Problematik ist häufig nicht oder nur schwer möglich, da eine Veränderung der Verhaltensweisen Branchenusancen sowie vor allem die Macht einzelner Nachfrager entgegenstehen.

1.4.2.2.2 Der Vertrieb von After-Sales-Service

Das Angebot spezieller Dienstleistungen vermag jedoch nicht nur im Rahmen des Akquisitionsprozesses von ausschlaggebender Bedeutung für den Erfolg von eines Anbieters im Business-to-Business-Bereich zu sein. Er kann darüber hinaus in einem nicht unerheblichen Maße ebenso von solchen Dienstleistungen beeinflußt werden, die erst nach dem eigentlichen Kaufakt für eine einzelne Sachleistung erbracht werden. Zu derartigen *„After-Sales-Services"* zählen typischerweise die *Instandhaltungsleistungen*, d.h. Inspektion, Wartung und Instandsetzung, wie sie im Anlagen- und Einzelaggregategeschäft weit verbreitet sind.

Diese Dienstleistungen müssen jedoch nicht immer und zwangsläufig auf denselben Vertriebswegen zum Kunden gelangen wie die Hardware, auf die sie

44 Vgl. Webster 1976, S. 13ff.

45 Vgl. Rosenbloom 1978, S. 277f.

46 Vgl. Hlavacek/McCuistion 1983, S. 100.

sich beziehen, obwohl die Existenz und die Leistungsfähigkeit eines Vertriebssystems auch von großer Bedeutung für die Vermarktung der Services sein können. Drei alternative Vorgehensweisen, die unabhängig vom Vertrieb der Kernleistungen oder in Kombination mit ihm auftreten können, lassen sich unterscheiden:[47]

- die *Autonomiestrategie*, bei der ein Hersteller gleichzeitig als alleiniger Träger der Instandhaltungsleistungen auftritt,
- die *Kooperationsstrategie*, die sich dadurch auszeichnet, daß ein Hersteller mit anderen selbständigen Hersteller-, Handels- oder sonstigen Dienstleistungsunternehmen einen gemeinschaftlichen Instandhaltungsdienst („*Service-Pool*", „*Service-Center*" o.ä.) bildet,
- die *Beauftragungsstrategie*, bei der dritte Unternehmen mit dem Angebot und der Erstellung von Instandhaltungsleistungen beauftragt werden.

Die Entscheidung für und gegen einen der möglichen Träger der Instandhaltungsleistungen wird dabei vor allem von folgenden Kriterien geprägt:[48]

- der Qualität der Durchführung der Instandhaltungsleistungen im Sinne von Schnelligkeit, Genauigkeit, Zuverlässigkeit u.ä.,
- den Spielraum zur Beeinflussung der einzelnen Träger der Leistungen hinsichtlich der Ausgestaltung des Instandhaltungsangebots (z.B. Kundenansprache, Preisstellung, Vertragsgestaltung u.ä.),
- den Möglichkeiten zur Kontrolle der Leistungserbringung,
- der Flexibilität der Systeme zum einen in bezug auf einen Wechsel zu einer anderen Strategiealternative, zum anderen in bezug auf kurzfristige Anpassungsmöglichkeiten an veränderte Umweltverhältnisse,
- Konfliktwahrscheinlichkeiten und Chancen zur Verhinderung bzw. Beseitigung von Konflikten,
- dem Umfang, in dem Informationen über das Servicesystem erhebbar sind, und die Möglichkeiten, die Informationen sicher bzw. schnell verfügbar zu haben und auswerten zu können,
- dem Ausmaß negativer Begleiterscheinungen, wie z.B. ungewollte Know-how-Transfers oder die Schaffung neuer Konkurrenten,
- den direkt zurechenbaren Erlöse,
- den entstehenden Kosten- und Kapitalbelastungen.

Die zu fällenden Entscheidungen über die Gestaltung des Vertriebs der After-Sales-Services sollte sich dementsprechend danach richten, wie stark die einzelnen Merkmale bei den zur Auswahl stehenden Alternativen jeweils ausgeprägt sind, und welches Gewicht ihnen beigemessen wird. Somit kann es hier vielfach

[47] Vgl. Schwab 1984, S. 67ff.

[48] Vgl. Schwab 1984, S. 236ff.

zu einem zweigleisigen Vertrieb kommen,[49] bei dem die Kernleistungen z.B. direkt, die After-Sales-Services jedoch indirekt oder in Kooperation mit anderen Unternehmen vertrieben werden.

Dies kann nicht nur bei Instandhaltungsleistungen, sondern auch bei relativ 'kaufnahen' Dienstleistungen, wie z.B. allen Logistikleistungen der Fall sein. Insbesondere Kostenaspekte, aber auch der Wunsch, neue Segmente erschließen zu wollen, oder Anforderungen der Nachfrager können dafür sprechen, die Akquisition von Aufträgen durch einen herstellereigenen Außendienst vornehmen zu lassen, die Abwicklung der Lieferungen (Lagerung, Transport, Rechnungserstellung usw.) sowie die Erbringung weiterer Services hingegen Händlern zu überlassen. In solchen Fällen kommt es dann zu einem Nebeneinander von einem *„transactional channel"* einerseits und einem *„physical distribution channel"* andererseits.[50]

1.4.3 Einflüsse der zu beliefernden Nachfrager bzw. Verwender

1.4.3.1 Die Bedeutung der Branchenzugehörigkeit der Kunden

Neben den Einflüssen, die von den speziellen Charakteristika der zu vertreibenden Leistungen auf die Wahl der Vertriebswege ausgehen, kann diese Entscheidung auch sehr stark von den Anforderungen, Wünschen und sonstigen Merkmalen der zu beliefernden Nachfrager geprägt sein.

Teilweise sind gewisse Vertriebsmethoden in einzelnen Branchen auch das Ergebnis historischer Entwicklungsprozesse, die selbst wiederum durch Effekte beeinflußt wurden, die von anderen Faktoren als den vertriebenen Leistungen ausgehen. Derartige Usancen finden sich z.B. bei der Vermarktung von Rohstoffen bzw. rohstoffnahen Einsatzstoffen auf Auktionen oder Warenbörsen. Dabei haben sich z.T. sogar einzelne Orte in der Welt zu den Hauptumschlagplätzen für spezielle Güter entwickelt, wie beispielsweise die *London Metal Exchange (LME)* für die Vermarktung von NE-Metallen.

Die Branchenzugehörigkeit hat auch insofern eine Bedeutung, als sie prägend dafür ist, welche Berufsgruppen in welchem Ausmaß in den jeweiligen Buying Centern[51] der Nachfrageorganisationen vertreten sind. Aus der Tatsache, daß es für den Akquisitionsprozeß von großer Wichtigkeit sein kann, über besondere Kenntnisse der Branche zu verfügen, 'die Sprache des Kunden zu sprechen' sowie spezielle Dienstleistungen anbieten zu können, erwachsen sodann Anforderungen an die Auswahl und den Einsatz von Vertriebsorganen.

---

[49] Vgl. Abschnitt 1.3.2.2.

[50] Vgl. Hutt/Speh 1983.

[51] Vgl. Fließ 1999.

Gerade dann, wenn ein einzelnes Unternehmen seine Produkte an viele verschiedene Branchen vertreibt, kann es sehr zweckmäßig sein,

- die Distribution durch mehrere auf den Vertrieb an einzelne Branchen spezialisierte selbständige Absatzhelfer (z.B. Spezialhändler) durchführen zu lassen und so einen nach Branchen differenzierten mehrgleisigen Vertrieb zu installieren und
- eigene Vertriebsorgane organisatorisch zu solchen Einheiten zusammenfassen, die jeweils nur für den Absatz an bestimmte Zielgruppen (Branchen) verantwortlich sind.

1.4.3.2 Die Bedeutung der Zahl und der Größe der Nachfrager

Andersgeartete Wirkungen auf die Entscheidung für bzw. gegen bestimmte Vertriebswege gehen von der Zahl und der Größe der zu beliefernden Nachfrager aus.

Ein Absatz an nur wenige Kunden, die dann für den einzelnen Händler naturgemäß von großer geschäftlicher Bedeutung sind, legt regelmäßig Formen des direkten Vertriebs nahe. Typische Beispiele sind hier das Anlagen- und Systemgeschäft oder das Erstausrüstungsgeschäft von Teileherstellern mit Montagebetrieben. Dabei werden die Verkaufsverhandlungen wegen der Wichtigkeit der Geschäftsbeziehungen auf Seiten der anbietenden Hersteller von hierarchisch hoch angesiedelten Personen, z.B. aus der Geschäftsleitung, geführt. Verkaufsrepräsentanten oder Projektleiter werden beim Vorliegen derartiger Gegebenheiten häufig auch mit besonders attraktiven Titeln, wie „(Verkaufs-)Direktor", „Regionaldirektor", „Mitglied des Vorstands einer Niederlassung" o.ä., versehen, um so ihr Standing beim Kunden zu erhöhen und die Bedeutung, die der geschäftlichen Beziehung mit dem Kunden beigemessen wird, hervorzuheben. Eine derartige lediglich formale Beförderung eines Mitarbeiters führt jedoch regelmäßig dann zu Problemen, wenn die entsprechende Person andere nicht derart nach außen gerichtete Funktionen übernehmen soll, da eine niedrigere Einstufung dann vielfach nicht möglich ist.

Setzt ein Unternehmen seine Produkte an viele kleine Nachfrager ab, ergibt sich daraus eher eine Tendenz zum indirekten bzw. kooperativen Vertrieb, da der einzelne Anbieter die Fülle der Nachfragerkontakte allein zumeist gar nicht bewältigen kann. Dieser Trend wird noch verstärkt, wenn die potentiellen Kunden in einem großen Absatzgebiet möglicherweise weit verstreut anzutreffen sind. Der Vertrieb von Baumaterialien, Bürogeräten, -einrichtungen und -materialien, Handwerksbedarf u.ä. über spezielle Händler können hier als Beispiel ebenso angeführt werden wie die Exportgemeinschaften von Teileherstellern.

Schwierigkeiten bei der Gestaltung der Vertriebsaktivitäten ergeben sich immer dann, wenn gleichzeitig große und kleine bzw. mittelgroße Nachfrager als Kunden auftreten. Eine solche Nachfragestruktur legt in der Regel einen mehrgleisigen Vertrieb nahe, bei dem die Großkunden im Rahmen eines *Key Account Managements* direkt betreut und beliefert, die kleineren Abnehmer hingegen durch eine indirekten Vertrieb versorgt werden.[52]

Dies setzt jedoch voraus, daß von seiten des betreffenden Herstellers Festlegungen zu treffen sind, welche Distributionsorgane welche Kunden betreuen sollen. Dabei können Konfliktpotentiale entstehen, wenn diese Abgrenzungen nicht eindeutig genug sind oder ein Kunde aufgrund z.B. seines Größenwachstums droht, aus der Verantwortlichkeit eines Distributeurs herauszufallen. Um den Verlust des Kunden und damit verbunden den Verlust entsprechender Verkaufsentgelte (Spannen, Provisionen o.ä.) zu vermeiden, schränken die Absatzhelfer in solchen Fällen eventuell - sehr zum Nachteil des Herstellers - ihre Verkaufsanstrengungen bei dem Kunden ein, um so ein Überschreiten bestimmter kritischer Werte, z.B. bezüglich des Umsatzes, des Absatzes o.ä. zu verhindern.

1.4.3.3 Anforderungen eines internationalen Vertriebs

Zum Abschluß der Betrachtung von Erfordernissen, die sich aus den Belangen der Nachfrager an ein Vertriebssystem stellen, sollen jene Anforderungen beleuchtet werden, die sich aus einem Vertrieb im Ausland ergeben. Dabei ist die ganze Spannbreite möglicher Formen der Vertriebswegegestaltung anzutreffen (vgl. Abb. 6): vom Anschlußabsatz (z.B. über OEMs) und Gemeinschaftsabsatz durch Exportgemeinschaften über den indirekten Vertrieb durch importierende bzw. exportierende Händler bis hin zur Bestellung von eigenen, gebundenen oder selbständigen Vertretern, Agenten, Repräsentanten, sog. *„Resident Engineers"* o.ä., der Gründung eigener Niederlassungen, die neben Vertriebs- möglicherweise auch Produktionsaufgaben übernehmen, sowie der kapitalmäßigen Beteiligung an rechtlich selbständigen Auslandstöchtern oder Joint Ventures.

Das Ausmaß eines Vertriebsengagements im Ausland hängt in diesem Zusammenhang ganz wesentlich von der Größe und der Bedeutung der betreffenden Auslandsmärkte ab: Je größer und bedeutender der Markt ist, desto höher ist auch das finanzielle Engagement, z.B. in Form einer Beteiligung oder Gründung einer Niederlassung, et vice versa.

In einzelnen Fällen wird die Art der Auslandsmarktbearbeitung jedoch auch von rechtlichen Bestimmungen des Kundenlandes determiniert, so z.B. durch Export- oder Devisenrestriktionen, welche sodann - will man den Markt nicht gänzlich aufgeben - einen Zwang zu Direktinvestitionen oder zur Kooperation mit lokalen Partnern *(„local content", „local manufacturing")* ausüben.

---

52 Vgl. Kleinaltenkamp/Rieker 1997, S. 163ff.

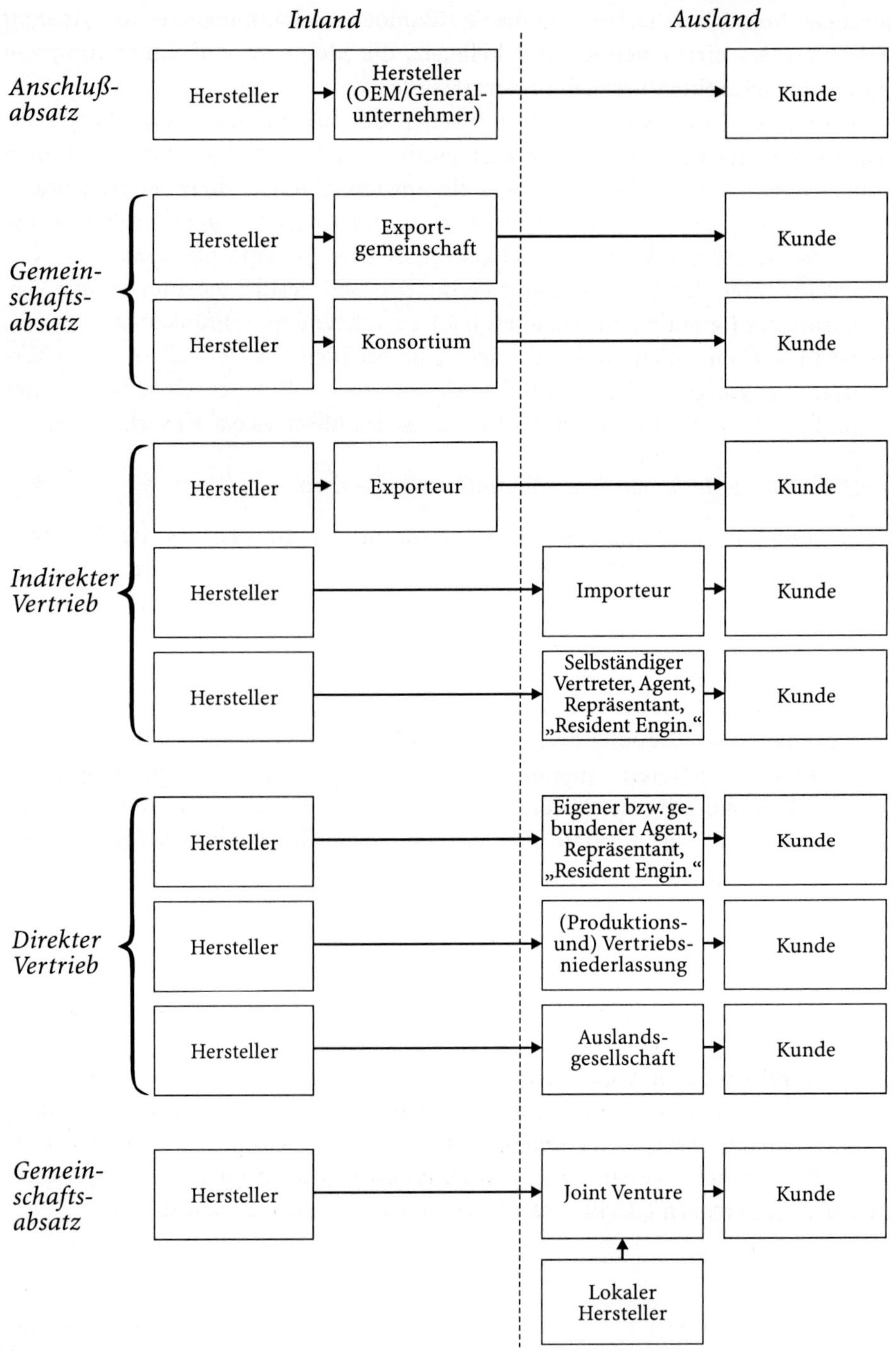

Abb. 6. Vertriebsformen beim Auslandsabsatz

Spezielle Probleme bei der Gestaltung des Auslandsvertriebs stellen sich dann, wenn - wie in der Vergangenheit häufig beobachtbar - nachhaltige Nachfragerückgänge in verschiedenen Ländern auf eine Anpassung der für den Auslandsabsatz zuständigen Vertriebsorganisation drängen. Fünf alternative Vorgehensweisen, die aber z.T. auch in Kombination miteinander auftreten können, sind als Reaktion auf derartige Entwicklungen denkbar und in der Praxis beobachtbar:[53]

- eine *kostenorientierte Strategie* mit dem Ziel, die Vertriebskosten zu senken, und damit die Wettbewerbsfähigkeit auch auf schrumpfenden Märkten zu sichern. Dies kann zum einen dadurch geschehen, daß bestimmte Vertriebsaufgaben mehr und mehr im Stammhaus zentralisiert werden, wodurch die Präsenz im Auslandsmarkt immer weiter reduziert wird. Zum anderen kann eine Einschränkung in Richtung auf eine Ausdünnung der Aktivitäten unter Beibehaltung der Organisationsstruktur erfolgen, z.B. durch einen generellen oder länderspezifischen Verzicht auf bestimmte Funktionen, Marktsegmente, Verfahren oder Projekte.
- eine *marktanteilsorientierte Strategie*, durch die - im Gegensatz zur vorigen Alternative - die Kundennähe verbessert und die Marktanteile trotz Schrumpfen des Gesamtmarktes stabilisiert oder sogar noch ausgebaut werden sollen. Dabei können vor allem die folgenden Maßnahmen in Betracht gezogen werden:
  - Verbesserung der Effizienz der Vertriebsorganisation durch Erhöhung der fachlichen Qualifikation der Mitarbeiter,
  - Verstärkung sowohl der branchenorientierten Ausrichtung der Organisation als auch der Mitarbeiter,
  - Intensivierung der Bemühungen um bearbeitungswürdige Projekte bzw. Marktsegmente,
  - Intensivierung der Ansprache kaufbeeinflussender Personen im Nachfragerland.
- Diese Vorgehensweisen können es im Einzelfall sogar zu einer Verstärkung der Vertriebsorganisation im Ausland oder zu einem Wechsel von einem indirekten Vertrieb zu einem direkten Vertrieb kommen lassen.
- eine *erlösorientierte Strategie*, die auf eine Stabilisierung bzw. Verbesserung der Erlöse im Auslandsgeschäft durch preispolitische sowie vor allem durch sortimentspolitische Aktivitäten (Sortimentsabrundung, Systemangebote o.ä.) abzielt, und entsprechende Verhaltensänderungen bei der Vertriebsorganisation und ihren Mitarbeitern voraussetzt.

[53] Vgl. Arbeitskreis „Marketing in der Investitionsgüterindustrie" der Schmalenbach-Gesellschaft 1986, S. 111ff.

- *mehrstufige Marketingstrategien*[54], die auf eine Beeinflussung mehrerer, möglichst aller der Herstellerstufe folgenden Stufen der Absatzkette ausgerichtet sind, was durch intensivere Betreuung der Händler, vertragliche Bindungen von Vertriebsorganen, Pull-Strategien, d.h. Erzeugen eines Nachfragesogs durch Schaffung von Präferenzen beim Endabnehmer, oder Formen der vertikalen Kooperation mit lokalen Herstellern oder Dienstleistern erfolgen kann, und eine jeweils andersartige Ausrichtung des Vertriebssystems erfordert bzw. impliziert.
- *Strategien horizontaler Kooperation* mit Anbietern, die ähnliche Absatzinteressen verfolgen.[55]

Die Entwicklung in der Praxis zeigt dabei, daß zunächst in aller Regel die eher defensiv ausgerichteten kostenorientierten Maßnahmen ergriffen werden und erst im Anschluß daran – je nachdem, wie erfolgreich die jeweiligen Anstrengungen waren – die anderen mehr offensiv gearteten Strategien in Erwägung gezogen werden.

1.4.4 Einflüsse des Wettbewerbs

Wettbewerbliche Effekte auf die Vertriebswegeentscheidungen von Business-to-Business-Anbietern ergeben sich insofern, als es durch die richtige Wahl des Vertriebsweges und den adäquaten Einsatz der Vertriebsorgane gelingen kann, Wettbewerbsvorteile aufzubauen bzw. zu verstärken. Der Erfolg derartiger Maßnahmen im Hinblick auf die Wettbewerber hängt demnach vor allem davon ab, ob und inwieweit durch das jeweilige Vertriebssystem Kundenvorteile beim Nachfrager geschaffen und eine wirkungsvolle Differenzierung von der Konkurrenz erreicht werden können. Der Zugang zu von den Nachfragern präferierten Vertriebskanälen und die Möglichkeit, über diese Distributionsschienen zu verfügen, können daneben sehr effektive *Marktzutrittsbarrieren* gegenüber potentiellen neuen Wettbewerbern darstellen.

Dabei kann ein Wettbewerbsvorteil durch die Vertriebsgestaltung zum einen dadurch erzielt werden, daß zwar der gleiche Vertriebsweg gewählt wird, wie ihn auch die Konkurrenz verwendet, die konkrete Durchführung der Vertriebsaktivitäten jedoch, z.B. hinsichtlich der Beratung, Lieferschnelligkeit und -zuverlässigkeit, Serviceleistungen usw., besser gelingt als bei den Wettbewerbern.

Sofern die übrigen Einflußfaktoren der Vertriebswegeentscheidung alternative Vorgehensweisen nicht ausschließen, kann ein derartiger Effekt jedoch gelegentlich durch ein bewußt von den Maßnahmen aller bzw. der Mehrzahl der

---

[54] Vgl. Abschnitt 1.4.5.

[55] Vgl. Abschnitt 1.3.2.3.

Konkurrenten differenzierten Vertriebsstrategien erreicht werden, z.B. durch den Aufbau eins direkten Vertriebssystems, während der Markt ansonsten durch Formen des indirekten Vertriebs geprägt ist. Häufig sind solche Differenzierungsstrategien allerdings sehr risikoreich, wenngleich ihr Erfolg, sofern er sich einstellt, sodann zumeist sehr nachhaltig ist.

Vielfach schränken die aus einer möglichen Vertriebswegeentscheidung resultierenden Kapitalerfordernisse und Kostenbelastungen die Zahl der potentiellen Alternativen jedoch ein und sorgen so für die Herausbildung von Marktzutrittsbarrieren. Darüber hinaus kann die Schaffung solcher vertriebsbedingten Marktzutrittsbarrieren auch durch vertikale Kooperationen auf vertraglicher Basis[56] ermöglicht bzw. unterstützt werden.

Wettbewerbsvorteile können durch die Auswahl und die Ausgestaltung von Vertriebswegen in aller Regel jedoch immer nur dann erzielt werden, wenn die betreffenden Vertriebsorgane laufend unterstützt, geschult, in ihren Fähigkeiten gestärkt und ihre Interessen ernst genommen werden. Aus diesem Grund sollen im abschließenden Abschnitt schließlich noch die Einflüsse auf die Vertriebswegeentscheidung betrachtet werden, die von den Distributionsorganen und möglichen Konfliktpotentialen in der Zusammenarbeit mit ihnen ausgehen.

1.4.5 Einflüsse der Vertriebsorgane und möglicher Konfliktpotentiale im Vertriebssystem

Wie die vorangegangenen Ausführungen gezeigt haben, ist das zentrale Problem einer Vertriebsdurchführung sicherzustellen, daß die Vertriebsorgane die von seiten des betreffenden Herstellers gewünschten Vertriebsleistungen tatsächlich und effizient erbringen. Dieser Schwierigkeit sehen sich Hersteller bei allen beschriebenen alternativen Formen der Vertriebswegegestaltung gegenüber, wenn auch mit systembedingt jeweils unterschiedlichen Besonderheiten.

Während bei den Arten des direkten Vertriebs dabei vor allem die Fragen der Verfügbarkeit entsprechender Human-Ressourcen und der Motivation der beteiligten Personen im Mittelpunkt stehen, sind die Fragen der Steuerung und Kontrolle selbständiger Vertriebsorgane sowie der Vermeidung bzw. Verminderung von Konflikten in der Zusammenarbeit mit den Distributionsstufen besonders für den indirekten Vertrieb kennzeichnend.

---

[56] Vgl. Charakterisierung der Formen des direkten Vertriebs in Abschnitt 1.3.2.1.1.

1.4.5.1 Anforderungen aus dem Einsatz eigener bzw. gebundener Vertriebsorgane

Aus der Entscheidung eines Unternehmens, seine Produkte direkt zu vertreiben, ergeben sich - abgesehen von den Kapitalerfordernissen - weitreichende Anforderungen bezüglich entsprechend qualifizierten Personal sowie hinsichtlich der Fähigkeit und des Know-hows des Vertriebsmanagements, die betreffenden Personen entsprechend den Zielsetzungen des Unternehmens allgemein sowie denen der Marketingstrategie im speziellen zu führen.[57] Die damit verbundenen Probleme werden vielfach übersehen bzw. nicht ernst genug genommen. Das führt dazu, daß Aktivitäten zur Betreuung der Vertriebsorgane ausbleiben oder nur sporadisch erfolgen, nicht genügend Schulungs- und Weiterbildungsmaßnahmen angeboten und durchgeführt werden, der Entwicklung und Umsetzung leistungssteigernder und gerechter Entlohnungssysteme nicht die notwendigen Aufmerksamkeit geschenkt wird, sowie dazu, daß die Probleme des Verkaufsstabs ganz generell als zweitrangig angesehen werden.

Bei einer amerikanischen Untersuchung waren 40 % der befragten Außendienstler der Auffassung, daß ihre Unternehmen hinsichtlich der Berücksichtigung von Vorstellungen des Außendienstes über mögliche Verbesserungen der Effektivität des Verkaufs sowie hinsichtlich der Sorge um ihre Belange als unterdurchschnittlich oder gar als eines der schlechtesten anzusehen seien.[58] Die Auswirkungen derartigen Fehlverhaltens sind dann häufig eine mangelnde Motivation des Außendienstes, verbunden mit dem Effekt, daß die Außendienstmitarbeiter wichtige Informationen über die Kunden und deren Wünsche sowie über Maßnahmen der Wettbewerber - beabsichtigt und unbeabsichtigt - nicht an das Stammhaus weitergeben. So werden genau die entscheidenden Vorteile, die ein direkter Vertrieb zu bieten hat, verschenkt bzw. in ihr Gegenteil verkehrt und wertvolle Ressourcen vergeudet.

Die Entscheidung für die Einführung und die Beibehaltung eines direkten Vertriebssystems wird demnach vor allem Aspekte des Human-Kapitals sowohl auf der Ebene des Vertriebsmanagements als auch auf der des Verkaufspersonals berücksichtigen müssen. Das notwendige Wissen und Geschick stellt sich dabei in der Regel jedoch nicht von selbst ein und ist auch nicht leicht und schnell erwerbbar, sondern muß gemeinhin durch - z.T. auch schmerzvolle - Erfahrungen und ständiges Bemühen erarbeitet werden.

---

57 Vgl. Kapitel B.2 - „Vertriebsmanagement".

58 Vgl. o.V. 1985.

1.4.5.2 Einflüsse einer Zusammenarbeit mit selbständigen Vertriebsorganen

Im Gegensatz zu den Schwierigkeiten der Steuerung einer eigenen oder gebundenen Absatzorganisation sind die Probleme in der Zusammenarbeit mit den selbständigen Vertriebsorganen im indirekten Vertrieb anders geartet. Dabei geht es vor allem darum, die eigenständigen Interessen der Distributionsstufen zu berücksichtigen und Konflikte zwischen diesen Interessen und denen der Hersteller[59] zu verhindern bzw. zu verringern.

Aber auch hier ist die Sensibilität der Hersteller für die Belange der Distributionsorgane zumeist wenig ausgeprägt. Mehrere unterschiedliche Untersuchungen kommen übereinstimmend zu dem Ergebnis, daß von den Händlern, Handelsvertretern, Agenten o.ä. vor allem die mangelnde Unterstützung der Verkaufsbemühungen, der unzureichende Informationsaustausch sowie die geringe Beachtung der Interessen der Distributionsorgane seitens der Hersteller beklagt wird, wobei größere Hersteller in diesem Zusammenhang besonders hervortreten.[60] Wenn bei derartigen Äußerungen auch in einem gewissen Umfang Standesdünkel und Übertreibungen mitschwingen mögen, so kommt in ihnen sicherlich eine gewisse Grundhaltung der Produzenten zum Ausdruck, die – aus der Nähe betrachtet – den Herstellern zumeist selbst jedoch lediglich Schaden zufügt.

Die Arroganz, mit der manche Hersteller der Distributionsstufe gegenübertreten, verliert sich regelmäßig dann, wenn die Machtverhältnisse in einem Distributionsprozeß zugunsten der selbständigen Vertriebsorgane sprechen, wie das z.B. bei großen Handelsunternehmen der Fall sein kann. Liegen derartige Konstellationen vor, geht die Kontrolle über den Distributionsprozeß in aller Regel vom Hersteller auf den Händler über, was weitreichende Auswirkungen auf die Art und die Gestalt der Geschäftsbeziehungen hat. Ähnlich verhält es sich vielfach in Fällen des Anschlußabsatzes oder bei der Vermarktung von Einsatzstoffen und Teilen, die erst nach einer weiteren Verarbeitung durch einen anderen Produzenten oder Händler an den Letztverwender gelangen. Will der betreffende ursprüngliche Hersteller trotz der für ihn an sich widrigen Marktverhältnisse versuchen, Einfluß auf den Vertriebsprozeß zu nehmen, können – vielfach zu wenig beachtete – mehrstufige Marketingstrategien in Erwägung gezogen werden, d.h. solche Maßnahmen, „die darauf gerichtet sind, die absatzpolitische Konzeption eines Anbieters innerhalb einer mehrgliedrigen Absatzkette durchzusetzen und gegen konterkarierende Strategien nachgeordneter selbständiger Stufen abzusichern".[61] Dabei zeichnen sich derartige Vorgehensweisen dadurch

---

59 Vgl. Steffenhagen 1975; Schneider 1977, S. 199ff.

60 Vgl. Webster 1976, S. 13f; Rosenbloom 1978, S. 276ff; Sibley/Teas 1979, S. 288ff; Hlavacek/McCuistion 1983, S. 98ff; Meffert/Kimmeskamp/Becker 1983, S. 23f.

61 Engelhardt 1976, S. 175; vgl. Rudolph 1989, S. 34.

aus, daß sie nicht nur vertriebspolitische Elemente umfassen, sondern eine Kombination verschiedener absatzpolitischer Instrumentalbereiche darstellen.[62]

Neben Maßnahmen der vertikalen Vertragsvertriebs[63] bieten sie diesem Zusammenhang insbesondere folgende Möglichkeiten, um mehrere, wenn möglich alle der Herstellerstufe folgenden Stufen der Absatzkette (incl. der Letztabnehmer) zu beeinflussen und zu binden:[64]

- Intensivierung der Händlerbetreuung sowie vermehrte Vergabe technischer Hilfen an den Handel und Schulung der Händler,
- der Versuch, durch Einsatz von Werbung, Präsentation auf Messen, persönlichen Verkauf o.ä. Präferenzen beim Endabnehmer aufzubauen, um damit einen *Nachfragesog* zu erzeugen, der die zwischen Hersteller und Verwender angesiedelten Distributionsorgane zu den gewünschten Verhaltensweisen veranlaßt (sog. „*Pull-Strategie*"),
- Kooperation mit speziellen Dienstleistungsunternehmen, um so die Attraktivität des Angebots für Händler und Endabnehmer zu steigern.

Gerade die Schwierigkeiten, die sich bei der Konkretisierung mehrstufiger Absatzkonzeptionen ergeben, machen noch einmal deutlich, welche Risiken sich häufig im Distributionsprozeß verbergen, welche Bedeutung für den Erfolg einer Marketingstrategie ihm zukommt, und wie wichtig deshalb ein sorgsames Durchdenken aller die Vertriebswegeentscheidung beeinflussenden Faktoren ist.

---

62 Vgl. Kleinaltenkamp/Rudolph 1999.

63 Vgl. Charakterisierung der Formen des direkten Vertriebs in Abschnitt 3.3.2.1.1.

64 Arbeitskreis „Marketing in der Investitionsgüterindustrie" der Schmalenbach-Gesellschaft, 1986, S. 118f.

Literaturverzeichnis

Arbeitskreis „Marketing in der Investitionsgüterindustrie" der Schmalenbach-Gesellschaft / Deutsche Gesellschaft für Betriebswirtschaftslehre e.V. [1986]: Anpassung der Vertriebsaußenorganisation an schrumpfenden Märkten; in: Schmalenbachs Zeitschrift für betriebswirtschaftliche Forschung, 38. Jg. (1986), S. 107–122.

Backhaus, K. [1974]: Direktvertrieb in der Investitionsgüterindustrie; Wiesbaden 1974.

Backhaus, K. [1997]: Industriegütermarketing; 5. überarb. Aufl., München 1997.

Bellizzi, J. A. / Cline, P. A. [1985]: Technical or Nontechnical Salesman?; in: Industrial Marketing Management, Vol. 14 (1985), S. 69–74.

Dichtl, E. / Raffée, H. / Niedetzky, H.-M. [1981]: Reisende oder Handelsvertreter; München 1981.

Eisele, R. [1974]: Beschaffungsprozesse in Unternehmungen als Grundlage der Absatzpolitik von Produktionsgüter-Handelsbetrieben; Diss. Mannheim 1974.

Engelhardt, W. H. [1976]: Erscheinungsformen und absatzpolitische Probleme von Angebots- und Nachfrageverbunden; in: Schmalenbachs Zeitschrift für betriebswirtschaftliche Forschung, 28. Jg. (1976), S. 77–90.

Engelhardt, W. H. [1976]: Mehrstufige Absatzstrategien; in: Schmalenbachs Zeitschrift für betriebswirtschaftliche Forschung; 28. Jg. (1976), S. 175–182.

Engelhardt, W. H. / Günter, B. [1981]: Investitionsgüter-Marketing; Stuttgart 1981.

Engelhardt, W. H. / Plinke, W. [1979]: Elemente der Marketing-Entscheidung; Lehrtext der Fernuniversität Hagen, Hagen 1979.

Engelhardt, W. H. / Schuster, F. [1980]: Kompensationsgeschäfte – Erscheinungsformen und Marketing-Probleme; in: Schmalenbachs Zeitschrift für betriebswirtschaftliche Forschung, 32. Jg. (1980), S. 103–120.

Fließ, S. [1999]: Industrielles Kaufverhalten; in: Kleinaltenkamp, M. / Plinke, W. (Hrsg.): Technischer Vertrieb – Grundlagen; 2., überarb. Aufl., Berlin / Heidelberg / New York 1999, Kapitel B.1.

Gümbel, R. [1985]: Handel, Markt und Ökonomik; Wiesbaden 1985.

Günter, B. [1979]: Das Marketing von Großanlagen; Berlin 1979.

Günter, B. [1985]: Local Content – eine Herausforderung für das internationale Marketing; in: Marketing – Zeitschrift für Forschung und Praxis, 7. Jg. (1985), S. 263–274.

Günter, B. [1998]: Projektkooperationen; in: Kleinaltenkamp, M. / Plinke, W. (Hrsg.): Auftrags- und Projektmanagament; Berlin / Heidelberg / New York 1998, S. 267–318.

Günter, B. / Kuhl, M. [1999]: Beschaffungspolitik industrieller Nachfrager; in: Kleinaltenkamp, M. / Plinke, W. (Hrsg.): Technischer Vertrieb - Grundlagen; 2., überarb. Aufl., Berlin / Heidelberg / New York 1999, Kapitel B.2.

Hlavacek, J. D. / McCistion, T.J. [1983]: Industrial Distibutors - When, Who and How?; in: Harvard Business Review, Vol. 61 (1983), S. 96–101.

Huber, U. [1985]: Die Lokalfertigung als Strategie der Investitionsgüterindustrie; Bern et al. 1985.

Hutt, M. D. / Speh, Th. W. [1983]: Realigning Industrial Marketing Channels; in: Industrial Marketing Management, Vol. 12 (1983), S. 171–177.

Kleinaltenkamp, M. [1985]: Recycling-Strategien; Berlin 1985.

Kleinaltenkamp, M. [1988]: Marketing-Strategien des Produktionsverbindungshandels; in: THEXIS, 5. Jg. (1988), Heft 2, S. 38–43.

Kleinaltenkamp, M. [1999a]: Einführung in das Business-to-Business-Marketing; in: Kleinaltenkamp, M. / Plinke, W. (Hrsg.): Technischer Vertrieb - Grundlagen; 2. überarb. Aufl., Berlin u.a. 1999, Kapitel A.3.

Kleinaltenkamp, M. [1999b]: Marktsegmentierung; in: Kleinaltenkamp, M. / Plinke, W. (Hrsg.): Technischer Vertrieb - Grundlagen; 2., überarb. Aufl., Berlin / Heidelberg / New York 1999, Kapitel D.3.

Kleinaltenkamp, M. / Fließ, S. [1995]: Berufsbilder und Weiterbildungsbedarf im Technischen Vertrieb; Berlin / Heidelberg / New York 1995.

Kleinaltenkamp, M. / Rieker, S. A. [1997]: Kundenorientierte Organisation; in: Kleinaltenkamp, M. / Plinke, W. (Hrsg.): Geschäftsbeziehungsmanagement; Berlin / Heidelberg / New York 1997, S. 161–217.

Kleinaltenkamp, M. / Rudolph, M. [1999]: Mehrstufiges Marketing; in: Kleinaltenkamp, M. / Plinke, W. (Hrsg.): Technischer Vertrieb - Grundlagen, 2., überarb. Aufl., Berlin / Heidelberg / New York 1999, Kapitel D.5.

Kleinaltenkamp, M. / Seinsche, R. [1989]: CIM - eine Herausforderung für das Marketing des Werkzeugmaschinenhandels; in: Marktforschung & Management, 33. Jg. (1989), 3. Quartal, S. 89–93.

Kölbel, H. / Schulze, J. [1970]: Der Absatz in der Chemischen Industrie; Heidelberg / New York 1970.

Korte, E. [1992]: Der Anschlußabsatz als strategische Kooperationsform; Bochum 1992.

Leitherer, E. [1974]: Betriebliche Marktlehre; 1. Teil, Stuttgart 1974.

Maas, R.-M. [1980]: Absatzwege - Konzeptionen und Modelle; Wiesbaden 1980.

Maier, H. J. [1979]: Wettbewerbsverbot für Handelsvertreter; in: Betriebs-Berater, 34. Jg. (1979), S. 500–502.

Marquard, J. [1981]: Der Commodity Approach im Investitionsgüter-Marketing - eine kritische Analyse; Arbeitspapiere zum Marketing, Nr. 10, hrsg. v. W. H. Engelhardt und P. Hammann, Bochum 1981.

Meffert, H. [1998]: Marketing; 8. Aufl., Wiesbaden 1998.

Meffert, H. / Kimmeskamp, G. / Becker, R. [1983]: Die Handelsvertretung im Meinungsbild ihrer Marktpartner; Stuttgart 1983.

Michman, R. D. [1974]: Marketing-Channels; Columbus, Ohio 1974.

Michman, R. D. [1980]: Trends Affecting Industrial Distributors; in: Industrial Marketing Management, Vol. 9 (1980), S. 213–216.

Nieschlag, R. / Dichtl, E. / Hörschgen, H. [1994]: Marketing; 17., neu bearb. Aufl., Berlin 1994.

Oberparleiter, K. [1955]: Funktionen und Risikenlehre des Warenhandels; 2. Aufl., Wien 1955.

o.V. [1985]: Wie der Außendienst ignoriert wird; in: absatzwirtschaft, 29. Jg. (1986), Heft 1, S. 22.

Rosenbloom, B. [1978]: Motivating Independent Distribution Channel Members; in: Industrial Marketing Management, Vol. 7 (1978), S. 275–281.

Rudolph, M. [1989]: Mehrstufiges Marketing für Einsatzstoffe; Frankfurt a. M. et al. 1989.

Schmidt, A. G. [1995]: Strukturwandel im Technischen Handel; in: Technischer Handel, 82. Jg. (1995), H. 12, S. 783–786.

Schneider, R. [1977]: Kriterien der Absatzwegewahl; Frankfurt / Main / Zürich 1977.

Schreiner, W. [1980] Entscheidungsfindung mit Hilfe des Effizienzkriterienkonzepts – dargestellt am Beispiel der organisatorischen Gestaltung von Vertriebsniederlassungen; Bochum 1980.

Schwab, W. [1984]: Die Träger von Instandhaltungsleistungen im Anlagengeschäft; Berlin 1984.

Seibert, K. [1981]: Joint Ventures als strategisches Instrument im internationalen Marketing; Berlin 1981.

Sibley, St. D. / Teas, R. K. [1979]: The Manufacturer's Agent in Industrial Distribution; in: Industrial Marketing Management, Vol. 8 (1979), S. 286–292.

Specht, G. [1998]: Distributionsmanagement; 3., überarb. und erw. Aufl., Stuttgart 1998.

Steffenhagen, H. [1975]: Konflikt und Kooperation in Absatzkanälen; Wiesbaden 1975.

Stern, L. W. / El-Ansary, A. [1977]: Marketing-Channels; Englewood Cliffs 1977.

Webster, F. E. [1976]: The Role of the Industrial Distributor in Marketing Strategy; in: Journal of Marketing, Vol. 40 (1976), S. 10–16.

Webster, F. E. [1984]: Industrial Marketing Strategy; 2nd Ed., New York et al. 1984.

Wenzel, G.-E. [1986]: Kommunikation kalkuliert; in: absatzwirtschaft, 29. Jg. (1986), Heft 3, S. 100–107.

Übungsaufgaben

1. Welches sind die Gründe für die besondere Bedeutung der Distributionsgestaltung im Rahmen einer Marketing-Strategie von Business-to-Business-Anbietern?
2. Welche Unterschiede bestehen zwischen obligatorischen und fakultativen Vertriebsleistungen? Diskutieren Sie Beispiele bestimmter Leistungen, die – je nach gegebener Vermarktungssituation – entweder als obligatorisch oder als fakultativ anzusehen sind!
3. Welches sind die wesentlichen Merkmale eines direkten, welches die eines indirekten Vertriebs und welche Konsequenzen ergeben sich aus ihnen für die Vertriebsstrategie eines Anbieters im Business-to-Business-Bereich?
4. Welche unterschiedlichen Möglichkeiten bestehen hinsichtlich der Gestaltung eines mehrgleisigen Vertriebs? Mit welchen Problematiken ist ein derartiger Vertrieb verbunden?
5. Welche Konsequenzen haben die Kapital-, Kosten- und Erlöswirkungen unterschiedlicher Vertriebswegealternativen auf die Entscheidungen über die Distributionsgestaltung von Anbietern im Business-to-Business-Bereich?
6. Welche Einflüsse gehen von der Beschaffungskomplexität bestimmter Leistungen auf die Wahl von Vertriebswegen aus?
7. Welche Probleme ergeben sich beim Einsatz eines anwendungstechnischen Service?
8. Welche Alternativen existieren für den Vertrieb von After-Sales-Services? Anhand welcher Kriterien könnte ihre jeweilige Vorteilhaftigkeit geprüft werden?
9. Welche Einflüsse gehen von den Anforderungen eines internationalen Vertriebs auf die Entscheidung für bzw. gegen bestimmte Vertriebswegealternativen aus?
10. Welche Konfliktpotentiale existieren bei indirektem Vertrieb, und welche Möglichkeiten zu ihrer Überwindung bzw. Reduzierung gibt es?

2 Vertriebsmanagement

Sabine Fließ

Abbildungsverzeichnis

Tabellenverzeichnis

2.1 Ziele und Aufgaben des Vertriebsmanagements

Im Rahmen der Distributionspolitik wird die Entscheidung über die Gestaltung der Vertriebswege und die physische Distribution getroffen.[1] Bei der Vertriebswegeentscheidungen stehen als Grundformen direkter Vertrieb, indirekter Vertrieb und kooperativer Vertrieb zur Wahl. Ist die Entscheidung bezüglich der Vertriebswege gefallen, muß das Unternehmen dafür sorgen, daß die Vertriebsaufgaben innerhalb des oder der gewählten Vertriebswege/s im Interesse des Unternehmens durchgeführt werden. Die Planung, Durchführung und Kontrolle von Vertriebsaufgaben ist Gegenstand des *Vertriebsmanagements.*

Vertriebsmanagement kann sich sowohl auf den direkten Vertriebsweg als auch auf den indirekten und kooperativen Vertrieb beziehen. Im Mittelpunkt dieser Ausführungen wird der direkte Vertrieb stehen. Beim direkten Vertrieb wickelt der Hersteller der Leistungen die Geschäfte unmittelbar mit dem Verwender ab, wobei die Vertriebsorgane wirtschaftlich und rechtlich unselbständig sind. Von diesen beiden Kriterien kommt allerdings der wirtschaftlichen Abhängigkeit die größere Bedeutung zu.[2] Um direkten Vertrieb handelt es sich beim Einsatz fest angestellter Außendienstmitarbeiter, aber auch bei herstellergebundenen Vertriebsgesellschaften, herstellergebundenen Handelsunternehmen oder herstellergebundenen Handelsvertretern.

2.1.1 Die Integration externer Faktoren als Vertriebsaufgabe

Die generelle Aufgabe der Distribution ist es, die Spannungen zwischen Produktion und Nutzung der Leistung zu überbrücken. Hierbei werden vier Spannungszustände unterschieden, aus denen sich die vier Funktionen des Vertriebs ableiten lassen:

- die *räumliche Überbrückungsfunktion*: Überbrückung von Entfernungen zwischen Kunde und anbietendem Unternehmen, z.B. durch Niederlassungen oder die Reisetätigkeit der Verkäufer.
- die *zeitliche Überbrückungsfunktion*: Überbrückung des Zeitraumes zwischen Bestellung, Produktion und Nutzung der Leistung, z.B. durch Lagerhaltung und die Auftragsannahme des Verkäufers.
- die *qualitative Überbrückungsfunktion*: Überbrückung von qualitativen Abweichungen zwischen angebotener und nachgefragter Leistung, z.B. durch Anwendungsberatung, Erfassung und Weiterleitung kundenspezifischer Wünsche oder sogar Anpassungen der bereits gelieferten Leistung vor Ort.

---

1 Vgl. Kapitel B.1 – „Auswahl von Vertriebswegen".

2 Vgl. Kapitel B.1 – „Auswahl von Vertriebswegen".

- die *quantitative Überbrückungsfunktion*: Überbrückung von Mengenunterschieden zwischen Produktion und Verbrauch bzw. Verwendung, z.B. durch Lagerhaltung und durch die Übermittlung der Mengenwünsche des Kunden.

Spannungszustände zwischen anbietendem und nachfragendem Unternehmen entstehen u.a. auch daraus, daß das anbietende Unternehmen bei der Erstellung seiner Leistungen immer auf die Mitwirkung des Kunden angewiesen ist. Die Aufgabe des Vertriebs besteht nun darin, die *„externen Faktoren"* zu beschaffen bzw. für das Unternehmen verfügbar zu machen. Externe Faktoren betreffen dabei solche Faktoren, die der Kunde dem Anbieter für die Leistungserstellung zur Verfügung stellen muß. Im Falle überwiegend autonomer Leistungserstellung besteht der externe Faktor aus Informationen. So muß der Kunde angeben, welches Produkt er in welcher Menge zu welchem Liefertermin wünscht. Im Falle überwiegend integrativer Leistungserstellung können externe Faktoren neben Informationen (z.B. Pflichten- und Lastenhefte, Anfragen) auch aus Mitarbeitern des Kundenunternehmens (z.B. Softwareerstellung) oder Gegenständen (z.B. Maschine bei einer Maschinenreparatur) bestehen.

Der Vertrieb hat dafür Sorge zu tragen, daß die externen Faktoren zur richtigen Zeit in der richtigen Menge und in der richtigen Qualität am richtigen Ort zur Verfügung stehen. Hierfür benötigt der Vertrieb selbst die Mitwirkung des Kunden, d.h. auch seine Tätigkeit erfordert die Integration externer Faktoren. Um seine Aufgaben richtig erfüllen zu können, sind übergeordnete Ziele erforderlich, an denen sich die Ausgestaltung der Aufgaben orientiert.

2.1.2 Effektivität und Effizienz als Ziele des Vertriebsmanagements

Die Richtschnur für die Planung, Durchführung und Kontrolle der Vertriebsaktivitäten bilden die Interessen des Unternehmens. Hierbei können Effektivität und Effizienz unterschieden werden.

Effektivität bezieht sich auf die Erreichung der Ziele des Unternehmens. Effektiv arbeitet ein Vertriebsweg dann, wenn es gelingt, die ihm vorgegebenen Ziele zu erreichen. Da der Vertrieb als Bestandteil des Marketingmix in die Marketingstrategie eingebettet ist (oder zumindest sein sollte), lassen sich Vertriebsziele aus den Marketingzielen des Unternehmens ableiten. Hierbei sind quantitative und qualitative Ziele zu unterscheiden. Quantitative Marketingziele, wie z.B. Steigerung des Marktanteils von 3 % auf 5 % innerhalb dieses Jahres, lassen sich dann in Umsatzziele oder Absatzziele (Verkauf einer bestimmten Stückzahl) herunterbrechen. Im Rahmen der Vertriebsplanung können diese Umsatzziele bzw. Absatzziele weiter detailliert, etwa auf verschiedene Vertriebsgebiete aufgeteilt werden, bis jeder Vertriebsmitarbeiter eine Zielvorgabe erhalten hat.

Qualitative Marketingziele sind beispielsweise die Erreichung einer bestimmten Kundenzufriedenheit oder die Steigerung des Bekanntheitsgrades einer bestimmten Leistung des Unternehmens. Auch qualitative Marketingziele können in Vertriebsziele umgesetzt werden, was sich dann beispielsweise in Zielformulierungen wie „Steigerung der Kundenzufriedenheit bei A-Kunden" oder „Erhöhung des Bekanntheitsgrades des Produktes *XY* bei Neukunden" niederschlagen kann. Auch hierbei können je Vertriebsmitarbeiter genaue Zielvorgaben formuliert werden, etwa im Hinblick auf die persönliche Information einer bestimmten Anzahl von Neukunden.

Während bei der Effektivität nur das Ausmaß der Zielerreichung entscheidend ist – in welchem Maße wurde der Marktanteil erreicht? In welchem Maße wurde der Bekanntheitsgrad gesteigert? –, ist bei der *Effizienz* auch der Mitteleinsatz von Bedeutung. Effizient ist der Vertrieb dann, wenn es gelingt, ein vorgegebenes Ziel mit geringst möglichen Mitteln zu erreichen oder mit vorgegebenen Mitteln die Zielerreichung zu maximieren.

Beispiel:
Die Geschäftsleitung hat als Ziel die Steigerung des Marktanteils innerhalb Deutschlands von 5% auf 8% im laufenden Geschäftsjahr vorgegeben. Die Planung der Maßnahmen obliegt der Vertriebsleitung. Sie entscheidet sich für die Einstellung neuer Außendienstmitarbeiter, um die Gebiete intensiver als bisher bearbeiten zu können und um insbesondere neue Kunden zu gewinnen. Darüber hinaus erhalten die Außendienstmitarbeiter Preiskompetenz in einer Höhe von 30% des Listenpreises, d.h. sie können in ihren Preisforderungen gegenüber dem Kunden um 30% vom Listenpreis nach unten abweichen; allerdings sind Preisnachlässe zu begründen. Am Ende des Geschäftsjahres wurde das Marktanteilsziel erreicht – der Vertrieb hat seine Effektivität bewiesen. Allerdings ist durch die zusätzlich entstandenen Kosten der neuen Außendienstmitarbeiter sowie die gewährten Preisnachlässe der Deckungsbeitrag für das Vertriebsgebiet Deutschland wesentlich niedriger ausgefallen als beim Marktanteil von 5%. Das Effizienzziel ist also nicht erreicht worden.

Zur Steuerung der Effizienz werden *Budgetierung* und *Controlling* eingesetzt. Im Rahmen des Vertriebscontrolling spielen *Vertriebskennziffern* eine besondere Rolle. Kennziffern setzen den Mitteleinsatz (Input) ins Verhältnis zum erreichten Ziel (Output) und gewinnen aus dem Vergleich beispielsweise mit dem Branchendurchschnitt oder mit anderen Unternehmensbereichen Aussagen über das Ausmaß der Vertriebseffizienz. Beispiele hierfür sind der Umsatz pro Vertriebsmitarbeiter oder der durchschnittliche Auftragswert je Besuch.

Die Vertriebsaufgaben, die im Hinblick auf Effektivität und Effizienz zu planen, durchzuführen und zu kontrollieren sind, werden von Vertriebsmitarbeitern durchgeführt. Vertriebsmitarbeiter verfolgen – wie alle Mitarbeiter eines Unternehmens – nicht nur Unternehmensziele, sondern auch eigene Ziele.[3] Mitarbeiterziele und -interessen sind beispielsweise Arbeitsplatzsicherung, Einkommenssicherung oder Einkommensmaximierung, die Übernahme einer Führungsposition, die Ausübung von Macht, die Anerkennung durch die Kollegen und im Freundeskreis oder aber die Einhaltung der tariflich zugesicherten oder mit dem Arbeitgeber vereinbarten Arbeitszeit.

Wie diese Beispiele bereits zeigen, können Mitarbeiter- und Unternehmensziele einander ergänzen, neutral sein oder in einer konfliktären Beziehung zueinander stehen. Welcher Art die Beziehung zwischen den Zielen ist, kann dabei nicht allgemeingültig festgestellt werden, sondern hängt von der jeweiligen Situation ab. So kann bei einem Unternehmen, das um zu überleben Stellen abbauen muß, das Mitarbeiterziel der Arbeitsplatzerhaltung dem Effizienzziel des Unternehmens entgegenstehen, während in einem im Wachstum befindlichen Unternehmen zwischen beiden Zielen Komplementarität besteht. Zwischen Mitarbeiter- und Unternehmenszielen kann aber auch partielle Komplementarität oder partieller Konflikt bestehen.

Beispiel:
Ein Vertriebsmitarbeiter erhält eine Umsatzprovision. Er hat gerade ein Haus gekauft und ist zur Zeit an einer Maximierung seiner Einkünfte interessiert. Daher bemüht er sich bevorzugt um Aufträge mit hohen Umsätzen und um solche Aufträge, die er relativ sicher zu erhalten glaubt. Dabei investiert er durchaus mehr Zeit als bisher üblich. Um die Aufträge zu erhalten, gewährt er den Kunden hohe Rabatte, denn eine niedrige Umsatzprovision ist seiner Meinung nach immer noch besser als keine Umsatzprovision. Dies führt im Unternehmen dazu, daß zwar der Umsatz steigt, dies jedoch insbesondere bei leicht verkäuflichen Produkten und zu sehr hohen Preisnachlässen. Somit kann zwar das Umsatzziel erreicht werden, jedoch zu höheren Kosten als bisher für das Unternehmen typisch. Dies bedeutet, daß bis zu einer bestimmten Umsatzhöhe das Mitarbeiterziel (hohes Einkommen) mit dem Unternehmensziel (Umsatzsteigerung) komplementär ist, ab einer bestimmten Umsatzhöhe (Erreichen der Zielvorgabe) mit höheren Kosten als veranschlagt und damit Effizienzeinbußen verbunden ist.

Wie dieses Beispiel zeigt, hängt die Beziehung zwischen Mitarbeiter- und Unternehmenszielen auch von der Art der Vertriebssteuerung und den dabei eingesetzten Steuerungssystemen ab. Als mögliche Ursachen im obigen Beispielen lassen sich identifizieren: (1) die Entlohnung auf Umsatzbasis – eine andere Entlohnungsbasis oder gar ein Festgehalt hätten das Problem nicht auftreten lassen; (2) die Preissetzungskompetenz – dürfte der Mitarbeiter keine Rabatte gewähren oder nur bis zu einer bestimmten Höhe, wären die Vertriebskosten je zusätzlicher Umsatzeinheit nicht unverhältnismäßig gestiegen; (3) die Vorgabe des Umsatzzieles.

---

3 Vgl. als Vertreter der Verhaltenswissenschaft Cyert/March 1963; March/Simon 1976; vgl. als Vertreter der Informationsökonomik Bergen/Dutta/Walker 1992, S. 3 sowie die dort angegebene Literatur.

Wie dieses Beispiel verdeutlicht, ist es offenbar nicht so einfach, ein Vertriebssteuerungssystem zu entwickeln, das die Erreichung von Unternehmens- und Mitarbeiterzielen gleichermaßen gewährleistet. Gerade hierin besteht aber das Ziel - und die Herausforderung - des Vertriebsmanagements.

Im folgenden Kapitel soll nun dargestellt werden, welche Ansatzpunkte sich dem Vertriebsmanagement bieten, um die Zielbeziehungen zu harmonisieren, und welche Instrumente bzw. Vetriebssteuerungssysteme hierbei zur Verfügung stehen.

2.2 Ansatzpunkte und Systeme des Vertriebsmanagements

2.2.1 Ebenen des Vertriebsmanagements

Um seine Vertriebsaktivitäten durchzuführen, stellt das Unternehmen *Potentiale*[4] bereit. Das Vertriebspotential umfaßt das Personal - die im Vertriebsbereich beschäftigten Mitarbeiter und Vorgesetzten -, die Finanzmittel, die für Vertriebsaufgaben zur Verfügung stehen, die Ausstattung mit Sachmitteln wie Laptops, Schreibtischen oder Dienstwagen. Ebenfalls zu den Potentialen des Unternehmens zu zählen ist das Wissen, das sich im Laufe der Zeit angesammelt hat und das beispielsweise in Form von Besuchsplanungsprogrammen und Kundendateien im Unternehmen gespeichert ist. Auch das in den Köpfen der Vertriebsmitarbeiter vorhandene Wissen zählt dazu.

Die Aufgabe des Vertriebsmanagements besteht nun darin, die Potentiale sinnvoll miteinander zu kombinieren, so daß entsprechende Vertriebsaktivitäten - *Prozesse* - eingeleitet und zu Ende gebracht werden können. Als dominierender Prozeß im Vertriebsbereich kann der Akquisitionsprozeß angesehen werden. Dieser läßt sich in verschiedene Teilaktivitäten oder Teilprozesse unterteilen. Hierzu zählen insbesondere das Verhalten der Außendienstmitarbeiter gegenüber dem Kunden, der Informationsfluß aus dem Unternehmen an den Kunden (Beratung, Kundeninformation) und vom Kunden in das Unternehmen (Berichtswesen). Andere Prozeßdifferenzierungen münden in Teilaktivitäten wie Kundenbetreuung und Auftragsabwicklung.

Vertriebsprozesse besitzen eine Struktur- und eine Verhaltensebene. Prozeßstrukturen beziehen sich auf die Abläufe von Tätigkeiten, die Folge von Aktivitäten. Das Verhalten der Vertriebsmitarbeiter und -vorgesetzten gestaltet die Strukturen aus.

Vertriebsprozesse sollen zu gewünschten Vertriebsergebnissen führen. *Ergebnisse* stellen die zu erreichenden Vertriebsziele dar. Wie bereits oben dargestellt,

---

[4] Vgl. hierzu Kleinaltenkamp 1999a.

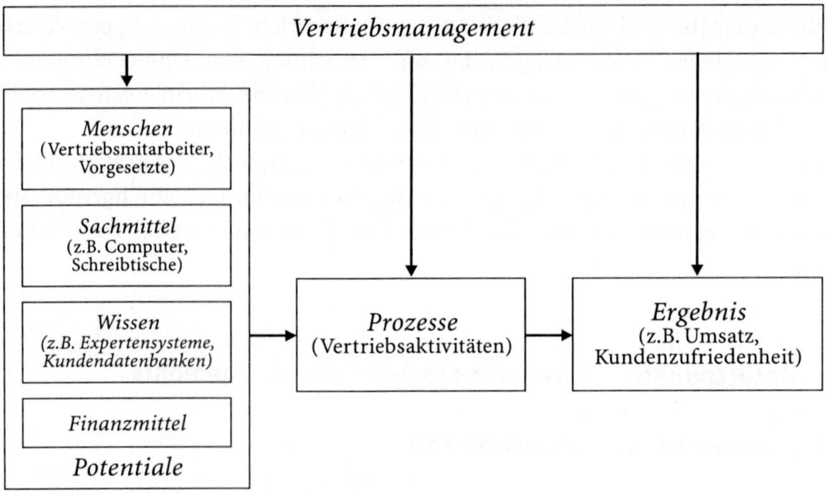

Abb. 1. Ansatzpunkte des Vertriebsmanagements

sind Effektivitäts- und Effizienzziele zu unterscheiden. Diese Ziele können als quantitative oder qualitative Ziele formuliert werden.

Die Aufgabe des Vertriebsmanagements besteht nun darin, die Potentiale des Unternehmens unter Nutzung entsprechender Vertriebssteuerungssysteme so aufeinander abzustimmen, daß Prozesse in Gang gesetzt werden, aus denen die angestrebten Ergebnissen resultieren.

Als Ansatzpunkte des Vertriebsmanagemen7ts ergeben sich, wie Abb. 1 verdeutlicht, drei Ebenen:

1. die Ergebnisebene,
2. die Prozeßebene und
3. die Potentialebene.

Das Vertriebsmanagement nimmt dabei zwei Typen von Aufgaben wahr: einmalige Gestaltungsaufgaben und laufende Aufgaben der Vertriebssteuerung. Einmalige Gestaltungsaufgaben entsprechen Grundsatzentscheidungen. Diese beziehen sich vor allem auf die Organisationsstruktur des Vertriebsbereichs sowie die Ausgestaltung der Vertriebssteuerungssysteme.

Laufende Aufgaben der Vertriebssteuerung umfassen vor allem die Pflege der Potentiale, z.B. die Aktualisierung von Informationssystemen, sowie die laufende Steuerung von Prozessen und Ergebnissen, z.B. Gespräche zwischen Vorgesetzten und Mitarbeitern (Prozeß) im Rahmen des Führungssystems (Potential).

2.2.2 Systeme des Vertriebsmanagements

Um Potentiale, Prozesse und Ergebnisse des Vertriebsmanagements aufeinander abzustimmen, werden entsprechende Instrumente, Methoden und Modelle benötigt. Sowohl in der Literatur als auch in der Praxis finden sich eine Vielzahl verschiedener Ausgestaltungsformen solcher Instrumente und Methoden. Sie können zu den folgenden fünf Systemen des Vertriebsmanagements zusammengefaßt werden:

1. Organisationsstruktur,
2. Vergütungssystem,
3. Führungssystem,
4. Aufstiegs- und Qualifikationssystem sowie
5. Informationssystem.

Die *Organisationsstruktur* klärt, welche Mitarbeiter für welche Aufgaben zuständig sind. Da bei den meisten Unternehmen nicht ein einzelner Mitarbeiter alle Märkte, Kundengruppen und Kunden des Unternehmens bearbeiten kann, muß eine sinnvolle Arbeitsteilung zwischen den Mitarbeitern gefunden werden. Hierbei geht es um die Fragen, ob der Vertrieb beispielsweise nach Regionen oder Kundengruppen organisiert werden soll, über welche Kompetenzen Vertriebsmitarbeiter verfügen sollen, wie die hierarchische Gliederung der Vertriebsorganisation auszusehen hat - flache oder steile Hierarchie - und wie groß die Vertriebsorganisation sein soll (wieviele Vertriebsmitarbeiter werden benötigt?). Weiterhin wird im Rahmen der Organisationsstruktur eine Entscheidung darüber getroffen, welche Anforderungen an die Mitarbeiter zu stellen sind und über welche Qualifikation sie verfügen müssen.

Im Rahmen des *Vergütungssystems* des Unternehmens ist festzulegen, wie die Entlohnung des Außendienstes erfolgen soll. Hierbei geht es um Entscheidungen über den Anteil fixer und variabler Vergütungsanteile, um die Entlohnungsstruktur innerhalb des Unternehmens (Gehaltsklassen) sowie um zusätzliche Vergütungen, wie beispielsweise Altersversorgung, Dienstwagen u.ä. Ebenso wie beim Informationssystem können Potentiale, Prozesse oder Ergebnisse in unterschiedlichem Maße berücksichtigt werden. Potentiale sind Gegenstand der Entlohnung, wenn je nach Qualifikation der Mitarbeiter unterschiedliche Gehälter gezahlt werden. So könnten beispielsweise erfahrene Mitarbeiter ein höheres Fixum erhalten als Jungverkäufer oder Universitätsabsolventen wird ein höheres Anfangsgehalt gezahlt als Fachhochschulingenieuren. Ergebnisse sind beispielsweise bei Prämien oder Provisionen Gegenstand der Entlohnung.

Vergütungssysteme nehmen über weitgehend monetäre Anreize einen indirekten Einfluß auf das Verhalten der Mitarbeiter und die dabei zu erreichenden Ergebnisse. Demgegenüber wird über das *Führungssystem* eine direkte, personale

Beeinflussung des Mitarbeiterverhaltens angestrebt.[5] Auch hierbei können als Ansatzpunkte des Führungssystems Verhaltensweisen der Mitarbeiter (Prozesse) und Ergebnisse unterschieden werden.

Das *Aufstiegssystem* umfaßt die vorgesehenen Aufstiegsleitern und das Ausmaß der Personalentwicklung (Laufbahnplanung, Weiterbildungs- und Qualifizierungsprogramme für zu übernehmende Positionen). Die Maßnahmen im Rahmen der Personalentwicklung können zum *Qualifikationssystem* zusammengefaßt werden. Ebenso wie bei allen anderen bisher vorgestellten Instrumenten und Systemen des Vertriebsmanagements können auch hier Potentiale, Prozesse und Ergebnisse den Planungsgegenstand bilden. Potentiale der Mitarbeiter werden beispielsweise im Rahmen der Mitarbeiterqualifizierung und -weiterbildung gefördert und ausgebaut. Verhaltensweisen können trainiert werden und bevorzugte Verhaltensweisen können durch entsprechende Aufstiegssysteme gefördert werden. Starke Ergebnisorientierung, die durch bessere Aufstiegschancen belohnt wird, fördert eine entsprechende Vernachlässigung von Prozessen.

Das *Informationssystem* im Rahmen der Vertriebsgestaltung regelt den Informationsfluß vom Markt zum Unternehmen sowie innerhalb des Unternehmens.[6] Es gibt Auskunft über die externen Potentiale des Unternehmens, z.B. durch Besuchsberichte. Es gibt darüber hinaus Auskunft über die internen Potentiale des Unternehmens, z.B. durch Reisekostenabrechnungen oder Personalbeurteilungen. Gegenstand von Informationssystemen können sowohl Prozesse als auch Ergebnisse oder die Potentiale selbst sein. Prozesse stehen im Mittelpunkt, wenn beispielsweise im Rahmen von Besuchsberichten detaillierte Tätigkeitsberichte verfaßt werden müssen (Kontrollaspekte) oder wenn es die Besuchsplanung erlaubt, Kundengespräche genau vorzubereiten und Reiserouten festzulegen (Planungsaspekte). Umsatzstatistiken, Monatsberichte für die Außendienstmitarbeiter, denen sie ihren Zielerreichungsgrad, die verkauften Stückzahlen o.ä. entnehmen können (Kontrollaspekte), aber auch die Festlegung der zu erreichenden Ziele und die dabei eingesetzten Methoden und Instrumente sind auf der Ergebnisebene anzusiedeln. Viele Instrumente im Rahmen der Informationssysteme enthalten sowohl Potential-, Prozeß- als auch Ergebnisinformationen.

Neben dem Gegenstand von Informationssystemen interessieren der Zugang zu den Informationssystemen (Verteiler, Zugangsberechtigungen zu Dateien) sowie die Hilfsmittel und Träger der Informationen, z.B. Besuchsberichte über Laptop und Modem, Bestellungen über Funk, Personalbeurteilungen auf EDV oder Papier.

---

5 Vgl. Staehle 1994, S. 791.

6 Informationssysteme, die sich auf den Informationsfluß vom Unternehmen zum Markt beziehen, werden im Rahmen der Kommunikationspolitik behandelt; vgl. Kapitel C.1 „Grundlagen der Gestaltung der Kommunikationsleistung".

Die fünf Systeme sind nicht unabhängig voneinander, sondern beeinflussen sich gegenseitig. So besteht beispielsweise ein Zusammenhang zwischen Personalbeurteilung (Informationssystem) und den einem Mitarbeiter offen stehenden Aufstiegsmöglichkeiten im Unternehmen (Aufstiegssystem). Welche Aufstiegsmöglichkeiten grundsätzlich bestehen, hängt u.a. auch von der Organisationsstruktur im Vertrieb ab. Führungssystem und Vergütungssystem müssen in dieselbe Richtung weisen, um erwünschte Verhaltensweisen und Ergebnisse zu erzielen. Das Informationssystem verbindet Vergütungs-, Führungs- und Aufstiegssystem miteinander, indem es die notwendigen Informationen liefert, damit diese Systeme arbeiten können.

Verbindungen bestehen weiterhin zwischen Potentialen, Prozessen und Ergebnissen. Informationen vom Markt (Prozeß) stärken das Potential, Wissen im Unternehmen (Potential) wiederum ermöglicht bestimmte Verhaltensweisen der Vertriebsmitarbeiter (Prozesse) und die Erreichung von Ergebnissen. Erlöse (Ergebnisebene) stärken das Potential des Unternehmens. Effektive und effiziente Prozeßgestaltung (z.B. Akquisition und Auftragsabwicklung) führen zu den gewünschten Ergebnissen (z.B. neuen Aufträgen).

Abbildung 2 gibt nochmals einen Überblick über die hier dargestellten Zusammenhänge.

Im Mittelpunkt der Vertriebssteuerung stehen die Menschen: die Außendienstmitarbeiter und Vertriebsvorgesetzten des Unternehmens. Sie sollen durch die entsprechende Ausgestaltung der Vertriebssteuerungssysteme zu einem Verhalten angeregt werden, das ihnen nicht nur die Erreichung ihrer eigenen Ziele erlaubt, sondern auch zu einer Erreichung der Unternehmensziele, d.h. zu ent-

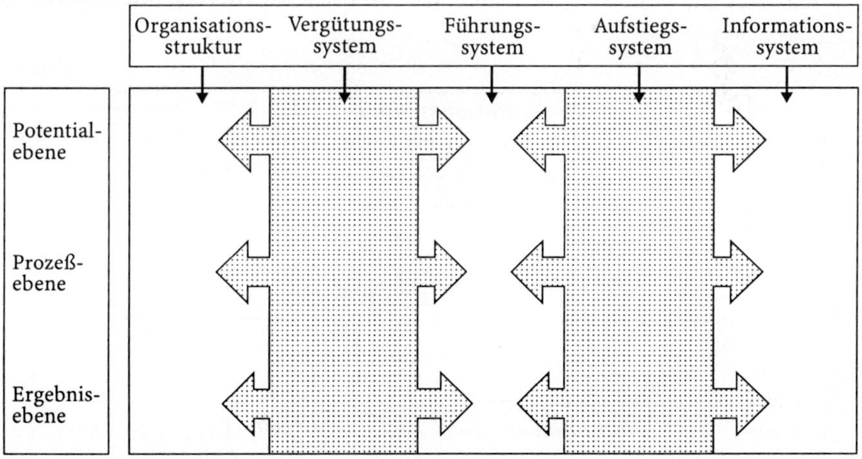

Abb. 2. Systeme und Ebenen des Vertriebsmanagements

sprechender Effektivität und Effizienz im Vertrieb führt. In diesem Zusammenhang wird diskutiert, ob der Leistungsprozeß, insbesondere das Verhalten der Mitarbeiter, oder das Leistungsergebnis von Vertriebsmitarbeitern die besseren Ansatzpunkte für die Vertriebssteuerung darstellen.

Bei ausschließlich *ergebnisorientierten Steuerungssystemen* wird das zu erreichende Ziel definiert. Welche Maßnahmen ergriffen werden, welche Leistungen der Vertriebsmitarbeiter erbringt, um dieses Ergebnis zu erreichen, wird ihm überlassen. Ergebnisorientierte Steuerungssysteme setzen meßbare Ziele voraus. Nur dann kann festgestellt werden, ob der Vertrieb effektiv arbeitet bzw. gearbeitet hat oder nicht. Nur dann ist die Leistung der Mitarbeiter meßbar. Bei ausschließlich *verhaltensorientierten Steuerungssystemen* werden demgegenüber die zu erfüllende Aufgabe, die zu leistenden Tätigkeiten genau vorgeschrieben, während die Ergebnisse offen bleiben. Wie Abb. 3 verdeutlicht, bildet die Organisationsstruktur den Rahmen, in den die verschiedenen Steuerungssysteme eingebettet sind. Das Informationssystem kann sowohl prozeßbezogene, z.B. berichte über Besuchsgespräche, als auch ergebnisbezogene Ansatzpunkte haben, z.B. Information über den Umsatz pro Außendienstmitarbeiter. auch das Entlohnungssystem kann sich auf beide Aspekte beziehen, wird im Vertrieb aber einen stärker ergebnisbezogenen Aspekt (Prämie, Provision) besitzen. Das Führungssystem ist ebenso wie das Aufstiegssystem traditionell eher prozeßbezogen.

Welcher Ansatzpunkt besser geeignet ist, die Ziele der Vertriebsorganisation zu erfüllen oder ob eine Kombination prozeß- und ergebnisorientierter Steuerungssysteme den größten Erfolg verspricht, hängt von einer Vielzahl von Faktoren ab – nicht zuletzt von dem Modell bzw. der Theorie, die zur Erklärung des Leistungsverhaltens von Mitarbeitern herangezogen wird.

Eine optimale Entscheidung für Prozeß- versus Ergebnissteuerung könnte getroffen werden, wenn das Verhalten von Menschen generell und von Außen-

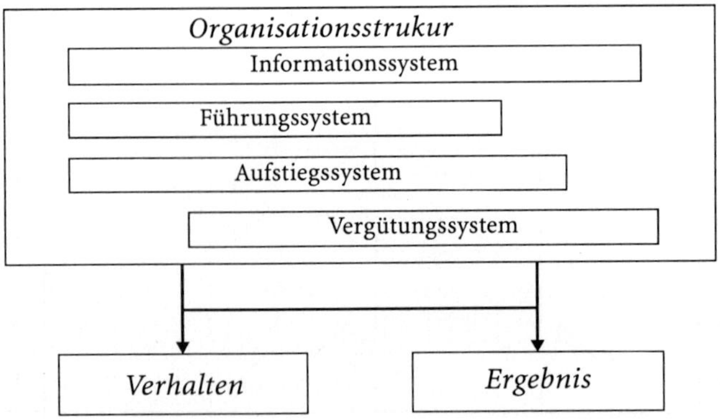

Abb. 3. Ansatzpunkte der Vertriebssteuerung

dienstmitarbeitern speziell vorhersagbar wäre. Dann müßten nur noch die Elemente der Steuerungssysteme ausgewählt werden, die die gewünschten Verhaltensweisen erzeugen. Leider oder vielmehr glücklicherweise ist jedoch die Prognose menschlichen Verhaltens nur eingeschränkt möglich. Dennoch benötigen wir zur Gestaltung der Vertriebssteuerungssysteme eine Vorstellung darüber, mit welchem Verhalten Außendienstmitarbeiter auf die verschiedenen Elemente des Informations-, Führungs-, Vergütungs- und Aufstiegssystem sowie die Aufgabenzuordnung im Rahmen der Organisationsstruktur reagieren. Für unsere Zwecke interessieren aus der Vielzahl der entwickelten Theorien und Modelle vor allem solche, die sich mit der Erklärung der Leistung von Vertriebsmitarbeitern beschäftigen. Um die Leistung von Außendienstmitarbeitern zu erklären, sind im Laufe der Zeit unterschiedliche Erklärungsansätze entwickelt worden. Hierbei lassen sich zwei große Gruppen unterscheiden: verhaltenswissenschaftliche Ansätze (Kapitel 3), die lange Zeit die Wissenschaft dominierten, und institutionenökonomische Ansätze (Kapitel 4), die erst in jüngster Zeit Verbreitung gefunden haben.

2.3 Verhaltenswissenschaftliche Ansätze als Grundlage des Vertriebsmanagements

Die verhaltenswissenschaftlichen Ansätze beruhen auf dem grundlegenden S-O-R-Lernparadigma der neobehavioristischen Forschung (vgl. Abb. 4). Hiernach nehmen Außendienstmitarbeiter verschiedene Reize (S = Stimuli) aus ihrem Umfeld auf, wie beispielsweise die Steuerungsinstrumente der Vertriebsleitung. Diese Reize, z.B. Entlohnungssystem, werden von der betreffenden Person verarbeitet. Der Verarbeitungsprozeß ist für Außenstehende nicht sichtbar, sondern setzt sich aus nicht beobachtbaren emotionalen (gefühlsmäßigen) und kognitiven (gedanklich-bewußten) Prozessen zusammen. Dabei spielen die Persönlichkeit des Außendienstmitarbeiters, seine Einstellungen, seine Art zu lernen und wahrzunehmen und seine Motivationen eine herausragende Rolle. Die Gesamtheit der Prozesse und der sie bestimmenden Merkmale wird mit O = Organismus bezeichnet. Die Verarbeitung der Reize mündet in ein bestimmtes Verhalten (R = Reaktion).[7]

Beispiel:
Herr Flaskamp ist Vertriebsingenieur und zuständig für Süddeutschland. Das Entlohnungssystem des Unternehmens sieht ein Fixum von etwa 60 % und einen umsatzbezogenen variablen Einkommensanteil in Höhe von etwa 40 % vor. Herr Flaskamp bearbeitet eine Kundengruppe, die sehr preisorientiert einkauft. Er selbst besitzt eine gewisse Preiskompetenz und kann Rabatte in Höhe von bis zu

7 Vgl. Nieschlag/Dichtl/Hörschgen 1994, S. 163 f.

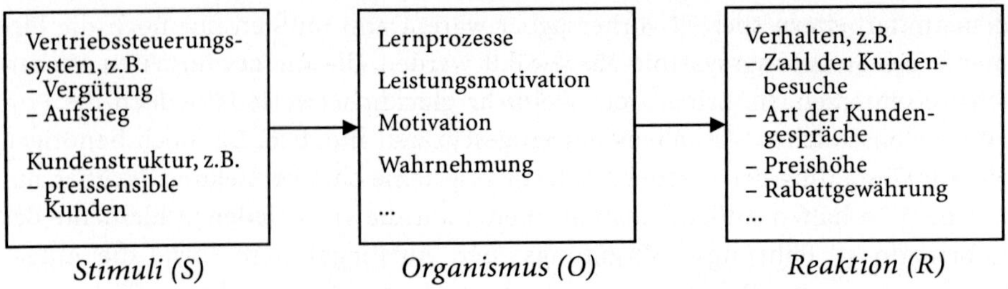

Abb. 4. S-O-R-Modell zur Erklärung des Verhaltens von Außendienstmitarbeitern

20% des Listenpreises gewähren. Das Entlohnungssystem, die Preissensibilität seiner Kunden und seine Preiskompetenz stellen die Stimuli oder Umweltreize (S) dar. Diese Informationen verknüpft Herr Flaskamp wie folgt miteinander (O = Organismus): Um Aufträge zu erhalten, muß ich meinen Kunden Rabatte gewähren. Je niedriger der Rabatt ist, den ich gewähre, um so höher ist meine Provision (Ergebnis bisheriger Lernprozesse). Ich möchte aber keine Einkommenseinbußen hinnehmen und daher möglichst jeden Auftrag erhalten (Motivation). Die Auftragswahrscheinlichkeit steigt bei preissensiblen Kunden mit sinkendem Preis. Mit sinkenden Preisen sinkt allerdings auch meine Provision (Ergebnis bisheriger Lernprozesse). Herr Flaskamp sieht sich einem Konflikt gegenüber, den er in irgendeiner Weise lösen muß. Je nach Ausprägung seiner Persönlichkeit, Motivation und Konfliktbewältigungsstrategie (O-Variable) wird Herr Flaskamp nun dazu neigen, entweder besonders viele Abschlüsse zu niedrigen Preisen zu realisieren oder nur wenige Abschlüsse zu hohen Preisen anzustreben (R = Reaktion).

Die verhaltenswissenschaftliche Forschung bemüht sich nun, relevante Faktoren zu identifizieren, die es ermöglichen, zumindest die Richtung des Verhaltens zu erklären und damit auch – in Grenzen – vorherzusagen. Wenn es gelingt, bestimmten Stimuli (S) in Kombination mit bestimmmten O-Merkmalen bestimmte Reaktionen (R) zuzuordnen, dann können im Umkehrschluß bestimmte gewünschte Verhaltensweisen durch den Einsatz bestimmter Stimuli hervorgerufen werden. Für die Vertriebssteuerung bedeutet dies, daß – um ein bestimmtes Verhalten der Außendienstmitarbeiter zu erzeugen – genau die Vertriebssteuerungsinstrumente gewählt werden müssen, die dieses Verhalten hervorrufen. Man hätte also gewissermaßen einen Werkzeugkasten, aus dem der Vertriebsmanager nur auszuwählen brauchte.

Die Realität ist natürlich nicht so einfach, wie sie im obigen Beispiel beschrieben wurde. Tatsächlich sieht sich der Außendienstmitarbeiter mehr Reizen gegenüber als lediglich den drei in diesem Beispiel gewählten. Auch die Verarbeitungsprozesse dieser Reize innerhalb seiner Psyche sind wesentlich komplexer als hier dargestellt. Daher ist es recht schwierig, das Verhalten von Mitarbeitern

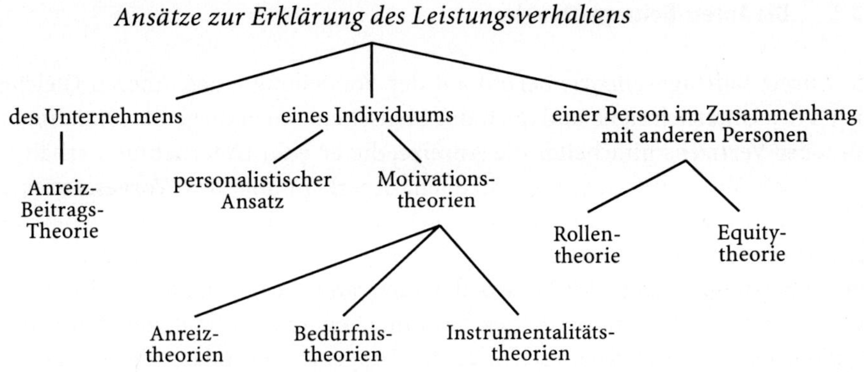

Abb. 5. Ansätze zur Erklärung des Leistungsverhaltens

vorauszusagen und dementsprechend noch schwieriger, das Verhalten auch entsprechend zu steuern.[8] Glücklicherweise – möchte man vielleicht sagen.

Dennoch hat die Wissenschaft im Zuge ihrer Forschung verschiedene Theorien entwickelt und diese auch empirisch zu stützen versucht, um die Zusammenhänge zwischen S, O und R offenzulegen. Diese Theorien haben durchaus praktische Relevanz erlangt; einige Vertriebssteuerungssysteme beruhen auf diesen Erkenntnissen.

Für die Vertriebssteuerung von besonderer Relevanz sind theoretische Ansätze, die versuchen das Leistungsverhalten der Mitarbeiter zu erklären. Die verschiedenen Theorien können danach unterschieden werden, auf welcher Ebene sie das Leistungsverhalten erklären (vgl. Abb. 5).

- Die *Anreiz-Beitrags-Theorie* geht davon aus, daß auf Unternehmensebene ein Gleichgewicht von Anreizen und Beiträgen bestehen muß. Sie bietet allgemeine Ansatzpunkte zur Gestaltung des Vertriebssteuerungssystems, das dieser Gleichgewichtsforderung gerecht werden soll.
- Der *personalistische Ansatz* stellt besondere Personenmerkmale heraus, die erfolgreiche und weniger erfolgreiche Verkäufer voneinander unterscheiden sollen.
- Demgegenüber bilden bei den *Motivationstheorien* die inneren Prozesse der Motivation zur Leistung den Schwerpunkt der Erklärung.
- Bei der *Equity-Theorie* und der *Rollentheorie* wird das Leistungsverhalten der Vertriebsmitarbeiter aus ihrem Zusammenspiel mit ihrer Umwelt erklärt.

Im folgenden sollen die Ansätze vorgestellt und im Hinblick auf ihre Ansatzpunkte für die Gestaltung der Vertriebssteuerung untersucht werden.

---

[8] Schließlich ist auch zu beachten, daß es wenig effizient wäre, für jeden Vertriebsmitarbeiter ein eigenes Steuerungssystem zu entwickeln.

2.3.1 Die Anreiz-Beitrags-Theorie

Die Anreiz-Beitrags-Theorie beruht auf der Vorstellung eines inneren Gleichgewichts des Unternehmens und auch des Menschen.[9] Grundlegende Annahme ist, daß jeder Vertriebsmitarbeiter die Anreize, die er vom Unternehmen erhält wie z.B. Entlohnung, Aufstiegsmöglichkeiten, Anerkennung des Vorgesetzten, im Lichte seiner eigenen Beiträge wie beispielsweise seiner Arbeitsleistung bewertet. Solange die erhaltenen Anreize den geleisteten Beiträgen entsprechen bzw. diese sogar übersteigen, zeigt der Mitarbeiter unverändertes Verhalten und bleibt im Unternehmen. Sinken in den Augen des Mitarbeiters die erhaltenen Anreize unter die geleisteten Beiträge, verläßt er das Unternehmen oder zeigt ein anderes Verhalten. Das Ungleichgewicht zwischen Anreizen und Beiträgen wirkt als Motor des Handelns. Das vom Vertriebsmitarbeiter gewählte Verhalten richtet sich dabei nach den Alternativen, die ihm offenstehen. Diese reichen vom Unternehmenswechsel über geringere Leistungen bis hin zu Absentismus (Fehlen) oder auch zu opportunistischen Verhaltensweisen wie Lügen und Betrügen.

Beispiel:
Herr Mohrenhaupt hat das Gefühl, sich angesichts der derzeitig harten Wettbewerbssituation überdurchschnittlich anstrengen zu müssen, um Aufträge zu erlangen. Aus seiner Sicht stehen sein Fixum und die Höhe der Umsatzprovision in gar keinem Verhältnis zu seiner Arbeitsleistung. Für ihn überwiegen seine Beiträge deutlich die Anreize des Unternehmens. Da die Wettbewerbssituation auch bei anderen Unternehmen nicht wesentlich günstiger ist, ist mit einem Stellenwechsel kaum mit Verbesserungen zu rechnen. Weniger zu arbeiten, würde dazu führen, daß er ein noch niedrigeres Gehalt bekäme. Er beschließt daher, die Reisekostenabrechnungen zu seinen Gunsten zu verändern (Betrug), um sich über die Erstattungen wenigstens etwas des ihm seiner Meinung nach zustehenden Gehaltes zu verschaffen. Anders ist die Situation bei Herrn Glister. Er hat gerade in das neue Unternehmen gewechselt. Das Betriebsklima ist besser, die Zusammenarbeit im Team gefällt ihm sehr gut, die zu verkaufenden Produkte und der Kundenkreis liegen ihm und sein Gehalt stimmt auch. Diese Anreize motivieren ihn dazu, sein Bestes zu geben. Aus seiner Sicht überwiegen die Anreize des Unternehmens die vom ihm bisher geleisteten Beiträge, so daß er dazu tendiert, das Gleichgewicht zwischen Anreizen und Beiträgen wieder herzustellen.

Die Anreiz-Beitrags-Theorie bietet einen Erklärungsansatz für das Verhalten einzelner Mitarbeiter, sie stellt aber auch einen Rahmen für die Gestaltung des Vertriebsmanagementsystems dar. Hiernach hat das Management darauf zu achten, die von der Organisationsstruktur und vom Personalmanagement, vom Vergütungs-, Führungs-, Aufstiegs- und Qualifikationssystem sowie Informationssystem ausgehenden Anreize so zu gestalten, daß der Mitarbeiter Beiträge er-

---

[9] Vgl. als frühester Verteter dieses Gleichgewichtsansatzes in der Organisationstheorie Barnard 1938; vgl. zur Anreiz-Beitrags-Theorie allgemein Kupsch/Marr 1985; March/Simon 1976, S. 81 ff.; vgl. auch den Lehrtext „Grundlagen des Marktprozesses", Plinke 1999.

bringt, die sich zum Wohle des Unternehmens und des Mitarbeiters auswirken. Das Gleichgewicht von Anreizen und Beiträgen auf der Unternehmensebene trägt zur Erreichung des Effektivitätszieles des Unternehmens bei. Befinden sich gleichzeitig die Mitarbeiter in einem Anreiz-Beitrags-Gleichgewicht, so wird auch das Effizienzziel des Unternehmens erreicht. Mitarbeiter neigen dann dazu, die erhaltenen Anreize durch entsprechende Leistungen zu honorieren, so daß sich ein für das Unternehmen günstiges Input-Output-Verhältnis einstellt.

Zur Erklärung des Verhaltens von Personen liefert die Anreiz-Beitrags-Theorie nur ein allgemeines Gerüst. Sie erklärt nicht im Detail, unter welchen Bedingungen sich ein Anreiz-Beitrags-Gleichgewicht einstellt bzw. wie und warum Personen auf Ungleichgewichte reagieren. Hierzu tragen die stärker personenorientierten Ansätze bei.

2.3.2 Der personalistische Ansatz

Der *personalistische Ansatz* beruht auf der sog. *Eigenschaftstheorie.*[10] Hiernach unterscheiden sich erfolgreiche Verkäufer aufgrund bestimmter Eigenschaften von weniger oder nicht erfolgreichen Verkäufern. Im Sinne des S-O-R-Ansatzes kommt es also auf die O-Merkmale, die Merkmale der Person, an. Für die Außendienststeuerung würde dieser Ansatz bedeuten, daß der Auswahl der einzustellenden Mitarbeiter entscheidende Bedeutung zukommt. Verkaufserfolge erzielen dann solche Unternehmen, denen es gelingt, Verkäufer mit bestimmten Persönlichkeitsmerkmalen zu gewinnen.

Auch im Rahmen der Führungslehre hat die Eigenschaftstheorie eine gewisse Bedeutung erlangt.[11] Hiernach ist nicht jede Person als Vorgesetzter geeignet, sondern Führungspersönlichkeiten verfügen über angeborene, natürliche Eigenschaften, die sie zur Ausübung der Vorgesetztenposition besonders befähigen. Mitarbeiterführung ist danach keine erlernbare Fähigkeit. Im Rahmen des Aufstiegssystems sind dann vor allem solche Personen zu befördern, die über diese Fähigkeiten verfügen. Das Informationssystem, insbesondere das Personalbeurteilungssystem muß über die Eigenschaften der Mitarbeiter Auskunft geben.

Empirische Untersuchungen über den Einfluß demographischer[12], soziodemographischer[13] und persönlichkeitsbezogener Merkmale auf den Verkaufserfolg

---

10 Vgl. Hinze 1980, S. 66 ff.

11 Vgl. Hentze 1991b, S. 183 f. Zu weiteren Ansätzen der Führungslehre vgl. das entsprechende Kapitel „Führungssystem".

12 Demographische Merkmale sind Größen, die die Bevölkerung nach Art und Zusammensetzung beschreiben, wie beispielsweise Alter und Geschlecht. Vgl. Kroeber-Riel 1980, S. 417.

zeigen,[14] daß Persönlichkeitsmerkmale wie Selbstimage, Einfühlungsvermögen und Selbstverwirklichung bessere Vorhersagemöglichkeiten des Verkaufserfolges ermöglichten als demographische und soziodemographische Merkmale. Allerdings ist der Bezug zwischen den Merkmalen und dem Verkaufserfolg so schwach, daß die Eigenschaftstheorie als nicht belegt gelten kann. So üben auch die Art der zu verkaufenden Produkte und die Verkaufssituation Einfluß auf den Verkaufserfolg aus. Zudem ist die Frage zu stellen, ob die Eigenschaften als Voraussetzungen des Erfolges anzusehen sind oder ob sie nicht möglicherweise auch eine Folge des Erfolgs darstellen. So kann beispielsweise ein besseres Selbstimage oder eine höhere Selbstwertschätzung als Ergebnis höherer Verkaufserfolge auftreten. Aufgrund dieser Zusammenhänge ist es nicht möglich, ein lediglich auf der Basis der Eigenschaftstheorie fußendes Vertriebssteuerungssystem aufzubauen, obwohl die Eigenschaftstheorie gerade in der Praxis viele Anhänger findet.

2.3.3 Motivationstheorien

Als Motivation kann das Ausmaß der Leistungsbereitschaft eines Mitarbeiters im Hinblick auf die Erreichung eines bestimmten Zieles gelten.[15] Ein Vertriebsmitarbeiter ist also hoch motiviert, wenn er bereit ist, sich im Rahmen seiner Vertriebsaufgaben aufs äußerste anzustrengen.[16] Um zu erklären, wie Leistung und Leistungsmotivation entstehen, existieren anreiztheoretische, bedürfnisorientierte und stärker kognitiv orientierte Ansätze.[17] Neben dieser Unterteilung der Theorien finden sich in der Literatur auch die Unterscheidung in Inhaltstheorien und Prozeßtheorien.[18]

2.3.3.1 Anreiztheoretische Motivationstheorien

Anreiztheoretische Motivationstheorien können als Umsetzung der Anreiz-Beitrags-Theorie auf Personenebene angesehen werden. Sie beruhen auf der Ansicht, daß das Ziel des Menschen darin besteht, Lust zu vermehren und Unlust zu vermeiden (hedonistisches Lebensprinzip. Menschen trachten danach, positive Anreize wiederzufinden und negative Anreize zu vermeiden. Soll also ein Au-

---

13 Soziodemographische Merkmale beschreiben die Stellung einer Person innerhalb einer sozialen Struktur, z.B. Familienstand, Ausbildung, sozialer Status. Vgl. Kroeber-Riel 1980, S. 492, Fußnote 36.

14 Zu den verschiedenen Untersuchungsergebnissen vgl. die Übersicht bei Hinze 1980, S. 66 ff.

15 Vgl. Hentze 1991b, S. 26.

16 Vgl. Churchill/Ford/Walker 1985, S. 299.

17 Vgl. Neuberger 1978, S. 201 ff.; Rosenstiel 1975.

18 Vgl. Staehle 1994, S. 206; Hentze 1991b, S. 35.

ßendienstmitarbeiter zu verstärkten Besuchen seiner wichtigsten Kunden angehalten werden, so kann dies dadurch erreicht werden, indem jeder Kundenbesuch belohnt wird. Wie empirische Untersuchungen zeigen, sind bei Verkäufern insbesondere finanzielle Anreize sehr wirksam.[19] Das Unterschreiten einer bestimmten Besuchszahl kann aber auch mit Bestrafungen (z.B. Gespräch mit dem Vorgesetzten, Verlust einer Prämie) verbunden werden.

Negative Anreize führen zu Furcht. Furcht mag für kurze Zeit ein wirksamer Motivator sein, positive Anreize oder Belohnungen motivieren jedoch nachhaltiger. „With a smile and a gun, you can make a person do a job, but you cannot make him like it."[20]

2.3.3.2 Bedürfnisorientierte Motivationstheorien

Bedürfnisorientierte Motivationstheorien gehen davon aus, daß in der Befriedigung der Bedürfnisse der Motor für die Handlungen und Verhaltensweisen der Vertriebsmitarbeiter zu sehen ist. Die bekannteste der bedürfnisorientierten Motivationstheorien ist die fünfstufige *Bedürfnispyramide* von *Maslow*[21]. Sie umfaßt die folgenden aufeinander aufbauenden Bedürfnisse:[22]

1. (unterste) Stufe: *physiologische Grundbedürfnisse* wie Hunger, Durst, Schlaf.
2. Stufe: *Sicherheitsbedürfnisse* wie Dach über dem Kopf, Arbeitsplatzsicherheit, Einkommenssicherheit.
3. Stufe: *Zugehörigkeitsbedürfnisse* wie Zugehörigkeit zu einer Clique oder zum Unternehmen.
4. Stufe: *Anerkennungsbedürfnisse* wie Anerkennung durch Kollegen oder Vorgesetzte.
5. (oberste) Stufe: *Selbstverwirklichungsbedürfnis* wie Wunsch nach eigenverantwortlicher Tätigkeit.

Die Bedürfnisse der Stufen 1–4 sind sog. *Defizitbedürfnisse*. Werden sie nicht befriedigt, führen sie zu einem Ungleichgewichtszustand (z.B. Hunger), der wieder in einen Gleichgewichtszustand (z.B. Sättigung) überführt werden muß. Bedürfnisse der nächst höheren Stufe werden erst befriedigt, wenn die Bedürfnisse der darunter liegenden Stufen gedeckt sind. Das Bedürfnis nach Selbstverwirklichung stellt ein *Wachstumsbedürfnis* dar. Die Befriedigung von Wachstumsbedürfnissenerreicht keine Grenzen und damit auch kein Gleichgewicht. Empiri-

---

19 Vgl. Darmon 1974.

20 Stanton/Buskirk 1987, S. 290.

21 Vgl. Hentze 1991b, S. 30; v. Eckardstein/Schnellinger 1978, S. 94. Die Bedürfnispyramide *Maslows* spielt auch im Kaufverhalten eine Rolle (vgl. Kroeber-Riel 1980, S. 11).

22 Vgl. Maslow 1954; Hentze 1991b, S. 30; von Eckardstein/Schnellinger 1978, S. 94; Staehle 1994, S. 206 und S. 155 f.

sche Untersuchungen konnten allerdings nur die Existenz der Bedürfnisse, nicht aber die Hierarchie bestätigen.[23]

Für die Gestaltung des Vertriebssteuerungssystems lassen sich aus den bedürfnisorientierten Motivationstheorien lediglich allgemeine Erkenntnisse gewinnen, die sich nicht speziell auf den Vertrieb, sondern auf das gesamte Unternehmen beziehen. So ist das Bedürfnis nach Einkommenssicherheit durch entsprechende Gestaltung des Entlohnungssystems zu erfüllen. Dem Bedürfnis nach Zugehörigkeit kann durch die Organisationsstruktur entsprochen werden, die den Informationsaustausch und die Kommunikation mit Arbeitskollegen ermöglichen soll. Das Bedürfnis nach Anerkennung stellt entsprechende Forderungen an das Führungssystem im Vertrieb, während das Bedürfnis nach Selbstverwirklichung durch die Arbeitsorganisation und das Aufstiegssystem befriedigt werden kann.

Ein zweiter Ansatz, dem eine gewisse Bedeutung für die Personalpolitik zukommt, ist die *Zwei-Faktoren-Theorie* von *Herzberg*. In einer empirischen Untersuchung, der sog. *Pittsburgh-Studie*, hat *Herzberg* aufgedeckt, daß für Arbeitszufriedenheit bzw. -unzufriedenheit unterschiedliche Faktoren maßgebend sind:[24]

Die sog. *Motivatoren* erhöhen die Arbeitszufriedenheit. Hierzu zählen Leistung, Anerkennung, die Arbeit selbst, Verantwortung, Beförderung und Entfaltungsmöglichkeiten. Demgegenüber führen *Hygienefaktoren* zu Unzufriedenheit. Hierzu sind Gehalt, interpersonelle Beziehungen zu Organisationsmitgliedern, Status, Unternehmenspolitik und physische Arbeitsbedingungen zu zählen. Werden Hygienefaktoren verbessert, so mindert sich die Unzufriedenheit, Zufriedenheit stellt sich jedoch nicht ein. Werden Motivatoren verbessert, so führt dies zur Zufriedenheit der Mitarbeiter und auf der Grundlage dieser Zufriedenheit zu mehr Arbeitsleistung.

Beispiel:
Der Vertriebsingenieur, Herr Flaskamp, ist mit seinem gegenwärtigen Gehalt unzufrieden. Nach der *Herzberg*schen Theorie wird er dies auch bleiben, denn beim Gehalt handelt es sich um einen Hygienefaktor. Die Beseitigung dieses Faktors würde nicht zu mehr Zufriedenheit führen, sondern lediglich sein Anspruchsniveau steigern.

Betrachtet man Motivatoren und Hygienefaktoren vor dem Hintergrund der Bedürfnistheorien, so befriedigen Motivatoren vor allem Wachstumsbedürfnisse, während Hygienefaktoren in erster Linie Beziehungs- und Existenzbedürfnissen Rechnung tragen. Ähnlich wie die Theorie von *Maslow* konnten jedoch auch die

23 Vgl. Hinze 1980, S. 105 f.

24 Vgl. Herzberg 1966.

Ergebnisse *Herzbergs* in anderen Untersuchungen nicht bestätigt werden.[25] So hat beispielsweise *Myers* das Konzept in den 60er Jahren im Unternehmen *Texas Instruments* getestet und festgestellt, daß die Motivation eher von der Person als von der Situation abhängig war. Er identifizierte „growth seekers", die nach Motivatoren suchten, sowie „maintenance seekers", die auf Hygienefaktoren ansprachen.[26] Solche stärker personenbezogenen Merkmale stellen die Leistungsmotivationstheorien in den Mittelpunkt.

2.3.3.3 Erwartungswert- oder Instrumentalitätstheorien

Erwartungs- oder Instrumentalitätstheorien sehen weniger bestimmte Grundbedürfnisse oder -motive als Ursache der Leistung an als vielmehr kognitiv begründbare, erwartete Ziel-Mittel-Beziehungen: Anstrengungen führen zu Leistungen, und Leistungen werden belohnt.

Besonders genau wird die Beziehung zwischen Leistung, Anstrengung und Belohnung in der *Valenz-Instrumentalitäts-Erwartungs-Theorie* (*VIE-Theorie*) nach *Vroom* spezifiziert.[27] Sie beruht auf der Vorstellung, daß Menschen ökonomisch handeln: Sie suchen solche Ziel-Mittel-Ketten zu realisieren, von denen sie sich den höchsten Nutzen bzw. die größten Belohnungen versprechen. Zentrale Bestandteile sind

- das Mittel-Zweck-Denken, das als *Instrumentalität* bezeichnet wird,
- *Valenz*, d.h. die Bedeutung oder Attraktivität oder der Nutzen eines Ergebnisses für eine Person sowie
- die *Erwartung*, daß ein bestimmtes Ergebnis erreicht werden kann.

Diese Variablen werden wie in Abb. 6 dargestellt miteinander verknüpft.

Die Beziehung zwischen den Variablen läßt sich am besten anhand eines Beispiels verdeutlichen:

> **Beispiel:**
> Der Vertriebsingenieur, Herr Flaskamp, hat gerade ein Haus gebaut. Daher strebt er zur Zeit ein möglichst hohes Einkommen an (Ergebnis der 2. Ebene). Dieses Ziel zu erreichen, ist ihm sehr wichtig (Valenz ist hoch). Um ein Einkommen zu erhöhen, kann er mehr Umsatz erzielen (Ergebnis der 1. Ebene), er kann aber auch eine höher dotierte Führungsposition anstreben (Ergebnis der 1. Ebene). Die Instrumentalität ist bei beiden Ergebnissen gegeben, denn sowohl die Erreichung des Umsatzzieles als auch die Erreichung der Führungsposition führt zu mehr Einkommen. Die Valenz ist somit für beide Ergebnisse der 1. Ebene hoch. Die Wahrscheinlichkeit, daß ein höherer Umsatz zu einem Einkommenszuwachs führt (Erwartung II), stuft er bei 100% ein, da das Entlohnungssystem eine Um-

---

25 Vgl. Cotham 1968 für den Vertriebsbereich; vgl. die Übersichten bei Rosenstiel 1975 und Weinert 1987.

26 Myers 1964 zitiert nach Staehle 1994, S. 212.

27 Vgl. Vroom 1964; vgl. auch die Darstellung bei Steinmann/Schreyögg 1993, S. 464 ff.

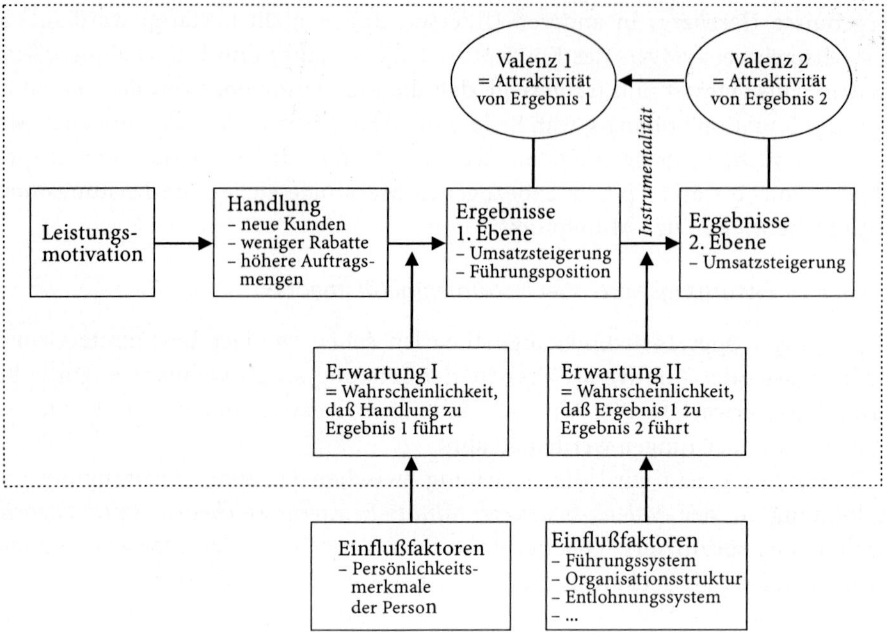

Abb. 6. Valenz-Instrumentalitäts-Erwartungs-Theorie nach *Vroom* sowie Ansatzpunkte der Vertriebssteuerung

satzprovision vorsieht, bei der jede Mark mehr Umsatz sich in einem höheren Gehalt niederschlägt (Einflußfaktor: Entlohnungssystem). Die Wahrscheinlichkeit, daß eine Führungsposition zu mehr Einkommen führt, schätzt er niedriger ein (etwa 70 %) (Erwartung II), da ihm die Gehälter auf der Führungsebene nicht bekannt sind (Einflußfaktor: Informationssystem) und zudem auch dem Verhandlungsgeschick der Personen unterliegen (Einflußfaktor: Entlohnungssystem). Aufgrund der höheren Wahrscheinlichkeit (Erwartung II) wählt Herr Flaskamp das Umsatzziel. Hierbei stehen ihm wiederum mehrere Handlungsmöglichkeiten offen, z.B. neue Kunden gewinnen, größere Auftragsmengen erzielen, weniger Rabatte geben o.ä. Welche dieser Maßnahmen er wählt (Handlung), hängt davon ab, wie hoch er die Wahrscheinlichkeit einschätzt, daß die Handlung zur Umsatzsteigerung führt (Erwartung I). Dies ist abhängig von seinen eigenen Fähigkeiten (Einflußfaktor: Persönlichkeitsmerkmale).

Im Modell von *Vroom* können auch längere Ziel-Mittel-Ketten betrachtet werden. So lassen sich Beziehungen zwischen Ergebnissen der 1. Ebene, der 2. Ebene, der 3. Ebene bis zur n-ten Ebene betrachten, etwa die Verbindung soziale Anerkennung – Einkommenshöhe – Führungsposition. Offenbar wird an dieser Stelle auch, daß die angestrebten Ergebnisse stark personen- und situationsabhängig sind.

Beispiel:
Solange Herr Flaskamp sein Haus baut und finanzieren muß, ist die Einkommenshöhe ein erstrebenswertes Ziel. Ist dieses Ziel erreicht, tritt vielleicht Arbeitszeitflexibilität oder eine interessante Aufgabe in den Mittelpunkt seiner Wünsche. Die VIE-Theorie scheint somit gut geeignet, das Verhalten von Vertriebsmitarbeitern zu erklären.

Das Modell von *Vroom* bietet vielfältige Ansatzpunkte für die Vertriebssteuerung. Wie aus Abb. 6 ersichtlich ist, beeinflußt die Ausgestaltung der Vertriebssteuerungssysteme vor allem die Erwartung, daß Ergebnisse der 1. Ebene zu Ergebnissen der 2. Ebene führen. Transparenz und Stabilität der Systeme lassen sich als Anforderung für die Systemgestaltung daraus ableiten. Die Systeme sind außerdem möglichst so zu gestalten, daß Vertriebsmitarbeiter ihre wechselnden persönlichen Ziele (Ergebnisse der 2. Ebene) erreichen können, ohne die Unternehmensziele zu gefährden. Die im *Vroom*-Modell unterstellten Zusammenhänge konnten in empirischen Untersuchungen bestätigt werden.[28]

2.3.4 Der rollentheoretische Ansatz

Während Motivationstheorien und Instrumentalitätstheorien Verhalten aufgrund der innerhalb des Organismus (O) stattfindenden Verarbeitungsprozesse erklären, stellt der rollentheoretische Ansatz die Beziehung zwischen dem Individuum (O) und seinem Umfeld (S) in den Mittelpunkt der Betrachtung. Er beruht auf der Annahme, daß sich das Verhalten aus der Rollenwahrnehmung und -ausübung einer Person erklären läßt.[29] Rollen bezeichnen einen „Komplex von Erwartungen, die an einen Positionsinhaber gerichtet werden".[30] Demnach richtet sich das Verhalten des Herrn Flaskamp im obigen Beispiel nach den Erwartungen, die seine Vorgesetzten, Kunden und Kollegen an ihn in seiner Rolle als Außendienstmitarbeiter stellen. Abbildung 7 verdeutlicht die Zusammenhänge.

Ein Rollensender, z.B. der Vorgesetzte von Herrn Flaskamp, übermittelt dem Rollenempfänger, Herrn Flaskamp, bestimmte Rollenerwartungen (II und Pfeil 1). die Rollenerwartungen (I) werden dabei zum einen von unternehmensbezogenen Faktoren (Kreis A), z.B. den Stellenbeschreibungen des Unternehmens, der Vertriebsorganisation oder den Verdienstmöglichkeiten, bestimmt (Pfeil 3). Darüber hinaus sind auch die Persönlichkeitsmerkmale des Rollenempfängers (Kreis B), z.B. Fleiß, Interesse an der Vertriebstätigkeit, Eigeninitiative, maßgebend für die Rollenerwartungen und die gesendete Rolle (Pfeil 4). Schließlich bestimmen auch die sozialen Beziehungen zwischen dem Vertriebsvorgesetzten und dem Außen-

28 Vgl. Oliver 1974; Huellen 1986.

29 Vgl. zur Rollentheorie auch die Ausführungen bei Fließ 1999.

30 Neuberger 1976, S. 74.

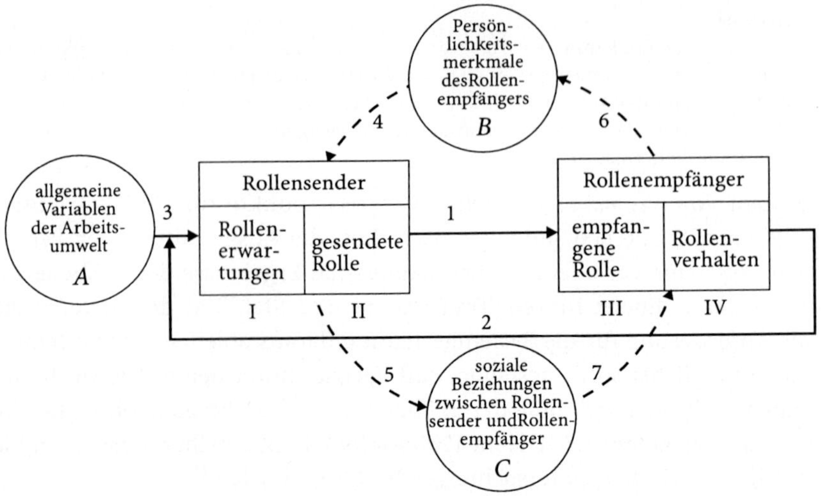

Abb. 7. Rollenmodell nach *Katz/Kahn*
Quelle: Katz/Kahn, 1978, S. 196

dienstmitarbeiter (Kreis C) die Rollenerwartungen. Hierbei kommen Machtbeziehungen, Freundschaft, aber auch allgemeine Kommunikationsbeziehungen zum Tragen. Das Rollenverhalten (IV) bestimmt sich nun nach der empfangenen Rolle (III), wobei alle Übermittlungsfehler (syntaktische, semantische und pragmatische Fehler[31]) die Übereinstimmung zwischen gesendeter und empfangener Rolle stören können. Von besonderer Bedeutung für die Vertriebssteuerung ist dabei die Rückkopplung über den Pfeil 2. Sie zeigt an, ob die gesendeten Verhaltenserwartungen auch zum gewünschten Verhalten geführt haben.[32]

Außendienstmitarbeiter sind aufgrund ihrer „boundary role position"[33] an der Grenze zwischen eigenem Unternehmen und Umwelt besonders prädestiniert für die Konfrontation mit unterschiedlichen Rollenerwartungen. Als Folge tritt Rollenverhalten in Form von Rollenambiguität, Rollenkonflikt und Rollenerfüllung auf. Decken sich empfangene und gesendete Rolle und stimmt dies auch mit den eigenen Vorstellungen des Außendienstmitarbeiters überein, so kommt es zur Erfüllung der Rolle in der vorgegebenen Weise („role accuracy"). Werden Erwartungen nicht genau genug formuliert oder empfängt der Außendienstmitarbeiter widersprüchliche Erwartungen, so kommt es zur *Rollenambiguität*, d.h. der Außendienstmitarbeiter weiß nicht, wie er die Rolle erfüllen soll.

[31] Vgl. hierzu Kapitel C.1 – „Grundlagen der Gestaltung der Kommunikationsleistung".

[32] Vgl. Katz/Kahn, 1978, S.194 ff.

[33] Vgl. Adams 1975.

Wird der Außendienstmitarbeiter mit widersprüchlichen Rollenerwartungen unterschiedlicher Personen konfrontiert, kommt es zu *Rollenkonflikten*.

Beispiel:
Herr Flaskamp hat seine Umsatzvorgabe für dieses Quartal noch nicht erreicht. Die Lage am Markt ist aufgrund der allgemeinen wirtschaftlichen Situation und zunehmenden Konkurrenzdrucks besonders schwierig. Daher arbeitet er länger als sonst und unternimmt mehrtägige Fahrten, um auch weiter entfernte Kunden häufiger besuchen zu können. Da er häufig bereits am Sonntag nachmittag zu seiner Tour startet und auch unter der Woche auswärts übernachtet, hat nur noch wenig Zeit für seine Familie. Auf einer dieser Besuchstouren hat er einen neuen potentiellen Kunden für die Produkte seines Unternehmens interessieren können. Bei einem Preisnachlaß würde er den Auftrag erhalten, allerdings würde er sich dann gegenüber seinem Vorgesetzten verantworten müssen, da der angebotene Preis bereits 20 % unterhalb des Listenpreises liegt. Herr Flaskamp weiß zudem, daß das Konkurrenzprodukt für die Zwecke des Kunden wesentlich besser geeignet wäre. In dieser Situation ist Herr Flaskamp mehreren Konflikten ausgesetzt: 1) Konflikt zwischen den Erwartungen der Familie (Zeit) und denen des Unternehmens (Aufträge), 2) Konflikt zwischen den Erwartungen des Kunden (Preisnachlaß) und den Erwartungen seines Vorgesetzten (höherer Deckungsbeitrag), 3) Konflikt zwischen seinen eigenen Erwartungen (Ehrlichkeit gegenüber Kunden), den Erwartungen des Vorgesetzten (Auftrag) und den Erwartungen seiner Familie (regelmäßiges Einkommen möglichst gleicher Höhe oder höher als vorher).

Empirische Ergebnisse haben gezeigt, daß sich Rollenambiguität und Rollenkonflikte negativ auf die Arbeitszufriedenheit und die Arbeitsleistung von Außendienstmitarbeitern auswirken.[34] Die Wirkungen sind dabei jedoch unterschiedlich: Rollenunsicherheit (Ambiguität) wirkt sich auf die Zufriedenheit des Mitarbeiters mit seiner eigenen Arbeitsleistung und seiner eigenen Person aus. Rollenkonflikte führen stärker zur Unzufriedenheit mit dem Unternehmen und mit den Rollenpartnern.

Daher sollte das Unternehmen zu einer Minimierung der Rollenkonflikte beitragen, um die Voraussetzungen für zufriedene und leistungsstarke Außendienstmitarbeiter zu schaffen. Als konkrete Maßnahmen sind hierbei Stellenbeschreibungen und Führung durch die Vertriebsvorgesetzten zu nennen, um Rollenambiguität zu vermeiden.[35] Stärkere Führung schlägt sich dann in niedrigeren Kontrollspannen nieder, d.h. einem Vorgesetzten werden nur wenige Mitarbeiter zugeordnet. Allerdings ist die damit einhergehende stärkere Kontrolle der Mitarbeiter ein zweischneidiges Schwert, denn ob genauere Vorgaben und Erwartungen zu mehr Arbeitszufriedenheit führen, mag zumindest als zweifelhaft gelten. Zudem stellt der rollentheoretische Ansatz keinesfalls sicher, daß die Mitarbeiter bei Abwesenheit von Rollenkonflikten auch besser arbeiten.

---

[34] Vgl. den Überblick über empirische Untersuchungen bei Hinze 1980, S. 93 ff.; vgl. auch Churchill/Ford/Walker 1985, S. 321 und die dort angegebene Literatur.

[35] Vgl. Churchill/Ford/Walker 1985, S.323.

2.3.5 Die Gleichheitstheorie (Equity-Theorie) von *Adams*

Auch bei der Gleichheitstheorie orientiert sich das Verhalten des Einzelnen explizit am Verhalten anderer. Im Mittelpunkt der *Gleichheitstheorie* von *Adams* steht dabei die Beziehung zwischen Arbeitnehmer und Arbeitgeber.[36]

Adams interpretiert das Verhältnis zwischen Arbeitgeber und Arbeitnehmer als wirtschaftliche Tauschbeziehung. Der Arbeitnehmer bringt in diese Tauschbeziehung Leistungen, Erfahrungen, Ausbildung, Kenntnisse und seine Persönlichkeitsmerkmale ein (Inputs aus Arbeitnehmersicht). Der Arbeitgeber bietet als Gegenleistung Bezahlung, Freude an der Arbeit, Sicherheit, Sozialleistungen, Statussymbole, Anerkennung etc. Diese stellen aus der Sicht des Arbeitnehmers die „Outcomes" (Ergebnisse oder Nutzenelemente) dar, aus der Sicht des Arbeitgebers handelt es sich um Inputs. Die „Outcomes" des Arbeitgebers bestehen in der Leistung des Arbeitnehmers, z.B. erreichter Umsatz. Vertriebsmitarbeiter streben nun ebenso wie andere Mitarbeiter eines Unternehmens ein Gleichgewicht zwischen Inputs und Outputs an.[37] Dabei betrachten Mitarbeiter nicht nur ihr eigenes Verhältnis von Inputs und Outcomes, sondern auch die Ergebnisse, die andere Vertriebsmitarbeiter erhalten, sowie die von ihnen geleisteten Inputs. Mitarbeiter fordern dabei Verteilungsgerechtigkeit, d.h. eine faire Verteilung von Belohnungen bzw. Outcomes zwischen den Mitarbeitern im Vertrieb.

Verteilungsgerechtigkeit ist gegeben, wenn folgende Bedingung erfüllt ist:

$$\frac{\text{Ertrag Person A}}{\text{Aufwand Person A}} = \frac{\text{Ertrag Person B}}{\text{Aufwand Person B}}$$

Als Ertrag gelten Beförderung, Gehalt, neue interessantere und anspruchsvollere Aufgaben, Anerkennung, Weiterbildungsmaßnahmen etc. Als Aufwand sind die Anstrengungen und Opfer anzusehen, wobei hier sowohl monetäre Opfer (z.B. Reisekosten zum Kunden, Weiterbildungsmaßnahmen), zeitliche Inputs (Dauer des Kundengesprächs) als auch psychische Opfer (z.B. psychische Anstrengung, sich in eine andere Person hineinzuversetzen, ihr zuzuhören) eine Rolle spielen. Der Aufwand des Vertriebsmitarbeiters ist also nicht mit der vom Unternehmen wahrgenommenen Leistung, z.B. Auftragserhalt, Umsatz, identisch. A und B als zwei verschiedene Vertriebsmitarbeiter empfinden dann Gerechtigkeit, wenn ihre Einschätzung des Verhältnisses von Aufwand und Ertrag einander entspricht.

Sind die eigenen Erträge im Verhältnis zu den Aufwendungen geringer oder höher als die der Vergleichsperson, z.B. des Kollegen im Vertrieb, so bieten sich folgende Verhaltensmöglichkeiten an:[38]

---

[36] Vgl. Adams 1963, 1965; vgl. die Darstellungen bei Staehle 1994, S. 224 ff., S. 291 f.; Hentze 1991b, S. 35 ff.

[37] Hier zeigt sich eine Parallele zur Anreiz-Beitrags-Theorie, siehe oben.

[38] Vgl. Hentze 1991b, S. 38.

- Der Vertriebsmitarbeiter verändert seine Aufwendungen, strengt sich also weniger an.
- Der Vertriebsmitarbeiter verändert seine Erträge. Er versucht z.B. pro Besuch mehr Umsatz zu erzielen, pro Reisetag mehr Kunden zu erreichen oder je Gespräch eine qualifiziertere Beratung durchzuführen.
- Der Vertriebsmitarbeiter verändert die Bewertung von Aufwand und Ertrag.
- Der Vertriebsmitarbeiter wechselt das Unternehmen oder den Aufgabenbereich.
- Der Vertriebsmitarbeiter wählt einen anderen Kollegen als Vergleichsmaßstab, um die 'Gerechtigkeit' wieder herzustellen.

Aus der Gleichheitstheorie von *Adams* lassen sich Forderungen wie „gleicher Lohn für gleiche Arbeit" ableiten, aber auch die Forderung der Gleichbehandlung von Mitarbeitern im Rahmen des Führungssystems oder des Aufstiegssystems können hiermit begründet werden. Führungskräfte sollten also Mitarbeiter nicht sachlich ungerechtfertigt fördern oder bevorzugen, ebenso wie höhere Positionen auf der Aufstiegsleiter auf der Grundlage sachlich gerechtfertigter und nachvollziehbarer Kriterien besetzt werden sollten.

2.3.6 Die Eignung verhaltenswissenschaftlicher Ansätze für die Gestaltung des Vertriebsmanagementsystems

Die hier vorgestellten verhaltenswissenschaftlichen Ansätze sind recht gut in der Lage, Verhalten von Außendienstmitarbeitern zu erklären. Sie können Hinweise darauf liefern, warum Vertriebsmitarbeiter in ihren Leistungen schwanken, warum manche Vertriebsmitarbeiter erfolgreicher sind als andere und warum manche Anreize des Vertriebssteuerungssystems nicht zu dem von der Vertriebs- oder Geschäftsleitung erwünschten Verhalten führen.

Leider ist jedoch keiner der Ansätze in der Lage, sämtliche Aspekte des Verhaltens von Vertriebsmitarbeitern zu erklären. Je nachdem, welche Situation in der Praxis vorzufinden ist, können verschiedene Erklärungen herangezogen werden, die dasselbe Verhalten zum Teil auf ganz unterschiedliche Ursachen zurückführen und zu einander widersprechenden Aussagen über das wahrscheinliche Verhalten eines Mitarbeiters gelangen.

Beispiel:
Herr Wollschläger, Außendienstmitarbeiter der Vertriebs GmbH, ist trotz vergleichbarer Qualifikation und Berufs- sowie Branchenerfahrung weniger erfolgreich als seine Kollegen. Der personalistische Ansatz führt dies auf Unterschiede bezüglich der Persönlichkeitsstruktur zurück. Seine Kollegen zeigen Persönlichkeitszüge, die eher zum Erfolg führen. Die Motivationstheorien führen dies auf eine geringere Motivation als die seiner Kollegen zurück. Aus anreiztheoretischer Sicht stimmen die vom Unternehmen gewährten Anreize nicht, so daß Herr Woll-

schläger sich nicht zur gleichen Leistung angespornt sieht wie seine Kollegen. Die bedürfnisorientierte Motivationstheorie erklärt diesen Zusammenhang ähnlich – das Anreizsystem des Unternehmens befriedigt die von Herrn Wollschläger primär zu befriedigenden Bedürfnisse nicht. Die Leistungsmotivationstheorie führt die Leistungsunterschiede auf eine niedrigere Leistungsmotivation zurück. Möglicherweise sind andere Motivationen stärker ausgeprägt. Aus Sicht der Instrumentalitätstheorie stimmt die Beziehung zwischen den als Folge der Leistung zu erwartenden Belohnungen (Ergebnisse) nicht, z.B. ein höheres Einkommen ist nicht so wichtig und auch die Aufstiegschancen sind nicht verlockend. Aus Sicht der Gleichheitstheorie ist die schlechtere Leistung auf Wahrnehmungsverzerrungen zurückzuführen. Herr Wollschläger hat den Eindruck, daß er sich im gleichen Verhältnis wie seine Kollegen anstrengt, um seine Aufträge zu erzielen. Aus Sicht der Interaktionstheorie ist das schlechtere Abschneiden darauf zurückzuführen, daß Herr Wollschläger seinen Kunden nicht ähnlich genug ist.

Welche der im Beispiel genannten Erklärungen zutrifft, läßt sich ohne Kenntnis der Person und der jeweiligen Umstände nicht beantworten. Damit zeigt sich aber auch ein deutliches Defizit der verhaltenswissenschaftlichen Ansätze. Sie können das Verhalten Einzelner erklären, sind aber kaum geeignet, konkrete Gestaltungsempfehlungen für ein Vertriebssteuerungssystem zu geben, das unterschiedlichen Personen gerecht werden soll. Die Ansatzpunkte und Hilfestellungen bleiben sehr im allgemeinen verhaftet, wie die Gegenüberstellung der Vertriebssteuerungssysteme und der verhaltenswissenschaftlichen Erklärungsansätze in Tabelle 1 verdeutlicht.

Erfolgversprechender sind in dieser Hinsicht die institutionenökonomischen Erklärungsansätze, vor allem deshalb, weil sie von einigen wenigen Annahmen bezüglich des Verhaltens von Arbeitnehmern und Arbeitgebern ausgehen. Dabei stehen sie nicht in einem totalen Gegensatz zu den verhaltenswissenschaftlichen Ansätzen, sondern ergänzen sie sinnvoll, so daß sich aus der Kombination beider Theorieansätze konkrete Gestaltungshinweise für die Gestaltung eines Vertriebssteuerungssystem ableiten lassen.

Tabelle 1. Gegenüberstellung verhaltenswissenschaftlicher Erklärungsansätze und Vertriebssteuerungssysteme

Theorien	*Systeme*				
	Organisationsstruktur	*Entlohnungssystem*	*Führungssystem*	*Aufstiegssystem*	*Informationssystem*
Anreiz-Beitrags-Theorie		Anreize (Entlohnung) im Verhältnis zu Beiträgen (Leistungen) der Vertriebsmitarbeiter; Anreize und Beiträge werden dabei subjektiv bewertet.	Vertriebsvorgesetzte müssen Anreize geben, um entsprechende Beiträge der Mitarbeiter zu erhalten.	Anreiz (Aufstieg) muß im Verhältnis zu den Beiträgen stehen.	Informationssystem muß über das Verhältnis von Anreizen und Beiträgen Auskunft geben.
Personalistischer Ansatz			Es gibt Führungspersönlichkeiten.	Führungspersönlichkeiten befördern.	Führungspersönlichkeiten identifizieren (Personalbeurteilungen); bes. geeignete Verkäufer anhand der Persönlichkeitsmerkmale identifizieren (Einstellungstests).
Anreiztheoretische Motivationstheorie		Die Anreize sind so zu setzen, daß Mitarbeiter motiviert sind, entsprechende Beiträge zu leisten. Erwünschtes Verhalten (Beitrag) ist durch entsprechende Belohnung (Anreiz) zu verstärken bzw. unerwünschtes Verhalten durch entsprechende Bestrafung (Anreiz) zu unterbinden.			
Bedürfnisorientierte Motivationstheorien (Maslow)	Selbstverwirklichung ermöglichen; Zugehörigkeits- bzw. interpersonelle Beziehungsbedürfnisse befriedigen.	Sicherheitsbedürfnis befriedigen.	Anerkennungsbedürfnis befriedigen.	Anerkennungs- und Selbstverwirklichungsbedürfnis befriedigen.	
Zwei-Faktoren-Theorie nach Herzberg	Motivatoren: Arbeitsinhalt, Verantwortung, Leistung. Hygienefaktoren: Arbeitsbedingungen.	Hygienefaktor: Gehalt.	Motivatoren: Anerkennung. Hygienefaktoren: Überwachung, Beziehung zum Vorgesetzten.	Motivatoren: Beförderung, Wachstum.	Hygienefaktor: Überwachung.
Valenz-Instrumentalitäts-Erwartungs-Theorie nach Vroom	Allgemeine Forderung der Transparenz und Dauerhaftigkeit der Systeme, der Konformität von persönlichen und unternehmensbezogenen Zielen. Inhalte sollen eine hohe Valenz aufweisen, hohe Instrumentalität zwischen den Systemen.				
Rollentheoretischer Ansatz	Eindeutige Stellenbeschreibungen, geringe Kontrollspanne.		Eindeutige Erwartungen formulieren.		Überwachungssystem installieren.
Gleichheitstheorie von Adams		Gleicher Lohn für gleiche Arbeit, Lohngerechtigkeit.		Mitarbeiter mit besseren Leistungen befördern, Mitarbeiter mit schlechteren Leistungen nicht.	Aus Sicht der Vertriebsmitarbeiter sind Informationen über Inputs und Outcomes aller Mitarbeiter erforderlich.

2.4 Institutionenökonomische Ansätze als Grundlage des Vertriebsmanagements

2.4.1 Das Principal-Agent-Problem

Der Vertriebsmitarbeiter übernimmt für das Unternehmen, für das er tätig ist, bestimmte Aufgaben, z.B. die Auftragsakquisition oder die Kundenberatung. Der Vertriebsmitarbeiter, der im Auftrag eines anderen handelt, wird als *Agent* bezeichnet. Der Vertriebsvorgesetzte, in dessen Auftrag der Vertriebsmitarbeiter handelt, wird als *Prinzipal* bezeichnet.[39]

Der Vertriebsmitarbeiter verfügt bei der Erfüllung seiner Aufgaben über einen Informationsvorsprung gegenüber dem Prinzipal, den er ausnutzen kann, um das Ergebnis zu beeinflussen. Beispielsweise kennt er sein Vertriebsgebiet in aller Regel besser als sein Vertriebsvorgesetzter, so daß er besser einschätzen kann, bei welchen Kunden die Erteilung eines Auftrags einen hohen Aufwand erfordert und bei welchen Kunden nur geringe Anstrengungen notwendig sind. Dieser Informationsvorsprung gegenüber seinem Vorgesetzten oder anderen für ihn relevanten Vertretern des Unternehmens gewährt dem Vertriebsmitarbeiter einen Verhaltensspielraum, den er zu seinem eigenen Nutzen und zum Schaden des Prinzipals, hier des Unternehmens, ausnutzen kann.[40] Er ermöglicht *opportunistisches Verhalten.*[41] So kann sich ein Vertriebsmitarbeiter auf solche Kunden konzentrieren, bei denen bereits nach relativ geringen Anstrengungen mit einem Auftrag zu rechnen ist, z.B. langjährige Kunden des Unternehmens. In diesem Falle schädigt er sein Unternehmen zwar nicht kurzfristig, aber doch auf längere Sicht, da die Gewinnungen neuer Kunden unterbleibt. Das Unternehmen erhält also nicht das Ergebnis, das es bei Unterlassen dieser opportunistischen Verhaltensweisen erhalten hätte.

Die Informationsvorsprünge sind jedoch nicht als gegeben anzunehmen, sondern hängen von der jeweiligen Situation ab; daher wechseln die Rollen. Dies gilt im Vertriebsbereich in mehrfacher Hinsicht. So hat in Unternehmen mit mehreren Hierarchieebenen der Vertriebsvorgesetzte auch eine ihm übergeordnete Person, in deren Auftrag er gewissermaßen seinen Aufgaben nachkommt.

Beispiel:
Ein Beispiel hierfür stellt das Verhältnis zwischen dem Niederlassungsleiter Bayern und dem Vertriebsleiter Deutschland dar. In dieser Beziehung ist der Niederlassungsleiter Bayern als Agent anzusehen und der Vertriebsleiter Deutschland als Prinzipal. Gleichzeitig ist der Niederlassungsleiter Bayern im Verhältnis zu seinen Außendienstmitarbeitern als Prinzipal zu betrachten, die Außendienstmitarbeiter

[39] Vgl. Arrow 1985; Kaas 1992, S. 888; Kleinaltenkamp 1992, S. 812 f..

[40] Vgl. Laux 1988; Spremann 1988, S. 614; Kleinaltenkamp 1992, S. 812 f.

[41] Vgl. Williamson 1990, S. 54 f.

als Agenten. Der Vertriebsleiter Deutschland ist wiederum als Agent im Verhältnis zu seinem Vorgesetzten anzusehen.

Gleichzeitig kann sich die Rolle des Prinzipals bzw. des Agenten auch in Abhängigkeit vom jeweiligen Handlungsbereich ändern. So ist es beispielsweise in manchen Unternehmen üblich, daß der Vertriebsvorgesetzte Gehaltserhöhungen seiner Mitarbeiter im Unternehmen vertritt. Er handelt hier im Auftrag seiner Mitarbeiter, ist also Agent, während der Vertriebsmitarbeiter die Rolle des Prinzipals übernimmt. Für die Vertriebssteuerung ist allerdings die Beziehung, in der der Vorgesetzte als Prinzipal und der Vertriebsmitarbeiter als Agent anzusehen ist, wesentlich typischer. Sie soll daher auch den Schwerpunkt der Betrachtungen bilden.

Informationsvorsprünge zwischen Unternehmen bzw. Vertriebsvorgesetztem und Vertriebsmitarbeiter treten dabei in unterschiedlichen Formen auf.

2.4.2 Formen der Informationsasymmetrie im Vertriebsbereich

Drei Formen von Informationsasymmetrien sind zu unterscheiden:[42] Qualitätsunsicherheit, 'hidden intention' und 'hidden action'.

Qualitätsunsicherheit[43] oder *'Hidden characteristics'*[44] ist dadurch gekennzeichnet, daß der Prinzipal unsicher ist über die Qualifikation des Agenten. Dies ist vor allem im Rahmen von Personalauswahlentscheidungen von Bedeutung. Der Arbeitgeber ist unsicher, ob der einzustellende oder zu befördernde Vertriebsmitarbeiter über die für die Position erforderlichen Kenntnisse und Fähigkeiten verfügt. Das Vorhandensein von Qualitätsunsicherheit führt dazu, daß der Arbeitgeber nicht in der Lage ist, qualifizierte Vertriebsmitarbeiter von nicht qualifizierten Vertriebsmitarbeitern zu unterscheiden. Dem Unternehmen droht die Gefahr, ungeeignete Vertriebsmitarbeiter einzustellen oder zu befördern. Dies gilt allerdings auch im umgekehrten Fall.[45] Auch der sich auf eine Stelle bewerbende Vertriebsmitarbeiter ist nicht vollständig informiert über die Arbeitsbedingungen und die Art zu erfüllenden Aufgaben. Auch für ihn besteht die Gefahr, sich für ein Unternehmen zu entscheiden, das nicht seinen Vorstellungen entspricht und so – falls er sich aus ungekündigter Position bewirbt – seinen als nicht zufriedenstellend eingestuften Arbeitsplatz gegen einen noch schlechteren einzutauschen. In beiden Fällen kann von *'adverse selection'* gesprochen werden.

42 Vgl. zu den folgenden Ausführungen auch Fließ 1999.

43 Vgl. Stigler 1960.

44 Vgl. Spremann 1990, S. 566.

45 Vgl. Alewell 1994, S. 60.

'Hidden intention' charakterisiert den Fall, daß der Agent eine dem Prinzipal verborgene Absicht verfolgt. Die Aufdeckung der Absicht kommt zu spät, um den Schaden zu begrenzen.[46] 'Hidden intention' kann auch mit *'hold up'*[47] (Überfall) bezeichnet werden. Opportunistisches Verhalten ergibt sich beispielsweise aus der Ausnutzung von Vertragslücken zum Vorteil des Agenten und zum Nachteil des Prinzipals. Hold up-Situationen ergeben sich erst nach Vertragsabschluß, d.h. nach Einstellung eines Vertriebsmitarbeiters oder nach dessen Beförderung. Der Arbeitgeber vermag seine Entscheidung nicht mehr zu revidieren, wenn der Vertriebsmitarbeiter das zu beanstandende Verhalten zeigt. Da die Hauptpflicht des Arbeitgebers zur Lohnzahlung explizit geregelt und in ihrer Ausgestaltung genau spezifiziert ist, betreffen Verhaltensweisen des Hold up eher Vertriebsmitarbeiter. Allerdings können Vertriebsmitarbeiter bei Zusatzleistungen hiervon betroffen sein, etwa wenn Pensionsrückstellungen zweckentfremded werden.

Beispiele:
Nach Ablauf der Probezeit zeigt der bisher engagierte Mitarbeiter nur noch mäßiges Interesse an seiner Arbeit, ohne daß ihm jedoch eine direkte Verletzung des Arbeitsverhältnisses nachzuweisen wäre. Ein anderer Mitarbeiter ist nach Ende seiner Probezeit häufig krank und fehlt daher im Unternehmen. Ein Kündigungsgrund ist dadurch jedoch nicht gegeben. Dem neu eingestellten Vertriebsmitarbeiter wird vor Antritt seiner Stelle mitgeteilt, daß der Arbeitsvertrag leider nicht aufrechterhalten werden kann.

Herr Wenig muß für die Umsatzplanung in seinem Verkaufsgebiet Angaben über die Menge der abzusetzenden Produkte machen. Bei Erreichen oder Übererfüllung dieser Quote erhält er eine Prämie. Um sicher in den Genuß dieser Zahlung zu gelangen, schätzt er die erreichbaren Umsätze immer sehr vorsichtig.

'Hidden action' oder *'moral hazard'* ist gegeben, wenn der Agent nach Vertragsabschluß, z.B. nach Einstellung, Beförderung oder Gehaltserhöhung Maßnahmen zum eigenen Vorteil ergreift, ohne daß es dem Prinzipal möglich ist, diese kostenfrei zu beobachten oder zu beurteilen.[48] Ein häufig genanntes Beispiel ist in dieser Situation die Reduktion der Arbeitsanstrengung durch den Vertriebsmitarbeiter. Auftrags- oder Vertriebserfolge beruhen zum einen auf der Anstrengung, der Arbeitsleistung des Vertriebsmitarbeiters, zum anderen auf einem gewissen Anteil an Glück. Dem Vertriebsvorgesetzten bzw. dem Unternehmen ist es nicht kostenlos möglich festzustellen, ob die Auftragserfolge eines Vertriebsmitarbeiters überwiegend auf Glück oder überwiegend auf Anstrengung beruhen. „Durch Glück bei Faulheit kann dieselbe Gegenleistung zustande kommen wie durch Pech und Fleiß."[49] Welches Verhältnis gegeben ist, kann der Vertriebsmitarbeiter wesentlich besser einschätzen als der Vertriebsvorgesetzte. 'Hidden action'

[46] Vgl. Spremann 1990, 566 ff.

[47] Vgl. Goldberg 1976; Alchian/Woodward 1988, S. 67.

[48] Vgl. Arrow 1980.

[49] Spremann 1990, S. 571.

liegt vor, wenn der Vertriebsmitarbeiter sich wesentlich weniger anstrengt als er sich anstrengen könnte, um Aufträge zu erzielen.

> **Beispiel:**
> Herr Flaskamp konzentriert sich bei seinen Besuchstouren auf seine langjährigen Kunden, da hier weniger Besuche erforderlich sind, um einen Auftrag zu erlangen, als bei Neukunden. Herr Langert erfährt durch Zufall von einem großen Auftrag, erklärt andern jedoch, daß diese Kenntnis auf seine systematische Informationsbeschaffung zurückzuführen sei.

Im Vertriebsbereich treten als Formen der Informationsasymmetrie insbesondere Qualitätsunsicherheit und 'hidden action' auf. Qualitätsunsicherheit tritt vorwiegend bei der Bewertung des Mitarbeiterpotentials auf, sei es bei der Einstellung von Vertriebsmitarbeitern, bei der Beförderung oder bei Vorschlägen für Qualifizierungsmaßnahmen. 'Hidden action' ist vor allem bei der Durchführung der Vertriebsaufgaben von Bedeutung. Die in Abb. 8 dargestellte Situation ist auf die Möglichkeiten von 'hidden action' zurückzuführen. Die Gefahr von 'moral hazard' wirkt sich auf die Gestaltung des Vergütungssystems, des Führungssystems und des Informationssystems aus.

2.4.3 Konsequenzen für die Vertriebssteuerung

In einer Situation vollkommener Information – das Unternehmen kann alles über den Vertriebsmitarbeiter und seine Verhaltensweisen kostenlos in Erfahrung bringen – ist es für den Vertriebsmitarbeiter nicht möglich, Informationsvorsprünge zu bilden und auszunutzen. Die divergierenden Zielvorstellungen werden schlicht durch Verhandlungen beigelegt. Ein Beispiel möge dies verdeutlichen.

> **Beispiel:**
> Herr Flaskamp möchte ein hohes Einkommen erzielen, dafür aber möglichst wenig arbeiten. Sein Vorgesetzter, Herr Vormann, hat als Vertreter der Unternehmensinteressen demgegenüber ein großes Interessen an möglichst großen Anstrengungen auf Seiten Herrn Flaskamps und möglichst geringen Zahlungen. Da alle Versuche Herrn Flaskamps, sich vor der Arbeit zu drücken, von Herrn Vormann kostenlos beobachtet werden können (Informationsvorsprünge existieren nicht), lohnt es sich für Herrn Flaskamp nicht, seine Arbeitsleistung zurückzuhalten. Für Herrn Vormann lohnt es sich nicht, die Zahlungen niedrig zu halten, da Herr Flaskamp vollkommene Markttransparenz besitzt und genau weiß, was er bei anderen Arbeitgebern verdienen würde. Beide werden sich daher darum bemühen, einen Kompromiß zu erzielen. Dieser Kompromiß wird genau dort liegen, wo sich beide nicht mehr verbessern können. Herr Flaskamp kann im Verhältnis zu seinen Anstrengungen nicht mehr verdienen, Herr Vormann kann im Verhältnis zu seinen Zahlungen nicht mehr Leistung bzw. Einsatz fordern. Die Situation ist pareto-optimal.[50]

---

[50] Pareto-optimal bedeutet, daß sich keine der beiden Personen verbessern kann, ohne daß sich die andere Person verschlechtert.

In einer solchen Situation besteht kein Bedarf für ein Vertriebssteuerungssystem. Alle Interessen können durch Verhandlungen befriedigt werden und niemand kann sich durch andere Verhaltensweisen verbessern. Wir sprechen in diesem idealtypischen Fall von einer sog. *First-best-Lösung.*[51]

Informationsasymmetrien und die dem Unternehmen Kosten verursachende Beschaffung von Informationen führen jedoch dazu, daß der skizzierte Idealzustand nicht erreicht werden kann, sondern daß das Unternehmen Wohlfahrtsverluste, d.h. Abweichungen der erreichten Ergebnisse von den in einer Situation vollkommener Information erreichbaren Ergebnissen, hinnehmen muß. Die dabei erzielten Ergebnisse stellen die sog. *Second-best-Lösung* dar. Die Einbußen, die Prinzipal und Agent tragen müssen, werden als sog. *Agency-Costs* bezeichnet.[52] Sie entstehen aufgrund des Prinzipal-Agenten-Problems, d.h. aufgrund der Möglichkeit, Informationsvorsprünge mißbräuchlich auszunutzen. Die Vertriebssituation verdeutlicht Abb. 8. Am Vertriebsergebnis, z.B. Umsatz, Kundenzufriedenheit ist nicht ablesbar, welches Verhältnis von Glück und Anstrengung zu seiner Erreichung geführt hat. Dies liegt daran, daß der Vertriebsleiter zwar das Ergebnis, nicht aber den Einsatz beobachten kann. Der Vertriebsmitarbeiter kennt demgegenüber sowohl das Ergebnis als auch seinen Arbeitseinsatz, d.h. das Verhältnis aus Glück und Anstrengung. Der Vertriebsleiter ist nun daran interessiert, daß bei gleichem Vertriebsergebnis die Anstrengung einen höheren Anteil am Input hat als das Glück (rechter Pfeil in der Abbildung), denn der Vertriebsmitarbeiter könnte bei höherem Einsatz sein Ergebnis steigern. Der Vertriebmitarbeiter hat demgegenüber ein Interesse an einem höheren Anteil von Glück (linker Pfeil in der Abbildung), da er sich so weniger anzustrengen braucht.

Aus Sicht der Prinzipal-Agenten-Theorie besteht die Aufgabe der Vertriebssteuerung nun darin, die Ausnutzung der Verhaltensspielräume so zu steuern, daß die Second-best-Lösung der First-best-Lösung möglichst nahekommt bzw. daß die Agency-Kosten so gering wie möglich ausfallen. Als Ansatzpunkte der Vertriebssteuerung bieten sich das Vertriebsergebnis oder das Verhalten der Vertriebsmitarbeiter an.

Bei der Ergebnissteuerung wirkt der Vertriebsmitarbeiter an der Festlegung der Ziele mit und kann daher seinen Input selbst steuern. Bestimmt er allein die Ziele, wählt er sie tendenziell niedriger als sie sein könnten, um seinen Input zu minimieren. Werden die Ziele vom Management vorgegeben, versucht der Vertriebsmitarbeiter, die Ziele zu erreichen und seinen Input dennoch zu minimieren. Eine Lösung dieses Dilemmas besteht darin, Selbstwahlschemata zu offerieren oder Anreizsysteme zu konzipieren, die möglichst das gewünschte Ergebnis herbeiführen.

---

51 Vgl. Spremann 1989, S. 6.

52 Vgl. Jensen/Meckling 1976.

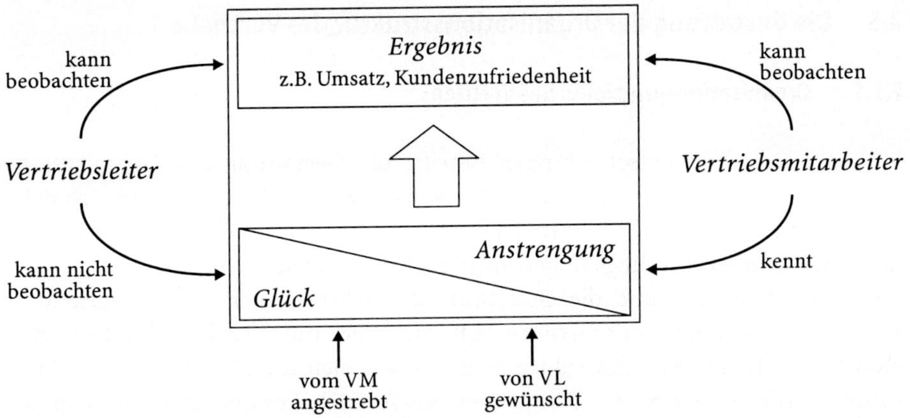

Abb. 8. Problem der Vertriebssteuerung aus Sicht der Prinzipal-Agenten-Theorie

Bei der Verhaltenssteuerung wird nicht das Ergebnis vorgegeben, sondern das Verhalten, das zum gewünschten Ergebnis führen soll. Das Verhalten wird entweder kontrolliert oder es wird ein Anreizsystem geschaffen, um das gewünschte Verhalten herbeizuführen. Anreize können beispielsweise in bestimmten Verhaltensweisen liegen, die zum Aufstieg führen. Voraussetzung ist allerdings, daß das Verhalten beobachtbar ist. So wird beispielsweise die Zahl der Kundenbesuche vorgegeben oder es wird ein Spesenbudget definiert, das nicht überschritten werden darf. Vertriebsvorgesetzte fahren mit zum Kunden, um das Verhalten der Vertriebsmitarbeiter zu beobachten, Mitarbeiter müssen umfangreiche Berichte über Kundenbesuche anfertigen.

Das Problem solcher Vorgehensweisen liegt darin, daß sich der Mitarbeiter kontrolliert fühlt. Statt des möglichen Einsatzes wird nur noch der erforderliche, von der Vertriebsleitung vorgeschriebene Einsatz erbracht. Vertriebsmitarbeiter nutzen ihren Informationsvorsprung und Verhaltensspielraum, um neue Möglichkeiten der Aufwandsminimierung zu finden. Beispiele hierfür sind Spesenbetrug, falsches Ausfüllen der Kontrollbögen etc.

Nachdem nun die theoretischen Grundlagen der Vertriebssteuerung dargelegt worden sind, sollen im folgenden die Gestaltungsaspekte der Vertriebssteuerungssysteme in den Vordergrund treten.

2.5 Die Gestaltung der Organisationsstruktur des Vertriebs

2.5.1 Organisationsprinzipien des Vertriebs

Eine der Grundsatzentscheidungen betrifft die Gestaltung der Organisationsstruktur im Vertrieb. Die Gestaltung der Vertriebsorganisation bezieht sich dabei auf die Organisation der Schnittstellen zu anderen Teilbereichen der Wertkette im Unternehmen, die Regelungen innerhalb der betrieblichen Marketing- bzw. Vertriebsabteilungen und die Gestaltung der Schnittstellen zu den absatzwirtschaftlichen Kooperationspartnern, z.B. Händler und Kunden, des Unternehmens.[53] Die Organisationsstruktur zeigt an, wie sich die Mitarbeiter des Unternehmens die Arbeit teilen. Tätigkeiten im Vertrieb können dabei nach unterschiedlichen Kriterien zusammengefaßt bzw. geteilt werden. Übliche Organisationskriterien sind Raum, Objekt und Verrichtung. Neu hinzugekommen ist in letzter Zeit das Kriterium des Prozesses (vgl. Abb. 9).[54]

Vertriebsbereiche, die nach räumlichen Kriterien organisiert sind, folgen einer *geographischen Spezialisierung* (vgl. Abb. 10).[55] Hierbei verkauft ein Außen-

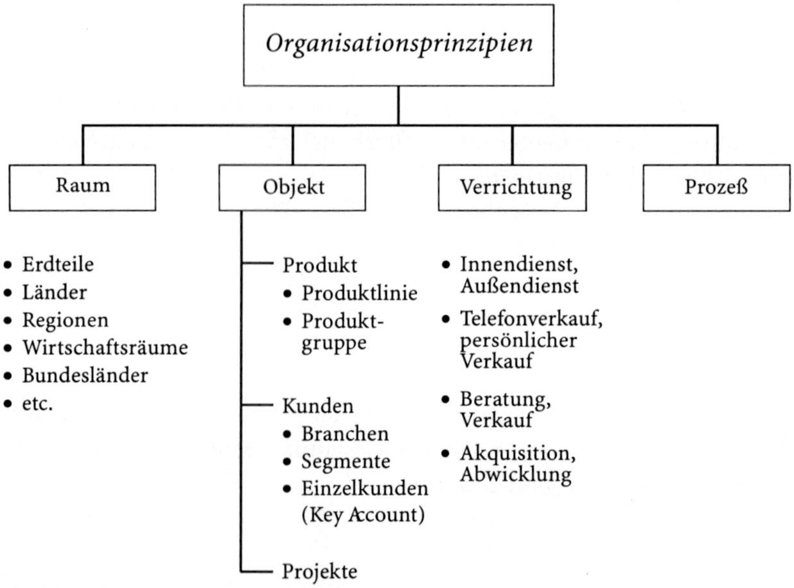

Abb. 9. Organisationsprinzipien im Vertrieb

[53] Vgl. Köhler 1995, S. 1638.

[54] Vgl. als Überblick Köhler 1995 sowie die dort angegebene Literatur.

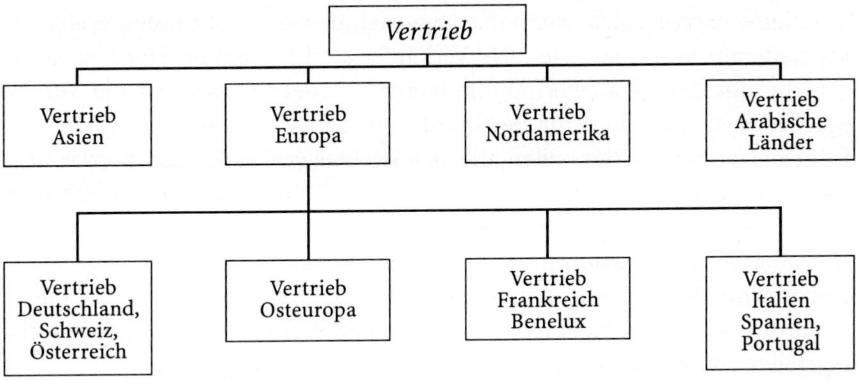

Abb. 10. Beispiel einer geographisch orientierten Vertriebsorganisation

dienstmitarbeiter alle Produkte seines Unternehmens an alle Kunden seiner Region. Die geographische Spezialisierung des Vertriebs ist die einfachste und kostengünstigste Form der Organisation. Aufgrund der geringen Entfernungen innerhalb des Gebietes, insbesondere dann wenn der Außendienstmitarbeiter in der Mitte des Gebietes residiert, entstehen geringere Reisekosten und kürzere Fahrtzeiten als bei anderen Organisationsformen. Auch ergeben sich häufig geringere Koordinationsbedürfnisse als bei anderen Organisationsformen, da der Außendienstmitarbeiter für alle Belange seiner Kunden in seinem Gebiet zuständig ist.

Die geographische Spezialisierung führt in aller Regel zu kleineren Gebieten als andere Aufteilungen. Die Verkäufer lernen die Kunden dadurch genau kennen und können auf ihre Bedarfe optimal eingehen. Aus Kundensicht vereinfacht dies das Auffinden seines Ansprechpartners. Weltweit tätige Unternehmen fassen häufig sprachverwandte Bereiche zu Ländergruppen zusammen. So werden beispielsweise USA und Kanada gemeinsam betreut; Spanien und die südamerikanischen spanischsprechenden Ländern sowie Portugal und Brasilien können ebenfalls zusammengefaßt werden.[56]

Auch aus Wettbewerbsaspekten kann ein geographisch organisierter Vertrieb vorteilhaft sein, da das Unternehmen sich insbesondere regional tätigen Wettbewerbern flexibler entgegenstellen kann.[57] Durch zusätzliche Regionalisierung der Produktion können bei Dienstleistungsunternehmen Standortvorteile und Kundennähe verwirklicht werden.

[55] Vgl. Dalrymple 1985, S. 153 f.; Churchill/Ford/Walker 1985, S. 110.

[56] Vgl. Meier 1988, S. 138.

[57] Vgl. Stanton/Buskirk 1987, S. 68.

Probleme ergeben sich, wenn das Unternehmen eine sehr umfangreiche Produktpalette am Markt anbietet. Die Verkäufer sind hierbei überfordert; sie können nicht alle Details aller Produkte kennen. Zudem entwickeln die Verkäufer möglicherweise Vorlieben für bestimmte Produkte, etwa solche, mit denen sie sich intensiver beschäftigt haben, die sich leichter verkaufen lassen oder bei denen höhere Provisionen erzielt werden können.[58] Probleme ergeben sich weiterhin, wenn Kunden bei dezentraler Beschaffung über verschiedene Betriebsstätten und Produktionsstandorte verfügen. Hier hat es ein und dasselbe Unternehmen mit unterschiedlichen Ansprechpartnern zu tun, was insbesondere bei globalen Beschaffungsstrategien zu einem Ausnutzen von Preisspielräumen und Wechselkursgefällen führen kann.[59]

Abhilfe bei den genannten Problemen der geographischen Spezialisierung schafft die *objektbezogene Organisation.* Objekte können hierbei zum einen die vom Unternehmen angebotenen Produkte, Verfahren oder Technologien darstellen, zum anderen Märkte, Marktsegmente, Kundengruppen oder Einzelkunden oder auch Projekte[60].

Produktorientierte Organisationsformen finden sich meist bei Unternehmen, deren Leistungen so breit gestreut sind, daß es für einen einzelnen Außendienstmitarbeiter nicht möglich ist, entsprechend tiefgreifendes Wissen zu erwerben.[61] Dies ist unter folgenden Umständen der Fall:[62]

1. Es handelt sich um technisch sehr komplexe Produkte;
2. es gibt eine sehr große Gruppe ähnlicher Produkte;
3. die Produkte weisen eine geringe technische Komplexität auf, haben aber nichts miteinander zu tun (weder Angebots- noch Nachfrageverbunde), z.B. bei Keilriemen und Reifen,
4. die Produktlinien werden durch völlig unterschiedliche Vertriebskanäle verkauft, z.B. Direktvertrieb und Handel oder
5. verschiedene Produkte werden an den gleichen Markt verkauft. Beispiele hierfür finden sich häufig im Bereich des Komponentenverkaufs, z.B. im Elektro- und Elektroniksektor.

Bei einer Produktspezialisierung ist ein Außendienstmitarbeiter für ein oder mehrere Produkte zuständig, die er an alle Kunden in allen Regionen vertreibt. Nur nach Produkten bzw. Produktlinien organisierte Vertriebsorganisationen verursachen höhere Vertriebskosten als nach geographischen Kriterien abge-

[58] Vgl. Dalrymple 1985, S. 156.

[59] Vgl. hierzu Kleinaltenkamp 1999b und Günter/Kuhl 1999.

[60] Die Projektorganisation wird hier nicht behandelt. Vgl. hierzu Günter 1998.

[61] Vgl. Churchill/Ford/Walker 1985, S. 111 f.; Dalrymple 1985, S. 156.

[62] Vgl. Futrell 1981, S. 79.

grenzte Vertriebsbereiche. Andererseits hat es der Kunde mit kompetenten Gesprächspartnern zu tun, die – bei entsprechender Schulung – auch fundierte Antworten auf seine Fragen und geeignete Lösungen präsentieren können.[63]

Probleme bei produktorientierten Organisationen entstehen dann, wenn ein Kunde nicht nur eine Produktlinie nachfragt, sondern sein Bedarf breit gefächert ist und sich über mehrere Produktlinien erstreckt. In diesem Fall kann es passieren, daß am Morgen der Außendienstmitarbeiter für Produkt *A*, am Nachmittag der Außendienstmitarbeiter für Produkt *B* und am nächsten Tag der Außendienstmitarbeiter für Produkt *C* um einen Termin nachsuchen. Treten beim Kunden Probleme mit einem Produkt auf und wendet er sich an den für ein anderes Produkt zuständigen Mitarbeiter der gleichen Firma, so hört er hier auch häufiger den Satz „Hierfür bin ich nicht zuständig, das macht Herr Sowieso." Die produktorientierte Organisation stellt aufgrund der Arbeitsteilung größere Anforderungen an die Koordination innerhalb des anbietenden Unternehmens und wälzt nicht selten die Koordinationsprobleme auf den Kunden ab.

Eine besondere Stellung unter den produktbezogenen Organisationsformen nimmt das *Produktmanagement* ein.[64] Hierbei ist üblicherweise ein Mitarbeiter für ein Produkt oder eine Produktgruppe von der Produkteinführung bis zur Produkteliminierung zuständig. Er begleitet das Produkt über seinen gesamten Produktlebenszyklus von der Einführungsphase über die Wachstums- und Reifephase bis zur Degenerationsphase. In manchen Fällen betreut der Produktmanager das Produkt bereits in der Entwicklungsphase. Die Praxis kennt hierbei vielfältige Ausgestaltungsformen der Aufgabenbereiche und Kompetenzen des Produktmanagers.[65]

Den Problemen der Produktspezialisierung kann durch eine *kundenbezogene* Organisationsstruktur begegnet werden. Hierbei werden Kunden zu Kundengruppen oder Marktsegmenten zusammengefaßt. Jeweils ein Vertriebsmitarbeiter ist für eine Kundengruppe zuständig und verkauft hierbei die gesamte Produktpalette.[66] Kundengruppen können dabei Branchen sein, Kunden können aber auch nach ihrem jeweiligen Kaufverhalten zusammengefaßt werden, z.B. Händler, Industrieunternehmen, Staat und Unternehmen der öffentlichen Hand.[67] Während bei den bisher beschriebenen Organisationsformen entweder Produkte oder Regionen im Mittelpunkt stehen, ist hier – entsprechend dem Marketinggedanken – der Kunde das Zentrum der Überlegungen und Bemühungen. Kundenprobleme können dadurch besser erkannt und gelöst werden. Kun-

---

[63] Vgl. Dalrymple 1985, S. 156.

[64] Vgl. Meier 1988, S. 140 f.; Schwarting 1993.

[65] Vgl. Schwarting 1993.

[66] Vgl. Dalrymple 1985, S. 158.

[67] Vgl. hierzu Kleinaltenkamp 1999b.

den mit ähnlichen Problemen können entsprechende Spezialisten zugeordnet werden. Der Kunde hat es mit lediglich einem Ansprechpartner zu tun.

Problematisch kann sich erweisen, daß der Außendienstmitarbeiter zwar über kundenspezifisches Know-how verfügt, möglicherweise aber nicht über entsprechendes produktspezifisches Wissen.[68] Zudem werden die Verkaufsgebiete größer, da Kunden eines Marktsegmentes nicht notwendigerweise geographisch konzentriert sind.

Eine Besonderheit der kundenbezogenen Organisationsform stellt das *Key Account Management* dar. Hierbei ist ein Mitarbeiter für einen besonders bedeutsamen Kunden zuständig.[69]

Neben räumlich und objektbezogen organisierten Vertriebsstrukturen bestehen *verrichtungsorientierte Organisationsformen.* Hier werden gleiche Tätigkeiten oder Funktionen zusammengefaßt, d.h. Mitarbeiter spezialisieren sich auf bestimmte Funktionen.[70] Dies ist beispielsweise bei der Trennung zwischen Innendienst und Außendienst der Fall, wobei sich der Außendienst auf die Kontakte zum Kunden spezialisiert, während der Innendienst die „Back-office"-Aufgaben wie Anfragenbewertung, Angebotserstellung, Auftragsverfolgung und interne Koordination übernimmt. Andere Beispiele sind die Trennung zwischen Telefonverkauf und Kundenbesuchen. Hierbei spezialisieren sich die Beteiligten auf unterschiedliche Formen der Kontaktanbahnung. Auch Beratung oder Applikationsengineering stellen solche Verrichtungsspezialisierungen dar. Ein weiteres Beispiel ist die Trennung zwischen Projektleitern für die Akquisitionsphase und solchen für die Abwicklungsphase im Anlagengeschäft.[71]

Neben diesen traditionellen Organisationsprinzipien ist in letzter Zeit die *Prozeßorganisation* verstärkt in den Mittelpunkt des Interesses gerückt.[72] Während die Spezialisierung auf Verrichtungen einem vertikalen Organisationsprinzip entspricht, stellt die Prozeßorganisation ein horizontales Organisationsprinzip dar. Tätigkeitsabläufe werden analysiert mit dem Ziel, typische Tätigkeitsfolgen herauszukristallisieren. Dies entspricht dem Gedanken der Segmentierung, d.h. ähnliche Prozesse werden zusammengefaßt und von einem Mitarbeiter betreut. So können beispielsweise bei einem Finanzierungsunternehmen problemlose Fälle, mittlere Fälle und komplizierte Fälle unterschieden werden.[73] Pro-

---

[68] Vgl. Stanton/Buskirk 1987, S. 74.

[69] Zur Definition eines Key Accounts vgl. Plinke 1997; zur Organisationsform vgl. Kleinaltenkamp/Rieker 1997.

[70] Vgl. Dalrymple 1985, S. 159.

[71] Vgl. hierzu Günter 1988.

[72] Vgl. beispielsweise das Sonderheft 1995 der absatzwirtschaft zum Thema „Business Reengineering", bei dem auch der Vertrieb unter Prozeßgesichtspunkten untersucht wurde. Vgl. auch Friedrich/Garbe 1994.

[73] Vgl. das Beispiel von *IBM Credit* bei Hammer/Champy 1994, S. 77.

blemlose Fälle können die Sachbearbeiter computerunterstützt selbständig bearbeiten. Bei mittleren Fällen liegen besondere Bedingungen vor, so daß hierbei Spezialisten zurate gezogen werden können, während komplizierte Fälle von Spezialisten bearbeitet werden. Dies läßt sich auch auf den Vertrieb von Investitionsgütern übertragen. Kunden mit Standardanforderungen können selbständig aus einem Katalog auswählen und werden beispielsweise über den Telefonverkauf oder über Computer bedient, während Kunden mit mittleren Anforderungen von entsprechend geschulten Verkäufern beraten werden. Kunden mit komplexen Anforderungen bedürfen einer auf sie zugeschnittenen Problemlösung, die erst durch ein Team von Mitarbeitern erarbeitet werden kann.

Neben diesen eher traditionell ausgerichteten Organisationskonzepten werden in letzter Zeit zunehmend auch völlig neue Konzepte diskutiert und bereits auch umgesetzt, die die bisherige Vorstellung von Organisationsstrukturen als relativ feststehende und eine gewissen Zeitspanne überdauernden Strukturen infrage stellen. Das Stichwort lautet: *virtuelles Unternehmen.*[74] Ein virtuelles Unternehmen besteht nicht mehr physisch, sondern nur noch gedanklich. Zentrales Element ist die Nutzung neuer Informationstechnologien.

Beispiel:
Ein Beispiel wurde kürzlich in der ZEIT geschildert:[75] Die Unternehmensberatung *Arthur Anderson* hat in Paris die Büros für Mitarbeiter aufgelöst. Ein Mitarbeiter, der morgens in das Unternehmen kommt, läßt sich einen Schreibtisch irgendwo im Gebäude zuweisen. Seine persönlichen Unterlagen befinden sich in einem Rollcontainer, der zentral aufbewahrt wird und den er bei Bedarf an seinem Arbeitsplatz vorfindet. Seine Termine erhält er per Netz automatisch bei Einstöpseln des Laptops.

In diesem Beispiel einer Organisation ändert sich der Ort des Arbeitens, nicht aber die Zuweisung von Aufgaben zu Mitarbeitern. Es sind aber auch Organisationsstrukturen denkbar, in denen sich die Zuweisung von Aufgaben zu Personen oder das Netzwerk von Aufgaben und Personen verändert. Ein Beispiel für temporär wechselnde Aufgaben- und Personenzuordnungen ist die Projektorganisation, wie sie im Anlagengeschäft häufig vorzufinden ist.[76]

Ein stärker im operativen Geschäft vorzufindende Organisation des Vertriebs ist das *Team Selling* und das *Multilevel Selling*. Von Team Selling oder Selling Centers spricht man dann, wenn nicht ein Verkäufer, sondern eine Gruppe von Mitarbeitern des Anbieters zusammenarbeitet, um das Kundenproblem zu lösen und um mit dem Kunden zu kooperieren. Hierbei stammen die Mitarbeiter häufig aus unterschiedlichen Abteilungen, z.B. Vertrieb, Forschung & Entwicklung, Anwendungstechnik oder Servicebereich. Multilevel Selling stellt einen Spezial-

---

74 Vgl. Davidow/Malone 1993.

75 Vgl. Gsteiger 1996.

76 Vgl. hierzu Günter 1988.

fall des Team Selling dar. Hierbei umfaßt das Selling Team oder Selling Center Mitarbeiter verschiedener Hierarchieebenen, die dann mit den ihnen entsprechenden Ebenen im Kundenunternehmen (oder eine Ebene unterhalb ihrer eigenen) kommunizieren.[77]

Die bisher vorgestellten traditionellen Vertriebsorganisationen waren nach lediglich einem Kriterium organisiert, d.h. entweder nur nach geographischen Gesichtspunkten oder nur nach Produktaspekten. In der Realität lassen sich jedoch aufgrund der Vielzahl verschiedener Einflußfaktoren der Organisationsstruktur eines Unternehmens ebenso vielfältige Organisationsformen finden, die mehrere Aspekte miteinander kombinieren. Ein weltweit tätiges, diversifiziertes Unternehmen kann beispielsweise auf der ersten Ebene nach Produktgruppen oder -linien organisiert sein (Sparten), auf der zweiten Ebene (innerhalb der Sparten) nach geographischen Gesichtspunkten (z.B. Länder) und auf der dritten Ebene (innerhalb der Länder) nach Kundengruppen (z.B. Branchen).[78] Die jeweils linken Balken in Abb. 11 geben einen Überblick die in der Praxis verbreitete Organisationskriterien. Dabei wird hier nur die erste Ebene, d.h. das Gesamtunternehmen, betrachtet. Befragt wurden etwa 800 Unternehmen aus Europa und Japan.

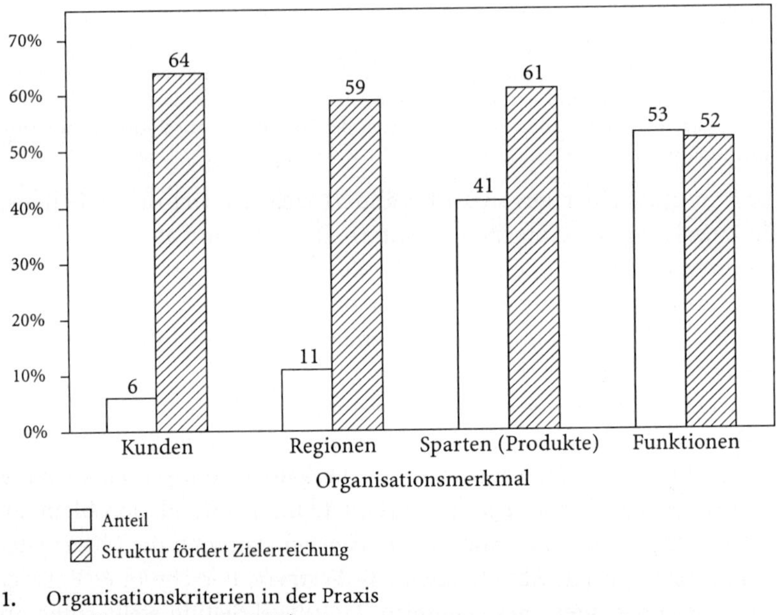

Abb. 11. Organisationskriterien in der Praxis (Quelle: Droege 1994, S. 59)

---

[77] Vgl. Churchill/Ford/Walker 1985, S. 120.

[78] Zu weiteren Organisationsformen vgl. Kleinaltenkamp/Rieker 1996.

Wie die jeweils rechten Balken in Abb. 11 zeigen, fördern nach Ansicht der befragten Unternehmen die besonders verbreiteten Organisationsprinzipien die Zielerreichung der Unternehmen gerade nicht. Der kundenbezogenen Organisationsstruktur wird der höchste Beitrag zur Zielerreichung zugeschrieben, sie ist jedoch am wenigsten stark verbreitet.

Daß Kundenorientierung sich auch in der Organisationsstruktur niederschlagen sollte, ist unbestritten. Ob daraus aber auch geschlußfolgert werden sollte, daß generell ein nach Kundengruppen organisiertes Unternehmen bessere Marktchancen hat, ist zumindest infragezustellen. Wie bei allen Marketingentscheidungen hängt auch hier der Erfolg vom Umfeld ab, so daß kaum allgemeingültige Aussagen getroffen werden können.

2.5.2 Aufgabenbereiche von Vertriebsmitarbeitern

Die Aufgabenbereiche von Vertriebsmitarbeitern lassen sich kaum allgemeingültig bestimmen. Sie variieren in Abhängigkeit von der Unternehmensgröße, der Branche und der Art der Vertriebsorganisation.

Eine Untersuchung des *Weiterbildenden Studiums Technischer Vertrieb* im Jahre 1995 führte zu dem in Abb. 12 dargestellten Tätigkeitsprofil in der Investitionsgüterindustrie und in der Chemischen Industrie.

Allerdings werden in den Branchen die verschiedenen Tätigkeiten zu unterschiedlichen Berufsbildern von Vertriebsmitarbeitern kombiniert. Häufig genannt werden der Verkaufsingenieur oder Akquisiteur, der Projektingenieur oder Projektmanager, der Key-Account-Manager, der Produktmanager sowie Mitarbeiter mit vertriebsunterstützenden Tätigkeiten wie Telefonverkäufer, Vertriebsassistent, Datenanalytiker und Verkaufsförderer.[79]
Die bereits zitierte Untersuchung ergab folgende Typen von Außendienstmitarbeitern[80]:

- der *Projektmanager*: Er übernimmt die Gestaltung von Produkten, die Erstellung von Produktinformationen, die interne Koordination von Abteilungen, Funktionsbereichen und Aufgaben sowie die Qualitätssicherung. Er findet sich eher in der Chemischen Industrie als im Investitionsgüterbereich.
- der *Kundenmanager*: Er betreut spezielle Kunden wie Händler oder Großkunden.
- der *Segmentbetreuer*: Sein Aufgabengebiet umfaßt die Analyse von Märkten, die Planung von Marketingstrategien, die Gestaltung von PR- und Werbemaßnahmen sowie die Planung, Durchführung und Kontrolle von Messebe-

[79] Vgl. Kleinaltenkamp/Fließ 1995, S. 24 ff.

[80] Vgl. Kleinaltenkamp/Fließ 1995, S. 48 ff.

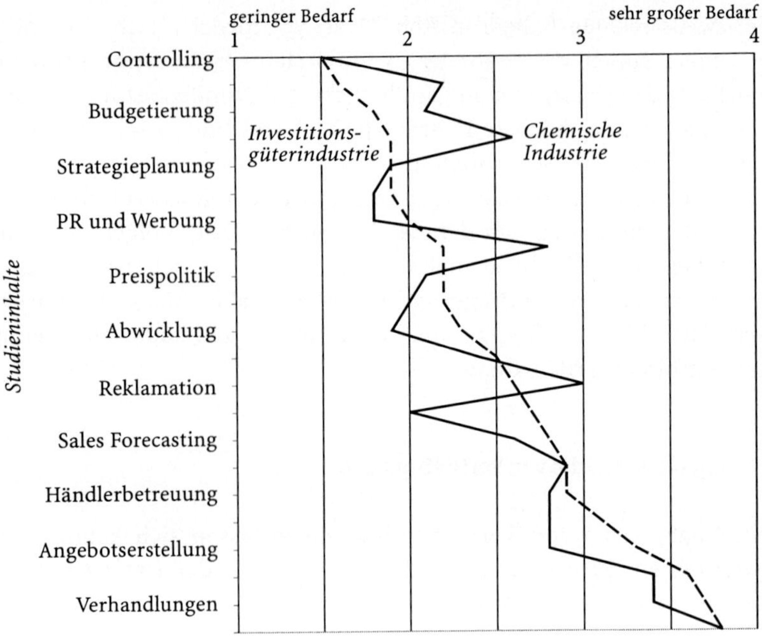

Abb. 12. Durchschnittliches Tätigkeitsprofil von Vertriebsmitarbeitern in der Investitionsgüterindustrie und in der Chemischen Industrie (Quelle: Kleinaltenkamp / Fließ 1995, S. 38 und 39)

teiligungen. Auch die Bearbeitung von Reklamationen, der After Sales Service und die Kundenberatung zählen zu seinem Aufgabenfeld. Er entwickelt jedoch lediglich Vorschläge für die Marktbearbeitung, ohne sie selbst umzusetzen.

- der *Projektleiter* oder *Leiter der Anwendungstechnik*: Sämtliche mit einem Auftrag verbundenen Tätigkeiten von der Gestaltung der kundenspezifischen Lösung bis hin zur eigenverantwortlichen Steuerung und der Abwicklung gehören zu seinem Aufgabenbereich. Ihm obliegen darüber hinaus Budgetierung und Controlling.

Die verschiedenen Typen von Außendienstmitarbeitern repräsentieren unterschiedliche Zuordnungen von Aufgaben zu Stellen. Die Art der geschaffenen oder zu schaffenden Stellen entscheidet dabei mit über die Zahl der benötigten Vertriebsmitarbeiter. Im Interesse der Erreichung des Effizienzziels sind die Stellen so zu schaffen, daß das Unternehmen – bei gegebenen Aufgaben – möglichst wenig Mitarbeiter benötigt. Damit bestimmt die Organisation der Aufgaben auch über die Größe der Vertriebsorganisation. Im folgenden Abschnitt werden verschiedene – vor allem in der Praxis angewandte – Methoden vorgestellt, um die Zahl der im Vertrieb benötigten Mitarbeiter zu bestimmen.

2.5.3 Die Bestimmung der Größe der Vertriebsorganisation

2.5.3.1 Überblick über verschiedene Methoden

Um die Größe der Vertriebsorganisation, d.h. die Zahl der Mitarbeiter, zu bestimmen, können neben Schätzungen der notwendigen Mitarbeiterzahl folgende einfache Methoden eingesetzt werden:[81]

1. die Breakdown-Methode,
2. die „what can I afford?"-Methode,
3. das Arbeitslastverfahren,
4. die Grenzwertmethode.

Die *Breakdown-Methode* geht von einem durchschnittlichen Außendienstmitarbeiter aus, wobei unterstellt wird, daß jeder Außendienstmitarbeiter dieselbe Produktivität besitzt.[82] Die Zahl der benötigten Außendienstmitarbeiter berechnet sich nach folgender Formel:

$$\text{Zahl der benötigten Verkäufer} = \frac{\text{prognostizierter Umsatz}}{\text{geschätzte Produktivität eines Verkäufers}}$$

Die Anwendung der Breakdown-Methode ist zwar einfach, aber nicht unproblematisch. Sie arbeitet mit einer umgekehrten Logik, indem sie die Zahl der Vertriebsmitarbeiter als vom Umsatz abhängig ansieht. Darüber hinaus beruht sie auf der geschätzten Produktivität eines Mitarbeiters. Abgesehen davon, daß Schätzungen selten zuverlässig sind, berücksichtigt sie unterschiedliche Produktivitäten beispielsweise in Abhängigkeit von der Ausbildung, der Erfahrung, unterschiedlicher Potentiale von Vertriebsgebieten und unterschiedlicher Wettbewerbsintensitäten nicht. Schließlich ist nicht sicher, daß die nach dieser Methode bestimmte Zahl von Außendienstmitarbeitern auch zu positiven Deckungsbeiträgen führt, da Gewinnaspekte hier keine Rolle spielen. In dieser Hinsicht zumindest besser zu beurteilen ist die „What can I afford"-Methode.

Die *„What can I afford"-Methode* orientiert sich am zur Verfügung stehenden Budget. Hierbei werden vom zu erwartenden Umsatz retrograd, also rückwärts gerichtet, die notwendigen Ausgaben abgezogen, um das Budget zu ermitteln, das für den Außendienst zur Verfügung steht. Wird dieses Budget durch die Fixkosten je Außendienstmitarbeiter geteilt, erhält man die Zahl der einzustellenden Außendienstmitarbeiter (vgl. das Beispiel in Tabelle 2).

Zu kritisieren ist, ähnlich wie auch bei der Breakdown-Methode, daß lediglich die Kosten der Außendienstmitarbeiter betrachtet werden, nicht aber ihre Effizi-

---

81 Vgl. Churchill/Ford/Walker 1985, S. 180 ff.; vgl. zu anderen Methoden der Personalbedarfsermittlung die Übersicht bei Hentze 1991a, S. 189 ff. und die dort angegebene Literatur.

82 Vgl. Wotruba/Simpson 1989, S. 163 f.

Tabelle 2. Beispiel für die „What can I afford"-Methode

Wert	*Bedeutung*
20.000.000 DM	Erwarteter Umsatz
× 0,06	Umsatzanteil für Gehälter, Provisionen, Reisekosten etc.
1.200.000 DM	Verkaufsbudget
× 0,85	Anteil für den Außendienst (15 % für Verkaufsleitung)
1.020.000 DM	Budget für den Außendienst

$$\frac{1.020.000\ \text{DM}}{90.000\ \text{DM}} = \frac{\text{verfügbares Budget}}{\text{Gehalt (Fixum) und sonstige Ausgaben je Verkäufer}}$$

$$= 11\ \text{ADM} = \text{Zahl der einzustellenden Außendienstmitarbeiter (ADM)}$$

enz. Zudem wird über den Umsatzanteil der variablen Kosten gleiche Produktivität aller Mitarbeiter unterstellt.

Ein gänzlich anderen Ansatz wählt das *Arbeitslastverfahren*, das nach den zu bewältigenden Aufgaben fragt.[83] Diese werden zur Kapazität der Mitarbeiter ins Verhältnis gesetzt. Durch Division von Arbeitsaufgaben und Mitarbeiterkapazität ergibt sich die Zahl der benötigten Mitarbeiter. Formel 1 gibt an, wie sich die Zahl der Außendienstmitarbeiter bestimmen läßt.[84]

Formel 1:

$$\text{Zahl der ADM} = \frac{\text{Kundenzahl} \times \text{Zahl der Besuche / Kunde im Jahr}}{\text{Reisetage / ADM im Jahr} \times \text{Zahl der Besuche pro ADM pro Tag}}$$

ADM = Außendienstmitarbeiter

Diese Formel kann nun weiter differenziert werden,[85] indem beispielsweise die Art der Kunden weiter detailliert wird (vgl. Formel 2). Weiterhin können unterschiedliche Besuchshäufigkeiten je Kundengruppe angegeben werden, z.B. häufigere Besuche für A-Kunden, mittlere Besuchshäufigkeit für B-Kunden und geringe Besuchshäufigkeit für C-Kunden (vgl. das untere Beispiel). In der Unterscheidung von Kundengruppen und in der Besuchshäufigkeit spiegelt sich auch die Marketingstrategie des Unternehmens.[86]

---

[83] Dieses Verfahren kann den sog. arbeitswissenschaftlichen Methoden zugerechnet werden, wie sie in der Produktion beispielsweise vom REFA-Verband ausgearbeitet wurden. Vgl. zum Arbeitslastverfahren Creutzig 1988, S. 48 ff.

[84] Vgl. Witt 1995, S. 41.

[85] Vgl. Dalrymple 1985, S. 53.

[86] Auf dem Arbeitslastverfahren basieren auch verschiedene EDV-Programme zur Bestimmung der Größe der Verkaufsorganisation, zur Verkaufsgebietsabgrenzung und zur Besuchsplanung. Vgl. Creutzig 1988.

Formel 2:

$$\text{Zahl der ADM} = \frac{(\text{Zahl alktueller Kunden} + \text{Zahl potentieller Kunden}) \cdot \text{Häufigkeit} \cdot \text{Dauer}}{\text{verfügbare Zeit je ADM}}$$

Beispiele:

$$\text{Zahl der ADM} = \frac{(3000 + 2250) \cdot 4 \text{ Besuche je Kunde} \cdot 3 \text{ h Besuchsdauer inkl. Reisezeit}}{1500 \text{ Stunden pro Jahr}}$$

$$= 42 \text{ ADM}$$

$$\text{Zahl der ADM} = \frac{((750 \cdot 12) + (1500 \cdot 8) + (3000 \cdot 3)) \cdot 3 \text{ h je Besuch}}{1500 \text{ Stunden pro Jahr}}$$

$$= 60 \text{ ADM}$$

Auch das Arbeitslastverfahren ist nicht ohne Schwächen. So ermöglicht die Einteilung in Kundenklassen keine Berücksichtigung der Wirkungen des Gesprächseinsatzes. A-Kunden können durchaus unterschiedlich auf die Besuchsintensität reagieren. Legt man eine Differenzierung der Kunden lediglich nach dem Umsatz zugrunde, so werden Rentabilitäts- und Gewinngesichtspunkte nicht berücksichtigt. So kann derselbe Umsatz beispielsweise zu höchst unterschiedlichen Deckungsbeiträgen je Kunde führen. Es kommt somit in starkem Maße auf die Differenzierung der Kundengruppen an. Schließlich geht diese Methode davon aus, daß die Außendienstmitarbeiter eine vergleichbare Effizienz aufweisen. Es gibt aber durchaus Unterschiede in der Qualität der Gesprächsführung und in der Arbeitsorganisation.

Einsatz und Ergebnis werden bei der *Grenzwertmethode* ins Verhältnis gesetzt. Hierbei geht man davon aus, daß solange Vertriebsmitarbeiter eingestellt werden können, bis der von ihnen zusätzlich erzielte Umsatz die zusätzlich verursachten Kosten überschreitet. Zugrunde liegt die Annahme sinkender Grenzerträge, d.h. ein Vertriebsmitarbeiter mag 300.000 DM Umsatz erzielen, zwei Vertriebsmitarbeiter erzielen aber nicht 600.000 DM, sondern lediglich 550.000 DM, also weniger als den doppelten Umsatz. Problematisch sind natürlich die Verbundeffekte, die ja auch zwischen Vertriebsgebieten und Außendienstmitarbeitern bestehen.[87]

Die von *Semlow* entwickelte einfache Methode bildet die Grundlage für anspruchsvollere, computerunterstützte Vorgehensweisen. Sie soll daher hier kurz vorgestellt werden. *Semlow* stellte fest, daß sich der Umsatz je Prozent Absatzpotential (y-Achse) in Abhängigkeit vom Anteil des Vertriebsgebietes am gesamten Absatzpotential (x-Achse) wie eine Hyperbel verhält. Dies ließ vermuten, daß Außendienstmitarbeiter in Verkaufsgebieten mit größeren Absatzpotentialen mehr Umsatz erzielten, dieser Umsatz aber unterproportional zum Anstieg des Umsatzpotentials verhält. Verkaufsgebiete mit einem Anteil von einem Prozent

---

[87] Vgl. hierzu und zum folgenden Churchill/Ford/Walker 1985, S. 184 ff.

am gesamten Absatzpotential erzielten 160.000 DM, während der Umsatz in Gebieten mit 5 % vom gesamten Absatzpotentials im Durchschnitt bei 200.000 DM lag. In Gebieten mit einem größeren Anteil am gesamten Absatzpotential erzielten 40.000 DM Umsatz, während Gebiete mit einem geringen Absatzpotential 160.000 DM erreichen. Mit mehr Verkäufern ist somit ein größerer Umsatzanteil je Prozent Absatzpotential zu erreichen. Da allerdings mit zunehmender Zahl von Vertriebsmitarbeitern auch die Kosten je Vertriebsmitarbeiter steigen, stellt sich die Frage nach der optimalen Zahl von Außendienstmitarbeitern. Um zur optimalen Größe der Vertriebsorganisation zu gelangen, müssen drei Schritte durchlaufen werden (vgl. auch Tabelle 3):

1. Bestimmung des Absatzpotentials je Verkaufsgebiet: Zur Bestimmung des Absatzpotentials können die entsprechenden Forecasting-Methoden eingesetzt werden, die in Abschnitt 2.9.1.1 beschrieben werden. Tabelle 3 gibt in Spalte (1) das Absatzpotential für 10 ausgewählte Verkaufsgebiete an. Insgesamt existieren mehr als diese 10 Gebiete, so daß das Gesamtpotential von 20 Mio. auch größer als die Summe der Absatzpotentiale der 10 Gebiete ist. Spalte (2) gibt den Anteil des Gebietspotentials am gesamten Absatzpotential an.
2. Bestimmung des Umsatzes je Prozent des Gebietspotentials: Im Beispiel zeigt sich, daß Verkaufsgebiete mit jeweils 2 % Anteil am gesamten Absatzpotential denselben Umsatz erzielen (vgl. Spalte 3). Dies muß in der Realität so nicht eintreffen; es ist sogar eher unwahrscheinlich. Wie der Vergleich von Spalte (3) und (4) zeigt, können Verkäufer in Vertriebsgebieten im einem geringen Gebietspotential ihr Gebietspotential besser ausschöpfen, obwohl sie absolut gesehen weniger verkaufen als Verkäufer in Vertriebsgebieten mit einem hohen Absatzpotential.
3. Schätzung des zu erwartenden Gesamtumsatzes für unterschiedliche Zahlen von Verkaufsgebieten mit gleichem Absatzpotential: Wenn alle Verkaufsgebiete gleich groß sind, erhält jedes Verkaufsgebiet den gleichen Anteil am Absatzpotential. Bei 20 Verkaufsgebieten hätte jedes Gebiet 5 % des Absatzpotentials. Der erwartete Umsatz je Prozent Absatzpotential kann aus Tabelle 3 entnommen werden. Mit 20 gleich großen Verkaufsgebieten könnten je Verkaufsgebiet 175.000 DM erzielt werden, was 35.000 DM je Prozent Absatzpotential entspricht (vgl. Tabelle 3). Multipliziert man jedes der 20 Verkaufsgebiet mit seinem jeweiligen Absatzpotentialanteil von 35.000 DM (5 % am Gesamtabsatzpotential), so erhält man ein max. Umsatzvolumen von 5.000.000. Tabelle 4 gibt an, daß bei 50 Verkaufsgebieten bzw. Außendienstmitarbeitern insgesamt 4.000.000 DM Umsatz zu erzielen sind, bei 10 Verkaufsgebieten bzw. Außendienstmitarbeitern aber nur 3.000.000 DM.

Tabelle 3. Ermittlung des Umsatzes je Prozent des Absatzpotentials (Quelle: Churchill/Ford/Walker 1985, S. 185)

Gebiet	*Potential in 1.000 DM* (1)	*Anteil des Gebiets am Gesamtpotential* (2) = (1) / 20.000	*Umsatz in 1.000 DM* (3)	*Umsatz je Anteil des Gebiets am Potential* (4) = (3) / (2)
1	400	2	80	40
2	1.000	5	175	35
3	200	1	50	50
4	400	2	80	40
5	2.000	10	300	30
6	2.000	10	300	30
7	1.000	5	175	35
8	4.000	20	560	28
9	400	2	80	40
10	1.000	5	175	35
Gesamt	20.000	100	3.200	

Tabelle 4. Bestimmung des zu erwartenden Gesamtumsatzes bei unterschiedlichen Kunden bzw. Verkaufsgebieten mit gleichem Absatzpotential (Quelle: Churchill/Ford/Walker 1985, S. 186)

Zahl der Verkaufsgebiete bzw. Verkäufer	*Relatives Absatzpotential in %*	*Umsatz je Prozent des gesamten Absatzpotentials (in 1.000 DM)*	*Gesamtumsatz (in 1.000 DM)*
50	2 %	50	5.000
20	5 %	40	4.000
10	10 %	30	3.000
5	20 %	28	2.800

2.5.3.2 Die Bestimmung der notwendigen Führungskräfteanzahl

Ist die Zahl der Außendienstmitarbeiter festgelegt, muß die Zahl der notwendigen Führungskräfte bestimmt werden. Hierbei ist es gebräuchlich, sich an der sog. *Leistungsspanne* („*span of control*") zu orientieren. Diese legt fest, wieviele Mitarbeiter ein Vorgesetzter maximal beaufsichtigen kann.[88] Hierbei werden Spannen von 4 bis 8 Mitarbeitern, max. 10 Personen genannt.[89] Untersuchungen der 60er und 70er Jahre aus dem amerikanischen Bereich differenzieren die optimale Leistungsspanne in Abhängigkeit vom jeweiligen Tätigkeitsfeld, von der Branche und von der Organisationsstruktur (vgl. Tabelle 5).

[88] Vgl. zur Leitungsspanne Hentze 1991a, S. 198; Domsch 1970, S. 92 ff.

[89] Vgl. Dalrymple 1985, S. 151; Futrell 1981, S. 69.

Tabelle 5. Durchschnittliche Leistungsspanne für Field Sales Manager (Quelle: Churchill/Ford/Walker 1985, S. 123.)

Branche	*durchschnittliche Leistungsspanne für Field Sales Manager*
Dienstleistungen	10
Konsumgüter	8
Investitionsgüter	6

Ein unreflektiertes Befolgen solcher Richtwerte ist jedoch auch bei der Festlegung des Führungskräftebedarfs wenig empfehlenswert. Vielmehr kommt es auf die grundsätzliche Organisationsform an: Werden im Vertrieb flache Hierarchien bevorzugt, so ergibt sich daraus ein geringerer Führungskräftebedarf als bei Unternehmen mit vielen Hierarchieebenen. Für flache Hierarchien und dementsprechend große Leistungsspannen spricht die Vermutung einer besseren Kommunikation zwischen den Hierarchieebenen, da der Weg vom Außendienstmitarbeiter zum Vertriebsleiter nicht so lang ist. Dies könnte auch zu einer größeren Marktnähe des Unternehmens führen. *Churchill*, *Ford* und *Walker* schlagen eine enge Leistungsspanne und viele Hierarchiestufen im Vertrieb vor, wenn es sich um eine komplexe Vertriebsaufgabe handelt, bei der mehr Unterstützung und Kontrolle der Mitarbeiter durch Vorgesetzte benötigt wird.[90] Offensichtlich ist aber die Leistungsspanne nicht nur von der zu bewältigenden Aufgabe, sondern auch vom Führungssystem und vom Informationssystem des Unternehmens abhängig. Unternehmen, die einen stärker verhaltensorientierten Ansatz der Vertriebssteuerung bevorzugen, benötigen hierfür mehr Führungskräfte mit geringeren Leistungsspannen als Unternehmen, die stärker über das zu erreichende Ergebnis steuern.

2.5.4 Die Auswahl der Vertriebsmitarbeiter

Stehen Aufgabenstruktur und Zahl der einzustellenden Mitarbeiter fest, sind nun entsprechend geeignete Mitarbeiter zu suchen und einzustellen. Die benötigte Qualifikation der Mitarbeiter richtet sich dabei nach den zu bewältigenden Aufgaben. Hierzu existiert vor allem in größeren Unternehmen eine Stellenbeschreibung der jeweiligen zu besetzenden Position. Aus der Stellenbeschreibung wird ein entsprechendes Anforderungsprofil abgeleitet,[91] das dann im Zuge des Bewerbungs- und Auswahlverfahrens mit dem jeweiligen Erfüllungsprofil der Bewerber zu vergleichen ist.

90 Vgl. Churchill/Ford/Walker 1985, S. 122.

91 Vgl. Hentze 1991a, S. 208 ff.

Aus dem jeweiligen Tätigkeitsgebiet ergibt sich die Schlußfolgerung, ob eher qualifizierte Vertriebsmitarbeiter mit einem Hochschulstudium oder einfache Vertriebsmitarbeiter, die im Extremfall über gar keine Ausbildung verfügen, eingestellt werden sollen. Die bereits zitierte Untersuchung des *Weiterbildenden Studiums Technischer Vertrieb* hat ergeben,[92] daß Außendienstmitarbeiter in der Chemischen Industrie durchweg mit einfacheren Tätigkeiten betraut sind als im Investitionsgüterbereich. Außendienstmitarbeiter in der Chemischen Industrie verfügen am häufigsten über eine kaufmännische Ausbildung, gefolgt von der technisch-naturwissenschaftlichen Ausbildung und dem ingenieurwissenschaftlichen Studium, das Chemie-Studium spielt eine untergeordnete Rolle. An erster Stelle steht in der Investitionsgüterindustrie das ingenieurwissenschaftliche Studium, an zweiter Stelle etwa gleichbedeutend die technisch-naturwissenschaftliche Ausbildung und die kaufmännische Lehre.

Bei den mit anspruchsvolleren Aufgaben betrauten Produktmanagern zeigen die Ergebnisse sowohl in der Investitionsgüterindustrie als auch in der Chemischen Industrie einen deutlich größeren Anteil von Produktmanagern mit einem Studienabschluß als dies bei Außendienstmitarbeitern der Fall war. In der Investitionsgüterindustrie dominiert das ingenieurwissenschaftliche Studium, an die zweite Stelle tritt das naturwissenschaftliche Studium, und auch der betriebswirtschaftliche Studienabschluß findet sich bei Produktmanagern weit häufiger als bei Außendienstmitarbeitern. In der Chemischen Industrie herrschen das betriebswirtschaftliche Studium oder die kaufmännische Lehre vor, gefolgt vom ingenieurwissenschaftlichen Studium.

Neben der Entscheidung über qualifizierte oder weniger qualifizierte Vertriebsmitarbeiter ist eine Entscheidung darüber zu treffen, ob eher erfahrene oder unerfahrene Verkäufer eingestellt werden können. Dies entspricht gewissermaßen einer Make-or-Buy-Entscheidung, denn erfahrene Mitarbeiter sind in anderen Unternehmen ausgebildet worden und können über den externen Arbeitsmarkt beschafft werden („Buy"), während unerfahrene Mitarbeiter erst im Unternehmen ausgebildet werden müssen. Tabelle 6 stellt die Vor- und Nachteile der Entscheidungen zusammen. Dabei ist zu beobachten, daß kleinere Firmen eher erfahrene Vertriebsmitarbeiter einstellen, während größere Unternehmen eher mit unerfahrenen Mitarbeitern arbeiten.[93]

Außendienstmitarbeiter können aus dem eigenen Unternehmen gewonnen werden, z.B. aus dem Innendienst oder, wie es im Investitionsgüterbereich häufig geschieht, aus dem Forschungs- und Entwicklungsbereich. Weitere Quellen sind die Empfehlungen eigener Mitarbeiter, frühere, unberücksichtigte Bewerber (Merkdatei), die Einstellung von Verkäufern aus Wettbewerbs- oder anderen Un-

---

92 Vgl. Kleinaltenkamp/Fließ 1995, S. 36 ff.

93 Vgl. Dalrymple 1985, S. 55.

Tabelle 6. Vor- und Nachteile der Einstellung erfahrener oder unerfahrener Vertriebsmitarbeiter (Quelle: Dalrymple 1985, S. 55)

Erfahrene Verkäufer	*unerfahrene Verkäufer*
• höheres Gehalt	• niedrigeres Gehalt
• niedrigere Einarbeitungskosten, wenn bereits Erfahrung mit Produkten oder dem Markt vorliegen	• höhere Einarbeitungskosten
• schwieriger einzuarbeiten, da sie bereits gelernte Verkaufstechniken u.U. aufgeben müssen	• können einfacher geschult werden
	• Investitionen in Schulungsprogramme sind erforderlich
	• Sie besitzen mehr Enthusiasmus für die Arbeit
	• Ihnen wird mehr „Biß" unterstellt, sie trauen sich auch an schwierige Kunden
	• Es dauert länger, bis Umsätze erreicht werden

ternehmen („Head hunting"), Stellenanzeigen, Messen, der Stellenvermittlungsdienst des Arbeitsamtes oder von Personalberatern eine Rolle.[94]

Bei der Auswahl von Mitarbeitern wird empfohlen, die Auswahl von mindestens zwei Personen durchführen zu lassen, z.B. einem Mitarbeiter aus der Personalabteilung und dem Vertriebsvorgesetzten, ein Eignungsprofil jedes Bewerbers zu erstellen und mehrere Verfahren bei der Auswahl einzusetzen, um ein möglichst umfassendes Bild zu gewinnen.[95] Je aufwendiger das Beurteilungsverfahren durchgeführt wird, desto höher sind allerdings die Kosten, die jedoch im Vergleich zur besseren Qualität der Auswahl und der Gefahr möglicher Fehlentscheidungen weniger ins Gewicht fallen dürften.

Das Hauptproblem bei der Einstellung von Mitarbeitern besteht in der Qualitätsunsicherheit.[96] So ist für das einstellende Unternehmen häufig nicht sicher oder nur zu hohen Kosten feststellbar, ob die vom Bewerber angegebenen Qualifikationen und Eigenschaften überhaupt vorhanden sind. Soweit es sich um sichtbare und nicht veränderbare Merkmale handelt, z.B. Geschlecht oder formale Qualifikation, sind diese relativ unproblematisch zu erfassen. Schwieriger stellen sich solche Merkmale dar, die nur zu hohen Kosten erfaßt werden können, wie beispielsweise die Fähigkeiten und Fertigkeiten des Bewerbers. Wichtige Signale des Bewerbers sind hierbei der Ruf früherer Arbeitgeber, Zeugnisse und Abschlüsse im Rahmen von Weiterbildungs- und Ausbildungsgängen. Da hierbei

94 Vgl. Witt 1995, S. 48.

95 Vgl. Witt 1995, S. 49 ff.

96 Vgl. Alewell 1993, S. 109 ff.

jedoch auch ein Qualitätsunsicherheitsproblem besteht, ist auf die Reputation der ausbildenden Universität oder die Reputation des Weiterbildungsanbieters zu achten. Eine wichtige Rolle spielen weiterhin Referenzen, die Auskunft über die Qualifikation des Bewerbers geben können (Erfahrungseigenschaften des Potentials).

Neben den Signaling-Maßnahmen des Bewerbers setzt das Unternehmen Screening-Maßnahmen ein, um die Qualifikation und Eignung der Bewerber zu beurteilen.[97] So erhoffen sich manche Unternehmen aus graphologischen Gutachten Aufschlüsse über die Anlagen und die Leistungsfähigkeit der Bewerber. Im Rahmen von Vorstellungsgesprächen wird weiterhin versucht, Erfahrungseigenschaften vorwegzunehmen und in Sucheigenschaften zu verwandeln. Bezüglich der in Vorstellungsgesprächen gewonnenen Informationen und der daraus resultierenden Beurteilung der Bewerber ist auf Halo-Effekte und Wahrnehmungsverzerrungen aufgrund selektiver Wahrnehmung zu achten.[98] Bei Berufsanfängern, zum Teil auch bei Führungspositionen, wird vornehmlich in Großunternehmen die sog. Assessment-Center-Methodik[99] eingesetzt. Da zwischen verbaler Darstellung (*Signaling*) und tatsächlich vorhandenen Fähigkeiten oft Unterschiede bestehen, gibt das Assessment-Center insbesondere über das Führungs- und Sozialverhalten und die Problemlösungsfähigkeit der Bewerber Auskunft.[100]

2.6 Das Vergütungssystem

Im Rahmen des Vergütungssystems sind zum einen Entscheidungen über die Zusammensetzung der Vergütung eines einzelnen Mitarbeiters zu treffen. Hier können die folgenden drei Komponenten eingesetzt werden: Festgehalt, Provision und Prämie. Unter Maßgabe der entsprechenden rechtlichen Vorschriften sind ein jeweils isolierter Einsatz aber auch Kombinationen möglich. Zum zweiten bezieht sich die Entscheidung über das Vergütungssystem auf die Gehaltsstruktur im Vertrieb.[101] Hierbei sind zwei Gesichtspunkte zu beachten: die Gehaltsdifferenzierung und das betriebliche Gehaltsniveau. Die Gehaltsdifferenzierung legt die Abstufungen zwischen den verschiedenen Tätigkeitsbereichen im Vertrieb fest. Das betriebliche Gehaltsniveau gibt Auskunft über die absolute Höhe der Gehälter.

---

97 Vgl. zu einem Überblick Steinmann/Schreyögg 1993, S. 640 ff.

98 Vgl. zu diesen Begriffen die Ausführungen bei Fließ 1999, Abschnitt 1.4.2.1.

99 Vgl. hierzu im einzelnen Jeserich 1981.

100 Vgl. Hentze 1991a, S. 294 und S. 298 ff.; zu einer ausführlichen Darstellung des Assessment-Centers vgl. Jeserich 1981; zu anderen Methoden der Pesonalauswahl vgl. Frey 1980.

101 Vgl. Kossbiel 1994, S. 458.

2.6.1 Die Komponenten des Vergütungssystems

Um ein Vergütungssystem für den Vertrieb zu entwickeln, können die folgenden materiellen Komponenten benutzt werden:

1. Festgehalt,
2. Provision und
3. Prämie.

Beim *Festgehalt* erhält der Mitarbeiter ein festes monatliches Einkommen, das um Urlaubsgeld und/oder Weihnachtsgeld (13. oder 14. Monatsgehalt) erhöht ist. Der Vorteil für das Unternehmen besteht darin, daß es leicht zu berechnen ist, der Nachteil ist in seiner Inflexibilität (Fixkosten) zu sehen. Dem Mitarbeiter ist ein beständiges Einkommen sicher, das er allerdings durch seine Leistung nicht zu beeinflussen vermag.[102]

Bei der *Provision* handelt es sich um einen variablen Einkommensbestandteil. Bei der Festlegung von Provisionen sind die Provisionsbasis und der Provisionsverlauf zu bestimmen.[103]

Gebräuchliche *Provisionsbasen* sind Umsatz und Deckungsbeitrag. Umsatzprovisionen können sich auf den Gesamtumsatzes eines Vertriebsmitarbeiters innerhalb einer bestimmten Zeitperiode, üblicherweise ein Monat, beziehen oder auf differenzierte Umsatzbasen.[104] So können dem Produktlebenszyklus, den notwendigen Verkaufsanstrengungen oder dem Preis der Produkte entsprechend unterschiedliche Provisionssätze gezahlt werden. Provisionssätze lassen sich gemäß den Marketing- und Vertriebsstrategien des Unternehmens differenzieren, z.B. fördert eine höhere Provision für neue Produkte den Absatz dieser Produkte gegenüber bereits eingeführten. Produkte, die stark beworben werden, bedürfen geringerer Vertriebsanstrengungen und können daher mit einer geringeren Provision versehen werden. Als Hauptargument gegen Umsatzprovisionen gilt die Betonung des Umsatzes, statt des Gewinns. Die umsatzstärksten Produkte eines Unternehmens müssen ja nicht zwangsläufig mit den gewinnträchtigsten Produkten identisch sein.

Dieser Überlegung tragen *Deckungsbeitragsprovisionen* Rechnung. Sie honorieren den Verkauf besonders 'gewinnträchtiger' Produkte. Um jedoch den Außendienstmitarbeitern keine zu große Transparenz über die Höhe der jeweiligen Deckungsbeiträge zu gewähren, werden Deckungsbeitragsprovisionen häufig nicht auf die absoluten Deckungsbeiträge bezogen, sondern auf Indizes oder sogar auf den Umsatz umgerechnet. Die Konzentration auf deckungsbeitragsstarke Produkte

---

102 Vgl. Witt 1995, S. 95 ff.

103 Vgl. Höhn 1990, S. 26

104 Vgl. Koinecke/Wolter 1978, S. 94; Stein 1983, S. 77 ff.

kann zu einer einseitigen Betonung einzelner Produkte und zur Vernachlässigung des Produktprogramms insgesamt führen.[105] Voraussetzung für den Deckungsbeitrag als Provisionsbasis ist natürlich das Vorhandensein einer entsprechenden Deckungsbeitragsrechnung.[106] Auch beim Deckungsbeitrag können die Provisionen nach Kundengruppen, Produkten oder Produktgruppen differenziert werden.

Der *Provisionsverlauf* kann sich linear, degressiv oder progressiv verhalten.[107] Um einen linearen Provisionsverlauf handelt es sich, wenn ein fester Prozentsatz in Abhängigkeit von der Provisionsbasis gezahlt wird, z.B. 5 % vom Umsatz oder 7 % vom Deckungsbeitrag. Um einen degressiven Provisionsverlauf handelt es sich, wenn die Provision mit zunehmendem Umsatz sinkt, z.B. bis zu 100.000 DM Umsatz erhält der Außendienstmitarbeiter 2 % Provision, bei mehr als 100.000 DM Umsatz erhält er 5 % Provision. Um einen progressiven Provisionsverlauf handelt es sich, wenn die gezahlte Provision mit zunehmendem Umsatz überproportional steigt.

Zusätzlich können *Staffelprovisionen* vereinbart werden, wobei sich die Provisionshöhe beispielsweise in Abhängigkeit von verschiedenen Umsatzniveaus verändert.[108] Häufig wird die Provision erst bei Erreichen eines bestimmtes Umsatzsockels an gezahlt. Der Umsatzsockel repräsentiert den gewissermaßen unvermeidbaren Umsatz.[109]

Bei der *Prämie* handelt es sich um eine Zusatzvergütung zum Festgehalt oder zur Provision. Sie wird als absoluter Betrag für die Erreichung oder Überschreitung spezieller Zielvorgaben gezahlt und kann zudem je nach Zielerreichungsgrad festgelegt werden.[110] Gegenstand von Prämien kann das Erreichen von Umsatz- oder Deckungsbeitragsvorgaben sein, die Bewältigung von Schwerpunktaufgaben, z.B. die Akquisition von Neukunden generell bzw. einer bestimmten Zahl von Neukunden, oder für bestimmte Leistungsvorgaben, z.B. die Zahl der Besuche je Tag. In der Praxis gebräuchlich sind auch Mitarbeiter- oder Teamprämien.[111] Prämien können zur Vernachlässigung des Stammgeschäfts führen. Prämien können je nach Zielerreichungsgrad gestaffelt werden.[112]

Neben Provisionen und Prämien existieren in der Praxis auch sog. *Verkaufsquoten-Systeme*. Hierbei ist die Vergütung an den Vertriebsplan gekoppelt. Es handelt sich jedoch nicht um eine Prämie, sondern um ein Einkommen, daß sich

---

105 Vgl. Witt 1995, S. 98.

106 Vgl. Plinke/Rese 1999.

107 Vgl. Höhn 1990, S. 31 ff.

108 Vgl. Witt 1995, S. 97.

109 Vgl. Stein 1983, S. 77 ff.

110 Vgl. Höhn 1990, S. 36; Stein 1983, S. 85 ff; S. 104 ff.

111 Vgl. Witt 1995, S. 99.

112 Vgl. Stein 1983, S. 104 ff.

insgesamt beim Erreichen eines bestimmten Verkaufsplanes verändert.[113] Als besonderer Vorteil ist anzusehen, daß der Verkaufsplan der jeweiligen Marktsituation angepaßt werden kann, ohne daß das Vergütungssystem geändert werden muß.

Für Führungskräfte werden statt Provisionen oder Prämien auch häufig *Gewinnbeteiligungen* vorgesehen. Hierbei wird ein bestimmter Prozentsatz des Unternehmensgewinns an die Führungskräfte ausgeschüttet. Zur Zeit in der Diskussion ist die Koppelung der Managergehälter auf der ersten Führungsebene an den Aktienkurs des Unternehmens.[114]

Die Kombination aus fixen und variablen Einkommensbestandteilen sowie die Vielzahl der Kombinationsmöglichkeiten von Provisionsbasis, Provisionsverlauf und Provisionshöhe, Prämienbasis und Prämienanzahl sowie zusätzlicher Einkommensbestandteile führt zu einer Vielzahl in der Praxis vorzufindender Vergütungssysteme im Vertriebsbereich. Wie Abb. 13 zeigt, sind reine Festgehälter, Kombinationen aus Festgehalt und Provision sowie aus Festgehalt, Provision und Prämie besonders gebräuchlich.[115]

Neben den hier vorgestellten Vergütungskomponenten sind in Abb. 13 *Verkaufswettbewerbe*[116] aufgeführt, die jedoch im Business-to-Business-Bereich kaum

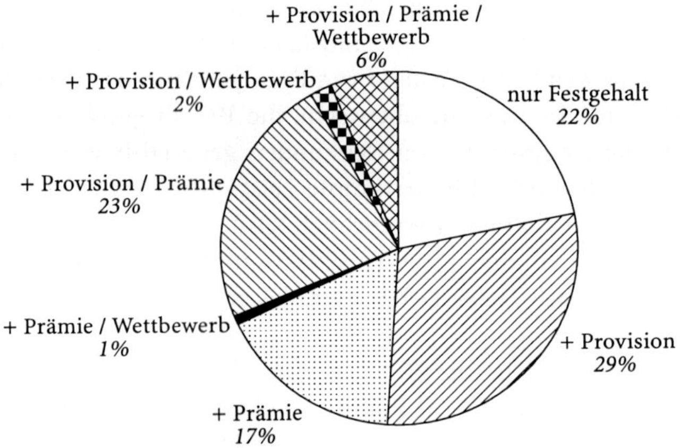

Abb. 13. Praktizierte Entlohnungssysteme in der Praxis (Quelle: Kienbaum Vergütungsberatung; aus: absatzwirtschaft 8/95, S. 59)

113 Vgl. Witt 1995, S. 99.

114 Vgl. Wirtschaftswoche Nr. 21 vom 16.5.1996, S. 88 ff.

115 Zu ähnlichen Ergebnissen gelangt auch eine amerikanische Untersuchung für den Bereich der USA. Vgl. Jackson/Schlacter/Wolfe 1995. Einen Überblick über verschiedene amerikanische Untersuchungen geben Boles/Donthu/Lohtia 1995.

116 Vgl. hierzu beispielsweise Eckardstein/Kunkel 1981; Eckardstein/Lieber 1982.

eine Rolle spielen. Verkaufswettbewerbe richten sich typischerweise auf die Überschreitung von Umsatzzielen, die Gewinnung neuer Kunden oder die Einführung neuer Produkte. Die Rangfolge der Verkäufer oder die Erreichung eines bestimmten Zieles entscheidet über den Gewinn, der als Geldprämie, als Reise (Incentive-Reise) oder als Sachgeschenk ausgesetzt wird.

Welche Kombination die effektivste und effizienteste Form der Anreizgestaltung ist, kann allgemeingültig nicht beantwortet werden. Aus den in Abschnitt 2.3 und 2.4 dargestellten theoretischen Erklärungsansätzen lassen sich jedoch Gestaltungshinweise gewinnen.

2.6.2 Die Gestaltung des Vergütungssystems

2.6.2.1 Allgemeine Gestaltungshinweise an das Vergütungssystem

Allgemeine Anhaltspunkte für die Gestaltung des Vergütungssystems liefern die im dritten Kapitel vorgestellten verhaltenswissenschaftlichen Erklärungsansätze.

- *Anreiz-Beitrags-Theorie*: Das Verhältnis von Anreizen und Beiträgen muß ausgewogen sein. Dies bedeutet, daß die Höhe des Einkommens den Leistungen des Vertriebsmitarbeiters entsprechen muß. Maßgebend ist dabei die subjektive Sicht des Mitarbeiters.
- Aus den *bedürfnisorientierten Motivationstheorien* läßt sich die Forderung nach *Einkommenssicherheit* (Befriedigung des Sicherheitsbedürfnisses) ableiten. Diese allgemeine Forderung kann in die Forderung nach *Stabilität* des Vergütungssystems und nach *Transparenz* des Vergütungssystems umgesetzt werden. Stabil ist ein Vergütungssystem dann, wenn auf häufige Änderungen verzichtet wird. Die ständige Anpassung von Provisionssätzen, Gehaltshöhe etc. an veränderte Unternehmensbedingungen, z.B. Kostensenkungen, oder Umweltbedingungen, z.B. Boom, sollte vermieden werden. Transparenz des Vergütungssystems bezieht sich auf die Nachvollziehbarkeit der Entlohnung: Es muß dem Vertriebsmitarbeiter klar sein, für welche Leistungen er welches Einkommen erwarten kann. Hieraus folgt, daß zu viele Provisionen und Prämien zu vermeiden sind, da der Vertriebsmitarbeiter dann den Zusammenhang zwischen Leistung und Entlohnung aus den Augen verliert.
- Aus der *Herzberg*schen *Zwei-Faktoren-Theorie* kann lediglich abgeleitet werden, daß Mitarbeiter unabhängig vom erhaltenen Gehalt nie zufrieden sind, sondern daß über die Gestaltung der Vergütung lediglich die Unzufriedenheit minimiert werden kann.
- Die *Instrumentalitätstheorie* von *Vroom* plädiert für ein leistungsbezogenes Einkommen, da hier eine direkte Instrumentalität zwischen Handlung und Ergebnis erkennbar ist. Darüber hinaus postuliert auch sie die Stabilität und

Transparenz des Vergütungssystems, da nur dann entsprechende Erwartungen gebildet werden können.

- Die *Equity-Theorie* fordert Gerechtigkeit, d.h. gleiche Bezahlung für gleiche Ergebnisse bzw. Anstrengungen. Bezieht man in das Verhältnis von Inputs und Outcomes auf der Inputseite auch unterschiedliche Investitionen in Ausbildung, Weiterbildung u.ä. ein, so werden auch Entlohnungsunterschiede je nach Ausbildung, Erfahrung etc. durch die Equity-Theorie abgesichert.

Diese aus der verhaltenswissenschaftlichen Theorie abgeleiteten allgemeinen Anhaltspunkte zur Gestaltung des Vergütungssystems decken sich mit den vielfach in der Praxisliteratur zu findenden Anforderungen. Beispielhaft sei hier die Forderung nach einem gerechten, leistungsorientierten, einfachen, kontinuierlichen, d.h. berechenbaren und dennoch flexiblen ergebnisbezogenen Vergütungssystem genannt.[117] Zusätzlich werden die die Organisationsstruktur unterstützende Forderung nach Teamgeist-Förderung und die an der Marketingstrategie orientierte Forderung nach Zielorientierung aufgeführt.[118]

Die allgemeinen Anhaltspunkte der verhaltenswissenschaftlichen Ansätze können um konkretere Gestaltungshinweise auf Basis der Prinzipal-Agenten-Theorie ergänzt werden.

2.6.2.2 *Konkrete Gestaltungshinweise der Prinzipal-Agenten-Theorie: Ergebnis- versus Prozeßorientierung im Vergütungssystem*

Die ergebnisorientierte Vertriebssteuerung setzt – wie der Name sagt – am Ergebnis an. Gesteuert wird hierbei über die zu erreichenden Zielgrößen, etwa den Umsatz, den Deckungsbeitrag, die Zahl der zu gewinnenden Kunden, das Ausmaß der Kundenzufriedenheit. Die zu erreichenden Ergebnisse werden in Art und Höhe vorgegeben. Die Erreichung der Ergebnisse wird belohnt, im Falle des Vergütungssystems durch ein entsprechendes Einkommen.

Das zu belohnende bzw. zu vergütende Ergebnis ist aber nicht allein den Anstrengungen des Vertriebsmitarbeiters zu verdanken, sondern wird auch durch die Art der Umstände beeinflußt (vgl. Abb. 8). Große Anstrengungen des Vertriebsmitarbeiters und mißliche Umstände führen zum gleichen Ergebnis wie geringe Anstrengungen des Vertriebsmitarbeiters und günstige Umstände. Im Gegensatz zur Vertriebsleitung weiß der Vertriebsmitarbeiter, ob er sich stark oder wenig angestrengt hat.

Vertriebsmitarbeiter neigen dazu, diesen Informationsvorsprung zu ihren Gunsten zu nutzen: Sie erhalten – vereinfacht ausgedrückt – lieber das gleiche Geld für geringe Anstrengung als für starke Anstrengung. Sie werden daher be-

---

[117] Vgl. Witt 1995, S. 93 ff.

[118] Vgl. Unger 1985, S. 169 ff.; Witt 1995, S. 98 f.

strebt sein, die Umstände so günstig wie möglich zu wählen. Daher werden beispielsweise gut bekannte oder leicht zu behandelnde Kunden bevorzugt.

Fazit: Der Vertriebsmitarbeiter, der seinen Auftrag großen Anstrengungen zu verdanken hat, erhält bei ergebnisabhängiger Entlohnung die gleiche Vergütung wie der Vertriebsmitarbeiter, der seinen Auftrag günstigen Umständen und wenig Anstrengung zu verdanken hat. Mitarbeiter mit viel Glück werden bevorzugt, Mitarbeiter mit wenig Glück werden bestraft.

Welche Hinweise lassen sich nun daraus für die Gestaltung des Vergütungssystems gewinnen? Offensichtlich sind Umweltunsicherheit, Verhaltensunsicherheit der Vertriebsmitarbeiter sowie die Meßbarkeit des Leistungsergebnisses wichtige Einflußfaktoren für die Wahl des entsprechenden Systems[119]:

1. Je unsicherer die Umwelt ist, desto schwieriger ist es, erreichbare Ziele zu prognostizieren und desto höher ist der 'Glücks'anteil am Input. Es hängt dann immer weniger von der Anstrengung des Vertriebsmitarbeiters ab, ob er das vorgegebene Ziel erreicht oder nicht.
2. Je größer die Verhaltensunsicherheit ist, desto eher verhält sich ein Außendienstmitarbeiter opportunistisch und desto eher muß seine Vergütung variable Anteile enthalten. Variable Anteile am Einkommen hindern ihn nämlich daran, sich allzu opportunistisch zu verhalten. Dabei hängt es von der Wahl der Bezugsgrößen ab, wie groß der opportunistisch ausnutzbare Verhaltensspielraum ist. Erhält er beispielsweise eine Umsatzprovision auf den erreichten Gesamtumsatz, so kann er leicht zu verkaufende Produkte bevorzugen (Verhaltensspielraum). Dieser Möglichkeit wird entgegengewirkt, wenn die Höhe der Provision nach Produktgruppen differenziert wird, was eine Einengung des Verhaltensspielraumes darstellt.
3. Je besser das Leistungsergebnis gemessen werden kann, desto eher kann seine Erreichung belohnt werden. Größen wie Kundenzufriedenheit können daher zwar zum Ziel gemacht werden, es ist aber schwierig, sie zu messen. Hierbei ist auch dem Umsatz gegenüber dem Deckungsbeitrag der Vorzug zu geben. Generell lassen sich qualitative Ziele schlechter messen und belohnen als quantitative Zielvorgaben.

Abbildung 14 zeigt die Konsequenzen der drei Einflußfaktoren für das Vergütungssystem. Je höher die Umweltunsicherheit ist, je niedriger die Verhaltensunsicherheit und je schlechter das Leistungsergebnis gemessen werden kann, desto eher ist dem Festgehalt der Vorzug zu geben. Je niedriger die Umweltunsicherheit ist, je höher die Verhaltensunsicherheit und je besser das Leistungsergebnis gemessen werden kann, desto höher kann der variable Einkommensanteil sein. Bei

[119] Vgl. Basu/Lal/Srinivasan/Staelin 1985; John/Weiss/Weitz 1987; John/Weitz 1989; vgl. auch die Übersicht bei Krafft 1995.

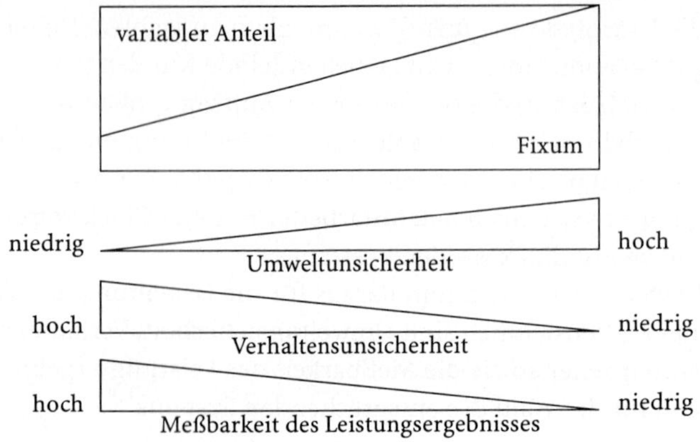

Abb. 14. Einflußfaktoren der Vergütung

anderen als diesen Extremausprägungen der Variablen sind entsprechende Mischformen aus Fixum und variablen Einkommensanteil zu wählen. Über die Art des variablen Anteils kann dann eine weitere Feinsteuerung vorgenommen werden. Ergänzend hierzu sind die übrigen Steuerungssysteme einzusetzen, um das Vergütungssystem zu unterstützen bzw. seine Versäumnisse nachzuholen.

Wurde eine Entscheidung über die Komponenten des Vergütungssystems getroffen, ist nun die Gehaltsstruktur für den Vertriebsbereich festzulegen. Dabei ist darauf zu achten, daß sich die Gehaltsstruktur des Vertriebs in die Gehaltsstruktur des Unternehmens insgesamt einpaßt.[120] Dabei zählen die Vertriebsgehälter in aller Regel zu den höchsten gezahlten Vergütungen.[121]

2.6.3 Die Festlegung der Gehaltsstruktur

2.6.3.1 Grundsätzliche Überlegungen auf Basis der Prinzipal-Agenten-Theorie

Die Festlegung der Gehaltsstruktur betrifft die Höhe der zu zahlenden Gehälter (Gehaltsniveau) sowie die Differenzierung der Gehälter.

Bei der Festlegung des Gehaltsniveaus sind die gezahlten Gehälter vergleichbarer Unternehmen zu berücksichtigen. Werden zu niedrige Gehälter gezahlt, ist der Vertriebsmitarbeiter nicht bereit, in den Arbeitsvertrag einzuwilligen oder verläßt das Unternehmen, um an anderer Stelle mehr zu verdienen. Welche Gehälter im Vertriebsbereich in Deutschland gezahlt werden, zeigt Abb. 15.

---

120 Kleinere Unternehmen zahlen dabei geringere Gehälter als große Unternehmen, vgl. o.V. 1995, S. 60.

121 Vgl.o.V. 1995, S. 60.

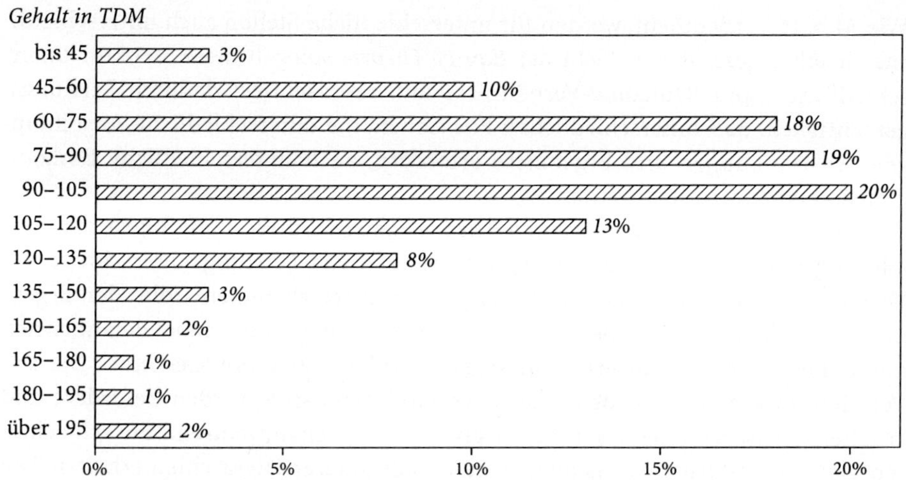

Abb. 15. Gehälter im Vertriebsbereich
(Quelle: o.V. 1995, S. 58.)

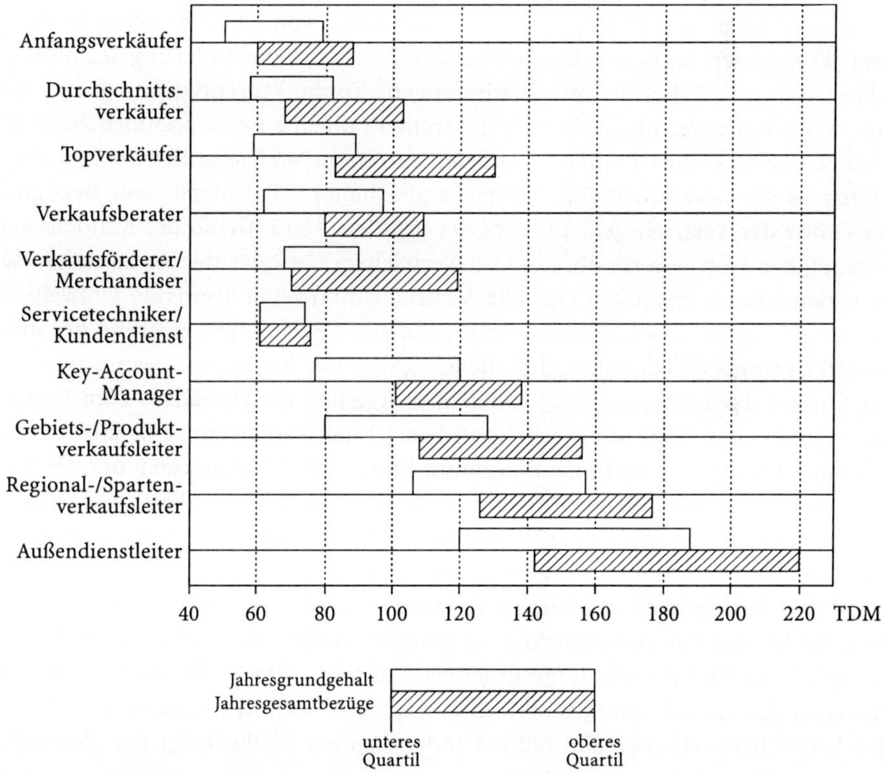

Abb. 16. Durchschnittsgehälter in verschiedenen Vertriebspositionen
(Quelle: o.V. 1995, S. 59)

Wie Abb. 16 verdeutlicht, werden für unterschiedliche Stellen auch unterschiedliche Gehälter gezahlt. Aus Sicht der *Equity-Theorie* spiegelt diese Struktur unterschiedliche Input-/Outcome-Verhältnisse und repräsentiert dadurch Leistungsgerechtigkeit, daß unterschiedlichen Positionen, die unterschiedliche Ausbildungen, Anstrengungen und Ergebnisse erfordern, auch unterschiedliche Einkommenshöhen zugeordnet werden.

Aus Sicht der *Prinzipal-Agenten-Theorie* spiegeln diese Rangfolgen der Entlohnung (sog. *Tournamententlohnung*) die relativen Leistungsunterschiede der Vertriebsmitarbeiter wider – unabhängig von ihrer absoluten Höhe der Ergebnisse. Die 'Sieger' mit den besten Arbeitsergebnissen erhalten dabei den höchsten Lohn, die schlechter plazierten Mitarbeiter erhalten kleinere 'Gewinne'. Die x % Vertriebsmitarbeiter mit den besten Arbeitsergebnissen werden befördert und erhalten gewissermaßen als 'Gewinn' ein höheres Gehalt, während die schlechteren Vertriebsmitarbeiter das niedrigere Gehalt unterer Hierarchien erhalten. Die Gehaltsunterschiede spiegeln die Leistungsunterschiede der Vertriebsmitarbeiter. Diese Form der Vergütung führt unter folgenden Voraussetzungen zu einer Risikoteilung zwischen Prinzipal (Unternehmen) und Agent (Vertriebsmitarbeiter).[122]

Jeder Vertriebsmitarbeiter wird mit zwei Arten von Umweltrisiken konfrontiert: Zum einen kann die Umweltunsicherheit, etwa Veränderung technologischer oder rechtlicher Rahmenbedingungen, Konjunkturentwicklung etc., alle Vertriebsmitarbeiter in gleichem Maße treffen (allgemeine Umweltunsicherheit). Daneben gibt es Umwelteinflüsse, die den einzelnen Vertriebsmitarbeiter stärker treffen als die Gesamtheit aller Vertriebsmitarbeiter, z.B. Unterschiede bezüglich der Größe der Vertriebsgebiete (Zahl der Kunden, Attraktivität der Kunden, Reisewege), der Wettbewerbssituation im Vertriebsgebiet oder der Attraktivität der zu verkaufenden Produkte. Der alle Vertriebsmitarbeiter treffende Umwelteinfluß bestimmt die absolute Höhe der Ergebnisse, z.B. Umsätze, während der individuell zu tragende Umwelteinfluß die Rangfolge der Ergebnisse bestimmt. Kann der Einfluß des gemeinsamen Risikos aller Agenten im Verhältnis zum Einfluß der individuellen Risiken als sehr groß bezeichnet werden, so stellt die Tournamententlohnung eine optimale Entlohnungsform dar. Ist demgegenüber der Einfluß der individuellen Risiken größer als der Einfluß des von allen zu tragenden Risikos, so wird dem durch die absolute Höhe der Umsätze eher Rechnung getragen. Die sich hinter diesem Ergebnis verbergende Überlegung ist folgende: Das Gehalt des Vertriebsmitarbeiters muß sowohl dem Risiko des Prinzipals als auch dem Risiko des Vertriebsmitarbeiters gerecht werden. Bei hohem allgemeinen Umweltrisiko sind die absoluten Ergebnisse gering – das Risiko wird somit vom Prinzipal getragen. Leistungsunterschiede spiegeln sich in Gehaltsunterschieden der Vertriebsmitarbeiter. Bei hohem individuellem Risiko trägt der Vertriebs-

[122] Vgl. Lazear/Rosen 1981; vgl. die Darstellung bei Alewell 1994, S. 71.

mitarbeiter ein höheres Risiko, das dann aber auch durch die Vergütung der absolut erreichten Ergebnisse kompensiert wird. Bei hohem individuell zu tragenden Risiko erhält der Vertriebsmitarbeiter ein entsprechend höheres Leistungsergebnis. Im Gegensatz zur Equity-Theorie, die leistungsgerecht entlohnen will, geht es bei der Prinzipal-Agenten-Theorie um die Suche nach einer risikogerechten Entlohnung. Derjenige, Prinzipal oder Agent, der das höhere Risiko trägt, soll auch den höheren Ergebnisanteil erhalten.

Um herauszufinden, ob ein Vertriebsmitarbeiter eher risikoscheu oder risikoneutral oder risikofreudig ist, können ihm verschiedene Gehaltsstrukturen offeriert werden, die sich beispielsweise durch den Anteil von variablem und festem Vergütungsanteil unterscheiden. Seine Wahl informiert seinen Arbeitgeber über seine Risikostruktur.[123]

2.6.3.2 Praktische Vorgehensweise zur Festlegung einer Gehaltsstruktur

Um Gehaltsstrukturen zu ermitteln, kann versucht werden, die individuellen Unterschiede zwischen den Außendienstmitarbeitern bezüglich der jeweiligen Umwelteinflüsse zu erfassen. Dies erfolgt beispielsweise dadurch, daß in Abhängigkeit von den jeweiligen Bezirksunterschieden unterschiedliche Ziele vereinbart werden. Prämien oder Provisionen beziehen sich dann nicht auf den absolut erreichten Umsatz, sondern auf die Erfüllung oder Übererfüllung vorher vereinbarter Umsatzziele. Außendienstmitarbeiter, die in weniger attraktiven und schwieriger zu bearbeitenden Verkaufsgebieten tätig sind, erhalten niedrigere Umsatzvorgaben als andere Außendienstmitarbeiter. Trotzdem haben beide Außendienstmitarbeiter die Chance, bei gleicher Leistung auch das gleiche Gehalt zu erzielen, da die Unterschiede in den individuellen Umwelteinflüssen über die Zielvereinbarungen nivelliert wurden.[124] Auch diese Vorgehensweise entspricht dem oben skizzierten Grundgedanken der Tournamententlohnung.

Eine andere Vorgehensweise besteht darin, die Gehaltsstrukturen am Funktionsgefüge bzw. Stellengefüge zu orientieren. Hierbei wird folgende Vorgehensweise eingeschlagen:[125]

1. Ermittlung der Stellenstruktur, z.B. ein Geschäftsführer Marketing und Vertrieb, drei regionale Vertriebsleiter, neun Verkaufsgebietsleiter, 23 Seniorverkäufer unterschiedlicher Verkaufsbezirksklassen, neun Großkundenverkäufer etc.

---

[123] Vgl. Lal/Staelin 1986, die demonstrieren, daß sich für jeden Mitarbeiter die optimale Vergütungsform finden läßt.

[124] Vgl. hierzu Stein 1983, S. 68 ff.

[125] Vgl. Stein 1983, 198 ff.

2. Bewertung der Stellen (Punktwerte): Die Grundlage hierfür können die Tätigkeiten bilden, wobei für anspruchsvolle Tätigkeiten entsprechend höhere Punktwerte vergeben werden als für weniger anspruchsvolle Tätigkeiten.[126] So erhält der Geschäftsführer Marketing und Vertrieb beispielsweise 98 Punkte, der Verkaufsgebietsleiter 70 Punkte und der Juniorverkäufer 38 Punkte.
3. Ermittlung von Punktwertbandbreiten: Jeder Stelle wird eine bestimmte Punktwertbandbreite zugeordnet, z.B. Juniorverkäufer erreichen eine Punktwertbandbreite von 30 bis 40 Punkten. Die Punktwertbandbreiten verschiedener Stellen können einander durchaus überlappen.
4. Bestimmung von Gehaltsbandbreiten in Abhängigkeit von den Punktwertbandbreiten, etwa indem je Punktwert ein bestimmter DM-Betrag bestimmt wird.
5. Ermittlung der Grundgehaltsstruktur, die sich an der internen Gehaltsstruktur des Unternehmens insgesamt sowie an der externen Gehaltsstruktur am Arbeitsmarkt sowie dem langfristig zur Verfügung stehenden Finanzvolumen bzw. Kostenbudget orientieren sollte.
6. Ermittlung der variablen Ziel-Einkommensbezüge.

Tabelle 7 zeigt das Ergebnis einer solchen Vorgehensweise.

Tabelle 7. Beispiel einer am Stellengefüge orientierten Gehaltsstruktur auf Punktwertbasis (Quelle: Stein 1983, S. 198 ff.)

Gehaltsgruppe	*Punktwertbandbreite*	*Stellen*
1	bis 30 Punkte	
2	30–40 Punkte	Juniorverkäufer
3	40–50 Punkte	Seniorverkäufer Gruppe C Innendienstsachbearbeiter
4	50–60 Punkte	Innendienstleiter Objektberater Seniorverkäufer B
5	60–70 Punkte	Seniorverkäufer A Großkundenverkäufer Verkaufsgebietsleiter
6	70–80 Punkte	Regionaler Verkaufsleiter Mitte
7	80–90 Punkte	Regionaler Verkaufsleiter Nord Regionaler Verkaufsleiter Süd
8	90–100 Punkte	Geschäftsführer Marketing und Vertrieb

126 Vgl. hierzu Hentze 1991a, S. 210; 1991b, S. 106.

2.7 Das Führungssystem

2.7.1 Das Wirkungsmodell der Führung

Das Wirkungsmodell der Führung ist ein erweitertes S-O-R-Modell. Es geht davon aus, daß eine Person – der Vorgesetzte oder allgemeiner der Führende – ein bestimmtes Führungsverhalten zeigt, welches einen Führungserfolg hervorruft (vgl. Abb. 17). Der Führungserfolg wiederum leistet einen Beitrag zum Vertriebserfolg. Er zeigt sich beispielsweise in der Erfüllung vereinbarter oder vorgegebener Aufgaben oder in der Erreichung vorgegebener Ziele wie beispielsweise Kundenzufriedenheit und Neukundengewinnung. Der Führungserfolg ist jedoch nicht allein abhängig von der Person und ihrem Führungsverhalten, sondern auch von der jeweiligen Situation. Die Situation wirkt sich auf das Führungsverhalten und auf den Führungserfolg aus.

Als Elemente der Führung lassen sich somit die Person des Führenden, sein Führungsverhalten und die Führungssituation identifizieren. Der zu erreichende Führungserfolg kann aus dem Organisationssystem des Vertriebs und aus den zu erreichenden Vertriebszielen abgeleitet werden.

Die in der Literatur diskutierten Führungstheorien unterscheiden sich danach, welche dieser drei Elemente sie in den Mittelpunkte stellen und damit als herausragend für den Führungserfolg betrachten.

2.7.2 Elemente der Führung und Führungstheorien

Die Merkmale des Führenden stehen im Mittelpunkt der *Eigenschaftstheorie* der Führung. Sie sieht – wie bereits unter 3.2 erläutert – die Persönlichkeitsmerkmale des Führenden als zentralen Faktor des Führungserfolges. Vertreter der Eigenschaftstheorie haben in empirischen Untersuchungen Merkmale wie Intelligenzgrad, Dominanz oder Verantwortungsgefühl herausgestellt.[127] Anhand der jeweils dominierenden Form von Wahrnehmung und Handlung wurden Idealtypen auf der Grundlage einer empirischen Datenbasis entwickelt. So unterscheidet *Kaka-*

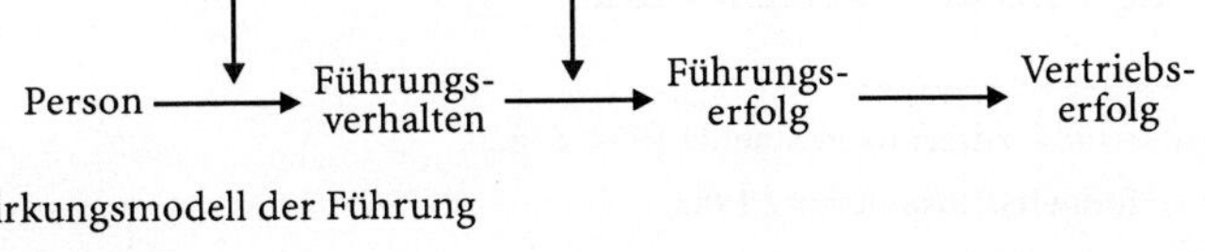

Abb. 17. Wirkungsmodell der Führung

[127] Vgl. Neuberger 1976.

badse beispielsweise 'Traditionalisten', die das Bestehende bewahren wollen, 'Team coaches', denen die Arbeit innerhalb einer Gruppe besonders wichtig ist, 'Company barons', die Generalisten ohne Spezialkenntnisse sind, strategische Pläne entwerfen, sich jedoch opportunistisch und standesbewußt verhalten, sowie 'Visionäre', die die Organisation entsprechend ihrer Vision verändern wollen, dabei aber isoliert arbeiten und wenig loyal sind.[128] Eine andere amerikanische Typologie, die aus der Managementpraxis entstanden ist, unterscheidet anhand der bevorzugten Aktivitäten Erfolgstypen (successful managers) und Leistungstypen (effective managers). Erfolgstypen denken primär an die eigene Karriere und pflegen hierzu ihre Beziehungen. Leistungstypen konzentrieren sich auf den Erfolg ihrer Abteilung und bevorzugen die Routinekommunikation. Das Ideal stellt eine Kombination beider Ansätze dar.[129]

Neben solchen Ansätzen, die die Persönlichkeitsstruktur der Führenden betrachten, wurde auch versucht, anhand soziodemographischer Merkmale, die leichter beobachtbar sind als die Persönlichkeitsmerkmale, erfolgreiche von weniger erfolgreichen Vorgesetzten zu unterscheiden. In einer empirischen Untersuchung fanden *Pross/Boetticher*, daß nahezu die Hälfte aller Väter erfolgreicher Vorgesetzter aus der Oberschicht oder der oberen Mittelschicht stammten.[130] Sollen Unternehmen ihre Mitarbeiter in Führungspositionen nun nach deren Schichtzugehörigkeit auswählen?

So verlockend es ist, im Rahmen empirischer Untersuchungen Persönlichkeitsmerkmale oder soziodemographische Merkmale als Ursache des Führungserfolges aufdecken zu wollen, so fragwürdig ist diese Vorgehensweise. Zum einen ist es nicht sicher, daß die beobachteten Merkmale tatsächlich die Ursache, und nicht die Folge des Führungserfolges sind. Zum anderen hängen die Ergebnisse stark von der eingesetzten Methode ab, die letztlich aber auch nur statistische Zusammenhänge aufdecken kann, die nicht notwendigerweise den tatsächlichen Ursachen entsprechen. So hat man beispielsweise festgestellt, die Zahl der Störche und die Geburtenrate hoch miteinander korreliert sind. Bringt doch der Klapperstorch die Kinder?

Trotz ihrer Fragwürdigkeit besitzt die Eigenschaftstheorie der Führung gerade in der Praxis viele Anhänger. In letzter Zeit hat sie vor dem Hintergrund der viel diskutierten Organisationskultur wieder an Bedeutung gewonnen. Hierbei wird unterstellt, daß bestimmte Menschen- oder Verhaltenstypen eine Unternehmenskultur erzeugen, die den Zielen des Unternehmens, beispielsweise der Kundenorientierung, besonders gerecht wird.[131]

128 Vgl. Kakabadse 1984, zitiert nach Staehle 1994, S. 820.

129 Vgl. Luthans/Hodgetts/Rosenkrantz 1988.

130 Vgl. Pross/Boettcher 1971.

131 Vgl. Staehle 1994, S. 822 f.

Realistischer erscheinen demgegenüber die sog. Attribuierungstheorie der Führung. Hiernach ist der Führungserfolg nicht auf tatsächlich vorhandene Eigenschaften zurückzuführen, sondern darauf, daß den Führern von den Geführten bestimmte Eigenschaften zugeschrieben (attribuiert) werden. Ein Vorgesetzter, der Führungserfolg hat, wird somit von seinen Mitarbeitern beispielsweise als besonders entscheidungsfreudig oder durchsetzungsfähig erlebt. Führung existiert somit nur in der Wahrnehmung der Geführten.[132] Hier besteht eine Parallele zur Machtausübung, wie überhaupt Führung als Beeinflussung mit Machtausübung einhergeht.

Neben den personenorientierten Ansätzen sehen andere theoretische Ansätze den Erfolg von Vorgesetzten in ihrem jeweiligen *Führungsverhalten* begründet. Besondere Bedeutung wird dabei dem Führungsstil zugeschrieben. Als Führungsstil kann ein „einheitliches, durch die spezifische Ausprägung einer Reihe von Einzelmerkmalen beschreibbares Führungsverhalten"[133] verstanden werden. Führungsstile werden idealtypisch in autoritäre und kooperative Führungsstile unterschieden. Der *autoritäre Führungsstil* ist ein einseitiger Führungsstil, bei dem die Mitarbeiter passiv bleiben. Der Vorgesetzte bestimmt allein, die Mitarbeiter sind lediglich Ausführende. Entscheidung und Kontrolle sind beim Vorgesetzten vereint.[134] Der *kooperative Führungsstil* ist dadurch gekennzeichnet, daß die Mitarbeiter ein Mitwirkungs- und Mitbestimmungsrecht haben. Es wird also weitgehend gemeinsam entschieden und bestimmt, die Mitarbeiter besitzen ein Selbstkontrollrecht und auch ein Kontrollrecht gegenüber ihrem Vorgesetzten.[135] Kooperativer und autoritärer Führungsstil gehen auf Untersuchungen *Lewins* und seiner Schüler in der 30er Jahren zurück, die zwischen demokratischem, autoritärem und Laissez-faire-Führungsstil unterschieden.[136] Der kooperative Führungsstil wird aufgrund der Mitwirkungsmöglichkeiten der Mitarbeiter auch häufig als *partizipativer Führungsstil* bezeichnet.[137] Eine Untersuchung für Sales Manager aus dem amerikanischen Bereich zeigte, daß der kooperative Führungsstil zu höherer Zufriedenheit der Mitarbeiter mit ihrer Arbeit und ihrem Vorgesetzen führte, zu stärkerem Engagement, zu geringeren Rollenkonflikten, zu weniger Rollenmehrdeutigkeit, zu geringerem Streß und Burnout-Syndrom sowie zu höherer Effektivität und Leistungsfähigkeit als der Laissez-faire-Führungsstil sowie

---

[132] Vgl. Staehle 1994, S. 349 f.

[133] Baumgarten 1977, S. 16.

[134] Vgl. Eckardstein/Schnellinger 1978, S. 111 f.

[135] Vgl. Eckardstein/Schnellinger 1978, S. 125 f.

[136] Vgl. Lewin/ Lippitt/White 1939; vgl. Rosenstiel/Molt/Ruettinger 1995, S. 274.

[137] Vgl. Hentze 1991b, S. 178 f. Zu anderen Unterscheidungen von Führungsstilen vgl. Staehle 1994, S. 316 ff. und die dort zitierte Literatur.

ein Führungsstil, bei dem Vorgesetzte nur bei Abweichungen eingreifen (Management by Exception, vgl. unten).[138]

Führungsstile kennzeichnen einheitliches, durch verschiedene Merkmale beschreibbares Führungsverhalten. Andere empirische Untersuchungen, insbesondere die sog. *Ohio State Studien* aus den 40er und 50er Jahren, zeigten, daß sich Führungsverhalten in mehreren Dimensionen niederschlagen kann. Auf der Basis dieser Studien gelangte man zu zwei wesentlichen *Dimensionen der Mitarbeiterführung*, der *Aufgabenorientierung* und der *Beziehungsorientierung*. Aufgabenorientierung ist beispielsweise dadurch gekennzeichnet, daß den unterstellten Mitarbeitern spezifische Arbeitsaufgaben zugewiesen werden, während sich Beziehungs- oder Mitarbeiterorientierung darin zeigt, daß einem Mitarbeiter für gute Arbeit Anerkennung gezollt wird. Obwohl kein eindeutiger Zusammenhang zwischen Aufgaben- und Mitarbeiterorientierung festgestellt werden konnte,[139] beruht eine Reihe von Führungskonzepten auf diesen Führungsdimensionen (vgl. unten).

Als drittes Element neben der Persönlichkeit des Führenden und dem Führungsverhalten ist die Führungssituation zu nennen. Die darauf beruhenden *Situationstheorien* der Führung haben die größte Bedeutung erlangt. Sie unterstellen, daß bestimmte Führungsstile und/oder Führungspersönlichkeiten nicht immer zum Erfolg führen, sondern daß sich der Führungserfolg in Abhängigkeit von der jeweiligen Situation einstellt. Als Einflußfaktoren der Führungssituation sind die Aufgabenstruktur, die Technologie, die Organisationsstruktur, das Informationssystem und ähnliche zu nennen.

Ebenfalls der Situation zugerechnet werden die zu führenden Mitarbeiter. Die Beziehung zwischen Führendem und Geführtem stellen die *Instrumentalitätstheorien* her. Hiernach hat der Führer die Aufgabe, die Geführten zu motivieren. Dies gelingt, wenn der Führer die Geführten bei der Erreichung hoch bewerteter Ziele unterstützt. Dabei kommt dem Zielbildungsprozeß besondere Bedeutung zu. So zeigte eine Untersuchung von Verkäufern im Investitionsgüterbereich, daß ein eher autoritärer Führungsstil, der die Aufgaben, Rollen, Ziele und Lösungsansätze klar vorschreibt, bei weniger erfahrenen Verkäufern zu mehr Rollenklarheit und Arbeitszufriedenheit beiträgt, während erfahrene Verkäufer einen kooperativeren Führungsstil bevorzugen.[140]

Ebenfalls die Mitarbeiter berücksichtigen die *Interaktionstheorien*, die die Struktur der Gruppe, die Erfahrungen und Erwartungen der Mitarbeiter als Ein-

---

138 Vgl. Dubinsky/Yammarino/Jolson 1994.

139 Vgl. Staehle 1994, S. 323 f.

140 Vgl. Kohli 1989.

flußfaktor der Führung herausstellen. Der Führungserfolg ergibt sich hiernach aus dem Zusammenwirken von Führer und Geführten.[141]

Seit den 80er Jahren tritt neben diese, das Zusammenspiel von Führendem, Geführten, Führungsverhalten und Führungssituation betrachtende Theorien die wesentlich abstraktere Auffassung der *symbolischen Führung.*[142] Ähnlich wie die Attribuierungstheorien, die den Führenden Eigenschaften zuschreiben, geht es bei der symbolischen Führung um die Kraft von symbolischen Handlungen, Mythen und Ritualen, deren Wirkungen entsprechendes Führungsverhalten auslösen. Führung besteht also darin, Symbole zu schaffen, die für die Geführten eine Bedeutung erlangen und - eher unbewußt als bewußt - in ihrem Verhalten berücksichtigt werden und damit das Führungsverhalten der Vorgesetzten stärken, untermauern und ggf. sogar ersetzen.[143] Durch Geschichten erfolgreicher Führungskräfte, ritualisierte Besprechungsrunden, gewohnheitsmäßige Formen der Anerkennung, die sich im Unternehmen eingebürgert haben, werden entsprechende Führungsideologien etabliert. Führung entsteht aus dem Zusammenwirken von Unternehmenskultur und tatsächlichem Verhalten der Vorgesetzten.

Die im folgenden zu diskutierenden Führungskonzepte beruhen auf den eher traditionelleren Führungstheorien und versuchen, praxisorientiert Hilfestellung für die Gestaltung des Führungssystems und die Ausgestaltung der Mitarbeiterführung zu liefern. Hierbei können als Ansatzpunkte der Führung stärker verhaltensbeeinflussende Konzepte und stärker ergebnisorientierte Ansätze unterschieden werden.

2.7.3 Führungskonzepte

2.7.3.1 Verhaltensorientierte Führungskonzepte

2.7.3.1.1 Das Verhaltensgitter von Blake und Mouton

Eines der bekanntesten Führungskonzepte[144] ist das *Verhaltensgitter* (*'Managerial Grid'*) von *Blake/Mouton.*[145] Die Autoren gehen von zwei voneinander unabhängigen Dimensionen der Führung aus: der Aufgabenorientierung oder Produktionsbetonung (concern for production) einerseits und der Mitarbeiterori-

---

[141] Vgl. Staehle 1994, S. 335.

[142] Das Konzept der symbolischen Führung beruht auf der soziologischen Theorie des symbolischen Interaktionismus. Vgl. als herausragenden Vertreter des symbolischen Interaktionismus Mead 1934. Die praktische Bedeutung stellt *Goffman* heraus (vgl. Goffman 1969, 1971, 1974, 1975). Zu einem Überblick über die Theorie vgl. beispielsweise Treibel 1993, S. 107 ff.

[143] Vgl. als besondere Vertreter Neuberger 1990; Pfeffer 1981.

[144] Vgl. Futrell 1981, S. 365 f.

[145] Vgl. Blake/Mouton 1978.

Abb. 18. Verhaltensgitter nach Blake/Mouton (Quelle: Staehle 1994, S. 792)

entierung oder Betonung des Menschen (concern for people) andererseits. Beide Ausprägungen können in einem Führungsstil in unterschiedlichem Maße kombiniert werden. *Blake/Mouton* unterscheiden je Dimension neun Ausprägungen, die zwischen niedrig (= 1) und hoch (= 9) anzusiedeln sind (vgl. Abb. 18). Damit ergeben sich insgesamt 81 mögliche Führungsstile, von denen sie jedoch fünf Führungsstile als besonders bedeutsam herausgreifen. Die Führungsstile werden als 1.1, 1.9, 9.1, 5.5 oder 9.9-Führungsstil gekennzeichnet (vgl. Abb. 18). Besonders erstrebenswert ist ihrer Meinung der 9.9-Führungsstil, der Aufgaben- und Mitarbeiterorientierung in sich vereint, obwohl sie den anderen vier Führungsstilen je nach Situation den Erfolg nicht absprechen.[146] Als Einflußfaktoren betrachten *Blake/Mouton* dabei die Organisationsstruktur, die Führungssituation, die Wertvorstellungen von Führendem und Geführtem, die Persönlichkeitsmerkmale des Führenden sowie das Wissen über alternative Führungsstile.

Ebenfalls auf den beiden Dimensionen der Mitarbeiterorientierung, hier als Beziehungsorientierung bezeichnet, und der Aufgabenorientierung beruht der Ansatz von *Reddin*. Er plädiert jedoch nicht für einen der von ihm vorgeschlagenen Führungsstile, sondern betont, daß sich der Führungsstil nach der Situation

[146] Vgl. Staehle 1994, S. 792 ff.

richten muß. Da ein und derselbe Vorgesetzte mit verschiedenen Situationen konfrontiert werden kann, muß er alle vier Führungsstile praktizieren. Je nachdem, ob er den der Situation angemessenen Führungsstil gewählt hat, erweist er sich als effizient oder ineffizient.

Auch *Hersey* und *Blanchard* knüpfen an die beiden Dimensionen des Führungsverhaltens an, suchen aber ausschließlich nach effektiven Ausprägungen. Sie unterscheiden vier erfolgreiche Führungsstile, die sich durch das Ausmaß der Mitarbeitermitbestimmung voneinander unterscheiden. Bei der *Unterweisung* ordnet der Vorgesetzte die Aufgaben sowie die Art der Aufgabenerfüllung an. Beim *Verkaufen* versucht der Vorgesetzte, die Mitarbeiter durch rationales Argumentieren und durch soziale bzw. emotionale Appelle zur Erfüllung der Aufgabenstellung zu bewegen. Bei der *Beteiligung* entscheiden Vorgesetzter und Mitarbeiter gemeinsam, wobei der Vorgesetzte sozio-emotionale Unterstützung einfordert. Bei der *Delegation* wird den Mitarbeitern die Aufgabe und die Verantwortung für ihre Erfüllung vollständig überlassen.

2.7.3.1.2 Das Leader-Match-Konzept von Fiedler, Chemers und Mahar

Ein weiterer auf der Unterscheidung von aufgabenorientiertem und beziehungsorientiertem Führungsstil basierendes und in der Praxis ebenfalls verbreitetes Konzept ist das *Leader-Match-Konzept* von *Fiedler*, *Chemers* und *Mahar*. Es sucht nach einem 'match', d.h. einer Übereinstimmung, zwischen Führungsstil und Führungssituation. Dabei wird davon ausgegangen, daß der Führungsstil Ausdruck der Persönlichkeit des Führers und daher unveränderlich ist, so daß der Vorgesetzte nach für ihn günstigen Situationen suchen muß. Das Leader-Match-Konzept beruht auf der *Kontingenztheorie* von *Fiedler*.

Der Führungsstil eines Managers wird durch einen Fragebogen erfaßt, in dem der Befragte angeben muß, wie er den von ihm am wenigsten geschätzten Mitarbeiter (least-preferred-coworker) einschätzt. Diesem Ansatz liegt die empirisch fundierte Annahme zugrunde, daß sympathische Menschen als einem selbst ähnlich wahrgenommen werden, während unsympathische Menschen als einem selbst unähnlich wahrgenommen werden.[147] Der nach dieser Vorgehensweise benannte LPC-Wert ist nur ein Indikator für die motivationale Orientierung des Vorgesetzten. Je höher der LPC-Wert ist, d.h. je freundlicher der unsympathischste Mitarbeiter eingestuft wird, desto eher setzt der Vorgesetzte mitarbeiterbezogene Maßnahmen ein, um die Aufgabenziele zu erreichen. Je niedriger der LPC-Wert ist, desto eher ist der Vorgesetzte bereit, auch eine Verschlechterung der Be-

---

[147] Ursprünglich wurde der Vorgesetzte auch gebeten, den ihm am sympathischsten Mitarbeiter einzustufen. Da jedoch die Differenz zwischen sympathischem und unsympathischem Mitarbeiter stark mit der Einschätzung des unsympathischen Mitarbeiters korrelierte, wurde später nur noch dieser Wert verwendet. Vgl. Rosenstiel/Molt/Ruettinger 1995, S. 295.

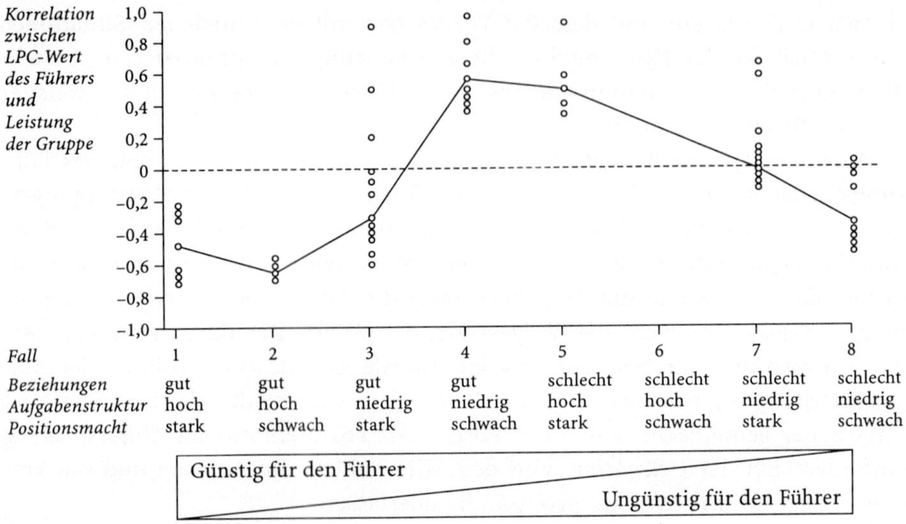

Abb. 19. Korrelation zwischen LPC-Wert und Leistung unter verschiedenen situativen Bedingungen (Quelle: Rosenstiel/Molt/Ruettinger 1995, S. 296)

ziehung zu seinen Mitarbeitern in Kauf zu nehmen, wenn sich die Aufgabenerfüllung verbessert.

Die Führungssituation wird durch Fragen zu den Dimensionen „Positionsmacht des Vorgesetzten", „Aufgabenstruktur" und „persönliche Beziehung zwischen Führer und Geführten" bestimmt. Um die Beziehung zwischen Situation und Führungsstil zu erfassen, wurden im Rahmen der Kontingenztheorie die Arbeitszufriedenheit und die Aufgabenerfüllung als Maßstab für den Führungserfolg zugrunde gelegt. Wie Abb. 19 zeigt, sind beziehungsorientierte Vorgesetzte (hoher LPC-Wert) in Situationen, in denen sie mäßigen Einfluß haben, besonders erfolgreich.

Das Leader-Match-Konzept sind nun vor, zunächst den Führungsstil und dann die Günstigkeit der Situation festzustellen. Erweist sich die Situation für den Führenden als ungünstig, sollte er versuchen, die Situation zu seinen Gunsten zu verändern. Er kann beispielsweise auf die Führer-Mitarbeiter-Beziehung einwirken, indem er mehr Zeit mit den Mitarbeitern verbringt oder sich besser informiert oder auch mißliebige Mitarbeiter versetzt. Die Aufgabenstruktur kann über klarere Zielvorgaben oder besseres Training der Mitarbeiter modifiziert werden. Die Positionsmacht schließlich läßt sich durch bessere Informationsversorgung, Erweiterung des Fachwissens oder Herauskehren der eigenen Position stärken.[148]

---

[148] Vgl. Staehle 1994, S. 815.

An der *Fiedler*schen Kontingenztheorie und am Leader-Match-Konzept wurde vielfältige Kritik geübt, die sich auf die Theorie, die Methodik, die Empirie und die Ideologie bezieht.[149] Zur Theorie wurde angemerkt, daß es sich hier nicht um ein theoretisch begründetes, sondern lediglich um ein empirisch beobachtetes Konzept handelt. Erklärungen für den Zusammenhang zwischen Situation und Führungsstil oder überprüfbare Hypothesen bezüglich des Zusammenhanges wurden nicht formuliert. Insbesondere ist nicht begründet worden, warum gerade die Beziehung zwischen Vorgesetztem und Mitarbeiter einen solchen Einfluß auf den Führungserfolg haben soll. Die meisten empirischen Untersuchungen konnten zudem die von *Fiedler* angegebenen Werte nicht bestätigen und konnten auch bei Wiederholungen nicht einmal ihre eigenen Ergebnisse reproduzieren (Validität). Somit ist völlig unklar, was der LPC-Wert eigentlich mißt. Als stark ideologisch gefärbt wird kritisiert, daß das Führungsverhalten als nicht veränderbar gilt. Zudem wird als realitätsfern angesehen, daß die für eine Führungspersönlichkeit geeignete Situation gefunden werden soll.

Während die bisher vorgestellten Führungskonzepte vornehmlich versuchen, über die Beeinflussung der Verhaltensdimension die Mitarbeiter zu führen, stellen die ergebnisorientierten Führungsansätze die zu erreichenden Ziele in den Mittelpunkt und überlassen den Mitarbeitern die Wahl der Wege weitgehend selbst.

2.7.3.2 Ergebnisorientierte Führungskonzepte – Management-by-Objectives nach Odiorne

Der Ansatz des *Management by Objectives* nach *Odiorne* mißt der Zielvereinbarung zwischen Vorgesetztem und Mitarbeiter große Bedeutung zu. Zu Beginn einer jeden Budgetperiode, die in aller Regel ein Jahr umfaßt, werden Leistungsziele zwischen Mitarbeiter und Vorgesetztem vereinbart, die am Ende der Periode gemessen und bezüglich ihres Erreichungsgrades diskutiert werden.

Der Zielvereinbarungs- und Diskussionsprozeß läßt sich in die in Abb. 20 dargelegten Teilschritte zerlegen.

Die Leistungsmotivation der Vertriebsmitarbeiter wird dabei vor allem durch die Vereinbarung realistischer und nicht unangemessener Vertriebsziele, die Vorgabe mittelschwerer Aufgaben und durch häufiges Feedback gefördert. Bezüglich des Feedbacks ist zwischen verhaltensbezogener und ergebnisbezogener Rückkopplung zu unterscheiden. Verhaltensbezogene Rückkopplung führt zu mehr Zufriedenheit der Vertriebsmitarbeiter mit ihrer Arbeit und mit ihrem Vorgesetzten, aber nicht zu höherer Leistung. Ein positiver Ergebnisfeedback

---

[149] Vgl. zu den Kritikpunkten Rosenstiel/Molt/Ruettinger 1995, S. 197 f. und die dort angegebene Literatur; vgl. auch Staehle 1994, S. 332 f.

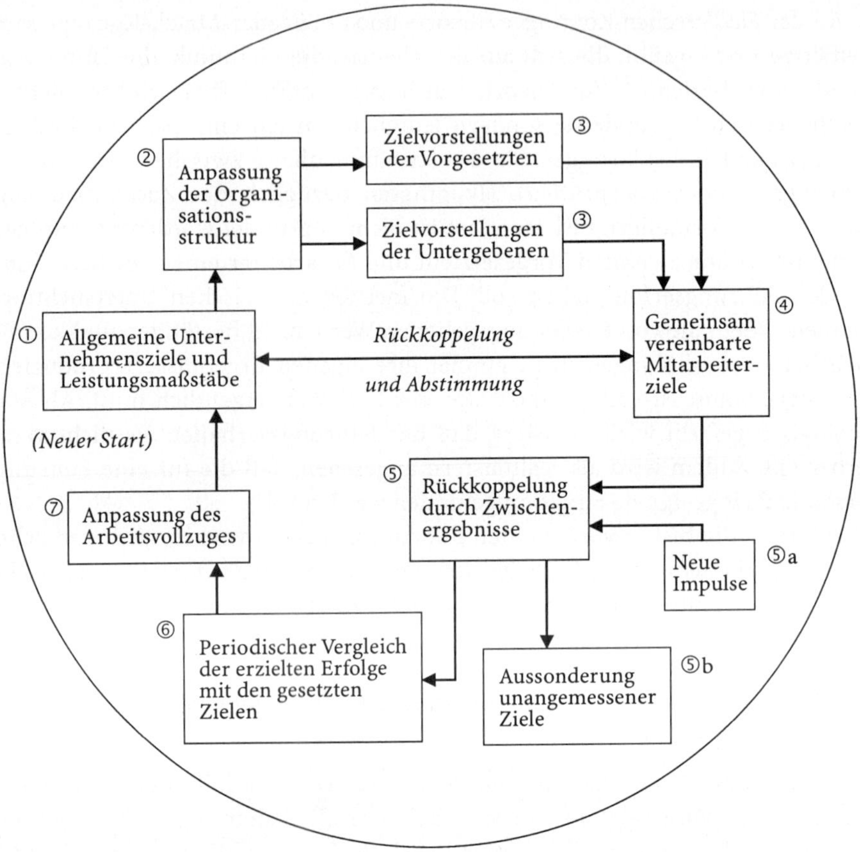

Abb. 20. Vorgehensweise der Zielvereinbarung beim Management by Objectives (Quelle: Odiorne 1967, S. 102; entnommen aus Staehle 1994, S. 806)

führt zu einer direkten Leistungsverbesserung, während negative Ergebnisrückkopplungen nicht zu mehr Leistung motivieren.[150]

Durch die Transparenz des Zielvereinbarungssystems wird gleichzeitig das Sicherheitsbedürfnis der Mitarbeiter befriedigt. Somit ist das MbO-Konzept auch mit den bedürfnisorientierten Motivationstheorien nach *Maslow* vereinbar (vgl. Abschnitt 2.3.1).[151]

Das Konzept des Management by Objectives betont den partizipativen Aspekt der Mitarbeiterführung, ohne jedoch einen bestimmten Führungsstil vorzuschreiben. gleichzeitig ist es möglich, andere „Management by ...“-Techniken zu integrieren.

150 Vgl. Jaworski/Kohli 1991.

151 Vgl. Staehle 1994, S. 806.

So ermöglicht das im Kreislauf-Schema von *Odiorne* vorgesehene Feedback-System die Integration des *Management by Exception*. Führungskräfte greifen nur dann ein, wenn außergewöhnliche Abweichungen zwischen Soll-Zustand und Ist-Zustand zu verzeichnen sind.

Beispiel:
Vertriebsmitarbeiter und Vorgesetzter erhalten beispielsweise monatliche EDV-Ausdrucke über ihre jeweiligen Umsätze. Weichen die bisher erreichten Umsätze in starkem Maße von den Vorgaben ab, führt der Vorgesetzte ein Gespräch mit dem Mitarbeiter, fragt nach Ursachen und sucht gemeinsam mit ihm nach Lösungen, wobei eine der Lösungen auch darin bestehen kann, die Zielvorgaben nach unten zu korrigieren.

Ebenfalls integrierbar ist die Konzeption des *Management by Delegation*. Hierbei wird mit den Aufgaben gleichzeitig Verantwortung an die Mitarbeiter delegiert, und zwar jeweils so viel Verantwortung wie nötig.

Beispiel:
Wenn ein Vertriebsmitarbeiter ein Vertriebsgebiet zugeteilt bekommt, erhält er gleichzeitig die Freiheit selbst zu bestimmen, welche Kunden er wann wie oft besuchen möchte und welche Produkte - sofern er mehrere in seinem Programm hat - er ihnen offerieren will. Durch Management by Exception wird sichergestellt, daß die Verhaltensweisen des Mitarbeiters zielkonform bleiben, d.h. werden bestimmte Produkte zu stark favorisiert oder werden manche Kunden zu häufig besucht, kann das Führungssystem entsprechend gegensteuern.

Aus Sicht der Prinzipal-Agenten-Theorie weist Management by Objectives gewisse Gefahren auf. Es erlaubt den Vertriebsmitarbeitern nämlich, sich bereits bei der Zielvereinbarung opportunistisch zu verhalten. Mitarbeiter würden nach Ansicht der Prinzipal-Agenten-Theorie dazu tendieren, die Ziele sehr niedrig anzusetzen, während Vorgesetzte die Ziele sehr hoch ansetzen würden. Da letztlich der Vorgesetzte nicht sicher wissen kann, ob die Ziele vom Vertriebmitarbeiter wirklich zu niedrig angesetzt sind - neben opportunistischen Mitarbeitern gibt es ja auch noch ehrliche Mitarbeiter - kommt es darauf an, die Zielerreichung mit solchen Anreizen zu koppeln, die opportunistische Mitarbeiter daran hindern, Schaden anzurichten. In einer computersimulierten Entscheidungssituation wurde nachgewiesen, daß bei zunehmender Erhöhung der Zielvorgaben die Anstrengungen der Vertriebsmitarbeiter nur bis zu einem bestimmten Punkt ebenfalls ansteigen, danach jedoch abfallen. Zudem ist der Einfluß von Zielvorgaben um so höher, je eher die Vertriebsmitarbeiter glauben, daß die Zielerreichung von ihrem eigenen Verhalten abhängt.[152] Vertriebsmitarbeiter, die glauben ihre Quote zu erreichen, wählen die Handlungen und Aktivitäten, die mit der größten Wahrscheinlichkeit zur Zielerreichung führen, z.B. Konzentration auf „sichere" Kunden und Produkte. Personen, die ihre Zielvorgaben bereits erreicht haben, tendieren zu risi-

[152] Vgl. Chowdhury 1993.

koreicheren Entscheidungen. Sie engagieren sich beispielsweise auch für weniger leicht zu verkaufende Produkte oder schwerer zu gewinnende Nachfrager.[153]

Um opportunistisches Verhalten zu vermeiden, kann versucht werden, durch eine gewisse Kontrolle der Situation, etwa dem Einsatz von objektiveren Sales Forecasting-Methoden, die Zielvereinbarungsprozeß informativ zu unterstützen. Auch Kontrolle des Verhaltens der Mitarbeiter - etwa durch Begleitung der Mitarbeiter auf ihren Touren durch Vorgesetzte - kann dazu beitragen, den Zielvereinbarungsprozeß weniger anfällig für opportunistisches Verhalten zu gestalten. Allerdings sind hier die zusätzlich entstehenden Kontrollkosten gegen die Wohlfahrtseinbußen aufgrund zu hoher Prämien oder Provisionen bei Zielüberschreitung abzuwägen.

2.8 Das Qualifikations- und Aufstiegssystem

2.8.1 Laufbahnlinien im Vertrieb

Mit dem Begriff der Laufbahnlinie bezeichnet man eine Stellenabfolge, die ein Vertriebsmitarbeiter im Laufe seiner Vertriebstätigkeit im Unternehmen einnehmen kann. Die Stellen können dabei auf ein und derselben Hierarchieebene angesiedelt sein - in der personalwirtschaftlichen Literatur spricht man von einer *horizontalen Laufbahnlinie*. Sie können aber auch auf verschiedenen Hierarchieebenen angesiedelt sein - diese wird als *vertikale Laufbahnlinie* bezeichnet.[154]

Horizontale Laufbahnlinien entsprechen *Fachlaufbahnen*. Der Mitarbeiter übernimmt mit jedem Stellenwechsel anspruchsvollere Aufgaben, die höhere Anforderungen an seine Qualifikationen stellen und ihm die Möglichkeit zur persönlichen Weiterentwicklung bieten. In aller Regel sind diese Stellen auch mit höheren Vergütungen verbunden.

Typische Positionen innerhalb der Fachlaufbahn sind Außendienstmitarbeiter, Produktmanager oder Key Account Manager.

Vertikale Laufbahnlinien entsprechen der *Führungslaufbahn*. Der Vertriebsmitarbeiter steigt in der Unternehmenshierarchie auf, seine Kompetenzen werden erweitert und ihm werden Mitarbeiter zugeordnet. Er erhält Führungsverantwortung. Typische Führungslaufbahnen im Vertrieb differenzieren beispielsweise nach regionalen Zuständigkeitsbereichen Niederlassungs- oder Gebietsverkaufsleiter beispielsweise für Bayern, Regionalleiter beispielsweise für Deutschland oder Vertriebsleiter. Auch produktbezogene Differenzierungen von Führungspositionen bzw. Hierarchien lassen sich finden, wie etwa Produktverkaufsleiter, Produktgruppenverkaufsleiter und Spartenleiter. Innerhalb jeder Hierarchieebene können

---

153 Vgl. Ross 1991.

154 Vgl. Hentze 1991a, S. 323.

ebenfalls Positionen unterschiedlicher „Wertigkeit“ angesiedelt sein. So sind beispielsweise Vertriebsgebiete oder Produktgruppen unterschiedlich anspruchsvoll.

Beispiel:
Im Unternehmen, in dem Herr Flaskamp beschäftigt ist, betreut ein Berufsanfänger beispielsweise ein Vertriebsgebiet mit einem geringeren Absatzvolumen, in dem vorzugsweise kleinere Kunden angesiedelt sind. Die nächste Position auf der gleichen Hierarchieebene umfaßt wichtigere Kunden und damit ein attraktiveres Verkaufsgebiet. Außerdem besteht die Möglichkeit, Produktmanager oder Key Account Manager zu werden. Die Führungslaufbahn umfaßt die Position der Gebietsleiter Nord, Süd, West und Ost, auf der nächsten Ebene die des Vertriebsleiters Deutschland. Auf derselben Führungsebene sind die Positionen der Vertriebsleiter für die verschiedenen Länder angesiedelt, deren Aufgaben in Abhängigkeit von der Bedeutung dieser Auslandsmärkte für das Unternehmen jedoch anspruchsvoller sind als die des Vertriebsleiters Deutschland. Die letzte ‘Station’ ist die Position des Vertriebsvorstands.

Nach welchen Kriterien die horizontalen und vertikalen Laufbahnlinien gebildet werden, wieviele Hierarchiestufen sie umfassen und wieviele Positionen auf einer Hierarchieebene angesiedelt sind, hängt von der Organisationsstruktur im Vertriebsbereich ab. Unternehmen, die nur nach Produktgruppen gegliedert sind, differenzieren auch die Führungslaufbahnen entsprechend nach Produktgruppen. Bestehen – wie in den meisten Unternehmen – Mischformen zwischen verschiedenen Gliederungsprinzipien, so spiegelt sich das auch in der Stellenstruktur auf horizontaler und vertikaler Ebene wider.

2.8.2 Die Qualifizierung von Vertriebsmitarbeitern: Personalentwicklung

2.8.2.1 Ziele und Inhalte von Weiterbildungsmaßnahmen

Die Qualifizierung von Vertriebsmitarbeitern kann sich darauf richten, ihre Qualifikationen zur Wahrnehmung ihres derzeitigen Aufgabenfeldes zu verbessern.[155] Wir sprechen in diesem Zusammenhang von *Anpassungsweiterbildung*. Dies ist notwendig, da sich das Umfeld, in dem der Vertriebsmitarbeiter tätig ist, laufend verändert, neue Methoden und Instrumente entwickelt werden und generell neue Erkenntnisse generiert werden, die ihm bei der Erfüllung seiner täglichen Aufgaben helfen, z.B. Produktschulungen, Verkäufertraining. Weiterhin werden über die Anpassungsweiterbildung bestehende Qualifizierungslücken zwischen Anforderungsprofil und Erfüllungsprofil beseitigt.

Die Qualifizierung von Vertriebsmitarbeitern kann auch der Vorbereitung für die Übernahme neuer Aufgaben im Rahmen einer Fach- oder Führungslaufbahn dienen.[156] Dann handelt es sich um eine *vorbeugende Weiterbildung*, z.B. Seminar

155 Vgl. Eckardstein/Schnellinger 1978, S. 239.

156 Vgl. Eckardstein/ Schnellinger 1978, S. 239.

über Führungstechniken als Vorbereitung für die Übernahme einer Führungsposition. Weiterbildungsmaßnahmen richten sich auf[157]

1. die *Vermittlung von Sachwissen* (knowledge): Hierbei kann es um die Vermittlung unternehmensspezifischen Wissens gehen oder auch um die Vermittlung allgemeiner funktionsbezogener oder funktionsübergreifender Kenntnisse. Unternehmensspezifisches Wissen bezieht sich beispielsweise auf die Märkte und Kunden des Unternehmens, die zu verkaufenden Produkte, Unternehmensstrukturen oder neu eingeführte Instrumente und Methoden, z.B. Vertriebsinformationssystem. Es kann sich aber auch um allgemeines, unternehmensunabhängiges Sachwissen handeln. Für Ingenieure im Vertrieb werden vor allem Inhalte zur Verbesserung der technisch-instrumentellen Sachkompetenz (z.B. über technische Zusammenhänge), der ökologischen Sachkompetenz (z.B. über Umweltauswirkungen), der betriebswirtschaftlichen Sachkompetenz (z.B. Controlling) und der marktorientierten Sachkompetenz (z.B. Geschäftsbeziehungsmanagement) herausgestellt.[158]
2. die *Verbesserung von Fähigkeiten* (skills): Hierbei werden analytische Fähigkeiten (konzeptionelle Fähigkeiten, Organisationsfähigkeiten, Auffassungsvermögen, Kritikfähigkeit), soziale Fähigkeiten (Kommunikationsfähigkeiten, Fähigkeit, andere zu motivieren und zu führen, Kooperationsfähigkeiten) und technische Fähigkeiten (Fähigkeit, gelernte Methoden und Techniken auf praktische Probleme anzuwenden) unterschieden. Diese werden auch zur subjektiv-personellen Sachkompetenz zusammengefaßt.[159]
3. die *Bildung von neuen Einstellungen* (attitudes): abweichende Meinungen respektieren, Toleranz üben, Offenheit gegenüber neuen Erkenntnissen zeigen oder auch spezifischer Einstellungen gegenüber neuen Meinungsgegenständen.

Die meisten Weiterbildungsmaßnahmen richten sich auf alle Bereiche, unterscheiden sich jedoch bezüglich der Schwerpunkte.

Beispiel:
Ein Seminar zum Financial Engineering legt den Schwerpunkt auf die Vermittlung von Sachwissen. Ein Rhetorik-Seminar oder ein Verkäufertraining hat seinen Schwerpunkt im Bereich der Verbesserung von Fähigkeiten, vor allem sozialer Fähigkeiten. Ein Seminar für neue Vertriebsmitarbeiter verbindet häufig die Vermittlung von Sachwissen mit der Bildung neuer Einstellungen. Das *Weiterbildende Studium Technischer Vertrieb* vermittelt im Rahmen des Fernstudiums und der Vorträge vor allem Sachwissen. Die Arbeit in Kleingruppen vermittelt soziale Fähigkeiten, während die Arbeit an Fallstudien die analytischen Fähigkeiten schult. Fallstudien tragen ebenso wie die Bearbeitung von Einsendeaufgaben und der Hausarbeit zur Entwicklung technischer Fähigkeiten bei. Neue Einstellungen ge-

157 Vgl. Staehle 1994, S. 835.

158 Vgl. Grube 1991, S. 140 ff.

159 Vgl. Grube 1991, S. 144.

genüber dem Marketing, den eigenen Fähigkeiten und häufig auch dem Unternehmen werden durch das Zusammenwirken aller Maßnahmen erzeugt.

Das Beispiel zeigt, daß für die Vermittlung der einzelnen Kompetenzen die verschiedenen Methoden der Weiterbildung (Fallstudien, Fernstudium ...) in unterschiedlichem Maße geeignet sind.[160]

2.8.2.2 Formen der Personalentwicklung

Personalentwicklung bezieht sich auf die geplante Erhaltung, Verbesserung und Erweiterung der Mitarbeiterqualifikationen.[161] Nach *Conradi* lassen sich verschiedene Formen der Personalentwicklung unterscheiden,[162] von denen für die Laufbahnplanung im Vertriebsbereich die folgenden besonders bedeutsam sind:

- *Personalentwicklung „into-the-job"*: Hierunter verbergen sich Maßnahmen, die den Mitarbeiter, der noch keine Berufserfahrung besitzt, auf seine Vertriebsaufgaben vorbereiten sollen. Großunternehmen haben häufig spezifische *Traineeprogramme* entwickelt, in denen unternehmensspezifisches Wissen über die Organisationsstruktur, das Produktprogramm und die Unternehmensphilosophie vermittelt werden. Zur Vermittlung dieser Inhalte und zur Förderung der Identifikation mit dem Unternehmen werden meist *Seminare* durchgeführt. Neben unternehmensbezogenen Seminaren finden weitere Veranstaltungen statt, in denen allgemeines, häufig betriebswirtschaftliches Wissen vermittelt oder aufgefrischt wird. Die Methoden sind dabei von Unternehmen zu Unternehmen unterschiedlich. Fernstudium mit Lehrtexten und Kontrollaufgaben, Selbststudium mittels Personal Computer, Seminare mit Vorträgen, Fallstudienbearbeitung, Workshops und Planspielen sind hierfür geeignet. Zusätzlich, meist im Mittelpunkt der Programme stehend, lernen Mitarbeiter unterschiedliche Abteilungen kennenlernen, wobei jedoch der Vertriebsbereich im Mittelpunkt steht. Die hierbei eingesetzte Methode ist das *„Learning-by-doing"*, d.h. das Lernen am Arbeitsplatz. Mitarbeiter werden mit neuen Aufgabenstellungen konfrontiert und sollen – meist mit Unterstützung von Kollegen und Vorgesetzten – Lösungswege suchen und die Aufgaben bewältigen. Die sich dabei einstellenden Lernprozesse führen zur Verfestigung des Wissens und zur Einübung von Verhaltensweisen. Lernen am Arbeitsplatz steht auch bei der folgenden Form der Personalentwicklung im Vordergrund.

- *Personalentwicklung „on-the-job"*: Geplantes Lernen am Arbeitsplatz umfaßt nicht die selbständige Erarbeitung der für die Vertriebstätigkeit notwendigen Kenntnisse, sondern die von Vorgesetzten und der Organisationsstruktur un-

---

160 Vgl. Plinke/Fließ 1991.

161 Vgl. Rosenstiel/Molt/Ruettinger 1995, S. 331; Staehle 1994, S. 823.

162 Vgl. Conradi 1983.

terstützte Form der qualifizierten Weiterentwicklung. Personalentwicklung „on-the-job" bedeutet, daß Vertriebsmitarbeiter selbst Maßnahmen ausprobieren, neue Konzepte anwenden, Spielräume erkennen, nutzen und erweitern können, zusammenarbeiten können und vermehrt Einblick in technische und organisatorische Zusammenhänge erlangen. Dies setzt eine flexible Organisationsstruktur, z.B. das Fehlen starrer Stellenbeschreibungen, und eine entsprechende Führung voraus. Gerade im Vertriebsbereich sind diese Voraussetzungen gegeben und die so entwickelbaren Fähigkeiten erwünscht. Gegenüber dem „trial-and-error"-Verfahren, dem reinen „Herum- und Ausprobieren" wird jedoch dieser Lernprozeß von anderen Mitarbeitern und den im Unternehmen etablierten Institutionen entsprechend gefördert.[163]

- *Personalentwicklung „off-the-job"* bezieht sich auf die traditionellen Fort- und Weiterbildungsmöglichkeiten außerhalb des Arbeitsplatzes. Hierzu sind beispielsweise Seminare außerhalb und innerhalb des Unternehmens zu verstehen oder auch die Teilnahme an weiterbildenden Studiengängen.

- *Personalentwicklung „along-the-job"* orientiert sich an künftigen Positionen von Vertriebsmitarbeitern und bereitet sie auf die Übernahme dieser Positionen vor. Voraussetzung hierfür ist die Existenz einer Laufbahnplanung für die Mitarbeiter des Unternehmens, die üblicherweise vom Personalentwicklungsbereich des Unternehmens (bei Großunternehmen) durchgeführt wird oder auch (bei kleineren und mittelständischen Unternehmen) vom Geschäftsführer. Dabei kann es sich um *individuelle Laufbahnplanung* handeln, z.B. wenn ein auf einer Stabsstelle tätiger Mitarbeiter durch seine hervorragenden Konzepte auffällt, eine Linientätigkeit im Vertrieb übernimmt und dann für die Übernahme der einer Position im Vorstand vorbereitet wird. Eine allgemeine *Standardlaufbahn* sieht die Teilnahme an bestimmten Qualifizierungsmaßnahmen für Mitarbeiter bestimmter Hierarchieebenen vor, mit deren Hilfe sie auf Positionen der nächsten Hierarchieebene vorbereitet werden. Standardlaufbahn-Planung existiert nur in Großunternehmen. Darüber hinaus existiert eine sog. *selbstgesteuerte Personalentwicklung*, in der Mitarbeiter eher unspezifisch für künftige Aufgaben qualifiziert werden. Hierbei wählen Mitarbeiter, häufig in Absprache mit Vorgesetzten, Weiterbildungsmaßnahmen aus einem vom Unternehmen offerierten Maßnahmenkatalog aus und signalisieren damit den Willen, anspruchsvollere Aufgaben zu übernehmen. Auch die (finanzielle) Unterstützung von Mitarbeitern bei der Teilnahme an selbst ausgewählten, nicht im Weiterbildungsprogramm des Unternehmens enthaltenen Maßnahmen zählt zur selbstgesteuerten Personalentwicklung. Diese

---

[163] Diese Form der Personalentwicklung ist sehr gut mit dem Konzept der symbolischen Führung vereinbar.

Formen der Personalentwicklung können innerhalb eines Unternehmens nebeneinander existieren.

Maßnahmen der Personalentwicklung „along-the-job" können vielfältiger Art sein und vom Besuch von unternehmensinternen und -externen Seminaren über die Bearbeitung von Fallbeispielen, die Teilnahme an Unternehmensplanspielen bis zur Mitarbeit in Workshops reichen. Auch die Arbeitsplatzmethode eignet sich zur Vorbereitung auf neue Aufgabenfelder. Hierbei wird ein Vertriebsmitarbeiter mit *Sonderaufgaben* betraut, die bereits eine gewisse Nähe zu der zu besetzenden Position aufweisen. Ein Vertriebsmitarbeiter übernimmt die Stellvertretung des Vorgesetzten, ein Projektmitarbeiter koordiniert ein kleineres Projekt als Vorbereitung für Projektleitertätigkeiten, ein Vertriebsmitarbeiter übernimmt ausgewählte Aufgaben im Rahmen einer Produkteinführungsstrategie als Vorbereitung auf Produktmanager-Tätigkeiten.

- *Personalentwicklung „out-of-the-job"* umfaßt Maßnahmen, die auf die Vorbereitung des beruflichen Ruhestandes zielen. Auch Maßnahmen des *Outplacements* können hierzu gerechnet werden. Hierbei sucht ein Unternehmen – meist mit Hilfe eines Personalberaters – für eine zu kündigende Führungskraft eine neue Position in einem anderen Unternehmen. Häufig wird das Outplacement durch Weiterbildungsmaßnahmen unterstützt, die der Motivationsstärkung dienen sollen und zusätzliche Fachkompetenz vermitteln, um bestehende Schwächen auszugleichen.[164]

Alle vorgestellten Formen der Personalentwicklung orientieren sich an den Karrierephasen von Mitarbeitern. Wie Tabelle 8 zeigt, lassen sich unterschiedliche Karrierephasen unterschiedlichen Altersphasen zuordnen. Aufgrund der Erfahrungen, Fähigkeiten und Fertigkeiten kann jede Phase durch ihre spezifischen Entwicklungsbedürfnisse charakterisiert werden, die sich in entsprechenden Anforderungen an das *„Human Ressource Management"* niederschlagen. In der Phase des 'Establishments' werden die ersten Berufserfahrungen gesammelt, der Mitarbeiter lernt seine eigenen Fähigkeiten einzuschätzen. Das Personalmanagement des Unternehmens muß eine realistische Beratung für die Anfangsposition im Unternehmen durchführen (Traineeprogramme), Leistungsbeurteilungen und Coaching geben dem Mitarbeiter das notwendige Feedback. In der Phase des 'Advancements' will der Vertriebsmitarbeiter anspruchsvollere Aufgaben übernehmen, die eine Herausforderung darstellen, Anerkennung und Verantwortung bringen. Hier werden die Weichen für Fach- oder Führungslaufbahn gestellt. Unternehmen müssen entsprechende Positionen bereithalten – daher finden sich in vielen vor allem großen Unternehmen Fach- und Führungspositionen mit unterschiedlichen Anforderungen an die Mitarbeiter. Sponsoring innerhalb des

[164] Vgl. zum Outplacement beispielsweise Mayrhofer 1989.

Tabelle 8. Karrierephasen nach *Cummings/Huse*
Quelle: Cummings / Huse 1989, S. 358 ff.

Phase	*Entwicklungsbedürfnis*	*Human-Ressource-Management-Maßnahme*
Establishment (Trial) *21–26 Jahre*	richtiger Anfangsjob; verschiedene Aufgaben; Entwicklung der Fähigkeiten; Feedback über Leistung	realistische Beratung; Leistungsbeurteilung; Coaching
Advancement *26–40 Jahre*	herausfordernder Job; Anerkennung, Verantwortung; Abstimmen von Karriere und Freizeit	interessante Aufgabenstellung; Assessment Center; Sponsoring
Maintenance (mid-career) *40–60 Jahre*	Autonomie; Entwicklung und Förderung anderer; Übernahme neuer Rollen	Angebot neuer Aufgaben; Training; Mentoring
Withdrawal (late career) *über 60 Jahre*	Erfahrung und Weisheit nutzen; Vorbereitung auf den Ruhestand	Consulting; gleitender Übergang in den Ruhestand

Unternehmens fördert Karrierewillige und -fähige. In der 'Maintenance'-Phase werden erworbene Positionen ausgebaut (Autonomie) und gestaltet, etwa indem neue Rollen übernommen oder Rollen neu gestaltet werden, z.B. Entwicklung eines eigenen Führungsstils, einer Unternehmer- oder Führungspersönlichkeit. Eigene Mitarbeiter werden entwickelt und gefördert, als Mentor wird ihre Laufbahn begleitet. In der letzten Phase des 'Withdrawal' wird erworbene Erfahrung und Weisheit weitergegeben oder – nach Verlassen des Unternehmens – im Rahmen des Consulting genutzt. So werden beispielsweise frühere Führungskräfte jungen aufstrebenden Unternehmen an die Seite gestellt, um sie in ihrer Entwicklung zu unterstützen, zu fördern und zu beraten.

2.8.3 Die Gestaltung des Qualifizierungs- und Aufstiegssystems

2.8.3.1 Vertriebssteuerungsziele von Qualifizierungs- und Aufstiegssystemen

Das in das Vertriebssteuerungssystem eingebundene Aufstiegssystem dient der Harmonisierung von Unternehmens- und personenbezogenen Zielen. Unternehmensziel ist hierbei die Erhaltung seiner sog. Human Ressourcen, seines Mitarbeiterpotentials. Insbesondere die Bindung entwicklungsfähiger, leistungsfähiger und motivierter Mitarbeiter spielt hierbei eine besondere Rolle. Die Besetzung von Fach- und Führungspositionen aus dem externen Arbeitsmarkt ist meist mit hohen Beschaffungs- und Einarbeitungskosten verbunden. Welche Kosten die Kündigung einer Führungskraft im Unternehmen verursacht, ist in Tabelle 9 dargestellt. Aufgrund der Arbeitsmarktentwicklung und der Inflation sind die Kosten heute vermutlich sogar noch höher zu veranschlagen.

Tabelle 9. Schätzung der durch Kündigung einer Führungskraft (Marktwert: 120.000 DM) verursachten Kosten im Unternehmen (Quelle: Stein 1982, S. 139)

Anwerbungskosten	
Kosten für Vorbereitung der Werbung (Werbestrategie, Positionsbeschreibung, Kontakt mit Personalberatern): 20 Std. à 100 DM	2.000 DM
Insertionskosten (Doppelanzeige in FAZ und Welt)	10.000 DM
Honorar Unternehmensberater plus Nebenkosten (damit sind auch alle externen Kosten für Auswahl/Fahrtkosten/Spesenkosten/Tests abgedeckt)	25.000 DM
Auswahl und Einstellungskosten	
Interner Aufwand für Einstellungsinterviews, Aufwand für Referenzeinholung (es wurden vier Bewerber vorgestellt und einer davon eingestellt). Gespräche mit Beratern: – 25 Stunden à 100 DM – 5 Stunden à 40 DM	2.700 DM
Spesen und Kommunikationskosten	1.500 DM
Aufwand bei Einstellung, Vorstellung usw.: – 10 Stunden à 100 DM – 10 Stunden à 40 DM	1.400 DM
Trennungsentschädigung	
6 Monate à 500 DM	3.000 DM
24 Familienheimfahrten à 100 DM	2.400 DM
Hotelkosten für 6 Monate à 400 DM	2.400 DM
Umzugs- und Maklerkosten	7.000 DM
Einarbeitungskosten	
Annahme: Einarbeitszeit 1 Jahr mit 50 %iger Arbeitsleistung: 50 % · (120.000 DM Jahresgehalt + 100 % Gemeinkosten plus Sozialkosten)	120.000 DM
Kosten der Minderleistung vor, während und nach der Fluktuationsentscheidung des alten Mitarbeiters	
Annahme: Die Phase dauert 12 Monate, davon 6 Monate bis zur offiziellen" Kündigung. Die Arbeitsleistung sinkt um 20 %: 20 % · ((6 Monate x 10.000 DM Monatsgehalt) + 100 % Gemeinkosten bzw. Sozialaufwand)	24.000 DM
Annahme: Bei Kündigung Freistellung von der Arbeit bei Weiterzahlung der Vergütung für 6 Monate 6 Monate x 10.000 DM Monatsgehalt (ohne Sozialbezüge etc.)	60.000 DM
Entlassungskosten	
Organisationsaufwand: 10 Stunden à 40 DM	4.000 DM
Gesamtkosten	265.400 DM

Bei Nutzung des internen Arbeitsmarktes werden diese Kosten vermutlich geringer ausfallen. Zwar müssen auch hier geeignete Bewerber gefunden werden, wobei die Laufbahnplanung und der Einsatz von Personalbeurteilungssysteme (vgl. Abschnitt 2.9) die Auswahl erleichtern und die Kosten reduzieren sollen. Die Einarbeitungskosten können als geringer veranschlagt werden, wenn bereits unternehmensspezifisches Wissen vorhanden ist, das auf der zu besetzenden Position verwendet werden kann.

Personenbezogene Ziele können durch einen Aufstieg in der Unternehmenshierarchie oder die Erreichung einer Fachposition ebenfalls erfüllt werden. Für die Gestaltung des Qualifizierungs- und Aufstiegssystems können die im dritten Kapitel dargestellten verhaltenswissenschaftlichen Erkenntnisse genutzt werden.

2.8.3.2 Die Gestaltung des Qualifizierungs- und Aufstiegssystems aus verhaltenswissenschaftlicher Sicht

Aus Sicht der *bedürfnisorientierten Motivationstheorie* streben Vertriebsmitarbeiter im Unternehmen nach der Befriedigung ihrer Bedürfnisse. Die Übernahme einer neuen Fach- oder Führungsposition erfüllt aufgrund der damit verbundenen anspruchsvolleren Aufgaben Selbstverwirklichungsbedürfnisse. Die meist mit einem erhöhten Status einhergehende vertikale oder horizontale Beförderung trägt auch zur Anerkennung bei. Auch das Qualifikationssystem erfüllt das Bedürfnis auf Anerkennung, wenn ein Vorgesetzter seinen Mitarbeiter für eine Weiterbildungsmaßnahme im Sinne der Personalentwicklung „along-the-job" empfiehlt.

Die *Leistungsmotivationstheorien* gehen von Mitarbeitern unterschiedlicher Leistungsmotivationen aus. Aufstiegssysteme sollen Erfolgsmotivierte unterstützen, während Mißerfolgsmotivierte auszuschließen sind. Allerdings gehen *McClelland* und seine Mitarbeiter davon aus, daß sich Leistungsmotivation lernen läßt.

Sie haben im Rahmen eines „achievement development courses" ein Programm zur Steigerung der Leistungsmotivation entwickelt, das die folgenden Schritte umfaßt:[165]

- Der erste Schritt besteht darin zu lernen, wie ein Erfolgsmotivierter denkt und handelt.
- Als nächstes sind höhere, aber realistische Arbeitsziele für die nächsten Jahre zu formulieren.
- Im dritten Schritt der Selbsterkenntnis müssen eigenen Stärken und Schwächen herausgearbeitet werden.
- Der vierte Schritt besteht in der Entwicklung eines Gruppen-Esprit de Corps.

Vergleicht man diese Schritte mit modernen Programmen der Persönlichkeitsentwicklung und der Karriereplanung, so läßt sich eine große Ähnlichkeiten fest-

[165] Vgl. McClelland 1965; McClelland/Winter 1969.

stellen.[166] Anzumerken ist allerdings, daß *McClelland* nicht die Entwicklung eines bestimmten Persönlichkeitstyps „Erfolgsmotivierter" vorschwebt, sondern daß er das Leistungsstreben als Voraussetzung für den Erfolg von Unternehmen und Volkswirtschaften sieht. Er fand in internationalen Vergleichen eine hohe Korrelation zwischen der Leistungsmotivation einer Bevölkerung und dem Niveau der wirtschaftlichen Entwicklung, wobei ein 'time-lag' von 50 Jahren zu beobachten war.[167]

Durch das Aufstiegssystem des Unternehmens wird den Prädispositionen des Individuums entsprochen. Besonders leistungsmotivierte Mitarbeiter werden durch entsprechende Aufgaben gefördert. Ihre Motivation wird zum Nutzen des Unternehmens eingesetzt.

Nach der *Instrumentalitäts-Theorie* stellt die erreichte bzw. anzustrebende Position je nach Motivationsstruktur des Vertriebsmitarbeiters ein Ergebnis der ersten oder zweiten Ebene dar. Sie erhöht bei intrinsischer Arbeitsmotivation die Leistung und die Arbeitszufriedenheit der Mitarbeiter. Demnach ist bei der Auswahl der Mitarbeiter auf die jeweiligen Instrumentalitäten, Erwartungen und Valenzen zu achten. Vorzugsweise zu befördern wären Mitarbeiter, denen die Erlangung einer Fach- oder Führungsposition besonders wichtig ist. Allerdings können aufgrund von Fremd- und Eigenwahrnehmung Mitarbeiter nicht unbedingt geeignet sein, die von ihnen angestrebte Position auch auszufüllen. Das Unternehmen gibt in der Regel seinen eigenen Zielen den Vorzug von der Mitarbeiterzielen. Um die Motivation der nicht beförderten Mitarbeiter trotzdem zu erhalten, kann das Qualifikationssystems eingesetzt werden. Auch ist Personalentwicklung „on-the-job" eine denkbare Alternative.

Die *Rollentheorie* ist vor allem für die Konzeption von Weiterbildungsmaßnahmen von Bedeutung. Zum einen verlangen insbesondere Führungspositionen häufig ein neues Rollenverhalten der Stelleninhaber, da sie von ihren Mitarbeitern und Vorgesetzten mit neuen Erwartungen konfrontiert werden, die sie mit ihrem eigenen Rollenverständnis abgleichen müssen, um ihre Rolle auszugestalten. Rollenspiele stehen daher häufig im Mittelpunkt von Führungsseminaren und werden auch bei den Verhaltenstrainings im Vertriebsbereich eingesetzt. Hier besteht auch eine Verbindung zum *Interaktionsansatz.*

2.8.3.3 Die Gestaltung des Qualifizierungs- und Aufstiegssystems aus institutionenökonomischer Sicht

Betrachtet man das Unternehmen als Nachfrager von Arbeitskraft und Anbieter von Verdienstmöglichkeiten, den Vertriebsmitarbeiter als Anbieter von Arbeitskraft und Nachfrager von Verdienstmöglichkeiten, so führt unternehmensspezi-

---

166 Vgl. stellvertretend für andere Bücher zu diesem Thema Parikh 1994.

167 Vgl. McClelland 1961.

fisches Wissen von Mitarbeitern zu *Faktorspezifität* der Mitarbeiter (human asset specifity).[168] Hohe Faktorspezifität schlägt sich - sofern sie sich auf die Kernkompetenzen des Unternehmens bezieht - in Wettbewerbsvorteilen nieder. Je länger der Mitarbeiter im Unternehmen verweilt und je mehr spezifisches Wissen er erwirbt, um so wertvoller ist er für das Unternehmen zur Verfestigung und Bewahrung des unternehmensspezifischen Wissens, das häufig nicht dokumentiert ist, sondern lediglich in den Köpfen der Mitarbeiter existiert.[169]

Das Qualifizierungs- und Aufstiegssystem fördert die Entwicklung von Faktorspezifität in Form von Human-Ressourcen-Spezifität, indem sich Mitarbeiter spezifisches, auf das Unternehmen bezogenes Wissen erwerben. Dieses Wissen kann sich auf folgende Aspekte beziehen:

- die Ausprägung und Qualität der Potentiale (Qualifikation der Vertriebsmitarbeiter, Einschätzung der Kunden etc.) sowie ihrer Kombination (Organisationsstruktur, Vertriebssteuerungssysteme, Produktionssystem, Technologie etc.),
- die Ausgestaltung und den Ablauf der Prozesse sowie ihrer Schwächen (z.B. des Akquisitionsprozesses, des Abwicklungsprozesses, der Logistik),
- die Erreichung der Ergebnisse (z.B. Umsatz, Marktanteil).

Die hierdurch entstehende Human-Ressourcen-Spezifität wirkt in zwei Richtungen: Zum einen bindet sich der Mitarbeiter an das Unternehmen. Je größer nämlich der Anteil unternehmensspezifischen Wissens an seinem Gesamtwissen ist, desto weniger interessant sind diese Kenntnisse für den Arbeitsmarkt, da sie mit Verlassen des Unternehmens - außer für die Gruppe der Wettbewerber - weitgehend wertlos werden.

Zum anderen bindet sich das Unternehmen an den Mitarbeiter. Unternehmensspezifisches Wissen bezieht sich auf Prozesse und Potentiale des Unternehmens sowie den spezifischen Umgang mit ihnen. Vertriebsbezogenes Wissen ist dabei um so spezifischer, je spezifischer die jeweiligen Vertriebssteuerungssysteme und -strukturen sind. Je spezifischer aber die Gegenstände sind, auf die sich das Wissen der Vertriebsmitarbeiter bezieht, desto stärker ist auch das Unternehmen an diese Mitarbeiter gebunden. [170] Das Wissen ist nämlich häufig nicht dokumentierbar, sondern nur in den Köpfen der Mitarbeiter verankert. Daher kann es auch nicht einfach weitergegeben werden, sondern muß von den Mitarbeitern erarbeitet und erlernt werden.[171] Je spezifischer das Wissen jedoch

[168] Vgl. zum Begriff der Faktorspezifität Williamson 1990, S. 62; vgl. auch die Ausführungen bei Fließ 1999; Abschnitt 2.2.3.3.2.

[169] Zum Weiterbildungsbedarf von Vertriebsmitarbeitern vgl. Kleinaltenkamp/Fließ 1995.

[170] Dies verhindern zumeist die Konkurrenzklauseln in den Arbeitsverträgen.

[171] Vgl. zu den Einflußfaktoren und den auftretenden Problemen Castiglioni 1994.

ist, um so länger dauert häufig die Aneignung dieses Wissens und desto höher sind die dabei anfallenden Kosten. Die aus der Faktorspezifität entstehenden Kosten beim Wechsel einer Führungskraft entsprechen den Einarbeitungskosten in Tabelle 9.

Aufgrund der Abhängigkeit des Unternehmens vom spezifischen Wissen des Mitarbeiters treten *Hold up-Situationen* ein. Diese sind besonders dann zu erwarten, wenn Vertriebsmitarbeiter im Rahmen der Personalentwicklung Qualifizierungsmaßnahmen durchlaufen haben, die mit der Vermittlung unspezifischem, d.h. auch für andere Unternehmen interessanten Wissen verbunden sind. Unter diesen Bedingungen kann nämlich der Mitarbeiter das Unternehmen vor die Alternative stellen, ihm eine für ihn interessante Gegenleistung zu offerieren (Position, Einkommen, größerer Dienstwagen etc.), da er andernfalls das Unternehmen verlassen würde. Unternehmen schützen sich vor solchen Hold-up-Situationen häufig durch vertragliche Vereinbarungen, in denen der Mitarbeiter bei Verlassen des Unternehmens vor Ablauf einer bestimmten Frist zur Zahlung eines bestimmten Anteils der Weiterbildungskosten beteiligt wird. Der Schaffung einer Reputation auf dem Arbeitsmarkt, die das Unternehmen als einen attraktiven Arbeitgeber darstellt, kommt ebenfalls große Bedeutung zu, um Hold-up-Situationen zu vermeiden. Großunternehmen, aber auch mancher mittelständische Unternehmer betreibt daher ein entsprechendes *Personalmarketing*, das auf die Gewinnung neuer Mitarbeiter und die langfristige Bindung dieser Mitarbeiter an das Unternehmen ausgerichtet ist.[172]

Wesentliche Bedeutung für die Funktionsfähigkeit von Vergütungs-, Führungs-, Qualifikations- und Aufstiegssystem kommt dem Informationssystem des Unternehmens zu, das im folgenden Kapitel betrachtet werden soll.

2.9 Informationssysteme im Vertrieb

Das Informationssystem des Vertriebs hat die Aufgabe, die für die Nutzung der übrigen Vertriebssteuerungssysteme notwendigen Informationen und Methoden bereitzustellen. Gleichzeitig wird über die zur Verfügung gestellten Informationen eine bestimmte Ausgestaltung des Vergütungs-, Führungs-, Qualifikations- und Aufstiegssystems unterstützt oder verhindert.

Beispiel:
Eine Personalbeurteilung, die keine Auskunft gibt über Fähigkeiten, Fertigkeiten und Qualifikationslücken, verhindert die geplante Qualifikation der Mitarbeiter (Personalentwicklung). Eine Kostenrechnung, die keine kundenbezogenen Dekkungsbeiträge liefert, verhindert die Erfolgskontrolle von Key Account Managern in dieser Hinsicht.

---

172 Vgl. hierzu beispielsweise Britsch 1983, S. 185 ff.

Sowohl die Inhalte von Informationssystemen als auch die einsetzbaren Methoden betreffend, findet sich in der Literatur eine Fülle von Anregungen. Im folgenden sollen lediglich einige, als besonders wichtig erachtete herausgegriffen werden. Im Hinblick auf den Gegenstand der Vertriebssteuerung wird dabei nach Informationssystemen zur Ergebnissteuerung, zur Prozeßsteuerung und zur Potentialsteuerung differenziert.

2.9.1 Informationssysteme zur Ergebnissteuerung

Als Ergebnisse des Vertriebs sind die zu erreichenden bzw. die erreichten Ziele zu betrachten. Informationssysteme zur Ergebnissteuerung beziehen demnach entweder auf die Planung von Zielen oder auf die Kontrolle der Zielerreichung. Sieht man zunächst die Effektivität des Vertriebs als übergeordnetes Ziel der Vertriebssteuerung, so ist die Festlegung qualitativer und quantitativer Ziele vordergründig. Als qualitatives Ziel kann beispielsweise die Steigerung der Kundenzufriedenheit definiert werden, quantitative Ziele sind häufig Umsatzziele.

2.9.1.1 Methoden der Zielplanung: Sales Forecasting

Die Festlegung zu erreichender Umsätze wird als Sales Forecasting bezeichnet. Hierbei geht es um die Prognose, welche Umsätze in Zukunft erreichbar sind. Differenzierung sind nach verschiedenen Objekten möglich, z.B. nach Marktsegmenten, Kundengruppen, einzelnen Kunden etc. In einer nicht repräsentativen Befragung von 32 Führungskräften aus dem Business-to-Business-Bereich zeigte sich, daß die Umsatzplanung nach Produkten und Produktgruppen vorherrscht (vgl. Abb. 21). Eine Umsatzplanung nach Marktsegmenten oder Technologien nimmt nur ein geringer Teil der Unternehmen vor.

Für eine Zielplanung ist es wichtig, möglichst realistische Vorgaben zu machen, die von seiten des Marktes und von seiten der Mitarbeiter erreichbar erscheinen. Um die Erreichbarkeit der Umsätze am Markt abschätzen zu können, werden verschiedene Methoden des Sales Forecasting vorgeschlagen. Abb. 22 gibt einen Überblick über die verschiedenen Sales Forecasting Methoden, die sich durch eine zunehmende wissenschaftliche Fundierung und eine zunehmende Genauigkeit voneinander unterscheiden.

Die Methoden der individuellen Schätzung und der Gruppendiskussion zählen zu den subjektiven Methoden, bei denen die Erfahrungen der Personen und ihre persönlichen Einschätzungen besonders relevant sind.

Bei der *individuellen Schätzung* gibt jeder Außendienstmitarbeiter seine Schätzung des erreichbaren Umsatzes ab. Die Schätzungen werden auf der nächsten Ebene zusammengefaßt und von den Vorgesetzten, z.B. Gebietsleitern, um

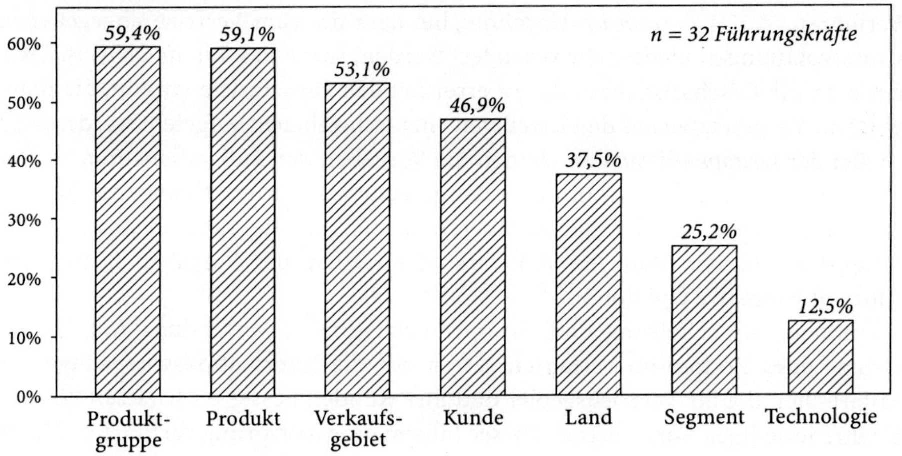

Abb. 21. Gegenstand des Sales Forecasting in der Praxis

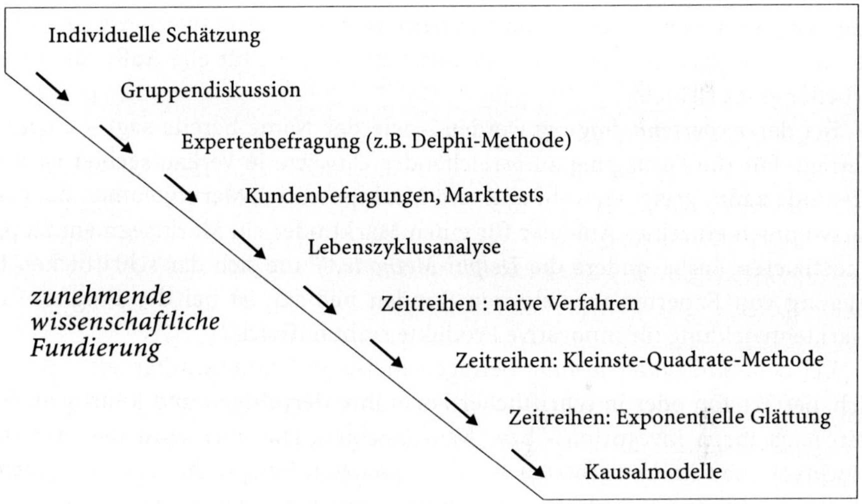

Abb. 22. Methoden des Sales Forecasting

ihre eigenen Einschätzungen korrigiert. Diese Informationen werden an die nächst höhere Ebene weitergereicht, dort ebenfalls entsprechend den Einschätzungen der Manager korrigiert und wiederum weitergegeben, bis sie auf der Geschäftsleitungsebene angekommen sind.[173] Hier werden sie mit den geplanten Zahlen im Zuge der Marketingstrategie abgeglichen und im *Gegenstrom-Verfahren* wieder nach unten gespielt. Weniger zeitraubend als das Gegenstrom-

[173] Vgl. Churchill/Ford/Walker 1985, S. 141 ff.; Wotruba/Simpson 1989, S. 131.

Verfahren ist das *Bottom-up-Verfahren*, bei dem die vom Vertrieb abgegebenen Umsatzplanungen nicht mehr verändert werden, sowie das *Top-down-Verfahren*, bei dem die Geschäftsleitung die zu erreichenden Umsatzziele vorgibt, die dann von den Vorgesetzten auf den jeweiligen Hierarchieebenen aufgeteilt werden.[174]

Bei der *Gruppendiskussion* werden die Vorgaben der Außendienstmitarbeiter in der Gruppe gemeinsam mit dem Vorgesetzten diskutiert. Gruppendiskussionen finden auch auf der nächsthöheren Ebene statt. Es kann sich auch eine Gruppe erfahrener Manager und Verkäufer treffen, um Vorgaben festzulegen ('Jury of Executive Opinion').[175]

Individuelle Schätzung und Gruppendiskussion in Verbindung mit Gegenstrom- oder Bottom-up-Verfahren setzen auf die Informationsvorsprünge der Mitarbeiter, die ihr Vertriebsgebiet und ihre Kunden besser einschätzen können als ihre jeweiligen Vorgesetzten. Dieser Informationsvorsprung verführt u.U. aber auch zu opportunistischem Verhalten: Vertriebsmitarbeiter setzen die zu erreichenden Umsatzziele niedriger an als sie sein könnten. Gegengesteuert werden kann hier durch den Einsatz zusätzlicher Methoden oder durch die Vorenthaltung von Vorteilen bei opportunistischem Verhalten, etwa durch Vergütungssysteme auf Festgehaltsbasis und Gemeinschaftsprämien für alle Außendienstmitarbeiter eines Gebietes.

Bei der *Expertenbefragung* werden – wie der Name bereits sagt – Experten befragt. Für die Festlegung zu erreichender Umsätze je Verkaufsgebiet ist diese Methode kaum geeignet, wohl aber um Marktpotential, Marktvolumen oder Absatzvolumen einzelner Anbieter für einen Markt oder ein Marktsegment zu prognostizieren. Insbesondere die *Delphi-Methode*,[176] die sich der schriftlichen Befragung von Experten in mehreren Runden bedient, ist bei der Prognose der Marktentwicklung für innovative Produkte recht hilfreich.[177]

Bei der *Marktuntersuchung* befragen meist Außendienstmitarbeiter persönlich, per Telefon oder in schriftlicher Form ihre derzeitigen und künftigen Kunden nach ihren Investitions- bzw. Kaufabsichten. Hierüber wird das erwartete Marktvolumen im betrachteten Bereich geschätzt. Entsprechend seiner eigenen Marktposition kann das Unternehmen nun den erreichbaren Anteil, das Absatzvolumen, abschätzen. Die Vorteile dieser Methode liegen darin, daß die Informationen direkt von den Kunden stammen und daß aufgrund der Informationssammlung durch die Außendienstmitarbeiter eine sehr detaillierte Aufbereitung der Informationen möglich ist. So kann der Umsatz je Kunden, je Kundengruppe, je Vertriebsgebiet oder je Absatzsegment vorgegeben werden. Die Informationen

---

174 Vgl. Witt 1995, S. 83 ff.

175 Vgl. Dalrymple 1985, S. 193.

176 Vgl. Gisholt 1976.

177 Vgl. Wotruba/Simpson 1989, S. 131.

können damit direkt in die Besuchsplanung der Mitarbeiter einfließen. Schließlich bietet diese Methode einen gewissen Einblick in die Planungen des Kunden und kann auch eingesetzt werden, wenn neue Produkte eingeführt werden. Die Methode ist allerdings auf einen Markt beschränkt, in dem die Zahl der Kunden überschaubar ist. Ihre Ergebnisse sind relativ unsicher, da die Kunden ihre Planungen nicht immer einhalten. Zudem stellt sich die Frage der Representativität der befragten Kunden. Die Durchführung der Befragungen ist mit recht hohen Kosten verbunden.[178]

In der bereits zitierten nicht repräsentativen Befragung von 32 Führungskräften gaben über die Hälfte an, individuelle Schätzungen, Gruppendiskussionen und Marktuntersuchungen entweder allein oder in Kombination einzusetzen.

Lebenszyklusanalysen orientieren sich an den Phasen des Lebenszyklus' des betrachteten Produktes, der Produktgruppe oder der Technologie.[179] Hiernach nehmen die Umsätze einen S-förmigen Verlauf an. Kann man festlegen, in welcher Phase - Einführung, Wachstum, Reife oder Degeneration - sich das Produkt befindet, so kann auch eine Prognose über den weiteren Verlauf des Umsatzes gewagt werden. Lebenszyklusanalysen orientieren sich an Vergangenheitsdaten. Da die tatsächliche Entwicklung der Umsatzzahlen nicht unbedingt dem idealtypischen Verlauf des Produktlebenszyklus entspricht, sinkende Umsätze beispielsweise nicht unbedingt auf das Erreichen der Degenerationsphase zurückzuführen sind, sondern möglicherweise auf Konjunktureinbrüche, ist ihre Zuverlässigkeit eingeschränkt.

Einen großen Raum nehmen *Zeitreihenanalysen* ein, die ebenfalls auf Vergangenheitsdaten beruhen. Hierbei wird von vergangenen Umsatzentwicklungen auf künftige Umsatzentwicklungen geschlossen. Beim *naiven Ansatz* geht man davon aus, daß sich nichts verändert, d.h. die Vorjahreszahlen werden im kommenden Jahr wieder erreicht. Die Treffsicherheit kann über folgende Formel ermittelt werden:

$$\text{Schätzfehler} = \frac{\text{Schätzwert} - \text{tatsächlicher Wert}}{\text{tatsächlicher Wert}}$$

Der durchschnittliche Schätzfehler läßt sich dann ermitteln, indem die Summe der Einzelschätzfehler (siehe obige Formel) durch die Anzahl der Schätzwerte geteilt wird.[180]

Eine Methode, die mit Hilfe der Trendextrapolation auf künftige Umsatzentwicklungen schließt, ist die *Methode der gleitenden Durchschnitte*. Hierbei werden die Durchschnittswerte vergangener Perioden berücksichtigt, um Schwan-

---

[178] Vgl. Churchill/Ford/Walker 1985, S. 139 ff.; Dalrymple 1985, S. 194.

[179] Vgl. hierzu Kleinaltenkamp/Fließ 1999.

[180] Vgl. Dalrymple 1985, S. 196 f.

Tabelle 10. Trendprognose nach der Methode der gleitenden Durchschnitte (Quelle: Dalrymple 1985, S. 200)

Periode	*tatsächlicher Umsatz*	*Schätzwert*	*Rechenschritte*
1	49		
2	77		
3	90		
4	79	72	(49 + 77 + 90) / 3
5	57	82	(77 + 90 + 79) / 3
6	98	75,3	(90 + 79 + 57) / 3

kungen zu glätten. Annahme ist, daß sich die durchschnittliche Entwicklung der Vergangenheit fortsetzt. Der Schätzwert wird dabei häufig als Durchschnitt der Umsätze in den dem Schätzwert vorausgegangenen zwei oder drei Perioden berechnet. Das Beispiel in Tabelle 9 demonstriert die Methode.

Eine bereits etwas anspruchsvollere Methode der Zeitreihenanalyse basiert auf der *Methode der kleinsten Quadrate.* Hierbei wird versucht, die Schätzfehler zu minimieren. Es wird nach der Funktion gefragt, die in der Lage ist, die Abweichungen der tatsächlichen Werte von den Prognosewerten zu minimieren. Hierzu muß zunächst der Verlauf der tatsächlichen Umsatzentwicklung graphisch dargestellt werden. Auf dieser Basis ist eine Funktion zu suchen, die diesen Umsatzverlauf am besten abbildet. Bei linearen Trends bietet sich die Gerade an, bei nichtlinearen Trends können Exponentialfunktionen, Potenzfunktionen oder logarithmische Funktionen gewählt werden.[181] Die Parameter der Funktion werden berechnet und mit Hilfe der so ermittelten Funktion kann der Umsatz geschätzt werden.

Ein weiteres Verfahren, bei dem die Werte neueren Ursprungs mit einem höheren Gewicht in die Prognose eingehen als die Werte älteren Ursprungs, ist die *Exponentielle Glättung* (*exponential smoothing*).

Aufgrund ihrer Einfachheit – die meisten Tabellenkalkulationsprogramme enthalten entsprechende Funktionen – sind Zeitreihenanalysen in der Praxis recht weit verbreitet.

Die anspruchsvollste Form der quantitativen Methoden stellt die *Kausalanalyse* dar. Hierbei werden Einflußfaktoren auf den Umsatz gesucht. Mit Hilfe beispielsweise der *Regressionsanalyse* wird nun versucht, den Einfluß dieser Faktoren (unabhängige Variablen) auf den Umsatz (abhängige Variable) rechnerisch zu erfassen.[182] Die so ermittelte Regressionsfunktion kann dann benutzt werden, um den Umsatz zu prognostizieren.

---

181 Vgl. Böhler 1985; Bruckmann 1978; Burger 1978; Wotrbua/Simpson 1989, S. 134 ff.

182 Vgl. zur Darstellung der Regressionsanalyse Backhaus/Erichson /Plinke/Weiber. 1990, S. 1ff.; vgl. auch die Darstellung in Kapitel D.1 – „Preisgestaltung im Produktgeschäft".

Beispiel:
Herr Meinig vermutet, daß der Umsatz in seinem Vertriebsgebiet durch die Zahl der Kundenbesuche, die Dauer der Kundengespräche, die Preisentwicklung der eigenen und der Wettbewerbsprodukte beeinflußt wird. Er erfaßt den Umsatz je Quartal für die letzten fünf Jahre und ermittelt anhand der Besuchsberichte und der Preislisten die Ausprägungen der vermuteten Einflüsse. Mit Hilfe der Regressionsanalyse stellt er fest, daß der Erklärungsanteil der Zahl der Kundengespräche und der Dauer der Kundengespräche einen recht hohen Einfluß auf den Umsatz hat, die Preise jedoch kaum eine Auswirkung zeigen. Insgesamt sind allerdings alle Variablen nur bedingt geeignet, die Umsatzentwicklung zu erklären und zu prognostizieren.

Wie dieses Beispiel zeigt, stellt die Regressionsanalyse nur statistische Zusammenhänge her und ersetzt ein vernünftiges Erklärungsmodell nicht. Die Kausalmodelle stellen bereits höhere Anforderungen an das Datenmaterial und sind aufwendiger in der Durchführung.

Die Umsatzplanung oder das Sales Forecasting dienen der Erreichung des Effektivitätsziels im Vertrieb. Um die Erreichung des Effizienzziels sicherzustellen, kann die Budgetierung eingesetzt werden.

2.9.1.2 Budgetierung

Budgets sind für die Finanzplanung des Unternehmens erforderlich. Budgets werden definiert, um die Ausgaben zur Erreichung der vorgegebenen Ziele zu steuern. Sie beziehen sich somit auf Inputfaktoren, die später dem erreichten Output gegenüber gestellt werden. Der Zusammenhang zwischen Budgetierung und Zielplanung ist in Abb. 23 dargestellt.

Die Budgetierungsmethoden sind den bei der Festlegung des Kommunikationsbudgets oder des Messebudgets eingesetzten Methoden vergleichbar. So wird

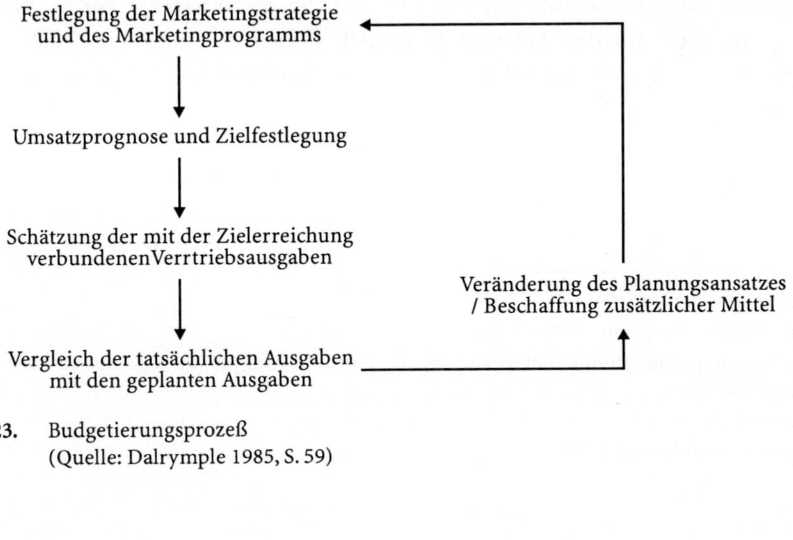

Abb. 23. Budgetierungsprozeß (Quelle: Dalrymple 1985, S. 59)

der '*Percentage of sales method*' entsprechend das Vertriebsbudget an Industriestandards angelehnt, z.B. wird in der Computerindustrie ein Prozentsatz von X für Vertriebspersonal und Y für Reisekosten angesetzt. Ein Unternehmen kann dann selbst entscheiden, ob es mehr oder weniger als der Durchschnitt der Branche aufwenden will. Der Vorteil dieser Methode ist: sie ist sehr einfach. Die Nachteile bestehen darin, daß Besonderheiten des Marktes, der eigenen Ressourcen und Strategien nicht berücksichtigt werden, daß sie nicht antizyklisch, sondern in der Regel prozyklisch wirkt.[183] Andere Verfahren sind die 'All-you-can-afford'-Methode und die 'Competitive-Parity'-Methode, die sich am Wettbewerb orientiert.[184]

2.9.1.3 Steuerung der Zielerreichung

Um den Grad der Zielerreichung zu überprüfen, werden Soll-Ziele des Sales Forecasting und erreichte Ziele einander gegenübergestellt. Die Zielabweichungsanalyse gibt Auskunft darüber, wieviel Prozent der zu erreichenden Ziele bereits erfüllt wurden. Zur Steuerung des Außendienstes werden diese Zielerreichungsgrade den Außendienstmitarbeitern in – meist monatlichen – Umsatzstatistiken mitgeteilt. In Verbindung mit einem auf Provisionsbasis beruhenden Vergütungssystem wirkt er dann verhaltenssteuernd.

Weiteren Aufschluß geben *Kundenstrukturanalysen* in den jeweiligen Vertriebsgebieten, wie sie in Tabelle 11 dargestellt sind.[185] Hier zeigt sich, daß Außendienstmitarbeiter 2 trotz höheren Auftragseingangs zu wenig Nachwuchskunden hat, so daß die künftige Ertragskraft des Gebietes verbessert werden muß. Aussendienstmitarbeiter 3 muß sich mehr anstrengen, da der Anteil der Mitnahmekunden insgesamt zu hoch ist. Kundenstrukturanalysen in Verbindung mit den Gebieten der Außendienstmitarbeiter verbinden bereits Potentialanalyse mit Ergebnisabweichungsanalysen.

Auch *Vertriebskennziffern* geben Aufschluß über das Input-Output-Verhältnis im Vertrieb. So gibt die Zahl der Besuche pro Tag die Intensität der Marktbearbeitung an, die Zahl der Aufträge je Besuch informiert über die Qualität der Marktbearbeitung und die gefahrenen km je Kundenbesuch über die Effizienz der Besuchsplanung.[186]

Ein wichtiges Instrument im Rahmen der Außendienstanalyse stellen *Dekkungsbeitragsrechnungen* dar.[187] Je differenzierter Umsätze und Einzelkosten ein-

183 Vgl. Dalrymple 1985, S. 59 f.

184 Vgl. Wotruba/Simpson 1989, S. 202 ff.

185 Die Einteilung der Kunden lehnt sich an die Portfolio-Analyse an. Vgl. hierzu Kleinaltenkamp/Fließ 1999.

186 Witt 1995, S. 71.

187 Vgl. Reichmann 1990, S. 334.

Tabelle 11. Vergleich von drei Außendienstmitarbeitern anhand ihrer Kundenstruktur (Quelle: Homburg 1994, S. 145)

	Außendienst-mitarbeiter 1	*Außendienst-mitarbeiter 2*	*Außendienst-mitarbeiter 3*
jährlicher Auftragseingang	4,1 Mio. DM	4,4 Mio. DM	2,7 Mio. DM
Verteilung des Auftragseingangs nach Kundengruppen	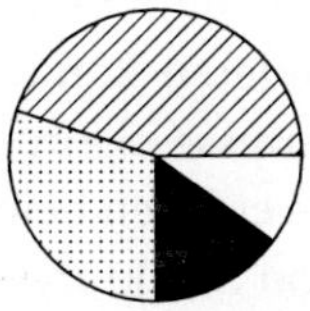	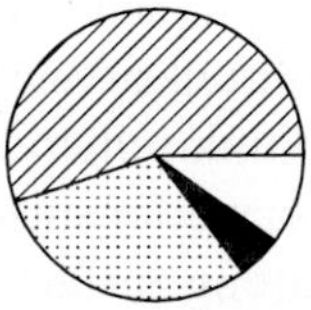	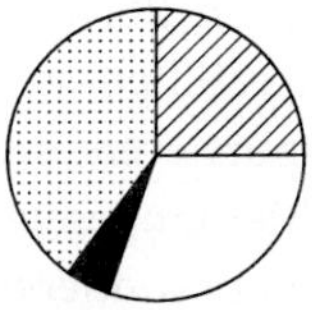
Beurteilung der Kundenstruktur	sehr gute Kundenstruktur, hoher Anteil Stars, Ertragskunden und Nachwuchskunden	zu wenig Volumen bei Nachwuchskunden	zu wenig Stars, zu viele Mitnahmekunden

▨ Stars ⬚ Ertragskunden ■ Nachwuchskunden □ Mitnahmekunden

ander gegenübergestellt werden können, je transparenter werden die Verbesserungspotentiale im Vertriebsbereich.

Die bisher vorgestellten Analyseinstrumente beziehen sich im wesentlichen auf die Erreichung quantitativer Vertriebsziele. Qualitative Vertriebsziele, insbesondere Kundenzufriedenheit, werden erst in letzter Zeit verstärkt im Hinblick auf ihre Zielerreichung überprüft. Eine Untersuchung der *Kienbaum Unternehmensberatungs GmbH* in Zusammenarbeit mit den *VDI-Nachrichten* zeigt, daß lediglich 35,9 % der 336 befragten Unternehmen die Zufriedenheit ihrer Kunden systematisch messen. Dabei werden überwiegend wichtige Kunden befragt. Die Fragen beziehen sich vornehmlich auf die Produktqualität, die Termintreue, den Kundendienst, den Wettbewerbsvergleich und die Auftragsabwicklung und führen in fast 90 % der Fälle zu Veränderungen, wobei diese Veränderungen sich auf den Vertriebsbereich (41,2 %) und den Kundendienst (38,2 %) konzentrieren. Hierüber werden von den meisten Unternehmen sowohl die eigenen Mitarbeiter als auch die Kunden unterrichtet.

Wenn die hier vorgestellten Maßnahmen im Rahmen des Informationssystems zur Ergebnissteuerung Zielabweichungen aufdecken, ist eine Ursachenanalyse erforderlich, um über das Vergütungs-, Führungs-, Qualifikations- oder Aufstiegssystem entsprechende Maßnahmen einleiten zu können. Ursachen sind dabei meist im Bereich der Prozesse oder der Potentiale zu suchen.

2.9.2 Informationssysteme zur Prozeßsteuerung

Informationssysteme zur Prozeßsteuerung beziehen sich auf Ablaufstrukturen und Mitarbeiterverhaltensweisen im Vertrieb. Ablaufstrukturen und Verhaltensweisen sind zwei wesentliche Dimensionen des Vertriebsprozesses.

Informationssysteme zur Prozeßsteuerung können zum einen zur Aufdekkung von Stärken und Schwächen in Abläufen und Verhaltensweisen dienen. Dann erfüllen sie Kontrollfunktionen. Zum anderen können sie Informationen transportieren, die zum Funktionieren der Prozesse erforderlich sind. Die meisten hier eingesetzten Informationsinstrumente erfüllen beide Funktionen.

Von besonderer Bedeutung zur Erfassung von Strukturen ist das *Blueprinting*. Hierbei wird auf verschiedenen Ebenen versucht, die Tätigkeiten der Vertriebsmitarbeiter transparent zu machen. Dadurch lassen sich auftretende Prozeßprobleme lokalisieren und Maßnahmen zur Beseitigung einleiten.[188]

Systeme zur Informationsversorgung des Vertriebsaußendienstes sind die üblicherweise als „*Vertriebsinformationssysteme*" bezeichneten EDV-gespeicherten Datenbanken mit Kundenadressen und sonstigen kunden- und gebietsbezogenen Informationen oder Informationen über die Kapazitätsplanung und die daraus resultierenden Liefertermine.[189] Zusätzlich werden Mitarbeitern häufig Instrumente und Methoden zur Verfügung gestellt, um ihre Vertriebstätigkeiten besser planen zu können (*Planungsinstrumente*). Hierzu zählen EDV-Programme zur Tourenplanung und zur Besuchsvor- und -nachbereitung, aber auch Wirtschaftlichkeitsrechnungen, die sie bei ihrer Kundenberatung unterstützen.

Während diese Instrumente Mitarbeiter vor allem mit den notwendigen Informationen zur Planung der Vertriebsaktivitäten versorgen, besitzen *Anfragenbewertungssysteme* sowohl eine Planungs- als auch eine Kontrollkomponente. Der spätere Vergleich von Auftragserhalt oder -verlust mit dem Ergebnis der Anfragenbewertung gibt Aufschluß über Fehleinschätzungen, insbesondere dann, wenn die Auftragswahrscheinlichkeit als besonders hoch eingestuft, der Auftrag aber dennoch an einen Wettbewerber vergeben wurde.[190]

Noch detaillierter decken *Auftragsverlustanalysen*, aber auch *Auftragsgewinnanalysen* die Ursachen auf – sofern die Angaben wahrheitsgemäß gemacht werden und nicht lediglich der zu hohe Preis als Grund dient.[191] Auftragsverlustanalysen liefern Informationen, die über den Vertriebsbereich hinausgehen und auch andere Unternehmensbereiche umfassen.

---

188 Vgl. zum Blueprinting Kingman-Brundage 1989, S. 30 ff.; Shostack 1987. Vgl. auch die Darstellung bei Weiber/Jacob 1999.

189 Vorschläge für die Gestaltung eines Vertriebsinformationssystems mit Checklisten, Besuchsberichten u.ä., zum Teil sogar auf Diskette, enthält D'Alquen 1993.

190 Vgl. zur Anfragenbewertung ausführlich Heger 1988; Heger 1998.

191 Vgl. Plinke/Fließ 1988.

Stärker verhaltensbezogene Informationssysteme stellen *Besuchsberichte* dar.[192] Besuchsberichte informieren - je nach Detailliertheitsgrad - über die Aktivitäten der Vertriebsmitarbeiter, insbesondere über die besuchten Kunden, die Gesprächsinhalte, getroffene Vereinbarungen sowie zu erledigende Aufgaben. In Verbindung mit ergebnisbezogenen Informationen, z.B. Deckungsbeiträgen, ermöglichen sie die Aufdeckung von Schwächen im Vertriebsbereich.

Besuchsberichte dienen ebenso wie Spesenabrechnungen oder Reiseberichte der sog. *Schreibtisch-Kontrolle*. Im Gegensatz hierzu steht die *Feldkontrolle*, bei der der Vorgesetzte den Mitarbeiter zum Kunden begleitet. Neben der Kontrollwirkung bezüglich der vorgehens- und Arbeitsweise beim Kunden dient diese Maßnahme auch der akquisitorischen Unterstützung des Mitarbeiters beim Kunden und kann auch der Arbeitsmotivation dienen.[193]

Insbesondere verhaltensorientierte Informationssysteme tragen dazu bei, die Stärken und Schwächen von Vertriebsmitarbeitern offenzulegen. Verhaltensorientierte Informationssysteme bilden gemeinsam mit potentialorientierten Informationssystemen die Grundlage für das Qualifizierungs- und Aufstiegssystem.

2.9.3 Potentialbezogene Informationssysteme – Beispiel „Personalbeurteilung"

Potentialbezogene Informationssysteme enthalten quantitative und qualitative Daten über die Potentiale des Unternehmens. Im Vertriebsbereich zählen zu den Potentialen insbesondere die Vertriebsmitarbeiter. *Personalplanungssysteme* beispielsweise geben Auskunft über den quantitativen Personalbedarf.[194]

Für die Vertriebssteuerung sind vor allem *Personalbeurteilungen* von Bedeutung. Die Personalbeurteilung soll Informationen über die Mitarbeiter des Unternehmens liefern. Relevant sind dabei vor allem solche Informationen, die für die einzelnen Vertriebssteuerungssysteme benötigt werden. Welche Informationen für die Mitarbeiterführung, die Vergütung, die Qualifikation und die Beförderung erforderlich sind, hängt von der jeweiligen Ausgestaltung der Systeme und den ihnen - explizit oder implizit - zugrundeliegenden Theorien ab. Gleichzeitig sind Personalbeurteilungen ein Instrument, das im Rahmen des Führungssystems eingesetzt wird. Der Eigenschaftsansatz beispielsweise favorisiert sog. *Persönlichkeitsbeurteilungen*. Im Sinne der Motivationstheorien besser geeignet sind *Leistungsbeurteilungen*, die sich in Leistungsbewertung, Potentialbeurteilung und Entwicklungsbeurteilung unterteilen lassen. Leistungsbeurteilungen und Persönlichkeitsbeurteilungen können miteinander kombiniert werden.[195]

---

192 Vgl. zur Gestaltung von Besuchsberichten Callanan/Henry 1987, S. 59 ff.; Häussermann 1983, S. 210 ff.

193 Vgl. Witt 1995, S. 69 ff.

194 Vgl. hierzu Hentze 1991a, S. 173 ff.

195 Vgl. Hentze 1991a, S. 257 ff.

Leistungsbewertungen bilden häufig die Grundlage für die Neufestsetzung der Vergütung, für die Festlegung von Prämien oder die Aufteilung von Gewinnen. Auf *Potential- und Entwicklungsbeurteilungen* basieren die Entscheidungen im Rahmen des Qualifikations- und Aufstiegssystems. Personalbeurteilungen selbst sind auch ein Instrument, das im Rahmen des Führungssystems eingesetzt wird und den Mitarbeitern eine Rückkopplung über ihr derzeitiges Verhalten und ihre Entwicklungsmöglichkeiten gibt. Im Sinne der Instrumentalitäts-Theorie nach *Vroom* wird dem Mitarbeiter durch Personalbeurteilungen aufgezeigt, welche Wege er beschreiten muß, um die von ihm angestrebten Ergebnisse der 1. und der 2. Ebene zu erreichen.

Beispiel:
Herr Flaskamp erfährt durch die Personalbeurteilung, daß sein Vorgesetzter seine verkäuferischen Fähigkeiten als verbesserungswürdig einstuft. Um – entsprechend der Instrumentalitäts-Theorie nach *Vroom* – das von ihm angestrebte höhere Einkommen (Ergebnis der 1. Ebene) zu erreichen, damit er sein Haus bauen bzw. finanzieren kann (Ergebnis der 2. Ebene), muß er dieses Defizit beseitigen (Handlung).

Nach dem jeweiligen Zweck der Personalbeurteilung richtet sich die Häufigkeit der Durchführung. Grundsätzlich gilt, daß für jeden Mitarbeiter einmal jährlich eine Beurteilung durchgeführt werden sollte. Diese jährliche Beurteilung dient der Bereitstellung von Informationen für die oben genannten Zwecke im Rahmen des Vergütungs-, Qualifikations- und Aufstiegssystems. Werden auf der Grundlage der Personalbeurteilung Entscheidungen über die Vergütung des Mitarbeiters getroffen, so ist die jährliche Personalbeurteilung unbedingt erforderlich. Für andere Zwecke wird vorgeschlagen, die Mitarbeiter regelmäßig nach Ablauf des ersten, dritten und fünften Beschäftigungsjahres zu beurteilen, danach nach Ablauf jedes dritten Dienstjahres.[196] *Sonderbeurteilungen* sind beispielsweise am Ende der Probezeit erforderlich oder wenn sich das Urteil aufgrund besonderer Vorkommnisse verändert hat, der Vorgesetzte oder der Mitarbeiter neue Aufgaben übernimmt, der Mitarbeiter für eine andere Position vorgeschlagen werden soll oder der Verkäufer aus dem Unternehmens ausscheidet bzw. ausscheiden soll.

Personalbeurteilungen werden bezüglich der eingesetzten Methode in summarische und analytische Beurteilungsverfahren unterschieden.[197] Summarische Beurteilungen entsprechen einem globalen Urteil über die Mitarbeiter, bei dem nicht nach einzelnen Kriterien differenziert wird. Um ein *summarisches Verfahren* handelt es sich beispielsweise, wenn Mitarbeiter in eine Rangreihe gebracht werden: Herr *X* ist „besser" als Herr *Y*. Summarische Verfahren haben das Pro-

---

[196] Vgl. Geißler 1980, S. 9.

[197] Vgl. Eckardstein/Schnellinger 1978, S. 304 f.; Hentze 1991a, S. 262.

blem, das ihre Ergebnisse nicht nachprüfbar und vergleichbar sind, da jeder Beurteilende implizit andere Kriterien oder Kriterienkombinationen zugrundelegt.

Daher ist den *analytischen Verfahren* der Vorzug zu geben. Hierbei werden meist mehrere Kriterien, die sich auf die Leistung, die Fähigkeiten und Fertigkeiten beziehen, miteinander verglichen. Die Beurteilung der Kriterien kann in unterschiedlicher Form erfolgen. Offene Formulierungen sind ebenso denkbar wie Beurteilungen mit Hilfe von Schulnoten, 9er-Skalen oder Zielerreichungsgraden in Prozent.

Analytische Personalbeurteilungen werden häufig in schriftlicher Form durchgeführt, sog. *Personalbeurteilungsbögen.* Der Personalbeurteilungsbogen wird im Rahmen des Qualifikationssystems, des Vergütungssystems und des Aufstiegssystems eingesetzt und üblicherweise vom direkten Vorgesetzten erstellt. Hierbei ist zu beachten, daß jede Beurteilung die subjektive Meinung des Beurteilenden widerspiegelt. Seine persönlichen Wertmaßstäbe, Sympathie und Antipathie sowie die Verfolgung bestimmter Intentionen spiegeln sich in seinem Urteil. Mögliche Urteilsverzerrungen aufgrund des sog. Halo-Effektes, undifferenzierte 'gleichmacherische' Beurteilung aller Mitarbeiter, Tendenzen zur gleichen Bewertung unähnlicher Mitarbeiter, Vermeidung negativer Urteile sind zu beachten.[198] Die schriftliche Fixierung möglichst genauer Beurteilungskriterien, die Hinzuziehung von Kollegen der gleichen Hierarchieebene bei der Beurteilung und die Besprechung der Beurteilungsergebnisse mit dem Mitarbeiter können hier Abhilfe schaffen.

Schriftliche Personalbeurteilungen werden häufig um Beurteilungsgespräche ergänzt. Hierbei sind drei Vorgehensweisen zu unterscheiden:[199]

- Der Mitarbeiter wird nur auf ausdrückliches Verlangen über die Ergebnisse seiner Beurteilung informiert. Der Beurteilungsbogen – falls vorhanden – wird als 'Geheimdossier' geführt.
- Der Vorgesetzte informiert den Mitarbeiter über die Beurteilungsergebnisse, ohne ihm jedoch den Beurteilungsbogen vorzulegen.
- Der Vorgesetzte spricht mit dem Mitarbeiter gemeinsam den Bogen durch oder gibt ihm den Bogen zur Einsicht. Die Einsichtnahme wird häufig dadurch dokumentiert, daß der Mitarbeiter den Beurteilungsbogen gegenzeichnet.

Welche dieser drei Formen gewählt wird, hängt in starkem Maße vom Führungsstil ab. Der erste Fall ist – bei Geheimhaltungstendenz – mit dem autoritären Führungsstil verbunden. Sofern keine Geheimhaltung besteht oder Personalbeurteilungsbögen gänzlich fehlen, paßt dieses Verhalten eher zum Laissez-faire-Führungsstil. Der zweite Fall birgt die Gefahr, daß der Mitarbeiter vermutet, ihm

---

[198] Vgl. Eckardstein/Schnellinger 1978, S. 30 ff

[199] Vgl. Geißler 1980, S. 10 f.

würden wichtige Informationen über seine Person vorenthalten. Er ist daher eine Mischung zwischen partizipativem und autoritärem Führungsstil. Vollkommen dem partizipativen Führungsstil entspricht der dritte Fall.

An den Informationssystemen zur Ergebnis-, Prozeß- und Potentialsteuerung konnten die Wechselwirkungen der Vertriebssteuerungssysteme besonders gut verdeutlicht werden. Wie diese Darstellung zeigte, ist für die Konzeption des gesamten Vertriebssteuerungssystems die Berücksichtigung der jeweiligen Wechselwirkungen besonders wichtig. Veränderungen sollten daher auch nur dann vorgenommen werden, wenn die Auswirkungen dieser Veränderung auf die anderen Bestandteile des Vertriebssteuerungssystems genau geprüft und negative Wirkungen entsprechend beseitigt worden sind.

Abschließend sollen die Wirkungsweisen der Einzelsysteme im Rahmen des Vertriebssteuerungssystems vor dem Hintergrund der beiden grundsätzlichen Ausrichtungen des Vertriebssteuerungssystems - Verhaltensorientierung oder Ergebnisorientierung - diskutiert werden. Hierbei wird auch auf empirische Befunde eingegangen.

2.10 Verhaltens- und ergebnisorientierte Steuerungssysteme im Vergleich

Verhaltens- und Ergebnisorientierung stellen Extrempunkte eines Kontinuums dar. Die Realität wird - wie so oft - auf verschiedenen Positionen dieses Kontinuums zu finden sein. Welche Ausprägungen die Einzelsysteme der Vertriebssteuerung bei Ergebnisorientierung einerseits und Verhaltensorientierung andererseits annehmen können, ist in Tabelle 11 dargestellt.

Für die Konzeption des Vertriebssteuerungssystems stellt sich nun die Frage, welcher dieser beiden Ausrichtungen der Vorzug gegeben werden sollte. Anhaltspunkte hierfür gewinnen wir zunächst aus den Zielen der Vertriebssteuerung. Zu Beginn des Lehrtextes wurden Effektivität (= Zielerreichungsgrad) und Effizienz (= Input/Output-Relation) als übergeordnete Ziele der Vertriebssteuerung definiert. Sowohl bei der Erreichung des Effektivitätsziels als auch bei der Erreichung des Effizienzziels ist zu beachten, daß Unternehmensziele und Mitarbeiterziele nicht immer harmonieren, sondern auch konfliktär zueinander stehen können. Die Aufgabe der Vertriebssteuerung besteht darin, die Ziele von Unternehmen und Mitarbeitern weitgehend miteinander zu versöhnen.

Welche Vertriebssteuerungsmaßnahmen hierfür besonders geeignet sind, wird vor dem Hintergrund verhaltenswissenschaftlicher und institutionenökonomischer Ansätze unterschiedlich beantwortet.

Die *verhaltenswissenschaftlichen Ansätze* machen die Entscheidung weitgehend von der Ausprägung der personenbezogenen Variablen, der O-Variablen im

Tabelle 12. Ausprägungen des Vertriebssteuerungssystems bei Verhaltensorientierung und Ergebnisorientierung
(Quellen: Cravens et al. 1993; Eisenhardt 1985; Oliver/Anderson 1995, S. 2)

Baustein des Vertriebssteuerungssystems	*Ausprägung bei Verhaltensorientierung*	*Ausprägung bei Ergebnisorientierung*
Organisationsstruktur	• steile Hierarchie, geringe Leistungsspanne durch viele Manager • klar strukturierte Aufgaben	• flache Hierarchie, breite Leistungsspanne durch wenige Manager • unstrukturierte Aufgaben
Vergütungssystem	• Festgehalt	• Variable, ergebnisabhängige Vergütungsbestandteile, z.B. Festgehalt zuzügl. Provision oder Prämie
Führungssystem	• Manager achten eher auf das Verhalten als auf die Ergebnisse der Mitarbeiter • starke Verhaltensüberwachung • enger Kontakt zum Vorgesetzten bzw. Management insgesamt	• Manager achten eher auf die Ergebnisse als auf das Verhalten der Mitarbeiter • geringe Verhaltensüberwachung • geringer Kontakt zum Vorgesetzten bzw. Management insgesamt
Informationssystem	• Vertriebsmitarbeiter müssen viele Berichte schreiben • Leistungsbeurteilungen beruhen auf subjektiver Bewertung vieler Kriterien	• Vertriebsmitarbeiter müssen nur wenige oder nur selten Berichte schreiben • Leistungsbeurteilungen berücksichtigen wenige beobachtbare Kritierien
Risikoverteilung als Merkmal des Gesamtsystems	• Unternehmen trägt das Risiko	• Vertriebsmitarbeiter trägt das Risiko

S-O-R-Modell, abhängig. Eine empirische Untersuchung zeigt, daß die Arbeitszufriedenheit der Marketingmitarbeiter mit zunehmender Ergebniskontrolle steigt – vermutlich aufgrund der damit verbundenen Verhaltensfreiräume. Die Verhaltenssteuerung hat weder einen positiven noch einen negativen Einfluß auf die Arbeitszufriedenheit. Hiermit stimmt auch die Erkenntnis überein, daß die Ergebnissteuerung Rollenkonflikte und Rollenmehrdeutigkeit (Ambiguität) reduziert, die Verhaltenssteuerung jedoch Rollenkonflikte erhöht und auf die Rollenambiguität keinen Einfluß ausübt. Auch dies ist auf die stärkere Ausformulierung von Verhaltenserwartungen im Rahmen der Verhaltensorientierung zurückzuführen. Die Leistung der Vertriebsmitarbeiter wurde in dieser Untersuchung positiv durch Ergebnissteuerung beeinflußt, während die Verhaltenssteuerung keinen Einfluß ausübte.[200]

[200] Vgl. Jaworski/Stathakopulos/Krishnan 1993, S. 64.

Eine weitere empirische Untersuchung zeigt, daß verhaltensorientierte Steuerungssysteme folgende Auswirkungen auf die Mitarbeiter haben:[201]

- hohes Commitment der Mitarbeiter,
- hohe Akzeptanz der Vorgesetzten,
- Teamarbeit,
- fehlende extrinsische Motivation und
- ein großeres Interesse daran, dem Unternehmen zu dienen.

Sie bedingen zudem mit eine innovative und unterstützende Unternehmenskultur. Mitarbeiterziele werden offenbar über die verhaltensorientierte Ausprägung der Vertriebssteuerung gut erfüllt; über die Erreichung der Unternehmensziele machten diese Untersuchungen keine Aussagen.

Die *institutionenökonomischen Ansätze*, insbesondere die Prinzipal-Agenten-Theorie, treffen demgegenüber klare Entscheidungen. Sie schlagen verhaltensorientierte Steuerungssysteme immer dann vor, wenn eine hohe Ausprägung der Umweltunsicherheit, niedrige Verhaltensunsicherheit und schlechte Meßbarkeit des Leistungsergebnisses gegeben sind. Ergebnisorientierte Systeme sind zu bevorzugen, wenn die Umweltunsicherheit nur gering ist, die Verhaltensunsicherheit dagegen jedoch stark ausgeprägt und die Meßbarkeit des Leistungsergebnisses hoch ist. Verhaltensunsicherheit kann innerhalb gewisser Grenzen durch die Organisationsstruktur beeinflußt werden, denn je stärker strukturiert die Aufgaben sind, desto geringer ist die Verhaltensunsicherheit. Sie stellen die Erreichung von Unternehmenszielen in den Mittelpunkt.

Welche Ausprägung des Vertriebssteuerungssystem sich besser eignet, läßt sich somit theoretisch nicht eindeutig beantworten. Auch die Empirie gibt hier keine eindeutigen Auskünfte. So konnten *Oliver* und *Anderson* nachweisen, daß es drei Gruppen von Unternehmen gibt:[202]

1. Unternehmen, die zu ergebnisorientierten Vertriebssteuerungssystemen tendieren – zu dieser Gruppe zählten insgesamt 120 der befragten Unternehmen,

2. Unternehmen, die verhaltensorientierte Vertriebssteuerungssysteme einsetzen – diese Gruppe umfaßte 91 Unternehmen – sowie

3. Unternehmen, die „hybride" Vertriebssteuerungssysteme einsetzen, d.h. Vertriebssteuerungssysteme, bei denen ergebnisorientierte Ausprägungen und verhaltensorientierte Ausprägungen kombiniert werden – diese Gruppe war die größte und umfaßte 136 Unternehmen.

---

[201] Vgl. Oliver/Anderson 1994.

[202] Vgl. Oliver/Anderson 1995.

Literaturverzeichnis

Adams, J. S. [1963]: Towards an Understanding of Inequity; in: Journal of Abnormal and Social Psychology, 1963, S. 422–436.

Adams, J. S. [1965]: Inequity in Social Exchange; in: Berkowitz, L. (Ed.): Advances in Experimental Social Psychology, Vol. 2, New York 1965, S. 267–299.

Adams, J. S. [1975]: The Structure and Dynamics of Behavior in Organizational Boundary Roles; in: M. Dunnette (Hrsg.): Handbook of Industrial and Organizational Psychology, Chicago 1975, S. 1175–1199.

Albaum, G. / Richardson, F. L. W. [1967]: Human Interaction: Key to Sales Success; in: Arizona Review, Vol. 16 (1967), No. 4 (April), S. 1–3.

Alchian, A. / Woodward, S. [1988]: The Firm is Dead. Long Live the Firm. A Review of O.E. Williamson's 'The Economic Institutions of Capitalism'; in: Journal of Economic Literature, Vol. 26 (1988), March, S. 65-79.

Alderfer C. P. [1969]: An Empirical Test of New Theory of Human Needs; in: Organizational Behavior and Human Performance, Vol. 4 (1969), S. 142-175.

Alewell, D. [1993]: Interne Arbeitsmärkte; Hamburg 1993.

Alewell, D. [1994]: Informationsasymmetrien in Arbeitsverhältnissen – Ein Überblick über Anwendungsmöglichkeiten der Informationsökonomie in der Personalwirtschaftslehre; in: Zeitschrift für Betriebswirtschaft, 64. Jg. (1994), Heft 1, S. 57–79.

Arrow, K. J. [1980]: Wo Organisation endet; Wiesbaden 1980.

Arrow, K. J. [1985]: The Economics of Agency; in: Pratt, J. / Zeckhauser, R. (Hrsg.): Principals and Agents: The Structure of Business; Boston 1985, S. 37–51.

Backhaus, K. / Erichson, B. / Plinke, W. / Weiber, R. [1990]: Multivariate Analysemethoden, 6. Aufl., Berlin 1990.

Bagozzi, R. P. [1978]: Sales Performance and Satisfaction as a Function of Individual Difference, Interpersonal and Situational Factors; in: Journal of Marketing Research, Vol. 15 (1978), November, S. 517–531.

Bagozzi, R. P. [1980]: The Nature and Causes of Self-Esteem, Performance, and Satisfaction in the Sales Force: A Structural Equation Approach; in: Journal of Business, Vol. 53 (1980), S. 315–331.

Barnard, Ch. I. [1938]: The Functions of the Executive; Cambridge Mass. 1938.

Basu, A. K. / Lal, R. / Srinivasan, V. / Staelin, R. [1985]: Salesforce Compensation Plans: An Agency Theoretic Perspective; in: Marketing Science, Vol. 4 (1985), No. 4 (Fall), S. 267–291.

Baumgarten, R. [1977]: Führungsstile und Führungstechniken, Berlin 1977.

Bergen, M. / Dutta, Sh. / Walker, O. C. [1992]: Agency Relationships in Marketing: A Review of the Implications and Applications of Agency and Related Theories; in: Journal of Marketing, Vol. 56 (1992), July, S. 1-24.

Blake, R. R. / Mouton, J. S. [1978]: The New Managerial Grid; Houston 1978.

Böhler, H. [1985]: Marktforschung; Stuttgart u.a. 1985.

Boles, J. S. / Donthu, N. / Lohtia, R. [1995]: Salesperson Evaluation Using Relative Performance Efficiency: The Application of Data Envelopment Analysis; in: Journal of Personal Selling & Sales Management, Vol. 15 (1995), No. 3 (Summer), S. 31–49.

Britsch, W. H. [1983]: Zur Konzeption einer verhaltensorientierten Beschäftigungspolitik; Frankfurt a. M. 1983.

Brock, T. C. [1965]: Communicator-Recipient Similarity and Decision Change; in: Journal of Personality and Social Psychology, Vol. 1 (1965), No. 6, June, S. 650–654.

Bruckmann, G. [1978]: Trendextrapolation; in: Bruckmann, G. (Hrsg.): Langfristige Prognosen; Würzburg / Wien 1978, S. 45–71.

Burger, R. [1978]: Zur Kritik heuristischer Methoden der Langfristprognostik; in: Bruckmann, G. (Hrsg.): Langfristige Prognosen; Würzburg / Wien 1978, S. 425–437.

Busch, P. / Wilson, D. T. [1976]: An Experimental Analysis of a Salesman's Expert and Referent Bases of Social Power in the Buyer-Seller Dyad; in: Journal of Marketing; Vol. 13 (1976), S. 3–11.

Callanan, J. A. / Henry, P. [1987]: Sales Management and Motivation; New York / Toronto 1987.

Castiglioni, E. [1994]: Organisatorisches Lernen in Produktinnovationsprozessen, Wiesbaden 1994.

Chowdhury, J. [1993]: The Motivational Impact of Sales Quotas on Effort; in: Journal of Marketing Research, Vol. 30 (1993), February, S. 28–41.

Churchill , G. A. Jr. / Ford, N. M. / Walker, Orville C. Jr. [1985]: Sales Force Management, 2nd ed., Homewood Ill. 1985.

Churchill, G. A. Jr. / Ford, N. M. / Walker, Orville C. Jr. [1976]: Organizational Climate and Job Satisfaction in the Salesforce; in: Journal of Marketing, Vol. 13 (1976), No. 4, S. 323–332.

Conradi, W. [1983]: Personalentwicklung; Stuttgart 1983.

Cotham, J. C. III [1968]: Job Attitudes and Sales Performance of Major Appliance Salesmen; in: Journal of Marketing, Vol. 5 (1968), S. 370–375.

Cravens, D. W. / Ingram, T. N. / LaForge, R. W. / Young, Clifford E. [1993]: Behavior-Based and Outcome-Bases Salesforce Control Systems; in: Journal of Marketing, Vol. 57 (1993), October, S. 47–59.

Creutzig, M. [1988]: Besuchsplanung und Verkaufsgebietsabgrenzung im industriellen Produktgeschäft; München 1988.

Cyert, R. M. / March, J. G. [1963]: A Behavioral Theory of the Firm; Englewood Cliffs N. J. 1963.

D'Alquen, K. [1993]: Das Informationssystem für Vertrieb und Außendienst; Ehingen bei Böblingen 1993.

Dahrendorf, R. [1960]: Homo Sociologicus; Köln-Opladen 1960.

Dalrymple, D. J. [1985]: Sales Management. Concepts and Cases, 2nd ed. , New York u.a. 1985.

Darmon, R. Y. [1974]: Salesmen's Response to Financial Incentives: An Empirical Study; in: Journal of Marketing, Vol. 11 (1974), November, S. 418–426.

Davidow, W. H. / Malone, M. S. [1993]: Das virtuelle Unternehmen - Der Kunde als Co-Produzent, Frankfurt a. M. / New York 1993.

Domsch, M. [1970]: Simultane Personal- und Investitionsplanung im Produktionsbereich; Bielefeld 1970.

Donnelly, J. H. / Ivancevich, J. M. [1975]: Role Clarity and the Salesman; in: Journal of Marketing, Vol. 39 (1975), January, S. 71–74.

Dubinsky, A. J. / Yammarino, F. J. / Jolson, M. A. [1994]: Closeness of Supervision and Salesperson Work Outcomes: An Alternate Perspective; in: Journal of Business Research, Vol. 29 (1994), S. 225–237.

Eckardstein, D. von / Kunkel, R. [1981]: Was verdienen Verkäufer im Außendienst? Einkommen, Lohn- und Anreizsysteme, Leistungen; München 1981.

Eckardstein, D. von / Lieber, B. [1982]: Verkaufswettbewerbe und Incentives als Motivationsinstrumente im Außendienst; in: Eckardstein, D. (Hrsg.): Personalwirtschaftliche Studien; Hannover 1982.

Eckardstein, D. von / Schnellinger, F. [1978]: Personalpolitik; 3. Aufl., München 1978.

Eisenhardt, K. [1985]: Control: Organizational and Economic Approaches; in: Management Science, Vol. 31 (1985), No. 2 (February), S. 134–149.

Evans, F. B. [1963]: Selling as a Dyadic Relationship - A New Approach; in: Boyd, H. W. / Davis, R. T. (eds.): Readings in Sales Mangement; 1963, S. 18–29.

Fiedler, F. E. [1967]: A Theory of Leadership Effectiveness; New York u.a. 1967.

Fließ, S. [1999]: Industrielles Kaufverhalten; in: Kleinaltenkamp, M. / Plinke, W. (Hrsg.): Technischer Vertrieb - Grundlagen; 2., überarb. Aufl., Berlin / Heidelberg / New York 1999, Kapitel B.1.

French, C. L. [1960]: Correlates of Success in Retail Selling; in: American Journal of Sociology, Sept. 1960, S. 128–134.

Frey, H. [1980]: Handbuch der Personalbeschaffung; Frankfurt a. M. 1980.

Friedrich, W. / Garbe, B. [1994]: Kundenorientierte Vertriebsorganisation im Maschinenbau; Frankfurt a. M. 1994.

Futrell, C. M. / Jenkins, O. M. [1978]: Pay Secrecy Versus Pay Disclosure for Salesmen: A Longitudinal Study; in: Journal of Marketing Research, Vol. 15 (1978), May, S. 214–219.

Geißler, J. [1980]: Verkäufer im Außendienst richtig beurteilen. Leistungsbeurteilung - Begleitbesuchbeurteilung - Probezeitbeurteilung - Beurteilung der Führungsqualifikation; München 1980.

Gey, T. [1990]: EDV-orientierte Außendienststeuerung - Einsatz in der Konsumgüterindustrie; Wiesbaden 1990.

Gisholt, O. [1976]: Markting-Prognosen unter besonderer Berücksichtigung der Delphi-Methode; Bern 1976.

Goffman, E. [1969]: Wir alle spielen Theater; München 1969.

Goffman, E. [1971]: Verhalten in sozialen Situationen - Strukturen und Regeln der Interaktion im öffentlichen Raum; Gütersloh 1971.

Goffman, E. [1974]: Das Individuum im öffentlichen Austausch; Frankfurt a. M. 1974.

Goffman, E. [1975]: Interaktionsrituale - Über Verhalten in direkter Kommunikation; Frankfurt a. M. 1975.

Goldberg, V. P. [1976]: Regulation and Administered Contracts; in: Bell Journal of Economics and Management Science, Vol. 7 (1976), S. 439–441.

Großmann, R. / Schneider, F. [1976]: Arbeitsrecht; 4. Auflage, Bonn 1976.

Grube, R. [1991]: Ganzheitlich orientierte Qualifikationsempfehlungen; in: Grube, R. / Späth, W. (Hrsg.): Marketing-Qualifizierung von Ingenieuren; Neuwied u.a. 1991, S. 136–151.

Gsteiger, F. [1996]: Nomaden im Büro; in: Die Zeit, Nr. 20 vom 10. Mai 1996.

Günter, B. [1998]: Projektkooperationen; in: Kleinaltenkamp, M. / Plinke, W. (Hrsg.): Auftrags- und Projektmanagement; Berlin / Heidelberg / New York 1998, S. 267–318.

Günter, B. / Kuhl, M. [1999]: Beschaffungspolitik industrieller Nachfrager; Kleinaltenkamp, M. / Plinke, W. (Hrsg.): Technischer Vertrieb - Grundlagen; 2., überarb. Aufl., Berlin / Heidelberg / New York 1999, Kapitel B.2.

Häussermann, E. A. [1983]: Bezirkseinteilung, wirkungsvolle Kundenklasifizierung und Besuchsaktivität; Landsberg a. L. 1983.

Hammer, M. / Champy, J. [1994]: Business Reengineering; 2. Aufl., Frankfurt a. M. 1994.

Hanau, P. / Adomeit, K. [1981]: Arbeitsrecht; 6. Aufl., Frankfurt a. M. 1981.

Heger, G. [1988]: Anfragenbewertung im industriellen Anlagengeschäft; Berlin 1988.

Heger, G. [1998]: Anfragenbewertung; in: Kleinaltenkamp, M. / Plinke, W. (Hrsg.): Auftrags- und Projektmanagement; Berlin / Heidelberg / New York; 1998, S. 69–115.

Hentze, J. [1991a]: Personalwirtschaftslehre 1; 5., überarb. Aufl., Bern 1991.

Hentze, J. [1991b]: Personalwirtschaftslehre 2; 5., überarb. Auflage, Bern 1991.

Herberg, F. [1966]: Work and the Nature of Man; Cleveland - New York 1966.

Hinze, S. [1980]: Zur Bedeutung sozialpsychologischer Ansätze der Erklärung des Verhaltens von Außendienstmitarbeitern für Wirkungsfunktionen des persönlichen Verkaufs; Bonn 1980.

Höhn, P. [1990]: Grundlagen, Elemente und Aufbau von Vergütungssytemen für den Verkaufsaußendienst; Köln 1990.

Homburg, Ch. [1994]: Produktivitätssteuerung in Marketing und Vertrieb; in: Controller, 1994, Heft 3, S. 145 ff.

Huellen, K. K. [1986]: Die Motivation von Arbeitnehmern im Innen- und Außendienst des Vertriebs - Eine empirische Untersuchung; Münster 1986.

Jackson, D. W. Jr. / Schlacter, J. L. / Wolfe, W. G. [1995]: Examining the Bases Utilized for Evaluating Salespeoples' Performance; in: Journal of Personal Selling & Sales Management, Vol. 15 (1995), No. 4 (Fall), S. 57–65.

Jaworski, B. J. / Kohli, A. K. [1991]: Supervisory Feedback: Alternativ Types and Their Impact on Salespeople's Peformance and Satisfaction; in: Journal of Marketing Research, Vol. 28 (1991), May, S. 190–201.

Jaworski, B. J. / Stathakopoulos, V. / Krishnan, H. Sh. [1993]: Control Combinations in Marketing: Conceptual Framework and Empirical Evidence; in: Journal of Marketing, Vol. 57 (1993), January, S. 57–69.

Jensen, M. C. / Meckling, W. H. [1976]: Theory of the Firm: Managerial Behavior, Agency Costs and Ownership Structure; in: Journal of Financial Economics, Vol. 3 (1976), S. 305–360.

Jeserich, W. [1981]: Mitarbeiter auswählen und fördern - Das Assessment-Center-Verfahren; München / Wien 1981.

John, G. / Weiss, A. M. / Weitz, B. [1987]: An Organizational Coordination Model of Salesforce Compensation Plans: Theoretical Analysis and Empirical Evidence; in: Journal of Law, Economics, and Organization, Vol. 3 (1987), No. 2 (Fall), S. 373–395.

John, G. / Weitz, B. [1989]: Salesforce Compensation: An Empirical Investigation of Factors Relaed to Use of Salary Versus Incentive Compensation; in: Journal of Marketing Research, Vol. 26 (1989), Feburary, S. 1-14.

Kaas, K. P. [1992]: Kontraktgütermarketing als Kooperation zwischen Prinzipalen und Agenten; in: Zeitschrift für betriebswirtschaftliche Forschung, 44. Jg. (1992), Nr. 10, S. 473–487.

Kakabadse, A. P. [1984]: The Politics of Management; Aldershot, Hants 1984.

Katz, D. / Kahn, R. L. [1978]: The Social Psychology of Organizations; 2nd ed., New York / London / Sydney 1978.

Kingman-Brundage, J. [1989]: The ABC's of Service Sytem Blueprinting; in: Bitner, M. J. / Crosby, L. A. (eds.): Designing a Winning Service Strategy; Chicago 1989, S. 30–33.

Kleinaltenkamp, M. [1992]: Investitionsgüter-Marketing aus informationsökonomischer Sicht; in: Zeitschrift für betriebswirtschaftliche Forschung, 44. Jg. (1992), Nr. 9, S. 809–829.

Kleinaltenkamp, M. [1999a]: Einführung in das Business-to-Business-Marketing; in: Kleinaltenkamp, M. / Plinke, W. (Hrsg.): Technischer Vertrieb - Grundlagen; 2., überarb. Aufl., Berlin / Heidelberg / New York 1999, Kapitel A.3.

Kleinaltenkamp, M. [1999b]: Marktsegmentierung; in: Kleinaltenkamp, M. / Plinke, W. (Hrsg.): Technischer Vertrieb - Grundlagen; 2., überarb. Aufl., Berlin / Heidelberg / New York 1999, Kapitel D.3.

Kleinaltenkamp, M. / Fließ, S. [1995]: Berufsbilder und Weiterbildungsbedarf im Technischen Vertrieb; Berlin 1995.

Kleinaltenkamp, M. / Fließ, S. [1999]: Marketingstrategie; in: Kleinaltenkamp, M. / Plinke, W. (Hrsg.): Technischer Vertrieb - Grundlagen; 2., überarb. Aufl., Berlin / Heidelberg / New York 1999, Kapitel D.3.

Kleinaltenkamp, M. / Rieker, S. A. [1997]: Kundenorientierte Organisation; in: Kleinaltenkamp, M. / Plinke, W. (Hrsg.): Geschäftsbeziehungsmanagement; Berlin 1997, S. 161–217.

Köhler, R. [1995]: Marketingorganisation; in: Tietz, B. / Köhler, R. / Zentes, J. (Hrsg.): Handwörterbuch des Marketing; 2. Aufl., Köln / Saarbrücken 1995, S. 1636–1653.

Kohli, A. K. [1989]: Effects of Supervisory Behavior: The Role of Individual Differences Among Salespeople; in: Journal of Marketing, Vol. 53 (1989), October, S. 40–50.

Koinecke, J. / Wolter, H. [1978]: Außendienst richtig entlohnen - mehr erreichen; Hamburg 1978.

Kossbiel, H. [1994]: Personalwirtschaft; in: Bea, F. X. / Dichtl, E. / Schweitzer, M. (Hrsg.): Allgemeine Betriebswirtschaftslehre, Bd. 3: Der Leistungsprozeß; 6. Auflage, Stuttgart u.a. 1994, S. 395–479.

Krafft, M. [1995]: Außendienstentlohnung im Licht der Neuen Institutionenlehre; Wiesbaden 1995.

Kroeber-Riel, W. [1980]: Konsumentenverhalten; 2. Aufl., München 1980.

Kupsch, P. W. / Marr, R. [1978]: Personalwirtschaft; in: Heinen, E. (Hrsg.): Industriebetriebslehre; 8. Aufl., Wiesbaden 1985, S. 623–767.

Lal, R. / Staelin, R. [1986]: Salesforce Compensation Plans in Environments with Asymmetric Information; in: Marketing Science, Vol. 5 (1986), No. 3, S. 179–198.

Laux, H. [1988]: Optimale Prämienfunktionen bei Informationsasymmetrie; in: Zeitschrift für Betriebswirtschaft, 58. Jg. (1988), S. 588–612.

Lazear, E. P. / Rosen, S. [1981]: Rank-Order Tournaments als Optimum Labor Contracts; in: Journal of Political Economy, Vol. 89 (1989), S. 841–864.

Lewin, K. [1935]: A Dynamic Theory of Personality; New York 1935.

Lewin, K. / Lippitt, R. / White, R. K. [1939]: Patterns of Aggressive Behavior in Experimentally Created 'Social Climates'; in: Journal of Social Psychology, 1939, No. 10, S. 271–299.

Luthans, F. / Hodgetts, R. M. / Rosenkrantz S. A. [1988]: Real Managers; Cambridge Mass. 1988.

March, J. G. / Simon, H. A. [1976]: Organisation und Individuum – Menschliches Verhalten in Organisationen; Wiesbaden 1976.

Maslow, A. H. [1954]: Motivation and Personality; New York u.a. 1954 (deutsch: Motivation und Persönlichkeit; Olten / Freiburg i. Br. 1977).

Mayrhofer, W. [1989]: Outplacement – Stand der Diskussion; in: Die Betriebswirtschaft, 1989, Heft 1, S. 55–68.

McClelland, D. C. (1961]: The Achieving Society; Princeton N.J. 1961.

McClelland, D. C. [1965]: Achievement Motivation Can Be Developed; in: Harvard Business Review 1965, S. 6–24, 178.

McClelland, D. C. [1971]: Assessing Human Motivation; Morristown, N.J. 1971.

McClelland, D. C. / Winter, D. G. [1969]: Motivation Economic Achievement, New York 1969.

Mead, G. H. [1934/1973]: Mind, Self and Society; (deutsch: Geist, Identität und Gesellschaft aus der Sicht des Sozialbehaviorismus; Frankfurt a. M. 1973).

Meier, B. [1988]: Auswahl, Organisation und Leitung des Verkaufsaußendienstes; 2. Aufl., Bern 1988.

Myers, M. S. [1964]: Who Are Your Motivated Workers?; in: Harvard Business Review 1964, S. 73–88.

Neuberger, O. [1974]: Theorien der Arbeitszufriedenheit; Stuttgart 1974.

Neuberger, O. [1976]: Führungsverhalten und Führungserfolg; Berlin 1976.

Neuberger, O. [1978]: Organisation und Führung; Stuttgart 1978.

Neuberger, O. [1990]: Führen und geführt werden; Stuttgart 1990.

Nieschlag, R. / Dichtl, E. / Hörschgen, H. [1994]: Marketing; 17., neu bearb. Auflage, Berlin 1994.

o. V. [1995]: Vergütung 1995: Wo stehen Marketing und Vertrieb?; in: absatzwirtschaft 8/95, S. 58–63.

Odiorne, G. S. [1967]: Management by Objectives – Führung durch Vorgabe von Zielen; München 1967.

Oliver, R. L. [1974]: Expectancy Theory Predictions of Salesmen's Performance; in: Journal of Marketing Research, Vol. 11 (1974), August, S. 243–253.

Oliver, R. L. / Anderson, E. [1994]: An Empirical Test of the Consequences of Behavior- and Outcome-Based Sales Control Systems; in: Journal of Marketing, Vol. 58 (1994), S. 53–67.

Oliver, R. L. / Anderson, E. [1995]: Behavior- and Outcome-Based Sales Control Systems: Evidence and Consequences of Pure-Form and Hybrid Governance; in: Journal of Personal Selling & Sales Management, Vol. 25 (1995), No. 4 (Fall), S. 1–15.

Parikh, J. [1994]: Managing Your Self – Streßfrei und gelassen auf dem Weg zu Spitzenleistungen; Wiesbaden 1994.

Pearson, J. B. [1957]: Sales Success and Job Satifsfaction; in: American Sociological Review, Vol. 22 (1957).

Pfeffer, J. [1981]: Management as symbolic action; the creation and maintenance of organizational paradigms; in: Cummings, L. / Staw, B. (eds.): Research in Organizational Behavior; Greenwich, Conn. 1981, S. 1–52.

Plinke, W. [1997]: Bedeutende Kunden; in: Kleinaltenkamp, M. / Plinke, W. (Hrsg.): Geschäftsbeziehungsmanagement; Berlin / Heidelberg / New York 1997.

Plinke, W. [1999]: Grundlagen des Marktprozesses; in: Kleinaltenkamp, M. / Plinke, W. (Hrsg.): Technischer Vertrieb – Grundlagen; 2., überarb. Aufl., Berlin / Heidelberg / New York 1998, Kapitel A.1.

Plinke, W. / Fließ, S. [1988]: Auftragsverlustanalyse im Anlagengeschäft; in: Maschinenmarkt (1988), Nr. 4, S. 64–66, und Nr. 13, S. 108–111.

Plinke, W. / Fließ, S. [1991]: Technischer Vertrieb – Ein Weiterbildungsstudiengang für Ingenieure; in: Späth, W. / Grube, R. (Hrsg.): Marketing-Qualifizierung von Ingenieuren; Neuwied u.a. 1991, S. 104-123.

Plinke, W. / Rese, M. [1999]: Analyse der Erfolgsquellen; in: Kleinaltenkamp, M. / Plinke, W. (Hrsg.): Technischer Vertrieb – Grundlagen; 2., überarb. Aufl., Berlin / Heidelberg / New York 1999, Kapitel C.2.

Porter, L. W. / Lawler, E. E. [1968]: Managerial Attitudes and Performance; Homewood Ill. 1967.

Pross, H. / Boettcher, W. [1971]: Manager des Kapitalismus – Untersuchung über leitende Angestellte in Großunternehmen; Frankfurt a. M. 1971.

Reichmann, T. [1990]: Controlling mit Kennzahlen; 2. Aufl., München 1990.

Rosenstiel, L. von [1972]: Motivation im Betrieb; München 1972.

Rosenstiel, L. von [1975]: Die motivationalen Grundlagen des Verhaltens in Organisationen – Leistung und Zufriedenheit; Berlin 1975.

Rosenstiel, L. von / Molt, W. / Rüttinger, B. [1995]: Organisationspsychologie; 8. Aufl., Stuttgart 1995.

Ross, W. T. Jr. [1991]: Performance Against Quota and the Call Selection Decision; in: Journal of Marketing Research, Vol. 28 (1991), August, S. 296–306.

Ryans, A. B. / Weinberg, C. B. [1979]: Territory Sales Response; in: Journal of Marketing Research, Vol. 16 (1979), November, S. 453–465.

Schoch, R. [1969]: Der Verkaufsvorgang als sozialer Interaktionsprozeß; Winterthur 1969.

Schwarting, U. [1993]: Institutionalisierung des Marketingkonzeptes durch Produkt-Management; Frankfurt a. M. 1993.

Shostack, G. L. [1987]: Service Positioning Through Structural Change; in: Journal of Marketing, Vol. 51 (1987), S. 34–43.

Spremann, K. [1988]: Reputation, Garantie, Inforamtion; in: Zeitschrift für Betriebswirtschaft, 58. Jg. (1988), S. 613–627.

Spremann, K. [1989]: Agency Theory and Risk Sharing; in: Bamberg, G. / Spremann, K. (Hrsg.): Agency Theory, Information, and Incentives; Berlin u.a. 1989, S. 3–37.

Spremann, K. [1990]: Asymmetrische Information; in: Zeitschrift für Betriebswirtschaft, 60. Jg. (1990), S. 561–586.

Staehle, W. H. [1994]: Management – Eine verhaltenswissenschaftliche Perspektive, 7. Aufl., München 1994.

Stanton, W. J. / Buskirk, R. H. [1987]: Management of the Sales Force; 7th ed., Homewood Ill. 1987.

Stein, T. [1983]: Die richtige Außendienstentlohnung; Landsberg a. L. 1983.

Steinmann, H. / Schreyögg, G. [1993]: Management – Grundlagen der Unternehmensführung: Konzepte – Funktionen – Fallstudien; 3., überarb. und erw. Aufl., Wiesbaden 1993.

Stigler, G. [1960]: The Economics of Information; in: Journal of Political Economy, Vol. 69 (1960), S. 213–225.

Sweitzer, R. W. / Pathak, D. S. [1972]: The Self Actualizing Salesman; in: Southern Journal of Business, Vol. 7 (1972), November, S. 1–7.

Taylor, J. L. / Woodside, A. G. [1982]: Effects on Buying Behavior of References to Expert and Referent Power; in: Journal of Soacial Psychology, Vol. 117 (1982), S. 25–31.

Thomae, H. R. [1965]: Das Problem der Motivarten; in: Thomae, H. R. (Hrsg.): Handbuch der Psychologie; Bd. 2, Göttingen 1965.

Unger, F. [1985]: Marktgerechte Außendienststeuerung durch Leistungsanreize; Heidelberg u.a. 1985.

Vroom, V. [1964]: Work and Motivation; New York 1964.

Weiber, R. / Jacob, F. [1999]: Kundenbezogene Informationsgewinnung; in: Kleinaltenkamp, M. / Plinke, W. (Hrsg.): Technischer Vertrieb – Grundlagen; 2., überarb. Aufl., Berlin / Heidelberg / New York 1999, Kapitel B.4.

Weinert, A. B. [1987]: Lehrbuch der Organisationspsychologie; 2. Aufl., München / Weinheim 1987.

Williamson, O. E. [1990]: Die ökonomischen Institutionen des Kapitalismus; Tübingen 1990.

Witt, J. [1995]: Verkaufs-Management; Wiesbaden 1995.

Woodside, A. G. / Davenport, W. J. Jr. [1974]: The Effect of Salesman Similarity and Expertise on Consumer Purchasing Behavior; in: Journal of Marketing Research, Vol. 11 (1974), S. 198–202.

Wotruba, T. R. / Simpson, E. K. [1989]: Sales Management: Text and Cases; Boston 1989.

Wotruba, T. R. / Thurlow, M. L. [1976]: Sales Force Participation in Quota Setting and Sales Forecasting; in: Journal of Marketing, Vol. 40 (1976), No. 2, S. 11–16.

Übungsaufgaben

1. Worin bestehen die Aufgaben des Vertriebsmanagements? Welche Ansatzpunkte bieten sich für das Vertriebsmanagement?
2. Welche Systeme des Vertriebsmanagements kann man unterscheiden?
3. Vertriebsmanagement zielt auf das Verhalten der Mitarbeiter im Vertrieb. Welche Motivationstheorien können zur Erklärung menschlichen Arbeitsverhaltens herangezogen werden?
4. Erläutern Sie den Zusammenhang zwischen Arbeitszufriedenheit und Leistung. Welche unterschiedlichen Ansichten können Sie aus den verschiedenen verhaltenswissenschaftlichen Theorien ableiten?
5. Welche Grundannahmen liegen der Prinzipal-Agenten-Theorie zugrunde? Welches Verhalten von Außendienstmitarbeitern wird unterstellt?
6. Welche Organisationskriterien können bei der Vertriebsorganisation zur Anwendung gelangen? Nach welchen Kriterien ist der Vertrieb in Ihrem Unternehmen organisiert? Wie könnte eine Vertriebsorganisation aussehen, wenn eines der anderen Kriterien zur Anwendung gelänge?
7. Welche Verfahren zur Bestimmung der Größe der Vertriebsorganisation kennen Sie? Beschreiben Sie sie kurz.
8. Aus welchen Elementen setzt sich ein Vergütungssystem zusammen?
9. Welche Anforderungen sind an die Vergütung eines einzelnen Vertriebsmitarbeiters aus verhaltenswissenschaftlicher Sicht zu stellen? Welche Anforderungen ergeben sich aus Sicht der Prinzipal-Agenten-Theorie? Welche Anforderungen sind im Hinblick auf Effizienz und Effektivität des Vertriebsmanagements zu stellen?
10. Beschreiben Sie die Vorgehensweise zur Festlegung der Gehaltsstruktur im Unternehmen. Wie sieht die Gehaltsstruktur in Ihrem Unternehmen aus?
11. Welche Anforderungen sind an die Gehaltsstruktur aus verhaltenswissenschaftlicher Sicht zu stellen? Welche Erkenntnisse ergeben sich demgegenüber aus prinzipal-agenten-theoretischer Sicht?

12. Erläutern Sie das Grundmodell der Führung.

13. Beschreiben Sie die verhaltensorientierten Führungsmodelle, die im Lehrtext vorgestellt wurden.

14. Welche Unterschiede ergeben sich demgegenüber, wenn ein ergebnisorientiertes Führungskonzept angewandt wird?

15. Welcher Führungsstil wird in Ihrem Unternehmen praktiziert?

16. Beschreiben Sie das Aufstiegssytem in Ihrem Unternehmen. Welche Führungslaufbahnen und welche Fachlaufbahnen können unterschieden werden?

17. Welche Ziele können mit Weiterbildungsmaßnahmen im Vertrieb verfolgt werden?

18. Welche Formen der Personalentwicklung werden unterschieden? Welche Formen der Personalentwicklung werden in Ihrem Unternehmen praktiziert?

19. Welche Anforderungen sind an das Qualifizierungs- und Aufstiegssystem aus verhaltenswissenschaftlicher und institutionenökonomischer Sicht zu stellen?

20. Beschreiben Sie Elemente eines Informationssytems zur Ergebnissteuerung, zur Prozeßsteuerung und zur Potentialsteuerung. Wie sind diese Elemente in Ihrem Unternehmen ausgestaltet?

Teil C Gestaltung der Kommunikationsleistung

1 Grundlagen der Gestaltung der Kommunikationsleistung

Olaf Plötner

Abbildungsverzeichnis

1.1 Die Gestaltung der Kommunikationsleistung als Instrumentalbereich des Marketing

Eine der zentralen Voraussetzungen zur Realisierung eines Wettbewerbsvorteils liegt darin, daß er vom Kunden wahrgenommen und geglaubt wird.[1] Die Wahrnehmung und Meinungsbildung des Nachfragers beruht dabei auf der Verarbeitung von Informationen, die in einem unmittelbaren oder mittelbaren Zusammenhang mit den angebotenen Problemlösungen stehen. Diesen Informationsverarbeitungsprozeß beim Nachfrager versucht der Anbieter mit Hilfe seiner kommunikationspolitischen Maßnahmen in einer für ihn vorteilhaften Weise zu beeinflussen.

Dabei wird die Kommunikationspolitik eines Anbieters hier als eigenständiger Instrumentalbereich des Marketing verstanden, der nicht die eigentliche Funktionalleistung des Anbieters beinhaltet. Dies bedeutet etwa, daß ein Fachvortrag auf einem Weiterbildungsseminar nicht unter die kommunikationspolitischen Maßnahmen des Seminaranbieters einzuordnen wäre, obwohl er zweifellos einen Akt der Kommunikation darstellt. Kommunikationspolitische Maßnahmen im hier verstandenen Sinne liegen lediglich vor, wenn sie der Verdeutlichung des Leistungsangebotes dienen und vom Anbieter bewußt und zielgerichtet eingesetzt werden.[2]

Begreift man den Kaufprozeß bei einem Nachfrager als Folge von Informations- und Bewertungsaktivitäten[3], wird deutlich, daß den vom Anbieter durchgeführten Aktivitäten zur Informationsvermittlung große Bedeutung für den Markterfolg zukommt. Dies gilt umso mehr, als die Qualität von Problemlösungen im Business-to-Business-Bereich seitens der Nachfrager immer schwieriger eingeschätzt werden kann. Während ein Konsument sich beispielsweise bei dem Kauf eines Hammers oder eines Schraubenziehers relativ leicht ein Bild von dem Kosten-Nutzen-Verhältnis des Produktes machen kann, benötigt der Nachfrager einer computergesteuerten Fertigungsstraße wesentlich mehr Informationen. Diese Informationen müssen zumindest teilweise vom Anbieter gesendet und entsprechend gesteuert werden, ein Prozeß der unter dem Stichwort „signaling" bereits Erwähnung fand.[4] Wegen der steigenden Unsicherheit und dem entsprechend hohen Informationsbedarf der Nachfrager kann im Business-to-Business-Bereich nicht nur eine hohe, sondern auch eine ständig wachsende Notwendigkeit betrieblicher Kommunikationspolitik konstatiert werden.[5] Der Hintergrund

---

1 Vgl. Plinke 1999.

2 Vgl. Kleinaltenkamp 1999.

3 Vgl. Fließ 1999.

4 Vgl. Fließ 1999.

5 Vgl. Kleinaltenkamp/Plötner 1994.

hierfür ergibt sich erstens aus der zunehmenden Komplexität vieler Problemlösungen, die aus der immer stärkeren Technisierung einzelner Leistungskomponenten folgt. Zweitens läßt die zunehmende Internationalisierung der Märkte und die damit verbundene Verschärfung der Konkurrenzsituation eine überzeugende kommunikative Profilierung des eigenen Angebots immer wichtiger erscheinen, zumal den Nachfragern immer weniger Zeit bleibt, die auf sie einströmende Informationsflut zu bewältigen. Drittens ist wegen der steigenden Integrativität bei den Leistungserstellungsprozessen eine Inspektion der Leistungsergebnisse vor dem Kauf häufig nicht möglich, was die Unsicherheit der Nachfrager bezüglich der Kosten- und Nutzenkomponenten einer Problemlösung noch verstärkt.

In den folgenden Ausführungen sollen die einzelnen Schritte einer systematischen Kommunikationspolitik aufgezeigt werden, wobei hier allerdings lediglich die nach außen gerichtete und nicht die innerhalb des Unternehmens stattfindende Kommunikation Gegenstand der Betrachtungen sein wird. Anschließend werden die verschiedenen Kommunikationsbereiche im einzelnen vorgestellt und konkrete Ansatzpunkte einer operativen Umsetzung entwickelt. Zunächst jedoch sollen auf den folgenden Seiten die wichtigsten theoretischen Grundlagen dieser Thematik skizziert werden. Dies steigert zwar erfahrungsgemäß nicht gerade den Unterhaltungswert einer Lektüre, ist im Rahmen eines Lehrtextes jedoch notwendig, um zu einem einheitlichen Prozeß- und Begriffsverständnis zu gelangen.

1.2 Kommunikationstheoretische Grundlagen

1.2.1 Der informationstheoretische Ansatz

Kommunikation wird hier verstanden als die Übermittlung von Informationen. Dabei ist der Begriff 'Information' von den sinnverwandten Termini 'Daten' und 'Nachrichten' zu unterscheiden.

So bestehen Daten lediglich aus Zeichen, die gemäß einer formellen Regelmäßigkeit geordnet sind, d.h. die einer spezifischen Syntax folgen. Liegt diesen Daten ein bestimmter Bedeutungsinhalt zugrunde, d.h. ist ihnen eine spezifische Semantik zu eigen, spricht man von Nachrichten. Wird mit der Übermittlung dieser Nachrichten ein bestimmter Zweck verfolgt, d.h. sind sie mit einer spezifischen Pragmatik verbunden, handelt es sich um Informationen.

Prinzipiell werden bei jedem Kommunikationsprozeß Informationen von einem Sender mit Hilfe eines Informationskanals an einen Empfänger übermittelt. Hierbei muß der Sender die Informationsinhalte zunächst enkodieren, also in ein

Zeichensystem übersetzen, der Empfänger muß diese Zeichen dann wieder entsprechend dekodieren, um die Kommunikationsinhalte nachvollziehen zu können.

Bei jedem Schritt des Informationsprozesses können Störgrößen auftreten, die die Übermittlung der Informationen verhindern, bzw. aufgrund derer der Zweck der Übermittlung nicht erreicht wird. Diese Störungen lassen sich in syntaktische, semantische und pragmatische Störungen einteilen.

- Syntaktische Störungen liegen vor, wenn die Übermittlung der Zeichen derart mangelhaft ist, daß kein schlüssiges Zeichensystem entstehen kann. Dieser Fall ist etwa gegeben, wenn eine Telefonverbindung aufgrund technischer Probleme (z.B. starkes Rauschen) so schlecht ist, daß der Empfänger die Informationen des Senders akustisch nicht wahrnehmen kann.
- Semantische Störungen treten auf, wenn zwischen Sender und Empfänger keine Einigkeit über die Bedeutung der benutzten Zeichen besteht, d.h. ein Empfänger erhält Daten, die er gar nicht dekodieren kann. Solche Störungen finden sich etwa, wenn die Kommunikationsteilnehmer einen unterschiedlichen Wissenshintergrund haben (z.B. Techniker und Kaufleute) oder unterschiedlichen sozialen Gruppen angehören (z.B. einander fremde Sprachen sprechen).
- Pragmatische Störungen des Kommunikationsprozesses sind gegeben, wenn der Empfänger die erhaltenen Daten zwar versteht, sie jedoch nicht in dem Sinne interpretiert, wie es dem Ziel des Senders entspricht. In der Umgangssprache wird in diesem Zusammenhang vielfach von 'Mißverständnissen' gesprochen, wobei jedoch ein 'vorsätzliches Mißverstehen' nicht den pragmatischen Störungen zuzurechnen ist, da in diesem Fall das Kommunikationsziel des Senders vom Empfänger sehr wohl zunächst richtig erfaßt, anschließend jedoch bewußt falsch interpretiert wird.

Schematisch läßt sich der Informationsfluß wie folgt darstellen:

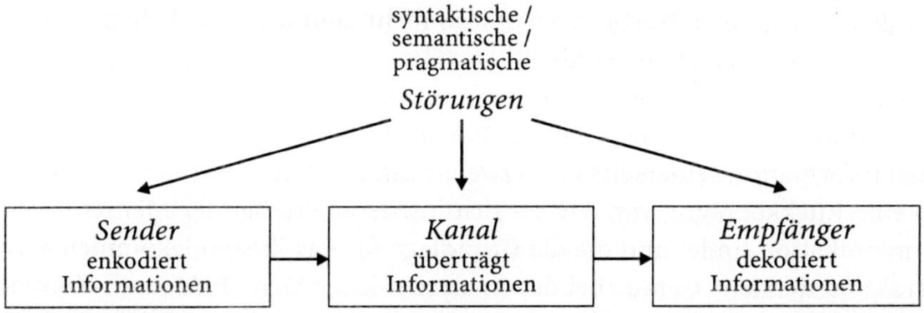

Abb. 1. Das informationstheoretische Grundschema

Sowohl der Informationssender als auch der Empfänger können Personen und/oder Sachmittel sein, so daß man zwischen Mensch-Mensch-Kommunikation, Mittel-Mensch-Kommunikation und Mittel-Mittel-Kommunikation unterscheiden kann.

Da letztere bei den kommunikationspolitischen Entscheidungen eines Unternehmens eine eher untergeordnete Rolle spielt, soll auf sie im Rahmen der folgenden Ausführungen nicht näher eingegangen werden. Der Mensch-Mensch-Kommunikation hingegen kommt gerade im Business-to-Business-Marketing eine zentrale Rolle zu, wobei hier insbesondere das persönliche Verkaufsgespräch, das sog. Personal Selling, im Mittelpunkt des Interesses steht. Als Mittel-Mensch-Kommunikation gelten in erster Linie die unternehmerischen Aktivitäten im Bereich der Werbung, mit der sich im Business-to-Business-Marketing allerdings sowohl in der Wissenschaft als auch in der Praxis nur selten fundiert auseinandergesetzt wird.

Einige kommunikationspolitische Maßnahmen lassen sich allerdings nicht eindeutig in die oben aufgezeigten Kategorien einordnen, da hier eine unmittelbare Kombination unterschiedlicher Sender gegeben ist. Als Beispiel hierfür lassen sich etwa Messeaktivitäten anführen, bei denen sowohl eine Mittel-Mensch-Kommunikation stattfindet (etwa durch die Präsentationsform des Messestandes) als auch eine Mensch-Mensch-Kommunikation erfolgt. Trotz dieser Überschneidungsbereiche stellt die Unterscheidung in Mittel-Mensch- und Mensch-Mensch-Kommunikation insgesamt jedoch einen geeigneten Ansatz zur Systematisierung kommunikativer Aktivitäten dar und soll deswegen im folgenden beibehalten werden.

Sendet ein Empfänger nach der Verarbeitung der empfangenen Information seinerseits keine Informationen an den Sender zurück (etwa bei dem Betrachten eines Werbeplakats), liegt eine sog. einseitige Kommunikation vor. Sie findet sich vor allem bei der Mittel-Mensch-Kommunikation. Dabei ist allerdings darauf hinzuweisen, daß hier eine relativ eng begrenzte Zeitraumbetrachtung zugrunde gelegt wird, verzögerte Reaktionen des Empfängers (z.B. der Kauf des Produktes nach dem Lesen einer Werbeanzeige) also nicht dem ursprünglichen Kommunikationsprozeß zugerechnet werden.

Dem steht die sog. zweiseitige Kommunikation gegenüber, bei der ein Empfänger unmittelbar auf die erhaltene Information reagiert und dem Sender der ersten Information seinerseits eine (zweite) Information übermittelt. Es liegt hier also eine Rückkopplung vor, wie sie sich insbesondere bei der Mensch-Mensch-Kommunikation findet und die die Grundlage für das Zustandekommen sozialer Interaktion darstellt. Gerade bei der Analyse solcher Mensch-Mensch-Kommunikation gilt es, sich zu vergegenwärtigen, daß die Kommunikation keineswegs nur aus der verbalen, sondern auch aus der nonverbalen Übermittlung von Informationen besteht, bei der mit Hilfe von Mimik, Gestik, Plazierung im Raum, Düften, Kleidung u.v.m. kommuniziert wird.

1.2.2 Zwei und mehrstufige Kommunikation

Leitet der Empfänger einer Information diese seinerseits an einen neuen Empfänger weiter, liegt ein sog. zweistufiger Kommunikationsprozeß vor.

Diese Weiterleitung von Informationen erlangt besondere Bedeutung, wenn es sich bei dem Empfänger der ersten Stufe um einen sog. Meinungsführer handelt.[6] Darunter werden Personen verstanden, die sich sowohl durch eine besonders hohe Kontakthäufigkeit als auch durch eine starke Einflußnahme auf ihr soziales Umfeld auszeichnen. Somit fällt diesen Meinungsführern nicht nur eine Übertragungs-, sondern auch eine Verstärkungsfunktion zu, da sie die Informationen wirkungsvoll an eine Vielzahl von Empfängern weitergeben und somit einen meinungsbildenden Multiplikatoreffekt verursachen.

Kommunikationspolitisch von großem Interesse ist das Meinungsführerkonzept, wenn es darum geht, innovative Leistungen am Markt zu plazieren. Gelingt es, ein meinungsführendes Unternehmen für den Einsatz einer neu entwickelten Problemlösung zu gewinnen, kommt es zu einer breiten Referenzwirkung, durch die auch die bei anderen Unternehmen bestehenden Innovationsbarrieren leicht überwunden werden können. Im Hinblick auf die gerade bei investiven Beschaffungsentscheidungen anzutreffenden Buying-Center-Strukturen ist das Konzept der Meinungsführerschaft darüber hinaus insofern relevant, als durch das gezielte Informieren von Meinungsführern auch die Überzeugung anderer Buying-Center-Mitglieder entscheidend beeinflußt werden kann.

Hierbei ist jedoch zu berücksichtigen, daß eine Meinungsführerschaft in der Regel nicht generell gegeben ist, sondern themenspezifisch besteht. So kann etwa angenommen werden, daß der EDV-Fachmann eines mittelständischen Unternehmens seinen Einfluß bei der Anschaffung neuer PCs geltend machen möchte

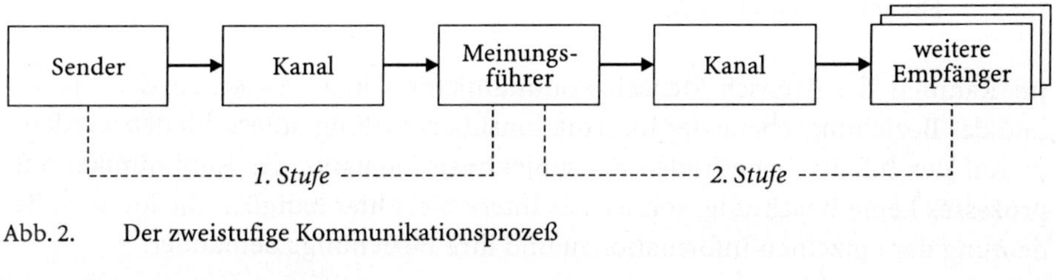

Abb. 2. Der zweistufige Kommunikationsprozeß

[6] Vgl. Lazarsfeld/Berelson/Gaudet 1948.

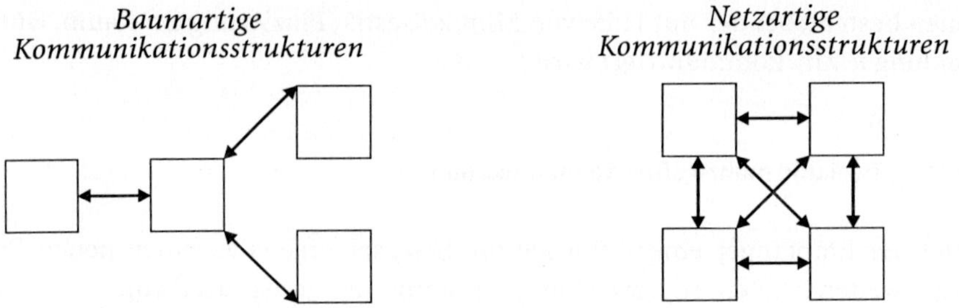

Abb. 3. Modelle von Kommunikationsstrukturen

und auch geltend machen kann, auf die Entscheidung zur Farbgestaltung von Firmenwagen jedoch wenig Einfluß ausüben wird. Insofern erscheint es auch kaum sinnvoll, eine generelle Bestimmung von Meinungsführern vorzunehmen, vielmehr sollte die Identifikation dieser Personen situationsspezifisch erfolgen.

Über den zweistufigen Kommunikationsprozeß hinaus sind auch mehrstufige Kommunikationsflüsse beobachtbar, die naheliegenderweise vor allem für Kommunikationsprozesse innerhalb von Gruppen (z.B. eines Buying Centers) typisch sind.[7] Diesbezüglich interessiert insbesondere die strukturelle Anordnung der Kommunikationsteilnehmer, wobei hier in erster Linie zwischen baumartigen und netzförmigen Kommunikationsstrukturen unterschieden werden kann.

Hinsichtlich innerbetrieblicher Gruppenstrukturen kann bei baumartigen Kommunikationsflüssen im allgemeinen auf eher autoritär ausgerichtete Systeme geschlossen werden. Unter informationstheoretischen Aspekten liegt der Vorteil dieser Strukturen vor allem in der schnelleren Übermittlung von Informationen, dem jedoch der Nachteil gegenüber steht, daß Kommunikationsstörungen weniger schnell erkannt und beseitigt werden können.

Bei netzartigen Kommunikationsflüssen, die eher demokratisch orientierte Gruppensysteme vermuten lassen, drehen sich diese Vor- bzw. Nachteile um, es ist daher zu vermuten, daß es zu einer höheren Erkenntnisfähigkeit aber zu einer geringeren Handlungsfähigkeit der Gruppe kommt.

1.2.3 Ebenen der Kommunikation

Im Rahmen der Mensch-Mensch-Kommunikation kann zwischen der Inhalts- und der Beziehungsebene der Informationsübermittlung unterschieden werden.

Auf der Inhaltsebene finden die subjektiven Elemente des Kommunikationsprozesses keine Beachtung, sondern es interessiert hier lediglich die logische Bedeutung der einzelnen Informationen und ihre Beziehung zueinander.

---

[7] Vgl. Fließ 1999.

Demgegenüber ist die Beziehungsebene grundsätzlich personengebunden und betrifft somit die sozialen Beziehungen der Kommunikationsteilnehmer. Sie bezieht sich auf die Art und Weise der Kommunikation und findet ihren Ausdruck vor allem auf der Grundlage der sog. Metakommunikation, d.h. der Kommunikation über die Kommunikation. Hier werden Informationen gesendet über

- den Zustand und die Absichten des Senders (z.B. „ich sage das nicht gerne, aber..." oder „ich will damit sagen, daß..."),
- den Zustand und das Verständnis des Empfängers (z.B. „es wird Sie sicherlich interessieren..." oder „sind Sie nicht auch der Meinung..."),
- die Beziehung zwischen Sender und Empfänger (z.B. „wir können ja ganz offen miteinander reden..." oder „das müßten wir morgen besprechen..."),
- die Art und Weise der Kommunikation (z.B. „soll ich Ihnen das schriftlich zusenden" oder „sie können auch in Englisch antworten...").[8]

Eine exakte Trennung zwischen Inhalts- und Beziehungsebene ist in der Realität zwar nicht durchführbar, dennoch erscheint die gedankliche Differenzierung dieser Kommunikationsebenen notwendig, um eine fundierte Analyse der Kommunikationsprozesse durchführen zu können. So kann etwa konstatiert werden, daß bei einer vielfachen Wiederholung von Kommunikationsprozessen die Inhaltsebene an Bedeutung gewinnt (da die Beziehung bereits klar definiert und gefestigt ist), während bei einer ersten Kontaktaufnahme zwischen Sender und Empfänger der Gestaltung der Beziehungsebene ein größerer Stellenwert beigemessen werden sollte.[9]

Entsprechend der Unterscheidung zwischen Inhalts- und Beziehungsebene in bezug auf die Mensch-Mensch-Kommunikation können bei der Analyse von Mittel-Mensch-Kommunikation emotionale und kognitive Prozeßebenen unterschieden werden. Auf der emotionalen Ebene finden Prozesse statt, die beim Empfänger aufgrund der Informationsübermittlung Spannungs- und Erregungszustände auslösen und seitens des Senders nur schwer kontrollierbar sind (z.B. Anmutungswirkung von Farben). Die kognitive Ebene hingegen bezieht sich auf die bewußte gedankliche Informationsverarbeitung beim Empfänger, die die Grundlage für die willentliche Steuerung von Verhalten darstellt (Wahrnehmen und Verstehen der Hinweise in einer Betriebsanleitung).

Auch die Unterscheidung zwischen der emotionalen und kognitiven Ebene dient lediglich analytischen Zwecken und ist rein theoretischer Natur, da in praxi beide Ebenen unmittelbar miteinander verbunden sind und sich gegenseitig beeinflussen.

---

[8] Vgl. Schönpflug/Schönpflug 1983, S. 432.

[9] Vgl. Kirstges 1991, S. 15.

1.3 Planung der Kundenkommunikation

1.3.1 Bestimmung des Kommunikationsziels

Am Anfang der Kommunikationsplanung steht zunächst die Festlegung der Informationsempfänger, d.h. der kommunikativen Zielgruppen. Sie leitet sich aus den Vorgaben der Strategischen Planung ab, die den bzw. die für das Unternehmen relevanten Markt bzw. Märkte bestimmen.

Für die jeweiligen Empfänger bzw. Empfängergruppen werden anschließend die kommunikativen Ziele bestimmt, die sich auf die drei Zieldimensionen „Inhalt", „Ausmaß" und „Zeitbezug" beziehen.

Hinsichtlich des Inhaltes ist grundsätzlich zwischen ökonomischen Größen, wie etwa Umsatz, Gewinn etc., und außerökonomischen Größen, wie etwa Bekanntheitsgrad, Image etc., zu unterscheiden. Dabei ist darauf zu achten, daß zwischen der Zielgröße und den kommunikativen Maßnahmen ein möglichst unmittelbarer Zusammenhang besteht, damit die Zielerreichung später auch treffend überprüft werden kann. Während etwa bei persönlichen Verkaufsgesprächen ein solch relativ enger Zusammenhang zwischen Kommunikation und Umsatz im Einzelfall gegeben sein kann, erscheint die Zugrundelegung ökonomischer Zielgrößen bei der Durchführung einer Anzeigenkampagne in Fachzeitschriften jedoch wenig sinnvoll. Gerade die Entscheidungsprozesse bei Beschaffungen im Business-to-Business-Bereich sind in der Regel nämlich - anders als bei vielen Konsumgütern - sowohl sachlich als auch personell zu komplex, als daß ein Kauf lediglich aufgrund einer werblichen Maßnahme erfolgen würde. Deswegen sind in diesem Falle vorzugsweise außerökonomische Ziele zu formulieren, die sich auf die psychische Kommunikationswirkung beim Empfänger beziehen. Diesbezüglich lassen sich folgende Wirkungsstufen unterscheiden, die ein Sender mit der Übermittlung von Informationen beim Empfänger anstrebt:

- Verarbeitungsaktivierung (Wahrnehmung, Aufmerksamkeit: „Gesendet heißt noch lange nicht empfangen!"),
- Verarbeitungsintensität (Erinnerung, Bekanntheit: „Empfangen heißt noch lange nicht behalten!") und
- Verarbeitungswirkung (Motivation, Einstellung: „Behalten heißt noch lange nicht überzeugt!").

Für eine sinnvolle Zielformulierung muß die Erreichung kommunikativer Wirkungen soweit wie möglich konkretisiert werden, beispielsweise indem festgelegt wird, um wieviel Prozent der Bekanntheit eines Produktes bei welcher Zielgruppe gesteigert werden soll.

Von besonderer Bedeutung ist die Bildung einer spezifischen Einstellung beim Empfänger. Hierunter wird die Bereitschaft einer Person verstanden, „in relativ konsistenter Weise auf einen Gegenstand wertend zu reagieren“[10]. Bringt eine Person einem Unternehmen eine bestimmte Einstellung entgegen, kann man auch sagen, daß das Unternehmen seinerseits über ein entsprechendes Image verfügt; Einstellung und Image sind also unterschiedliche Seiten derselben Medaille.

Konkretisiert man den Gedanken der Image- bzw. Einstellungsbildung vor dem Interessenshintergrund eines anbietenden Unternehmens im Business-to-Business-Bereich, ist vor allem dem Problem der Nachfragerunsicherheit vor der Kaufentscheidungen Beachtung zu schenken. Aus ihm ergibt sich die Notwendigkeit für den Anbieter, eine entsprechend gute Reputation aufzubauen, so daß dem Nachfrager die Bewältigung seines Kaufrisikos erleichtert wird. Dabei ist daran zu erinnern, daß sich die Reputation eines Unternehmens sowohl aus seiner Kompetenz als auch aus seiner Vertrauenswürdigkeit zusammensetzt.[11]

Daraus folgt, daß ein Anbieter nicht nur ein positives Image in bezug auf seine Leistungsfähigkeit schaffen muß, sondern auch und vor allem dafür zu sorgen hat, daß die für ihn relevanten Nachfrager auch von seinem Leistungswillen überzeugt sind. Dies gilt umso mehr, desto stärker die Erfahrungs- und Vertrauenseigenschaften der angebotenen Problemlösungen ausgeprägt sind, da in diesem Fall die Möglichkeiten des Anbieters, sich opportunistisch zu verhalten, für das Unsicherheitsempfinden des Nachfragers von besonderer Bedeutung sind.

Wie stark die entsprechenden Einstellungen bei den Nachfragern ausgeprägt sein sollen, läßt sich selbstverständlich nicht mathematisch exakt festlegen. Dennoch sollte das Ausmaß der Zielerreichung zumindest insofern konkretisiert werden, als daß beispielsweise bei einer späteren Befragung ein skalenmäßiger Soll-Ist-Vergleich vorgenommen werden kann. Abbildung 4 skizziert beispielhaft ein entsprechendes Untersuchungsergebnis.

Eine generell positive Korrelation zwischen dem Kaufverhalten und einer positiven Einstellung ist zwar wegen des Einflusses anderer Variablen auf das Kaufverhalten nicht in jedem Fall gegeben, doch ist dieser Zusammenhang naheliegend und auch empirisch vielfach nachgewiesen.[12]

Die Definition des Zielausmaßes ist schließlich noch durch die Festsetzung des Zeitraumes zu ergänzen, in der die formulierten Ziele erreicht werden sollen. Hierbei besteht einerseits das Problem, daß die Erreichung bestimmter Zielgrößen einen relativ langen Zeitraum erfordert, andererseits jedoch bei der Zugrundelegung eines zu langen Zeitraumes die Erreichung der kommunikativen Ziele wegen der Wirkungen anderer Einflußfaktoren kaum noch in geeigneter Weise überprüft werden kann.

---

[10] Rosenstiel/Neumann 1982, S. 122.

[11] Vgl. Plötner 1993 sowie Fließ 1999.

[12] Vgl. etwa Dichtl/Müller-Heumann 1972.

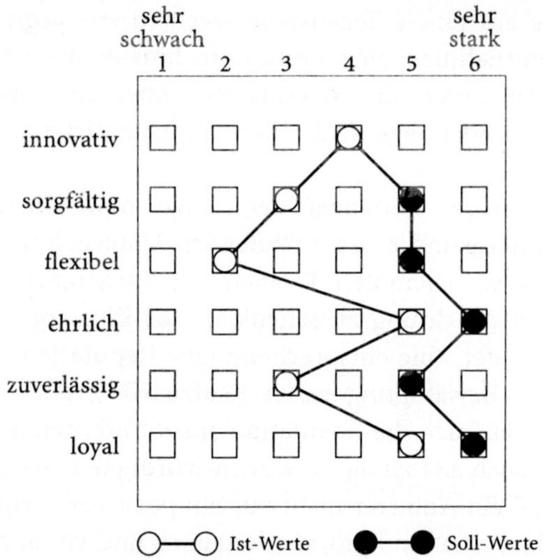

Abb. 4. Beispiel für einen Soll-Ist-Vergleich bei der Einstellung gegenüber einem fiktiven Unternehmen

1.3.2 Festlegung des Kommunikationsbudgets

Die Höhe des Kommunikationsbudgets sollte grundsätzlich aus den Zielen abgeleitet werden, die für die Durchführung kommunikativer Maßnahmen formuliert wurden.

Hinsichtlich der Planung persönlicher Verkaufsgespräche findet diese Vorgehensweise in der Praxis durchaus Anwendung, wenn auch die Frage, für welche Zielerreichung wieviel Mittel erforderlich sind, häufig Gegenstand innerbetrieblicher Auseinandersetzungen ist. In der Regel wird bei der Budgetbestimmung hier auf Kostendaten aus der Vergangenheit zurückgegriffen, bei denen ähnliche Ziele und Problemstellungen gegeben waren. Diese Kennzahlen werden dann entsprechend der spezifischen Gegebenheiten des Einzelfalles modifiziert.

In bezug auf andere kommunikative Maßnahmen, wie etwa der Werbung, ist eine Budgetorientierung an den Kommunikationszielen gerade im Business-to-Business-Bereich jedoch weit seltener zu finden. Statt dessen wird hier die Budgethöhe häufig direkt aus den Umsatz- bzw. Gewinngrößen der vergangenen Periode abgeleitet oder ein entsprechender Prozentsatz vom Preis pro Leistungseinheit als Bestimmungsgröße herangezogen. Zwar ist dieses Verfahren relativ einfach und kommt dem häufig bestehenden Wunsch nach Parallelisierung der Einnahme und Ausgabenflüsse entgegen, doch wird damit quasi 'der Karren vor das Pferd gespannt'. Prinzipiell soll die Durchführung kommunikativer Maßnahmen nämlich den Umsatz bestimmen und nicht der Umsatz die Kommunikation. Aus diesem Grund wird vielfach sogar vorgeschlagen, die Mittel für kommunikative Maßnahmen antizyklisch einzusetzen, d.h. gerade in Zeiten schlechter Umsätze sollte eine Erhöhung der Mittel erfolgen.

Eine andere in der Praxis gängige Methode zur Festsetzung des Kommunikationsbudgets ist die Orientierung an den Maßnahmen der Konkurrenz. Obwohl diese Vorgehensweise bereits auf eine stärkere Marktorientierung schließen läßt, als die Budgetfestlegung anhand von Umsatzzahlen der Vergangenheit, erscheint auch sie wenig zweckmäßig. Neben der Schwierigkeit, sich die Informationen über die gesamten kommunikativen Aktivitäten der Konkurrenz zu beschaffen, liegt das Problem der konkurrenzorientierten Budgetierung dabei vor allem darin, daß man sich freiwillig in die ungünstige Position eines Reagierers begibt. Das bedeutet etwa, daß die Konkurrenz durch eine plötzliche Forcierung der Kommunikationsmaßnahmen Vorsprünge am Markt erlangen kann, die nur schwer wieder aufzuholen sind.

1.3.3 Auswahl des Kommunikationskanals

Vor der Darstellung der Bestimmung des Kommunikationskanals muß zunächst festgelegt werden, aus welcher Perspektive das in Punkt B.1 vorgestellte Informationsmodell betrachtet wird. Nimmt man etwa die Perspektive des Kunden ein, stellt ein Plakat, auf dem ein bestimmtes Produkt umworben wird, den Sender von Informationen dar (bei der Werbung für eine bestimmte Produktmarke kennt ein Umworbener möglicherweise sogar das dahinterstehende Unternehmen gar nicht). Aus der Sicht des werbenden Unternehmens, die im folgenden eingenommen werden wird, definiert sich jedoch das Werbeplakat als Kommunikationskanal, mit dessen Hilfe man Informationen an die Zielgruppe übermitteln möchte. Daraus folgt, daß auch ein Außendienstmitarbeiter einen Kommunikationskanal darstellt, obwohl der Außendienstmitarbeiter selbst sowie der Kunde darin eher den Sender von Informationen sehen wird.

Hinsichtlich der Kanalwahl bei der Mensch-Mensch-Kommunikation hat ein Unternehmen festzulegen, ob prinzipiell unternehmensgebundene oder -ungebundene Akquisiteure eingesetzt werden sollen, und welche Personen hierfür in Frage kommen. Diese Entscheidung wird allerdings weniger im Rahmen der Kommunikationspolitik als vielmehr bei der Planung der Distributionspolitik getroffen und soll deswegen hier nicht näher erläutert werden.[13]

Die zeitliche und räumliche Nutzung medialer Kommunikationskanäle ist hingegen zentraler Aufgabenbestandteil der Kommunikationspolitik. In der Regel stehen einem Unternehmen dabei eine Reihe von Kanälen zur Auswahl, die

---

[13] Vgl. hierzu Teil B – „Gestaltung der Distributionsleistung".

zur Erreichung der definierten Kommunikationsziele in unterschiedlichem Maße geeignet sind. Aus diesem Grund erfolgt die Erstellung eines sog. Media-Selektionsprogrammes bzw. Mediaplans, im Rahmen dessen

- die allgemeine Kanalart (z.B. Fachzeitschrift, Plakat etc.),
- das konkrete Medium (Fachzeitschrift X, Plakatstandort Y etc.) und
- der Zeitpunkt der Informationsübermittlung

festgelegt werden muß.

Die Analyse und Beurteilung der Kommunikationskanäle wird in erster Linie vor dem Hintergrund der mit ihrer Nutzung verbundenen Kosten sowie ihrer Kontaktintensität zur Zielgruppe vorgenommen.

Die Kontaktintensität bezieht sich zum einen auf die sog. Reichweite eines Kommunikationskanals, worunter die Anzahl der Personen verstanden wird, die mit einem bestimmten Kommunikationskanal erreicht werden. Da diese Kennziffer allerdings nichts darüber aussagt, wie häufig eine Person erreicht wird, muß sie noch durch die Angabe der Kontaktfrequenz ergänzt werden. Daten über die Reichweite und Kontaktfrequenz, die sich mit Hilfe der Marktforschung ermitteln lassen, werden sowohl von den Betreibern der Medien als auch von anderen Organisationen veröffentlicht (z.B. die 'Fachzeitschriften-Nutzer-Analyse', herausgegeben vom Verband der Elektrotechnischen Industrie). Darüber hinaus können allerdings auch noch Unterschiede bei der Plazierung innerhalb eines Mediums existieren; so werden beispielsweise Anzeigen im vorderen Teil oder auf der Rückseite von Fachzeitschriften in der Regel von mehr Personen wahrgenommen als im Mittelteil.

Zu unterstreichen ist abschließend, daß der Kontakterfolg immer im Hinblick auf die definierte Zielgruppe gesehen werden muß und darüber hinausgehende Kontakte Streuverluste darstellen, die ineffizient und deswegen zu vermeiden sind.

1.3.4 Gestaltung der Kommunikationsmaßnahmen

Bei der Gestaltung kommunikativer Maßnahmen ist zwischen der qualitativen und der quantitativen Dimension zu unterscheiden. Während die qualitative Komponente sich auf die Frage bezieht, wie kommunikative Maßnahmen gestaltet werden sollten, betrifft die quantitative Komponente die Frage der angemessenen Wiederholungshäufigkeit.

Bei der qualitativen Dimension der Kommunikationsgestaltung kann grundsätzlich zwischen inhaltlicher und formeller Ebene unterschieden werden.

Die formelle Ebene umfaßt quasi die syntaktische Zeichenstruktur des Kommunikationskanals, also etwa die Typographie bei einem Werbeplakat, die Bestimmung der Kleidung eines Vertriebsbeauftragten etc. Da diese Problemstellungen weit über die betriebswirtschaftliche Interessensperspektive hinausgehen, soll an dieser Stelle jedoch auf ihre Darstellung verzichtet werden, zumal in den späteren Ausführungen zum Kommunikationsbereich „Werbung“ hierzu noch einzelne Teilaspekte Erwähnung finden werden.

Auf der inhaltlichen Ebene wird festgelegt, welche Botschaft im Rahmen einer Kommunikationsmaßnahme vermittelt werden soll. Dies bedeutet, daß die bei der Zielformulierung festgelegten kommunikationspolitischen Aufgaben nun im Hinblick auf eine ganz bestimmte Maßnahme konkretisiert und entsprechend kommunikativ umgesetzt werden müssen.

Bei der Bewältigung dieser Problematik gilt es, sich zunächst klar zu machen, ob sich der avisierte Kommunikationspartner noch vor einer Kaufentscheidung befindet oder ob diese bereits gefallen ist.[14] Während die Botschaften vor einer Kaufentscheidung darauf abzielen, daß eine ganz bestimmte Transaktion zustande kommt, sind die Kommunikationsmaßnahmen nach einer Kaufentscheidung eher vor dem Hintergrund der Geschäftsbeziehungs-Ebene zu sehen und darauf gerichtet, Bindungen zum Nachfrager über die einzelne Transaktion hinaus zu installieren bzw. zu festigen.[15]

In den Phasen vor der Kaufentscheidung kommt der Unsicherheitsreduzierung bezüglich der Kosten-Nutzenkomponenten einer Problemlösung besonders hohe Bedeutung zu. Dabei erscheint es sinnvoll, zur systematischen Annäherung an diese Problematik eine weitere zentrale Schnittlegung zur inhaltlichen Gestaltung kommunikativer Maßnahmen einzuführen, und zwar die Unterscheidung in direkte und indirekte Informationen. Diese Differenzierung betrifft die Frage, ob die zu sendenden Informationen sich unmittelbar auf eine transaktionsrelevante Problemlösung, bzw. das Leistungsergebnis beziehen oder zu diesem lediglich in mittelbaren Zusammenhang stehen, d.h. eher die Leistungspotentiale eines Unternehmens betreffen. Während also beispielsweise die Angabe über die maximale Drehzahl einer bestimmten Werkzeugmaschine eine direkte Information darstellt, ist eine Mitteilung über das umweltpolitische Engagement eines Unternehmens als indirekte Information zu werten.

Hinsichtlich der direkten Informationen kann grundsätzlich davon ausgegangen werden, daß das Interesse eines Nachfragers an ihnen tendenziell zunimmt, je näher der Zeitpunkt der Kaufentscheidung rückt.[16] Dies trifft zumindest für den Fall zu, daß der Nachfrager zu Beginn des Beschaffungsprozesses noch nicht vollständig über seinen Problemlösungsbedarf im Bilde ist (es sich also um keinen unmodifizierten Wiederholungskauf handelt). Erst wenn er sich einen ersten Überblick über die am Markt existierenden Problemlösungsmöglichkeiten ver-

---

[14] Kommunikationspartner, die überhaupt nicht an einer Kaufentscheidung beteiligt sind, sollen hier zunächst keine Beachtung finden.

[15] Vgl. hierzu Plinke 1999.

[16] Vgl. hierzu Fließ 1999.

schafft und bestimmte Anbieter in die engere Wahl gezogen hat, wird er über spezielle Teilaspekte einer Problemlösung kommunizieren wollen. Dabei ist häufig zu beobachten, daß der Nachfrager versucht, möglichst rasch eine feste Definition der geforderten Problemlösungsmerkmale zur Verfügung zu haben, um so eine bessere (vor allem preisorientierte!) Vergleichbarkeit zwischen den einzelnen Angeboten zu erreichen. Die Erstellung eines solchen mehr oder weniger formalisierten Pflichtenheftes geschieht allerdings oft zu einem Zeitpunkt, zu dem der Nachfrager noch nicht alle für die Lösung seines Investitionsproblems relevanten Kosten- und Nutzenkategorien voll erfaßt hat. In diesem Fall kann es für einen Anbieter, dessen Problemlösungen sich durch einen relativ hohen Komplexitätsgrad auszeichnen, vor der Kaufentscheidung des Nachfragers notwendig sein, die bereits fest definierten Vorstellungen des Nachfragers noch einmal zu korrigieren und bei ihm eine neue Beurteilungsperspektive der angebotenen Problemlösungen zu schaffen.

Ist das Beschaffungsproblem eines Nachfragers klar definiert, muß bei der Gestaltung der direkten Informationen festgelegt werden, ob mit dem Nachfrager über die Such-, Erfahrungs- oder Vertrauenseigenschaften der Problemlösung kommuniziert werden soll.

Die Auswahl entsprechender Eigenschaftsmerkmale hängt dabei von zwei Bedingungen ab, nämlich

1. ihrer grundsätzlichen Kommunizierbarkeit sowie
2. dem Informationsbedürfnis des Nachfragers.

Die erste Bedingung ergibt sich aus dem Wesen der Problemlösung selbst. So ist es etwa für eine Unternehmensberatung kaum möglich, Sucheigenschaften ihres Leistungsangebots zu präsentieren, da es selbige überhaupt nicht gibt. Ähnliches gilt für alle Problemlösungen mit hohem Individualisierungsgrad, da in diesem Fall vor der Kaufentscheidung allenfalls einige standardisierte Module existieren, die später in den – entsprechend integrativen – Leistungserstellungsprozeß bzw. in das Leistungsergebnis eingehen. Aus diesem Grund können sich die Inhalte direkter Informationen hier lediglich auf die Erfahrungs- und Vertrauenseigenschaften einer Problemlösung beziehen, d.h. es wird etwa über die nach einer Beratungsleistung zu erwartenden positiven Effekte im Unternehmen gesprochen.

Dabei ist allerdings zu berücksichtigen, daß die Wirkung der vor einer Kaufentscheidung geführten Kommunikation über Erfahrungs- und Vertrauenseigenschaften einer Problemlösung in starkem Maße von der Vertrauenswürdigkeit des Anbieters abhängt. Die dem potentiellen Kunden eines Unternehmensberaters gegebene Information, daß er bei Inanspruchnahme der Beratungsleistung mindestens Kosten der Summe *X* einsparen könnte, ist nämlich kommunikationspolitisch vollkommen wertlos, wenn der Nachfrager den Berater für unehrlich hält. Insofern gilt es zu berücksichtigen, daß direkte Informationen über

Problemlösungsmerkmale, die vor der Kaufentscheidung vom Nachfrager nicht überprüft werden können, unmittelbar an die Vermittlung indirekter Informationen gekoppelt sind, durch die die Vertrauenswürdigkeit des Anbieters vermittelt wird.[17]

Beim Vorliegen einer entsprechenden Vertrauenswürdigkeit des Anbieters ist es sogar wahrscheinlich, daß sich das Informationsbedürfnis eines Nachfragers immer weniger auf direkte Problemlösungsinformationen bezieht. Diese Entwicklung im Informationsbedürfnis des Nachfragers ergibt sich aus der Tatsache, daß ein Anbieter zur Überprüfung der Problemlösungsmerkmale erst über ein entsprechendes Fachwissen verfügen muß, das ihm die Bewertung der entsprechender Informationen erlaubt. Die Aneignung dieses Know-hows ist für den Nachfrager jedoch in der Regel mit Mühen und Kosten verbunden, die er umgehen möchte. So verläßt sich etwa ein unkundiger Käufer von EDV-Anlagen lieber auf den guten Namen der Herstellermarke, als sich mit der Übertragungseigenschaften von Kabeltypen oder den Entwicklungsmöglichkeiten von Betriebssystemen zu befassen. In diesem Fall werden somit direkte Informationen durch indirekte Informationen substituiert, bzw. die Unsicherheit bezüglich einer spezifischen Problemlösung wird durch die Sicherheit gegenüber dem anbietenden Unternehmen kompensiert.

Inwiefern ein Nachfrager vor seiner Kaufentscheidung an direkten bzw. indirekten Informationen interessiert ist, kann selbstverständlich nicht generell angegeben werden, da das Informationsbedürfnis der Nachfrager bzw. einzelner Buying-Center-Mitglieder erstens individuell verschieden ist und sich zweitens im Laufe der Zeit verändert. Insofern muß sich ein Anbieter im Business-to-Business-Bereich die Frage nach dem Informationsbedürfnis eines Nachfragers immer wieder neu stellen, wenn er die inhaltliche Gestaltung seiner kommunikativen Maßnahmen festlegt.

Dies gilt selbstverständlich auch für die Zeit nach der Kaufentscheidung, doch ändern sich in diesem Fall die mit den Kommunikationsmaßnahmen verbundenen Intentionen des Anbieters. Die Inhalte der Informationen zielen nun nicht mehr darauf ab, transaktionsspezifische Unsicherheiten zu reduzieren, sondern sind vielmehr darauf ausgerichtet, nachhaltige Zufriedenheit beim Nachfrager zu schaffen. Durch diese Zufriedenheit kann erstens die Chance für Wiederholungskäufe gesteigert werden und zweitens können – bei entsprechender Kommunikation zwischen den Nachfragern – Referenzwirkungen im ganzen Marktsegment erreicht werden.

Damit sich beim Nachfrager Zufriedenheit über seine getätigte Beschaffung einstellt, muß er zunächst davon überzeugt sein, daß sich die vor dem Kauf erwarteten Kosten-Nutzeneffekte einer Problemlösung auch tatsächlich einstellen.

---

17 Vgl. Plötner 1995.

Dies ist jedoch keineswegs nur von der Leistung des Anbieters abhängig, sondern auch vom Verhalten des Kunden selbst. Aus der Aufgabenperspektive der Kommunikationspolitik ist deswegen darauf hinzuwirken, daß dem Kunden die für die richtige Nutzung einer Problemlösung erforderlichen Fähigkeiten vermittelt werden. Bei weniger komplexen Problemlösungen kann hierbei auf Formen der Mittel-Mensch-Kommunikation zurückgegriffen werden, wie etwa auf Gebrauchsanweisungen oder Schautafeln. Bei komplexeren Leistungen ist es hingegen sinnvoller, mit Hilfe persönlicher Kommunikationsmaßnahmen die entsprechenden Informationsinhalte zu vermitteln. Diesbezüglich ist vor allem an Schulungen zu denken, in Ausnahmefällen ist es sogar denkbar, daß ein Mitarbeiter eines Anbieterunternehmens für längere Zeit beim Nachfragerunternehmen abgestellt wird, um dort vor Ort die User mit den Anwendungsspezifika einer Problemlösung vertraut zu machen. Entsprechend der informationsökonomischen Terminologie beziehen sich die Inhalte solcher kommunikationspolitischer Maßnahmen darauf, die Erfahrungseigenschaften einer Problemlösung in der Wahrnehmung der Nachfrager zufriedenstellend zu präsentieren.

Neben den Bemühungen, die Leistungsfähigkeit des Nachfragers sicherzustellen, sind nach der Kaufentscheidung des Kunden möglicherweise auch Kommunikationsmaßnahmen erforderlich, aufgekommene Unzufriedenheit zu beseitigen. In diesem Zusammenhang wird häufig von der Installierung eines sog. Beschwerdemanagements gesprochen, dessen kommunikativen Inhalte sich in der Regel auf direkte Problemlösungsinformationen beziehen. Dabei erscheint es für den Anbieter sinnvoll, diese Maßnahmen nicht reaktiv durchzuführen (d.h. sich erst mit einem Kunden auseinander zu setzen, wenn er eine Beschwerde eingibt), sondern sich von selbst beim Kunden nach dessen Erfahrungen mit der Problemlösung zu erkundigen. Durch ein solches aktives Beschwerdemanagement vermittelt man nicht nur dem Kunden das Gefühl, das man ihn ernst nimmt und sich für seine Belange interessiert, sondern man kann so auch auf sehr einfache (und billige!) Art Informationen über Verbesserungspotentiale im eigenen Unternehmen in Erfahrung bringen.

Neben den bisher skizzierten direkten Informationen nach einer Kaufentscheidung sind schließlich auch noch Kommunikationsmaßnahmen zu erwähnen, die in keinem direkten Zusammenhang mit der gekauften Problemlösung stehen. In der Praxis werden solche Maßnahmen häufig unter dem Stichwort „Kundenpflege“ zusammengefaßt und beziehen sich von ihren Inhalten her häufig auf recht persönliche Belange einzelner Buying-Center-Mitglieder. Dabei kann es sich etwa um Aufmerksamkeiten zum Weihnachtsfest, Glückwünsche zum Geburtstag, Einladung zu Sport- und Kulturveranstaltungen u.ä. handeln. Darüber hinaus ist hier auch an Maßnahmen zu denken, die den Promotoren helfen, Akzeptanz für die angeschaffte Problemlösung im eigenen Unternehmen zu finden. Dies bedeutet, daß Personen, die sich für den Kauf der Anbieterlei-

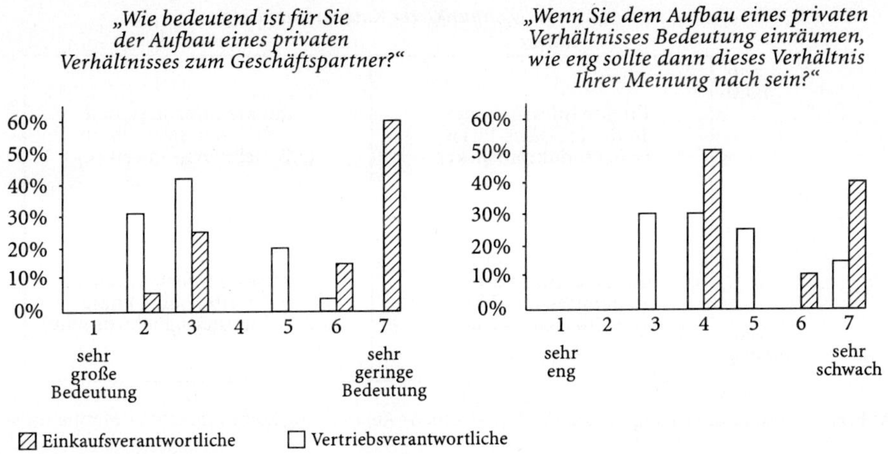

Abb. 5. Untersuchungsergebnisse zu der Bedeutung privater Beziehungen zwischen Geschäftspartnern

stung eingesetzt haben, bei Aufgaben des internen Marketing unterstützt werden, etwa indem ihnen Tips zu Präsentations- und Argumentationstechniken gegeben werden.

Bei dem Bemühen um die Schaffung persönlicher Bindungen muß der Anbieter dabei jedoch unbedingt die soziale Distanz beachten, die ein Kunde ihm gegenüber bewahren möchte. Über das richtige Maß dieser sozialen Distanz – ebenso wie über die generelle Bedeutung privater Beziehungen zwischen den Marktpartnern insgesamt – herrschen bei Anbieter und Nachfrager allerdings nicht immer die gleichen Vorstellungen. Anhaltspunkte hierfür lassen sich zumindest aus den Ergebnissen einer Befragung gewinnen, die mit 35 Einkäufern und Vertriebsingenieuren des Business-to-Business-Bereichs durchgeführt wurde. Abbildung 5 zeigt die Ergebnisse dieser Studie, die deutlich machte, daß die Nachfragerseite privaten Beziehungen weniger Bedeutung beimißt und einen eher distanzierten Kontakt wünscht als die Anbieterseite.[18]

Abschließend kann festgehalten werden, daß die inhaltlichen Gestaltung kommunikativer Maßnahmen vor allem danach auszurichten ist, ob sich ein Nachfrager vor oder nach einer Kaufentscheidung befindet, und ob der Informationsbedarf des Nachfragers eher auf direkte oder indirekte Informationen gerichtet ist. Abbildung 6 faßt diese Systematisierung unter Heranziehung einiger beispielhafter Kommunikationsmaßnahmen noch einmal zusammen.

[18] Die ausführliche Beschreibung dieser Studie und ihrer Ergebnisse findet sich bei Plötner 1995, S. 180 ff.

Problemlösungsbezug / *Zeitpunkt der Kaufentscheidung*	*davor*	*danach*
sehr hoch	direkte Informationen in der pre-sales-Phase (z.B. Produktprospekt)	direkte Informationen in der after-sales-Phase (z.B. Gebrauchsanweisung)
sehr niedrig	indirekte Informationen in der pre-sales-Phase (z.B. Imagebroschüre)	indirekte Informationen in der after-sales-Phase (z.B. Geburtstagsglückwünsche)

Abb. 6. Systematisierungsansatz für die inhaltliche Ausrichtung kommunikativer Maßnahmen

Dabei sei darauf hingewiesen, daß die Achsen dieser Matrix als Kontinua zu verstehen sind, da aufgrund sukzessiver Teilkauf-Entscheidungen häufig keine exakte Einteilung des Kaufentscheidungszeitpunktes und wegen der inhaltlichen Überlappung einzelner Kommunikationsmaßnahmen oft auch keine genaue Unterscheidung des Problemlösungsbezugs möglich ist. Insofern stellt diese Einteilung lediglich einen Ansatz dar, um die Schwerpunkte bei der inhaltlichen Gestaltung kommunikativer Maßnahmen sinnvoll zu systematisieren.

Prinzipiell zielt die Ausgestaltung der quantitativen Komponente von Kommunikationsmaßnahmen auf zwei Probleme ab, die zu einer Beeinträchtigung der vom Sender intendierten Kommunikationswirkung führen können:

1. Störungen bei der Informationsübermittlung (syntaktischer, semantischer, pragmatischer Art) und
2. das eingeschränkte Erinnerungsvermögen des Empfängers.

Beiden Probleme versucht man durch eine Wiederholung des Kommunikationsprozesses zu begegnen.

Liegen syntaktische Informationsstörungen vor, wird bei der Wiederholung in der Regel ein anderer Übermittlungszeitpunkt und/oder ein anderer Kommunikationskanal gewählt. Bei der Existenz semantischer und pragmatischer Störungen wird hingegen häufig auch die kommunikative Ausdrucksform variiert, um die Intention des Informationssenders besser zu verdeutlichen.

Aussagen über das menschliche Erinnerungsvermögen lassen sich aus den Ergebnissen der Gedächtnisforschung ableiten. Besondere Beachtung aus kommunikationspolitischer Sicht finden dabei Untersuchungsergebnisse zum Wiederholungsintervall, d.h. zu der Frage, welcher zeitliche Abstand zwischen den jeweiligen Informationsübermittlungen liegen sollte.

„Wir waren in den vergangenen Jahren mit Ihren Produkten immer sehr zufrieden, ... also ich meine, es war schön mit Ihnen zusammenzuarbeiten ... also ich meine, wir werden Sie in guter Erinnerung behalten ...... also ich meine, bleiben Sie uns in Zukunft mit Ihrem Zeug vom Hals!"

Abb. 7. Möglichkeiten zur Überwindung pragmatischer Kommunikationsstörungen

Von *Zielske* wurde in diesem Zusammenhang eine interessante Studie zur Mittel-Mensch-Kommunikation durchgeführt, die zwar auf Fragestellungen im Konsumgütermarketing abzielte, deren grundlegende Ergebnisse sich jedoch auf den investiven Bereich übertragen lassen.

Dabei wurde einer ersten Gruppe von Probanden 13mal eine Werbeanzeige in einem Intervall von jeweils einer Woche zugeschickt. Die zweite Gruppe Probanden erhielt die gleiche Anzeige ebenfalls 13mal, allerdings in einem Intervall von vier Wochen. Das Erinnerungsvermögen der Probanden hinsichtlich des Anzeigeninhalts, wurde mit Hilfe einer telefonischen Befragung ermittelt.[19] Abbildung 8 faßt die Ergebnisse der Untersuchung zusammen.

Aus dieser Studie lassen sich folgende Erkenntnisse ableiten:

- Informationsübermittlungen in einem kürzeren Intervall führen zu einer rascheren Erhöhung der Erinnerungswerte als im Falle eines längeren Intervalls.
- Werbliche Informationen werden mit der Zeit vergessen, wenn sie beim Empfänger nicht wiederholt präsent gemacht werden.

Insofern ist die Wiederholungsintensität von Informationsübermittlungen also direkt an den Marktbearbeitungszielen eines Unternehmens auszurichten. Soll über einen längeren Zeitraum hinweg eine feste Bindung zum Kunden geschaffen werden, empfiehlt sich in bezug auf den definierten Zeitraum eine gleichmäßige

---

19 Vgl. Zielske 1959 (hier zitiert nach Rosenstiel/Neuman 1982).

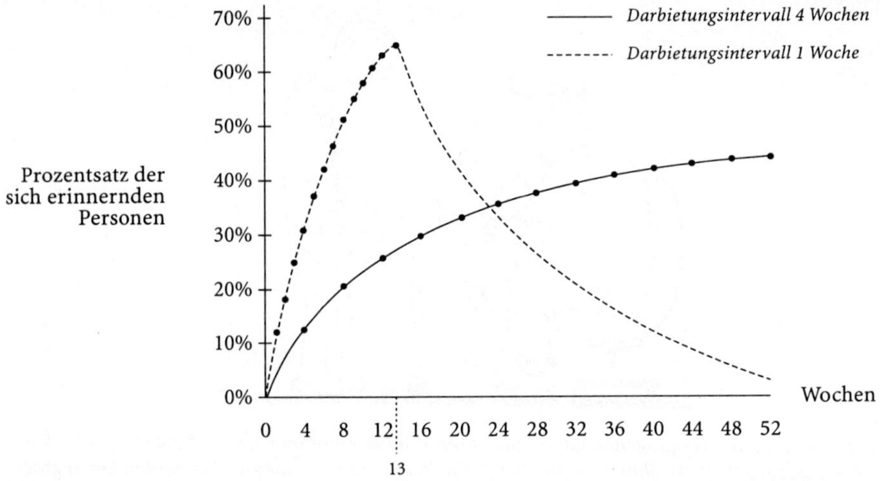

Abb. 8. Der Zusammenhang zwischen Erinnerungswert und Darbietungsintervall

Verteilung der kommunikativen Maßnahmen. Konzentrieren sich die Bemühungen jedoch auf einen spezifischen Zeitpunkt (z.B. den Termin einer bestimmter Kaufentscheidung des Kunden), ist eine Intensivierung der Informationsübermittlungen zu bevorzugen.

1.3.5 Kontrolle der Kommunikationswirkung

Die Überprüfung der kommunikativen Zielerreichung ist bei der Zugrundelegung ökonomischer Ziele relativ problemlos, da Größen wie Umsatz, Gewinn etc. vom Rechnungswesen des Unternehmens zur Verfügung gestellt werden können. Neben dem Vorteil der leichten Kontrollmöglichkeit soll hier aber noch einmal auf den Nachteil der eingeschränkten Aussagekraft dieser Ergebnisse hingewiesen werden, der sich aus der Verbundwirkung der verschiedenen Marketing-Maßnahmen ergibt. Streng genommen läßt sich eine verläßliche Aussage über die Wirkung einer kommunikativen Maßnahme nur treffen, wenn alle anderen Einflußgrößen der ökonomischen Zielgrößen im betrachteten Zeitraum gleich geblieben sind, d.h. die ceteris-paribus-Bedingung erfüllt ist.

Das Problem der Verbundwirkung besteht bei der Zugrundelegung außerökonomischer Zielgrößen zwar in geringerem Maße, doch gestaltet sich hier die Beschaffung aussagefähiger Daten weitaus schwieriger. Zur Bewältigung dieser Aufgabe bedient man sich zunehmend solcher Meßmethoden, die die einzelnen Wirkungsstufen einer kommunikativen Maßnahme überprüfen.[20]

[20] Vgl. Abschnitt 1.3.1.

Hinsichtlich der Verarbeitungsaktivierung wird dabei in der Regel auf die Messung physiologischer Indikatoren zurückgegriffen, wie beispielsweise auf die psychogalvanische Hautreaktion. Bei diesem Verfahren wird im Rahmen eines Laborexperiments die Hautspannung einer Person bei dem Empfangen von Informationen gemessen, wobei davon ausgegangen wird, daß die Spannung der Haut mit dem Aktivierungsniveau einer Person zunimmt. Eine ähnliche Methode besteht in der Beobachtung der Pupillenreaktion eines Menschen, da eine verstärkte Aktivierung mit einer Vergrößerung der Pupille verbunden ist, während ihre Verkleinerung ein Indikator für eine Aktivierungsreduzierung darstellt.[21] In diesem Zusammenhang sind vor allem die Arbeiten von *Hess/Polt* zu erwähnen, die die Veränderung der Pupillengröße erfaßten, während sie den männlichen bzw. weiblichen Versuchspersonen Abbildungen mit unterschiedlichen Motiven vorlegten.[22]

Die in Abb. 9 dargestellten Ergebnisse machen dabei deutlich, daß bei der Verarbeitungsaktivierung von Informationen durchaus individuelle Unterschiede bestehen, die auf die unterschiedlichen Bedürfnis- bzw. Interessenslagen der Personen zurückzuführen sein dürften. Überträgt man diese allgemeinpsychologischen Erkenntnisse in den Interessensbereich des Business-to-Business-Marketing, kann somit davon ausgegangen werden, daß etwa Werbeanzeigen, auf denen ein LKW dargestellt ist, eine stärkere Aktivierung bei Personen auslösen, die mit diesem LKW gerne fahren würden, als bei jenen, die sich lediglich für die ökonomische Effizienz des Fahrzeuges interessieren. Möchte man bei der Kommunikationsgestaltung gezielt Aktivierungselemente einsetzen, die die anderen Kommunikationsinhalte treffend ergänzen, gilt es somit, sich zunächst über die 'Aktivierungsspezifik' der jeweiligen Zielgruppe Klarheit zu verschaffen. Dabei können die Ergebnisse der Kommunikationskontrolle wichtige Impulse für Maßnahmen der Kommunikationsgestaltung liefern.

Dies gilt in gleichem Maße auch für die Kontrolle der Verarbeitungsintensität. Sie wird in der Praxis vor allem mit Hilfe von Befragungen vorgenommen, wobei hier zwischen Reproduktions- und Rekognitionsverfahren zu unterscheiden ist. Während ein Informationsempfänger bei den Rekognitionsverfahren lediglich anzugeben hat, ob ihm eine bestimmte Vorlage bekannt ist oder nicht, muß er bei den Reproduktionsverfahren die gesendeten Informationen ohne Hilfen frei wiedergeben. Prinzipiell liegen dabei die Rekognitionswerte über den Reproduktionswerten, ein Zusammenhang der in der bereits 1960 von *Miler* nachgewiesen wurde, die bei ihren Probanden das Lernvermögen einzelner Silben untersuchte.[23]

[21] Zu diesen und anderen Verfahren vgl. Rosenstiel/Neumann 1982 S. 149 ff.

[22] Vgl. Hess/Polt 1960 bzw. zur weiteren Darstellung der Ergebnisse auch Rosenstiel/Ewald 1979, S. 136.

[23] Vgl. Miler 1960.

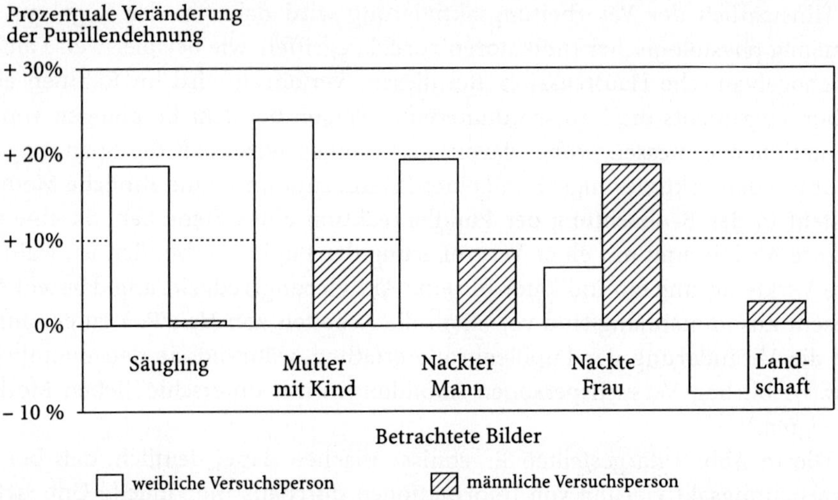

Abb. 9. Die Veränderung der mittleren Pupillengröße (in % der Zu- oder Abnahme) in Abhängigkeit von verschiedenen Bildinhalten

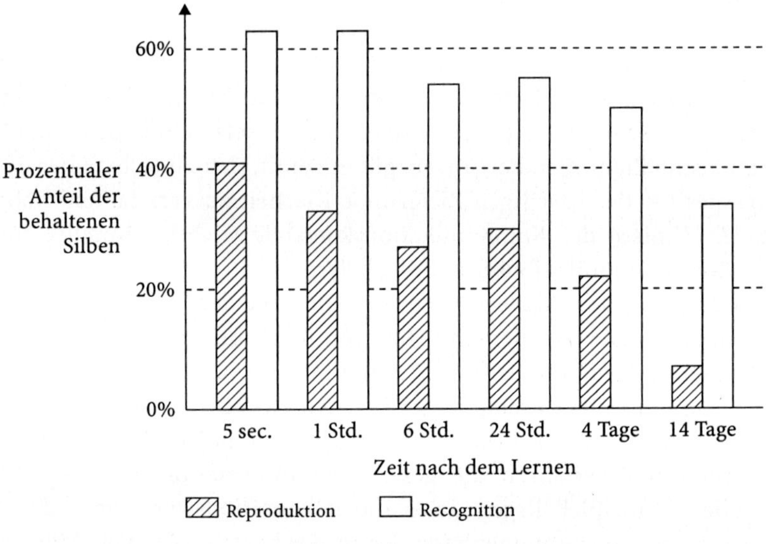

Abb. 10. Unterschiede zwischen Reproduktions- und Rekognitionswerten

Ihre in Abb. 10 dargestellten Ergebnisse wurden später durch eine Reihe ähnlicher Studien bestätigt. So konnte etwa feststellt werden, daß sich Informationsempfänger zwei Tage nach einem Gespräch nur noch an 10 % der Informations-

Abb. 11. Beispiel für einen Ballontest

inhalte selbständig erinnern konnten, 70 % der Inhalte jedoch sofort wiedererkannten.[24]

Ähnlich wie die Verarbeitungsintensität kann auch die Verarbeitungswirkung mit Hilfe von Befragungen kontrolliert werden. Häufig finden hierbei sog. Polaritätenprofile Anwendung, bei denen die Befragten eine Reihe von Einschätzungen des Untersuchungsgegenstandes auf entsprechenden Skalen angeben (vgl. etwa Abb. 4). Die Polaritäten müssen dabei nicht unbedingt einen sachlich logischen Zusammenhang zum Untersuchungsgegenstand aufweisen, vielmehr werden bei der Einstellungsmessung auch Gegensatzpaare gewählt, zu denen eine möglichst aussagekräftige assoziative Beziehung besteht.[25]

Um die Vielschichtigkeit und die Prioritäten bei Einstellungen zu erfassen, werden darüber hinaus offene Befragungen durchgeführt, bei denen der Befragte nicht aus vorformulierten Antwortalternativen auswählt, sondern seine Meinung mit eigenen Worten zum Ausdruck bringen kann. Als eine der Möglichkeiten bei der schriftlichen Befragung sei hier der Ballontest angeführt, bei dem eine leere Sprechblase durch eine passend erscheinende Bemerkung auszufüllen ist (vgl. Abb. 11). Dabei wird die Untersuchungsperson ganz bewußt nicht direkt angesprochen, sondern soll quasi stellvertretend für eine andere Person antworten. Hierdurch verspricht man sich eine höhere Validität der Ergebnisse zu erreichen, weil davon ausgegangen wird, daß eine befragte Person vor allem negative Einstellungen selbst nur ungern offen zugibt.

---

24 Vgl. Kroeber-Riel/Weinberg 1996, S. 352 ff.

25 Vgl. Rosenstiel/Neumann 1982, S. 131.

Direkte Kundenbefragungen sind zwar eine Methode, durch die einerseits relativ valide Ergebnisse erhoben werden können, die andererseits in der Praxis des Business-to-Business-Marketing jedoch mit erheblichen Problemen bei der Durchführung verbunden sind. Gerade Kommunikationswirkungen, die auf das im Business-to-Business-Bereich so wichtige Unsicherheitempfinden des Kunden abzielen, lassen sich nämlich auf diese Weise nur schwer überprüfen. So wird ein Kunde etwa die Frage, inwieweit er nach einem Akquisitionsgespräch dem Vertriebsbeauftragten vertraut oder nicht, eher als dreiste Indiskretion denn als kundenorientierte Marketing-Maßnahme verstehen. Hintergrund hierfür ist die Befürchtung des Befragten, daß ihm die eigene Offenheit zum Nachteil gereichen könnte, er dem Anbieter also Informationen preisgibt, die dieser – im Sinne der informationsökonimischen Terminologie – opportunistisch ausnutzt.[26] Aus diesem Grund erscheint es sinnvoll, gerade bezüglich des Unsicherheitsempfindens eines Nachfragers verstärkt auf bestimmte Verhaltensindikatoren zu achten, deren systematische Beobachtung und Auswertung Rückschlüsse auf die Einstellung des Nachfragers bzw. ihre Änderungen zulassen. Dabei kann davon ausgegangen werden, daß ein Kunde einem Anbieter gegenüber umso weniger Unsicherheit empfindet, desto mehr er bei seinem Verhalten freiwillig von Kontrollmaßnahmen bzw. Maßnahmen der Machtaneignung absieht. Hinweise hierfür lassen sich beispielsweise darin erkennen, inwieweit der Nachfrager auf die schriftliche Fixierung von Transaktionsvereinbarungen besteht, wie intensiv er die 'search qualities' einer Problemlösung inspiziert, wie stark er konkurrierende Anbieter in seine Problemlösungssuche miteinbezieht u.v.m.

Abschließend sei noch einmal unterstrichen, daß bei Maßnahmen der Kommunikationskontrolle erstens lediglich die Wirkung bei der Zielgruppe bzw. bei repräsentativen Vertretern dieser Zielgruppe zu untersuchen ist und zweitens eine möglichst enge zeitliche Verzahnung zwischen Kommunikationsmaßnahme und Wirkungskontrolle gegeben sein sollte. Dabei sollten die praktischen Schwierigkeiten und die geringe Bekanntheit des Kontrollinstrumentariums im Business-to-Business-Bereich einen Anbieter nicht vom Einsatz entsprechender Methoden abhalten. Auch wenn eine exakte Wirkungskontrolle häufig nicht möglich ist, können nämlich bereits auch ungefähre bzw. tendenzielle Ergebnisse dem Anbieter wertvolle Erkenntnisse liefern. Der Wert dieser Erkenntnisse wird vor allem deutlich, wenn man sich sowohl die immensen Kosten vor Augen führt, die durch kommunikationspolitische Maßnahmen entstehen, als sich auch das weitverbreitete unternehmerische Unwissen über die kommunikationspolitischen Ursache-Wirkungs-Zusammenhänge vergegenwärtigt. Besonders treffend soll diese Problematik übrigens einmal von *Henry Ford* auf den Punkt gebracht wor-

[26] Vgl. Fließ 1999.

den sein, dem der Ausspruch zugerechnet wird: „Ich weiß, wir schmeißen die Hälfte unserer Werbeausgaben zum Fenster raus, ich weiß nur nicht welche.“

1.4 Spezielle Aspekte ausgewählter Kommunikationsbereiche

1.4.1 Werbung

Nicht selten werden dem Kommunikationsinstrument der Werbung Vorurteile entgegengebracht, die nicht gerade wohlwollend sind. So erkennen einige darin den Schlüssel obskurer Wirtschaftsmächtiger, wehrlose Konsumenten beliebig manipulieren zu können, andere sehen darin hingegen eine sinnlose Verschwendung finanzieller Ressourcen und sprechen der Werbung eine relevante Wirkung auf – vor allem das eigene (!) – Verhalten grundsätzlich ab.

Solche Skepsis gegenüber der Werbung ist dabei auch – häufig sogar in ganz besonderem Maße – im Business-to-Business-Bereich zu finden. Der Grund hierfür ergibt sich allerdings vor allem aus den falschen Erwartungen, die in dieses Kommunikationsinstrument gesetzt werden. Tatsächlich nämlich sind die Beschaffungsprozesse bei investiven Problemlösungen viel zu komplex, als daß – anders als in einigen Bereichen des Konsumgütermarketing – von einem unmittelbaren Zusammenhang zwischen Werbung und Kaufentscheidung ausgegangen werden könnte. Deswegen müssen gerade im Business-to-Business-Bereich die erwarteten Wirkungen der Werbung vor dem Hintergrund außerökonomischer Zielgrößen betrachtet werden, wobei hier in erster Linie die Bildung spezifischer Einstellungen im Mittelpunkt des Interesses stehen sollte.[27] Um den Nutzen von Werbung besser einschätzen zu können, ist es somit sinnvoll, sich mit dem Zustandekommen von Einstellungen etwas näher auseinandersetzen.

„Blödsinnig – diese Werbung!“

Abb. 12. Vorurteile gegen die Werbung

[27] Vgl. Abschnitt 1.3.1.

Einstellungen – wie etwa die Meinung über Kompetenz und Vertrauenswürdigkeit eines bestimmten Anbieterunternehmens – bilden sich üblicherweise nicht nur aus der Verarbeitung einer Einzelinformation, sondern stellen ein quasi mosaikhaft aus vielen unterschiedlichen Informationsbausteinen zusammengesetztes Gesamtbild dar. Dabei wird die Bewertung einzelner Informationsbausteine sowohl durch bereits bestehende Erwartungen beeinflußt als auch durch die Wahrnehmung des entsprechenden Umfeldes eines Informationsbausteines determiniert.

Die Bedeutung bereits vorhandener Einstellungen bei der Wertung neuer Informationen wird beispielsweise deutlich, wenn bei einem Nachfrager der Ausfall einer Maschine zu beklagen ist. Steht das herstellende Unternehmen nämlich in einem allgemein schlechten Ruf, wird der Maschinenschaden ganz anders bewertet („...haben wir ja eigentlich gleich gewußt, daß dieses Ding nicht viel taugt") als wenn der Hersteller das Image eines allgemein leistungsfähigen Anbieters hat („...sowas kann ja immer mal passieren"). In ähnlicher Weise werden etwa auch die technischen Merkmale einer Maschine vom Kunden anders bewertet, wenn diese 'objektiv feststehenden' Informationen in unterschiedlichen Wahrnehmungsumfeldern präsentiert werden. Zur Veranschaulichung dieser Aussage sei hier auf Abb. 13 verwiesen.

Obwohl beide Mittelkreise exakt gleich groß sind, wird der rechte Kreis größer eingeschätzt als der linke, und zwar lediglich, weil sich im Wahrnehmungsumfeld des Merkmals „Mittelkreis" etwas geändert hat.[28]

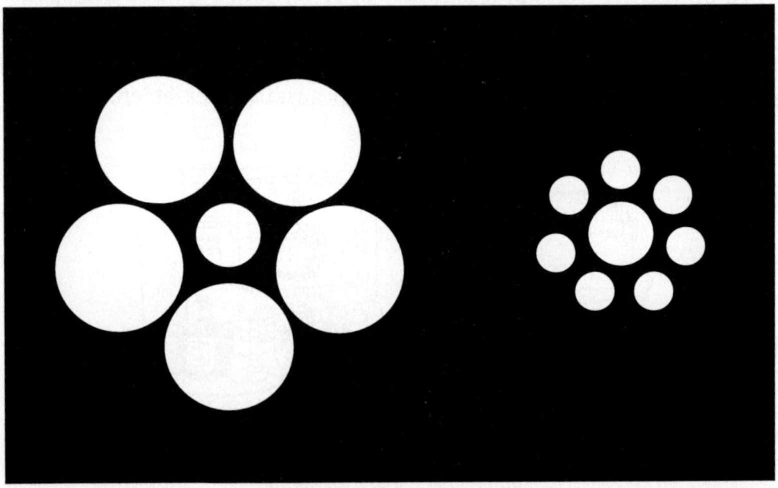

Abb. 13. Beispiel für die Bedeutung des Wahrnehmungsumfeldes

[28] Vgl. Rosenstiel/Neumann 1982, S. 81 ff.

Aus diesen Zusammenhängen lassen sich gerade in Bezug auf die Sinnhaftigkeit werblicher Maßnahmen im Business-to-Business-Bereich wichtige Erkenntnisse ableiten. So kann die Werbung gerade bei dem Aufbau eines adäquaten Wahrnehmungsumfeldes nützliche, wenn nicht sogar entscheidende Wirkungen entfalten. Dies gilt umso mehr, wenn die Werbung den ersten Berührungspunkt darstellt, den ein Nachfrager zum Anbieter findet. Die Anzeige in Abb. 14 vermittelt für diesen Fall treffend die zentrale Rolle der Werbung vor dem Einsatz weiterer Kommunikationsmaßnahmen.

Ein besonderer Vorteil der Werbung besteht darin, daß mit ihrer Hilfe relativ viele Informationsempfänger angesprochen werden können und somit die Kosten pro Kommunikationskontakt – etwa im Vergleich zum Personal Selling – sehr gering sind. Darüber hinaus gilt es zu beachten, daß Werbung eine einseitige und selbst initiierte Kommunikationsform darstellt und deswegen der Prozeß der Informationssendung genau vorbereitet werden kann.

Abb. 14. Anzeige zur Bedeutung von Werbung im Business-to-Business-Marketing

Dabei sollte vor der formalen Gestaltung des Werbemittels zunächst die inhaltliche Festlegung einer Schlüsselbotschaft erfolgen, die zum Aufbau der gewünschten Einstellung beiträgt. In diesem Zusammenhang sei noch einmal daran erinnert, daß sich die aufzubauenden Einstellungen auf Bedürfnisse bzw. Interessen der Umworbenen beziehen sollten, die für diese von relativ hoher Bedeutung sind. Aus dieser Überlegung ergibt sich auch das klassische Muster einer werblichen Schlüsselbotschaft:[29]

1. Apelliere an ein relativ bedeutendes Bedürfnis des Umworbenen (z.B. Betriebssicherheit).
2. Informiere über die eigene Fähigkeit, dieses Bedürfnis befriedigen zu können (Maschine *XY* gewährleistet die Sicherheit der Bediener).

Bei der formalen Umsetzung der Werbebotschaft ist zu berücksichtigen, daß der Einstellungsbildung kognitive und emotionale Komponenten zugrundeliegen.[30] In enger Beziehung zu dieser Einteilung steht die Unterscheidung zwischen dem sprachlichen und dem nicht-sprachlichen Verarbeitungssystem des Menschen. Mit Hilfe des sprachlichen Verarbeitungssystems werden vor allem numerische und sprachliche Informationen erfaßt und logisch-analytische Gedankengänge durchgeführt. Bei dem nichtsprachlichen Verarbeitungssystem hingegen werden die Informationen bildhaft wahrgenommen, wobei der Begriff 'Bild ' hier zwar auch die Erstellung 'akustischer Bilder' oder 'Duftbilder' umfaßt, sich in erster Linie jedoch auf die Verarbeitung optisch wahrgenommener Eindrücke bezieht. Auch wenn es möglich ist, durch sprachlich dargebotene Informationen Emotionen zu wecken und durch Bilder kognitive Verarbeitungsprozesse in Gang zu setzen, so wird für die Werbung jedoch vorrangig auf die Koppelung

- Bild → emotionale Ansprache und
- Text → kognitive Ansprache

zurückgegriffen.[31]

Beide Komponenten sind vorzugsweise in die Werbegestaltung mit einzubeziehen, wobei wegen ihrer starken Wechselwirkung diesbezüglich unbedingt auf eine treffende Ergänzung zu achten ist. Dies bedeutet, daß beide Gestaltungsvariablen sich unmittelbar an der festgelegten Schlüsselbotschaft zu orientieren haben und mit ihren jeweiligen Möglichkeiten diese in geeigneter Weise vermitteln müssen. Somit erscheint beispielsweise die Verwendung greller Neonfarben wenig sinnvoll, wenn im Rahmen der kognitiv zu verarbeitenden Inhalte die Seriosität eines Unternehmens vermittelt werden soll.

---

[29] Vgl. Kroeber-Riel 1993, S. 36.

[30] Vgl. Abschnitt 1.2.3.

[31] Vgl. Kroeber-Riel 1993, S. 36

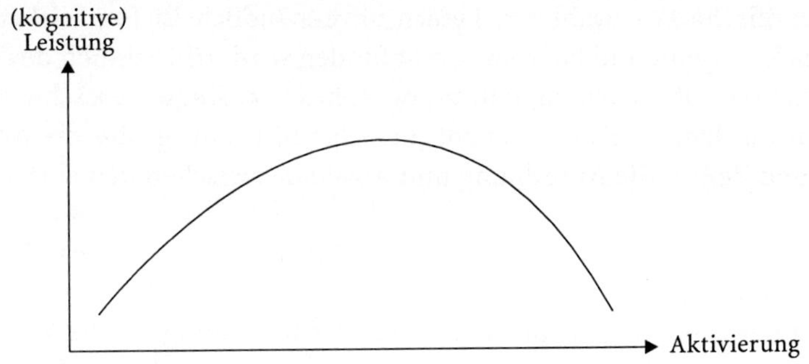

Abb. 15. Die Beziehung zwischen Aktivierung und Leistungshöhe

Neben der Einstellungsbildung, die das Kommunikationsziel der Verarbeitungswirkung betrifft, sind bei der Gestaltung von Bild und Textelementen auch die Fragen der Verarbeitungsaktivierung bzw. Wahrnehmung zu beachten. Dabei kann davon ausgegangen werden, daß bildliche Darstellungen, insbesondere wenn sie farbig sind, schneller und intensiver wahrgenommen werden als Textelemente. Um das Aktivierungspotential voll auszuschöpfen, muß eine bildliche Darstellung sich dabei einerseits gegen die Aktivierungsreize anderer Informationsangebote durchsetzten, die auf einen Empfänger einströmen. Andererseits ist jedoch zu berücksichtigen, daß eine zu starke Aktivierung die gewünschten kognitiven Prozesse beim Umworbenen behindern kann. Dieser Zusammenhang wird durch die „umgekehrte U-Hypothese" verdeutlicht, die bereits von *Yerkes/ Dodson* im Jahre 1908 aufgestellt und seitdem empirisch vielfach bestätigt wurde.

Dabei ist allerdings nicht gewährleistet, daß bei einer optimalen Aktivierung auch genau die kognitive Leistung in Gang gesetzt wird, die der Werbetreibende erreichen möchte. Hier stellt sich wiederum die Forderung nach der richtigen Ergänzung der emotional und kognitiv zu verarbeitenden Informationen. *Rosenstiel/ Neumann* bemerken diesbezüglich treffend: „Der Betrachter einer Anzeige für Autoreifen soll sich nicht darum bemühen, das hübsche Mädchen kennenzulernen, das als Modell im Werbemittel gezeigt wurde und ihn heftig aktivierte; er soll vielmehr mit dem Namen des Reifenherstellers vertraut werden, soll seine Einstellung zu dessen Produkten verbessern und letztlich zum Kauf dieser Reifen animiert werden. Derartige Ziele werden häufig, trotz stark aktivierender Inhalte nicht erreicht."[32]

Damit textliche Informationen von den Empfängern in angemessener Form wahrgenommen und verarbeitet werden, muß bei der Werbegestaltung die Problematik des Lesewiderstandes Berücksichtigung finden. Inhaltlich bedeutet dies, vor allem das Sprachniveau der Umworbenen treffend zu erfassen, da eine

[32] Rosenstiel/Neumann 1982, S. 147.

zu fachspezifische Wortwahl den Lesern unverständlich ist bzw. ein zu simpler Text als nichtssagend und langweilig empfunden wird. Hinsichtlich des formalen Aspektes ist darauf zu achten, daß typographisch bedingte Leseschwierigkeiten vermieden werden, etwa in bezug auf die Schriftart und -größe, die Anzahl von Wörtern und Zeilen, die Anordnung und Abstände zwischen den einzelnen Textelementen etc.[33]

Abschließend sei darauf hingewiesen, daß neben den gestalterischen Aspekten der Werbung selbstverständlich auch die Auswahl der Werbeträger und die Häufigkeit der Schaltungen von entscheidender Bedeutung für die Wirkung und vor allem auch für die Kosten der Werbung sind. Während etwa für eine ganzseitige Farbanzeige in dem monatlich erscheinenden *Maschinenmarkt* lediglich ca. DM 11.000 gezahlt werden muß, beträgt hierfür der Preis im Wochenmagazin *Der Spiegel* ca. DM 94.000 (Stand: Januar 1995). Angesichts der ständig wachsenden Werbekosten und der allgemeinen Zunahme von Werbung und Werbemedien erscheint die gezielte Mediaselektion und eine kreativ-professionelle Werbegestaltung deswegen immer wichtiger. Aus diesem Grund wird auch in mittelständischen Unternehmen des Business-to-Business-Bereichs zunehmend dazu übergegangen, die Konzeption und Durchführung werblicher Maßnahmen nicht mehr hausintern durchzuführen, sondern diese Aufgaben spezialisierten Kommunikations- bzw. Werbeagenturen zu überlassen.[34]

1.4.2 Personal Selling

Aufgrund der hohen Erklärungsbedürftigkeit und Individualisierung vieler Problemlösungen stellt die Mittel-Mensch-Kommunikation im Business-to-Business-Marketing normalerweise noch keine ausreichende Grundlage dafür dar, dem Informationsbedarf der Nachfrager gerecht zu werden. Statt dessen müssen industriellen Nachfragern im Rahmen persönlicher Gespräche die Kosten- und Nutzenelemente einer Problemlösung im einzelnen dargelegt, vielfach sogar mit ihnen zusammen erst noch erarbeitet werden, bevor es zu einem Kaufabschluß kommt.

Der Nachteil des Personal Selling ergibt sich durch die hohen Kosten pro Kontakt, die mit diesen Maßnahmen verbunden sind. Nach den Angaben des Verbandes des *Deutschen Maschinen und Anlagenbaus* (VDMA) betragen die Durchschnittskosten für einen Kundenbesuch 300–400 DM pro Außendiensmitarbeiter in der *Bundesrepublik Deutschland*. Dabei ist noch zu berücksichtigen, daß an vielen Kaufverhandlungsprozessen seitens des Anbieters nicht nur ein

---

[33] Vgl. hierzu Elbracht 1967.

[34] Zum Problem der Auswahl geeigneter Agenturpartner vgl. etwa Dahlhoff 1993, S. 115 ff.

Außendienstmitarbeiter, sondern mehrere Personen beteiligt sind, d.h. dem Buying Center wird ein entsprechendes Selling Center entgegengesetzt.

Angesichts dieser hohen Kosten des Personal Selling verwundert es nicht, daß der Frage nach den Erfolgsfaktoren eine große Relevanz in der Praxis beigemessen wird, wenngleich die theoretische Durchdringung dieser Problematik bisher nur ansatzweise erfolgte. Prinzipiell lassen sich dabei drei große Strömungen identifizieren, die sich mit der Frage der Erfolgsfaktoren systematisch auseinandersetzen, und zwar der verkäuferorientierte, der verhaltensorientierte sowie der kundenorientierte Ansatz.

Die vor allem früher verfolgten verkäuferorientierten Ansätze sind darum bemüht, allgemeine Persönlichkeitsmerkmale zu finden, durch die sich ein erfolgreicher Verkäufer auszeichnet. Enthusiasmus, Interesse an der Arbeit, geringe Schüchternheit etc. sind nur einige der Eigenschaften, die hierbei herausgearbeitet wurden.[35] Insgesamt sind diese Ergebnisse jedoch wenig weiterführend, da sie lediglich eine umfangreiche Auflistung erstrebenswerter menschlicher Eigenschaften darstellen, bezüglich derer obendrein übrigens bis heute kein einheitliches Begriffsverständnis herrscht.

Als zweite Hauptströmung zur Erfassung der Erfolgsfaktoren im Personal Selling lassen sich die verhaltensorientierten Ansätze zusammenfassen, die statt Persönlichkeitseigenschaften allgemeingültige Verhaltensregeln zu entwickeln versuchen. Dabei wird davon ausgegangen, daß die diesbezüglich entwickelten Sozialtechniken prinzipiell erlernbar sind, wobei diese sich sowohl auf die verbalen als auch auf die nichtverbalen Kommunikationsbestandteile beziehen.

Hinsichtlich der verbalen Komponente wird etwa auf die Vorteilhaftigkeit einer zweiseitigen Argumentation hingewiesen, bei der von Anbieterseite nicht nur die Vorteile einer Problemlösung angepriesen wird, sondern auch deren mögliche Schwächen Erwähnung finden sollten.[36] Andere Untersuchungen kamen etwa zu dem Ergebnis, daß durch ein „ausgeprägtes Sprachtempo" eine höhere Überzeugungskraft erzielt werden kann.[37] oder daß mit spezifischen Argumentationstaktiken ein größerer Verkaufserfolg zu erzielen ist.[38] Zentrale Bedeutung kann in diesem Zusammenhang der Funktion von Fragen beigemessen werden, die der Verkäufer dem Käufer innerhalb des Gespräches stellt. Von diesen Fragen können sowohl auf der Inhalts- als auch auf der Beziehungsebene positive Wirkungen ausgehen. In bezug auf die Inhaltsebene können durch Fragen dabei

- die spezifischen Kaufprobleme des Unternehmens in Erfahrung gebracht werden,

[35] Vgl. etwa Caldwell 1961.

[36] Vgl. Kroeber-Riel/Weinberg 1996, S. 531.

[37] Vgl. Kroeber-Riel/Weinberg 1996, S. 534.

[38] Vgl. etwa Kotler/Bliemel 1992, S. 1011.

- die aufgabenbezogenen Interessen eines Buying-Center-Mitgliedes in Erfahrung gebracht werden,
- die nicht-aufgabenbezogenen Interessen eines Buying-Center-Mitgliedes in Erfahrung gebracht werden,

während in bezug auf die Beziehungsebene durch Fragen

- dem Gegenüber das eigene Interesse an ihm und seinen Problemen vermittelt werden kann,
- ihm die Anerkennung seiner Kompetenz vermittelt werden kann,
- ein Gespräch gelenkt werden kann und
- kommunikative Störungen vermieden und behoben werden können.

Eine andere, den verhaltensorientierten Ansätzen zuzuordende Regel kann im Aufbau von Reziprozität gesehen werden. Das aus der Soziologie bekannte Prinzip der Reziprozität besteht dabei in der Konvention, daß derjenige, der einem anderen etwas gibt, einen Anspruch darauf hat, es in irgendeiner Form und zu irgendeinem Zeitpunkt auch wieder zurückzubekommen. Tut man jemanden also beispielsweise einen Gefallen, besteht eine - wenn auch lediglich moralische und in der Regel unausgesprochene - Verpflichtung, daß dieser eine ähnliche Hilfsbereitschaft zeigt, wenn man einmal auf dessen Unterstützung angewiesen ist.

Von besonders großer Bedeutung ist das Prinzip der Reziprozität für den gerade beim Personal Selling so wichtigen Prozeß des Vertrauensaufbaus.[39] Versteht man Vertrauen nämlich als „riskante Vorleistung“[40] eines Partners, wird deutlich, daß nur derjenige Vertrauen gewinnen kann, der auch selbst bereit ist, Vertrauen zu schenken. Um die notwendige Gegenseitigkeit in einem Vertrauensverhältnis zu erreichen, ist es dabei allerdings erforderlich, daß jemand den ersten Schritt macht, d.h. „mit einseitigen vertrauenden Handlungen ohne Garantie auf reziproke Antwort“[41] beginnt. Vergegenwärtigt man sich die Machtverhältnisse auf den aktuellen Käufermärkten, erscheint es dabei angebracht, wenn es Mitarbeiter des Anbieters sind, die diesen ersten Schritt zur Schaffung eines Vertrauensverhältnisses machen.

Eine fundierte Auseinandersetzung mit dem ‘Problem des ersten Schrittes’ wird im Rahmen der sog. *GRIT*-Strategie[42] vorgenommen, die in den Fünfziger Jahren zunächst als Vorschlag zur Vertrauensbildung zwischen den beiden politischen Supermächten entwickelt wurde, deren zentrale Aussagen jedoch auch

---

39 Vgl. Plötner 1995.

40 Luhmann 1989, S. 21; Plinke 1999.

41 Rössl, 1992, S. 60.

42 Die Abkürzung *GRIT* steht für 'graduated and reciprocated iniatives in tension reduction', was sich etwa als 'abgestufte und reziproke Initiativen zum Abbau von Spannungen' übersetzen läßt.

für die Untersuchung anderer Beziehungsmuster von hoher Relevanz sind. Entsprechend des *GRIT*-Programms lassen sich für die hier relevante Problematik vier zentrale Handlungsschritte unterscheiden:

1. Die erste Handlung sollte darin bestehen, dem Gegenüber das eigene Interesse an einer vertrauensvollen Beziehung zunächst in Form einer allgemeinen Erklärung mitzuteilen. Eine solche Erklärung soll dazu dienen, eine durch gegenseitiges Mißtrauen gekennzeichnete, spannungsgeladene Stimmung zu entkrampfen und einen „Bezugsrahmen für die Interpretation späterer Handlungen“[43] zu schaffen.
2. Nach dieser ersten, allgemeinen Erklärung sollte im nächsten Schritt die Ankündigung einer konkreten Initiative erfolgen, mit der die eigene Vertrauensbereitschaft demonstriert wird. Durch das damit verbundene Versprechen soll gezielt eine bestimmte Erwartung beim Gegenüber aufgebaut werden, die über den Rahmen einer allgemeinen Erklärung hinausgeht und einen konkreten Bezug zum spezifischen Anbieter-Nachfrager-Verhältnis hat.
3. Im dritten Schritt ist dieses Versprechen dann zu erfüllen, d.h. die das eigene Vertrauen demonstrierende Initiative wird den Ankündigungen entsprechend durchgeführt. Damit zeigt der Handelnde, daß er nicht erwartet, sein Gegenüber würde sich opportunistisch verhalten, auch wenn er dies könnte. Daraus folgt allerdings auch, daß ein erster einseitiger Vertrauensakt des Anbietervertreters zunächst damit verbunden sein muß, dem Gegenüber überhaupt eine Möglichkeit zu opportunistischem Verhalten zu verschaffen (in der Hoffnung, er möge diese Möglichkeit nicht ausnutzen). Der Anbieter setzt sich also freiwillig einem Risiko aus, das ihn im Falle einer Enttäuschung jedoch nicht zu empfindlich treffen sollte. Vielmehr sollte es sich hierbei um Leistungen handeln, die eher ein Zeichen des guten Willens darstellen, als die totale Auslieferung an einen bisher fremden Partner bedeuten. Neben der Gefahr des opportunistischen Ausnutzens erscheint das Eingehen eines besonders hohen Risikos in dieser Phase der Beziehung auch deswegen nicht ratsam, weil der Nachfrager sich dadurch überfordert fühlen könnte. Dies ergibt sich aus der Logik der Reziprozität, nach der ein impliziter Anspruch darauf besteht, daß die eine Partei der anderen in zumindest gleich großem Umfang Vertrauen entgegen zu bringen hat, wie ihr es selbst zuteil geworden ist. Bei der Planung des ‘ersten, kleinen Schrittes’ ist seitens des Anbieters deswegen besonders darauf zu achten, daß er in der Wahrnehmung des Nachfragers als richtig dosiert angesehen wird, d.h. einerseits als Akt des Vertrauens anerkannt, andererseits jedoch nicht als Geste der Anbiederung verkannt wird.

---

[43] Lindskold 1981, S. 248.

4. Die konkrete Ausgestaltung einer solchen Maßnahme kann zwar nur für den Einzelfall bestimmt werden, doch dürften sich hierfür in der betrieblichen Praxis mannigfaltige Möglichkeiten ergeben. Zu denken wäre etwa daran, daß
   - der Anbieter für den Nachfrager unentgeltlich eine Analyse des Investitionsproblems durchführt, die über den Rahmen normaler Beratungsleistung hinaus geht,
   - der Anbieter dem Nachfrager Marktdaten zur Verfügung stellt, deren Erhebung für diesen mit Kosten verbunden wäre,
   - der Anbieter dem Nachfrager Möglichkeiten zur Überprüfung zugesteht, die sich auf bestimmte Ressourcen des Anbieters oder auch Teilprozesse der Leistungserstellung beziehen.
5. Von großer Bedeutung ist dabei der Umstand, daß eine Maßnahme offenbar nur dann als Akt des Vertrauens angesehen wird, wenn sie freiwillig erfolgt, d.h. nicht etwa nur den am Markt sonst üblichen Gepflogenheiten entspricht. Darüber hinaus ist darauf zu achten, daß die Maßnahme auf einen bestimmten Zeitraum begrenzt ist, nach dessen Ablauf die Erfüllung der gegebenen Versprechen unzweideutig verifizierbar ist.
6. Nach dem Programm des *GRIT*-Ansatzes sollte schließlich der mit einer einseitigen 'Vertrauensinitiative' implizit verbundene Anspruch auf Reziprozität durch eine Erklärung unterstrichen werden. Dabei handelt es sich quasi um eine 'Einladung', die dazu dient, den Partner zu aktivieren, die Reziprozitätsnorm anzuerkennen, mit der allerdings keine Erwiderung explizit verlangt wird.[44]

Hinsichtlich der nichtverbalen Kommunikationselemente werden im Rahmen der verhaltensorientierten Ansätze vor allem Blickkontakt, Mimik, Gestik, Körperhaltung, räumliches Verhalten und Objekt-Kommunikation (z.B. Geschenke, Kleidung etc.) untersucht. Beispielhaft für die diesbezüglich erarbeiteten Ergebnisse sei auf eine Studie hingewiesen, bei der jene Körperhaltungen eines Vertreters analysiert wurden, die auf den Verkaufsvorgang eine hemmende Wirkung ausüben (siehe Abb. 16).

Die verhaltensorientierten Ansätze erscheinen von vergleichsweise hoher praktischer Relevanz. Probleme bei der praktischen Umsetzung der Erkenntnisse bestehen zum einen jedoch darin, daß, auch wenn eine prinzipielle Erlernbarkeit der Verhaltensregeln gegeben ist, eine vollständige Umsetzung vom Einzelnen nicht immer erbracht werden kann, da eine bewußte Selbststeuerung und -kontrolle aller Handlungs- und Ausdrucksformen nicht möglich ist. (Bereits *Freud* bemerkte: „Wessen Lippen schweigen, der schwätzt mit den Fingerspitzen.") Zum anderen erscheint der explizit oder implizit den Ansätzen zugrundeliegende Allgemeingültigkeitsanspruch zweifelhaft, da die jeweiligen Verhaltensweisen eines

[44] Vgl. Lindskold 1981, S. 247.

Abb. 16. Vom Verkäufer dem Kunden gegenüber zu vermeidende Körperhaltungen (Quelle: Sarbin/Hardyck, entnommen aus: Kroeber-Riel/Weinberg 1996, S. 535)

Empfängers von unterschiedlichen Sendern unterschiedlich wahrgenommen bzw. interpretiert werden.

Dieses Manko der verhaltensorientierten Ansätze versucht die dritte Hauptströmung zur Erfassung von Erfolgsfaktoren im Personal Selling zu überwinden, indem sie das Verkaufsgespräch als gegenseitigen sozialen Einflußprozeß zwischen Käufer und Verkäufer versteht. Grundlage dieser kundenorientierten Ansätze stellen die Untersuchungen von *Evans* Anfang der Sechziger Jahre dar, der bei seiner Analyse von Verkaufsprozessen bei Lebensversicherungen u.a. zu folgenden Ergebnissen kam:[45]

- Bei kaufenden und nicht kaufenden Kunden besteht kein Unterschied hinsichtlich der allgemeinen Einstellung gegenüber Versicherungsunternehmen und Versicherungsvertretern.
- Signifikante Unterschiede zwischen kaufenden und nicht kaufenden Kunden existieren jedoch in bezug auf die spezifische Einstellung gegenüber der Person des Versicherungsvertreters, wobei kaufende Kunden den entsprechenden Vertreter als menschlich angenehmer, weniger an der Provision interessiert, aufrichtiger und kompetenter als die Nicht-Käufer einschätzten.

[45] Vgl. Evans 1964 (hier zitiert nach Schoch 1969).

- Insgesamt konnte ein durch bestimmte Persönlichkeitscharakteristika zu beschreibender „idealer Verkäufer-Typ" nicht ermittelt werden; vielmehr schien die vom Kunden wahrgenommene Ähnlichkeit zwischen Käufer und Vertreter für den Erfolg eines Verkaufsgespräches von entscheidender Bedeutung zu sein (die Ähnlichkeiten können sich beispielsweise auf Alter, Einkommen, politische Einstellung und sogar Rauchgewohnheiten beziehen).

Diese Ergebnisse wurden noch ergänzt durch die im deutschsprachigen Raum durchgeführten Untersuchungen von *Schoch*, der sich eingehend mit dem Verkaufsprozeß bei Registrierkassen auseinandersetzte. Neben der Bestätigung der Ergebnisse von *Evans*, wurde hier insbesondere noch die Bedeutung der Rollenkonformität von Gesprächspartnern empirisch bestätigt, worunter eine Übereinstimmung zwischen erwartetem und tatsächlichem Verhalten verstanden wird. Erwartungsgemäß stieg dabei die Kaufwahrscheinlichkeit umso stärker, je mehr die Rollenerwartungen beider Gesprächsparteien hinsichtlich der Verkäuferrolle übereinstimmten und je stärker das tatsächliche Verkäuferverhalten den Erwartungen des Kunden entsprach. Dies galt allerdings nur unter der Bedingung, daß sich die wahrgenommene Konformität auf „wichtige" Aspekte der Verkäuferrolle bezieht und bestand nicht, wenn es sich um „unwichtige" Rollencharakteristika handelte.[46]

Zu beachten ist, daß bei Zugrundelegung des kundenorientierten Ansatzes die Problemkomplexität entscheidend ansteigt, wenn die dyadische Perspektive aufgegeben werden muß, weil auf Nachfragerseite keine einzelne Person, sondern ein Buying Center am Verkaufsgespräch teilnimmt. Da Ähnlichkeiten zu allen Personen des Buying Centers kaum bestehen werden bzw. aufgebaut werden können, muß in diesem Fall eine fundierte Analyse der Gruppe erfolgen, um die Beziehung zu jenen Personen zu überprüfen, die relativ starken Einfluß auf die Beschaffungsentscheidung haben.

Die Schwäche des kundenorientierten Ansatzes besteht vor allem darin, daß er lediglich den Erfolg von Verkaufsprozessen analysiert, insofern also ein Erklärungsmodell und kein – die Praxis vornehmlich interessierendes – Entscheidungsmodell darstellt. So dürfte es für einen Vertreter der Anbieterseite kaum möglich sein, vor dem ersten Gespräch bereits die Ähnlichkeitsmerkmale des Kundenvertreters in Erfahrung zu bringen bzw. die Fähigkeit zu besitzen, sich den geforderten Ähnlichkeiten sofort anzupassen. Darüber hinaus gilt zu berücksichtigen, daß die Interaktion zwischen Käufer und Verkäufer einen dynamischen Prozeß darstellt, innerhalb dessen sich seitens des Empfängers die Bedeutung einzelner Kommunikationselemente ändert. Dies gilt zum einen für die Inhaltsebene, da die Käufer in den unterschiedlichen Phasen des Entscheidungsprozesses an unterschiedlichen Informationen interessiert sind. Zum anderen

[46] Vgl. Schoch, 1969, S. 455.

trifft dies auch auf die Beziehungsebene zu, da Beurteilungsdimensionen, wie etwa der Kleidung, am Anfang eines Kommunikationsprozesses eine andere (in diesem Fall höhere) Bedeutung zukommt als in späteren Phasen.

Diese Überlegungen verdeutlichen noch einmal die enorme Komplexität, die bei der Frage nach den Erfolgsdeterminanten im Personal Selling zu berücksichtigen ist. Die drei hier aufgezeigten Ansätze können zwar einige Beiträge zur besseren Erfassung dieser Problematik aufzeigen, die Erarbeitung eines umfassenden und vor allem praktikablen Verhaltenssystems im Sinne von Patentrezepten erscheint aber nach wie vor unrealistisch - und eigentlich doch auch gar nicht wünschenswert...

1.4.3 Messebeteiligungen

Messen sind räumlich und zeitlich begrenzte Marktveranstaltungen, die Elemente anderer kommunikationspolitischer Bereiche, wie etwa der Werbung und des Personal Selling umfassen. Die zunehmende Bedeutung dieses Kommunikationsbereiches wird bereits an der hohen Anzahl angebotener Messen deutlich, die sich seit den Siebziger Jahren in etwa verdoppelt hat. Zur Zeit sind in der *m+a-Messe-Kalender-Datenbank* weltweit ca. 4.800 Messen verzeichnet, von denen allein in Deutschland jährlich ca. 900 Veranstaltungen stattfinden. Der Anteil der Messen des Business-to-Business-Bereichs beträgt je nach Veranstaltungsjahr 45–55 %, wobei die Anzahl in- und ausländischer Aussteller ebenso wie die Zahl der Besucher von Jahr zu Jahr stetig zunimmt. Allerdings zeichnet sich in Europa seit Ende der Achtziger Jahre eine Verlangsamung dieses Wachstums ab, während beispielsweise in Nordamerika die Wachstumsphase erst beginnt.

Messen werden neben räumlichen Kriterien (regionales, nationales oder internationales Einzugsgebiet der Aussteller und Besucher) und zeitlichen Kriterien (periodisch, aperiodisch) in sachlicher Hinsicht vor allem in Universalmessen und Fachmessen eingeteilt. Den Universalmessen, bei denen Aussteller und Besucher aus den unterschiedlichsten Branchen vertreten sind, kommt vor allem in Entwicklungs- und Schwellenländern hohe Bedeutung zu. In den westlichen Industrienationen dominieren hingegen Fachmessen, bei denen ein spezifisches Messethema den Kreis der Aussteller und Besucher entsprechend eingrenzt. Folgende Typen von Fachmessen können unterschieden werden:[47]

- Funktionsspezifische Messen, wie etwa der *CeBIT* in *Hannover*, auf denen eine beim Kunden zu erfüllende Funktion (z.B. Bürokommunikation) im Mittelpunkt der Messe steht. Aussteller präsentieren ein funktionsspezifisches An-

---

[47] Vgl. Fließ 1994, S. 72ff.

gebot für verschiedenste Kundengruppen, z.B. Bürokommunikation für die Industrie, für Banken und Versicherungen, für Architekten etc.

- Kundengruppenspezifische Messen, auf denen verschiedenste Problemlösungen für eine spezifische Kundengruppe präsentiert werden. So zeigt etwa die *iba – Internationale Bäckerei-Fachausstellung* ein Spektrum, das von Backmitteln (Zutaten etc.) über Backöfen, Maschinen und Geräten für Bäckereien und Konditoreien bis hin zum Ladenbau reicht.
- Lieferantengruppenspezifische Messen, auf denen sich lediglich eine einzige Anbietergruppe einfindet, z.B. Erfinder oder Automobilhersteller, die sich mit verschiedenen Problemlösungen an verschiedene Kundengruppen richtet. So werden auf einer Erfindermesse Innovationen aus unterschiedlichen Bereichen gezeigt; auf der *IAA – Internationale Automobilausstellung* gibt es verschiedenste Lösungen rund um das Auto für Interessenten aus unterschiedlichen Bereichen.
- Technologieorientierte Messen, bei denen der Fokus auf einer Technologie liegt, die der Anbieter einsetzt oder der Nachfrager benötigt. Eine Beispiel hierfür ist die *electronica – Internationale Fachmesse für Bauelemente und Baugruppen der Elektronik.*

Die Funktionen einer Messe können sich für die jeweiligen Aussteller sehr unterschiedlich darstellen, wobei grundsätzlich hier zwischen Verkaufsfunktion und Informationsfunktion unterschieden werden kann. Erstere trat im Laufe der letzten Jahre in vielen Business-to-Business-Bereichen immer stärker in den Hintergrund, da die steigende Komplexität bei investiven Beschaffungsentscheidungen einen Geschäftsabschluß am Messestand vielfach nicht zuläßt. Lediglich bei Produkten, die sich seitens des Nachfragers an einem Messestand direkt inspezieren lassen und deren Preis von den Kunden nicht als besonders hoch eingestuft wird (z.B. Bürokopierer), erfüllt die Messe immer noch in starkem Maße ihre traditionelle Verkaufsfunktion. Ist eine Darstellung der Problemlösungen für einen Anbieter aus räumlichen oder finanziellen Gründen zu schwierig, wie etwa im Anlagenbau, oder ist ihre Präsentation prinzipiell unmöglich, wie etwa bei Dienstleistungen, wird vielfach versucht, die Unternehmensleistungen am Messestand durch graphische Schautafeln, Filme oder ähnliche Kommunikationskanäle zu präsentieren. Diese Informationen reichen jedoch auch in Verbindung mit persönlichen Beratungsgesprächen üblicherweise nicht aus, das Anschaffungsrisiko eines Nachfragers insbesondere bei hochwertigen Problemlösungen entsprechend zu senken und ihn zum sofortigen Kaufabschluß zu bewegen.

Während für viele Aussteller somit ökonomische Zielformulierungen für die Messebeteiligung wenig sinnvoll erscheinen, gewinnt die Informationsfunktion zunehmend an Bedeutung. Dabei kann die Informationsfunktion zum einen auf den Kunden gerichtet sein, dem die Messe die Möglichkeit eines vergleichenden

Angebotsüberblicks in kürzester Zeit und auf engstem Raum bietet. Die Chance, sich auf der Messe über das Leistungsspektrum vieler relevanter Anbieter informieren zu lassen, ist dabei für einen Nachfrager besonders interessant, weil er, falls gewünscht, trotz des persönlichen Kontakts mit den Firmenvertretern seine eigene Anonymität wahren kann.

Neben dem Ziel, Kunden in geeigneter Weise über das eigene Unternehmen und Leistungsangebot zu informieren, bietet die Messe einem Aussteller zum anderen auch die Möglichkeit, seinerseits relevante Marktinformationen einzuholen. Dabei können in der kurzen Zeit des Messeauftritts Gespräche mit relativ vielen Kunden und Interessenten geführt werden, um deren Einschätzungen und Erwartungen dem eigenen Unternehmen gegenüber in Erfahrung zu bringen. Darüber hinaus kann sich ein Aussteller im Rahmen einer Messe auch über seine Konkurrenten Informationen beschaffen, deren Einholung sonst mit erheblichen Schwierigkeiten verbunden wäre.

Ein weiterer Gesichtspunkt der Messebeteiligung, der zwar selten im Mittelpunkt steht, hier aber dennoch kurz Erwähnung finden soll, ist die Möglichkeit eines aktiven Personalmarketing. Dies gilt sowohl hinsichtlich der internen Perspektive (Erzeugung von Mitarbeiterzufriedenheit) als auch hinsichtlich der externen Perspektive, wo die Frage der Personalakquisition im Vordergrund steht. Dieser Aspekt weist darauf hin, daß eine Messebeteiligung nicht nur im Hinblick auf die Anbieter-Nachfrager-Beziehung erfolgen, sondern hier auch die Gelegenheit zur Kommunikation mit anderen Referenzgruppen Beachtung finden sollte.

Den günstigen Kommunikationsmöglichkeiten eines Ausstellers stehen jedoch die Kosten eines Messeengagements gegenüber, die sich in der Vergangenheit insgesamt stark erhöht haben.[48] Angesichts der hohen Kostenbelastung und des großen gegenwärtigen Messeangebotes ergibt sich für die Anbieter die Notwendigkeit, eine fundierte Auswahl der für ihn relevanten Messen vorzunehmen. Neben der Anzahl und Struktur der Besucher interessiert hierbei vor allem die Bedeutung und der Anteil der ausstellenden Wettbewerber. Damit in enger Verbindung steht die Qualität des Messeplatzes bzw. des Messeveranstalters.[49] Sie wird bestimmt durch die Infrastruktur des Messeortes (z.B. Anfahrtswege, Hotelkapazitäten), den Umfang der Leistungen gegenüber dem Anbieter (z.B. Werbematerial, Beratung bei der Beteiligungskonzeption), die Qualität dieser Leistungen, den Umfang der Leistungen gegenüber dem Besucher (z.B. Vermittlung von Übernachtungsmöglichkeiten, die Gliederung der Messehallen, Messekatalog), den Anstrengungen, Anbieter und Nachfrager für die Messe zu interessieren (z.B. Vormessewerbung, Verbandstätigkeit) und die Preisgestaltung (Standmiete, Eintrittspreise, Preise für Sonderleistungen). Je besser diese Leistungen ausge-

48 Vgl. Roloff 1991, S. 29.

49 Vgl. Fließ 1994, S. 301ff.

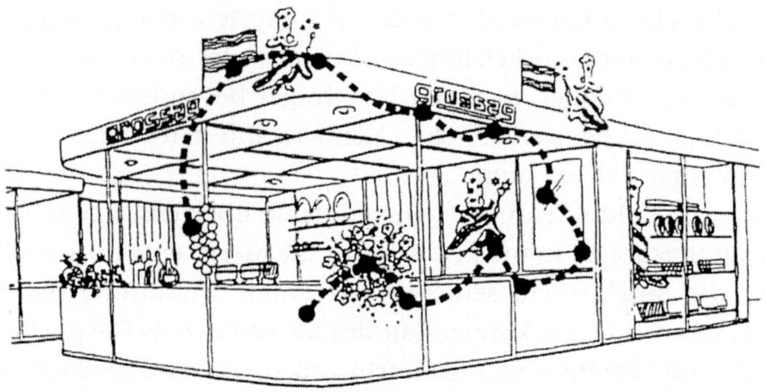

Abb. 17. Die Verteilung der Aufmerksamkeit beim Anblick eines Messestandes (Quelle: Kroeber-Riel 1984, S. 262)

staltet sind, desto eher trifft der Anbieter auf Rahmenbedingungen, die ihn seine Messebeteiligungsziele erreichen lassen.

Der Entscheidung zur Messeselektion folgt die zur Konzeption des Messeengagements, bei der vor allem die Gestaltung des Standes von Interesse ist. Grundsätzlich wird diesbezüglich zwischen Informationsständen, Kommunikationsständen und Imageständen unterschieden,[50] wobei in der Praxis sich allerdings häufig Mischformen dieser Kategorien finden. Auf Informationsständen dominiert die Selbstinformation des Besuchers. Prospekte, Produktvorführungen, Shows, Diavorträge, Modelle, Bilder, Plakate etc., deren Gestaltung in erster Linie den Erfolg dieses Standkonzeptes ausmachen, ermöglichen dem Besucher, sich anonym über die präsentierten Leistungen zu informieren. Auf Kommunikationsständen besteht der Erfolgsfaktor hingegen vor allem in der Verfügbarkeit und der Kompetenz des Standpersonals. Um die gewünschte persönliche Kommunikation zwischen dem Besucher und dem Messestandpersonal zu forcieren, wird bei dieser Standkonzeption besonders auf die Einrichtung ruhiger Gesprächszonen (z.B. Kabinen), Informationstresen, ein funktionierendes Standpersonalsuchsystem u.ä. Wert gelegt. Imagestände zielen weniger darauf ab, bestimmte Leistungen des Anbieters in den Mittelpunkt zu stellen; vielmehr soll hier vor allem die allgemeine Kompetenz des Anbieters demonstriert werden.

Bezüglich der Lage in der Halle werden freie Stände (an vier Seiten offen bzw. Gänge), Kopfstände (an drei Seiten offen), Eckstände (an zwei Seiten offen) und Reihenstände (an einer Seite offen) unterschieden.[51] Während ein offener Stand sich besonders dann anbietet, wenn eine Vielzahl von Interessenten informiert werden soll, erscheint die Wahl eines Reihenstandes sinnvoll, wenn man lediglich

[50] Vgl. hierzu auch Strothmann 1979, S. 184, sowie Selinski 1978.

[51] Vgl. Funke 1987, S. 61 ff.

'qualifizierte' Besucher erreichen möchte. Im letzten Fall sollten Barrieren nicht nur im buchstäblichen (Mauern, geschlossene Standgestaltung), sondern auch im übertragenen Sinne (nur Gesprächsecken) errichtet werden, um lediglich Besucher mit einem wichtigen Anliegen zu einem Besuch des Standes zu bewegen.

Neben der Lage des Standes sollte bereits vor Beginn der Messe auch die Gestaltung und Positionierung der einzelnen Präsentationselemente geplant werden. Auch dieser Prozeß hat sich an der vom Aussteller gewünschten Funktion des Messeengagements zu orientieren, wobei hier insbesondere bei der Konzeption von Informations- und Imageständen auf die Einbindung aufmerksamkeitserregender Effekte geachtet werden sollte. Für viele Besucher wird dadurch erst die Voraussetzung geschaffen, den Stand zu besuchen und sich mit den dort aufbereiteten Kommunikationsinhalten näher auseinanderzusetzen.

1.5 Abschließende Bemerkung

In den vorausgegangenen Ausführungen wurden einzelne Planungsschritte bei der Durchführung kommunikativer Maßnahmen sowie die Besonderheiten spezifischer Kommunikationsbereiche beschrieben. Dabei sei jedoch darauf hingewiesen, daß im Rahmen dieser Darstellungen keine erschöpfende Behandlung der Unternehmenskommunikation erfolgen konnte, sondern nur ein begrenzter Ausschnitt dieser facettenreichen Thematik aufgezeigt wurde.

Besonders bei den einzelnen Kommunikationsbereichen wird in der Praxis noch zwischen einer Reihe weiterer Maßnahmen unterschieden, die sich aufgrund besonderer Eigenarten von den hier aufgezeigten Bereichen mehr oder weniger stark abheben. Diesbezüglich ist zunächst der Bereich der sog. Sales Promotion zu erwähnen, unter dem die Schaffung „kurzfristiger Anreize zur Stimulation schnellerer bzw. umfangreicherer Käufe“[52] verstanden wird. Als Beispiel hierfür läßt sich etwa die Veranstaltung von Gewinnspielen, der Einsatz von Propagandisten im Handel, die Verteilung von Proben, Gutscheinen oder anderer Zugaben anführen.

Des weiteren ist hier auch der Bereich der Public Relation (kurz: PR) anzuführen, dem im allgemeinen die Aufgabe einer systematischen Pflege der Beziehungen zur Öffentlichkeit zugeschrieben wird.[53] Diese Aufgabe wird häufig auch auf die Formel „tu' Gutes und rede darüber“ gebracht, was man beispielsweise durch die offizielle Einrichtung von Stiftungen, die Veröffentlichung von Sozialbilanzen, die finanzielle Unterstützung von Sportveranstaltungen etc. zu erreichen versucht. Dabei muß hier keineswegs immer die Öffentlichkeit in ihrer

52 Kotler/Bliemel 1992, S. 933.

53 Vgl. Nieschlag/Dichtl/Hörschgen 1994, S. 537.

Gesamtheit als Informationsempfänger definiert werden, sondern es können gezielt bestimmte Teilöffentlichkeiten, wie etwa Unternehmensverbände, Gewerkschaften, Bürgerinitiativen etc. angesprochen werden, die wegen ihrer Einflußmöglichkeiten für das kommunizierende Unternehmen von Interesse sind.

Eine Weiterentwicklung des PR-Gedankens stellt die systematische Entwicklung einer Corporate Identity dar, unter der ein „schlüssiger Zusammenhang von Erscheinung, Worten und Taten eines Unternehmens mit seinem 'Wesen'"[54] verstanden wird. Diesem Ansatz folgend ist im Bereich der Mittel-Mensch-Kommunikation darauf zu achten, daß alle vom Unternehmen gesendeten Informationen eine 'visuelle Identität' besitzen, die vom Empfänger sofort wiedererkannt und mit dem Unternehmen entsprechend in Verbindung gebracht wird. Dieser Forderung soll in erster Linie durch die konsequente Verwendung festgelegter formeller Gestaltungselemente wie etwa Schriftart, Raumaufteilung, Logo etc. Rechnung getragen werden. Zwar stellt sich eine ähnlich exakte Fixierung unternehmensspezifischer 'Kommunikationsregeln' hinsichtlich der Mensch-Mensch-Kommunikation weit schwieriger dar, doch wird etwa durch Hinweise zum Gesprächsstil bei Verhandlungen oder durch die Existenz einer bestimmten Kleiderordnung auch hier versucht, ein einheitliches Auftreten des Unternehmens zu gewährleisten.

Der unternehmensübergreifende Ansatz der Corporate Identity unterstreicht abschließend noch einmal, daß die Kommunikationsaktivitäten nicht separat, sondern immer nur unter dem Blickwinkel des gesamten Marketing-Mix und damit letztendlich der Gesamtstrategie eines Unternehmens betrachtet werden müssen. Aus diesem Grund lassen sich auch nur in sehr eingeschränktem Maße allgemeingültige Ratschläge zur Kommunikationsgestaltung ableiten, zumal die situativen Bedingungen in bezug auf Anbieter, Nachfrager und Konkurrenten einem permanenten Änderungsprozeß unterliegen. Erst die gelungene Verbindung zwischen der Kommunikation und den unternehmensspezifischen Bedingungen des Marketing-Dreieckes sorgen gepaart mit einer 'gesunden Portion' Intuition und Kreativität für den gewünschten Erfolg kommunikativer Maßnahmen.

[54] Birkigt/Stadler/Funck 1992, S. 18.

Literaturverzeichnis

Birkigt, K. / Stadler, M. M. / Funck, H. [1992]: Corporate Identity; 5. Aufl., Landsberg a.L. 1992.

Backhaus, K. [1992]: Investitionsgütermarketing; 3. Aufl., München 1992.

Caldwell, E. [1961]: Increased Effectivness for your Salesmen; in: The Marketing Job – Responsibilities of the Top Man and His Staff; New York, S. 190–196.

Dahlhoff, H.D. [1993]: Kommunikationsagenturen als Dienstleister für Unternehmen; in: Berndt, R. / Hermanns, A. (Hrsg.): Handbuch Marketing-Kommunikation, Wiesbaden 1993, S. 113–135.

Dichtl, E. / Müller-Heumann, G. [1972]: Konsumententypologische und produktorientierte Marktsegmentierung; in: GfK Nürnberg (Hrsg.): Jahrbuch der Absatz und Verbrauchsforschung; Nürnberg 1972, S. 249–265.

Elbracht, D. [1967]: Erkennbarkeit und Lesbarkeit von Zeitungsschriften; in: Archiv für Drucktechnik, 104. Jg. (1967), S. 24–32.

Evans, F. B. [1964]: Dyadic Interaction in Selling – A New Approach; vervielfältigtes Manuskript, University of Chicago, 1964.

Fließ, S. [1994]: Messeselektion – Entscheidungskriterien für Investitionsgüterhersteller; Wiesbaden 1994.

Fließ, S. [1999]: Industrielles Kaufverhalten; in: Kleinaltenkamp, M. / Plinke, W. (Hrsg.): Technischer Vertrieb – Grundlagen; 2., überarb. Aufl., Berlin / Heidelberg / New York 1999, Kapitel B.1.

Freud, S. [1972]: Drei Abhandlungen zur Sexualtheorie; Frankfurt 1972 (Erstauflage 1905).

Funke, K. [1987]: Messeentscheidungen – Handlungsalternativen und Informationsbedarf; Frankfurt a.M. et al 1987.

Hess, E. H. / Polt, J. M. [1960]: Pupil size as related to interest value of visual stimuli; in: Science, Vol. 132 (1960), S. 349–350.

Johnston, W. J. / Bonoma, T. V. [1981]: The Buying Center: Structure and Interaction Patterns; in: Journal of Marketing, Vol. 45 (1981), S. 143–156.

Katz, E. [1973]: Die Verbreitung neuer Ideen und Praktiken; in: Schramm, W. (Hrsg.): Grundfragen der Kommunikationsforschung; 5. Aufl., München 1973.

Kirstges, T. [1991]: Gestaltungsmöglichkeiten der persönlichen Kommunikation im Investitionsgütermarketing; Arbeitspapier Nr. 87, Institut für Marketing der Universität Mannheim, Mannheim 1991.

Kleinaltenkamp, M. [1999]: Einführung in das Business-to-Business-Marketing; in: Kleinaltenkamp, M. / Plinke, W. (Hrsg.): Technischer Vertrieb - Grundlagen; 2., überarb. Aufl., Berlin / Heidelberg / New York 1999, Kapitel A.3.

Kleinaltenkamp, M. / Plötner, O. [1994]: Business-to-Business-Kommunikation - Die Sicht der Wissenschaft; in: Werbeforschung und Praxis, 39. Jg. (1994), S. 130–137.

Kotler, P. / Bliemel, F. [1992]: Marketing-Management; 7. Aufl., Stuttgart 1992.

Kroeber-Riel, W. [1993]: Strategie und Technik der Werbung; 4. Aufl., Stuttgart 1993.

Kroeber-Riel, W. / Weinberg, P. [1996]: Konsumentenverhalten; 6., völlig überarb. Aufl., München 1996.

Lazarsfeld, P. F. / Berelson, B. / Gaudet, A. [1948]: The people´s choice; New York 1948.

Leitherer, E. [1985]: Betriebliche Marktlehre; 2. Auflage, Stuttgart 1985.

Lindskold, S. [1981]: Die Entwicklung von Vertrauen - der GRIT-Ansatz und die Wirkung von konziliatem Handeln auf Konflikt und Kooperation; in: Grunwald, W. / Lilge, H.-G. (Hrsg.): Kooperation und Konkurrenz in Organisationen; Bern/Stuttgart 1981, S. 241–273.

Luhmann, N. [1989]: Vertrauen - Ein Mechanismus zur Reduktion sozialer Komplexität; 3. Aufl., Stuttgart 1989.

Miler, A. [1960]: Vergleich der Vergessenskurven für Reproduzieren und Wiedererkennen von sinnlosem Material; in: Zeitschrift für experimentelle und angewandte Psychologie, 7. Jg. (1960), S. 29–38.

Nieschlag, R. / Dichtl, E. / Hörschgen, H. [1994]: Marketing; 17., neu bearb. Aufl., Berlin 1994.

Plinke, W. [1999]: Grundlagen des Marktprozesses; in: Kleinaltenkamp, M. / Plinke, W. (Hrsg.): Technischer Vertrieb - Grundlagen; 2., überarb. Aufl., Berlin / Heidelberg / New York 1999, Kapitel A.1.

Plötner, O. [1993]: Risikohandhabung und Vertrauen des Kunden; Arbeitspapier Nr. 2 der Berliner Reihe 'Business-to-Business-Marketing', hrsg. von M. Kleinaltenkamp, Berlin 1993.

Plötner, O. [1995]: Das Vertrauen des Kunden - Relevanz, Aufbau und Steuerung auf industriellen Märkten; Wiesbaden 1995.

Robertson, T. S. [1971]: Innovative Behavior and Communication; NewYork/Chicago 1971.

Rössl, D. [1992]: Die Funktion und die Bildung von Vertrauen in der unternehmerischen Partnerschaft; in: Betriebswirtschaftliches Institut für empirische Gründungs- und Organisationsforschung e.V. (Hrsg.): Partnerschaftsmanagement in unternehmerischen Partnerschaften; Dortmund 1992, S. 54–71.

Roloff, E. [1991]: Erkenntnisse der Konsistenztheorien als Grundlage der Öffentlichkeitsarbeit von Messegesellschaften; Diss. Berlin 1991.

Rosenstiel, L. v. / Ewald, G. [1979]: Marktpsychologie; Band II, Stuttgart et al 1979.

Rosenstiel, L. v. / Neumann, P. [1982]: Einführung in die Markt und Werbepsychologie; Darmstadt 1982.

Schoch, R. [1969]: Der Verkaufsvorgang als sozialer Interaktionsprozeß; Winterthur 1969.

Schönpflug, W. / Schönpflug, U. [1983]: Psychologie; München et al. 1983.

Selinski, H. [1978]: Wirkungsrelevante Merkmale der Messestände für Investitionsgüter; Arbeitspapier Nr. 8/78 des Instituts für Markt- und Verbrauchsforschung der Freien Universität Berlin, Berlin 1978.

Strothmann, K. H. [1979]: Investitionsgütermarketing; München 1979.

Yerkes, R. M. / Dodson, J. D. [1908]: The relation of stringht of stimulus to rapidity of habit formation; in: Journal of Comparativ Neurology and Psychology, Vol. 18 (1908), S. 459–482.

Zielske, H. A. [1959]: The remembering and forgetting of advertising; in: Journal of Marketing, Vol. 23, S. 239–243.

Übungsaufgaben

1. Welche Art von Störungen werden im Rahmen der Informationstheorie beim Kommunikationsprozeß unterschieden?
2. Was versteht man unter zweistufiger Kommunikation?
3. Zeigen Sie Möglichkeiten auf, wie Verarbeitungsaktivierung, Verarbeitungsintensität und Verarbeitungswirkung einer Zeitschriftsanzeige erfaßt werden können.
4. Zwischen welchen Komponenten wird bei der Einstellungsbildung unterschieden?
5. Ist die maximale Aktivierung des Empfängers auch die optimale Aktivierung?
6. Welche Ansätze existieren zur Erklärung des Erfolges beim Personal Selling?
7. In welche Kategorien werden Messen eingeteilt?
8. Diskutieren Sie die Unterschiede zwischen Maßnahmen des Personal Selling und der Werbung.
9. Skizzieren Sie die Schritte bei der Planung kommunikativer Maßnahmen und formulieren Sie diesbezüglich konkrete Ansatzpunkte hinsichtlich eines Messeengagements.
10. Was versteht man unter PR?
11. Erarbeiten Sie Möglichkeiten, Ihrem Partner im Rahmen der Mittel-Mensch-Kommunikation ein nettes Kompliment zu machen.

2 Persönlicher Verkauf

Sabine Fließ

Abbildungsverzeichnis

Tabellenverzeichnis

2.1 Der persönliche Verkauf und der Marketinggedanke

Der Persönliche Verkauf zählt im Business-to-Business-Marketing zu den wichtigsten Marketinginstrumenten. Ihm kommt dabei eine Doppelrolle zu: zum einen ist er als direkter Vertriebsweg zum Kunden zu den Distributionsinstrumenten zu zählen, zum anderen nehmen persönliche Gespräche, die Außendienstmitarbeiter mit den Kunden führen, eine wichtige Position im Kommunikationsmix ein. Die Kommunikationsfunktion des Persönlichen Verkaufs steht im Mittelpunkt dieses Lehrtextes.

Wie Abb. 1 zeigt, gelten persönliche Verkaufsgespräche neben Messen und Ausstellungen sowie Direct Mailing-Aktionen als wichtigste Instrumente der Kommunikationspolitik im Business-to-Business-Bereich. Einer Untersuchung in der Werkzeugmaschinen-Industrie zufolge steht der Persönliche Verkauf mit über 90 % der Nennungen sogar an erster Stelle in der Bedeutung einzelner Kommunikationsinstrumente.[1] In Krisenzeiten erreichen sie sogar den ersten Rangplatz, d.h. in Krisenzeiten wird dieses Instrument als noch bedeutsamer und damit unverzichtbar erachtet als unter normalen Bedingungen.

Betrachtet man die Nachfragerseite, so zeigt sich auch hier eine hohe Bedeutung von Gesprächen mit Außendienstmitarbeitern als Möglichkeit der Informationsbeschaffung. Von 1007 befragten betrieblichen Entscheidern nannten 73 % Vertreterbesuche als wichtige berufliche Informationsquelle nach Fachzeitschriften (90 %) und Direct Mailings (80 %). Im Durchschnitt erhalten sie, so ihre Angaben, etwa 20 Vertreterbesuche im Jahr.[2]

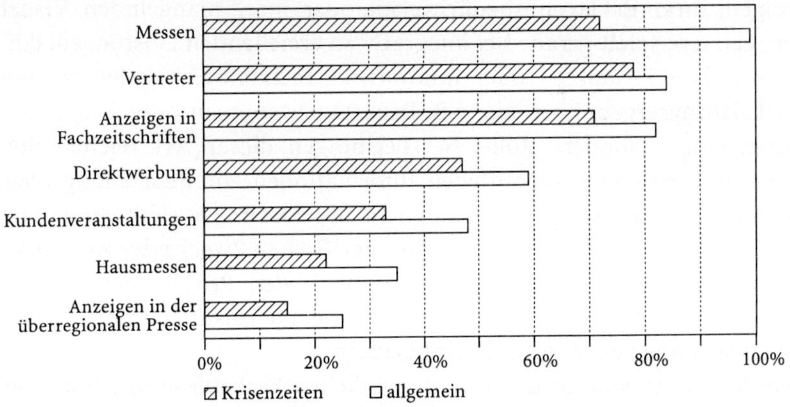

Abb. 1. Bedeutung von Kommunikationsinstrumenten aus Anbietersicht (Quelle: Strothmann/Ginter/Prüser 1994, S. 14)

1 Vgl. Meffert 1998, S. 1136.

2 Vgl. o.V. 1995, S. 2.

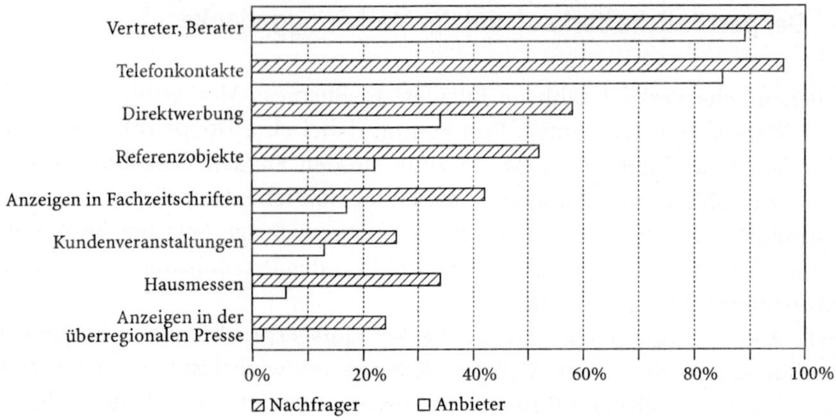

Abb. 2. Bedeutung von Kommunikationsmaßnahmen der Anbieter nach Erstkontakt (Quelle: Strothmann/Ginter/Prüser 1994, S. 27)

Während Messen und Ausstellungen häufig der ersten Information über das Unternehmen und seine Leistungen dienen,[3] vermitteln persönliche Verkaufsgespräche häufig detailliertere Informationen. So wurden beispielsweise Gespräche mit Vertretern und Beratern sowie Telefonkontakte als wichtigste Kommunikationsmaßnahme nach dem Besuch von Messen genannt (vgl. Abb. 2), um sich nun detaillierter nach den auf der Messe ausgestellten Objekten zu erkundigen.

Der Grund für den besonderen Stellenwert, der dem persönlichen Verkauf beigemessen wird, liegt in der häufig hohen Komplexität der zu verkaufenden Leistungen, ihrer Erklärungsbedürftigkeit oder ihrer mangelnden Visualisierbarkeit. Letztere spielt gerade bei integrativ zu erstellenden Leistungen, d.h. kundenspezifischen Produkten oder innovativen Technologien, oder bei immateriellen Leistungsergebnissen wie z.B. Reparaturleistungen oder Unternehmensberatung, eine besondere Rolle. Bei Leistungen dieser Art reichen die über Kataloge und Prospekte vermittelten Informationen zur Beurteilung nicht aus. Nur das persönliche Gespräch ermöglicht die Klärung vielfältiger Fragen, die sich auf die Eignung der Leistung für die spezifischen Zwecke des Anwenders, die Integrationsmöglichkeiten dieser Leistungen in den Prozeßablauf des Abnehmerbetriebs, die Ausprägungen der verschiedenen Leistungseigenschaften und das zu erwartende Leistungsergebnis beziehen.

Dem Verkäufer kommt dann im persönlichen Verkaufsgespräch die Aufgabe zu, die besonderen Leistungsmerkmale zu verdeutlichen, die gerade das Leistungsangebot seines Unternehmens von den Leistungsangeboten anderer Unternehmen unterscheiden. Da es im Marketing häufig um die Wahrnehmung be-

---

[3] Vgl. Heinz 1994, S. 128 f.

stimmter Eigenschaften geht, nimmt die Kommunikation mit den Nachfragern einen besonderen Stellenwert ein.

Um diesen Aufgaben gerecht zu werden, bietet die in diesem Bereich besonders zahlreiche Praxisliteratur vielfältige Hinweise. Insbesondere Tips und Tricks erfahrener Verkäufer oder angeblich einzigartige, besonders erfolgreiche Verkaufsmethoden renommierter Verkaufstrainer spielen hierbei eine besondere Rolle. Meist sind sie gekoppelt mit dem zum Teil expliziten, zum Teil impliziten Versprechen, daß sich beim Befolgen dieser Ratschläge der Erfolg automatisch einstellen wird.

Beispiele für solche Buchtitel sind „Psycho-Selling – So verdoppeln Sie Ihr Einkommen in 8 Wochen"[4] (siehe nachfolgender Auszug) oder „Die 25 häufigsten Fehler im Verkaufsgespräch – und wie man sie vermeidet"[5].

Auszug aus „Psycho-Verkauf – So verdoppeln Sie Ihr Einkommen in 8 Wochen":
„Es gibt Begründungen für das, was ich von Ihnen verlangen werde. Aber das Material, das nötig wäre, um Ihnen völlig zufriedenstellende Erklärungen zu liefern, würde selbst in der größten Bibliothek ein ganzes Regal füllen. Die Technik des Psycho-Selling habe ich für Sie aus den Forschungen einiger der bedeutendsten Psychologen der Welt und aus den Erfahrungen einiger der erfolgreichsten Verkäufer herausgefiltert. Es würde dem Zweck dieses Buches zuwiderlaufen, von Ihnen zu verlangen, das gesamte Material zu lesen und zu verarbeiten, nur um Ihre Neugierde zu befriedigen und Ihre Bemühungen zu rechtfertigen.

Ich verlange lediglich, daß Sie mir jeden Tage eine Stunde Ihrer Zeit opfern und die Lektionen üben, die Sie lernen. Das Ergebnis wird den Aufwand auf jeden Fall rechtfertigen. Wenn ich dieses Buch zu Ende geschrieben habe, werde ich wieder losziehen, um anderen das Verkaufen beizubringen und selbst zu verkaufen.

Innerhalb von acht Wochen sollten Sie zumindest doppelt soviel verdienen wie derzeit. Geben Sie uns beiden eine Chance!"[6]

Neben der vielfältigen Praxisliteratur kommt den Verkaufstrainings eine besondere Rolle zu. Sie fehlen in kaum einem Trainee-Programm für angehende Vertriebsmitarbeiter und sind – neben Produktschulungen – häufig auch die ersten Weiterbildungsveranstaltungen, die neu eingestellte Vertriebsmitarbeiter besuchen. Hierbei werden die Vertriebs- oder Projektingenieure in Rhetorik oder den Techniken der Gesprächseröffnung und des Verkaufsabschlusses geschult. Eine häufig eingesetzte Methode ist hierbei das Rollenspiel: der Vertriebsmitarbeiter übt bestimmte Verhaltensweisen ein, etwa die Eröffnung des Gesprächs, das Entkräften von Einwänden, Techniken der Zustimmung, des Aufgreifens von Fragen. Diese Rollenspiele werden per Video aufgezeichnet und anschließend von der Gruppe und vom Trainer bzw. der Trainerin kommentiert. Grundlage solcher Trainings sind zum Teil wissenschaftliche Erkenntnisse der Soziologie, der Sozi-

---

[4] King 1993.

[5] Schiffman 1993.

[6] King 1993, S. 17

alpsychologie oder der Psychologie, zum Teil aber auch einfach nur die Praxiserfahrungen des Trainers oder der Trainerin.

Häufig wird dabei eine Phaseneinteilung des Verkaufsgespräches zugrunde gelegt, wie etwa die Unterteilung in eine Eröffnungsphase, eine Überzeugungsphase und eine Abschlußphase. Entsprechend werden im Rahmen von Verkaufstrainings Techniken trainiert, die das Gespräch vorantreiben und den Übergang von einer Phase in die nächste erleichtern sollen, möglichst dem vom Anbieter angestrebten Ziel des Vertragsabschlusses entgegen. Betrachtet man jedoch das komplexe Anlagengeschäft, bei dem sich Gespräche mit dem Buying Center des Kunden sich häufig über mehrere Monate, ja manchmal sogar Jahre hinweg ziehen, so scheint eine Phaseneinteilung mit den dazu gehörenden Eröffnungstechniken, Überredungstechniken und Abschlußtechniken kaum angemessen zu sein. Hier sind komplexere Beziehungen zwischen Selling-Center-[7] und Buying-Center-Mitgliedern zu beachten.

Betrachtet man nun die Vielfalt der in der Praxisliteratur und auch in den Verkaufstrainings vermittelten Techniken und Vorgehensweisen unter dem Marketingblickwinkel, so lassen sie sich jeweils verschiedenen Ausprägungen des Marketingverständnisses zuordnen. Hierbei können nach *Kotler* verschiedene Entwicklungsstufen des Marketinggedankens unterschieden werden,[8] die aber heute durchaus gleichzeitig nebeneinander existieren:

1. *Produktionsorientierung (production concept)*: Die Produktionsorientierung geht davon aus, daß Nachfrager Produkte bevorzugen, die überall erhältlich sind und wenig kosten. Der Managementfokus liegt bei diesem Konzept auf dem Bemühen um Produktionseffizienz und ein möglichst breites Distributionsnetz. Das persönliche Verkaufsgespräch mit dem Endkunden spielt eine untergeordnete Rolle, da sich die Produkte – sobald sie vorhanden sind – praktisch von selbst verkaufen.
2. *Produktorientierung (product concept)*: Die Produktorientierung geht davon aus, daß Kunden solche Produkte bevorzugen, die die höchste Qualität oder Leistungsfähigkeit aufweisen. Daher schenken Unternehmen mit dieser Ausrichtung der Entwicklung neuer und der ständigen Verbesserung und Weiterentwicklung vorhandener Produkte besondere Aufmerksamkeit. Verkaufsgespräche und entsprechende Weiterbildungsmaßnahmen, deren Schwerpunkt auf der Vermittlung von Produktinformationen liegt, gehören in dieses Marketingkonzept. Hier etwa könnte das Motto gelten: „Der beste Verkäufer ist der Verkäufer mit überragendem Produktwissen."
3. *Verkaufsorientierung (selling concept)*: Die Verkaufsorientierung beruht auf der Vorstellung, daß Nachfrager von sich aus zu wenig Produkte bzw. Leistun-

[7] Das Selling Center ist die Entsprechung des Buying Centers auf der Anbieterseite.

[8] Vgl. Kotler 1991, S. 12 ff.; vgl. auch Plinke 1999a.

gen des Unternehmens kaufen würden. Sie müssen daher durch eine aggressive Verkaufsstrategie („hard selling") und einen hohen Promotion-Aufwand davon überzeugt werden.

Dieser Kategorie sind Praxisbücher und Verkaufsschulungen zuzuordnen, die auf den aggressiven, manipulativen Verkäufer setzen. Da die Sprache der Bücher meist dem Verkaufsstil entspricht, der in ihnen propagiert wird, können Buchtitel wie „Guerilla-Marketing" sowie Bezeichnungen wie „hard selling" als Vertreter dieser Kategorie identifiziert werden. Auch das bereits zitierte Buch „Psycho-Verkauf" (s.o.) gehört diesem Typus an. Die Einleitung setzt ein deutliches Signal: eine recht aggressive Sprache („verlange von Ihnen", „wird den Aufwand ... rechtfertigen", „opfern") sowie vollmundige Behauptungen („bedeutendsten Psychologen der Welt", „erfolgreichste Verkäufer", „zumindest doppelt soviel verdienen"). Überzeugungs- bzw. Überredungstechniken, Techniken zum Entkräften von Einwänden, auf Überredung ausgelegte Verhaltensweisen u.ä. sind ein Indikator für das *selling concept*.

4. *Marktorientierung (Marketing concept)*: Die Marktorientierung besteht darin, die Kunden so gut zu kennen und zu verstehen, daß die entwickelten und angebotenen Leistungen ihren Bedürfnissen entsprechen. Ziel ist es, die gewünschten Leistungen effektiver und effizienter zu erbringen als die Wettbewerber.

   Kommunikations-, Verkaufs- und Verhandlungsstile, die ein partnerschaftliches Verhältnis von Verkäufer und Kunde, Anbieter und Nachfrager betonen, pflegen eine eher marktorientierte Haltung. Auch Präsentationstechniken, die auf Verständlichkeit ausgerichtet sind, Verkaufsschulungen, die das Zuhören und das Verstehen der Kundenwünsche in den Mittelpunkt stellen, sind einer eher marktorientierten Haltung verhaftet.

Viele Einteilungen von Verkaufsstilen entsprechen einer Mischung aus „selling concept" und „marketing concept". So unterscheiden beispielsweise *Blake/Mouton* in ihrem Verhaltensgitter entsprechend dem Interesse am Kunden bzw. dem Interesse am Verkauf fünf verschiedene Verkaufsstile:

- Der Verkaufsstil „*take it or leave it*" hat geringes Interesse am Verkauf und am Kunden. Ein Verkäufer, der sich dieses Stils bedient, stellt sein Produkt vor und ist der Meinung, daß der Kunde es schon kaufen wird, wenn es seinem Bedarf entspricht. Dieser Stil entspricht dem „product concept".
- Der *umsatzorientierte* Verkaufsstil hat hohes Interesse an Abschlüssen, aber kein Interesse am Kunden. Hier dominiert die kurzfristige Auftragsperspektive. In ihm kommt das „selling concept" zum Vorschein.
- Beim *kundenorientierten* Verkaufsstil legt der Verkäufer den Schwerpunkt auf die Beziehung; Verkaufsabschlüsse entstehen gewissermaßen als Nebenprodukt. Auch dies mag eine – wenig erfolgreiche – Spielart des „selling concept"

sein, bei der nicht über aggressives Überreden, sondern durch den Aufbau einer persönlichen Beziehung und einer daraus resultierenden Verpflichtung ein Verkauf erzielt werden soll.

- Verkäufer, die ein mittleres Interesse am Kunden und am Verkaufsabschluß besitzen, werden als *verkaufstechnisch orientiert* bezeichnet. Hier geht der Verkäufer planvoll zu Werke und stimmt den Einsatz seiner Instrumente auf den Kunden und seine spezielle Situation ab, vor dem Hintergrund seiner eigenen Interessen eines Verkaufsabschlusses. Dieser Verkaufsstil ist – je nach konkreter Ausgestaltung – zwischen „selling concept" und „marketing concept" anzusiedeln.
- Der sowohl durch starkes Kundeninteresse als auch durch starkes Interesse am Verkauf gekennzeichnete Stil ist der *problemorientierte* Verkaufsstil. Hier werden die Probleme des Kunden in den Mittelpunkt gestellt und versucht zu lösen. Angestrebt wird dabei der Verkaufsabschluß bei gleichzeitiger Zufriedenheit des Kunden. Dieser Verkaufsstil entspricht dem wohl am stärksten dem Gedanken des „marketing concept".

Ebenfalls eine Verbindung zwischen „selling concept" und „marketing concept" stellt das in der Praxis als „Reverse Marketing" bezeichnete Vorgehen dar. Hierbei wird dem Kunden, ausgehend von seinen Bedürfnissen, in relativ aggressiver Weise ein Konzept für eine langfristige Zusammenarbeit offeriert.[9]

In vielen Branchen und Märkten ist das „marketing concept" das heute vorherrschende Marketingverständnis – wenn auch nicht immer in den Taten erkennbar, so doch wenigstens den Zielsetzungen der Unternehmen zufolge. Wie etwa die Untersuchungsergebnisse von *Utzig* und von *Dahlke* zeigen, halten sich Unternehmen selbst häufig für kunden- bzw. marktorientierter als sie tatsächlich sind.[10] Aber auch das „selling concept" findet noch weite Verbreitung. Dem heutigen Marktentwicklungen im Business-to-Business-Bereich angemesseneren Verständnis folgend, liegt den sich anschließenden Ausführungen ein der Marktorientierung zuzuordnendes Verständnis persönlicher Verkaufsgespräche zugrunde.

---

9 Vgl. hierzu beispielsweise Blenkhorn/Banting 1991; Biemans/Brand 1995.

10 Vgl. Utzig 1997; Dahlke 1998.

2.2 Die Funktionen des persönlichen Verkaufs

2.2.1 Die Transaktion als Ziel des persönlichen Verkaufs

Ziel des Marketing ist es, einen Austausch zwischen anbietendem und nachfragendem Unternehmen zustandezubringen. Unter einem Austausch wird dabei eine Menge von Aktivitäten verstanden, „die auf die Anbahnung, Durchführung und Kontrolle eines wechselseitig bedingten Transfers von Verfügungsrechten zwischen zwei oder mehr Parteien gerichtet sind.“[11] Hierbei besitzt der Verkäufer zunächst das Verfügungsrecht über die Leistung (z.B. Werkzeugmaschine), während der Nachfrager über die Gegenleistung, in der Regel Geld, verfügt. Diese Rechte werden dem jeweils anderen übertragen. Bei einem einfachen Austausch „Gut gegen Geld“ erhält der Käufer das Verfügungsrecht beispielsweise über die Werkzeugmaschine, während der Verkäufer im Gegenzug das Verfügungsrecht über das Zahlungsmittel in Höhe des Kaufpreises erlangt.

Ein solcher Austausch kommt zustande, wenn die folgenden Bedingungen erfüllt sind.[12]

Das Verhältnis von erwartetem Nutzen zu erwarteten Kosten muß größer als 1 sein. Jeder Austauschpartner erwartet, mehr zu erhalten (Nutzen) als er gibt (Opfer). Die Differenz zwischen Nutzen und Opfern wird als Netto-Nutzen bezeichnet. Der Nettonutzen muß positiv sein. Das jeweils von beiden Partnern zum Tausch angebotene Verhältnis von Kosten zu Nutzen wird als *Austauschrelation* bezeichnet.

Der Nachfrager (Anbieter) vergleicht den Netto-Nutzen dieser Austauschbeziehung mit dem Netto-Nutzen, den andere Käufer (Anbieter) seines Wissens nach erhalten (Vergleichsniveau). Dabei muß das Verhältnis von Nutzen zu Opfern dem Vergleichsniveau der Austauschpartner genügen.

Damit Anbieter und Nachfrager nun tauschen, müssen beide Bedingungen erfüllt sein: Jeder der beiden muß meinen, besser zu stehen als vor dem Tausch. Jeder der beiden muß meinen, eine Alternative realisiert zu haben, die seinem Vergleichsniveau zumindest entspricht.

Daß getauscht wird, ist dabei auf Bewertungsunterschiede zurückzuführen: Der Käufer bewertet den in der angebotenen Leistung enthaltenen Nutzen höher als den gezahlten Kaufpreis, während der Anbieter den erhaltenen Kaufpreis höher einschätzt als die gelieferte Leistung. Dieser Tatbestand liegt dem in der Praxis weit verbreiteten Wort vom „win-win-Prinzip“ zugrunde: beide Seiten gewinnen, keine verliert.

---

11 Plinke 1999b.

12 Vgl. zu den ersten beiden Bedingungen die Darstellung bei Plinke 1999b, die auf der Austauschtheorie von *Thibaut/Kelley* beruhen; vgl. Thibaut/Kelley 1991.

Dennoch führt ein solcher Austausch noch nicht notwendigerweise zur Zufriedenheit von Anbieter und Nachfrager. Zufrieden sind beide erst, wenn der Austausch auch die Forderung nach Verteilungsgerechtigkeit oder Equity erfüllt.[13] Nach *Homans* wird ein Austausch vom Nachfrager (Anbieter) dann als gerecht empfunden, wenn sich die Netto-Nutzen, die beide Tauschpartner erhalten, in etwa entsprechen.[14] Zusätzlich müssen sich Kosten und Nutzen proportional zueinander verhalten, d.h. derjenige, der die höheren Kosten hat, muß auch einen höheren Nutzen erhalten.

Beispiel:
Der Anbieter verlangt für die Werkzeugmaschine einen Preis von 100.000 DM. Ihm selbst entstehen 80.000 DM an Selbstkosten. Dem Kunden stiftet die Werkzeugmaschine einen Nutzen in Höhe von DM 120.000. Diesem Nutzen stehen 100.000 DM als Opfer gegenüberstehen, wobei die 100.000 DM dem gezahlten und vom Anbieter geforderten Kaufpreis entsprechen. Der Netto-Nutzen beträgt für beide 20.000 DM:

	Nachfrager	*Anbieter*
Nutzen	120.000 DM	100.000 DM
Opfer	100.000 DM	80.000 DM
Netto-Nutzen	20.000 DM	20.000 DM

Um den höheren Nutzen zu erzielen, mußte der Anbieter höhere Kosten aufwenden als der Nachfrager. Somit ist der Forderung nach Verteilungsgerechtigkeit erfüllt: Beide haben den gleichen Netto-Nutzen und höherem Nutzen stehen höhere Kosten gegenüber.

Damit nun diese drei Bedingungen des Austausches erfüllt werden können, müssen die zu tauschenden Leistungen sowohl vom Anbieter als auch vom Nachfrager bewertet werden. Der Nachfrager muß sich also darüber im Klaren sein, welchen Wert oder welchen Nutzen er den verschiedenen Merkmalen der vom Anbieter offerierten Leistung, z.B. der Werkzeugmaschine, zumessen will. Ist ihm die Toleranz wichtiger als die Bearbeitungsgeschwindigkeit? Ist eine Ausstattung mit mehreren Werkzeugen erforderlich und wenn ja, wie sind sie zu bewerten? Der *Bewertungsvorgang* ist somit ein wesentlicher Bestandteil des Austauschprozesses. Bewertungsvorgänge gehen dabei Hand in Hand mit Informationen. Eine Bewertung von Leistungseigenschaften ist nur möglich, wenn der Nachfrager Kenntnis von den Leistungseigenschaften hat. Ein Problem besteht für den Nachfrager nun darin, daß ihm nicht alle Informationen zugänglich sind.

Je nach Beurteilbarkeit der Leistungseigenschaften können Leistungen über Such-, Erfahrungs- und Vertrauenseigenschaften verfügen.[15] Nicht alle Leistungs-

---

13 Die Bedeutung der Verteilungsgerechtigkeit für die Zufriedenheit von Transaktionen konnte in einer Untersuchung von *Oliver/Swan* für Autokäufer bestätigt werden; vgl. Oliver/Swan 1989.

14 Vgl. Homans 1972, S. 203.

15 Vgl. Nelson 1970; Darby/Karni 1973 sowie die Ausführungen bei Kleinaltenkamp 1999 und Fließ 1999.

eigenschaften sind sogenannte *Sucheigenschaften*, d.h. Eigenschaften, deren Vorhandensein der Nachfrager ohne prohibitiv hohe Kosten bereits vor dem Kauf feststellen kann. Manche Eigenschaften können weder vor noch nach dem Kauf vom Nachfrager beurteilt werden, etwa weil die dabei entstehenden Kosten zu hoch sind oder weil ihm die technischen Möglichkeiten dazu fehlen. So ist es beispielsweise nicht möglich festzustellen, ob der Air-Bag eines Autos funktioniert, ohne ihn zu zerstören (prohibitiv hohe Kosten). Eigenschaften von Leistungen dieser Art werden als *Vertrauenseigenschaften* bezeichnet.

Andere Eigenschaften lassen sich wohl nach dem Kauf aufgrund der Erfahrungen während des Nutzungsprozesses feststellen, nicht aber vor dem Kauf. Sie werden als *Erfahrungseigenschaften* bezeichnet. Ob eine Rakete wirklich funktionstüchtig ist, läßt sich erst feststellen, wenn sie ins Weltall abgeschossen wurde.

Such-, Erfahrungs- und Vertrauenseigenschaften sind einerseits das Resultat der Bereitschaft eines Käufers, Anstrengungen für die Beschaffung der entsprechenden Informationen auf sich zu nehmen und somit Kosten zu verursachen. Sie sind somit von der Neigung des Nachfragers, Informationen zu beschaffen, abhängig und damit unternehmens- oder sogar personenspezifisch. Auf der anderen Seite werden Such-, Erfahrungs- und Vertrauenseigenschaften auch durch die Gestaltung der Leistungen bestimmt. Bei autonom erstellten Leistungen, wie z.B. einer Standardmaschine, liegt es im Gestaltungsbereich des Anbieters, in welchem Maße er Produkteigenschaften evident oder latent gestaltet.[16] *Evidente Produkteigenschaften* sind solche Merkmale, die der Nachfrager durch die Betrachtung der angebotenen Leistung erfassen kann. Kann er sie auch beurteilen, so entsprechen sie den Sucheigenschaften. *Latente Produkteigenschaften* sind demgegenüber verborgene Eigenschaften, die durch sogenannte *Surrogate*, wie beispielsweise Filme, Bilder, Schautafeln, Schemata, sichtbar gemacht werden können. Zu den latenten Produkteigenschaften zählen beispielsweise die Konstruktions- oder Funktionsprinzipien einer Werkzeugmaschine.

Der Nachfrager ist somit mit der Situation konfrontiert, daß er nicht über die Informationen verfügt, über die er verfügen möchte, daß er diese Informationen aber benötigt, um die angebotenen Austauschverhältnisse zu bewerten. Diese Situation wird noch dadurch kompliziert, daß der Anbieter nicht immer bereit ist, dem Nachfrager alle für seine Entscheidung notwendigen Informationen zur Verfügung zu stellen, sondern dazu tendiert, nachteilige Informationen zurückzuhalten.

Ein solches Zurückhalten von Informationen ist dadurch möglich, daß die Anbahnung, Vereinbarung, Durchführung und Kontrolle von Austauschbeziehungen auf einem Markt durch asymmetrische Informationsverteilung zwischen den Austauschpartnern gekennzeichnet ist. Meist ist der Verkäufer besser über

---

[16] Vgl. Ellinger 1966.

die Eigenschaften seines Produktes informiert, während der Käufer beispielsweise besser weiß, wie die Einsatzbedingungen aussehen und welchen Kaufpreis er gewillt ist zu zahlen. Eine solche asymmetrische Informationsverteilung bietet bei konfliktären Interessen der Beteiligten Anreize zu opportunistischem Verhalten, d.h. zum Ausnutzen des jeweiligen Informationsvorsprungs. Beispielsweise liegt es im Interesse des Käufers einen möglichst niedrigen Kaufpreis für hohe Qualität zu zahlen, während es im Interesse des Verkäufers liegt, einen möglichst hohen Kaufpreis für die gleiche Qualität zu erzielen.

2.2.2 Die Reduzierung von Qualitätsunsicherheit als Aufgabe des persönlichen Verkaufs

Aufgrund der geschilderten Konstellation ist eine asymmetrische Verteilung von Informationen häufig mit Unsicherheit bezüglich des Verhaltens des jeweiligen Austauschpartners verbunden. Der Käufer ist sich beispielsweise unsicher darüber, ob der Verkäufer die Eigenschaften des Produktes in vollem Umfang darlegt. Er ist sich weiterhin unsicher darüber, ob die vom Verkäufer offerierte Leistung für seinen Einsatz- und Anwendungszweck wirklich die am besten geeignete ist oder ob der Verkäufer Informationen zurückhält, die die schlechtere Eignung seiner Leistungen gegenüber den Leistungen der Konkurrenz zurückhält. Die Unsicherheit ist dabei auf Nachfragerseite häufig stärker ausgeprägt als auf Anbieterseite. Eine besondere Rolle unter der als „hidden information“ bezeichneten Verhaltensunsicherheit[17] spielt dabei die Qualitätsunsicherheit.[18]

Qualitätsunsicherheit liegt generell dann vor, wenn Probleme bezüglich der Einschätzung einer Leistung bestehen. Qualitätsunsicherheit kann bei verschiedenen Nachfragern in Abhängigkeit von den zu tauschenden Leistungen unterschiedlich ausgeprägt sein. Leistungen können durch ein unterschiedliches Ausmaß an Such-, Erfahrungs- und Vertrauenseigenschaften gekennzeichnet[19] werden. Durch Sucheigenschaften dominierte Leistungen weisen aus Nachfragersicht die geringsten Unsicherheiten auf, da sich hier die Nachfrager durch eigenen Augenschein vom Vorhandensein bzw. der Ausprägung des jeweiligen Merkmals überzeugen können. Leistungen, die vornehmlich Erfahrungseigenschaften aufweisen, können erst nach dem Kauf bezüglich der versprochenen Qualitätseigenschaften beurteilt werden, während dies bei Gütern, die überwiegend durch Vertrauenseigenschaften gekennzeichnet sind, weder vor noch nach dem Kauf möglich ist.[20]

17 Vgl. Arrow 1985; Spremann 1990, S 562; vgl. auch die Erläuterungen bei Fließ 1999.

18 Vgl. Stigler 1961.

19 Vgl. Nelson 1970; Darby/Karni 1973.

20 Vgl. hierzu Weiber/Adler 1995a, Weiber/Adler 1995b; Adler 1996, S. 60 ff.

Gelingt es dem Nachfrager nicht, die Leistungsmerkmale richtig einzuschätzen, so zahlt er für schlechte Qualität einen zu hohen Preis. Anbieter guter Qualität müssen erkennen, daß sie keine ihrer Qualität entsprechenden Preise mehr erzielen und bieten geringere Qualität an. Die Folge ist, daß das Qualitätsniveau im Markt generell sinkt. Es entsteht die Gefahr, daß Anbieter guter Qualität von Anbietern schlechter Qualität verdrängt werden und es auf Nachfragerseite zu einer Fehlauswahl („adverse selection") kommt.[21]

Damit eine solche Situation der Fehlauswahl vermieden wird, senden Anbieter Signale aus, mit deren Hilfe Nachfrager in die Lage versetzt werden sollen, gute von schlechter Qualität zu unterscheiden, und mit deren Hilfe sie sich von anderen Anbietern differenzieren wollen.[22] Nachfrager betreiben Screening, um qualitätsdifferenzierende Merkmale aufzudecken.[23]

Damit aber nun die Qualitätsmerkmale richtig beurteilt werden können, müssen die Informationen, die sich der Nachfrager beschafft, ebenfalls eine hohe Qualität aufweisen. Sind die Informationen nämlich nicht zutreffend, so kommt es dennoch zu einer Fehlauswahl. Das Problem der Qualitätsbeurteilung von Leistungen verlagert sich nunmehr eine Ebene höher, auf die Qualitätsbeurteilung von Informationen.

Eine hohe Qualität der Information ist immer dann gegeben, wenn Nachfrager den Wahrheitsgehalt der Anbieteraussagen zu überprüfen vermögen, wenn also erhaltene Information und tatsächlicher Zustand des Gegenstandes, über den Informationen weitergegeben werden, einander entsprechen. Hier besteht für den Anbieter kein Anreiz, aus der asymmetrischen Informationsverteilung Nutzen zu ziehen, indem er falsche Informationen übermittelt. Diese Gegebenheiten finden sich aber nur bei Sucheigenschaften.[24] Handelt es sich um Leistungsergebnisse mit einem hohen Anteil an Erfahrungseigenschaften oder Vertrauenseigenschaften, so ist eine Identität von Information und vorhandenem Zustand nicht mehr ohne weiteres nachprüfbar. Die Informationsübermittlung ist aber gerade dort von besonderer Bedeutung, wo die Unsicherheit der Leistungsbeurteilung besonders groß ist, etwa bei Kontraktgütern[25], Vertrauensgütern und Quasi-Vertrauensgütern[26] und integrativ erstellten Leistungen[27].

In diesen Situationen treten an die Stelle der Informationen über das Leistungsergebnis Informationen über den Leistungserstellungsprozeß und das Lei-

---

21 Vgl. Akerlof 1970.

22 Vgl. Spence 1974.

23 Vgl. Kaas 1991.

24 Vgl. Kaas 1992b, S. 32 ff.

25 Vgl. Kaas 1992a.

26 Vgl. Schade/Schott 1993.

27 Vgl. Kleinaltenkamp 1992.

stungspotential.[28] Jede Leistung weist nämlich drei Dimensionen auf: das Leistungspotential, den Leistungserstellungsprozeß und das Leistungsergebnis. Das Leistungspotential eines Unternehmens umfaßt die Kombination interner Potential- und Verbrauchsfaktoren, die zur Erstellung der Leistung notwendig sind.[29] Der Leistungserstellungsprozeß beinhaltet sämtliche Aktivitäten, die über die Potentialgestaltung hinaus notwendig sind, um die Problemlösung zu erstellen. Hierzu zählen nicht nur der Forschungs- und Entwicklungsprozeß und der Produktionsprozeß, sondern auch der Vermarktungsprozeß der Leistung bis hin zur Integration externer Faktoren. Aktivitäten, die im Rahmen der Leistungserstellung autonom erbracht werden können, z.B. die Vordisposition der Produktionsfaktoren, auch wenn diese auf einen einzelnen Kunden ausgerichtet ist, zählen zum Leistungspotential. Zum Leistungserstellungsprozeß zählen sämtliche Aktivitäten, die auf die Integration der bei einer konkret zu erstellenden Leistung vom Kunden zu erbringenden externen Faktoren, z.B. die Informationsgewinnung, gerichtet sind.[30] Das Leistungsergebnis schließlich umfaßt das eigentliche Produkt.

Die entsprechend der jeweiligen Dominanz von Such-, Erfahrungs- und Vertrauenseigenschaften auch vorzufindende Unterteilung in Such-, Erfahrungs- und Vertrauensgüter[31] setzt nur am Leistungsergebnis an und läßt die anderen beiden Dimensionen der Leistung außer acht. Integrativ zu erstellende, kundenindividuelle Leistungen, wie z.B. Unternehmensberatungen, stellen hiernach Vertrauensgüter da, während autonom erstellte Leistungen wie Hammer oder Schrauben zu den Suchgütern zählen. Bei Vertrauensgütern entzieht sich das Leistungsergebnis einer Beurteilung, denn es liegt ja noch nicht vor. Daher können ersatzweise Erfahrungseigenschaften des Leistungserstellungsprozesses und Sucheigenschaften des Leistungspotentials herangezogen werden.[32]

Screening und Signaling bezieht sich damit nicht nur auf Merkmale des Leistungsergebnisses, sondern auch auf Merkmale des Leistungserstellungsprozesses und des Leistungspotentials.

Qualitätsdifferenzierend wirkt Signaling jedoch nur dann, wenn keinerlei Anreize oder Möglichkeiten zur Übermittlung falscher Signale bestehen. Dies kann jedoch nur bei Sucheigenschaften vorausgesetzt werden. Anreize für opportunistisches Ausnutzen von Informationsvorsprüngen entstehen vor allem deshalb, weil Informationen selbst vorwiegend Erfahrungs- oder Vertrauenseigenschaften aufweisen. Die Qualität der Informationen kann demnach erst beurteilt werden,

28 Vgl. Jacob 1995, S. 154; Kleinaltenkamp/Plötner 1994; Fließ 1999.

29 Vgl. Kleinaltenkamp 1999.

30 Vgl. Kleinaltenkamp 1997; Kleinaltenkamp 1999; vgl. anders Engelhardt/Freiling 1995.

31 Vgl. beispielsweise Backhaus 1992; Kaas 1990, S. 542 f.

32 Vgl. Jacob 1995, S. 154; Fließ 1999; Woratschek 1996, S. 62 ff.

wenn die Information bereits übergeben wurde (Erfahrungseigenschaft). Manchmal ist nicht einmal dann eine Beurteilung möglich, weil dem Nachfrager das hierfür notwendige Wissen fehlt (Vertrauenseigenschaft). Informationen haben damit die Eigenart, selbst unter Qualitätsunsicherheit zu leiden. Gelingt es nicht, diese Qualitätsunsicherheit zu reduzieren oder gar zu beseitigen, so droht trotz möglicherweise hoher Qualität der Leistungen eine Fehlauswahl von Anbietern oder Leistungen.

Daher kommt dem persönlichen Verkauf, d.h. den hier beschäftigten Vertriebsmitarbeitern, die Aufgabe zu, sowohl die Qualitätsunsicherheit bezüglich der Leistung als auch bezüglich der Informationen zu reduzieren. Da die Glaubwürdigkeit der Information aufgrund ihres Charakters als Vertrauenseigenschaft vom Käufer häufig nicht überprüfbar ist, tritt an die Stelle der Glaubwürdigkeit der Information die Glaubwürdigkeit der Informationsquelle.[33]

2.2.3 Die Glaubwürdigkeit der Informationsquelle

Wie verschiedene Untersuchungen im Rahmen der Werbeforschung belegen, beeinflußt die Glaubwürdigkeit einer Informationsquelle die Glaubwürdigkeit der Information.[34] Hierbei spielt beispielsweise die Einstellung des Käufers zur Informationsquelle generell eine Rolle. Käufer, die Akquisiteuren generell nicht trauen, also eine negative Einstellung zum Marketinginstrument „Persönlicher Verkauf" haben, werden auch den Aussagen von Vertriebsingenieuren wenig Glauben schenken. Natürlich kann ein Käufer Vertriebsmitarbeiter generell für glaubwürdig halten, aber gerade diesen Mitarbeiter, mit dem er es zu tun hat, eben nicht. („Der würde doch seine Großmutter verkaufen, wenn er damit ein Geschäft machen könnte"). Dann bezieht sich die Einstellung auf eine bestimmte Person.

Persönliche Informationsquellen gelten allgemein als glaubwürdiger als unpersönliche Quellen.[35] Handelt es sich um Kaufprozesse, in denen Erfahrungseigenschaften dominieren und die Unsicherheit daher höher ist, werden ebenfalls persönliche Informationsquellen gegenüber unpersönlichen Informationsquellen bevorzugt.[36].

Ein Experiment von *Gierl/Stich/Strohmayr* zeigt,[37] daß eine Information, die nicht vereinbar ist mit dem bisherigen Wissen, aber aus einer glaubwürdigen

33 Vgl. Gierl/Stich/Strohmayr 1997; Hopf 1983, S. 75 ff.

34 Vgl. Harmon/Coney 1982; MacKenzie/Lutz/Belch 1986; MacKenzie/Lutz 1989.

35 Vgl. Arndt 1967; Cunningham 1967.

36 Vgl. Zeithaml 1984; Parasuraman 1981.

37 Vgl. Gierl/Stich/Strohmayr 1997.

Quelle stammt, eher geglaubt wird als eine Information aus einer unglaubwürdigen Quelle. Hieraus läßt sich nun ableiten, daß die Glaubwürdigkeit des Vertriebsmitarbeiters bzw. der Vertriebsmitarbeiterin von besonderer Bedeutung ist für die Aufnahme und Annahme der Informationen. Allerdings zeigen andere Untersuchungen, daß sich der Einfluß der Glaubwürdigkeit der Informationsquelle auf die Botschaft im Zeitablauf abschwächt: Information und Informationsquelle werden voneinander getrennt und nur die Information wird behalten, so daß eine Information aus einer glaubwürdigen Quelle die gleiche Akzeptanz findet wie eine Information aus einer wenig glaubwürdigen Quelle. Dieser Zusammenhang, daß sich die Verbindung zwischen Information und Informationsquelle schneller auflöst als die Information vergessen wird, wird als *Sleeper-Effekt* bezeichnet.[38]

Die Glaubwürdigkeit einer Informationsquelle wird häufig auf die beiden Merkmale „Sachkenntnis" und „Zuverlässigkeit" zurückgeführt. Sachkenntnis bezieht dabei auf den Umfang und die Richtigkeit des Wissens, während Zuverlässigkeit die Bereitschaft meint, dieses Wissen auch unverfälscht weiterzugeben.[39] Aber auch die Tatsache, daß ein Anbieter den i.d.R. mit höheren Kosten verbundenen persönlichen Verkauf einsetzt, kann als Signal für die Glaubwürdigkeit seiner Leistungseigenschaften gewertet werden. Wenn nämlich seine Leistungen keine überlegene Qualität besäßen, könnte er auch keinen Preis verlangen, der die im Vergleich zum Handel beispielsweise höheren Kosten des persönlichen Verkaufs deckt.

Da der Vertriebsmitarbeiter bzw. die Vertriebsmitarbeiterin nicht nur Informationen übermitteln, sondern auch Informationen über ihre eigene Person ausstrahlen, können sie ihre Glaubwürdigkeit in den Augen des Käufers beeinflussen. So gilt beispielsweise die Kleidung als Indikator für die Glaubwürdigkeit. Nicht umsonst wird daher der äußeren Erscheinung im Vertrieb besondere Aufmerksamkeit geschenkt. Dies gilt übrigens nicht für den Vertriebsbereich, sondern für alle Personen eines Unternehmens, die im Kundenkontakt stehen. Als Credo von Unternehmensberatern beispielsweise gilt das Tragen von Lederschuhen mit Ledersohlen („bloß keine Gummisohlen"), um seriös zu erscheinen.

Gegenüber anderen Informationsquellen des Anbieters beispielsweise zeichnen sich Vertriebsmitarbeiter dadurch aus, daß sie weniger Möglichkeiten haben, Signale zu verändern oder zu fälschen.[40] Körpersignale wie Gesten oder Mimik beispielsweise lassen sich weniger leicht steuern als gesprochene Worte. Menschen als Informationsquelle genießen daher häufig höhere Glaubwürdigkeit als geschriebene Worte („Papier ist geduldig.").

---

38 Vgl. Köhler 1997, S. 157.

39 Vgl. Köhler 1997, S. 155. Andere Autoren sprechen in diesem Zusammenhang von Kompetenz und Vertrauenswürdigkeit; vgl. Götsch 1994, S. 23 ff.

40 Vgl. zur Manipulation von Signalen Spence 1974, S. 10 f.

Nicht nur Informationsquellen, sondern auch Informationskanäle können vom Käufer als glaubwürdig oder weniger glaubwürdig eingeschätzt werden. So werden vom Anbieter unabhängige Informationsmittel, wie beispielsweise Artikel in Fachzeitschriften, generell für glaubwürdiger erachtet als Informationsmittel, die vom Anbieter selbst stammen, wie etwa Produktprospekte.[41] Vertriebsmitarbeiter/innen greifen daher in Verkaufsgesprächen häufig auf andere vom Kunden als glaubwürdig erachtete Informationsmittel zurück, um ihre eigene Glaubwürdigkeit zu unterstreichen. Die Besichtigung von Referenzanlagen, bei denen der Käufer Such- und Erfahrungseigenschaften in Erfahrung bringen kann, stellen eine solche Möglichkeit dar. Dabei hofft der Verkäufer oder die Verkäuferin neben der Vermittlung entsprechender Informationen, daß die Glaubwürdigkeit des Referenzkunden (Sender) über den Informationskanal (Referenzanlage) auf ihn überstrahlt – schließlich hat er den Käufer erst mit dieser Informationsmöglichkeit bekannt gemacht. Eine ähnliche Untermauerung der Glaubwürdigkeit des Verkäufers erhofft er sich vom Einsatz von CD-ROMs oder dem Verteilen von Zeitschriftenartikeln. Die Erwähnung von Zertifikaten unabhängiger Testinstitute, die Präsentation von Testergebnissen Dritter oder die Zusammenführung des Kunden mit anderen Nutzern in User-Groups oder Nutzer-Zirkeln stellen ebenfalls Maßnahmen dar die eigene Glaubwürdigkeit und die Glaubwürdigkeit des Unternehmens zu verdeutlichen.

2.2.4 Informations- und Verhandlungsfunktion des persönlichen Verkaufs

Aus den bisherigen Überlegungen lassen sich nun die folgenden Schlußfolgerungen für die Aufgaben des persönlichen Verkaufs ziehen.

Eine Transaktion wird durchgeführt, wenn Anbieter und Nachfrager jeweils einen höheren Netto-Nutzen im Vergleich zu anderen Alternativen am Markt erhalten. Um diese Bedingungen zu erfüllen, muß der Anbieter wissen, welche Anforderungen der Nachfrager an die Leistung stellt. Nur dann kann eine Austauschrelation angeboten werden, die seinen Einsatzbedingungen und Verwendungsabsichten entspricht. Die Einsatzbedingungen, Verwendungsabsichten und Leistungsanforderungen in Erfahrung zu bringen, ist daher eine der Aufgaben des persönlichen Verkaufs.

Um festzustellen, ob die angebotene Austauschrelation seinen Anforderungen entspricht und ob sie im Verhältnis zu anderen Austauschrelationen günstiger ist, muß der Nachfrager Informationen über die angebotenen Leistungen und geforderten Gegenleistungen erhalten. Informationen zu liefern, die dem Kunden eine solche Bewertung erlauben, stellt eine weitere Aufgabe des persönlichen

41 Gronhaug 1975a.

Verkaufs dar. Dabei liegt es jedoch im Interesse des Anbieters, die eigenen Leistungen als denen des Wettbewerbers überlegen darzustellen.

Da die Interessen zwischen Nachfrager und Anbieter divergieren, kommt der Glaubwürdigkeit der Informationen eine besondere Rolle zu. Nur wenn die Informationen, die der Nachfrager erhält, zutreffend sind, kann er sich auch ein 'richtiges' Bild der angebotenen Austauschrelationen machen. Die Glaubwürdigkeit der Informationen sicherzustellen, ist eine Funktion, die von den Vertriebsmitarbeitern in besonderem Maße wahrgenommen werden kann.

Die Aufgaben der Informationsgewinnung, der Informationsübermittlung und der Vermittlung der Glaubwürdigkeit können als *Informationsfunktion* des persönlichen Verkaufs bezeichnet werden.

Selbst wenn der Nachfrager über alle Informationen verfügte, die auch der Anbieter besitzt, kommt es aufgrund der unterschiedlichen Interessen zwischen Anbieter und Nachfrager nicht zur gleichen Bewertung der auszutauschenden Leistungen. Vor dem Hintergrund der von beiden Seiten angestrebten Austauschgerechtigkeit oder Verteilungsgerechtigkeit ist jedoch eine Übereinkunft über die auszutauschenden Leistungen zu erzielen, damit beide Seiten zum Tausch bereit und mit den getauschten Leistungen möglichst auch zufrieden sind. Die Bewältigung dieser Aufgabe kann als *Verhandlungsfunktion* des persönlichen Verkaufs bezeichnet werden. Auch zur Ausübung dieser Funktion sind Vertriebsmitarbeiter aufgrund ihrer Glaubwürdigkeit und Vertrauenswürdigkeit eher geeignet als andere nicht persönliche Kommunikationsmittel.

Um ihrer Informations- und Verhandlungsfunktion nachzukommen und eine Transaktion herbei- und durchzuführen, unternehmen Vertriebsmitarbeiter verschiedene Aktivitäten: sie telefonieren mit Kunden, besuchen sie, führen die Leistungsfähigkeit ihrer Produkte vor, besuchen gemeinsam mit den potentiellen Kunden die Produktion des eigenen Unternehmens, sprechen bei Referenzkunden vor, laden Mitglieder des Buying Centers zum Essen ein, koordinieren ihre eigenen Aktivitäten mit denen ihrer Kollegen im Vertrieb oder in anderen Abteilungen des Unternehmens, leiten Beschwerden weiter, schreiben Besuchsberichte etc. Wie eine Untersuchung des *Weiterbildenden Studiums Technischer Vertrieb* zeigte, gehören Kundenberatung, Großkundenbetreuung und Kundenverhandlungen zu den Tätigkeiten, die als besonders wichtig eingestuft werden und die gleichzeitig den größten Anteil an der Tätigkeit der Vertriebsmitarbeiter ausmachen.[42]

Verkäufer sind bei der Verfolgung dieser Aufgaben unterschiedlich erfolgreich. Insbesondere die Praxis, aber auch die Wissenschaft, hat sich daher für die Frage interessiert, welche Faktoren den Erfolg von Verkaufsgesprächen maßgeblich beeinflussen.

42 Vgl. Kleinaltenkamp/Fließ 1995, S. 44.

2.3 Einflußfaktoren des Erfolges von Verkaufsgesprächen

Der Versuch, die Frage nach den Erfolgsfaktoren von Verkaufsgesprächen zu beantworten, hat zu einer Vielzahl von Untersuchungen geführt. Im wesentlichen lassen sich folgende Betrachtungsweisen unterscheiden:

1. Ansätze, die die Merkmale der handelnden Personen auf Anbieter- und Nachfragerseite in den Mittelpunkt stellen (personenbezogene Ansätze),
2. Ansätze, die das Verhalten bzw. die Aktivitäten des Verkäufers in den Mittelpunkt stellen (verhaltensbezogene Ansätze), und
3. Ansätze, die den Verkaufsvorgang als einen sozialen Interaktionsprozeß betrachten (Interaktionsansätze).

Personenbezogene Ansätze des Verkaufserfolges unterstellen, daß die Persönlichkeit des Verkäufers oder des Käufers einen maßgeblichen Einfluß ausüben. Hierbei spielen etwa Enthusiasmus, Überzeugungskraft, Interesse an der Arbeit oder Extrovertiertheit eine Rolle.[43] Einer Untersuchung von *Dion/Easterling/Miller* zufolge können die meisten Verkäufer drei verschiedenen Persönlichkeitstypen zugeordnet werden, die durch Extrovertiertheit, Intiution u.ä. gekennzeichnet werden. Bezeichnenderweise hat jedoch der Persönlichkeitstyp keinen signifikanten Einfluß auf den Verkaufserfolg.[44]

Als ein weiterer Einflußfaktor von Bedeutung gilt das *Expertentum.* So zeigen verschiedene Untersuchungen, daß Expertentum und Verkaufserfolg positiv miteinander korreliert sind.[45] *Busch* und *Wilson* erklären diesen Zusammenhang dadurch, daß das Expertenwissen positiv mit dem Erfolg von Beeinflussungsversuchen verbunden ist.[46]

Vermutet wird weiterhin, daß Männer erfolgreicherere Verkäufer sind als Frauen. Einige Untersuchungen konnten keine geschlechtsspezifischen Unterschiede bezüglich des Verkaufserfolges ausmachen,[47] andere zeigen klare Differenzierungen.[48] So ist ein Ergebnis der Untersuchung von *Dion/Easterling/Javagli,* daß es zwar keine Unterschiede hinsichtlich der Gesamtleistung gibt, daß jedoch Männer von Einkäufern und Einkäuferinnen hinsichtlich ihrer Produkt-

---

43 Vgl. die Übersicht in Kapitel C.1 und die dort angegebene Literatur.

44 Vgl. Easterling/Dion/Miller 1995.

45 Vgl. Busch/Wilson 1976; Taylor/Woodside 1981.

46 Vgl. Busch/Wilson 1976. Diese Ergebnisse sind konsistent mit den Forschungsergebnissen zum Einfluß innerhalb von Buying Centern. Hiernach haben Personen, die über Wissen, d.h. Expertenmacht, verfügen, einen besonders großen Einfluß auf die Kaufentscheidung; vgl. Fließ 1999 und die dort angegebenen Literaturquellen.

47 Vgl. beispielsweise Swan/Rink/Kieser/Martin 1984; Cook/Corey 1991; Siguaw/Honeycutt 1995; Dion/Easterling/Javalgi 1997.

48 Vgl. Comer/Jolsen 1991.

kenntnis und ihrer Präsentationsfähigkeit als besser wahrgenommen werden.[49] Überraschenderweise nehmen Einkäufer und Einkäuferinnen Verkäufer und Verkäuferinnen als einander ähnlich wahr. *Siguaw/Honeycutt* fanden heraus, daß Frauen im Vertrieb kundenorientierter sind als Männer.[50]

Arnott geht davon aus, daß fehlende Unterschiede bezüglich des Verkaufserfolges auf unterschiedliche Fähigkeiten von Männern und Frauen zurückzuführen sind.[51] Möglicherweise sind Frauen in Situationen, in denen eine stärkere Beratungsfunktion des Verkaufs gefordert ist, durch ihre 'natürlichen' Talente, Beziehungen herzustellen und zuzuhören, im Vorteil. Männer sind demgegenüber in solchen Situationen im Vorteil, in denen sie sich stärker auf ihre Abschlußtechniken und ihre Fähigkeiten, Abschlüsse herbeizuführen, verlassen können. Sie kommt dabei zu dem Schluß, daß Unternehmen Menschen mit beiderlei Fähigkeiten benötigen. Wie *Jolson/Comer* in ihrer Untersuchung aufdecken, handelt es sich bei diesen Fähigkeiten jedoch eher um weibliche und männliche Züge, bei Männern und Frauen auftreten und die mit unterschiedlichen Verkaufsaktivitäten verbunden sind. So sind 'männliche' Züge beim Aufspüren potentieller Kunden notwendig, während 'weibliche' Fähigkeiten bei der Aufrechterhaltung der Beziehung nach Vertragsabschluß zum Tragen kommen.[52]

Andere Untersuchungen zeigen, daß der Verkaufserfolg letztlich wohl weniger eine Frage der Persönlichkeitsmerkmale ist als vielmehr eine Frage der *Beziehungen* zwischen Verkäufer und Käufer bzw. zwischen den auf Anbieter- und Nachfragerseite beteiligten Personen („Die Chemie muß stimmen."). Eine besondere Rolle spielt dabei die *Ähnlichkeit zwischen Verkäufer und Käufer.* So wird angenommen, daß Verkäufer, die den Kunden ähnlich sind, höhere Umsätze erzielen und mehr Aufträge verbuchen als Verkäufer, die den Kunden nicht ähnlich sind. Die Ähnlichkeit bezieht sich dabei auf die äußere Erscheinung, einen vergleichbaren Lebensstil, die gleiche Altersgruppe, eine ähnliche Schul- und Berufsausbildung. Diese Beziehungen konnten in mehreren Untersuchungen bestätigt werden.[53] Hierbei kommt es jedoch nicht notwendigerweise auf die tatsächliche Ähnlichkeit, sondern vielmehr auf die wahrgenommene Ähnlichkeit zwischen den handelnden Personen an.[54] In einer weiteren Untersuchung wurde festgestellt, daß die Ähnlichkeit zwischen Kunde und Verkäufer auch die Zufriedenheit beider beeinflußt.[55] Die Untersuchung von *Taylor/Woodside* belegt weiterhin einen Zusammenhang zwischen der Qualität der Beziehung und der Be-

---

[49] Vgl. Dion/Easterling/Javalgi 1997.

[50] Vgl. Siguaw/Honeycutt 1995.

[51] Vgl. Arnott 1995.

[52] Vgl. Jolson/Comer 1992.

[53] Vgl. Evans 1963; Gadel 1964; Schoch 1965; Wiener/Mowen 1985.

[54] Vgl. Dion/Easterling/Miller 1995.

[55] Vgl. Byrne 1969.

reitschaft des Kunden zu künftigen Käufen.[56] Auch *Crosby/Evans/Cowles* arbeiten heraus, daß die Bereitschaft zu künftigen Käufen vor allem von der Qualität der Beziehung, insbesondere von Vertrauen und Zufriedenheit, bestimmt wird. Die Fähigkeit, eine solche Bereitschaft auch in Kaufabschlüsse umzusetzen, wird jedoch wiederum vor allem durch persönliche Merkmale wie Ähnlichkeit und Expertenwissen beeinflußt.[57] *Leuthesser* zieht aus seiner Untersuchung von Einkäufern aus 454 Unternehmen der Investitionsgüterindustrie folgende Schlußfolgerungen für das Verhalte eines erfolgreichen Verkäufers:[58]

1. Er sollte besondere Anstrengungen unternehmen, die Märkte und das Geschäft seiner Kunden zu verstehen, und er sollte nach Wegen suchen, die es den Kunden ermöglichen, sich im Wettbewerb erfolgreicher zu behaupten.
2. Er sollte etwaige Änderungen, die sich auf das Geschäft des Kunden auswirken, rechtzeitig und unmißverständlich ankündigen.
3. Er sollte dem Kunden Informationen über sich selbst geben, so daß der Kunde Vertrauen entwickeln kann.

Wie eine Untersuchung von *Learning International* aufdeckt, erwarten Kunden von einem Verkäufer vor allem, daß er Versprechen hält, das Produkt bzw. die Dienstleistung kennt, ehrlich ist, Unterstützung von seinem Unternehmen erhält, im Notfall hilft, sensibel ist für Kundensorgen, als Problemlöser auftritt und verständlich präsentiert.[59] Hierin mischen sich personenbezogene, unternehmensbezogene und beziehungsbezogene Anforderungen. Ähnliche Aspekte stellt eine Untersuchung von *Ingram/Schwepker/Hutson* heraus: Der Mißerfolg von Verkäufern ist hiernach vor allem auf fehlendes Zuhören zurückzuführen sowie mangelnde Konzentration auf Prioritäten, zu geringe Anstrengungen, die Unfähigkeit, den Kundenbedarf richtig zu analysieren, fehlende Planung von Produktpräsentationen und mangelhafte Produktkenntnis.[60]

Sharma/Lambert hingegen halten als Ergebnis ihrer Untersuchung fest, daß die Bedeutung der Person des Verkäufers für den Käufer überschätzt und die Bedeutung der Leistungen des Unternehmens insgesamt unterschätzt wird.[61] So besteht beispielsweise ein Zusammenhang zwischen der Unternehmenskultur, dem Ausmaß der Kundenorientierung eines Verkäufers und der Art der Beziehung in der Verkäufer-Käufer-Dyade. Allerdings geht nur von der Unternehmenskultur des Anbieterunternehmens ein diesbezüglicher Einfluß aus.[62]

---

[56] Vgl. Taylor/Woodside 1981.

[57] Vgl. Crosby/Evans/Cowles 1990.

[58] Vgl. Leuthesser 1997.

[59] Vgl. Learning International 1994; zitiert nach Belz 1996, S. 193.

[60] Vgl. Ingram/Schwepker/Hutson 1992.

[61] Vgl. Sharma/Lambert 1994.

[62] Vgl. Williams/Attaway 1996.

Eine Untersuchung von *Kern* aus dem Werkzeugmaschinenbau belegt, daß der Verkaufserfolg insbesondere von den strukturellen Merkmalen der Nachfragerorganisation, wie der Unternehmens- und Buying-Center-Größe sowie der Intensität der Geschäftsbeziehung und der Verhandlungsdauer abhängen.[63]

Insgesamt scheint der Verkaufserfolg wohl vor allem von der Interaktion zwischen den handelnden Personen bestimmt zu werden. Dabei nehmen sowohl persönlichkeitsbezogene Faktoren als auch unternehmensbezogene Faktoren sowie situative Gegebenheiten Einfluß auf den Verlauf der Interaktion und ihr Ergebnis. Aus diesem Grunde wollen wir im folgenden die menschliche Interaktion als Grundlage des persönlichen Verkaufsgesprächs in den Mittelpunkt unserer Betrachtung stellen.

2.4 Menschliche Interaktion – Die Grundlage des persönlichen Verkaufsgesprächs

2.4.1 Interaktion und Kommunikation

Sobald zwei Personen miteinander in Kontakt treten - sei es per Telefon, sei es zufällig auf der Straße oder geplant bei einem Vertreterbesuch im Kundenunternehmen - treten sie auch in einen Interaktionsprozeß ein. „Interaktion" bedeutet Wechselbeziehung. Eine Interaktion liegt also vor, wenn mindestens zwei Personen vorhanden sind, die sich durch ihr Verhalten, und sei es auch nur durch einen Blick, durch ein Abwenden des Körpers oder durch Schweigen, aufeinander beziehen. Die an einer solchen Interaktion Beteiligten geben dabei bewußt oder unbewußt, direkt oder indirekt Informationen aneinander weiter: durch ihre Körperhaltung, ihre Gestik, ihre Blicke und natürlich auch durch Worte. Jede Information oder Mitteilung trifft beim Gegenüber auf Erfahrungen und Erwartungen. Auf der Basis dieser Erfahrungen und Erwartungen wird jede Information oder Mitteilung interpretiert - nicht immer im Sinne desjenigen, der sie bewußt oder unbewußt ausgestrahlt hat, wohl aber vor dem Hintergrund seiner eigenen Erfahrungen.[64]

Zwischenmenschliche Kommunikation ist Verhalten - verbales und nonverbales. Verhalten hat kein Gegenteil - man kann sich nicht nicht verhalten. Da nun jegliches Verhalten interpretiert werden kann, also potentiell Mitteilungscharakter hat, schließen *Watzlawick/Beavin/Jackson* daraus: „Man kann nicht nicht kommunizieren."[65] Alles Verhalten, was beispielsweise zwei Personen zei-

63 Vgl. Kern 1990, S. 218.

64 Vgl. Treibel 1993, S. 108.

65 Watzlawick/Beavin/Jackson 1982, S. 53.

gen, die sich miteinander in einem Raum befinden, ist Kommunikation, selbst wenn sie nicht miteinander reden. Der Vertriebsingenieur, der im Vorzimmer der Sekretärin darauf wartet, daß sein Gesprächspartner Zeit für ihn hat, kommuniziert mit der Sekretärin durch seine Haltung und seine Tätigkeiten. Schaut er sich beispielsweise seine Unterlagen nochmals an, so kann diese Mitteilung ausdrükken: „Ich will mich auf das Gespräch gut vorbereiten", oder auch: „Ich bin schlecht vorbereitet, deshalb muß ich noch etwas nachsehen." Wie die Mitteilung interpretiert wird, hängt vom Empfänger, hier der Sekretärin, ab.

Jede Mitteilung eines Menschen stellt zunächst eine Information dar. Gleichzeitig weist jedoch eine Mitteilung den Empfänger darauf hin, wie der Sender die Kommunikationsmitteilung verstanden wissen möchte, und definiert dadurch die Beziehung zwischen den Kommunikationspartnern. Jede Mitteilung umfaßt also einen kommunikativen und einen metakommunikativen Teil. Diese Doppelstruktur bezeichnen *Watzlawick/Beavin/Jackson* als Inhalts- und Beziehungsaspekt der Kommunikation.[66] „Jede Kommunikation hat einen Inhalts- und einen Beziehungsaspekt, derart, daß letzterer den ersteren bestimmt und daher eine Metakommunikation ist."[67] Der Inhaltsaspekt enthält die reine Mitteilung. Der Beziehungsaspekt definiert die Beziehung zwischen den Kommunikationspartnern. Die Sekretärin fragt den Vertriebsingenieur, ob er einen Kaffee möchte. Die Inhaltsebene bezieht sich auf den Kaffeewunsch. Auf der Beziehungsebene kann nun dieser Wunsch auf vielfältige Weise interpretiert werden: Die Sekretärin ist höflich ist. Im Unternehmen ist es üblich, Besuchern Kaffee anzubieten; da er ein Besucher ist, wird ihm auch Kaffee angeboten. Die Sekretärin sucht nach einem Anknüpfungspunkt für ein Gespräch. Der Vertriebsingenieur macht den Eindruck, als hätte er einen Kaffee nötig. Welche dieser Interpretationsmöglichkeiten gewählt wird, hängt von den die Worte „Möchten Sie einen Kaffee?" begleitenden Gestik, Mimik etc. ab sowie von den Erfahrungen des Vertriebsingenieurs in der Interpretation dieser nonverbalen Zeichen.

Der Vertriebsingenieur kann nun auf die Mitteilung in verschiedener Weise reagieren. Erfolgreiche 'gesunde' Kommunikation ist durch die wechselseitige Orientierung am jeweils anderen gekennzeichnet: Möglicherweise ist die Frage der Sekretärin bereits die Reaktion auf die Verhaltensweisen des Vertriebsingenieurs. Vielleicht hat er gegähnt oder sich gestreckt oder der Sekretärin Blicke zugeworfen. Interaktionen bestehen immer aus Verhaltensketten beider Interaktionspartner, auf die ein Kausaldenken nicht anwendbar ist. Jede Verhaltensweise, die einer der beiden Interaktionsteilnehmer zeigt, ist sowohl Ursache als auch Wirkung. Interaktionen sind also nicht linear, sondern kreisförmig. Jeder der beiden Interaktionsteilnehmer tendiert jedoch dazu, bestimmte Ereignisfolgen

---

66 Vgl. im folgenden ausführlich Watzlawick/Beavin/Jackson 1982, S. 53 ff.

67 Watzlawick/Beavin/Jackson 1982, S. 56.

zu interpunktieren, um die Beziehungsstruktur festzulegen. So sieht es aus der Sicht des jeweiligen Kommunikationsteilnehmers aus, als habe der andere die Initiative, als sei er dominant, abhängig oder dergleichen. Beispielsweise könnte der Vertriebsingenieur denken, daß die Initiative von der Sekretärin ausgeht, hat sie doch die Frage nach dem Kaffee gestellt, während die Sekretärin glaubt, daß der Vertriebsingenieur die Kommunikation durch sein Gähnen eröffnet hat. Der Vertriebsingenieur reagiert auf die Frage, hebt dieses Kommunikationselement aus allen anderen heraus, während die Sekretärin auf das Gähnen reagiert, nicht auf das lesen der Unterlagen oder sonstige Mitteilungen. Die Interpunktion bestimmt auch die Fortsetzung der Beziehung. Auf welche der möglichen Botschaften auf der Beziehungsebene wird der Vertriebsingenieur nun reagieren? Auf die Fürsorge, die Höflichkeit, das Interesse, das er in der Mitteilung vermutet? Wie man deutlich erkennen kann, ist es schwer, den genauen Anfang einer Interaktion festzulegen, da der tatsächlichen Initiierung eines Gespräches häufig nonverbale vorbereitende Handlungen vorausgehen, die häufig unbewußt ausgeführt werden. Darauf folgern *Watzlawick/Beavin/Jackson*: „Die Natur einer Beziehung ist durch die Interpunktion der Kommunikationsabläufe seitens der Partner bedingt."[68]

Schließlich werden, wie bereits mehrfach erwähnt, Kommunikations- und Interaktionssequenzen durch verschiedene 'Äußerungen' der Interaktionspartner begleitet: verbale und nonverbale Verhaltensweisen.[69] Zur nonverbalen Kommunikation zählen Mimik, Gestik, Blickverhalten, Tonfall oder Sprechweise. Wenn die Bedeutung eines Sachverhaltes beim Sprechen durch eine Handbewegung unterstrichen wird, handelt es sich um nonverbale Kommunikation.

Verbale und nonverbale Zeichen werden in der Kommunikation häufig gemeinsam eingesetzt. Der Inhaltsaspekt einer Nachricht wird vorwiegend durch verbale Kommunikationszeichen überbracht, während sich die Interaktionspartner auf der Beziehungsebene vorwiegend durch nonverbale Zeichen verständigen. Lehnt der Vertriebsingenieur den Kaffee mit den Worten „nein, vielen Dank" ab, so handelt es sich um verbale Zeichen. Begleitet wird diese Ablehnung meist mit einem leichten Kopfschütteln und einem Lächeln, um die Ablehnung abzumildern - nonverbale Zeichen. Verbale und nonverbale Zeichen ergänzen sich also gegenseitig.[70]

Diese bisherigen Ausführungen legen dar, nach welchen Grundregeln erfolgreiche Kommunikationsprozesse ablaufen. Sie stellen daher sogenannte *metakommunikative Regeln* dar. Die Befolgung metakommunikativer Regeln unter-

---

68 Watzlawick/Beavin/Jackson 1982, S. 61.

69 *Watzlawick/Beavin/Jackson* unterscheiden zwischen analoger und digitaler Kommunikation (vgl. Watzlawick/Beavin/Jackson 1982, S. 61 f.), wobei analoge Kommunikation weitgehend mit nonverbaler und digitale Kommunikation weitgehend mit verbaler Kommunikation gleichgesetzt werden kann.

70 Watzlawick/Beavin/Jackson 1982, S. 68.

scheidet erfolgreiche, 'gesunde' Kommunikationsprozesse von gestörten, pathologischen Kommunikationsbeziehungen.[71] In solchen Beziehungen reden Gesprächspartner beispielsweise aneinander vorbei, statt sich wechselseitig aneinander zu orientieren,[72] oder digitale und analoge Kommunikationsformen passen nicht zusammen: Beispielsweise wird die Aussage „Heute war ein miserabler Tag" von einem strahlenden Lächeln begleitet.

Die recht einfachen Annahmen dürfen jedoch nicht darüber hinwegtäuschen, daß Kommunikations- und Interaktionsprozesse selbst in einfachen Situationen häufig sehr viel komplexer und komplizierter sind, als es den Anschein hat. Dies läßt sich bereits anhand der kurzen „Kaffee-Episode" mit ihren vielfältigen Interpretationsmöglichkeiten erahnen.

Der *Symbolische Interaktionismus* geht nun davon aus, daß wir Menschen uns unsere eigene Realität schaffen. Dies geschieht, indem wir die *Bedeutung* von Menschen, von Situationen und von Dingen *interpretieren*.[73] Wir nehmen eine Situation, in der wir uns verhalten, nicht als objektiv gegeben hin, sondern interpretieren sie vor dem Hintergrund unserer eigenen Erfahrungen. Nicht alle, sondern nur bestimmte Elemente einer Situation werden als für unsere Absichten und Aktivitäten relevant angesehen. Man kann auch davon sprechen, daß Individuen ihre Situationen konstruieren. Verhaltensweisen, Elemente, Situationen erhalten Symbolcharakter, auf den wir reagieren. Diese Interpretation ermöglicht uns den Umgang mit anderen und erleichtert die komplexen und komplizierten Interaktionsprozesse. Dabei werden die Interpretationsprozesse nicht bewußt gesteuert, sondern sie laufen automatisch ab – gesteuert von unseren Erwartungen und Erfahrungen.

Beispiel:
Der Bedeutungsunterschied zwischen einem Einkäufer und einem Konstruktionsleiter ergibt sich für einen Vertriebsingenieur aus ihrer jeweiligen Position im Unternehmen im Hinblick auf den zu entscheidenden Auftrag. Handelt es sich um einen Auftrag über Scheinwerfer für eine neue Modellreihe eines Automobilherstellers, so wird der Vertriebsingenieur dem Konstruktionsleiter eine höhere Be-

---

[71] Vgl. Watzlawick/Beavin/Jackson 1982, S. 43 f.

[72] Vgl. hierzu beispielsweise Jones/Gerard 1967.

[73] Der Symbolischer Interaktionismus betrachtet Interaktion als Interpretation. Er geht auf *Mead* zurück (vgl. Mead 1934/1995), wobei der Begriff des Symbolischen Interaktionismus von *Meads* Schüler *Blumer* geprägt wurde (vgl. Treibel 1993, S. 114). Neben dem Symbolischen Interaktionismus bestehen noch andere theoretische Ansätze zur Erklärung von Interaktion, z.B. die Theorie kommunikativen Handelns nach *Habermas* und die Austauschtheorie, wie sie von *Thibaut/Kelley* und *Homans* formuliert wurde (vgl. Habermas 1981, Thibaut/Kelley 1959, Homans 1972). Allen drei theoretischen Sichtweisen der Interaktion ist gemeinsam ist die Vorstellung eines Aushandelns bestimmter Interaktionsverhältnisse (vgl. zum Überblick Wiswede 1991, S. 153–163). Da die wechselseitige, dynamische Beziehung zwischen den Interaktionspartnern im Mittelpunkt steht, ist die Vorstellung des Aushandelns interaktiver Rollen u.E. besonders geeignet, Gesprächsverläufe in Verkaufssituationen zu erklären.

deutung zumessen als dem Einkäufer. Die (subjektiven) Bedeutungsunterschiede zwischen den beiden Personen bestimmen nun das Verhalten des Vertriebsmitarbeiters während der weiteren Akquisition.

Bedeutungen von Personen bleiben nicht konstant, sondern wir verändern sie:

Beispiel:
Der Vertriebsingenieur Klaßmann ist bereits seit Jahren mit seinem Nachbarn Rotter befreundet. Nun übernimmt Klaßmann eine neue Kundengruppe, zu der auch das Unternehmen zählt, bei dem Herr Rotter als Konstrukteur beschäftigt ist. Seine Beziehung zu ihm erhält für Klaßmann eine neue Bedeutung.

Bedeutungen werden aber nicht nur Personen, sondern auch Objekten zugeschrieben.

Beispiel:
Für einen Hobbyfotografen enthält ein Produktkatalog nicht nur Abbildungen von Maschinen, sondern er würdigt auch die künstlerische Umsetzung. Er interpretiert die Fotos anders als jemand, der nicht fotografiert. Für eine Künstlerin ist ein Tisch nicht nur ein Platz zum Arbeiten und Essen, sondern auch ein Gegenstand, der verhüllt, bemalt oder entfremdet werden kann.

In den folgenden Abschnitten soll ein Überblick darüber gegeben werden, welche Prozesse, Überlegungen und Handlungen dafür sorgen, daß ein Interaktions- und Kommunikationsprozeß erfolgreich abläuft.[74]

In diesem Abschnitt 2.4 wollen wir uns zunächst mit folgenden Fragen beschäftigen: Was passiert, wenn sich zwei Menschen, die einander unbekannt sind, gegenüberstehen? Wie machen sie sich ein Bild vom jeweils anderen? Wie schätzen sie sich ein? Und wie werden die daraus entstehenden Beziehungen aufrecht erhalten, z.B. daß ein Bekannter ein Bekannte bleibt und nicht wieder zum Unbekannten wird?

Im sich daran anschließenden Abschnitt 2.5 wollen wir noch ein wenig tiefer in die Kommunikationsstrukturen eintauchen, um beispielsweise herauszufinden, woran es liegen mag, daß sich jemand ein falsches Bild von sich selbst macht, oder auch, um festzustellen, wie Mißverständnisse entstehen und behoben werden können.

2.4.2 Arten von Interaktionssituationen

Personen, die Austauschbeziehungen anbahnen wollen, können in unterschiedlichen Situationen aufeinander treffen. Häufig gehen einem ersten Treffen von Vertriebsingenieur/in und Kunde dabei bereits erste Kontakte voraus, die entwe-

---

74 Erfolgreiche Kommunikation bezieht sich hier und im folgenden nicht ausschließlich auf das Ergebnis eines solchen Interkationsprozesses, z.B. den Auftragsabschluß. Erfolgreiche Kommunikation ist eine Kommunikation, die Mißverständnisse möglichst ausschließt und dafür sorgt, daß sich die Personen gegenseitig verstehen und in ihren Verhaltensweisen aneinander orientieren.

der persönlicher Art sind, z.B. Telefongespräch, oder unpersönlicher Art, etwa wenn der potentielle Kunde eine Anzeige in einer Kennziffernzeitschrift gesehen, mit der Anforderung von Informationsmaterial reagiert hat und der Vertriebsmitarbeiter erst daraufhin diesen ersten Besuch vereinbart - oder aber der Kunde einen Besuch 'anfordert'. Andere Kundenkontakte werden über Call-Center oder Mailings mit Antwortmöglichkeiten hergestellt oder aber es liegen Anfragen beim Anbieterunternehmen vor.

Daneben können sich erste Begegnungen zwischen einem Vertreter des Anbieterunternehmens und einem Vertreter des Kundenunternehmens an verschiedenen Orten stattfinden: Anbieter- und Kundenvertreter begegnen einander auf Messen, treffen einander im Anbieterunternehmen, im Kundenunternehmen, bei Betriebsbesichtigungen, bei Referenzkunden, in Restaurants oder zufällig auf Flughäfen und in Zügen.

Die Situationen, in denen Käufer und Verkäufer aufeinandertreffen, können vielfältiger Art sein. Jede Situation ist dabei durch ihre eigenen Verhaltenserwartungen gekennzeichnet und stellt daher unterschiedliche Anforderungen an Käufer und Verkäufer. Die Situationen unterscheiden sich weiterhin bezüglich ihrer Interpretationsmöglichkeiten und des Freiraumes der Gestaltungsmöglichkeiten hinsichtlich des Verhaltens der Akteure.

Wenn die interagierenden Personen nun in einer solchen Interaktionssituation zum ersten Mal miteinander in Berührung treten, wissen sie noch nicht, mit wem sie es zu tun haben. Sie müssen sich erst ein 'Bild' vom anderen machen. Ein solches Bild ist unumgänglich, da die Verhaltensweisen im weiteren Gesprächsverlauf davon abhängen, wer der Gesprächspartner oder die Gesprächspartnerin ist bzw. wie er interpretiert wird. Ohne ein solches Bild vom jeweils anderen ist es nicht möglich, Handlungspläne zu formulieren und sie im Rahmen der Kommunikation umzusetzen.

2.4.3 Die Einschätzung der handelnden Personen

Das Bild der anderen Person formen wir, indem wir Rollen aushandeln.[75] Dabei liegen die Rollen, in denen die eigenen Verhaltensweisen und die Verhaltenswei-

---

75 Vgl. Krappmann 1978, S. 60. Es ist darauf hinzuweisen, daß der Rollenbegriff der symbolisch-interaktionistischen Perspektive nicht dem funktionalistischen Rollenbegriff entspricht, wie er beispielsweise dem Buying-Center-Konzept zugrunde liegt. Der hier verwendete Rollenbegriff des Symbolischen Interaktionismus weist im wesentlichen folgende abweichende Merkmale auf:

1. Rollen sind nicht starr, sondern werden eingespielt, angeeignet, ausgehandelt, bestätigt und ständig verändert. Somit stehen nicht die Erwartungen anderer an eine bestimmte Position im Mittelpunkt, sondern der Prozeß des Aushandelns. Die Rollen sind in diesem

sen des anderen zum Ausdruck kommen, nicht von vornherein fest, sondern ergeben sich erst im Laufe des Interaktionsprozesses. Der Prozeß des Aushandelns vollzieht sich, indem eine Person ihrem Gesprächspartner eine Rolle anbietet. Diese Person nimmt die Rolle an oder lehnt sie ab und macht nun ihrerseits einen Vorschlag zur Ausgestaltung ihrer eigenen und zur Wahrnehmung der Rolle des anderen. Das Aushandeln der Rollen vollzieht sich dabei auf zwei Ebenen: erstens auf einer kognitiven, gedanklichen Ebene und zweitens auf einer expressiven Ebene, d.h. durch verbale und nonverbale Kommunikation.[76]

Es vollzieht sich zudem in zwei parallelen Schritten, denn das Aushandeln interaktiver Rollen ist eng verknüpft mit dem Aushandeln sozialer Identitäten. In jeder Interaktion wird auch gleichzeitig die soziale Identität geformt, bestätigt und verändert. Daher können die folgenden beiden Phasen der Interaktion unterschieden werden:

1. das Aushandeln sozialer Identitäten
2. das Aushandeln interaktiver Rollen.

Was sind nun Identitäten, was sind Rollen? Das Konzept der Identität geht auf *Mead* zurück.[77] Die Identität einer Person konstituiert sich aus den Erwartungen der anderen und aus der eigenen Antwort auf diese Erwartungen. „Identität stellt die Besonderheit des Individuums dar; denn sie zeigt auf, auf welche besondere Weise das Individuum in verschiedenartigen Situationen eine Balance zwischen widersprüchlichen Erwartungen, zwischen den Anforderungen der anderen und eigenen Bedürfnissen sowie zwischen dem Verlangen nach Darstellung dessen, worin es sich vom anderen unterscheidet, und der Notwendigkeit, die Anerkennung der anderen für seine Identität zu finden, gehalten hat."[78]

Beispiel:
Herr Rottmann weiß beispielsweise, daß die anderen ihn als „vertrauenswürdig" einschätzen. So erfährt er manches, was in der Abteilung vor sich geht. In der Art, wie er auf diese Erwartung der anderen reagiert, zeigt sich seine Identität. Erweist er sich wirklich als vertrauenswürdig und behält er die ihm anvertrauten Informationen für sich? Oder vertraut er diese Informationen wiederum Kollegen in anderen Abteilungen oder Freunden an, weil er sich gerne als „intimer Kenner" zeigen möchte?

Verständnis weniger stark formalisiert und nicht vorwiegend durch Rechte und Pflichten bestimmt; sie können daher jederzeit verändert werden.

2. Rollen werden nicht an Erwartungen festgemacht, die an bestimmte soziale Positionen, z.B. Einkäuferrolle oder Mutterrolle, gekoppelt sind, sondern sie sind ein soziales Typisierungsschema, das die Einordnung der handelnden Personen erleichtert, ohne sie jedoch in ihrem Verhalten festzulegen. Vgl. Wiswede 1991, S. 187 f.

76 Vgl. McCall/Simmons 1974.

77 Vgl. Mead 1934/1995.

78 Krappmann 1978, S. 9.

Identitäten dienen der Identifizierung von Personen, d.h. der Einordnung von Individuen in bestimmte soziale oder persönliche Kategorien. Da die persönliche Identität wesentlich komplexer und vielschichtiger ist als die soziale Identität, kommt in sozialen Situationen immer nur ein bestimmter Ausschnitt zum Tragen.[79]

Beispiel:
Herr Klaßmann ist nicht mit seiner ganzen Persönlichkeit (persönliche Identität) Vertriebsingenieur (soziales System ist das Unternehmen) oder Vater (soziales System ist die Familie), sondern nur mit bestimmten Facetten seiner Person. Aufgrund seiner persönlichen Identität ist aber Herr Klaßmann eine andere Art von Vertriebsingenieur als beispielsweise Herr Mettmann.

Jedes Individuum verfügt entsprechend den zahlreichen Facetten seiner Persönlichkeit über verschiedene persönliche Identitäten, von denen in einer Gesprächssituation wiederum nur ein Ausschnitt präsentiert wird, die sogenannte *Rollen-Identität.* „Eine solche Rollen-Identität ist die erdachte Vorstellung von sich selbst, wie man sich selbst als Inhaber dieser Position gern sehen würde, und wie man handeln möchte."[80]

Beispiel:
Die Rollen-Identität ist also die Vorstellung, die Herr Klaßmann von seinem Verhalten als Vertriebsingenieur hat. Beispielsweise möchte er als sympathisch und kompetent gelten. Sympathisch und kompetent zu sein, ist auch Ausdruck seiner persönlichen Identität, aber seine persönliche Identität ist noch durch andere Eigenschaften und Merkmale gekennzeichnet (z.B. fürsorglich, analytisch, verträumt). Seine soziale Identität wird nicht nur durch seinen Beruf als Vertriebsingenieur bestimmt, sondern auch durch sein Verhalten als Kollege, durch seine Position in der Familie, im Freundes- und Bekanntenkreis etc.

Die Erwartungen, die andere an das eigene Verhalten stellen, sind meist wenig konkret und in den seltensten Fällen genau definiert. Wie sich ein Vertriebsingenieur in Verkaufsgesprächen zu verhalten ist, ist nicht genau festgelegt. Der Verhaltensspielraum ist daher so groß, daß Rollenhandeln durch Improvisation möglich ist.

Rollen sind demnach Identitäten, die in spezifischen Situationen mobilisiert werden. Während eine Rolle immer situativ gebunden ist, sind Identitäten von Situationen unabhängig.[81]

Beispiel:
Die Rollen, die Herr Klaßmann wahrnimmt, unterscheiden sich in den verschiedenen Situationen voneinander: Auf dem Messestand hat er eine andere Rolle inne als beim Kunden, im eigenen Unternehmen, im Restaurant, auf der Kegelbahn, als Vater, als Ehemann, als Freund oder Sohn. Seine Identität wird jedoch nicht nur in diesen Situationen geformt, sondern ist situationsübergreifend.

---

[79] Vgl. McCall/Simmons 1974, S. 87.

[80] McCall/Simmons 1974, S. 89.

[81] Vgl. Scott/Lyman 1976.

2.4.3.1 Kognitive und expressive Prozesse

Der Prozeß des Aushandelns sozialer Identitäten und Rollen beinhaltet *kognitive* und *expressive* Prozesse. Kognitive Prozesse sind reine Vorstellungen, während expressive Prozesse Handlungen bzw. Verhalten beinhalten.

Über die *kognitiven Prozesse* versuchen die beiden Interaktionspartner, die Identitäten der Interaktionsteilnehmer – sich selbst eingeschlossen –, die sie im Interaktionsprozeß wahrscheinlich in Anspruch nehmen werden, zu antizipieren, zu beurteilen und zu beeinflussen. Dies vollzieht sich durch Zuschreibung einer Rolle für den anderen (als „Alter" bezeichnet) und die Improvisation einer Rolle für die eigene Person (als „Selbst" bezeichnet). Jeder formt ein Bild von Alter und von Selbst in seinem Kopf: „Der Einkäufer sieht jung und sympathisch aus. Er ist im gleichen Alter wie ich *(Einschätzung von Alter)*. Wir werden uns bestimmt gut verstehen. Meine Rolle ist die des freundschaftlichen Gleichaltrigen *(Improvisation von Selbst)*." Oder: „Der Einkäufer, der mir gegenübersitzt, trägt einen grauen Zweireiher. Er macht einen zugeknöpften Eindruck – im buchstäblichen, aber auch im übertragenen Sinne. Sein Gesicht erscheint verschlossen. Er scheint abwarten zu wollen *(Einschätzung von Alter)*. Darauf reagiere ich am besten, indem ich ihn zum Reden bringe, versuche, seine Probleme und Interessen herauszufinden. Meine Rolle ist die des interessierten Zuhörers *(Improvisation von Selbst)*."

Das Ziel der Rollenzuschreibung liegt darin, den Interaktionspartner in ein soziales Kategoriensystem einzuordnen und die augenblicklich für die Rollendarstellung favorisierte Untergruppe seiner Identitäten herauszufinden.[82] „Der Einkäufer, der mir gegenübersitzt – was für ein Mensch ist er?"

Die Rollenzuschreibung für den Interaktionspartner ermöglicht es *Selbst*[83], die hinter den Handlungen stehenden Handlungsentwürfe zu antizipieren, um in der dann möglichen Antizipation der Handlungen Alters eine Orientierung für die eigenen Handlungen zu erhalten. Ist der Einkäufer offen und humorvoll? Sieht er sich als umgänglichen, in seinem Bereich kompetenten Menschen? Oder: Sieht er sich als passiver Zuhörer, der vom Vertriebsingenieur den ersten Schritt erwartet? Ist seine abwartende Haltung Schüchternheit oder Unsicherheit, die er möglichst nicht verraten will? Oder ist es schlichtweg Desinteresse, weil die Entscheidung eigentlich schon gefallen ist?

Die Antizipation beruht auf der dem Rollenhandeln immanenten, bis zu einem gewissen Grad möglichen Vorhersagbarkeit; denn hat sich erst einmal eine bestimmte Rolle in einer Gesprächssituation etabliert, können alle Verhaltensweisen dieser Rolle zugeordnet werden. Rollenverhalten weist eine gewisse Kon-

---

[82] Vgl. McCall/Simmons 1974, S. 146 f.

[83] Wir wollen im folgenden um der Klarheit willen von 'Selbst' oder 'Ego' (lat. ich) sprechen, wenn die eigene Person gemeint ist, und von 'Alter' (lat. der Andere), wenn der Gesprächspartner bzw. die Gesprächspartnerin gemeint ist.

sistenz auf.[84] Zeigt sich der Einkäufer offen und entgegenkommend, so wird er diese Rolle sicherlich nicht abrupt aufgeben. Zeigt sich der Gesprächspartner abwartend, so wird er wohl auch im weiteren Gesprächsverlauf dem Vertriebsingenieur die Initiative überlassen. Zeigt er sich als interessierter technischer Experte, so wird sich das weitere Gespräch wohl um Technik drehen. Tritt er als „Besserwisser“ oder als „Opponent“ auf, so werden auch in Zukunft Fragen in dieser Richtung zu erwarten sein.

Der Prozeß der Rollenzuschreibung erfolgt, indem Selbst in die Rolle *Alters* schlüpft, sich in seine Situation hineinversetzt.[85] Dieser Prozeß der Rollenzuschreibung oder Rollenübernahme ist notwendig, denn soziale Identitäten sind nicht physisch sichtbar, sondern müssen aus Erscheinungs- und Verhaltensweisen *Alters* erschlossen werden.[86] Ob viele Fragen auf einen Experten, einen Unkundigen oder einen gewieften Einkäufer hindeuten, kann erst im Zusammenhang erschlossen werden. Indem sich der Vertriebsingenieur in die Rolle seines Gegenübers hineinversetzt, gelingt es ihm besser die Verhaltensweisen in Einklang zu bringen. Der Prozeß der Rollenübernahme ist meist kein bewußter, sondern ein unbewußter Vorgang.

Erste Anregungen für eine Einstufung einer Person bieten Kleidung und äußere Erscheinungsform, denn mit einer bestimmten Interaktionssituation sind häufig bestimmte Kleidervorschriften verbunden.[87] Allerdings gelten in manchen Unternehmen geschriebene oder ungeschriebene Kleidervorschriften, z.B. Anzug und Krawatte für Männer, zurückhaltend-dezent für Frauen, so daß aus der Kleidung nicht notwendigerweise auf die Persönlichkeit geschlossen werden kann. In dem Maße allerdings, in dem die Bedeutung der Individualität zunimmt und Kleidung auch als Ausdruck der eigenen Persönlichkeit gilt, gibt die Kleidung Aufschluß über die Rolle, die eine Person ausüben möchte. Keineswegs kann jedoch aus der Kleidung ein Schluß über die Bedeutung des Gesprächspartners im Unternehmen oder im Kaufentscheidungsprozeß gezogen werden. Ein Jeans tragender Gesprächspartner kann ebenso eine entscheidende wie eine nur beratende Funktion im Kaufprozeß haben.

Wichtigere Ansatzpunkte als die äußere Erscheinung bieten daher die Verhaltensweisen des Interaktionspartners. Indem *Selbst* diese Verhaltensweisen zur Grundlage seiner Annahmen über *Alters* soziale Identität macht, vollzieht *Selbst* den Prozeß der Rollenübernahme. Die Rollenübernahme ist ein selektiver Wahrnehmungsprozeß der Handlungen *Alters*, in dem bestimmte Handlungen eine selektive Betonung erfahren. Die Selektivität orientiert sich an der Zuschreibung bestimmter Absichten, Gefühle und Motive, die sich nach der Interaktionssitua-

---

84 Vgl. Turner 1976, S. 133 f.

85 Vgl. McCall/Simmons 1974, S. 150.

86 Vgl. McCall/Simmons 1974, S. 146.

87 Vgl. Krappmann 1978, S. 97 f.; Dreitzel 1980, S. 122; Goffman 1982, S. 180.

tion richten. Beispielsweise beachtet der Vertriebsmitarbeiter das gezielte Nachfragen stärker als die längeren Passagen des Zuhörens, da der Vertriebsingenieur hieraus auf die Kompetenz und die Position des Stelleninhabers schließt. Möglicherweise wird auch die frühe Frage nach dem Preis starkem Interesse zugeschrieben und nicht der Motivation, eine erste Einschätzung für das Budget zu erhalten. Oder, um das Kaffeebeispiel nochmals heranzuziehen, interpretiert der Vertriebsingenieur die Frage nach dem Kaffee als reine Höflichkeit und nicht als Interesse an seiner Person.

Die Rollenzuschreibung wird *Selbst* durch ein gewisses, verschiedenen Interaktionspartnern angemessenes, im Sozialisationsprozeß erworbenes Repertoire verschiedener Hintergrunderwartungen Alters erleichtert.[88] Die Fähigkeiten der Rollenübernahme, die die Genauigkeit und Richtigkeit der Rollenidentifizierung bestimmen, weisen von Person zu Person unterschiedliche Weite und Tiefe auf. Sie sind abhängig von dem Erfahrungsschatz des Interagierenden, der Konventionalität der Interaktionssituation und der Vertrautheit zwischen *Selbst* und *Alter*.[89]

Beispiel:
Wenn sich Herr Klaßmann und Herr Rotter, die sich bereits privat kennen, in einer Gesprächssituation treffen, sind sie einander zwar vertraut, was die Rollenzuschreibung einerseits erleichtert, aber sie treffen in einer neuen Interaktionssituation aufeinander, was die Rollenzuschreibung andererseits erschwert.

Frau Weiß wird demgegenüber die Einschätzung leichter fallen, da sie mit ihren 20 Jahren Berufserfahrung im Vertrieb mehr derartige Situationen erlebt hat und die Signale schneller und eindeutiger interpretieren kann, als ihr junger Kollege Herr Schwarz, dessen drittes Verkaufsgespräch dies gerade ist.

Hat *Selbst* sich nun auf eine Interpretation der Rolle *Alters* festgelegt – dabei ist es unwesentlich, ob die Rollenzuschreibung der tatsächlichen Rolle entspricht oder ob sich *Selbst* irrt –, improvisiert *Selbst* eine Rolle für die eigene Person. Der Einkäufer erscheint aufgeschlossen und interessiert; die eigene Rolle wird als ebenfalls aufgeschlossener und interessierter Gesprächspartner angelegt. Die abwartende Haltung wird als Schüchternheit interpretiert und die eigene Rolle wird darauf abgestimmt.

Die Improvisation einer Rolle für *Selbst* ist die Antwort auf die mutmaßlichen Handlungen und die dahinter stehenden Handlungsentwürfe *Alters*. Selbst modifiziert seine eigenen Handlungsentwürfe – die Handlungsstrategie zur Erreichung seiner Kommunikationsziele hat *Selbst* ja bereits vor dem Beginn der Interaktion entworfen – unter Berücksichtigung dessen, was *Alters* vermutete Handlungsentwürfe für Selbst bedeuten. Selbst schätzt das Chancengefüge, das *Alters* Rolle ihm einräumt, im Hinblick auf seine eigene Rollenwahl ein und entwickelt aus diesen Konsequenzen eine eigene Rolle, die es ihm erlaubt, durch das

---

[88] Vgl. Scott/Lyman 1976, S. 87.

[89] Vgl. hierzu und zum folgenden McCall/Simmons 1974, S. 150 ff.

Eingehen auf *Alters* Handlungen seine eigenen Ziele zu verwirklichen. Laufen seiner Ansicht nach die Handlungsentwürfe *Alters* der Erreichung seiner eigenen Ziele zuwider, wird er versuchen, auf *Alters* Rolle durch seine eigene Rollenimprovisation verändernd einzuwirken. So könnte eine (unbewußte) Interpretation des Vertriebsingenieurs so aussehen: „Ein interessierter und aufgeschlossener Einkäufer entspricht meinen Zielen. Er ist meinen Ausführungen, Argumenten und Vorschlägen zugänglich. Das gesetzte Ziel, ein erstes Lösungskonzept zu präsentieren, kann ich daher erreichen, indem ich mich als kompetenten und ebenfalls aufgeschlossenen Gesprächspartner präsentiere."

Er könnte aus den Verhaltensweisen des Einkäufers jedoch auch eine andere Rollenimprovisation entwickeln: „Ein interessierter und aufgeschlossener Einkäufer entspricht meinen Zielen. Er ist meinen Ausführungen, Argumenten und Vorschlägen zugänglich. Dieser Einkäufer macht jedoch einen unsichereren und schüchternen Eindruck. Ich muß ihn erst einmal 'auftauen'. Vielleicht sollte ich persönliches Interesse bekunden, sein Büro loben und mich nach seiner Familie erkundigen. Vielleicht wird er dadurch lockerer?" Hier lehnt der Vertriebsmitarbeiter den vermuteten Handlungsentwurf des Einkäufers ab und versucht, ihn für seine eigenen Ziele zugänglicher zu machen, in dem er ihm statt der Rolle des Schüchternen und Unsicheren eine Rolle des Geschätzten (schönes Büro) oder des Familienvaters (Bild auf dem Schreibtisch) anbietet, um darauf aufbauend weitere Rollenentwürfe, etwa die des geschätzten Gesprächspartners, zu formulieren.

Bei der Improvisation seiner Rolle wählt *Selbst* aus der Vielzahl der ihm zur Verfügung stehenden sozialen Identitäten diejenige aus, von der *Selbst* sich die größten Erfolgsaussichten verspricht *(Familienvater statt unsicherer Einkäufer)*.

Alter versucht in gleicher Weise wie sein Interaktionspartner, die Handlungsentwürfe *Selbsts* zu durchschauen und modifiziert nach der Zuschreibung einer bestimmten, für richtig gehaltenen Rolle seine eigenen Handlungsentwürfe. Bis zu diesem Punkt wissen aber beide Interaktionspartner noch nicht, welche Rolle der jeweils andere ihm und sich selbst zugedacht hat; es fanden bisher noch keine Kommunikationsprozesse, sondern lediglich Gedankenprozesse statt. Die Übermittlung der eigenen Rolle und der Rollenvorstellung vom Interaktionspartner erfolgt durch *expressive Prozesse*. Durch den Einsatz verbaler und nonverbaler Kommunikationsmittel, d.h. durch die Wahl der Worte, den Tonfall, die Mimik, die Gestik, die Körperhaltung, das Blickverhalten u.a., übermittelt *Selbst Alter* seine Interpretation der eigenen Rolle und der Rolle *Alters*.

2.4.3.2 Die Phasen des Aushandlungsprozesses

2.4.3.2.1 Das Aushandeln sozialer Identitäten

In dieser ersten Stufe des Aushandlungsprozesses geht es um die Beantwortung der Fragen „Wer bist du?" und „Wen stelle ich in dieser Interaktionssituation dar?" Die Interaktionspartner versuchen, über die Einordnung ihres Gegenübers in eine soziale Kategorie zu einer ersten Einschätzung zu gelangen und selbst die Einordnung des anderen zu steuern. Jeder der beiden Interaktionsteilnehmer verfügt dabei über Prioritäten hinsichtlich der auszuwählenden sozialen Identitäten und entscheidet sich für diejenigen, die den höchsten Stellenwert in seiner Rangfolge einnehmen. Der Wert, der einer Identität beigemessen wird, richtet sich nach Günstigkeitsüberlegungen hinsichtlich Zielerreichung und Akzeptanz.

Der Aushandlungsprozeß ist ein trial-and-error-Prozeß, der Bestätigung, Gleichgültigkeit und Ablehnung der jeweiligen dargestellten und zugeschriebenen Identitäten umfaßt, bis ein *Arbeitskonsens* erreicht ist, der die Grundlage für das weitere Aushandeln der interaktiven Rollen bildet.

Der Aktivitäten, die *Selbst* und *Alter* übernehmen, um einen Arbeitskonsens herbeizuführen, sind in Abb. 3 dargestellt.

Hierbei beginnt *Selbst* beispielsweise zunächst auf der kognitiven Ebene mit der Zuschreibung einer Rolle für *Alter* und improvisiert gleichzeitig eine Rolle für die eigene Person: „Der Einkäufer sieht sympathisch und freundlich aus; ich trete als ebenso sympathischer und freundlicher Mensch auf." Die für die eigene Person improvisierte Rolle wird jetzt auf der expressiven Ebene übermittelt: *Selbst* geht auf den Einkäufer zu, streckt ihm mit einem Lächeln die Hand entgegen, schaut ihm in die Augen und sagt: „Guten Tag, Herr Eich, mein Name ist Klaßmann. Wir sind für heute verabredet."

Mit seinem Verhalten modelliert *Selbst* gleichzeitig die Rolle von *Alter*. Diese Modelung von *Alter* wird auch als *Altercasting* bezeichnet. Auf die so geäußerte Modelung seiner Rolle reagiert nun *Alter* mit der Improvisation der Rolle für seine eigene Person und der Zuschreibung einer Rolle für *Selbst*. Der Selbstdarstellung der Rolle *Selbsts* entspricht die von *Alter* zugeschriebene Rolle. Gefällt *Alter* das Auftreten *Selbst* vor dem Hintergrund seiner eigenen Interpretation, so

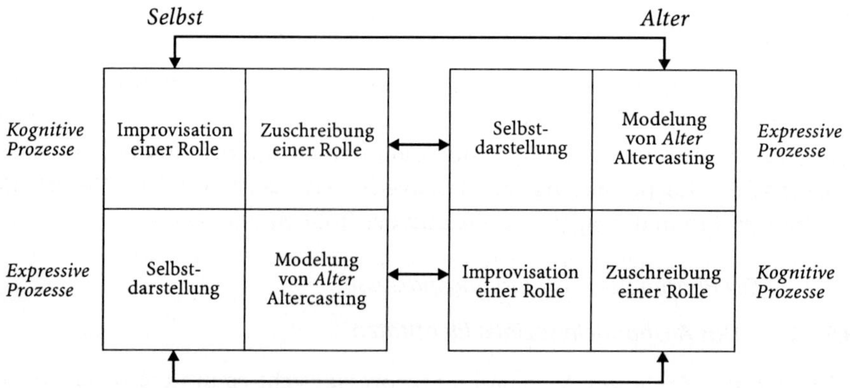

Abb. 3. Der Arbeitskonsens
(Quelle: McCall/Simmons 1974, S. 158)

schreibt er ihm die Rolle zu, die er bei *Selbst* vermutet. So reagiert der Einkäufer vielleicht folgendermaßen: „Herr Klaßmann ist ein höflicher Mensch. Er begrüßt mich. Er streckt mir die Hand entgegen: er ist offen. Er schaut mir in die Augen: Er ist selbstsicher. Sein Blick ist freundlich: Er ist sympathisch." Dies formt sich zum Bild eines freundlichen Menschen mit höflichen Umgangsformen.

Die für die eigene Person improvisierte Rolle setzt nun *Alter* auf der expressiven Ebene um, in dem er sich selbst darstellt und dabei gleichzeitig die Rolle *Selbsts* modelliert. Diese Modelung der eigenen Rolle stellt *Selbst* nun wieder die Improvisation der eigenen Rolle gegenüber.

Selbstdarstellung und Modelung von *Alter* dienen zum einen dazu, den Interaktionspartner von der eigenen Situationsinterpretation in Kenntnis zu setzen, zum anderen dazu, die auf beiden Seiten unterschiedlichen Rollenvorstellungen bzw. -erwartungen, also die unterschiedlichen Situationsinterpretationen, in Übereinstimmung zu bringen. Ohne eine solche Übereinkunft, die als Arbeitskonsens bezeichnet wird, ist Interaktion nicht möglich. Der Arbeitskonsens schafft die Basis für die Zuwendung zum eigentlichen Interaktionsthema.

Selbstdarstellung ist ebenso wie Wahrnehmung ein selektiver Prozeß. Der Interaktionsteilnehmer stellt nicht die gesamten Facetten seiner Persönlichkeit zur Schau, sondern die bei der Rollenimprovisation ausgewählten sozialen Identitäten. Mit der Selbstdarstellung verdeutlicht *Selbst* seine soziale Position, bezeichnet die infragekommenden sozialen Kategorien und tut seine Absichten und Wünsche kund.[90] Eine geschickt kontrollierte Darstellung seiner Rollenidentität, in der der Interaktionsteilnehmer alle Informationen zu unterdrücken versucht, die nicht mit dieser Darstellung harmonieren, zwingt Alter zur Akzeptanz der Identität seines Gegenübers. „Indem sich das Individuum so verhält, als wäre es eine bestimmte Art von Person, übt es auf den andern Druck aus, sich ihr gegenüber so zu verhalten, als wäre es tatsächlich eine solche Person [...]".[91] Rollenspiele, die im Rahmen von Kommunikations- und Verkaufstrainings durchgeführt werden, sowie Videoaufzeichnungen mit anschließender Kommentierung, zielen genau auf diese Einübung von Verhaltensweisen ab.

Goffman vergleicht die Selbstdarstellung mit einer Theateraufführung.[92] Der Besprechungs- oder Präsentationsraum bildet die Bühne, auf der die Darsteller – Selling Team und Buying Center – agieren und ihre Rollen vortragen. Bei der Selbstdarstellung verfügen die Interaktionspartner über zwei verschiedene Ausdrucksmöglichkeiten, den Ausdruck, den sie sich selbst geben und den sie zu kontrollieren vermögen, und den Ausdruck, den sie ausstrahlen und den sie

---

[90] Vgl. Krappmann 1978, S. 37.

[91] McCall/Simmons 1974, S. 154.

[92] Vgl. Goffman 1969, S. 217 f.

nicht manipulieren können. Dadurch entsteht eine fundamentale Asymmetrie, deren Mehrdeutigkeit sie durch verschiedene Techniken zu vermeiden suchen.[93]

Die Selbstdarstellung drückt nicht nur die Vorstellung *Selbsts* von seiner eigenen Rolle in dieser Interaktion aus, sondern vermittelt *Alter* gleichzeitig ein Bild davon, wie *Selbst* ihn sieht und identifiziert. Dieser die Vorstellung von *Alter* einschließende Teil der Selbstdarstellung ist das *Altercasting.* Indem sich *Selbst Alter* gegenüber so verhält, als hätte dieser tatsächlich die ihm von *Selbst* im kognitiven Prozeß der Rollenzuschreibung übertragene Rolle inne, neigt diese Vorstellung von *Alter* zur Selbsterfüllung. Grundsätzlich kann *Alter* jedoch die ihm zugeschriebene und vermittelte Rolle abweisen oder aber sich ihre gegenüber gleichgültig zeigen.

Die kognitiven Prozesse der Rollenzuschreibung und -improvisation sowie die expressiven Prozesse der Selbstdarstellung und des Altercasting bilden die Grundlage für das Aushandeln der sozialen Identitäten und der interaktiven Rollen. Werden sie erfolgreich durchlaufen, münden sie in den Arbeitskonsens. „Man kann sagen, daß ein Arbeitskonsens besteht, wenn die kognitiven Prozesse der einen Person, die sich auf soziale Identitäten beziehen, nicht stark in Konflikt mit den entsprechenden expressiven Prozessen der anderen Person stehen."[94] Abbildung 3 verdeutlicht diese Entsprechung. Eine vollständige Übereinstimmung hinsichtlich der Modelung von *Alter* und dessen improvisierter Rolle sowie der *Selbst* zugeschriebenen Rolle und *Selbsts* Selbstdarstellung ist nicht notwendig. „Konsens ist eher als Fehlen hinderlicher Meinungsverschiedenheiten definiert. Es genügt, wenn Nicht-Übereinstimmung in ausreichendem Maße fehlt, damit jeder seine eigenen Handlungspläne weiter verfolgen kann."[95]

Diese Ausführungen verdeutlichen, daß der erzielte Arbeitskonsens ein äußerst labiles Gleichgewicht aufweist. Jeder der beiden Interaktionspartner ist gehalten, seine expressiven Prozesse ständig zu überprüfen, um nicht Dissens über die Vorstellungen der Identitäten zu erzeugen. Steht eine Handlung im Widerspruch zur Vorstellung des anderen, ist die Differenz sofort zu klären und zu be-

---

93 Hierzu zählen beispielsweise auch die sogenannten Techniken der Imagepflege. Eine Person hat, besitzt oder wahrt ein Image, „[...] wenn ihre Verhaltensstrategie ein konsistentes Bild vermittelt, das durch Urteile und Aussagen anderer Teilnehmer, durch die Umgebung dieser Situation bestätigt wird." (Goffman 1996, S. 11). Es werden dann Verhaltensweisen gezeigt, die dazu angetan sind, dieses Bild, das die Person vermitteln will, zu stärken und zu festigen. Personen, die ein falsches oder gar kein Image haben, also Verhaltensweisen zeigen, die nicht konsistent mit dem von ihnen vermittelten Bild sind, 'verlieren ihr Gesicht'. „Der Ausspruch 'sein Gesicht wahren' scheint sich auf den Vehraltensablauf zu beziehen, durch den jemand bei anderen den Eindruck erweckt, er habe sein Gesicht nicht verloren. Dem chinesischen Brauch folgend kann man sagen, daß 'ein Gesicht leihen' heißt, jemand anderem dazu zu verhelfen, geschickter vorzugehen, als der es andernfalls hätte tun können; auf diese Weise kann der andere ein Image gewinnen." (Goffman 1996, S. 14).

94 McCall/Simmons 1974, S. 157.

95 McCall/Simmons 1974,S. 143.

seitigen. Ansonsten bricht der Arbeitskonsens zusammen. Ein solcher Zusammenbruch führt jedoch noch nicht zum Abbruch der gesamten Interaktion, sondern ist in der Regel schnell wieder hergestellt. Konnte jedoch kein Arbeitskonsens erarbeitet werden, wird die Interaktion nicht fortgeführt.

In routineartigen und standardisierten Interaktionssituationen wird zur Erzielung der Übereinkunft nur eine kurze Zeitspanne benötigt; dies gilt beispielsweise für ein kurzes Gespräch auf dem Messestand. Bei komplexeren Situationen, etwa einem Beratungsgespräch bezüglich einer kundenspezifisch zu fertigenden Leistungen wird allerdings mehr Zeit benötigt, um den Arbeitskonsens herzustellen und aufrechtzuerhalten.

Grundsätzlich ist mit der erzielten Übereinkunft das Aushandeln der sozialen Identitäten sowie der interaktiven Rollen die Feststellung der Relevanz des Interaktionspartners noch nicht abgeschlossen. Der Aushandlungsprozeß zieht sich über die gesamte Dauer des Gesprächs. Der Arbeitskonsens ist lediglich der Anfang. Über den Arbeitskonsens klärt sich beispielsweise für den Vertriebsmitarbeiter, ob er es mit einem 'lohnenden', im Buying Center eine bedeutsame Rolle einnehmenden Gesprächspartner zu tun hat oder nicht. Entsprechend seiner Einschätzung wird er sein Rollenverhalten zu gestalten versuchen.

2.4.3.2.2 Das Aushandeln interaktiver Rollen

Der Aushandlungsprozeß interaktiver Rollen stellt die Durchsetzung der eigenen, für die Zielerreichung als vorteilhaft erachteten Rolle, die *Selbst* durch die Beeinflussung und Kontrolle der Verhaltensweisen *Alters* zu schützen versucht, in den Mittelpunkt. Medium der Beeinflussung sind wie in der ersten Phase wiederum kognitive und expressive Prozesse.

Die Manipulation *Alters* in der gewünschten Richtung erfolgt durch das Anbieten oder Verweigern von Belohnungen. Um den Einkäufer aus seiner von *Selbst* wahrgenommenen Rolle als schüchterner, unsicherer Mensch zu befreien, lobt Herr Klaßman sein Büro oder kommt auf seine Familie zu sprechen. Hierbei werden Belohnungen in Form von angenehmen Gefühlen offeriert, die dann den gewünschten Wechsel zum offenen Gesprächspartner herbeiführen sollen.

Das Belohnungsangebot drückt sich in den Verhaltensweisen aus, wird jedoch erst ausgeführt, wenn *Alter* seinerseits entsprechende Belohnungen offeriert. Es existieren drei Kategorien von Belohnungen oder Gratifikationen: intrinsische, extrinsische und Rollen-Unterstützung.

Intrinsische Belohnungen beziehen sich auf jene Arten von Gratifikationen, die in der Darstellung oder Handlungsweise selbst liegen. So kann der Vertriebsmitarbeiter ein Verkaufsgespräch als befriedigend empfinden, weil es ihm ein Gefühl von Effektivität vermittelt, auf die Fragen seines Gesprächspartners kompetent Auskunft zu geben.

Extrinsische Belohnungen beziehen sich auf die als Folge einer bestimmten Verhaltensweise auftretenden und für bestimmte Unternehmungen nützlichen Güter wie sozialer Status oder Geld. Um eine extrinsische Belohnungen geringen Ausmaßes handelt es sich beispielsweise, wenn der Vertriebsmitarbeiter seinem Gesprächspartner am Ende eines Gespräches ein Werbegeschenk, eine Schachtel Pralinen, einen Blumenstrauß oder ähnliches überreicht. Hierzu zählt auch die Einladung zum Essen oder das In-Aussicht-Stellen eines solchen. In allen Fällen wird das Verhalten des Gesprächspartners „belohnt".

Die weitaus größere Bedeutung kommt in Gesprächen jedoch der Rollen-Unterstützung zu. „Rollen-Unterstützung ist im wesentlichen die implizierte Bestätigung der idealisierten [...] Vorstellung, die jemand von sich selbst hat."[96] Wenn der Konstruktionsmitarbeiter sich selbst als kompetenten und fachlich versierten Techniker präsentiert, braucht ihn der Vertriebsmitarbeiter nur expressiv in dieser Rolle zu bestätigen, um ihm eine Belohnung zukommen zu lassen. Um solch eine belohnende Aktivität zu provozieren, ist der Konstruktionsmitarbeiter selbstverständlich ebenfalls bereit, den Vertriebsmitarbeiter in seiner Rollenidentität zu bestätigen.

Ist der Bedarf *Alters* an einer bestimmten Belohnung gedeckt, ist also eine Sättigung eingetreten, kann *Selbst* ihn kaum zu einer Rollenmodifizierung veranlassen. Warum sollte er eine Rolle aufgeben, die ihm bereits so viele befriedigende Erlebnisse verschafft hat? Andererseits zeigen Personen, die keine bzw. nicht die erwarteten, ihre Rolle bestätigenden Belohnungen erhalten, nach gewisser Zeit aggressive Verhaltensweisen. So mag der Konstruktionsmitarbeiter langsam ungeduldig und schroff werden, wenn der Vertriebsmitarbeiter ihm ständig widerspricht und ihm dadurch die erwartete Bestätigung seiner fachlichen Kompetenz verweigert.

Bisher wurde davon ausgegangen, daß jeder der beiden Gesprächsteilnehmer über die gleiche Möglichkeit verfügt, Erwartungen und Forderungen des anderen anzunehmen oder zurückzuweisen sowie eine Befriedigung seiner Bedürfnisse zu erlangen. Tatsächlich unterliegt der Aushandlungsprozeß der Identitäten und Rollen jedoch *repressiven Faktoren* wie Macht und sozialer Kontrolle, die die Handlungsspielräume des einzelnen Gesprächsteilnehmers stark eingrenzen können.[97]

So kann sich beispielsweise das Wissen des Vertriebsmitarbeiters, daß er auf den Auftrag dieses Kunden angewiesen ist, um seine Umsatzvorgaben zu erfüllen oder seinen Job zu behalten oder gar die Kapazitätsauslastung des eigenen Unternehmens sicherzustellen, sehr hemmend auswirken. In dem Bestreben, es dem Gesprächspartner nur ja recht zu machen, bestätigt er eher die ihm vorgeschla-

---

[96] McCall/Simmons 1974, S. 94.

[97] Vgl. Krappmann 1978, S. 25.

gene Rollenidentität, obwohl ihm eigentlich eine Gleichstellung besser liegen würde.

Häufig werden solche Bestätigungen 'ungeliebter' Rollen-Identitäten nicht dauerhaft durchgehalten. *Krappmann* weist beispielsweise darauf hin, daß die repressiven Faktoren den Verhandlungsspielraum bezüglich der Rollen-Identität niemals so einzuengen vermögen, daß der Unterlegenere nicht seine Definition der Situation signalisieren könnte, wenn auch in verzerrter Form und mit einem größeren Risiko verbunden.[98] Ein größeres Risiko besteht deshalb, weil die Rollen-Identitäten wechselseitig aufeinander bezogen sind. Lehnt der Vertriebsmitarbeiter die ihm vorgeschlagene Rolle ab, so zwingt er seinerseits den Gesprächspartner, seine eigene Rollenidentität ebenfalls zu überdenken.

2.4.4 Interaktionsrituale zur Aufrechterhaltung der Beziehung

Jede Interaktionssituation ist durch besondere Merkmale gekennzeichnet, die den Interaktionspartnern als Orientierungshilfe dienen, welches Verhalten der jeweils andere von ihnen erwartet und welches Verhalten sie selbst vom anderen erwarten können. Dabei laufen sogenannte *Interaktionsrituale* ab.[99] Treffen beispielsweise Personen aufeinander, die miteinander bekannt sind, so wird die Kontaktaufnahme durch kognitives und soziales Erkennen eingeleitet. Kognitives Erkennen bedeutet, daß der eine den anderen identifiziert und sich die diese Person betreffenden Informationen ins Gedächtnis ruft. Das soziale Erkennen umfaßt den Vorgang des Begrüßens und des Willkommenheißens.[100] Das zunächst einfach erscheinende Begrüßungsritual kann dabei – je nach Situation – unterschiedliche Formen annehmen. Sie reichen vom flüchtigen Nicken, wenn man sich durch Zufall auf der Straße begegnet, über die gegenseitige „Überraschungsbegrüßung" bei einem unerwarteten Aufeinandertreffen bis hin zum ausführlichen gegenseitigen Begrüßen, wenn sich die Personen lange Zeit nicht gesehen haben.[101]

Die Begrüßung ist ein Ritual, das die Funktion hat, erhöhte Kommunikationsbereitschaft zu signalisieren. Durch die Begrüßung wird der anderen Person kundgetan, daß man bereit ist, mit ihr zu reden, ihr zuzuhören, auf sie einzugehen. Begrüßungen kennzeichnen den Beginn eines Gesprächs, Verabschiedungen das Ende, oder – wie *Goffman* es formuliert: „Begrüßungen und Abschiede sind die rituellen Klammern für eine Vielfalt von gemeinsamen Aktivitäten – gleich-

---

98 Vgl. Krappmann 1978, S. 35.

99 Der Begriff des Interaktionsrituals geht auf *Goffman* zurück. Vgl. Goffman 1986.

100 Vgl. Goffman 1971, S. 112.

101 Vgl. hierzu und im folgenden ausführlich Goffman 1982, S. 113 ff.

sam Interpunktionszeichen – und sollten darum zusammen gesehen werden. Um den Sachverhalt allgemeiner auszudrücken: Grüße bezeichnen den Übergang zu einem Zustand erhöhter, Abschiede den Übergang zu einem Zustand verminderter Zugänglichkeit".[102] Begrüßungen und Verabschiedungen werden daher auch als *Zugänglichkeitsrituale* bezeichnet.

Neben dieser Funktion kommt ihnen auch die Aufgabe zu, die Beziehung zwischen den einander begegnenden Personen (wieder) herzustellen und zu festigen, etwa die Gleichrangigkeit zu betonen oder das Unter- und Überordnungsverhältnis klarzustellen. Ein „Hallo" des Vertriebsingenieurs gegenüber dem Vorstandsmitglied des Kundenunternehmens mag dabei kaum der geeignete Gruß sein, um die Beziehung richtigzustellen.

Begrüßungszeremonien haben die Aufgabe, dem anderen mitzuteilen, daß sich in der Beziehung seit der letzten Begegnung nichts verändert hat.[103] An die Begrüßung schließt sich das „Putzsprechen" („grooming talk") an.[104] Jeder erkundigt sich nach dem Wohlbefinden des anderen, je nach Vertrautheit nach seiner Familie, nach dem Ausgang einer wichtigen Angelegenheit oder ähnlichen. Damit beweist man dem Gesprächspartner sein Interesse und seine Teilnahme und kann gleichzeitig dort anknüpfen, wo man zuletzt die Beziehung verlassen hat.

Ebenso wie die Initiierung unterliegt auch die Beendigung einer Gesprächsepisode gewissen Höflichkeitsritualen. Besucht der Vertriebsingenieur beispielsweise den Kunden in seinem Unternehmen, so kann er als Gast des Kunden betrachtet werden. Das Signal zur Verabschiedung hat daher von ihm auszugehen. Allerdings kann aufgrund großer Hierarchieunterschiede zwischen einander bekannten Interaktionspartnern das Signalisieren der Beendigung auch dem Kunden zufallen. In der Regel wird der Vertriebsmitarbeiter sich beim Kunden für das Gespräch und die erhaltenen Informationen bedanken. Die Art der Verabschiedung kennzeichnet den Ablauf der Beziehung und faßt ihn quasi zusammen. Aus den Worten und dem nonverbalen Verhalten des Kunden ist häufig auf seine Zufriedenheit mit dem Gesprächsverlauf zu schließen. Allerdings tendieren die Gesprächspartner beim Abschiede eher als bei der Begrüßung dazu, sich überschwengliches Lob und großzügige Angebote zu leisten, da es ausgeschlossen ist, daß ein solches Verhalten zur Norm wird. „Den Wünschen nach gesteigerter Nähe und verstärktem Engagement kann gefahrlos Ausdruck verliehen werden, weil es keine Möglichkeit gibt, sie zu realisieren. Vorbehalte, die die Verabschiedenden gegenüber den Verdiensten des Abschiednehmenden haben, werden fallengelassen, weil eine genaue Beurteilung bald ohnehin unwichtig wird.

---

[102] Goffman 1982, S. 119.

[103] Vgl. Goffman 1996, S. 48 f.

[104] Vgl. Goffman 1982, S. 101.

Gleichzeitig können die Partizipanten, ohne ernsthaft beim Wort genommen zu werden, demonstrieren und bekräftigen, daß sie Menschen sind, die auf Gefühle und das Schicksal anderer Wert legen.«[105]

Ebenfalls zur Aufrechterhaltung der Beziehung dienen sogenannte *Ratifizierungsrituale.*[106] Sie werden ausgeführt, wenn sich der Status des Gegenübers in irgendeiner Weise verändert hat, z.B. durch Heirat oder Beförderung. Ratifizierungsrituale, wie Glückwünsche beispielsweise, bringen zum Ausdruck, daß trotz der geänderten Situation des Gegenübers die Beziehung unverändert bleibt und daß der neue Statuts akzeptiert wird.

Ehrerbietungsrituale dienen der Übermittlung der Wertschätzung für den Empfänger. Sie können sich im wesentlichen als *Vermeidungsrituale* oder *Zuvorkommenheitsrituale* äußern.[107] Das Aufhalten der Tür gegenüber einer höhergestellten Person stellt ein solches Zuvorkommenheitsritual dar, ebenso wie beispielsweise Komplimente. Vermeidungsrituale zielen beispielsweise darauf, die Distanz einzunehmen, die der Beziehung zukommt, d.h. das Vermeiden eines Zu-Nahe-Tretens.

Eine weitere wichtige Gruppe von Ritualen bilden Aktivitäten im Rahmen des sogenannte *korrektiven Austauschs.*[108] Hiermit werden Handlungen bezeichnet, die immer dann notwendig werden, wenn sich die Interaktion nicht so entwikkelt, wie sie sich eigentlich entwickeln sollte. Mißgeschicke, z.B. das Herunterfallenlassen von Unterlagen, werden beispielsweise von Entschuldigen oder Erklärungen begleitet, die dazu dienen, das *Selbst* wieder ins rechte Licht zu rücken und das Mißgeschick als etwas darzustellen, das kein 'Charakterfehler' ist, sondern jedem hätte passieren können. Verlegenheit, die daraus entsteht, daß *Selbst Alter* unbeabsichtigt eine Rolle zugeschrieben hat, die *Alter* keineswegs akzeptieren kann (oder *Selbst* glaubt, *Alter* eine solche Rolle zugeschrieben zu haben, was wiederum etwas über die Rolle von *Selbst* aussagt) werden dadurch überbrückt.[109] Dahinter verbergen sich beispielsweise die berühmten 'Fettnäpfchen', die es aus der Welt zu schaffen gilt.

Unser gesamter Alltag ist durchsetzt mit diesen Interaktionsritualen. Das geübte Umgehen und der der Situation angemessene Einsatz machen die gewandte Persönlichkeit aus, kennzeichnen in den Augen der anderen den guterzogenen Menschen oder lassen einen selbst als jemanden erscheinen, 'der sich zu benehmen weiß'.

---

105 Goffman 1982, S. 128 f.

106 Vgl. Goffman 1982, S. 103.

107 Vgl. Goffman 1996, S. 64 ff.

108 Vgl. Goffman 1982, S. 156; Goffman 1996, S. 24 f.

109 Vgl. Goffman 1996, S. 115 f.

Die Beherrschung dieser Interaktionsrituale sorgt dafür, daß sich die Gesprächspartner wohlfühlen. Daher ist die Betonung von gutem Benehmen, die der Situation angemessene Kleidung von besondere Bedeutung für die Atmosphäre, in der das Gespräch stattfindet.

2.4.5 Mögliche Beziehungsstrukturen und ihr Einfluß auf den Gesprächsverlauf

Der Aushandlungsprozeß innerhalb der Beziehungs-Episode kann zu unterschiedlichen Beziehungsstrukturen führen, die sich auf den Gesprächsverlauf und die Effektivität eines Gespräches in unterschiedlicher Weise auswirken. *Watzlawick/Beavin/Jackson* unterscheiden zwischen komplementären und symmetrischen Beziehungsstrukturen, je nachdem ob die Beziehung auf Unterschiedlichkeit oder auf Gleichheit beruht.[110] *Komplementäre Beziehungsstrukturen* sind durch die Betonung der Unterschiedlichkeit zu charakterisieren. Die Interaktionspartner zeigen ein einander ergänzendes Verhalten.

Der Einkäufer, der die Probleme benennt, die der Vertriebsingenieur lösen soll, und der Vertriebsingenieur, der diese Probleme analysiert, besitzen eine komplementäre Beziehung, weil sie sich in ihrem Wissen und in ihren Fähigkeiten gegenseitig ergänzen. Zwei Beraterinnen in einem Consulting-Team, von denen die eine gut analysiert, die andere kreative Vorschläge erarbeitet, stehen ebenfalls in einer komplementären Beziehungsstruktur.

Symmetrische Beziehungsstrukturen sind dadurch gekennzeichnet, daß die Interaktionspartner nach Gleichheit streben, indem sie die zwischen ihnen bestehenden Unterschiede zu vermindern trachten. Jeder Gesprächspartner ist in seinen Verhaltensweisen das Spiegelbild des anderen. Dies muß nicht auf ein Konkurrenzverhältnis hinauslaufen, sondern kann durchaus harmonisch sein. So sehen sich zwei Gesprächspartner, die sich durch die Nennung von mehr Fakten gegenseitig zu überbieten trachten, in einer symmetrischen Beziehungsstruktur.

Bei symmetrischen Beziehungsstrukturen entwickelt sich das Gespräch in die gleiche Richtung, indem beide Gesprächspartner die gleichen Verhaltensweisen zeigen. Bei komplementären Beziehungsstrukturen zeigen beide unterschiedliche, einander ergänzende Verhaltensweisen.

In einer empirischen Untersuchung von Verhaltensweisen im Vertrieb unterscheiden *Soldow/Thomas* drei verschiedene Beziehungsstrukturen: Dominanz, Gleichheit und Unterordnung. Hinsichtlich der Definition ihrer Beziehung können nun Einkäufer und Vertriebsmitarbeiter übereinstimmen oder nicht. Im Falle einer Nichtübereinstimmung wird eine Übereinstimmung angestrebt, deren

---

[110] Vgl. Watzlawick/Beavin/Jackson 1996, S. 68 ff.

Erreichung je nach Stabilität der bestehenden Struktur mit unterschiedlich großen Schwierigkeiten verbunden ist.

Soldow/Thomas[111] zufolge sind symmetrische, durch Übereinstimmung hinsichtlich der Beziehungsdefinition gekennzeichnete Beziehungen stabil, durch größere gegenseitige Zufriedenheit und durch eine größere Wahrscheinlichkeit der Erreichung der Kommunikationsziele gekennzeichnet als Interaktionen, in denen keine Übereinkunft hinsichtlich des Beziehungsaspektes besteht. Nicht übereinstimmende Beziehungen sind dagegen instabil und können – je nach Konstellation – mehr oder weniger leicht aufgelöst werden (vgl. Tabelle 1).

Soziale Identität und soziale Rollen sowie die sich daraus ergebenden Beziehungskonstellationen werden – wie wir gesehen haben – durch Kommunikation ausgehandelt. Die Kommunikationsinhalte, ihre Wirkungen sowie die verbalen und nonverbalen Kommunikationsmodalitäten sollen Gegenstand des folgenden Kapitels sein.

Tabelle 1. Beziehungsstrukturen im Hinblick auf Übereinstimmung und Ablehnung (Quelle: Soldow/Thomas 1984, S. 87)

		Mitarbeiter/in des Kunde		
		Dominanz	*Unterordnung*	*Gleichheit*
Vertriebs-Mitarbeiter/in	*Dominanz*	Keine Übereinstimmung – Tendenz zur Beharrung	Übereinstimmung – stabile Beziehung	Keine Übereinstimmung – instabile, leicht aufzulösende Beziehung
	Unterordnung	Übereinstimmung – stabile Beziehung	Keine Übereinstimmung – labile Beziehung, kann jedoch in eine der anderen umgewandelt werden	Keine Übereinstimmung – instabile, leicht aufzulösende Beziehung
	Gleichheit	Keine Übereinstimmung – instabile, leicht aufzulösende Beziehung	Keine Übereinstimmung – instabile, leicht aufzulösende Beziehung	Übereinstimmung – stabile Beziehung

111 Vgl. Soldow/Thomas 1984.

2.5 Kommunikation im persönlichen Verkaufsgespräch

2.5.1 Die vier Aspekte einer Nachricht nach Schulz von Thun

Schulz von Thun bezeichnet den Inhaltsaspekt als Sachinhalt einer Nachricht und spaltet den Beziehungsaspekt weiter auf.[112] Jede Äußerung eines Menschen stellt eine Aussage über ihn selbst dar (Selbstoffenbarung). Gleichzeitig geht aus der Nachricht hervor, wie der Sprecher zum Empfänger der Mitteilung steht; der Sender definiert durch die gewählte Formulierung, Tonfall und andere paralinguistische Phänomene seine Beziehung zum Empfänger (Beziehung). Schließlich versucht jeder Sender mit dem Gesagten Einfluß auf den Empfänger zu nehmen; die Nachricht dient also auch dazu, den Empfänger zum Tun oder Unterlassen bestimmter Gefühle, Handlungen oder Gedanken zu bewegen (Appell). Jede Nachricht kann nun im Hinblick auf die vier Aspekte analysiert werden, wie die Abb. 4 verdeutlicht.

Beispiel:
Der Gesprächspartner fragt: „Welche Leistungsmerkmale hat die Maschine?“ Die Frage nach den Leistungsmerkmalen stellt den Inhaltsaspekt dar. Weiterhin offenbart die Frage, daß sich der Gesprächspartner für die Maschine interessiert (Selbstoffenbarung). Gleichzeitig wird dem Verkäufer mitgeteilt, daß der Kunde ihn für kundig hält, diese Frage zu beantworten (Beziehungsaspekt). Er erwartet eine Antwort (Appell).

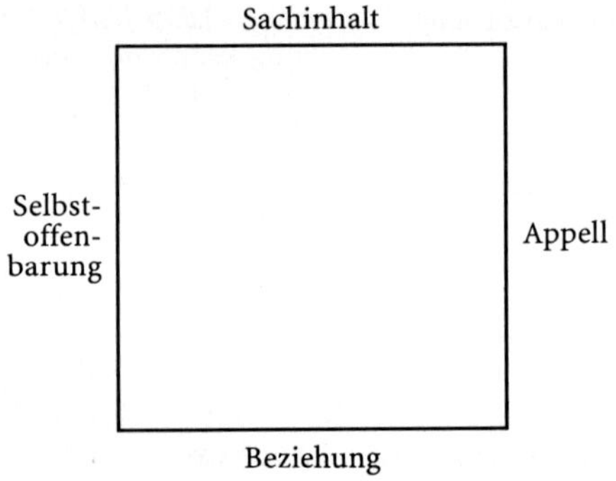

Abb. 4. Die vier Aspekte einer Nachricht
(Quelle: Schulz von Thun 1997, S. 30)

[112] Vgl. im folgenden ausführlich Schulz von Thun 1997, S. 26ff.

Der Empfänger muß nun jeden dieser vier Aspekte entschlüsseln:[113]

- Den *Sachinhalt* versucht er zu verstehen. („Er fragt nach Bestückungsmöglichkeiten. Was meint er mit Leistungsmerkmalen? Welche Leistungsmerkmale sind vor dem Hintergrund seines Problems für ihn von Bedeutung?")
- Er klopft die Nachricht auf die *Selbstoffenbarungsseite* hin ab. Ihn interessiert die Frage: „Was ist das für eine/r?" oder „Was ist im Augenblick mit ihm/ihr los?" („Wieso interessiert er sich als Einkäufer für die Leistungsmerkmale? Hat er vorher bereits mit einem Wettbewerber gesprochen oder ist er vielleicht selbst Techniker? Oder fragt er nach den Leistungsmerkmalen, um den Preis einschätzen zu können?" Oder: „Immer fragen diese Einkäufer nach den Leistungsmerkmalen – das können sie doch überhaupt nicht beurteilen. Wenn ich doch nur einen adäquaten Gesprächspartner hätte." Oder: „Offenbar hat er von den guten Leistungsmerkmalen unserer Maschine gehört.")
- Die *Beziehungsseite* betrifft den Empfänger persönlich: „Wie steht der Sender zu mir, was hält er von mir, wen glaubt er vor sich zu haben, wie fühle ich mich behandelt?" („Er hat mir zugehört." Oder: „Immer fragen diese Einkäufer nach den Leistungsmerkmalen. Glaubt er etwa, ich merke nicht, daß er nur nach einem Vergleich zum Wettbewerber *XY* sucht?").
- Auf der *Appellseite* versucht der Empfänger herauszufinden, was von ihm erwartet wird. „Wo will er mich hinhaben?" „Was sollte ich am besten tun, nachdem ich dies nun weiß?" („Welche Information gebe ich ihm nun?")

Das, was der Sender sendet, ist somit nicht notwendigerweise auch das, was der Empfänger versteht. Der Empfänger hat im Prinzip die freie Wahl, welche Seite der Nachricht er hervorhebt und auf welche Seite der Nachricht er dementsprechend reagiert.

Unterschiedliche Interpretationen der vier Aspekte können daher zu Mißverständnissen in der Kommunikation führen. *Schulz von Thun* spricht von den vier „Ohren", mit denen der Empfänger hören kann.[114] Je nachdem, auf welchen Aspekt der Nachricht er reagiert, hört er mit dem „Sach"-Ohr, dem „Offenbarungs"-Ohr, dem „Beziehungs"-Ohr oder dem „Appell"-Ohr. Häufig besitzen Empfänger bestimmte 'Hör'gewohnheiten. Ein Ohr ist gewissermaßen besonders gut ausgebildet – auf Kosten der anderen Ohren.

> **Beispiel:**
> Ein Vertriebsmitarbeiter, der auf dem „Selbstoffenbarungs-Ohr" hört, achtet in der Kommunikation permanent darauf, was der andere über sich erzählt – und reagiert auf diese Äußerungen. Beispiel: „Welche Leistungsmerkmale hat die Maschine?" – Interpretation: „Er ist nicht zufrieden." Frage: „Welche Leistungsmerkmale hätten Sie denn gern?"

[113] Schulz von Thun 1997, S. 44.

[114] Vgl. Schulz von Thun 1997, S. 44.

Ein Vertriebsmitarbeiter, dessen Schwerpunkt auf dem „Appell-Ohr" liegt, fragt sich immer, was der andere vom ihm möchte, was er denn nun tun soll? Er vermutet hinter jeder Bemerkung eine Aufforderung an ihn, etwas zu tun. Beispiel: „Welche Leistungsmerkmale hat die Maschine?" Antwort: „Wenn Sie möchten, kann ich ihnen das gerne anhand unserer Grafiken erklären." oder „... kann ich gerne für Sie einen Besichtigungstermin vereinbaren."

Jede Nachricht enthält also alle vier Aspekte. Wie die Aspekte vom Empfänger aufgenommen werden, liegt zum einen an dem, was wir senden, zum anderen an dem, was wir verstehen. Das, was wir senden - die Botschaft -, ist nicht immer bewußt steuerbar.

Um das für die Interaktion erwünschte Rollenbild verkörpern zu können, haben Individuen verschiedene Techniken entwickelt, mit den vier Aspekten einer Nachricht umzugehen. Jeder Gesprächsteilnehmer ist immer etwas besorgt um das, was er von sich selbst offenbart. Einen Teil seiner Energien verwendet er nun, um die *Selbstoffenbarungsseite* zu formen und - im Sinne des Aushandelns sozialer und interaktiver Rollen - zu einer positiven Gestaltung seiner eigenen Rolle zu gelangen. Die dabei angewendeten Techniken können in Imponiertechniken und Fassadentechniken unterteilt werden.[115]

Imponiertechniken zielen darauf ab, sich selbst in einem möglichst günstigen Licht zu präsentieren. Die hierzu erforderlichen Informationen werden meist mit dem Sachaspekt einer Nachricht verbunden, und nebenbei 'fallengelassen'. Hierzu gehört beispielsweise das sogenannte „name dropping" („Als ich neulich mit unserem Vorstandsvorsitzenden sprach ..."), dessen Ziel es ist zu demonstrieren, mit wie vielen wichtigen Personen man bekannt ist. Möglich ist auch, sich besonders gewählt auszudrücken, um sich aus der Masse herauszuheben („wir speisen" statt „wir essen"; „wir pflegen Umgang mit ..." statt „wir kennen ..."), auf seine Bildung hinzuweisen („Als ich gestern mal wieder in *Heisenbergs* Erinnerungen las ...") oder generell das Gespräch auf ein Thema zu lenken, von dem man besonders viel versteht und sich daher hervortun kann.

Fassadentechniken zielen darauf ab, dem Gesprächspartner zu verbergen, wie man wirklich ist oder was man wirklich fühlt. Indikatoren hierfür sind beispielsweise sogenannte „Man-Sätze" („Man wird ärgerlich, wenn man so lange warten muß."), Wir-Formulierungen („Wir wollen uns jetzt mal zusammensetzen." statt „Ich möchte, daß wir uns zusammensetzen, um darüber zu reden."), Fragen oder die Verwendung allgemeiner statt persönlicher Aussagen („Der Vortrag war unverständlich." statt „Ich habe nicht verstanden, was die Vortragende sagen wollte.").

Auch auf der Sachebene ist nicht immer alles klar und eindeutig. Das Verständnis kann erhöht werden, wenn folgende Aspekte beachtet werden:[116]

---

115 Vgl. Schulz von Thun 1997, S. 106 ff.

116 Vgl. Schulz von Thun 1997, S. 142 ff.; vgl. auch Bänsch 1993, S. 7 f.

- Das Gesagte soll *einfach* ausgedrückt werden, nicht kompliziert.
- Das Gesagte soll *gegliedert* sein, so daß der Zuhörer eine Ordnung erkennen kann. Dies trägt zur Übersichtlichkeit bei.
- Die Ausführungen sollen kurz und *prägnant* sein, nicht weitschweifig. Telegrammartige Formulierungen mögen alle wichtigen Informationen enthalten, werden aber schlechter behalten.
- Vorträge, Präsentationen, Erläuterungen etc. sollten zusätzliche *Anregungen* enthalten. Niemand kann darauf vertrauen, daß die Inhalte von sich aus interessant sind – sie können auch interessant gemacht werden, durch Beispiele, durch Bilder, durch Grafiken. Hierzu gehört beispielsweise auch das Nutzen von Demonstrationsobjekten, das Anfertigen einer Skizze.

Aufgrund der besonderen Bedeutung, die die Beziehungsebene der Kommunikation für die Gesprächsführung hat, soll sie im folgenden mit Hilfe der Interaktionsanalyse näher betrachtet werden.

2.5.2 Die Analyse der Beziehungsebene mit Hilfe der Transaktionalen Analyse nach *Berne*

Die Transaktionale Analyse, die auf *Berne* zurückgeht,[117] unterscheidet drei Persönlichkeitsinstanzen, die in jedem Menschen vorhanden sind und sich während der Kommunikation zu Wort melden können: das Eltern-Ich, das Erwachsenen-Ich und das Kindheits-Ich.[118]

Das *Eltern-Ich* repräsentiert alles, was das Kind von seinen Eltern übernommen hat. Es beinhaltet Ermahnungen, Lebensweisheiten, Hilfestellung, Ge- und Verbote. Das Eltern-Ich besitzt zwei Aspekte: das fürsorgliche Eltern-Ich und das kritische Eltern-Ich. Das fürsorgliche Eltern-Ich kümmert sich um den anderen, läßt ihm Sorge angedeihen, beschützt und 'bemuttert' ihn/sie. Das kritische Eltern-Ich äußert sich kritisch, moralisierend, vorschreibend oder anklagend.

Das *Kindheits-Ich* entspricht den Gefühlen unserer Kindheit. Es tritt in drei Erscheinungsformen auf: natürlich, angepaßt oder rebellisch. Das natürliche Kindheits-Ich ist spontan und vergnügt, manchmal ausgelassen oder sogar albern. Das angepaßte Kindheits-Ich gehorcht und ordnet sich unter. Das rebellische Kindheits-Ich ist aufmüpfig, aggressiv oder trotzig.

---

117 Vgl. Berne 1967.

118 Neben diesem Baustein enthält die Transaktionsanalyse zwei weitere Bausteine: die Skriptanalyse (Ich bin o.k. – Du bist o.k.), mit deren Hilfe die Lebensrolle ausgehend aus den Festlegungen der frühen Kindheit herausgearbeitet wird, und die Spielanalyse, die die stereotypen Transaktionsmuster („Spiele") aufzudecken hilft. Vgl. zum Überblick Staehle 1994, S. 300ff.

Dem *Erwachsenen-Ich* kommt die Aufgabe zu, die Realität zu betrachten, die erhaltenen Informationen auszuwerten und der Situation angemessene Verhaltensweisen zu entwickeln. Dazu werden die vom Eltern-Ich und Kindheits-Ich empfangenen Impulse aufgefangen und im Hinblick auf eine adäquate Reaktion analysiert. Das Erwachsenen-Ich ist somit sachlich, informierend, feststellend, um Auskunft ersuchend – vernünftig.

In der Kommunikation nun kommen alle drei Persönlichkeitsinstanzen, das Eltern-Ich, das Kindheits-Ich und das Erwachsenen-Ich zu Wort. Sie richten ihre Botschaften an die andere Person, die auf sie wiederum mit ihren drei Persönlichkeitsinstanzen Eltern-Ich, Kindheits-Ich und Erwachsenen-Ich antwortet. Dabei kann jedes „Ich" durch je einen Kreis symbolisiert werden (vgl. Abb. 5). Eine Kommunikation gilt als ungestört, wenn keine „Überkreuz"-Beziehungen auftreten, d.h. wenn das sprechende Eltern-Ich ein antwortendes Kindheits-Ich nach sich zieht, wenn der Botschaft des Erwachsenen-Ich ebenfalls eine Botschaft eines Erwachsenen-Ich entspricht und wenn dem Kind-Ich das Eltern-Ich antwortet. Entsprechend gelten Kommunikationen als gestört, wenn „Überkreuz"-Beziehungen bestehen.

Im Rahmen von Verkaufsgesprächen kann es jedoch sinnvoll sein, „Überkreuz"-Beziehungen herzustellen.

Beispiel:
Der Vertriebsingenieur sagt zur Technikerin aus dem Kundenunternehmen: „Das müßten Sie als Anwenderin aber wissen." Er macht dieses Bemerkung als kritisches Eltern-Ich. Ungestörte Kommunikation würde nun bedeuten, daß die Technikerin mit dem Kind-Ich antwortet: „Weiß ich aber nicht!" (rebellisches Kind-Ich) oder „Tut mir leid." (angepaßtes Kind-Ich). Hier wäre es für den weiteren Gesprächsverlauf sicherlich besser, die Eltern-Ich/Kind-Ich-Transaktion zu durchkreuzen und mit dem Erwachsenen-Ich zu antworten: „Zum Glück sind Sie ja da und können es mir erläutern." (Vorsicht: das kann auch ironisch klingen) oder „Bitte erläutern Sie es mir."

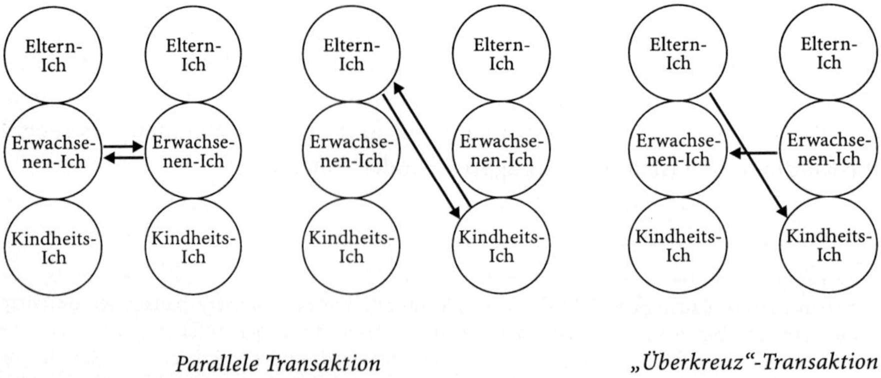

Abb. 5. Beziehungen in der Transaktionalen Analyse

Neben vordergründigen Transaktionen können zwischen zwei Gesprächspartnern auch unterschwellige Transaktionen stattfinden. Die von Erwachsenen-Ich zu Erwachsenen-Ich gesendete Botschaft enthält dann auch eine Eltern-Ich/Kind-Ich-Dimension.

2.5.3 Die Rolle verbaler und nonverbaler Kommunikationsmodalitäten

Beziehungs- und Inhaltsebene werden über sogenannte *verbale* und *nonverbale* Kommunikationsmodalitäten dem Gesprächspartner vermittelt. Nach *Watzlawick/Beavin/Jackson* vermittelt die Sprache vorwiegend den Gesprächsinhalt (das „Was"), während die nonverbalen Zeichen wie Mimik, Gestik, Blickverhalten, Körperorientierung verdeutlichen, wie eine Nachricht zu verstehen ist. Nonverbale Zeichen konzentrieren sich damit vorwiegend auf den Beziehungsaspekt der Kommunikation.[119] Betrachten wir zunächst die verbalen Kommunikationsmodalitäten, die Sprache.

2.5.3.1 Verbale Kommunikationsmodalitäten – die Sprache

Der *Sprache* schreibt *Krappmann* folgende für ein Gespräch wichtige Funktionen zu:[120]

1. Sprache übersetzt die Erwartungen des einen Interaktionspartners seinem Gegenüber, ist Mittel der Selbstdarstellung und des Altercasting und regelt somit den Beziehungsaspekt einer Kommunikation.
2. Sprache dient als Problemlösungsinstrument und vermittelt auf der Inhaltsebene der Kommunikation.
3. Sprache gibt sogenannte Überschußinformationen weiter, d.h. sie ist nicht nur Medium der Erwiderung, sondern kennzeichnet gleichzeitig die Einstellung des Empfängers zum Inhalt einer erhaltenen Mitteilung.

Die Verwendung bestimmter Sprachstile gibt Aufschluß über die Beziehung der beiden Interaktionspartner zueinander. Der *intime Sprachstil* kennzeichnet eine tiefgreifende, intensive und persönliche Beziehung der Interaktionspartner, etwa zwischen Ehepartnern: „Liebling, könntest du wohl ...?". Der *beiläufige Sprachstil* wird von gleichgestellten Mitgliedern einer Gruppe verwendet, etwa im Kollegenkreis oder im Freundeskreis: „Hast du übrigens schon gehört ...?". Der *konsultative Sprachstil* wird angewendet, wenn dem Sprecher nicht bekannt ist, über welche Hintergrundinformationen sein Zuhörer verfügt. Der erste Sprecher läßt solche Hintergrundinformationen einfließen, z.B. über das Unternehmen, wäh-

---

[119] Vgl. Watzlawick/Beavin/Jackson 1996, S. 62.

[120] Vgl. Krappmann 1978, S. 12 f.

rend der Zuhörer durch nonverbale Kommunikationsmodalitäten sein Verständnis zeigt, z.B. zustimmendes Nicken, oder angibt, weitere Informationen zu benötigen, z.B. fragender Blick und Stirnrunzeln. Der *formelhafte Stil* ist charakteristisch für Interaktionsteilnehmer, die miteinander interagieren müssen, zwischen denen jedoch sozial und/oder materiell bedingte, unüberbrückbare Barrieren bestehen. Er kann beispielsweise zu finden sein, wenn ein Vertriebsingenieur es mit Gesprächspartnern unterschiedlicher Hierarchiestufen oder Tätigkeitsbereiche zu tun hat: „Würden Sie mir die Frage erlauben, ob ...?".

Die Sprache wird im persönlichen Verkaufsgespräch eingesetzt, um die eigenen Ziele zu erreichen. Hierzu gehört etwa die für den Kunden verständliche Präsentation der Produkte, das Erzeugen einer positiven Einstellung zum Unternehmen oder der Abschluß eines Kaufvertrages. Nach *Bales* müssen bei der Lösung jeder Aufgabe zwei Bereiche beachtet werden: der Aufgabenbereich und der sozio-emotionale Bereich.[121] Der Aufgabenbereich erstreckt sich auf die Herausarbeitung des Kundenproblems, die Aufdeckung möglicher Lösungen, das Herausfinden möglicher Wettbewerber bzw. möglichst geeigneter Anbieter. Es sind Lösungskonzepte vorzuschlagen, anzupassen, zu entwickeln, zu verwerfen und zu überarbeiten, bis Klarheit über die Elemente der Austauschrelation gewonnen worden ist. Nach *Bales* umfaßt der Aufgabenbereich vier verschiedene Ebenen oder Phasen, in denen Probleme auftreten können:

Beim ersten Kontakt miteinander, versuchen der Vertriebsmitarbeiter und der Gesprächspartner auf Kundenseite ihr Wissen auf den gleichen Stand zu bringen. Sie *orientieren* sich. Hierbei verfügt der Vertriebsmitarbeiter über einen Informationsvorsprung hinsichtlich der technologiebezogenen Fakten, während der Gesprächspartner des Kunden meist einen die Anwendungsproblematik betreffenden Informationsvorsprung besitzt.[122] Eine vollständige Angleichung des Wissensniveaus ist dabei bei hoch komplexen Leistungen meist nicht möglich und häufig auch nicht erforderlich.[123]

Wenn der Vertriebsingenieur versucht herauszufinden, welche Anforderungen des Kunden wichtig sind und welchen geringere Bedeutung zukommt, stehen Probleme der *Bewertung* im Mittelpunkt. Dies ist auch der Fall, wenn es um die Eignung einer vorgeschlagenen Lösung geht. *Steuerungsaktivitäten* beziehen sich auf das weitere Vorgehen. Hier werden Vorschläge präsentiert oder um Hilfe nachgefragt. *Entscheidungaktivitäten* bringen Sequenzen zum Abschluß.

Neben diesen aufgabenbezogenen Aktivitäten müssen im sozio-emotionalen Bereich Spannungsbewältigungs- und Integrationsprobleme gelöst werden, die

---

121 Vgl. Bayles 1950.

122 Vgl. hierzu Gemünden 1981, S. 30 f.

123 Vgl. die Ausführungen zum Delegations- und Zusammenarbeitsmodell bei Gemünden 1980; vgl. auch Fließ 1999.

mit den auf der Beziehungsebene auftretenden Problemen zu vergleichen sind. Hierunter fallen etwa Situationen, in denen der Vertriebsingenieur und sein Gesprächspartner nicht miteinander harmonieren, einander nicht leiden können, sich unsicher fühlen oder miteinander im Konflikt stehen.

2.5.3.2 Nonverbale Kommunikationsmodalitäten

Nonverbale Verhaltensweisen stehen im persönlichen Verkaufsgespräch meist nicht für sich allein, sondern sind im Zusammenhang mit der Sprache zu sehen. Wie bereits oben erwähnt, liegt ihr Schwerpunkt nicht auf der Vermittlung von Gesprächsinhalten, sondern auf der Interpretation der Beziehungsebene. Sie erlauben es den Gesprächspartnern, Mißverständnisse zu vermeiden und das Gesagte eindeutiger zu verstehen. *Nonverbale Verhaltensweisen* erfüllen verschiedene Aufgaben im Rahmen der Kommunikation.[124]

- Sie können sprachliche Äußerungen ersetzen, z.B. Kopfnicken statt „ja“ . Dies wird auch als *Substitution* bezeichnet.
- Sie können das Gesagte betonen und verdeutlichen, z.B. durch Unterstreichen des Gesagten mit einer Handbewegung. Dies wird auch als *Amplifikation* bezeichnet.
- Sie können einen Widerspruch zwischen dem Gesagten und der eigenen Meinung darstellen, z.B. Kopfschütteln oder Zurückweichen. Hierfür wird auch der Begriff *Kontradiktion* verwendet.
- Schließlich können sie benutzt werden, um die Bedeutung des Gesagten abschwächen oder modifizieren, z.B. verbale Ablehnung eines angebotenen Kaffees begleitet von einem Lächeln. Dies wird als *Modifikation* bezeichnet.

Außerdem haben die nonverbalen Verhaltensweisen die Aufgabe, Pausen, Sprechtempo oder den Rhythmus des Sprechens festzulegen, manchmal auch verbale Zeichen anzukündigen (z.B. Körperhaltung und Mimik, bevor der Gesprächspartner etwas sagt).

Schließlich verdeutlichen nonverbale Zeichen auch die Reaktion des Zuhörers auf das Gesagte. *Scherer* unterscheidet drei Typen nonverbaler Signale:

1. Signale, die die Aufmerksamkeit des Zuhörers ausdrücken, z.B. Kopfnicken,
2. Signale des Versehens oder Nicht-Verstehens einer Mitteilung, z.B. Stirnrunzeln, und
3. Signale, durch die einer Mitteilung zugestimmt, sie abgelehnt oder Unentschiedenheit dokumentiert wird, z.B. Schulterzucken.

---

[124] Vgl. Scherer 1979, S. 26 ff.

Die Signale regeln den Kommunikationsablauf zwischen den Beteiligten, indem beide Gesprächspartner sowohl auf die verbalen als auch die nonverbalen Zeichen reagieren.[125]

Nonverbale Kommunikationsmodalitäten können diesen Funktionen zufolge als Indikator für die Beziehung zwischen zwei Gesprächspartnern angesehen werden und damit Aufschluß geben über die voraussichtliche Zufriedenheit der Interaktionsteilnehmer und die Wahrscheinlichkeit einer Fortführung der Interaktion zu einem anderen Zeitpunkt.

Interaktionspartner treffen bei ihrer Annäherung eine Entscheidung über die zwischen ihnen bestehende *räumliche Distanz.*[126] *Hall* unterscheidet vier Stufen:[127] intim, zwanglos-persönlich, sozial-konsultativ und öffentlich. Zunächst wird der Abstand gewählt, der der Beziehung der beiden Interaktionspartner zu Beginn der Begegnung entspricht; zwei einander Unbekannte werden die öffentliche Distanz wählen. In dem Maße, wie die Beziehung sich während eines Gespräches entwickelt, verändern sich die Abstände; die Personen entfernen sich voneinander oder nähern sich aneinander an. Personen, die einander sympathisch finden, distanzieren sich weniger voneinander als einander Unsympathische. Problematisch ist, wenn ein Gesprächspartner eine engere Distanz wählt, als der andere als angenehm empfindet, und so den Status der Beziehung mißinterpretiert.

Die *Sitzordnung* während einer Interaktion gibt Aufschluß über den Charakter eines Gespräches (vgl. Abb. 6).[128]

Eine kongruente *Körperhaltung* weist auf eine Ähnlichkeit der Standpunkte hin.[129] Die Körperhaltung in Verbindung mit der Kopfhaltung zeigt Statusunterschiede auf, nicht unbedingt tatsächlich bestehende, sondern vielmehr subjektiv

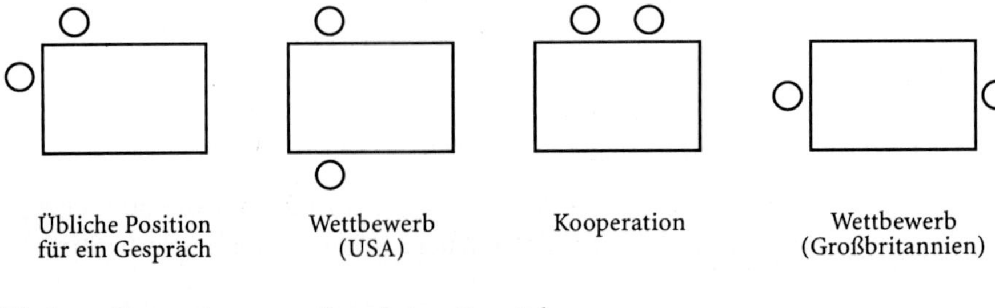

Abb. 6. Sitzanordnungen während eines Gespräches (Quelle: Argyle 1972, S. 96)

[125] Vgl. Scherer 1979, S. 32; vgl. auch Duncan 1979.

[126] Vgl. Argyle 1972, S. 93.

[127] Vgl. Hall 1963.

[128] Vgl. Argyle 1972, S. 96.

empfundene. Die gesenkte Kopfhaltung ist Indikator für eine unterlegene Rolle bzw. einen geringen Status, während eine erhobene Kopfhaltung eine überlegene Rolle bzw. einen höheren Status anzeigt.[130] Kommunikation mit Höhergestellten ist zusätzlich gekennzeichnet durch eine gespannte Körperhaltung und häufigen Blickkontakt.[131] Eine entspannte Körperhaltung in Verbindung mit geringer Distanz und häufigem Blickkontakt ist bei einander sympathischen Gesprächspartnern vorzufinden.

Häufiger *Blickkontakt* signalisiert aber auch Unsicherheit sowie persönliches Engagement; das Blickverhalten kann eindeutig nur im Zusammenhang mit der übrigen Körpersprache gedeutet werden. Zuhörer, die den Sprecher häufig ansehen, verdeutlichen über das Ansehen ihre Wertschätzung.[132] Ein Zuhörer wendet seine Blicke ab, wenn er mit den Äußerungen des Sprechers nicht übereinstimmt. Ein Sprecher bringt mit dem Wegsehen Unsicherheit über das Gesagte zum Ausdruck, während er bei Sicherheit dem Blickkontakt nicht ausweicht. Die Blickabwendung dient auch dazu, sich die Wahrnehmung der Reaktion des anderen auf die eigenen Äußerungen und auf den eigenen emotionale Erregung zeigenden Gesichtsausdruck zu ersparen.

Die eine Äußerung oder eine längere Rede begleitende *Gestik* gibt Aufschluß über den emotionalen Zustand des Sprechers. Spielt er mit Gegenständen oder gestikuliert er sehr heftig, zeigt dieses Verhalten seine Nervosität. Viele Handbewegungen deuten aber auch auf Enthusiasmus, einen dominierenden Partner oder darauf, daß der Sprecher über seinen Eindruck nur wenig besorgt ist.[133] Welche Bedeutung den hier isoliert betrachteten Körpersignalen zukommt, ergibt sich erst aus ihrem Zusammenspiel. Weiterhin spielt der kulturelle Hintergrund eine Rolle sowie Geschlecht und Persönlichkeitsmerkmale.[134]

2.6 Die Gestaltung der Verhandlungsaufgabe

Die Verhandlungsfunktion des persönlichen Verkaufs besteht darin, zu einem beide Seiten befriedigenden Austauschverhältnis zu gelangen. Das Ziel einer dauerhaft befriedigenden Lösung liegt dabei in der Verwirklichung von Austausch- oder Verteilungsgerechtigkeit. Hierbei werden – wie bereits unter 2.2.1 dargestellt – die erbrachten bzw. zu erbringenden Opfer ins Verhältnis zu den er-

---

129 Vgl. Scheflen 1976, S. 246.

130 Vgl. Argyle 1972, S. 103.

131 Vgl. Mehrabian/Friar 1979, S. 178 f.

132 Vgl. Ellsworth/Ludwig 1979, S. 75 ff.

133 Vgl. Ekman/Friesen 1979, S. 113.

134 Zu von Vertriebsmitarbeitern zu vermeidenden Körperhaltungen vgl. Kapitel C.1.

haltenen oder zu erhaltenden Nutzenelementen gesetzt, wobei die Beziehung zwischen Input und Output als gerecht empfunden werden muß, soll eine längerfristige Beziehung zwischen den Geschäftspartnern etabliert werden. Ein diesen Bedingungen genügendes Verhältnis herzustellen, ist Aufgabe von Verhandlungen.

Im Rahmen von Verhandlungen werden – ebenso wie im Rahmen der vorangehenden Informationsgespräche – Informationen vermittelt sowie Bewertungen gesucht und verändert mit dem Ziel, zu einer befriedigenden Austauschrelation zu gelangen. Auch in Verhandlungen wird somit interagiert und kommuniziert. Personen können sich in ihrer Art der Interaktion und Kommunikation durchaus voneinander unterscheiden. Weiterhin können – im Hinblick auf die zu erzielende Übereinkunft – bestimmte interaktive Rollen besser geeignet sein als andere, manche Kommunikationsformen angemessener als andere. Die Ausgestaltung der interaktiven Rollen, der Einsatz der verbalen und nonverbalen Kommunikationsmodalitäten schlägt sich in sogenannte Kommunikationsstilen und Verhandlungsstilen nieder.

Generell können sich Personen stärker kooperativ oder stärker konkurrierend verhalten. Um die Auswirkungen unterschiedlicher Verhaltensweisen zu simulieren, kann die Spieltheorie herangezogen werden.

2.6.1 Die spieltheoretische Betrachtung von Verhandlungen

Im Rahmen der Spieltheorie wird eine Verhandlungssituation als 'Spiel' betrachtet, bei dem sich zwei Personen oder Parteien gegenüberstehen, wobei die eine Partei nicht weiß, wie sich die andere Partei verhalten wird, sondern nur die möglichen Konsequenzen des Verhaltens bekannt sind. Der Zusammenhang zwischen Ergebnissen und Verhaltensformen läßt sich anhand der klassischen spieltheoretischen Situation, dem sogenannte *Gefangenendilemma* darlegen.

Das Gefangenendilemma kann wie folgt beschrieben werden: „Zwei Personen werden einer kriminellen Handlung verdächtigt: der Untersuchungsrichter ist von ihrer Schuld überzeugt, hat aber keine ausreichenden Beweise. Er weist daher jedem der beiden Gefangenen zwei alternative Möglichkeiten auf: die Tat zu gestehen oder zu leugnen. Wenn beide Gefangenen nicht gestehen, wird der Richter sie wegen anderer, allgemeinerer, aber nicht so schwerwiegender Gesetzesübertretungen verurteilen. Sie haben beide eine Strafe von einem Jahr Gefängnis zu erwarten. Gestehen beide Gefangenen, so werden sie beide verurteilt, erhalten aber nicht die Höchststrafe. Gesteht ein Gefangener, während der andere weiter leugnet, so erhält der Geständige lediglich eine Strafe von drei Monaten Gefängnis, während der andere Gefangene zur Höchststrafe von zehn Jahren verurteilt wird. Beide Gefangenen wissen nicht um die Entscheidung des jeweils

Tabelle 2. Das Gefangenendilemma

		Gefangener A	
		leugnet	*gesteht*
Gefangener B	*leugnet*	für A und B jeweils 1 Jahr	3 Monate für A; 10 Jahre für B
	gesteht	10 Jahre für A; 3 Monate für B	für A und B je 8 Jahre

anderen.«[135] Aus dieser Situation läßt sich die in Tabelle 2 dargestellte Matrix konstruieren.

In dieser Situation sind sowohl kooperative als auch konkurrierende Verhaltensweisen möglich. Im oben beschriebenen Gefangenendilemma ist es für beide am günstigsten zu kooperieren, d.h. zu leugnen. Jeder erhält dann lediglich ein Jahr. Wählt jeweils einer die konkurrierende Verhaltensweise, der andere jedoch die kooperative, so erhält der Konkurrierende den maximalen Gewinn, d.h. nur drei Monate. In dem Fall, in dem beide konkurrieren, stehen sie sich somit insgesamt am schlechtesten, denn beide erhalten acht Jahre.

Kooperatives Verhalten setzt jedoch Vertrauen in die Verhaltensweisen des jeweils anderen voraus. Wie *Loomis* in einem Experiment herausfand, steigen Kooperation und Vertrauen zwischen den Akteuren im Gefangenendilemma in dem Maße an, in dem sie die Interaktion untereinander erhöhen.[136]

2.6.2 Verhandlungsstrategien und ihr Einfluß auf das Verhandlungsergebnis

Wie im Rahmen der Spieltheorie gezeigt wurde, hängen die Ergebnisse der Verhandlung in starkem Maße von der gewählten Strategie ab, wobei kooperatives Verhalten konkurrierendem Verhalten überlegen ist, soweit es um die Erzielung gemeinsamer Vorteile geht. Dem Einfluß der Verhandlungsstrategie und der motivationalen Orientierung auf das Verhandlungsergebnis ist *Deutsch* in einem Experiment nachgegangen. Als Verhaltensstrategien unterschied er die folgenden vier Möglichkeiten, die als Verhaltensweisen auch in realen Verhandlungssituationen zu finden sind:[137]

1. *Altruistisches Verhalten:* Der Verhandler reagiert auf Attacken von Seiten des Verhandlungspartners altruistisch und kooperativ. So unterwirft er sich beispielsweise Drohungen oder besänftigt den Verhandlungspartner. *Beispiel:*

---

135 Piontkowski 1976, S. 14.

136 Loomis 1959; zitiert nach Wunderer/Grunwald 1980, S. 251.

137 Zur weiteren Darstellung vgl. Wunderer/Grunwald 1980, S. 253 ff.

„Wenn Sie nicht mit dem Preis heruntergehen, sehen wir uns gezwungen, den Lieferanten zu wechseln." – „Nein, das wollen wir auf gar keinen Fall. Einen so guten Kunden wie Sie zu verlieren ... Sicher kann man beim Preis noch etwas machen."

2. *Nichtbestrafende Strategie:* Der Verhandler reagiert auf Attacken von Seiten des Verhandlungspartners defensiv. Drohungen beispielsweise werden ignoriert. Zeigt der Verhandlungsgegner kooperative Verhaltensweisen, so verhält sich der Verhandler ebenfalls kooperativ. *Beispiel:* „Sie müssen mit dem Preis runter, sonst wechseln wir den Lieferanten." – „Wollen wir nicht noch einmal in Ruhe über Ihre Vorstellungen reden?"
3. *Vergeltungsstrategie:* Auf jede nicht kooperative Verhaltensweise des Verhandlungspartners reagiert der Verhandler bedrohend. Auf jede Attacke reagiert er aggressiv, z.B. auf Drohungen mit Gegendrohungen. Verhält sich der Verhandlungspartner kooperativ, d.h. in seinem Sinne, so verhält er sich auch kooperativ. *Beispiel:* „Gehen Sie mit dem Preis runter, sonst sehen wir uns gezwungen, den Lieferanten zu wechseln." – „Dann wechseln Sie doch den Lieferanten. Die anderen haben auch keine niedrigeren Preise."
4. *„Reformierter Sünder":* Hierbei verhält sich der Verhandler zunächst aggressiv, um dann auf eine altruistische Verhaltensweise umzuschwenken. Wenn also Drohungen nichts fruchten, wird er nach einiger Zeit entgegenkommend.

Personen, die stark individualistisch orientiert sind (motivationale Orientierung), d.h. ihr eigenes Wohl in den Mittelpunkt ihrer Anstrengungen stellen, während ihnen das Wohl des Verhandlungspartners ziemlich gleichgültig ist, werden einen Altruisten ausbeuten. Der sich altruistisch verhaltende Verhandler wird nur geringen Gewinn aus der Verhandlung ziehen, während der individualistisch orientierte Verhandler einen großen Erfolg erzielt. Eine solche Beziehung ist nicht durch die geforderte distributive Gerechtigkeit gekennzeichnet und wird sicherlich, sobald es möglich erscheint, aufgelöst werden.

Die zweite Strategie, die Angriffe nicht bestraft und Kooperation belohnt, führt selbst zu kooperativem Verhalten und zeitigt daher für beide Beteiligten die größten Erfolge. Die dritte Strategie, die Vergeltungsstrategie, führt aufgrund des dominierend konkurrierenden Verhaltens zu geringen Ergebnissen für beide Seite. Beide Parteien werden ihre Ergebnisvorstellungen kaum verwirklichen können. Der jeweilige Verhandlungspartner gilt als unkooperativ und selbstsüchtig. Die Strategie des Reformierten Sünders führt demgegenüber zu einem beträchtlichen Ausmaß an Kooperation.

Daraus läßt sich der Schluß ziehen, daß eine kooperative Orientierung in Verbindung mit einer nichtbestrafenden Strategie zu den besten Ergebnissen auf beiden Seiten führt. Allerdings ist dieses Ergebnis beschränkt auf Situationen, in denen eine annähernd gleiche Machtverteilung besteht. Untersuchungen zeigen nämlich, daß Personen mit einer überlegenen Machtposition dazu tendieren, sich manipulativ und ausbeutend zu verhalten.[138]

Tabelle 3. Merkmale des Verhandlungsstils nach dem *Harvard*-Konzept im Vergleich zum 'weichen' oder 'harten' Verhandlungsstil (Quelle: Fischer/Ury 1991, S. 29)

'Weicher' Verhandlungsstil	*'Harter' Verhandlungsstil*	*Sachbezogener Verhandlungsstil*
Die Teilnehmer an der Verhandlung sind Freunde	Die Teilnehmer sind Gegner	Die Teilnehmer sind Problemlöser
Ziel: Übereinkunft mit der Gegenseite	Ziel: Sieg über die Gegenseite	Ziel: vernünftiges, effizient und gütlich erreichtes Ergebnis
Konzessionen werden zur Verbesserung der Beziehung gemacht	Konzessionen werden als Voraussetzung der Beziehungen gefordert	Menschen und Probleme werden getrennt behandelt
Weiche Einstellung zu Menschen und Problemen	Harte Einstellung zu Menschen und Problemen	Weich zu den Menschen, hart in der Sache
Vertrauen zu den anderen	Mißtrauen gegenüber anderen	von Vertrauen oder Mißtrauen unabhängiges Vorgehen
Bereitwillige Änderung der Position	Beharren auf der eigenen Position	Konzentration auf Interessen, nicht auf Positionen
Angebote werden unterbreitet	Drohungen erfolgen	Interessen werden erkundet
Die Verhandlungslinie wird offengelegt	Die Verhandlungslinie bleibt verdeckt	'Verhandlungslinie' vermeiden
Einseitige Zugeständnisse werden um der Übereinkunft willen in Kauf genommen	Einseitige Vorteile werden als Preis für die Übereinkunft gefordert	Möglichkeiten für gegenseitigen Nutzen werden gesucht
Suche nach der einzigen Antwort, die das Gegenüber akzeptiert	Suche nach der einzigen Antwort, die der Verhandlende akzeptiert	Erst Suche nach unterschiedlichen Wahlmöglichkeiten, danach Entscheidung
Bestehen auf einer Übereinkunft	Bestehen auf der eigenen Position	Bestehen auf objektiven Kriterien
Willenskämpfe werden vermieden	Der Willenskampf muß gewonnen werden	Ein Ergebnis wird unabhängig vom jeweiligen Willen zu erreichen versucht
Starkem Druck wird nachgegeben	Starker Druck wird ausgeübt	Anwendung von Vernunft und Offenheit der Vernunft gegenüber; Nachgeben gegenüber sachlichen Argumenten, nicht irgendwelchem Druck

[138] Vgl. zu einem Überblick Wunderer/Grunwald 1980, S. 255.

Diese Schlußfolgerungen scheinen auch dem *Harvard-Konzept* zugrundezuliegen. Das *Harvard-Konzept* ist eine Strategie, die in Verhandlungen eingesetzt werden soll und sowohl zu kooperativem Verhalten als auch zu einem beide Seiten befriedigenden Ergebnis führen, das somit der Forderung der distributiven Gerechtigkeit entspricht. Tabelle 3 gibt einen Überblick über die Merkmale des Verhandlungsstils im Rahmen des *Harvard-Konzeptes*, der der oben geschilderten nicht-bestrafenden Strategie entspricht. Der als sachbezogen bezeichnete Stil wird dabei den als 'weich' und 'hart' bezeichneten Verhandlungsstilen gegenübergestellt. Der 'weiche' Verhandlungsstil kann dabei als dem altruistischen Verhalten angemessen angesehen werden, während der 'harte' Verhandlungsstil Elemente der Vergeltungsstrategie aufweist.

Der 'sachbezogene' Verhandlungsstil des *Harvard-Konzeptes* soll im folgenden Abschnitt näher erläutert werden.

2.6.3 Das *Harvard-Konzept*

Das *Harvard-Konzept* strebt einen Verhandlungsstil an, in dem es nicht um Positionen geht, die verteidigt oder erreicht werden müssen, sondern um gemeinsame Lösungen. Ein solches Streben nach einem beide Seiten zufriedenstellenden Ergebnis der Verhandlung entspricht den drei Bedingungen des Austausches sowie dem Grundgedanken des „marketing concept". Verhandlungen sind notwendig, um unterschiedliche Vorstellungen der Verhandlungsparteien zu vereinen. Das *Harvard-Konzept* schlägt hierzu eine Methode vor, die im wesentlichen auf vier Forderungen bzw. Vorgehensweisen beruht.

Forderung 1: Menschen und Probleme sollten getrennt voneinander behandelt werden.

Diese Forderung beruht auf den oben dargelegten Ausführungen, daß neben den Inhaltsaspekten auch immer die Beziehungsaspekte von Bedeutung sind. In jeder Interaktion – und eine solche ist natürlich auch eine Verhandlung – wollen die Beteiligten in ihrer jeweiligen Rolle Bestätigung und Anerkennung finden. Daher hat jeder der Verhandlungsteilnehmer neben dem Interesse an der Klärung der Sachfragen und Sachinteressen auch ein Interesse an der Aufrechterhaltung guter Beziehungen.

Konflikte auf der Beziehungsebene jedoch werden im Rahmen der Kommunikation leicht auf die Sachebene transferiert. Dies geschieht über den Beziehungsaspekt ebenso wie über den Selbstoffenbarungs- und den Appellaspekt der Nachrichten im Rahmen der Kommunikation, die dann vor dem Hintergrund eigener Gefühle, Befürchtungen und Erfahrungen interpretiert werden. Dieser Vorgang ist – im Gegensatz zum Sachgegenstand – nicht offensichtlich und nicht

Tabelle 4. Vorschläge zur getrennten Behandlung von Sach- und Beziehungskonflikten nach dem *Harvard*-Konzept (Quelle: Fisher/Ury 1991, S. 41–54)

Vorstellungen (= kognitive Ebene)	*Emotionen (= emotionale Ebene)*
• Versetzen Sie sich in die Lage der anderen. • Leiten Sie die Absichten anderer niemals aus Ihren eigenen Befürchtungen ab. • Schieben Sie die Schuld an Ihren eigenen Problemen nicht der Gegenseite zu. • Sprechen Sie über die Vorstellungen beider Seiten. • Sorgen Sie dafür, daß sich die andere Seite am Verhandlungsprozeß beteiligt. • Stimmen Sie Ihre Vorschläge auf das Wertsystem des anderen ab.	• Lernen Sie Ihre eigenen Emotionen und die der anderen Seite verstehen. • Artikulieren Sie Ihre Emotionen und erkennen Sie deren Berechtigung an. • Gestatten Sie der Gegenseite, Dampf abzulassen. • Reagieren Sie nicht auf emotionale Ausbrüche. • Benutzen Sie auch symbolische Gesten, z.B. Entschuldigungen, Präsente.

offenbar. Aus diesem Grunde kann es durch nicht geklärte Konflikte auf der Beziehungsebene leicht zu Mißverständnissen und unauflösbaren Verhandlungssituationen kommen. So zeigen Ergebnisse aus der Verhandlungsforschung im Investitionsgüterbereich, daß die Verhandlungsdauer mit zunehmender Konfliktträchtigkeit zunimmt[139] und daß die Wahrscheinlichkeit einer Einigung mit zunehmender Verhandlungsdauer abnimmt.[140] Die Psychologin *Ruth Cohn* erhebt daher die Forderung: „Störungen haben Vorrang".[141] Dies bedeutet, daß Beziehungskonflikte zuerst geklärt werden müssen. Nur dann kann es gelingen, auch die Sachkonflikte zu lösen.

Im Rahmen des *Harvard-Konzeptes* äußert sich diese Vorgehensweise in den folgenden in Tabelle 4 dargestellten Empfehlungen. In den Vorschlägen lassen sich unschwer die Erkenntnisse aus dem theoretischen Modell der Interaktion und der Kommunikation wiederfinden.

Forderung 2: Die Verhandlungsparteien sollten sich auf die Interessen konzentrieren, nicht auf die Positionen

Positionen entsprechen bereits Lösungen. Werden Positionen aufgebaut, so ist es nicht mehr ohne weiteres möglich, von diesen abzuweichen. Ein Aufgeben einer Position ist ohne Gesichtsverlust nicht möglich, so daß ein Bewegen bereits zu einem Eingeständnis von Schwäche oder Versagen führt. Daher wird im Rahmen des *Harvard-Konzeptes* gefordert, sich auf die Interessen zu konzentrieren.[142]

---

139 Vgl. Kutschker/Kirsch 1978, S. 59.

140 Vgl. Kapitza 1987, S. 63 ff.

141 Vgl. Cohn 1975.

142 Vgl. Fisher/Ury 1991, S. 65 ff.

Beispiel:
Ein Maschinenbau-Unternehmen und ein Elektro-Unternehmen verhandeln um ihre jeweiligen Angebotsanteile für einen Walzwerksauftrag. Der Auftrag kann nur gewonnen werden, wenn beide kooperieren. Der Maschinenbauer möchte den Auftrag unbedingt, da seine Produktion unterbeschäftigt ist und er ohne den Auftrag Entlassungen vornehmen muß. Dies bringt ihn in eine schwächere Position. Der Elektrohersteller ist demgegenüber vollbeschäftigt, auf diesen Auftrag also nicht angewiesen und dementsprechend an einem hohem Gewinn bei geringem Risiko interessiert. Verhandeln um Positionen bedeutet, daß jeder der beiden Verhandlungsführer mit konkreten Vorstellungen über die Lieferanteile, Risiko- und Haftungsfragen in die Verhandlung hineingeht. Konzentration auf Interessen bedeutet demgegenüber, auch für andere Lösungen offen zu sein, die die Probleme der beiden Partner lösen. In diesem Fall sind die Interessen der einen Partei, Massenentlassungen zu verhindern, und der anderen Partei, einen möglichst risikolosen und gewinnträchtigen Auftrag zu erhalten, in Einklang zu bringen. Dies kann gelingen, indem beispielsweise außer diesen auftragsbezogenen Interessen weitere Interessen identifiziert werden, die in der Geschäftsbeziehung liegen. Ist beispielsweise der Maschinenbauunternehmer gezwungen, Massenentlassungen vorzunehmen, fließt ein Großteil des Know-how ab, das möglicherweise andere Maschinenbau-Unternehmen nun nutzen können. Dadurch wird vielleicht die bereits bestehende Kooperationsbeziehung zum Elektro-Unternehmen gefährdet, was weitere lukrative Aufträge verhindern könnte. Dementsprechend hat auch das Elektro-Unternehmen ein Interesse am Weiterbestehen des Maschinenbauers. Ein solches gemeinsames Interesse nun bietet eine ganz andere Verhandlungsbasis.

Wie dieses Beispiel verdeutlicht, stehen hinter gegensätzlichen Positionen häufig einander widersprechende, aber auch gemeinsame Interessen. Die gemeinsamen Interessen bieten nun die Möglichkeit, zu einer Einigung, einem Kompromiß, zu gelangen. Auf diesem Wege hilft nach Ansicht des *Harvard-Konzeptes* die folgende Forderung.

Forderung 3: Die Verhandlungsparteien entwickeln verschiedene Handlungsmöglichkeiten

Um diese Forderung zu erfüllen, wird den Verhandlungspartnern angeraten, die eingefahrenen Wege zu verlassen und neue Lösungsmöglichkeiten zu entwickeln. Hierzu wird beispielsweise das Brainstorming vorgeschlagen, das innerhalb der eigenen Verhandlungsfraktion, aber auch gemeinsam mit der anderen Seite durchgeführt werden kann. Dabei empfehlen *Fisher/Ury* den Teilnehmern, sich nebeneinander zu setzen und das Problem in irgendeiner Weise auf der gegenüberliegenden Seite zu markieren. Durch diese Anordnung wird das Gemeinschaftsgefühl untereinander gestärkt und gemeinschaftlich auf ein (entferntes) Ziel gerichtet.[143]

[143] Vgl. Fisher/Ury 1991, S. 92 ff.; vgl. hierzu auch die Ausführungen zur Sitzordnung in Abb. 6.

Forderung 4: Es sollten objektive Kriterien angewandt werden

Bei der Anwendung objektiver Kriterien wird nach einem Maßstab gesucht, den beide Parteien akzeptieren können, der nachvollziehbar ist und dem Problem angemessen. Hierbei geht es um allgemein oder doch zumindest von den beiden Verhandlungsparteien anerkannte Kriterien der Fairneß, der Effektivität oder der wissenschaftlichen Sachbezogenheit. Dabei können die Verhandlungspartner sich auf eine Vorgehensweise einigen, die bereits in einem anderen Fall zu ihrer gegenseitigen Zufriedenheit geführt hat, auf rechtliche Vorschriften, den Marktwert, wissenschaftliche Gutachten, Kriterien von Sachverständigen, Auswirkungen, Kosten, mögliche Gerichtsurteile, moralische Kriterien, Kriterien der Gleichbehandlung oder der Gegenseitigkeit, der Tradition. Wichtig ist in diesem Zusammenhang, daß die Kriterien außerhalb der Beeinflußbarkeit der Parteien liegen.[144]

Tabelle 5. Checkliste zur Vorbereitung von Verhandlungen (Quelle: Wiswede 1991, S. 159 f.)

Checkliste zur Einschätzung der Art von Verhandlungssituation
• Wie hoch ist die Zahl der Teilnehmer? (In einer großen Runde verlaufen die Kommunikationsprozesse anders als in einer dyadischen Beziehung)
• Welches sind die einschlägigen Erfahrungen und Kompetenzen der Beteiligten? (Dabei geht es um die fachliche Kompetenz, die soziale Kompetenz und auch um die Entscheidungsbefugnis.)
• Verhandeln die Beteiligten für sich oder repräsentieren sie Kollektive? (Verhandlungen im Auftrag anderer haben häufig einen härteren Verhandlungsstil zur Folge.)
• Welche Bedeutung hat das Verhandlungsergebnis (oder ein evtl. Scheitern der Verhandlung) für die Akteure?
• Ist der Verhandlungsvorgang (bzw. die Verhandlungsergebnisse) für andere sichtbar? Welche Sanktionen (Belohnungen und Bestrafungen) stehen bereit?
• Welches sind die Optionen der Verhandlungspartner? Welche Verhandlungsspielräume bestehen oder werden angenommen?
• In welchem Umfang wurden Verhandlungspositionen im voraus festgelegt?
• Welche Vermutungen bestehen hinsichtlich der Konzessionsbereitschaft der anderen Seite?
• Sind beim Aushandlungsprozeß Normen, Regeln oder Gesetze zu beachten? (Hierdurch werden Spielräume eingegrenzt)
• Welche Gewohnheiten, Riten und Traditionen bestehen im Hinblick auf den Verlauf der Verhandlungen?
• Werden die Verhandlungen in freundschaftlichem, kooperativem Klima oder auf der Basis von Feindseligkeit geführt? (Feindseligkeit führt zu einer Überschätzung tatsächlich vorhandener Gegensätze.)
• Ist die Verhandlung überwiegend von Machtinteressen getragen oder durch Vorstellungen von Verteilungsgerechtigkeit?

[144] Vgl. Fisher/Ury 1991, S. 124 ff.

Die Beachtung und Beherzigung dieser vier Regeln kann je nach Verhandlungssituation leichter fallen oder mit großen Schwierigkeiten behaftet sein. Eine Untersuchung von *Wimsatt-Mintu/Calantone* zeigt,[145] daß die Problemlösungsorientierung um so höher ist, je eher dieselbe Strategie beim Partner wahrgenommen wird, je eher konziliantes Verhalten im Gegensatz zu feindlichem Verhalten gezeigt wird und je mehr Erfahrungen die Verhandler besitzen. Um herauszufinden, welche Art von Verhandlungssituation zu erwarten ist, kann die in Tabelle 5 abgedruckte Checkliste benutzt werden.

2.7 Zusammenfassung

Ziel des persönlichen Verkaufs ist es, eine Transaktion anzubahnen und durchzuführen. Hierbei kommt dem persönlichen Verkauf eine Informationsfunktion und eine Verhandlungsfunktion zu. Entsprechend den Bedingungen des Zustandekommens eines Austausches umfaßt die Informationsfunktion die Gewinnung und Vermittlung von Informationen, die es erlauben geeignete Austauschrelationen zu finden und zu lösen. Da der Austauschprozeß insgesamt durch ein hohes Maß an Unsicherheit gekennzeichnet ist, kommt der Glaubwürdigkeit der Informationsquelle besondere Bedeutung zu. In der Ausgestaltung der Verhandlungsfunktion geht es darum zu einer Austauschrelation zu gelangen, die beide Seiten zufriedenstellt und ihrer Anforderung nach distributiver Gerechtigkeit entspricht.

Um den persönlichen Verkauf effektiv und effizient zu gestalten und zu lenken, sind sowohl Praxis als auch Wissenschaft an den Erfolgsfaktoren des persönlichen Verkaufs interessiert. Trotz vielfältiger Untersuchungen in dieser Richtung haben bisher weder der personenbezogene Ansatz noch der verhaltensbezogene noch der Interaktionsansatz eindeutige Zusammenhänge zwischen den untersuchten Faktoren und dem Verkaufserfolg liefern können. Vielmehr scheint es so zu sein, daß die Interaktion zwischen den auf Anbieter- und Nachfragerseite Beteiligten sowohl von personenbezogenen, unternehmensbezogenen als auch situativen Faktoren beeinflußt wird. Zentrale Bedeutung kommt jedoch der Interaktion und der Kommunikation zu.

Interaktion bedeutet wechselseitige Ausrichtung des Verhaltens aneinander. Bei einer Interaktion, also auch bei persönlichen Verkaufsgesprächen, laufen mehr oder weniger bewußt die beiden Prozesse des Aushandelns sozialer Identitäten und interaktiver Rollen ab. Identitäten und Rollen werden zunächst auf einer kognitiven, gedanklichen Ebene vorweggenommen, bevor sie auf der expressiven, sichtbaren Ebene dem Interaktionspartner übermittelt werden. Dabei

145 Vgl. Wimsatt-Mintu/Calatone 1996.

werden verbale und nonverbale Kommunikationsmodalitäten eingesetzt. Diese Kommunikationsmodalitäten vermitteln dem jeweiligen Empfänger Informationen auf der Sachebene (Kommunikationsinhalt) und auf der Beziehungsebene (Metakommunikation). Die Beziehungsebene entscheidet dabei im wesentlichen darüber, wie die übermittelten Inhalte zu verstehen sind. Der Beziehungsaspekt der Kommunikation läßt sich um einen Selbstoffenbarungsaspekt und einen Appellaspekt ergänzen. Der Beziehungsaspekt wiederum kann entsprechend der Transaktionalen Analyse über unterschiedliche Persönlichkeitsaspekte, das Eltern-Ich, das Erwachsenen-Ich und das Kindheits-Ich gestaltet werden. Die Analyse des Auftretens dieser Aspekte in der Kommunikation kann Hinweise auf Kommunikationsstörungen geben.

Interaktion und Kommunikation bilden die Grundlagen jeder Gesprächssituation und jeder Verhandlungssituation. Wie die spieltheoretische Betrachtung von Verhandlungssituationen zeigt, ist eine Verbesserung der Situation beider Verhandlungspartner am ehesten bei einer kooperativen Motivation und einem nichtbestrafenden Verhandlungsstil zu erwarten. Dieser Verhandlungsstil wird im Rahmen des *Harvard-Konzeptes* als sachbezogener Verhandlungsstil bezeichnet, der in vier zu befolgenden Forderungen verwirklicht werden kann.

Literaturverzeichnis

Adler, J. [1996]: Informationsökonomische Fundierung von Austauschprozessen; Wiesbaden 1996.

Aklerlof, G. A. [1970]: The Market for Lemons: Quality Uncertainty and the Market Mechanism; in: Quarterly Journal of Economics, 48. Jg. (1970), August, S. 488–500.

Argyle, M. [1972]: Soziale Interaktion, Köln 1972.

Arndt, J. [1967]: Word-of-Mouth Advertising and Information Communication; in: Cox, D. F. (Hrsg.): Risk Taking and Information Handling in Consumer Behavior; Boston 1967.

Arnott, N. [1995]: It's a Woman's World; in: Sales and Marketing Management, Vol. 147 (1995), No. 3, S. 55–59.

Arrow, K. J. [1985]: The Economics of Agency; in: Pratt, J. W. / Zeckhauser, R. J. (Hrsg.): Principals and Agents - The Structure of Business; Boston Mass. 1985, S. 37–51.

Backhaus, K. [1992]: Messen als Institutionen der Informationspolitik; in: Strothmann, K.-H. / Busche, M. (Hrsg.): Handbuch Messemarketing; Wiesbaden 1992, S. 84–97.

Bänsch, A. [1993]: Verkaufspsychologie und Verkaufstechnik; 5. Aufl., Wien-München 1993.

Bayles, R. F. [1950]: A Set of Categories for the Analysis of Small Group Interactions; in: American Sociological Review, Vol. 15 (1950), S. 257–263.

Belz, Ch. [1996]: Verkaufskompetenz; St. Gallen 1996.

Berne, E. [1967]: Spiele der Erwachsenen; Reinbek 1967.

Biemans, W. G. / Brand, M. J. [1995]: Reverse Marketing: A Synergy of Purchasing and Relationship Marketing; in: International Journal of Purchasing and Materials Management, Vol. 32 (July 1995), S. 29–37.

Blenkhorn, D. L. / Banting, P. M. [1991]: How Reverse Marketing Changes Buyer-Seller Roles; in: Industrial Marketing Management, Vol. 20 (1991), S. 185–191.

Busch, P. / Wilson, D. T. [1976]: An Experimental Analysis of a Salesman's Expert and Referent Basis of Social Power in the Buyer-Seller Dyad; in: Journal of Marketing Research, Vol. 13 (February 1976), S. 3–11.

Byrne, D. [1969]: Attitudes and Attraction; in: Advances in Experimental Social Pschology, Vol. 4 (1969).

Cohn, R. [1975]: Von der Psychoanalyse zur Themenzentrierten Interaktion; Stuttgart 1975.

Comer, L. B. / Jolson, M. A. [1991]: Perceptions of Gender Stereotypic Behavior: An Exporatory Study of Women in Selling; in: Journal of Personal Selling and Sales Management, Vol. XI (1991), No. 1, S. 43–58.

Cook, R. W. / Corey, R. J. [1991]: A Confirmatory Investigation of Industrial Buyer Image of the Saleswoman; in: Journal of the Academy of Marketing Science, Vol. 19 (1991), No. 3, S. 199–207.

Crosby, L. A. / Evans, K. R. / Cowles, D. [1990]: Relationship Quality in Services Selling: An Interpersonal Influence Perspective; in: Journal of Marketing, Vol. 54 (1990), No. 3, S. 68–81.

Cunningham, S. M. [1967a]: Perceived Risk in Information Communications; in: Cox, D. F. (Hrsg.): Risk Taking and Information Handling in Consumer Behavior; Boston 1967.

Dahlke, B. [1998]: Markt- und Kundenorientierung als Gegenstand der Marketingforschung; unveröffentlichtes Arbeitspapier der Reihe Business-to-Business-Marketing, hrsg. von Michael Kleinaltenkamp, Freie Universität Berlin 1998.

Darby, M. R. / Karni, E. [1973]: Free Competition and the Optimal Amount of Fraud; in: The Journal of Law and Economics, Vol. 17 (1973), S. 67–88.

Dion, P. A. / Easterling, D. / Javalgi, R. [1997]: Women in the Business-to-Business Salesforce – Some Differenes in Performance Factors; in: Industrial Marketing Management, Vol. 26 (1997), S. 447–457.

Dreitzel, H. P. [1980]: Die gesellschaftlichen Leiden und das Leiden an der Gesellschaft – Vorstudien zu einer Pathologie des Rollenverhaltens; Stuttgart 1980.

Duncan, S. D. Jr. [1979]: Interaktionsstrukturen zwischen Sprecher und Höhrer; in: Scherer, R. / Wallbott, H. G. (Hrsg.): Nonverbale Kommunikation – Forschungsberichte zum Interaktionsverhalten; Weinheim und Basel 1979, S. 236–256.

Ekman, P. / Friesen, W. V. [1979]: Handbewegungen; in: Scherer, K. R. / Wallbott, H. G. (Hrsg.): Nonverbale Kommunikation – Forschungsberichte zum Interaktionsverhalten; Weinheim und Basel 1979, S. 108–123.

Ellinger, Th. [1966]: Die Informationsfunktion des Produktes; in: Moxter, A. / Schneider , D. / Wittmann, W. (Hrsg.): Produktionstheorie und Produktionsplanung; Festschrift für Karl Hax, Köln-Opladen 1966.

Ellsworth, P. C. / Ludwig, L. M. [1979]: Visuelles Verhalten in der sozialen Interaktion; in: Scherer, K. R. / Wallbott, H. G. (Hrsg.): Nonverbale Kommunikation – Forschungsberichte zum Interaktionsverhalten; Weinheim und Basel 1979, S. 64–86.

Engelhardt, W. H. / Freiling, J. [1995]: Die integrative Gestaltung von Leistungspotentialen; in: Zeitschrift für betriebswirtschaftliche Forschung, 47. Jg. (10/1995), S. 899–918.

Evans, F. B. [1963]: Selling as a Dyadic Relationship – A New Approach; in: American Behavioral Scientist, Vol. 6 (May 1963), S. 216 ff.

Fisher, R. / Ury, W. [1991]: Das Harvard-Konzept: Sachgerecht verhandeln – erfolgreich verhandeln; 10. Aufl., Frankfurt a. M. / New York 1991.

Fließ, S. [1999]: Industrielles Kaufverhalten; in: Kleinaltenkamp, M. / Plinke, W. (Hrsg.): Technischer Vertrieb – Grundlagen; 2., überarb. Aufl., Berlin / Heidelberg / New York 1999, Kapitel B.1.

Gadel, M. S. [1964]: Concentration by Salesmen on Congenial Prospects; in: Journal of Marketing, Vol. 28 (April 1964), S. 64–66.

Gemünden, H. G. [1980]: Effiziente Interaktionsstrategien im Investitionsgütermarketing; in: Marketing - Zeitschrift für Forschung und Praxis, 2. Jg. (1980), S. 21–32.

Gemünden, H. G. [1981]: Innovationsmarketing, Tübingen 1981.

Gierl, H. / Stich, A. / Strohmayr, M. [1997]: Einfluß der Glaubwürdigkeit einer Informationsquelle auf die Glaubwürdigkeit der Information; in: Marketing – Zeitschrift für Forschung und Praxis, 19. Jg. (1997), S. 27–31.

Götsch, K. [1994]: Riskantes Vertrauen – Theoretische und empirische Untersuchung zum Konstrukt Glaubwürdigkeit; Münster / Hamburg 1994.

Goffman, E. [1969]: Wir alle spielen Theater; München 1969.

Goffman, E. [1982]: Das Individuum im öffentlichen Austausch – Mikrostudien zur öffentlichen Ordnung; Frankfurt a. M. 1982.

Goffman, E. [1996]: Interaktionsrituale – Über Verhalten in direkter Kommunikation; 4. Aufl., Frankfurt a. M. 1996.

Grønhaug, K. [1975]: Search Behavior in Organizational Buying; in: Industrial Marketing Management, Vol. 4 (1975), S. 15–23.

Günter, B. [1977]: Anbieterkoalitionen bei der Vermarktung von Anlagegütern – Organistionsformen und Entscheidungsprobleme; in: anlagen-marketing, Sonderheft 7/77 der Zeitschrift für betriebswirtschaftliche Forschung, hrsg. von Werner H. Engelhardt und Gert Laßmann, Opladen 1977, S. 155–172.

Habermas, J. [1981]: Theorie des kommunikativen Handelns; Band 1 und 2, Frankfurt a. M. 1981.

Hall, E. T. [1963]: A System for the Notation of Proxemic Behavior; in: American Anthropology, Vol. 65 (1963), S. 1003–1026.

Harmon, R. R. / Coney, K. A. [1982]: The persuasive effects of source credibility in buy and lease situations; in: Journal of Marketing Research, Vol. 14 (1982), S. 255–260.

Heger, G. [1988]: Anfragenbewertung im industriellen Anlagengeschäft; Berlin 1988.

Heinz, C. [1994]: Beschaffungspolitische Optionen bei der Einschaltung von Marktveranstaltungen; Bochum 1994.

Homans, G. C. [1972]: Elementarformen sozialen Verhaltens; 2. Aufl., Opladen 1972.

Hopf, M. [1983]: Informationen für Märkte und Märkte für Informationen; Frankfurt a. M. 1983.

Ingram, Th. N. / Schwepker, Ch. H. Jr. / Hutson, D. [1992]: Why Salespeople Fail; in: Industrial Marketing Management, Vol. 21 (1992), S. 225–230.

Jacob, F. [1995]: Produktindividualisierung – Ein Ansatz zur innovativen Leistungsgestaltung im Business-to-Business-Bereich; Wiesbaden 1995.

Johnson, D. W. / Johnson, S. [1972]: The Effects of Attitude Similarity, Expectation of Goal Facilitation, and Actual Goal Facilitation on Interpersonal Attraction; in: Journal of Experimental Social Psychology, Vol. 8 (1972), No. 3, S. 197–206.

Jolson, M. A. / Comer, L. B. [1992]: Predicting the Effectiveness of Industrial Saleswomen; in: Industrial Marketing Management, Vol. 21 (1992), S. 69–75.

Jones, E. E. / Gerard, H. B. [1967]: Foundations of Social Psychology, New York u.a. 1967.

Kaas, K. P. [1990]: Marketing als Bewältigung von Informations- und Unsicherheitsproblemen im Markt; in: Die Betriebswirtschaft, 50. Jg. (1990), Heft 4, S. 539–548.

Kaas, K. P. [1991]: Marktinformationen – Screening und Signaling unter Partnern und Rivalen; in: Zeitschrift für Betriebswirtschaft, 61. Jg. (1991), S. 357–370.

Kaas, K. P. [1992a]: Kontraktgütermarketing als Kooperation zwischen Prinzipalen und Agenten; in: Zeitschrift für betriebswirtschaftliche Forschung, 44. Jg. (1992), S. 884–901.

Kaas, K. P. [1992b]: Marketing und Neue Institutionenlehre; Arbeitspapier Nr. 1 aus dem Forschungsprojekt Marketing und ökonomische Theorie, Frankfurt a. M. 1992.

Kapitza, R. [1987]: Interaktionsprozesse im Investitionsgüter-Marketing – Eine empirische Untersuchung am Beispiel von Werkzeugmaschinen; Würzburg 1987.

Kern, E. [1990]: Der Interaktionsansatz im Investitionsgütermarketing – Eine konfirmatorische Analyse; Berlin u.a. 1990.

King, B. [1993]: Psycho-Verkauf: So verdoppeln Sie Ihr Einkommen in 8 Wochen; Wien 1993.

Kleinaltenkamp, M. [1992]: Investitionsgüter-Marketing aus informationsökonomischer Sicht; in: Zeitschrift für betriebswirtschaftliche Forschung, 44. Jg. (1992), S. 809–829.

Kleinaltenkamp, M. [1997]: Kundenintegration; in: Wirtschaftswissenschaftliches Studium, 26. Jg. (1997), Heft 7, S. 350–354.

Kleinaltenkamp, M. [1999]: Einführung in das Business-to-Business-Marketing; in: Kleinaltenkamp, M. / Plinke, W. (Hrsg.): Technischer Vertrieb – Grundlagen, 2., überarb. Aufl., Berlin / Heiderlberg / New York 1999, Kapitel A.3.

Kleinaltenkamp, M. / Fließ, S. [1995]: Berufsbilder und Weiterbildungsbedarf im Technischen Vertrieb; Berlin u.a. 1995.

Kleinaltenkamp, M. / Plötner, O. [1994]: Business-to-Business-Kommunikation – Die Sicht der Wissenschaft; in: Werbeforschung und Praxis, 39. Jg. (1994), S. 130–137.

Köhler, R. [1997]: Der Einfluß des Kommunikators auf die Wirkung direkter Marktkommunikation; in: Dallmer, H. (Hrsg.): Handbuch Direct Marketing, 7. Aufl., Wiesbaden, S. 149–170.

Kotler, Ph. [1991]: Marketing Management – Analysis, Planning, Implementation and Control; 7th edition, London u.a. 1991.

Krappmann, L. [1978]: Soziologische Dimensionen der Identität; Stuttgart 1978.

Kutschker, M. / Kirsch, W. [1978]: Verhandlungen in multiorganisationalen Entscheidungsprozessen – Eine empirische Untersuchung der Absatz- und Beschaffungsentscheidungen von Investitionsgütern; München 1978.

Learning International (Hrsg.) [1994]: Wie erreicht man Kundenloyalität; Informationsbroschüre Target 2000, o.O. 1994.

Leuthesser, L. [1997]: Supplier Relational Behavior – An Empirical Assessment; in: Industrial Marketing Management, Vol. 26 (1997), S. 245–254.

MacKenzie, S. B. / Lutz, R. J. / Belch, G. E. [1986]: The role of attitude toward the ad as a mediator of advertising effectiveness – A test of competing explanations; in: Journal of Marketing Research, Vol. 23 (1986), S. 130–143.

MacKenzie, S. B. / Lutz, R. J. [1989]: An empirical examination of the structural antecedents of attitude toward the ad in an advertising pretesting context; in: Journal of Marketing, Vol. 53 (1989), S. 48–65.

McCall, G. / Simmons, J. L. [1974]: Identität und Interaktion; Düsseldorf 1974.

Mead, George H. [1934/1995]: Geist, Identität und Gesellschaft; 10. Aufl., Frankfurt a. M. 1995; dt. Fassung von: Mind, Self, and Society; Chicago 1934.

Meffert, H. [1998]: Marketing – Grundlagen marktorientierter Unternehmensführung; 8. Aufl., Wiesbaden 1998.

Mehrabian, A. / Friar, J. T. [1979]: Die Übermittlung von Einstellungen durch Körperhaltung und Körperorientierung; in: Scherer, K. R. / Wallbott, H. G. (Hrsg.): Nonverbale Kommunikation – Forschungsberichte zum Interaktionsverhalten; Weinheim / Basel 1979, S. 176–185.

Merkens, H. / Seiler, H. [1978]: Interaktionsanalyse; Stuttgart 1978.

Nelson, Ph. [1970]: Information and Consumer Behaviour; in: Journal of Political Economy, Vol. 76 (1968), S. 322–329.

Nelson, Ph. [1974]: Advertising as information; in: The Journal of Political Economy, Vol. 82, S. 729–753.

Oliver, R. L. / Swan, J. E. [1989]: Consumer Perceptions of Interpersonal Equity and Satisfaction in Transactions – A Flied Survey Approach; in: Journal of Marketing, Vol. 53 (April 1989), S. 21–35.

o. V. [1994]: How to Ensure Socuring Team Effectiveness; in: Purchasing, Vol. 117 (1994), July, S. 32–44.

o. V. [1995]: „Historisches Ereignis“ – Deutsche Fachpresse präsentiert „Leistungsanalyse Fachzeitschriften“; in: IW report, Nr. 3 (1995), S. 1–4.

Parasuraman, A. [1981]: The Relative Importance of Industrial Promotion Tools; in: Industrial Marketing Management, Vol. 10 (1981), S. 277–281.

Piontkowski, U. [1976]: Psychologie der Interaktion; München 1976.

Plinke, W. [1999a]: Grundkonzeption des Marketing; in: Kleinaltenkamp, M. / Plinke, W. (Hrsg.): Technischer Vertrieb – Grundlagen, 2., überarb. Aufl., Berlin / Heidelberg / New York 1999, Kapitel A.1.

Plinke, Wulff [1999b]: Grundlagen des Marktprozesses; in: Kleinaltenkamp, M. / Plinke, W. (Hrsg.): Technischer Vertrieb – Grundlagen, 2., überarb. Aufl., Berlin / Heidelberg / New York 1999, Kapitel A.2.

Schade, Ch. / Schott, E. [1993]: Kontraktgüter im Marketing; in: Marketing – Zeitschrift für Forschung und Praxis, 15. Jg. (1993), Nr. 1, S. 15–25.

Scheflen, A. E. [1976]: Die Bedeutung der Körperhaltung in Kommunikationssystmeen; in: Auwärter, M. / Kirsch, E. / Schröter, M. (Hrsg.): Seminar: Kommunikation, Interkation, Identität; Frankfurt a. M. 1976, S. 221–253.

Scherer, K. R. [1979]: Die Funktionen des nonverbalen Verhaltens im Gespräch; in: Scherer, K. R. / Wallbott, H. G. (Hrsg.): Nonverbale Kommunikation - Forschungsberichte zum Interaktionsverhalten, Weinheim / Basel 1979, S. 25–32.

Schiffman, S. [1993]: Die 25 häufigsten Fehler im Verkaufsgespräch - und wie man sie vermeidet; Düsseldorf / Wien 1993.

Schulz von Thun, F. [1997]: Miteinander reden - Störungen und Klärungen; Reinbek b. Hamburg 1997.

Scott, M. B. / Lyman, S. M. [1976]. Praktische Erklärungen; in: Auwärter, M. / Kirsch, E. / Schröter, M. (Hrsg.): Seminar: Kommunikation, Intreaktion, Identität; Frankfurt a. M. 1976, S. 73–114.

Sharma, A. / Lambert, D. M. [1994]: How Accurate Are Salespersons' Perceptions of Their Customers; in: Industrial Marketing Management, Vol. 23 (1994), S. 357–365.

Siguaw, J. A. / Honeycutt, E. D. Jr. [1995]: An Examinatin of Gender Differences in Selling Behaviors and Job Attitudes; in: Industrial Marketing Management, Vol. 24 (1994), S. 45–52.

Soldow, G. F. / Thomas, G. P. [1984]: Relational Communication: Form Versus Content in the Sales Interaction; in: Journal of Marketing, Vol. 48 (Winter 1984), S. 84–93.

Spence, M. A. [1974]: Market Signaling - Informational Transfer in Hiring and Related Screening Processes; Cambridge Mass. 1974.

Spremann, K. [1990]: Asymmetrische Information; in: Zeitschrift für Betriebswirtschaft, 60. Jg. (1990), S. 561–586.

Staehle, W. H. [1994]: Management; 7. Auflage, München 1994.

Stigler, G. [1960]: The Economics of Information; in: Journal of Political Economy, Vol. 69 (1960), S. 213–225.

Swan, J. E. / Rink, D. R. / Kiser, G. E. / Martin, W. S. [1984]: Industrial Buyer Image of the Saleswomen; in: Journal of Marketing, Vol. 48 (1984), S. 110–116.

Taylor, D. A. / Woodside, A. G. [1981]: Exchange Behavior Among Salesman and Customers in Natural Settings; in: Reingen, P. H. / Woodside, A. G. (eds.): Buyer-Seller Interactions: Empirical Research and Normative Issues; Chicago 1981.

Thibaut, J. W. / Kelley, H. H. [1959]: The Social Psychology of Groups; New York u.a. 1959.

Treibel, A. [1993]: Einführung in soziologische Theorien der Gegenwart; Stuttgart 1993.

Turner, R. H. [1976]: Rollenübernahme: Prozeß versus Konformität; in: Auwärter, M. / Kirsch, E. / Schröter, M. (Hrsg.): Seminar: Kommunikation, Interaktion, Identität; Frankfurt a. M. 1976, S. 115–139.

Utzig, P. [1997]: Kundenorientierung strategischer Geschäftseinheiten - Operationalisierung und Messung; Wiesbaden 1997.

Watzlawick, P. / Beavin, J. / Jackson, D. D. [1996]: Menschliche Kommunikation: Formen, Störungen, Paradoxien; 9. Aufl., Bern u.a. 1996.

Weiber, R. / Adler, J. [1995a]: Positionierung von Kaufprozessen im informationsökonomischen Dreieck; in: Zeitschrift für betriebswirtschaftliche Forschung, 47. Jg. (2/1995), S. 99–123.

Weiber, R. / Adler, J. [1995b]: Der Einsatz von Unsscherheitsreduktionsstrategien im Kaufprozeß – Eine informationsökonomische Analyse; in: Kaas, K. P. (Hrsg.): Kontrakte, Geschäftsbeziehungen, Netzwerke – Marketing und Neue Institutionenökonomik; Sonderheft 35 der Zeitschrift für betriebswirtschaftliche Forschung (1995), S. 61–78.

Wiener, J. L. / Mowen, J. C. [1985]: Source Credibility: On the Independent Effects of Trust and Expertise When Attractiveness is Held Constant; Working Paper 85-3, Oklahoma State University 1985.

Williams, M. R. / Attaway, J. S. [1996]: Exploring Salespersons' Customer Orientation as a Mediator of Organizational Culture's Influence on Buyer-Seller Relationships; in: The Journal of Personal Selling & Sales Management, Vol. XVI, No. 4 (Fall 1996), S. 33–52.

Wimsatt-Mintu, A. / Calantone, R. J. [1996]: Exploring factors that affect negotiators' problem-solving orientation; in: Journal of Business & Industrial Marketing, Vol. 11 (1996), S. 61–73.

Wiswede, G. [1991]: Soziologie; 2., völlig überarbeitete und erweiterte Auflage, Landsberg a. L. 1991.

Woratschek, H. [1996]: Die Typologie der Dienstleistungen aus informationsökonomischer Sicht; in: der markt, 35. Jg. (1996), Nr. 136, S. 59–71.

Wunderer, R. / Grunwald, W. [1980]: Führungslehre; Band 2: Kooperative Führung, Berlin / New York 1980.

Zeithaml, V. A. [1984]: How Consumer Evaluation Processes Differ between Goods and Services; in: Lovelock, Ch. (Hrsg.): Services Marketing; Englewood Cliffs, N.J. 1984, S. 191–199.

Übungsaufgaben

1. Beschreiben Sie, wie der persönliche Verkauf in den vier Entwicklungsstufen des Marketing Produktionsorientierung, Produktorientierung, Verkaufsorientierung und Marketingorientierung ausgestaltet ist? Welcher Entwicklungsstufe würden Sie den Persönlichen Verkauf Ihres Unternehmens zuordnen?
2. Erläutern Sie, welche Aufgaben der persönliche Verkauf bei der Reduzierung von Qualitätsunsicherheit auf Kundenseite wahrnehmen kann. Finden Sie Beispiele aus Ihrem Bereich.
3. Welche Rolle spielt die Glaubwürdigkeit der Informationsquelle und welche Bedeutung kommt dem persönlichen Verkauf dabei zu?
4. Beschreiben Sie Informations- und Verhandlungsfunktion des persönlichen Verkaufs. Ordnen Sie Ihre eigenen Aktivitäten im persönlichen Verkauf diesen Funktionen zu.
5. Welche Ansätze zur Erklärung des Erfolges von Verkaufsgesprächen können unterschieden werden? Wie ist der Erklärungsbeitrag dieser Ansätze einzustufen?
6. Was verstehen *Watzlawick et al.* unter Metakommunikation?
7. Erläutern Sie die Phasen des Aushandlungsprozesses?
8. Wählen Sie zwei Interaktionssituationen aus Ihrem Berufsfeld, z.B. Messegespräch und Kundenbesuch. Nehmen Sie an, in beiden Situationen stehen Sie einem Ihnen bisher unbekannten Interessenten gegenüber. Überlegen Sie, wie sich die Ergebnisse des Aushandlungsprozesses in den beiden Interaktionssituationen unterscheiden könnten.
9. Was versteht man unter Interaktionsritualen? Finden Sie Beispiele aus Ihrem Bereich für Interaktionsrituale. Können Sie bei den Geschäftsbeziehungen, die Sie pflegen, unterschiedliche Ausgestaltungen von Interaktionsritualen feststellen, z.B. unterschiedliche Begrüßungsformen, Verabschiedungszeremonien etc.? Wenn ja, beschreiben Sie die verschiedenen Rituale.
10. Wählen Sie eine Beziehungsstruktur aus Ihrem beruflichen Feld und analysieren Sie diese im Hinblick auf Übereinstimmung und Ablehnung.

11. Welche vier Aspekte einer Nachricht unterscheidet *Schulz von Thun*? Finden Sie Beispiele aus Ihrem beruflichen Umfeld für die vier Aspekte.

12. Was versteht man unter der Beziehungsebene und der Inhaltsebene der Kommunikation?

13. Beschreiben Sie die Beziehungen in der Transaktionalen Analyse nach *Berne*. Finden Sie Beispiele für erfolgreiche und gestörte Kommunikationen.

14. Was versteht man unter verbalen und nonverbalen Zeichen? Worin bestehen die Aufgaben verbaler und nonverbaler Zeichen?

15. Erläutern Sie die spieltheoretische Betrachtung von Verhandlungen. Entwickeln Sie ein Beispiel aus Ihrem Berufsfeld für ein Gefangenen-Dilemma.

16. Welche Verhandlungsstrategien können unterschieden werden? Ordnen Sie Ihren eigenen Verhandlungsstil ein. Wie verhandeln Ihre Wettbewerber, wie verhandeln Ihre Kunden?

17. Was sind die Charakteristika des *Harvard*-Konzeptes?

18. Führen Sie sich eine Verhandlung, an die Sie sich besonders gut erinnern, vor Augen. Prüfen Sie anhand dieser Verhandlung, ob und wie die in Tabelle 4 aufgeführten Vorschläge beherzigt wurden.

19. Prüfen Sie für die gleiche Verhandlungssituation, in welchem Maße den Forderungen des *Harvard*-Konzeptes Rechnung getragen wurde.

20. Entwickeln Sie für eine anstehende Verhandlung Vorschläge, wie die Forderungen 2, 3 und 4 des *Harvard*-Konzeptes berücksichtigt werden könnten. Beziehen Sie sich dabei auf mögliche Vorgehensweisen innerhalb der Verhandlung.

3 Messeplanung und -kontrolle

Sabine Fließ

Abbildungsverzeichnis

Tabellenverzeichnis

3.1 Die Bedeutung der Messebeteiligung für Anbieter und Nachfrager

Messen sind Marktveranstaltungen, auf denen sich Anbieter und Nachfrager begegnen. Am Zustandekommen einer Messe sind im wesentlichen drei Parteien beteiligt: der Messeveranstalter, der Aussteller und der Besucher. Das Verhältnis der drei Parteien kann durch das sog. Messedreieck charakterisiert werden (vgl. Abb. 1).

Der Messeveranstalter fungiert als Dienstleister, der Ausstellern und Besuchern gegen Entgelt Infrastruktur, Hallen und Freigelände sowie Know-how zur Verfügung stellt. Seine zentrale Aufgabe besteht darin, unter einem spezifischen Thema Anbieter und Nachfrager zusammenzubringen und die Rahmenbedingungen zur Erleichterung der Aufnahme und Durchführung von Austauschbeziehungen zu schaffen. Hierzu offeriert er meist ein umfangreiches Serviceangebot, das von der Eintrittskarten- und Katalogbestellung über die Unterstützung werblicher Maßnahmen der Aussteller bis zur Beschaffung von Hotelzimmern während der Messezeit reicht.[1] Messeveranstalter sind bei internationalen Messen zumeist Messegesellschaften (Besitz- und Betriebsgesellschaften) mit eigenem Gelände. Bei nationalen, regionalen oder lokalen Veranstaltungen treten jedoch auch Veranstalter ohne eigenes Gelände auf, etwa reine privatwirtschaftliche Betriebsgesellschaften, die das entsprechende Gelände von einer Messegesellschaft mieten, oder auch Verbände bzw. Organisationen.[2]

Am Erfolg einer Messe sind Aussteller, Besucher und Messeveranstalter gleichermaßen beteiligt. Die Aussteller sind daran interessiert, möglichst viele Nachfrager ihres relevanten Marktes auf der Messe zu erreichen. Die Besucher sind daran interessiert, auf ein Ausstellerspektrum zu treffen, das die Leistungen offeriert, über die sie sich informieren wollen. Messebesucher treffen dabei nicht auf alle Anbieter, die für sie geeignete Problemlösungen offerieren. Messeaussteller treffen nicht auf alle Nachfrager, die für sie interessante Austauschpartner

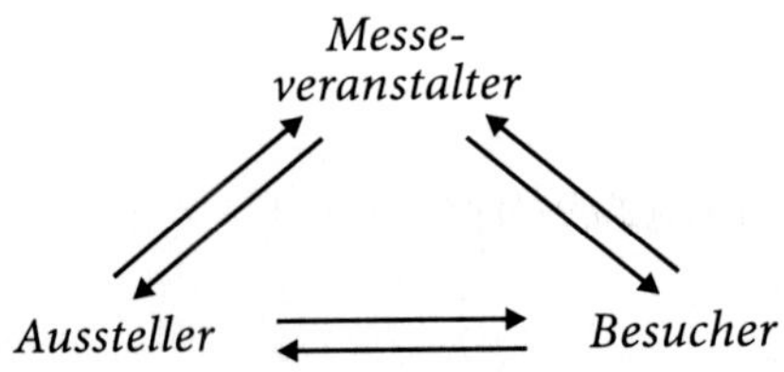

Abb. 1. Das Messe-Dreieck
(Quelle: Fließ 1994, S. 95)

[1] Vgl. Fließ 1994, S. 130 ff; vgl. auch Marzin 1992; Peters 1992, S. 229 ff.; Roloff 1992.

[2] Vgl. Groth/Lentz 1993, S. 24; Groth 1992, S. 160.

darstellen. Auf Messen finden sich Aussteller und Besucher, die jeweils einen Ausschnitt ihrer relevanten Märkte repräsentieren. Dabei vereinigen Messeveranstaltungen Aussteller und Besucher aus unterschiedlichen relevanten Märkten. So finden sich beispielsweise auf der *„K - Internationale Messe Kunststoff + Kautschuk"* Anbieter von Kunststoffverarbeitungsmaschinen neben Herstellern von Kunststoffen und Kunststofferzeugnissen sowie Werkzeugen zur Kunststoffbearbeitung. Handwerksunternehmen gehören ebenso zu den Besuchern wie Händler oder Dienstleistungsanbieter oder Besucher aus Universitäten, wenn auch der überwiegende Teil der Nachfrager aus der Industrie stammt.[3]

Probleme ergeben sich, wenn Aussteller aus zu vielen unterschiedlichen Bereichen auf der Messe vertreten sind und daher manche Bereiche nicht zufriedenstellend abgedeckt werden können. Besucher mit konkreten Informationswünschen treffen dann auf zu wenig Anbieter ähnlicher Problemlösungen. Aussteller treffen auf zu wenig Besucher aus ihrer Zielgruppe. Der Messegesellschaft kommt daher die Aufgabe zu, die Erwartungen von Ausstellern und Besuchern zu erfüllen.

Im Mittelpunkt von Investitionsgüter- und Dienstleistungsmessen (Business-to-Business-Messen) steht die Information und Kommunikation zwischen Ausstellern und Messebesuchern. Nur noch in wenigen Fällen führt die Teilnahme an einer Messe zum direkten Kaufabschluß. Ursache hierfür ist die hohe Komplexität der Leistungen und die daraus resultierende Dauer der Kaufprozesse, die von wenigen Wochen bis zu mehreren Jahren dauern können.[4] Ordermessen, bei denen der Kaufabschluß im Mittelpunkt des Messegeschehens steht, finden sich heute nur noch bei Gütern geringerer Komplexität, z.B. bei Modemessen.

Messebeteiligungen nehmen im Absatz- und Beschaffungsmarketing der Unternehmen einen hohen Stellenwert ein. So wird geschätzt, daß deutsche Aussteller für die Beteiligung an den internationalen Messen Deutschlands im Jahr 1992 insgesamt zwischen 5,5 und 7 Mrd. DM aufgewendet haben.[5] Eine Befragung von 255 Ausstellern auf der IAA Nutzfahrzeuge 1992 in Hannover ergab, daß Messebeteiligungen im Vergleich zu anderen Marketinginstrumenten das am häufigsten genutzte Instrument der Kontaktpflege sind.[6] Im Durchschnitt beteiligen sich Anbieter jährlich an 5–10 Messen. Mit zunehmender Unternehmensgröße wächst die Zahl der Messebeteiligungen. Die Hälfte der Unternehmen mit mehr als 5.000 Beschäftigten beschicken mehr als 10 Messeveranstaltungen, während sich Unternehmen mit weniger als 50 Mitarbeitern auf 1–3 Messen

---

[3] Vgl. AUMA 1994, S. 46.

[4] Vgl. Rost 1983.

[5] Vgl. Strothmann/Ginter/Prüser 1994.

[6] Vgl. Strothmann/Ginter/Prüser 1994, S. 14. Zu ähnlichen Ergebnissen gelangt auch die Studie des Ifo-Instituts (vgl. Täger/Ziegler 1984, S. 145).

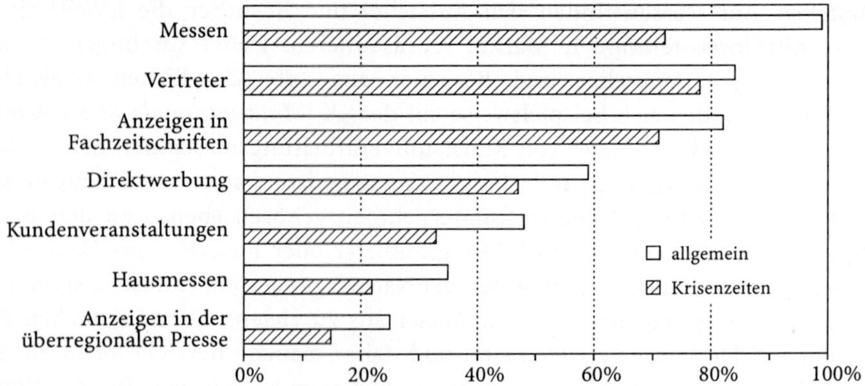

Abb. 2. Bedeutung von Messebeteiligungen aus Ausstellersicht (Quelle: Strothmann/Ginter/Prüser 1994, S. 14)

jährlich beschränken.[7] Die Zahl der Messebeteiligungen hängt dabei sicherlich von der Angebotsbreite der Unternehmen ab.

Auch im Außenhandel stellt die Messebeteiligung das wichtigste Marketinginstrument dar. Bei einer 1993 durchgeführten Befragung von 800 überwiegend mittelständischen Unternehmen gaben 65 % der Unternehmen an, daß Asien, Nordamerika und der ehemalige Ostblock in erster Linie durch Messebeteiligungen erschlossen werden.[8] 19 % aller Exporte deutscher Unternehmen ergeben sich direkt durch die Beteiligung an Messen und Ausstellungen im Ausland. Im Durchschnitt nehmen die Unternehmen an 2–3 Auslandsmessen teil, wobei der Anteil mittelständischer Unternehmen bei Auslandsmessen wesentlich höher ist als bei Inlandsveranstaltungen.[9] Dies ist vermutlich auf die starke Exportorientierung des Mittelstandes zurückzuführen.[10]

Trotz dieser anerkannt hohen Bedeutung fallen Messebeteiligungen in Krisenzeiten häufiger dem Rotstift zum Opfer als andere Maßnahmen (vgl. Abb. 2). Kosteneinsparungen beziehen sich zum einen auf die Messekonzeption, zum anderen auf die Zahl der Messebeteiligungen. 28 % der Befragten reduzieren das Standpersonal, 17 % verkleinern die Standfläche. 21 % nehmen an weniger Messen als bisher teil.[11]

Betrachtet man die Nachfragerseite, so zeigt sich auch hier eine hohe Bedeutung von Messen als Möglichkeiten der Informationsbeschaffung. Zwar nutzen

7 Vgl. Täger/Ziegler 1994, S. 115.

8 Vgl. o.V. 1994b, S. 10.

9 Vgl. Täger/Ziegler 1984, S. 117.

10 Vgl. Greipl/Singer 1980, S. 20.

11 Vgl. Täger/Ziegler 1984, S. 68.

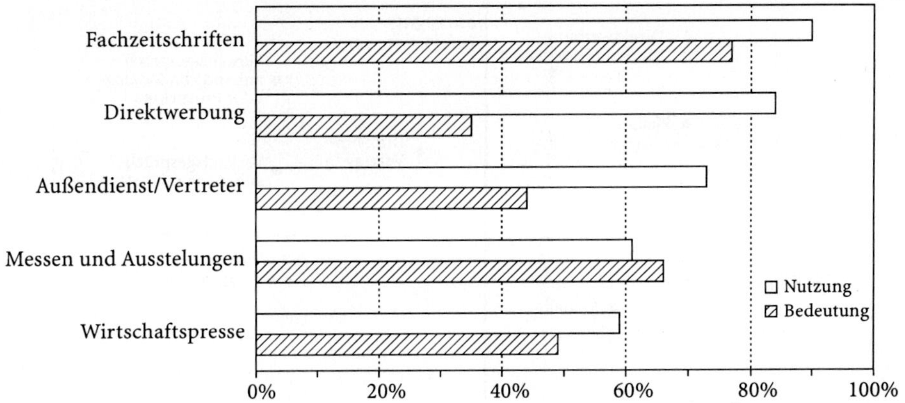

Abb. 3. Informationsquellen betrieblicher Entscheider (Quelle: o.V. 1995)

nur knapp 60 % der Entscheider Messen und Ausstellungen als Informationsquelle (vgl. Abb. 3), wie eine empirische Untersuchung von 1007 betrieblichen Entscheidern ergab. Der Messebesuch wird aber von über 60 % der Entscheider als wichtige bis sehr wichtige Informationsquelle eingestuft und steht damit an zweiter Stelle hinter den Fachzeitschriften. 66 % der Befragten halten Messen und Ausstellungen sogar für unersetzlich.[12] Im Durchschnitt besuchen Fachbesucher zwischen zwei und vier Messeveranstaltungen.

Vergleicht man verschiedene Informationsquellen aus Nachfragersicht, so sind insbesondere der Zeitaufwand, die Kosten der Informationsbeschaffung und -bewertung sowie die Zuverlässigkeit und Aussagekraft der gewonnen Informationen von Bedeutung.[13] Messen erfordern im Vergleich zu persönlichen Kontakten (Vertreterbesuch) und Printmedien (Fachzeitschriften) oder Datenbanken einen mittleren Zeitaufwand. Die Kosten der Informationsbeschaffung liegen ebenfalls im mittleren Bereich. Die gewonnenen Informationen sind in aller Regel durch hohe Zuverlässigkeit und Aussagekraft geprägt.

Auf Ausstellerseite eröffnen Messebeteiligungen vielfältige Möglichkeiten der Unternehmens- und Produktpräsentation. Die kommunikativen Möglichkeiten der Messe lassen sich anhand der Art der Kommunikation „unpersönlich – persönlich" und anhand der vermittelten Informationen „Surrogatinformationen – originäre Informationen" beschreiben (vgl. Abb. 4). Persönliche Kommunikation findet direkt zwischen Menschen statt, während bei unpersönlicher Kommunikation ein Kommunikationsmittel (Schautafel, Prospekt o.ä.) eingesetzt wird.

---

12 Vgl. o.V. 1995b. Zu ähnlichen Ergebnissen gelangen auch andere Studien. Vgl. die Übersicht bei Heinz 1993, S. 128.

13 Vgl. Heinz 1993, S. 87.

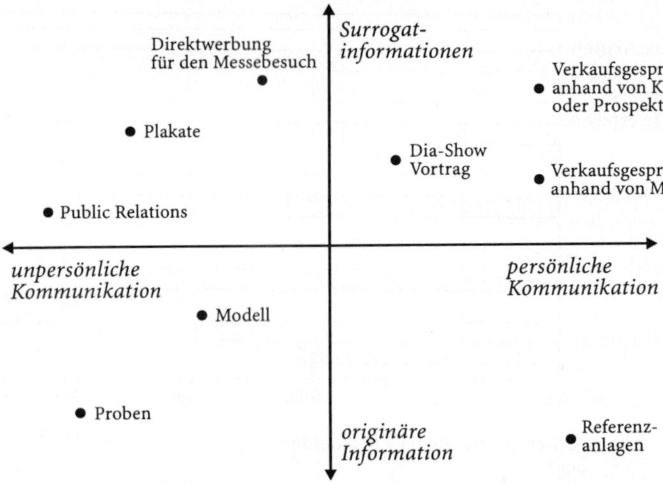

Abb. 4. Die Position kommunikationspolitischer Instrumente (Quelle: Fließ 1994, S. 104)

Originäre Informationen werden direkt vom Produkt ausgesendet, während Surrogatinformationen alle anderen Arten von Informationen bezeichnen.[14] Die auf der Messe einsetzbaren Kommunikationsinstrumente lassen sich im Hinblick auf diese Dimensionen positionieren.

Die Bedeutung der Messebeteiligung für Anbieter und Nachfrager ist vor allem im Hinblick auf die sog. Präsenzmesse zu sehen. Vor dem Hintergrund der Entwicklung neuer Medien, insbesondere der raschen Verbreitung der Internetnutzung im Rahmen des *World Wide Web* (WWW), wird auch für das Messewesen die Frage nach der Überlebensfähigkeit und dem Wandel der Messeveranstaltung gestellt. So wagt beispielsweise *Disch* bereits Ende der 80er Jahre die Prognose, daß die Messen im Jahre 2003 durch Tele-Messen substituiert würden und im Jahre 2008 daher die Gründung eines Messe-Museums erforderlich wäre.[15]

Die gegenwärtige Etablierung sog. virtueller Messen im Internet scheint dieser Prognose recht zu geben. So planen Anbieter beispielsweise virtuelle Messen im Internet und auf CD-ROM.[16] Das Transferzentrum Mittelhessen hat eine virtuelle Messe etabliert, daneben existiert die „*Netfair*" für den Elektronikbereich oder die „*Virtex*" in England, die verschiedene Branchen abdeckt.[17]

---

[14] Vgl. hierzu auch Abschnitt 3.5.4.2.

[15] Vgl. Disch 1989.

[16] Prüser 1996, S. 114.

[17] Vgl. o.V. 1997.

Allerdings bestehen zwischen den Messen derzeit erhebliche Unterschiede. Im wesentlichen können virtuelle Messen mit Katalogcharakter und virtuelle Messen mit Messestandscharakter unterschieden werden.

Virtuelle Messen mit Katalogcharakter sind dadurch gekennzeichnet, daß sie in mehr oder weniger ausführlicher Form Anbieter und ihre Leistungen im Hinblick auf einen Themen- oder Branchenfokus vorstellen. Die geplanten Anbietermessen zählen ebenso zu dieser Form wie die virtuelle „*Messe*" des *Transferzentrums Mittelhessen* oder die *Netfair*. Angebote dieser Art entsprechen einer Datenbank, die wie ein umfangreicher Produkt- und Anbieterkatalaog funktioniert. Für den Nachfrager bestehen vielfältige Möglichkeiten der Suche nach entsprechenden Anbietern. Der Nutzen der Datenbank ist dabei umso größer, je aktueller die Datenbankeinträge sind. Angebote dieser Art stellen gegenwärtig keine Alternative zum tatsächlichen Messebesuch dar, da ihr Informationsgehalt über die üblichen Produkt- und Unternehmensinformationen in Prospekten kaum hinausgeht. Sie können aber die im Vorfeld einer Präsenzmessen durchzuführende Messebesuchsplanung unterstützen.

Virtuelle Messen mit Messestandcharakter erzeugen für den Besucher die Illusion, sich durch einen dreidimensionalen Raum zu bewegen, Exponate anzusehen und Informationen zu beschaffen. Die bereits genannte *Virtex* ist dieser Kategorie zuzurechnen.

Gegenüber Präsenzmessen besteht eine eingeschränkte Glaubwürdigkeit, da Manipulationen von Ausstellungsstücken bei virtuellen Messen kostengünstiger möglich sind als bei Präsenzmessen. Gegenüber Anzeigen bieten Messen dieser Art jedoch die um die dritte Dimension bereicherte Darstellungsmöglichkeit von Leistungspotential und Leistungsergebnis. Für den Besucher gilt es, den im Vergleich mit der Präsenzmesse geringeren Transaktionsnutzen gegen die ebenfalls geringeren Transaktionskosten abzuwägen.

Virtuelle Messen vermögen – sofern es sich um durch Sucheigenschaften dominierte Leistungsergebnisse handelt – wohl kaum Präsenzmessen abzulösen, können sich jedoch als neue Institution des Informationsmarktes zwischen Präsenzmessen und Anzeigenforen etablieren. Anders mag dies bei Leistungsergebnissen einzustufen sein, die durch Erfahrungseigenschaften dominiert werden. Gerade im Softwarebereich lassen sich Erfahrungseigenschaften über das Internet ebenso gut, wenn nicht sogar besser vermitteln als auf einer Präsenzmesse. Hier entsteht den Messegesellschaften möglicherweise Konkurrenz aus dem Internet.

3.2 Die Wirkungen der Messe auf den Markt

Wie die obigen Ausführungen zeigen, genießen Messen einen hohen Stellenwert bei Anbietern und Nachfragern. Die Bedeutung von Messebeteiligungen für die Anbieter läßt sich aus ihren Wirkungen auf den Markt des Anbieters erklären. Messen werden beschickt, weil der Anbieter bestimmte Marktwirkungen anstrebt. Die Wirkungen können dabei nach den drei Ebenen Einzeltransaktion, Geschäftsbeziehung und Markt differenziert werden. Auf der Marktebene werden Wirkungen auf den Marktprozeß und die Marktstruktur unterschieden.[18]

3.2.1 Wirkungen auf die Einzeltransaktion

Die Messe bietet dem Besucher die Möglichkeit, mehrere Angebote miteinander zu vergleichen und insbesondere herauszufinden, welche Eigenschaften die Mehrzahl der angebotenen Leistungen einer Leistungskategorie aufweist. Dadurch bildet sich eine Vorstellung darüber aus, welche Leistungseigenschaften im Durchschnitt erwartet werden können. Auch der Besuch von messebegleitenden Veranstaltungen, wie Kongresse, Tagungen oder Vortragsveranstaltungen, prägt das Anspruchsniveau der Nachfrager. Je nach Marktkenntnis des Nachfragers trägt der Messebesuch zu einer Anpassung seines Anspruchsniveaus nach oben oder nach unten bei. Somit unterstützen Messen eine gewisse Vereinheitlichung der Anspruchsniveaus und damit die Bildung von Marktstandards.[19]

Der Besuch einer Messe wirkt sich darüber hinaus auf die Zahl der einzubeziehenden Alternativen aus. Ob sich das 'evoked set'[20] durch den Messebesuch vergrößert oder verkleinert, hängt von der Transaktionsphase ab, in der sich der Messebesucher befindet. Sofern er am Anfang der Transaktion steht und nach Alternativen sucht, wird sich das 'evoked set' vergrößern. Ist dem Messebesuch jedoch bereits eine Recherche bei verschiedenen Anbietern vorausgegangen, so wird ein Besuch der verschiedenen Messestände eher dazu beitragen, die Zahl der Alternativen zu verringern. Es werden Anbieter ausgesondert, deren Angebote keine Lösung des Nachfragerproblems darstellen, sowie solche Anbieter, deren Problemlösungen unterhalb des Anspruchsniveaus des Nachfragers anzuordnen sind – sofern es bereits gebildet wurde. Je weiter der Kaufprozeß voranschreitet, desto geringer wird die Zahl der im 'evoked set' enthaltenen Alternativen.[21]

---

[18] Vgl. zum folgenden Fließ 1994, S. 139 ff.

[19] Vgl. zu Marktstandards Kleinaltenkamp 1993, S. 21.

[20] Das 'evoked set' bezeichnet die Anbieter bzw. Leistungsangebote, die der Nachfrager in die engere Wahl zieht bzw. die ihm zu Beginn seines Entscheidungsprozesses bekannt sind.

[21] Vgl. Choffray/Lilien 1980, S. 35 ff.

Durch einen Messebesuch wird der Nachfrager darüber hinaus in die Lage versetzt, Beurteilungskriterien zu formulieren, die er zum Angebotsvergleich heranziehen kann, und die Informationen zu beschaffen, um bestimmte Alternativen im Hinblick auf die Erfüllung des Anspruchsniveaus beurteilen zu können. Hierzu tragen Gespräche mit verschiedenen Anbietern bei, aber auch die eine Messe oftmals begleitenden Vortragsveranstaltungen, Tagungen oder Kongresse. Ein abschließender Alternativenvergleich mit sich anschließender Auftragserteilung wird allerdings nur dann möglich sein, wenn es sich um Güter geringer Komplexität handelt. Je spezifischer die Problemlösungen sind, je geringer ihr Standardisierungsgrad ist und je höher ihr Komplexitätsgrad, je innovativer die Produkte sind und je mehr Problemlösungen angeboten werden, desto länger dauert der Beschaffungsprozeß, so daß er auch auf der Messe nicht abgeschlossen werden kann.

Durch den Messebesuch erhält der Nachfrager nicht nur Bewertungskriterien und Informationen über die Ausprägung der Kriterien bei den verschiedenen Leistungen, sondern er verändert auch seine Wahrnehmung der mit einer bestimmten Transaktion verbundenen Nutzen- und Kostenelemente.[22] Die Messe trägt dabei nicht nur dazu bei, die Bewertung des Nutzens aus dem Vertragsgegenstand und möglicherweise auch der Vertragskosten – etwa wenn der Anbieter einen Messerabatt gewährt – zu verändern, sondern nimmt auch auf Transaktionsnutzen und Transaktionskosten Einfluß.

Durch einen Messebesuch kann der Nachfrager seine Transaktionskosten senken. Aus dem Messekatalog oder dem Messeinformationssystem gehen alle Anbieter der nachgefragten Leistung hervor, die auf der Messe ausstellen. Er kann aus der Standgestaltung besser als aus Anzeigen oder Prospekten auf ihre Leistungsfähigkeit schließen. Er kann auf der Messe ohne Zeitverlust das gewünschte Informationsmaterial verschiedener Anbieter erhalten. Er kann verschiedene Produkte miteinander vergleichen und gezielte Fragen zu ihrer Leistungsfähigkeit stellen. Seine Transaktionskostenersparnis ist dabei um so größer, je mehr Anbieter der gewünschten Problemlösung auf der Messe vertreten sind.

Der Messebesuch wirkt sich neben den Transaktionskosten auch auf den Transaktionsnutzen aus. Die auf dem Stand geführten Gespräche beinhalten soziale Austauschprozesse, in denen soziale Werte wie beispielsweise gegenseitige Anerkennung, getauscht werden. Dieser Tauschprozeß verändert unmittelbar den wahrgenommenen Transaktionsnutzen und beeinflußt die Erwartungen bezüglich des weiteren Verlaufs der Transaktion. Positive Transaktionsnutzen führen zu einer positiven Einstellung gegenüber dem Anbieter, wenn sie auch Leistungsnachteile nicht kompensieren können.

---

[22] Zu den Kosten- und Nutzenelementen einer Transaktion vgl. den Lehrbrief „Einführung in das Business-to-Business-Marketing I", S. 44.

3.2.2 Wirkungen auf Geschäftsbeziehungen

Aussteller und Besucher sind einander häufig nicht völlig fremd, sondern stehen in Geschäftsbeziehungen zueinander. Durch den Messebesuch kann eine Geschäftsbeziehung stabilisiert werden. Der Geschäftsbeziehungspartner kann aber auch neue Informationen gewinnen, die ihn mit seiner bestehenden Geschäftsbeziehung unzufrieden werden lassen. Er gewinnt möglicherweise den Eindruck, daß andere Anbieter in ihren Geschäftsbeziehungen bessere Leistungen offerieren, so daß sich sein Anspruchsniveau innerhalb der Geschäftsbeziehung erhöht.[23]

Geschäftsbeziehungen werden durch institutionelle, vertragliche, technologische, soziale und psychologische Bindungen getragen.[24] Dabei wird den einzelnen Bindungen unterschiedlich großes Gewicht beigemessen. In manchen Geschäftsbeziehungen dominieren technologische Bindungen, z.B. im Systemgeschäft. Andere Geschäftsbeziehungen sind auf die sozialen Beziehungen zwischen den Austauschpartnern zurückzuführen, während wieder andere Geschäftsbeziehungen zu gleichen Teilen auf institutionellen, vertraglichen und technologischen Bindungen beruhen, z.B. langjährige Lieferverträge über kompatible Vorprodukte.

Ein Messebesuch kann vor allem dazu beitragen, die Bewertung der technologischen Bindungen zu verändern. Der Nachfrager gewinnt Informationen darüber, was als technisches Anspruchsniveau angesehen werden kann und welche technischen Alternativen ihm offenstehen. Diese Informationen bewirken jedoch nicht unmittelbar eine Veränderung der bestehenden Geschäftsbeziehung, etwa die Beendigung der Beziehung. Sie führen jedoch u.U. zu einer Neubewertung und münden in neue Anforderungen an die Leistungen und Verhaltensweisen des Geschäftspartners.

Darüber hinaus kann sich die Begegnung auf der Messe auf die soziale Beziehung zwischen den Geschäftspartnern auswirken. Die Interaktionssituation auf dem Messestand entspricht einer offenen Situation[25], in der neue Gesprächsthemen angeschnitten und neue Verhaltensweisen probiert werden können.[26] Der Messestand entspricht in gewisser Weise einem Experimentierfeld. Die üblichen Kontakt- und Begegnungsrituale können verändert, aber auch verfestigt wer-

[23] Vgl. hierzu und zum folgenden Fließ 1994, S. 141 ff.

[24] Vgl. Diller/Kusterer 1988, S. 214; Plinke 1989.

[25] Vgl. zur Klassifizierung von Interaktionssituationen Dreitzel, 1980, S. 110.

[26] Eine Einladung zum Mittagessen in ein Restaurant eröffnet ähnliche Möglichkeiten, die Dauer der Zusammenkunft ist jedoch stärker festgelegt als bei einem Besuch auf dem Messestand, der ebenso wenige Minuten als auch mehrere Stunden in Anspruch nehmen und auch auf den Abend ausgedehnt werden kann. Es ist anzunehmen, daß die Dauer von der Bedeutung des Kunden für das Unternehmen bestimmt wird.

den.[27] Es ergibt sich die Gelegenheit, eine Geschäftsbeziehung von einem formellen Stadium in ein weniger formelles Stadium zu überführen.

Durch neue soziale Verhaltensweisen kann die Interaktionsatmosphäre[28], insbesondere die Distanz zwischen den Geschäftspartnern verändert werden. Die Distanz kann in soziale, geographische, kulturelle, technologische und zeitliche Distanz differenziert werden.[29] Interaktionen außerhalb der üblichen Verhaltensweisen tragen zur Verringerung insbesondere der sozialen Distanz zwischen den Geschäftspartnern bei. Handelt es sich um Transaktionspartner, die in verschiedenen Ländern beheimatet sind, so kann die Interaktionssituation auf der Messe auch zur Verkürzung der kulturellen Distanz beitragen.

3.2.3 Wirkungen auf den Marktprozeß und die Marktstruktur

Die Wirkungen der Messe auf die Einzeltransaktion und die Geschäftsbeziehung beeinflussen ihrerseits wiederum den Marktprozeß. Die Wirkung der Messe auf den Marktprozeß beginnt dabei bereits während der Messedauer und setzt sich nach Beendigung der Messe fort. Aber auch vor Messebeginn sind Veränderungen im Verhalten der Marktteilnehmer zu beobachten, die sich auf die Erwartungen der später einsetzenden Messewirkungen zurückführen lassen.

3.2.3.1 Die Diffusion der auf der Messe gewonnenen Informationen im Markt

Nachfrager erhalten durch ihren Messebesuch neue Informationen. Diese Informationen können sich direkt oder indirekt auf Kaufentscheidungen auswirken. Der Besucher kann aufgrund der gewonnenen Informationen selbst einen Kaufprozeß initiieren oder die Informationen an solche Mitarbeiter weitergeben[30], die nun als Initiatoren tätig werden.[31] Dabei hängt es wesentlich von der Kommunikationsstruktur des Unternehmens und von der Position dieses Organisationsmitgliedes innerhalb des Kommunikations- und Entscheidungsnetzwerkes ab[32], wie die Information sich weiter verbreitet und ob sie zu einem Kaufprozeß führt.

---

27 Zu Kontakt- und Begegnungsritualen vgl. Goffman 1971, S. 121 ff.

28 vgl. Håkansson 1982, S. 22 ff.

29 Vgl. Ford 1980; Ford 1984.

30 Eine Untersuchung *Strothmanns* zur Hannover-Messe hat gezeigt, daß nach Abschluß eines Messebesuchs im Durchschnitt 7,4 Personen in die Kommunikation über den Messebesuch einbezogen werden (zitiert nach Hirsch 1974, S. 908).

31 Vgl. hierzu und zum folgenden ausführlich Fließ 1994, S. 163 ff.

32 Vgl. hierzu auch Fließ 1999.

Dieser Verbreitungsprozeß von Informationen innerhalb des Unternehmens wird als *Diffusion* bezeichnet.[33]

Ist der Besucher beispielsweise ein potentieller 'Decider', so hat der Messebesuch einen größeren Einfluß auf die Initiierung und Fortführung eines Kaufprozesses, als wenn es sich lediglich um einen 'Influencer' handelt.[34] Andererseits ist zu berücksichtigen, daß der Besucher auf der Messe Informationen erwirbt, die er auf anderem Wege nicht so leicht erlangen kann. Das so erworbenen Wissen ermöglicht es ihm, sich überhaupt erst Zugang zum Buying Center zu verschaffen oder seine bereits bestehende Position innerhalb des Buying Centers zu festigen. Bei negativer Einstellung gegenüber einer Beschaffung baut er möglicherweise Barrieren auf und ist auch in der Lage, sich Argumente zurechtzulegen, die seine negative Einstellung untermauern. Aus Sicht des Promotorenmodells[35] unterstützt die Messe sowohl Opponenten als auch Promotoren, die sie jeweils mit entsprechenden Informationen versorgt.

Die Weitergabe der auf der Messe gewonnenen Informationen innerhalb des Unternehmens führt um so eher zu einem Kaufentscheidungsprozeß, je höher der Messebesucher innerhalb der Hierarchie angesiedelt ist, je dichter das Kommunikationsnetz des Unternehmens ist und je mehr direkte Verbindungen zu möglichst vielen Personen innerhalb des Unternehmens bestehen. Die Information diffundiert innerhalb des Unternehmens um so stärker, je eher sie einen 'Opinion leader'[36], d.h. einen Meinungsführer, erreicht. Die Verbreitung über informale Kommunikationskanäle (Freundschaften, abteilungsübergreifende Kommunikationsbeziehungen u.ä.) erscheint wahrscheinlicher als über formale, in der Organisationsstruktur vorgesehene Kommunikationswege; mündliche Kommunikation dürfte den Vorrang vor schriftlicher Verbreitung genießen.[37]

Die Diffusion von auf einer Messe erhaltenen Informationen beschränkt sich jedoch nicht nur auf die Personen innerhalb einer Unternehmung. Vielfältige Kommunikationsbeziehungen bestehen zwischen Personen auch über die Unternehmensgrenzen hinaus: Einkäufer sprechen mit Vertriebsingenieuren oder mit

---

33 Zu Diffusionsprozessen vgl. auch das Kapitel A.2 – „Das Management technologischer Innovationen" in diesem Buch.

34 Vgl. zum Rollenkonzept nach *Webster/Wind* Fließ 1999. Wie die Besucher-Strukturtests zeigen, besitzen Messebesucher häufig umfassende Entscheidungskompetenzen und gehören hohen Hierarchiestufen an (vgl. AUMA 1994).

35 Vgl. zum Promotorenmodell Fließ 1999.

36 Vgl. Fließ 1999.

37 Diese Vermutung wird durch eine Untersuchung *Strothmanns* bestätigt. Danach erstatten 41 % der Messebesucher mündlich Bericht, 33 % berichten schriftlich und mündlich über den Messebesuch und 23 % informieren nur schriftlich. 56 % berichten über ein bestimmtes Problem oder einen konkreten Fall, während 37 % über den gesamten Messebesuch berichten. Die Kombination von Gesamtbericht und Bericht über einen konkreten Fall trifft aber nur auf 4 % der Messebesucher zu (Strothmann o. J.; zitiert nach Hirsch 1974, S. 908).

den Einkäufern anderer Unternehmen, Geschäftsführer treffen sich auf Kongressen, bei Fachvorträgen, in Unternehmerverbänden oder beim Golf.

Wesentlichen Einfluß auf die Diffusion übt auch die Art der erhaltenen Informationen aus. Je neuartiger und spektakulärer die Informationen sind, desto häufiger und intensiver unterhalten sich Personen darüber.[38] Dies bedeutet, daß der von der Messe angeregte Diffusionsprozeß um so intensiver und weitreichender ist, je neuartiger die vorgestellte Problemlösung ist und/oder je neuartiger die Standpräsentation ausfällt.

Die Messe bietet aber nicht nur Ausstellern und Besuchern Gelegenheit zur Kommunikation, sondern sie beschäftigt auch die Medien in ihrer Berichterstattung. Mitarbeiter in Unternehmen können daher ihre Informationen durch den Messebesuch erhalten, durch die Berichte eines oder mehrerer Messebesucher, durch die Berichterstattung in den Medien oder durch eine Kombination der drei Informationsquellen. Die meisten Personen nutzen mehr als eine Informationsquelle,[39] so daß sich – von der Messe ausgehend – ein mehrstufiger Kommunikationsprozeß[40] ergibt. Eine mögliche Struktur eines solchen Kommunikationsprozesses gibt Abb. 5 wieder.

Wie dieses mehrstufige Kommunikationsmodell verdeutlicht, trägt die Messe zur Beschleunigung des Diffusionsprozesses bei.[41] In dem Maße, in dem auf der Messe Besucher aus Unternehmen vertreten sind, die den Ergebnissen der Diffusionsforschung zufolge als besonders innovativ gelten, kann die Messe auch den Adoptionsprozeß von Unternehmen auf breiter Front unterstützen. Hierbei ist allerdings zu beachten, daß bei komplexen Innovationen mit hohem Neuheitsgrad die Messe als alleinige Informationsquelle bei weitem nicht ausreicht, sondern der Informationsprozeß adoptionswilliger Unternehmen nur angestoßen werden kann.

Je mehr Personen auf einer Messe erreicht werden können, desto besser können Informationen in den Markt hineingetragen werden. *Prüser* sieht daher neben der Transaktionsförderung, also der Anbahnung von Transaktionen, im Networking eine wichtige Zielsetzung von Messebeteiligungen. Hierbei sind die Netzwerk-Akteure allerdings nicht nur auf Nachfrager beschränkt, sondern beinhalten auch Vertreter aus Lieferantenunternehmen, Verbänden oder sonstigen Institutionen.[42]

---

38 Vgl. McQuiston 1989, S. 75.

39 Vgl. Katz/Lazarsfeld, 1955, S. 191 f.; Martilla, 1971.

40 Vgl. zu mehrstufigen Kommunikationsprozessen auch das Kapitel C.1 – „Grundlagen der Gestaltung der Kommunikationsleistung“, S. 449 f.

41 Vgl. Goehrmann 1992, S. 61; vgl. Fließ 1994, S. 171.

42 Vgl. Prüser 1996, S. 249 f.

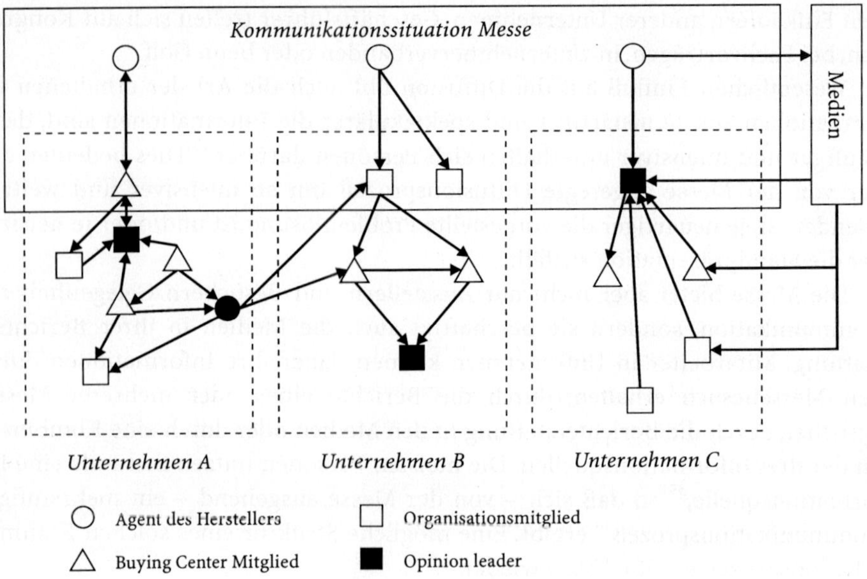

Abb. 5. Multi-Step-Flow of Communication auf der Messe (Quelle: Fließ 1994, S. 170)

3.2.3.2 *Ausstrahlungswirkungen der Messe auf den Markt vor Messebeginn und nach Messebeendigung*

Eine Messe hat nicht nur Auswirkungen auf den Marktprozeß während der Veranstaltungsdauer, sondern bereits vor ihrem Beginn. Nachfrager halten ihre Kaufabsichten zurück in der Erwartung, durch einen Messebesuch einen besseren Überblick über das Angebot von Problemlösungen zu erhalten, die Kosten- und Nutzenelemente besser bewerten zu können und ggf. neue Problemlösungsalternativen zu entdecken. Auf Geschäftsbeziehungsebene verschieben Aussteller ihre Routinebesuche, die der Pflege von Geschäftsbeziehungen dienen, bis zur Messe und verwenden ihre Energie darauf, die Geschäftspartner zur Messe einzuladen - sofern es nicht zu viele sind. Auf der Messe können Geschäftsbeziehungen kostengünstiger gepflegt werden als durch ein Aufsuchen der Kunden.

Die auf der Messe erhaltenen Informationen über die Austauschbedingungen können zu einer Veränderung des Marktvolumens nach Beendigung der Messe führen, wobei eine Steigerung des Marktvolumens wahrscheinlicher ist als eine Schrumpfung oder Stagnation. Aufgrund der neu gewonnenen Informationen können Nachfrager zu einer Neubewertung der von verschiedenen Ausstellern offerierten Kosten- und Nutzenelemente gelangen, so daß sich - werden die

Kaufabschlüsse auf der Basis dieser neu gewonnenen Informationen realisiert – die Marktanteile zwischen den Wettbewerbern verändern.

Aus diffusionstheoretischer Sicht ist es für Aussteller sinnvoll, Innovationen erst auf der Messe zu präsentieren und diese Absicht vor Messebeginn anzukündigen. In der Erwartung, von Innovationen Kenntnis zu erhalten, werden Nachfrager ihre Kaufentscheidungen zurückhalten. Eine kurzfristige Stagnation bzw. Schrumpfung des Marktvolumens vor Messebeginn ist die Folge. Die persönlichen und unpersönlichen Kommunikationsprozesse während der Messe beschleunigen jedoch die Diffusion, so daß das Marktvolumen nach der Messe steigt. Die Ausstrahlungswirkungen der Messe auf den Markt vor Messebeginn und nach Beendigung der Messe sind dabei um so stärker, je mehr Anbieter und Nachfrager eines Marktes auf der Messe vertreten sind. Abbildung 6 faßt die Veränderung des Auftragsverhaltens der Nachfrager aufgrund des Stattfindens einer Messe zusammen.

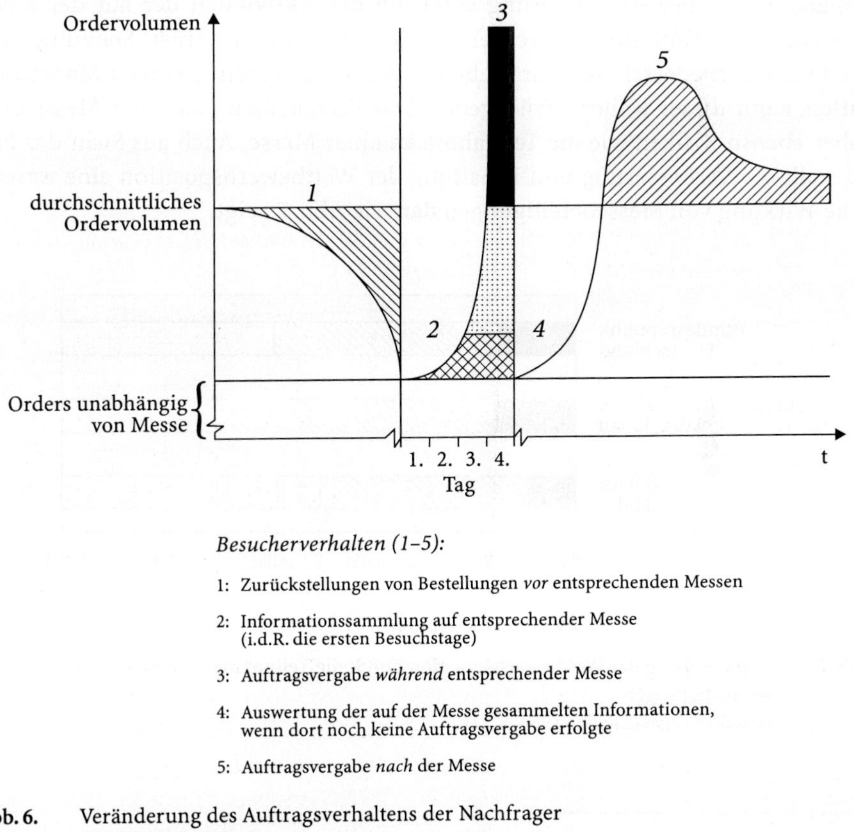

Abb. 6. Veränderung des Auftragsverhaltens der Nachfrager durch das Stattfinden einer Messe (Quelle: Mortsiefer 1990b, S. 68)

Geht man von einem konstanten Marktvolumen aus, das durch die Messe nicht tangiert wird, so schlagen sich Veränderungen im 'evoked set' und Veränderungen hinsichtlich des zu wählenden Lieferanten in einer Verschiebung der Marktanteile nieder.[43] Der Marktanteil des Anbieters, der weniger Kaufabschlüsse auf sich vereinigen kann als dies vor der Messe der Fall gewesen ist, sinkt, während der Marktanteil des Anbieters, der einen Zuwachs an Abschlüssen zu verzeichnen hat, steigt. Ein Anbieter, der vor Beginn der Messe über einen Wettbewerbsvorsprung verfügte, kann durch die Messeteilnahme seinen Wettbewerbsvorsprung ausbauen; ein Anbieter, der bisher eine schlechtere Marktposition innehatte, vermag diese zu verbessern.

Betrachtet man den Markt als einen Raum, innerhalb dessen die Anbieter positioniert werden können,[44] so verändert sich durch die Messe nicht nur die Position der Aussteller innerhalb des Marktes, sondern auch die Positionen derjenigen Anbieter, die nicht an der Messe teilgenommen haben. Bei gleichbleibendem Marktvolumen können nicht an der Messe teilnehmende Anbieter ihren bisherigen Wettbewerbsvorsprung aufgrund der Aktivitäten der auf der Messe ausstellenden Wettbewerber verlieren, was sich dann in einer Senkung ihres Marktanteils niederschlägt. Für Anbieter, die bisher einen geringen Marktanteil hatten, kann dieser weiter zurückgehen. Das Fernbleiben von einer Messe birgt daher ebenso Risiken wie die Teilnahme an einer Messe. Auch aus Sicht der Praxis stellt die Verbesserung und Erhaltung der Wettbewerbsposition eine wesentliche Wirkung von Messebeteiligungen dar, wie Abb. 7 zeigt.

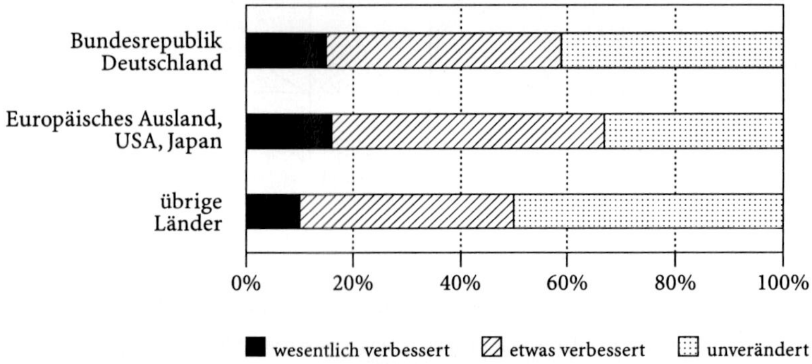

Abb. 7. Verbesserung der Wettbewerbsposition durch die Teilnahme an inländischen Messeveranstaltungen
(Quelle: Täger/Ziegler 1984, S. 216)

---

[43] Vgl. hierzu und zum folgenden Fließ 1994, S. 145 ff.

[44] Vgl. Kleinaltenkamp/Fließ 1999.

Die Stärke der Wirkungen, die von der Messe ausgehen, hängt davon ab, wie groß die Veränderungen sind, die die Messe bezüglich der Vergleichsniveaus und der Wahrnehmung der Austauschrelationen hervorgerufen hat. Die Veränderungen wiederum hängen davon ab, welche Leistungen die Anbieter auf der Messe präsentieren, um einen Wettbewerbsvorsprung zu erzielen bzw. im Wettbewerb nicht zurückzufallen. In Unkenntnis der genauen Pläne der Konkurrenten und um einen gewissen Sicherheitsabstand zu den nachfolgenden Konkurrenten zu erreichen, ist es für die Aussteller sinnvoll, eher große Änderungen in ihren Angebotsleistungen zu präsentieren als marginale Veränderungen, insbesondere dann, wenn der Wettbewerb hart ist.

Die Wirkungen der Messe auf den relevanten Markt eines Anbieters sind überblicksartig in Tabelle 1 zusammengefaßt.

Tabelle 1. Wirkungen der Messe auf Einzeltransaktion, Geschäftsbeziehung und Markt (Quelle: Fließ 1994, S. 177)

	vor der Messe	*während der Messe*	*nach der Messe*
Einzeltransaktion	• Zurückhaltung von Informationsaktivitäten auf Anbieter- und Nachfragerseite • Zurückhaltung von Aufträgen	• Veränderung des 'evoked sets' • Veränderung des Anspruchsniveaus • veränderte Bewertung von Austauschrelationen	• Abschluß von Aufträgen
Geschäftsbeziehung	*siehe Einzeltransaktion*	• Verringerung der sozialen Distanz zwischen den Transaktionspartnern • Veränderung in der Bewertung der technologischen Dimension	• Stabilisierung oder Lockerung von Geschäftsbeziehungen
Markt	• Schrumpfung bzw. Stagnation des Marktvolumens	• Verbreitung von Informationen über Neuerungen im Markt	• Beschleunigung der Diffusion • Erweiterung des Marktvolumens (Marktwachstum) oder Schrumpfung; • Veränderung der Wettbewerbsposition der Anbieter • Veränderung der Marktstruktur

3.3 Die Schritte der Messeplanung und -kontrolle

Anbieter beteiligen sich an Messen, um bestimmte Wirkungen im Markt zu erzielen, die in eine Verbesserung oder zumindest Beibehaltung ihrer Wettbewerbsposition münden. Erfolgreich ist eine Messebeteiligung aber nur dann, wenn sie sorgfältig geplant wird. Die Messeplanung erfolgt auf zwei Ebenen: zunächst ist die Rahmenkonzeption festzulegen, die dann in der Feinkonzeption konkretisiert wird.

Messebeteiligungen sind nicht für alle Märkte sinnvoll. Daher ist im ersten Schritt der Rahmenkonzeption festzustellen, für welche Märkte sich eine Messebeteiligung lohnt. Sind die Märkte bestimmt, müssen geeignete Messen ausgewählt werden. Das Messeangebot ist dabei so vielfältig, daß eine Eingrenzung bezüglich des Messetyps notwendig wird. Im nächsten Schritt muß das Unternehmen bestimmen, ob es in den ausgewählten Märkten an einer oder an mehreren Messeveranstaltungen teilnehmen will und ob es sich dabei um internationale, nationale oder regionale Messen handeln soll. Diese Festlegung erfolgt im Rahmen der Messebeteiligungsstrategie.

Mit der Entscheidung für die Zahl und Art der zu beschickenden Messen ist der grobe Entscheidungsrahmen abgesteckt worden. Nun schließt sich die Feinplanung an. Hierbei wird in enger Abstimmung mit der Messebudgetplanung eine genaue Bewertung und Auswahl der geeigneten Messen durchgeführt. Für jede der gewählten Messen ist nun eine Messekonzeption zu entwerfen. Hierzu gehören die Festlegung der Zielgruppe, die konkrete Formulierung der Messeziele und die Entscheidung über die Standkonzeption. Häufig können mit einer Messebeteiligung mehrere Zielgruppen angesprochen werden. Im Rahmen der Messekonzeption ist eine Zielgruppe auszuwählen. Ist dies nicht möglich, sind Prioritäten für die Zielgruppenansprache zu setzen. Für jede Zielgruppe sind die bereits formulierten Marketingziele zu konkretisieren. Im Rahmen der Standkonzeption sind Entscheidungen über die Zahl der Stände, die Plazierung des Standes, die Gestaltung des Standes (Standbotschaft) und das Standpersonal zu treffen. Im Rahmen der Beteiligungskonzeption sind auch die messebegleitenden Kommunikationsmaßnahmen zu planen. Hierbei sind die Vormessewerbung und die Kontakte zur Presse während der Messeveranstaltung von besonderer Bedeutung. Bereits in dieser Phase muß auch darüber nachgedacht werden, wie die Messekontakte erfaßt und nach Beendigung der Veranstaltung genutzt werden sollen.

Der Planungsphase folgt die Durchführungsphase der Messe, der sich die Nachbereitung der Messekonzeption anschließt. Gegenstand dieser Phase ist zum einen die Überprüfung des Messeerfolges, zum anderen die Durchführung von Follow-up-Maßnahmen im Rahmen des Nachmessegeschäfts.

Abbildung 8 faßt die Schritte der Messeplanung und -kontrolle zusammen.

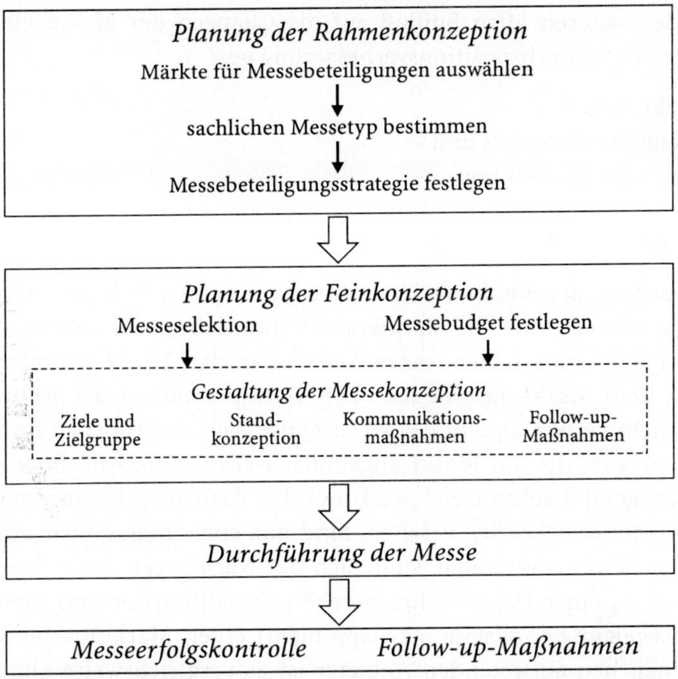

Abb. 8. Schritte der Messeplanung und -kontrolle

3.4 Die Rahmenkonzeption

3.4.1 Die Auswahl geeigneter Märkte für Messebeteiligungen

Messebeteiligungen sind nicht für alle Märkte das geeignete Instrument, um den Nachfragern Informationen zu vermitteln, mit ihnen zu kommunizieren und hierdurch eine Verbesserung der Wettbewerbsposition zu erreichen.[45] Daher ist im ersten Schritt der Messeplanung und -kontrolle eine Entscheidung darüber zu treffen, für welche Märkte eine Messebeteiligung infrage kommt. Als Märkte des Unternehmens werden dabei die relevanten Märkte betrachtet.[46] Hierbei ist es sinnvoll, auf der Ebene der Strategischen Geschäftsfelder zu beginnen und erst dann die Marktsegmente zu beurteilen.

[45] Vgl. hierzu und zum folgenden Fließ 1994, S. 173 ff.

[46] Zur Abgrenzung des relevanten Marktes vgl. Kleinaltenkamp 1999b.

Folgende Faktoren üben Einfluß auf die Chancen der Messebeteiligung im Sinne einer Wettbewerbspositionsverbesserung aus:

1. Marktfaktoren,
2. Merkmale des Anbieters und
3. Merkmale der Transaktion.

(1) Marktfaktoren

Die Verbesserung der Wettbewerbsposition ist für einen Anbieter generell um so einfacher, je schneller sich die Marktkonstellationen ändern. Dies ist insbesondere dann der Fall, wenn laufend neue Anbieter in den Markt eintreten, während andere aus dem Markt ausscheiden. Die Marktpositionen der Anbieter haben sich noch nicht verfestigt, und der Wechsel der Anbieter führt zu immer wieder neuen Leistungen, die am Markt angeboten werden. Die Angebote sind durch starke Heterogenität gekennzeichnet. Dies führt dazu, daß die Informationen der Nachfrager immer schneller veralten. Sind auf einer Messe viele Anbieter des betrachteten Marktes vertreten, kann sich der Nachfrager relativ kostengünstig im Vergleich zu einer Datenbankrecherche (Aktualitätsproblem) oder Fachzeitschriftenauswertung (Vollständigkeitsproblem) einen Marktüberblick verschaffen. Für einen neu auftretenden Anbieter ist es vergleichsweise einfach, in das 'evoked set' der Nachfrager aufgenommen zu werden. Die Konstellation sich schnell verändernder Leistungen und Anbieter ist vor allem gegeben, wenn sich ein Markt in der *Wachstumsphase* befindet.

(2) Merkmale des Anbieters

Ein wesentlicher Einfluß auf die Chancen der Wettbewerbsverbesserung durch eine Messebeteiligung geht von der gegenwärtigen *Wettbewerbsposition* aus. Ein Anbieter mit einer starken Wettbewerbsposition kann diese durch eine Messeteilnahme ausbauen, mindestens aber halten, sofern es ihm gelingt, seinen Wettbewerbsvorteil bzw. seinen Kundenvorteil[47] auf der Messe zu verdeutlichen. Es besteht aber auch das Risiko der Positionsverschlechterung, wenn die Wettbewerbsposition schwach ist und keine überlegenen Vorteile präsentiert werden können.

(3) Merkmale der Transaktion

Die Teilnahme an einer Messe soll den Kundenvorteil verdeutlichen, um hierüber zu einer Wettbewerbspositionsverbesserung zu gelangen. Kundenvorteile müssen jedoch darstellbar und kommunizierbar sein. Dies gilt für Produktvorteile

---

47 Vgl. Plinke 1999.

eher als für Preisvorteile oder Vorteile in der Distribution. Allerdings kann bereits die Tatsache seiner Messeteilnahme dem Anbieter einen Wettbewerbsvorteil verschaffen, wie die obigen Ausführungen bereits verdeutlicht haben.

Das Ausmaß der Darstellbarkeit und Kommunizierbarkeit hängt dabei in hohem Maße von der Art der Leistungsergebnisse und der Leistungserstellungsprozesse ab. Bei autonom erstellten, materiellen Leistungsergebnissen erscheint eine Präsentation des Kundenvorteils am ehesten gewährleistet zu sein, während für integrative, immaterielle Leistungsergebnisse die größten Schwierigkeiten zu erwarten sind.

Zusammenfassend läßt sich festhalten, daß die Chancen einer Wettbewerbspositionsverbesserung durch eine Messebeteiligung um so größer sind, je mehr Anbieter auf einem Markt vorhanden sind, je weniger verfestigt ihre Marktposition ist, je schneller sich das Leistungsangebot ändert und je stärker die Wettbewerbsvorteile sind, über die der ausstellende Anbieter verfügt. Damit eine Wettbewerbspositionsverbesserung erreicht werden kann, sollte der Kundenvorteil kommunizierbar sein. Dies ist um so einfacher, wenn es sich um ein materielles Leistungsergebnis handelt und einen autonomen Leistungserstellungsprozeß.[48] In diesem Fall kann nämlich das Leistungsergebnis selbst auf der Messe präsentiert werden.

3.4.2 Messetypen und Tätigkeitsfelder

Hat der Anbieter die Märkte ausgewählt, die für eine Messebeteiligung erfolgversprechend erscheinen, sind im nächsten Schritt geeignete Messen zu finden.[49] Eine Messe ist dann geeignet, wenn sie einen Bezug zum betrachteten relevanten Markt des Anbieters aufweist. Hierbei sind die räumliche und die sachliche Dimension von Interesse.

Die *räumliche Dimension* des relevanten Marktes bezieht sich auf das Gebiet, in dem die aktuellen und potentiellen Nachfrager der Anbieterleistungen sowie seine Wettbewerber angesiedelt sind. Dieser räumlichen Dimension entspricht die Reichweite der Messe. Je nach Einzugsgebiet von Ausstellern und Besuchern werden internationale, nationale, regionale und lokale Messeveranstaltungen unterschieden.[50] Als international im Sinne der Internationalen Messe-Union UFI[51] gelten Veranstaltungen, an denen mindestens 20 % ausländische Aussteller

---

48 Zur Leistungstypologie vgl. Kleinaltenkamp 1999a.

49 Vgl. zum folgenden Fließ 1994, S. 69 ff.

50 Vgl. Blom 1960, S. 18; Groth 1983, S. 58; Strothmann 1982, S. 1623.

51 Die Union des Foires International (UFI) mit Sitz in Paris ist ein Verband, deren Mitglieder Messeveranstalter aller fünf Kontinente sind (z.Zt. etwa 150). Ihre Aufgabe besteht u.a. in der Beurteilung von Messeveranstaltungen (vgl. Marquardt 1992).

teilnehmen oder mindestens 20 % der Nettofläche durch ausländische Aussteller belegt sind oder mindestens 4 % der Besucher aus anderen Ländern als dem Veranstalterland stammen.[52] Nationale Messen sind demnach solche Messen, deren Einzugsgebiet Besucher und Aussteller des Veranstaltungslandes sind, während sich auf regionalen Messen überwiegend Aussteller und Besucher der Region finden, z.B. aus Niedersachsen oder aus dem Saarland. Lokale Messen beschränken ihr Einzugsgebiet auf das Umland des Veranstaltungsortes. In räumlicher Hinsicht lassen sich regionale, nationale und internationalen Messen unterscheiden. Ein international oder national abgegrenztes Marktsegment läßt sich durch eine oder wenige internationale Messen, eine etwas größere Zahl nationaler Messen oder eine Vielzahl regionaler Messen abdecken. Als Faustregel gilt, daß zunächst internationale Messeveranstaltungen berücksichtigt werden, dann nationale und schließlich regionale Messen.

Die *sachliche Dimension* eines Marktes kann nach *Abell* über die drei Dimensionen Funktionserfüllung, Kundengruppe und Technologie beschrieben werden.[53] Die Dimension der Funktionserfüllung beschreibt die Aufgaben, die mit Hilfe der vom Anbieter offerierten Leistung erfüllt werden können, z.B. erfüllt eine Bohrmaschine die Funktion „Bohren" und ein Textverarbeitungsprogramm in Verbindung mit der entsprechenden Hardware die Funktionen „Texte erfassen, speichern und ausgeben". Die Dimension der Kundengruppe zeigt, welche Unternehmen als Anwender und Käufer der Leistung infrage kommen. Der Dimension liegt dabei meist eine Segmentierung zugrunde, z.B. nach Branchen oder Unternehmensgröße. Die Dimension der Technologie gibt an, wie die zu erfüllende Funktion der betrachteten Kundengruppen erfüllt werden kann. Technologie ist dabei nicht im rein technischen Sinne zu verstehen, sondern bezeichnet in allgemeiner Form die Art und Weise, ein Problem zu lösen. So kann ein Softwareunternehmen seinen Markt beispielsweise beschreiben als „Unterstützung von öffentlichen Nachfragern, privaten Unternehmen und Verbrauchern (Kundengruppen) bei der Erstellung von Texten und Grafiken (Funktionserfüllung) mit Hilfe der Mikroelektronik (Technologie). Andere mögliche Technologien wären hierbei beispielsweise die Kombination von Schreibmaschine und Reißbrett. Auch Nachfrager können ihren relevanten Beschaffungsmarkt in dieser Form beschreiben. An die Stelle der Kundengruppen treten hierbei die Lieferantengruppen. Eine mögliche Segmentierung von Anbietern könnte beispielsweise in der Zusammenfassung von Komponentenlieferanten, Modullieferanten und Systemanbietern bestehen. Abbildung 9 zeigt mögliche Typen von Zielmarktabgrenzungen eines Anbieters.

---

52 Vgl. Groth/Lentz 1993, S. 37. Es gibt auch Forderungen, daß eine Messe erst dann als international gelten darf, wenn der Anteil ausländischer Besucher bei mindestens 20 % liegt. Vgl. Groth/Lentz 1993, S. 38.

53 Vgl. Abell/Hammond, 1978, S. 391 f.; Abell, 1980, S. 17; S. 168 ff.

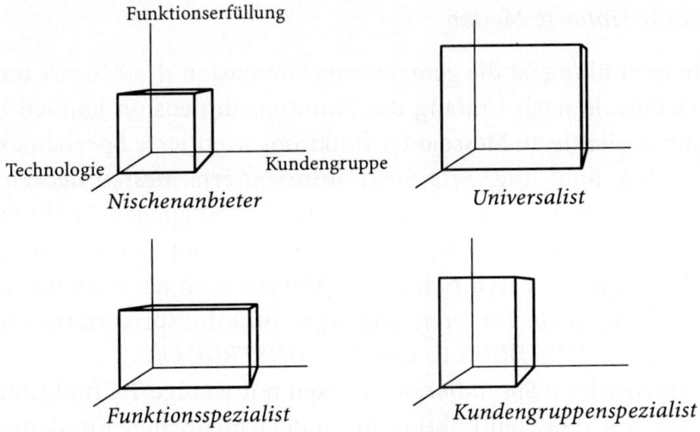

Abb. 9. Typen von Zielmarktabgrenzungen eines Anbieters
(Quelle: Abell 1980, S. 200)

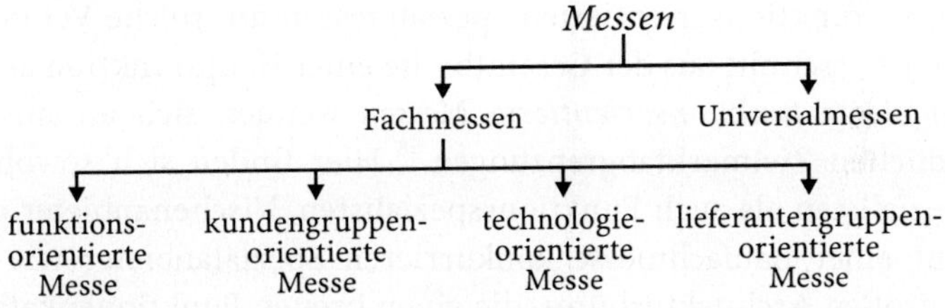

Abb. 10. Messetypen
(Quelle: Fließ 1994, S. 73)

Die sachliche Beziehung zwischen Messe und Markt wird durch das Messethema vorgegeben. Nach dem Schwerpunkt des Messethemas lassen sich vier Typen von Messen unterscheiden: funktionsorientierte Messen, kundengruppenorientierte Messen, lieferantengruppenorientierte Messen sowie technologieorientierte Messen.[54] Diese Messen sollen als Fachmessen im Gegensatz zu Universalmessen bezeichnet werden (vgl. Abb. 10). Die verschiedenen Messetypen weisen unterschiedlich große Überschneidungspotentiale mit dem Zielmarkt eines Anbieters auf. Das Überschneidungspotential der Messe mit dem Zielmarkt ist ein Indikator dafür, ob mit einer Messebeteiligung der Zielmarkt eines Anbieters überhaupt erreichbar ist.

54 Andere Typologien unterscheiden zwischen technischer Mehrbranchenmesse, fachtechnischer Messe und anwendungstechnischer Messe (vgl. Strothmann 1979, S. 162 f.), ergänzen diese Unterteilung um die Technologie-Messe (vgl. Prüser 1996, S. 56) oder schlagen ein Messe-Kategorisierungssystem vor, das Messen anhand verschiedener Merkmale und ihrer Ausprägungen einordnet (vgl. Strothmann/Roloff 1993, S. 717 ff.).

(1) Funktionsorientierte Messen

Die Funktionserfüllung ist die gemeinsame Dimension des Absatz- und Beschaffungszielmarktes. Je nach Umfang der Funktionsdimension können breit angelegte funktionsorientierte Messe oder funktionsorientierte Spezialmessen unterschieden werden. *Breit angelegte funktionsorientierte Messen* decken innerhalb einer Hauptfunktion eine große Bandbreite der möglichen Teilfunktionen ab. Verwenden die Aussteller für die Erfüllung der Funktionen im Schwerpunkt eine einzige Technologie, so lassen sich solche Messen auch als *Branchenmessen* charakterisieren.[55] Beispiele für breit angelegte funktionsorientierte Messen zum Thema „Bauen" sind die *DEUBAU* und die *CONSTRUCTEC*.[56]

Funktionsorientierte Spezialmessen decken nur wenige Teilfunktionen, im Extremfall sogar nur eine Teilfunktion bei unterschiedlichen Kundengruppen ab. Bezogen auf die Funktion 'Bauen' sind hier Messen wie *„fensterbau"*, *„Dach + Wand"*, *„Stuck-Putz-Trockenbau Nürnberg"* oder *„Bauma"* (Baumaschinenmesse) einzuordnen.[57] Gegenüber der breit angelegten funktionsorientierten Messe handelt es sich bei funktionsorientierten Spezialmessen um solche Veranstaltungen, die nur einen Ausschnitt aus der Gesamtbreite einer Hauptfunktion anbieten.

Breit angelegte funktionsorientierte Messen wenden sich an Aussteller mit unterschiedlichen Zielmarktabgrenzungen.[58] Hier finden sich sowohl Kundengruppenspezialisten als auch Funktionsspezialisten, Nischenanbieter oder Generalisten. Auf einer Baufachmesse konkurrieren Spezialanbieter wie Innenausstatter mit großen Architekturbüros, die einen breiten Funktionenkatalog bei einer Vielzahl von Kundengruppen erfüllen, um das knappe Zeitbudget der Besucher. Anbieter mit einer breiten Zielmarktabgrenzung müssen dabei das Problem lösen, welche Kundengruppe sie auf der Messe ansprechen wollen, wenn die Messe alle Kundengruppen abdeckt, während Kundengruppenspezialisten sich damit auseinandersetzen müssen, für welche der verschiedenen Funktionen sie Lösungen auf der Messe präsentieren wollen.[59] Generalisten müssen eine Entscheidung sowohl hinsichtlich der zu präsentierenden Funktionserfüllungsmöglichkeiten

---

55 Vgl. zur Definition der Branche Abell 1980, S. 197; Porter 1983, S. 45.

56 Vgl. AUMA 1994, S. 59 und 102.

57 Vgl. AUMA 1994, S. 195, 89, 169 und 147.

58 Vgl. zur Zielmarkttypologie Abell 1980, S. 200.

59 Die gleichzeitige Präsentation eines umfangreichen Angebotskataloges sowie die Ansprache mehrerer Zielgruppen durch einen Stand ist nicht so erfolgversprechend, weil der Anbieter sich leicht 'zwischen die Stühle' setzt und keine Zielgruppe richtig erreicht bzw. keine Funktion angemessen darstellen kann. Eine Befragung von 4.800 Personen auf 40 Messeständen im Jahre 1983/84 hat gezeigt, daß Besucher ein breites Spektrum ausgestellter Problemlösungen weniger schätzen und übersichtliche, klar gegliederte Stände bevorzugen (vgl. Benad, o.J., S. 18 ff.).

als auch der anzusprechenden Zielgruppe treffen, während sich für Nischenanbieter dieses Problem nicht stellt.

(2) Kundengruppenorientierte Messen

Kundengruppenorientierte oder -spezialisierte Messen wenden sich ausschließlich an eine Kundengruppe. Beispiele für diesen Messetyp sind die *„IHM - Internationale Handwerksmesse"*[60] oder die *„iba - Internationale Bäckerei-Fachausstellung"*[61]. Kundengruppenorientierte Messen decken unterschiedlichste Funktionen mit unterschiedlichen Technologien ab.

Kundengruppen können enger oder weiter definiert werden, so daß sich auch hier, ähnlich wie bei den funktionsorientierten Messen, *breit angelegte Kundengruppenmessen* und *spezialisierte Kundengruppenmessen* unterscheiden lassen. So entspricht beispielsweise die *„IHM - Handwerksmesse"* einer weiten Auslegung der Kundengruppe. Als Besucher treten Konditoren, Fleischer, Handwerker aus dem Kfz-Bereich u.ä. auf.[62] Demgegenüber spricht die *„iba - Bäckerei-Fachausstellung"* nur eine Kundengruppe an. Die engere Kundengruppenabgrenzung geht auch mit einem schmaleren Angebot bezüglich der Funktionserfüllung einher. So präsentiert sich auf der *IHM* ein breiteres Angebot als auf der Bäckerei-Fachausstellung, die ein tieferes Funktionsspektrum offeriert und auf der vornehmlich Maschinen und Geräte für Konditoreien und Bäckereien, Backöfen, Ladenbau und Backmittel zeigt werden.[63]

Kundengruppenorientierte Messen harmonieren mit den verschiedenen Zielmarktabgrenzungen des Anbieters unterschiedlich gut. Während die Messe für Nischenanbieter und Kundengruppenspezialisten je nach Breite der Funktionsorientierung der Messe eine gute Zielmarktabdeckung bietet, wird bei den Funktionsspezialisten und den Generalisten eine nur partielle Abdeckung erreicht. Um die Kundengruppe zu durchdringen, sind sowohl beim Generalisten als auch beim Funktionsspezialisten mehrere kundengruppenorientierte Messen notwendig.

Aus Nachfragersicht bieten kundengruppenorientierte Messen die Möglichkeit, vielfältige Beschaffungsmärkte abzudecken, da sich Anbieter unterschiedlichster Problemlösungen auf der Messe versammeln. Entsprechend bietet die kundengruppenorientierte Messe dem Anbieter ein hohes Kontaktpotential, wobei die Chance, die Kundengruppe zu erreichen, davon abhängt, welchen Hallen bzw. Funktionen die Besucher ihr Hauptinteresse zuwenden und welcher thematischen Gliederung die Messehallen folgen.

---

60 Vgl. AUMA 1994, S. 145.

61 Vgl. AUMA 1994, S. 32.

62 Vgl. AUMA 1994, S. 145.

63 Vgl. AUMA 1994, S. 32.

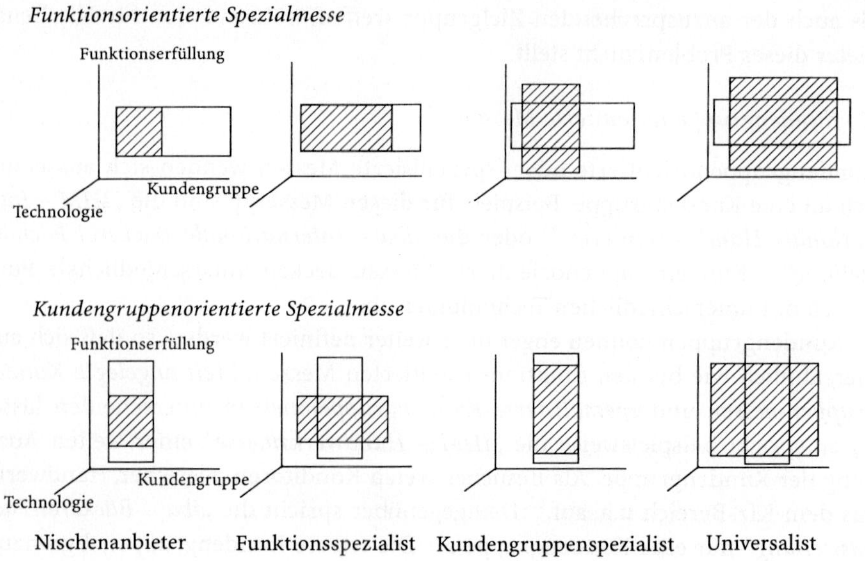

Abb. 11. Funktionsorientierte und kundengruppenorientierte Messen und Zielmarkttypen des Anbieters
(Quelle: Fließ 1994, S. 74 ff.)

Abbildung 11 gibt einen Überblick über die drei Messetypen und die jeweilige Zielmarktabdeckung des Anbieters. Um das Prinzip zu verdeutlichen, wird dabei auf die Technologiedimension verzichtet.

(3) Lieferantengruppenorientierte Messen

Die lieferantengruppenorientierte Messe bildet das Gegenstück zur kundengruppenorientierten Messe. Während sich die kundengruppenorientierte Messe ausschließlich an eine Kundengruppe wendet und anbieterseitig definiert ist, ist die lieferantengruppenorientierte Messe nachfragerseitig bestimmt und konzentriert sich auf eine einzelne Lieferantengruppe. Typische lieferantengruppenorientierte Messen sind die Zuliefermessen[64].

Entsprechend finden sich hier Aussteller, die Problemlösungen zu unterschiedlichsten Funktionen vorstellen und die vielfältige Technologien einsetzen. Da die Zugehörigkeit zur Lieferantengruppe das dominierende Bestimmungsmerkmal ist, sind lieferantenorientierte Messen für Anbieter aller Zielmarkttypen geeignet. Ist eine Lieferantengruppe sehr breit definiert, z.B. Industrie, so muß eine einschränkende Benennung, etwa eine Funktions- oder Technologie-

64 Vgl. Müller 1985, S. 192 ff.

spezialisierung, hinzutreten. Erfindermessen beispielsweise sind völlig unspezifisch bezüglich der Art der ausgestellten Produkte. Gelingt es nicht, ein funktionsorientiertes Themengebiet zu spezifizieren, so besteht eine sehr geringe Kontaktchance der Lieferanten zu potentiellen Nachfragern. Daher tragen die meisten lieferantenorientierten Messen einen Zusatz, der auf das zu erwartende Funktionsspektrum hinweist. Ein Beispiel hierfür ist die *„interzum - Internationale Zuliefermesse für Möbelfertigung, Innenausbau und Raumausstattung - Maschinen für die Polsterindustrie"*[65], bei der nur noch die Technologiedimension offen bleibt.

(4) Technologieorientierte Messen

Der Fokus einer technologieorientierten Messe läßt sich auf die vom Anbieter oder vom Nachfrager eingesetzte Technologie beziehen (anbieterorientierte oder nachfragerorientierte Bestimmung des Messethemas) oder auf beide. Probleme wirft ein technologieorientierter Fokus dadurch auf, daß mit einer Technologie oftmals eine Vielzahl von Funktionen erfüllt werden kann bzw. aus dem Einsatz einer Technologie unterschiedliche Bedarfe resultieren. Daher wird die Technologiedimension häufig um eine Funktionsbezeichnung ergänzt.

Ein Beispiel für eine nachfrager- und anbieterseitig technologiebestimmte Messe stellt die *„electronica - Internationale Fachmesse für Bauelemente und Baugruppen der Elektronik"* dar, in der die Funktionserfüllung und damit der Produktbezug bereits im Namen anklingt. Auf der *electronica* wird eine Vielzahl von Problemlösungen angeboten, die aus dem Einsatz der Mikroelektronik zum Teil bei den Anbietern, zum Teil bei den Nachfragern resultieren. Dementsprechend werden auch solche Problemlösungen angeboten, die den Nachfrager beim Einsatz der Mikroelektronik als Prozeßtechnologie oder Produkttechnologie unterstützen, z.B. Labor- und Prüffeldausstattungen.[66] Ein Beispiel für eine nachfragerseitig dominierte technologieorientierte Messe ist die *„Ceramitec"*, auf der Maschinen, Geräte, Anlagen, Verfahren und Rohstoffe für die gesamte Keramik und Pulvermetallurgie vorgestellt werden.[67]

Technologieorientierte Messen sprechen Anbieter und Nachfrager mit Zielmarktabgrenzungen aller vier Typen an.

---

[65] Vgl. AUMA 1994, S. 123.

[66] Vgl. AUMA 1994, S. 161.

[67] Vgl. AUMA 1994, S. 157.

3.4.3 Die Messebeteiligungsstrategie

Der Vergleich von sachlichem Messetyp und Zielmarkttyp gibt einen ersten Anhaltspunkt für grundsätzlich geeignete Messeveranstaltungen. Für die weitere Messebeteiligungsplanung ist es erforderlich, die Messebeteiligungsstrategie festzulegen. Die Messebeteiligungsstrategie beinhaltet Entscheidungen über die Art und Zahl der Messen sowie die Marketingziele, die erreicht werden sollen. Messebeteiligungsstrategien orientieren sich an der Marketingkonzeption des Unternehmens. Folgende Faktoren üben hierbei besonderen Einfluß aus:

- die erreichte bzw. angestrebte Marktposition und
- die Marketingstrategie gegenüber den Nachfragern und Wettbewerbern.[68]

(1) Marktposition

Bei den Marktpositionen lassen sich im wesentlichen die Positionen des Marktführers, des Marktherausforderers, des Marktmitläufers und des Nischenanbieters unterscheiden.[69] Eine besondere Bedeutung kommt der Anwesenheit des Marktführers auf der Messe zu. Marktführerschaft stellt eine spezifische Rolle dar[70], die auf unterschiedlichen Fähigkeiten und Verhaltensweisen beruhen kann. Welche Merkmale der Marktführerschaft relevant sind, hängt vom Messetyp ab. So ist beispielsweise auf technologieorientierten Messen die Anwesenheit des technologischen Führers von besonderer Bedeutung, auf kundengruppenorientierten Messen wird derjenige Marktführer[71] besonderes Gewicht haben, der eine breitere Palette von Funktionen erfüllt, sowie solche Aussteller, die als besonders anerkannte Funktionsspezialisten gelten. Letztere sind auch für eine funktionsorientierte, kundengruppenübergreifende Messe von besonderer Bedeutung. Da Messen mehrere Märkte bzw. Marktsegmente abdecken, kann es je Markt bzw. Marktsegment einen Führer geben, aber auch Unternehmen, die von mehreren Marktsegmenten als Führer angesehen werden. Zieht sich ein bedeutsamer Führer von einer Messe zurück, so stellt dies ein spezifisches Signal an seine Umgebung dar. In Verbindung mit weiteren Informationen kann der Rückzug von einer Messe entweder auf einen Verlust der Führungsrolle hindeuten, auf einen Rückzug aus diesem Markt oder als Signal für den Verlust der Bedeutung dieser Messeveranstaltung im Markt. Ziehen sich mehrere Unternehmen mit Führungsrollen in ihren jeweiligen Märkten von einer Messeveranstaltung zurück, so ver-

---

68 Vgl. Raffée 1983; Fließ 1994, S. 173 f.

69 Vgl. Kotler/Bliemel 1995, S. 597 ff.

70 Vgl. Kotler/Bliemel 1995, S. 598.

71 Als Indikator kann hier beispielsweise der absolute, aber auch der relative Marktanteil herangezogen werden, dessen eindeutige Festlegung aufgrund mangelnder Daten und aufgrund der hier zugrunde gelegten Marktabgrenzung allerdings schwierig sein dürfte.

liert die Messe einen Großteil ihrer Marktwirkungen und noch verbleibende Aussteller werden der Messe künftig ebenfalls fernbleiben. Um ihre Marktführerschaft zu behaupten oder sogar auszuweiten, sollten diese Anbieter eine möglichst breite Zahl internationaler und nationaler Messen beschicken. In Verbindung mit einer Penetrationsstrategie kommt auch die Beteiligung an Regionalmessen infrage (vgl. unten).

Marktherausforderer streben die Marktführerschaft an. Messebeteiligungen sind – da Messen ein Wettbewerbsforum repräsentieren – besonders geeignet, die Ziele des Marktherausforderers zu unterstützen. Dabei kann der Herausforderer eine direkte oder indirekte Angriffsstrategie verfolgen. Bei einer *direkten Angriffsstrategie* sucht er genau die Messeveranstaltungen auf, die auch der Marktführer besucht. Er versucht, seinen Stand möglichst in der gleichen Halle zu positionieren. Je nach Ausprägung des Wettbewerbsvorteils differenziert er sich entweder durch eine völlig andere Standgestaltung und -präsentation oder aber er imitiert dessen Strategie und versucht, den Marktführer in den Ausprägungen zu übertreffen, z.B. durch einen größeren Stand. Bei einer *indirekten Angriffsstrategie* sucht der Herausforderer gerade solche Messen auf, die der Marktführer nicht besucht. Hierfür bieten sich vor allem regionale und nationale Messeveranstaltungen an. Geeignet sind auch funktionsorientierte oder kundengruppenorientierte Spezialmessen. Hierbei ist jedoch darauf zu achten, daß ein genügend großes Zielgruppenpotential erreicht wird.

Marktmitläufer verfolgen in aller Regel eine angepaßte Strategie und orientierten sich am Marktführer. Sie sollten also die Messeveranstaltungen aufsuchen, die auch vom Marktführer und möglichst weiteren Marktmitläufern besucht werden. Je mehr Anbieter aus dem Bereich auf einer Messe vertreten sind, desto interessanter ist diese Veranstaltung für die Nachfrager, die ja Angebote miteinander vergleichen möchten. Daher kann der Marktmitläufer von Erweiterungen des Marktvolumens profitieren. Aufgrund der begrenzten Erträge sollten sich Marktmitläufer auf ein oder zwei Messebeteiligungen in einem Markt konzentrieren.

Der *Nischenanbieter* muß sich aufgrund der begrenzten Tragfähigkeit seines relativ kleinen Marktes bzw. Marktsegmentes meist auf eine Messe konzentrieren. Hierbei bieten sich zum einen solche Veranstaltungen an, auf denen auch die Anbieter vertreten sind, die einen größeren Bereich abdecken als der Nischenanbieter. Hierbei profitiert der Nischenanbieter von der Anziehungskraft des Marktführers und der Marktmitläufer. Gibt es jedoch recht viele größere Anbieter und eine noch größere Anzahl kleinerer Unternehmen, so besteht die Gefahr, daß er seine Zielgruppe nicht auf seinen Stand zu ziehen vermag. Diesem Umstand kann er durch eine *Kooperationsstrategie* begegnen.[72]

---

[72] Vgl. Greipl/Singer 1980, S. 97 f.; Müller 1987, S. 53 ff.

Als Kooperationspartner kommen dabei zum einen größere Anbieter infrage, aber auch andere Nischenanbietern, deren Programm sich sinnvoll ergänzt. Sie können mit einem Gemeinschaftsstand Kosten senken und gleichzeitig von der Anziehungskraft einer breit angelegten Messe profitieren. Geeignete Kooperationspartner sind auch Großkunden oder Lieferanten, mit denen ein Anbieter intensiv zusammenarbeitet. Beispiele solcher Kooperationen finden sich in der EDV-Branche, wo Softwareanbieter von Speziallösungen für kleine Kundengruppen auf dem Stand eines führenden Hardware-Anbieters vertreten sind. Auch bei Auslandsmessen finden sich häufig Gemeinschaftsstände.[73]

Findet ein Nischenanbieter keine geeigneten Kooperationspartner oder ist ihm an Kooperationen aufgrund seiner Unternehmensstrategie generell nicht gelegen, so sind solche Messen zu wählen, bei denen die Zielgruppe einem möglichst großen Anteil der Messebesucher entspricht. Funktionsorientierte Spezialmessen sind hierfür besser geeignet als technologieorientierte Messen. Je enger das Thema der Messe gefaßt ist, desto eher erscheint die Messe geeignet.

(2) Marketingstrategie

Neben der Marktposition und der damit verbundenen Wettbewerbsstrategie werden die Messebeteiligungsstrategie und insbesondere die Messeziele auch von der verfolgten Marketingstrategie bestimmt. Nach *Ansoff* können vier verschiedene Marketingstrategien unterschieden werden: Marktdurchdringung oder -penetration, Markterschließung, Produktentwicklung und Differenzierung (vgl. Tabelle 3).[74]

Tabelle 2. Marktposition und Messebeteiligungsstrategie

Marktposition	*Messebeteiligungsstrategie*
Marktführer	Beschickung von Leitmessen, nationalen und ggf. regionalen Messen
Marktherausforderer	• direkte Angriffsstrategie: Beschickung der Messen, auf denen der Marktführer und die meisten anderen Anbieter präsent sind • indirekte Angriffsstrategie: Ausweichen auf weniger wichtige Messeveranstaltungen
Marktmitläufer	Beschickung der internationalen und nationalen Messen, an denen sich die meisten Anbieter beteiligen. Beschränkung auf ein bis zwei Messen
Nischenanbieter	• Kooperationsstrategie mit anderen Nischenanbietern, einem größeren Anbieter, Kunden oder Lieferanten • Beschickung einer funktionsorientierten Spezialmesse

73 Vgl. Ziegler 1990, S. 126 f.

74 Vgl. Ansoff 1966, S. 132.

Tabelle 3. Marketingstrategien nach *Ansoff*

	gegenwärtiger Markt	*neuer Markt*
gegenwärtiges Produkt	Marktdurchdringung	Markterschließung
neues Produkt	Produktentwicklung	Diversifizierung

Bei einer *Penetrationsstrategie* steht die Ausschöpfung des Marktpotentials im Mittelpunkt der Marketingbemühungen. Dieses Marketingziel kann dadurch erreicht werden, daß sich das Unternehmen insbesondere an solche Nachfrager wendet, die bisher noch keine Kenntnis des Unternehmens hatten oder seine Leistungen noch nicht erworben haben. Eine zweite Möglichkeit besteht darin, bei den bisherigen Kunden die abgenommenen Stückzahlen zu erhöhen. Ob die zweite Möglichkeit infrage kommt, hängt natürlich von der Art der angebotenen Leistungen ab.

Zielgruppe des Unternehmens sind damit die potentiellen, bisher noch nicht erreichten Nachfrager sowie die bisherigen Kunden. Bei den potentiellen Nachfragern stehen Messeziele wie die Erhöhung des Bekanntheitsgrades und die Verdeutlichung des Kundenvorteils im Mittelpunkt der Messebeteiligung. Bei den bisherigen Kunden stehen Geschäftsbeziehungsziele im Vordergrund. Die Kunden sollen an das Unternehmen gebunden werden und einen höheren Lieferanteil als bisher dem Anbieter übertragen.

Je nach Zielgruppenschwerpunkt der Messebeteiligung sind entweder Veranstaltungen zu wählen, zu denen vorwiegend potentielle Nachfrager oder vorwiegend bisherige Kunden kommen. Suchen beide Zielgruppen dieselbe Messe auf, so kann eine Differenzierung der Zielgruppen über die Vormessewerbung oder die Standgestaltung erreicht werden. Um die Wahrscheinlichkeit zu erhöhen, daß möglichst viele Messebesucher aus der Zielgruppe zu Standbesuchern werden, sollte die Messebesucherstruktur der Zielgruppenstruktur möglichst gut entsprechen.

Zur Unterstützung einer Strategie der Marktdurchdringung eignen sich auch Regionalmessen, wenn sie als Ergänzung zur Beschickung nationaler und internationaler Messen herangezogen werden. Je nach Struktur der Nachfragergruppe können sie der Verfolgung segmentbezogener oder kundenbezogener Ziele dienen.

Die *Produktentwicklungsstrategie* ist dadurch gekennzeichnet, daß ein neues Produkt bei einer dem Anbieter bereits bekannten Zielgruppe eingeführt wird. Bei dieser Strategie können die Möglichkeiten einer Messebeteiligung am besten ausgenutzt werden: Die Nachfrager erwarten bei ihrem Messebesuch Informationen über Neuerungen, so daß die Präsentation neuer Produkte auf starkes Interesse stoßen dürfte. Auch bietet die Vorstellung insbesondere innovativer Produkte eine hervorragende Möglichkeit, sich gegenüber den Wettbewerbern zu profilieren. Schließlich beschleunigt die Messe die Diffusion des neuen Produktes, da auch die Presse während der Messedauer vorwiegend über neue Produkte berichtet und somit auch Nicht-Messebesucher erreicht werden können.

Für die erstmalige Präsentation einer Innovation kann der Anbieter entweder eine aggressive Strategie oder eine vorsichtige Strategie einschlagen.

Bei der *aggressiven Strategie* wird die Innovation erstmals auf der Messeveranstaltung präsentiert, von der die größten Ausstrahlungswirkungen im Markt zu erwarten sind. Hierbei handelt es sich zumeist um eine internationale Messe, auf der alle führenden Anbieter präsent sind. Eine solche Leitmesse existiert in den meisten Branchen. Weitere Präsentationen erfolgen dann auf anderen internationalen und nationalen Messen von geringerer Bedeutung, um eine möglichst große Verbreitung im Markt zu erreichen. Handelt es sich um einen großen Innovationsschritt, empfiehlt es sich, möglichst viele Messen zu beschikken und das Produkt unverändert zu präsentieren, um die Nachfrager mit der Produktidee und der grundsätzlichen Funktionsweise vertraut zu machen. Handelt es sich um einen geringen Innovationsschritt, sind auf anderen Messen eher Produktvariationen oder -differenzierungen vorzustellen. Voraussetzung für den Erfolg einer solchen Strategie ist die genaue Kenntnis der Zielgruppe und ihrer Leistungsanforderungen. Darüber hinaus ist ein möglichst großes Marktpotential erforderlich, damit den hohen Kosten der Messebeteiligungen auch entsprechende Erlöse gegenüberstehen.

Bei einer *vorsichtigen Strategie* wird das Produkt zunächst auf einer Messe mit geringerer Ausstrahlungswirkung im Markt vorgestellt. Die Produktpräsentation zielt dabei vor allem darauf ab, die Marktchancen einschätzen zu können. Zeigt die Präsentation eine positive Marktresonanz, so folgt die Präsentation auf einer Messe mit größeren Ausstrahlungswirkungen. Eine solche Vorgehensweise empfiehlt sich vor allem dann, wenn der Anbieter die Marktreaktionen nicht einzuschätzen vermag und die Anforderungen seiner Zielgruppe nicht kennt. Sie ist dort angebracht, wo die Produktentwicklung nicht in enger Zusammenarbeit mit den Kunden stattgefunden hat bzw. möglicherweise auch nicht stattfinden konnte (z.B. neuer Anbieter, der noch keine Marktkenntnis hat, oder Produkt aus einem Bereich, in den der Anbieter erst einsteigt).

Für die vorsichtige Strategie der Produkteinführung eignen sich insbesondere Regionalmessen oder nationale Messen. Dies gilt insbesondere dann, wenn die Messebesucher nur einen geringen Teilbereich der Zielgruppe abdecken, der jedoch repräsentativ für die Zielgruppe des Unternehmens ist, und wenn keine intensiven Geschäftsbeziehungen zu ausgewählten Kunden bestehen, bei denen Gespräche den Testcharakter erfüllen könnten. Existieren keine geeigneten regionalen oder nationalen Messen, so wird auch hier eine internationale Messe gewählt. Die vorsichtige Strategie wird dann über die Standkonzeption umgesetzt.

Neue Produkte erfüllen entweder bekannte Funktionen mit Hilfe neuer Technologien oder setzen bekannte Technologien zur Erfüllung neuer Funktionen ein. Die Kundengruppe bleibt im Falle der Produkteinführungsstrategie nach *Ansoff* die gleiche. Auf kundengruppenorientierten Messen erreicht der Anbieter daher die gleichen Kunden wie bisher, denen er ein neues Produkt vorstellt. Auf technologie- oder funktionsorientierten Messen besteht darüber hinaus die Chance, auch neue Nachfragergruppen zu entdecken und somit einen Übergang zur Markterschließungsstrategie zu schaffen.

Markterschließungsstrategien sind dadurch gekennzeichnet, daß bereits vorhandene und erprobte Produkte in einem neuen Markt eingeführt werden. Neue Märkte sind dabei häufig Auslandsmärkte, müssen es aber nicht notwendigerweise sein. Um einen neuen Markt für ein Unternehmen handelt es sich auch, wenn es neue Anwendungsfelder für seine bisherigen Produkte erschließen will.

Häufig verfügen die Unternehmen bei der Erschließung neuer Märkte über eine nur mangelhafte Marktkenntnis, so daß die Messebeteiligung den ersten Schritt zur Kontaktaufnahme mit potentiellen Nachfragern darstellt. Vorrangiges Messeziel besteht demnach darin, den Markt besser kennenzulernen und erste Anwender für das Produkt zu finden. Je nach Markterschließungsstrategie kann auch die Suche nach Kooperationspartnern innerhalb des Landes Messeziel sein.

Für die Kontaktaufnahme mit potentiellen Nachfragern bietet sich die Teilnahme an zunächst nur einer Messeveranstaltung an. Geeignet ist dabei insbesondere eine solche Messe, die hohe Ausstrahlungswirkungen im Markt besitzt und die einen hohen Deckungsgrad mit dem Zielmarkt des Unternehmens aufweist. Hier trifft der Anbieter auf die Nachfrager, die repräsentativ für das anvisierte Marktsegment sind.

Um Kontakte in einem ausländischen Markt zu knüpfen, empfiehlt sich eine möglichst große Nähe zu den Abnehmern, um gerade auch ein Gespür für kulturelle Distanzen und Möglichkeiten ihrer Überbrückung zu gewinnen. Daher erscheinen Auslandsmessen für die Erschließung eines Auslandsmarktes besser geeignet als internationale Messen mit einem hohen Anteil ausländischer Besucher, die im Heimatland stattfinden. Dies gilt insbesondere dann, wenn es sich um außereuropäische Länder handelt. Viele der europäisch bedeutsamen Messen finden in Deutschland statt.

Tabelle 4. Marketingstrategien und Messebeteiligungsstrategien

Marketingstrategie	*Marketingziel und Zielgruppe*	*Messeziel*	*Messebeteiligungsstrategie*	*Beteiligungskonzeption*
Marktpenetration: Marktanteilsausweitung mit bekannten Produkten	1. Erreichung potentieller Kunden 2. Steigerung der Auftragshäufigkeit oder des Auftragsvolumens bei potentiellen Nachfragern	*bei 1)* Erhöhung des Bekanntheitsgrades; Verdeutlichung des Kundenvorteils (Zusatznutzen) *bei 2)* Geschäftsbeziehungen intensivieren; Kontaktqualität betonen	Beteiligung an allen infragekommenden Messen auch bei Zielgruppenüberschneidungen; Spezialmessen; Kombination aus internationalen, nationalen und regionalen Messen	*bei 1)* Lösungsorientierung *bei 2)* Kontaktorientierung
Produktentwicklungsstrategie	Einführung eines neuen Produktes bei einer bereits bekannten Nachfragergruppe (aktuelle und potentielle Kunden)	Neuproduktpräsentation; Verdeutlichung des Kundennutzens (Hauptnutzen); Produkttest	• *vorsichtige Einführungsstrategie:* Produktpräsentation auf regionaler oder nationaler Messe • *aggressive Einführungsstrategie:* Produktpräsentation auf der Leitmesse der Branche	Produktorientierung
Markterschließungsstrategie	1. Einführung bekannter Produkte in einem Auslandsmarkt 2. Erschließung neuer Anwendungsfelder für ein bekanntes Produkt	• Informationsgewinnung über Marktchancen • Kontaktaufnahme zu potentiellen Anwendern • Findung von Kooperationspartnern	1. Beteiligung an der Leitmesse des Landes (Auslandsmessebeteiligung) 2. Beteiligung an der Leitmesse der Branche	Lösungsorientierung oder Produktorientierung
Diversifikationsstrategie	• Einführung neuer Produkte in neuen Märkten • Marktgenerierung durch innovative Problemlösungen	• Kontaktaufnahme zu potentiellen Anwendern • Findung von Kooperationspartnern • Problembewußtsein erzeugen	Beteiligung an der Leitmesse der Branche	Beratungsorientierung

Die Erschließung neuer Märkte entspricht einer Ausweitung des Tätigkeitsfeldes in der Dimension der Kundengruppe. Sofern es sich um einen neuen Einsatzbereich, z.B. eine neue Branche handelt, sollte zunächst geprüft werden, ob der Anbieter die neue Kundengruppe nicht bereits auf den Messen erreichen kann, die er auch bisher beschickt. Dies hat den Vorteil, daß er auf bereits bestehende Erfahrungen mit der Messeveranstaltung zurückgreifen kann. Bei kundengruppenorientierten Messen ist zu prüfen, ob nicht eine zu große Bandbreite an Funktionserfüllungen präsentiert wird, so daß der Anbieter nur auf wenige potentielle Nachfrager trifft. Funktionsorientierte Messen erscheinen hier besser geeignet, da die Zielgruppendifferenzierung über die Standgestaltung vorgenommen werden kann, grundsätzlich aber Interesse an entsprechenden Lösungen vorauszusetzen ist.

Die *Diversifizierungsstrategie* stellt die höchsten Ansprüche an das Marketing: ein neues Produkt soll in einen neuen Markt eingeführt werden. Für eine erfolgreiche Strategie ist die genaue Kenntnis der Zielgruppe unbedingte Voraussetzung. Bei der Messebeteiligung steht damit die Präsentation des Produktes und die Gewinnung erster Anwender im Mittelpunkt. Ähnlich wie bei der Markterschließungsstrategie eignet sich für einen ersten Kontakt die Leitmesse der Branche am besten. Eine ausgesprochene Präferenz für einen der sachlichen Messetypen läßt sich nicht feststellen.

Tabelle 4 faßt die Marketingstrategien und Messebeteiligungsstrategien zusammen.

3.5 Die Feinkonzeption

Messen sind bei kleinen Unternehmen eher eine Entweder-Oder-Entscheidung – Teilnahme an nur einer Messeveranstaltung –, bei größeren Unternehmen häufiger Sowohl-Als-Auch-Entscheidungen, d.h. es werden mehrere Messen beschickt.[75] Bei mehreren Messeveranstaltung muß das Unternehmen kostspieligere Messekonzeptionen gegen zusätzliche Messebeteiligungen abwägen. Ob also drei oder vier Veranstaltungen beschickt werden, hängt auf der einen Seite vom Messebudget, auf der anderen Seite von der Güte der Messeveranstaltung ab.

3.5.1 Die Festlegung des Messebudgets

Messebeteiligungen weisen im Vergleich zu anderen Kommunikationsmaßnahmen hohe Kosten je Besucherkontakt auf. Tabelle 5 enthält zum Vergleich die Kontaktkosten bei verschiedenen Kommunikationsmaßnahmen.

[75] Vgl. Mortsiefer 1990, S. 12.

Tabelle 5. Kontaktkosten bei verschiedenen Kommunikationsinstrumenten (Quelle: Mortsiefer 1990)

Kommunikationsmaßnahme	*Kosten je Kontakt*
Anzeigen in Wirtschafts- und Fachpresse	0,14–3,93 DM
Direktwerbemaßnahmen	2,92 DM
Messe- und Ausstellungsbeteiligung	23,35 DM je Fachbesucher
Akquisitionsbesuch	194,00 DM je Besuch

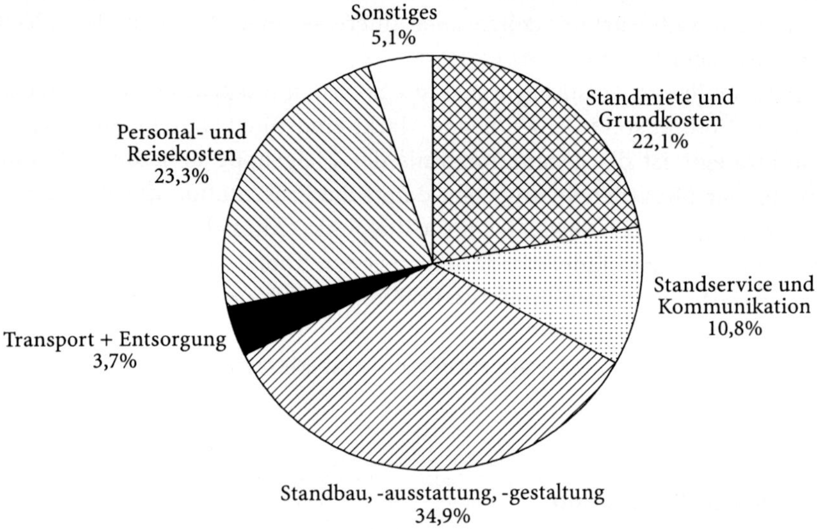

Abb. 12. Kostenstruktur von Beteiligungen an internationalen Investitionsgütermessen (Quelle: o.V. 1994, S. 3)

Eine Untersuchung des *AUMA* aus dem Jahre 1992 hat ergeben, daß die durchschnittlichen Messekosten bei 1.150 DM pro qm liegen; die Bandbreite reicht von 900–1.450 DM je qm.[76] Die größten Anteile an den Gesamtkosten entfallen auf Standbau, Standausstattung und Standgestaltung (34,9 %). Abbildung 12 zeigt die Kostenstruktur.

Das Messebudget beträgt im Durchschnitt aller deutschen Unternehmen 30 % des Werbeetats.[77] Im Maschinenbau liegen Messen und Ausstellungen bei 36,4 % der gesamten Werbekosten.[78]

[76] Vgl. o.V. 1994a, S. 3.

[77] Vgl. Wenge 1992, S. 293.

[78] Vgl. Groth/Lentz 1993, S. 31.

Die *Methoden der Budgetfestlegung* sind ähnlich wie bei der Bestimmung von Werbebudgets. Auch hier orientiert sich die Praxis – wie beim Kommunikationsbudget generell – häufig an den verfügbaren Mitteln. Dabei wird ein bestimmter Prozentsatz des Umsatzes oder Deckungsbeitrages für Messebeteiligungen vorgesehen. Verbreitet ist auch die Orientierung an der Konkurrenz.[79] Mit den von *Lilien* entwickelten Regressionsmodellen *ADVISOR 1* und *ADVISOR 2* existieren sogar spezielle Budgetierungsverfahren für Messebeteiligungen.[80] Dabei wird kein optimales Messebudget ermittelt, sondern ein Budget, das in einer ähnlichen Situation von anderen Branchenmitgliedern als Durchschnittshöhe gewählt werden würde. *Lilien* geht von der Annahme aus, daß im Branchendurchschnitt zufriedenstellende Entscheidungen getroffen werden. Aus realen Daten ermittelte er die folgende Regressionsgleichung.[81]

–1,473		(konstanter Faktor)
+ 0,473	×	Besucher
–0,0272	×	Kundenkonzentration
–1,318	×	Phase im Produktlebenszyklus
+ 0,664	×	Produktförderungspläne
+ 0,878	×	Angebotsart (Maschinen und Ausrüstungsgegenstände)
+ 0,571	×	Angebotsart (Stoffe und Teile)
	=	Budget (in 1.000 $)

Erläuterungen:

Besucher	=	Industrielle Anwender × Anzahl der Entscheidungsträger in Anwenderorganisationen + Anzahl der Wiederverkäufer × Anzahl der Entscheider bei Wiederverkäufern
Kundenkonzentration	=	Anteil der Umsätze mit den drei größten Kunden
Produktlebenszyklus	=	Wachstumsphase = 0; Reifephase = 1
Produktförderungspläne	=	starke Förderung = 1; sonst = 0
Angebotsart	=	Maschinen und Ausrüstungsgegenstände = 1; sonst = 0 Stoffe und fertige Teile = 1; sonst = 0

Als positiv ist in diesem Modell zu bewerten, daß sich der Entscheider über die einzelnen Parameter Gedanken machen muß. Er gewinnt einen Anhaltspunkt für die Budgethöhe, der fundierter ist, als wenn er sich lediglich pauschal am Umsatz, am Deckungsbeitrag oder an den Ausgaben der Konkurrenz orientierte. Zu warnen ist jedoch vor einer unreflektierten Übernahme der Regressionsgleichung, da die Faktoren empirisch ermittelt wurden und auf andere Gegebenheiten nicht unbedingt übertragbar sind. Hierbei ist zu beachten, daß nach dem

[79] Vgl. Funke 1987, S. 94 ff.; Gräbener 1978, S. 220 f.

[80] Vgl. Lilien 1983; vgl. auch Funke 1987, S. 97 f.

[81] Zur Regressionsanalyse vgl. auch Plinke 1998, S. 130 ff.

ADVISOR-Modell das Messebudget um so höher ausfällt, je weiter vorn im Produktlebenszyklus sich das Produkt bzw. der Markt befindet, je höher die Umsätze sind, je aggressiver die Markteinführungsstrategie ist und je geringer die Kundenkonzentration ist. Es wird also ein prozyklisches Verhalten der Aussteller unterstützt.

Grundsätzlich gilt daher für Messebeteiligungen, daß die Höhe des Budgets aus den zu erreichenden Kommunikationszielen abzuleiten ist und sich an den Aufgaben orientierten sollte.[82] Als sinnvoll gilt daher, zunächst ein vorläufiges Budget im Sinne einer Budgetobergrenze zu planen. Die genaue Budgethöhe richtet sich dann nach der Zahl der Messebeteiligungen und den jeweiligen Messekonzeptionen (Standgestaltung, begleitende Kommunikationsmaßnahmen etc.). Dabei spielt die Güte einer Messeveranstaltung eine besondere Rolle.

3.5.2 Die Messeselektion

Die Güte der Messeveranstaltung gibt Auskunft darüber, in welchem Maße diese Messe geeignet ist, die Zielgruppe des Ausstellers zu erreichen, seine Kommunikationsziele zu verfolgen und zu einer Verbesserung der Wettbewerbsposition beizutragen. Zur Bewertung erscheint ein Scoring-Modell (Punktbewertungsmodell)[83] besonders geeignet.[84]

Zur Prüfung der Güte einer Messeveranstaltung werden zwei wesentliche Bewertungsdimensionen herangezogen:

- der voraussichtliche Zielmarkterreichungsgrad,
- die Leistungen der Messegesellschaft.

Bei der Festlegung der Rahmenkonzeption wurde bereits eine vorläufige Auswahl geeigneter Messeveranstaltungen getroffen. Jede Messe ist nun im Hinblick darauf zu prüfen, in welchem Ausmaß der Zielmarkt des Anbieters voraussichtlich durch die Messe abgedeckt wird. Können verschiedene Segmente mit einer Messe erreicht werden, ist die Veranstaltung für jedes Segment getrennt zu bewerten. Erst im Rahmen der Messekonzeption entscheidet der Anbieter darüber, ob ein oder mehrere Segmente mit einem oder mehreren Messeständen angesprochen werden sollen.

Die Überprüfung der Zielmarkterreichung erfolgt im Hinblick auf die Nachfrager einerseits und die Wettbewerber andererseits. Je mehr Nachfrager aus der Zielgruppe des Ausstellers erreicht werden können, um so höher ist der erreich-

---

[82] Vgl. das Kapitel C.1 – „Grundlagen der Gestaltung der Kommunikationsleistung“, S. 454 f.

[83] Vgl. hierzu Fließ 1999; Günter/Kuhl 1999.

[84] Vgl. Berghäuser 1983; Fließ 1994, S. 195.

bare Punktwert. Einen ersten Anhaltspunkt für die Zielmarktabdeckung bietet der sachliche Messetyp. Je spezialisierter die Messe ist, um so geringer sind die Streuverluste, um so geringer ist aber auch die Wahrscheinlichkeit, daß möglichst viele Nachfrager die Messe besuchen. Daher können auch die auf einer Messe angebotenen Leistungen als Indikatoren herangezogen werden. Je mehr Verbundbedarfe durch eine Messe abgedeckt werden und je eher die Leistungen des Anbieters zum Nachfrageverbund gehören, desto größer ist die Wahrscheinlichkeit, die entsprechende Zielgruppe zu erreichen. Ein solcher Nachfrageverbund besteht beispielsweise für Fachverlage, die auf nahezu allen Investitionsgütermessen die neuesten Publikationen zum Messethema vorstellen und dadurch ebenfalls die Informationsbedürfnisse der Nachfrager bezüglich technischer und wirtschaftlicher Entwicklungen befriedigen.

Informationen über die zu erwartende Besucherstruktur können zunächst in recht allgemeiner Form aus den FKM-Besucherstruktur-Berichten gewonnen werden, die zweimal jährlich für die geprüften internationalen in Deutschland stattfindenden Messen im „*AUMA Handbuch Messeplatz Deutschland*" veröffentlicht werden. Sie enthalten Angaben über Besucher- und Ausstellerzahlen, über die Branche, die regionale Herkunft, die Position und die Funktion der Besucher sowie die Unternehmensgröße. Einige Strukturtests enthalten darüber Angaben zur Entscheidungskompetenz bei Beschaffungen, zur Verweildauer und zur Besuchshäufigkeit von Messen. Schwieriger erweist sich die Informationsbeschaffung für Auslandsmessen. Eine erste allgemeine Beschreibung des Leistungsangebots findet sich im „*AUMA Handbuch International*". Strukturdaten sind für einige Messen erhältlich, deren Veranstalter Mitglied der *UFI* sind. Hier hilft auch die Broschüre „*European Trade Fair and Exhibition Statistics*" weiter, in der 850 Veranstaltungen aus 13 Ländern enthalten sind.[85]

Häufig halten Messeveranstalter selbst auch Informationen über die Besucherstrukturen bereit. Hat ein Anbieter bereits an der Messe teilgenommen, so kann er auch auf interne Auswertungen von Messebesuchsberichten (soweit vorhanden) zurückgreifen.

Zu beachten ist allerdings, daß vergangenheitsbezogene Daten keine zuverlässigen Aussagen über die Zusammensetzung der Besucher- und Ausstellerstruktur ermöglichen. Dies gilt insbesondere für Messen mit einem 3- bis 4-jährigen Turnus.[86]

Die Bewertung der Wettbewerberstruktur hängt von der eingeschlagenen Wettbewerbsstrategie ab. Wenige direkte Wettbewerber werden dann als positiv angesehen, wenn der Aussteller einer Ausweichstrategie folgt. Möglichst viele direkte Wettbewerber werden bei einer Kooperationsstrategie oder einer aggressi-

---

85 Vgl. Luckmann 1995.

86 Vgl. Fließ 1994, S. 206 ff.

ven Strategie bevorzugt. Zu beachten ist auch hier das Umfeld, das Besucher mit verwandten Interessen anzieht.

Informationen über Wettbewerber können am einfachsten aus Messekatalogen gewonnen werden. Hier sind alle Aussteller mit ihrem jeweiligen Leistungsangebot aufgeführt. Messekataloge stellen auch eine gute Hilfe zur Ermittlung von Messebeteiligungsstrategien der Wettbewerber dar.

Das Ausmaß, in dem sich der Zielmarkt des Anbieters erreichen läßt, wird auch von der Ausstrahlungswirkung der Messe auf Nicht-Messebesucher beeinflußt. Hierbei ist insbesondere die Berichterstattung in den Medien von Bedeutung.[87]

Die Leistungen der Messegesellschaft stellen die zweiten Bewertungsdimension dar. Messegesellschaften können durch ihre Dienstleistungen den Messeerfolg eines Ausstellers in starkem Maße unterstützen. Als Kriterien sind die folgenden Merkmale heranzuziehen:

- die Infrastruktur des Messeortes (Verkehrssituation, Hotelkapazitäten, gastronomische Einrichtungen, Unterhaltungsveranstaltungen),
- Umfang und Qualität der Leistungen gegenüber den Ausstellern (Informationssysteme[88], Unterstützung bei Werbemaßnahmen, bei der Standkonzeption, der Standplazierung, der Vermittlung von Hotelzimmern oder spezielle Arrangements zur Anreise und Unterbringung von Standpersonal; begleitende Informationsveranstaltungen mit Präsentationsmöglichkeiten für die Aussteller),
- Umfang und Qualität der Leistungen gegenüber dem Besucher (Struktur des Kataloges, Orientierungshilfen auf dem Messegelände, begleitende Informationsveranstaltungen, Hilfen bei der Vermittlung von Hotelzimmern etc.),
- Anstrengungen, Aussteller und Besucher zu finden (Werbekampagnen, Informationsmaterialien),
- Preisgestaltung (Standmiete, Eintrittspreise, Preise für Zusatzleistungen wie Strom, Telefon, Telefax etc.).

Die Gewichtung der Kriterien richtet sich dabei nach der Messebeteiligungsstrategie des Ausstellers. Tabelle 6 enthält ein Beispiel.

Aus den Ergebnissen der verschiedenen Scoring-Modelle für die einzelnen Marktsegmente lassen sich nun Ranglisten bilden. Es können so viele Messebeteiligungen ausgewählt werden, bis das Gesamtbudget für Messebeteiligungen erschöpft ist. Deckt eine Messe mehrere Messebeteiligungen ab, so können mit Hilfe des Scoring-Modells Prioritäten der Zielgruppenbearbeitung gesetzt wer-

---

87 Vgl. Berghäuser 1983.

88 Von manchen Messeveranstaltern werden elektronische Besuchererfassungssysteme eingesetzt, z.B. von der Düsseldorfer Messegesellschaft NOVEA (vgl. Rasche 1992, S. 262); vgl. auch die Ausführungen zur Vormessewerbung.

Tabelle 6. Beispiel eines Scoring-Modells für die Bewertung von Messen für ein Marktsegment

Kriterium	*Gewichtung*	*Messe A*	*Messe B*	*Messe C*
Nachfragerstruktur (Score)		*110*	*140*	*150*
Zahl der Nachfrager (1=wenig; 5 = viele)	10	5	5	2
Qualität der Nachfrager (1=gering; 5 = hoch)	30	2	3	5
Wettbewerberstruktur (Score)		*125*	*150*	*75*
Zahl der Wettbewerber (1=wenige; 5 = viele)[89]	5	5	5	5
Qualität der Wettbewerber (direkt/indirekt)	25	4	5	2
Leistungen der Messegesellschaft (Score)		*124*	*122*	*90*
Infrastruktur (1=schlecht; 5=sehr gut)	5	5	5	5
Leistungen gegenüber den Ausstellern	7	4	4	2
Leistungen gegenüber den Besuchern	7	4	4	3
Werbemaßnahmen	7	5	5	2
Preisniveau für Aussteller (1=hoch; 5=niedrig)	2	2	1	5
Preisniveau für Besucher	2	2	2	3
Gesamtscore (max. 500)		*359*	*412*	*315*
Zielerreichungsgrad		*71,8 %*	*82,4 %*	*63 %*
Priorität		*2*	*1*	*3*

den. Die Werte bezüglich der Leistungen der Messegesellschaft sind dann für alle Segmente gleich, so daß sich nur die Unterschiede bezüglich der Besucher- und Ausstellerstruktur auswirken.

3.5.3 Die Bestimmung von Zielgruppen und Messezielen

Für jede der ausgewählten Messen ist nun die anzusprechende Zielgruppe zu bestimmen. Die Bestimmung von Zielgruppen ermöglicht eine Differenzierung innerhalb der Marktsegmente und entspricht damit einer weiteren Segmentierungsstufe. Als Kriterien der Zielgruppenauswahl bieten sich innerhalb eines Marktsegmentes Buying-Center-Merkmale[90] sowie personenbezogene Merkmale[91] an.

---

89 Die Skala und die Gewichtung ist von der Wettbewerbsstrategie abhängig.

90 Vgl. Bello/Lohtia 1993.

91 Vgl. zur Segmentierung Kleinaltenkamp 1999b.

3.5.3.1 Zielgruppendifferenzierung auf Buying Center-Ebene

Zur Segmentierung auf Buying Center-Ebene lassen sich die Rollen nach *Webster/Wind* heranziehen.[92] Als besonders geeignet erscheinen dabei die beiden Rollen des 'Users' und des 'Deciders'. 'Influencer' und 'Gatekeeper' können kaum fallübergreifend bestimmt werden, während der Buyer-Rolle zu Beginn des Kaufprozesses in der Regel geringere Bedeutung zukommt. Häufig lassen sich 'User' und 'Decider' spezifischen Funktionsbereichen zuordnen, so daß sich die Standkonzeption hierauf beziehen kann. Denkbar ist beispielsweise die Teilung des Standes in eine 'User'-Domäne (Testmöglichkeit des Produktes) und eine 'Decider'-Domäne (Gesprächszonen, Wirtschaftlichkeitsergebnisse auf Tafeln).

Hat sich eine Messe für mehrere Segmente als geeignet erwiesen, so können verschiedene Zielgruppen über den Messestand angesprochen werden. Dabei können Prioritäten gesetzt werden, die sich danach richten, welche der Zielgruppen auf der Messe eher vertreten ist und welche der Zielgruppen dem Unternehmen wichtiger erscheint. Je mehr Zielgruppen angesprochen werden sollen, desto größer muß dabei der Stand sein, damit eine räumliche Differenzierung noch möglich ist.

Für jede der Zielgruppen wird nun ein möglichst konkretes Messekommunikationsziel formuliert. Es kann sich auch um mehrere Ziele handeln, die einander ergänzen. Orientiert man sich an einem mehrstufigen Wirkungsmodell der Kommunikation, so kann beispielsweise auf der unteren Stufe der Zielhierarchie das Ziel „Erreichung von 100 Kontakten zu *x* 'Decidern' bis zum Ende der Messe" stehen. Als Ziel der nächst höheren Stufe kann „Erinnerung an den Kundenvorteil des Modells *xy* bei Decidern" formuliert werden. Je operationaler die Ziele formuliert werden, desto besser kann im Rahmen der Messeerfolgskontrolle der Zielerreichungsgrad überprüft werden. Die Zielformulierung gibt dabei bereits Hinweise auf geeignete Methoden der Erfolgskontrolle.

3.5.3.2 Zielgruppendifferenzierung auf Individualebene: das Informationsverhalten der Messebesucher

Eine weitere Differenzierung innerhalb der Zielgruppe kann über das Informationsverhalten der Personen erreicht werden.[93] Hier können Typologien[94] (Fakten-Reagierer, Image-Reagierer, Reaktionsneutraler oder literarisch-wissenchaftlicher, objektiv wertender, spontan-passiver Typ) herangezogen werden.[95] Diese Typologien gelten unabhängig von der spezifischen Messesituation. Die Informationssuche und -aufnahme auf Messen unterscheidet sich jedoch von anderen Situa-

92 Vgl. Webster/Wind 1972, S. 35 und 78 ff.; vgl. auch Fließ 1999.

93 Vgl. Strothmann 1992b.

94 Vgl. Fließ 1999.

95 Vgl. Strothmann 1979, S. 184 ff.; vgl. Aumann 1994, S. 47 ff.

tionen, in denen Informationsquellen genutzt werden. Zwei Phasen eines Messebesuchs können unterschieden werden: die geplante Phase und die rezeptive Phase.[96]

Häufig bereiten Nachfrager ihre Messebesuche vor und bestimmen bereits im Vorfeld, welche Aussteller sie aufsuchen wollen. An diese treten sie mit konkreten Informationswünschen und Fragen heran. Etwa die Hälfte der Zeit verbringen Messebesucher mit der Abarbeitung ihres Besuchsprogramms. Ihr Informationsverhalten in der *geplanten Phase* des Messebesuchs ist aktiv und gezielt. Informationen, die nicht dem verfolgten Informationsziel entsprechen, werden häufig nicht wahrgenommen. Die andere Hälfte ihrer Zeit bewegen sich die Besucher weitgehend ungezielt durch die Messehallen ihres Interessenbereiches und lassen sich von den ausgestellten Produkten anregen. Das Informationsverhalten in dieser *rezeptiven Phase* ist eher passiv; die Messebesucher sind offen für neue Eindrücke. Es werden jedoch nicht alle Aussteller bewußt wahrgenommen, sondern nur solche, deren Signale eine bestimmte Reizschwelle überschreiten.[97] Dies ist dann der Fall, wenn sich der Messestand positiv von seinem Umfeld - den anderen Messeständen - abhebt. Die Aufmerksamkeit des Besuchers erlangen auch die Messestände solcher Aussteller, die dem Anbieter bereits vorher bekannt waren. Auch Produktneuheiten bzw. Innovationen wecken häufig das Interesse des Besuchers. Während die geplante Phase des Messebesuchs in erster Linie der Senkung von Informationskosten dient, ist die rezeptive Phase auf die Gewinnung solcher Informationen gerichtet, die der Besucher sonst nicht erhalten hätte.

Entsprechend ihrem Informationsverhalten vor der Messe und auf dem Messestand lassen sich vier empirisch ermittelte Typen von Messebesuchern unterscheiden.[98]

Der *intensive Messenutzer* bereitet sich gründlich auf die Messe vor und hält sich mehrere Tage auf der Messe auf. Der Messebesuch genießt den größten Stellenwert bei der Beschaffung von Informationen. Er informiert sich über Produkte, pflegt den Kontakt zu Lieferanten, nutzt die Messe zur Marktbeobachtung und zum Preisvergleich. Er kommt meist aus Unternehmen, die ein niedriges bis mittleres Innovationspotential besitzen, d.h. hier besteht ein großes Investitionspotential.

Der *punktuelle Messenutzer* informiert sich auf der Messe über Innovationen und Neuheiten eines genau bezeichneten Bereichs. Er bereitet sich intensiv auf seinen Messebesuch vor, bleibt jedoch nur 1–2 Tage. In dieser Zeit besucht er etwa zehn Aussteller, mit denen er aufgrund seiner intensiven Besuchsvorbereitung und seiner konkreten Investitionsvorhaben bereits verhandeln kann. Der punk-

---

96 Vgl. Strothmann 1979, S. 174 f.

97 Vgl. Fließ 1999.

98 Die Typologie geht auf die Befragung von 424 Fachbesuchern von Bürokommunikations- und EDV-Messen zurück (vgl. Strothmann 1992a; S. 165 f.; 1992b, S. 109f.)

tuelle Messebesucher kommt meist aus Unternehmen mit einem hohen Innovationspotential. Es ist zu vermuten, daß er die Messe regelmäßig besucht – im Gegensatz zum intensiven Messenutzer.

Der *Messebummler* bereitet sich kaum auf den Messebesuch vor. Er geht zur Messe, um sich einen Überblick über Markttrends und -neuheiten zu verschaffen. Hierzu reicht ihm ein Tag, den er mit dem Besuch von 5–10 Ausstellerständen verbringt. Da er nur an allgemeinen Informationen interessiert ist, nimmt er keinen Kontakt mit dem Standpersonal auf.

Der *praxisorientierte Messenutzer* sucht nach konkreten Informationen über technische Neuerungen. Auch er bleibt nur etwa einen Tag auf der Messe und sucht bis zu zehn Ausstellern auf. Im Gegensatz zum Messebummler bevorzugt er jedoch das Gespräch mit dem Standpersonal und mit Fachkollegen.

3.5.4 Die Standkonzeption

Die Zielgruppen und die zu erreichenden Messeziele bilden die Ausgangsbasis für die Standkonzeption. Die Standkonzeption beeinhaltet Entscheidungen über die Plazierung und die Form des Standes,[99] die Art und Form der zu vermittelnden Informationen, die Anordnung und Gestaltung der Standelemente sowie das Standpersonal. Aus den Zielgruppen und Messezielen läßt sich die Standbotschaft ableiten, die es im Rahmen der Messestandgestaltung umzusetzen gilt. Hierbei ist das Informationsverhalten der Besucher von besonderer Bedeutung.

3.5.4.1 Die Plazierung und Form des Standes

Die Entscheidung über die *Plazierung des Messestandes* betrifft die Wahl der Halle, die Wahl der Hallenebene (sofern mehrere Ebenen vorhanden sind) und die Wahl des Platzes innerhalb der Halle. Hierbei sind die Standlagen konkurrierender Aussteller und das Verhalten der Besucher von besonderer Bedeutung.[100] Die direkte Plazierung im Umfeld der Wettbewerber kommt einer aggressiven oder kooperativen Wettbewerbsstrategie entgegen, die Plazierung in einer anderen Halle einer Ausweichstrategie. Hierbei besteht allerdings die Gefahr, daß die Besucher aufgrund des weiteren Weges den Aussteller nicht mehr besuchen. Wichtig ist, daß der Aussteller seinen Stand in einer Halle hat, die die Besucher mit dem grundsätzlichen Interesse an Leistungen der von ihm angebotenen Kategorie aufsuchen. So ist beispielsweise die Plazierung des Weiterbildenden Studiums Technischer Vertrieb im „Forschungsmarkt" auf der *Hannover-Messe* weniger sinnvoll, obwohl im „Forschungsmarkt" vornehmlich Universitäten aus-

---

[99] Vgl. Gräbener 1978, S. 176 ff.; Funke 1987, S. 60 ff.; Wenge 1992, S. 296.

[100] Vgl. Funke 1987, S. 66 ff.

stellen. Die Messebesucher erwarten in der Halle Informationen über technische Innovationen und Forschungsergebnisse aus dem naturwissenschaftlich-technischen Bereich, weniger Hinweise auf Weiterbildungsmaßnahmen im Vertriebsbereich. Eine solche Plazierung muß daher durch eine intensive Vormessewerbung vorbereitet werden, damit die Zielgruppe zum Stand findet.

Eine Möglichkeit, verschiedene Zielgruppen zu befriedigen, besteht darin, *Standsplitting* zu betreiben.[101] Hierbei werden statt eines großen Standes mehrere kleine Stände in unterschiedlichen Hallen aufgebaut. Dies empfiehlt sich besonders für Unternehmen mit einer breiten Produktpalette, vornehmlich Großunternehmen.

Eine weitere Option der Standortbestimmung des Messestandes besteht in der Entscheidung für eine *Standform*, d.h. für Reihenstand, Eckstand, Kopfstand, Blockstand oder Hofstand.[102] Reihenstände sind an nur einer Seite zum Gang geöffnet. Bei Eckständen kreuzen sich zwei Gänge. Kopfstände sind an drei Seiten zum Gang offen, während Blockstände von Gängen umgeben sind. Beim Hof- oder Durchgangsstand liegen sich zwei Stände an einem Gang gegenüber oder werden von mehreren Gängen durchzogen. Hofstände bzw. Durchgangsstände bieten gute Möglichkeiten der Zielgruppendifferenzierung. Je mehr Seiten eines Standes den Gängen zugewendet sind, desto niedriger sind die Barrieren für Besucher, den Stand zu betreten. Will ein Aussteller viel Laufpublikum, oftmals Besucher in der rezeptiven Phase des Messebesuchs, anziehen, so sollte der Stand möglichst offen sein. Das gleiche gilt dann, wenn der Aussteller mit einem hohen Publikumsandrang rechnet. Dies ist häufig bei den Marktführern der Fall. Blockstände und Hof- bzw. Durchgangsstände sind hier besonders geeignet. Möchte ein Aussteller seinen Stand jedoch nur ausgewählten Fachbesuchern öffnen, so kann ein Reihen- oder Eckstand gewählt. Offenere Standformen sind auch möglich, wenn durch die Gestaltung des Standes (Tresen, Mäuerchen o.ä.) Barrieren aufgebaut werden. Durch farblich abgesetzte Zonen können auch bei einem offenen Stand optische Barrieren geschaffen werden. Psychische Barrieren, die Nichtmitglieder der Zielgruppe vom Standbesuch abhalten sollen, ergeben sich aus dem Standmotto bzw. -slogan oder der Tatsache, daß nur Gesprächszonen vorgesehen sind, aber keine unpersönlichen Informationsmedien.

3.5.4.2 Die auf dem Messestand zu vermittelnden Informationen

Welche Informationen mit bzw. auf dem Stand vermittelt werden sollen, hängt vom Informationsverhalten des Nachfragers und der speziellen Informationssituation auf der Messe bestimmt. Das Informationsverhalten der Nachfrager unterscheidet sich im Hinblick auf den Leistungstyp, den der Anbieter repräsen-

---

[101] Vgl. Funke 1987, S. 69 ff.

[102] Vgl. Funke 1987, S. 61 ff.; Selinski 1978, S. 46.

tiert.[103] Das Leistungsprogramm kann entsprechend den beiden Dimensionen „Leistungsergebnis“ und „Leistungserstellungsprozeß“ klassifiziert werden.

Bei *autonom erstellten, materiellen Leistungsergebnissen* interessieren vor allem Sucheigenschaften, wie etwa technische Leistungsparameter sowie Erfahrungseigenschaften, z.B. der Bearbeitungsprozeß der Werkstücke, der Durchsatz von Werkstücken und die Qualität des bearbeiteten Werkstückes. Ein Teil der Sucheigenschaften des Leistungsergebnisses kann dem Standbesucher durch das Produkt selbst vermittelt werden. Jedes Produkt strahlt während seines Lebenszyklus Informationen aus. Die Informationen, die sich dem Betrachter direkt offenbaren, werden als *evidente Produkteigenschaften* bezeichnet. Nicht alle Sucheigenschaften lassen sich jedoch unmittelbar durch das Betrachten eines Gegenstandes erfassen. Viele Eigenschaften sind – vom Anbieter beabsichtigt oder nicht beabsichtigt – im Produkt verborgen. Sie werden als *latente Produkteigenschaften* bezeichnet. Evidente Produkteigenschaften sind beispielsweise die Farbe oder die Abmessung einer Werkzeugmaschine, die Zahl der Vorrichtungen für Werkstücke, die Anordnung der Werkstücke bzw. Werkzeuge o.ä. Sie können dem Nachfrager durch das Ausstellen der Maschine auf dem Messestand vermittelt werden. Latente Produkteigenschaften betreffen etwa technische Parameter, aber auch Elemente innerhalb der Produkte. Solche latenten Produkteigenschaften können auf der Messe zum einen am Produkt selbst verdeutlicht werden. „Fensterausschnitte“ aus dem Produktmantel, etwa bei einer Maschine, bei einem Motor o.ä. verdeutlichen die „Innereien“. Querschnitte und Längsschnitte durch das Produkt erzeugen ebenfalls Transparenz. Nicht alle Sucheigenschaften können jedoch direkt am Produkt verdeutlicht werden, so daß Surrogatinformationen notwendig sind. Hierbei tun Tafeln, Schaubilder oder Dias gute Dienste.

Erfahrungseigenschaften des Leistungsergebnisses werden normalerweise erst nach dem Kauf eines Produktes während seines Einsatzes deutlich. Erfahrungen mit der Arbeitsweise eines Produktes können jedoch durch Produktvorführungen bereits vorweggenommen werden. Läßt sich das Produkt selbst auf der Messe nicht vorführen, so können Filme über den Einsatz des Produktes gezeigt werden. Auch Testanordnungen zur Verdeutlichung der Belastbarkeit einer Maschine, Grafiken mit den Ergebnissen empirischer Untersuchungen zur Betriebsdauer oder zur Wirtschaftlichkeit dienen der Vermittlung von Erfahrungseigenschaften. Allerdings ist die Glaubwürdigkeit bei der Produktvorführung am größten, bei den Schautafeln am geringsten.

Auch bei der Beurteilung *autonom erstellter, immaterieller Leistungsergebnisse* kommt den Erfahrungseigenschaften des Leistungsergebnisses besondere Bedeutung zu. Daher demonstrieren Software-Anbieter beispielsweise häufig die

---

[103] Vgl. Fließ 1999.

Leistungsfähigkeit ihrer Programme. Manchmal stehen den Nachfragern auch selbst Arbeitsplätze für Tests zur Verfügung, z.B. Plätze in einem Sprachlabor, Kabinen bei einem Anbieter von Fernstudienlehrgängen auf Videokassette. Eine weitere Möglichkeit der Präsentation des Leistungsergebnisses besteht in der Verdeutlichung seines Nutzens. So kann der Nutzen von Weiterbildungsmaßnahmen durch Beispiele beruflichen Fortkommens dargestellt werden.

Schwieriger stellt sich die Vermittlung der zur Beurteilung notwendigen Informationen bei *integrativen Leistungserstellungsprozessen* dar. Hierbei dominieren Sucheigenschaften des Leistungspotentials und Erfahrungseigenschaften des Leistungserstellungsprozesses. Als erster Indikator für das Leistungspotential wird vom Nachfrager der Gesamteindruck des Standes herangezogen. Der Stand selbst symbolisiert das Unternehmen und sollte daher einen möglichst zutreffenden Eindruck von der Leistungsfähigkeit und dem Leistungswillen des Anbieters vermitteln. Der High-Tech-Anspruch eines Anbieters kann durch kalte Materialien, funktionale Standkonstruktionen und Verzicht auf Farben übermittelt werden. Eine Umweltorientierung schlägt sich in der Verwendung umweltfreundlicher, natürlicher Materialien wie Holz, Pappe und Papier nieder und der Verwendung von Naturtönen. High-Tech- und Umweltorientierung können miteinander verbunden werden, indem beispielsweise hochwertige natürliche Stoffe verwendet werden (Marmor, Granit o.ä.). Hier sind der Kreativität keine Grenzen gesetzt.

Handelt es sich um materielle Leistungergebnisse, die kundenspezifisch erstellt werden, können die Leistungsergebnisse abgeschlossener Akquisitionsfälle auf dem Stand gezeigt werden. Manchmal sind Kunden etwa gegen Preisnachlässe bereit, mit dem Anbieter gemeinsam die neue Entwicklung zu präsentieren. Hier kommt es auch zu Gemeinschaftsständen von Anbietern und ihren Kunden, auf denen Mitarbeiter des Kundenunternehmens zum Standpersonal gehören und ihre Erfahrungen den Standbesuchern vermitteln. Die Ausstellung des individuellen Leistungsergebnisses, etwa der Sondermaschine, verdeutlichen die Fähigkeiten des Anbieters. Allerdings ist diese Form der Präsentation nicht geeignet, sich als Anbieter individueller Lösungen von der Vielfalt autonomer Lösungen abzusetzen. Diese Art der Präsentation kommt nur infrage, wenn die Leistungserstellung typischerweise, also nicht nur bei diesem Anbieter, kundenbezogen erfolgt. Können die Leistungsergebnisse selbst nicht präsentiert werden, bieten Filme oder Diashows entsprechende Ausweichmöglichkeiten.

Als problematischer erweist sich die Auswahl der Exponate, wenn es sich um *integrativ erstellte, immaterielle Leistungsergebnisse* handelt. Ein Stand, der lediglich aus Gesprächszonen besteht, ist für Messebesucher in der rezeptiven Phase wenig interessant. Oftmals werden daher Schautafeln und Fotos an den Wänden des Standes angebracht. Häufig ähneln die Stände einander jedoch stark, da identische Motive verwendet werden. So wird häufig das Firmengelände gezeigt,

Aufnahmen aus der Produktion verdeutlichen bei materiellen Leistungsergebnissen das Innovationspotential und zeigen, daß mit neuester Maschinentechnologie produziert wird. Aufnahmen der Mitarbeiter zeigen das Humanpotential des Unternehmens. Aufmerksamkeit kann hier nur geweckt werden durch verfremdete Darstellungen der Motive. Eine Möglichkeit, sich zu differenzieren besteht darin, Analogien für das Leistungsergebnis oder das Leistungspotential zu finden, die durch die Verdeutlichung des Leistungsergebnisses auf das Leistungspotential hinweisen. Auch eine „Tapete" aus Patenturkunden stellt eine Möglichkeit der Leistungspotentialverdeutlichung dar.

So wie Leistungspotentiale sind auch Leistungserstellungsprozesse auf einem Messestand schwierig darzustellen. Einen ersten Hinweis gibt die Qualität des Beratungsgesprächs auf dem Stand, da ja auch später ein großer Teil des Leistungserstellungsprozesses darin besteht, Nutzungs- und Technologiekonzeption aufeinander abzustimmen und sich gegenseitig die notwendigen Informationen zu vermitteln. Daher sollten auf dem Stand nur qualifizierte Mitarbeiter des Unternehmens präsent sein, die ja dann auch das Leistungspotential des Unternehmens verdeutlichen. Die Grundprinzipien des Leistungserstellungsprozesses können auch durch Filme (Schemadarstellungen, Trickfilme etc.) vermittelt werden. Auch Schautafeln sind hierfür geeignet. Aussagen über die Qualität der Leistungserstellung ermöglichen diese Darstellungen jedoch nicht; lediglich der Ablauf der Leistungserstellung wird hier dargestellt. Auf die Qualität der Leistungserstellung weisen eher Integrationsmittel hin. Zu solchen Integrationsmitteln gehören Programme zur Ermittlung der Wirtschaftlichkeit ebenso wie Software-Tools zur Gestaltung der Kundenwünsche, z.B. CAD, bis hin zur Demonstration im virtuellen Raum (Cyberspace). Die Präsentation von Integrationsmitteln auf dem Messestand gibt dabei auch Aufschluß über das Leistungspotential des Anbieters.

Die Gestaltungsprinzipien sind in Tabelle 7 noch einmal zusammengefaßt.

3.5.4.3 Anordnung und Gestaltung der Standelemente

Auf der Messe bewegen sich Besucher mit unterschiedlichen Informationswünschen. Je nachdem in welcher Phase ihres Messebesuchs sie sich befinden, suchen sie entweder konkret nach einem bestimmten Aussteller (geplante Phase) oder lassen sich von interessanten Informationen auf den Stand ziehen (rezeptive Phase). Die vorrangige Aufgabe des Standes besteht daher darin, dem Messebesucher mitzuteilen, um welches Unternehmen es sich handelt und welche Leistungen präsentiert werden.

Tabelle 7. Optionen der Standgestaltung in Abhängigkeit des Leistungstyps nach *Engelhardt/ Kleinaltenkamp/ Reckenfelderbäumer*

	Dominierendes materielles Leistungsergebnis	*Dominierendes immaterielles Leistungsergebnis*
Dominierender autonomer Leistungs-erstellungs-prozeß	*Sucheigenschaften des Leistungsergebnisses:* • Produkt als Original, Muster, Modell • Schautafeln mit Text und Fotos • Prospektmaterial *Erfahrungseigenschaften des Leistungsergebnisses:* • Produktvorführungen im Original, Film oder auf Video • Testanordnungen • Grafiken	*Erfahrungseigenschaften des Leistungergebnisses:* • Verdeutlichung der Nutzungs-konzeption und der Nutzung durch Schautafeln, Grafiken, Testanwendungen
Domierender integrativer Leistungs-erstellungs-prozeß	*Sucheigenschaften des Leistungspotentials:* • Gesamteindruck des Standes • Fotos der Produktion, der Mitarbei-ter, des Firmengeländes • Demonstration von Referenzobjek-ten im Original, Modell oder auf Schautafeln *Erfahrungseigenschaften des Leistungserstellungsprozesses:* • Gespräche mit dem Standpersonal	*Sucheigenschaften des Leistungspotentials:* • Gesamteindruck des Standes • Fotos der Produktion, der Mitar-beiter, des Firmengeländes *Erfahrungseigenschaften des Leistungserstellungsprozesses:* • Gespräche mit dem Standpersonal • Kontakte zu Usern

Auf dem Messestand selbst treffen Besucher mit sehr unterschiedlichen Informationsbedürfnissen zusammen. Einige kennen den Anbieter noch nicht und möchten sich generell über sein Leistungspotential informieren. Andere sind bereits Kunden und kommen mit konkreten Fragen. Eine dritte Gruppe interessiert sich für bestimmte Exponate und will sich einen ersten Überblick über die Leistungsmerkmale verschaffen.

Entsprechend diesen Interessenschwerpunkten lassen sich drei Ebenen der Informationsvermittlung unterscheiden.[104]

Die *erste Ebene der Informationsvermittlung* dient der Orientierung des Messebesuchers auf dem Weg zum Messestand und auf dem Stand selbst. Sie wird erreicht durch die Abhebung des Standes vom Umfeld, die Bildung von Schwerpunkten (räumliche Anordnung, optische und inhaltliche Gliederung) und die Struktur der Schwerpunkte. Große Wirkung kann durch das Licht erzielt werden, das zum einen eine allgemeine Grundhelligkeit und Atmosphäre erzeugen soll, zum anderen die Aufgabe hat, Standelemente hervorzuheben. Leuchten, Strahler,

[104] Vgl. Rost 1983, S. 39 ff.

Neonschriften, Leuchtlaufschriften, Laserspiele, und farbiges Licht bieten vielfältige Gestaltungsmöglichkeiten. Die größte Aufmerksamkeitswirkung geht von Shows aus. Hierbei kann es sich um Produktvorführungen handeln, aber auch um Veranstaltungen mit Unterhaltungscharakter.[105] So hat ein führender Gabelstaplerhersteller beispielsweise auf der Hannover-Messe sein Produktprogramm wie eine Modenschau in Szene gesetzt. Ein Anbieter von Informationsnetzen hat versucht, den Informationsfluß über die pantomimische Darstellung ausgebildeter Schauspieler zu verdeutlichen.

Aussteller können sich auf Messebesucher vorwiegend in der rezeptiven Phase oder in der geplanten Phase konzentrieren. Im ersten Fall muß der Messestand Signale aussenden, die die Reizschwelle des Besuchers möglichst schnell überschreiten. Solche Signale sind der Firmenname, sofern er bekannt ist, Reizwörter, die Neugier entfachende Aussagen, Fragen oder Versprechen, Farben, Exponate, aber auch Bewegung (Filme, Tanzvorführung, Pantomime) oder Geräusche. Bei der Auswahl ist darauf zu achten, daß das Selbstverständnis des Unternehmens nicht gestört wird. So kann eine Werbeagentur sich auffälligere Aktionen leisten, da sie ja kreativ und dynamisch sein soll und auch etwas 'verrückt' sein darf. Ein traditioneller Maschinenhersteller kann demgegenüber seine Seriosität und seine Innovationsfähigkeit betonen, indem er auf eine sehr 'technische' Standaufmachung setzt. Die Konzentration auf die rezeptive Phase empfiehlt sich vor allem, wenn der Aussteller neue Kunden erreichen will.

In der geplanten Phase des Messebesuchs müssen auf dem Messestand solche Informationen bereitgestellt werden, die das Informationsbedürfnis des Besuchers möglichst effizient befriedigen.

Die *zweite Ebene der Informationsvermittlung* beinhaltet die Präsentation und Demonstration der Themen und Objekte einschließlich ihrer Erläuterung durch eine entsprechende Themendarbietung.

Als Objekte kommen Originale, Muster, Modelle oder Attrappen infrage. Bei Modellen ist zwischen vollständigen Modellen und Teilmodellen zu unterscheiden. Letztere zeigen nur einen Ausschnitt aus dem Produkt oder stellen einen Quer- oder Längsschnitt dar.[106] Den größten Konkretisierungsgrad und Informationsgehalt besitzen Originale und Muster. Je komplexer die angebotenen Lösungen jedoch sind, desto eher muß auf Modelle oder Attrappen zurückgegriffen werden.

Je neuartiger eine Funktionserfüllung ist und je revolutionärer die ihr zugrunde liegende technische Lösung, desto schwieriger ist es für den Nachfrager, die Informationen in seine bereits bestehenden Wissensstrukturen zu integrie-

---

105 Vgl. Burkhard 1993, S. 309; Döring 1992, S. 327.

106 Vgl. Funke 1987, S. 102 ff.

ren.[107] Die Aufnahme, Speicherung und Erinnerung neuartiger Informationen wird der lerntheoretischen Forschung zufolge durch die Art der Informationsdarbietung erleichtert.[108] Aus verschiedenen Forschungsergebnissen läßt sich eine Hierarchie der Gedächtnisleistung ableiten: Reale Objekte werden besser erinnert als Bilder, Bilder besser als konkrete Worte, die mit bildlichen Vorstellungen verbunden sind, und konkrete Worte besser als abstrakte Worte. Je höher der Innovationsgrad eines Produktes ist, desto wichtiger wird daher die Objektbetrachtung und die Demonstration der Funktionsweise von Objekten. Die Besichtigung von Referenzanlagen und die Objektdemonstration auf Messen sind zur Vermittlung anwendungsspezifischen Know-hows besser geeignet als andere Kommunikationsinstrumente.

Für die Standgestaltung von Bedeutung ist auch die Zahl der Exponate, die auf einem Stand ausgestellt werden. Wie Abbildung 13 verdeutlicht, möchten Aussteller häufig die Breite ihres Angebotsprogrammes demonstrieren. Diese Tendenz ist auf Inlandsmessen ausgeprägter als auf Auslandsmessen, was vermutlich darauf zurückzuführen ist, daß sich nur ein Ausschnitt des Angebotsprogramms für den Auslandsmarkt eignet. Die breite Angebotspräsentation ist jedoch nicht nur als vorteilhaft einzustufen, sondern geht häufig zu Lasten der Übersichtlichkeit und Aussagefähigkeit des Messestandes.[109] Interessant war in diesem Zusammenhang die Lösung eines Keilriemenherstellers, der in der Mitte seines Blockstandes eine riesige weiße Pyramide errichtet hat, die über und über mit verschiedenen Keilriemen bedeckt worden war.

Erläuterungen zu den Ausstellungsobjekten und dem Leistungsprogramm des Unternehmens werden durch Schrift, Bilder oder Grafiken gegeben. Für Schrift und Bilder gelten die Regeln der Plakatwerbung: Die Inhalte sollen schnell zu erfassen und zu begreifen sein. Grafiken eignen sich vor allem zur vereinfachten Darstellung von Zusammenhängen. Konstruktionsweisen, technische Wirkungszusammenhänge oder Wirtschaftlichkeitsergebnisse können hier dargestellt werden. Damit die Grafiken auch noch aus einer gewissen Entfernung erkennbar sind, sollten sie ein überdimensionales Format aufweisen. Fotos und Dias wecken die Aufmerksamkeit des Betrachters, insbesondere wenn es sich um verfremdete Fotos handelt. Die Aufnahme weicht vom bisher Bekannten ab. Eine Schraube oder Mutter in Großaufnahme, ungewöhnliche Perspektiven, etwa Verzerrungen oder die Aufnahme einer Maschine von oben, sowie unübliche Hintergründe, z.B. eine Werkzeugmaschine im Kornfeld, erzeugen hohe Aufmerksamkeitswirkung. 'Hingucker' sind auch Menschen in Aktion oder Anwendungssituationen von Produkten. Filme und Videos eignen sich gut, um Abläufe darzustellen, Zusam-

---

[107] Vgl. Lindsay/Norman 1981, S. 261 ff.

[108] Vgl. Kroeber-Riel 1990, S. 348 ff.

[109] Vgl. die Untersuchung von Benad o.J., S. 18 ff.

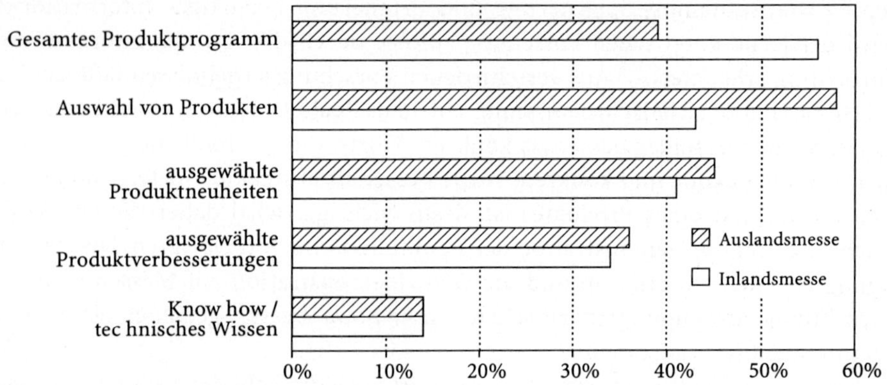

Abb. 13. Ausstellungsprogramm auf Inlands- und Auslandsmessen im Vergleich (Quelle: Täger/Ziegler 1984, S. 175)

menhänge zu erklären oder Elemente zu verdeutlichen, die nicht auf der Messe ausgestellt werden können.

Die *dritte Ebene der Informationsvermittlung* dient der Vertiefung der Kenntnisse durch persönlichen Kontakt. Dies kann durch Vorträge auf dem Stand oder Gespräche mit dem Standpersonal erfolgen und bis zur Vertragsverhandlung reichen. Audio-visuelle Medien wie Dias, Folien, Filme oder TV unterstützen die Informationsaufnahme und -verarbeitung. Zur Unterstützung der Gedächtnisleistung werden schriftliche Informationsmittel eingesetzt. Hier kann der Aussteller alle Unterlagen zum Mitnehmen auslegen oder nur Übersichtsinformationsblätter zum Mitnehmen vorsehen, während vertiefendes Material auf Anforderung nachgesendet wird.[110]

Die drei Ebenen der Informationsvermittlung spiegeln sich in der architektonischen Gestaltung des Standes. Drei *Funktionsbereiche* auf Messeständen können unterschieden werden:[111]

- der *Schaubereich*, in dem sich die unpersönlichen Informationsmedien und die Exponate befinden,
- der *Besprechungsbereich*, der Tische, Stühle, eine Bar oder auch Besprechungskabinen enthält, sowie
- der *Dienstleistungs- und Versorgungsbereich*, in dem Informationsmaterialien gelagert werden und sich die Küche befindet.

Diese Bereiche sind häufig ringförmig um den Standmittelpunkt angeordnet. Der Schaubereich hat die Aufgabe, die gleichgerichteten Informationsinteressen der

[110] Vgl. Döring 1992, S. 326.

[111] Vgl. Gräbener 1981, S. 182 ff.; Selinski 1978, S. 47.

Besucher zu befriedigen und einen ersten Kontakt zum Unternehmen herzustellen. Er entspricht der zweiten Ebene der Informationsvermittlung. Der Besprechungsbereich ist demgegenüber der Befriedigung konkreter Informationswünsche vorbehalten und ist auf die dritte Ebene der Informationsvermittlung ausgerichtet. Damit erfüllt der Schaubereich eine Selektions- und in gewisser Weise auch eine Abschreckungsfunktion, so daß nur Besucher mit konkreten Fragen in den Besprechungsbereich vordringen. Dienen Messestände vorwiegend der Befriedigung allgemeiner Informationswünsche, so nimmt der Schaubereich einen größeren Anteil an der Standfläche ein als der Besprechungsbereich. Entsprechend umgekehrt verhält es sich, wenn vorwiegend persönliche Kontakte aufgebaut oder gepflegt werden sollen. Je nach Dominanz des Schau- oder Besprechungsbereichs werden informationsfreundliche und kommunikationsfreundliche Messestände unterschieden.[112]

3.5.4.4 Das Standpersonal

Dem Standpersonal obliegt im wesentlichen die Pflege der Besucherkontakte im persönlichen Gespräch.[113] Hierbei werden zwei verschiedene Arten von Informationswünschen an die Standbesatzung herangetragen. Auf der einen Seite handelt es sich um Besucher, die eher an allgemeinen Informationen über das Leistungsprogramm des Unternehmens interessiert sind, sich aber lieber im persönlichen Gespräch informieren als Schautafeln und Bilder zu studieren. Zum anderen treten Besucher mit sehr konkreten, differenzierten Informationswünschen an das Standpersonal heran.

Für Besucher des ersten Typs kann das Unternehmen auf eigene Mitarbeiter zurückgreifen, aber auch fremdes Personal einstellen, das eine entsprechende Produktschulung erhält. Besucher des zweiten Typs fordern demgegenüber qualifizierte Gesprächspartner.[114] Je nach Bereich gehören hier Vertriebsmitarbeiter, Anwendungstechniker, Forscher oder Marketingfachleute auf dem Stand.[115]

Wieviele Personen das Standpersonal umfassen soll, ist von der Zahl der zu führenden bzw. erwarteten Gespräche abhängig. Die Zahl der erwarteten Gespräche wiederum wird vom Verhalten der Zielgruppen und von den anvisierten Messezielen bestimmt. Als Rahmenbedingungen gelten die Messezeit, d.h. die Dauer der Messe, sowie die durchschnittliche Dauer eines Messegesprächs. Geht man von sechs Nettostunden am Tag aus und einer durchschnittlichen Gesprächsdauer von 20 Minuten, so kann ein Außendienstmitarbeiter drei Gespräche

---

112 Vgl. Strothmann 1979, S.184 f.

113 Neben diesen Personen gehören auch Hilfskräfte für Reinigung, für Standservice und Botengänge oder auch für Kleintransporte zur Standbesatzung (vgl. Döring 1992, S. 330).

114 Vgl. Döring 1992, S. 330 f.

115 Vgl. Winter 1992, S. 342; häufig finden sich auch Personalfachleute auf dem Stand, da auf der Messe auch Stellenwechsel angebahnt werden.

Tabelle 8. Merkmale von Gesprächsbereitschaft bei Besuchern (Quelle: Barkowski 1993, S. 29 ff.)

Merkmale von Gesprächsbereitschaft
• Jemand sucht konkrete Informationen
• Jemand greift nach Prospekten
• Jemand hat Prospekte des Wettbewerbs bei sich
• Jemand setzt sich seine Brille auf
• Jemand macht sich Notizen
• Jemand gesellt sich zu einer Gruppe, die schon im Gespräch ist
• Jemand kommt erneut auf den Stand

pro Stunde, 18 Gespräche am Tag und bei einer Messedauer von drei Tagen 54 Gespräche insgesamt führen.[116]

Verkaufsgespräche auf dem Stand unterscheiden sich vom normalen Verkaufsgespräch beim Kunden vor allem dadurch, daß keine Planung der Gespräche möglich ist, nur wenig Zeit zur Verfügung steht und daher auch kaum eine vertrauliche Atmosphäre besteht. Zudem muß der Vertriebsmitarbeiter viel Information unter Zeitdruck abgeben. Daher sollte er die Besucher möglichst frühzeitig kategorisieren, um mit seiner Zeit effektiv umzugehen. Wichtig ist hierbei auch der richtige Zeitpunkt der Besucheransprache (Tabelle 8 gibt einen Überblick über Merkmale von Interesse bei Besuchern). Seine Arbeit wird dadurch erschwert, daß es in den Messehallen oft warm und laut ist. Die Luft ist stickig und wenn er die ganze Zeit auf den Beinen ist, zeigen sich Ermüdung und Konzentrationsschwierigkeiten.[117]

Trotzdem sollten die Standmitarbeiter immer gesprächsbereit wirken. Dies bedeutet beispielsweise, daß maximal zwei Mitarbeiter für kurze Zeit zusammenstehen, daß Mitarbeiter sich in der Nähe der präsentierten Produkte aufhalten oder daß der Aufenthaltsort für momentan nicht beschäftigte Mitarbeiter im „Mannschaftsraum" oder an der Informationstheke ist.[118]

Die Anwesenheit und die Aufgaben des Standpersonals bedürfen der Organisation durch einen Standleiter. Er trägt die Verantwortung für die Messebeteiligung während der Messedauer, leitet und koordiniert den Standdienst und ist für übergeordnete Fragen zuständig.[119] Zur Organisation des Standdienstes gehört auch, daß die An- und Abwesenheit bei der Standinformation erfaßt werden und daß bereits getroffene Verabredungen registriert werden.[120]

[116] Vgl. zur Berechnung Clausen 1997, S. 53.

[117] Vgl. Barkowski 1993, S. 14 ff.

[118] Vgl. Barkowski 1993, S. 24 ff.

[119] Vgl. Kase et al. 1982, S. 238; Kunstenaar 1983, S. 38; Döring 1992, S. 331.

[120] Vgl. Döring 1992, S. 332.

3.5.5 Messebegleitende Kommunikationsmaßnahmen

Wie die Betrachtung der Messewirkungen gezeigt hat, trägt die Messe zur Beschleunigung der Diffusion von Informationen und technischen Neuerungen bei. Damit der Anbieter von dieser Möglichkeit profitieren kann, ist es erforderlich, daß möglichst viele seiner Nachfrager seinen Stand aufsuchen. Die Information über seine Messepräsenz verbreitet der Anbieter daher über Maßnahmen im Rahmen der Vormessewerbung.

Die Diffusionswirkung der Messe kann um so intensiver einsetzen, je mehr die Medien über den Aussteller und seine Exponate berichtet. Daher sind auch kommunikationsbegleitende Maßnahmen während der Messe erforderlich. Pressekonferenzen und gezielte Kontakte zu den auf der Messe anwesenden Journalisten sind von besonderer Bedeutung.

Das Ziel der *Vormessewerbung* des Ausstellers besteht darin, möglichst viele Nachfrager über die Anwesenheit des Ausstellers auf der Messe zu informieren und Interesse an einem Messebesuch zu wecken. Hierdurch wird erreicht, daß der Aussteller in die geplante Phase des Messebesuchs aufgenommen wird und nicht der zufallsbestimmten Wahrnehmung in der rezeptiven Phase ausgesetzt ist.

Für die Vormessewerbung stehen dem Aussteller verschiedene Möglichkeiten offen: Er schaltet Messeanzeigen in einschlägigen Fachzeitschriften. Manche Messeveranstalter geben auch eine eigene Messezeitung vor Beginn der Veranstaltung heraus, die Platz für Anzeigen und Fachartikel bietet. Häufig werden auch die üblichen Werbeanzeigen um den Hinweis auf die Messe und die Hallen- und Standnummer ergänzt. Signets (Messehinweise) tragen auch unternehmenseigene Publikationen, wie Prospekten, Kataloge und insbesondere Briefe.[121] Mehrere Wochen vor der Messe werden Einladungskarten an ausgewählte Nachfrager, vornehmlich die mit der Messe anzusprechende Zielgruppe, verschickt. Da die Nachfrager gerade vor bedeutsamen Branchenmessen mit solchen Direct Mails förmlich überschüttet werden, muß auch hier eine Gestaltung gewählt werden, die sich von den üblichen Direct-Mail-Aktionen unterscheidet. So kann die Einladungskarte als Wegweiser durch Sortiment und Exponate gestaltet werden, als Coupon für Informationsmaterial, Messepräsente, Kataloge etc.[122] Sie kann Neugier auf die Exponate wecken oder das Einlösung eines Versprechens in Aussicht stellen. An besonders interessante oder bedeutsame Kunden werden auch Eintrittskarten verschickt bzw. vom zuständigen Vertriebsmitarbeiter überreicht. Zur Vormessewerbung zählen auch außerhalb des Messegeländes in der Messestadt angebrachte Plakate, die auf die Anwesenheit des Ausstellers hinweisen.[123]

---

[121] Vgl. Winter 1992, S. 341.

[122] Vgl. Naumann 1990, S. 77.

[123] Vgl. Winter 1992, S. 341.

Unternehmen werden in der Vormessephase durch die Messegesellschaften unterstützt. Hallenpläne und Signets werden häufig standardmäßig zur Verfügung gestellt. Beratung und spezielle Werbemaßnahmen können gegen Entgelt in Anspruch genommen werden. Manche Messegesellschaften verfügen über elektronische Einlaßsysteme zur Besucheridentifikation.[124] Jeder Besucher erhält eine Karte, auf der er Angaben zu seiner Person (Adresse, Funktion, Position) macht. Die so gewonnenen Adressen werden von der Messegesellschaft für Mailing-Aktionen genutzt. Interessenten können Eintrittskarten bestellen, sich für Veranstaltungen anmelden oder werden nach Interessenschwerpunkten befragt. Die Besucherstruktur wird ausgewertet, und die Ergebnisse erhält der Aussteller für seine Planung.

Gutes Material für eine gezielte Vormessewerbung bieten auch die während der letzten Messeveranstaltung erfaßten Adressen von Messebesuchern.

Wie Tabelle 9 zeigt, sind die verschiedenen Medien unterschiedlich gut geeignet, Nachfrager für einen Messebesuch zu interessieren. So informieren sich 75 % aller Messebesucher über Messekataloge (Mehrfachnennungen waren möglich). Allerdings entscheiden sich nur 15 % aller Messebesucher aufgrund des Messekataloges zum Messebesuch; immerhin 35 % kommen durch die direkte Einladung des Ausstellers.

Tabelle 9. Informationsverhalten von Fachmessebesuchern (Quelle: Clausen 1997, S. 102)

Informationsquelle		*Entscheidungszeitpunkt*	
Nutzungs-häufigkeit	*Medium*	*Zeitpunkt*	*%-Anteil der Besucher*
75 %	Messekatalog	5–12 Wochen vorher	15 %
70 %	Messeeinladung des Ausstellers	ca. 4 Wochen vorher	35 %
63 %	Fachprospekte	ca. 3 Wochen vorher	11 %
60 %	Fachzeitschriften	ca. 2 Wochen vorher	17 %
11 %	Tageszeitungen	ca. 1 Woche vorher	17 %
6 %	Außendienst-Besuch des Ausstellers	ca. 1–3 Tage vorher	3 %

[124] Solche Systeme werden auf der Therapie-Woche in Karlsruhe eingesetzt sowie auf den von der Düsseldorfer Messe veranstalteten Messen (vgl. Rasche 1992, S. 262). In Karlsruhe wurden 60 % der Besucher registriert, durch die Mailing-Aktion konnte ein Besucheranstieg um 20 % verzeichnet werden (vgl. Rasche 1992, S. 264). In Düsseldorf werden die Drehkreuze mit den Karten bewegt. Dadurch werden die Verweildauer und Besucherströme erfaßt (vgl. Langner 1992, S. 264).

3.5.6 Die Planung von Follow-up-Maßnahmen: Informationserfassung auf dem Messestand

Die Informationserfassung während der Messe dient drei Zielen. Zunächst ermöglicht sie es dem Aussteller, die Erreichung der angestrebten Messeziele zu überprüfen und gegebenenfalls Zielanpassungen bei einer erneuten Messebeteiligung vorzunehmen. Sie bietet eine Grundlage, nach der Messe gezielt Kontakt zu Interessenten auf dem Messestand aufzunehmen und möglicherweise Kaufprozesse anzustoßen oder zu begleiten. Schließlich werden Informationen zur Vorbereitung der nächsten Messebeteiligung benötigt.

Welche Informationen erfaßt werden, richtet sich nach den mit der Messebeteiligung verfolgten Zielen. Bestand das Messeziel in der Erreichung von Kontakten zu 'Decidern', wobei es sich vornehmlich um Mitglieder der Geschäftsführung handelt, so sind der Funktionsbereich und ggf. der Einfluß auf die Kaufentscheidung zu erfassen. Sollten im Rahmen der Markterschließung erste Kontakte zu potentiellen Anwendern angebahnt werden, so sind auch Informationen über die Branche, die Anwendungsgebiete und die Kaufkriterien von Interesse. Abb. 14 zeigt, welche Informationen von den meisten Ausstellern auf dem Besuchsbericht erfaßt werden. Dabei versuchen – wie eine Befragung von 255 Ausstellern auf der *„IAA Nutzfahrzeuge 1992"* in *Hannover* ergab – 24 % der Unternehmen, alle Standbesucher zu registrieren, während 75 % der Unternehmen nur Standbesucher erfassen, mit denen Gespräche geführt wurden.[125] Die Befragung von 50 Fachbesuchern der *IAA Nutzfahrzeuge* ergab, daß die meisten es als besondere Wertschätzung empfinden, wenn sich ihr Gesprächspartner Notizen macht.

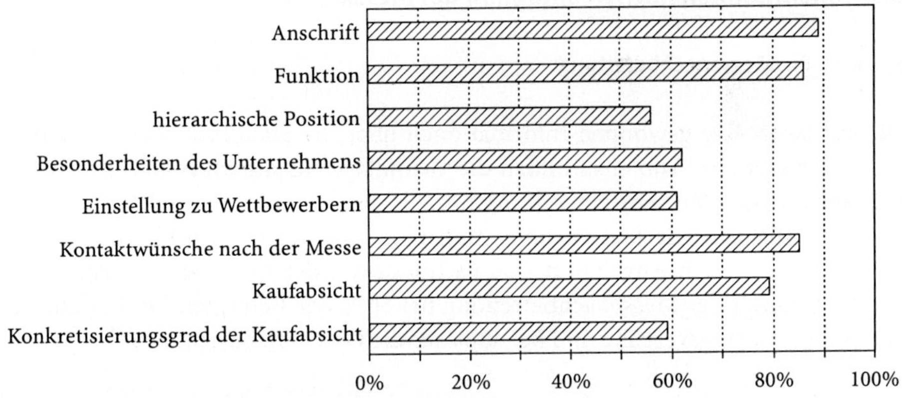

Abb. 14. Auf der Messe von Ausstellern erfaßte Besucherinformationen (Quelle: Strothmann/Ginter/Prüser 1994, S. 22)

[125] Vgl. Strothmann/Ginter/Prüser 1994, S. 21.

Zur Erfassung der Besucherdaten können verschiedene Medien parallel oder alternativ eingesetzt werden.

Finden Standgespräche statt, so sollten die wichtigsten Informationen zur Person und zum Gesprächsinhalt auf einem *Kontakt- oder Standbesuchsberichtsbogen* erfaßt werden.[126] Enthalten sein sollten Name, Adresse, Funktion, Branche, Interessenschwerpunkt (Exponat, Produktgruppe), Stichworte zum Gesprächsinhalt (schlechte Erfahrungen, aktuelle Probleme, Kritik) sowie Angaben dazu, ob es sich um einen Kunden oder Nicht-Kunden handelt sowie Angaben zu den Informationsunterlagen, die der Betreffende bereits erhalten hat oder die ihm zugesagt wurden.[127]

Für Personen, die an Informationsmaterial interessiert sind, aber kein persönliches Gespräch anknüpfen, bietet es sich an, eine *Visitenkartenbox* aufzustellen. Hier können die Standbesucher ihre Karte mit entsprechenden Informationswünschen hinterlassen. Für Besucher, die keine Visitenkarten mit sich führen oder bereits alle ausgegeben haben, können *Informationsanforderungsschecks* ausgelegt werden. Auch Computer, vorzugsweise Laptops, bieten sich zur Informationserfassung an. Häufig werden Besuchsberichtsbögen und Computererfassung miteinander kombiniert. Ein guter Service, der die Schnelligkeit und Leistungsfähigkeit eines Unternehmens demonstriert, besteht auch darin, die Informationswünsche noch am Abend des Messetages an die Zentrale zu übermitteln und das gewünschte Informationsmaterial von dort oder direkt von der Messe aus zu versenden. Den Besucher, der vom Messebesuch in seine Firma kommt, erwarten dann bereits die bestellten Unterlagen.

3.6 Maßnahmen nach Beendigung der Messe

3.6.1 Die Messenachbereitung

Die auf der Messe gewonnen Informationen über die Standbesucher und damit die Zielgruppe des Anbieters bilden die Grundlage für die Messenachbereitung. Die Aufgabe der Messenachbereitung besteht darin, den durch die Messe angestoßenen Diffusionsverlauf zu unterstützen, ihn zu begleiten und u.U. auch zu beschleunigen. Nach Angaben der 50 Fachbesucher der *IAA Nutzfahrzeuge 1992* hat die Qualität der Messenachbetreuung bei 60 % der Befragten Einfluß auf die erstmalige Auftragsvergabe und bei 48 % auf die Geschäftsbeziehung.[128]

---

[126] Vgl. Prüser 1992, S. 354 ff.

[127] Vgl. Naumann 1990, S. 80; Prüser 1992, S. 354 ff.

[128] Vgl. Strothmann/Ginter/Prüser 1994, S. 25.

Zielpersonen der Messenacharbeit sind in erster Linie bestehende Kunden nach Besuchern und Nicht-Besuchern differenziert.[129] Hierbei steht die Stabilisierung der Geschäftsbeziehung im Vordergrund. Als zweite Zielgruppe sind Interessenten zu nennen. Auch hier ist zwischen Standbesuchern und Nicht-Standbesuchern zu differenzieren. Vordergründiges Ziel ist hier die Gewinnung von Neukunden. Daneben sind auch Kontakte zu Journalisten der Fach-, Wirtschafts- und Tagespresse sowie zu allgemein Interessierten, wie Schülern, Studenten sowie Wissenschaftlern aufrechtzuerhalten.[130] Journalisten berichten möglicherweise nochmals über den Aussteller, so daß hier ein breiter Kontakt zur Zielgruppe hergestellt werden kann. Schüler und Studenten sind ebenso wie Wissenschaftler mögliche Mitarbeiter, Lieferanten, Kunden oder Konkurrenten.

Zumindest muß der Aussteller daher die Wünsche nach Informationsmaterial befriedigen und die auf der Messe angebahnten Kontakte aufrecht erhalten. Die bereits zitierte Untersuchung auf der *IAA Nutzfahrzeuge 1992* ergab jedoch, daß sich 48 % der befragten Fachbesucher nach der Messe teilweise oder nicht hinreichend betreut fühlten. 32 % der Aussteller informierten nach der Messe ihre Zielgruppe, auch wenn sie den Stand nicht besucht hatten, und bezogen diese Informationsmaßnahmen in ihr Kommunikationskonzept ein. 38 % betrieben Nachmesse-Marketing, ohne sich ausschließlich auf Standbesucher zu konzentrieren, und die Maßnahme in das Kommunikationskonzept einzubinden. 30 % der Befragten betrieben kein Nachmessemarketing.[131]

Der optimale Zeitpunkt der Kontaktaufnahme liegt zwei bis vier Wochen nach Beendigung der Messe. Demgegenüber nehmen die meisten Aussteller den Kontakt bereits in der ersten Woche auf.[132] Besucher benötigen aber Zeit, die mitgebrachten oder zugesandten Informationsunterlagen zu studieren und sich innerhalb des Unternehmens über die Messeneuheiten auszutauschen.

Als Maßnahmen der Messenachbetreuung wurden von 89 % der Aussteller der *IAA Nutzfahrzeuge* Vertreterbesuche und von 85 % Telefonkontakte genannt. Direktwerbemaßnahmen, Besichtigungen von Referenzobjekten, Werbeanzeigen oder Kundenveranstaltungen nehmen einen wesentlich geringeren Stellenwert ein.[133]

---

[129] Vgl. Naumann 1990, S. 81 f

[130] Vgl. Naumann 1990, S. 75 f.

[131] Vgl. Strothmann/Ginter/Prüser 1994, S. 10.

[132] Vgl. Strothmann/Ginter/Prüser 1994, S. 26.

[133] Vgl. Strothmann/Ginter/Prüser 1994, S. 27

3.6.2 Die Messeerfolgskontrolle

Die Messeerfolgskontrolle bildet den Abschluß der Messebeteiligung. Hier überprüft der Aussteller, ob er seine Messeziele bei seiner Zielgruppe erreicht hat. Die Ergebnisse der Messeerfolgskontrolle bilden damit die Grundlage für die Planung künftiger Messebeteiligungen.

Die Messeerfolgskontrolle kann an mehreren Stufen ansetzen:[134]

- *Stufe 1 – Erreichung der Zielgruppe:*
  Die Bedeutung der Zielgruppenansprache ergibt sich aus der Tatsache, daß sich alle Maßnahmen des Ausstellers vor allem auf eine bestimmte Personengruppe von Standbesuchern – die Zielgruppe – konzentrieren. Die folgenden stufen der Messeerfolgskontrolle stellen diese Gruppe in den Mittelpunkt.
- *Stufe 2 – Ermittlung der Attraktivität des Messestandes:*
  Die Aufmerksamkeitswirkung der Standelemente ist Voraussetzung dafür, daß ein Messebesucher zum Standbesuch angeregt wird und den Stand betritt.
- *Stufe 3 – Untersuchung des Verhaltens der Standbesucher:*
  Das Verhalten der Standbesucher zeigt, inwieweit die den Zielen des Ausstellers dienenden Standelemente vom Besucher angenommen wurden.
- *Stufe 4 – Ermittlung des Zielerreichungsgrades der explizit formulierten Ziele:*
  Hier wird ermittelt, in welchem Umfang es ihm gelungen ist, diese Ziele zu verwirklichen.
- *Stufe 5 – Ermittlung der Zufriedenheit der Standbesucher:*
  Das Hauptziel des Ausstellers besteht darin, den Standbesucher zufrieden zustellen. Nur ein Standbesucher, der seine Informationswünsche befriedigen konnte, wird eine positive Einstellung gegenüber dem Aussteller entwickeln.

Die Stufen 4 und 5 beziehen sich auf die Messeerfolgskontrolle im engeren Sinne. Bei den Stufen 1–3 geht es um die Messewirkungskontrolle. Eine Abweichung zwischen geplantem Messeerfolg bzw. geplanter Messewirkung und tatsächlichem Messeerfolg bzw. tatsächlicher Messeerfolg deutet auf Schwachstellen in der Messekonzeption.

Zur Überprüfung der Messestandswirkung bzw. des Messeerfolges können verschiedene Instrumente herangezogen werden. Tabelle 10 gibt einen Überblick. Zur Überprüfung, ob die Zielgruppe erreicht werden konnte, werden *Besucherzählungen* vorgenommen. Hierzu können an den Eingängen zum Stand entsprechende elektronische Schranken errichtet werden, so daß jeder Besucher, der den Stand betritt oder verläßt, automatisch registriert wird. Häufig erfolgt die Besucherzählung auch stichprobenartig zu verschiedenen Tageszeiten je Messetag.

[134] Vgl. Heger/Fließ 1984, S. 10 f.

Tabelle 10. Instrumente der Messeerfolgskontrolle (Quelle: Heger/Fließ 1984, S. 8)

Stufe	*Meßgegenstand*	*Verfahren*	*Erhebungs-methode*	*Art der Daten*
Erreichung der Zielgruppe	Zahl der Besucher in der Halle; Zahl der Besucher auf dem Stand	Besucherzählung	Beobachtung	primär-statistisch
	Art der Besucher	Auswertung von Besuchsberichten, Visitenkarten		sekundär-statistisch
Attraktivität des Messestandes	Anziehungskraft des Standes	Besucherstromanalyse; Blickaufzeichnung	Beobachtung	primär-statistisch
	Zeit, die auf dem Stand verbracht wurde	Aufzeichnung der Verweilzeit	Beobachtung	primär-statistisch
Verhalten der Standbesucher	Attraktivität von Standelementen	Verweildauer an einzelnen Standelementen; Besuchswegeverläufe auf dem Stand; Aufzeichnung des Besucherverhaltens per Video- oder Filmkamera	Beobachtung	primär-statistisch
Zielerreichung bei außerökonomischen Messezielen	Informationsvermittlung, Einstellung, Anmutung, Erwartung	freies Interview; mündliche Befragung mittels standardisierter Fragebögen	Befragung	primär-statistisch
	Produktinteresse	Messe-Coupon-Methode, Zählung verteilter bzw. mitgenommener Informationsmaterialien		sekundär-statistisch
	Erinnerungswirkung	Recognition-Test Messe-Recall	Befragung	primär-statistisch
Zielerreichungsgrad bei ökonomischen Messezielen	Auftragseingang, Umsatz	Auswertung von Auftragsbüchern		sekundär-statistisch
Zufriedenheit der Standbesucher	Zufriedenheit	freies Interview; strukturiertes Interviews mit offenen Fragen; strukturiertes Interview mit geschlossenen Fragen; Besuchsberichte	Befragung	primär-statistisch

Mit Hilfe der von der Messegesellschaft herausgegebenen Besucherzahlen je Tag können dann die Standbesucherzahlen hochgerechnet werden. Hierbei wird vorausgesetzt, daß sich die Besucherverteilung über die Messedauer auch bei den Standbesucherzahlen niederschlägt.

Besucherstromanalysen erfassen die Wege, die die Besucher auf dem Stand zurücklegen.[135] So wird vorgeschlagen, den Boden des Standes zu präparieren (für den Besucher unsichtbar), um dann mit entsprechenden Geräten zu sehen, an welchen Stellen sich besonders viele Besucher gesammelt haben.

Blickaufzeichnungen setzen die Mitwirkung der Standbesucher voraus. Sie erhalten eine spezielle Brille, die an ein Blickaufzeichnungsgerät angeschlossen ist, welches die Blickbewegungen des Probanden aufzeichnet. Dort, wo der Blick längere Zeit verweilt, befinden sich die attraktiven Elemente des Standes.[136]

Die Qualität der Informationsvermittlung, die Einstellung der Besucher zu den ausgestellten Produkten, aber auch die Nutzung bestimmter Informationsmedien auf dem Stand können mittels *Befragung direkt nach dem Standbesuch* erfaßt werden. Dies gilt auch für die Zufriedenheit.[137] Hierbei ist darauf zu achten, daß Messebesucher meist in Eile sind und nur wenig Zeit für eine Befragung aufwenden mögen. Als Richtwert gelten fünf Minuten[138], 15 Fragen[139] oder max. eine Seite je Fragebogen.[140]

Bei der *Messe-Coupon-Methode* werden auf dem Messestand Karten ausgelegt, mit denen Informationsmaterial oder ein Besuchstermin angefordert werden können.[141]

Recognition-Tests sollen den Wiedererkennungswert erfassen. Hierbei werden Standbesuchern in der Regel mehrere Wochen nach Beendigung der Messe Bilder verschiedener Standelemente (Produkte, Schautafeln etc.) vorgelegt und gebeten anzugeben, ob sie diese Standelemente wiedererkennen.[142] Der Recognition-Test kann auf schriftlichem Wege oder durch mündliche Interviews erfolgen. Beim *gestützten Messe-Recall-Verfahren* wird den Standbesuchern eine Liste verschiedener Unternehmen vorgelegt. Sie werden gebeten anzugeben, ob sie sich an den Stand des Ausstellers oder an bestimmte Standelemente erinnern. Hier können sich auch mehrere Aussteller zu einer gemeinsamen Studie zusammenschließen. Beim *ungestützten Messe-Recall* werden Standbesucher gefragt, an welche Messestände sie sich erinnern.[143] Auch hierbei können schriftliche, persönliche oder telefonische Befragungen eingesetzt werden.

---

135 Vgl. Funke 1987, S. 296.

136 Ein Beispiel enthält das Kapitel C.1 – „Grundlagen der Gestaltung der Kommunikationsleistung" – auf S. 484.

137 Vgl. hierzu Kapitza/Lingemann 1983.

138 Vgl. Schwenzner 1976, S. 38.

139 Vgl. Kater 1975, S. 22B.

140 Vgl. Funke 1987, S. 304.

141 Vgl. Prüser 1992.

142 Vgl. Funke 1987, S. 372 ff.

143 Vgl. zum Recall-Verfahren Nieschlag/Dichtl/Hörschgen 1994, S. 1072.

Um das Ausmaß der Zielerreichung und damit die *Effektivität* der Messebeteiligung zu ermitteln, werden häufig Kennzahlen gebildet. Um festzustellen, in welchem Ausmaß es gelungen ist, die Zielgruppe zu erreichen (Stufe 1 der Messeerfolgskontrolle), kann beispielsweise der Anteil der Standbesucher an den Gesamtmessebesuchern der Zielgruppe bestimmt werden oder konkreter der Anteil der 'Decider' oder 'User' an den Gesamtstandbesuchern oder die regionale Verteilung der Standbesucher im Verhältnis zu den Messebesuchern.[144] Um festzustellen, in welchem Ausmaß das Ziel der Informationsvermittlung erreicht wurde (Stufe 4 der Messeerfolgskontrolle), kann als Indikator die Zahl verteilter Prospekte im Verhältnis zur Zahl der Standbesucher herangezogen werden.

Tabelle 11. Messekennzahlen
(Quelle: Fließ 1994, S. 31 f.)

Messekennzahlen zur Ermittlung der Effektivität

$$\text{Fachbesucherkontaktpotential} = \frac{\text{Anzahl Fachbesucher}}{\text{Anzahl Aussteller}}$$

$$\text{Fachbesucheranteil} = \frac{\text{Fachbesucher}}{\text{alle Messebesucher}}$$

$$\text{Zielgruppenanteil I} = \frac{\text{Zielgruppe eines Ausstellers}}{\text{alle Messebesucher}}$$

$$\text{Zielgruppenanteil II} = \frac{\text{Zielgruppe eines Ausstellers}}{\text{Fachbesucher einer Messe}}$$

Messekennzahlen zur Ermittlung der Effizienz

$$\text{Veranstaltungsbesucherpreis} = \frac{\text{Messekosten}}{\text{Messebesucher}}$$

$$\text{Standkontaktpreis} = \frac{\text{Messekosten}}{\text{Anzahl Kontakte am Messestand}}$$

$$\text{Fachbesucherpreis} = \frac{\text{Messekosten}}{\text{Fachbesucher}}$$

$$\text{Zielgruppenpreis I} = \frac{\text{Messekosten}}{\text{Zielgruppe}}$$

$$\text{Zielgruppenpreis II} = \frac{\text{zielgruppenspezifische Messekosten}}{\text{Größe der Zielgruppe}}$$

$$\text{angebotsbezogener Zielgruppenpreis} = \frac{\text{Budget des Angebotsprogrammanteils j}}{\text{Zielgruppe des Angebotsprogrammanteils j}}$$

[144] Zu Kennzahlen vgl. Sashi/Perretty 1992, S. 254; Schoop/Sandt 1982, S. 1672.

Setzt man die Besucherzahl oder Besuchergespräche zu den verwendeten Ressourcen der Messebeteiligung in Beziehung, erhält man Angaben zur *Effizienz* der Messebeteiligung. Tabelle 11 gibt einen Überblick über Kennziffern zur Ermittlung der Effektivität und der Effizienz.[145]

Ein Unternehmen, das verschiedene Messen beschickt, kann diese Kennzahlen zum Vergleich der Messebeteiligungen heranziehen. Stehen Zahlen für eine Branche oder eine Messe zur Verfügung, können diese als Vergleichsmaßstab verwendet werden.[146]

3.7 Die organisatorische Einbindung der Messeplanung und -kontrolle

Die Effektivität und Effizienz von Messebeteiligungen hängt auch von der organisatorischen Einbindung der Messeplanung und -kontrolle ab. Die Beteiligung an einer Messe erfordert eine enge Einbindung in die Marketingstrategie des Unternehmens. Bei Produkteinführungen ist eine Abstimmung mit dem Produktentwicklungsbereich, dem Vertrieb und den für die Werbekonzeption zuständigen Stellen erforderlich.

Um die Abstimmung zu anderen Funktionsbereichen des Unternehmens und zwischen den einzelnen Schritten der Messeplanung zu gewährleisten, sollte die Verantwortung für die Vorbereitung, Durchführung und Nachbereitung der Messebeteiligung in einem Funktionsbereich konzentriert sein. Bei größeren Unternehmen bietet sich die Marketingabteilung an, bei kleineren Unternehmen obliegen diese Aufgaben der Geschäftsleitung. Damit wird sichergestellt, daß alle Maßnahmen aufeinander abgestimmt werden können.[147] Die bereits zitierte Befragung von 255 Ausstellern auf der *IAA Nutzfahrzeuge 1992* in *Hannover* ergab, daß die Nachmessebetreuung allerdings zumeist anderen Abteilungen übergeben wird. Bei 55 % sind es Mitarbeiter des Vertriebs, wobei entweder die Vertreter direkt betraut werden (49 %) oder aber die Niederlassungen (26 %). Bei immerhin 48 % der befragten Unternehmen obliegt die Nachmessebetreuung der Geschäftsleitung.

---

[145] Vgl. Funke 1987, S. 256 ff.; Winnen/Beuster 1992, S. 377.

[146] Vgl. Herbig/O'Hara/Palumbo 1994, S. 169 ff.

[147] Vgl. o.V. 1995a, S. 2f.

Literaturverzeichnis

AUMA (Hrsg.) [1990]: Tätigkeitsbericht des Ausstellungs- und Messe-Ausschusses der Deutschen Wirtschaft e.V. für das Jahr 1989; Köln 1989.

Aumann, S. [1993]: Die Entwicklung von Messestandkonzeptionen im Investitionsgütermarketing; Düsseldorf 1993.

Backhaus, K. [1992]: Messen als Institution der Informationspolitik; in: Strothmann, K.-H. / Busche, M. (Hrsg.): Handbuch Messemarketing; Wiesbaden 1992, S. 83–98.

Barkowski, D. [1993]: Erfolg auf dem Messestand; Ehningen 1993.

Benad, G. [o. J.]: Messestandanalyse – Ergebnisse von Befragungen auf 40 Messeständen bei 4.800 Personen; hrsg. von INTERMARKET Gesellschaft für internationale Markt- und Meinungsforschung mbH, Düsseldorf.

Boerner, C. [1987]: Messe-Erfolgskontrolle muß forciert werden; in: Verkauf & Marketing, Heft 2, S. 21–23.

Burkhard, H. [1992]: Standgestaltung und Exponatpräsentation; in: Strothmann, K.-H. / Busche, M. (Hrsg.): Handbuch Messemarketing; Wiesbaden 1992, S. 303–317.

Clausen, E. [1997]: Mehr Erfolg auf Messen; Landsberg a. Lech 1997.

Disch, W. [1989]: 20 Jahre Zukunft – was könnte werden?; in: Marketing Journal, 22. Jg. (1989), Nr. 5, S. 486–489.

Döring, H.-G. [1992]: Gestaltung der Kommunikation am Messestand; in: Strothmann, K.-H. / Busche, M. (Hrsg.): Handbuch Messemarketing; Wiesbaden 1992, S. 319–334.

Ebert, D. [1992]: Weltweite Entwicklungstendenzen im Messewesen; in: Strothmann, K.-H. / Busche, M. (Hrsg.): Handbuch Messemarketing; Wiesbaden 1992, S. 39–50.

Fließ, S. [1994]: Messeselektion – Entscheidungskriterien für Investitionsgüteranbieter; Wiesbaden 1994.

Fließ, S. [1999]: Industrielles Kaufverhalten; in: Kleinaltenkamp, M. / Plinke, W. (Hrsg.): Technischer Vertrieb – Grundlagen; 2., überarb. Aufl., Berlin / Heidelberg / New York 1999, Kapitel B.1.

Funke, K. [1987]: Messeentscheidungen – Handlungsalternativen und Informationsbedarf; Frankfurt / Main u.a. 1987.

Goehrmann, K. E. [1992]: Messen im technischen Entwicklungsprozeß; in: Strothmann, K.-H. / Busche, M. (Hrsg.): Handbuch Messemarketing; Wiesbaden 1992, S. 51–66.

Gräbener, W. [1978]: Die Messepolitik als Marketinginstrument dargestellt am Beispiel von Investitionsgüterproduzenten; Göttingen 1978.

Greipl, E. / Singer, E. [1980]: Auslandsmessen als Instrument der Außenhandelsförderung; Berlin 1980.

Groth, C. [1992]: Determinanten der Veranstaltungspolitik von Messegesellschaften; in: Strothmann, K.-H. / Busche, M. (Hrsg.): Handbuch Messemarketing; Wiesbaden 1992, S. 157–178.

Groth, C. / Lentz, I. [1992]: Die Messe als Dreh- und Angelpunkt – Multifunktionales Instrument für erfolgreiches Marketing; Landsberg a. L. 1992.

Günter, B. / Kuhl, M. [1999]: Beschaffungspolitik industrieller Nachfrager; in: Kleinaltenkamp, M. / Plinke, W. (Hrsg.): Technischer Vertrieb – Grundlagen; 2., überarb. Aufl., Berlin / Heidelberg / New York 1999, Kapitel B.2.

Heinz, C. [1993]: Beschaffungspolitische Optionen bei der Einschaltung von Marktveranstaltungen; Bochum 1993.

Herbig, P. / O'Hara, B. / Palumbo, F. [1994]: Measuring Trade Show Effectiveness: An Effective Exercise?; in: IMM 23 (1994), S. 165–170.

Kirzner, I. M. [1978]: Wettbewerb und Unternehmertum; Tübingen 1978.

Kirzner, I. M. [1979]: Perception, Opportunity, and Profit – Studies in the Theory of Entrepreneurship; Chicago und London 1979.

Kirzner, I. M. [1985]: Discovery and the Capitalist Process; Chicago und London 1985.

Kirzner, I. M. [1989]: Discovery, Capitalism and Distributive Justice; Oxford 1989.

Kleinaltenkamp, M. [1993]: Standardisierung und Marktprozeß – Entwicklungen und Auswirkungen im CIM-Bereich; Wiesbaden 1993.

Kleinaltenkamp, M. [1999a]: Einführung in das Business-to-Business-Marketing; in: Kleinaltenkamp, M. / Plinke, W. (Hrsg.): Technischer Vertrieb – Grundlagen; 2., überarb. Aufl., Berlin / Heidelberg / New York 1999; Kapitel A. 3.

Kleinaltenkamp, M. [1999b]: Marktsegmentierung; in: Kleinaltenkamp, M. / Plinke, W. (Hrsg.): Technischer Vertrieb – Grundlagen; 2., überarb. Aufl., Berlin / Heidelberg / New York 1999, Kapitel D.3.

Kleinaltenkamp, M. / Fließ, S. [1999]: Marketingstrategie; in: Kleinaltenkamp, M. / Plinke, W. (Hrsg.): Technischer Vertrieb – Grundlagen; 2., überarb. Aufl., Berlin / Heidelberg / New York 1999, Kapitel D.4.

Lachmann, L. M. [1984]: Marktprozeß und Erwartungen: Studien zur Theorie der Marktwirtschaft; München · Wien 1984.

Langner, H. [1992]: Die Messe-Marktforschung; in: Strothmann, K.-H. / Busche, M. (Hrsg.): Handbuch Messemarketing; Wiesbaden 1992, S. 249–267.

Lévy, Ph. [1992]: Messen im Europa-Markt; in: Strothmann, K.-H. / Busche, M. (Hrsg.): Handbuch Messemarketing; Wiesbaden, S. 29–38.

Marquardt, G. [1992]: Die Union des Foires Internationales (UFI) und ihre Aufgaben; in: Strothmann, K.-H. / Busche, M. (Hrsg.): Handbuch Messemarketing; Wiesbaden 1992, S. 607–615.

Marzin, W. [1992]: Produktgestaltung und Produktpflege als Aufgabe von Messegesellschaften; in: Strothmann, K.-H. / Busche, M. (Hrsg.): Handbuch Messemarketing; Wiesbaden 1992, S. 179–189.

Mortsiefer, J. [1990a]: Die Intuition alleine reicht nicht – Messebeteiligungen auf der Basis eines Nutzungs-Konzeptes; in: Küffner, G. / Mortsiefer, J. (Hrsg.): Messeplatz Europa. Messen als Bestandteil des betrieblichen Marketings; Frankfurt 1990, S. 11–22.

Mortsiefer, J. [1990b]: Informationen sammeln und auswerten – Die Abwicklung einer Messebeteiligung; in: Küffner, G. / Mortsiefer, J. (Hrsg.): Messeplatz Europa – Messen als Bestandteil des betrieblichen Marketings; Frankfurt 1990, S. 62–72.

Müller, Klaus [1985]: Die Messepolitik im Marketing der handwerklichen Zuliefer; Göttingen 1985.

Naumann, C. [1990]: Die Arbeit nach der Arbeit – Messe-Nachbereitung und Erfolgskontrolle; in: Küffner, G. / Mortsiefer, J. (Hrsg.): Messeplatz Europa – Messen als Bestandteil des betrieblichen Marketings; Frankfurt 1990, S. 73–86.

o.V. [1994a]: Messenkosten analysiert – AUMA ließ Messebeteiligungen untersuchen; in: IWreport, Nr. 7 + 8, 1994, S. 3–4.

o.V. [1994b]: Komm zur kom:m; in: IWreport, Nr. 11, 1994, S. 12.

o.V. [1994c]: Marketinginstrument Nr. 1 im Außenhandel – Messen; in: IWreport, Nr. 11, 1994, S. 10–11.

o.V. [1995a]: Messe-Potentiale werden nicht hinreichend genutzt – Deutliche Defizite in der Nachbearbeitung; in: IWreport, Nr. 2, 1995, S. 1–4.

o.V. [1995b]: Schall-Fachmessen mit gewohnten Zuwächsen; in: IWreport, Nr. 3, 1995, S. 6–7.

o.V. [1995c]: „Historisches Ereignis" – Deutsche Fachpresse präsentiert „Leistungsanalyse Fachzeitschriften"; in: IWreport, Nr. 3, 1995, S. 1–4.

o.V. [1997]: Internet – Per Mausklick durch die Hallen; in: Wirtschaftswoche, Nr. 1/2 vom 2.1.1997, S. 79.

Peters, M. [1992]: Dienstleistungsmarketing in der Praxis – Am Beispiel eines Messeunternehmens, Wiesbaden 1992.

Plinke, W. [1989]: Die Geschäftsbeziehung als Institution; in: Specht, G. / Silberer, G. / Engelhardt, W. H. (Hrsg.): Marketing-Schnittstellen – Herausforderungen für das Management; Stuttgart 1989, S. 305–325.

Plinke, W. [1998]: Erlösgestaltung im Projektgeschäft; in: Kleinaltenkamp, M. / Plinke, W. (Hrsg.): Auftrags- und Projektmanagement; Berlin / Heidelberg / New York 1998, S. 117–160.

Plinke, W. [1999]: Grundlagen des Marktprozesses; in: Kleinaltenkamp, M. / Plinke, W. (Hrsg.): Technischer Vertrieb – Grundlagen; 2., überarb. Aufl., Berlin / Heidelberg / New York 1999, Kapitel A.1.

Prüser, S. [1992]: Marketingaktivitäten im Nachmesse-Geschäft; in: Strothmann, K.-H. / Busche, M. (Hrsg.): Handbuch Messemarketing; Wiesbaden 1992, S. 345–363.

Prüser, S. [1996]: Messemarketing – ein netzwerkorientierter Ansatz; Diss. Freie Universität Berlin 1996.

Ricketts, M. [1987]: The Economics of Business Enterprise - New Approaches to the Firm; Brighton 1987.

Roloff, E. [1992]: Die Öffentlichkeitsarbeit von Messegesellschaften; in: Strothmann, K.-H. / Busche, M. (Hrsg.): Handbuch Messemarketing; Wiesbaden 1992, S. 201–219.

Rost, D. [1981]: Messen als Kommunikationsproblem; in: Deutsche Werbewissenschaftliche Gesellschaft e.V. (Hrsg.): Messen als Marketinginstrument; Bonn 1981, S. 35–56.

Selinski, H. [1983]: Messe- und Kongreßmarketing; Diss. Freie Universität Berlin 1983.

Strothmann, K.-H. [1979]: Investitionsgütermarketing; München 1979.

Strothmann, K.-H. [1992a]: Im Verhalten unterscheiden sich Messe-Besucher beachtlich; in: Marketing Journal; Nr. 25 (1992), S. 164–169.

Strothmann, K.-H. [1992b]: Segmentorientierte Messepolitik; in: Strothmann, K.-H. / Busche, M. (Hrsg.): Handbuch Messemarketing; Wiesbaden 1992, S. 99–114.

Strothmann, K.-H. / Roloff, E. [1993]: Charakterisierung und Arten von Messen; in: Bernd, R. / Hermanns, A. (Hrsg.): Handbuch Marketing-Kommunikation; Wiesbaden 1993, S. 709–723.

Strothmann, K.-H. / Ginter, Th. / Prüser, S. [1994]: Nach-Messemarketing - Effizienzsteigerung durch ein optimiertes Messemarkting; Würzburg 1994.

Täger, U. Ch. / Ziegler, R. [1984]: Die Bedeutung von Messen und Ausstellungen in der Bundesrepublik Deutschland für den Inlands- und Auslandsabsatz in ausgewählten Branchen; Ifo-Institut München 1984.

Thibaut, J. W. / Kelley, H. H. [1959]: The Social Psychology of Groups, New York u.a. 1959.

Wenge, H.-U. [1992]: Planung von Messe-Beteiligungen; in: Strothmann, K.-H. / Busche, M. (Hrsg.): Handbuch Messemarketing; Wiesbaden 1992, S. 287–302.

Winnen, R. / Beuster, A. [1992]: Kontrolle des Messeerfolgs; in: Strothmann, K.-H. / Busche, M. (Hrsg.): Handbuch Messemarketing; Wiesbaden 1992, S. 365–378.

Winter, P. M. [1992]: Fachbesucherwerbung auf Messen und Ausstellungen; in: Strothmann, K.-H. / Busche, M. (Hrsg.): Handbuch Messemarketing; Wiesbaden 1992, S. 335–344.

Ziegler, R. [1992]: Messen - ein makroökonomisches Subsystem; in: Strothmann, K.-H. / Busche, M. (Hrsg.): Handbuch Messemarketing; Wiesbaden, S. 115–126.

Übungsaufgaben

1. Welche Vorteile weist der Messebesuch für den Nachfrager gegenüber anderen Möglichkeiten der Informationsgewinnung auf? Welche Nachteile gibt es?

2. Welche Möglichkeiten der Informationsvermittlung bieten Messebeteiligungen den Anbietern?

3. Welche Wirkungen übt eine Messeveranstaltung auf den Markt aus?

4. Wie kann ein Anbieter, der sich an einer Messe beteiligt, von diesen Wirkungen profitieren? Welche Vor- und Nachteile hat ein Anbieter, der auf eine Messebeteiligung verzichtet?

5. Welche Schlußfolgerungen ziehen Sie aus dem „Multi-Step-Flow of Communication" für die Formulierung der Messeziele und der Zielgruppe?

6. Wie beeinflußt das veränderte Auftragsverhalten der Nachfrager den Marktprozeß und damit die Marktstruktur?

7. Welche Schritte der Messeplanung beinhaltet die Festlegung der Rahmenkonzeption? Welche Schritte sind bei der Festlegung der Feinkonzeption zu durchlaufen?

8. Begründen Sie, warum nicht alle Märkte, die ein Unternehmen bearbeitet, für eine Messebeteiligung geeignet sind. Wählen Sie einen Markt aus, den Ihr Unternehmen bearbeitet. Prüfen Sie, ob dieser Markt für eine Messebeteiligung geeignet ist.

9. Welche Messetypen kennen Sie? In welchem Zusammenhang stehen diese Typen mit dem Tätigkeitfeld eines Unternehmens? Welche Typen von Messen werden in Ihrem Tätigkeitsfeld beschickt?

10. Welche Messebeteiligungsstrategien kennen Sie? In welchem Zusammenhang stehen die Beteiligungsstrategien mit den Marketingstrategien? Analysieren Sie für Ihr Tätigkeitsfeld Marketingstrategie und Messebeteiligungsstrategie.

11. Welche Methoden können eingesetzt werden, um das Messebudget festzulegen? Welche Methode ist am besten geeignet?

12. Welche Kriterien sind bei der Messeselektion zu berücksichtigen? Welche Informationsquellen stehen Ihnen zur Verfügung, wenn Sie die Messen beurteilen möchten, die Ihr Unternehmen bisher beschickt hat?

13. Welche Zielgruppen kann ein Unternehmen mit seinem Messestand ansprechen?

14. Welche Zielgruppen kommen in Ihrem Tätigkeitsbereich bei einer Messebeteiligung infrage. Welche Messeziele würden Sie für diese Zielgruppen formulieren?

15. Welche Standkonzeption würden Sie wählen, wenn Sie 'Decider' in Ihrem Bereich ansprechen möchten? Welche Standkonzeption erscheint Ihnen für 'User' geeignet? Worin bestehen die Unterschiede?

16. Wie kann die Standkonzeption dem unterschiedlichen Informationsbedürfnis von praxiorientiertem Messenutzer und Messebummler Rechnung tragen?

17. Unter welchen Bedingungen würden Sie einen Blockstand wählen, unter welchen Bedingungen würden Sie einen Reihenstand vorziehen?

18. Welche messebegleitenden Kommunikationsmaßnahmen können ergriffen werden, um (a) bisherige Kunden über die Messepräsenz zu informieren, (b) neue Kunden auf den Messestand zu ziehen?

19. Wozu dient die Informationserfassung während der Messe? Welche Informationen sollten erfaßt werden?

20. Welche Instrumente der Messeerfolgskontrolle kennen Sie? Welche dieser Instrumente werden in Ihrem Unternehmen eingesetzt? Welche Instrumente wären zusätzlich geeignet?

Teil D Gestaltung des Leistungsentgelts

1 Preisgestaltung im Produktgeschäft

Wulff Plinke / Albrecht Söllner

Abbildungsverzeichnis

Tabellenverzeichnis

1.1 Einführung

1.1.1 Problemstellung und Abgrenzung

Das Leistungsentgelt, das in einem Austauschprozeß vereinbart wird, hat sowohl für den Lieferanten als auch für den Kunden eine besondere Bedeutung. Bei beiden Beteiligten ist das Leistungsentgelt in der überwiegenden Zahl der Fälle die stärkste nutzenbestimmende Komponente des Austauschs - beim Lieferanten als positive, beim Kunden als negative Größe. Die Höhe des Leistungsentgelts bzw. Preises entscheidet also in erheblichem Maße über den Nettonutzen („Gewinn"), den beide Parteien aus dem Austausch beziehen und damit über die Entscheidung der beiden Parteien, in eine Übereinkunft einzuwilligen. Deshalb sind in aller Regel beide Seiten des Austauschs heftig in die Frage der Preisfindung involviert. Betrachten wir noch einmal die Nettonutzenposition des Lieferanten und des Kunden.[1]

Der *Kunde* bewertet subjektiv die erwartete Leistung des Lieferanten (seinen Nutzen), von dieser zieht er den subjektiven Wert des Preises ab (seine Kosten) und erhält - einmal unterstellt, daß keine weiteren Nutzen- und Kostenelemente im Spiel sind - seinen Nettonutzen. Je höher der Preis ist, desto niedriger ist unter sonst gleichen Umständen der Nettonutzen des Kunden und umgekehrt. Der *Lieferant* bewertet subjektiv die erwartete Gegenleistung des Kunden (seinen Nutzen), von dieser zieht er den subjektiven Wert seiner Leistung ab (seine Kosten) und erhält seinen Nettonutzen. Je höher der Preis ist, desto höher ist unter sonst gleichen Umständen der Nettonutzen des Lieferanten und umgekehrt. Abbildung 1 zeigt die Konfliktsituation zwischen Lieferant und Kunde: *Der Preis teilt den Gesamt"gewinn" zwischen Lieferant und Kunde auf.*

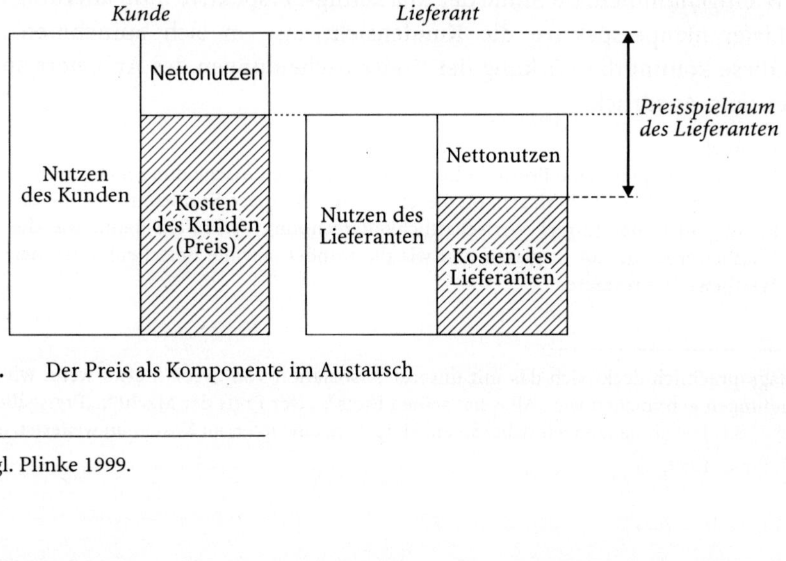

Abb. 1. Der Preis als Komponente im Austausch

---

[1] Vgl. Plinke 1999.

Aus der Sicht des *Kunden* ist der Preis ein Bestandteil der Opfer, die er erbringt, um in den Besitz der Leistung des Lieferanten zu gelangen. Mitunter wird der Preis sogar auch als Ausdruck des Gesamtopfers angesehen, also einschließlich aller Mühen, Anstrengungen, Risiken und Folgelasten, die der Käufer im Austausch auf sich nimmt.[2] Dieses Verständnis des Preises beruht, wie wir wissen, vollständig auf *subjektiven Bewertungen*. Das „Preis-Leistungs-Verhältnis", das der Kunde bewertet, ist in diesem Sinne gleichzusetzen mit seiner Austauschrelation.[3]

Eine Untersuchung von Preisentscheidungen aus der Sicht des Kunden könnte erklären, warum welche Kunden in welchen Situationen welchen Preis zu bezahlen bereit sind – anders gesagt: wie Kunden zu einer für sie akzeptablen Austauschrelation gelangen.

Der *Lieferant* sieht den Preis als Ausdruck des Gegenwerts für die von ihm erbrachte Leistung. Dazu gehören sowohl die im Austausch erbrachten Leistungen als auch die auf das Zustandekommen dieses Austauschs gerichteten Vorleistungen in der Vergangenheit. Der Preis ist Bestandteil des Nutzens im Ausgleich für die von ihm früher und jetzt getragenen Kosten. Deshalb kommt auch der Sicht des Preises des Lieferanten eine gewisse Subjektivität zu – nämlich in der Frage, wieviel der Preis in einer gegebenen Transaktion zu den durch Vorleistungen verursachten Kosten beizutragen hat. Auch der Anbieter bewertet das „Preis-Leistungs-Verhältnis" im Sinne der Austauschrelation.

Eine Untersuchung von Preisentscheidungen aus Anbietersicht hat zur Aufgabe, die Handlungsmöglichkeiten der Lieferanten im Bereich der Gestaltung der Gegenleistung zu beschreiben und die Voraussetzungen ihres Einsatzes darzustellen. Je nach Forschungsziel kann dazu auch die Frage gehören, warum welche Anbieter in welchen Situationen welche Preise fordern und welche Methoden sie dabei tatsächlich verwenden.

In diesem Kapitel wird bei allen Darstellungen des Preises die *Lieferantenperspektive* eingenommen. Im Sinne der Marketing-Perspektive muß allerdings auch eine Lieferantenperspektive die Kundensichtweise in sich aufnehmen, denn durch diese kommt die Wirkung der Preisentscheidungen des Anbieters auf den Kunden zum Ausdruck.

Beispiel:
Der Lieferant plant eine Preiserhöhung. Er kann diese Entscheidung nicht treffen, ohne sich vorher zu überlegen, ob dieser Kunde oder diese Kundengruppe die Erhöhung in seiner (ihrer) Wirtschaftlichkeitsrechnung verkraften kann, wie die Wettbewerber darauf reagieren und wie die Kunden auf die Entscheidungen der Wettbewerber reagieren.

---

2 Alltagssprachlich deckt sich das mit unserer Assoziation von „Preis", etwa wenn wir Redewendungen gebrauchen wie „Alles hat seinen Preis", „Der Preis der Macht", „Preisgabe einer Sache" o.ä. Jeweils denken wir dabei an ein Hergeben, ein Opfer, an Kosten im weitesten Sinne.

3 Vgl. Pinke 1999.

Die Erforschung dieser Wirkungen ist eine Domäne der mikroökonomischen und der betriebswirtschaftlichen *Preistheorie.* Wir werden auf diese hier nur in Grundansätzen zurückgreifen können. Schwerpunkt dieses Kapitels ist die Beschreibung und Erklärung der Instrumente, die von Lieferanten bei Preisentscheidungen eingesetzt werden können. Deshalb dominiert die Sichtweise des Lieferanten, und daraus leitet sich die folgende Definition eines Preises ab.

Definition 1. Preis
Der *Preis* ist das in Geldeinheiten ausgedrückte *vertragliche* Entgelt des Kunden für die vom Lieferanten *vertraglich* zu erbringende quantitativ und qualitativ bestimmte Leistung.

Aus dieser Definition ergibt sich, daß ein Preis sich immer aus zwei Komponenten zusammensetzt: Zu unterscheiden sind

1. der Geldbetrag, der zu erbringen ist. Wir nennen ihn den *Preiszähler.*
2. die definierte Leistung, für die der Geldbetrag verlangt wird. Wir nennen sie die *Preisbezugsbasis.*

Der Preiszähler für sich genommen ist als Geldbetrag ohne Aussagewert, da man nicht weiß, wofür er zu erbringen ist. Es gibt ja keinen Preis „an sich", sondern immer nur einen Preis „für etwas"[4]. Theoretisch könnte man bei der Definition eines Preises dann auf die ausdrückliche Erfassung der Preisbezugsbasis verzichten, wenn es bei allen Gütern und Dienstleistungen normierte und allgemein akzeptierte Leistungseinheiten gäbe, auf die sich der Preiszähler bezieht (z.B. DM pro Liter Benzin). Das ist jedoch weitestgehend nicht der Fall. Immer ist deshalb zur Sicherung der Operationalität ein Quotient zu bilden aus Preiszähler und Preisbezugsbasis.[5] Es existiert je nach Leistungstyp eine Vielfalt von Preisbezugsbasen, die bei der Gestaltung des Preises eine erhebliche Rolle spielen können. Tabelle 1 zeigt beispielhaft die Vielfalt möglicher Preisbezugsbasen auf.

Ein Preis ist erst operational definiert, wenn der Preiszähler und die der Qualität und Quantität nach bestimmte Preisbezugsbasis genannt sind. Immer ist demnach auch zu berücksichtigen, daß Preisentscheidungen sich auf Preizähler *und/oder* Preisbezugsbasis beziehen können. Wir erhalten folgende Definition der Preispolitk:

Definition 2. Preispolitik
Preispolitik ist die Gesamtheit der Aktivitäten und Entscheidungen des Lieferanten, durch die der Preiszähler und die Preisbezugsbasis im Austausch eingestellt werden, mit dem Ziel, daß die Markttransaktion bzw. die geplante Menge von Markttransaktionen zustande kommt.

---

[4] Vgl. Nieschlag/Dichtl/Hörschgen 1994, S. 297.

[5] „Der Preis besitzt demnach grundsätzlich die Dimension Geldmenge pro Mengeneinheit des betreffenden Gutes". Ott 1968, S. 12.

Tabelle 1. Preisbezugsbasen (Beispiele)

Preiszähler	*Preisbezugsbasis*	*Beispiel einer Transaktion*
DM	Stück	Verkauf eines Sachgutes
DM	Quantum einer physikalischen Größe (m, m2, m3, l, kg etc.)	Verkauf eines Sachgutes
DM	Tätigkeit (bzw. deren Ergebnis) / Auftrag	Verkauf einer Dienstleistung, Verkauf eines Produktes in kundenspezifischer Fertigung
DM	Zeiteinheit/Objekt	Vermietung eines Gegenstandes
DM	Zeiteinheit/ Geldbetrag	Kredithergabe
DM	Zeiteinheit/ Tätigkeit	Zeitlohn, Honorar
DM	Geldeinheit/ Tätigkeit	Umsatzabhängige Provision
DM	Mengeneinheit/ Tätigkeit	Mengenabhängige Provision
DM	Zeiteinheit/ Leistungsbereitschaft	Bereitstellungsprovision

Preiszähler und Preisbezugsbasis können nicht eingestellt werden, ohne die Beziehungen zu den anderen Instrumenten des Marketing-Mix zu berücksichtigen. Allein über die Preisbezugsbasis finden die Produktpolitik und die Vertriebspolitik direkten Eingang in preispolitische Entscheidungen. Die Kommunikationspolitik muß ebenso wie der Persönliche Verkauf zur Durchsetzung des Preises beitragen. Auch wenn in diesem Kapitel allein vom Preis die Rede ist, ist doch klar, daß es keine „isolierten" preispolitischen Entscheidungen gibt, sondern immer nur *Marketing-Mix-Entscheidungen.*

Beispiel:
Wie wichtig die intgerierte Betrachtungsweise von Preis und gesamtem Marketing-Mix ist, zeigt nachfolgendes Beispiel. Gebeten wurden 40 Teilnehmer eines Studienjahres im Weiterbildenden Studium Technischer Vertrieb – also sämtlich Fachleute – eine Auskunft zu folgender Frage zu geben: „Wenn Sie an den letzten verloren gegangenen Auftrag in Ihrem Geschäft denken – was war Ihrer Meinung nach der Hauptgrund?" Die in Tabelle 2 aufgeführten Gründe zeigen eine eindeutige Dominanz des Preises (d.h. des Preiszählers). Wir wissen jedoch, daß Preiszähler und Preisbezugsbasis zusammen betrachtet werden müssen.

Aus der Perspektive des Vertriebsingenieurs stellt sich der Preis leicht als besonderer, von allen anderen Aspekten des Technischen Vertriebs losgelöster Entscheidungstatbestand dar. Das kann an verschiedenen Ursachen liegen. Eine mögliche Ursache ist die Tatsache, daß bei einer individuellen Transaktion die Preisentscheidung üblicherweise (und auch notwendigerweise) zeitlich gesehen den letzten Akt des Interaktionsprozesses zwischen Käufer und Verkäufer darstellt. Insofern kann es aus der Perspektive des Vertriebsingenieurs leicht so aussehen, als habe die Auftragsvergabeentscheidung des Kunden letztlich am Preis gehangen. Das kann so sein (und ist in vielen Fällen auch so), setzt aber voraus, daß aus der Sicht des Käufers wirklich eine einigermaßen vollständige Homoge-

Tabelle 2. Die zehn bedeutendsten Auftragsverlustgründe in ihrer Rangfolge

Rang	*Verlustgrund*
1.	Preis
2.	Kundenbetreuung
3.	Liefertermin
4.	Outsupplier
5.	Kundenvorlieben
6.	Finanzierung
7.	Technische Lösung
8.	Wirtschaftlichkeit
9.	Fristversäumnis
10.	Kundeninformation

nität aller Anbieter in allen den wesentlichen Aspekten der Leistung gegeben ist. Eine andere mögliche Ursache für die abgehobene Rolle des Preises in den Augen des Vertriebsingenieurs kann darin liegen, daß der verantwortliche Ingenieur selbst keinen ausschlaggebenden Einfluß auf den Preis hat und deshalb ein möglicher Auftragsverlust leicht auf den Preisunterschied zugerechnet wird. So gesehen wäre der Preis eher ein Rechtfertigungsgrund als eine ernsthafte kausale Erklärung des Auftragsverlustes.

Preispolitik heißt, bei der Gestaltung der vertraglichen Gegenleistung von der Wahrnehmung und Bewertung des Preises *durch den Nachfrager* auszugehen, d.h. die vertragliche Gegenleistung so zu gestalten und zu beeinflussen, daß die *gesamte* Leistung des Anbieters im Verhältnis zur *gesamten* Leistung des Nachfragers einschließlich der Folgeleistungen in den Augen des Nachfragers günstig erscheint. Wenn sich der Anbieter diese weite Nachfragersicht des Preises nicht zueigen macht, läuft er Gefahr, den Wettbewerb falsch zu interpretieren: Der Nachfrager vergleicht die Wettbewerber eben nicht nur nach dem Preis, sondern er vergleicht jeden Wettbewerber hinsichtlich der gesamten Leistung, die er von diesem erhält und der gesamten Anstrengungen und Konsequenzen, die sich für ihn mit der Entscheidung für diesen Anbieter verbinden.[6]

Wenn wir die Lieferantensicht des Preises ansprechen, werden wir gleichbedeutend auch von „*Entgelt*" bzw. – bei Preisentscheidungen im Anlagengeschäft – von „*Erlös*" sprechen. Damit wird der Blick auf eine Zweischneidigkeit gelenkt, die der Preisentscheidung aus der Sicht des Anbieters innewohnt. Der Preis ist ja nicht nur ein Instrument zur Beeinflussung der Markttransaktion, d.h. ein Marketing-Instrument. Er ist ja auch und nicht zuletzt die *Quelle der Kostendeckung und Gewinnerzielung des Anbieters.* Preispolitik heißt auch, dafür Sorge zu tragen, daß die vordisponierten *und* die mit der Markttransaktion ursächlich verbundenen Kosten in angemessenem Umfange wiedergewonnen und ein ange-

[6] Vgl. die Definition des Kundenvorteils bei Plinke 1999.

messener Gewinn erzielt werden. Diese Zweischneidigkeit des Preises macht die Preispolitik zu einer besonders heiklen Aufgabe, da die akquisitorische Wirkung des Preises mit der Funktion der Kosten- und Gewinndeckung partiell oder total im Konflikt stehen kann.

1.1.2 Einflußgrößen der Preisentscheidung

Die Preisentscheidung eines Lieferanten steht unter den vielfältigsten Einflüssen, über die im folgenden ein Überblick gegeben wird. Es ist zu unterscheiden zwischen Einflüssen, die „von innen" und solchen, die „von außen" kommen. Abbildung 2 gibt eine Zusammenstellung.

1.1.2.1 Einflüsse der Kunden auf die Preisentscheidung

Die Kunden haben einen ausschlaggebenden Einfluß auf die Preisentscheidung, weil von der Akzeptanz der Kunden das Zustandekommen der Markttransaktion abhängt. Ein Lieferant wird dementsprechend vor einer Preisentscheidung prüfen, ob der Kunde bzw. die Kunden die erwünschte Reaktion auf eine preispolitische Maßnahme wirklich zeigen werden.

Die Markttransaktion wird überhaupt nur stattfinden, wenn mindestens zwei Seiten beteiligt sind und eine Übereinkunft hinsichtlich Leistung und Gegenleistung zustande kommt. Die *Obergrenze* des Preises liegt dort, wo der Kunde (in kurzfristiger Betrachtung) den Kauf und den Nichtkauf als gleich vorteilhaft ansieht. Die Belastungsgrenze ist dann erreicht, wenn die geplante Investition aufgrund des Kaufpreises einschließlich der Beschaffungs- und Folgekosten im Vergleich zu einer Alternativinvestition unwirtschaftlich wird. Die Kunden werden ihre Reaktion auf preispolitische Maßnahmen des Lieferanten daran ausrichten, ob sie für sich wirklich einen spürbaren Vorteil oder Nachteil erkennen.

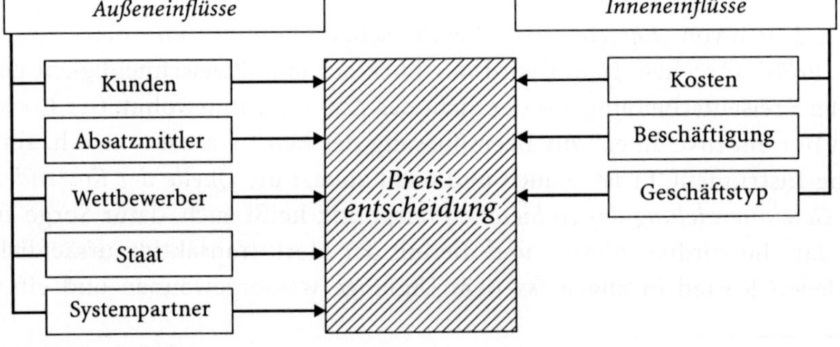

Abb. 2. Einflußgrößen der Preisentscheidung

Die Kunden sind jedoch nicht immer in der Situation, daß sie auf preispolitische Entscheidungen des Lieferanten *reagieren*. Es kommt durchaus häufig vor, daß die *Kunden* preispolitisch agieren und der Lieferant reagieren muß – m.a.W. entscheiden, ob er das Preisgebot des Kunden *akzeptieren* will. Dann wird die Entscheidung für den Lieferanten zu einer *Preisuntergrenzen*-Entscheidung. Die Preisuntergrenze ist für den Lieferanten dann erreicht, wenn es in seiner Sicht gleichwertig ist, anzubieten oder nicht anzubieten.

Wer in einer Markttransaktion agiert und wer reagiert, ist vor allem eine Frage der Beeinflussungsmöglichkeiten der Marktgegenseite. Diese hängen für den Lieferanten maßgeblich davon ab, ob die Kunden die Möglichkeit haben, auf andere Lieferanten auszuweichen. Die mikroökonomische Preistheorie hat idealtypische Konstellationen definiert, die Verhaltenskategorien von Kunden darstellen. Sie lassen sich äußerlich vorwiegend an der Zahl der Kunden festmachen, die dem Lieferanten in einem Markt gegenüber stehen.

Viele Kunden

Stehen dem Anbieter viele Kunden gegenüber, so kommt dem einzelnen Kunden eine vergleichsweise geringe Bedeutung zu. Ein Anbieter, der einen Kunden verliert, kann relativ leicht einen anderen Kunden gewinnen. Entsprechend werden sich die Kunden nicht aktiv in die Preispolitik des Lieferanten einmischen, sondern lediglich nach eigenem Vorteilsvergleich bei dem Lieferanten bleiben oder abwandern.

Wenige Kunden

Wenn die Kundschaft aus wenigen Unternehmen besteht, hat jeder einzelne Kunde eine vergleichsweise hohe Bedeutung für den Lieferanten. Er wird diese Konstellation möglicherweise dazu benutzen, dem Lieferanten gegenüber eine eigene aktive Preispolitik zu betreiben. Ein weithin bekanntes Beispiel dafür sind die Unternehmen der Automobilindustrie, die im Rahmen ihrer Beschaffungsstrategien auch – aus ihrer Sicht – Kostenmanagement betreiben, indem den Zulieferern Höchstpreise für bestimmte Teile vorgegeben werden, die die Lieferanten lediglich akzeptieren können. Ist der von einem Kunden gebotene Preis nicht akzeptabel, weil er die Kosten nicht deckt, bleibt dem Lieferanten nur das Ausscheiden aus dem Wettbewerb um diesen Kunden.

Ein Kunde

Hat ein Lieferant nur einen Kunden, so befindet er sich in einer extremen Abhängigkeit. Der Kunde hat gleichsam „Schicksalsmacht“[7], indem er die Preisent-

7 Thibaut/Kelley 1959.

scheidung des Lieferanten diktieren kann. Dieses ist sicherlich nicht der Regelfall. Aber er kommt vor.

Die Preispolitik eines Lieferanten hängt also erheblich von der Verhandlungsmacht ab, die seine Kunden haben. Diese hängt im Kern von den Ausweichmöglichkeiten, die der Lieferant hat, ab oder – anders gesagt – von den Möglichkeiten der Substitution seiner Kunden durch andere Kunden.

Beschaffungsregeln

Ein Einfluß des Kunden auf die Preispolitik geht auch von der Art und Weise des Beschaffungsprozesses des Kunden aus. Je formalisierter der Beschaffungsprozeß ist, desto mehr treten persönliche Elemente, die in der Preisverhandlung eine Rolle spielen können, in den Hintergrund. Der Kunde, der aktive Beschaffungspolitik betreibt, sorgt zunächst für eine vollständig ausformulierte und problemadäquate Spezifikation in Form von Lasten- und Pflichtenheften, er wird diese an die für ihn attraktivsten Lieferanten geben und dafür sorgen, daß alle Lieferanten sich in letzter Konsequenz dem Angebot des billigsten angleichen oder aber aus dem Wettbewerb ausscheiden. Sodann wird dieser Kunde den von ihm präferierten Lieferanten wählen.

Beispiel:
Eine aktuelle Variante dieser Beschaffungsprozedur ist der Versuch von – allerdings für den Lieferanten sehr bedeutenden – Kunden, einen Preis für eine Gesamtleistung aufzugliedern in Teilpreise, die jeweils für bestimmte Komponenten der Gesamtlösung anzubieten sind. Nach Vorliegen der Angebote aller Lieferanten werden jeweils die Teilpreise miteinander verglichen und es wird aus den günstigsten Teilpreisen ein *fiktiver* Anbieter konstruiert, gegen den alle realen Lieferanten anbieten sollen. Damit wird der preispolitische Entscheidungsspielraum der Lieferanten nochmals verkleinert.

Eine besondere Vergabeprozedur ist die *öffentliche Ausschreibung (Submission)*. Dabei werden Lieferanten eingeladen, bis zu einem bestimmten Zeitpunkt gegen eine verbindliche Spezifikation ein Angebot zu machen. Wird dabei die Nachverhandlungsmöglichkeit ausgeschlossen, so handelt es sich um ein sog. *closed bid*. Die Angebote werden im verschlossenen Umschlag hinterlegt, der Anbieter mit dem niedrigsten Preis erhält sofort den Zuschlag. Durch dieses Verfahren, bei dem die Anbieter nur sehr geringe Anhaltspunkte darüber haben, wo sich der Preis am Ende einspielen wird, entsteht ein erheblicher Druck auf die Preisentscheidung.

Einflüsse auf die Preisentscheidung gehen auch insbesondere dann von der Kundenseite aus, wenn der Kunde eine öffentlich-rechtliche Organisation ist. In solchen Fällen gelten die *Verordnungen über die Preise bei öffentlichen Aufträgen* (VPöA und VPöABau) sowie die ergänzenden Leitsätze für die Preisermittlung aufgrund von Selbstkosten (LSP). Dabei handelt es sich um ein Regelwerk mit 52 Bestimmungen zur Preiskalkulation bei öffentlichen Aufträgen. Die Vorschriften zielen insbesondere auf ein geordnetes Rechnungswesen, formale Gliederungsvorschriften in der Kalkulation sowie Regelansätze für Mengen und Bewertungen einschließlich der kalkulatorischen Gewinnansätze.[8]

1.1.2.2 Einflüsse der Absatzmittler auf die Preisentscheidung

Die Absatzmittler stellen Stufen auf dem Distributionsweg zum Kunden dar. Da ein Absatzmittler - sofern er im Technischen Vertrieb existiert, gehört er i.d.R. zum Produktionsverbindungshandel - ein selbständiges Unternehmen darstellt, betreibt er auch selbständig Preispolitik. Das bedeutet für den Lieferanten, daß er selbst - im Rahmen seiner eigenen Wettbewerbssituation - den Preis nur gegenüber dem Absatzmittler, nicht aber gegenüber dem Endkunden beeinflussen kann. Dennoch hat der Lieferant ein Interesse daran, wie sich die Preisbildung auf dem Endkundenmarkt vollzieht. Er wird sich deshalb bemühen, gegenüber dem Absatzmittler einen gewissen Einfluß auf dessen Preisentscheidung zu entwickeln. Die am meisten verbreitete Methode ist eine *Preisliste*, die der Lieferant (Hersteller) für die Endkunden aufstellt. Auf diese Preisliste erhält der Absatzmittler einen *Funktionsrabatt* für seine Distributionstätigkeit. Diese Konstruktion darf aber nicht darüber hinwegtäuschen, daß der Absatzmittler frei in seiner eigenen Preisentscheidung gegenüber den Endkunden ist. Er kann sich der Preisliste anschließen, muß es jedoch nicht. Erfahrungsgemäß wird er seinerseits nach Marktlage und eigener Zielsetzung ebenfalls Rabatte an die Endkunden gewähren.

Es kann durchaus darüber hinaus die Situation entstehen, daß der Absatzmittler - als direkter Kunde des Lieferanten - Einfluß auf die Listenpreise des Lieferanten (Herstellers) nimmt. Dieses kann insbesondere dann auftreten, wenn der Lieferant von seinem Absatzmittler als einzigem Vertriebsweg abhängig ist.

1.1.2.3 Einflüsse der Wettbewerber auf die Preisentscheidung

Ein erheblicher Einfluß auf die Preisentscheidung des Lieferanten geht von den Wettbewerbern auf dem Absatzmarkt aus. Dabei spielt insbesondere die Machtstellung des Lieferanten eine Rolle, d.h. seine Position im Dreieck *Lieferant - Wettbewerber - Kunde*. Die Preisentscheidung des Lieferanten ist unter sonst gleichen Umständen umso unabhängiger, je größer seine Machtposition ist, und diese resultiert aus der mehr oder weniger gegebenen Fähigkeit anderer Lieferanten, ihn zu imitieren oder zu überflügeln. Daraus folgt schließlich die mehr oder weniger ausgeprägte Möglichkeit der Kunden, zu anderen Lieferanten abzuwandern.

Die mikroökonomische Preistheorie hat idealtypische Konstellationen definiert, die Verhaltenskategorien von Wettbewerbern darstellen. Sie lassen sich äu-

8 Vgl. Diller 1992, S. 634.

ßerlich vorwiegend an der Zahl der Anbieter festmachen, die für den Lieferanten in seinem Markt die Wettbewerber darstellen.

Viele Anbieter

Wenn in einem Markt sehr viele sehr kleine Anbieter auftreten, die darüber hinaus sich in den Augen der Käufer nicht durch sachliche, räumliche, persönliche oder zeitliche Unterschiede auszeichnen, so bildet sich nach den Modellen der mikroökonomischen Preistheorie ein einheitlicher Preis. Der einzelne Anbieter kann sich von diesem Preis nicht entfernen. Würde er ihn überschreiten, dann verlöre er alle Kunden an die anderen Anbieter, würde er ihn unterschreiten, dann könnte er nur bis zu seiner Kapazitätsgrenze die auf ihn zukommende Nachfrage befriedigen. Aus diesem Grunde würde sich jeder Anbieter an den Marktpreis anpassen. Der Preis bildet sich dann aus der Angebots- und Nachfragefunktion.

Die Nachfragefunktion beschreibt den Zusammenhang von Preishöhe und im Markt nachgefragter Menge: je niedriger der Preis, desto größer ist die nachgefragte Menge. Dahinter steht eine Hypothese über unterschiedliche Nutzenfunktionen der Käufer. Mit abnehmendem Preis steigt unter sonst gleichen Bedingungen der Nettonutzen der bisherigen Käufer, so daß sie mehr als bisher kaufen, außerdem kommen weitere Käufer hinzu, die erst bei niedrigerem Preis einen positiven Nettonutzen erfahren.

Die Angebotsfunktion beschreibt den Zusammenhang von Preis und angebotener Menge: je höher der Preis, desto höher ist die angebotene Menge. Dahinter steht eine Hypothese über die unterschiedlichen Kostenfunktionen der anbietenden Unternehmen. Mit zunehmendem Preis werden im Markt befindliche Anbieter größere Mengen anbieten. Darüber hinaus können mehr Anbieter auch mit ungünstigeren Kosten auf den Markt treten, da ihre Selbstkosten vom Preis gedeckt werden.

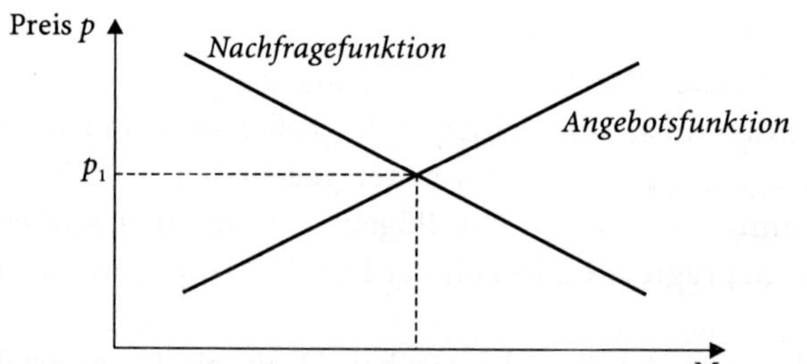

Abb. 3. Preisbildung bei vollständiger Konkurrenz

Der Preis und die Menge, die sich bei gegebener Angebots- und Nachfragefunktion einstellen, sind (p_1, x_1). Auf der Anbieterseite ist in diesem Punkt der Preis gleich den Kosten. Die Nachfrager von 0 bis x_1, die zu p_1 kaufen, haben ebenfalls einen zusätzlichen Nutzen (*„Käuferrente“*), der sich aus dem Umstand ergibt, daß sie auch zu einem höheren Preis gekauft hätten. Anbieter von 0 bis x_1, die zu p_1 verkaufen, haben einen zusätzlichen Nutzen (*„Anbieterrente“*), der sich aus dem Umstand ergibt, daß sie auch zu einem niedrigeren Preis verkauft hätten. In einer solchen Situation verhalten sich die Anbieter als *„Mengenanpasser“*, d.h. sie bieten an, solange der – von ihnen nicht beeinflußbare – Preis für sie vorteilhaft ist.

Wenige Anbieter

Wenn in einem Markt nur wenige Anbieter auftreten, so können sie gegenseitig ihr Verhalten beobachten und aufeinander einstellen, d.h. sie stehen prinzipiell in einem wechselseitigen Reaktionsverbund. Diese Struktur der Angebotsseite (Oligopol) ist auf den heutigen Märkten für technische Produkte besonders charakteristisch. Alle Überlegungen zur Wettbewerbsstrategie basieren auf einer solchen Situation, in der die Lieferanten sich relativ zum Wettbewerb positionieren und sich durch den Aufbau von Wettbewerbsvorteilen dem Reaktionsverbund des Marktes wenigstens partiell zu entziehen suchen.

Auf die Preisentscheidung bezogen heißt das, daß ein erheblicher Einfluß von den Wettbewerbern auf die Preisentscheidung des Lieferanten ausgeht. Dieser macht sich erstens bemerkbar als antizipierte Reaktion, d.h. der Lieferant plant in seine eigene Preisentscheidung bereits die Reaktionen seiner Wettbewerber ein. Zweitens spielt die tatsächliche Reaktion der Wettbewerber als Auslöser neuer Preisentscheidungen eine Rolle und drittens kann der Impuls auch von den Wettbewerbern ausgehen, indem sie den Lieferanten in eine Wettbewerbssituation bringen, in der er preispolitisch reagieren muß. Zu beachten ist, daß der Auslöser einer preispolitischen Reaktion nicht notwendigerweise in einer preispolitischen Maßnahme liegen muß. Umgekehrt kann eine Reaktion auf preispolitische Maßnahmen der Wettbewerber auch durch andere Instrumente des Marketing-Mix erfolgen. Zu beachten ist weiterhin, daß zu den Wettbewerbern nicht nur die aktuellen Anbieter, sondern auch potentieller Wettbewerb in Form von neuen Anbietern identischer Produkte oder in Form von Anbietern von Substitutionsprodukten gehören.

Häufig zu beobachtende Verhaltensweisen in Situationen mit wenigen Anbietern liegen in der sog. Preisführerschaft. Sie stellt einen Verhaltenstyp dar, bei welchem ein Anbieter den ausschlaggebenden Einfluß auf den Marktpreis hat und andere Anbieter sich ihm anschließen, entweder indem immer ein Anbieter den Preis setzt und die anderen denselben Preis setzen oder sich konstant in einem bestimmten Abstand zum Preisführer ansiedeln (dominante Preisführerschaft), oder indem die Rolle des Preisführers wechselt (barometrische Preisführerschaft).

Ein Anbieter

Wenn der Lieferant der einzige Anbieter auf dem Markt ist, dann kann vom Wettbewerb – einschließlich des potentiellen Wettbewerbs – kein Einfluß auf die Preis ausgehen: Der Lieferant ist Monopolist. Er setzt seinen Preis allein nach eigenen Vorteilsüberlegungen.

1.1.2.4 Einflüsse des Staates auf die Preisentscheidung

Der Staat greift in die Preisbildung auf vielfältige Weise ein, die hier nur exemplarisch genannt werden.[9] Die *Preishöhe* wird durch Vorschriften über den Wucher, über die ruinöse Preisunterbietung, das Verbot mißbräuchlich hoher Preise von marktbeherrschenden Unternehmen und über den Behinderungsmißbrauch beeinflußt. Die *Preisstruktur* wird mitbestimmt durch Regelungen über die Grenzen eines kalkulatorischen Ausgleichs, die *Preisermittlungsmethode* steht unter dem Einfluß von Vorschriften über die Vergabe von öffentlichen Aufträgen und die Anwendung von periodenbezogenen Mengenrabatten. Schließlich gilt ein Verbot der Irreführung von Käufern bei der *Preiskommunikation* sowie ein Verbot der Einwirkung auf die Preisentscheidungen bei Kundenunternehmen auf nachgelagerten Marktstufen.

1.1.2.5 Einflüsse der Systempartner auf die Preisentscheidung

Insbesondere im System- oder im Anlagengeschäft werden Leistungen häufig gemeinschaftlich, d.h. von Anbieterkoalitionen erstellt. Die Partner sehen sich zunächst gemeinsam dem Zielkonflikt zwischen einer höheren Zuschlagswahrscheinlichkeit bei einem niedrigeren Preis und einem höheren Gewinn bei einem höheren Preis gegenüber. In der Bewertung der Bedeutung der beiden Ziele können die Meinungen jedoch durchaus auseinanderfallen, je nach der Situation und den Zielpräferenzen in den jeweiligen Unternehmen. Insofern ist es möglich, daß Systempartner verschiedene Preisvorstellungen präferieren. Als Regulativ wirkt in solchen Fällen – neben dem Preis gegenüber dem Kunden – oft die interne Verteilung des Leistungsentgelts auf die jeweils erbrachten Teilleistungen. Im Ergebnis kann der von einem Kunden ausgehende Preisdruck die Systempartner in unterschiedlichem Maße berühren. Dabei hängt die Verteilung wesentlich auch von der Verhandlungsposition der Partner ab.

---

9 Vgl. im Detail Backhaus/Plinke 1986, S. 122–145.

1.1.2.6 *Einflüsse der Kosten auf die Preisentscheidung*

Die Kosten des Lieferanten sind neben den Markteinflüssen die stärkste auf die Höhe des Preises einwirkende Kraft. Der Grund dafür ist einleuchtend. Kosten, die entstehen, müssen auch gedeckt werden, wenn das Unternehmen nicht seine Substanz verlieren will.

1.1.2.7 *Einflüsse der Beschäftigung auf die Preisentscheidung*

Betriebe, die vollbeschäftigt sind, werden eine andere Preispolitik betreiben als solche, die unterbeschäftigt sind. „Vollbeschäftigt" heißt, daß in einer Planungsperiode (z.B. einem Monat, einem Quartal) die mengenmäßige Nachfrage größer ist als die quantitative Lieferkapazität – der Lieferant kann sich also in gewissem Maße die bevorzugten Aufträge aussuchen. „Unterbeschäftigt" heißt entsprechend, daß in einer Planperiode die Kapazitäten größer sind als die mengenmäßige Nachfrage. In einer solchen Situation muß der Lieferant sich besonders um jeden Auftrag bemühen. Die Preisentscheidung bei Vollbeschäftigung läßt demnach erhebliche Kostenüberwälzungsspielräume erkennen, während die Preisentscheidung bei starker Unterbeschäftigung auf die Preisuntergrenzenentscheidung hinausläuft.

1.1.2.8 *Einflüsse des Geschäftstyps auf die Preisentscheidung*

Die Art und Weise, wie die Auslöser preispolitischer Entscheidungen wirken und wie die Lieferanten ihre Entscheidungen finden, differiert erheblich in den verschiedenen Tätigkeitsfeldern des Technischen Vertriebs. Die Ursachen liegen in den Besonderheiten der jeweiligen *Geschäftstypen* des Anlagengeschäfts, Produktgeschäfts und Systemgeschäfts. Es sind die unterschiedlichen Merkmale der Leistung und der Transaktionen, die jeweils sehr unterschiedliche Anforderungen an die Preisentscheidungen stellen. Tabelle 3 stellt einige relevante Merkmale von Anlagen- und Produktgeschäft zusammen.

1.1.3 Die Bedeutung der Preisentscheidung

Die Bedeutung der Preisentscheidung ergibt sich aus zwei Umständen: Die Preisentscheidung steht erstens unter großen Unsicherheiten und sie hat zweitens – insbesondere wenn sie fehlerhaft ist – gravierende Konsequenzen.

Die Preisentscheidung wird im Einzelfall unter mehr oder weniger großer *Unsicherheit* getroffen. Je größer die Unsicherheit ist, desto schwieriger wird die Preisentscheidung. Die Unsicherheit resultiert aus unvollkommener Information über die Kaufbereitschaft des Kunden, über die Investitionsmotive und Investitionskalküle sowie über seine Wahrnehmung der Leistung der Lieferanten, was

Tabelle 3. Charakteristika von Anlagen- und Produktgeschäft

	Anlagengeschäft auf Basis Einzelfertigung	*Produktgeschäft auf Basis Sorten- und Serienfertigung*
Merkmale der Leistung	• Individuelle Leistung, die sukzessive strukturiert wird • Einmaligkeit der Leistung • Komplexes Hardware-Software-Bündel • Hardware abdingbar • Individuelles Angebot • Geringe Zahl von Aufträgen mit hohem Wert • Diskontinuierlicher Auftragseingang • Langfristige Auftragsabwicklung • Anbieterkoalitionen	• Standardisierte Leistung, die nicht Gegenstand von Verhandlungen ist • Wiederholung der Leistung • Hardware dominiert, ist nicht abdingbar • Standardisiertes Angebot • Geringe Leistungsrisiken • Hohe Zahl von Aufträgen mit stark streuenden Auftragswerten • Kurz- bis mittelfristige Auftragsabwicklung • Einzelanbieter
Merkmale der Gegenleistung	• Individuell bestimmter Erlös • Kein Marktpreis im Angebotsstadium • Verhandlungen über den Auftragserlös • Kompensationsforderungen	• Generell bestimmter Erlös (Preisliste) • Marktpreis gegeben • Verhandlungen über Rabatt • Zahlung in Geld

letztlich in einer Unsicherheit der Einschätzung der Preisobergrenze des Kunden Ausdruck findet.

Die Konkurrenzsituation läßt sich ebenfalls nur unter mehr oder weniger Unsicherheit einschätzen. Sowohl der Preis als auch die Leistung der Konkurrenten sind nicht immer während der Angebotsphase erkennbar. Unterschiede in der Unsicherheit der Information ergeben sich hinsichtlich der Konkurrenz vor allem aus der Art des Produkts. Erzeugnisse aus Massen- und Großserienfertigung erlauben eine wesentlich höhere *Markttransparenz* als einzeln oder in Kleinserien gefertigte Produkte bzw. Systeme.

Die Unsicherheit der Preisentscheidung wird nochmals größer, wenn *Erwartungen* über die zukünftige Entwicklung des Wettbewerbs in die Betrachtungen einbezogen werden. Dann kommt Unsicherheit über das Auftreten neuer Wettbewerber zu der Unsicherheit der Einschätzung konjunktureller und branchenbedingter Einflüsse hinzu. Vor allem Entscheidungen über die Preisuntergrenze stehen im Zeichen der Unsicherheit der Erwartungen über zukünftige Aufträge.

Preisentscheidungen haben in der Regel gravierende *Konsequenzen.* Um diese zu betrachten, teilen wir die Preisentscheidungen in solche, die revidierbar sind und solche, die nur einmal getroffen werden.

Revidierbare Preisentscheidungen sind solche, die im Sorten- und Seriengeschäft für jeweils eine ganze Sorte oder Serie getroffen werden. Sie scheinen insofern weniger gravierende Konsequenzen zu haben, als eine falsche Entscheidung korrigiert werden kann, so daß der potentielle Schaden kein „Entweder-oder-", sondern ein „Mehr-oder-weniger"-Phänomen ist. Die Preisentscheidung für ein Serienprodukt kann jedoch auch nicht beliebig im Zeitablauf geändert werden. Behutsamkeit ist eine Notwendigkeit, weil Unruhe in der Preispolitik die Käufer verunsichert, zu Kaufzurückhaltung und zu Preisdruck führt. Es kommt hinzu, daß Preiszugeständnisse in einer für den Anbieter schwierigen Phase später nur sehr schwer wieder rückgängig gemacht werden können.

Schließlich ist zu bedenken, daß Leistung und Preis im Rahmen des Marketing-Mix zusammenwirken, daß die Wahrnehmung des Preises und die Wahrnehmung der Leistung nicht unabhängig voneinander sind, so daß wechselhaftes Verhalten in der Preispolitik auch negative Rückwirkungen auf die Wahrnehmung der Leistung durch den Kunden zur Folge haben kann.

Die unmittelbar meßbaren Konsequenzen von falschen Preisentscheidungen bei Sorten- und Serienprodukten sind Mengenrückgang und Marktanteilsverlust bei zu hohen Preisen sowie entgangene Gewinne durch relativ niedrige Preise, die nicht zu entsprechender Mengensteigerung führen. Die Identifizierung von Fehlentscheidungen ist dabei nicht ganz einfach, weil

1. der Maßstab für den „richtigen" Preis nur theoretisch ableitbar und in einer konkreten Situation oft nur schwer anwendbar ist und
2. die Wirkungen eines vermeintlich falschen Preises auch anderen Marketing-Instrumenten bzw. der Interaktion zwischen Preis und anderen Marketing-Instrumenten angelastet werden kann.

Nicht revidierbare Preisentscheidungen sind solche, die auftragsbezogen getroffen werden und bei denen keine weiteren Nachverhandlungen vorgesehen sind, sei es, daß es sich um ein Tenderverfahren handelt oder daß in einer abschließenden Verhandlungsrunde ein „letztes Wort" erwartet wird. Von einer solchen Preisentscheidung hängt es ab,

1. ob der Auftrag erlangt wird oder nicht,
2. wenn der Auftrag erlangt wird, inwieweit der tatsächlich realisierte Preis die tatsächlich entstandenen Kosten deckt bzw. einen Gewinn ermöglicht.

Die Beurteilung der Konsequenzen einer auftragsbezogenen Preisentscheidung hängt zunächst davon ab, ob bei Verlust des Auftrages der Konkurrenzpreis wesentlich unter der eigenen Preisuntergrenze lag. In diesem Fall lag kein Fehler vor, der Anbieter kann lediglich eingestehen, daß „die Konkurrenz unschlagbar war". Wurde der Auftrag gewonnen und lag der schärfste Konkurrent jedoch wesentlich höher, dann wurde etwas verschenkt.

Die nächste Stufe der Beurteilung eines Preises ist der Vergleich des nachkalkulierten Auftragsergebnisses mit dem vorkalkulierten. Ist die Differenz negativ zu beurteilen, so ist zu prüfen, ob in der Vorkalkulation bereits ein Verlust eingeplant war (z.B. für einen Referenzauftrag). In diesem Fall hängt die Bewertung von den Wirkungen dieser „Investition“ in Form eines Erlösverzichts ab.

Wenn das Auftragsergebnis schlechter ausfällt als vorkalkuliert, dann kann die Ursache eine Erlösverschlechterung sein (z.B. durch Währungseinflüsse), es kann aber auch eine Kostenüberschreitung vorliegen. Während bei Erlösverschlechterungen Risiken wirksam werden, die nicht beeinflußbar sind, stellen Kostenüberschreitungen i.d.R. vermeidbare Fehler dar.

Vor allem die Kostenüberschreitungen sind diejenigen Konsequenzen, die bei nicht revidierbaren Entscheidungen - gerade wenn es um große Auftragswerte geht - ein Unternehmen bei einer einzigen Preisentscheidung an den Rand der Existenz führen können.

Unsicherheit über die Einflußgrößen des Preises in der Entscheidungssituation und mögliche Konsequenzen aus der Preisentscheidung bilden zusammen das *Risiko der Preisentscheidung*. Das vor allen Dingen bei auftragsbezogenen Preisentscheidungen gegebene Risiko begründet die Notwendigkeit einer sorgfältigen Vorbereitung (Planung) der Preisscheidung. Wenn man Planung versteht als gedankliche Vorwegnahme und Vorstrukturierung zukünftigen Handelns, dann müssen die auf den Preis einwirkenden Einflußgrößen nach Möglichkeit erforscht und in ihrer Wirkung vorweggenommen werden. Die vermuteten Einflußgrößen sind zu verknüpfen und in Strukturen zu bringen, die eine Entscheidungsfindung in diesem komplizierten Zusammenhang erleichtern und das Unternehmen vor fatalen Konsequenzen bewahren.

Dieses ist gewiß nicht einfach. Die Vielfalt der dargestellten Einflußgrößen der Preisentscheidung und ihr Zusammenwirken zeigen, daß die Preisentscheidung eine extrem schlecht strukturierte Entscheidung darstellt. Es gibt keine Formeln und keine Rezepte für „richtige“ Preisentscheidungen. Vielmehr können die verfügbaren Methoden der Preisentscheidung lediglich als Unterstützung und Leitlinien in einem umfangreichen Informationsverarbeitungsprozeß gesehen werden, in dem die Informationen notgedrungen unvollständig und unsicher sind. Die in Tabelle 4 aufgeführte *Praxisempfehlung* für Preisentscheidungen[10] macht das deutlich.

Es werden Schneisen geschlagen in das Gestrüpp der Gefahren. So sollen die weiteren Abschnitte dieses Kapitels, auch wenn die Quantifizierung der Methoden und Sachverhalte dieses nahelegt, *nicht* zu dem Trugschluß führen, daß die Wirkungen der Preisentscheidungen kalkulierbar wären.

---

10 Vgl. Diller 1991, S. 60–61.

Tabelle 4. Praxis für Preisentscheidungen
(Quelle: Diller 1991, S. 60–61)

Praxisempfehlungen für Preisentscheidungen
1. Entwickle konsistente Ziele! a) Sorge für ein klar formuliertes,operationales und konsistentes Zielsystem! b) Entwickle Zielprioritäten und kläre die Zielbeziehungen! c) Gewährleiste, daß jeder an der Preispolitik beteiligte Entscheider die relevanten Ziele versteht!
2. Identifiziere Alternativen! a) Entwickle ausreichend Alternativen für eine problemgerechte Preispolitik! b) Vermeide traditionelle Denkmuster, fördere die Kreativität!
3. Beschaffe die relevanten Informationen! a) Gewährleiste, daß die Informationen über Käufer und Konkurrenten aktuell und zukunftsbezogen sind! b) Schaffe Bewußtsein dafür, daß Informationen nicht nur Berichte über Vergangenes, sondern zukunftsbezogen sein müssen! c) Beteilige die Marktforscher an den preispolitischen Problemen! d) Achte darauf, daß Kosteninformationen tatsächlich die Konsequenzen der preispolitischen Alternativen aufzeigen! e) Diskutiere die Kostenaspekte mit Personen aus dem Rechnungswesen! f) Analysiere die Wirkungen der einzelnen Alternativen hinsichtlich knapper Ressourcen, Anlagen, Produktionsablauf, Cash-flow, Marktanteil und Gewinn!
4. Treffe die Preisentscheidung! a) Nutze die verfügbaren Informationen voll aus! b) Bringe alle relevanten Variablen in die richtige Beziehung zueinander! c) Nehme Sensitivitätsanalysen vor, um die wichtigsten Variablen zu bestimmen! d) Berücksichtige die menschlichen und organisatorischen Probleme der Entscheidung! e) Berücksichtige die langfristigen Wirkungen der Entscheidung! f) Berücksichtige den Lebenszyklus des Produktes! g) Berücksichtige Erfahrungseffekte bei steigendem Produktionsvolumen!
5. Sorge für Feedback und Kontrolle! a) Entwickle Vorkehrungen dafür, daß die Preisentscheidungen mit der Marketing-Strategie kongruieren! b) Sorge für ein Informationssystem, das allen zuständigen Stellen die Ergebnisse der verschiedenen Preisentscheidungen vermittelt!

1.2 Methoden der Preisentscheidung im Produktgeschäft

1.2.1 Grundlagen

Das Produktgeschäft umfaßt Transaktionen von Leistungen, die auf der Basis von Sorten- und Serienfertigung hergestellt werden. Einem überwiegend standardisierten Leistungsangebot steht in diesem Geschäftstyp ein generell für dieses Leistungsangebot bestimmter Preis (Listenpreis) gegenüber (vgl. auch Tabelle 3). Der Listenpreis bezeichnet das Standard-Entgelt, das ein Kunde für ein bestimmtes Produkt eines Anbieters zu entrichten hat und ist gleichzeitig der Ausgangspunkt für die Preis- und Konditionenpolitik des Anbieters. Er ergibt sich somit nicht durch individuelle Verhandlungen, sondern wird den Absatzmittlern oder Kunden bekannt gegeben.

Die Bedeutung des Preises als Marketinginstrument hat im Produktgeschäft auf zahlreichen Märkten zugenommen. Der Grund ist vor allem in den Sättigungs- und Globalisierungstendenzen auf vielen Märkten bei einem gleichzeitigen Trend zu Qualitätsangleichungen zu sehen. Diese Entwicklung hat in der betriebswirtschaftlichen Praxis die Motivation für eine verbesserte Preisfindung deutlich erhöht. Erkenntnisfortschritte in der Preistheorie finden in zunehmendem Maße einen Niederschlag auch in der praktischen Anwendung. Dabei können Fortschritte in der Preisfindung prinzipiell durch ein verbessertes Verständnis aller unternehmensinternen und unternehmensexternen Einflußgrößen der Preisentscheidung (vgl. Tabelle 5) erreicht werden.

Die unternehmensinternen und unternehmensexternen Einflußgrößen der Preisentscheidung sind im Produktgeschäft prinzipiell die gleichen wie im Anlagengeschäft. Allerdings spielen sie, bedingt durch die Besonderheiten des Produktgeschäfts eine andere Rolle. Sie finden ihren Niederschlag in einer Differenzierung von Preiszähler und Preisbezugsbasis als Stellgrößen der Preispolitik. Die Differenzierung von Preiszähler und Preisbezugsbasis bildet den gliederungstechnischen Rahmen dieses Abschnitts. Die Bedeutung der einzelnen Einflußgrößen variiert dabei von Fall zu Fall.

Den Ausgangspunkt der Preispolitik bildet die Festlegung des Listenpreises. Diese Entscheidung kennzeichnet den Standardfall (Fall 1), in dem sowohl der Preiszähler als auch die Preisbezugsbasis verbindlich für sämtliche Abnehmer definiert werden (vgl. Tabelle 5). Die Entscheidung über den Listenpreis besitzt vor allem bei der Neuprodukteinführung eine große Bedeutung. So beeinflußt der Listenpreis des Herstellers eines neuartigen medizintechnischen Systems zur Stabilisierung der Körpertemperatur von Patienten nach operativen Eingriffen die Aufnahme und Verbreitung des Systems im Krankenhaussektor in hohem Maße. Preis und Absatzvolumen bestimmen außerdem den Cash-Flow aus dem

Tabelle 5. Preiszähler und Preisbezugsbasis als Stellgrößen der Entgeltpolitik: Sechs Fälle

	Preisbezugsbasis undifferenziert	*Preisbezugsbasis differenziert* der Quantität nach	*Preisbezugsbasis differenziert* der Qualität nach
Preiszähler undifferenziert	Fall 1	Fall 3	Fall 4
Preiszähler differenziert	Fall2	Fall 5	Fall 6

Produkt. Und schließlich erwarten auch die Absatzmittler eine Preis-Liste des Herstellers.[11]

Zentrale unternehmensinterne Einflußfaktoren auf die Entscheidung über den Listenpreis sind vor allem die Kosten. Auch die Beschäftigungssituation des Unternehmens kann eine wichtige Rolle bei der Preisfindung spielen. Als wichtiger unternehmensexterner Einflußfaktor der Preisentscheidung müssen die Kunden analysiert werden. Kundenorientierte Verfahren der Preisfindung dienen der Feststellung der Preisobergrenzen und Preiselastizitäten der Kunden. Fundierte Messungen von Preisbereitschaften seitens der Kunden leisten einen besonders wichtigen Beitrag zur Reduzierung der Unsicherheit bei Preisentscheidungen. Kundenbefragungen, Expertenschätzungen, Experimente und Marktbeobachtungen schaffen die Voraussetzung für die Festlegung des Listenpreises (Fall 1) und ergänzen die kostenorientierten Verfahren der Preisfindung. Ihre Anwendung soll die Konsequenzen falscher Preisentscheidungen - Marktanteilsverluste bei zu hohen Preisen sowie entgangene Gewinne bei zu niedrigen Preisen - vermeiden. Kunden- und kostenorientierte Verfahren müssen somit zwangsläufig kombiniert werden, wenn es darum geht, einen an den Kundenpräferenzen orientierten Preis auch kostenrechnerisch zu rechtfertigen bzw. die Erfolgswirksamkeit eines Preises zu ermitteln.

Auf der Grundlage eines gegebenen Listenpreises lassen sich durch die Differenzierung des Preiszählers und/oder der Preisbezugsbasis fünf weitere Fälle neben dem Standardfall unterscheiden. Dabei lassen sich die Fälle 2, 3 und 4 als Fälle von Preisdiskriminierung zusammenfassen. Auf der Grundlage unterschiedlicher Nutzenwahrnehmungen durch den Kunden werden vom Anbieter für quantitativ und qualitativ gleiche Leistungen unterschiedliche Preise gefordert. Ein derartig differenziertes Vorgehen kann beispielsweise gegenüber Kunden sinnvoll sein, die in verschiedenen Regionen angesiedelt sind und deren Möglichkeiten der Substitution des Leistungsangebotes sich unterscheiden. Dabei stellen die Fälle 3 und 4 Sonderfälle dar, in denen eine Diskriminierung zwischen unterschiedlichen Kundengruppen nicht über den Preiszähler sondern über den Preisnenner erfolgt: es wird ein Pauschalbetrag verlangt, die Mengen (Fall 3) oder Leistungen (Fall 4) werden jedoch verändert. Die Fälle 3 und 4 sind hier nur der Vollständigkeit halber erwähnt und werden im folgenden nicht weiter berücksichtigt. Dagegen sind zwei weitere Ausprägungen des Falls 2 von hoher praktischer Relevanz, nämlich die Preisvariation und die Preispolitik im Produktlebenszyklus. Beiden gemeinsam ist die dynamische Betrachtung der Preispolitik. Durch Preisvariation wird ein Preis in einer Zeitperiode gegenüber *einer* Kundengruppe - beispielsweise durch saisonabhängige Rabatte - verändert. Die Preispolitik im Produktlebenszyklus bezeichnet Veränderungen des Preises über

[11] Vgl. Kerin/Peterson 1993, S. 488.

die gesamte Lebensdauer eines Produktes hinweg. Sie kann sich auf eine bestimmte Kundengruppe oder auf verschiedene Kundengruppen beziehen. Zunehmend wird in diesem Zusammenhang auch der Einfluß der Wettbewerber auf die Preisfindung berücksichtigt. Für die Hersteller von Personal Computern ist ein Absenken der Preise im Produktlebenslauf typisch. Die Korrektur der Preise nach unten wird durch die Einführung von Nachfolgemodellen durch das Unternehmen selbst oder durch Wettbewerber nochmals beschleunigt.

Fall 5 beschreibt Abweichungen vom Listenpreis aufgrund von unterschiedlichen Mengenabnahmen. Durch das Instrument des Mengenrabatts wird dabei eine Unterscheidung zwischen Transaktionen nach ihrem mengenmäßigen Umfang herbeigeführt. Unterschiedliche Preise für unterschiedliche Leistungen werden schließlich im Fall 6 diskutiert. Ein Schwerpunkt bildet dabei die Rolle von Verbunden zwischen verschiedenen Elementen eines Sortiments und ihr kalkulatorischer Ausgleich.

1.2.2 Preisentscheidungen im „Standardfall": Gleiche Preise für gleiche Leistungen (Fall 1)

1.2.2.1 *Die Bestimmung des Listenpreises*

1.2.2.1.1 *Kostenorientierte Verfahren*

Die Preisfindung auf der Basis von Kostendaten führt generell zu einem wichtigen Ausgangspunkt für die Diskussion von Preisuntergrenzen. Im Produktgeschäft werden kostenorientierte Verfahren nicht selten zur definitiven Festlegung der Preisuntergrenze verwendet. Ursächlich hierfür ist das Ziel von Unternehmen, die Kosten für Produktion, Distribution und Verkauf sowie für alle sonstigen Anstrengungen des Anbieters zu decken. Hinzu kommt dann die Forderung eines angemessenen Entgelts für die Übernahme des unternehmerischen Risikos, also des Preisbestandteils, der letztlich den Gewinn des Unternehmens verkörpert.

Auf Vollkostenbasis wird der Preis p_i für ein Produkt i ermittelt, indem auf die Selbstkosten k_i des Produktes ein Gewinnaufschlag g gerechnet wird:

$$p_i = k_i \cdot (1 + g/100)$$

Die Kalkulation der Kosten kann auf unterschiedliche Weise durchgeführt werden. Die Auswahl eines bestimmten Kalkulationsverfahrens richtet sich nach verschiedenen Einflußfaktoren, beispielsweise nach der Zahl der Produktlinien oder Produktionsstufen eines Unternehmens, nach dem Fertigungsverfahren oder nach der gewünschten Genauigkeit der Kostenzurechnung nach dem Verursachungs- bzw. Beanspruchungsprinzip.[12] Die wesentlichen Gruppen von Kalkulationsverfahren sind die Divisionskalkulation und die Zuschlagskalkulation, die sich grundlegend in ihrem Algorithmus unterscheiden. Während die Divisionskalkulation Durchschnittskosten durch Division bildet, werden in der Zuschlagskalkulation Gemeinkostenanteile auf Einzelkosten aufgeschlagen.

Die *einfache Divisionskalkulation* geht von der Summe der primären Kostenarten des Gesamtbetriebs in der Periode aus und dividiert diese durch die gesamten Leistungsmenge (Produktionsmenge) der Periode (vgl. Definition 3). Sinnvoll kann das Verfahren nur in Unternehmen mit homogenen Produkten angewandt werden. Bei heterogenen Produkten werden die unterschiedlichen Kosteneinflußfaktoren der einzelnen Produkte vollständig vernachlässigt.

Definition 3. Einfache Divisionskalkulation[13]

$$k = \frac{\sum_{i=1}^{n} K_i}{x}$$

wobei
k = Kosten pro Leistungseinheit
K_i = primäre Kostenarten
x = Leistungsmenge

Für die Kalkulation von relativ ähnlichen Produkten, wie sie in der Sortenfertigung erstellt werden, eignet sich das *Äquivalenzziffernverfahren*. Das besondere Merkmal der Sortenfertigung ist, daß die Leistungseinheiten jeder Sorte homogen sind und daß zwischen den Sorten feste Kostenrelationen bestehen. Äquivalenzziffern bringen die relative Kostenverursachung der verschiedenen Sorten zum Ausdruck. Verursacht beispielsweise die Produktion der Papiersorte der Stärke 100 g im Vergleich zur Sorte 70 g das 1,2fache an Kosten (bedingt durch höheren Rohmaterialverbrauch und Energieeinsatz), so ist die Äquivalenzziffer der Sorte 100 g 1,2 und die der Sorte 70 g 1,0. Generell werden die Selbstkosten der Sorte j nach folgender Formel ermittelt:[14]

$$k_j = \frac{\sum_{i=1}^{n} K_i}{\sum_{j=1}^{m} x_j \cdot \alpha_j} \cdot \alpha_j$$

wobei
α_j = Äquivalenzziffer der Sorte j ($j = 1, 2, \dots m$)

---

[12] Vgl. Plinke 1997, S. 102.

[13] Vgl. Plinke 1997, S. 103.

[14] Kilger 1988, S. 317.

Sind die Voraussetzungen für die Anwendung der einfachen Divisionskalkulation oder des Äquivalenzziffernverfahrens nicht gegeben, so bietet sich die *diffenrenzierte Zuschlagskalkulation* als ein besonders anpassungsfähiges Verfahren an. Die Gemeinkosten werden nicht in einem pauschalen Zusachlagssatz auf das Produkt bzw. Kalkulationsobjekt verrechnet, sondern sie werden nach ihrem Entsstehungsbereich gegliedert und dann nach den individuellen Zuschlagssätzen in den einzelnen Entstehungsbereichen den Leistungen zugerechnet. Hierfür ist die Kostenstellenrechnung (BAB) eine wesentliche Voraussetzung, da sie die Grundlage für die Ermittlung der Zusachlagssätze bildet. Das Grundschema der differenzierenden Zuschlagskalkulation beschreibt Abb. 4.

Die Preiskalkulation auf der Grundlage von Kostendaten erscheint zunächst relativ unproblematisch. Tatsächlich liegen die meisten der zur Anwendung der Verfahren erforderlichen Daten in den Kostenrechnungssystemen der Unternehmen vor. Der zusätzlich für die Preisfindung entstehende Informationsbedarf kann somit als gering angesehen werden. Außerdem kann eine kostenorientierte Preisfindung die Akzeptanz des Preises bei den Kunden erhöhen, sofern die Kostenstrukturen offengelegt werden.

Gleichzeitig ist auf einige Probleme hinzuweisen, die bei der Preisfindung zu berücksichtigen sind bzw. die den Wert einer rein kostenorientierten Preisfindung einschränken. Die wesentlichen Aspekte lassen sich bezeichnen als das Gemeinkostenproblem, das Fixkostenproblem, das Phänomen U-förmiger Stückkostenverläufe, die Preisabhängigkeit des Absatzes sowie die Vernachlässigung marktorientierter Informationen.

- Das *Gemeinkostenproblem* stellt sich in praktisch allen Mehrproduktunternehmen. Der Einsatz von Schlüsselgrößen bei der Verrechnung von Gemeinkosten führt immer zu einer Verletzung des Kostenverursachungsprinzips. Da die subjektiv erfolgende Schlüsselwahl die Gemeinkostenverteilung erheblich beeinflußt, wirkt sie auch auf die Preishöhe ein. Das rein kostenorientierte Denken bei der Preisfindung wird daher bei der Gemeimkostenschlüsselung

<table>
<tr><td>Fertigungsmaterial (Materialeinzelkosten)</td><td rowspan="2">Materialkosten</td><td rowspan="5">Herstellkosten</td><td rowspan="8">Selbstkosten</td></tr>
<tr><td>+ Materialgemeinkosten</td></tr>
<tr><td>+ Fertigungslöhne</td><td rowspan="3">Fertigungskosten</td></tr>
<tr><td>+ Fertigungsgemeinkosten</td></tr>
<tr><td>+ Sondereinzelkosten der Fertigung</td></tr>
<tr><td colspan="3">+ Verwaltungsgemeinkosten</td></tr>
<tr><td colspan="2">+ Vertriebsgemeinkosten</td><td rowspan="2">Vertriebskosten</td></tr>
<tr><td colspan="2">+ Sondereinzelkosten des Vertriebs</td></tr>
</table>

Abb. 4. Grundschema der differenzierenden Zuschlagskalkulation (Quelle: Plinke 1993, S. 130)

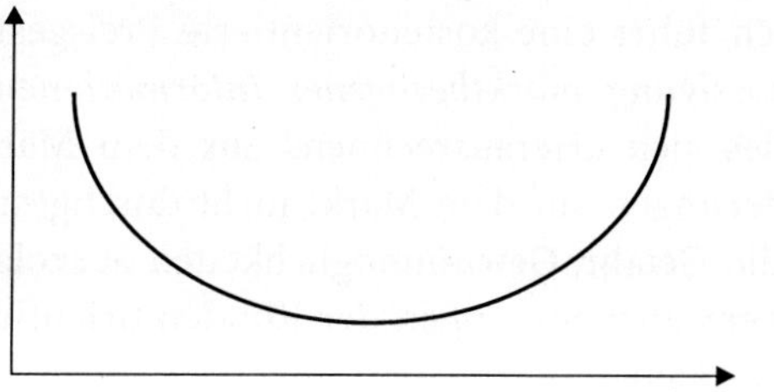

Abb. 5. U-förmiger Verlauf der Durchschnittskostenkurve pro Stück

nach dem Prinzip der Kostentragfähigkeit bereits um marktorientierte Überlegungen ergänzt. Das Kostentragfähigkeitsprinzip verrechnet Gemeinkosten danach, welche Preise für die jeweiligen Produkte am Markt durchsetzbar sind.

- Das *Fixkostenproblem* resultiert aus der Tatsache, daß die Stückkosten einer Leistung um so stärker auf Beschäftigungsschwankungen reagieren, je höher der Anteil der fixen Kosten an den Gesamtkosten ist. Sinkt die Beschäftigung, verteilt sich der Fixkostenblock eines Unternehmens auf immer weniger Leistungseinheiten. Als Konsequenz ergeben sich höhere Preise pro Leistungseinheit. Bei einer steigenden Beschäftigung sinken dagegen Kosten und Preise pro Stück.
- Die Fixkosten sind ein wesentlicher Grund für den mit steigender Ausbringung zunächst fallenden Verlauf der idealtypisch *U-förmigen Kurve der kurzfristigen Durchschnittskosten* pro Stück. Engpässe, Überlastung und erhöhter Verschleiß führen bei einer gegebenen Ressourcenausstattung und weiter ansteigender Beschäftigung dann jedoch zu Ineffizienz und steigenden Kosten pro Stück (vgl. Abb. 5).
- Die Schwierigkeiten für die Preisfindung aus der Fixkostenproblematik und dem U-förmigen Verlauf der kurzfristingen Durchschnittkostenkurve werden durch die *Preisabhängigkeit des Absatzes* noch deutlich verschärft. Höhere Preise senken i.d.R. die Nachfrage und damit auch die Beschäftigung. Je nach dem, ob sich ein Unternehmen auf dem rechten oder linken Ast der U-Kurve befand sinken oder steigen die Stückkosten als Reaktion auf die sinkende Beschäftigung. Befindet sich ein Unternehmen auf dem linken Ast, steigen damit Stückkosten und Preise erneut und führen zu einer noch geringeren Nachfrage. Dieser Prozeß kann sich immer weiter fortsetzen. Umgekehrt ist es möglich, daß Kunden Preise als Qualitätsindikator interpretieren und der Absatz von höheren Preisen positiv beeinflußt wird. In beiden Fällen werden die kalkulierten Gewinn- und Rentabilitätsziele eines Unternehmens immer nur dann erreicht, wenn der auf Kostenbasis ermittelte Preis zufällig genau zu der erwarteten Nachfrage führt.

- Schließlich führt eine kostenorientierte Preisgestaltung regelmäßig zu einer *Vernachlässigung marktbezogener Informationen.* Insbesondere besteht die Gefahr des sich „Herausrechnens aus dem Markt", wenn kostenmotivierte Preisforderungen auf dem Markt nicht durchgesetzt werden können. Ebenso besteht die Gefahr, Gewinnmöglichkeiten auszulassen, die z.B durch eine an den Nutzenwahrnehmungen der Kunden orientierte Preissetzung ausgenutzt werden könnten.

1.2.2.1.2 Kundenorientierte Verfahren

Die Gewinnung kundenorientierter Preisinformationen

Bei den marktorientierten oder retrograden Verfahren der Preisfindung bildet ein gegebener oder geplanter Preis auf dem Absatzmarkt den Ausgangspunkt. Dieser Preis richtet sich primär nach der Einschätzung der von den Kunden wahrgenommenen Nutzendifferenzen zwischen dem eigenen Produkt und den Produkten der Wettbewerber und nach den Preisen der Konkurrenzprodukte. Damit werden marktbezogene Informationen explizit in die Preissetzung einbezogen; die Preisabhängigkeit des Absatzes wird ausdrücklich berücksichtigt.

In einer Rückrechnung wird dann die Erfolgswirksamkeit des Preises ermittelt. Kalkulationen auf Teilkostenbasis zeigen den Entscheidungsträgern im Unternehmen die Vertretbarkeit von Preisvorstellungen. Auch ergeben sich bei einem gegebenen Preis Kostenobergrenzen für die Inputgüter zur Herstellung von Produkten, deren Überschreitung die Zielvorstellung des Unternehmens gefährden würde. Neben Gewinn- oder Deckungsbeitragszielen können auch andere Unternehmensziele, etwa der Umsatz, in die retrograde Kalkulation einbezogen werden.

Die Voraussetzung für eine kundenorientierten Preisfindung ist die Kenntnis der Preisabsatzfunktion der Kunden, d.h. ein Wissen um den Zusammenhang zwischen Preisen und Absatzmengen. Durch folgende Erhebungsmethoden können die notwendigen Informationen gewonnen werden:[15]

- Expertenbefragungen,
- Marktbeobachtungen,
- Experimente und
- Kundenbefragungen.

Expertenbefragung

Die Expertenbefragung stellt vor allem in neuen, nicht mit bisherigen Entscheidungen vergleichbaren Situationen, den oft einzigen Weg zur Schätzung der

---

15 Vgl. Diller 1991, S. 131 ff., und Simon 1992, S. 109 ff.

Preisabsatzfunktion dar. Unter solche Situationen fällt beispielsweise die Neuprodukteinführung oder das Auftreten von neuen Wettbewerbern. Die Neuformulierung der Preispolitik kann dann durch Expertenurteile eine sinnvolle Unterstützung erfahren. Dazu werden mit dem Produkt und dem Zielmarkt vertraute Experten (z.B. mit dem Absatzgebiet vertraute Produktmanager) gebeten, subjektive Einschätzungen über Absatzmengen oder Marktanteile bei verschiedenen Preisen abzugeben. In Situationen, die durch Unsicherheit gekennzeichnet sind, kann es sinnvoll sein, Schätzungen für unterschiedliche Szenarien (z.B. ohne Konkurrenzeintritt, mit Konkurrenzeintritt) zu erheben.

Die Methode der Expertenbefragung kann schnell durchgeführt werden und ist kostengünstig. Gleichwohl sollten einige Empfehlungen beachtet werden, um einen möglichst guten Erfolg zu gewährleisten:[16]

1. Es sollten möglichst nicht weniger als fünf bis zehn Experten befragt werden, um die Validität der Einschätzung zu steigern.
2. Die Experten sollten unterschiedliche Aufgaben und Positionen bekleiden, um eine einseitige Perspektive bei der Schätzung zu vermeiden.
3. Die Befragung der Experten sollte durch eine neutrale Person erfolgen.
4. Die Ergebnisse der Befragung sollten in einer gemeinsamen Abschlußsitzung diskutiert und gegebenenfalls korrigiert werden. Diese Konsensbildung ist einer einfachen Durchschnittsbildung oder Medianberechnung vorzuziehen.

Marktbeobachtungen

Auf zahlreichen Märkten können Informationen über das Preisverhalten der Kunden auch durch Beobachtung gewonnen werden. Relativ leicht zugänglich sind Preis-, Absatzmengen- und Marktanteilsinformationen auf verschiedenen Konsumgütermärkten. Marktforschungsinstitute wie *Nielsen* oder die *Gesellschaft für Konsumforschung* (*GfK*) erheben diese Daten regelmäßig. Rückschlüsse auf Auswirkungen von Preisentscheidungen können allerdings nur gezogen werden, wenn die Preise auf dem beobachteten Markt in ausreichendem Umfang variiert werden. Bleibt das Preisgefüge zwischen den Anbieter auf einem Markt über längere Zeit konstant, ist die Ableitung von Preisabsatzfunktionen nicht möglich. Haben Preisänderungen stattgefunden, so muß bei der Interpretation der Ergebnisse vorsichtig vorgegangen werden. So kann es nicht als sicher gelten, daß beispielsweise eine erhöhte Absatzmenge *ursächlich* auf eine Preissenkung zurückzuführen ist und nicht etwa auf konjunkturelle Veränderungen.

Das häufigste Verfahren zur Analyse der Marktdaten ist die Regressionsanalyse. Obwohl diese Methode in der Literatur zur Preisfindung einen breiten Raum einnimmt, kommt ihr in der Praxis nicht die gleiche Bedeutung zu.[17] Auf Investi-

[16] Vgl. Simon 1992, S. 110.

[17] Vgl. Simon 1992, S. 131.

tionsgütermärkten wird die Rolle der Marktbeobachtungen nochmals relativiert. Expertenbefragungen sowie Kundenanalysen spielen hier eine wichtigere Rolle. Während die Kundenanalysen auf Konsumgütermärkten durch Experimente und Kundenbefragungen realisiert werden, haben auf Investitionsgütermärkten Kundenanalysen durch Conjoint-Measurement zunehmend an Bedeutung gewonnen.

Experimente

Experimente werden in realen oder realitätsnahen Kaufsituationen durchgeführt. Einige Hersteller aber auch Marktforschungsinstitute führen in einzelnen Geschäften regelmäßig sog. *Storetests* durch. Dazu werden die Preise in einem oder mehreren Geschäften variiert und die Reaktion der Kunden auf Preisveränderungen beobachtet. Durch die Scanner-Technologie wird die Erfassung der interessierenden Daten, also die zeit- und artikelgenaue Erfassung von Preisen und Mengen, erheblich vereinfacht.

Bei der Durchführung von Experimenten muß auf verschiedene Störgrößen geachtet werden. Insbesondere sind zu berücksichtigen

- Besonderheiten des Testgeschäfts, etwa Lage, Konkurrenzsituation, Image etc.,
- überlappende Einflüsse der übrigen Marketing-Instrumente, etwa Regalplazierungen, Werbung, etc.,
- saisonale Störfaktoren, etwa Witterung, Urlaub etc.

Gelingt es, die Störfaktoren beispielsweise durch die repräsentative Auswahl von Testgeschäften zu eliminieren, so können Storetests ebenso gute oder bessere Ergebnisse zeitigen als die sehr viel umfassenderen *Markttests.* Vorteile ergeben sich auch gegenüber den früher noch verstärkt durchgeführten *Labortests.* In einem Labortest wird eine Kaufsituation nur simuliert. Versuchspersonen werden mit einem bestimmten Geldbetrag ausgestattet, den sie dann zum Kauf verschiedener Produkte einsetzen sollen. Von besonderem Interesse sind Veränderungen im Kaufverhalten bei Variation des Preises der Testproduktes. Vor allem die Künstlichkeit der Laborsituation, in der die Testkunden wissen, daß sie beobachtet werden, läßt die Versuchsergebnisse jedoch oft fragwürdig erscheinen.

Kundenbefragung

Die Kundenbefragung kann in prinzipiell zwei Varianten durchgeführt werden. Entweder der Kunde wird *direkt* nach dem Verhalten in bezug auf bestimmte Preise oder Preisänderungen befragt. Oder der Kunde wird nach Präferenzen für unterschiedliche Produkte befragt und anschließend werden auf *indirektem* Wege Rückschlüsse auf die Wirkung von bestimmten Preisentscheidungen gezogen. Direkte Befragungen umfassen Fragen wie die folgenden:

- Würden Sie das Produkt *A* zu einem Preis von *x* DM kaufen?
- Wieviele Produkteinheiten würden Sie zu dem Preis *x* DM kaufen?
- Was wäre Ihre Preisobergrenze für den Kauf des Produktes *A*?
- Bei welchem Preis würden Sie auf das Produkt *B* wechseln?

Abbildung 6 zeigt eine Preisabsatzfunktion für ein Industriegut. Den Kunden eines Zuliefererunternehmens wurde die Frage gestellt, bei welcher Preiserhöhung sie den Lieferanten wechseln würden. Aus der Befragung geht hervor, daß 9% der derzeitigen Kunden den Anbieter wechseln würden, wenn die Preise um 5% angehoben würden. Die Preiselastizität, verstanden als das Verhältnis der prozentualen Absatzänderung zu der prozentualen Preisänderung beträgt in diesem Fall -1,80. Bei einer Anhebung der Preise um 10% würden sogar 31% der bisherigen Kunden den Anbieter verlassen (Preiselastizität - 3,10) und bei einer Preiserhöhung um 20% würde kein einziger Kunde mehr bei dem Anbieter bleiben.

Je nach Zielsetzung des Anbieters kann die per Befragung gewonnene Preisabsatzfunktion z.B. in gewinn- oder umsatzzielkonforme Preise übersetzt werden. Dabei darf die Validität der Ergebnisse von Preisbefragungen aus einer Reihe von Gründen nicht kritiklos vorausgesetzt werden:

1. Die Frage nach dem Preis isoliert den Preis von anderen Aspekten der Kaufentscheidung und führt damit zu einer Partialbetrachtung, die vom Kunden in der Realität so nicht angestellt wird. Insbesondere besteht die Gefahr, ein unrealistisch hohes Preisbewußtsein zu erzeugen.

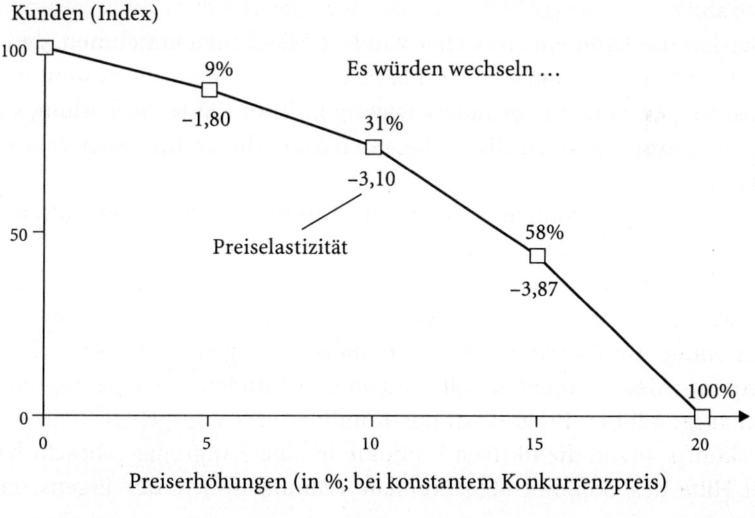

Abb. 6. Per direkter Kundenbefragung ermittelte Preisabsatzfunktion für ein Industriegut (Quelle: Simon 1992, S. 114)

2. Die vom Preis ausgehende Prestigewirkung kann ein Abweichen der in der Befragung geäußerten Meinung von dem tatsächlichen Kaufverhalten bewirken.
3. Einmalige Befragungen vernachlässigen häufig dynamische Aspekte des Preisverhaltens und liefern für langfristige Preisentscheidungen eine oft nur unzureichende Entscheidungsgrundlage.

Aus diesen Gründen empfiehlt es sich, die direkte Befragung nicht isoliert, sondern in Kombination mit anderen Verfahren zu verwenden. Vor allem durch indirekte Befragungen sollen die Nachteile der direkten Befragung vermieden werden. Beim *Conjoint-Measurement* werden die Kunden nicht direkt nach ihrem Preisverhalten gefragt. Vielmehr werden Rückschlüsse auf die Wirkung von bestimmten Preisen durch Aussagen der Kunden über ihre Präferenzen gezogen. Conjoint-Measurement ist ein Verfahren, das versucht, den Beitrag einzelner Komponenten zu einem Gesamtnutzen zu ermitteln. Es ist damit ein dekompositionelles Verfahren, welches auf der Annahme basiert, daß sich ein Gesamtnutzen additiv aus den Teilnutzenwerten von Komponenten zusammensetzt.[18]

Durch das Conjoint-Measurement wird insbesondere berücksichtigt, daß die Kunden ihre Kaufentscheidung nicht allein vom Preis abhängig machen, sondern Nutzen und Preis gegeneinander abwägen. Dieser „Trade-off"-Situation wird Rechnung getragen, indem die Kunden nicht direkt zum Preis befragt werden. Statt dessen werden einem Kunde verschiedene Preis-Produkt-Kombinationen vorgestellt. Erfragt werden Präferenzurteile zu verschiedenen Kombinationen von Merkmalen. Dazu muß der Kunde die durch die Merkmalskombinationen gebildeten „fiktiven Produkte" in eine Rangreihe bringen. Aus den ordinalen Gesamtnutzenurteilen leitet das Conjoint-Measurement dann metrische Teilnutzenwerte ab.

Beispielsweise kann ein Hersteller von Fax-Maschinen annehmen, daß die Eigenschaften Preis, Seiteneinzug, Farbübertragung, Computerintegration und Kundendienst für die Kunden besonders wichtig in ihrer Kaufentscheidung sind. Tabelle 6 zeigt Ausprägungen dieser Eigenschaften, die er für besonders relevant halten kann.

In diesem Beispiel können rechnerisch 72 fiktive Produkte geschaffen werden ($3 \times 2 \times 2 \times 2 \times 3$). Tatsächlich sind einige Kombinationen, etwa ein Gerät mit Farbübertragung und Computerintegration für $ 1.500,– jedoch gar nicht realistisch. Außerdem wird eine Befragung von Kunden über alle fiktiven Produkte sehr aufwendig. Aus diesem Grunde wird daher häufig ein reduziertes Design für das Conjoint- Measurement erstellt, indem den Kunden nur eine begrenzte Anzahl von ausgewählten Preis-Leistungs-Kombinationen vorgelegt wird. Nachdem eine Auskunftsperson die fiktiven Produkte in eine Rangreihe gebracht hat, werden mit Hilfe des Conjoint-Measurement Teilnutzenwerte der Eigenschaftsaus-

[18] Vgl. Backhaus/Erichson/Plinke/Weiber 1996, S. 496 ff.

Tabelle 6. Relevante Eigenschaftsmerkmale für eine Kaufentscheidung (Beispiel)

Eigenschaften	*Ausprägungen*		
Preis (in US $)	1.500,–	3.000,–	12.000,–
Seiteneinzug	manuell	automatisch	
Farbübertragung	nein	ja	
Computerintegration	nein	ja	
Kundendienst	nein	beschränkt	full-time

prägungen für jeden befragten Kunden festgelegt. Durch Addition der Teilnutzenwerte läßt sich auch der metrische Gesamtnutzen einer Preis-Leistungs-Kombination ermitteln.

Durch das Conjoint-Measurement treffen die Befragten sehr viel realitätsnähere Entscheidungen als im Fall der direkten Befragung zu bestimmten Preisen. So wird es beispielsweise möglich zu beantworten, welchen zusätzlichen Geldbetrag ein Kunde bereit ist, für eine bestimmte Zusatzleistung, eine Qulitätssteigerung, eine Sonderausstattung etc. zu entrichten. In Kombination mit Kostendaten über eine Zusatzleistung läßt sich berechnen, ob eine produktpolitische Maßnahme wirtschaftlich sinnvoll ist oder nicht. Die Preiskalkulation auf der Grundlage von Preisabsatzfunktionen, die durch Conjoint-Measurement ermittelt wurden, gestattet somit eine kundenorientierte Bestimmung gewinn- oder umsatzmaximaler Preise.

In den letzten Jahren sind wichtige Fortschritte im Bereich des Conjoint-Measurement gemacht worden. Gleichwohl handelt es sich bei der Methode des Conjoint-Measurement um ein anspruchsvolles Verfahren. Gelingt es nicht, die Analyse auf die spezifische Anwendungssituation abzustimmen, können Fehlentscheidungen entstehen.

Target Pricing

Die Schätzung des subjektiven Nutzens, den ein Kunde den einzelnen Teilen eines Leistungsbündels zumißt, ist eine wesentliche Voraussetzung für ein weiteres retrogrades Preisfindungsverfahren. Das Target Pricing, teilweise auch als Target Costing bezeichnet, gilt als eine aus der japanischen Managementpraxis stammende Methode der Preisfindung. Zunächst werden per Marktforschung, z.B. unter Zuhilfenahme des Conjoint-Measurement, die Anforderungen der Kunden an die Leistungsfähigkeit und den Preis das Produktes ermittelt. Der Preis wird dann noch vor der Entwicklung des Produktes als wichtige Bedingung festgeschrieben. Dabei ist die Durchführung von Konkurrenzvergleichen notwendig. Durch Abzug der angestrebten Gewinnmarge ergeben sich die Zielkosten für das Produkt.

Die Realisierung der vorgegebenen Kosten bzw. des Zielpreises erfolgt durch eine gemeinschaftliche Anstrengung verschiedenster Funktionsträger. Dazu gehören Produkt-Designer, Ingenieure, Einkäufer und andere. Im Prinzip werden das gesamte Unternehmen sowie auch die Zulieferer als Kostensenkungspotential verstanden. Das Target Pricing greift damit in die gesamte Wertkette des Unternehmens und seiner Zulieferer ein. *Paul/Reckenfelderbäumer* stellen dabei explizit auf die ein bestimmtes Leistungsbündel determinierenden Prozesse ab (vgl. Abb. 7).

Der vom Markt her ermittelte Preis für das Absatzprodukt wird in Zielkosten für das gesamte Leistungsbündel und in Zielkosten für die einzelnen zur Erstellung des Leistungsbündels erforderlichen Teilprozesse transformiert. Aus dem Vergleich zwischen den Zielkosten und den Standardkosten des Produktes sowie der Ziel- und Standardkosten der jeweiligen Teilprozesse ergeben sich entsprechende Anpassungsbedarfe, die ihre Ursache in der subjektiven Nutzenwahrnehmung der einzelnen Teile des Leistungsbündels durch den Kunden haben.

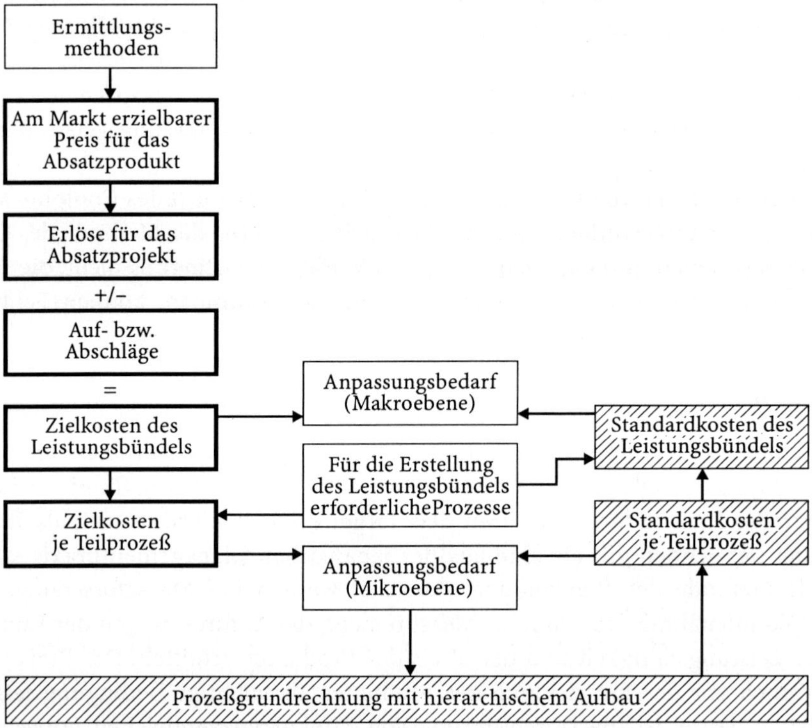

Abb. 7. Prozeßkostengestütztes Target Costing
(Quelle: Paul/Reckenfelderbäumer 1994, S. 150)

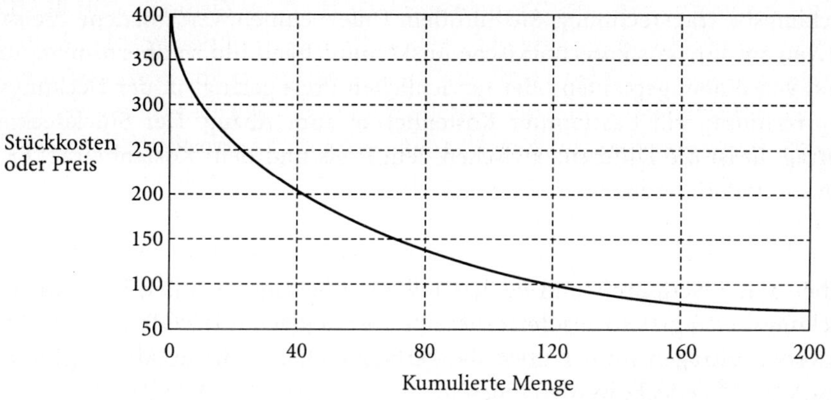

Abb. 8. Die Erfahrungskurve

Die Preisfindung nach den Prinzipien des Target Pricing nimmt ausdrücklich Bezug auf die von der *Boston Consulting Group* empirisch ermittelten Erfahrungskurve. Die zentrale Aussage der Erfahrungskurve wird in Abb. 8 wiedergegeben und lautet: Mit jeder Verdoppelung der im Zeitablauf kumulierten Produktionsmenge eines Produktes besteht bei konstanten Geldwerten ein Stückkostensenkungspotential von 20–30% bezogen auf den Wertschöpfungsanteil der Stückkosten.

Die kumulierte Produktionsmenge wird in diesem Konzept als ein Äquivalent für Erfahrung interpretiert. Sie ist jedoch keine erklärende Variable für das Kostensenkungspotential. Vielmehr gibt es eine Reihe von Ursachen, die aber teilweise schwer voneinander zu trennen sind. Dazu gehören die Lernkurve, Größendegressionen, technischer Fortschritt und Rationalisierungsmaßnahmen.

Für die Preisfindung besitzt die Erfahrungskurve schon immer eine besondere Bedeutung, da es unterschiedliche Strategien gibt, den Preis in Abhängigkeit von dem Verlauf des Erfahrungskurve und der Wettbewerbssituation im Zeitablauf zu variieren. Für das Target Pricing liefert die Erfahrungskurve die Information, welche kumulierte Produktionsmenge erforderlich ist, um einen gegebenen oder geplanten Marktpreis kostenrechnerisch zu rechtfertigen bzw. um bei einem bestimmten Zielpreis ein angemessenes Ergebnis zu erreichen. Der Erfolg einer solchen Vorgehensweise hängt in hohem Maße von dem Zutreffen der Prämissen des Erfahrungskurven-Konzepts ab. Darüber hinaus darf nicht übersehen werden, daß gerade der Aufbau hoher Fertigungskapazitäten mit Risiken behaftet ist.

Break-Even-Analysen

Eine weitere retrograde Rechnung, die von den durch Befragung, Experiment und Beobachtung ermittelten Preiswirkungen auf den Kunden ausgeht, ist die

Deckungsbeitragsrechnung. Sie hilft dem Unternehmen, verschiedene Preisalternativen auf ihre kostenrechnerische Auskömmlichkeit hin zu überprüfen. Ausgehend von einem geplanten oder tatsächlichen Preis gelangt in der Deckungsbeitragsrechnung ein bestimmter Kostenbetrag zum Abzug. Der Stückdeckungsbeitrag *db* ist die Differenz zwischen dem Preis und dem Kostenbetrag. Er läßt sich somit definieren als

$$db = p - k_T$$

wobei p den Nettopreis und k_T den Teilkostenbetrag pro Stück bezeichnet. Der Deckungsbeitrag stellt insofern nie einen Nettogewinn dar, da aus den Stückdeckungsbeiträgen immer noch die verbleibenden, nicht in Abzug gebrachten „Restkosten“ gedeckt werden müssen.

Je nachdem, welche Teilkosten bei der Bildung des Deckungsbeitrages herangezogen werden, unterscheiden sich die Verfahren der Deckungsbeitragsrechnung. Von *Direct Costing* spricht man, wenn die variablen Stückkosten vom Preis abgezogen werden und dadurch die problematische Aufteilung der fixen Kosten auf die einzelnen Produkte vermieden wird. Von *Relativer Einzelkostenrechnung* spricht man, wenn die Stückeinzelkosten vom Preis abgezogen werden und dadurch die problematische Schlüsselung der Gemeinkosten vermieden wird.

Ein relativ robustes Verfahren der Deckungsbeitragsrechnung auf der Grundlage des Direct Costing ist die Break-Even-Anlayse. Das primäre Ziel der Analyse besteht in der Ermittlung der „kritischen Menge“ x^*, bei der sämtliche Kosten der hergestellten Produktmenge genau gedeckt sind, also ein Nettogewinn von Null entsteht. Abbildung 9 verdeutlicht den Zusammenhang.

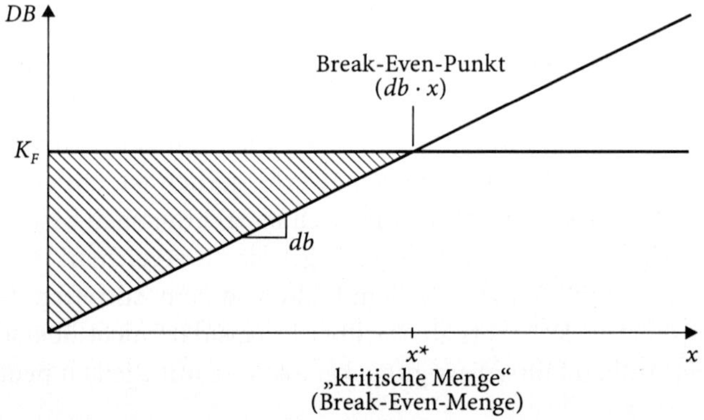

Abb. 9. Das Erfolgsmodell des Direct Costing in Einproduktbetrieb (Quelle: Plinke 1997, S. 200)

Der Schnittpunkt der Geraden $DB = db \cdot x$ mit der Geraden K_f zeigt genau die kritische Menge x^*, die verkauft werden muß, damit $db \cdot x$ gerade die Summe der fixen Kosten decken kann. Daß heißt, der Deckungsbeitrag *db* muß x^*-mal verdient werden, damit auch die fixen Kosten des Betriebes vollständig gedeckt sind. Der Schnittpunkt heißt „Break-Even-Punkt". Entsprechend läßt sich die Break-Even-Menge, also die kritsche Menge x^*, definieren als

$$x^* = K_f / (p - k_v)$$

Die Break-Even-Analyse bietet eine Fülle von Anwendungsmöglichkeiten im Zusammenhang mit der Preisfindung. Sie gibt Antworten auf Fragen wie die folgenden:

- Wie hoch muß der Preis mindestens sein, damit bei gegebener Absatzmenge kein Verlust entsteht?
- Wie hoch muß die Absatzmenge mindestens sein, damit bei gegebenem Preis kein Verlust entsteht?
- Wie hoch muß die zusätzliche Absatzmenge mindestens sein, damit sich eine Werbekampagne lohnt? etc.

Dabei beruht die Break-Even-Analyse auf einer Reihe von Prämissen, die es bei ihrer Anwendung zu beachten gilt. Insbesondere gehören dazu die Annahmen

- eines Einproduktbetriebs,
- eines proportionalen Verlaufs der variablen Kosten,
- eines konstanten Preises über alle Absatzmengen,
- einer beliebig variierbaren Ausbringung und
- einer konstanten Kapazität ohne Fixkostensprünge.

Die Beurteilung der Erreichbarkeit der Break-Even-Menge bei einem gegebenen Preis setzt eine Annahme über den Verlauf der Preis-Absatz-Funktion voraus. Der Entscheider muß über kundenorientierte Preisinformationen verfügen, um sich bei der Überprüfung verschiedener Preisalternativen Vorstellungen über die Preiselastizität der Nachfrage machen zu können. Zwar bewirkt ein höherer Preis größere Deckungsbeiträge und eine niedrigere Break-Even-Menge. Wichtiger ist jedoch die Frage, mit welcher Wahrscheinlichkeit die jeweiligen Break-Even-Mengen zu erreichen sind. Dabei ist zu beachten, daß eine ausschließliche Konzentration auf den Break-Even-Punkt und seine Erreichbarkeit den Blick für die Frage verstellt, mit welcher Wahrscheinlichkeit Mengen oberhalb des Break-Even-Punktes erreicht werden. Für die betriebliche Preisfindung ist dieser Bereich jedoch von großem Interesse. Werden verschiedene Preisalternativen in bezug auf ihre Konsequenzen für das Unternehmens durchgespielt, so muß der Blick über die Break-Even-Menge hinaus auch auf die Überdeckung der fixen Kosten gerichtet werden.

Mehrstufige Deckungsbeitragsrechnung

Eine Weiterentwicklung des Direct Costing ist die Fixkostendeckungsrechnung. Wesentlicher Unterschied zu der einfachen Form des Direct Costing ist eine Zerlegung der Fixkosten des Betriebes in Teilblöcke von fixen Kosten, die sich bestimmten Bezugsobjekten als *Einzelkosten* zurechnen lassen. Es liegt dann allerdings kein reines Teikostenrechnungssystem mehr vor. Der Vorteil des Verfahrens wird in der kurzfristigen Erfolgsrechnung deutlich.[19] Tabelle 7 zeigt den Zusammenhang am Beispiel eines Maschinenbaubetriebs.

Zwischen dem Deckungsbeitrag I und dem im einstufigen Direct Costing ermittelten Deckungsbeitrag besteht kein Unterschied. Während letzterer jedoch nur in den Gewinnanteil und den Anteil zur Deckung des Fixkostenblocks aufgeteilt werden kann, läßt sich der Deckungsbeitrag I durch den schrittweisen Abzug der Fixkostenteilblöcke in eine Reihe differenzierter Deckungsbeiträge überführen, die einen höheren Informationsgehalt für die Preisfindung und -beurteilung haben. So wird beispielsweise offensichtlich, welche Produkte oder Produktgruppen nicht einmal ihre Erzeugnisfixkosten decken. Es wäre in diesem Fall zu prüfen, ob eine Preissteigerung vertretbar wäre oder ob unter kostenrechnerischen Gesichtspunkten eine Eliminierung aus dem Fertigungsprogramm erwogen werden sollte.

Mit dem mehrstufigen Direct Costing und der Zurechnung von Fixkosten auf Bezugsobjekte wird bereits ein Schritt in Richtung auf die Relative Einzelkostenrechnung gegangen. Dieser Schritt ist immer dann erforderlich, wenn es um rückblickende Ergebniskontrollen und Erfolgsanalysen geht. Hier zeigt das Arbeiten mit Bezugsgrößenhierarchien und mit relativen Einzelkosten am besten, wo am Markt durchgesetzte Preise zu Gewinnen oder Verlusten geführt haben.

Deckungsbeiträge auf der Basis Relativer Einzelkosten sind dabei nicht nur für einzelne Produkte oder Aufträge der wertmäßige Ausdruck der Erfolgsänderung bei Existenz oder Nichtexistenz des Produktes oder Auftrags. Prinzipiell kommen für die Deckungsbeitragsrechnung sehr unterschiedliche Bezugsobjekte in Frage. Dabei können elementare und aggregierte Bezugsobjekte unterschieden werden. Elementare Bezugsobjekte sind Einheiten (z.B. Produkte, Aufträge), die sich erlösmäßig nicht weiter aufspalten lassen, da sie der kleinste marktfähige Vertragsgegenstand sind. Durch ein problemadäquates Zusammenfassen mehrerer elementarer Bezugsobjekte entstehen aggregierte Bezugsobjekte. Die Bezugsobjekte lassen sich in eine oder mehrere Bezugsobjekthierarchien einordnen. Ein Beispiel für eine derartige Hierarchie ist in Abb. 10 dargestellt.

---

[19] Vgl. Heinen 1991, S. 1254.

Tabelle 7. Stufenweise Fixkostendeckungsrechnung in einem Maschinenbaubetrieb (Quelle: Plinke 1997, S. 221)

		Technologie	*Fräsmaschinen*			*Drehmaschinen*		*Summe*
		Produktgruppe	Bearbeitungszentren		Standard-Maschinen	Engineering-Maschinen	Standard-Maschinen	
		Modell	Modell A	Modell B	Modell C	Modell E	Modell F	
1.		Bruttoerlös	120.000	200.000	300.000	250.000	500.000	1.370.000
2.	+/-	Erlösschmälerungen / Zusatzerlöse	-1.000	-1.500	-3.000	-2.000	-5.000	-12.500
3.	=	*Nettoerlös*	119.000	198.500	297.000	248.000	495.000	1.357.500
4.	-	variable (mengenabhängige) Herstell- und Vertriebskosten	40.000	50.000	135.000	99.000	395.000	-719.000
5.	=	*Deckungsbeitrag I*	79.000	148.500	162.000	149.000	100.000	638.500
6.	-	Modellspezifische Fixkosten	40.000	30.000	110.000	35.000	150.000	-365.000
7.	=	*Deckungsbeitrag II*	39.000	118.500	52.000	114.000	-50.000	273.500
			157.500		52.000	64.000		
8.	-	Produktgruppenspezif. Fixkosten	60.000		0	60.000		-120.000
9.	=	*Deckungsbeitrag III*	97.500		52.000	4.000		153.500
			149.500			4.000		
10.	-	Technologiespezifische Fixkosten	40.000			22.000		-62.000
11.	=	*Deckungsbeitrag IV*	109.500			-18.000		
			91.500					91.500
12.	-	Gesamtunternehmerische Fixkosten	80.000					-80.000
13.	=	*Nettoerfolg (Gewinn)*	11.500					11.500

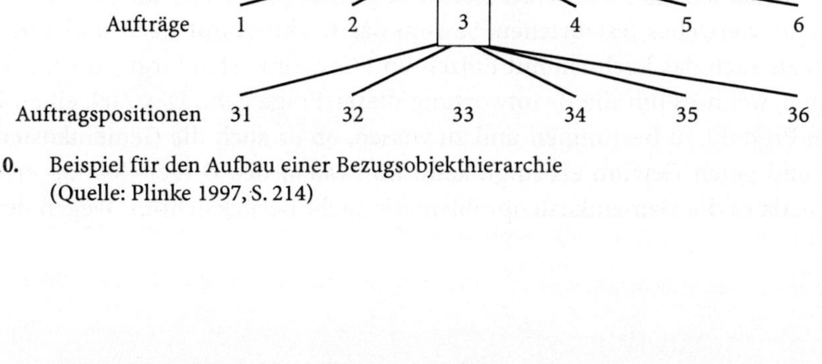

Abb. 10. Beispiel für den Aufbau einer Bezugsobjekthierarchie (Quelle: Plinke 1997, S. 214)

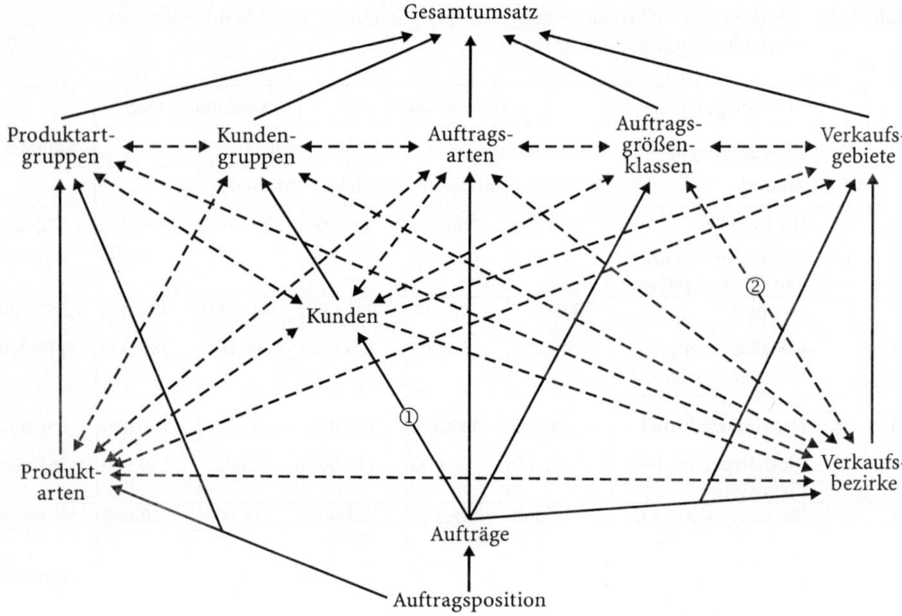

Abb. 11. Konkurrierende Wege für den Aufbau von Bezugsobjekthierarchien, die von der Auftragsposition ausgehen (Quelle: Riebel 1990, S. 180)

Beim Aufbau einer Bezugsobjekthierarchie können konkurrierende Wege eingeschlagen werden (vgl. Abb. 11).

Die Art und Weise, wie die Bezugsobjekte aggregiert werden, hängt allein von dem Interesse der absatzpolitischen Steuerung ab. Es kommt darauf an, welche Beeinflussungsmöglichkeiten im Rahmen der Erlösplanung und Erlöskontrolle gesehen werden.

1.2.2.2 Preisuntergrenzen

Das für die retrograden Verfahren der Preisfindung typische Denken in Teilkosten sowie die Interpretation von Deckungsbeiträgen setzt immer ein Denken in Veränderungen voraus. Immer geht es darum, die Auswirkungen einer Entscheidung (z.B. der Annahme oder der Ablehnung eines Auftrages) auf die Kosten und Erlöse des Betriebes festzustellen. Sowohl das Rechnen mit fixen und variablen Kosten als auch das Rechnen mit Einzel- und Gemeinkosten birgt jedoch Schwierigkeiten, wenn es um die Beantwortung dieser Frage geht. Das Ziel, einen Preis für ein Produkt zu bestimmen und zu wissen, ob er auch die Gemeinkosten abdeckt und einen Gewinn erbringt, kann im System des Direct Costing erreicht werden, da es die Gemeinkostenproblematik nicht berücksichtigt. Wegen der definitionsgemäßen Unverrechenbarkeit der Gemeinkosten kann auch die Relative Einzelkostenrechnung hier nur bedingt weiterhelfen. Die o.g. mehrstufige Deckungsbeitragsrechnung versucht über eine schichtenweise Zurechnung von Fixkosten als Einzelkosten zumindestens grobe Fehlentscheidungen zu vermeiden.

Ein anderer Weg besteht darin, auf die Kalkulation von Preisen vollständig zu verzichten und statt dessen einen stückbezogenen Preisspielraum vorzugeben, der lediglich durch eine Preisuntergrenze nach unten hin begrenzt ist. Dieser Weg setzt ein Denken in relevanten Kosten und relevanten Erlösen voraus. Relevante Kosten und Erlöse eines Bezugsobjektes sind Kosten und Erlöse, die durch eine Entscheidung für oder gegen das Bezugsobjekt beeinflußt werden können. Ob beispielsweise die variablen Kosten eines Produktes die relevanten Kosten sind, muß im Einzelfall geprüft werden. Im Falle der Kuppelproduktion ist das beispielsweise nicht der Fall. *Riebels* System der relativen Einzelkosten berücksichtigt die Entscheidungsrelvanz von Kosten besser, da sowohl die Einzelkosten als auch das Bezugsobjekt „auf einen gemeinsamen dispositiven Ursprung"[20] zurückgeführt werden.

Die Preisuntergrenze eines Produktes, also der Preis, bis zu welchem sich der Verkauf des Produktes bzw. die Annahme eines Auftrages für ein Unternehmen lohnt, hängt im Falle der *kurzfristigen* Betrachtung entscheidend von der Beschäftigungslage des Unternehmens ab. Im Falle der *Unterbeschäftigung* bilden die Einzelkosten die kurzfristige kostenorientierte Preisuntergrenze. Jeder Preis, der über diesen relevanten Kosten liegt, trägt dazu bei, Kosten des Unternehmens zu decken, die ohne den Verkauf des Produktes bzw. ohne Annahme des Auftrages nicht gedeckt würden.

Im Falle der *Vollbeschäftigung* liegt die kurzfristige kostenorientierte Preisuntergrenze höher. Die relevanten Kosten umfassen dann auch den Nutzen der durch die Fertigung eines bestimmten Produktes verdrängten alternativen Nutzen der Produktionskapazitäten (Opportunitätskosten). Das folgende Beispiel verdeutlicht den Zusammenhang.

Beispiel:
Für die restliche Kapazität eines Betriebes, der vollbeschäftigt ist, kommen drei Aufträge in Betracht, die folgende Merkmale aufweisen:

	Auftrag A	*Auftrag B*	*Auftrag C*
Nettopreis	10.000	12.000	20.000
Einzelkosten	5.000	8.000	17.500
Deckungsbeitrag	5.000	4.000	2.500

Einen Auftrag kann der Betrieb zusätzlich annehmen. Welchen Auftrag wird der Anbieter anstreben? Wo liegt seine Preisuntergrenze für diesen Auftrag?

---

[20] Riebel 1990, S. 709.

	Auftrag A	*Auftrag B*	*Auftrag C*
Einzelkosten	5.000	8.000	17.500
Deckungsbeitrag *dbA*	+ 4.000 (B)	+ 5.000 (A)	+ 17.500 (A)
Preisuntergrenze	5.000	4.000	2.500

Der Anbieter wird Auftrag *A* anstreben, seine Preisuntergrenze ist 9.000 DM, da ein Unterschreiten dieser Schwelle – unter sonst gleichen Bedingungen – Auftrag *B* gewinnträchtiger machen würde.

Besteht ein Engpaß in den Fertigungskapazitäten, um den verschiedene Produktalternativen konkurrieren, so ergibt sich die Preisuntergrenze aus dem Produkt des engpaßbezogenen Deckungsbeitrags der besten verdrängten Alternative und der Dauer der Engpaßnutzung. Liegen mehrere Engpässe vor, so wird die Preisuntergrenze mit Hilfe linearer Planungsrechnungen bestimmt.

Die *langfristige* Festlegung von Preisuntergrenzen, wie sie z.B. für den Abschluß langfristiger Lieferverträge erforderlich sind, erfolgt nicht vor dem Hintergrund unveränderlicher Kapazitäten. Bereitschaftskosten, die innerhalb des Zeitraums, für den die Preisentscheidung getroffen werden soll, abgebaut werden können, müssen in die langfristig definierten Preisuntergrenzen einbezogen werden. Dabei ist jedoch festzustellen, daß die Bindungswirkungen einmal aufgebauter Kapazitäten sehr unterschiedlich sein können und von einigen Wochen bis über mehrere Jahre dauern können. In der Gesamtperspektive kann das langfristige Überleben eines Unternehmens nur dann gewährleistet werden, wenn alle Kosten des Unternehmens gedeckt werden.

1.2.3 Unterschiedliche Preise für gleiche Leistungen (Fall 2, 3 und 4)

1.2.3.1 Preisdiskriminierung

Die Preisdiskriminierung (= Preisdifferenzierung) ist eine Preispolitik, in der gleiche Produkte zu unterschiedlichen Preisen angeboten werden. Die Diskriminierung kann dabei sowohl über den Preiszähler (Fall 2) erfolgen als auch über die Preisbezugsbasis, d.h. über die Quantität (Sonderfall 3) oder die Qualität (Sonderfall 4). Folgende Fälle der Preisdiskriminierung lassen sich unterscheiden:

- *Preisdiskriminierung nach Kundensegmenten:*
  Der Anbieter definiert hierbei Kundengruppen, die Leistungen zu abweichenden Preisen erhalten. Beispiele sind preisliche Vergünstigungen für Studenten in den Tarifen des öffentlichen Nahverkehrs oder in den Kontoführungsgebühren der Banken. Ebenso können die unterschiedlichen Arzthonorare für Kassen- und Privatpatienten als ein Beispiel der Preisdifferenzierung nach Kunden gesehen werden. Auf industriellen Märkten können bersonders wichtigen Referenzkunden preisliche Zugeständnisse gemacht werden.

- *Preisdiskriminierung nach Produkt- oder Anwendungsform:* Hier wird der Verwendungszweck eines Produktes zum Differenzierungskriterium gemacht. So wird beispielsweise leichtes Heizöl, das mit Dieseltreibstoff praktisch identisch ist, wesentlich günstiger angeboten als Dieselöl.
- *Räumliche Preisdiskriminierung:* Bei der räumlichen Preisdiskriminierung wird der Preis nach den Standorten von Nachfragern oder auch Anbietern unterschiedlich gesetzt. So können Preise in unterschiedlich vornehmen Bezirken einer Stadt an der Kaufkraft der jeweiligen Bevölkerung ausgerichtet werden. In einem internationalen Kontext können beispielsweise staatlichen Kunden aus zahlungsschwachen Ländern besondere Konditionen eingeräumt werden.

Die Durchführung einer von einer gegebenen Preisliste ausgehenden Preisdiskriminierung ist an eine Reihe von Bedingungen gebunden. Erstens müssen die Voraussetzungen für eine Segmentierung des Marktes gegeben sein. Zweitens dürfen die preislich bevorzugten Kunden keine Möglichkeit haben, erworbene Produkte zu einem höheren Preis an Kunden zu veräußern, die einen höheren Preis entrichten sollen (keine Arbitragemöglichkeit). Als typische Instrumente der Preisdiskriminierung werden Rabatte genannt, obwohl es sich dabei um Preisnachlässe handelt, die an bestimmte Bedingungen geknüpft sind, die teilweise auch das Leistungsbündel modifizieren. Für den Anbieter gestatten Rabatte eine besonders flexible Gestaltung der Preispolitik. Vor allem gegenüber Absatzmittlern spielen funktionsbezogene Rabatte (auch Stufenrabatte) eine wichtige Rolle. Sie sollen die Handlungskosten der Händler abdecken, d.h. sie stellen eine Entschädigung für Leistungen einer Absatzstufe dar, die den Absatz und die Realisierung des geplanten Endverbraucherpreises „sicherer" machen.

Prinzipiell muß unterschieden werden zwischen Rabatten, die für die Übernahme ganz konkreter Funktionen gewährt werden (Führung vollständiger Sortimente, Führung eines Ersatzteillagers etc.) und solchen, die pauschal für die Wahrnehmung akquisitorischer Aufgaben gegeben werden. Tabelle 8 zeigt die Vielzahl denkbarer Funktionsrabatte nach *Nieschlag/Dichtl/Hörschgen.*[21]

An der Stelle von Funktionsrabatten oder zu ihrer Ergänzung werden heute zunehmend auch Zuschüsse oder Prämien gewährt. Von besonderer praktischer Relevanz ist der sog. Werbekostenzuschuß („WKZ"). Abweichend von der ursprünglichen Intention der Funktionsrabatte werden Rabatte bzw. Zuschüsse heute jedoch oft nicht für die konkrete Übernahme von Aufgaben gewährt, sondern spiegeln die Macht des Handels wider.

---

[21] Vgl. Nieschlag/Dichtl/Hörschgen 1991, S. 265.

Tabelle 8. Funktionsrabatte
(Quelle: Nieschlag/Dichtl/Hörschgen 1991, S. 265)

Funktionsrabatte		
• Handwerkerrabatt	• Großhandelsrabatt	• Leistungsstaffelrabatt
• Stützpunkthändlerrabatt	• Einwaschprämie (bei Waschmaschinen)	• Kollegenrabatt
• Selbstabholerrabatt	• Sonderrabatt	• Exklusivrabatt
• Dispositionsrabatt	• Montagerabatt	• Lieferrabatt
• Konzentrationsrabatt	• Förderungsrabatt	• Fakturenrabatt
• Messerabatt	• Sortimentserweiterungsrabatt	• Vollsortimentsrabatt
• Musterrabatt	• Placierungsrabatt	• Delcredere-Rabatt
• Bar-Rabatt	• Schaufensterrabatt	• etc.

1.2.3.2 Preisvariation

Die Preisvariation entspricht einer preislichen Anpassung im Zeitablauf, die teilweise auch als „peak load pricing“ bezeichnet wird. Während die Preisdiskriminierung also *gleichzeitig* gültige Angebotspreise unterschiedlicher Höhe beinhaltet, geht es bei der Preisvariation um Änderungen des Preises für ein Gut im *Zeitablauf.*

Preisvariationen können regelmäßig in Form von Saison-, Einführungs- oder sonstigen Zeitrabatten – etwa der Variation von Preisen für Tag- und Nachtstrom – erfolgen. Ebenso können sie unregelmäßig in der Form von Sonderangebotsaktionen erfolgen. Die Preisvariation unterscheidet sich insofern grundsätzlich von der Preisdiskriminierung.

Durch Preisvariationen lassen sich prinzipiell zwei Hauptzielrichtungen verfolgen. Zum einen stimulieren Sonderangebote Nachfrage. Sie können Impulskäufe induzieren oder die Wechselkosten von Käufern von Konkurrenzprodukten reduzieren und einen Anreiz zum Markenwechsel geben. Zum anderen unterstützen sie innerbetriebliche Funktionen, indem zyklische Absatzschwankungen geglättet werden. Die Veränderung des Listenpreises erfolgt dann entsprechend dem zeitlichen Anfall der Nachfrage mit dem Ziel die Nachfrage zeitlich zu strukturieren. Darüber hinaus lassen sich durch Preisvariationen auch überhöhte Lagerbestände oder Liquiditätsengpässe überwinden. Auch kann eine an der Preispolitik des Handels orientierte Preisvariation zu einer Motivation der Vertriebskanäle führen.

Die Preisvariation umfaßt eine Reihe von Entscheidungstatbeständen. Dazu gehören insbesondere die Auswahl geeigneter Produkte, die Festlegung des preislichen Umfanges und des Zeitraums. Speziell bei Sonderangebotsaktionen muß auch die Aktionsmenge bestimmt werden. Von besonderer Bedeutung ist hier auch die Abstimmung mit den anderen Instrumenten des Marketing-Mix.

Obwohl die mit der Preisvariation verfolgten Ziele unmittelbar plausibel sind, dürfen die potentiellen Nachteile dieser Preispolitik nicht übersehen werden. Als negative Carry-over-Effekte müssen nicht nur der Aufbau von Lagerbeständen bei den Kunden angesehen werden (Hamsterkäufe), sondern vor allem auch nachteilige Auswirkungen auf das Produktimage und eine Senkung der Preisbereitschaft der Kunden. Zur Unterstützung der Entscheidungen im Zusammenhang mit Preisvariationen wurden daher inzwischen verschiedene quantitative Modelle entwickelt.[22]

1.2.3.3 Preisentscheidungen im Produktlebenszyklus

1.2.3.3.1 Das Konzept des Produktlebenszyklus

Im Laufe der Marktpräsenz eines Produktes wird die Preispolitik - wie auch der Einsatz der übrigen Marketing-Instrumente - in der Regel mehrfach geändert. Diese preispolitischen Änderungen gehen in ihrer strategischen Bedeutung weit über die eher taktischen Preisvariationen hinaus.

Das Konzept des Produktlebenszyklus strukturiert die Lebensdauer eines Produktes, indem es den Lebensweg des Produktes in vier bis fünf Phasen untergliedert, die sich vor allem in bezug auf Umsatz und Gewinn oder Deckungsbeitrag unterscheiden. Hinter dem Konzept steht keine in sich geschlossene Theorie. Es wird aber durch verschiedene empirische Forschungsergebnisse insbesondere zu Diffusions- und Adoptionsprozessen gestützt. Bei einer vierphasigen Einteilung des Produktlebenszyklus in Einführung, Wachstum, Reife und Rückgang zeigt die Umsatzentwicklung idealtypisch einen S-förmigen Kurvenverlauf (vgl. Abb. 12).

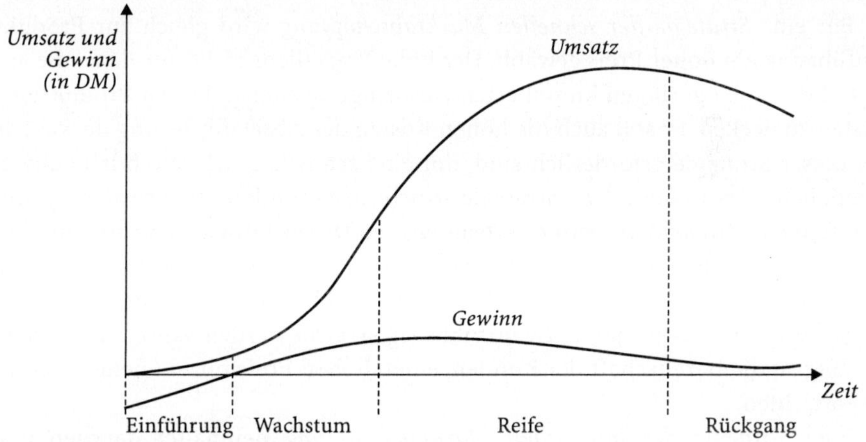

Abb. 12. Der Produktlebenszyklus

[22] Vgl. Raffée et al. 1981.

- In der Einführungsphase wird das Produkt nur von wenigen innovativen Kunden erworben. Der Umsatz ist daher gering und wächst zunächst nur langsam. Aufgrund hoher Einführungskosten erbringt das Produkt in dieser Phase keinen Gewinn obwohl das Unternehmen eine Monopolstellung genießt.
- In der Wachstumsphase steigt die Marktakzeptanz schnell an. Die Wahrscheinlichkeit von Käufen durch Adoptoren nimmt starkt zu und es kommt zu spürbaren Gewinnzuwächsen. Gleichzeitig treten auch auf der Anbieterseite zunehmend Imitatoren auf.
- Der zunehmende Wettbewerb sowie Änderungen im Geschmack oder den Lebensgewohnheiten der Kunden führen in der Reifephase zu zunächst sinkenden Umsatz- und Gewinnzuwächsen, schließlich sogar zu negativen Zuwachsraten.
- In der Degenerationsphase kommt es aufgrund der Marktsättigung zu Marktaustritten von Grenzanbietern. Das Verkaufsvolumen und die Gewinne gehen zurück. Der einzelne Anbieter muß sich jeweils überlegen, ob das Produkt langsam auslaufen soll, ob es sofort vom Markt genommen werden soll, oder ob durch erneute Marketinganstrengungen ein „Relaunch" des Produktes versucht werden soll.

1.2.3.3.2 Preisentscheidungen in der Einführungsphase

Für die Preispolitik ergeben sich in jeder Phase spezifische Problemstellungen. Von besonderer Bedeutung wegen der Auswirkungen auf die Zukunft sind Preisentscheidungen in der Einführungsphase. Prinzipiell stehen bei der Markteinführung eines neuen Produktes verschiedene Preisstrategien zur Auswahl.[23] Sie müssen meist durch entsprechende andere Marketing-Maßnahmen flankiert werden.

Für eine *Strategie der schnellen Marktabschöpfung* wird gleich zur Produkteinführung ein hoher Preis gewählt. Der hohe Preis dient nicht nur dazu, die aufgrund der noch geringen kumulierten Ausbringungsmenge hohen Produktionskosten zu decken. Er soll auch die hohen Kosten der Absatzförderung decken, die bei dieser Strategie erforderlich sind, um eine schnelle Marktdurchdringung zu ermöglichen. Für eine solche Strategie spricht insbesondere die Erwartung einer sich schnell erhöhenden Wettbewerbsintensität. Dieser Entwicklung soll mit dem Aufbau einer hohen Präferenz der Kunden für das eigene Produkt begegnet werden. Sinnvoll ist diese Strategie auch dann, wenn über den Preis eine Positionierung des Produktes als qualitativ hochklassig erreicht werden kann. Eine Voraussetzung ist die Bereitschaft der Kunden, einen hohen Preis für ein neues Produkt zu entrichten.

Eine *Strategie der langsamen Marktabschöpfung* beinhaltet dagegen eine Kombination aus relativ hohen Preisen und geringen Anstrengungen der Absatz-

[23] Vgl. Kotler 1994, S. 361f.

förderung. Dadurch entstehen auch in der Einführungsphase eines Produktes hohe Deckungsbeiträge bzw. Gewinne. Die Strategie der langsamen Marktabschöpfung ist jedoch nicht unter allen Marktbedingungen geeignet. Wenig sinnvoll ist die Strategie, wenn die Kunden z.B. aufgrund geringer Vertrautheit mit dem Produkt nicht bereit sind, einen hohen Preis zu entrichten. Ebenso besteht die Gefahr, das Marktwachstum zu beschränken, wenn es sich über den Preis ausdehnen ließe. Schließlich signalisiert ein hoher Preis für potentielle Konkurrenten eine hohe Marktattraktivität und motiviert sie zum Markteintritt.

Die *Strategie der schnellen Marktdurchdringung* ist durch eine Markteinführung zu einem geringen Preis gekennzeichnet. In Kombination mit umfangreichen Absatzförderungen zielt diese Strategie primär auf Marktanteilsgewinne ab. Sie setzt preissensible Kunden und einen großen bzw. wachsenden Markt voraus. Darüber hinaus zielt ein niedriger Preis darauf ab, potentiellen Wettbewerbern den Markteintritt zu erschweren.

Soll trotz eines niedrigen Einführungspreises auch in den frühen Phasen des Produkt-Lebenszyklus ein Gewinn erwirtschaftet werden, müssen die Markteinführungskosten niedrig gehalten werden. Eine solche *Strategie der langsamen Marktdurchdringung* ist sinnvoll, wenn das Produktkonzept auf dem Markt bereits bekannt ist und die Kunden gleichzeitig preissensibel reagieren. Der Verzicht, eine über den Preis hinausgehende Kundenbindung aufzubauen, setzt einen nicht zu intensiven Wettbewerb voraus.

Generell muß den Preisentscheidungen in der Einführungsphase des Produkt-Lebenszyklus eine hohe Bedeutung eingeräumt werden. Kurzfristige Gewinne werden oftmals mit reduzierten Chancen für die Zukunft teuer erkauft. Insbesondere Unternehmen in der Rolle des Marktpioniers können mit ihrer Preispolitik einen erheblichen Einfluß auf die entstehenden Marktstrukturen nehmen.

1.2.3.3.3 Preisentscheidungen in der Wachstumsphase

In der Wachstumsphase steigen Absatzmenge und Umsatz rasch an. Auf der Nachfragerseite treten Frühadoptoren als Käufer auf; auf der Anbieterseite werden Imitatoren durch das wachsende Marktvolumen und die Aussicht auf Gewinn angelockt.

Für die Preispolitik besteht in dieser Phase oft kein drängender Handlungsbedarf. Die Anbieter belassen die Preise häufig auf dem eingangs gewählten Preisniveau. Senken Erfahrungskurveneffekte die Stückkosten, steigen die Deckungsbeiträge bzw. Gewinne des Unternehmens entsprechend an. Allerdings ist es für ein Unternehmen wichtig, den Zeitpunkt des Auslaufens der Wachstumsphase rechtzeitig zu antizipieren und eventuell auch mit der Preispolitik darauf zu reagieren. Durch ein rechtzeitiges Absenken des Preises kann sich ein Unternehmen Segmente von preisbewußten Kunden erschließen und dadurch einen steigenden Absatz realisieren, wenn das Marktwachstum längst beendet ist. Für den Erfolg dieser Anpassung ist allerdings das Verhalten der Wettbewerber von großer Bedeutung.

1.2.3.3.4 Preisentscheidungen in der Reifephase

Die meisten Produkte auf einem Markt befinden sich in ihrer Reifephase. Sie ist im Normalfall die zeitlich am längsten andauernde Phase des Produktlebenszyklus. Grenzanbieter verlassen in dieser Phase bereits zunehmend den Markt. Für die verbleibenden Unternehmen bieten sich zwei grundsätzliche Strategierichtungen an, die dann einen entsprechenden Einfluß auf die Gestaltung des Marketing-Mix haben. Entweder sie decken als Mengenanbieter den gesamten Markt ab – wobei sie sich untereinander durchaus in einer unterschiedlichen Betonung von Kostenführerschaft oder Qualitätsführerschaft unterscheiden können. Oder sie konzentrieren sich als Nischenanbieter auf bestimmte Segmente des Marktes. Ausgangspunkt für die Umsetzung dieser Strategiealternativen sind oft entsprechende Produktmodifikationen, die beispielsweise in komfortableren Ausstattungen, einem verbesserten Design oder in einer verbesserten Produktqualität zum Ausdruck kommen.

Die Preispolitik muß in enger Abstimmung mit derartigen strategischen Vorentscheidungen erfolgen. So können die Nischenanbieter durch hochgradig segmentspezifische Problemlösungen deutlich höhere Preise erzielen als die Mengenanbieter. Mengenanbieter können es dagegen für sinnvoll halten, Kostensenkungen durch Erfahrungskurveneffekte vollständig oder teilweise an ihre Kunden weiterzugeben, um ihre Marktanteile zu behaupten.

Generell gibt es für die Preispolitik in der Reifephase keine Patentrezepte. Bei homogenen Leistungen der Anbieter ist sie weitgehend durch die Preispolitik der Wettbewerber vorgegeben. Aufgrund von Überkapazitäten ist hier tendenziell mit einem Verdrängungswettbewerb bei sinkenden Preisen zu rechnen. Dabei können allerdings auch Überlegungen eine Rolle spielen, ob sich durch Preissenkungen neue Kundengruppen erschließen lassen. Ein erheblicher Spielraum besteht auch in bezug auf die Umsetzung preispolitischer Maßnahmen. Eine Preissenkung kann durch eine Senkung des Listenpreises, durch Sonderangebote, durch verschiedene Rabatte oder durch großzügigere Zahlungsziele erreicht werden. Für Unternehmen, die mit einer Qualitätsführerschaft Preissteigerungen realisieren möchten, gilt das entsprechend.

1.2.3.3.5 Preisentscheidungen in der Degenerationsphase

Die Degenerationsphase wirft preispolitisch keine zusätzlichen Fragen auf. Das Verhalten der Unternehmen auf dem Markt während der Degenerationsphase wird in hohem Maße vom Bestehen bzw. von der Höhe der Marktaustrittsbarrieren bestimmt.[24] *Harrigan* nennt fünf denkbare Strategien für diese Phase.[25]

- Aufstocken der Investitionen,
- Aufrechterhalten des Investitionsniveaus,
- selektive Investitionen in Abhängigkeit von der Erfolgsträchtigkeit von Segmenten,
- „Ernte"-Strategie und
- Produkteliminierung.

Die Preispolitik muß sich an der Entscheidung für eine dieser strategischen Grundausrichtungen orientieren.

1.2.4 Unterschiedliche Preise für unterschiedliche Mengen (Fall 5)

1.2.4.1 Auftragsbezogene Mengenrabatte

Auf der Grundlage der preispolitischen Entscheidungen in den einzelnen Phasen des Produktlebenszyklus kann die Preispolitik zusätzlich nach der vom Kunden gekauften Produktmenge ausgerichtet werden. Auftragsbezogene Mengenrabatte haben primär das Ziel, die pro Kaufakt durch den Kunden erworbene Menge an Leistungseinheiten zu erhöhen und dem Anbieter auf diese Weise Kostensenkungen zu ermöglichen. Gleichzeitig kann die Gewährung von Mengenrabatten auf eine Umsatzsteigerung abzielen.

Geht es um Transaktionen von ganzen Sortimenten, deren Bestandteile sich mengenmäßig nur schlecht oder gar nicht aggregieren lassen, so kommen sog. Auftragswertrabatte zur Modifikation des Listenpreises in Betracht. Auch dabei handelt es sich um Gegenleistungen für Kostenersparnisse des Anbieters.

Zur Festlegung der Höhe des Rabattes werden meist sog. Rabattstaffeln verwendet, in denen spezifiziert wird, für welches Kaufvolumen welche Rabatthöhe vorgesehen ist. Dabei kann der Verlauf der einzelnen Rabattstufen linear, progressiv oder degressiv steigend sein. Die Entscheidung darüber, wie genau eine Rabattstaffel ausgestaltet werden soll, wird in der Praxis durch eine Reihe von Faustregeln unterstützt. Komplexere Modelle haben sich dagegen wegen der häufig restriktiven Modellprämissen und der Schwierigkeit bei der Datenerhebung bisher kaum durchsetzen können.

Zwei Formen von Rabattstaffeln lassen sich unterscheiden. Die gebräuchlichere Form ist die sog. *durchgerechnete Rabattstaffel*[26], die in Abb. 13 dargestellt ist.

---

[24] Vgl. Harrigan 1980a.

[25] Vgl. Harrigan 1980b.

[26] Vgl. Männel 1974.

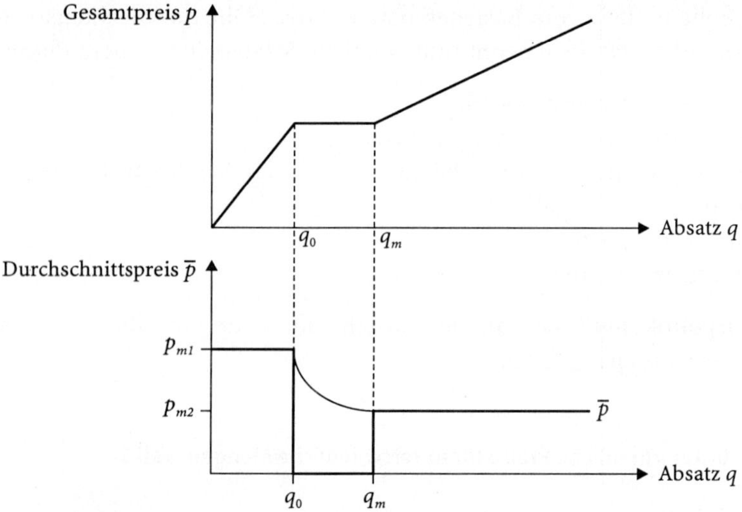

Abb. 13. Durchgerechneter Mengenrabatt (Quelle: Simon 1992, S. 401)

Der Rabattsatz wird dabei auf die *gesamte* Bezugsmenge angewandt. Da der jeweilige Rabattsatz beim Überschreiten der entsprechenden Mengengrenze auch für alle vorherigen Produkteinheiten gilt, entstehen einige Bereiche, in denen ein Nachfrager für eine größere Menge eines Gutes insgesamt weniger zahlen muß, als für eine kleinere Menge. Im folgenden Beispiel liegt so ein Bereich zwischen 241 und 250 Stück. Bei Entsorgungskosten von Null würde ein Kunde somit gut beraten sein statt 241 Stück gleich 250 Stück zu ordern.

Beispiel einer Rabattstaffel:[27]

„Für Ihre Bezüge gewähren wir Ihnen einen Rabatt laut folgender Staffel:"

ab	10 Stück =	9%
ab	20 Stück =	12%
ab	50 Stück =	15%
ab	100 Stück =	17%
ab	250 Stück =	20%
ab	500 Stück =	23%

Bei einer sog. *angestoßenen Rabattstaffel* gilt ein Rabatt dagegen jeweils nur für das angegebene Mengenintervall. Beispielsweise berechnet das Schweizer Hotel *Atlantis Sheraton Zürich* seinen Gästen die Telefongebühren nach folgender Staffel:

bis 10	Einheiten:	0,40 SFR pro Einheit
11 - 20	Einheiten:	0,30 SFR pro Einheit
21 - 50	Einheiten:	0,20 SFR pro Einheit
ab 51	Einheiten:	0,14 SFR pro Einheit

[27] Simon 1992, S. 400.

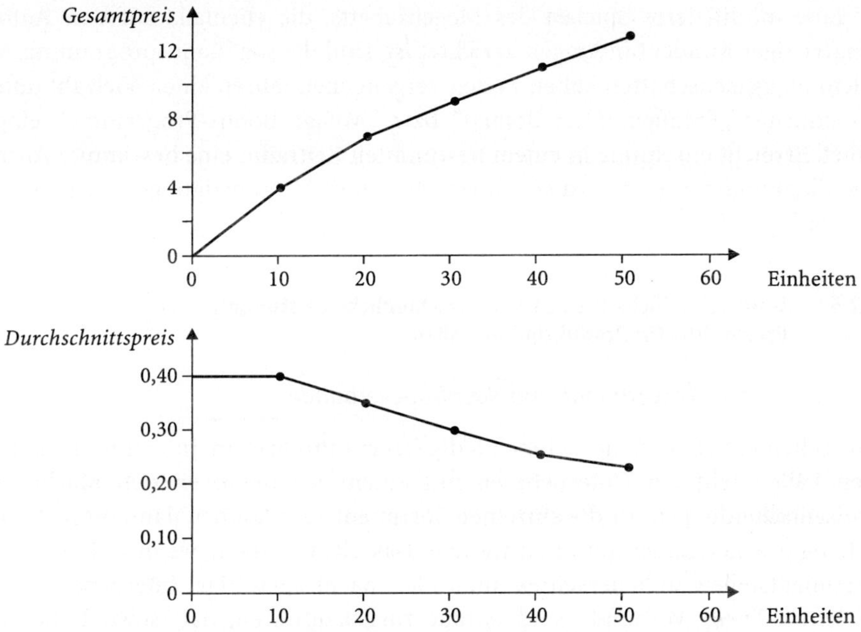

Abb. 14. Angestoßener Mengenrabatt am Beispiel der Telefongebühren des *Atlantis Sheraton Zürich* (in SFR) (Quelle: Simon 1992, S. 403)

Die Auswirkungen auf den Gesamt- und den Durchschnittspreis zeigt Abb. 14.

Wie bei den übrigen preispolitischen Maßnahmen müssen auch bei der Rabattpolitik denkbare dysfunktionale Auswirkungen berücksichtigt werden. Gerade im Handel kann die Gewährung von Mengenrabatten zu Kooperation auf der Einkaufseite führen und im Einzelfall die Macht der Nachfrager erheblich stärken.

1.2.4.2 Periodenbezogene Mengenrabatte

Periodenbezogene Mengenrabatte, z.B. Jahresmengenrabatte, zielen primär auf die Stabilisierung bzw. auf den Aufbau langfristiger Geschäftsbeziehungen ab. Sie können sich neben Periodenmengen auch auf Periodenumsätze beziehen. In beiden Fällen möchte der Anbieter den Kunden auf diese Weise an sich binden und eine kontinuierliche Nachfrage schaffen.[28]

Die Gewährung des Rabatts kann sich entweder auf ein realisiertes oder auf ein angestrebtes Kaufvolumen beziehen. Oft werden in Rahmenabkommen Mengen- oder Umsatzzielkonditionen für das kommende Jahr vereinbart.

---

[28] Vgl. auch Plinke 1983.

Eine modifizierte Spielart des Megenrabatts, die ebenfalls auf den Aufbau langfristiger Kundenbindungen gerichtet ist, sind die sog. Bonusprogramme. Vor allem Fluggesellschaften haben in den vergangenen Jahren einen Vielzahl unterschiedlicher „Frequent Flier Bonus-" bzw. „Milage Bonus-Programme" eingeführt. Erreicht ein Kunde in einem bestimmten Zeitraum eine bestimmte Anzahl von Flugkilometern, so wird er mit verschiedenen Vergünstigungen, insbesondere Freiflügen, belohnt.

1.2.5 Unterschiedliche Preise für unterschiedliche Leistungen: Preispolitik für Produktlinien (Fall 6)

1.2.5.1 Angebotsverbunde und Nachfrageverbunde

Nur selten bietet ein Unternehmen lediglich ein Produkt an. In den weitaus meisten Fällen tritt ein Unternehmen mit einem Sortiment an den Markt. Die Preisentscheidungen für die einzelnen Sortimentsteile können dann oft nicht unabhängig voneinander getroffen werden. Das gilt vor allem, wenn zwischen den Sortimentsteilen anbieterseitige und/oder nachfrageseitige Interdependenzen bestehen. Diese Verbunde sind darauf zurückzuführen, daß sowohl die Absatzentscheidungen des Anbieters als auch die Kauftentscheidungen der Kunden häufig miteinander verbunden sind.

Angebotsverbunde können in verschiedenen Formen auftreten und unterschiedliche Ursachen haben.[29] Ein *produktionsbedingter Angebotsverbund* kann entstehen, wenn verschiedene Produkte aufgrund von technologischen Bedingungen des Fertigungsprozesses gemeinsam hergestellt werden. Der bekannteste Fall ist die produktionstechnisch bedingte Kuppelproduktion. Über den Produktionsbereich hinaus können Angebotsverbunde aber auch im Bereich des *Vertriebs* entstehen, wenn Transport- oder Lagerleistungen für unterschiedliche Produkte erbracht werden oder wenn an Händler nur sortimentsweise geliefert wird.

Nachfrageverbunde können zeitpunktbezogen oder zeitraumbezogen auftreten.[30] Sofern die Nachfrageverbunde sich im Erwerb größerer Mengen eines Produktes niederschlagen, wurden sie bereits unter Punkt 4. behandelt. Zu den zeitpunktbezogenen Verbunden muß aber auch der *Einkaufsverbund* gerechnet werden. Er besagt, daß die Beschaffung verschiedener Güter in einem Einkaufsakt erfolgt. Dieses Phänomen ist z.B. häufig bei der Beschaffung von Gütern des täglichen Lebens, aber auch bei der Beschaffung von Werkzeugen etc. zu beobachten. Die Einkaufsverbundanalyse kann durch die Scanner-Systeme im Fach- und Einzelhandel sehr viel effizienter durchgeführt werden. Oft zeichnen sich die Produkte durch komplementäre Beziehungen aus. Wird beispielsweise

---

[29] Vgl. Engelhardt 1976, S. 78 ff.

[30] Vgl. Engelhardt 1976, S. 81.

eine Sachleistung durch verschiedene Dienstleistungen komplettiert, kann die Nachfrage nach den beiden Leistungen nicht mehr als unabhängig betrachtet werden. Eine weitere wichtige Form des zeitpunktbezogenen Verbundes beschreibt der *Auswahlverbund*. Ein Auswahlverbund bezieht sich auf Güter, die in einem substitutiven Verhältnis zueinander stehen. In diesem Fall geht der Mehrabsatz des einen Produktes teilweise zu Lasten der anderen Produkte des Herstellers.

Der zeitraumbezogene Nachfrageverbund zeichnet sich dadurch aus, daß die zeitlich hintereinander liegenden Käufe in einem Abhängigkeitsverhältnis zueinander stehen. Auf eine besonders extreme Form des Nachfrageverbundes, nämlich den Fall der *Markentreue*, in dem ein Kunde im Zeitablauf das gleiche Produkt nachfragt, wurde bereits eingegangen. Einen ähnlichen Sachbezug wie die Markentreue weisen auch die *Technologietreue* und die *Systemtreue* auf. Nachfrageverbunde, die auf Systemtreue zurückzuführen sind, weisen jedoch gegenüber den Nachfrageverbunden im Produktgeschäft gravierende Besonderheiten auf. Kennzeichen des Systemgeschäfts ist es, das die Systemeinheiten im Verbund mit anderen Systemeinheiten genutzt werden sollen. Die Aufgaben für das Marketing ändern sich für das Systemgeschäft erheblich, so daß dieser Geschäftstyp in der Literatur gesondert behandelt wird.[31]

Nachfrageverbunde entstehen schließlich auch dann, wenn die Treue des Kunden keinen Sachbezug hat, sondern sich an Personen im Anbieterunternehmen (*Personentreue*) oder am Unternehmen selbst (*Lieferantentreue*, *Ladentreue*) festmacht.

Die Ursachen für Nachfrageverbunde sind vor allem in Kosten- und Risikoaspekten sowie in funktionsbedingten Aspekten zu sehen. Eine wichtige Rolle spielen auch sozialpsychologische Faktoren.

Verbundeffekte sind im Produktgeschäft regelmäßig zu beobachten. Für die Preipolitik für Produktlinien ergeben sich daraus zwei spezifische Hauptaufgaben:

- Die Festlegung der vom Unternehmen abgedeckten Preislagen und
- die Abstimmung der Preissetzung für die einzelnen Produkte durch einen kalkulatorischen Ausgleich.

1.2.5.2 Preislagen

Preislagen entstehen, wenn Produkte in verschiedenen Qualitätsniveaus angeboten werden, die auch preislich zum Ausdruck kommen. Für einen Anbieter ergibt sich die Möglickkeit, seine Produkte in einem Preis-Qualitätsfeld selbständig zu positionieren, d.h. eine Preispositionierung vorzunehmen.[32] Typische Preisla-

---

31 Vgl. Backhaus 1995, S. 347 ff.

32 Vgl. Diller 1991, S. 187.

gen, die sich häufig durch ein ganzes Sortiment ziehen können, sind die Hochpreislage, die Mittelpreislage und die Niedrigpreislage. Teilweise sind jedoch auch zwei, vier oder noch mehr Preislagen zu beobachten. Beispielsweise läßt sich der US-Markt für Fax-Geräte einteilen in eine Low-End-Lage (Preise unter $ 1.500,–), eine mittelpreisige Lage ($ 1.500–3.000,–), eine High-End-Lage ($ 3.500–12.000,–) und eine Deluxe-Lage ($ 25.000,– und mehr).[33] Während die Preise für die Produkte einer Preislage nur wenig differieren, unterscheiden sich die Preise von Produkten unterschiedlicher Preislagen deutlich. Voraussetzung für das erfolgreiche Etablieren von Preislagen ist, daß die Unterschiede zwischen den Preislagen in etwa den von den Kunden wahrgenommenen Qualitätsunterschieden entsprechen. Ansonsten besteht die Gefahr, daß Preislagen entweder von den Kunden nicht akzeptiert werden oder eine Konsumentenrente entsteht.

Bei der Abstimmung der Preise innerhalb einer Produktlinie ist zu prüfen, in welchen Preislagen sich das Unternehmen eine Positionierungschance ausrechnet. Die Entscheidung für eine oder mehrere Preislagen hängt dabei eng mit dem Problem der Marktsegmentierung zusammen, wobei hier Qualitäts- und Preispräferenzen eine herausragende Rolle spielen.

Durch eine erfolgreiche Positionierung kann der intensive Preiswettbewerb in Massenmärkten eventuell umgangen werden. Konsumentenrenten können abgeschöpft werden. Allerdings orientiert sich eine auf diesem Wege geschaffene Preisstruktur primär an den Wahrnehmungen der Kunden. Es ist die Aufgabe des kalkulatorischen Ausgleichs, Verbundeffekte innerhalb der Produktlinie zu berücksichtigen.

1.2.5.3 Kalkulatorischer Ausgleich (Mischkalkulation)

Prinzipiell verursacht jedes Produkt einer Produktlinie Kosten und Erlöse. Aus diesen beiden Größen ergibt sich der Erfolg eines Produktes. Nicht der Erfolg eines bestimmten Produktes steht jedoch im Vordergrund des Preismanagements für Produktlinien, sondern der Erfolg der Produktlinie. Da die Erfolgsbeiträge der einzelnen Produkte jedoch sehr unterschiedlich ausfallen können, kommt es letztendlich darauf an, daß sich die produktbezogenen Erfolgsbeiträge in der aggregierten produktlinienbezogenen Erfolgsgröße ausgleichen. Von einem kalkulatorischen Ausgleich im Ergebnis kann gesprochen werden, wenn von zwei oder mehr Produkten einer Produktlinie teilweise ein überdurchschnittlicher Erfolgsbeitrag und teilweise ein unterdurchschnittlicher Erfolgsbeitrag erbracht wird. Produkte, zwischen denen ein kalkulatorischer Ausgleich besteht, unterscheiden sich somit danach, ob sie unter einem kritischen Wert, oder über einem kritischen Wert liegen. Erstere sind Ausgleichsnehmer, letztere Ausgleichsgeber.

---

[33] Vgl. Kerin/Peterson 1993, S. 493.

Der kalkulatorische Ausgleich als *Ergebnis* ist zurückzuführen auf planmäßig herbeigeführte aber auch auf unplanmäßig eingetretene Ausgleiche. Außerdem muß eingeräumt werden, daß sich nicht jeder beabsichtigte Ausgleich in gewünschter Weise realisiert. Auch können unbeabsichtigte Ausgleiche zwischen Produkten eintreten.

Der kalkulatorische Ausgleich als *Methode* der Preisfindung trägt zum einen der Unmöglichkeit einer verursachungsgerechten Verrechnung von Fix- und Gemeinkosten auf die einzelnen Produkte einer Produktlinie Rechnung. Zum anderen werden die oben genannten Verbunde berücksichtigt. Bei dem kalkulatorischen Ausgleich handelt es sich daher nicht um ein Verfahren zur Preisfindung auf Basis einer verursachungsgerechten Zurechnung von Kosten. Vielmehr sollen die einzelnen Bestandteile einer Produktlinie durch den kalkulatorischen Ausgleich in dem Maße mit Kosten belastet werden, wie es die Marktpreise gestatten. Das Grundprinzip dieser Vorgehensweise nach dem Tragfähigkeitsprinzip besteht darin, bestimmte Produkte oder Produktgruppen über die jeweils zurechenbaren Einzelkosten hinaus mit Kalkulationszuschlägen oder -abschlägen zu belegen. Wichtige Nebenbedingung dieser Praktik ist, daß sich die Kalkulationsergebnisse in bezug auf den aggregierten Gewinn des Unternehmens ausgleichen.

Für die Durchführung eines kalkulatorischen Ausgleichs gibt es unterschiedliche Möglichkeiten:[34]

Beim *artikelinternen* (mengenmäßigen) Ausgleich werden unterdurchschnittliche Preisaufschläge durch höhere Absatzmengen kompensiert. Voraussetzung eines artikelinternen Ausgleichs ist eine relativ hohe Preiselastizität.
Es muß gelten:

$$x_1 \cdot d_1 \geq x_2 \cdot d_2$$

mit

x_1, x_2 = Absatzmenge beim Preis p_1 bzw. p_2 ($p_1 < p_2$)
d_1, d_2 = Stückdeckungsbeitrag des betrachteten Artikels beim Preis p_1 bzw. p_2

Beim *Sortimentsausgleich* wird der Ausgleich zwischen verschiedenen Elementen der Produktlinie durchgeführt. Die Bedingung für ein derartiges Vorgehen lautet

$$\sum_{i=1}^{I} d_i \cdot x_i + \sum_{j=1}^{J} d_j \cdot x_j = GK + G$$

mit

i = Index für alle Ausgleichsnehmer ($i = 1 \ldots I$)
j = Index für alle Ausgleichsgeber ($j = 1 \ldots J$)
d = Stückdeckungsbeitrag pro verkaufter Einheit
GK = nicht verrechnete Periodengemeinkosten
G = angestrebter Periodennettogewinn

---

[34] Vgl. Diller 1991, S. 206.

Vor allem im Handel hat der Sortimentsausgleich eine herausragende Bedeutung. Der kalkulatorische Ausgleich wird dann oft als *Mischkalkulation* bezeichnet. Einzelne Artikel oder Produktgruppen aus einem Sortiment werden mit unterschiedlichen Handelsspannen belegt, obwohl dazu keine kostenrechnerische Begründung vorliegt.

Der *Sukzessivausgleich* stellt einen zeitlichen Ausgleich dar. Ein niedriger Deckungsbeitrag in der Periode $t = 1$ wird ausgeglichen durch entsprechend höhere Deckungsbeiträge in den folgenden $T - 1$ Perioden. Die Bedingung für einen Sukzessivausgleich lautet:

$$\sum_{i=1}^{I}\sum_{t=1}^{T} x_{it} \cdot d_{it} = \sum_{t=1}^{T} Gk_t + G_t$$

mit

i = Index für alle Elemente einer Produktlinie ($i = 1 \ldots I$)

t = Index der Planungsperioden ($t = 1 \ldots T$)

Erfolgversprechend ist ein Sukzessivausgleich vor allem dann, wenn die Aussicht auf eine langfristige Geschäftsbeziehung mit dem Kunden besteht. Typisch ist diese Situation für verschiedene Dienstleistungsbereiche, wie etwa den Bankensektor. Dabei ist der erwartete Sukzessivausgleich die Begründung dafür, z.B. junge Kunden im Rahmen der Preisdiskriminierung zu bevorteilen. Darüber hinaus ist der Sukzessivausgleich für Neueröffnungen oder Sonderverkäufe geeignet, von denen Ausstrahleffekte in die Zukunft erwartet werden.

Prinzipiell gibt es keine Regel, die besagt, in welchem Umfang ein kalkulatorischer Ausgleich zwischen den Produkten einer Produktlinie vorgenommen werden sollte. Sie richten sich jedoch nach den nachfragebedingten Verbunden. Preisimageprägende Produkte und solche, die Komplementärkäufe auslösen, werden tendenziell eher niedrig kalkuliert werden. Produkte, bei denen der Preis von den Kunden als Qualitätsindikator wahrgenommen wird, sowie stark prestigeträchtige Produkte können dagegen mit höheren Kosten belegt werden.

Das Hauptproblem des kalkulatorischen Ausgleichs steckt nach wie vor in der Modellierung der Verbundbeziehungen. Wiederum ist die Scanner-Technologie ein wichtiges Hilfsmittel bei der Quantifizierung komplementärer und substitutiver Verbundbeziehungen innerhalb eines Sortiments. Methodisch kann vor allem die Regressionsanalyse die Absatzprognosen für Produktlinien unterstützen.[35]

---

[35] Vgl. Hruschka 1983.

Literaturverzeichnis

Backhaus, K. [1995]: Investitionsgütermarketing; 4. Aufl., München 1995.

Backhaus, K. / Erichson, B. / Plinke, W. / Weiber, R. [1996]: Multivariate Analysemethoden; 8. Aufl., Berlin u.a. 1996.

Backhaus, K. / Plinke, W. [1986]: Rechtseinflüsse auf betriebswirtschaftliche Entscheidungen; Stuttgart u.a. 1986.

Diller, H. [1991]: Preispolitik; 2. Aufl., Stuttgart u.a. 1991.

Diller, H. (Hrsg.) [1992]: Marketing-Lexikon; München 1992.

Engelhardt, W. H. [1976]: Erscheinungsformen und absatzpolitische Probleme von Angebots- und Nachfrageverbunden; in: Schmalenbachs Zeitschrift für betriebswirtschaftliche Forschung, 28. Jg. (1976), S. 77–90.

Engelhardt, W. H. [1977]: Erlösplanung und Erlöskontroslle als Instrument der Absatzpolitik; in: Erlösplanung und Erlöskontrolle als Instrument der Absatzpolitik; hrsg. v. der Schmalenbach-Gesellschaft e.V., Sonderheft 6 der Zeitschrift für betriebswirtschaftliche Forschung, Opladen 1977, S. 10–26.

Harrigan, K. R. [1980a]: The Effect of Exit Barriers upon Strategic Flexibility; in: Strategic Management Journal, No. 1, 1980, S. 165–176.

Harrigan, K. R. [1980b]: Strategies for Declining Industries; in: Journal of Business Strategy, Vol. 1 (1980), Fall, S. 2.

Heinen, E. [1991]: Industriebetriebslehre; 9. Aufl., Wiesbaden 1991.

Hruschka, H. [1983]: Folgegeschäfte - Zur Bestimmung der Umsatzverbundenheit von Haupt- und Zusatzprodukten mit Hilfe der Polynominal-lag-Regression; in: Marketing - Zeitschrift für Forschung und Praxis, 5. Jg. (1983), S. 165–169.

Kerin, R. A. / Peterson, R. A. (1993): Strategic Marketing Problems - Cases and Comments; 6th ed., Boston u.a. 1993.

Kilger, W. [1988]: Flexible Plankostenrechnung und Deckungsbeitragsrechnung; 9. Aufl., Wiesbaden 1988.

Kotler, Ph. [1994]: Marketing Management; 8. Aufl., Englewood Cliffs 1994.

Männel, W. [1974]: Mengenrabatte in der entscheidungsorientierten Erlösrechnung; Opladen 1974.

Nieschlag, R. / Dichtl, E. / Hörschgen, H. [1991]: Marketing; 16. Aufl., Berlin 1991.

Ott, A. [1968]: Grundzüge der Preistheorie; Göttingen 1968.

Paul, M. / Reckenfelderbäumer, M. [1994]: Dilemma! Ein Fall für PTC; absatzwirtschaft, Sondernummer Oktober 1994, S. 146–152.

Plinke, W. [1979]: Betriebswirtschaftliche Aspekte der Erfassung von Preisstrukturmißbräuchen marktbeherrschender Unternehmen; Arbeitspapiere zum Marketing Nr. 6, herausgegeben von W. H. Engelhardt und P. Hammann, Bochum 1979.

Plinke, W. [1983]: Periodenbezogene Mengenrabatte marktbeherrschender Unternehmen; in: Schmalenbachs Zeitschrift für Betriebswirtschaftliche Forschung, 35. Jg. (1983), S. 224–238.

Plinke, W. [1997]: Industrielle Kostenrechnung; 4. Aufl., Berlin 1997.

Plinke, W. [1999]: Grundlagen des Marktprozesses; in: Kleinaltenkamp, M. / Plinke, W. (Hrsg.): Technischer Vertrieb – Grundlagen; 2., überarb. Aufl., Berlin / Heidelberg / New York 1999, Kapitel A.1.

Raffée, H. / Rieder, B. / Deutsch, W. [1981]: Quantitative Modelle als Entscheidungshilfen bei Sonderpreis-Aktionen von Konsomgüterherstellern; in: Marketing – Zeitschrift für Forschung und Praxis, 3. Jg. (1981), S. 267–278.

Riebel, P. [1990]: Einzelkosten- und Deckungsbeitragsrechnung; 6. Aufl., Wiesbaden 1990.

Simon, H. [1992]: Preismanagement: 2. Aufl., Wiesbaden 1992.

Thibaut, J. W. / Kelley, H. H. [1959]: The social psychology of groups; New York 1959.

Übungsaufgaben

1. Wie ist der Begriff „Preis" definiert, wie der Begriff „Preispolitik"?
2. Was steckt hinter den Begriffen „Preiszähler" und Preisbezugsbasis"?
3. Welche Einflußgrößen sind bei Preisentscheidungen zu berücksichtigen?
4. Was ist ein Planerlös? In welchem Zusammenhang wird von Planerlösen gesprochen?
5. Welche Phasen sind bei Projekten im Anlagengeschäft typisch? Welche Besonderheiten der Preisentscheidung weisen diese Phasen auf?
6. In welchem Verhältnis steht der Auftragswert zum Planerlös?
7. Welche Methoden der Kalkulation des Auftragswertes im Anlagengeschäft kennen Sie? Wie unterscheiden sich diese Methoden?
8. Wie kann im Rahmen der Erlösplanung eine Preisobergrenze ermittelt werden?
9. Wie ist das Verfahren des Competitive Bidding gekennzeichnet? Beschreiben Sie ein Verfahren zur systematischen Ermittlung von Preisen für Situationen des Competitive Bidding.
10. Inwiefern ist der Beschäftigunggrad wichtig für die Ermittlung von Preisuntergrenzen?
11. Welche Instrumente zur Verringerung von Kalkulationsrisiken kennen Sie? Was ist eine Preisgleitklausel? Beschreiben Sie eine solche.
12. Was ist unter dem Begriff „Listenpreis" zu verstehen? Welche Probleme sind mit kostenorientierten Verfahren zur Ermittlung von Listenpreisen verbunden? Beschreiben Sie diese.
13. Welche Verfahren der kundenorienten Ermittlung von Preisen sind zu unterscheiden? Wie sind diese charakterisiert?
14. Welcher Zusammenhang kommt in der Kenngröße „Preiselastizität" zum Ausdruck?

15. Was ist unter einem Break-Even-Preis, was unter einer Break-Even-Menge zu verstehen?

16. Wie unterscheiden sich die Verfahren des Direct Costing und der Relativen Einzelkostenrechnung?

17. Erläutern Sie das Verfahren der mehrstufigen Deckungsbeitragsrechnung.

18. Was ist unter Target Pricing zu verstehen?

19. Wie ist das Gesetz der Erfahrungskurve definiert?

20. Was verbirgt sich hinter dem Begriff „Preisdiskriminierung“? Welche Formen der Preisdiskriminierung kennen Sie?

21. Welche Einzelphasen unterscheidet das Konzept des Produktlebenszyklus? Welche Besonderheiten sind in den einzelnen Phasen zu beachten?

22. Welche Formen der Berechnung von Mengenrabatten kennen Sie? Welche Vor- bzw. Nachteile sind zu beachten?

23. Welche Formen des Angebotsverbunds kenne Sie? Was ist unter dem Begriff „Kalkulatorischer Ausgleich“ zu verstehen?

Teil E Vertragsgestaltung

1 Vertragsgestaltung im Business-to-Business-Marketing

Bernd Günter

Tabellenverzeichnis

1.1 Verträge im Technischen Vertrieb – Bedeutung und Notwendigkeit

Zu den „klassischen" Instrumenten von Vertrieb und Marketing zählen in erster Linie Produkt/Sortiment, Preis, Distribution und Kommunikation, die „4P". Nicht dazu gehören traditionell, aber unverständlicherweise: die Mengenpolitik, die Absatzfinanzierung und die Gestaltung von Verträgen. Daß die Vertragspolitik, die auch als Kontrahierungspolitik bezeichnet wird, eine wichtige Funktion für den Technischen Vertrieb einnimmt, zeigt etwa das folgende Beispiel.

Beispiel:
Ein mittelständischer Betrieb verwendet und kauft gelegentlich Gabelstapler für Zwecke des innerbetrieblichen Transports. Die Lieferantenwahl und Auftragsvergabe hängt in erheblichem Maße von Vertragsklauseln in Verträgen mit Lieferanten (Herstellern oder Händlern) ab. Deren Ausgestaltung hat zunächst verschiedene betriebswirtschaftliche Aspekte und Funktionen, sie muß nicht zuletzt aber auch juristisch abgesichert werden. Ob der Verwenderbetrieb etwa Kauf oder Miete (Leasing) bevorzugt, wird u.a. von finanziellen Erwägungen und Restriktionen abhängen. Die Vereinbarung von Wartungsverträgen für Flurförderzeuge hängt in hohem Maße vom eigenen Know-how und von Personalkapazitäten des Verwenders ab. Der Abschluß von Full-Service-Verträgen zu einem Pauschalpreis ist stark durch Risikoüberlegungen bestimmt – informationsökonomisch betrachtet: durch Qualitätsunsicherheit und deren Bewältigung durch die Beteiligten. Die weiteren Festlegungen der Auftragsvergabe und -abwicklung für derartige Fahrzeuge wie auch für andere Maschinen, Geräte und Anlagen enthalten eine Reihe von vertragspolitischen Entscheidungen wie etwa die Lieferbedingungen, Gewährleistungs- und Haftungs"spielregeln", Erfüllungsort und Gerichtsstand sowie – in bestimmten anderen Fällen des Business-to-Business-Marketing – evtl. Exklusivitäts- und Geheimhaltungsklauseln.

Käufer und Verkäufer „spielen" also gemeinsam, jeder vor dem Hintergrund seiner Interessen und Ziele, auf der „Klaviatur" der Vertragspolitik, die eine Schnittstelle zwischen Betriebswirtschaft und Technik einerseits sowie Rechtswissenschaft andererseits bildet. Folglich kommt nicht nur dem Rechtsexperten, sondern auch dem Vertriebsingenieur, dem Vertriebskaufmann oder dem Marketing-Spezialisten die Aufgabe zu, eine zielgerechte Vertragsgestaltung anzustreben und zu erreichen. Das setzt Grundkenntnisse in Spielarten, Wirkungsweisen und juristischen Grundproblemen von Verträgen voraus. Aufgabe eines eingeschalteten Juristen wird dann die „Feinabstimmung" und rechtliche Prüfung der vorgeschlagenen Regelungen sein.

Von entscheidender Bedeutung für das ökonomische Ergebnis von Markttransaktionen wird es sein, welche Aspekte eines Vertrages definitiv durch Vereinbarungen geklärt werden und welche, gewollt oder implizit, offenbleiben bzw. flexibel gestaltet werden. Diese wichtige Frage entscheidet letztlich über die Risikoverteilung zwischen den Vertragsparteien, über die Kalkulation des Verkaufs-

und des Beschaffungsobjektes, über Rückgriffsmöglichkeiten im Haftungsfall und über die Konfliktregelung im Streitfall.

Schließlich werden durch Vertragsgestaltungen Verpflichtungen und Selbstbindungen (sog. „commitment“[1]) eingegangen, die in Konkurrenz zu anderen Formen der Bindung, auch der inneren, psychologischen Bindung zwischen Kunden und Lieferanten stehen. Bei vertraglichen Vereinbarungen sind also auch stets die Folgewirkungen aus dem eingegangenen Commitment zu beachten. Beispiele sind: die Verpflichtung zur Ersatzteilhaltung und -lieferung durch den Lieferanten oder etwa die Verpflichtung zur Lieferung (ggf. Beistellung) von Infrastrukturdaten durch den Investor bei Anlagenbau-Projekten.

Im folgenden können nur einige wenige, ausgewählte Problemstellungen und Lösungswege aufgezeigt werden, die sich im Technischen Vertrieb immer wieder bei Fragen der Ausgestaltung und des Managements von Verträgen ergeben. Dabei liegt der Schwerpunkt bewußt auf Aspekten von Liefer- und Leistungsverträgen. Daneben spielen in der Vertriebspraxis Kooperationsverträge[2], Verträge über Rechtsschutz (Lizenz- bzw. Know-how-Verträge) und verschiedene Typen von arbeitsrechtlichen Vereinbarungen eine herausragende Rolle. Sie können aber in dem hier gegebenen engen Rahmen nicht behandelt werden

1.2 Kaufverhalten, Unsicherheit und Vertragsmanagement

Markt- und kundenorientiertes Anbieterverhalten enthält zunächst die Aufgabe, das Beschaffungsverhalten der Nachfrager zu untersuchen (Kundenanalyse). Die Gestaltung von Verträgen bildet neben anderen Aspekten ein für die Kaufentscheidung von Verwendern maßgebliches Kriterium. Bereits eine den Beschaffungsverhandlungen vorgeschaltete „Make-or-buy“-Entscheidung von Abnehmern schließt eine Vorstellung über mögliche Vertragsalternativen (etwa Leasing) und evtl. deren Vorauswahl ein. Im Zuge der Lieferantenwahl bewertet ein Nachfrager – ausdrücklich oder unausgesprochen – auch verschiedene Vertragsalternativen gegeneinander, die ihm die zur Auswahl stehenden Lieferanten angeboten haben bzw. die er gegenüber diesen Anbietern für durchsetzbar hält.

Vertragstypen und einzelne Klauseln bilden aber auch einen Ausdruck dafür, in welcher Form Anbieter und Nachfrager die von Ihnen im Zusammenhang mit der Markttransaktion empfundene Unsicherheit zu bewältigen suchen. Dies wird z.B. besonders deutlich, wenn eine Partei feste Regelungen möglichst aller denkbaren Sachverhalte und Entwicklungen anstrebt, oder wenn die Partner flexible Regelungen, etwa Gleitklauseln, vereinbaren. Auch Vertragsstrafen sind ein typi-

---

1 Vgl. Söllner 1993.

2 Vgl. VDI 1991.

sches Beispiel für die Handhabung von subjektiv empfundenen Risiken, hier: von Verzugs- o.ä. Risiken der Vertragsverletzung.

Unsicherheit (Risiko im Sinne einer Verlustgefahr, eines negativen Abweichens vom angestrebten Ziel) kann auftreten als technisch-funktionales Risiko, als finanzielles Risiko oder als psycho-soziales Risiko. Diese herkömmliche Unterteilung knüpft an Risikoarten an, an auslösende Faktoren und an Konsequenzen eines eventuellen Schadenseintritts. Entsprechend kann oder muß die Vertragsgestaltung an diesen drei Dimensionen ansetzen und Regelungen finden, das diesbezüglich empfundene Risiko in den als akzeptabel erachteten Grenzen zu halten. Hierzu dienen vor allem Verträge und Einzelklauseln, die unter Bedingungen für das Eintreten bestimmter Sachverhalte abgeschlossen werden (sog. contingent contracts): Exemplarisch seien dazu Instrumente wie Gewährleistungskonditionen (bei technischen Risiken), Gleitklauseln und Verzugspönalen (gegenüber finanziellen Risiken) genannt. Langfristige Lieferverträge, Management- bzw. Betreiberverträge u.ä. können in Einzelfällen dazu dienen, mögliche psycho-soziale Risiken für den einzelnen Entscheider abzumildern.

Eine zweite, in jüngerer Zeit beliebt gewordene Betrachtungsweise des Umgangs mit Unsicherheit im Kauf- und Verkaufsverhalten bildet die informationsökonomische Analyse der sog. Qualitätsunsicherheit. Dabei wird nach der Möglichkeit des Nachfragers, Qualitätsmerkmale des Angebotes zu beurteilen, unterschieden in Such-, Erfahrungs- und Vertrauenseigenschaften der angebotenen Leistung.[3]

Im Falle dominierender Sucheigenschaften eines Angebotes kann der Nachfrager durch Informationssuche und -auswahl die angebotene Leistung weitestgehend vor dem Kauf beurteilen. Die Vertragsgestaltung wird sich nach entsprechendem Informationsaustausch und Verhandlungen auf ein Minimum an Regelungsbedarf begrenzen können. Sie wird die exakte Leistungsdefinition in Spezifizierungen beinhalten sowie Regelungen für den Fall von Mängeln bei der Lieferung.

Anders im Fall der „Erfahrungsgüter", bei denen Erfahrungseigenschaften dominieren. Das heißt, daß der Nachfrager wichtige Qualitätsmerkmale erst *nach* dem Kauf beurteilen kann. In diesen Fällen wird der Nachfrager sich Garantien geben lassen; er wird Selbstbindungen des Anbieters verlangen für den Fall, daß seine Erwartungen nicht eintreffen.[4] Diese Situation wird im Technischen Vertrieb etwa bei einem Nachfrager noch unbekannten, also innovativen Maschinen, Geräten und Fahrzeugen gegeben sein. Die Vertragsgestaltung ist hier stark auf Gewährleistungsklauseln, Pönalen u.ä. gerichtet. Sie definiert Situationen, bei de-

---

3 Vgl. z.B. Kleinaltenkamp 1992.

4 Vgl. Kleinaltenkamp 1992, Backhaus 1992.

ren Eintreffen die dem Nachfrager drohenden Konsequenzen durch Selbstbindung des Anbieters gemildert werden und führt damit zu „contingent contracts".

Der dritte Fall ist das Dominieren von sog. Vertrauenseigenschaften. In diesem Fall kann der Abnehmer selbst nach dem Kauf wichtige Qualitätsmerkmale nicht endgültig beurteilen. Er muß Vertrauen in die Kompetenz des Anbieters aufbauen und zum Maßstab seines Handelns machen. Dieser Fall trifft auf verschiedene Dienstleistungen im Business-to-Business-Marketing zu, etwa Unternehmens- und Steuerberatungsleistungen. Die Vertragspolitik hat hier wenige Ansatzpunkte. Der Schwerpunkt der Maßnahmen zur Unsicherheitsreduktion liegt im Vorfeld, in der Kompetenzbeurteilung. Kontrahierungspolitisch bleiben nur wenige Instrumente, so z.B. bei der Vereinbarung von Gewährleistungen oder Klauseln zur Abwehr des Know-how-Abflusses. Daneben werden hier langfristige Verträge eher erst nach einer „Probephase" („trial") angeschlossen, so daß in diesem dritten Fall besonders die Wahl bestimmter Vertrags*typen* zur Debatte steht.

1.3 Vertragstypen und Regelungsbedarfe

Der Stellenwert der in diesem Abschnitt noch näher zu erläuternden Sachbereiche, in denen vertragliche Regelungen notwendig sind, hängt ab von dem Typ des abzuschließenden Vertrages. Die wichtigsten im Technischen Vertrieb üblichen Vertragstypen sind:

- Kaufverträge, Lieferverträge (Einzel- oder Rahmenaufträge),
- Werkverträge,
- Mietverträge (Leasing), Pachtverträge,
- Lizenz- bzw. Know-how-Verträge,
- Verträge über projektbezogene Kooperationen
  - mit Komplementär-Partnern und
  - zwischen Lieferanten und Abnehmern, z.B. in Form einer Entwicklungszusammenarbeit,
- Verträge über längerfristige Kooperationen (im Grenzfall bis hin zu Unternehmenszusammenschlüssen),
- Verträge mit Absatzmittlern (Handel u.a.),
- Dienstleistungsverträge (z.B. Wartungsverträge),
- Managementverträge (Betrieb von Anlagen durch Anbieter),
- Personal- und Arbeitsverträge (z.B. Handelsvertreterverträge),
- Vertriebsbindungen,
- Qualitätssicherungsvereinbarungen sowie
- Allgemeine Geschäftsbedingungen.

Daneben entsteht in Einzelfällen Marketing- und Vertriebsrelevanz beim Abschluß bestimmter Gesellschaftsverträge und Kreditverträge.

Unter Marketing-Aspekten bezieht sich der vertragliche Regelungsbedarf auf

- die Gestaltung einzelner Markttransaktionen in Projekten und Aufträgen,
- die Gestaltung von längerfristigen Geschäftsbeziehungen mit Absatzmittlern und (End-) Kunden,
- die längerfristige Zusammenarbeit mit Kooperationspartnern und
- die vertragliche Gestaltung der Beziehungen zu Drittparteien im Umfeld der Marketing-Aktivitäten (z.B. Vereinbarungen mit staatlichen Stellen im Zusammenhang mit der Erschließung von ausländischen Märkten).

Die typischen Regelungsbedarfe lassen sich exemplarisch für Liefer- und Leistungsvereinbarungen (z.B. Kaufverträge von Investitionsgütern) und für Kooperationsvereinbarungen (z.B. Konsortien im industriellen Anlagengeschäft) auflisten. Aus diesen Regelungsbedarfen lassen sich im übrigen Checklisten zur Prüfung von Verhandlungspunkten und zur Gliederung von Verträgen ableiten.

In den meisten Kaufverträgen über technische Güter und Dienstleistungen repräsentieren die in Tabelle 1 aufgeführten Sachverhalte die wichtigsten Gegenstände von Verhandlungen und Vereinbarungen. Eine Checkliste zu Grundelementen eines Anbieter-Kunden-Vertrages im industriellen Anlagengeschäft ist in Tabelle 2 wiedergegeben.

Tabelle 1. Gegenstände von Verhandlungen und Vereinbarungen

Verhandlungsgegenstände	
1.	Gegenstand des Vertrages: Liefer- und Leistungsgegenstand
2.	Zusätzliche bzw. ergänzende oder Folge-Leistungen (z.B. Ersatzteilbevorratung oder -lieferung)
3.	Lieferkonditionen
4.	Liefer- bzw Erfüllungsort
5.	Erfüllungs- = Lieferzeitpunkt bzw. -zeitraum
6.	Informations- und Dokumentationspflichten des Verkäufers
7.	Haftung und Gewährleistung
8.	Mitwirkungs- und Informationspflichten des Käufers
9.	Kaufpreis einschl. Nebenkosten
10.	Zahlungsbedingungen
11.	Evtl. Kreditbedingungen und Sicherungsklauseln
12.	Evtl.: Know-how-Transfer und Geheimhaltung
13.	Änderungs-, Rücktritts- und Kündigungsmöglichkeiten
14.	Formalvereinbarungen (Gerichtsstand; Vertragsstrafen u.a.)
usw.	

Tabelle 2. Checkliste für die Grundbestandteile eines Anbieter-Kunden-Vertrages (im industriellen Anlagengeschäft; Quelle: Backhaus 1997, S. 539f.).

Vertragspunkte	*Kommentar*
1. Vertragsgegenstand	Die „Vertragsanlage" definiert den genauen Liefer- und Leistungsumfang der Lieferorganisationen (evtl. auch des Liefer- und Leistungsanteils der Kundenorganisation). Dazu gehören auch alle Dienstleistungen wie Bedienerschulung u.ä.
2. Normen und Standards	Sofern möglich, sind die bekannten deutschen Normvorschriften zugrundezulegen. Abweichende Normen bedeuten in der Regel Zusatzaufwand und evtl. Nahtstellenprobleme.
3. Termine	Zwischen-, Eck- und Endtermine für alle isolierbaren Teilleistungen sind festzulegen und aufeinander abzustimmen, da sonst Unklarheiten bei Pönalen auftreten können.
4. Preis	Preishöhe, Art der Preisgleitung, evtl. Teilpreise sind in der vereinbarten Währung zu fixieren und evtl. Stichtage bei Gleitklauselberechnungen festzulegen. Es ist darauf zu achten, daß auch die anfallenden Nebenkosten, wie Abgaben, Zölle u.ä. eindeutig den Vertragsparteien zugeordnet werden.
5. Zahlungsbedingungen	Bei der Fixierung der Zahlungsmodalitäten ist darauf zu achten, daß der Käufer erst dann von seiner Zahlungsverpflichtung befreit ist, wenn der Betrag im tatsächlichen Verfügungsbereich des Lieferanten ist. Das Verhältnis von Liefer- und Zahlungsverzug ist eindeutig zu regeln.
6. Eigentums- und Gefahrenübergang	Hier sollte vor allem auf die Incoterms-Regelungen (cif, fob etc.) zurückgegriffen werden, die eine eindeutige Regelung für den Eigentums- und Gefahrenübergang beinhalten.
7. Verpackung, Transport, Verzollung	Bei der Verpackung ist in der Regel auf den Terminus „handelsübliche Verpackung" zurückzugreifen. Der Lieferant sollte sich Transportmittel und -wege im Vertrag freihalten, um einen einwandfreien Transport unter den jeweiligen Umständen sicherzustellen. Bei der Verzollung sollte versucht werden, eine Zollfreistellung zu erreichen.
8. Versicherungen	Projektversicherungen sollten möglichst bei *einem* Versicherungsträger erfolgen, um Risiken aus Versicherungsnahtstellen zu minimieren.
9. Inbetriebsetzung	Da die Inbetriebsetzung in der Regel zahlungsauslösend wirkt, sind die Bedingungen des Probebetriebs und der zu erbringenden Leistungsnachweise eindeutig zu regeln.
10. Abnahme	Abnahmetermine sind immer letztmögliche Termine. Frühere Abnahme ist möglich. Die Abnahmeerklärung bedeutet, daß der Kunde die Liefer- und Leistungsverpflichtung des Anbieters als „im wesentlichen" erfüllt ansieht. Kleinere Mängel können nachgebessert werden (Protokoll!). Mit der Abnahme wird der Kaufpreis fällig. Evtl. sind Teilabnahmen festzulegen.
11. Gewährleistungen	Im deutschen Sprachbereich deutlich von „Garantien" zu trennen. Nach deutschem Recht regeln sich die Gewährleistungsansprüche nach Abnahme gem. §633ff. BGB. Haftung für indirekte und Mängelfolgeschäden ist möglichst abzulehnen.
12. Vertragsstörungen	Zu unterscheiden sind Vertragsstörungen vor und nach Abnahme der Anlage sowie Vertragsstörungen durch Dritte bzw. höhere Gewalt, Eintreten oder Nicht-Eintreten von Umständen, die vom Lieferanten oder vom Käufer zu vertreten sind. Es sollte ein Haftungsausschluß für mittelbare und Mängelfolgeschäden erfolgen.
13. Anzuwendendes Recht	Wegen der sehr unterschiedlichen Rechtsfolgen kommt bei internationalen Projekten der Festlegung des anzuwendenden (nationalen) Rechts besondere Bedeutung zu.
14. Schiedsgericht	Zu empfehlen bei internationalen Verträgen, da keine öffentliche Verhandlung.

Tabelle 3. Checkliste zur Gestaltung von Konsortialverträgen (Quelle: Backhaus 1997, S. 459–461)

Vertragsgegenstand	*Zu beachtende Punkte*
Vertragspartner	• Firmenname • Sitz
Präambel	• Motivation des Konsortiums
1. Errichtung des Konsortiums	• Ziel der Zusammenarbeit • Name und Sitz des Konsortiums
2. Abgrenzung der Lieferanten und Leistungen	• Aufteilung der Auftragsanteile/Abgrenzung der Aufgaben • Vollständigkeit der Lieferungen und Leistungen • nachträgliche Änderungen, Zusatz-/ Ergänzungsaufträge
3. Versammlung der Konsorten	• Zuständigkeit (Abgenzung zu Aufgaben des Federführers) – Einberufung von Versammlungen – Abstimmungsmodus (Einstimmigkeit, Schriftlichkeit)
4. Federführung	• Aufgaben: technische, organisatorische und kommerzielle Koordinierung; Geschäftsführung und ggf. Vertretung nach außen; Herbeiführung von Konsortialbeschlüssen; sonstige Aufgaben, die dem Federführer übertragen werden • interne Beschränkung der Befugnisse des Federführers • Information und Einschaltung der anderen Konsorten und der Konsorten-Versammlung • Federführungsgebühr (Bemessungsgrundlage; Fälligkeit) • besondere Aufwendungen des Federführers im gemeinsamen Interesse, z.B. für Projektbüro
5. Allgemeine Pflichten der Konsorten	• Aufteilung des technischen und wirtschaftlichen Risikos • ausschließliche Zusammenarbeit für das Projekt • gegenseitige Unterstützung und Information • gegenseitige Übermittlung der notwendigen Unterlagen und technischen Angaben • Teilnahme an Besprechungen mit Auftraggeber und Dritten
6. Haftung und Gewährleistung	• Haftung aus Ansprüchen des Auftraggebers im Außenverhältnis (Konsortium – Auftraggeber): gesamtschuldnerische Haftung oder • falls vertraglich vereinbart, Haftung für jeweiligen Auftragsanteil im Innenverhältnis (Haftungsabgrenzung der Konsorten untereinander): Abgrenzung bei – Verzug – Gewährleistung – Nichteinhaltung von Abnahmewerten/Zusicherungen – sonstigen Ansprüchen – Haftung bei Ansprüchen Dritter – Haftung der Konsorten untereinander in sonstigen Fällen – Haftung mehrerer Konsorten: Kollisionsregelungen vorläufige Schadensregulierung – Haftung des Federführers – Anerkennung von Ansprüchen/Freistellungsanspruch – Ausschluß weiterer Ansprüche
7. Versicherungen	• gemeinsame Versicherungen (z.B. Montageversicherung) • Einzelversicherungen (z.B. Transportversicherung)

Tabelle 3 (Fortsetzung).

Vertragsgegenstand	*Zu beachtende Punkte*
8. Angebotserstellung und Projektabwicklung	• Erstellung der Angebotsteile durch die Konsorten • Austausch technischer Daten • Erstellung des Gesamtangebots durch das Konsortium / den Federführer • Tragung der Angebotskosten • Terminplanung für Lieferungen und Leistungen der Konsorten
9. Rechnungslegung und Zahlungen	• Rechnungslegung an das Konsortium (offenes Konsortium) bzw. an Generalunternehmer (stilles Konsortium) • Zahlung durch Auftraggeber unmittelbar an Konsorten oder Weiterleitung an diese durch Federführer
10. Finanzierung und Sicherheiten (Bürgschaften/Garantien)	• Finanzierung • Beteiligung an Bietungs-, Anzahlungs-, Erfüllungs-, Gewährleistungsbürgschaften/ -garantien • Rückbürgschaften
11. Ausscheiden oder Ausschluß eines Konsorten	• Kündigung eines Konsorten • Ausschluß eines Konsorten
12. Kündigung durch Auftraggeber/ Ausgleichszahlungen	• interne Verteilung von Ausgleichszahlungen des Auftraggebers
13. Vertrauliche Behandlung/ Veröffentlichungen	• Umfang der vertraulichen Behandlung • Veröffentlichungsrecht
14. Patente, Schutzrechte	
15. Schiedsgericht	• Konsortium mit ausländischen Partnern • Konsortium mit inländischen Partnern in der Bundesrepublik Deutschland
16. Anwendbares Recht	
17. Vertragsdauer	• Inkrafttreten • Gründe und Datum der Beendigung
18. Schlußbestimmungen	• Schriftform für Ergänzungen/Änderungen • Aufrechnung/Einbehalt/Abtretung • Ergebnisverwendung • Teilunwirksamkeit

Die zu regelnden Sachverhalte in Kooperationsverträgen lassen sich – am Beispiel von Konsortialverträgen des industriellen Anlagen- und Systemgeschäfts – aus Tabelle 3 entnehmen. Zu den darin genannten Vertragspunkten können als Option hinzutreten:

- eine Vereinbarung über die gemeinsamen Ziele und Interessen, die mit der Zusammenarbeit verfolgt werden – diese kann auch in einer Präambel zum Vertrag niedergelegt werden –,

- detaillierte Regelungen über die jeweiligen Aufgabenbereiche in der Akquisition und in der Abwicklungsphase, aber auch in späteren Phasen (Gewährleistungsphase und Folgephasen),
- evtl. Absichtserklärungen über Folge-Kooperationen bei demselben Kunden oder über weitere Kooperationsfälle,
- evtl. Exklusivitätsklauseln sowie
- Regelungen über mögliche Änderungen des Vertrages.

Die dargestellten Sachbereiche in den verschiedenen Grundtypen von Verträgen, die im Technischen Vertrieb von besonderer Bedeutung sind, lassen sich auf drei Grunderfordernisse einer vertraglichen Regelung zurückführen:

- Regelung von Inhalt und Objekt der Markttransaktion oder einer Geschäftsbeziehung,
- Regelung der Konsequenzen aus bestehenden oder möglichen Risiken und
- Regelung der Rahmenbedingungen und Formalia (Transaktionsbedingungen).

Zum ersten liegt es im Interesse aller Beteiligten, die durch die Parteien zu erbringenden Leistungen (bzw. Gegenleistungen) aller Parteien zu spezifizieren und justitiabel festzuhalten. Zweitens müssen Risiken und Haftungsfragen (juristisch: Gefahrtragung) geklärt werden, wo nicht allgemeine gesetzliche Vorschriften bestehen oder wo man von den allgemeinen Vorschriften im Einzelfall abweichen will. Im letzteren Fall ist zunächst zu prüfen, ob die Abdingbarkeit rechtlich zulässig ist. Ein Beispiel für Nichtzulässigkeit wäre der Versuch, die in Deutschland vorgeschriebene Schriftform für Verträge über Grundstücksverkäufe abzudingen.

Aus den beiden genannten Grunderfordernissen von Verträgen ergibt sich der größte Teil der Pflichten und Rechte der Vertragsparteien, zu denen vertragliche Vereinbarungen Stellung nehmen sollten. Schließlich enthalten die Verträge zum dritten eine Reihe unterschiedlicher Rahmen- und Formalbestimmungen, die über die mehr oder weniger flexible Behandlung der Vereinbarungen entscheiden oder etwa über Beginn und Ende der Pflichten und Rechte. Betriebswirtschaftlich geht es dabei nicht mehr um den Vertragsgegenstand, das Objekt der Markttransaktion, sondern um die Art und Weise sowie die Rahmenbedingungen der Markttransaktion. Durch diese werden betriebswirtschaftlich erhebliche Teile sogenannten Transaktionskosten (Such- und Informationskosten, Anbahnungs- und Verhandlungskosten, Anpassungskosten und Kontrollkosten[5]) bestimmt werden.

---

[5] Vgl. Picot 1982, S. 269f.

1.4 Die Gestaltung ausgewählter Vertragsklauseln

Für die Gestaltung von Verträgen oder einzelnen Vertragsklauseln besteht grundsätzlich Vertragsfreiheit. Diese gilt, soweit nicht rechtliche Einschränkungen bestehen, z.B. bestimmte Regelungen gesetzlich vorgeschrieben sind oder unzulässig sind. Die Art und Weise der Regelung wird sich im nationalen Vertriebszusammenhang nach deutschen oder - zunehmend - nach europäischen Rechtsnormen und Rechtsgepflogenheiten richten. Im internationalen Marketing sollten stets das anzuwendende Recht, die Schiedsklauseln (im Konfliktfall) und der rechtliche Rahmen, in denen die Partner sich bewegen, besonders beachtet werden. Dabei spielen rechtstraditionelle Unterschiede ebenso eine Rolle wie die Mentalität der Partner. Diese ist in manchen Ländern nicht darauf gerichtet, viele detaillierte Einzelfallregelungen zu treffen. So kann in der englischen Rechtssphäre auf weniger allgemein kodifizierte Regeln zurückgegriffen werden als im deutschen Recht, die Behandlung juristischer Fälle hängt dort in stärkerem Maße von Einzelfallregelungen ab. Am Rande, aber deswegen nicht weniger bedeutsam, muß darauf hingewiesen werden, daß selbstverständlich auch mündlich abgeschlossene Vereinbarungen Verträge mit allen Bindungswirkungen und Konsequenzen darstellen.

Die Gestaltung einzelner Vertragsklauseln kann hier nicht umfassend oder gar erschöpfend behandelt werden. Anhand ausgewählter Beispiele können aber dem Akteur im Technischen Vertrieb Hinweise darauf gegeben werden, wo sich der Vertrieb auf „unsicheres" Terrain wagt und daher juristische Spezial-Unterstützung erforderlich ist, und wo juristische Spielräume bestehen, deren Nutzung zu Wettbewerbsvorteilen führen kann.

Ein erster Fall stellt die Spezifizierung vertraglich zu erbringender Leistungen dar. Immer wieder kommt es zu Streitfällen, weil die Leistung im Rahmen einer Lieferung - Kaufvertrag oder Werk(lieferungs)vertrag - nicht exakt genug spezifiziert war, unvollständig erfolgt ist oder Interpretationsspielräume offenließ. Konsequenz daraus sollte sein, daß

- Mitwirkungspflichten wie etwa Information, Bestellung, Bereitstellung von Infrastruktur durch den Kunden in einem besonderen Passus Niederschlag finden sollten und
- eine Vollständigkeitsklausel im Vertrag enthalten sein sollte. Diese besitzt eine Formulierung, die im Falle der unvollständigen Leistungsabgrenzung die Lasten auf die Partner verteilt oder die Vervollständigung mit oder ohne separate Abrechnung erzwingt.

Ein zweites Beispiel betrifft Änderungen nach Vertragsabschluß (in der Regel aber vor Abnahme der Lieferung bzw. bei Werkverträgen des kontrahierten Werkes). Häufig treten Fälle auf, in denen der Kunde nach Auftragsvergabe Änderungen anstrebt oder in denen die Erbringung der vereinbarten Leistung wegen nur begrenzt vorhersehbarer Einflüsse nur in geänderter Form erfolgen kann. Ein Beispiel für den letztgenannten Fall stellt das sog. „Massenrisiko" bei Bauleistungen dar. Hier geht man davon aus, daß die Prognose etwa des Bedarfs an Baumaterialien in Größenordnungen von z.B. x% schwanken kann und entsprechende Kalkulationsvorkehrungen bzw. -korrekturen vorzusehen sind. Deren Akzeptanz wird der Anbieter bereits vertraglich mit dem Kunden regeln.

Interessanter ist der Fall von Änderungen, die der Kunde nachträglich erwirken möchte. Aus Wettbewerbsgründen kann hier Flexibilität des Anbieters zwingend erforderlich sein. Das sog. „Claim Management" befaßt sich mit derartigen Änderungswünschen und der Reaktion darauf. Vor allem bei größeren, komplexeren Lieferobjekten wird eine sorgfältige Planung der Auftragsstruktur (Projektstrukturplan), der Abläufe und Termine (etwa im Prozeßablaufplan mit Meilenstein-Trendanalysen), der Zuständigkeiten und Kosten (Personal-, Kapazitäts- und Kostenplanung, z.B. mit Hilfe der Netzplantechnik) Voraussetzung für Akzeptieren und Bewirken von Änderungen durch den Anbieter sein. Aufgabe des Claim Management ist es, mögliche Änderungen frühzeitig zu erkennen, Eventualpläne und bedingte Vereinbarungen („contingent contracts") zu entwerfen, Regelungen für Sach- oder Formänderungen mit dem Vertragspartner zu verhandeln und nach Möglichkeit besondere Entgelte für die Erfüllung von Änderungswünschen zu erzielen. Dies setzt im Ausgangsvertrag eine entsprechende Klausel für evtl. Änderungen bzw. Ergänzungen voraus.

Damit ist gleichzeitig das Grundproblem der Gestaltung von Verträgen unter betriebswirtschaftlichen Aspekten angesprochen: die Festlegung von kosten- und erlöswirksamen Maßnahmen bei Unsicherheit über zukünftige Entwicklungen. Ein Beispiel für Vertragsklauseln, in denen diese Problematik und die Alternativen ihrer Behandlung besonders gut zum Ausdruck kommen, sind Preisklauseln in Verträgen über Lieferungen und Leistungen.

Hier bestehen zunächst – wie bei einer Reihe anderer Sachverhalte in Lieferbeziehungen, die Alternativen:

- Feste Vereinbarung über das zu regelnde Vertragselement, hier: den Kaufpreis, „von vornherein" (fixierter Festpreis).
- Feste Vereinbarung zu einem vom Vertragsabschluß abweichenden, späteren Termin, z.B. Preis am Liefertag; man spricht hier von sog. Preisvorbehalten.
- Keine feste Vereinbarung über den Preis, sondern Einigung über eine Klausel wie z.B. „Preis freibleibend"; dies wird dann in der Regel zu einer Preisstellung per bei Rechnungsausstellung, also zum Lieferdatum, führen.
- Keine feste Vereinbarung über den endgültigen Preis, aber Vereinbarung über Preisanpassung mit Hilfe einer Preisgleitklausel.

Anlaß für die Betrachtung derartiger Alternativen sind Fälle, in denen Vertrags- und Lieferdatum erheblich voneinander abweichen und Veränderungen in den Markt- und oder Leistungserstellungsbedingungen zu erwarten sind. Grund für die Abweichung von einer „Ex-ante“-Festpreis-Regelung ist also stets die Unsicherheit über die Entwicklung möglicher Marktpreise im Wettbewerb und/oder die Entwicklung von Kostenbestandteilen, deren Erstattung im Preis der Anbieter für unverzichtbar hält. Aus Beschaffungssicht wird ein flexible Preisgestaltung vor allem in Frage kommen, wenn Marktpreis- bzw. Kostensenkungen erwartet werden. Auf der anderen Seite sind Einkäufer häufig an festen Kalkulationsgrößen interessiert und daher an Festpreisen für Beschaffungsgüter.

Im Technischen Vertrieb kommen flexible Preisvereinbarungen aus Anbietersicht aus mehreren Gründen in Betracht:

- zum einen, um Veränderungen im Kosten- und Wettbewerbsbereich (Mengengerüst, Wettbewerbspreise, Veränderungen des allgemeinen Preisniveaus) mitzuberücksichtigen und damit Kalkulationsrisiken und mögliche Fehleinschätzungen abzufangen,
- auch um speziellen Risiken wie z.B. Wechselkursänderungen zu begegnen,
- und zum anderen, um Nachfragerforderungen und dem Wettbewerbsdruck Rechnung zu tragen.

Eine „elegante“ Form der Flexibilisierung von Vertragsklauseln stellt die mathematische Preisgleitklausel dar. Deren Grundform wird etwa repräsentiert durch die häufig verwendete *ECE*-Gleitklausel (*United Nations Economic Commission for Europe*[6]):

Definition 1.

$$P = \frac{P_0}{100}\left(a + m\frac{M}{M_0} + l\frac{L}{L_0} \right)$$

wobei

P = Endgültiger Preis
P_0 = Preis am Basisstichtag (z.B. bei Vertragsabschluß)
a = Nicht gleitender Preisanteil
m = Anteil der Materialkosten am Preis
l = Lohnanteil am Preis
M_0 = Materialkosten am Basisstichtag (z.B. bei Vertragsabschluß)
M = Materialkosten zum Abrechnungsstichtag
L_0 = Lohnkosten am Basisstichtag (z.B. bei Vertragsabschluß)
L = Lohnkosten zum Abrechnungsstichtag
$a + m + l = 100$

[6] Vgl. Engelhardt/Günter 1981, S. 132ff.; Backhaus 1997, S. 480.

Bei der Verwendung einer solchen Klausel sind mehrere Aspekte besonders zu beachten: Zunächst ist ein nicht gleitender Anteil festzulegen. Daneben muß eine Gewichtung der gleitenden Preisbestandteile erfolgen. Es ist eine Einigung über den Basisstichtag festzulegen sowie über den Abrechnungsstichtag, zu dem die endgültigen Preisbestandteile ermittelt werden. Entscheidend wird es sein festzulegen, welche Kostenbestandteile den stärksten Schwankungen zwischen den Stichtagen unterliegen, welchen Anteil sie am Gesamtpreis haben werden und in welche Richtung die Ausschläge wie stark gehen. Hier sind interne Prognosen anzustellen oder externe Prognosen heranzuziehen. Eine zusätzliche vertragspolitische Möglichkeit besteht darin, für die Gleitung einzelner Preisbestandteile Obergrenzen vorzusehen. Dies begrenzt das Risiko für denjenigen Partner, der mit Mehrbelastungen zu rechnen hat. Die gezeigten Probleme, Einfluß- und Wirkungszusammenhänge lassen klar werden, daß die Durchsetzung flexibler Vertragsklauseln in dieser Form mit erheblichen Informations-(Prognose-) und Argumentationsschwierigkeiten verbunden ist. Daneben zeigt sich betriebswirtschaftlich immer wieder, daß feste Größen als Kalkulationsbasis bevorzugt werden.

Ebenfalls an Fragen der Preisgestaltung knüpfen vertragliche Festlegungen von Pauschalpreisen und von Bündelpreisen (Globalpreisen) an.

Bei der Festlegung von Pauschalpreisen geht es in erster Linie um die vertragliche Vereinbarung eines Preises in Abhängigkeit oder unabhängig von der Inanspruchnahme der Anbieterleistungen. So können Full-Service-Wartungsverträge mit einem Pauschalpreis versehen werden. In diesem Fall wird nicht nach Einzelinanspruchnahme von Dienstleistungen und benötigten Materialien abgerechnet, sondern zu einem zeitraumbezogen festen Satz (z.B. pro Jahr; dann meist mit einer Obergrenze für das Ausmaß der Inanspruchnahme versehen). Derartigen Regelungen kommen für Nachfrager in Betracht, wenn die Inanspruchnahme starken Schwankungen und von ihm nicht kontrollierbaren Einflußgrößen unterliegt, wenn der finanzielle Umfang der Leistungen schwankt und wenn der Anfall des Bedarfs von ihm nicht prognostizierbar ist. Aus Anbietersicht kann eine Pauschalregelung einen Wettbewerbsvorteil darstellen, gerade weil sie zu kalkulierbaren Kosten beim Verwender führt, ähnlich einer Versicherung(sprämie). Die für den Nachfrager zumeist nicht transparente Basis der Pauschalierung mag vom Anbieter großzügig bemessen werden, solange Akzeptanz durch den Abnehmer erzielt werden kann. Schließlich vermag ein Pauschalangebot „erzieherisch" zu wirken: es motiviert den Anbieter, seinen Aufwand zu begrenzen, etwa – im Fall der Wartungsverträge – durch die Lieferung qualitativ hochwertiger Geräte, die weniger Wartungsaufwand erfordern. Auf der anderen Seite darf die Reduzierung des Anbieteraufwands die Qualität der vereinbarten Leistungen nicht negativ beeinflussen.

Der Fall eines Bündelpreises (Globalpreises) ist gegeben, wenn für mehrere Vertragsbestandteile ein gemeinsamer Preis gefordert wird – vor allem wenn dies ohne Offenlegung eventueller Teilpreise geschieht. Die Bedeutung dieses kontrahierungspolitischen Instruments liegt in der Herstellung eines Angebotsverbundes, in der „Schnürung eines Angebotspakets" („Systems selling"[7]). Der „Package-deal-approach" kann gegenüber Einzelangeboten ein Wettbewerbsvorteil sein, wenn der Kunde die angebotene Integralqualität besonders hoch einschätzt. Er kann im Sinne einer Mischkalkulation preisliche Wettbewerbsnachteile bei einzelnen Komponenten ausgleichen und kann Systembindungen erzeugen. Es wird in erster Linie vom Beschaffungs-Know-how, von der Markttransparenz des Nachfragers und vom Wettbewerbsdruck abhängen, ob vertragliche Festlegungen von Bündelpreisen durchsetzbar sind.

Schließlich soll als Beispiel für einzelne Vertragsregelungen noch die Vereinbarung einer Exklusivitätsklausel angesprochen werden.[8] Exklusivität spielt stets eine Rolle bei Vereinbarungen mit Zusammenarbeitscharakter und speziell bei innovativen Inhalten. Sie treten horizontal, unter Kooperationspartnern, auf wie auch vertikal, zwischen Lieferanten und Abnehmern, international gelegentlich auch in Verträgen mit staatlichen Stellen, etwa über exklusive Zulassung zu Märkten.

Die vertragliche Vereinbarung einer Exklusivitätsklausel wird stets von Macht- und Einflußverhältnissen auf Märkten abhängen. Grundsätzlich wird stets der „marktschwächere" Partner an einer Alleinstellung interessiert sein und ein Exklusivitätsregelung anstreben. Exklusivität für einen Kooperationspartner, einen Absatzmittler oder einen Kunden (etwa in einer Forschungs- und Entwicklungskooperation mit einem Lead User) wird ein Anbieter nur dann zugestehen, wenn er sich damit hoher Motivation des Partners, hoher Intensität der Zusammenarbeitsbereitschaft, evtl. späterer Folgeaufträge und -kooperationen und vor allem eines entsprechend hoher Einnahmen-/Erlösanteils versichern kann. Wer andererseits Wettbewerb unter Partnern aufrechterhalten will, wird Exklusivitätsklauseln nicht akzeptieren. Zusammenfassend zeigt dies Tabelle 4.

---

[7] Vgl. Günter 1979.

[8] Vgl. VDI 1991; dort werden auch – speziell für den internationalen Maschinen- und Anlagenbau – weitere Aspekte der Vertragsgestaltung, insbesondere bei Kooperationsprojekten, dargestellt.

Tabelle 4. Die Interessenlagen im Hinblick auf Exklusivitätsklauseln (Quelle: VDI 1991, S. 146)

	Fall A Kapazitäten des Partners sind substituierbar	*Fall B* Kapazitäten des Partners sind nicht substituierbar
aus der Sicht der Nachfrager-Seite (z.B. Generalunternehmer)	kein Interesse an Exklusivität	Interesse an Exklusivität
aus der Sicht der Anbieter-Seite (z.B. Unterlieferant)	Interesse an Exklusivität	kein Interesse an Exklusivität

1.5 Langfristige Liefer- und Leistungsverträge

In bestimmten Fällen bietet es sich an, längerfristige Lieferverträge, Dienstleistungsverträge oder Nutzungsverträge abzuschließen. Der Fall des langfristigen Liefervertrages soll hier näher beleuchtet werden. Gründe für den Abschluß solcher Verträge liegen in der Sphäre beider Parteien. Aus der Abnehmersicht dominieren folgende Beweggründe:[9]

- Sicherung einer Bezugsquelle, insbesondere bei starken Wettbewerbsvorteilen eines Lieferanten, etwa Alleinstellungen,
- Single Sourcing (Bezugsquellenkonzentration), verbunden mit Senkung der Transaktionskosten,
- verbesserte Planungs- und Kalkulationssicherheit,
- Qualitätssicherung in Verbindung mit Bezugsquellenkonzentration,
- Unsicherheit über zukünftige Marktentwicklung, z.B. Erwartung von Knappheit und/oder Preissteigerungen,
- Kooperation mit Lieferanten, ggf. auch in anderer Form oder auf weiteren Gebieten, und
- Präferenzen der eigenen Kunden hinsichtlich der Zulieferer ihrer Lieferanten.

Aus Anbietersicht liegen langfristigen Lieferverträgen im Technischen Vertrieb folgende Motive zugrunde:

- Bindung der Abnehmer an den Lieferanten und damit Fernhalten der Konkurrenten sowie Absatzsicherung,
- verbesserte Planungs- und Kalkulationssicherheit,
- Differenzierung im Angeboten von Konditionen und Vertragsmodalitäten und
- Kooperation mit Abnehmern, ggf. auch in anderer Form oder auf weiteren Gebieten.

---

[9] Siehe dazu auch Kapitel „Beschaffungspolitik industrieller Nachfrager".

Langfristige Lieferverträge sind betriebswirtschaftlich vor allem unter Risikoaspekten zu sehen. Dabei ist die Risikoreduzierung durch Sicherung des Partners und Verbesserung der Planung der Risikoerhöhung gegenüberzustellen, die sich aus Abhängigkeiten von den Partnern ergibt und aus dem geplanten Verzicht auf die Wahrnehmung anderer Absatz- bzw. Beschaffungsalternativen. Betriebswirtschaftlich sind hier Opportunitätskosten der Andersverwendung von Ressourcen in die vergleichende Argumentationsbilanz einzubeziehen.

Eine besondere Variante langfristiger Vertragsbeziehungen sind Qualitätssicherungsvereinbarungen.[10] Zur Entlastung des Beschaffungs- und Qualitätssicherungsbereiches fordern Abnehmern in erhöhtem Maße die vertragliche Zusicherung von Qualitätseigenschaften. Diese treten in Konkurrenz zu den derzeit üblichen Qualitätszertifizierungsverfahren und zu firmenindividuellen Qualitätsauszeichnungen für Zulieferer (etwa das *FORD Q1-System*). Bei Qualitätssicherungsvereinbarungen ist juristisch insbesondere zu konstatieren, daß mit ihnen die gesetzlichen Vorschriften zur Produkthaftung nicht umgangen werden können.

Um eine gewisse Flexibilität in die Gestaltung langfristiger Verträge einzubauen, bieten sich verschiedene rechtliche und betriebswirtschaftliche Lösungsansätze an. Zunächst kommen Vorbehalte zu einzelnen Regelungen in Betracht. So können sich die Partner z.B. Qualitätsänderungen, Abweichungen im Liefertermin oder Preisänderungen vorbehalten.[11] Der zweite Weg zur Flexibilisierung ist der Einbau von Anpassungsregelungen bereits in den Ausgangsvertrag. Ein Beispiel stellt die oben beschriebene Preisgleitklausel dar.

Die dritte Flexibilisierungsoption besteht im Abschluß von Rahmenaufträgen. Diese spezifizieren einzelne Sachverhalte von vornherein für eine Mehrzahl von Einzellieferungen. Andere Sachverhalte wie z.B. die abzurufenden Produktvarianten oder auch Stückzahlen werden in kürzerfristigen Einzelvereinbarungen festgelegt. Rahmenaufträge dienen nicht nur der Flexibilisierung, sondern auch der Zusammenfassung von Aufträgen zwecks Ausübung von Nachfragemacht; dies gilt etwa bei zentraler Beschaffung durch Kunden mit dezentralen Verwenderbetrieben (Konzernbeschaffung). Schließlich ermöglichen Rahmenverträge ähnlich wie alle o.g. langfristigen Lieferverträge eine größere Planungs- und Kalkulationssicherheit.

Ein weiterer Weg der Flexibilisierung im Zeitablauf ist die Formulierung von Absichtserklärungen oder Vorverträgen.[12] Grundgedanke ist es, eine gewisse Bindung der Partner zu erlangen, ohne bereits alle Verpflichtungen einzugehen. Vorverträge ermöglichen einen Zuwachs an Planungssicherheit, evtl. auch an

---

10 Vgl. Steinmann 1993.

11 Vgl. Bilda 1973.

12 Vgl. z.B. VDI (Hrsg.) 1991, S. 197ff.

Verhandlungsmacht im Hinblick auf den endgültigen Vertrag. Im industriellen Anlagengeschäft stellt der *Letter of Intent* (*LoI*)[13] eine Form der vorvertraglichen Bindung dar. Ob hiermit endgültige und einklagbare Verpflichtungen begründet werden, ist nicht ganz unumstritten. So dient der *LoI* auch oft dazu, daß die Partner auf der Basis einer gewissen wenn nicht juristisch verpflichtenden, dann aber faktisch bzw. moralisch bestehenden Bindung weitere Planungsschritte und die Vorbereitung von Lieferungen (z.B. Beschaffungsdisposition) in Angriff nehmen können.

1.6 Leitlinien für Vertragsverhandlungen

Sollen in einem betriebswirtschaftlich orientierten Text Hinweise zum Verhalten in Vertragsverhandlungen gegeben werden, so können für Kaufleute und Vertriebsingenieure nur wenige grobe Leitlinien-Empfehlungen aufgestellt werden.[14]

1. Grundkenntnisse im Vertragsrecht, insbesondere auch im internationalen Rechtsverkehr, sind in Vertrieb und Marketing unerläßlich. Sie stellen u.U. einen Wettbewerbsvorteil dar. Die nachstehenden Literaturhinweise nennen einige vergleichsweise leicht zugängliche und erschließbare Literaturquellen.[15]
2. Entscheidend ist es für Mitarbeiter in marktnahen Funktionen, zu wissen und entscheiden zu können, von welchem Punkt der Vertragsverhandlungen ab und zu welchen Spezialfragen insbesondere der juristische Experte heranzuziehen ist. Dies wird in der Regel noch nicht der Fall sein, wenn routinemäßig Lieferklauseln der *Incoterms*[16] vereinbart werden oder wenn Preisänderungsklauseln zur Verhandlung anstehen. Man wird aber z.B. bei Meinungsverschiedenheiten, bei bestimmten Vollständigkeitsklauseln[17], bei Fragen des anzuwendenden Rechts oder bei den meisten Haftungsregelungen nicht auf die Hinzuziehung des Rechtsexperten verzichten können.
3. Musterverträge sind kein Ersatz für den Rat des juristischen Experten und für die individuelle Optimierung von Verträgen. Sieht sich ein Unternehmen einer Vielzahl von Kunden gegenüber, deren untereinander ähnlichem Kaufverhalten mit ähnlichen Lieferverträgen Rechnung getragen werden kann, so bieten sich standardisierte Verträge mit Musterklauseln an – der Individualisierungsbedarf erscheint hier gering.[18] Bei anderen Geschäftstypen, insbe-

---

[13] Vgl. Lutter 1983 sowie Meins 1993, S. 115ff. mit Beispielen.

[14] Vgl. dazu insbesondere auch Meins 1993.

[15] Vgl. z.B. Rehbinder 1993, S. 70ff.

[16] Vgl. International Chamber of Commerce (Hrsg.) 1990.

[17] Vgl. Ahlert 1988, S. 161.

[18] Vgl. Rehbinder 1993, S. 103f. und die dort erläuterten Musterklauseln mit Beispielen.

sondere bei einzelkundenbezogener Produktgestaltung, im Anlagen- und Systemgeschäft, kommen Individualverträge in Betracht. Hierbei Musterverträge als Grundlage heranzuziehen, birgt die Gefahr zu schematischen Vorgehens in sich. All zu leicht verzichten Partner dann auf die Optimierung des Vertrags für die in Rede stehende Transaktion. Eine gewisse Hilfestellung bieten die in diesem Beitrag vorgestellten und andere Checklisten für die wesentlichen Vertragsinhalte.[19]

4. Ein für den Vertriebsbeauftragten und Marketing-Manager wesentlicher Aspekt der Ausrichtung einer Vertragsgestaltung betrifft den Flexibilitätsbedarf. In allen Verhandlungsphasen sollte ein firmenindividuelle Grad an Flexibilität festgelegt werden, den man sich vorbehalten will. Er bestimmt die Bindungsintensität, die Reversibilität der Instrumente und die Chancen, Geschäftsbeziehungen und größere Vertragskomplexe betriebswirtschaftlich zu optimieren. Voraussetzung ist eine systematische Kundenanalyse, um den vom Verhandlungspartner angestrebten Flexibilitätsgrad zu ermitteln und damit den Spielraum für eigene Festlegungen zu bestimmen, z.B. hinsichtlich der vorzuhaltenden Kapazitäten oder der Plankalkulation. Auch die Risikoabschätzung und das „risk management" benötigen diese Flexibilitätsüberlegungen.
5. Bei Festlegung der Angebotselemente muß die Gefahr des sog. Overpromising beachtet und ihr begegnet werden. Sie besteht darin, daß durch den Vertrieb für Konstruktionsvarianten, Funktionsfähigkeit und Leistungsdaten o.ä. Versprechungen abgegeben werden, die im endgültigen Angebot oder in der Abwicklung nicht eingehalten werden bzw. werden können. Konsequenzen zeigen sich oft erst in Konflikten mit dem Abwicklungs- oder Servicepersonal. Overpromising ist ein Indiz für mangelnde Koordination im „internen Marketing" des Anbieterunternehmens. Es kann weitgehend vermieden werden, wenn Elemente des Kundenvertrages zwischen den anbieterseitig beteiligten Stellen frühzeitig abgestimmt werden und Implementierungsaspekte stärkere Beachtung finden.
6. Das Vertragsmanagement umfaßt nicht nur die Ausarbeitung eines Vertragsentwurfs, die Vertragsverhandlungen und den Vertragsabschluß. Vielmehr beinhaltet es auch die Überwachung und ggf. Änderung/Anpassung von Verträgen. Sicherlich gilt grundsätzlich die Praxis-Faustregel, wonach derjenige Vertrag der beste ist, der nach Abschluß nie wieder aus der Schublade geholt zu werden braucht. Allerdings sind angesichts vielfältiger Risiken, auch über das – möglicherweise opportunistische – Verhalten der Partner Überwachung im Sinne einer laufenden Kontrolle der Vertragseinhaltung und Anpassung (Claim Management, ggf. Nachverhandlungen) unverzichtbar.

---

[19] Siehe hierzu insbesondere die „Checkliste zum Entwerfen von Verträgen" bei Meins 1993, Teil II, S. 107ff.

7. Vertragsklauseln in Kundenverträgen sind Instrumente zu einer mehr oder weniger starken Bindung beider Partner. Sie sind also auch Instrumente der Steuerung längerfristiger Geschäftsbeziehungen, aus Sicht des Anbieters sind sie Kundenbindungsinstrumente. Das muß für Vertrieb, Marketing und Kundendienst bedeuten, daß alle Vertragsvereinbarungen auch daraufhin zu untersuchen sind, welche langfristigen Wirkungen sie besitzen. Kurzfristig günstige Regelungen für eine Partei, z.B. die Berechnung bestimmter Serviceleistungen oder Ersatzteillieferungen, werden das Auftragsergebnis eines Lieferanten vielleicht verbessern können, aber langfristig Kundenzufriedenheit mindern bzw. der Konkurrenz Vorteilspositionen erlauben. An derartigen auch längerfristigen Wirkungsanalysen wie auch an den eigenen Zielsetzungen sind die Prinzipien und anzustrebenden Ergebnisse der Vertragsgestaltung aus der Sicht des Marketing zu messen.

Literaturverzeichnis

Ahlert, D. [1988]: Marketing-Rechts-Management; Köln u.a. 1988.

Ahlert, D. / Schröder, H. [1996]: Rechtliche Grundlagen des Marketing; 2. Auflage, Stuttgart 1996.

Backhaus, K. [1992]: Investitionsgüter-Marketing - theorieloses Konzept mit Allgemeinheitsanspruch?; in: Schmalenbachs Zeitschrift für betriebswirtschaftliche Forschung, 44. Jg. (1992), Heft 9, S. 771–791.

Backhaus, K. [1997]: Industriegütermarketing; 5. Aufl., München 1997.

Backhaus, K. / Plinke, W. [1986]: Rechtseinflüsse auf betriebswirtschaftliche Entscheidungen; Stuttgart 1986.

Bauer, J. F. [1983]: Vertragliche Anpassungsregelungen; Heidelberg 1983.

Bernstorff, Ch. von [1994]: Vertragsgestaltung im Auslandsgeschäft; 3. Aufl., Frankfurt a.M. 1994.

Bilda, K. [1973]: Anpassungsklauseln in Verträgen; 2. Aufl., 1973.

Crott, H. / Kutschker, M. / Lamm, H. [1977]: Verhandlungen - Bd. I und II; Stuttgart 1977.

Flocke, H.-J. [1986]: Risiken beim Internationalen Anlagenvertrag; Heidelberg 1986 .

Günter, B. [1979]: Das Marketing von Großanlagen – Strategieprobleme des Systems Selling; Berlin 1979.

Heidenhain, M. (Hrsg.) [1992]: Münchner Vertragshandbuch; 3. Aufl., München 1992.

International Chamber of Commerce (Hrsg.) [1990]: Incoterms 1990; Publikation Nr. 460 der deutschen Landesgruppe der Internationalen Handelskammer, Paris 1990.

Joussen, P. [1996]: Der Industrieanlagenvertrag; 2. Auflage, Heidelberg 1996.

Kleinaltenkamp, M. [1992]: Investitionsgüter-Marketing aus informationsökonomischer Sicht; in: Schmalenbachs Zeitschrift für betriebswirtschaftliche Forschung, 44. Jg. (1992), Heft 9, S. 809–829.

Langenfeld, G. [1997]: Vertragsgestaltung; 2. Auflage, München 1997.

Lutter, M. [1983]: Der Letter of Intent – Zur rechtlichen Bedeutung von Absichtserklärungen; 2. Aufl., Köln 1983.

Macneil, I. R. [1975]: A Primer of Contract Planning, Southern California Law Review, Vol. 48 (1975), S. 627ff.

Meins, J. [1993]: Die Vertragsverhandlung; 2. Aufl., Stuttgart 1993.

Molter, W. [1986]: Verzugsrisiken im Industrieanlagengeschäft; Berlin 1986.

Nicklisch, F. (Hrsg.) [1984]: Bau- und Anlagenverträge - Risiken, Haftung, Streitbeilegung; Heidelberg 1984.

Picot, A. [1982]: Transaktionskostenansatz in der Organisationstheorie - Stand der Diskussion und Aussagewert; in: Die Betriebswirtschaft, 42. Jg. (1982), Heft 2, S. 267–284.

Pinnels, J. / Eversberg, A. [1997]: Internationale Kaufverträge optimal gestalten; Wiesbaden 1997.

Pottschmidt, G. / Rohr, U. [1994]: Privatrecht für den Kaufmann; 10. Aufl., München 1994.

Rehbinder, E. [1993]: Vertragsgestaltung; 2. Aufl., Neuwied u.a. 1993.

Reithmann Ch. / Martiny, D. [1996]: Internationales Vertragsrecht - Das internationale Privatrecht der Schuldverträge; 5. Aufl., Köln 1996.

Sandrock, O. [1980]: Handbuch der Internationalen Vertragsgestaltung; Heidelberg 1980.

Söllner, A. [1993]: Commitment in Geschäftsbeziehungen; Wiesbaden 1993.

Steinmann, Ch. [1993]: Qualitätssicherungsvereinbarungen zwischen Endproduktherstellern und Zulieferern; Heidelberg 1993.

Verband Deutscher Maschinen- und Anlagenbau VDMA (Hrsg.): verschiedene Musterverträge und Leitfäden, Frankfurt a. M., diverse Jahresangaben .

Verein Deutscher Ingenieure e.V. (Hrsg.) [1991]: Projektkooperation beim internationalen Vertrieb von Maschinen und Anlagen; Düsseldorf/Stuttgart 1991.

Wiedemann, R. M. [1991]: Preisänderungsvorbehalte; Heidelberg 1991.

Wildemann, H. [1995]: Produktionssynchrone Beschaffung; 3. Auflage, München 1995.

Übungsaufgaben

1. Welche Gründe sprechen für die Festlegung vertraglicher Vereinbarungen?
2. Welche Elemente sollten als Grundbestandteile in einen Anbieter-Kunden-Vertrag aufgenommen werden?
3. Welche Verbindung besteht zwischen der informationsökonomischen Analyse der sogenannten Qualitätsunsicherheit und der Vertragsgestaltung?
4. Was verbirgt sich hinter dem Begriff „Preisgleitklausel"?
5. In welchen Fällen bieten sich längerfristige Lieferverträge an?
6. Wie kann in längerfristigen Lieferverträgen Flexibilität gewährleistet werden?
7. Diskutieren Sie die Aspekte, die bei Vertragsverhandlungen beachtet werden sollten.
8. Welche Vertragstypen sind Ihnen bekannt? Worin unterscheiden sich diese?
9. Nennen Sie verschiedene Aspekte, die bei der Verwendung von Vertragsklauseln zu beachten sind.
10. Diskutieren Sie verschiedene Risiken im Kauf- bzw. Verkaufsprozeß aus Anbieter- und Nachfragersicht.
11. Welche alternative Möglichkeiten der Risikoreduktion im Rahmen der Gestaltung von Verträgen sind denkbar?

Stichwortverzeichnis

- *H* -

- *I* -

- *K* -

– M –

– N –

– T –

– U –

- V -

- W -

– Z –

Druck: Mercedesdruck, Berlin
Verarbeitung: Buchbinderei Lüderitz & Bauer, Berlin